TRAITÉ ÉLÉMENTAIRE

DE

PHYSIQUE MÉDICALE

PAR

Le DR W. WUNDT

PROFESSEUR A L'UNIVERSITÉ DE HEIDELBERG

Traduit avec de nombreuses additions

PAR

Le DR Ferdinand MONOYER

PROFESSEUR DE PHYSIQUE MÉDICALE A LA FACULTÉ DE MÉDECINE DE LYON

DEUXIÈME ÉDITION FRANÇAISE, REVUE ET AUGMENTÉE

PAR

Le DR Armand IMBERT

Licencié ès sciences mathématiques, Docteur ès sciences physiques

PROFESSEUR AGRÉGÉ A LA FACULTÉ DE MÉDECINE DE LYON

Ouvrage accompagné de 472 figures intercalées dans le texte

Y COMPRIS UNE PLANCHE EN CHROMO-LITHOGRAPHIE

PARIS

LIBRAIRIE J.-B. BAILLIÈRE et FILS

RUE HAUTEFEUILLE, PRÈS LE BOULEVARD SAINT-GERMAIN

LONDRES : BAILLIÈRE, TINDALL AND COX — MADRID : C. BAILLY-BAILLIÈRE

1884

La Planche en chromo-lithographie doit être placée page 392

TRAITÉ ÉLÉMENTAIRE

DE

PHYSIQUE MÉDICALE

PRINCIPAUX TRAVAUX DU DR MONOYER

Des fermentations. Thèse de doctorat en médecine, in-4°, de 162 pages. Strasbourg, 1862 (ouvrage couronné par la Faculté de médecine).

Applications des sciences physiques aux théories de la circulation. Thèse de concours pour l'agrégation des sciences physiques, in-8°, de 90 pages. Strasbourg, 1863.

Action de l'acide nitrique sur le camphre. Identité du nouvel acide de M. Blumenau avec l'acide camphorique anhydre (Bulletin de la Société chimique de Paris, 1863, t. V, p. 578).

Un ophtalmoscope portatif (Annales d'oculistique, 1864, t. LII, p. 210).

Les anomalies de la réfraction de l'œil et leurs suites, par Donders; traduction faite sous les yeux de l'auteur (Journal de l'Anatomie et de la Physiologie de l'homme et des animaux, de Robin, 1865, t. II, p. 1). Tiré à part.

De l'action des mydriatiques et des myotiques, par Donders; traduit du hollandais (Ann. d'Oculistique, 1865, t. LIII, p. 5). Tiré à part.

Contribution à l'étude de l'équilibre et de la locomotion chez les poissons (Ann. des Sciences naturelles, 1866, 5° série. Zoologie, t. VI, p. 5).

Une extraction de cataracte dans un cas de luxation spontanée et d'opacification du cristallin, avec complication du côté du tractus uvéal et du corps vitré (Gaz. méd. de Strasbourg, 1867, p. 171).

Nouvelle méthode pratique pour la détermination du foyer principal des miroirs convexes et des lentilles divergentes (Bullet. de la Société des Sciences naturelles de Strasbourg, 1868, p. 25).

Idée d'une nouvelle théorie entièrement physique des images consécutives (Bullet. de la Société des Sciences naturelles de Strasbourg, 1858, p. 58).

Des anomalies de la réfraction de l'œil. Notions théoriques et observations cliniques (Gaz. médic. de Strasbourg, 1868, p. 97).

Cinq observations de rétinite pigmentaire (in Mouchot, Essai sur la rétinite pigmentaire, etc. Dissert. inaug. Strasbourg, 1868).

De l'emploi du couteau linéaire droit ou courbe sur le plat dans l'iridectomie et la paracentèse oculaires, avec deux observations d'iridectomie pratiquées suivant ce procédé dans des cas de glaucôme (in Le Gad, Quelques considérations sur la nature et le traitement du glaucôme, Dissert. inaug. Strasbourg, 1869).

Une observation de rupture isolée de la choroïde (in Caillot, Des ruptures isolées de la choroïde. Dissert. inaug. Strasbourg, 1869).

Article Cristallin (Anatomie, physiologie et pathologie), in Nouveau Dictionnaire de médecine et de chirurgie pratiques, 1869, t. X, p. 259.

Nouveau procédé pour la détermination expérimentale de la densité des solides par l'emploi des volumètres et en particulier du densimètre de Rousseau (Bulletin de la Société des Sciences naturelles de Strasbourg, 1869, p. 25).

Description et usage de l'iconarithme, Nouvel instrument destiné à faciliter l'étude des images fournies par les lentilles (Bulletin de la Société des Sciences naturelles de Strasbourg, décembre 1870).

PRINCIPAUX TRAVAUX DU DR A. IMBERT

Recherches sur l'élasticité du caoutchouc. Thèse de doctorat ès sciences, 1880. Tirage à part, Lyon, 1880.

De l'étalement des huiles sur le mercure et l'eau (Lyon médical, 1881).

De l'interprétation et de l'emploi du pouvoir dioptrique et de la dioptrie métrique en ophtalmologie (Dissert. inaug. Lyon, 1883. Tirage à part, Paris, 1883).

De l'astigmatisme. (Thèse de concours pour l'agrégation, in-8°, de 108 pages, Paris, 1883).

Contribution à l'étude mécanique des muscles du membre supérieur chez l'homme (Journal de l'anatomie. et de la physiologie de l'homme et des animaux, de Robin, 1884).

LYON. — IMPRIMERIE PITRAT AÎNÉ, RUE GENTIL, 4

PRÉFACE DU TRADUCTEUR

Tandis que depuis longtemps déjà l'enseignement de la Physique
médicale a une existence officielle en France, par une contradiction
étrange, à l'époque où j'entrepris la présente traduction, notre littéra-
ture scientifique ne possédait pas un seul ouvrage consacré spécialement
à cette branche de la science. Les médecins et les élèves de nos Facultés
de médecine n'avaient entre les mains que des traités de physique
pure, dans lesquels ils ne trouvaient ni les applications physiologiques et
thérapeutiques, ni mêmes certaines questions théoriques d'une importance capitale pour l'intelligence des phénomènes biologiques. J'ai pensé
qu'il y avait là une lacune à combler ; c'est ce qui m'a engagé à traduire
le *Traité de physique médicale* de M. Wundt.

Je n'insisterai pas sur l'utilité d'un ouvrage de ce genre, ni sur les
qualités qui distinguent le livre du professeur de Heidelberg. Je tiens
seulement à indiquer au lecteur la marche que j'ai suivie dans l'accomplissement de ma tâche, le laissant seul juge de la valeur des efforts
tentés pour rendre cette œuvre plus appropriée aux besoins de la
médecine.

En général, je me suis astreint à serrer le texte d'aussi près que possible ; cependant je n'ai pas hésité à m'en écarter toutes les fois qu'il
m'a paru nécessaire de le modifier pour développer la pensée de l'auteur
ou pour la mettre plus en harmonie avec nos habitudes scientifiques.
Quelques suppressions jugées utiles, en petit nombre du reste, ont

porté principalement sur des développements mathématiques. Selon moi, celui qui borne son ambition à appliquer une science, ne saurait être tenu d'en démontrer les formules et les principes fondamentaux ; il doit lui suffire de les bien comprendre et d'être à même de s'en servir au besoin.

Mon rôle ne pouvait pas se borner là : j'avais à faire profiter ma traduction des derniers progrès de la science et à donner une plus large part aux travaux des savants français ; ainsi s'expliquent les nombreuses additions dont j'ai accru le travail original ; ces additions, placées entre crochets [ ], se rapportent presque toutes à des applications médicales; mon but, en les faisant, a été de rendre le livre plus complet, et surtout de lui donner un caractère plus pratique.

Des indications bibliographiques, placées à la suite des principales applications médicales, permettront au lecteur de remonter aux sources pour approfondir les questions traitées dans le livre.

Enfin, grâce au désintéressement éclairé des éditeurs, qui n'ont rien négligé pour assurer la bonne exécution matérielle de la traduction, les médiocres dessins au trait du livre allemand ont été remplacés par des figures d'une exécution beaucoup plus soignée, les unes originales, les autres empruntées aux meilleures sources ; le nombre en a été augmenté de plus de moitié et porté de 244 à 400.

Dr F. MONOYER.

PRÉFACE DE L'AUTEUR

De nos jours la physique ne constitue pas seulement l'indispensable préliminaire d'une étude approfondie de la physiologie; elle a reçu, en outre, dans la médecine pratique, une foule d'applications des plus fécondes, dont le nombre augmente encore sans cesse. Tout l'ensemble du diagnostic et de la thérapeutique physiques, dont la création est presque entièrement l'œuvre de la génération actuelle, repose d'une part sur la connaissance de phénomènes du ressort de la physique, de l'autre sur l'emploi des ressources que cette science met à notre disposition. C'est à cet essor que la Physique médicale doit de s'être élevée au rang de nouvelle branche des sciences appliquées.

Il y a deux manières d'écrire un traité de physique médicale. On peut supposer connue la physique générale et ne s'occuper que de ses applications à la médecine; dans ce cas, le plan et la division de l'ouvrage doivent être empruntés aux différentes branches de l'art de guérir. Ou bien on cherche à la fois à exposer les lois physiques et à développer plus spécialement leurs applications médicales; c'est alors à la physique pure qu'il faut demander le plan et la méthode d'exposition. Un *Traité de physique médicale* écrit à ce dernier point de vue se distinguera des autres ouvrages de physique en ce qu'il sera approprié aux besoins spéciaux du médecin; les questions qui importent le plus à la physiologie et à la médecine y seront étudiées de préférence; quant aux autres parties de la physique, on se bornera à en faire connaître ce qui paraîtra nécessaire pour donner au lecteur une vue d'ensemble de la science.

Jusqu'à présent, c'est, autant que je sache, surtout la première de ces voies qui a été suivie. Sans compter l'estimable livre d'Adolphe Fick, auquel revient le mérite d'avoir traité, pour la première fois, la physique médicale comme une science distincte, nous possédons, dans cette même direction, un grand nombre de travaux isolés sur le diagnostic physique, l'électro-thérapie, la théorie et la pratique du microscope, etc.

L'auteur du présent ouvrage a donné la préférence à la seconde voie. Quant à la question de savoir si cette manière d'exposer la physique médicale a de l'utilité et si elle se justifie par la nature même du sujet, c'est au livre d'y répondre. Le plan en a été conçu depuis longtemps, l'auteur l'a mûri surtout pendant qu'il travaillait à son *Traité de physiologie;* c'est alors qu'il s'est convaincu de plus en plus de la nécessité d'appuyer l'étude de la physiologie sur celle de la physique et d'accorder à cette dernière science une importance fondamentale

Restait à tracer les limites dans lesquelles devait se renfermer l'ouvrage. Du côté de la physique pure, l'auteur a cru devoir élaguer tout ce qui n'était pas directement applicable à la médecine pratique ou nécessaire pour l'intelligence des phénomènes de la vie et des appareils médicaux; du côté des applications, il a jugé convenable de se restreindre aussi et de ne pas sortir du point de vue purement physique des questions, les développements plus amples revenant de droit aux branches correspondantes de la médecine et de la physiologie. Si le lecteur trouvait que dans l'une ou dans l'autre direction on est resté en deçà de de ses désirs, ou qu'on est allé trop loin, je le prierais de considérer combien il est difficile de garder une juste mesure dans un terrain à peine délimité.

Depuis longtemps j'ai acquis la conviction qu'il y a une disproportion par trop considérable entre les connaissances de nos médecins en physique et ce que la science est en droit d'exiger d'eux ; je crois me trouver dans le vrai en imputant un état de choses aussi fâcheux en grande partie au mode défectueux suivi dans l'enseignement de la physique ; cet enseignement, tel qu'il se produit dans nos cours et dans nos livres, s'adresse surtout aux physiciens de profession et aux chimistes ; le médecin y aperçoit d'autant moins l'importance d'une étude préalable de la physique que précisément les parties dont il aurait le plus besoin lui sont exposées en général avec une brièveté tout à fait insuffisante. Quand ensuite il aborde des monographies relatives à des sujets de physique médicale, il ressent d'autant plus vivement les lacunes de son instruction ; aussi lui arrive-t-il souvent de ne retirer de pareils travaux que quelques indications pratiques et de renoncer en définitive à les comprendre. L'ouvrage que je livre au public n'a nullement la prétention de dispenser le lecteur de recourir aux publications spéciales qui concernent les différentes branches de la physique générale et médicale ; mon désir est bien plutôt de mettre entre les mains de ceux qui sentent le besoin d'approfondir tel ou tel chapitre de physique médicale un guide qui leur permette d'étendre leurs connaissances dans cette direction et qui leur facilite le travail.

W. WUNDT.

PRÉFACE DE LA DEUXIÈME ÉDITION

Nous nous estimons heureux d'avoir été chargé, au début de notre carrière, de la deuxième édition du *Traité de physique médicale* du professeur Wundt, traduit en français et enrichi, par M. le professeur Monoyer, de nombreuses additions qui ont pour une très large part contribué au succès obtenu par cet ouvrage. Dans notre travail de révision, nous nous sommes efforcé de mettre ce *Traité* au courant des progrès accomplis depuis une dizaine d'années, tout en conservant l'esprit dans lequel il avait été rédigé ; pour cela, nous avons largement puisé dans les savantes leçons professées à la Faculté de médecine de Lyon, par notre excellent maître, M. le professeur Monoyer, qui, en outre, a pris une part active à la révision des deux premiers livres.

Les additions ont été placées entre crochets doubles [[ ]]; parmi les principales, dont les plus longues forment des chapitres entiers, nous signalerons les suivantes :

§ 14ᵈ. Non-existence de la matière impondérable. — § 22ᵃ. Théorie du coin appliquée aux instruments diérétiques. — § 46ᵃ. Dynamomètres médicaux. — § 46ᵈ. Rôle de l'élasticité musculaire. — § 46ᵉ. Constance de la pression intérieure des fluides dans une enveloppe élastique très extensible. — § 46ᶠ. Rôle de l'élasticité de l'enveloppe dans la transmission des pressions. — § 62ᵃ. Application de la méthode graphique à la locomotion humaine. — § 69ᵃ. Utilité des liquides céphalo-rachidiens et amniotiques. — § 70ᶜ. Alcoomètre centésimal de Gay-Lussac. — § 72ᵇ. Composante normale de la tension superficielle. — § 73ᵉ. Compte-gouttes. — § 84ᵈ. Résistance produite par la discontinuité des colonnes capillaires.—§ 84ᵃ. Théorie des embolies gazeuses et liquides. —. § 84ᶠ. Lympho-dynamique — § 93ᵃ. Constitution des gaz. — §95ᵃ. Voluménomètre.—§ 97ᶜ. Pompes médicales.—. § 99ᵃ. Drainage capillaire. — §102ᶜ. Spirophore. — §108ᵃ. Origine du son.— § 113ᶜ. Vibrations des colonnes gazeuses dans les tuyaux.—§113ᵈ. Vibrations des liquides. —. § 113ᵉ. Vibrations longitudinales et transversales des cordes et des verges. Vibrations des plaques et des membranes. — §113ᶠ. Rôle de l'oreille moyenne dans l'audition. — § 121. Classification des consonnes. — Instruments d'Acoustique (LIVRE III, CHAPITRE VI). — § 132ʲ. Miroirs angulaires. —§133ⁿ. Appareils à miroirs pseudoscopiques.—§144ᵇ. Réfractomètre d'Abbe. — § 144ᶜ. Biprisme de Monoyer. — § 144ᶠ. Diplomètre de Landolt.—§ 154. Numérotage des lentilles. Pouvoir dioptrique et Dioptrie. —§ 154ᵃ. Phacomètre de Badal. Phacomètre de Snellen. — § 155ᶜ. Constructions géométriques relatives à un système centré quelconque. — § 171. Spectroscope de Thollon. — § 180. Œil réduit de Landolt, de Badal, de Parent. — § 181ᶠ. Optomètre de Badal. Ophtalmomètre pratique de Javal et Schiötz. — § 182. Pouvoir amplifiant. — § 191ᵇ. Emploi du micros · cope pour la détermination des indices de réfraction. — § 200ᶜ. Ophtalmoscope à trois observateurs de Monoyer. — 201ᵃ. Détermination de l'amétropie et de l'astigmatisme avec l'ophtalmoscope. — § 240ᵈ. Saccharimètre de Laurent. — Hygrométrie (LIVRE V, CHAPITRE IIᵇⁱˢ). — § 267ᵃ. Continuité de l'état liquide et de l'état gazeux. — § 320ᵒ. Système C. G. S. d'unités de mesure. — § 352ᵇ. Explorateur chirurgical de Hughes. — § 352ᶜ. Matière radiante.

Nous nous croirons récompensés de notre travail si nous voyons se continuer, pour cette nouvelle édition, le succès qu'a obtenu la première.

Lyon, 28 octobre 1883.

A. IMBERT.

TABLE MÉTHODIQUE DES MATIÈRES

PAGES

PRÉFACE DU TRADUCTEUR V

PRÉFACE DE L'AUTEUR. VII

PRÉFACE DE LA DEUXIÈME ÉDITION. IX

INTRODUCTION. 1

§§ 1. Objets et phénomènes. — 1ᵃ. Histoire naturelle et sciences physiques. — 2. Lois physiques. — 3. Représentation algébrique des lois physiques. — 3ᵃ. Représentation géométrique ou graphique des lois physiques. — 4. La physique considérée comme science des mouvements. — 5. Forces naturelles ou cosmiques.

LIVRE I. — DES PHÉNOMÈNES ET DES LOIS PHYSIQUES EN GÉNÉRAL.

CHAPITRE I. — LOIS PHYSIQUES LES PLUS GÉNÉRALES. 9

§§ 6. Loi de la causalité. — 7. Loi de la conservation de la matière. — 8. Loi de l'égalité de l'action et de la réaction — 9. Loi de l'action rectiligne des forces. — 10. Loi de la composition des forces. — 11. Loi de la conservation de la force ou du travail. — 11ᵃ. Equivalence des forces. — 11ᵇ. Importance des principes de la conservation et de l'équivalence des forces. — 11ᶜ. Représentation mathématique de la loi de la conservation du travail. — 12. Corrélation des lois physiques fondamentales. — 13. Application des lois physiques les plus générales aux phénomènes.

CHAPITRE II. — DE LA CONSTITUTION ET DES DIVERS ÉTATS D'AGRÉGATION DE LA MATIÈRE. 18

§§ 14. Propriétés générales de la matière. — 14ᵃ. Théorie atomistique ou atomique. — 14ᵇ. Forces attractives et répulsives de la matière. — 14ᶜ. Tendance des idées modernes sur la constitution de la matière. — 14ᵈ. Non-existence de la matière impondérable. — 15. États de la matière. — 16. Changement d'états.

CHAPITRE III. — LOIS GÉNÉRALES DU MOUVEMENT. 24

§§ 17. Equilibre et mouvement. — 18. Composition des forces appliquées à un point matériel libre. — 19. Composition des forces parallèles ou concourantes appliquées à un corps solide. Théorie du levier. — 19ᵃ. Conditions d'équilibre d'un corps solide. — 20. Rapport entre la force et la vitesse de rotation dans le levier. — 20ᵃ. Divers genres de levier. — 21. Principe des vitesses virtuelles. — 22. Application du principe du parallélogramme des forces et de celui du levier. — 22ᵃ. Théorie du coin appliquée aux instruments diérétiques. — 23. Mouvement uniforme. — 24. Mouvement uniformément accéléré. — 25. Mesure des forces. Quantité de mouvement. Travail et force vive. — 26. Mouvements effectués sous l'influence de plusieurs forces.

CHAPITRE IV. — DU MOUVEMENT VIBRATOIRE ET ONDULATOIRE. 48

§§ 27. Oscillations d'un point autour de sa position d'équilibre. — 28. Application du principe de la conservation de la force au mouvement vibratoire. — 29. Loi de la durée des vibrations d'une molécule. — 30. Vibrations longitudinales. Ondes condensantes et dilatantes. — 31. Amplitude et durée de la vibration dans un milieu élastique. — 32. Vitesse de propagation des vibrations. Longueur d'onde. — 33. Ondes sphériques, superficielles et linéaires. — 34. Production des vibrations longitudinales. — 35. Vibrations transversales. — 36. Production des vibrations transversales. — 37. Interférences des ondes. — 38. Réflexion des ondes. — 39. Direction de l'onde réfléchie. — 39ᵃ. Lois de la réflexion. — 40. Vibrations stationnaires. — 41. Passage des ondes d'un milieu dans un autre plus dense. — 42. Passage de l'onde d'un milieu dans un autre moins dense. — 42ᵃ. Caractère différent de l'onde réfléchie, suivant que la réflexion s'effectue dans le milieu le plus ou le moins dense. — 43. Réfraction des ondes. — 43ᵃ. Lois de la réfraction dans un milieu isotrope.

LIVRE II. — DE LA PESANTEUR 74

§§ 44. Nature de la pesanteur. — 44ᵃ. Plan du livre consacré à l'étude de la pesanteur.

I. — Mécanique des solides

CHAPITRE I. — PROPRIÉTÉS GÉNÉRALES DES CORPS SOLIDES. 76

§§ 45. Cohésion. Ténacité. — 45ᵃ. Ténacité relative. — 45ᵇ. Applications médicales. — 46. Élasticité. — 46ᵃ. Dynamomètres médicaux. — 46ᵇ. Élasticité des substances organiques. — 46ᶜ. Élasticité musculaire. — 46ᵈ. Rôle de l'élasticité musculaire. — 46ᵉ. Constance de la pression intérieure des fluides dans une enveloppe élastique très extensible. — 46ᶠ. Rôle de l'élasticité de l'enveloppe dans la transmission des pressions.

CHAPITRE II. — POIDS ET CENTRE DE GRAVITÉ DES CORPS SOLIDES. 87

§§ 47. Du poids des corps. — 47ᵃ. Direction de la pesanteur. — 48. Centre et ligne de gravité. — 48ᵃ. Détermination du centre de gravité. — 49. Divers états d'équilibre. — 49ᵃ. Balance. — 49ᵇ. Balance à bras inégaux. — 50. Poulie. — 50ᵃ. Mouffles. — 50ᵇ. Roues. — 51. Déplacement du centre de gravité de l'homme. Base de sustentation.

CHAPITRE III. — DU MOUVEMENT DES CORPS SOLIDES DÉTERMINÉ PAR L'ACTION DE LA PESANTEUR. 96

§§ 52. Concentration du poids d'un corps au centre de gravité. — 52ᵃ. Masse d'un corps. — — 53. Accélération due à la pesanteur. — 53ᵃ. Lois de la chute. — 54. Plan incliné. — 55. Pendule simple. — 56. Pendule physique ou composé. — 56ᵃ. Mesure de l'intensité de la pesanteur.

CHAPITRE IV. — MOUVEMENTS PRODUITS PAR L'ACTION DE LA PESANTEUR COMBINÉE AVEC D'AUTRES FORCES MOTRICES. 102

§§ 57. Mouvement des projectiles. — 58. Mouvement des corps célestes. Lois de Kepler. — 59. Du mouvement curviligne. Force centrifuge et force centripète. — 59ᵃ. Applications de la force centrifuge. — 60. Mouvements de locomotion du corps humain. — 61. Application des lois du pendule à la marche. — 62. Rôle du centre de gravité dans la marche. 62ᵃ. Application de la méthode graphique à la locomotion humaine. — 63. Représentation mathématique des lois fondamentales de la marche. — 64. Locomotion des quadrupèdes. 64ᵃ. Vol des oiseaux. — 64ᵇ. Saut. Natation. — 65. Mouvements relatifs des pièces du squelette considérées isolément.

II. — Mécanique des liquides

CHAPITRE V. — DE L'ÉTAT LIQUIDE. 123

§§ 66. Cohésion des liquides. — 66ᵃ. Compressibilité des liquides. — 66ᵇ. Forme de la surface libre des liquides.

CHAPITRE VI. — HYDROSTATIQUE. 124

§§ 67. Transmission des pressions dans les liquides. Principe de Pascal. — 67ᵃ. Principe de la presse hydraulique. — 68. Pression sur le fond d'un vase. — 68ᵃ. Équilibre des liquides dans les vases communiquants. — 68ᵇ. Application du principe des vases communiquants à la circulation du sang. — 69. Perte de poids d'un corps solide plongé dans un liquide. Principe d'Archimède. — 69ᵃ. Utilité des liquides céphalo-rachidien et amniotique. — 70. Poids spécifique des solides et des liquides. — 70ᵃ. Détermination expérimentale du poids spécifique. — 70ᵇ. Importance du poids spécifique en médecine. — 70ᶜ. Alcoomètre centésimal de Gay-Lussac. — 71. Équilibre des corps solides immergés. — 71ᵃ. Application médico-légale. — 71ᵇ. Équilibre des corps flottants. — 71ᶜ. Métacentre. — 71ᵈ. Équilibre et locomotion des poissons.

CHAPITRE VII. — ACTIONS MOLÉCULAIRES DES LIQUIDES. 140

§§ 72. Tension superficielle des liquides. — 72ᵃ. Mesure de la tension superficielle. — 72ᵇ. Composante normale de la tension superficielle. — 73. Adhésion des liquides aux solides. — 73ᵃ. Surface libre d'un liquide au voisinage d'un solide. — 73ᵇ. Phénomènes capillaires et lois de la capillarité. — 73ᶜ. Application de la capillarité au remplissage des tubes à vaccin. — 73ᵈ. Influence perturbatrice de la capillarité sur l'équilibre des aréomètres. — 73ᵉ. Compte-gouttes. — 74. Dissolution. Coefficient de solubilité. — 74ᵃ. Imbibition. — 75. Diffusion des liquides. — 76. Diffusion des liquides à travers les cloisons poreuses. Osmose.

CHAPITRE VIII. — HYDRODYNAMIQUE. 156

§§ 77. Chute des liquides. — 77ᵃ. Écoulement par un orifice en mince paroi. Théorème de Toricelli. — 77ᵇ. Écoulement par un orifice latéral. — 77ᶜ. Influence des ajutages sur la dépense. — 78. Écoulement dans les tuyaux de conduite rectilignes. — 79. Relation entre la résistance et la vitesse d'écoulement. — 80. Écoulement dans des tuyaux de diamètre variable. — 81. Influence des coudes sur la vitesse d'écoulement. — 82. Écoulement dans un système de tuyaux ramifiés. — 83. Écoulement dans les tubes capillaires. — 84. Application des lois de l'hydrodynamique à la circulation du sang. Hémodynamique. — 84ᵃ. Appareils destinés à mesurer la pression latérale ou la tension du sang. Hémomanomètres. — 84ᵇ. Méthodes et appareils employés pour mesurer la vitesse d'écoulement du sang. Hémadromomètres. — 84ᶜ. Force motrice et travail mécanique du cœur. — 84ᵈ. Résistance produite par la discontinuité des colonnes capillaires. — 84ᵉ. Théorie des embolies gazeuses et liquides. — 84ᶠ. Lympho-dynamique.

CHAPITRE IX. — DU MOUVEMENT ONDULATOIRE DES LIQUIDES. 182

§§ 85. Formation des ondes liquides. — 86. Trajectoire des molécules liquides dans le mouvement ondulatoire. — 87. Influence de l'inégalité de longueur de l'onde saillante et de l'onde rentrante sur le mouvement des molécules liquides. Ondes avec translation directe ou rétrograde.

CHAPITRE X. — ÉCOULEMENT DES LIQUIDES DANS LES TUBES ÉLASTIQUES. 186

§§ 88. Influence de l'élasticité des tuyaux de conduite sur l'écoulement des liquides. — 89. Mouvement de progression et d'ondulation des liquides dans les tubes élastiques. — 90. Influence de l'élasticité des tuyaux de conduite sur la hauteur et la longueur de l'onde. — 91. Application des lois de l'écoulement des liquides dans les tubes élastiques à la circulation du sang. — 91ᵃ. Influence de l'élasticité des artères sur la dépense. — 92. Sphygmodynamique. — 92ᵃ. Sphygmographes. — 92ᵇ. Cardiographe clinique.

III. — Mécanique des gaz.

CHAPITRE XI. — DE L'ÉTAT GAZEUX. 202

§§ 93. Expansibilité des gaz. — 93ᵃ. Constitution des gaz. — 93ᵇ. Poids spécifique des gaz.

CHAPITRE XII. — PRESSION ET ÉQUILIBRE DES GAZ. — AÉROSTATIQUE. 204

§§ 93ᶜ. Extension des principes de Pascal et d'Archimède aux gaz. — 94. Perte de poids des corps plongés dans l'air. — 95. Loi de Mariotte. — 95ᵃ. Voluménomètre. — 95ᵇ. Force élastique des gaz. Manomètres. — 95ᶜ. Mesure des hautes pressions. — 96. Pression atmosphérique. Baromètre. — 96ᵃ. Corrections des mesures barométriques. — 96ᵇ. Diminution de la pression atmosphérique avec l'altitude. — 97. Effets de la pression atmosphérique. — 97ᵃ. Pipette. — 97ᵇ. Siphon — 97ᶜ. Pompes médicales. — 98. Machine pneumatique. — 98ᵃ. Ventouses. — 99. Rôle de la pression atmosphérique dans l'économie animale. — 99ᵃ. Drainage capillaire. — 100. Compression des gaz. — 100ᵃ. Liquéfaction des gaz.

CHAPITRE XIII. — ABSORPTION, ÉCOULEMENT ET DIFFUSION DES GAZ. — AÉRODYNAMIQUE. 232

§§ 101. Absorption des gaz par les liquides ou dissolution des gaz. — 101ᵃ. Échange des gaz dans le poumon (Hématose). — 101ᵇ. Absorption des gaz par les solides ou imbibition gazeuse. — 102. Écoulement des gaz. — 102ᵃ. Écoulement des gaz au travers d'espaces capillaires. — 102ᵇ. Pnéodynamique. Pnéomètres. Anapnographe. — 102ᶜ. Spirophore. — 103. Diffusion des gaz. — 104. Osmose gazeuse.

LIVRE III. — ACOUSTIQUE

CHAPITRE I. — PRODUCTION ET PROPAGATION DU SON. 245

§§ 105. Nature du son. — 105ᵃ. Sirène acoustique. — 106. Distinction entre le bruit et le son. — 107. Vitesse des vibrations sonores. — 108. Forme des ondes sonores. — 108ᵃ. Origine du son. — 109. Vitesse de propagation du son. — 109ᵃ. Variation d'intensité du son avec la distance. — 110. Réflexion des ondes sonores. Écho. Résonnance. — 110ᵃ. Porte-voix. — 110ᵇ. Cornet acoustique. — 110ᶜ. Rôle de l'oreille externe dans l'audition. — 110ᵈ. Tubes acoustiques. Otoscope. — 110ᵉ. Stéthoscope. — 111. Réfraction et diffraction des ondes sonores.

CHAPITRE II. — QUALITÉS DU SON ET SONS MUSICAUX. 255

§§ 112. Qualités du son. — 112ᵃ. Hauteur du son. — 112ᵇ. Sonomètre ou monocorde. — 112ᶜ. Méthode graphique pour mesurer le nombre des vibrations sonores. Phonautographe. — 113. Intervalles consonnants et dissonnants. — 113ᵃ. Accords. — 113ᵇ. Échelle musicale. Gamme. — 113ᶜ. Vibrations des colonnes gazeuses dans les tuyaux. — 113ᵈ. Vibrations des liquides. — 113ᵉ. Vibrations longitudinales et transversales des cordes et des verges. — 113ᶠ. Vibrations des plaques et des membranes. — 113ᵍ. Rôle de l'oreille moyenne dans l'audition. — 114. Du timbre. — 114ᵃ. Vibrations sonores simples. — 114ᵇ. Vibrations sonores composées. — 115. Sons élémentaires : son fondamental et harmonique. — 115ᵃ. Analyse des sons. Résonnateurs. — 115ᵇ. Théorie de l'audition. — 115ᶜ. Timbre des instruments de musique. — 115ᵈ. Théorie de la voix. — 115ᵉ. Timbre des voyelles. — 116. Interférence des ondes sonores. Consonnance et dissonnance. — 117. Sons résultants.

CHAPITRE III. — DES BRUITS. 284

§§ 118. Classification des bruits. — 118ᵃ. Bruits instantanés. — 118ᵇ. Caractères généraux des bruits de percussion. — 119. Principales formes des bruits de percussion. — 120. Bruits prolongés ou continus. — 121. Consonnes de la voix humaine. — 122. Bruits de la respiration. — 122ᵃ. Bruits qui prennent naissance dans l'appareil de la circulation. — 122ᶜ. Bruit de contraction musculaire.

CHAPITRE IV. — INSTRUMENTS D'ACOUSTIQUE. — TAUTOPHONES. 296

§§ 123. Téléphones et microphones. — 123ᵃ. Applications du téléphone et du microphone. — 123ᶜ. Phonographe.

LIVRE IV. — OPTIQUE 309

§§ 124. Aperçu des phénomènes lumineux. — 124ᵃ. Nature de la lumière : théorie des ondulations. — 124ᵇ. Plan du livre consacré à l'étude de l'optique.

I. — Propagation de la lumière en ligne droite

CHAPITRE I. — INTENSITÉ DE LA LUMIÈRE. 311

§§ 125. Marche rectiligne des rayons lumineux dans un milieu homogène. — 125ᵃ. Ombre et pénombre. — 125ᵇ. Formation des images par les petites ouvertures. Chambre noire. — 126. Variation de l'intensité de l'éclairage avec la distance. — 126ᵃ. Intensité de la lumière reçue ou émise obliquement. — 126ᵇ. Photométrie. — 127. Sensibilité de la rétine aux différences d'intensité lumineuse. — 127ᵃ. Loi psycho-physique.

CHAPITRE II. — VITESSE DE LA LUMIÈRE. 316

§§ 128. Vitesse de propagation de la lumière dans le milieu cosmique. — 129. Vitesse de la lumière dans l'air. — 130. Vitesse de la lumière dans différents milieux.

II. — Réflexion et réfraction de la lumière. 317

§§ 131. Réflexion de la lumière en général. — 131ᵃ. Réfraction de la lumière en général. Transparence et opacité des corps. — 131ᵇ. Loi de réciprocité.

CHAPITRE III. — RÉFLEXION DE LA LUMIÈRE. 318

§§ 132. Lois générales de la réflexion. — 132ᵃ. Construction du rayon réfléchi. — 132ᵇ. Formation des images dans les miroirs plans. — 132ᶜ. Champ du miroir plan. — 132ᵈ. Miroirs angulaires. — 133. Laryngoscope. — 133ᵃ. Appareils à miroirs pseudoscopique. — 134. Réflexion de la lumière sur les surfaces courbes. — 134ᵃ. Formation des images dans les miroirs convexes. — 135. Formation des images dans les miroirs concaves. — 136. Représentation algébrique de la relation qui existe entre les positions des foyers conjugués dans les miroirs sphériques. — 136ᵃ. Détermination expérimentale du foyer principal des miroirs sphériques. — 137. Aberration de sphéricité des miroirs. — 138. Réflecteurs.

CHAPITRE IV. — RÉFRACTION DE LA LUMIÈRE A TRAVERS DES MILIEUX SÉPARÉS PAR DES SURFACES PLANES ET PARALLÈLES. 334

§§ 139. Lois de la réfraction simple. — 139ª. Indices de réfraction absolu et relatif. — 140. Réfraction à travers une surface réfringente plane. Dioptre plan.— 140ª. Formule des dioptres plans. — 141. Angle limite. Réflexion totale dans le milieu le plus réfringent. — 142. Réfraction à travers des lames à faces parallèles.

CHAPITRE V. — RÉFRACTION ET RÉFLEXION PAR LES PRISMES. 343

§§ 143. Réfraction de la lumière à travers un prisme. — 144. Déviation minimum. — 144ª. Détermination de l'indice de réfraction. Réfractométrie. — 144ᵇ. Méthode de la réflexion totale. Réfractomètre d'Abbe. — 144ᶜ. Stéréoscope. — 144ᵈ. Emploi des verres prismatiques en ophtalmologie. — 144ᵉ. Bi-prisme du docteur Monoyer. — 144ᶠ. Diplomètre du docteur Landolt. — 145. Réflexion de la lumière dans l'intérieur des prismes. Emploi des prismes comme réflecteurs ou miroirs.

CHAPITRE VI. — RÉFRACTION DE LA LUMIÈRE A TRAVERS UNE SURFACE COURBE. . . . 353

§§ 146. Réfraction à travers une surface sphérique. Dioptre simple. — 147. Aberration de sphéricité des surfaces réfringentes. — 148. Réfraction astigmatique régulière.

CHAPITRE VII. — RÉFRACTION DE LA LUMIÈRE DANS UN MILIEU TERMINÉ PAR DEUX SURFACES COURBES (LENTILLES). 361

§§ 149. Diverses espèces de lentilles sphériques.— 149ª. Phénomènes généraux de la réfraction dans les lentilles sphériques. Foyers conjugués et foyers principaux. Plans focaux. — 149ᵇ. Formation des images dans les lentilles sphériques. — 150. Marche des rayons lumineux dans l'intérieur des lentilles. Centre optique. — 150ª. Points nodaux. — 151. Plans et points principaux. — 151ª. Construction géométrique des images à l'aide des plans principaux. — 151ᵇ. Formules des abscisses et des ordonnées dans les lentilles. 152. Calcul de la longueur focale pour les diverses espèces de lentilles.— 153. Aberration de sphéricité des lentilles. — 154. Numérotage des lentilles. Pouvoir dioptrique et dioptrie. — 154ª. Détermination expérimentale du foyer principal des lentilles.— 155. Applications diverses des lentilles sphériques. Éclairage focal. Chambre noire. Verres de lunettes. — 155ª. Lentilles cylindriques. — 155ᵇ. Lentilles hyperboliques. — 155ᶜ. Réfraction à travers un nombre quelconque de milieux réfringents composant un système centré.

III. — Chromatique (Étude des couleurs)

CHAPITRE VIII. — DISPERSION DE LA LUMIÈRE ET MÉLANGE DES COULEURS. 383

§§ 156. Décomposition de la lumière blanche par le prisme. Spectre solaire. — 156ª. Recomposition de la lumière blanche. — 157. Mélange des couleurs spectrales. — 158. Mélange des sensations produites par les substances colorées. — 159. Couleurs complémentaires. — 160. Les trois couleurs fondamentales. — 161. Triangle chromatique. — 161ª. Des trois qualités des couleurs composées.

CHAPITRE IX. — RAIES SOMBRES DU SPECTRE SOLAIRE (Planche chromo-lithographiée). . 392

§§ 162. Raies de Fraunhofer. — 163. Utilité des raies de Fraunhofer pour la mesure des indices de réfraction. — 163ª. Manière d'observer les raies du spectre.

CHAPITRE X. — POUVOIR DISPERSIF ET ACHROMATISME. 393

§§ 164. Mesure de la dispersion. — 165. Prismes achromatiques. — 166. Aberration de réfrangibilité des lentilles. — 166ª. Lentilles achromatiques.

IV. — Absorption et émission de la lumière. — Rayons chimiques

CHAPITRE XI. — ABSORPTION DE LA LUMIÈRE. 397

§§ 167. Absorption de la lumière dans son passage à travers les milieux transparents. Couleurs des corps dans la lumière transmise. — 168. Absorption de la lumière dans la réflexion. Couleur des corps dans la lumière réfléchie. — 169. Spectres d'absorption. — 169ª. Analyse spectrale du sang et de la chlorophylle. — 170. Spectre des flammes. — 170ª. Inversion du spectre des flammes. — 170ᵇ. Rapport entre le pouvoir émissif et le pouvoir absorbant des corps pour la lumière. — 170ᶜ. Origine des raies de Fraunhofer. — 171. Analyse spectrale. Spectroscope. — 172. Théorie des phénomènes d'absorption lumineuse.

CHAPITRE XII. — EFFETS CHIMIQUES DE LA LUMIÈRE. 410

§§ 173. Combinaisons et décompositions chimiques produites sous l'influence de la lumière. — 173a. Action de la lumière sur les sels d'argent. Photographie. — 174. Activité chimique des différentes radiations du spectre solaire. Rayons ultra-violets. — 174a. Étendue du spectre solaire.

CHAPITRE XIII. — FLUORESCENCE ET PHOSPHORESCENCE. 414

§§ 175. Phénomènes de fluorescence. — 176. Théorie de la fluorescence. — 177. Phosphorescence. — 177a. Animaux luisants. — 177b. Application des lois de la phosphorescence et de l'absorption de la lumière à la théorie des images consécutives.

V. — Principaux instruments d'optique servant à la vision

CHAPITRE XIV. — DE L'ŒIL . . . . ⸱ . 420

§§ 178. Description sommaire de l'œil. — 179. Œil schématique. — 180. Œil réduit. — 180a. Axe visuel. — 180b. Angle visuel. Mesure de l'acuité de la vue. — 181. De l'accommodation de l'œil aux distances. — 181a. Etendue de l'accommodation et mesure du pouvoir accommodatif. — 181b. Anomalies de la réfraction : myopie, hypermétropie. — 181c. Correction de l'amétropie par l'emploi des besicles. Mesure du degré de l'amétropie. — 181d. Anomalies de l'accommodation. Presbyopie. — 181e Astigmatisme. — 181f. Optométrie. — 181g. Aberration de réfrangibilité de l'œil.

CHAPITRE XV. — DES MICROSCOPES. 450

§§ 182. Loupe et microscope simple. — 183. Microscopes à projection. — 184. Microscope composé. — 184a. Calcul du grossissement du microscope composé. — 185. Lentille de champ. — 186. Objectifs achromatiques et aplanétiques. — 187. Objectifs à correction. — 187a. Objectifs à immersion. — 188. Description du microscope composé. — 189. Microscope horizontal. — 189a. Application de la chambre claire au microscope. — 189b. Microscope redresseur. — 189c. Microscope pancratique. — 189d. Application de la photographie à la reproduction des objets microscopiques. — 190. Microscope binoculaire. — 191. Mesure du grossissement du microscope composé. — 191a. Mesure de la grandeur réelle des objets microscopiques. — 191b. Emploi du microscope pour la détermination des indices de réfraction. — 192. Essai du microscope.

CHAPITRE XVI. — LUNETTES D'APPROCHE ET TÉLESCOPES. — OPHTALMOMÈTRE. 472

§§ 193. Lunette astronomique. — 194. Lunette terrestre. — 194a. Lunette de Galilée. — 195. Télescope. — 196. Emploi de la lunette dans les instruments de mesure. — 196a. Cathétomètre. — 196b. Mesure des angles. — 197. Ophtalmomètre.

CHAPITRE XVII. — OPHTALMOSCOPE. . . . . : 475

§§ 198. Conditions de visibilité du fond de l'œil. — 199. Méthodes pour observer à l'ophtalmoscope. — 200. Mode d'éclairage du fond de l'œil pour l'examen ophtalmoscopique. — 200a. Principales formes d'ophtalmoscopes monoculaires. — 200b. Ophtalmoscope binoculaire. — 200c. Ophtalmoscope à plusieurs observateurs. — 201. Calcul des constantes optiques de l'ophtalmoscope. — 201a. Détermination de l'amétropie et de l'astigmatisme avec l'ophtalmoscope. — 201b. Œil ophtalmoscopique du Dr Perrin.

CHAPITRE XVIIbis. — URÉTROSCOPE. 491

§§ 201c. Principe de l'urétroscope. — 201d. Diverses formes d'urétroscopes.

VI. — Interférence et diffraction de la lumière

CHAPITRE XVIII. — INTERFÉRENCE DES ONDES LUMINEUSES. . . . . ⁻ . . . 495

§§ 202. Conditions dans lesquelles se produit l'interférence de la lumière. — 203. Expérience des miroirs de Fresnel. — 204. Détermination de la longueur d'onde et du nombre des vibrations lumineuses. — 205. Spectre d'interférence. — 206. Couleurs des lames minces. — 207. Anneaux colorés de Newton.

CHAPITRE XIX. — DIFFRACTION DE LA LUMIÈRE. 502

§§ 208. Nature et cause de la diffraction. — 209. Interférence des ondes diffractées. Spectre de diffraction. — 210. Phénomènes de diffraction produits par des ouvertures multiples.

VII. — Polarisation et double réfraction de la lumière

CHAPITRE XX. — POLARISATION DE LA LUMIÈRE. 507

§§ 211. Polarisation rectiligne. — 211ᵃ. Plan de polarisation et plan de vibration. Orientation des vibrations dans la lumière polarisée et·dans la lumière naturelle. — 212. Interférence des rayons polarisés. — 213. Polarisation par réflexion. — 213ᵃ. Angle de polarisation. Loi de Brewster. — 214. Polarisation par réfraction. — 215. Théorie de la polarisation par réflexion et par réfraction. — 216. Polarisation elliptique. — 217. Production de la polarisation elliptique. — 218. Polarisation circulaire.

CHAPITRE XXI. — DOUBLE RÉFRACTION DANS LES MILIEUX ANISOTROPES. 516

§§ 219. Double réfraction dans les cristaux à un axe. — 220. Surface de l'onde dans les cristaux à un axe. — 221. Surface d'élasticité des cristaux à un axe. — 222. Explication du dédoublement des rayons lumineux dans les milieux biréfringents. Construction d'Huyghens. — 223. Double réfraction positive et négative. — 223ᵃ. Intensité des deux rayons ordinaire et extraordinaire. Loi de Malus. — 224. Double réfraction dans les cristaux à deux axes.

CHAPITRE XXII. — PHÉNOMÈNES D'INTERFÉRENCE DE LA LUMIÈRE POLARISÉE. — POLARISATION CHROMATIQUE. 522

§§ 225. Polariseurs et analyseurs. Prisme de Nicol. — 226. Phénomènes de polarisation produits par deux prismes de Nicol superposés. — 227. Phénomènes de polarisaton produits par une lame biréfringente, parallèle à l'axe, placée entre deux nicols. — 228. Interférence des rayons polarisés produite par une lame biréfringente, parallèle à l'axe. — 229. Franges d'interférence dans la lumière polarisee et divergente avec une lame parallèle à l'axe. —230. Anneaux d'interférence d'une lame perpendiculaire à l'axe dans la lumière polarisée et divergente. — 231. Couleurs de polarisation des cristaux biaxiaux taillés en lame mince parallèle au plan de deux axes d'élasticité. —232. Polarisation chromatique produite par la duplication de lames biaxiales. — 233. Courbes colorées des cristaux à deux axes. — 234. Emploi des lames biréfringentes parallèles pour produire et pour reconnaître la lumière polarisée circulairement. — 234ᵃ. Double réfraction et polarisation chromatique des corps organisés. — 235. Houppes de polarisation de Haidinger. — 236. Appareils pour l'étude de la polarisation chromatique. — 237. Application de la polarisation chromatique à la détermination des axes d'élasticité et des axes optiques des cristaux.

CHAPITRE XXIII. — POLARISATION ROTATOIRE (POLARIGYRATION). 537

§§ 238. Rotation du plan de polarisation par le quartz. — 238ᵃ. Couleurs avec la lumière blanche. Teinte sensible. — 239. Théorie de la polarisation rotatoire. — 239ᵃ. Chromatomètre à polarisation de Rose. — 240. Pouvoir rotatoire moléculaire. — 240ᵃ. Appareils de polarisation pour la mesure du pouvoir rotatoire moléculaire.— 240ᵇ. Saccharimètre de Soleil. — 240ᶜ. Polaristrobomètre de Wild. — 240ᵈ. Saccharimètre de Laurent.

LIVRE V. — DE LA CHALEUR. 550

§§ 241. Aperçu général des phénomènes calorifiques. Division· du livre.

CHAPITRE I. — DILATATION DES CORPS PAR LA CHALEUR. 551

§§ 242. La température considérée comme mesure du degré de chaleur. — 242ᵃ. Thermomètres à liquide. — 242ᵇ. Thermomètres médicaux. — 243. Dilatation des corps solides par la chaleur. Coefficient de dilatation linéaire et cubique. — 243ᵃ. Formules des dilatations. — 243ᵇ. Dilatation des corps cristallisés. — 243ᶜ. Thermomètre métallique de Breguet. — 243ᵈ. Contraction de quelques corps solides par la chaleur. —'244. Dilatation des liquides. Dilatations apparente et absolue. — 244ᵃ. Dilatation irrégulière des liquides. Maximum de densité de l'eau. — 245. Dilatation des gaz. — 245ᵃ. Loi de Gay-Lussac. — 245ᵇ. Thermomètre à air. — 246. Correction relative à la température dans la mesure des longueurs. — 246ᵃ. Pendule compensateur. — 247. Correction relative à la température dans les pesées. — 248. Correction relative à la température dans la détermination des densités.

CHAPITRE II. — CHANGEMENTS D'ÉTAT DES CORPS. 570

§§ 249. Fusion et vaporisation. Solidification et liquéfaction. — 249ᵃ. Lois de la fusion et de l'ébullition. —249ᵇ. Surfusion. — 250. Influence de la pression sur les points de fusion et d'ébullition. — 250ᵃ. Importance des points de fusion et d'ébullition. — 251. Fusion

des alliages et des mélanges. — 251ª. Congélation des solutions salines. — 251ᵇ. Ebul·
lition des solutions salines. — 251ᶜ. Influence de l'adhésion sur le point d'ébullition. —
252. Vaporisation des liquides au-dessous du point d'ébullition. Évaporation. Influence de
la pression sur l'évaporation. — 252ª. Influence de la cohésion et de l'adhésion sur la formation des vapeurs. — 252ᵇ. Retard de l'ébullition. — 253. État sphéroïdal ou caléfaction des liquides. — 253ª. Incombustibilité momentanée des tissus vivants. — 254. Vapeurs non saturées et vapeurs saturées. — 255. Tension maxima des vapeurs à l'état de
saturation. — 255ª. Tension de la vapeur d'eau. — 255ᵇ. Tension des vapeurs des dissolutions salines.— 255ᶜ. Tension des liquides mélangés. Mélange des vapeurs. — 255ᵈ. Tension
du mélange des vapeurs et des gaz. — 256. Influence de la pression et de la température sur la densité des vapeurs. — 256ª. Loi de la dilatation des corps sous les trois états
et pendant les changements d'état.

CHAPITRE IIᵇⁱˢ. — HYGROMÉTRIE. 582

§§ 257. Définition de l'hygrométrie et de l'état hygrométrique. — 257ª. Hygromètre à cheveux.
— 257ᵇ. Hygromètre chimique. — 257ᶜ. Hygromètres à condensation. — 257ᵈ. Psychromètre.

CHAPITRE III. — CHALEUR SPÉCIFIQUE. 586

§§ 258. Mesure de la chaleur. Calorie. — 259. Ce qu'on entend par chaleur spécifique. —
259ª. Chaleur spécifique des solides, des liquides et des gaz. — 260. Représentation
graphique de la relation qui existe entre les variations de température et les quantités
de chaleur ajoutées. — 261. Dérogation aux lois de la dilatation et de la température dans
les corps solides, liquides et gazeux. — 262. Chaleur spécifique des gaz à pression constante et à volume constant. — 263. Relation entre la chaleur spécifique et le poids atomique des corps.

CHAPITRE IIIᵇⁱˢ. — CHALEUR LATENTE. 591

§§ 264. Ce qu'on entend par chaleur latente. — 265. Cause de la fixité de la température
pendant les changements d'état. — 266. Application de la chaleur dégagée par la condensation de la vapeur d'eau au chauffage des appartements. — 266ª. Chaleur latente de
différentes substances. — 266ᵇ. Chaleur latente de vaporisation par changement de pression
266ᶜ. Chaleur latente de dissolution des solides. — 266ᵈ. Mélanges réfrigérants. —
267. Liquéfaction des gaz. Froid produit par l'évaporation des gaz liquéfiés. — 267ª. Continuité de l'état liquide et de l'état gazeux. — 267ᵇ. Appareil Carré pour la fabrication de
la glace. — 267c. Appareil de Richardson pour l'anesthésie locale. — 267ᵈ. Relation entre
la chaleur spécifique et la chaleur latente. — 268. Chaleur dégagée dans les combinaisons.
— 268ª. Équivalents calorifiques. — 268ᵇ. Relation entre les équivalents calorifiques des
corps simples. Module des métalloïdes. — 269. Des méthodes calorimétriques.

CHAPITRE IV. — PROPAGATION DE LA CHALEUR. 603

§§ 270. Propagation de la chaleur par rayonnement et par conductibilité. — 271. Appareils
thermo-électriques pour la mesure des températures. — 272. Propriétés de la chaleur
rayonnante. — 273. Substances diathermanes et athermanes. — 273ª. Spectre calorifique.
Rayons opto-thermiques et anopto-thermiques. — 274. Thermochrose. — 275. Rapport
entre le pouvoir émissif et le pouvoir absorbant des corps pour la chaleur. — 276. Transmission de la chaleur par conductibilité. — 276ª. Coefficient de conductibilité intérieure.
277. Coefficient de conductibilité extérieure. — 277ª. Pouvoir conducteur des solides. —
277ᵇ. Conductibilité des cristaux. — 277ᶜ. Conductibilité du bois. — 277ᵈ. Conductibilité
des liquides et des gaz. — 277ᵉ. Applications médicales de la conductibilité des corps
pour la chaleur. — 278. Lois du refroidissement des corps.

CHAPITRE V. — ORIGINE DE LA CHALEUR ET THÉORIE DES PHÉNOMÈNES CALORIFIQUES . . 616

§§ 279. Sources de chaleur. — 280. Production de la chaleur par le travail mécanique. —
281. Production du travail mécanique par la chaleur. — 282. Chaleur solaire. —
283. Chaleur de combustion. — 284. Théorie mécanique de la chaleur. — 284ª. Travail de
disgrégation et travail de vibration. — 284ᵇ. Relation entre la chaleur et les divers états de
la matière. — 285. Chaleur animale. — 285ª. Transformation de la chaleur de combustion
en travail musculaire. — 286. Température du corps dans l'état de santé. — 286ª. Régulateurs de la température du corps. — 286ᵇ. Appareil de protection contre le froid.
Vêtements. — 286ᶜ. Température du corps dans l'état de maladie.

LIVRE VI. — DE L'ÉLECTRICITÉ. 635

§§ 287. Aperçu général des phénomènes électriques. — 287ᵃ. Plan du livre consacré à l'étude de l'électricité.

CHAPITRE I. — ÉLECTRICITÉ STATIQUE. SOURCES D'ÉLECTRICITÉ. 636

§§ 288. Développement de l'électricité par le frottement. Attraction et répulsion des corps électrisés. — 288ᵃ. Théories électriques: hypothèse des deux fluides, hypothèse d'un seul fluide. Électricités positive et négative. — 288ᵇ. Corps idio-électriques et anélectriques. — 289. Corps conducteurs ou non conducteurs de l'électricité. — 290. Électroscope. — 291. Accumulation de l'électricité à la surface des corps. — 292. Développement de l'électricité par influence. — 293. Distribution de l'électricité à la surface des corps conducteurs. — 293ᵃ. Pouvoir des pointes. — 294. Appareils fondés sur le développement de l'électricité par influence. — 294ᵃ. Machines électriques à frottement. — 294ᵇ. Machines électriques par influence. — 294ᶜ. Électrophore. — 294ᵈ. Électricité dissimulée. Condensateur. — 294ᵉ. Électromètre condensateur. — 294ᶠ. Bouteille de Leyde. — 294ᵍ. Batterie électrique. — 295. Électricité produite par le contact de métaux hétérogènes. 295ᵃ. Liste des métaux rangés dans l'ordre de leur pouvoir électro-moteur. — 296. Théorie du contact. Force électro-motrice. — 297. Électricité développée par le contact d'un métal avec un liquide. — 298. Cas de deux métaux hétérogènes en contact avec un seul liquide. — 299. Courant électrique. — 299ᵃ. Pile voltaïque. — 299ᵇ. Théorie chimique de la pile. — 300. Électricité produite par le contact des métaux et des gaz. — 301. Électricité développée par le contact de liquides de nature différente. — 302. Courants thermo-électriques.

CHAPITRE II. — MESURE DE L'ÉTAT ÉLECTRIQUE DES CORPS ET DES FORCES ÉLECTRIQUES. 655

§§ 303. Quantité d'électricité. Densité et tension électriques. — 303ᵃ. Lois des attractions et des répulsions électriques. — 304. Grandeur de la force électro-motrice développée par le contact des métaux. Loi des tensions électriques. — 305. Mesure de la force électro-motrice développée au contact des métaux et des liquides.

CHAPITRE III. — ÉLECTRICITÉ DYNAMIQUE. 659

§§ 306. Différentes sortes de mouvements de l'électricité. — 307. Courant de décharge. — 307ᵃ. Distance explosive. Durée de l'étincelle. Vitesse de propagation de l'électricité. — 308. Piles électriques. — 308ᵃ. Pile à couronne de tasse. — 308ᵇ. Piles de Wollaston, de Munck. — 308ᶜ. Chaîne galvanique de Pulvermacher. — 308ᵈ. Piles sèches. — 308ᵉ. Causes d'affaiblissement de la pile. Polarité secondaire des éléments. — 309. Piles à courant constant. — 309ᵃ. Pile de Daniell. — 309ᵇ. Pile de Grove. — 309ᶜ. Pile de Bunsen. — 309ᵈ. Pile au bichromate de potasse. — 309ᵉ. Couple de Marié Davy au sulfate de mercure. — 309ᶠ. Pile au sulfate de plomb. — 309ᵍ. Batterie voltaïque de Siemens. — 309ʰ. Batterie de Stœhrer. — 309ⁱ. Pile portative de Stœhrer. — 309ʲ. Pile portative au chlorure d'argent du docteur Pincus. — 309ᵏ. Pile portative de Ruhmkorff et Duchenne. — 309ˡ. Pile portative à courant continu de Gaiffe. — 309ᵐ. Commutateurs. — 310. Intensité du courant galvanique. Voltamètre et rhéomètre. — 311. Densité du courant. — 312. Lois d'Ohm relatives à l'intensité des courants. — 313. Résistance intérieure et extérieure. — 313ₐ. Lois de la résistance. — 313ᵇ. Divers modes d'association des couples d'une pile. — 314. Tensions de l'électricité dans le circuit. Chute électrique. — 315. Courants dérivés. — 315ᵃ. Dérivation en forme de pont. — 316. Propagation du courant dans les conducteurs à deux et à trois dimensions. — 316ᵃ. Éléments électro-moteurs des nerfs et des muscles. — 316ᵇ. Courants musculaire et nerveux. — 317. Diffusion des courants électriques dans le corps humain. — 317ᵃ. Influence de la forme et de la nature des excitateurs sur le trajet du courant prédominant. — 318. Emploi des courants dérivés pour graduer l'intensité d'un courant donné. Rhéostats. — 318ᵃ. Rhéochorde de Neumann. — 318ᵇ. Rhéochorde de du Bois-Reymond. — 318ᵇ. Levier-clef de du Bois-Reymond. — 319. Mesure des résistances. — 319ᵃ. Conductibilité des tissus organiques. — 320. Mesure de la force électro-motrice. — 320ᵃ. Système C. G. S. d'unités de mesure.

CHAPITRE IV. — EFFETS DE L'ÉLECTRICITÉ DYNAMIQUE. 701

§§ 321. Effets du courant de décharge. — 322. Production de chaleur par le passage du courant galvanique. Lois de Joule. — 322ᵃ. Galvano-caustique thermique. — 323. Effets lumineux dans le circuit et à l'ouverture du circuit. — 323ᵃ. Étincelle de rupture. — 323ᵇ. Arc voltaïque. — 324. Effets chimiques du courant. Électrolyse. — 324ᵃ. Loi de Faraday. — 324ᵇ. Électrolyse des composés binaire et ternaire. Réactions secondaires. — 324ᶜ. Électrolyse des substances animales. — 325. Transports des éléments aux électrodes. — 325ᵃ. Endosmose électrique. — 326. Théorie de l'électrolyse. — 326ᵃ. Galvano-caustique chimique. — 327. Polarisation galvanique. Résistance au passage. — 328. Destruction de la polarisation dans les piles à courant constant. — 328ᵃ. Électrodes impolarisables.

CHAPITRE V. — MAGNÉTISME. 723

§§ 329. Propriétés générales des aimants. — 330. Constitution élémentaire des aimants. — 331. Lois des attractions et des répulsions magnétiques. — 332. Moment magnétique. Force directrice des aimants. — 333. Action directrice de la terre sur les aimants. Méridien magnétique. Déclinaison et inclinaison. — 333ᵃ. Intensité du magnétisme terrestre. — 333ᵇ. Distribution du magnétisme terrestre.

CHAPITRE VI. — ÉLECTRO-DYNAMIQUE. THÉORIE DU MAGNÉTISME. 728

§§ 334. Action des courants électriques les uns sur les autres. Loi d'Ampère. — 334ᵃ. Action directrice d'un courant rectiligne indéfini sur un courant fermé. — 334ᵇ. Mesure des forces électro-dynamiques. — 335. Théorie des phénomènes électro-dynamiques. — 336. Courant terrestre. — 337. Solénoïdes. — 337ᵃ. Théorie électro-dynamique du magnétisme. Assimilation des aimants aux solénoïdes.

CHAPITRE VII. — ACTION DES COURANTS ÉLECTRIQUES SUR LES AIMANTS. 734

§§ 338. Déviation de l'aiguille aimantée par le courant voltaïque. Loi d'Ampère. — 339. Emploi de l'aiguille aimantée pour mesurer l'intensité des courants. Boussole des tangentes et boussole des sinus. — 340. Galvanomètre multiplicateur. — 340ᵃ. Sensibilité du galvanomètre. — 340ᵇ. Choix des rhéomètres destinés à la mesure des courants de faible intensité.

CHAPITRE VIII. — ÉLECTRO-MAGNÉTISME ET DIAMAGNÉTISME. 739

§§ 341. Aimantation du fer et de l'acier par les courants électriques. Électro-aimants. — 341ᵃ. Lois et théorie de l'électro-magnétisme. — 341ᵇ. Emploi du courant électrique pour découvrir la présence des corps étrangers métalliques au sein des tissus. Explorateur électrique de Trouvé. — 342. Diamagnétisme. Corps paramagnétiques et diamagnétiques. — 342ᵃ. Manière d'observer les phénomènes de diamagnétisme. — 343. Explication du diamagnétisme. — 343ᵃ. Magnétisme des cristaux. — 343ᵇ. Rotation du plan de polarisation de la lumière sous l'influence des aimants et des courants.

CHAPITRE IX. — INDUCTION. 746

§§ 344. Induction par les courants. — 344ᵃ. Loi générale de l'induction galvanique. — 345. Induction par les aimants. — 346. Induction d'un courant sur lui-même. Extra-courant. — 347. Intensité des courants induits. — 348. Durée et marche des courants d'induction. — 349. Théorie des phénomènes d'induction. Courants induits de différents ordres. — 350. Emploi des courants induits en physiologie et en thérapeutique. — 350ᵃ. Appareils d'induction volta-faradiques. — 350ᵇ. Appareil à glissement de du Bois-Reymond. — 350ᶜ. Appareil volta-faradique de Helmholtz. — 350ᵈ. Appareil à glissement de Tripier. — 350ᵉ. Grand appareil volta-faradique de Duchenne (de Boulogne). — 350ᶠ. Petit appareil volta-faradique de Duchenne (de Boulogne). — 350ᵍ. Appareil portatif de Ruhmkorff. — 350ʰ. Appareil volta-faradique de Gaiffe (ancien modèle). — 350ⁱ. Appareil volta-faradique de Gaiffe (nouveau modèle). — 350ʲ. Appareil volta-faradique de Trouvé. — 351. Appareils d'induction magnéto-faradiques. — 351ᵃ. Machine magnéto-faradique de Clarke. — 351ᵇ. Appareil magnéto-faradique de Breton. — 351ᶜ. Appareil de Duchenne. — 351ᵈ. Appareil de Gaiffe. — 351ᵉ. Influence de la vitesse de rotation sur l'intensité des effets produits par les machines magnéto-faradiques. — 351ᶠ. Comparaison entre les appareils volta-faradiques et magnéto-faradiques. — 352. Effets d'induction unipolaire. — 352ᵃ. Bobine de Ruhmkorff. — 352ᵇ. Explorateur chirurgical de Hughes. — 352ᶜ. Tubes de Geissler. Matière radiante. — 352ᵈ. Applications médicales. Splanchnoscope.

TABLE ALPHABÉTIQUE ET ANALYTIQUE DES MATIÈRES. 787

FIN DE LA TABLE MÉTHODIQUE DES MATIÈRES

TRAITÉ ÉLÉMENTAIRE

DE

PHYSIQUE MÉDICALE

INTRODUCTION

1. [Objets et phénomènes. — L'homme, armé de ses sens, constate autour de lui l'existence d'*objets* ou de *corps* matériels. Il reçoit de ces divers corps des impressions qui non seulement lui en révèlent la présence et lui permettent de les distinguer les uns des autres, mais qui les lui montrent encore, dans certains cas, le siège de modifications, de changements plus ou moins profonds et plus ou moins durables : tout fait, tout acte par lequel un corps manifeste ainsi ses qualités et ses modifications porte, dans les sciences physiques, le nom de *phénomène*. L'ensemble de tous les corps, c'est-à-dire de tout ce qui peut exciter en nous des sensations, constitue le *monde*, l'*univers*, le *cosmos*, ou la *nature*.

Parmi ces corps, il en est qui ne peuvent subsister qu'à la faveur d'une forme et d'une structure particulières, en un mot, de l'organisation qui leur est propre, et à la condition de renouveler sans cesse les matériaux dont ils se composent; ce sont les êtres organisés ou vivants, comprenant les végétaux et les animaux et constituant le *monde organique*. L'existence de ces corps, en tant qu'individualités distinctes et vivantes, a une durée limitée; mais ils jouissent de la faculté de se reproduire. Les autres corps de la nature, dépourvus des attributs qui viennent d'être indiqués comme propres aux êtres vivants, sont les corps inorganisés ou minéraux, et composent le *monde inorganique*. Il n'a pas été possible, jusqu'à présent, de découvrir dans les êtres organisés d'autres matériaux premiers que ceux qu'on retrouve dans le règne minéral.

On distingue de même plusieurs classes de phénomènes : les uns, les phénomènes *vitaux*, sont l'apanage exclusif des êtres vivants ; les autres, que nous appellerons phénomènes *non vitaux*, sont communs à tous les corps de la nature. Cette seconde classe se subdivise elle-même en deux catégories : tantôt la substance du corps éprouve une altération profonde, qui va jusqu'à le transformer en un nouveau corps différent du premier ; on est alors en présence d'un phénomène *chimique;* tantôt le changement est moins considérable, il respecte la nature intime du corps ; il constitue, dans ce cas, un phénomène *physique*. La chute d'une pierre, l'attraction exercée sur des corps légers par un bâton de verre préalable-

ment frotté avec de la laine sont des phénomènes qui rentrent dans cette
dernière catégorie. La métamorphose du fer en rouille, la formation du
savon aux dépens des corps gras par l'intervention d'un alcali, sont des
phénomènes chimiques. On trouve un exemple de phénomène vital dans le
développement d'un germe organisé donnant naissance, suivant les cas, à
une plante ou à un animal.

La ligne de démarcation que nous venons d'établir entre les phénomènes d'ordre chimique
et ceux d'ordre physique semble un peu vague, aussi longtemps qu'on n'a pas défini ce
qu'il faut entendre par nature intime d'un corps. L'interprétation rationnelle des phénomènes observés a conduit les savants à rejeter l'idée d'une divisibilité indéfinie et infinie de
la matière; on a donné le nom d'*atomes* aux dernières particules matérielles, à celles qui
ne peuvent plus être divisées par aucun des moyens à nous connus. Les atomes n'existent
jamais à l'état isolé; ils se réunissent par groupes pour former une *molécule*, et la réunion
d'un nombre plus ou moins grand de ces molécules constitue à son tour un corps. Nous
pouvons dire dès lors que les phénomènes chimiques apportent un changement dans l'équilibre des atomes constituants des molécules matérielles, qu'ils en modifient le groupement
ou qu'ils altèrent la composition de la molécule. Les phénomènes physiques peuvent porter
atteinte à l'équilibre des molécules les unes par rapport aux autres, mais leur action ne
s'étend pas jusqu'aux atomes. Les propriétés chimiques d'un corps ne dépendent que de
la nature et du mode d'arrangement de ses atomes; les propriétés physiques dépendent, en
outre, du groupement de ses molécules. Un corps ne change de nature que s'il survient une
modification dans la constitution de ses molécules, en sorte qu'un même corps peut se présenter sous plusieurs états physiquement différents, tout en restant le même sous le rapport
chimique. On voit par là qu'il n'y a entre les phénomènes chimiques et physiques qu'une
différence du plus au moins.

Telle est, suivant nous, la seule distinction vraiment scientifique qu'on puisse établir entre
les deux catégories de phénomènes non vitaux. Il n'est pas conforme aux faits de dire, comme
le répètent les auteurs classiques, que les phénomènes physiques sont indépendants de la
nature des corps : la résine, par exemple, ne manifeste pas les phénomènes électriques de
la même manière que les métaux; les phénomènes optiques qu'on observe dans un cristal
de quartz diffèrent de ceux auxquels donne lieu le verre; et d'ailleurs, ne sait-on pas que
les corps chimiquement différents ne se ressemblent pas non plus par tous leurs caractères
physiques? Il est tout aussi inexact de dire que les phénomènes physiques n'apportent
jamais de changement permanent dans les corps : ainsi, quand on fait circuler un courant
électrique autour d'un barreau d'acier, le barreau est aimanté et conserve son aimantation, même après qu'on a supprimé le courant qui avait déterminé cette modification.

L'observation montre que tout phénomène chimique est accompagné de
phénomènes physiques. On constate aussi qu'il ne se produit pas de phénomène vital sans qu'il apparaisse en même temps de phénomène physique
ou chimique, et, le plus souvent, l'un et l'autre à la fois; d'ailleurs ces
actes, que nous appelons vitaux, sont réductibles, en dernière analyse, à
des phénomènes d'ordre physique ou chimique, auxquels l'être vivant imprime, en raison de son organisation particulière, un cachet spécial. De
plus, les corps doués de vie manifestent des phénomènes dont la nature
physique ou chimique tombe immédiatement sous les sens. On comprend
dès lors la nécessité de commencer par étudier les phénomènes physiques
et chimiques, avant d'aborder ceux qui se passent dans les êtres vivants et
que nous appellerons du terme générique de phénomènes *physiologiques*,
en réunissant sous ce nom tous les phénomènes, tant vitaux que non vitaux,
qui ont leur siège dans les organismes en état de vie.]

1ª. Histoire naturelle et sciences physiques. — En observant attentivement la
variété infinie [des objets et] des phénomènes de la nature, on remarque

qu'ils peuvent être envisagés sous deux points de vue différents, qui ouvrent à l'investigation scientifique deux voies entièrement distinctes l'une de l'autre.

Lorsque nous considérons les objets tels qu'ils s'offrent à notre examen dans le moment présent, sans nous occuper de leurs modifications dans le temps et dans l'espace, la nature nous apparaît comme un ensemble d'êtres isolés et plongés dans l'immobilité; ces êtres présentent des caractères en partie communs, en partie distinctifs, qui permettent de les distribuer en groupes plus ou moins nombreux; le soin de donner à cette classification des bases scientifiques et d'arriver ainsi à une compréhension systématique de la nature tout entière incombe à [ce que nous appellerons la *science des objets* ou] *l'histoire naturelle;* cette branche des connaissances humaines se subdivise en autant de rameaux séparés qu'il est possible de distinguer de classes principales parmi les corps de la nature.

Porte-t-on, au contraire, son attention, non pas sur les objets eux-mêmes considérés à l'état de repos, mais sur les changements variés qui s'y observent, et cherche-t-on à se rendre compte de la nature et des causes de ces modifications, on entre dans le domaine des *sciences physiques*, que des raisons pratiques ont fait diviser en trois grandes sections, savoir : la *physique*, la *chimie* et la *physiologie*.

2. Des lois physiques. — Dès les premières impressions qui nous viennent du dehors, nous nous apercevons qu'il y a de la *régularité* dans la manifestation des phénomènes de la nature ; c'est ainsi qu'un corps tombe toujours de la même manière vers la surface de la terre, que les oscillations d'un pendule se répètent en suivant des règles invariables, que les planètes accomplissent autour du soleil des révolutions périodiquement uniformes. Nous exprimons cette régularité de manifestations en disant que les phénomènes de la nature sont soumis à des lois ; chaque groupe de phénomènes dont le mode de manifestation reste le même est régi par ce qu'on appelle une *loi naturelle* ou *physique;* c'est dans ce sens que nous parlons de la loi de la chute des corps, de la loi du pendule, de celle des mouvements planétaires, etc.

Toute loi, et il en est ainsi des lois physiques, implique un rapport de *dépendance :* un phénomène naturel ne peut se reproduire d'une manière uniforme qu'autant que *quelques-unes*, au moins, des circonstances dans lesquelles il s'est manifesté une première fois se retrouvent les mêmes. En toute rigueur, les circonstances corrélatives d'un évènement embrassent à la fois l'état du monde au moment où l'évènement est arrivé et l'état antérieur ; car la somme des circonstances qui président à l'apparition actuelle d'un évènement n'est évidemment complète qu'autant qu'on y comprend la somme de tous les autres évènements dont la réunion a constitué le cours du monde jusqu'au temps présent. Toutefois, l'expérience nous apprend que, parmi cette infinité de circonstances dont pourrait dépendre un évènement, il n'y en a jamais qu'un petit nombre qui aient une influence manifeste ; les *conditions* d'un phénomène sont précisément ces circonstances, présentes ou passées, avec lesquelles le phénomène considéré se montre en relation évidente.

En général, les phénomènes aussi bien que leurs conditions sont des évènements complexes : par exemple, lorsqu'une boule tombe en roulant sur un plan incliné, elle est animée d'un mouvement qui résulte en partie de l'attraction exercée par la terre, en partie de la résistance du plan, en partie du frottement, en partie enfin de la résistance de l'air; la loi du mouvement de la boule dépend à la fois de toutes ces circonstances. Aussi, quand on veut déterminer la part d'influence qui revient à une condition donnée, est-on obligé de simplifier le phénomène en séparant l'une de l'autre les différentes conditions. Cette simplification des faits par l'isolation intentionnelle de chacune des conditions qui président à leur manifestation constitue un des éléments les plus importants pour arriver à l'explication des phénomènes et s'appelle l'*expérimentation*; le savant se trouve presque continuellement dans la nécessité de recourir à cette méthode d'investigation, car il est rare qu'une condition se rencontre d'elle-même à l'état isolé.

Lorsqu'on est parvenu, en dernière analyse, à une condition irréductible et, par conséquent, à un phénomène qui ne peut pas être simplifié davantage, on a découvert ce qu'on appelle la *cause* de ce phénomène. La nature de la relation qui existe entre une cause isolée et son effet représente une loi physique *simple*, c'est-à-dire qui n'est plus susceptible d'être décomposée en d'autres lois dont elle ne serait que la résultante. Je suppose que, dans l'exemple précédemment choisi, nous laissions de côté toutes les autres conditions, à l'exception de la pesanteur, et que nous répétions l'expérience en faisant tomber la boule librement dans le vide : nous observons alors une loi simple, celle de la chute, tandis que la boule, en descendant le long d'un plan incliné, suivait une loi complexe, c'est-à-dire résultant du concours d'un certain nombre de lois plus simples; parmi ces dernières figure la loi de la chute ; on arriverait à connaître les autres en étudiant séparément l'influence du frottement, de la résistance de l'air et de l'inclinaison du plan.

3. Représentation algébrique des lois physiques. — Une loi simple peut aussi être exprimée, en général, d'une manière très simple : c'est ainsi qu'on énonce la loi de la chute des corps dans le vide en disant que *la vitesse d'un corps qui tombe croît proportionnellement au temps*, et que *la vitesse acquise au bout de la première unité de temps est une quantité constante*, égale à $9^m,8$, si l'on prend pour unité de temps la seconde. En désignant cette constante par g, le temps par t et la vitesse par v, on a, pour représenter la loi de la chute des corps, l'équation $v = gt$. Toutes les lois physiques peuvent ainsi revêtir une forme mathématique et s'exprimer par des *équations*, c'est-à-dire par des relations déterminées entre les diverses grandeurs qui font partie intégrante du phénomène; mais on comprend que, lorsque la loi est compliquée, l'équation qui la représente soit aussi moins simple que celle qui se rapporte à l'exemple précédent.

[Les formules mathématiques sont toujours utiles en physique, car leur emploi donne plus de clarté et de précision aux lois qu'elles représentent, et permet, en outre, de déduire d'une loi donnée toutes les conséquences qui en découlent. Parfois même, elles deviennent indispensables : il serait, par exemple, malaisé d'énoncer, en langage ordinaire, la relation qui existe entre les distances des *foyers conjugués* dans la réfraction à travers un *dioptre simple;* on verra, dans l'optique, que cette relation peut s'exprimer très simplement par l'équation :

Une loi est un rapport constant entre les ... d'un phénomène

$\dfrac{f}{p} + \dfrac{f'}{p'} = 1$, dans laquelle p et p' désignent les distances des foyers conjugués à la surface réfringente, f et f', des quantités constantes pour chaque dioptre et qui s'appellent les *longueurs focales*.]

3ª. Représentation géométrique ou graphique des lois physiques. — Les lois peuvent encore être représentées par des courbes géométriques. Sagit-il, par exemple, de figurer la loi de la chute des corps formulée plus haut : on porte sur la droite OX (fig. 1), à partir du point O pris pour *origine des coordonnées*, des longueurs ou *abscisses* OA, OB, OC, OD..., qui représentent les temps écoulés depuis le début du phénomène et qui leur sont respectivement proportionnelles ; aux points de division on élève des perpendiculaires ou *ordonnées*, dont les longueurs doivent représenter les vitesses correspondantes aux temps considérés. En O, qui répond à l'instant où le corps commence à tomber, la vitesse est nulle, et, par suite, l'ordonnée correspondante est aussi nulle ; au bout de la première seconde, la vitesse est égale à $9^m,8$; nous représentons cette dernière grandeur par une ordonnée de longueur AA′ et passant par le point A qui répond au temps 1 ; comme d'ailleurs, la vitesse augmente proportionnellement au temps, il s'ensuit que les ordonnées relatives aux temps 2, 3, 4, etc., doivent avoir des longueurs respectivement double, triple, quadruple, etc., de celle de l'ordonnée AA′. On voit dès lors que la ligne menée par les extrémités A′, B′, C′, D′... des ordonnées est une droite dont l'inclinaison sur l'axe des abscisses OX dépend de la grandeur constante AA′. Cette droite OK′ n'est évidemment qu'une représentation symbolique de l'équation $v = gt$, c'est-à-dire de la loi en vertu de laquelle la vitesse croît proportionnellement au temps écoulé.

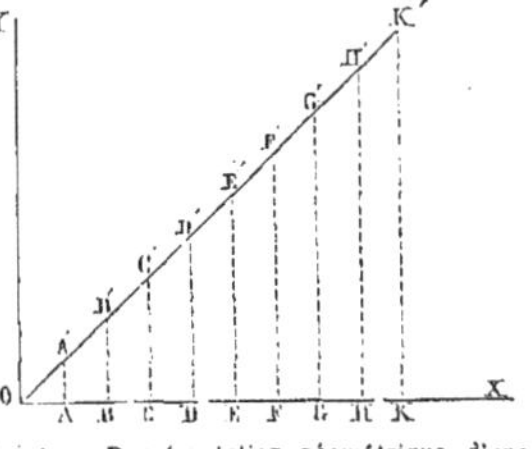

Fig. 1. — Représentation géométrique d'une loi physique (loi des vitesses dans la chute des corps).

Toute loi susceptible d'être formulée avec précision, ou, en d'autres termes, d'être mise en équation, peut aussi être figurée par une courbe géométrique. Ce mode de représentation est particulièrement utile quand il s'agit de lois compliquées dont la mise en équation offrirait de grandes difficultés et ne permettrait pas d'apercevoir assez facilement les relations qui existent entre les diverses circonstances d'un phénomène. Dans le domaine de la physiologie [et de la météorologie], on a fréquemment affaire à de telles relations complexes ; on se contente alors de les représenter graphiquement, et cela suffit pour le but qu'on se propose. Supposons, par exemple, que la figure 2 représente la loi suivant laquelle la température du corps humain varie aux différentes heures de la journée ; si on voulait exprimer cette loi algébriquement, on arriverait à une équation extrêmement complexe et qui ne mettrait pas directement en évidence la relation cherchée entre la température et l'heure, tandis que la représentation graphique montre ce rapport à la simple inspection de la courbe.

Dans les cas compliqués, tels que celui dont nous venons de donner
un exemple, on est ordinairement en présence, non pas de lois proprement dites, mais d'effets résultant du concours d'un grand nombre de
causes qui peuvent agir indépendamment les unes des autres. Il est clair,
par exemple, que ce ne sont pas les heures de la journée, considérées
en elles-mêmes, qui déterminent l'élé-
vation ou l'abaissement de la température du corps, mais que ces
variations sont dues à des conditions
de chaleur extérieure, d'alimentation,
de sommeil ou de veille, etc., qui
ne sont pas les mêmes aux différents
moments du jour; la relation entre
la température et l'heure pourrait
donc être résolue en un plus grand
nombre de relations moins compliquées.

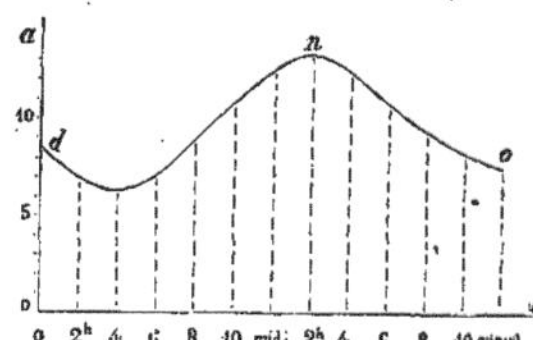

Fig. 2. — Représentation graphique d'une loi
complexe (courbe des variations horaires de
la température du corps humain).

En général, on ne met en équation que des lois simples, et quand on fait
usage de la représentation graphique pour les relations plus compliquées,
on vise, non pas à figurer géométriquement une équation, mais à remplacer
un ensemble de données disposées en tableau par une courbe ou *diagramme*
qui parle plus clairement aux yeux.

[On a imaginé des appareils qui tracent eux-mêmes la courbe représentant la relation entre le temps et un autre élément du phénomène; ce sont
ce qu'on appelle des appareils *enregistreurs* ou à *indications continues*,
dont l'emploi devient de plus en plus fréquent dans les sciences médicales.
Nous aurons l'occasion d'en décrire un certain nombre et notamment le cymographe, le sphygmographe, l'hémadromographe, le phonautographe, etc.
Les appareils enregistreurs présentent l'immense avantage de faire connaître, jusque dans ses moindres détails, la marche d'un phénomène
donné et d'en conserver une trace durable qui permet ensuite d'étudier à
son aise la durée du phénomène, les diverses phases par lesquelles peut
avoir passé l'élément que l'on considère, et de déterminer avec une extrême
précision la *moyenne analytique* des variations observées.]

4. La physique considérée comme science des mouvements. — Tous les phénomènes
dont la physique a à s'occuper, soit pour en découvrir la cause, soit pour
les déduire de causes connues, peuvent être divisés en deux grandes classes :
une première série renferme les phénomènes qui consistent en mouvements
de totalité des corps, sans que le corps qui change ainsi de position par rapport aux objets environnants éprouve d'altération dans sa substance; les
phénomènes de la seconde série peuvent laisser l'ensemble d'un corps au
repos, mais ils apportent dans ses propriétés des modifications qui sont, ou
directement perceptibles par les sens, ou faciles à mettre en évidence au
moyen d'essais. La chute d'un corps est un phénomène de la première
classe; à la dernière appartiennent la congélation de l'eau, l'aimantation
du fer entouré d'un fil que parcourt un courant électrique. Il arrive fréquemment qu'un même phénomène comprenne à la fois des mouvements de
totalité et des modifications de propriétés; nous pouvons donc désigner d'une

manière abrégée tous les phénomènes qui ressortissent à l'étude de la physique, comme des changements, soit de *position*, soit de *propriétés* des corps,
ou comme une combinaison de ces deux sortes de changements. De ces trois
espèces de modifications, les plus simples sont évidemment les changements
de position, car les différents mouvements des corps ne se distinguent les uns
des autres que par la grandeur de leur vitesse et par le sens et l'étendue des
variations qu'elle peut subir. Les changements de propriétés des corps sont,
au contraire, variés à l'infini, et il n'est pas facile de prime abord de les
réunir en un faisceau unique ; cependant on est arrivé, sur ce point, à une
conception qui permet, dès maintenant, d'expliquer un grand nombre de ces
modifications de propriétés au moyen des lois du mouvement : la physique
ramène en effet, tous les changements dans les qualités des corps aux mouvements des dernières particules de la matière.

En nous plaçant à ce point de vue nouvellement acquis, nous pouvons
dire que la physique est la *science des mouvements* qui se passent dans le
monde matériel. Prise ainsi dans son acception la plus large, elle embrasse
non seulement les phénomènes physiques proprement dits, mais encore ceux
d'ordre chimique et physiologique ; toutefois on a l'habitude de distraire ces
derniers de la physique, et on définit alors celle-ci la science des mouvements qui s'effectuent dans le monde matériel, à l'exception de ceux qui
appartiennent au domaine des manifestations de l'affinité chimique ou qui
constituent les phénomènes vitaux des organismes. Il résulte de là que la
physique, en tant que science générale des mouvements, occupe le premier
rang dans l'ensemble des sciences physiques ; après elle, vient la *chimie*,
laquelle n'étudie qu'un groupe particulier de mouvements, ceux qui sont
dus aux attractions réciproques que les particules matérielles exercent les
unes sur les autres, en vertu de leur nature propre, mouvements d'où
résultent des combinaisons en proportions définies. Le troisième rang
appartient à la *physiologie ;* cette science ne considère que les phénomènes
physiques et chimiques qui sont en rapport avec la vie des êtres organisés.
[Nous avons indiqué, § 1, la ligne de démarcation qui sépare les uns des
autres les phénomènes physiques, chimiques et vitaux.]

5. Forces naturelles ou cosmiques. — Tous les phénomènes physiques se
trouvant ramenés à des mouvements, il en résulte que les causes dont la
physique a à s'occuper sont exclusivement des *causes de mouvement.*

On donne communément le nom de *force* à la cause d'un mouvement ;
nous citerons comme exemple, la force musculaire de l'homme, dont les
effets nous sont le plus familiers. On distingue autant de forces physiques
qu'il y a de causes différentes de mouvement ; mais, dans tout mouvement,
les parties qui se déplacent peuvent ou se rapprocher ou s'éloigner l'une de
l'autre ; de là, deux espèces de forces qui existent en réalité dans la nature,
savoir la force d'*attraction* et celle de *répulsion.* La pesanteur, par
exemple, est une force d'attraction ; nous verrons que la force électrique
est répulsive ou attractive, suivant que les électricités en présence sont de
même nom ou de nom contraire ; la chaleur, en augmentant le volume des
corps, se comporte comme une force répulsive. Ce dernier cas nous offre
en même temps un exemple d'une force dont l'action s'exerce, non pas
entre des corps isolés, mais entre les parties élémentaires d'un seul et même

corps; les forces de cette espèce sont fréquemment désignées sous le nom de *forces moléculaires*, et la partie de la physique qui traite de leurs effets prend alors le titre de *physique moléculaire;* mais il n'est pas possible d'établir entre la physique des molécules et la physique des corps une ligne de démarcation nettement tranchée.

[De ce que nous avons distingué des phénomènes vitaux, propres aux êtres vivants, ce n'est pas à dire pour autant que nous admettions l'existence d'une force *vitale*, c'est-à-dire d'une force spéciale, distincte de toutes les autres et présidant aux manifestations de la vie. Les seules forces en jeu dans les êtres organisés, comme dans les autres corps de la nature, sont les forces physiques et chimiques ; si les effets qu'elles produisent revêtent parfois un caractère particulier, ce résultat est dû uniquement à l'organisation même de l'être vivant, c'est-à-dire à la composition et au mode d'agencement de ses différentes parties constituantes.]

LIVRE PREMIER

DES PHÉNOMÈNES ET DES LOIS PHYSIQUES EN GÉNÉRAL

CHAPITRE PREMIER

LOIS PHYSIQUES LES PLUS GÉNÉRALES

6. Loi de la causalité. — La première loi de la physique, commune à cette science et à toutes les autres, est la loi de la *causalité*, en vertu de laquelle *tout ce qui arrive doit avoir une cause.* On donne encore à cette loi le nom de *principe de la raison suffisante,* parce que, répondant à un besoin universel de notre intelligence, elle nous pousse, chaque fois que nous assistons à un phénomène, à en rechercher la raison d'être. La loi de la causalité est une conséquence immédiate de la régularité que nous observons dans les phénomènes de la nature et qui nous oblige à regarder tout phénomène comme l'effet d'une cause. Attendu que cette régularité est un fait d'expérience, la loi de la causalité est considérée dans la science de la nature comme un axiome expérimental ; cet axiome, étant le plus général de tous, possède un degré de certitude aussi grand que peut l'être la certitude empirique elle-même.

Il résulte de la loi de la causalité que chaque chose demeure en l'état où elle se trouve, aussi longtemps qu'aucune cause nouvelle ne vient s'ajouter aux causes déjà existantes. On peut présenter cette proposition sous une autre forme, quand il s'agit de l'approprier aux phénomènes physiques ; nous avons vu, en effet, que tous les changements observés dans la nature se ramènent, en définitive, à des mouvements, et que les causes de mouvement s'appellent des forces. Donc, une fois qu'un corps se trouve dans un état déterminé, il y persiste aussi longtemps qu'aucune force nouvelle ne vient agir sur lui ; s'il est au repos, il reste en repos ; s'il est en mouvement, il continue à se mouvoir. Tel est le principe connu sous le nom de loi ou force d'*inertie.*

Aucune autre loi physique ne découle immédiatement et forcément de celle de la causalité ; mais il existe un certain nombre de principes généraux qui, après la loi de la causalité, sont les plus simples qu'on puisse imaginer pour se rendre compte des phénomènes de la nature et qui, en outre, se trouvent mutuellement dans un état de connexion si intime que chacun d'eux présuppose l'existence de tous les autres ; ils ont une certitude égale à celle que peut généralement donner l'expérience, car ils sont d'accord avec tous les faits observés et ne sont en contradiction avec aucun d'eux.

Nous pouvons distinguer les principes fondamentaux suivants : 1° la loi de la conservation de la matière ; 2° la loi de l'égalité de l'action et de la réaction ; 3° la loi de l'action rectiligne des forces ; 4° la loi de la composition des forces ; 5° la loi de la conservation de la force.

7. Loi de la conservation de la matière. — *La matière ne peut être ni créée ni détruite :* tel est l'énoncé de la loi de la conservation de la matière. On observe dans certaines circonstances, telles que la combustion, le passage des corps à l'état gazeux, des faits qui semblent en opposition avec la loi dont il s'agit ; mais la physique et la chimie se sont chargées de lever ces contradictions apparentes et de les convertir en preuves confirmatives du principe qui sert de base fondamentale à toutes les sciences de la nature.

La loi de causalité donne déjà une grande probabilité à celle de la conservation de la matière ; car la production ou la destruction de la matière ne pourrait être rapportée à aucune cause physique, et, pour expliquer un évènement de ce genre, il faudrait recourir à l'intervention d'une cause occulte et surnaturelle.

De ce qu'on ne peut ni créer ni détruire la matière, il s'ensuit de toute évidence que *les changements qu'on observe dans la nature consistent en mouvements :* si, en effet, la quantité de matière existante ne peut être ni augmentée ni diminuée, il faut nécessairement que les changements dont elle est le siège soient le résultat du déplacement de ses différentes parties constituantes.

8. Loi de l'égalité de l'action et de la réaction. — La *loi de l'égalité de l'action et de la réaction* s'énonce ainsi : lorsque deux corps agissent l'un sur l'autre pour s'attirer ou se repousser, l'action du premier corps sur le second est égale à celle du second sur le premier; [en d'autres termes, la *réaction est égale et opposée à l'action*]. Exemples : un aimant et un morceau de fer s'attirent mutuellement avec la même force; lorsque nous exerçons sur un corps une certaine pression, nous éprouvons de la part de ce corps une contre-pression de même intensité; un objet placé sur la terre attire celle-ci, en vertu de la gravitation, avec une force précisément égale à celle qui le sollicite à tomber; seulement, l'attraction exercée par le corps à l'égard de la terre ne produit pas d'effet sensible, parce qu'elle se répartit sur toute l'énorme masse de notre planète.

L'égalité de l'action et de la réaction n'est pas seulement un principe confirmé par l'expérience de tous les instants; c'est en même temps l'hypothèse la plus simple que nous puissions imaginer relativement à l'action des corps les uns sur les autres. Si, d'autre part, on admet que cette action réciproque qui s'exerce entre deux corps résulte de la somme des actions élémentaires de chacune de leurs parties constituantes, on déduit immédiatement du principe en question la conséquence suivante : *la force avec laquelle deux corps agissent mutuellement l'un sur l'autre doit être proportionnelle au produit de leurs masses;* cette dernière proposition, se trouvant réellement vérifiée par les faits, peut être considérée, à son tour, comme une preuve que l'action exercée par l'ensemble d'un corps se compose des actions individuelles de ses particules élémentaires.

9. Loi de l'action rectiligne des forces. — On peut énoncer la *loi de l'action rectiligne des forces* en disant que, lorsque deux points matériels agissent

l'un sur l'autre, en vertu des forces qui en émanent, l'action mutuelle de
ces points s'exerce toujours suivant la droite qui les réunit; en conséquence,
si aucune force nouvelle n'intervient pour empêcher ou pour modifier le
mouvement des points considérés, ceux-ci se meuvent dans la direction que
nous venons d'indiquer.

[[La matière et le mouvement étant inséparables, deux molécules matérielles qui réagissent l'une sur l'autre doivent être considérées comme les centres de deux ébranlements
se propageant dans toutes les directions : si le milieu ambiant est isotrope [1], ces ébranlements se trouveront, au bout d'un temps quelconque, répartis sur deux sphères ayant
chacune pour centre la molécule primitivement ébranlée et ils seront dans la même phase
de leur période. Or, en vertu du principe d'Huygbens, sur lequel nous reviendrons dans
l'étude des phénomènes lumineux (cf. § 208), nous pouvons faire abstraction des centres primitifs d'ébranlement et regarder chaque point des sphères précédentes comme devenu à son
tour un nouveau centre d'ébranlement ; l'action de chaque sphère sur un point extérieur se
réduit alors à celle des mouvements émanés de la petite zone qui a pour pôle l'intersection
de la droite joignant le centre de la sphère au point considéré. Ce principe, appliqué aux
deux molécules en question, montre que leurs actions mutuelles résultent de la propagation
de mouvements qui sont à tout instant répartis sur deux calottes sphériques dont les pôles se
trouvent toujours sur la droite de jonction des deux molécules. C'est ainsi qu'il faut entendre
le principe de l'action rectiligne des forces.]]

De ce principe résulte : 1° que toutes les fois que nous voyons des corps
parcourir des trajectoires qui ne sont pas rectilignes, nous devons les
supposer soumis à l'action simultanée de plusieurs forces; 2° que tout
mouvement, quelque compliqué qu'il soit, peut être considéré comme composé
d'une infinité de mouvements rectilignes.

En vertu du principe relatif à la direction des forces, celles-ci, en agissant
sur les particules matérielles, ne peuvent que les rapprocher ou les éloigner
les unes des autres; de là résulte que les seules forces possibles dans la
nature sont ou *attractives* ou *répulsives*.

A ce même principe de l'action rectiligne des forces se rattache intimement
la loi suivante : *l'intensité avec laquelle deux centres de forces agissent
l'un sur l'autre dépend de leur distance mutuelle.* On donne le nom de
forces centrales à toutes les forces qui présentent les deux caractères que
nous venons d'indiquer relativement à leur direction et à leur intensité; par
conséquent, on peut poser en principe que *toutes les forces physiques sont
centrales.*

Le physicien a ensuite à déterminer, pour chaque cas particulier, la loi suivant laquelle
l'intensité de la force varie avec la distance. Dans un grand nombre de phénomènes
physiques, et notamment pour toutes les actions à grande distance, telles que la gravitation
universelle, l'attraction et la répulsion électriques ou magnétiques, la loi est connue : de
semblables forces agissent toujours avec une intensité qui varie en raison inverse du carré de
la distance. Par contre, on ignore encore la relation qui existe entre l'intensité de la force et
la distance, lorsqu'il s'agit d'actions qui s'exercent entre des particules matérielles très rapprochées les unes des autres : on admet souvent que la force d'attraction, dans le cas de
distances très petites, reste inversement proportionnelle au carré de la distance, mais on
n'en sait rien; on n'a pas non plus découvert la loi qui régit, dans ces conditions, les intensités de la force de répulsion en fonction de la distance ; il est probable, toutefois, que
l'intensité de cette dernière force décroît plus rapidement que le carré de la distance
n'augmente (cf. § 14).

[1] V. p. 50, en note, la définition du mot *isotrope.*

Nous avons vu, dans le paragraphe précédent, que la force avec laquelle deux corps s'attirent ou se repoussent mutuellement est en raison directe du produit de leurs masses ; en y ajoutant cette autre loi que *l'intensité de la force varie en raison inverse du carré de la distance*, on obtient, comme expression générale de l'action d'une force centrale, la formule :

$$f = \varphi\, \frac{mm'}{d^2},$$

dans laquelle m et m' représentent les masses des deux corps qui agissent l'un sur l'autre, d leur distance et φ l'action de l'unité de masse sur l'unité de masse, à l'unité de distance.

10. Loi de la composition des forces. — La loi de la composition des forces se rattache directement à la précédente; elle peut s'énoncer ainsi : lorsque plusieurs forces agissent *simultanément* sur un même point matériel, elles font subir à celui-ci le même changement de position que si elles avaient agi *successivement;* [en d'autres termes, chacune d'elles produit le même effet que si elle était seule.]

Au moyen de ce principe, il est toujours possible de déterminer l'effet produit par un nombre quelconque de forces agissant sur un point matériel pendant un temps donné; il suffit de connaître l'effet que produirait chacune des forces si elle agissait isolément; on n'a alors qu'à faire suivre à ce point d'abord le chemin qu'il aurait parcouru sous l'influence de la première force, puis celui qu'il aurait suivi sous l'action de la deuxième force, et ainsi de suite; quand on a ainsi considéré l'action de toutes les forces en jeu, le point se trouve finalement amené dans la position que lui ferait prendre l'action simultanée des mêmes forces. L'ordre à suivre dans cette décomposition des forces est tout à fait indifférent; le résultat final est toujours le même.

On peut considérer le principe dont il s'agit comme une vérité découlant directement de la loi de la causalité; car, en vertu de cette dernière, une somme donnée de causes, toutes choses égales d'ailleurs, doit toujours produire le même effet, que ces causes agissent simultanément ou qu'elles se succèdent dans un ordre quelconque.

La loi de la composition des forces, [connue aussi sous le nom de *principe de l'indépendance mutuelle des effets de plusieurs forces agissant simultanément sur un même point matériel libre,*] forme le complément essentiel des lois de l'inertie, [de l'égalité de l'action et de la réaction] et de l'action rectiligne des forces; ce sont ces [quatre] axiomes [expérimentaux] qui servent de base aux lois fondamentales de la mécanique.

11. Loi de la conservation de la force ou du travail. — On énonce la *loi de la conservation de la force* en disant que la somme de toutes les forces physiques reste toujours la même. Pour comprendre le sens de cette loi, il importe de faire une distinction essentielle : bien que l'expression de *force* s'applique exclusivement à la cause d'un mouvement, une force ne peut manifester son effet sous forme de mouvement que si elle n'en est pas empêchée par la présence d'une autre force agissant en sens contraire; un corps sollicité à la fois par deux forces égales et diamétralement opposées reste en repos tout aussi bien que s'il n'était soumis à l'action d'aucune force; mais les forces, ainsi neutralisées dans leurs effets, n'en sont pas moins aptes à agir, et on peut mettre en évidence l'activité de l'une en supprimant l'autre; on voit alors le corps entrer en mouvement sous l'influence de la force qu'on a laissée agir.

Nous pouvons donc distinguer des forces qui engendrent des mouvements effectifs, et d'autres qui tendent seulement à produire du mouvement, mais qui, ne pouvant y parvenir, entravées qu'elles sont dans leurs effets par l'action de forces pressant [ou tirant] en sens contraire, sont réduites à se manifester sous forme de pression [ou de traction.] On donne le nom de *forces vives* aux forces de la première espèce, celles qui produisent en réalité des mouvements, et on appelle *forces de tension* ou *forces tensives* celles qui tendent seulement à produire le mouvement. [Ces dénominations adoptées par M. Helmholtz [1] ne sont pas employées par tous les auteurs : M. Rankine remplace le terme de force vive par celui d'énergie *actuelle*, et l'expression de force de tension par celle d'énergie *potentielle*. Leibnitz, qui a créé l'expression de force vive, appelait *force morte* celle qui ne produit pas de mouvement, et il désignait par *force vive* le produit mv^2, dont la moitié représente le *travail* que la force accomplit pendant une seconde quand elle agit sur une masse entièrement libre ; ces expressions ont été acceptées par les auteurs français qui ont écrit sur la mécanique [2] ; on peut donc les conserver, en se rappelant toutefois que les forces *mortes*, c'est-à-dire les forces de pression ou de traction ne sont mortes qu'en apparence, et que, si elles ne produisent pas de mouvement, c'est que leur action est paralysée par celle d'autres forces; quant au terme de force vive, il est d'autant plus juste, appliqué aux forces qui produisent un mouvement réel, que l'effet ou le *travail* de ces forces peut se mesurer par le produit $\dfrac{m\,v^2}{2}$.]

Cela posé, ni les forces vives, d'une part, ni les forces de tension, de l'autre, ne constituent, prises séparément, une quantité constante; c'est *la somme des forces vives et des forces mortes qui est invariable*. Tel est le véritable énoncé du principe de la conservation de la force. Ce principe signifie, non seulement qu'il peut continuellement y avoir transformation des forces vives en forces mortes, et inversement, des forces mortes en forces vives, mais encore que, dans cette transformation, la quantité de force de tension développée doit être précisément égale à la force vive qui est consommée, ou, inversement, que la force vive qui prend naissance correspond à une quantité égale de force tensive disparue.

Le mouvement d'une horloge est un des exemples les plus simples où se retrouve l'application de la loi en question. Pour monter une horloge ordinaire à poids, on emploie une certaine quantité de force vive, qui est transmise au poids qu'on élève et emmagasinée à l'état de force de tension; si on permettait à ce poids de retomber rapidement, il dépenserait en un instant toute la force vive qui lui a été communiquée; mais, comme il est entravé dans sa chute par l'action des rouages de l'horloge, il descend lentement et ne restitue ainsi que petit à petit, dans l'espace de quelques heures, la force vive qu'il a absorbée pour s'élever. Au moment où l'horloge est montée et se trouve prête à marcher, la force vive est tout entière à l'état de force

---

[1] Helmholtz. *Die Erhaltung der Kraft und Wechselwirkung der Naturkräfte*, Berlin, 1847. — *Mémoire sur la conservation de la force, précédé d'un exposé élémentaire de la transformation des forces naturelles*, traduit de l'allemand par L. Pérard, Paris, 1869.

[[2] Les auteurs français ont eu le tort d'appliquer le nom de *force vive* au produit mv^2, qui n'a aucune signification théorique ni pratique, au lieu de le réserver pour la moitié de ce produit.]

de tension, mais celle-ci fait sentir son action en pressant sur les rouages, et elle repasse lentement à l'état de force vive durant la marche de l'horloge; à un instant quelconque du mouvement, la somme de la force vive déjà dépensée et de la force morte ou force de tension qui ne s'est pas encore transformée en force vive est une quantité constante et égale à toute la force qui a été employée pour remonter le poids; lorsque l'horloge est arrivée à la fin de sa course, elle se trouve avoir dépensé en force vive toute la force qui lui avait été communiquée [et qu'elle avait mise en réserve à l'état d'énergie potentielle]. Mais la force ainsi consommée n'a pas été anéantie pour cela : elle a servi, en partie, à vaincre le frottement des différents rouages, en partie à triompher de la résistance opposée par l'air au mouvement du pendule; or, le frottement des roues entre elles, celui de l'air contre le pendule, développent de la chaleur. On voit donc que la force vive dépensée par le poids durant sa chute s'est transformée en une autre force physique; s'il était possible de mesurer cette dernière force, à savoir la chaleur dégagée pendant tout le temps que l'horloge a marché, on trouverait une quantité de chaleur précisément égale au calorique nécessaire pour développer une force capable d'élever une masse équipondérante à celle du poids moteur à une hauteur égale à la distance parcourue par ce poids pendant sa chute.

11ª. Équivalence des forces. — Il suit de ce qui précède que le fait de la *transformation réciproque des forces physiques les unes dans les autres* est le complément indispensable du principe de la conservation de la force. Cette transformation s'opère toujours en proportions équivalentes, de telle sorte que, si une force s'est convertie en une autre, et si cette dernière vient à reprendre la forme de la première, la quantité de force développée dans cette seconde transformation est précisément égale à la quantité de force qui existait dans le principe. Je suppose, par exemple, qu'une force capable d'élever un poids de 1 kilogramme à la hauteur de 424 mètres développe, en se transformant en chaleur, la quantité de calorique exactement nécessaire pour accroître de 1 degré la température de 1 kilogramme d'eau; réciproquement, la quantité de chaleur qui élèverait de 1 degré la température de 1 kilogramme d'eau doit pouvoir, en se transformant en force mécanique, faire monter un poids de 1 kilogramme à la hauteur de 424 mètres. C'est ainsi qu'il faut entendre ce qu'on appelle le *principe de l'équivalence des forces.*

11ᵇ. Importance des principes de la conservation et de l'équivalence des forces. — Dans le cours de cet ouvrage, nous aurons souvent à faire appel au principe de la conservation du travail et à celui de l'équivalence des forces, car les sciences physiques presque tout entières offrent des applications de ces deux principes. Il nous suffira, pour le moment, d'en faire ressortir l'importance par quelques exemples. L'expérience a prouvé que la force mécanique, la chaleur, l'électricité, la lumière, les réactions chimiques, [toutes les forces, en un mot,] peuvent se convertir les unes dans les autres : ainsi, dans le frottement, le travail mécanique se change en chaleur; la machine à vapeur opère la transformation inverse, celle de la chaleur en travail mécanique; l'électricité peut être produite par des réactions chimiques, par des actions magnétiques, par le frottement l'un contre l'autre de deux corps différents; elle peut à son tour donner naissance à des effets mécaniques, calorifiques, [acoustiques,] lumineux, magnétiques, chimiques.

L'étude de cette transformation réciproque des forces sera terminée le jour où l'on aura déterminé l'équivalent de chaque force par rapport à l'une d'elle prise comme unité, par exemple, par rapport au travail mécanique; mais, jusqu'à présent, on ne connaît avec un peu d'exactitude que l'équivalent mécanique de la chaleur. D'après les recherches de M. Joule, on peut, avec la quantité de chaleur nécessaire pour échauffer 1 kilogramme d'eau de 1°, développer une force capable d'élever un poids de 424 kilogrammes à la hauteur de 1 mètre, fait qu'on exprime d'une manière abrégée en disant que 1 calorie équivaut à un travail mécanique de 424 kilogrammètres; réciproquement, un travail mécanique de 424 kilogrammètres fournit, par sa transformation en chaleur, une quantité de calorique suffisante pour élever de 1 degré la température de 1 kilogramme d'eau. S'il était possible de faire repasser à l'état de chaleur tout le travail mécanique produit par une machine à vapeur, et de faire servir de nouveau la chaleur ainsi obtenue à l'échauffement de l'eau contenue dans la chaudière, on aurait une machine à mouvement perpétuel, c'est-à-dire une machine qui d'elle-même entretiendrait indéfiniment son mouvement, sans qu'il soit besoin de l'alimenter de combustible; mais le *rendement* d'une pareille machine serait nul, c'est-à-dire qu'on n'en pourrait obtenir aucun travail extérieur. D'ailleurs, comme il n'arrive jamais que la chaleur fournie par une quantité donnée de travail mécanique se laisse transformer totalement en travail, il en résulte que, même sous cette forme, le *mouvement perpétuel* d'une machine *est impossible*.

Toute force naturelle existe, tantôt à l'état de force vive, tantôt à celui de force morte. Une force mécanique, par exemple, peut, suivant les cas, produire un mouvement réel ou passer à l'état *latent*, c'est-à-dire s'efforcer seulement d'engendrer le mouvement. De même, il est possible à la chaleur de devenir latente; c'est ce qui arrive lorsqu'elle agit sur des corps solides ou liquides, et qu'elle augmente les distances respectives de leurs particules élémentaires : elle communique alors à ces particules une force de tension qui est rendue sensible par la diminution de force vive de la chaleur, mais qui réapparaît sous forme de chaleur aussitôt que les particules matérielles reviennent à leur position primitive. L'électricité statique est une force de tension; lorqu'elle est en mouvement, elle devient force vive. Les forces chimiques, enfin, consistent en attractions qui s'exercent entre des atomes de nature différente; quand ces forces n'existent que comme une simple tendance des atomes à entrer en combinaison, elles représentent des forces mortes ou potentielles; elles passsent à l'état de forces vives lorsqu'elles parviennent à effectuer la combinaison. Les atomes, à l'état de liberté ou de combinaison peu stable, possèdent une force potentielle plus ou moins grande, c'est-à-dire qu'ils ont de la tendance à entrer dans des combinaisons stables. L'oxygène libre, par exemple, possède une force potentielle, ou, comme on dit, une force d'affinité, qui l'attire vers tous les corps oxydables : lorsqu'il se combine réellement avec ces derniers, sa force morte passe à l'état de force vive, et celle-ci dans le cas, par exemple, de la combustion de l'hydrogène en présence de l'oxygène, apparaît sous forme de chaleur et de lumière. L'eau qui résulte de cette combustion, étant un composé très stable, ne renferme plus de force potentielle appréciable; [les affinités réciproques de l'oxygène pour l'hydrogène sont, comme on dit, satisfaites]. Veut-on ensuite décomposer l'eau en ses éléments, il faut lui communiquer une force vive étrangère, telle que l'électricité; les produits de la décomposition, l'oxygène et l'hydrogène, renferment alors, sous forme de force potentielle, la force vive qu'on leur a communiquée pour les séparer l'un de l'autre.

11ᶜ. Représentation mathématique de la loi de la conservation du travail. — On peut donner au principe de la conservation de la force une forme mathématique extrêmement simple.

Reprenons l'exemple précédemment choisi, à savoir le mouvement d'une horloge, et désignons par p le poids moteur, par H la hauteur à laquelle on l'a élevé pour monter l'horloge : le produit pH représente [le *travail* accompli pour élever le poids p à la hauteur H, c'est-à-dire] la force vive primitivement communiquée au système [car, dans ce cas particulier, le travail et la force vive ont la même expression (cf. § 25)].

Supposons maintenant l'horloge en mouvement, et considérons l'état des choses à un instant donné quelconque : le poids, en tombant, a parcouru une distance h; la force de tension encore existante est φ. En vertu de la loi indiquée, on a donc :

$$ph + \varphi = pH,$$

[en remplaçant les produits ph et pH par leurs valeurs en fonction des forces vives, $\dfrac{mv^2}{2}$ et $\dfrac{mV^2}{2}$, il vient :

$$\frac{mv^2}{2} + \varphi = \frac{mV^2}{2},]$$

c'est-à-dire que *la force vive déjà dépensée, plus la force potentielle encore existante, égalent la force vive primitivement communiquée au système*. Or, cette force vive $\dfrac{mV^2}{2}$ est une quantité constante pour chaque machine en particulier; en désignant par C cette quantité constante, on peut mettre l'équation précédente sous la forme :

$$\frac{mv^2}{2} + \varphi = C,$$

équation qui n'est autre chose que le symbole mathématique du principe de la conservation de la force.

Si, au lieu d'une simple horloge, nous considérons l'ensemble de toutes les forces qui agissent dans l'univers, nous pourrons encore y appliquer le principe en question. [Étant donné, en effet, un système de masses m, m', m'', m'''..., animées de vitesses v, v', v'', v'''..., et possédant à ce moment-là des forces potentielles respectivement égales à φ, φ', φ'', φ'''..., on a :

$$\left(\frac{mv^2}{2} + \frac{m'v'^2}{2} + \frac{m''v''^2}{2} + \ldots\right) + (\varphi + \varphi' + \varphi'' + \ldots) = C,$$

ou, en désignant d'une manière abrégée la somme des forces vives par $\Sigma \dfrac{mv^2}{2}$, et la somme des forces mortes par $\Sigma \varphi$:

$$\Sigma \frac{mv^2}{2} + \Sigma \varphi = C.]$$

12. Corrélation des lois physiques fondamentales. — Il est facile de voir que les lois physiques qui viennent d'être établies se trouvent mutuellement dans un état de connexion si intime qu'il est impossible d'en supprimer une seule, sans porter atteinte du même coup à toutes les autres. La loi de la conservation de la matière et celle de la conservation de la force ne sont, en définitive, que les expressions d'un seul et même principe considéré sous ses deux faces : la matière ne se révèle à nous que par les forces qu'elle déve-

loppe.; la matière privée de force, [c'est-à-dire de mouvement,] aussi bien
que la force existant en dehors de la matière, sont des abstractions qui ne
répondent pas à la réalité. Or, du moment que la matière n'est que le
substratum des forces naturelles, l'indestructibilité de la matière et celle
de la force sont deux principes inséparables l'un de l'autre. La loi de la
conservation de la force conduit nécessairement à celle de l'action rectiligne
des forces; car si on admet qu'il peut y avoir dans la nature d'autres forces
que des forces centrales, le principe de la conservation de la force perd
toute valeur. Il y a de même, en ce qui concerne la composition des
forces, l'égalité de l'action et de la réaction, l'action rectiligne des forces,
une étroite corrélation qui unit ces trois lois entre elles ou qui les rattache
au principe de la conservation du travail.

[[Le principe de l'égalité de l'action et de la réaction est une conséquence nécessaire de
celui de la conservation de la force.

En effet, lorsque le mouvement d'un corps se communique à un autre, cette transmission
de mouvement constitue l'action du premier corps sur le second, et le mouvement du *moteur*
doit diminuer en proportion de la quantité de mouvement transmise, sinon de la force
pourrait être créée; le résultat de cette diminution équivaut à une action du mobile sur le
moteur précisément égale à celle que le moteur exerce sur le mobile, mais dans une direction opposée. On peut donc dire que *toute action est accompagnée d'une réaction égale
et de sens contraire.*]]

13. Application des lois physiques les plus générales aux phénomènes. — Des
principes fondamentaux que nous avons fait connaître dans les pages
précédentes, on déduit immédiatement les lois qui régissent le mouvement
produit sous l'influence de forces physiques quelconques; la *mécanique* est
la science qui s'occupe de tirer ces déductions et de les développer. La
physique tout entière n'est donc que de la mécanique appliquée, puisque tous
les faits naturels peuvent se ramener à des mouvements. Mais il s'en faut de
beaucoup que la science actuelle soit déjà arrivée à ce degré de perfection,
et, si nous ne sommes pas plus près du but, cela tient principalement à ce
que la connaissance que nous avons, au point de vue physique, de la matière
et des forces moléculaires, est encore hypothétique. Si, en effet, les lois de la
mécanique sont tout à fait générales, c'est-à-dire applicables à tous les
cas, quelle que soit la nature des forces agissantes et quelles que soient les
propriétés et la position dans l'espace des masses ou des atomes qui sont
sollicités par ces forces, il faut cependant, pour pouvoir appliquer les lois en
question aux phénomènes de la nature, que nous partions de notions déterminées sur la constitution de la matière qui sert de support à toutes les
forces naturelles. Or, ces notions ne s'appuient jusqu'ici que sur des probabilités, suffisantes si l'on veut, pour les faire accepter; mais enfin, aussi
longtemps qu'elles n'auront pas trouvé, dans l'étude des phénomènes
naturels, des preuves irrécusables de leur réalité, elles ne pourront avoir
que la valeur d'hypothèses [1].

Nous allons, dans le chapitre suivant, faire connaître les idées généralement
admises sur la constitution physique de la matière; nous donnerons ensuite,
dans deux autres chapitres, un exposé succinct des lois générales du mouvement.

[1] Les questions qui ont fait l'objet du présent chapitre se trouvent examinées, au point de vue de leur
importance philosophique, dans un opuscule de l'auteur intitulé : *Die physikalischen Axiome und ihre
Beziehung zum Causalprincip* (Les axiomes physiques et leur rapport avec le principe de la causalité).
Erlangen, 1866.

CHAPITRE II

DE LA CONSTITUTION ET DES DIVERS ÉTATS D'AGRÉGATION DE LA MATIÈRE

14. Propriétés générales de la matière. — La matière est étendue, c'est-à-dire qu'elle occupe une certaine portion de l'espace. Nous ne la connaissons que par les forces qu'elle manifeste; ce sont ces forces qui, en agissant sur nos organes des sens, nous procurent la perception de la matière. L'étude des propriétés physiques de la matière consiste à rechercher, aussi complètement que possible, le mode d'action des forces en question.

La matière qui compose tous les corps possède deux propriétés générales : l'*étendue* et [l'*impénétrabilité*, ou, si on veut,] la propriété en vertu de laquelle elle oppose une certaine résistance à l'action des forces extérieures.

[Nous rétablissons ici le terme d'*impénétrabilité*, que l'auteur a évité d'employer, peut-être parce qu'il le considère comme impropre. Sans doute, on commettrait une grave erreur, si, en disant que la matière est impénétrable, on entendait exprimer par là que deux masses matérielles ne peuvent pas occuper simultanément une même portion de l'espace; nous pourrions citer de nombreux exemples de pénétration réciproque des corps, dans lesquels on voit plusieurs corps se fusionner intimement en un seul, occupant un espace plus petit que la somme des volumes primitifs des corps composants; ce sont même les faits de ce genre qui ont contribué à faire admettre, comme nous le verrons tout à l'heure, que la matière est formée par l'agrégation de particules élémentaires nommées *atomes*, séparées par des intervalles vides. Mais, ce qui n'est pas vrai pour la matière en tant que réunion d'atomes, l'est évidemment pour les atomes mêmes; chacun d'eux, pris isolément, est impénétrable, et les auteurs modernes qui parlent de l'impénétrabilité de la matière entendent en faire une propriété générale, non des corps, mais seulement des atomes qui les constituent. On peut, au besoin, étendre la signification du mot *impénétrabilité* en le définissant la propriété en vertu de laquelle la matière oppose, en général, une certaine résistance à la pénétration dans son intérieur d'une nouvelle quantité de matière, sans augmentation du volume primitif.

L'impénétrabilité ainsi définie est une propriété qui convient aussi bien aux corps eux-mêmes, c'est-à-dire aux agglomérations d'atomes, qu'aux atomes isolés ; elle suppose d'ailleurs l'impénétrabilité réelle des atomes, et correspond, en outre, à la propriété indiquée par l'auteur aux lieu et place de l'impénétrabilité, qu'il passe sous silence. Quoi qu'il en soit, le terme d'*impénétrabilité* étant consacré par l'usage pour désigner une propriété générale de la matière parfaitement définie et connue, nous le conserverons, puisque nous ne voyons aucune raison qui puisse en justifier le rejet.

L'étendue et l'impénétrabilité sont deux propriétés non seulement générales, mais encore essentielles, c'est-à-dire sans lesquelles il est impossible de concevoir la matière. On peut donc définir la matière *tout ce qui est étendu et impénétrable*, et c'est même là la seule bonne définition qu'on en puisse donner, car au fond nous ne savons pas ce que c'est que la matière, quelle est sa nature intime; nous en sommes réduits à la définir par ses propriétés essentielles qui nous sont révélées par les sens. L'étendue seule ne suffit pas pour constituer un corps : l'image d'un objet, l'ombre d'un corps, par exemple, possèdent l'étendue, mais elles ne sont pas impénétrables, et, partant, pas matérielles.]

14ᵃ. Théorie atomistique ou atomique. — Pour qui désire se faire une idée générale de la matière, il importe d'étudier avant tout les forces qui sont en connexion avec les deux propriétés fondamentales de tous les corps, l'étendue et l'impénétrabilité. Toutefois les notions ainsi acquises conserveront toujours un caractère hypothétique, parce que les forces intérieures de la matière échappent à notre investigation directe, et que nous sommes obligés de conclure du mode d'action des forces extérieures à ce qui se passe à l'intérieur même des corps. Ces réserves faites, et considérant que les corps, en agissant les uns sur les autres, manifestent des forces attractives et répulsives, on peut en induire, par analogie, comme extrêmement probable que les particules élémentaires de la matière sont aussi douées de forces attractives ou répulsives. Nous admettrons, par exemple, que la *cohésion* des corps est le résultat de l'attraction réciproque de leurs particules : si cette force attractive cessait de se faire sentir, le corps se réduirait sur-le-champ en une poussière impalpable.

Nous rapporterons, au contraire, à l'action simultanée de forces attractives et répulsives la propriété que présentent les corps de résister aux forces extérieures qui tendent à les déformer; cette propriété est celle qu'on appelle l'*élasticité*. Quand nous voyons un corps ne céder qu'avec effort à l'action d'une force extérieure qui tend à le dilater, puis reprendre son volume primitif aussitôt que cette force cesse d'agir, nous attribuons ce phénomène à la présence dans l'intérieur du corps de forces attractives; voyons-nous, d'autre part, le corps résister à l'action d'une force comprimante tendant à en diminuer le volume, nous en concluons à l'existence de forces répulsives intérieures qui entrent en activité à partir du moment où les particules matérielles commencent à se rapprocher les unes des autres au delà de la limite de leur écartement naturel; nous regardons comme étant la distance naturelle des particules matérielles celle qui correspond à l'état d'équilibre des forces attractives et répulsives.

On a donné le nom d'*atomes* à ces dernières particules de la matière, qui servent de support aux forces. Il ne faudrait cependant pas prendre à la lettre le terme d'*atomes* et regarder ces parties élémentaires comme *insécables* d'une manière absolue; dire que la matière se compose d'atomes signifie simplement que chaque corps est formé par la réunion d'un très grand nombre de centres de forces distincts, chacun de ces centres élémentaires, considéré isolément, représentant quelque chose d'analogue au centre de forces unique, dont le corps tout entier joue le rôle à l'égard des autres corps. On est donc libre de penser que les atomes eux-mêmes sont divisibles à l'infini; bien plus, on est contraint de reconnaître que, même physiquement parlant, tel élément matériel, regardé comme le dernier terme de la division à l'égard d'un certain ordre de phénomènes, doit être à son tour décomposé en unités encore plus petites, lorsqu'on vient à considérer d'autres phénomènes. En un mot, les atomes ne représentent pas les éléments dans lesquels on *peut* diviser la matière, mais ceux dans lesquels on *est obligé* de la partager pour se conformer aux faits.

[Nous ne saurions laisser passer ces idées de l'auteur sur la constitution de la matière sans les faire suivre de quelques réflexions destinées, jusqu'à un certain point, à leur servir de correctif. Définir l'atome un centre de forces, c'est, en quelque sorte, supprimer la matière et réduire la physique à un dynamisme purement virtuel. Mais, dans l'état actuel de la science, l'esprit a de la peine à concevoir une force indépendante de la matière, alors que l'expression de *force* n'est, en définitive, qu'une forme de langage destinée à représenter le fait d'un mouvement, ou, plus exactement, d'une communication de mouvement; or, pour qu'il y ait mouvement, il faut de toute nécessité que quelque chose se meuve, et ce quelque chose qui change de place est ce que nous appelons la *matière*. Sans doute, nous ignorons quelle est la nature même de la matière; nous ne pouvons nous en faire aucune idée; mais elle est caractérisée par ses deux propriétés essentielles, l'étendue et l'impénétrabilité. La notion de la force est liée à celle de la matière et lui est subordonnée.

Nous ne pouvons pas davantage admettre que l'atome soit lui-même divisible; ce serait un non-sens. Nous appelons précisément *atome* cette dernière partie de la matière qui ne peut plus être divisée, bien que l'esprit conçoive une divisibilité qui n'a pas de limite. Or l'atome ainsi défini existe de fait: les lois qui régissent les combinaisons chimiques nous obligent à rejeter l'hypothèse d'une divisibilité illimitée de la matière. Sans doute, il est des circonstances où un groupe d'atomes peut jouer le rôle de particule élémentaire simple à l'égard d'un certain ordre de faits ; tel est précisément le cas des phénomènes qui sont du ressort de la physique; mais, pour éviter la confusion de langage dans laquelle semble être tombé l'auteur, nous appelons *molécule* le groupe d'atomes en question, donnant ainsi à entendre que, si la molécule matérielle forme un tout dont les atomes constituants restent unis aussi longtemps que leur activité se renferme dans les limites des phénomènes physiques, elle n'en est pas moins composée de parties plus simples et insécables, qui peuvent être séparées les unes des autres sous l'influence des forces chimiques.]

En admettant que les atomes ne sont autre chose que les véhicules des forces attractives ou répulsives manifestées par les corps, on semble avoir eu quelque peine à concevoir que ce soient les mêmes parties matérielles qui s'attirent et se repoussent à la fois. On a éludé cette difficulté par l'introduction d'une hypothèse qui s'appuie sur des phénomènes d'un autre ordre: on a admis que les corps renferment deux catégories d'atomes intimement mêlés ensemble, les uns doués de force attractive, les autres de force répulsive ; les premiers sont les atomes de matière dite *pondérable*, parce qu'ils donnent aux corps dans la composition desquels ils entrent la propriété de tomber vers la terre, et, par conséquent, d'avoir du poids ; les atomes qui possèdent la force répulsive sont appelés atomes de matière *impondérable*, ou encore *atomes éthérés*, parce que la matière impondérable a reçu le nom d'*éther*.

L'étude de la lumière nous oblige à admettre que l'éther est formé, comme la matière pondérable, de particules séparées, et ce sont les mouvements de ces atomes de matière impondérable qui donnent naissance aux phénomènes lumineux, et en partie aux phénomènes calorifiques. Quant aux phénomènes électriques et magnétiques, on les a attribués à une autre matière ou même à deux autres matières impondérables qu'on appelle *fluides électriques*, et que l'on peut supposer remplir tout l'espace sans discontinuité, puisque jusqu'à présent il n'a été découvert encore aucun fait qui nous contraigne à diviser la matière électrique en atomes; admettons donc que les fluides électriques occupent tout l'espace que laissent entre eux les atomes de la matière pondérable et ceux de l'éther. Mais on arrivera peut-être par la suite à démontrer qu'il n'est pas nécessaire d'imaginer, pour les phénomènes électriques, l'existence d'une substance particulière différente de l'éther et de la matière pondérable.

[On sait, et on le verra en son lieu, qu'il a déjà été fait justice du fluide magnétique. Il est permis d'espérer que l'hypothèse des fluides électriques ne tardera pas non plus à disparaître de la science.]

[Nous montrerons, dans le § 14ᵈ, que l'existence de l'*éther* lui-même est devenue fort problématique, et qu'il y a lieu, suivant M. Monoyer, de rejeter, comme inutile et vaine, l'hypothèse non justifiée d'une matière impondérable.]]

14ᵇ. Forces attractives et répulsives de la matière. — L'observation tend à prouver que l'éther, ainsi que les fluides électriques, est toujours uni à la matière pondérable, ou, du moins, qu'il s'accumule en grande quantité dans l'intérieur de cette matière. De là, [semble-t-il,] la nécessité de douer la matière pondérable de la propriété d'attirer la matière impondérable. En ce qui concerne particulièrement les rapports de l'éther avec les atomes pondérables, on doit admettre que chacun de ceux-ci, en vertu de l'attraction qu'il exerce sur l'éther, se trouve entouré d'une enveloppe d'atomes éthérés; la densité de cette enveloppe va en décroissant de l'intérieur à l'extérieur, puisque les atomes éthérés se repoussent mutuellement.

Les forces répulsives des atomes de l'éther sont des forces exclusivement moléculaires, c'est-à-dire n'agissant pas à de grandes distances. On admet que l'intensité de ces forces, très considérable de près, décroît si rapidement quand la distance augmente, qu'elle devient insensible pour peu que l'écartement des atomes soit appréciable.

Les forces attractives des atomes pondérables se font, au contraire, sentir non seulement de près, mais encore de loin, [à moins qu'il ne soit question de l'affinité chimique] : tout corps, agissant comme masse pondérable, attire les autres corps avec une intensité qui est en raison inverse du carré de la distance. Les mouvements des corps célestes représentent, sur une grande échelle, les effets de ces actions à distance des corps pondérables ; nous avons journellement sous les yeux des exemples du même genre dans la chute des corps à la surface de la terre ; le poids même d'un corps n'est que le résultat de l'attraction réciproque qui s'exerce à distance entre le globe terrestre et le corps considéré.

[Quand on parle de forces attractives et répulsives, on exprime simplement le fait du déplacement relatif des corps, déplacement qui, selon le sens de sa direction, a pour effet de rapprocher ou d'éloigner deux corps l'un de l'autre; ces corps semblent ainsi s'attirer ou se repousser. Mais il ne saurait être question de regarder cette attraction ou cette répulsion comme le résultat de forces secrètes inhérentes à la matière elle-même; car, on l'a vu, la matière est inerte et ne peut pas se mettre spontanément en mouvement.

« On fait une pure fiction géométrique, dit M. Saigey, quand on suppose que deux molécules agissent l'une sur l'autre à distance. En réalité, nous ne connaissons que des actions qui ont lieu au contact par la communication du mouvement. Entre les molécules se trouvent les atomes éthérés ; des uns aux autres les chocs se transmettent; la matière demeure inerte et ne fait que se mouvoir du côté où elle est poussée [1]. »

Ainsi donc la matière n'entre en mouvement que quand elle est poussée et ne perd son mouvement qu'en le communiquant; la cause d'un mouvement, c'est un autre mouvement; telle est la manière dont nous concevons la notion de la force.

Les atomes de la matière impondérable, comme ceux de la matière pondérable, sont dans un état de mouvement continuel; il en résulte des chocs qui se transmettent de molécule à molécule et qui propagent ainsi le mouvement dans un sens ou dans l'autre.

La chaleur, la lumière, l'électricité, le magnétisme, le son, la gravité, la cohésion, l'affinité chimique, en un mot toutes les forces à effet attractif ou répulsif se résolvent pour nous dans l'idée de mouvement. A l'occasion de la pesanteur (cf. liv. II, § 44), nous montrerons comment la gravité peut s'expliquer dans cette nouvelle manière d'envisager les forces naturelles.]

[[1] E. Saigey. *La physique moderne*, p. 142, Paris 1867. — Nous renvoyons à cet opuscule le lecteur désireux d'approfondir d'avantage les idées modernes sur la constitution de la matière et sur l'unité des forces physiques. On trouvera ce même sujet traité avec plus de développements dans l'ouvrage suivant : SECCHI. *L'unité des forces physiques*, édition originale française traduite de l'italien par le docteur DELESCHAMPS, Paris, 1869.]

[[Cette théorie mécanique de toutes les forces cosmiques a acquis, dans ces derniers temps, un degré de probabilité très approchant de la certitude, grâce aux découvertes de M. Crookes touchant les curieuses propriétés de la matière pondérable amenée à cet état de raréfaction extrême, nommé l'état *radiant*, qui permet aux molécules, sinon aux atomes, de se mouvoir en toute liberté, grâce aussi aux phénomènes remarquables d'attraction et de répulsion *pseudo-électriques* et *pseudo-magnétiques* manifestés par les corps animés d'oscillations ou de pulsations isochrones, et plongés dans une masse fluide, phénomènes observés en dernier lieu et expliqués par M. Bjerknes, de Christiania, grâce enfin au progrès de nos connaissances relativement à la cinématique des gaz et à l'origine mécanique de leur force élastique.]]

Nous avons déjà dit (§ 9) que la force avec laquelle s'attirent mutuellement deux masses m et m', distantes l'une de l'autre de la longueur d, est représentée par l'expression :

$$f = \varphi \, \frac{mm'}{d^2}.$$

Les observations astronomiques ont depuis longtemps confirmé, pour les mouvements planétaires, l'exactitude de cette formule générale de la gravitation. Cavendish a montré qu'elle est aussi applicable aux corps situés à la surface de la terre ; car il a constaté qu'une grande masse de plomb attire une petite sphère métallique, et il a rendu visible l'effet de cette attraction par le mouvement d'un levier très sensible, à l'extrémité duquel était fixée la petite sphère.

14°. Tendance des idées modernes sur la constitution de la matière. — Quand on étudie l'histoire de la physique, il est un fait qu'on ne saurait méconnaître : à mesure que les notions sur la constitution de la matière ont acquis plus de certitude, elles ont constamment marché vers la simplification. Autrefois la lumière et la chaleur étaient attribuées chacune à une matière impondérable particulière ; on se représentait la substance lumineuse comme formée de particules subtiles qui se mouvaient en ligne droite dans le sens de la propagation de la lumière : [tel était le système de l'*émission*.] La substance calorifique, [désignée sous le nom de *calorique*,] était censée former un milieu continu qui s'accumulait en quantité plus ou moins grande dans l'intérieur des corps. On regardait de même le magnétisme comme dû à un fluide impondérable différent du fluide électrique. Depuis lors, il a été démontré que la lumière et la chaleur ne sont pas des substances, mais que ce sont des mouvements, et il n'y a aucun fait qui permette d'attribuer les mouvements lumineux et calorifiques à deux *substrata* différents, tandis qu'il y a beaucoup de raisons qui militent en faveur de l'identité de la matière dont les mouvements donnent naissance à la lumière et à la chaleur ; en outre, les phénomènes magnétiques ont pu être rapportés aux phénomènes électriques. En présence de pareils résultats, on est fortement tenté de n'admettre, à côté de la matière pondérable, qu'une seule espèce de matière impondérable, et de ramener aussi les phénomènes électriques à des mouvements de ce fluide unique ; il n'y aurait ainsi dans l'univers que deux matières, lesquelles correspondraient aux deux seuls genres de force qu'on puisse imaginer, la force d'attraction et celle de répulsion.

Quelque bien fondée que soit, au point de vue philosophique, cette conception relative à l'essence de la matière, toutes les tentatives faites jusqu'à présent pour l'introduire dans le domaine de la physique ont été prématurées.

[[**14ᵈ. Non-existence de la matière impondérable.** — Considérant, d'une part, que toutes les forces cosmiques agissent uniquement par répulsion, que le rapprochement de deux corps est le résultat de deux répulsions qui les poussent l'un vers l'autre, d'autre part, que l'hypothèse de la matière impondérable repose sur une autre hypothèse, tout aussi gratuite et vaine, l'absence présumée de matière pondérable dans les espaces célestes, alors que la supposition contraire s'accorde mieux avec l'observation, M. Monoyer [1]

---

(1) MONOYER. Essai d'une théorie des forces cosmiques basée sur les mouvements de la matière pondérable seule. Non-existence de la matière impondérable (*Comp. rend. Acad. Scienc.*, 1881, et *Société des Sciences médicales de Lyon*, janvier 1881).

a été amené à nier l'existence de l'*éther cosmique* et de toute matière impondérable, et à attribuer toutes les forces cosmiques aux diverses formes de
mouvement des atomes pondérables : vibrations transversales pour la chaleur
et la lumière, vibrations longitudinales pour le son et probablement aussi pour
l'électricité ; la nature du mouvement n'est pas connue pour les autres forces.]]

15. États de la matière. — La matière se présente sous différents états,
qu'on appelle *états d'agrégation*, parce qu'on les attribue à la manière
dont les particules élémentaires, atomes pondérables et impondérables, sont
agrégées entre elles pour former les corps. Tout corps est un agrégat
d'atomes ; les différences capitales qui distinguent les corps, au point de vue de
leur état physique, doivent donc dépendre des positions des atomes [ou plutôt
des molécules,] les uns par rapport aux autres, et de leurs mouvements relatifs.

Le caractère essentiel de l'état *solide* consiste en ce que la matière qui
se trouve à cet état constitue un tout cohérent, possédant une forme déterminée et indépendante de celle de l'espace dans lequel on renferme le corps.
Il faut employer une force assez considérable, en général, pour modifier
notablement la forme d'un solide; il faut une force bien plus grande encore
pour vaincre la cohésion de ses molécules ; nous conclurons de là que les
atomes pondérables des corps solides exercent les uns sur les autres une
force d'attraction qui l'emporte sur la répulsion mutuelle des atomes
éthérés. [Il importe toutefois de remarquer que cette prédominance de la
force attractive sur la répulsive n'a réellement lieu que quand une force
étrangère tend à augmenter l'écartement des molécules matérielles; lorsqu'au contraire celles-ci sont sollicitées à se rapprocher les unes des autres,
la force répulsive l'emporte sur la force attractive et résiste au rapprochement; aussi longtemps que le corps n'est soumis à l'action d'aucune force
étrangère, il y a équilibre entre la force attractive et la force répulsive; s'il
n'en n'était pas ainsi, et si les forces attractives l'emportaient toujours, un
corps solide diminuerait indéfiniment de volume.]

Les molécules des corps à l'état *liquide* peuvent à volonté se déplacer
les unes par rapport aux autres, à condition toutefois que la distance
mutuelle de deux molécules voisines reste constante. Il en résulte que tout
liquide prend la forme du vase dans lequel il est contenu, mais sans changer
de volume, à moins qu'il ne soit soumis de tous côtés à une pression très
considérable. Nous devons en conclure que les forces attractive et répulsive, qui s'exercent entre les molécules d'un liquide, se font à peu près
équilibre, [quelles que soient les positions relatives de ces molécules.]

A l'état *gazeux*, les corps ont une tendance à augmenter indéfiniment de
volume, et ils occupent toujours tout l'espace qui est mis à leur disposition.
Aussi attribue-t-on aux gaz une force expansive, par opposition à la force de
cohésion que possèdent les solides. L'état gazeux doit avoir évidemment
pour cause l'action prépondérante des forces répulsives moléculaires.

[Quant à l'état *radiant*, il n'est, comme nous l'avons dit (cf. § 14ʰ), que l'état
d'un gaz amené à un degré d'extrême raréfaction ; nous en ferons connaître
les propriétés caractéristiques à l'occasion des phénomènes engendrés par
le passage des courants électriques dans les gaz raréfiés (cf. § 352ᶜ).]

16. Changements d'état. — Le même corps peut exister sous les trois états,
solide, liquide et gazeux. Par l'action de la chaleur, les solides passent à

l'état liquide, en éprouvant une augmentation de volume, et les liquides à leur tour se transforment en gaz, en prenant un volume encore plus considérable. Il est permis d'en conclure que l'écartement des atomes pondérables est le plus petit dans les solides, le plus grand dans les gaz.

On peut dès lors expliquer facilement les différents états d'agrégation au moyen de la théorie atomique : les forces attractives des atomes pondérables varient en sens inverse de la distance; par conséquent, lorsque par suite du changement de volume d'un corps ses molécules s'écartent, il arrive un moment où leur attraction mutuelle est excessivement faible; suffisante encore pour tenir les molécules réunies, elle n'est plus assez puissante pour en empêcher la séparation sous l'influence d'une force étrangère très minime, telle que le propre poids des molécules; le corps solide est devenu liquide. Le volume continue-t-il à augmenter, il arrive un moment où la répulsion réciproque des particules éthérées qui les entourent les atomes pondérables l'emporte sur les forces attractives; le corps a alors acquis une force expansive; il a passé à l'état gazeux.

Un petit nombre de corps font exception à la règle que nous venons de formuler comme présidant au changement de volume qui accompagne le changement d'état : on sait notamment que l'eau, en se congelant, augmente de volume; mais cette exception n'est qu'apparente. La glace est, en effet, un corps cristallisé dans lequel les distances mutuelles des molécules ne sont pas les mêmes dans toutes les directions ; or, il suffit qu'un rapprochement des molécules ait lieu dans une seule direction pour que l'état solide soit constitué, tandis que le volume du corps dépend de la distance des molécules en tous sens. Quant à la raison pour laquelle une variation de température apporte un changement dans l'écartement des molécules et dans l'état de leur agrégation, nous en parlerons lorsque nous étudierons les effets de la chaleur.

CHAPITRE III

LOIS GÉNÉRALES DU MOUVEMENT

17. Équilibre et mouvement. — Attendu que tous les changements dont la nature est le théâtre peuvent se ramener à des mouvements, la recherche des lois du mouvement doit être la première question dont les sciences physiques ont à s'occuper; mais avant d'aborder cette étude, il importe de préciser les conditions du mouvement en général. Tel est l'objet de la *statique* ou étude de l'équilibre; la statique s'occupe, en effet, de déterminer la grandeur et la direction que doivent avoir les forces qui agissent sur un point matériel quelconque ou sur un corps, pour que ce point ou ce corps restent en repos. Au cas que les forces ne se fassent pas équilibre, il s'agit de calculer la grandeur et la direction du mouvement qui a lieu; c'est alors à la *dynamique,* ou science du mouvement considéré dans ses rapports avec les forces, qu'il appartient de rechercher les lois suivant lesquelles s'accomplit, dans l'espace et dans le temps, le mouvement d'un point matériel ou d'un corps, en partant de la grandeur et de la direction des forces qui agissent à chaque instant sur le mobile considéré.

18. Composition des forces appliquées à un point matériel libre. — Lorque des forces quelconques agissent sur un point matériel isolé, il y a trois cas à distinguer : ou les forces sont dirigées dans le même sens, ou elles sont dirigées en sens contraire, tout en étant sur le prolongement les unes des autres, ou enfin elles forment entre elles un certain angle. Dans les trois cas, l'effet produit sur le point se déduit du principe de la composition des forces (cf. § 10).

Lorsque deux forces ont la même direction, leur effet est évidemment égal à la somme des effets de chacune d'elles considérée séparément; quand les deux forces sont dirigées en sens contraire l'une de l'autre, l'effet résultant est dirigé dans le sens de la force la plus grande, et il est égal à la différence des effets des deux composantes.

PARALLÉLOGRAMME DES FORCES. — Si les deux forces qui sollicitent le point à se mettre en mouvement forment entre elles un angle, [si elles sont, comme on dit, *concourantes*,] l'une étant dirigée suivant la droite MP, l'autre ayant la direction MQ (fig. 3), leur action simultanée aura pour effet d'amener le point M en R, en supposant que la première agissant seule eût transporté le point en P et que l'action isolée de la seconde eût fait arriver ce même point en Q.

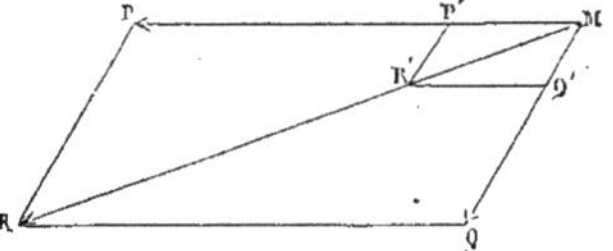

Fig. 3. — Parallélogramme des forces.

En effet, imaginons que les forces aient agi l'une après l'autre : le point matériel aurait d'abord parcouru le chemin MP, et ensuite le chemin PR, qui est égal et parallèle à MQ. Or, il est facile de voir quel est, en réalité, le chemin suivi par le point lorsqu'il arrive à cette position finale R, sous l'influence simultanée des deux forces. Dans ce but, on peut évidemment partager l'action de chaque force en autant d'actions élémentaires qu'on le désire : supposons qu'à un moment donné du mouvement, la première force eût amené le point matériel en P', et que la seconde force, agissant de son côté, l'eût fait parvenir en Q' : l'action combinée des deux forces aura pour effet de transporter le point en R'. Si nous cherchons de cette manière les positions réelles et successives du point matériel dans les instants qui suivent, nous trouvons que le lieu de toutes ces positions est une ligne droite MR, qui forme la diagonale du parallélogramme construit sur les droites MP et MQ.

Les forces qui agissent dans la direction des côtés MP et MQ sont ce qu'on appelle les *composantes;* elles peuvent être remplacées, quant à l'effet produit, par une force unique qui agirait suivant la droite MR et qui se nomme la *résultante.* La loi de la composition de deux forces concourantes est connue sous le nom de *loi du parallélogramme des forces*, précisément en raison du mode de construction que nous venons d'indiquer pour trouver l'effet résultant. Puisque les forces ne peuvent être mesurées que par leurs effets, les droites MP, MQ, MR représentent en grandeur et en direction les deux composantes et la résultante.

Ainsi donc il est parfaitement indifférent, au point de vue de l'effet produit, qu'un corps soit sollicité par une seule force égale en grandeur et en direction à MR, ou qu'il soit soumis à l'action simultanée des deux forces représentées par les deux droites MP et MQ; on peut, à volonté, remplacer les deux composantes par leur résultante, ou celle-ci par ses deux composantes; c'est là un résultat d'une grande importance pratique.

POLYGONE DES FORCES. — Nous venons de démontrer la loi du parallélogramme des forces pour deux forces seulement; mais il est facile de l'étendre au cas où un nombre quelconque de forces agissent sur un même point matériel. On n'a alors qu'à chercher, au moyen de la construction précédemment indiquée, la résultante de deux des forces données, puis à composer de la même manière cette résultante avec une troisième force; la diagonale de ce nouveau parallélogramme représente évidemment la résultante des trois forces considérées. On répète la même construction pour une quatrième force, et on continue ainsi de suite jusqu'à ce qu'on ait épuisé toutes les forces données. [La dernière résultante obtenue représente la résultante finale de l'ensemble des forces considérées, et la série des droites qui ont été menées parallèlement aux forces données pour trouver les résultantes successives, forme un polygone, d'où le nom de *polygone des forces*.]

Conformément au principe de la composition des forces ainsi généralisé, on peut décomposer une force donnée, non seulement en deux autres, mais encore en un nombre quelconque de forces; on n'a, à cet effet, qu'à regarder les deux premières composantes comme étant à leur tour les résultantes de deux paires d'autres composantes, et ainsi de suite.

PARALLÉLIPIPÈDE DES FORCES. — Il reste à examiner le cas où le point matériel est sollicité par trois forces concourantes non situées dans un même plan; on construit alors avec les trois forces données un *parallélipipède*, de la même manière qu'on construit le parallélogramme dans le cas de deux forces; la diagonale du parallélipipède donne immédiatement, en grandeur et en direction, la résultante cherchée. [Si le nombre des forces est supérieur à trois, on trouve la résultante du système en composant successivement les résultantes de trois forces avec deux nouvelles forces.]

19. Composition des forces parallèles ou concourantes appliquées à un corps solide. Théorie du levier. — Le principe du parallélogramme des forces ne suffit plus pour rendre compte de ce qui se passe lorsque les forces sollicitent un corps de dimensions appréciables, au lieu d'agir sur un simple point matériel ou sur un corps assez petit pour être assimilé à un point. Considérons, par exemple, un corps ayant la forme d'une barre rigide et soumis à l'action de plusieurs forces; il pourra se présenter, dans ces conditions, un cas qui est tout à fait impossible lorsqu'on n'a à faire qu'à un seul point matériel : il peut se faire notamment que les forces tendent à faire tourner

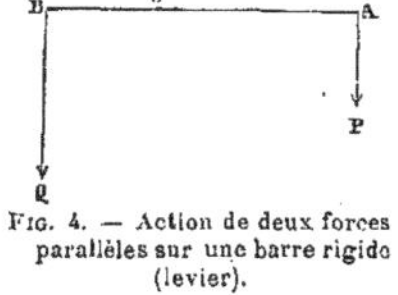

Fig. 4. — Action de deux forces parallèles sur une barre rigide (levier).

la barre. Le cas le plus simple est celui où deux forces AP et BQ (fig. 4) agissent aux extrémités de la barre AB, suivant des directions parallèles et de même sens : il arrive alors que la barre se déplace en totalité dans le sens où l'entraînent les deux forces et qu'elle tourne en même temps, en s'inclinant du côté de la force la plus grande, qui est BQ. Mais, si on vient à empêcher

le mouvement de translation de la barre en la soutenant en un point tel
que O, il ne pourra plus se produire qu'un mouvement de rotation autour
du point fixe.

On désigne sous le nom de *levier* simple toute barre linéaire rigide [droite
ou courbe,] s'appuyant ainsi sur un point fixe qui l'empêche de se déplacer
en totalité, mais autour duquel elle peut tourner. La force, avec laquelle il
faut soutenir le levier pour l'empêcher de se déplacer en totalité, se déduit
des conditions établies pour l'équilibre d'un point matériel : si les forces
motrices sont parallèles et de même sens, comme le représente la fig. 4,
il faut que la résistance du point d'appui soit au moins égale à la somme des
deux forces; si les forces sont parallèles et de sens contraire, la résistance
doit être égale à leur différence [et dirigée dans le sens de la plus petite].

Supposons enfin que les directions des deux forces fassent entre elles un
certain angle, comme c'est le cas dans la figure 5 pour les forces AF et BF',
qui prolongées forment l'angle AIB; décomposons chacune de ces forces
en deux autres et de manière
à ce que deux des composantes, AL et BL', soient égales,
de sens contraire et placées
sur le prolongement de la
droite AB, tandis que les
deux autres, AP et BQ, seront parallèles entre elles.
[En opérant cette décomposition suivant les règles du
parallélogramme des forces,
on peut toujours satisfaire
aux conditions indiquées pour
le cas particulier, si on a soin
de mener les composantes AP
et BQ parallèlement à la résultante du système des forces
primitivement données; nous
verrons à l'instant comment
on trouve cette résultante,
qui est d'ailleurs la même
que celle des composantes
parallèles.] Or, les compo-

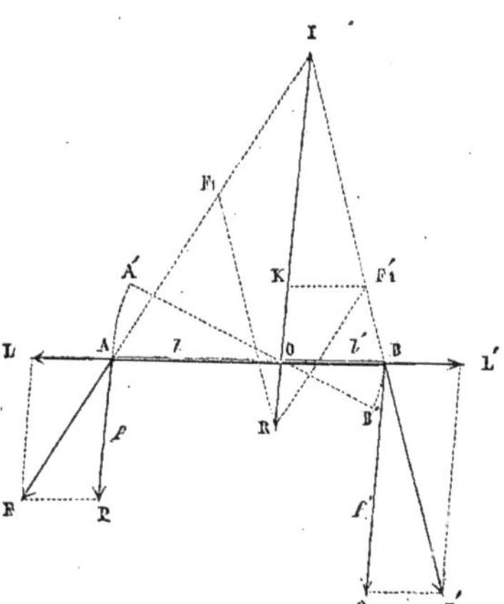

Fig. 5. — Composition des forces parallèles et théorie du
levier.

santes AL et BL', tirant en sens contraire et avec la même intensité, se neutralisent réciproquement et ne déterminent aucun mouvement; les deux autres
composantes AP et BQ entraînent, au contraire, le levier, et, pour empêcher
ce mouvement de translation, il faut appliquer en un point quelconque du
levier une force résistante, égale à la résultante des deux composantes
parallèles, c'est-à-dire à leur somme [et dirigée en sens opposé]. Après
avoir ainsi ramené l'effet des forces appliquées à une droite aux mêmes
règles que celui des forces appliquées à un point matériel, en ce qui concerne le mouvement de translation, il ne nous reste plus qu'à étudier l'action
rotatoire des forces sur le levier.

Cela posé, reprenons la figure 5, et considérons les forces parallèles AP et BQ, qui agissent aux extrémités du levier. A ces mêmes extrémités, et dans la direction de la droite AB, appliquons deux forces AL et BL′ égales et de sens contraire : l'équilibre du système ne sera pas troublé par ces nouvelles forces, puisqu'elles se neutralisent réciproquement. Composons ensuite les forces AP et AL, et les forces BQ et BL′; nous obtenons ainsi les deux résultantes AF et BF′, que nous pouvons substituer aux forces primitives AP et BQ, puisque l'introduction des composantes auxiliaires AL et BL′ a été sans influence sur l'état du système. Prolongeons donc ces résultantes jusqu'à leur point de concours en I, et imaginons que les droites AI et BI soient des tiges solides, mais sans pesanteur, et liées d'une manière invariable au levier; il est évident que la présence de pareilles tiges n'altérera en rien le mouvement du levier.

[Or, on admet en mécanique, comme principe expérimental, qu'*on peut, sans changer l'état de repos ou de mouvement d'un corps, transporter le point d'application d'une force en un point quelconque de sa direction, pourvu que le second point soit lié invariablement au premier.* Ce principe peut être démontré comme une conséquence de celui de l'*égalité de l'action et de la réaction.*] Il est donc permis de transporter les points d'application des forces AF et BF′ au point de concours I de leurs directions, et, à l'aide de cet artifice, l'effet de deux forces appliquées à une ligne solide se trouve ramené au cas des forces agissant sur un point matériel, problème dont nous avons déjà donné la solution. Prenons dès lors IF_1 égal à AF et $IF_1′$ égal à BF′; construisons le parallélogramme des forces, et nous obtenons la résultante IR, qui rencontre le levier au point O. Si à ce point O on applique une force égale et parallèle à la résultante IR, mais dirigée en sens contraire, on empêche les forces IF_1 et $IF_1′$, ou leurs égales AF et BF′, de produire aucun mouvement du point I; mais ce point est supposé lié invariablement au levier; par conséquent, si on soutient le levier au point O avec une force égale à la résultante IR qui passe par le même point, tout le système restera en repos, c'est-à-dire ne subira aucun mouvement de translation ni de rotation. On sait d'ailleurs, par ce qui précède, [et la démonstration en sera donnée plus loin,] que la résultante IR est égale à la somme des deux forces parallèles AP et BQ, et qu'elle est parallèle à leur direction.

Si l'on ne tient qu'à empêcher le mouvement de translation du levier, le choix du point où il faut le soutenir importe peu; mais il n'en est plus de même lorsqu'on veut mettre obstacle à la fois au mouvement de translation et à celui de rotation : il faut alors appliquer la force de soutien au point O, par où passe la résultante des forces motrices; en plaçant le point d'appui en tout autre endroit de la ligne AB, on empêche, à la vérité, le levier de se déplacer en totalité, mais on lui permet encore de tourner autour de son point d'appui.

La position du point O dépend évidemment du rapport qui existe entre les grandeurs des deux forces parallèles AP et BQ. Pour déterminer ce point, je remarque que les deux triangles APF et IOA sont semblables, qu'il en est de même des deux triangles BQF′ et IOB; on peut donc poser :

$$\frac{OA}{PF} = \frac{IO}{AP} \quad \text{et} \quad \frac{OB}{QF'} = \frac{IO}{BQ}.$$

Rappelons-nous que QF′ = PF par construction, et adoptons les notations suivantes :

$$AP = f, \quad BQ = f', \quad OA = l, \quad OB = l'.$$

Les deux proportions précédentes prennent alors la forme :

$$\frac{l}{PF} = \frac{IO}{f} \quad \text{et} \quad \frac{l'}{PF} = \frac{IO}{f'}.$$

De la première, on tire : $fl = IO \times PF$; de la seconde, on déduit : $f'l' = IO \times PF$. On a donc enfin :

$$fl = f'l' \,. \tag{1}$$

Les distances l et l' du point d'appui du levier aux points d'application des forces se nomment les *bras de levier*. La loi représentée par l'équation (1) peut dès lors être traduite en langage ordinaire de la manière suivante : pour qu'un levier reste en équilibre sous l'action de deux forces parallèles qui tendent à le faire tourner en sens contraire, il faut que *les produits des forces par les bras de levier correspondants soient égaux*, ou, en d'autres termes, *que les forces soient inversement proportionnelles à leurs bras de levier*. [Cette proposition n'est vraie que dans les conditions où nous nous sommes placés, c'est-à-dire lorsque les forces sont parallèles et qu'elles ont leurs points d'application en ligne droite avec le point d'appui. Mais, en faisant intervenir la considération des *moments* des forces, on arrive à une loi générale, qui s'applique aussi bien au levier courbe ou coudé sollicité par des forces concourantes ou parallèles, qu'au levier droit sollicité par des forces parallèles.]

On appelle *moment* d'une force [par rapport à un point] le produit de l'intensité de la force CR (fig. 6) par la perpendiculaire AF abaissée de ce point sur la droite qui représente la direction de la force. [Le point d'appui A du levier étant pris pour *centre* des moments,] la loi est la suivante : pour qu'un levier soumis à l'action de deux forces qui tendent à le faire tourner en sens contraire reste en équilibre, *il faut que les moments de ces forces soient égaux*, c'est-à-dire qu'on ait :

$$CR \times AF = BP \times AE.$$

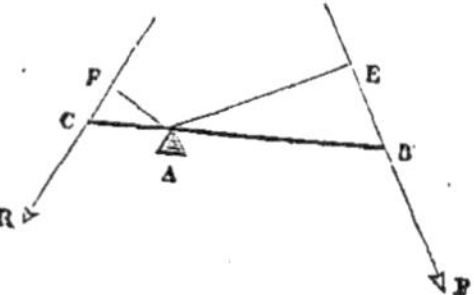

Fig. 6. — Levier du premier genre sollicité par des forces non parallèles.

Lorsque deux forces tendent à imprimer des déplacements en sens contraire, il est dans les habitudes courantes de la mécanique de regarder l'un des moments comme *positif* et l'autre comme *négatif*; en se conformant à cette convention, on peut énoncer la loi relative à l'équilibre d'un levier sous la forme suivante : *la somme algébrique des moments des forces doit être nulle*. Cette proposition est vraie, quel que soit d'ailleurs le nombre des forces.

[On peut représenter algébriquement la loi générale qui vient d'être formulée en dernier lieu par l'équation :

$$fd + f'd' = 0 \qquad (2),$$

en désignant par d et d' les longueurs des perpendiculaires abaissées du point d'appui sur les directions des forces f et f', et en donnant aux moments les signes qui leur conviennent. Si le levier est droit et les forces parallèles, comme le représente la figure 5, il est facile de voir que les perpendiculaires d et d' sont respectivement proportionnelles aux bras de levier l et l' ; en remplaçant, dans l'équation (2), les quantités d et d' par les quantités l et l' qui leur sont proportionnelles, on se replace dans les conditions de la figure 5, et on retombe alors sur l'équation (1), ce qui montre bien que celle-ci n'est qu'un cas particulier de l'équation générale relative à la somme des moments des forces. Dans la figure 6, où les forces ne sont pas parallèles, il n'y a point proportionnalité entre les bras de levier AC, AB, et les distances AF, AE, du point d'appui A aux directions des forces.

Nous avons dit précédemment que la grandeur de la résultante qui tend à imprimer au levier un mouvement de translation est égale à la somme des composantes parallèles agissant aux extrémités des bras de levier; il est facile de démontrer, sur la figure 5, qu'effectivement IR = AP + BQ. Par le point F'₁ menons F'₁K, parallèle à la droite AB; nous obtenons ainsi deux triangles IKF'₁ et RKF₁', qui sont respectivement égaux aux triangles BQF' et APF, comme ayant un côté égal adjacent à deux angles égaux chacun à chacun. On en tire :

RK = AP   et   IK = BQ ;

d'où :   IR = AP + BQ,   c. q. f. d.]

[On n'a considéré jusqu'ici que le cas où les deux composantes parallèles sont de même sens; on a trouvé que dans ces conditions la résultante passe entre les composantes et est égale à leur somme. Le problème est tout aussi facile à résoudre lorsque les deux composantes parallèles sont de sens contraire; le résultat seul diffère en ce que la résultante est alors égale à la différence des composantes, qu'elle passe en dehors d'elles du côté de la plus grande, et qu'elle est dirigée dans le même sens que cette dernière; quant à la position du point où la résultante coupe la droite qui joint les points d'application des composantes, elle doit satisfaire à la loi de l'égalité des moments.

Mais il se présente ici un cas singulier qui mérite au moins d'être mentionné : c'est celui où les deux forces, tout en étant parallèles et de sens contraire, sont égales en intensité : *alors la résultante est nulle.* Un pareil système se nomme *couple* et a pour effet de faire tourner le corps auquel il est appliqué, jusqu'à ce que les deux forces soient directement opposées l'une à l'autre. Un couple, n'ayant pas de résultante, ne peut être tenu en équilibre par un point fixe; il faut deux points fixes pour empêcher la rotation du corps soumis à l'action d'un couple.

Je vais indiquer maintenant un procédé géométrique simple et rapide pour trouver à la fois le point d'application et la grandeur de la résultante de deux forces parallèles. Soient AP et BQ deux forces parallèles et de même sens appliquées aux extrémités de la droite AB (fig. 7). On change ces forces de place, de manière que l'une vienne occuper la position de l'autre, et réciproquement, en ayant soin toutefois de reporter l'une des forces en sens contraire de sa direction primitive; on joint les extrémités Q' et P' des forces dans ces nouvelles positions par une droite qui coupe la ligne AB au point O ; ce point est celui par où passe la résultante, comme il est facile de le démontrer par la considération des deux triangles semblables AOQ' et BOP'. Par le point O menons une parallèle à la direction des forces jusqu'à sa rencontre avec la droite QR, menée parallèlement à P'Q' : la droite

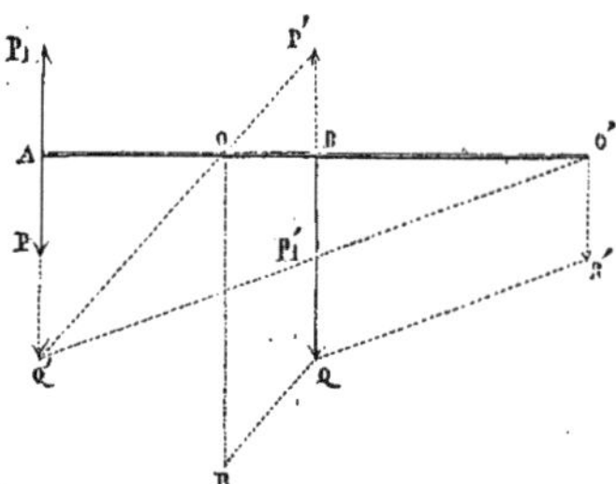

Fig. 7. — Construction géométrique pour déterminer le point d'application et la grandeur de la résultante de deux forces parallèles.

OR représente, en grandeur et en direction, la résultante cherchée. Si les composantes parallèles étaient de sens contraire, tel est le cas des forces AP_1 et BQ, on répéterait la construction précédente dans ces nouvelles conditions; on joindrait les extrémités Q' et P' des forces changées de place, et l'on obtiendrait le point d'application O' de la résultante O'R'.]

19ª. Conditions d'équilibre d'un corps solide. — Nous avons établi la loi du parallélogramme des forces et celle de l'égalité des moments en raisonnant sur des points et des lignes géométriques; néanmoins ces lois renferment tout ce qui est nécessaire pour qu'on puisse décider, le cas échéant, si un corps matériel, soumis à l'action de forces de grandeur et de direction connues, restera en équilibre ou se mettra en mouvement. Les seules formes de mouvement possibles dans la nature sont, en effet, le mouvement de *translation* et celui de *rotation.*

Pour qu'un corps solide sollicité par des forces reste en repos, il faut :

1° Que la résultante définitive de toutes les forces qui agissent sur ce corps soit nulle;

2° Que la somme des moments des forces soit également nulle.

Si la résultante n'est pas nulle, le corps éprouvera un mouvement de translation dans le sens de la résultante; si la somme des moments des forces n'est pas égale à zéro, il en résultera un mouvement de rotation dans le sens du moment le plus grand.

20. Rapport entre la force et la vitesse de rotation dans le levier. — Nous avons maintenant à rechercher la vitesse avec laquelle s'accomplit le mouvement qui a lieu, lorsque la résultante des forces ou la somme de leurs moments n'est pas nulle. La question est sans grande importance en ce qui concerne le mouvement de translation : dans ce cas, la grandeur de la résultante sert de mesure au mouvement qui s'effectue, puisque nous ne mesurons l'intensité d'une force que par l'effet qu'elle produit, c'est-à-dire par le mouvement auquel elle donne naissance.

Les choses se passent différemment dans le mouvement de rotation. Considérons de nouveau les deux forces AP et BQ qui se font équilibre aux extrémités du levier AB (fig. 5); supposons qu'on vienne à rompre l'équilibre en augmentant l'intensité de l'une des forces, par exemple de la force BQ : l'extrémité B du levier s'abaissera jusqu'en B′, pendant que l'autre extrémité s'élèvera en A′. Or, les arcs AA′ et BB′ sont entre eux comme les bras de levier correspondants OA et OB, ce qui montre que, lors de la rupture de l'équilibre, les points d'application des forces se déplacent avec des vitesses qui sont entre elles comme les longueurs des bras de levier correspondants. D'ailleurs, pour que l'équilibre subsiste, il faut que les forces soient inversement proportionnelles à leurs distances du point d'appui; il s'ensuit que la force qui suffit exactement à amener la rupture de l'équilibre, doit être aussi en raison inverse du bras de levier auquel elle est appliquée.

De là, cette conséquence importante au point de vue théorique et pratique, à savoir qu'on peut suppléer à la force par la vitesse, et réciproquement, à la vitesse par la force; ainsi, la force AP, qui agit sur le bras de levier le plus long, est la plus petite; mais, en revanche, la vitesse avec laquelle a lieu le déplacement du point d'application de cette force est d'autant plus grande; de même, la force BQ qui agit sur le bras de levier le plus court compense, par la grandeur de son intensité, le peu de vitesse qu'elle imprime au mouvement de son point d'application. Supposons, pour fixer les idées, qu'en B′ (fig. 5) se trouve un poids à soulever, et en A′ la main d'un homme qui exerce une pression sur le levier : l'intensité de la force nécessaire dans ces conditions pour faire équilibre au poids est plus petite que la grandeur de ce poids, et elle l'est d'autant plus que le bras de levier sur lequel elle agit est plus grand par rapport à celui auquel est appliqué le poids. La pression exercée par l'homme vient-elle à éprouver un léger accroissement, aussitôt le poids est soulevé; mais pour que ce poids s'élève seulement de B′ en B, il faut que la main de l'homme parcoure le chemin A′A qui est au déplacement BB′ dans le rapport de la longueur du bras de levier OA à celle de OB. Supposons maintenant que l'homme agisse en B et que le poids soit placé en A : alors, pour qu'il y ait équilibre, il doit exister, entre l'intensité de la force exercée en B et le poids, le même rapport qu'entre les bras de levier OA et OB. Si ensuite la force développée par l'homme augmente d'intensité, le levier tournera autour de son point d'appui, de manière à ce que le poids s'élève de A en A', pendant que le point d'application de la force motrice se déplacera de la quantité BB', et les chemins ainsi parcourus par les points d'application des forces seront entre eux comme les longueurs des bras de levier correspondants.

Le levier est fréquemment employé, comme on le voit dans l'exemple précédent, pour soulever des fardeaux, [c'est-à-dire pour vaincre des résistances]; aussi désigne-t-on sous le nom de bras de levier de la *résistance* le bras qui est destiné à produire un effet tel que celui que nous venons d'indiquer, et on appelle bras de levier de la *puissance* le bras auquel est appliquée la force motrice. Cela posé, toutes les fois que, dans l'emploi du levier, on cherche à obtenir une vitesse considérable, de préférence à une grande force, il faut que le bras de levier de la puissance soit plus petit que celui de la résistance; quand, au contraire, la résistance à vaincre nécessite un grand développement de force et qu'on n'a pas besoin de beaucoup de vitesse, on doit donner au bras de levier de la puissance une longueur supérieure à celle du bras de levier de la résistance.

20ª. Divers genres de leviers. — [On distingue trois sortes de leviers, d'après la position du point d'appui par rapport aux points d'application des forces.] Le levier est dit *du premier genre* ou *intermobile*, lorsqu'il a son point d'appui placé entre les points d'application des deux forces; tel est le levier que nous avons considéré jusqu'ici (voir notamment la figure 6). Mais la puissance et la résistance peuvent être situées toutes deux d'un même côté du point d'appui; ces conditions se trouvent réalisées dans la figure 8, où le point d'appui est en A; la résistance représentée par la droite CR est appliquée en C; le point d'application de la puissance BP est en B : on a ainsi un *levier du deuxième genre* ou *interrésistant*, dans lequel le point d'application de la résistance est placé entre le point d'appui et le point d'application de la puissance. [Dans ce cas, la puissance a toujours l'avantage.] Lorsque c'est, au contraire,

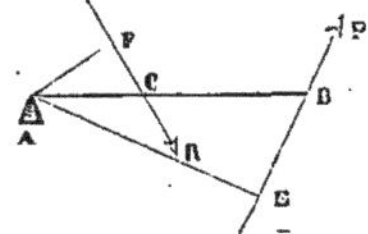

Fig. 8. — Levier du deuxième genre.

le point d'application de la puissance qui est situé entre le point d'appui et le point d'application de la résistance, on a le levier du *troisième genre* ou levier *interpuissant* (fig. 9), [dans lequel la puissance a toujours le désavantage, mais où, en revanche, le déplacement que le point d'application de la résistance éprouve sous l'influence d'une augmentation de la puissance, est constamment supérieur à l'espace parcouru par le point d'application de la puissance.]

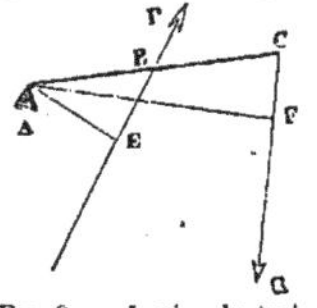

Fig. 9. — Levier du troisième genre.

La seule forme de levier que nous ayons indiquée jusqu'ici est le levier *droit*, c'est-à-dire une barre rectiligne, dans laquelle, par conséquent, le point d'appui et les points d'application des forces sont placés sur la même droite. Il existe une autre forme de levier, où les bras sont deux droites qui forment entre elles un certain angle; tel serait, dans la figure 6, le cas du levier FAE ayant pour bras AF et AE, et pour point d'appui le point A. Un pareil levier est dit *angulaire* ou *coudé*.

21. Principe des vitesses virtuelles. — La relation réciproque que nous avons signalée (cf. § 20) entre la puissance et la vitesse de déplacement de son point d'application va nous permettre de donner aux conditions d'équilibre du levier une autre expression que celle de l'égalité des moments. En effet, puisque les arcs AA′ et BB′ (fig. 5) sont entre eux comme les bras de levier correspondants, proportionnels eux-mêmes aux longueurs des perpendiculaires abaissées du point d'appui sur les forces, il s'ensuit que les moments des forces sont aussi proportionnels aux produits des forces par les arcs qui représentent les chemins que parcourent dans le même temps les extrémités du levier. On peut donc dire que l'équilibre a lieu quand $fe = f'e'$, f et f' désignant les forces, e et e' représentant les espaces parcourus par leurs points d'application. Or il est évident qu'on peut remplacer l'arc AA′ par un autre aussi petit qu'on le voudra, à condition toutefois de diminuer la longueur de l'arc BB′ dans le même rapport; supposons qu'on donne à ces arcs des valeurs infiniment petites, mais conservant toujours entre elles le rapport voulu : la loi représentée par l'équation $fe = f'e'$ sera encore vraie dans ce cas. En réalité, lorsque les forces se font équilibre, il ne se produit pas de déplacement même infiniment petit; il y a seulement tendance à la production de déplacements dont les vitesses soient entre elles comme les arcs AA′ et BB′; on dit alors que les vitesses sont *virtuelles*. Ainsi donc, la loi de l'égalité des moments qui exprime les conditions d'équilibre du levier peut être remplacée par ce qu'on appelle le *principe des vitesses virtuelles*, dont voici l'énoncé : *pour que l'équilibre ait lieu, il faut que la somme algébrique des produits des forces par les vitesses virtuelles correspondantes soit nulle.*

Ce principe est aussi applicable au mouvement de translation. Considérons, en effet, la force AF (fig. 10) et décomposons-la en deux autres perpendiculaires entre elles, AP′ et AL. Si le point A était libre d'obéir à chacune de ces forces séparément, il serait transporté en L, par l'action de la composante AL, ou en P′, par l'action de la composante AP′, dans le même temps que celui qu'il mettrait à arriver en F sous l'influence de la force AF qui le sollicite en réalité; à proprement parler, nous n'avons donc pas décomposé la force donnée, mais plutôt la vitesse AF qu'elle serait capable

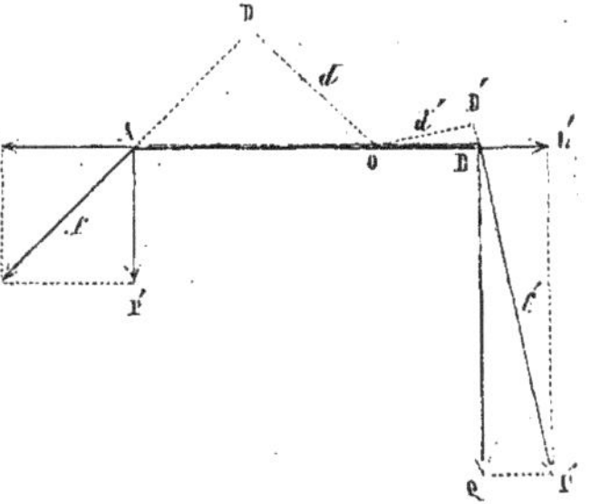

Fig. 10. — Démonstration du principe des vitesses virtuelles.

d'imprimer au point A. Or ce point fait partie d'un système sollicité encore par d'autres forces qui concourent à maintenir l'équilibre ; il en résulte que la force considérée ne détermine pas de mouvement réel, mais qu'elle tend seulement à en produire, et qu'en conséquence les composantes AL et AP' représentent des vitesses *virtuelles*. En répétant successivement sur toutes les forces qui sollicitent le système AB la décomposition qu'on a fait subir à la première, on arrive finalement à poser, comme condition d'équilibre, en ce qui concerne le mouvement de translation, que la somme algébrique des vitesses virtuelles parallèles à AB et la somme des vitesses virtuelles perpendiculaires à AB doivent être toutes deux nulles. Il va sans dire que les vitesses de sens contraire sont aussi à affecter de signes contraires.

[De ce qui précède, on peut tirer les conclusions suivantes :

Ce qu'on gagne en force, on le perd en espace parcouru, en vitesse ou en temps; et réciproquement, ce qu'on gagne en espace parcouru, en vitesse ou en temps, on le perd en force.

Il est facile de voir que cet énoncé n'est autre chose que le principe des vitesses virtuelles présenté sous une autre forme.]

Le principe que nous venons de faire connaître a, sur ceux du parallélogramme des forces et de l'égalité des moments des forces appliquées au levier, l'avantage d'être plus général, en ce qu'il renferme les conditions d'équilibre relatives à la fois au mouvement de translation et à celui de rotation; il est, en outre, plus fécond pour la science, parce qu'il introduit la notion de la vitesse, qui a aussi une grande importance en statique, car, rigoureusement parlant, dire que des forces se font équilibre signifie que l'équilibre a lieu entre les vitesses que ces forces tendent à développer.

Le principe des vitesses virtuelles est celui qui conduit le plus aisément à une expression mathématique des conditions de l'équilibre. Appelons, en effet, f la force AF (fig. 10), f' la force BF', f'', f''', etc., les autres forces qui agissent encore sur le corps considéré; désignons par α l'angle P'AF, par α' l'angle QBF' et par α'', α''', etc., les angles analogues correspondants aux autres forces; les composantes parallèles à l'axe AB auront alors pour valeurs respectives les expressions $f \sin \alpha$, $f' \sin \alpha'$, $f'' \sin \alpha''$, etc., et les composantes perpendiculaires seront représentées par $f \cos \alpha$, $f' \cos \alpha'$, $f'' \cos \alpha''$, etc. En regardant, pour les deux systèmes de forces, comme positives les forces qui sont dirigées dans un sens et comme négatives celles qui tirent en sens contraire, on arrive à prouver que l'équilibre a évidemment lieu, en ce qui concerne le mouvement de translation, quand :

$$f \sin \alpha + f' \sin \alpha' + f'' \sin \alpha'' + \ldots\ = 0 \qquad (1)$$
$$f \cos \alpha + f' \cos \alpha' + f'' \cos \alpha'' + \ldots\ = 0 \qquad (2)$$

Pour trouver la condition d'équilibre relative au mouvement de rotation, du point O, par où passe la résultante de toutes les forces qui tendent à faire tourner le levier AB, abaissons sur les directions des forces les perpendiculaires OD et OD'; transportons ensuite les points d'application de ces forces sur leurs prolongements en D et D', ce qui ne change rien à l'état du système, comme on l'a vu précédemment, à condition toutefois qu'on suppose les points D et D' liés invariablement aux points A et B. Nous avons ainsi remplacé le levier droit AOC par le coudé DOD', et on sait que ce dernier ne tournera pas si la force AF, qui agit sur le bras OD, tient en équilibre la force BF', qui sollicite le bras OD'. Or, imaginons que le levier tourne *virtuellement* de l'angle β : l'arc décrit par le point D sera égal à $d'\beta$, et l'arc parcouru par le point D' aura une longueur $d'\beta$, en appelant d et d' les bras de levier OD et OD'. Le principe des vitesses virtuelles exige, pour l'équilibre, que $fd\,\beta = f'd\,\beta$ ou simplement $fd = f'd'$.

Supposons maintenant qu'au lieu de deux forces il y en ait un nombre quelconque f, f', f'', etc., et désignons par d, d', d'', etc., les bras de levier perpendiculaires à ces forces; regardons comme positives les forces qui tendent à faire tourner le levier dans un sens, et comme négatives celles qui tendent à le faire tourner en sens inverse. Pour qu'il ne se produise pas de rotation autour du point O, il faut qu'on ait :

$$fd + f'd' + f''d'' + \ldots = 0 \qquad (3)$$

Il est clair, d'ailleurs, que le choix du point pris comme centre de rotation est entièrement
arbitraire, lorsqu'on cherche seulement à savoir si un système matériel peut ou non tourner ;
un corps qui ne se meut pas autour d'un point librement choisi n'éprouve, en général, aucun
mouvement de rotation ; au lieu du point O, nous pourrions prendre tout autre point comme
centre de rotation. Par conséquent, l'énoncé suivant renferme la condition générale d'équilibre en ce qui concerne le mouvement de rotation : *si d'un point quelconque on mène
des droites perpendiculaires sur les directions des forces, il, faut, pour que le corps
ne tourne pas, que la somme algébrique des produits des forces par les perpendiculaires correspondantes soit égale à zéro.*

En résumé, on voit que pour établir les conditions d'équilibre d'un corps solide, il faut
faire usage de trois équations, à savoir les équations (1) et (2), qui concernent le mouvement
de translation, et l'équation (3), qui regarde le mouvement de rotation. [Nous devons cependant faire remarquer que ces trois équations ne suffisent pas à représenter, dans toute
leur généralité, les conditions d'équilibre d'un corps solide ; on ne peut les employer que
dans le cas particulier où les forces qui sollicitent le corps sont toutes situées dans un même
plan. Pour traiter le problème d'une manière tout à fait générale, il faut décomposer
chaque force en trois autres parallèles à trois axes perpendiculaires entre eux, et l'on
obtient ainsi, non pas trois, mais *six* équations d'équilibre, dont trois pour chaque genre
de mouvement.]

22: Applications du principe du parallélogramme des forces et de celui du levier.
— On aurait de la peine à trouver, dans la nature ou dans les arts, un exemple
de production de force ou de vitesse qui ne nécessite pas l'application du
principe du parallélogramme des forces, ou de celui du levier, ou des deux à
la fois. Les mouvements des différentes pièces du squelette humain s'opèrent
presque exclusivement par l'intermédiaire de leviers (cf. § 65). Nos instruments les plus indispensables sont aussi des leviers, car à tout moment nous
avons besoin de transformer la force en vitesse ou la vitesse en force ; parmi
les leviers les plus usuels, nous citerons les tenailles, les ciseaux, les pinces ;
dans l'emploi de chacun de ces instruments, on a à se demander si on veut
obtenir surtout de la force ou de la vitesse, et quelle est la quantité de force
ou de vitesse dont on a besoin. Les tenailles représentent un système de
deux leviers accouplés, destiné à produire de la force ; plus on veut que l'effet
obtenu soit puissant, plus il faut raccourcir le bras de levier de la résistance
et augmenter celui de la puissance ; on peut, avec une seule et même paire
de tenailles, modifier, suivant les circonstances, l'intensité d'action de
l'instrument ; on n'a qu'à lui donner, lorsque la chose est praticable, la
forme d'un levier du deuxième genre, qui permet de faire varier facilement
la distance entre le point d'appui et le point d'application de la résistance.
Dans la pince, le levier est du troisième genre, non pas qu'on ait besoin
d'une grande vitesse de déplacement, mais afin que la force, avec laquelle
les mors de l'instrument saisissent les objets, soit modérée. Les ciseaux sont
en quelque sorte des tenailles tranchantes ; ils représentent, comme ce
dernier instrument, un système de deux leviers du premier genre, mais
à bras à peu près égaux. [Le principe d'un grand nombre d'instruments de
chirurgie repose sur le levier plus ou moins modifié ; nous citerons, entre
autres, les pinces à dissection et autres, le davier et la clef des dentistes, le
levier des accoucheurs, etc. ; certains appareils employés dans les recherches
de physiologie médicale utilisent aussi les propriétés du levier : on en trouve
un exemple dans le sphygmographe.]

On fait encore un fréquent usage de machines simples, qui ne sont autre
chose que des formes particulières du levier : telles sont la balance, la

poulie, etc.; mais, comme l'action de la pesanteur intervient dans le jeu de ces appareils, nous en parlerons dans le chapitre consacré à l'étude de la pesanteur (V. § 49 et suiv.).

[22ª. Théorie du coin appliquée aux instruments diérétiques [1]. — Quel qu'il soit, scalpel, bistouri, couteau à amputation ou à cataracte, lancette, ciseau, gouje, aiguille, etc., qu'il ait une lame plane ou courbe, un tranchant rectiligne ou curviligne, ou même punctiforme, quel que soit le mode opératoire suivi, un instrument tranchant ou piquant agit toujours en s'insinuant, à la manière d'un coin, entre les molécules à diviser.

La théorie du coin sert donc de base à celle des instruments tranchants et piquants. La résistance qui s'oppose à la pénétration de la lame ou de la pointe est représentée par la force de cohésion de la substance soumise à l'action de l'instrument et s'exerce normalement aux faces du coin [2]. La puissance destinée à triompher de la résistance provient le plus généralement de la main qui opère (couteaux à amputation, à cataracte, bistouris, scalpels, etc.); parfois elle est due à l'action d'un ressort (scarificateur pour ventouse, phlébotome, etc.); dans le couteau de la guillotine, c'est le poids même de l'instrument, augmenté de la force correspondante à la vitesse acquise durant la chute, qui entre en lutte contre la résistance.

a) INSTRUMENTS TRANCHANTS. — Considérons d'abord le cas le plus simple, celui d'une lame plane à tranchant rectiligne, et supposons qu'elle ait la forme d'un prisme droit, à base triangulaire ; dans ces conditions, l'arête qui sert de tranchant est parallèle aux deux autres, et, si le triangle de base est isocèle, le plan mené par le tranchant perpendiculairement au dos de l'instrument est bissecteur de l'angle des faces de la lame. C'est dans ce plan, que nous nommerons *plan de diérèse*, que se trouvent aussi la force motrice qui agit sur le couteau et la solution de continuité ou *diérèse* qui est la conséquence de cette action.

Cela posé, deux cas sont à considérer, selon que la puissance, tout en agissant dans le plan de diérèse, a une direction perpendiculaire ou oblique au tranchant du couteau. Ces deux cas ne diffèrent d'ailleurs l'un de l'autre que par l'angle du coin qui opère la diérèse : quand la puissance est perpendiculaire au tranchant, elle s'exerce sur un coin dont l'angle a pour mesure l'angle même des faces de la lame, c'est-à-dire celui de la *section droite;* si la force motrice est inclinée sur le tranchant, elle agit dans une *section oblique*, et, par conséquent, sur un coin dont l'angle, toujours plus petit que celui de la section droite, diminue à mesure que l'obliquité augmente.

1° *Section droite* (fig. 11). — En coupant la lame par un plan perpendiculaire au tranchant, nous obtiendrons, pour section droite, le triangle isocèle ABC; les côtés AC, BC, représentent les faces de la lame et le sommet C répond au tranchant. Sur la hauteur IC, bissectrice de l'angle du coin et médiane de la base AB, prenons une longueur IF qui représente, en gran-

---

[1] F. MONOYER, *Cours de Physique médicale*, Lyon, 1879. (Notes manuscrites.) — Nous croyons devoir donner quelques développements à cette théorie des instruments tranchants et piquants, parce qu'elle nous paraît offrir un intérêt au moins égal à son importance, et qu'on la chercherait en vain dans les ouvrages et les travaux publiés jusqu'à ce jour.]

[2] Pour ne pas compliquer outre mesure l'exposé de sa théorie, l'auteur laisse de côté la résistance supplémentaire due au frottement des surfaces qui glissent l'une sur l'autre; on peut, du reste, ramener l'effet à celui d'un accroissement de la résistance totale.]

deur et en direction, la puissance appliquée au point I. Décomposons alors
la force IF en deux autres, IQ et IQ′, égales entre elles et respectivement
perpendiculaires aux faces BC et AC du coin. On obtient ainsi le losange
IQFQ′, dans lequel la diagonale IF représente la résultante des deux forces
IQ et IQ′. Chacune
de ces composantes
figure la pression
exercée par la face
correspondante du
coin et doit être égale
à la résistance à vain-
cre, qui agit en sens
contraire.

La diagonale IF
divise le parallélo-
gramme des forces
en deux triangles

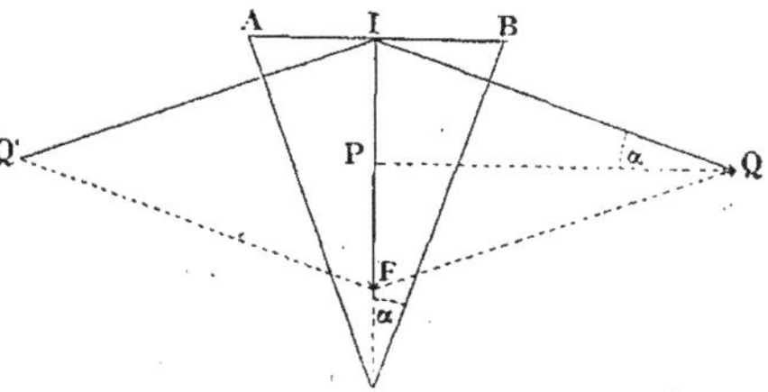

Fig. 11. — Théorie du coin (section droite).

isocèles égaux entre eux et semblables à la section du coin, par suite de
l'égalité des angles qui ont leurs côtés homologues respectivement perpendiculaires chacun à chacun; il en résulte que les angles IQF et IQ′F
sont tous deux égaux à l'angle du coin ACB. En menant la hauteur PQ
du triangle isocèle IQF, on partage la droite IF et l'angle opposé IQF,
chacun en deux moitiés égales, et on obtient deux triangles rectangles
égaux. Or, l'un de ces triangles IQP, par exemple, donne la relation :
$$IP = IQ \sin IQP$$
Si nous désignons par P la puissance IF, par Q la composante IQ ou son
égale la résistance qui agit normalement à l'une des faces du coin, par
$2\,\alpha$ l'angle du coin ou son égal IQF, nous pourrons mettre la relation
précédente sous la forme :
$$\frac{P}{2} = Q \sin \alpha.$$

d'où on tire : $$P = 2\,Q \sin \alpha \qquad (1)$$

et $$Q = \frac{P}{2 \sin \alpha}. \qquad (2)$$

On sait que la valeur d'un sinus varie depuis 0 jusqu'à 1, pendant que
l'angle croît de 0° à 90°. Ces formules montrent donc que :

1) Une même puissance P donne deux composantes Q, qui représentent
chacune la pression que la face correspondante de la lame exerce
normalement à son plan et qui sont d'autant plus grandes que l'angle des
faces est plus petit; la lame ne peut commencer à couper qu'à partir du
moment où la composante Q est égale à la résistance que lui oppose la
substance à diviser.

Pour un angle de 30°, $\sin \alpha = \dfrac{1}{2}$, et $Q = P$. L'angle α des instruments tranchants, que nous nommons angle de *diérèse*, étant bien inférieur
à 30°, Q est toujours plus grand que P.

2) La puissance qu'il faut appliquer à une lame tranchante pour la

faire triompher de la résistance Q opposée normalement à chaque face par la substance à diviser est proportionnelle au sinus de l'angle de diérèse ; elle est, par conséquent, d'autant plus petite que l'angle des faces de la lame est lui-même plus petit.

Si on considère, par exemple, deux lames d'angles différents α et α', les puissances P et P', dont elles auront besoin pour couper une même substance, seront dans le même rapport que les sinus des angles, car on aura :

$$P = 2\,Q \sin \alpha$$
$$P' = 2\,Q \sin \alpha'$$

d'où :
$$\frac{P'}{P} = \frac{\sin \alpha'}{\sin \alpha} . \tag{3}$$

Comme les angles sont très petits, on peut substituer leur rapport à celui de leurs sinus et écrire :

$$\frac{P'}{P} = \frac{\alpha'}{\alpha}, \tag{3 bis}$$

en sorte que les puissances requises par deux lames tranchantes, pour opérer la division d'une même substance, sont entre elles comme les angles des lames.

3) D'autre part, si on évalue les travaux des forces P, P', en multipliant la force par le chemin parcouru suivant sa direction, c'est-à-dire par la *course* du coin, ces deux travaux seront égaux dans le cas où les travaux correspondants des résistances le seront, condition que nous supposons réalisée.

Nous aurons donc :
$$Ph = Ph', \tag{4}$$

h, h' désignant les courses du coin dues aux puissances P, P'.

De la relation précédente on tire :
$$\frac{h'}{h} = \frac{P}{P'},$$

ou, en vertu de l'égalité (3 *bis*),
$$\frac{h'}{h} = \frac{\alpha}{\alpha'}. \tag{5}$$

On voit que, pour une même résistance vaincue, la lame la plus aiguë s'enfoncera davantage, conformément au principe des vitesses virtuelles, en vertu duquel on gagne en vitesse ou en espace parcouru ce qu'on perd en force.

Il y a donc double avantage à diminuer autant que possible l'angle des faces d'une lame ; car plus cet angle est petit, moins est grande la puissance nécessaire pour que la lame coupe, et plus est considérable la profondeur de l'incision.

Ainsi se trouve justifié par la théorie ce fait d'observation, qu'un couteau coupe avec d'autant moins d'effort et avec d'autant plus de rapidité que sa lame est plus aiguë [1].

-----

[1] Il est bien évident que, toutes choses égales d'ailleurs, la résistance totale augmente proportionnellement au nombre des molécules qui sont séparées à la fois, c'est-à-dire en raison directe de la lon-

2° *Section oblique* (fig. 12.). — Considérons maintenant le cas où la puissance P agit dans une section oblique A′B′C et supposons que la lame se meuve suivant la direction de la puissance, soit qu'on la guide avec la main, ou que quelque obstacle s'oppose à ce qu'elle se déplace dans un sens perpendiculaire au plan de la section oblique.

Dans ces conditions, nous pouvons décomposer la puissance donnée F en deux forces, situées dans le plan de diérèse, l'une, CP = P, perpendiculaire au tranchant et agissant par conséquent dans la section droite, l'autre, CP′, perpendiculaire à la direction de la puissance et neutralisée par la résistance qui empêche la lame de se déplacer dans une direction normale à la section oblique.

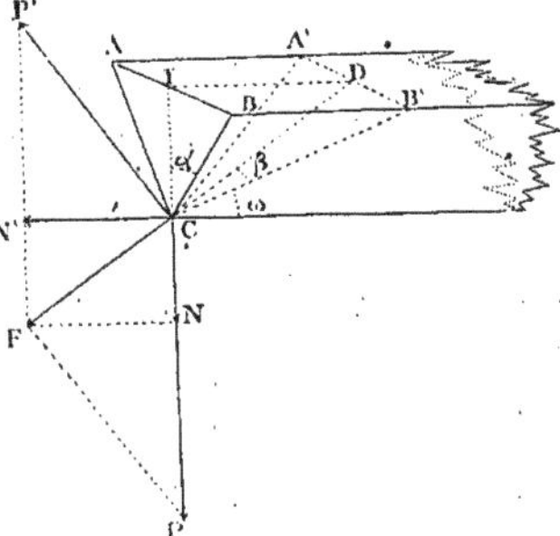

Fig. 12. — Théorie du coin (section oblique).

La composante perpendiculaire au tranchant a pour valeur :

$$P' = \frac{F}{\sin \theta},$$

θ désignant l'angle que fait le plan de la section oblique avec le tranchant de la lame, et que j'appellerai l'angle de *progression;* cet angle est égal à l'angle PCF qui lui est opposé par le sommet. Or, la force P agissant dans la section droite d'angle α est donnée par la relation :

$$P = 2\,Q \sin \alpha.$$

Nous pouvons donc poser :

$$\frac{F}{\sin \theta} = 2\,Q \sin \alpha$$

d'où
$$F = 2\,Q \sin \alpha \sin \theta. \qquad (6)$$

Telle sera la valeur de la force F requise pour que la lame coupe, en se mouvant suivant une section inclinée de l'angle θ sur le tranchant.

On voit que cette force, proportionnelle à sin θ, sera d'autant plus faible pour une même lame et une même susbtance à diviser, que l'angle θ sera lui-même plus petit.

gueur de l'incision, ou, ce qui revient au même, de la longueur du tranchant qui est utilisée; la puissance doit, en conséquence, croître dans le même rapport.

Si on appelle q la composante normale égale à la résistance par section droite d'épaisseur 1, p la puissance correspondante, b la demi-base IB de la section droite et a le côté BC, on aura donc, par section droite d'épaisseur égale à l'unité :

$$p = 2\,q \sin \alpha = 2\,q\,\frac{b}{a},$$

et, par conséquent, pour une longueur l du tranchant :

$$lp = 2\,lq \sin \alpha.$$

En posant :
$$lp = P, \qquad lq = Q,$$

on retrouve la formule :
$$P = 2\,Q \sin \alpha = 2\,Q\,\frac{b}{a},$$

qui exprime la relation entre la puissance totale P et la résistance totale Q, relativement à la longueur utilisée l du tranchant]]

Si nous appelons β l'angle DCB' de la section oblique qui correspond à l'angle α de la section droite, et ω l'angle du côté C B' de la section oblique avec le tranchant, angle situé sur la face de la lame et, par conséquent, plus grand que l'angle θ, la comparaison des triangles ICB, DCB' avec le triangle BCB' donne la relation :

$$\sin \beta = \sin \alpha \sin \omega. \tag{7}$$

Tirons-en la valeur de $\sin \alpha$ et introduisons-la dans l'expression (6) de F ; il viendra :

$$F = 2 Q \sin \beta \, \frac{\sin \theta}{\sin \omega}. \tag{8}$$

Or, si l'angle α des faces de la lame est petit, ω sera peu différent de θ et d'autant moins que θ sera lui-même plus petit; le rapport $\frac{\sin \theta}{\sin \omega}$ peut alors être considéré comme égal à 1 et la valeur de F devient :

$$F = 2 Q \sin \beta. \tag{8 \textit{bis}}$$

On peut donc dire que la force, qu'une lame à section droite d'angle α exige pour couper obliquement à son tranchant, est égale à celle qui serait requise par une lame dont la section droite aurait l'angle β de la section oblique, lequel angle diminue en même temps que θ ou ω et devient nul quand la lame incise parallèlement à son tranchant.

Il est facile de voir, en outre, que, si la course de la lame dans la direction de la puissance est CF, que j'appelle e, le chemin parcouru dans le même temps, perpendiculairement au tranchant, sera CN, que j'appelle h, et on aura entre ces deux courses la relation :

$$h = e \sin \theta, \tag{9}$$

à laquelle on arrive aussi en égalant les travaux des deux forces F et P, ce qui donne :

$$Fe = Ph,$$

d'où :
$$h = \frac{F}{P} = e \sin \theta. \tag{10}$$

Si on considère la même lame poussée successivement dans des directions obliques θ, θ', par rapport à son tranchant, par une même puissance F, les chemins e, e', parcourus dans les deux directions, seront entre eux dans le rapport :

$$e' = \frac{h}{\sin \theta'}, \tag{11}$$

$$e = \frac{h}{\sin \theta}, \tag{12}$$

$$\frac{e'}{e} = \frac{\sin \theta}{\sin \theta'}, \tag{13}$$

et, pour des angles très petits,

$$\frac{e'}{e} = \frac{\theta}{\theta'} = \frac{\omega}{\omega'}. \tag{13 \textit{bis}}$$

C'est-à-dire que le chemin le plus grand e' correspondra à l'angle le plus petit θ' ou à l'obliquité la plus grande.

On voit donc qu'il y a avantage à faire agir un couteau obliquement à son tranchant, car cela revient à appliquer la puissance sur un coin d'angle β, plus petit que l'angle α de la section droite ; alors la puissance requise pour opérer la diérèse est d'autant plus faible qu'elle s'exerce dans une direction plus voisine du parallélisme avec le tranchant, et la profondeur de pénétration du couteau dans la même direction croît dans le même rapport.

REMARQUES. — 1. La plupart des instruments tranchants, et, en particulier, les couteaux dont on se sert en chirurgie pour inciser par ponction, tels que les bistouris, les couteaux à cataracte, les lancettes, réalisent précisément les conditions de la section oblique.

Imaginons, en effet, qu'on vienne à couper la lame prismatique de la figure 12 par un plan A′B′C perpendiculaire au plan de diérèse, passant par le point C et faisant un angle θ avec le tranchant : il en résultera une lame pyramidale, ayant le même tranchant et le même angle α des faces, mais dont le dos, étant précisément la section oblique A′B′C, fera un angle θ avec le tranchant et le rejoindra pour se terminer en une pointe C correspondant au sommet de la pyramide. On obtiendra ainsi une lame à coupe longitudinale triangulaire, telle que celle de la figure 13, dans laquelle l'angle au sommet du triangle mesure l'inclinaison de la section oblique sur le tranchant.

Si on emploie une semblable lame pour pénétrer par ponction dans un tissu, on voit que la puissance s'exercera dans la section oblique et dans la direction même suivant laquelle on enfonce le couteau. On pourra donc décomposer la puissance, comme nous l'avons fait précédemment, décomposition qui revient à traiter la coupe longitudinale du couteau de la même manière qu'on en a agi à l'égard de sa section droite, c'est-à-dire à considérer aussi ladite coupe comme étant celle d'un coin

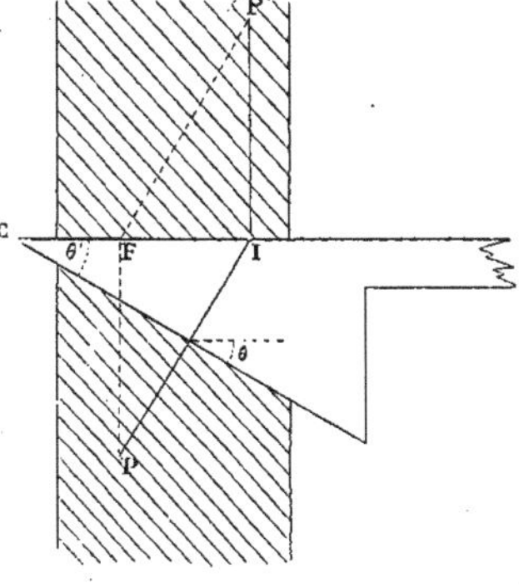

Fig. 13. — Théorie du couteau.

dont la section a la forme d'un triangle rectangle. L'angle de ce coin n'est autre que l'angle de progression θ.

En nous reportant aux résultats fournis par l'étude de la section oblique, nous voyons qu'une lame pyramidale, à base triangulaire, coupe d'autant mieux que son angle de diérèse α (moitié de l'angle des faces) et son angle de progression θ (ou *angle de pointe*) sont plus petits ; en d'autres termes, *un semblable couteau incise d'autant plus aisément qu'il a un tranchant plus acéré et une pointe plus effilée*. C'est là une conclusion dont chacun a pu vérifier la justesse.

2. L'application des principes et des formules précédentes aux diverses formes d'instruments tranchants permettra d'en comparer les pouvoirs diérétiques et fournira plus d'une conséquence intéressante. C'est ainsi, par exemple, qu'on pourra se convaincre de l'impossibilité absolue d'obtenir un couteau *lancéolaire* ou *triangulaire* coupant aussi bien que le couteau *linéaire* à angle de progression presque nul ; on trouvera encore que le couteau *lancéolaire* exige, toutes choses égales d'ailleurs, *deux* fois plus de force que le *triangulaire*, ayant même α et même θ, pour accomplir le même travail.

Le chirurgien ne saurait opérer avec toute la sûreté et la légèreté de main désirables, quand il rencontre des variations de résistance notables et brusques. Tel est précisément le cas qui se présente dans l'opération de la cataracte par kératotomie, pratiquée au moyen du couteau triangulaire à tranchant rectiligne : vers la fin de l'incision, lorsque le tranchant devient tangent à la circonférence intérieure de la section cornéenne, la longueur du tissu à diviser et, par suite, la résistance augmentent brusquement d'une quantité notable, pour décroître ensuite de plus en plus vite et finir par cesser subitement. En semblables circonstances, il peut y avoir avantage à donner au tranchant du couteau une forme différente de la ligne droite. On obvie, en effet, aux inconvénients qui résultent de la configuration des parties dans l'incision de la cornée, ou, du moins, on les atténue autant que possible en donnant au tranchant une courbure en arc de cercle saillant (couteau *convexe*) ; la courbure doit être telle que l'angle de progression, diminuant à mesure que le couteau avance, soit déjà considérablement réduit, lorsque la longueur de l'incision atteint son maximum, et n'ait plus qu'une faible diminution à subir pour devenir nul, à l'instant où l'incision est terminée. On arrive ainsi à compenser d'une manière suffisante l'accroissement de résistance par la diminution de l'angle de progression, de telle sorte que l'effort requis pour inciser la cornée aille toujours en diminuant et par degrés sensiblement réguliers, jusqu'à la valeur zéro qui est atteinte à l'instant précis où on achève la section.

b) INSTRUMENTS PIQUANTS. — Imaginons qu'on fasse tourner la section droite de la figure 13 autour de la hauteur IC du triangle comme axe ; on engendre par cette rotation un cône, c'est-à-dire un coin à base circulaire, ne différant du coin à base de tétragone rectangulaire, qui représente la lame prismatique, que par l'orientation des diverses sections droites dont on peut le considérer comme formé.

Cette différence d'orientation ne modifie en aucune façon la relation précédemment établie entre les forces en jeu dans chaque section droite. Nous aurons donc pour la section droite d'épaisseur 1 :

$$p = 2\,q \sin \alpha = 2\,q\,\frac{r}{a}\,,$$

puisque
$$r = a \sin \alpha,$$

en appelant α la moitié de l'angle du cône (angle de diérèse), a la longueur de l'arête ou génératrice, et r le rayon de la base du cône. La circonférence de la base ayant une longueur égale à $2\,\pi\,r$, la somme des puissances, pour toute la surface latérale du cône, sera :

$$2\,\pi\,r \times p = P$$

et de même, la somme des résistances,

$$2\,\pi\,r \times q = Q.$$

On aura, par conséquent :

$$P = 2\,\pi\,r \times 2\,q \sin \alpha = 4\,\pi\,q\,r \sin \alpha$$
$$= 4\,\pi\,q\,\frac{r^2}{a}\,,$$

ou simplement :
$$P = 2\,Q \sin \alpha = 2\,Q\,\frac{r}{a}.$$

Ces formules, étant entièrement semblables à celles du coin isocèle à base rectangulaire, conduisent aux mêmes conclusions.

Or, un grand nombre d'instruments piquants, tels que les aiguilles, les épingles, etc., se terminent en une pointe de forme conique, à laquelle s'applique la théorie du coin à base circulaire. En conséquence, nous pouvons dire maintenant pourquoi ces instruments piquent d'autant plus aisément et pénètrent, pour un même effort, à une profondeur d'autant plus grande que leur pointe est plus acuminée.

Les aiguilles et les épingles employées en chirurgie, aiguilles et épingles à suture, aiguilles à cataracte et à paracentèse, ont une pointe qui présente habituellement la forme d'un

couteau lancéolaire en miniature, et dont, par conséquent, la théorie rentre, comme celle
de ce couteau, dans le cas de la section·oblique. On a vu qu'elle conduit à des conclusions
du même genre : *plus on diminue, non seulement l'angle de diérèse, mais encore celui
de progression, plus on augmente le pouvoir diérétique de l'instrument.*
   La pointe des trocarts a la forme d'une pyramide à base de triangle équilatéral : il
suffit de la considérer comme composée de trois lames triangulaires égales, pour pouvoir y
appliquer la théorie de ce genre de couteau et en tirer les mêmes conséquences relativement
à l'influence favorable de la petitesse des angles de diérèse et de progression.]]

23. Mouvement uniforme. — Quand une force, après ·avoir mis en mouvement un corps ou un point matériel, vient tout à coup à cesser d'agir, le
corps n'en continue pas moins à se mouvoir en ligne droite, et, en vertu
du principe de l'inertie de la matière, le mouvement devient uniforme
à partir du moment où le mobile est soustrait à l'action de la force motrice.
Si, par exemple, c'est un choc qui détermine le mouvement et qu'aucune
force ultérieure n'intervienne, le corps
parcourra des espaces égaux dans des
temps égaux ; d'où résulte que, connaissant le chemin parcouru par le mobile
pendant un temps déterminé, on peut
calculer d'avance l'espace qu'il franchira
pendant un temps quelconque.

   Afin de pouvoir comparer entre elles
les vitesses de plusieurs mobiles qui se
meuvent avec une vitesse constante
pour chacun d'eux, mais différente d'un
mobile à l'autre, on est convenu de prendre, pour unité de mesure, l'espace
parcouru pendant l'unité de temps, la
seconde ; c'est la grandeur de cet espace

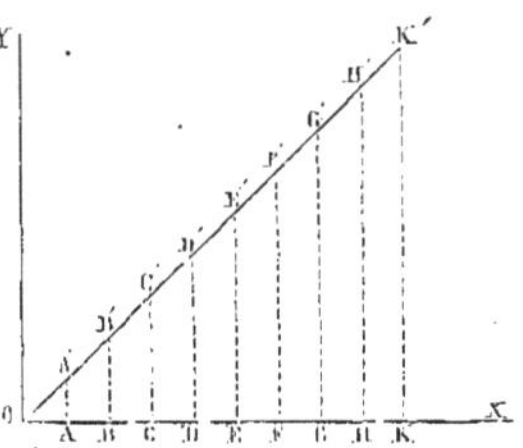

Fig. 14. — Représentation graphique de la loi
des espaces dans le mouvement uniforme, ou
de la loi des vitesses dans le mouvement
uniformément accéléré.

qui représente ce qu'on appelle la *vitesse* dans le mouvement uniforme.
Par conséquent, l'espace *e*, parcouru pendant un temps quelconque *t* évalué
en secondes, est égal au produit de la vitesse *v* par le temps.

On a donc :
$$e = vt,$$
[et
$$v = k,$$
k étant une constante.
   La figure 14 représente la formule $e = vt$, c'est-à-dire la relation qui existe entre le temps
et l'espace parcouru, dans le mouvement uniforme.
   Si, avant l'instant initial à partir duquel on compte le temps t, le corps a déjà parcouru
un certain espace e_0, l'espace parcouru au bout du temps t sera :
$$e = e_0 + vt].$$

24. Mouvement uniformément accéléré. — Nous venons de voir que le mouvement d'un corps devient uniforme dès que la force motrice cesse
d'agir. Considérons maintenant ce qui se passe quand la force continue à
solliciter le mobile : dans ce cas, le mouvement ne saurait être uniforme ;
en vertu du principe de l'inertie de la matière, il doit s'accélérer de
plus en plus.
   Le cas le plus simple est celui où la force reste constante pendant toute
la durée de son action. Décomposons par la pensée le temps pendant lequel
agit la force, en un grand nombre d'intervalles élémentaires égaux entre

eux : durant le premier instant, la force communique au point matériel une
certaine vitesse, qui conserverait indéfiniment la même valeur, si l'action
motrice se bornait à cette première impulsion ; mais en continuant à solliciter le corps, la force détermine, pendant le deuxième instant, un accroissement de vitesse précisément égal à la vitesse communiquée en premier
lieu ; le même fait va se reproduire pendant les intervalles de temps
suivants. On peut donc se représenter l'effet d'une force constante comme
équivalent à une série de chocs ou d'impulsions d'égale intensité se
succédant régulièrement, avec cette circonstance particulière que les
chocs se répètent à des intervalles de temps infiniment rapprochés et
que, par suite, la vitesse croît d'une manière continue, au lieu d'augmenter par saccades. L'*accélération* est d'ailleurs uniforme, c'est-à-dire
que la quantité dont s'accroît la vitesse pendant chaque intervalle élémentaire de temps est constante, puisque l'intensité d'action de la force
reste la même.

Supposons maintenant qu'au bout de la première seconde la force cesse
d'agir : le mobile continue alors à se mouvoir avec une vitesse uniforme, et,
à partir de ce moment, l'espace parcouru dans l'unité de temps peut évidemment servir de mesure à l'accélération que la force a développée en agissant
pendant la durée d'une seconde; car, la vitesse initiale du mobile étant nulle,
si on retranche l'une de l'autre la vitesse qui anime le mobile au commencement d'un certain intervalle de temps et celle qui existe à la fin du
même intervalle, la différence représente l'accélération produite durant le
temps considéré. Puisque la vitesse augmente d'une manière uniforme,
c'est-à-dire que l'accélération est la même pour chaque seconde, la comparaison des vitesses qui existent au commencement et à la fin d'une seconde
quelconque conduirait toujours au même résultat, quelle que soit l'époque
considérée; si on prend de préférence l'origine du mouvement comme point
de départ, c'est uniquement pour faciliter les calculs, puisque dans ce cas
la vitesse acquise au bout de la première seconde donne immédiatement
l'accélération. Une fois que l'accélération a été mesurée, il est possible de
déterminer d'avance la vitesse dont le mobile sera animé à une époque
quelconque de son mouvement; il suffit de faire le produit de l'accélération
trouvée, par la durée du temps écoulé depuis l'origine du mouvement jusqu'à
l'instant considéré.

Désignons l'accélération par γ, le temps par *t*, et nous aurons pour la vitesse *v* au bout
du temps *t*, l'expression :

$$v = \gamma \, t. \tag{1}$$

Pour trouver l'espace parcouru par un mobile sous l'influence d'une force uniformément
accélératrice, commençons par déterminer l'espace parcouru pendant la première seconde.
La vitesse initiale est nulle; à la fin de la première seconde, la vitesse est égale à γ; le
chemin parcouru dans cet intervalle de temps est donc plus grand que zéro et plus petit

que γ; il doit être évidemment égal à la moyenne des deux valeurs, c'est-à-dire à $\frac{\gamma}{2}$,

puisque la vitesse croît uniformément. Ainsi, un mobile qui serait animé d'une vitesse uni-

forme égale à $\frac{\gamma}{2}$ parcourrait, dans le même temps, le même chemin que si, partant de

l'état de repos, avec une vitesse initiale nulle, il se mouvait d'un mouvement uniformément
accéléré et s'il acquérait une vitesse finale égale à γ. Considérons un temps quelconque *t*

la vitesse acquise au bout de ce temps est γt, ainsi qu'on l'a vu ; la vitesse moyenne est donc $\dfrac{\gamma t}{2}$, puisque $v_0 = 0$; au point matériel se mouvant d'un mouvement uniformément accéléré nous pouvons en substituer un autre possédant une vitesse uniforme égale à $\dfrac{\gamma t}{2}$.

Cela posé, dans le mouvement uniforme, l'espace parcouru dans le temps t est : $e = vt$; or ici, $v = \dfrac{\gamma t}{2}$. Donc l'espace parcouru par un mobile, sous l'influence d'une force uniformément accélératrice, est donné par l'équation :

$$e = \frac{\gamma t^2}{2}. \tag{2}$$

[Traduite en langage ordinaire, cette formule signifie que, dans le mouvement uniformément accéléré, *l'espace parcouru par un mobile partant de l'état de repos est égal à la moitié du produit de l'accélération par le carré du temps écoulé.*

En résumé, les lois du mouvement uniformément accéléré sont les suivantes :

1° L'accélération est constante ;

2° La vitesse est proportionnelle au temps écoulé ;

3° L'espace parcouru est proportionnel au carré du temps.

La loi des vitesses, $v = \gamma t$, dans le mouvement uniformément accéléré, est représentée, dans la figure 14 (p. 43), par la droite OK', dont l'inclinaison sur l'axe des abscisses est proportionnelle à l'accélération.

La loi des espaces, $e = \dfrac{\gamma t^2}{2}$, est figurée par la *parabole* AR de la figure 15 (p. 48), où les ordonnées qui mesurent les espaces parcourus sont comptées au-dessous de l'axe des abscisses.

Les formules précédentes supposent que l'on compte les temps à partir de l'instant où commence le mouvement ; si tel n'est pas le cas, il faut tenir compte de la vitesse dont était animé le mobile à l'origine des temps ; en introduisant cette *vitesse initiale* v_0, on obtient l'expression :

$$v = v_0 + \gamma t. \tag{1 \textit{bis}}$$

Dans les mêmes conditions, l'espace parcouru au bout du temps t est :

$$e = v_0 t + \frac{\gamma t^2}{2}.$$

Si, en outre, avant l'instant à partir duquel on compte les temps, le mobile a déjà parcouru l'espace e_0, la formule des espaces prend la forme générale :

$$e = e_0 + v_0 t + \frac{\gamma t^2}{2}. \tag{2 \textit{bis}}$$

Les formules (1 *bis*) et (2 *bis*) comprennent aussi le cas du mouvement *uniformément retardé*, dans lequel la vitesse *décroît* de quantités proportionnelles aux temps écoulés ; il suffit, pour les rendre applicables dans ces conditions, d'affecter l'accélération γ du signe $-$.]

25. Mesure des forces. Quantité de mouvement. Travail et force vive. — Les forces ne peuvent être mesurées qu'à l'aide des vitesses qu'elles déterminent. Quand il s'agit de forces constantes, le moyen le plus commode de les mesurer est fourni par la connaissance de l'accélération dans l'unité de temps ; mais il importe de remarquer que la grandeur de l'accélération ne dépend pas seulement de l'intensité de la force motrice; elle dépend aussi de la masse du corps sur lequel agit la force : il est évident, en effet, qu'une force capable d'imprimer à un point matériel unique une accélération γ, déterminera une accélération 100 fois plus petite, si elle agit sur un système de 100 points liés entre eux d'une manière invariable, car l'effet de la force se répartit uniformément sur tous les points. Or, un corps composé de 100 points matériels a une masse 100 fois plus grande que celle d'un point unique; nous pouvons donc dire :

L'effet d'une force, mesuré par l'accélération qu'elle produit, est directement proportionnel à l'intensité de la force et en raison inverse de la masse du mobile.

Si nous supposons que l'unité de force communique à l'unité de masse une accélération ψ, la force d'intensité f imprimera à la masse m l'accélération $\dfrac{f}{m}\ \psi$. Or, le choix de l'unité de force est indifférent, et, comme on ne peut arriver, en général, à la mesure des forces que par la connaissance de leurs effets, ce qu'il y a de plus simple, c'est de prendre comme unité la force capable de produire un effet égal à l'unité, c'est-à-dire celle qui communique à l'unité de masse l'accélération 1 ; s'il en est ainsi, la force f imprimera à la masse m une accélération $\dfrac{f}{m}$.

[On aura donc :
$$\gamma = \frac{f}{m},$$
d'où
$$f = m\,\gamma. \tag{1}$$

Ainsi, *une force a pour mesure le produit de la masse du corps, sur lequel elle agit, par l'accélération qu'elle imprime à cette masse.*

Dans le cas d'une force constante, le mouvement est uniformément accéléré, et on a vu (§24) qu'alors $v = \gamma t$, d'où $\gamma = \dfrac{v}{t}$. En mettant cette valeur de γ dans l'équation (1), il vient, après avoir chassé le dénominateur :
$$ft = mv. \tag{2}$$

Le produit mv de la masse du mobile par sa vitesse à l'époque t, se nomme la *quantité de mouvement;* on désigne quelquefois sous le nom d'*impulsion* de la force pendant le temps t, le produit ft. On voit par la formule (2) que, si nous considérons la vitesse acquise au bout de l'unité de temps, *la force a aussi pour mesure la quantité de mouvement correspondante.*]

Quant à l'espace parcouru dans le temps t, sous l'influence de la force constante f, il est :
$$e = \frac{1}{2}\,\frac{f}{m}\,t^2. \tag{3}$$

En éliminant le temps t entre les équations (2) et (3), on arrive à l'équation :
$$fe = \frac{mv^2}{2}. \tag{4}$$

Telle est la relation qui existe, à tout instant, entre la vitesse du mobile à l'époque considérée et l'espace qu'il a parcouru depuis le début du mouvement jusqu'à ce moment-là ; on voit que cette relation est indépendante de la durée du mouvement.

L'équation (4) nous montre que : à un instant quelconque du mouvement, *le produit de l'intensité d'une force constante par la longueur du chemin qu'elle a fait parcourir à un corps dans le sens de sa direction depuis l'origine du mouvement, est égal à la moitié du produit de la masse de ce corps par le carré de la vitesse dont le mobile est animé à l'instant considéré.*

On donne, en mécanique, le nom de *travail* d'une force au produit fe de l'intensité de la force f par le chemin e qu'a parcouru le mobile dans la direction de cette force, et on appelle *force vive* le produit mv^2 de la masse m par le carré de la vitesse v dont est animée cette masse. [Il serait plus rationnel de donner, contrairement à l'usage généralement établi, le nom de force vive à l'expression $\dfrac{mv^2}{2}$; car c'est toujours la moitié de la quantité mv^2 qui entre dans les calculs de la mécanique.

On peut donc énoncer en deux mots la relation qui existe entre le travail et la force vive, en disant que :

Le travail d'une force est égal à la force vive.

Nous supposons ici, comme dans tout ce paragraphe, que le mobile part de l'état de repos et que c'est à partir du moment correspondant que l'on compte les temps et les espaces.]

La connaissance de la relation qui existe entre le travail d'une force et la force vive développée est d'une grande importance, car elle permet de calculer l'une quelconque des quantités qui entrent dans cette équation, quand on connaît toutes les autres. Je suppose, par exemple, qu'on veuille savoir la grandeur de la force que doit développer une locomotive pour que, après avoir parcouru un espace e, elle possède une vitesse v : dans ce cas, les données sont e, v et m, m étant la masse de la locomotive et de la charge qu'elle entraîne avec elle ; en introduisant les valeurs de ces quantités dans l'équation (4), nous en tirons la valeur de l'inconnue f.

Autre exemple : nous lançons de toutes nos forces avec la main une boule, et nous voulons déterminer la vitesse v du mobile au moment où nous le lâchons ; il nous suffit, pour effectuer le calcul, de connaître la masse m de la boule, l'espace e parcouru par la main qui lance le projectile, et le poids maximum que notre bras peut élever en l'air ; ce poids représente l'intensité f de la force que le bras est capable de développer dans le jet d'un corps.

[On trouvera plus d'utilité à calculer la force développée par le bras pour imprimer une vitesse déterminée à un projectile, attendu que la vitesse peut être déduite de la hauteur à laquelle parvient le mobile (cf. § 53ª et 57), tandis que la force correspondante, variable avec la vitesse produite, ne saurait être connue sans l'emploi de la formule]].

26. Mouvements effectués sous l'influence de plusieurs forces. — Le mouvement que prend un point matériel ou un corps soumis à l'action simultanée de plusieurs forces se déduit facilement des lois précédemment formulées.

Lorsqu'un corps est sollicité en même temps par deux forces *instantanées*, par deux chocs, dont les directions forment entre elles un certain angle, la diagonale du parallélogramme construit sur les droites qui représentent, en grandeur et en direction, les vitesses des forces, donne non seulement la direction du chemin que suivra le mobile, mais encore la grandeur de la vitesse résultante ; ce résultat, nous l'avons démontré dans le § 18.

Supposons maintenant qu'une force instantanée sollicite le point matériel A (fig. 15) dans la direction AB et qu'une force constante agisse en même temps dans la direction AC, le mouvement résultant est facile à trouver :

il est représenté, à chaque instant, par la diagonale du parallélogramme construit sur les chemins élémentaires que le corps parcourrait, dans un temps infiniment petit, sous l'influence de chacune des deux forces considérée isolément. Or, ces diagonales successives changent continuellement de direction et tendent à devenir parallèles à la direction de la force accélératrice, puisque les espaces parcourus sous l'influence de cette dernière augmentent sans cesse

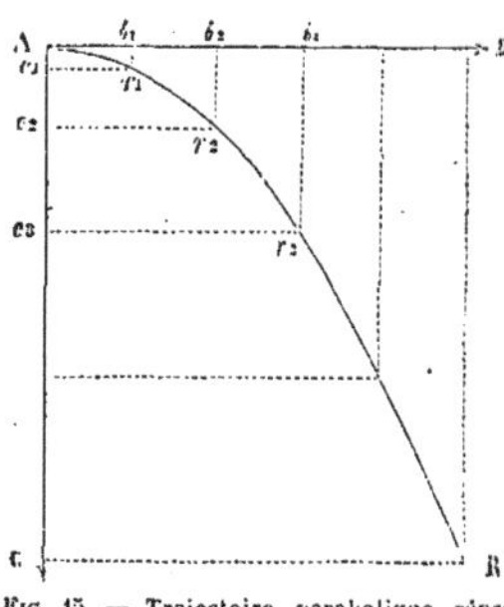

Fig. 15. — Trajectoire parabolique représentant le mouvement effectué sous l'influence simultanée d'une force constante et d'une force instantanée.

par rapport aux espaces correspondants parcourus sous l'influence de la force instantanée; il en résulte que la trajectoire décrite par le mobile est une ligne courbe, et l'analyse mathématique montre que cette courbe est une *parabole*. Dans l'étude de la pesanteur, nous verrons, que la courbe en question représente la trajectoire suivie par les projectiles, et nous aurons occasion de revenir sur les applications des lois du mouvement aux effets résultant de l'action simultanée de plusieurs forces.

Quant à présent, nous n'avons plus à nous occuper que d'un seul cas, dans lequel plusieurs forces agissent aussi simultanément; ce cas est celui d'un point matériel, ou d'un système de points, sollicité par deux groupes de forces, dont les unes tendent, par leur action incessante, à maintenir le point dans une position déterminée et invariable, tandis que les autres, à action plus ou moins passagère, le dérangent de sa position d'équilibre. Nous sommes ainsi amenés à traiter des mouvements vibratoires et ondulatoires ; cette étude est d'une importance capitale, par suite des applications nombreuses qu'elle présente dans les différentes parties de la physique; aussi croyons-nous devoir y consacrer un chapitre particulier.

CHAPITRE IV

DU MOUVEMENT VIBRATOIRE ET ONDULATOIRE

27. Oscillations d'un point autour de sa position d'équilibre. — Quand un point matériel est retenu dans une position déterminée par l'action continue de forces constantes, il oppose à toute nouvelle force qui tend à le déranger de sa position d'équilibre une résistance en rapport avec l'intensité des forces qui le maintiennent en place. La force perturbatrice est-elle constante, le point matériel est obligé de prendre une nouvelle position d'équilibre; mais, si elle n'agit que pendant un instant très court, comme le ferait un choc unique, le point matériel accomplira, de part et d'autre de sa position primitive, une série de *vibrations* ou d'*oscillations*.

Soit M (fig. 16) un point matériel recevant un choc dirigé dans le sens MA : ce point va se mettre en mouvement, et, s'il était entièrement libre, c'est-à-dire soustrait à l'action de toute force autre que le choc primitif, il continuerait indéfiniment à se mouvoir avec une vitesse uniforme dans la direction MA en vertu du principe de l'inertie de la matière; mais, comme il est sollicité par des forces qui tendent à le retenir dans la position M, il éprouvera un ralentissement graduel de vitesse, jusqu'à ce qu'il ait atteint une position, telle que A, où la vitesse soit entièrement nulle; l'instant d'après, la force qui tend à ramener le mobile en M, continuant à agir, le point matériel reviendra sur ses pas avec une vitesse croissante, jusqu'à son point de départ; arrivé là, il dépassera cette position primitive, en vertu de la vitesse acquise, et ira jusqu'en un point B, situé à la même distance de M que le point A, puisque l'accélération qu'il a gagnée en allant de A en M est précisément égale au ralentissement qu'il éprouve en allant de M en A ou

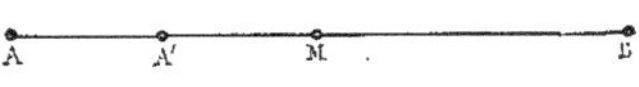

Fig. 16. — Mouvement oscillatoire d'un point matériel.

en B. Parvenu en B, le mobile rebroussera de nouveau chemin, gagnera la position M avec une vitesse croissante, la dépassera comme la première fois, et ainsi de suite ; il accomplira donc, de part et d'autre de sa position d'équilibre, un nombre infini d'oscillations.

On appelle *amplitude* de la vibration l'espace compris entre les deux positions extrêmes A et B de la molécule vibrante; le temps employé par le point matériel pour accomplir son double mouvement de va-et-vient, de A en B, puis de B en A, représente la *durée* de la vibration.

Si la force qui ramène le mobile à sa position d'équilibre était constante, le mouvement vibratoire effectué dans ces conditions ressemblerait au fond au mouvement uniformément varié, dont les lois ont été indiquées dans le chapitre précédent : le mouvement serait uniformément accéléré depuis le point A, où la vitesse est nulle, jusqu'au point M, où elle atteint son maximum ; de M en B, le mouvement serait uniformément retardé, et ainsi de suite. Mais, quand on suppose que les forces qui sollicitent la molécule vibrante à revenir constamment au même point ont toujours la même intensité, on fait une hypothèse qui n'est pas réalisée dans la nature ; en général, plus le mobile a été écarté de sa position primitive, plus la force qui tend à l'y ramener est intense. Imaginons, par exemple, que la droite MB (fig. 16) représente une tige élastique dont l'extrémité B soit fixe; tirons sur l'autre extrémité M, de manière à allonger la tige de la quantité MA′, puis abandonnons-la à elle-même; la traction venant à cesser, la tige, en vertu de son élasticité, reprendra sa longueur primitive MB. Dans une deuxième expérience, tirons la tige de manière à produire un allongement égal à MA : quand nous n'exercerons plus de traction, la tige reviendra encore sur elle-même, mais avec une force plus grande que la première fois; si le second allongement MA a été double du premier MA′, la force avec laquelle l'extrémité tirée reprendra sa position primitive M sera aussi deux fois plus grande; car la force avec laquelle une tige élastique revient à sa longueur primitive est évidemment égale à la force élastique développée, et celle-ci croît dans le même rapport que l'allongement. Or, quelles que soient les forces qui sollicitent un point matériel à reprendre constamment la même position, les choses se passent toujours comme elles viennent d'être indiquées dans l'exemple précédemment choisi : le point matériel, étant dérangé de sa position d'équilibre, y est ramené par une force dont l'intensité varie en raison directe de la distance qui sépare la molécule vibrante de sa position d'équilibre. Par suite, l'accélération du mouvement croît aussi proportionnellement à cette même distance, et les vibrations s'exécutent avec d'autant plus de rapidité que leur amplitude est plus grande ; il en résulte que la *durée de la vibration reste constante, quelques variations que subisse d'ailleurs l'amplitude de la vibration.* D'autre part, on conçoit que la durée de la vibration varie en sens inverse de la force qui tend primitivement à maintenir la molécule oscillante dans sa position d'équilibre et qui la ramène ensuite dans cette position.

28. Application du principe de la conservation de la force au mouvement vibratoire. — Les résultats qui viennent d'être énoncés peuvent se déduire d'une manière très simple du principe de la conservation de la force dont il a été parlé au § 11. Désignons par φ la force qui sollicite un point matériel, dont la masse est prise pour unité, à revenir à sa position d'équilibre M, lorsqu'il en est écarté d'une distance égale à l'unité ; si on considère une masse m, l'accélération imprimée à cette masse par la force φ sera : $\gamma = \dfrac{\varphi}{m}$, en vertu de ce qui a été dit au § 25, d'où on tire : $\varphi = m\gamma$; et, si l'écartement est égal à a, l'accélération aura pour mesure : $\gamma a = \dfrac{\varphi}{m}\, a$, conformément à l'hypothèse que nous avons admise, à savoir que l'intensité de la force qui attire la masse oscillante vers le point M est proportionnelle à la simple distance ; comme d'ailleurs la force accélératrice en question agit de manière à diminuer la distance a, il faut évidemment la considérer comme une quantité négative : nous aurons donc, en appelant Γ l'accélération produite par cette force :

$$\Gamma = \gamma a = -\frac{\varphi}{m}\, a.$$

On voit que, quand $a = 0$, c'est-à-dire quand le mobile se trouve en M, l'accélération $\Gamma = 0$, et quand a est égal à la demi-amplitude, Γ atteint sa valeur maximum. [On peut donc remplacer l'accélération variable Γ par une accélération constante égale à la moyenne des deux valeurs extrêmes, $\dfrac{1}{2}\left(0 + \dfrac{\varphi}{m}\, a\right) = \dfrac{\varphi a}{2m}.$]

Cela posé, considérons la force vive du mobile : elle a pour expression le produit $\dfrac{1}{2}\, mv^2$ (cf. § 25) qui est égal à zéro, quand la masse oscillante est à l'une des extrémités de sa course, car la vitesse correspondante à cette position est nulle. Pendant que le mobile revient sur ses pas, la force vive augmente, et elle atteint son maximum au point M, où l'on a :

$$\frac{mv^2}{2} = \frac{\varphi a}{2m}\, a.$$

En effet, dans le trajet de M en A, il y a eu transformation graduelle de la force vive en force de tension dirigée en sens contraire jusqu'à ce que, la masse oscillante étant parvenue en A, la transformation fût complète ; et, quand le mobile retourne vers le point M, la force de tension à laquelle il obéit repasse tout entière à l'état de force vive ; il faut donc, en vertu du principe de la conservation du travail, que la force vive soit égale à la force de tension dont elle dérive. [Or, la force de tension a pour mesure le travail effectué par la force ; et il serait facile de démontrer que ce travail est égal à :

$$\frac{\varphi a}{2m}\, a = \frac{\varphi a^2}{2m}.$$]

Nous voyons par ce qui précède que la force vive d'une masse oscillante croît avec l'amplitude de la vibration.

Dans les vibrations sonores de l'air et des corps qui rendent des sons, ainsi que dans les vibrations lumineuses, l'amplitude de la vibration règle l'*intensité* du son ou de la lumière ; la durée de la vibration en détermine la *qualité* (hauteur du son ou ton, couleur de la lumière). Le fait précédemment indiqué, que la durée de l'oscillation est indépendante de l'amplitude, nous explique comment il se fait qu'un même ton ou une même couleur puissent passer par différents degrés d'intensité.

29. Loi de la durée des vibrations d'une molécule. — Il doit nécessairement y avoir une relation déterminée entre le temps qu'une molécule oscillante met à accomplir une oscillation et la force qui tend à maintenir le mobile dans sa position d'équilibre : quand cette force devient plus grande, il faut évidemment que la rapidité des vibrations augmente aussi, et par conséquent, que leur durée diminue. Si l'on désigne la durée d'une vibration par t, la force qui tend à ramener la masse oscillante à sa position primitive par γ, on démontre que la relation entre t et γ ou son égal $\dfrac{\varphi}{m}$ est donnée par l'équation suivante :

$$ t = 2\,\pi\,\sqrt{\frac{1}{\gamma}} = 2\,\pi\,\sqrt{\frac{m}{\varphi}}. $$

π représente le rapport de la circonférence au diamètre, c'est-à-dire le nombre 3,14159....

Cette équation montre que *la durée de la vibration est proportionnelle à la racine carrée de la masse du corps qui oscille, et en raison inverse de la racine carrée de la force accélératrice qui sollicite constamment le corps à revenir à sa position primitive.* On peut donner une autre forme à l'énoncé de cette loi, en disant que *le carré de la vitesse de vibration est proportionnel à la force accélératrice, et en raison inverse de la masse oscillante* [1].

30. Vibrations longitudinales. Ondes condensantes et dilatantes. — La nature n'offre jamais à notre observation de points matériels isolés; les corps que nous y rencontrons sont toujours formés d'un nombre très considérable d'atomes ou de molécules ; si donc chaque atome, ou chaque molécule, représente un point matériel, nous pouvons regarder un corps comme étant un agrégat de points matériels. Or, les considérations que nous avons développées, en exposant la théorie atomique (§ 14ª), ont montré que les particules qui constituent les corps exercent les unes sur les autres des actions dont l'intensité dépend des distances mutuelles de ces particules; il en résulte que, si un point quelconque d'un corps vient à entrer en vibration, l'état d'équilibre des molécules voisines se trouve détruit. Le mouvement vibratoire, d'une grande simplicité aussi longtemps qu'on se borne à considérer un point unique, devient compliqué du moment qu'il se communique successivement à une série de points matériels, et c'est ce dernier cas qui se présente le plus fréquemment dans la nature.

Soient, par exemple, trois points A, B, C (fig. 17), placés en ligne droite et maintenus en équilibre par des forces attractives et répulsives, de manière que la distance AB soit égale à BC. Nous admettrons que les forces en question suivent, dans leurs variations, les lois sur lesquelles repose la théorie atomique de la constitution des corps, c'est-à-dire que les

(1) [Voir dans l'original la démonstration mathématique de la formule du mouvement vibratoire.]

forces répulsives décroissent plus rapidement que les forces attractives,
quand la distance augmente : dans ces conditions, si une force extérieure vient à diminuer la distance de deux points matériels, ces points
se repoussent mutuellement; ils doivent, au contraire, s'attirer lorsqu'ils
s'écartent l'un de l'autre. Supposons donc qu'un choc frappe intantanément
le point A et le pousse dans la
direction de B : le point A, sous
l'impulsion de ce choc, se rapprochera du point B avec une vitesse
décroissante ; arrivé en A', il
reviendra à sa position primitive
avec une vitesse de plus en plus
grande. Le point B à son tour,
sous l'influence de l'action répulsive développée par le rapprochement du point A, se mettra
en mouvement et marchera vers
C ; mais le mouvement de B

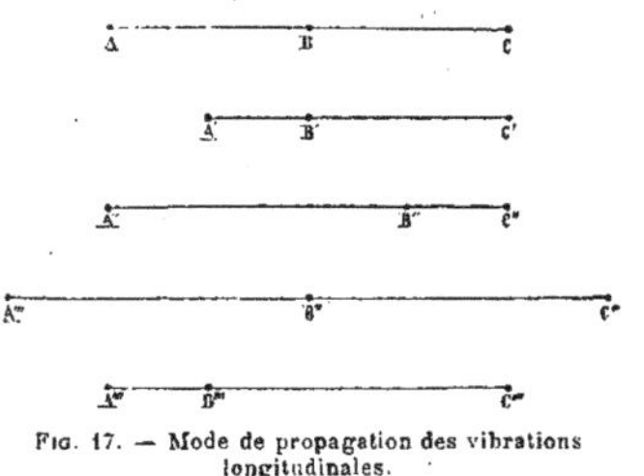

Fig. 17. — Mode de propagation des vibrations
longitudinales.

passera par les mêmes phases que celui de A : il se ralentira jusqu'à ce
que, sa vitesse étant nulle, dans la position B″, puis changeant de signe,
le mobile B revienne sur ses pas avec une vitesse croissante.

En vertu de la vitesse acquise durant la période de retour, les points A et
B dépassent en sens contraire leur position initiale, vont jusqu'en A‴ et
B‴, reviennent de nouveau, après avoir rebroussé chemin, et recommencent
indéfiniment le mouvement de va-et-vient qui les fait osciller de part et
d'autre de leur position d'équilibre. Ce mouvement oscillatoire va se transmettre de la même manière au point C, et, dè proche en proche, à un
nombre quelconque de points de plus en plus éloignés.

On voit donc que, si dans un système de plusieurs points matériels liés
entre eux par des forces attractives et répulsives qui les tiennent en équilibre,
on vient à faire osciller un quelconque de ces points, les vibrations ainsi
développées se communiquent successivement à tous les autres points du
système, et celui-ci finit par vibrer en totalité; mais, comme il faut un
certain temps au mouvement pour se propager ainsi à travers une série de
points, il s'ensuit que les différents points oscillants ne sont jamais au
même instant à la même distance de leur position d'équilibre : pendant que
A revient à sa position initiale, B s'éloigne de la sienne, et ainsi de suite.

Il résulte de cette inégalité de *phase* de vibration des différents points
oscillants, que dans chaque endroit du système il se produit des alternatives
de rapprochement et d'écartement des molécules matérielles, c'est-à-dire
une *condensation* et une *dilatation* : ainsi, à l'époque du mouvement
figuré en A″ B″ C″, il existe une dilatation en A″ B″ et une condensation en
B″ C″; plus tard, à l'époque figurée en A‴ B‴ C‴, il survient une condensation en A‴ B‴ et une dilatation en B‴ C‴. Si l'on imagine une série
d'autres points disposés à la suite des premiers, les mêmes alternatives de
condensation et de dilatation s'y reproduiront de place en place, et l'endroit
qui, à un moment donné, était le siège d'une condensation, se trouvera,
l'instant d'après, correspondre à une dilatation, ou inversement. La file

des molécules oscillantes est donc parcourue d'une extrémité à l'autre par une condensation qui chemine d'une manière continue, en passant successivement d'un endroit au suivant, et cette condensation est suivie d'une dilatation qui se transmet de la même manière et avec la même vitesse.

Il est évident d'ailleurs que le phénomène ne subirait aucun changement essentiel si, au lieu de considérer seulement deux points matériels voisins se rapprochant et s'écartant alternativement l'un de l'autre, on admettait qu'un grand nombre de points prissent part à chaque condensation et à chaque dilatation. Imaginons, par exemple, qu'entre A et B, ainsi qu'entre B et C, il y ait une foule d'autres molécules, et supposons que le choc primitif qui produit les vibrations, pousse vers le point B toutes les molécules situées entre A et B : il en résultera un rapprochement de toutes ces molécules, c'est-à-dire une condensation qui se propagera suivant le mode décrit précédemment, avec cette seule différence que dans le cas actuellement considéré, un grand nombre de points participeront simultanément au mouvement de condensation ; il en sera de même pour le mouvement d'expansion qui suit la condensation. Telle est la forme sous laquelle se présentent presque tous les mouvements vibratoires de la nature, car ils s'accomplissent, en général, dans des agrégats de points matériels qui sont dans une dépendance mutuelle à l'égard les uns des autres. Cette solidarité des diverses particules élémentaires des corps produit un autre résultat, l'extinction rapide des vibrations, lorqu'elles ne sont pas entretenues par le renouvellement continuel de la cause qui leur donne naissance ; dans un corps, en effet, le mouvement de chaque molécule oscillante éprouve des résistances qui n'existent pas dans le cas où on ne considère qu'un seul point oscillant librement et, par conséquent, indéfiniment.

Comme il ne s'agit, en définitive, que de déterminer l'ordre suivant lequel se succèdent les condensations et les dilatations dans un corps mis en vibration d'après le mode indiqué plus haut, nous n'avons pas à nous occuper davantage des mouvements de chaque point en particulier, dont l'ensemble constitue la vibration, et nous pouvons représenter de la manière suivante les vibrations qui ont lieu dans le sens longitudinal. Figurons, par une droite horizontale AE (fig. 18), une file de molécules oscillantes, dans leur position d'équilibre ; en chaque point de cette droite, qui sert de ligne des abscisses, élevons une ordonnée dont la longueur soit proportionnelle au degré de condensation ou de dilatation relatif au point considéré ; il faut avoir soin de placer l'ordonnée au-dessus ou au-dessous de l'axe des abscisses, suivant qu'elle représente une condensation ou une dilatation ; puis on joint, par un trait continu, les extrémités de toutes les ordonnées, et on obtient ainsi les courbes ABCD et A′B′C′D′E′. La ligne ondulée ABCD représente, par exemple, la disposition des molécules oscillantes à l'instant

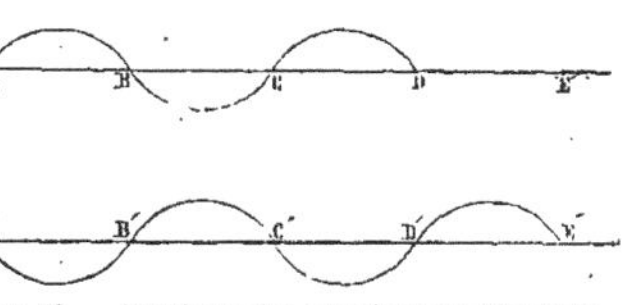

Fig. 18. — Représentation graphique des vibrations longitudinales.

où le mouvement vibratoire parti de A s'est propagé jusqu'en D; on voit que la condensation, à partir de A, où elle est nulle, augmente jusqu'à un certain maximum, puis diminue jusqu'en B, où elle redevient nulle; elle passe alors au-dessous de l'axe des abscisses, c'est-à-dire qu'elle se trans-forme en dilatation qui traverse les mêmes phases que la condensation, et ainsi de suite. La disposition figurée en ABCD n'est que momentanée; elle éprouve une succession de transformations, dont nous pouvons nous faire une idée, en déplaçant par la pensée la courbe sinueuse ABCD le long de l'axe des abscisses. Considérons, par exemple, le mouvement vibratoire à l'instant où il atteint le point E, et il suffit, dans ce but, de faire avancer la courbe des ondulations de manière que l'extrémité D vienne en E; nous avons alors la courbe A'B'C'D'E', qui nous montre les molécules oscil-lantes disposées dans un ordre précisément inverse de celui qui existait en ABCD : là où il y avait une condensation, nous trouvons maintenant une dilatation, et inversement.

On peut toujours représenter, comme nous venons de le faire, par une courbe à *ondulations,* le mouvement vibratoire d'un système de points matériels, et c'est pour cette raison que les mouvements de ce genre portent aussi le nom de *mouvements ondulatoires.* Dans le cas qui vient d'être étudié en dernier lieu, le mouvement oscillatoire des molécules s'effectue dans le sens de la longueur suivant laquelle se propage le mouvement, et il y a une succession régulière de parties alternativement condensées et dilatées; on dit alors que les vibrations sont *longitudinales,* et on appelle *demi-onde condensante* ou *condensée,* ou encore *onde positive,* la portion du mouvement qui correspond à une condensation des molécules; *demi-onde dilatante* ou *dilatée,* ou encore *onde négative,* la portion du mou-vement pendant laquelle a lieu la dilatation. Les parties convexes des courbes de la figure 18 représentent les ondes condensantes; les parties concaves répondent aux ondes dilatantes; l'intervalle AC, qui comprend l'ensemble des deux demi-ondes condensantes et dilatantes, est connu sous le nom de *longueur d'onde.* Il sera peut-être utile de faire remarquer que ces courbes à ondulations ne donnent pas toujours la forme réelle de la trajectoire décrite par les molécules dans leur mouvement de va-et-vient; ici, elles ne sont qu'une manière commode de représenter la loi du mouvement, c'est-à-dire l'écartement des molécules correspondant à chaque époque du mouvement.

En résumé, quand le mouvement vibratoire a progressé d'une longueur d'onde, la position des molécules oscillantes est la même qu'au début du mouvement, c'est-à-dire qu'à l'endroit où il y avait une onde condensante, il y en a de nouveau une, et on retrouve une onde dilatante là où il en existait primitivement; après une marche d'une demi-longueur d'onde (courbe A'B'C'D'E'), l'onde condensante a été remplacée au même endroit par une onde dilatante, et inversement. Lorsque la rupture d'équilibre qui donne naissance au mouvement vibratoire est l'effet d'une condensation instantanée, l'onde condensante précède toujours l'onde dilatante (courbe ABCD); une dilatation instantanée produit un mouvement ondulatoire qui ne diffère du précédent qu'en ce que l'onde dilatante y précède l'onde condensante.

31. Amplitude et durée de la vibration dans un milieu élastique. — Deux circonstances peuvent faire varier la forme et les dimensions de l'onde condensante ou dilatante.

En premier lieu, le degré de la condensation et de la dilatation est plus ou moins considérable, suivant l'intensité du choc initial qui a provoqué les vibrations : si l'ébranlement est intense , l'amplitude des vibrations de chaque molécule en particulier est grande; par suite, les molécules oscillantes sont d'autant plus rapprochées aux endroits qui correspondent à l'onde condensante et d'autant plus écartées lors du passage de l'onde dilatante. On peut facilement représenter graphiquement le degré de l'amplitude de la vibration en donnant à la convexité et à la concavité de l'onde une hauteur plus ou moins grande.

En second lieu, la vitesse de la vibration dépend, d'une part, comme dans le mouvement oscillatoire d'un point matériel isolé, de la force avec laquelle chaque molécule tend à revenir à sa position d'équilibre, d'autre part, de la distance relative des molécules, c'est-à-dire de la densité du corps. La force en vertu de laquelle les molécules d'un corps tendent à reprendre leur position d'équilibre, quand elles en ont été dérangées, s'appelle *force élastique;* elle peut être attractive ou répulsive; elle est attractive, par exemple, dans une corde ou une membrane tendues, car les molécules d'un corps solide, soumis à des tractions en sens opposés, font effort pour se rapprocher les unes des autres; la force élastique est, au contraire, répulsive dans les gaz, car elle y résulte des actions répulsives que les molécules gazeuses exercent les unes sur les autres, et elle a pour mesure la pression du gaz sur les parois du vase qui le contient. Que la force élastique soit attractive ou répulsive, elle peut toujours être augmentée ou diminuée par des forces extérieures : c'est ainsi qu'elle augmente dans une corde avec la tension, dans un gaz avec la température. Or, toutes les fois qu'un corps éprouve un accroissement de force élastique, ses molécules vibrent avec plus de rapidité que dans le cas où le coefficient d'élasticité est moindre : en effet, plus une corde, par exemple, a de tension, plus l'effort qu'elle fait pour reprendre sa longueur primitive est grand, et cet effort est précisément égal à la force qui maintient la corde tendue et qui l'empêche de se raccourcir ; on voit donc que la force avec laquelle les molécules d'un corps reviennent à leur position d'équilibre croît avec la tension. Un gaz ou tout autre corps, dont on augmente la force élastique, se comporte exactement comme le fait une corde, dans les mêmes circonstances. On peut donc dire, d'une manière générale, que la grandeur de la force élastique mesure la grandeur de la résistance opposée par chaque molécule d'un corps à toute cause qui tend à l'écarter de sa position d'équilibre; or, nous avons vu (§ 29) que la vitesse de vibration d'un point matériel croît en raison directe de la racine carrée de la force qui tend à ramener le point oscillant à sa position initiale; appliquant cette loi au mouvement vibratoire des corps, nous dirons que les *carrés des vitesses de vibration pour chaque molécule sont proportionnels à la force élastique du corps considéré.*

D'autre part, la vitesse de vibration des molécules dépend nécessairement de leur distance mutuelle, distance qui leur est assignée par la constitution même du corps considéré et qui détermine la *densité :*

les carrés des vitesses de vibration sont en raison inverse des densités des corps.

En désignant par e la force élastique d'un corps, par d sa densité, on a, pour la durée t de la vibration de chaque molécule, l'expression :

$$t = 2\,\pi\,\sqrt{\frac{d}{e}}\,;$$

Cette formule peut se déduire immédiatement de l'équation $t = 2\pi\,\sqrt{\dfrac{m}{\varphi}}$ relative à la durée de la vibration d'un point matériel isolé (cf. § 29). En effet, dans le cas d'un corps, c'est-à-dire d'un système de points matériels liés les uns aux autres, la force φ n'est autre chose que la force élastique, c'est-à dire l'action mutuelle des molécules les unes sur les autres, action en vertu de laquelle elles opposent une résistance plus ou moins énergique à toute force extérieure qui tend à les déplacer. Quant à la densité du corps, elle est proportionnelle à la masse m.

Il est facile de voir que la relation qui vient d'être établie entre la durée de la vibration, la densité et l'élasticité du milieu dans lequel s'accomplissent les oscillations, ne s'applique qu'au cas où, une rupture d'équilibre venant à se produire subitement entre les molécules d'un corps, celles-ci, abandonnées à elles-mêmes, continuent à osciller pendant un temps plus ou moins long, sans y être sollicitées par de nouveaux ébranlements. On peut donner aux vibrations de ce genre le nom de *vibrations propres* des corps ; leur vitesse d'oscillation est constante pour chaque corps.

Les vibrations propres d'un corps peuvent se transmettre à d'autres milieux, et alors elles conservent, en général, dans le nouveau milieu, la vitesse qu'elles avaient dans le premier. Quand, par exemple, une corde vibre, l'air environnant reçoit un choc à chaque vibration de la corde; il en résulte que les molécules aériennes oscillent à leur tour et accomplissent dans l'unité de temps le même nombre de vibrations que les molécules de la corde. La durée de ces *vibrations transmises* peut donc être très variable dans un seul et même milieu. Cette loi générale est sujette, dans certaines circonstances déterminées, à des exceptions dont il sera parlé plus loin (livres III et IV).

32. Vitesse de propagation des vibrations. Longueur d'onde. — Plus les vibrations d'un système de points matériels liés entre eux sont rapides, plus là distance qui sépare une onde de la suivante doit être petite. Imaginons, en effet, qu'un choc agisse sur le point A dans la direction AE (fig. 19) et considérons ce qui se passe jusqu'au moment où le point A est revenu à sa position initiale : dans cet intervalle de temps, le choc

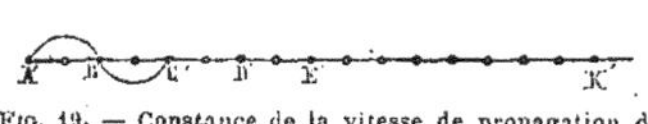

Fig. 19. — Constance de la vitesse de propagation des mouvements vibratoires dans un même milieu, quelle que soit la longueur de l'onde.

se transmet à un nombre de molécules plus grand si la vibration est lente que si elle est rapide ; dans le premier cas, on aura une onde telle que celle qui est figurée en ABC; dans le second cas, on aura l'onde A'B'C'; il en sera évidemment de même pour toutes les ondes suivantes. Ainsi, la *lon—*

gueur d'onde est en raison inverse de la vitesse de vibration, ou, ce qui revient au même, *en raison directe de la durée de la vibration.*

On comprend dès lors que des vibrations de durée différente puissent se propager avec une égale vitesse dans le même milieu, qu'en d'autres termes, *la vitesse de propagation du mouvement vibratoire soit constante pour chaque milieu.*

Il est possible de déterminer la longueur d'onde correspondant à un milieu donné, lorsqu'on connaît la durée des vibrations et leur vitesse de propagation dans ce milieu. Soit V la vitesse de propagation de l'onde, c'est-à-dire l'espace parcouru pendant une seconde par le mouvement vibratoire ; [soit T la durée d'une oscillation, et λ la longueur d'onde, c'est-à-dire l'espace parcouru par le mouvement vibratoire pendant le temps T ; nous aurons, en appliquant la formule du mouvement uniforme :

$$\lambda = VT,$$

équation qui permet de calculer l'une des trois quantités λ, V, T, quand on connaît les deux autres.

On trouve ordinairement plus commode de remplacer la durée d'une oscillation par le nombre des oscillations accomplies dans l'unité de temps.] Désignons par n le nombre des vibrations en une seconde [et nous aurons évidemment :

$$nT = 1.$$

Tirant de là la valeur de T, et la mettant dans l'équation précédente] ; on obtient :

$$\lambda = \frac{V}{n}.$$

[Cette dernière équation est souvent employée pour calculer la longueur d'onde λ ou le nombre n des vibrations accomplies dans une seconde.]

On voit donc que, lorsqu'un mouvement vibratoire passe d'un milieu dans un autre qui a la propriété de propager plus rapidement les vibrations, la longueur d'onde croît dans le même rapport que la vitesse de propagation. Les ondes sonores, par exemple, se propagent environ quatre fois plus vite dans l'eau que dans l'air ; aussi leur longueur est-elle à peu près quatre fois plus grande dans le premier milieu que dans le second.

33. Ondes sphériques, superficielles ou linéaires. — Jusqu'ici nous n'avons guère considéré que des cas théoriques qu'on ne rencontre pas dans la nature ; en réalité, le mouvement vibratoire ne s'observe pas plus dans de simples files de molécules que dans un point matériel isolé ; il arrive le plus ordinairement, on pourrait même dire toujours, que la molécule qui se met à vibrer en premier lieu est entourée de toutes parts d'autres molécules dont elle trouble l'équilibre, de sorte que le mouvement vibratoire de la première molécule se propage dans toutes les directions de l'espace. De plus, nous avons déjà fait remarquer qu'à l'origine même du mouvement, c'est, non pas un point unique, mais un groupe de molécules qui entre en vibration et qui communique son mouvement à d'autres molécules. Si donc le point O (fig. 20) représente le groupe de molécules qui est le premier à vibrer, nous devons regarder ce point comme un centre, à partir duquel vont rayonner dans tous les sens et en nombre infini une série de condensations et de dilatations. Par conséquent, l'onde ne se propage pas suivant une ligne unique ; elle n'est pas *linéaire ;* elle s'avance sous forme d'une surface courbe, entourant le centre d'ébranlement dont elle s'éloigne progressivement en grandissant.

La surface de l'onde est une *sphère,* si le milieu dans lequel elle se propage est *physiquement* homogène [ou plutôt *isotrope* [1]], car alors du centre d'ébranlement partiront, suivant toutes les directions, des ondes linéaires dans lesquelles les condensations et les dilatations se succéderont d'une manière identique. En faisant passer un plan par le centre d'une *onde sphérique*, on obtient une coupe dans laquelle les condensations et les dilatations successives sont représentées par des cercles concentri-

ques. Un exemple fera mieux saisir la manière dont se passent les choses.

Soit O (fig. 20) un point matériel environné d'air de toutes parts; supposons que ce point vienne tout à coup à vibrer : à l'instant même, le mouvement vibratoire de ce point va se communiquer aux molécules d'air de la couche la plus voisine, et ces molécules, après s'être éloignées du centre d'ébranlement dans la direction des rayons OG, O'G', etc., retourneront en sens contraire et oscilleront de part et d'autre de leur position initiale : il en résultera des vibrations longitudinales, qui chemineront dans toutes les directions et dont l'ensemble

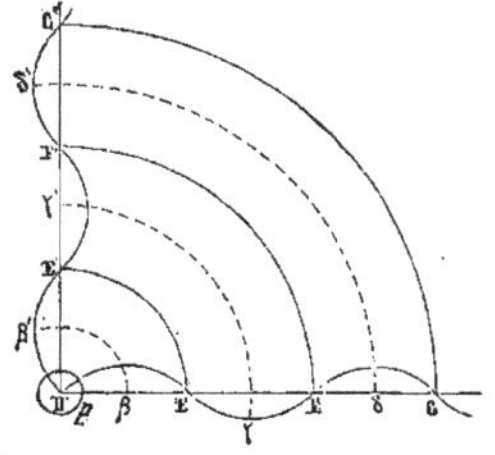

Fig. 20. — Propagation du mouvement vibratoire dans toutes les directions, sous forme d'une *onde sphérique*.
(La figure représente le quart d'une coupe passant par le centre de l'onde.)

formera une onde sphérique progressive. [Quand le milieu est *anisotrope*, et c'est là le cas des corps cristallisés, à l'exception de ceux qui cristallisent dans le premier système, la vitesse de propagation du mouvement vibratoire n'est pas la même dans toutes les directions; il s'ensuit que la surface de l'onde n'est pas sphérique. On verra quelle en est la forme, quand nous étudierons la propagation de la lumière dans les milieux biréfringents (cf. §§ 220 et 224.)]

Dans une foule de circonstances, le mouvement vibratoire ne peut pas se propager en tous sens, parce qu'il en est empêché par la forme même du corps; une onde à trois dimensions, telle qu'une onde sphérique, ne prendra pas naissance dans un corps qui n'a, pour ainsi dire, qu'une ou deux dimensions, comme une corde ou une membrane. A la vérité, si le corps dont les molécules vibrent est plongé dans un milieu indéfini, tel que l'air, les oscillations, après leur passage dans ce milieu, engendreront des ondes sphériques. Mais, pour ce qui est des ondes formées dans une corde ou une verge, elles peuvent être considérées comme représentant sensiblement des ondes linéaires, et par conséquent, comme soumises aux lois qui régissent le mouvement vibratoire dans une file de molécules. S'il s'agit d'une membrane ou, en général, d'un corps de forme quelconque, mais ne s'étendant qu'en surface, il se produira une infinité d'ondes linéaires, toutes situées dans la surface du corps vibrant, et qui, par leur juxtaposition, donneront une onde *superficielle;* on a un exemple d'onde superficielle dans la figure 20, qui représente la coupe d'une onde sphérique.

[1] [Nous disons qu'un milieu est *physiquement homogène* lorsqu'il possède en chacun de ses points a même constitution physique. Chaque point d'un milieu homogène peut, en outre, présenter des propriétés identiques dans toutes les directions, ou des propriétés différentes dans les diverses directions; nous appellerons milieux *isotropes* les milieux homogènes de la première espèce, et milieux *anisotropes* ceux de la seconde; nous empruntons ces distinctions, qui nous paraissent importantes, à l'*Introduction à la haute optique*, de A. Beer, traduction française par Forthomme, 1858.]

Quand on a affaire à des ondes sphériques, on peut souvent, pour en simplifier l'étude, se contenter de considérer une seule des ondes linéaires dont l'ensemble constitue l'onde sphérique; mais il est des circonstances où la considération de l'onde linéaire ne permet pas de donner une explication assez complète des phénomènes; on a alors recours à l'onde superficielle, qui suffit à tous les cas, à condition toutefois de ne pas perdre de vue qu'elle ne représente qu'une coupe déterminée faite dans toute la masse vibrante.

34. Production des vibrations longitudinales. — Les vibrations longitudinales, c'est-à-dire celles qui donnent naissance à des ondes condensantes et dilatantes, se produisent dans les solides, les liquides et les gaz. C'est ainsi qu'en exerçant une pression ou une traction momentanées sur l'extrémité d'une tige de verre ou de métal, dans le sens de sa longueur, on peut déterminer dans ces corps la formation de vibrations longitudinales. De même, un liquide ou un gaz, enfermés dans un vase hermétiquement clos, sont parcourus par des vibrations longitudinales, quand, à l'aide d'un piston traversant la paroi du vase, on soumet la masse fluide à une compression momentanée.

Qu'il s'agisse de solides ou de fluides, le degré de la condensation produite, c'est-à-dire la hauteur de l'onde, dépend de l'intensité de la compression exercée sur le corps, tandis que la longueur et la vitesse de propagation de l'onde sont déterminées exclusivement par la force élastique des molécules matérielles qui vibrent. Cette distinction entre la hauteur et la longueur des ondes est importante; nous aurons à l'examiner de plus près quand nous en serons à l'étude de l'acoustique, laquelle n'est en grande partie qu'une application des lois des vibrations longitudinales; quant à présent, nous nous bornons aux considérations générales qui précèdent.

35. Vibrations transversales. — Jusqu'ici nous n'avons raisonné que dans le cas où, étant donné un système de points matériels disposés par rangées rectilignes, chaque molécule oscille de manière à se rapprocher ou à s'éloigner de la suivante, sans que la droite qui passe par les deux molécules considérées change de direction; en d'autres termes, la trajectoire décrite par chaque molécule pendant son oscillation est rectiligne, dirigée dans le sens de la longueur de la file des molécules et, par conséquent, dans le sens suivant lequel se propage le mouvement vibratoire. Telle est l'orientation des vibrations longitudinales.

Or, le déplacement des molécules oscillantes s'effectue d'une manière différente, quand le mouvement vibratoire est produit par un choc instantané venant frapper une molécule dans une direction perpendiculaire à la droite qui l'unit à la molécule suivante. Soit, par exemple, A,B,C,D,E, une file de molécules matérielles (fig. 21), et supposons que, sous l'influence d'un choc dirigé perpendiculairement à la droite AE, le point A soit poussé en bas de manière à venir occuper la position A'; ce déplacement de la molécule A, ayant pour effet d'augmenter la distance qui la sépare de la molécule suivante B ou B', détruira l'équilibre qui existait primitivement entre les forces attractives et répulsives de ces deux molécules; la force attractive deviendra prépondérante et tendra à entraîner le point B' vers A'. Mais, au moment où le point B' se mettra en mouvement, le point C', dont il tend à s'éloigner, l'attirera à son tour; la molécule B' sera donc sollicitée à la fois par deux forces, dont les droites B′A′ et B′C′ représentent la grandeur et la direction, et elle suivra la diagonale du parallélogramme construit sur ces deux forces ; en conséquence, elle décrira, comme la première molécule, une trajectoire perpendiculaire à la file des molécules. Or, pendant que le point B′ se dirige en bas et arrive en B″, la molécule A′ revient à sa position ini-

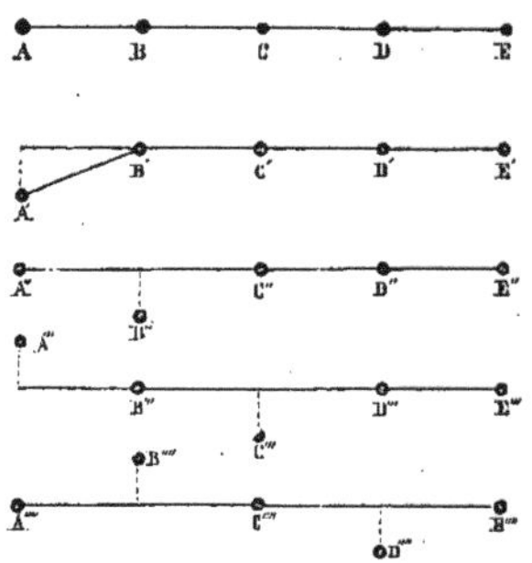

tiale, et, à un moment donné, les molé-cules sont disposées, comme on le voit, en A″ B″ C″ D″ E″. Puis, en vertu de la vitesse acquise, la molécule A″ dé-passe, en sens contraire, sa position d'équilibre et monte au-dessus de la ligne A″E″, jusqu'à une distance A‴ précisément égale à la quantité dont elle s'était écartée de cette ligne sous l'impulsion du choc primitif; en même temps, le point B″ revient à son tour à sa position initiale B ou B‴, et le mou-vement se communique à une troisième molécule C‴. Les points matériels oscillants vont donc se trouver dans la position figurée en A‴B‴C‴D‴; le moment d'après, ils occuperont les positions indiquées en A⁗B⁗C⁗D⁗E⁗, et ainsi de suite.

Fig. 21. — Mode de propagation des ondes transversales.

Les vibrations qui s'effectuent ainsi, perpendiculairement à la droite suivant laquelle se propage le mouvement, sont dites *transversales;* on voit que leur mode de propagation est semblable à celui des vibrations longitudinales, avec cette seule différence que les longitudinales donnent naissance à une succession de condensations et de dilatations, tandis que, dans les vibrations transversales, les molécules oscillantes éprouvent de simples déplacements latéraux alternatifs, qui se suivent d'ailleurs avec autant de régularité que les condensations et les dilatations.

Au lieu de points largement espacés comme ceux de la figure 21, nous

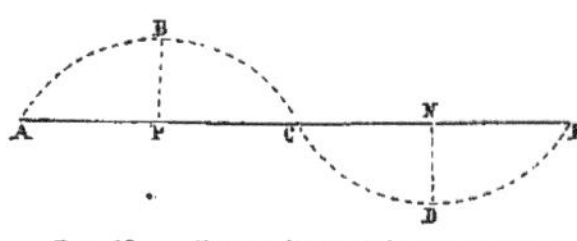

Fig. 22. — Forme d'une onde transversale.

pouvons en imaginer une foule d'autres placés dans l'intervalle des premiers ; la figure 22 nous montre la disposition de ces molécules oscillantes à une époque du mouve-ment, qui est celle à laquelle se rap-porte la phase A‴B‴C‴D‴E‴ de la figure 21. En joignant tous ces points par un trait continu, on obtient une courbe ondulée ABCDE (fig. 22) entièrement semblable à celle qui nous a servi à représenter les vibrations longitudinales ; mais tandis que, dans cette dernière forme de mouvement, la courbe n'était qu'une image figurée rendant sensible aux yeux les alternances de condensation et de dilatation, ici, dans le cas des vibrations transversales, chaque point de la courbe nous donne la position réelle de la molécule oscillante à l'instant correspondant.

On vient de montrer que le mouvement oscillatoire, quand il s'agit de

vibrations transversales, est aussi représenté par une ligne sinueuse offrant
des parties alternativement convexes et concaves, c'est-à-dire des éminences
ou protubérances (Wellenberg, *mont* de l'onde) et des dépressions (Wellenthal, *val* de l'onde); ici, comme pour les vibrations longitudinales, l'intervalle compris entre deux protubérances ou deux dépressions consécutives
représente la *longueur d'onde*. Il est, du reste, facile de voir que les
positions des molécules oscillantes sont identiquement les mêmes à chaque
fois que le mouvement vibratoire a marché d'une longueur d'onde. En outre,
si le mouvement débute par le déplacement de la molécule matérielle au-
dessous de sa position d'équilibre, l'onde qui en résulte est dite *négative*, par
analogie avec la désignation usitée pour les vibrations longitudinales; les
figures 21 et 22 se rapportent à ce cas. L'onde est, au contraire, *positive*
quand la molécule oscillante commence par s'élever au-dessus de sa position
d'équilibre; dans ce cas, le mouvement progresse, ayant en tête une demi-
onde à convexité supérieure.

En résumé, les lois des vibrations longitudinales, exposées §§ 31 et 32,
sont applicables aux transversales ; nous comprenons dans ces lois, non
seulement celles qui concernent la durée de la vibration, mais encore
les relations qui existent entre la durée de la vibration, la longueur d'onde
et la vitesse de transmission du mouvement.

36. Production des vibrations transversales. — La formation des ondes à la
surface des liquides nous offre un exemple très connu de vibrations transversales. Les corps solides peuvent aussi devenir le siège de vibrations de
cette espèce; c'est ainsi qu'en agitant rapidement l'extrémité d'une corde
tendue lâchement, on y détermine la formation d'ondes transversales progressives. Enfin, ce sont les vibrations transversales de l'éther [ou des
atomes pondérables,] qui donnent naissance aux phénomènes lumineux [et
calorifiques]. Selon les circonstances dans lesquelles se produisent les
vibrations transversales, elles éprouvent des modifications particulières,
que nous ferons connaître, quand nous nous occuperons de la mécanique
des liquides, des phénomènes du son et de la lumière.

Les conditions qui déterminent la forme des ondes transversales sont
évidemment les mêmes que celles qui président aux ondes longitudinales.
Dans un milieu homogène [et isotrope], les vibrations transversales se propagent sous forme d'ondes *sphériques;* elles se réduisent à des ondes *superficielles* quand elles prennent naissance à la surface d'un corps, et à des
ondes *linéaires* quand la forme du corps se rapproche de celle d'une
ligne. Au reste, il est souvent possible, pour simplifier, de ramener
l'étude d'une onde sphérique à celle d'une onde linéaire ou superficielle
correspondante.

Nous venons de montrer, en ce qu'elles ont d'essentiel et de général, les
différences qui existent entre les vibrations longitudinales et les transversales ; le mouvement ondulatoire de ces deux formes de vibrations est
soumis à des lois communes, dont il nous reste à faire connaître les plus
importantes. Dans les développements qui vont suivre, nous supposerons
indifféremment que nous avons affaire à des ondes transversales ou longitudinales; nos raisonnements seront également applicables à ces deux formes
de mouvement, puisqu'on les représente graphiquement de la même manière.

37. Interférence des ondes. — Dans l'étude que nous avons faite jusqu'ici de la propagation des vibrations sous forme d'ondes, nous n'avons examiné que le cas où cette transmission de mouvement s'effectue au sein d'une agrégation homogène de points matériels, en l'absence de toute influence perturbatrice. Or, différentes circonstances peuvent troubler la régularité du mouvement vibratoire : c'est ce qui arrive toutes les fois que deux ou plusieurs ondes, marchant dans la même direction ou dans des directions opposées, viennent à se rencontrer ; dans ce cas, il se produit ce qu'on appelle une *interférence*.

D'autre part, quand des ondes rencontrent la surface d'un corps dont les molécules ne sont pas en état de vibrer à l'unisson des premières, elles éprouvent un changement de direction, qui est connu sous le nom de *réflexion*.

Enfin, une onde peut passer d'un premier corps dans un second, dont les points matériels sont autrement groupés ; elle se propage alors dans le nouveau milieu avec une vitesse différente que celle qu'elle possédait dans le premier ; il résulte de ce changement de longueur d'onde le phénomène désigné sous le nom de *réfraction*. Nous allons examiner successivement l'interférence, la réflexion et la réfraction des ondes.

Imaginons que deux ondes se rencontrent : la molécule placée à leur point d'entre-croisement sera sollicitée à la fois par deux mouvements, et ces

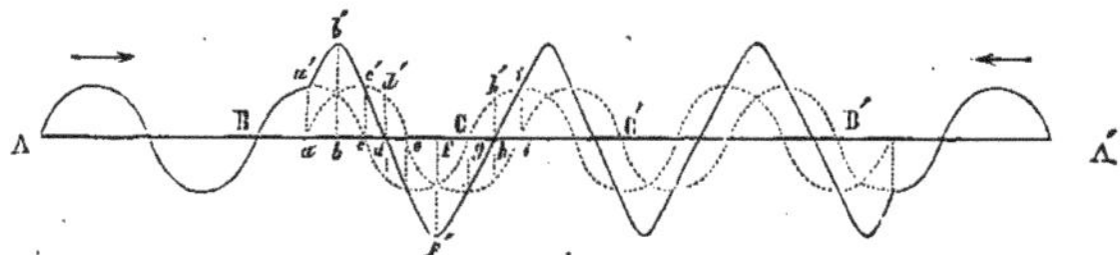

Fig. 23. — Interférence de deux ondes.

mouvements se composeront de façon à imprimer à la molécule un mouvement résultant, dont l'intensité et la direction s'obtiendraient de la même manière qu'on trouve la résultante de deux forces. Représentons, par exemple, par les deux ondes linéaires ABC et A'B'C' de la figure 23, deux mouvements vibratoires partis de deux points opposés A et A', marchant à la rencontre l'un de l'autre et se superposant dans l'espace situé entre B et B' : pour avoir le mouvement résultant des molécules comprises dans cet intervalle, il faut, en chaque point de la ligne des abscisses, mener une ordonnée égale à la somme ou à la différence des ordonnées correspondantes de chacune des deux ondes composantes, suivant que ces dernières ordonnées sont situées d'un même côté de l'axe des abscisses ou qu'elles sont dirigées en sens contraire. En joignant par un trait continu les extrémités des nouvelles ordonnées, on obtient la courbe de l'onde résultante, courbe représentée dans la figure 23 par la ligne sinueuse *a'b'c'df'hi'* ... [On voit que l'interférence des ondes ou des vibrations n'est pas autre chose que le résultat de la composition des mouvements ou des vitesses.]

Cette figure nous montre que, dans les endroits où deux demi-ondes posi-

tives, c'est-à-dire les protubérances de deux ondes, se rencontrent, il en
résulte une protubérance plus élevée ; dans les endroits où deux demi-ondes
négatives, c'est-à-dire les dépressions de deux ondes, se superposent, il se
produit une dépression plus considérable ; enfin, là où un mont interfère
avec un val, le mouvement est détruit en partie ou en totalité ; dans les
points où les ordonnées des ondes composantes sont rigoureusement égales
et de sens contraire, les molécules matérielles restent au repos.

38. Réflexion des ondes. — Lorsqu'une onde rencontre une paroi résistante,
elle est *réfléchie*, [c'est-à-dire renvoyée dans le milieu d'où elle vient].
Voici comment s'explique le phénomène de la réflexion.

Soit *abcde* (fig. 24. I) une onde qui vient rencontrer en *e* une paroi solide ;
nous supposons la direction de l'onde perpendiculaire au plan de la surface
réfléchissante. Si la paroi solide n'existait pas, l'onde
continuerait sa marche en avant et il arriverait, par
exemple, un moment (II) où le sommet de la protubérance correspondrait à la place actuellement
occupée par la paroi, et où le point *c* se trouverait,
par conséquent, avoir avancé d'un quart de longueur
d'onde ; mais la paroi solide, en vertu de la résistance
qu'elle oppose au mouvement des molécules oscillantes, les empêche de poursuivre leur route et les
renvoie en sens opposé, c'est-à-dire dans la direction
ec ; il en résulte, immédiatement en avant de la paroi,
une demi-protubérance *e'd'*, dont la hauteur est double
de celle de la protubérance de l'onde incidente. Les
molécules matérielles repoussées dans la direction
ec donnent naissance à une onde réfléchie qui va
se propager en sens contraire de l'onde incidente
abcde, c'est-à-dire suivant *ec*. Dans la demi-protubérance *cd'*, la moitié des molécules se rapproche
de la paroi, tandis que l'autre moitié s'en éloigne
déjà. Au fur et à mesure que les premières molécules renvoyées par la paroi rétrogadent, de nouvelles molécules viennent se heurter contre cet
obstacle et sont réfléchies à leur tour ; aussi, quand
l'onde incidente s'est avancée une deuxième fois d'un
quart de sa longueur, en tout d'une demi-longueur,

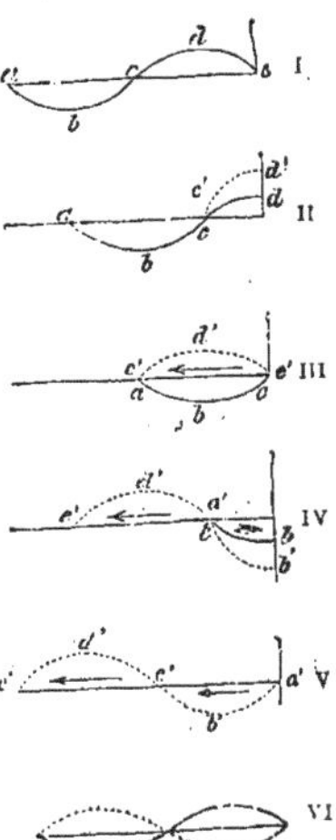

Fig. 24. — Explication de la
réflexion d'une onde linéaire.

existe-t-il, en avant de la paroi, une protubérance entière réfléchie,
c'est-à-dire une demi-longueur d'onde réfléchie *c'd'e'* (III). Pendant qu'il se
formait ainsi contre la paroi une protubérance réfléchie, la dépression *abc*
de l'onde incidente arrivait au contact de ce même obstacle ; à ce moment-là,
on a donc en cet endroit une demi-onde positive et une demi-onde négative,
qui se recouvrent mutuellement, et qui, par conséquent, interfèrent de manière à se neutraliser, c'est-à-dire à laisser les molécules au repos. Puis,
l'onde réfléchie continuant sa marche rétrograde s'éloigne de plus en plus ;
après s'être déplacée d'un quart de longueur d'onde, la protubérance
réfléchie occupe la position marquée (IV), ayant à sa suite la moitié d'une
dépression *c'b ;* mais en même temps la dépression *abc* de l'onde incidente

s'est rapprochée de la surface réfléchissante d'un quart de longueur d'onde ; il y a donc alors, contre la paroi, coexistence de deux moitiés égales de dépression, l'une appartenant à l'onde incidente, l'autre à l'onde réfléchie ; il en résulte une demi-dépression de hauteur double $c'b'$. Enfin, l'onde incidente s'étant encore avancée d'un quart de sa longueur, la place où elle se trouvait primitivement est maintenant occupée par une onde réfléchie $a'b'c'd'$ (V), ayant les mêmes dimensions, mais disposée en sens inverse et marchant dans une direction opposée.

Quand la portion dilatante de l'onde incidente, c'est-à-dire une dépression, est la première à rencontrer la surface réfléchissante, la réflexion s'opère en passant par la même série de phases que dans l'exemple précédent, mais en suivant un ordre précisément inverse : on voit d'abord apparaître une dépression de profondeur double, ensuite les molécules rentrent au repos durant la superposition de la demi-onde négative réfléchie à la demi-onde positive directe ; puis se montre une protubérance de hauteur double, et enfin une onde entière réfléchie.

La plupart du temps, on a affaire, non pas à une onde isolée, mais à une série d'ondes qui viennent les unes après les autres frapper contre une paroi solide. Dans ce cas, chaque onde réfléchie interfère successivement avec les ondes incidentes, au fur et à mesure qu'elle les rencontre ; il y a là, à la fois, interférence et réflexion d'ondes. Le phénomène est facile à analyser à l'aide des considérations développées dans le présent paragraphe et dans le précédent.

39. Direction de l'onde réfléchie. — On vient de voir comment s'opère la réflexion d'une onde dont la direction est normale à la surface réfléchissante. Il faut entendre par *direction* d'une onde, celle de la droite qui passe par les molécules auxquelles le mouvement vibratoire est successivement communiqué ; c'est ainsi que la direction d'une onde longitudinale est normale à un plan donné, lorsque les molécules, en oscillant, se meuvent suivant des droites perpendiculaires à ce même plan ; si, au contraire, l'onde est transversale, les molécules vibrent parallèlement au plan qui est perpendiculaire à la direction de l'onde.

Nous avons vu qu'une onde dirigée normalement à la surface réfléchissante ne change pas de direction par le fait de sa réflexion ; elle éprouve seulement un renversement du sens de sa propagation. Il n'en est plus tout à fait de même, lorsque la direction de l'onde incidente fait avec la surface réfléchissante un angle différent de l'angle droit ; c'est ce que nous allons montrer.

Soient CD (fig. 25) une surface réfléchissante, et AI la direction d'une onde condensante ; supposons que la molécule oscillante située à l'extrémité de la file vienne choquer la surface au point I, avec une vitesse représentée en grandeur et en direction par la droite IF. Décomposons cette vitesse en deux autres, l'une IN perpendiculaire à la surface, l'autre IT parallèle à cette surface ; la composante tangentielle IT ne subira aucune modification par le fait du choc, puisque, si elle agissait seule, elle aurait pour effet de faire glisser la molécule oscillante parallèlement au plan de la surface réfléchissante. La composante normale IN, au contraire, sera remplacée, après le choc, par une composante IN' de même grandeur, mais dirigée dans le sens opposé : en effet, au moment du choc, la molécule oscillante cède aux molécules de la surface réfléchissante qui sont voisines du point I, la partie de sa force vive correspondante à la composante normale de la vitesse ; puis, dans l'instant suivant, si la matière dont se compose l'obstacle fixe est parfaitement élastique, et nous supposons cette condition remplie, la force vive cédée par la molécule oscillante lui est restituée intégralement, en vertu du principe de la conservation de la force ; mais la vitesse que

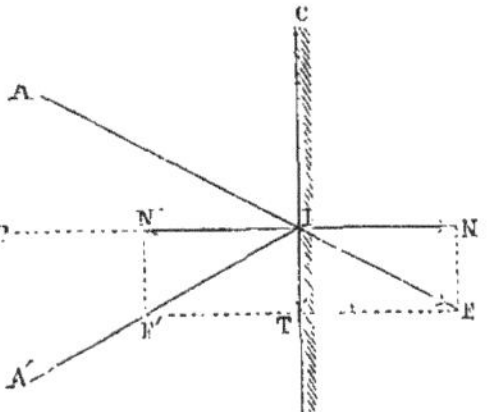

récupère ainsi la molécule oscillante est dirigée en sens inverse de la composante normale primitive ; soit IN' la nouvelle vitesse, égale, mais de sens contraire à IN.

On voit donc qu'après le choc, la molécule oscillante est animée de deux vitesses: l'une IT, parallèle à la surface fixe, et la même que celle qui existait avant le choc ; l'autre IN', normale à la surface, mais dirigée en sens contraire de la composante normale primitive ; par conséquent, la molécule oscillante va se mouvoir dans la direction de la résultante IF', et comme les deux nouvelles composantes sont égales en grandeur aux anciennes, les deux parallélogrammes correspondants sont égaux, et par suite, l'angle A'IN' est égal à l'angle AIN'. La direction de l'onde réfléchie et

Fig. 25. — Démonstration des lois de la réflexion des ondes linéaires.

celle de l'onde incidente sont donc situées dans un même plan perpendiculaire à la surface réfléchissante, et il y a égalité entre les angles que font avec la normale à la surface, au point d'incidence, les directions des ondes incidentes et réfléchies.

39ª. Lois de la réflexion.—On appelle *angle d'incidence*, l'angle de la direction AI de l'onde incidente avec la normale IP à la surface réfléchissante, et *angle de réflexion*, l'angle de la direction A'I de l'onde réfléchie avec cette même normale. Les lois de la réflexion peuvent alors s'énoncer ainsi :

1° Les directions de l'onde incidente et de l'onde réfléchie, c'est-à-dire le rayon incident et le rayon réfléchi sont dans un même plan avec la normale à la surface au point d'incidence.

2° L'angle de réflexion est égal à l'angle d'incidence.

Si l'onde incidente est dirigée perpendiculairement à la surface réfléchissante, l'angle d'incidence, et, par suite, l'angle de réflexion, sont tous deux nuls ; il en résulte, comme on l'a vu, § 38, que l'onde réfléchie suit la même route que l'onde incidente, mais en sens opposé.

Les lois précédentes ne s'appliquent pas seulement aux cas où la surface réfléchissante est plane, comme le montre l'exemple choisi pour la démonstration; elles sont encore vraies quand la surface est courbe. Il suffit alors de mener par le point d'incidence F (fig. 26) un plan tangent à la surface et une perpendiculaire à ce plan; soit XX' la trace de ce plan tangent, et FQ la normale : on rentre ainsi dans le cas d'une surface réfléchissante plane.

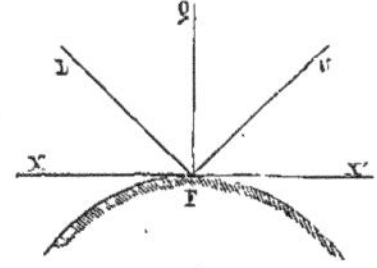

Fig. 26. — Réflexion sur une surface courbe.

Il est facile d'étendre aux ondes sphériques les lois de la réflexion trouvées pour les ondes linéaires ; on n'a qu'à examiner comment s'opère la réflexion des différentes ondes linéaires dont se compose l'onde sphérique.

Pour les besoins de la démonstration, il nous suffira de considérer la section plane d'une onde sphérique. Soit O (fig. 27) le centre de l'onde, c'est-à-dire son point de départ, et MN la surface fixe contre laquelle elle se réfléchit ; soient OA, OI, OI', OM, etc., les directions d'un certain nombre d'ondes linéaires comprises dans la section plane de l'onde sphérique : l'onde dirigée suivant OA, c'est-à-dire suivant une perpendiculaire à la surface, sera renvoyée dans la même direction et reviendra sur elle-même ; OI sera réfléchi dans la direction IR, OI' dans la direction IR', etc., de manière que, pour chacune de ces ondes, l'angle de réflexion soit égal à l'angle d'incidence ; IK, I'K', etc., représentent les normales aux points d'incidence I, I'.... En prolongeant les directions des ondes réfléchies jusqu'à leur rencontre mutuelle, on trouve qu'elles vont toutes concourir en un point unique O', symétrique du point O, c'est-à-dire situé de l'autre côté de la surface réfléchissante, sur le prolongement de la normale qui passe par le centre de l'onde incidente, et à une distance de la surface égale à celle de ce même point d'origine.

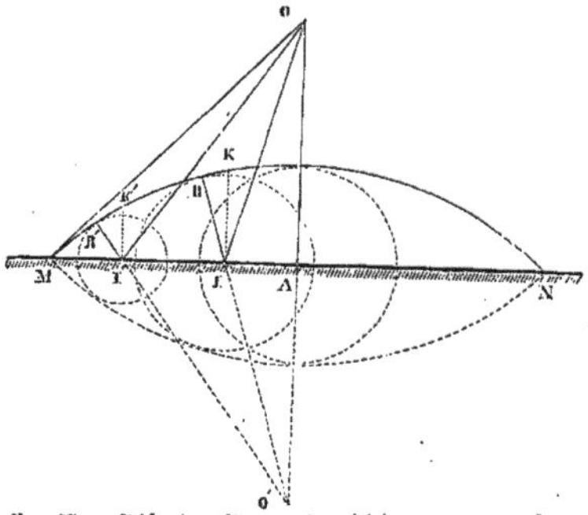

Fig. 27. — Réflexion d'une onde sphérique par une surface plane.

Ainsi, une onde sphérique, venant à rencontrer une paroi résistante, donne naissance, à une onde réfléchie, qui, par sa direction, semble être la continuation directe d'une autre onde sphérique dont le centre serait symétrique de celui de l'onde incidente, par rapport à la surface réfléchissante.

Il est entendu, d'ailleurs, qu'une paroi résistante ne réfléchit une onde sphérique de la manière qui vient d'être indiquée, qu'autant que la paroi en question est plane.

Si l'onde sphérique rencontre une surface courbe, les normales aux différents points d'incidence ne sont plus parallèles entre elles, et la réflexion qui s'opère dans ces conditions produit certains effets particuliers, sur lesquels nous reviendrons à l'occasion des ondes lumineuses ; car c'est surtout dans cette branche de la physique que l'étude de la réflexion par les surfaces courbes offre un grand intérêt.

40. Vibrations stationnaires. — Au début de nos considérations sur le mouvement vibratoire, nous avons montré comment un point matériel, soumis à des forces qui tendent à le maintenir dans une position déterminée, peut être amené à exécuter des oscillations en nombre infini, une fois qu'il a été écarté de sa position d'équilibre par un choc. Nous avons eu soin d'ajouter qu'en réalité, la plupart du temps, les oscillations ainsi excitées ne tardent pas à s'arrêter à cause des résistances qu'elles ont à vaincre.

Il n'en est plus de même, quand des obstacles fixes sont disposés de manière à se renvoyer mutuellement et indéfiniment la même ondulation ; dans ces conditions, le mouvement vibratoire persiste longtemps. C'est ce qui arrive, par exemple, lorsqu'on fait vibrer une corde tendue et fixée à ses deux extrémités, A et X (fig. 28) ; supposons qu'on exerce sur le milieu de cette corde une traction transversale : on détermine la formation d'une demi-onde AbX, qui tend à se propager à la fois à droite et à gauche ; mais, comme

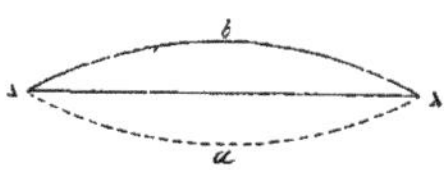

Fig. 28. — Onde stationnaire produite par des réflexions successives.

les points A et X sont fixes, cette onde se réfléchit successivement de l'un à l'autre, suivant le mode indiqué, § 38 ; il en résulte que la corde continue à vibrer pendant longtemps et paraît renflée.

L'influence de la réflexion sur la persistance des vibrations se montre avec plus d'évidence encore quand on considère une série d'ondes égales et se suivant sans interruption. Imaginons qu'une onde, ainsi composée d'une série de renflements et d'excavations, coure de D en I (fig. 29) : arrivée en I, elle est renvoyée en sens contraire vers D, puis revient de nouveau vers I, et ainsi de suite. Ces réflexions successives ont pour effet de renforcer les vibrations de chacune des parties IC, CF, etc., de la corde, vibrations qui, sans cela, s'affaibliraient très rapidement ; par suite, la corde continue à vibrer un temps plus ou moins long, en offrant alternativement la

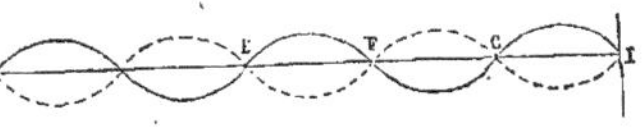

Fig. 29. — Ondes stationnaires.

forme de la ligne ondulée pleine et celle de la ligne pointillée. On voit donc qu'en somme la corde entière se résout en un certain nombre de cordes plus petites, IC, CF, FE, etc., qui vibrent chacune pour son propre compte, pendant que les points de séparation C, F, E, etc., restent constamment immobiles.

On nomme vibrations *stationnaires* les vibrations qui s'accomplissent suivant le mode que nous venons d'indiquer ; on désigne sous le nom de *nœuds de vibration* les points, tels que C, F, E, qui ne prennent pas part au mouvement et qui restent constamment en repos. [Les renflements compris entre les nœuds sont ce qu'on appelle des *ventres*.]

Il est facile de produire dans une corde des vibrations stationnaires correspondantes à une longueur d'onde qui soit dans un rapport simple avec la longueur totale de la corde : veut-on, par exemple, que la longueur d'onde soit, comme dans la figure 29, le tiers de la longueur de la corde, il suffit de fixer le point C, à l'aide du doigt ou de toute autre manière, afin de l'empêcher de vibrer, la distance IC représentant $\frac{1}{6}$ de la longueur totale de la corde ou la moitié de la longueur d'onde qu'on veut obtenir ; pendant qu'on immobilise le point C, on fait vibrer la portion de corde IC, en l'ébranlant par son milieu : l'onde qui prend ainsi naissance se propage dans toute l'étendue de la corde et y produit des vibrations stationnaires qui correspondent à la longueur d'onde voulue.

En procédant d'une manière toute semblable, à l'égard des plaques et des membranes élastiques, on y détermine aussi des vibrations stationnaires ; la surface de ces corps se partage alors en un certain nombre de portions vibrantes séparées par des lignes nodales, c'est-à-dire par des lignes dont tous les points sont au repos. Les colonnes d'air renfermées dans des tubes peuvent également être le siège de vibrations stationnaires. L'étude du son nous offrira des exemples de ces différentes formes de vibrations.

On peut facilement mettre en évidence l'existence des nœuds dans les cordes vibrantes, en plaçant de distance en distance, à cheval sur la corde, des corps très légers, tels que des morceaux de papier ou des copeaux de bois : dès que la corde commence à vibrer, les cavaliers de papier qui sont placés sur des nœuds ne bougent pas, tandis que les autres sont jetés à terre par les vibrations. En saupoudrant de sable ou de poussière la surface des plaques et des membranes vibrantes, on rend visibles leurs lignes nodales : les grains de sable se rassemblent le long des lignes nodales, aussitôt que la plaque ou la membrane sont mises en vibration ; il en résulte des figures régulières dont la forme peut varier de bien des façons pour une seule et même plaque, suivant la manière dont vibre le corps. Les figures ainsi fournies par les plaques et les membranes vibrantes sont connues sous le nom de *figures acoustiques* ou *figures de Chladni* et *de Savart.*

41. Passage des ondes d'un milieu dans un autre plus dense. — En exposant les lois de la réflexion, nous avons raisonné dans l'hypothèse que la surface rencontrée par l'onde longitudinale ou transversale était parfaitement fixe et rigide. A vrai dire, cette condition ne se trouve jamais réalisée; mais les vibrations communiquées à la masse du corps réflecteur ont souvent une intensité si faible qu'on peut en faire abstraction. Il n'en est plus de même quand une onde arrive·à la surface de séparation de deux milieux, dont le second, tout en étant plus dense que le premier, ne l'est pourtant pas assez pour que les vibrations qui lui sont transmises soient négligeables. Dans ce cas, l'onde incidente subit aussi la réflexion; mais, en outre, elle se propage dans le second milieu, où elle prend le nom d'onde *transmise* ou *réfractée.*

La réflexion se comprend aisément : si nous nous reportons, en effet, à la figure 25, nous voyons que le point I, qui appartient déjà au second milieu, tout en participant au mouvement vibratoire des molécules attenantes du premier milieu, ne saurait vibrer avec une intensité aussi grande; il agira donc, pour déterminer la réflexion de l'onde, comme s'il représentait un obstacle fixe; seulement, cette fixité n'étant que relative, l'action réfléchissante du second milieu sera moindre.

Quant à la réfraction de l'onde, on peut en donner l'explication suivante : Soit MN (fig. 30) une surface de séparation entre deux milieux de densités différentes; l'onde incidente se trouve à gauche, dans le milieu le moins dense. Je prends l'onde au moment où elle occupe la position indiquée en II (fig. 24); c'est l'instant où le sommet I (fig. 30) de la protubérance arrive au contact de la surface de séparation. Si cet obstacle ne se trouvait pas sur le trajet de l'onde, celle-ci cheminerait comme le montre la courbe ponctuée ICD ; mais, par suite de la présence de la surface MN, la demi-onde primitive BIC se scinde en deux et donne naissance, d'une part, à une onde réfléchie de hauteur II_1, dont la marche est rétrograde ; d'autre part, à une onde dont la marche s'effectue dans le même sens que celle de l'onde incidente, et

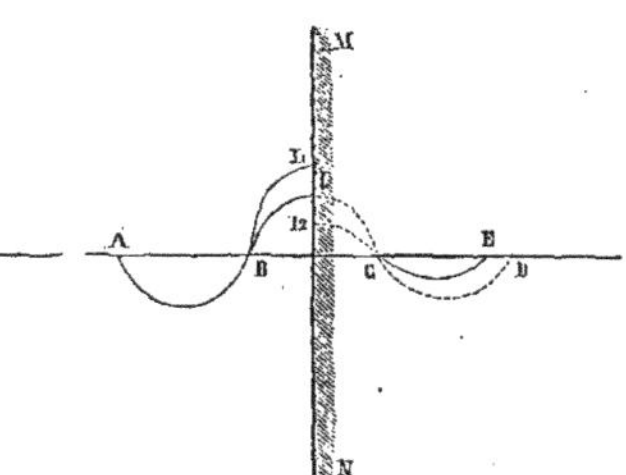

Fig. 30. — Changement de la vitesse de propagation d'une onde linéaire passant d'un milieu dans un autre de densité différente.

qui a pour hauteur la distance du point I, à la droite AD. La protubérance rétrograde s'ajoute à la protubérance primitive et produit la protubérance BI₁,
qui devient l'origine d'une onde réfléchie, comme dans le cas de la réflexion
totale (cf. § 38), avec cette seule différence qu'ici, la réflexion étant partielle,
la hauteur de l'onde réfléchie est diminuée de celle de l'onde transmise; la
somme des hauteurs des ondes réfléchie et réfractée doit être égale à la
hauteur de l'onde incidente. Plus la différence de densité des deux milieux
est faible, plus la hauteur de l'onde réfléchie est petite par rapport à celle
de l'onde incidente, et plus aussi la hauteur de l'onde réfractée se rapproche
de celle de l'onde primitive.

Mais, tandis que l'onde réfléchie ne se distingue de l'onde incidente que
par sa hauteur et par le sens de sa marche, l'onde réfractée en diffère encore
sous un autre rapport. Le second milieu, étant plus dense que le premier,
offre plus de résistance au mouvement vibratoire; cette circonstance, il est
vrai, ne modifie pas, en général, la durée de l'oscillation, car les molécules
du milieu le plus dense, recevant leur mouvement de celles du milieu le
moins dense, vibrent à l'unisson de ces dernières. Si la vibration conserve
la même durée en changeant de milieu, il en est autrement de la longueur
d'onde : celle-ci devient plus petite dans le milieu le plus dense, puisque les
molécules, y étant plus rapprochées les unes des autres, occupent, à nombre
égal, une longueur moins grande que dans le premier milieu.

De ce que la longueur d'onde λ diminue, tandis que la durée de la vibration
T ne varie pas, il résulte, en vertu de l'équation $\lambda = VT$ (cf. § 32), que la
vitesse de propagation de l'onde réfractée doit être inférieure à celle de
l'onde incidente, et ce ralentissement de la marche de l'onde, par le fait
de son passage dans un milieu plus dense, augmente avec la différence de
densité des deux milieux.

42. Passage de l'onde d'un milieu dans un autre moins dense. — Si on suit la
même marche de raisonnement que précédemment, on n'aura pas de peine
à prévoir les changements que subit une onde en entrant dans un milieu
moins dense. En ce cas, l'onde incidente, arrivée au contact de la surface
de séparation, donne aussi naissance
à une onde réfléchie et à une onde
transmise ou réfractée.

En effet, soit AIB (fig. 31) une
file de molécules; celles qui sont
situées à gauche de I font partie du
milieu le plus dense; à droite se
trouvent celles du milieu le moins

Fıo. 31. — File de molécules appartenant à deux milieux de densité différente, et servant à expliquer
la réflexion et la réfraction, dans le cas où l'onde
incidente se trouve dans le milieu le plus dense.

dense; la molécule I appartient, en quelque sorte, à la fois aux deux milieux
et les sépare l'un de l'autre. Supposons qu'une onde condensante parcoure cette file de molécules de A en B : arrivée en I, elle déterminera en
cet endroit une condensation plus forte qu'en tout autre point de son trajet
antérieur, car la molécule I, appartenant déjà au milieu le moins dense, y
rencontre moins de résistance à vaincre pour comprimer les molécules suivantes. La demi-onde condensante, ainsi modifiée de manière à surpasser
en amplitude toutes les ondes incidentes, devient, en se propageant dans le
milieu de droite, l'origine de l'onde transmise. Or, si la demi-onde cou-

densante est représentée par une protubérance plus élevée, la demi-onde dilatante qui marche à sa suite, arrivée en I, éprouvera à son tour les effets de la diminution de résistance et acquerra aussi une amplitude supérieure à celle qu'elle a eue jusque-là ; cet accroissement d'amplitude de la demi-onde dilatante équivaut à la formation d'une onde de dilatation, qui, en marchant de I vers A, va former l'onde réfléchie. — Dans le cas où l'onde incidente commencerait par une dépression (onde de dilatation), l'onde réfléchie débuterait par une protubérance.

Que les vibrations incidentes soient transversales au lieu d'être longitudinales, cela ne change rien au résultat de la réflexion : si une onde transversale arrive à la surface de séparation des deux milieux, elle communique à la molécule I une vibration transversale dont l'amplitude surpasse celle des vibrations des molécules qui précèdent, car les forces attractives qui s'exercent entre la molécule I et les molécules environnantes du milieu le moins dense sont plus faibles que les attractions mutuelles des molécules du milieu le plus dense. La demi-onde positive produite à la droite de la surface de séparation, ayant une amplitude plus grande, il en est de même de la demi-onde négative qui se forme à la gauche du point I, et qui, en raison de cet accroissement d'amplitude, devient le point de départ d'une onde réfléchie.

Ainsi donc, que l'onde incidente soit transversale ou longitudinale, la réflexion à la surface d'un milieu moins dense a toujours lieu de telle sorte que la première demi-onde réfléchie et la première demi-onde incidente soient de noms contraires. La somme des hauteurs de l'onde réfléchie et de l'onde transmise est d'ailleurs égale à la hauteur de l'onde primitive.

Quant à la longueur d'onde du mouvement vibratoire, elle augmente par le passage de l'onde dans le milieu le moins dense, et comme la durée de l'oscillation ne varie pas, la vitesse de propagation du mouvement devient plus grande.

[**42ª. Caractère différent de l'onde réfléchie, suivant que la réflexion s'effectue dans le milieu le plus dense ou dans le moins dense.** — Des considérations développées dans les deux paragraphes précédents découle un résultat qu'il importe de mettre en relief ; car, faute de se le rappeler, on se trouverait fort en peine pour mettre la théorie d'accord avec l'expérience, dans l'explication de certains phénomènes d'interférence, où les ondes ont subi des réflexions préalables. Le résultat dont je veux parler consiste dans le caractère différent que présente l'onde réfléchie, suivant qu'elle est renvoyée dans le milieu le plus dense ou dans le moins dense.

On vient de voir que, si la réflexion s'opère dans le milieu le plus dense, la première demi-onde incidente et la première demi-onde réfléchie sont de nom contraire, l'une étant positive quand l'autre est négative, et inversement ; dans ce cas, l'onde réfléchie est, en quelque sorte, la continuation non interrompue de l'onde incidente, de façon qu'après la réflexion d'une onde entière, l'onde réfléchie occupe la même position que l'onde incidente immédiatement avant la réflexion, et qu'elle a sa protubérance et sa dépression disposées dans le même ordre. Quand, au contraire, l'onde incidente se trouve dans le milieu le moins dense (cf. § 41), elle produit, par la réflexion de sa première moitié, une demi-onde réfléchie de même nom : à une protubérance

incidente succède, sans intermédiaire, une protubérance réfléchie; la dépression qui devrait venir se placer entre ces deux protubérances, pour que
l'onde réfléchie pût être regardée comme la continuation de l'onde incidente,
fait défaut; la réflexion a supprimé une demi-longueur d'onde, et on exprime,
en effet, ce résultat en disant qu'il y a, dans ce cas, perte de $\frac{1}{2}\lambda$.]

43. Réfraction des ondes. — Nous avons supposé jusqu'ici que la direction
de l'onde incidente était perpendiculaire à la surface de séparation des deux
milieux, et nous avons vu que dans ces conditions l'onde, en passant dans
le second milieu, subit un changement de vitesse de translation, mais conserve sa direction première. Il n'en est plus de même, quand l'onde incidente
est inclinée sur la surface d'entrée du second milieu.

Pour comprendre ce qui se passe dans ce cas, il faut avoir recours à
une section plane d'onde sphérique ; nous prendrons cette onde à une
très grande distance de son centre d'ébranlement, afin que sa surface
puisse, sur une petite éten-
due, être confondue avec
un plan, et que, par con-
séquent, deux ondes linéaires voisines aient des directions sensiblement pa-
rallèles entre elles et perpendiculaires à la surface
de l'onde. Soit donc LIL'A
(fig. 32) une portion de
section plane d'une onde
semblable, limitée par les
deux ondes linéaires ou
rayons, LI et L'A, très
voisins l'un de l'autre et
obliques par rapport à la
surface KM; par le point I
menons une perpendicu-
laire à la direction des ondes linéaires jusqu'à sa rencontre en P avec

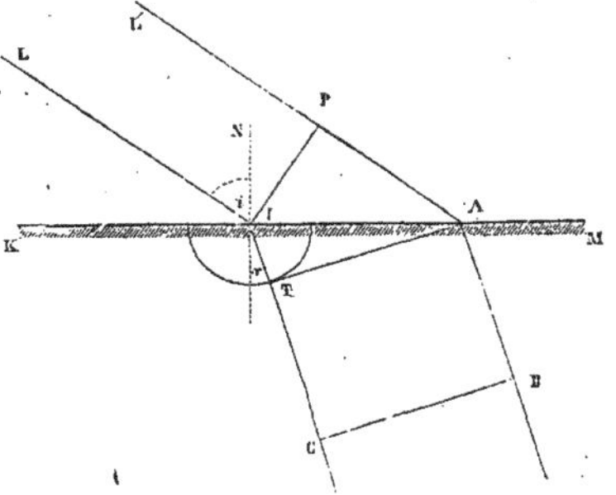

Fɪɢ. 32. — Déviation subie par la direction d'une onde, à son
passage d'un milieu dans un autre de densité différente.

le rayon L'A : la droite IP ainsi tracée représente le lieu géométrique
de tous les points qui sont dans le même état de vibration, c'est-à-dire la
surface de l'onde à un moment donné, celui où elle rencontre en I la
surface réfringente. Ainsi, quand le mouvement vibratoire est arrivé au
point I pour le rayon LI, il n'est encore qu'en P pour le rayon L'A. Considérons ensuite le moment où le point P de l'onde rencontre à son tour
la surface en A : pendant que le mouvement vibratoire, marchant dans la
direction PA, s'est transporté de P en A dans le premier milieu, le mouvement vibratoire qui se propageait suivant LI, a passé dans le second milieu
et y a parcouru un certain espace; si, comme nous le supposons ici, le
second milieu est plus dense que le premier, la vitesse de propagation
de l'onde y est plus petite; dès lors, la distance PA, franchie dans le
premier milieu par le mouvement parti du point P, est plus grande que le
chemin IT parcouru dans le second milieu par le mouvement émané du

point I; le rapport des deux chemins est égal à celui des vitesses correspondantes.

On doit avoir :
$$\frac{IT}{PA} = \frac{V'}{V},$$

d'où :
$$IT = \frac{V'}{V}\, PA.$$

En prenant :
$$PA = V,$$

on a :
$$IT = V'.$$

Du point I comme centre, avec un rayon égal au produit de PA par le rapport des vitesses, ou égal simplement à V', si PA = V, décrivons dans le second milieu une demi-circonférence, et du point A menons une tangente AT à cette circonférence et joignons le point de tangence T au point I. La droite AT représente la surface de l'onde réfractée, à l'instant où son point A est en contact avec la surface réfringente; IT prolongé, ou IC, est la direction de l'onde dans le second milieu, c'est-à-dire le rayon réfracté. Or, puisque AT n'est pas parallèle à IP, comme il est facile de le voir, IC n'est pas le prolongement de LI; l'onde a donc été déviée de sa direction première, en passant dans un autre milieu. La déviation de l'onde dans ces circonstances porte plus spécialement le nom de *réfraction*. — Si, au point d'incidence I d'une des ondes linéaires, on élève la normale IN à la surface d'incidence, on voit que la réfraction d'une onde qui passe d'un milieu dans un autre plus dense, a pour effet de rapprocher de la normale la direction de l'onde.

Il va sans dire que l'effet inverse se produit, quand l'onde passe d'un milieu plus dense dans un autre moins dense : la direction de l'onde réfractée s'éloigne de la normale. Il suffit, pour s'en convaincre, de reproduire le raisonnement précédent, en prenant pour onde incidente celle qui, dans la figure 32, représente l'onde réfractée, et inversement.

43ª. Lois de la réfraction dans un milieu isotrope. — Soient i et r (fig. 32) les angles que font avec la même normale les directions de l'onde incidente et de l'onde réfractée; on a, comme il est facile de le démontrer :

$$\frac{\sin i}{\sin r} = \frac{V}{V'},$$

V et V' étant les vitesses de propagation de l'onde dans le premier et dans le second milieu.

On voit que l'angle de réfraction donne le moyen de déterminer le rapport des vitesses de propagation dans les deux milieux. Le quotient $\frac{\sin i}{\sin r}$ ou $\frac{V}{V'}$ s'appelle l'*indice de réfraction* relatif des deux milieux et se représente par la lettre n.

[De ce qui précède découlent les conséquences suivantes :

1° *Les directions de l'onde incidente et de l'onde réfractée sont dans un même plan avec la normale à la surface au point d'incidence;*

2° *Le rapport des sinus des angles d'incidence et de réfraction est constant pour deux mêmes milieux.*

Supposons que la droite AB (fig. 33) représente la surface de séparation

entre deux milieux, dont l'inférieur propage le mouvement vibratoire plus
lentement que le supérieur ; soient *ab* la direction d'une onde incidente et
bf celle de l'onde réfractée correspondante.
Par le point d'incidence *b*, menons *dc* perpendiculaire à AB, et du même point comme
centre décrivons une circonférence de rayon
égal à l'unité. L'angle d'incidence est alors
abd, et l'angle de réfraction est *cbf*. Si des
points *a* et *f*, où la circonférence précédemment décrite coupe les directions de l'onde
incidente et de l'onde réfractée, on abaisse des
perpendiculaires sur la normale *dc*, les droites
ainsi tracées, *ax* et *fy* représentent, la première le *sinus de l'angle d'incidence*, la se-

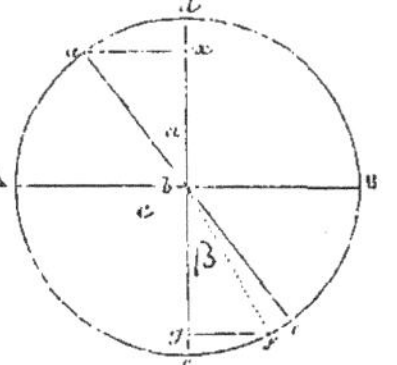

Fig. 33. — Loi du rapport des sinus
des angles d'incidence et de réfraction.

conde le *sinus de l'angle de réfraction*, et, en vertu de la loi énoncée
plus haut, le rapport entre ces deux sinus est constant pour deux mêmes
milieux, quelles que soient les valeurs absolues des lignes trigonométriques
qui mesurent les angles d'incidence et de réfraction.

Ces lois sont semblables à celles de la réflexion des ondes (cf. § 39a);
la seconde seule en diffère ; mais on peut faire disparaître cette différence
apparente en remarquant, avec Babinet, que, si on pose le rapport
$\dfrac{\sin i}{\sin r} = -1$, la seconde loi de la réfraction s'applique aussi à la réflexion.

Les lois qui viennent d'être établies ne sont vraies qu'autant que
la réfraction a lieu dans un milieu *isotrope*, auquel cas, l'onde réfractée étant sphérique (cf. § 33), le rapport $\dfrac{V}{V'}$ est constant, quelle que
soit la direction considérée. Si le milieu est *anisotrope*, l'onde qui s'y propage n'est pas sphérique, et il en résulte des phénomènes particuliers, dont
il sera traité dans l'optique (V. l. IV, chap. 21).]

LIVRE II .

DE LA PESANTEUR

44. Nature de la pesanteur. — Sous le nom de *pesanteur*, on désigne la force qui tend à faire tomber les corps vers la terre. On regarde cette force comme le résultat des attractions qui, d'après la théorie atomique, s'exercent entre tous les atomes pondérables : un corps tombe ou tend à tomber, parce que ses atomes et ceux du globe terrestre s'attirent mutuellement. Nous voyons se manifester des phénomènes d'attraction du même ordre, toutes les fois que deux masses matérielles sont assez considérables ou assez rapprochées l'une de l'autre pour déterminer un effet appréciable.

Le mouvement de toutes les parties de notre système solaire reconnaît la même cause que la chute des corps à la surface de la terre. Cette force générale, dont la pesanteur terrestre n'est qu'un cas particulier, porte le nom de *gravitation* ou *pesanteur universelle*.

[Nous avons vu, § 14ᶜ, que l'entité métaphysique désignée sous le nom de *force attractive* est une abstraction, qui n'explique rien et qui exprime seulement ce fait, à savoir que les molécules matérielles se rapprochent ou tendent à se rapprocher les unes des autres, *comme si elles s'attiraient mutuellement*. Newton lui-même, en formulant les lois de la gravitation, s'est gardé, du moins dans les commencements de sa carrière, de se prononcer sur la cause de l'attraction : « J'exprime par le mot *attraction*, dit l'auteur des *Principes « mathématiques de la philosophie naturelle*, l'effort que font les corps pour s'approcher « les uns des autres, soit que cet effort résulte de l'action des corps qui se cherchent mu- « tuellement ou qui s'agitent l'un l'autre par des émanations, soit qu'il résulte de l'action de « l'éther, de l'air ou de tout autre milieu, corporel ou incorporel, qui pousse l'un vers « l'autre, d'une manière quelconque, tous les corps qui y nagent. » Ce sont les disciples de Newton qui, exagérant la pensée du maître, ont considéré la gravité comme une force particulière inhérente à la matière dite pondérable. Or, nous l'avons déjà dit et nous le répétons ici, on ne saurait admettre à la fois, d'une part, que la matière est inerte, d'autre part, qu'elle possède une qualité en vertu de laquelle elle se met d'elle-même en mouvement; ce sont là deux idées contradictoires, qui s'excluent l'une l'autre. L'inertie de la matière étant un axiome inattaquable et inattaqué, il faut rejeter l'idée d'une force attractive et ne voir, dans le rapprochement des corps les uns des autres, que des effets d'impulsion provenant de chocs extérieurs. En ce qui concerne particulièrement la gravitation, nous nous faisons l'écho des opinions les plus récentes, en disant qu'elle peut être considérée comme un effet des mouvements des atomes éthérés qui environnent de toutes parts la matière pondérable et qui la choquent incessamment dans tous les sens : on conçoit que, si l'action de ces chocs n'est pas symétrique autour d'une molécule ou d'un corps pondérable, le corps en question se mettra en mouvement dans la direction de la résultante des chocs qui ont la plus grande somme d'énergie; cette condition se trouve réalisée quand deux corps pondérables sont en présence l'un de l'autre, et l'inégalité d'intensité des chocs auxquels ils sont alors soumis est dirigée précisément de façon à opérer le rapprochement de ces corps.

Ce n'est pas ici le lieu de m'étendre davantage sur la cause de la pesanteur ; je me borne aux indications sommaires qui viennent d'être données et je renvoie le lecteur désireux de pénétrer plus avant dans ce sujet à l'excellent opuscule déjà cité de Saigey, sur la *Physique moderne*, auquel nous avons emprunté le passage relatif à l'opinion de Newton.]

[[Cette manière de concevoir la nature de la gravitation peut fort bien se passer de l'hypothèse d'un éther impondérable, dont l'existence a été révoquée en doute (cf. § 14^d) : il suffit de substituer aux atomes de l'éther ceux de la matière pondérable elle-même, qui sont répandus dans tout l'espace et qui se trouvent toujours en mouvement ; sans rien changer à la marche du raisonnement, on arriverait aux mêmes conclusions que ci-dessus.]]

44^a. Plan du livre consacré à l'étude de la pesanteur. — [La pesanteur agit avec la même intensité sur tous les corps, quelle que soit leur nature ;] mais les effets de cette action présentent des caractères différents suivant la constitution moléculaire des corps ; or, de toutes les causes physiques qui font varier la constitution moléculaire, la principale et la plus générale réside dans l'état d'agrégation de la matière. Il y a donc lieu de diviser l'étude de la pesanteur en trois parties correspondant aux trois états de la matière, état solide, liquide et gazeux. Dans chacune de ces parties, nous commencerons par faire connaître les propriétés des corps qui se présentent sous l'état considéré ; nous examinerons ensuite les phénomènes que produit la pesanteur quand elle agit sur ces mêmes corps. En toute rigueur, il n'est pas possible de séparer ainsi, d'une manière absolue, les propriétés des corps des phénomènes qu'y détermine la pesanteur, car les caractères différentiels des divers états de la matière sont, en grande partie, le résultat des actions combinées de la pesanteur et de forces moléculaires analogues. Nous avouons, en outre, qu'il nous faudra, en certains endroits, joindre à l'étude de la pesanteur celle d'autres forces qui déterminent, comme elle, des mouvements de totalité des corps et des déplacements assez considérables pour être directement perçus ; telle est, par exemple, la force musculaire, qui agit, concurremment avec la pesanteur, dans la loco-motion du corps humain et dans le mouvement des projectiles lancés par la main de l'homme. En ce qui concerne la force musculaire, nous n'en recher-cherons pas l'origine ; nous nous bornerons à en étudier les effets, qui sont semblables à ceux de la pesanteur, en ce sens qu'on peut toujours remplacer la force musculaire par un poids d'une grandeur déterminée, agissant dans une direction donnée et pendant un temps suffisant.

Quoi qu'il en soit, nous diviserons le présent livre en trois sections, qui porteront respectivement les titres de *Mécanique des solides, Mécanique des liquides* et *Mécanique des gaz.*

On admet que les effets d'attraction qu'on observe entre les atomes de la matière sont identiques, quant à leur origine, à ceux que déterminent la pesanteur et la gravitation. Mais les forces attractives ne sont pas seules à jouer un rôle dans la cohésion et l'élasticité des corps ; conjointement avec elles agissent les forces répulsives qui s'exercent entre les atomes impondérables, de sorte que les phénomènes observés sont toujours le résultat des actions combinées de ces deux espèces de forces ; de là l'impossibilité, déjà signalée au § 9, de déterminer les lois qui régissent les forces moléculaires attractives et répulsives ; de là aussi la difficulté de savoir si la loi $f = \varphi \dfrac{mm'}{d^2}$, qui exprime les variations d'intensité d'une force, en fonction des masses matérielles et de leur distance, est encore applicable au cas des distances extrêmement petites qui séparent les atomes ou les molécules. Un seul point est certain, c'est que, quand la distance augmente, les forces répulsives diminuent bien plus rapidement que les forces attractives, et cette circonstance nous explique comment il se fait que, pour de grandes distances, les forces attractives restent seules à manifester leur action.

La division que nous adoptons pour l'étude de la pesanteur ne saurait avoir aucune prétention à une précision systématique ; c'est ce qui ressort des remarques que nous avons faites plus haut, ou établissant les bases de notre division. Les différentes forces de la nature n'agissent jamais isolément ; les phénomènes les plus simples en apparence sont toujours au fond l'effet complexe de plusieurs forces qui agissent simultanément. Tel est le motif qui oblige, dans l'étude des applications de la physique, à suivre un ordre basé bien plus sur des considérations pratiques et sur les besoins du moment que sur les principes d'une logique inflexible.

I. MÉCANIQUE DES SOLIDES

CHAPITRE PREMIER

PROPRIÉTÉS GÉNÉRALES DES CORPS SOLIDES

45. Cohésion. Ténacité. — Les deux propriétés essentielles des corps solides sont la *cohésion* et l'*élasticité*.

C'est, comme nous l'avons dit en parlant des différents états de la matière (§ 15), à leur cohésion considérable que les solides doivent de constituer des touts compactes et résistants, d'une forme déterminée ; c'est cette même force de cohésion qui rend nécessaire l'intervention d'efforts extérieurs plus ou moins intenses, pour désunir les éléments constitutifs d'un corps solide ou même pour le déformer.

La grandeur minimum de l'effort nécessaire pour déterminer la rupture d'un corps, c'est-à-dire la séparation de ses molécules, sert de mesure à la force de cohésion, ou, comme on dit aussi, à la *ténacité*. Par ce terme de *ténacité*. il faut entendre la limite de la résistance qu'un corps oppose à sa rupture. On distingue autant de variétés de résistance à la rupture qu'il y a de moyens différents de détruire la continuité d'un corps. Nous avons ainsi la ténacité *absolue*, c'est-à-dire la résistance à la rupture par traction ; la ténacité *relative*, ou résistance à la rupture par flexion ; la *dureté*, ou résistance à l'écrasement. [On peut encore distinguer la *résistance à la torsion* et, avec Vicat, la *résistance transverse*, c'est-à-dire la résistance qu'oppose un corps à l'action d'une force agissant dans le plan même de la section suivant laquelle doit se faire la séparation, de manière que les surfaces qui se séparent glissent l'une sur l'autre.]

Ces différentes espèces de résistance sont loin de varier suivant les mêmes rapports pour les diverses substances Le verre, par exemple, possède une résistance absolue de beaucoup supérieure à celle du caoutchouc ; il résiste, au contraire, bien moins que ce dernier corps, à la rupture par flexion et par compression. La ténacité absolue sert ordinairement de mesure à la force de cohésion ; et, comme *la résistance qu'un corps étiré dans le sens de sa longueur oppose à la rupture est proportionnelle à la section du corps*, on prend, pour exprimer l'intensité de la cohésion, le poids capable d'amener la rupture, sous une section de 1 millimètre carré ; [c'est là ce qu'on peut appeler le *coefficient de ténacité absolue* ou *de cohésion*.] La force de cohésion ainsi déterminée varie considérablement d'un corps à l'autre : tandis qu'elle est de près de 84 kilogrammes pour l'acier fondu étiré, elle n'a qu'une valeur de 2 kilogrammes pour le plomb étiré. Parmi les tissus du corps humain, les os et les tendons présentent la cohésion la plus forte ; les muscles ont une ténacité bien moindre.

[Nous donnons ici les *moyennes* des résultats obtenus par Wertheim [1], pour la cohésion des principaux tissus de l'organisme humain :

Os.	$8^k,000$	Veines.	$0^k,185$
Tendons.	$6,250$	Artères.	$0,137$
Nerfs.	$1,351$	Muscles.	$0,045$

Ces nombres représentent, en kilogrammes, la force de cohésion des tissus à l'état *frais*. La dessiccation augmente considérablement la tenacité des tissus. Il ressort des expériences·de Wertheim que la cohésion diminue avec l'âge : elle a été trouvée, par exemple, de 15,03 pour le péroné d'un homme de trente ans, et seulement de 4,335 pour le même os d'un homme de soixante-quatorze ans ; le muscle couturier possédait une ténacité de 0,070 chez un enfant de un an, et n'a donné que 0,017 chez un homme de soixante-quatorze ans.]

[45ᵃ. **Ténacité relative**. — Galilée a découvert qu'une barre creuse résiste mieux à la rupture par flexion qu'une barre massive de même substance, dont l'aire de la section droite serait la même. Cette différence de résistance relative se conçoit facilement ; car le diamètre extérieur étant plus grand pour la barre creuse, le bras de levier auquel est appliquée une partie de la résistance est aussi plus long. Il y a toutefois à l'accroissement du diamètre extérieur une limite au delà de laquelle la résistance de la barre diminue de nouveau ; car, si les parois du tube formé deviennent trop minces, elles tendent à fléchir et à se plisser. M. Girard a calculé que le maximum de résistance d'un cylindre creux a lieu quand le rayon extérieur et le rayon intérieur sont entre eux, à très peu près, dans le rapport de 11 à 5. Il n'est pas besoin de faire remarquer qu'une barre, présentant dans son intérieur une série d'évidements longitudinaux, offre, au point de vue de sa résistance relative, les mêmes avantages qu'un tube creux. Nous voyons qu'on peut ainsi accroître la résistance relative d'un corps, sans en augmenter le poids, ou inversement, diminuer le poids sans affaiblir la résistance.

Nous trouvons dans la nature de nombreux exemples de cette disposition, qui permet de joindre la légèreté à la résistance : les tiges de certaines plantes, les plumes des oiseaux, les os longs des animaux sont des tubes creux ; la plupart des autres pièces du squelette présentent aussi une disposition cloisonnée à l'intérieur. Il en résulte qu'avec une même quantité de substance osseuse on a augmenté à la fois la résistance relative des os et l'étendue des surfaces qui servent d'insertion aux muscles.]

(1) G. Wertheim. Mémoire sur l'élasticité et la cohésion des principaux tissus du corps humain. (*Ann. de chim. et de phys.* [3], XXI, p. 335, 1847.)

[Les recherches faites, il y a une dizaine d'années, par M. Wolff et par M. Culmann, tendent à prouver que la structure du tissu osseux réalise les conditions mécaniques les plus favorables à la résistance à la rupture.]]

[Connaissant le coefficient de ténacité absolue k et la section S d'un corps, on peut facilement calculer la résistance C que ce corps oppose à la rupture par traction, à l'aide de la formule : $C = k\,S.$

Les lois de la ténacité relative, c'est-à-dire de la résistance qu'une barre de longueur l, de largeur b et de hauteur h, oppose à la rupture par flexion, sont contenues dans la formule :

$$R = k\,\frac{bh^2}{6\,l},$$

dans laquelle k représente le coefficient de ténacité absolue ; l est la longueur de la barre, ou plutôt la distance du point d'application de la puissance au point d'application de la résistance. Si la section de la barre est cylindrique, la formule devient :

$$R = k\,\frac{\pi\,r^3}{4\,l},$$

r étant le rayon de la circonférence de section. — La détermination expérimentale du coefficient k, à l'aide des formules précédentes, donne des nombres un peu différents de ceux que fournissent les lois de la ténacité absolue.]

45b. Applications médicales. — L'étude de la cohésion des tissus de l'organisme ne laisse pas que d'avoir son utilité en médecine, même au point de vue pratique. En effet, dans la chirurgie et la médecine légale, on rencontre une foule de circonstances où il serait important de pouvoir déterminer quelles forces extérieures sont applicables sans danger aux parties dures ou molles du corps ; quel est le degré d'allongement ou de flexion dont ces parties sont susceptibles ; si une force donnée a pu ou a dû produire une fracture, etc.

[C'est ainsi que M. Monoyer [1] a eu l'occasion de résoudre un problème qui partage depuis longtemps les médecins-légistes. Il a démontré la possibilité de la rupture du cordon ombilical dans l'accouchement en situation verticale ; la rupture doit même être la règle lorsque le cordon est variqueux, auquel cas sa force de cohésion ne dépasse pas 5 kilogrammes. — On trouvera aisément la solution du problème en appliquant le principe de la conservation du travail, et l'expérience vient confirmer les déductions de la théorie.]]

46. Élasticité. — L'élasticité est une propriété connexe de la ténacité ; elle consiste dans la tendance que possèdent les molécules d'un corps à réagir contre toute cause extérieure de déplacement, tendance en vertu de laquelle ce corps reprend sa forme primitive aussitôt qu'il est soustrait à l'action de la force qui l'a déformé, l'effort développé par l'élasticité étant opposé et égal en intensité à la cause déformatrice.

[L'énergie avec laquelle un corps tend à reprendre sa forme et son volume primitifs se nomme *force élastique;* cette force est évidemment égale à l'effort qu'il faut exercer sur le corps déformé pour l'empêcher de reprendre sa forme première ; la grandeur de cet effort peut donc servir de mesure à la force élastique.] Par conséquent, plus l'effort nécessaire pour produire une déformation déterminée est considérable, plus la force élastique du corps

[[1] Monoyer, *Société des sciences médicales de Lyon*; 1880.]]

est grande; d'autre part, l'élasticité est d'autant plus *parfaite* que le corps reprend plus exactement sa forme primitive.

On voit qu'il n'y a absolument aucune relation entre la grandeur de la force élastique et le degré plus ou moins parfait de l'élasticité. Il est, par exemple, des corps qui possèdent une grande force élastique et qui sont imparfaitement élastiques; le plomb et l'argent sont dans ce cas. D'autres corps, et notamment le caoutchouc, les muscles et le tissu vasculaire, ont une élasticité parfaite, mais une force élastique peu considérable; enfin il existe des substances, l'acier et le verre par exemple, qui joignent à une grande force élastique une élasticité parfaite. Dans le langage vulgaire, on appelle généralement corps *très élastiques* ceux qui, comme le caoutchouc, possèdent une force élastique peu considérable, mais qui, en revanche, sont très extensibles ou très compressibles, capables, en d'autres termes, de subir de grandes déformations sans dépasser la limite de leur élasticité, c'est-à-dire sans perdre la faculté de reprendre leur forme et leurs dimensions primitives.

[Au fond, il n'est pas moins rationnel d'employer le terme d'élastique pour indiquer la grandeur de l'allongement compatible avec le retour aux dimensions premières que pour exprimer le degré de la force déformatrice. Mais il importe de faire un choix entre les deux acceptions, attendu que les coefficients d'allongement et de force élastiques sont précisément inverses l'un de l'autre, ainsi qu'on le verra plus loin.]

On distingue autant d'espèces d'élasticité qu'il y a de moyens différents de produire la déformation d'un corps. Nous avons ainsi : l'élasticité de traction ou de tension, l'élasticité de compression, celle de flexion et celle de torsion. Les plus importantes de ces variétés d'élasticité sont celles de tension et de torsion; l'élasticité développée par compression paraît suivre les mêmes lois que celles de tension. Quelle que soit, d'ailleurs, l'espèce d'élasticité à laquelle on ait affaire, on prend toujours, pour mesure de la force élastique, la grandeur de l'effort capable d'amener une déformation déterminée, la même pour tous les corps, mais *passagère;* quant au degré plus ou moins parfait de l'élasticité, on l'apprécie par la grandeur de la force qui, après avoir cessé d'agir sur un corps, y laisse une déformation *permanente* d'une valeur déterminée.

La loi fondamentale de l'élasticité de tension est la suivante : *l'allongement qu'éprouve un corps, lorsqu'il est tiré dans le sens de sa longueur, est, toutes choses égales d'ailleurs, proportionnel à l'effort de traction auquel il est soumis.* Cette loi n'est rigoureusement vraie que dans certaines limites; quand la charge qui développe l'effort de traction dépasse un maximum déterminé, les allongements croissent moins rapidement que les charges. Cet écart de la loi se manifeste, déjà pour des charges assez faibles, dans les corps facilement extensibles, tels que le caoutchouc, les muscles et le tissu vasculaire des animaux. Les muscles présentent, en outre, la singulière propriété d'avoir une force élastique différente, suivant qu'ils sont à l'état de repos ou de contraction : l'extensibilité du muscle augmente par le fait de la contraction, ce qui indique que sa force élastique *diminue.*

Pour développer l'élasticité de torsion dans un corps, on le fixe par une de ses extrémités et on fait agir sur l'autre, par l'intermédiaire d'un bras de levier perpendiculaire à sa longueur, une force qui a pour effet de faire tourner le corps autour de son axe longitudinal. Cette méthode a permis de constater que *la force de torsion est proportionnelle à l'angle de tor- sion*. Donc l'élasticité de torsion suit exactement les mêmes lois que celle de tension.

De toutes les espèces d'élasticité, celle de tension est la plus commode à étudier, quand il s'agit de déterminer la valeur de la force élastique et les limites dans lesquelles l'élasticité reste parfaite. On peut comparer entre elles les forces élastiques des différentes substances, en cherchant le poids capable d'allonger d'une même quantité des corps de même longueur et de même section; on est convenu de prendre, pour exprimer la force élastique, le poids qui allonge d'une quantité égale à *l'unité* un corps de longueur 1 et de sec- tion 1; le poids ainsi obtenu est ce qu'on appelle le *coefficient d'élasticité*. Dans la détermination de ce coefficient, le choix de l'unité de longueur im- porte peu, car le résultat est toujours le même, du moment que l'allonge- ment produit est égal à cette même unité. Qu'un corps ait 1 mètre ou seulement 1 millimètre de long, il exigera le même poids pour doubler de longueur, en supposant toutefois qu'il conserve la même section : car une tige de 1 mètre est composée de 1000 tiges de 1 millimètre; si donc la tige entière éprouve un allongement de 1 mètre, chacune de ses mille parties doit s'allonger de 1 millimètre. Ce qui est vrai pour la longueur ne l'est pas pour la section; le choix de l'unité de section n'est pas indifférent. Soient, en effet, deux barres de même longueur, mais ayant l'une 1 milli- mètre carré de section, et l'autre 1 centimètre carré; pour les allonger d'une même quantité, il faudra suspendre à la seconde un poids 100 fois plus considérable qu'à la première, puisque la barre de 1 centimètre carré de section équivaut à 100 barres de 1 millimètre carré. Il importe donc, pour fixer la valeur du coefficient d'élasticité, de faire choix d'une unité de section et d'une unité de poids; on a l'habitude de prendre pour unités le millimètre carré et le kilogramme. Dire, par exemple, que le coefficient d'élasticité de l'acier est 18.000, cela signifie qu'on doublerait la longueur d'un fil d'acier de 1 millimètre carré de section en suspendant à son extrémité un poids de 18.000 kilogrammes. En général, un allongement aussi considérable n'est pas possible physiquement; la plupart des corps se rompent déjà sous des charges de beaucoup inférieures à celles qui seraient nécessaires pour en doubler la longueur; mais, puisque, en vertu des lois de l'élasticité, les allongements sont proportionnels aux charges, il est facile de calculer le coefficient d'élasticité, c'est-à-dire le poids capable de doubler la lon- gueur d'un corps, quand on en connaît la section et l'allongement produit par une charge déterminée.

[Les lois relatives à l'élasticité de tension peuvent se résumer dans la formule :

$$l = \frac{1}{k}\,\frac{PL_0}{\omega},$$

qui permet de calculer le coefficient d'élasticité k, quand on a déterminé l'allongement l d'une barre de longueur L_0, de section ω, soumise à la charge P.

Il y aurait utilité, dans certains cas, à connaître une autre quantité que nous nommerons le *coefficient d'extensibilité* ou *d'allongement élastique*, et que nous définirons *l'allon-*

gement de l'unité de longueur, sous l'unité de section et sous l'unité de charge. En désignant par *a* ce coefficient d'allongement, on aurait évidemment:

$$l = a\ \frac{PL_0}{\omega},$$

formule qui, comparée à la précédente, montre que le coefficient d'allongement est inversement proportionnel à celui de la force élastique. On a, en effet, entre les deux coefficients, la relation : $ka = 1$

L'introduction du coefficient d'allongement dans les calculs relatifs à l'élasticité est avantageuse, en ce sens que, pour représenter les variations de longueur en fonction des charges, on obtient des formules analogues à celles de la dilatation des corps par la chaleur. En désignant par L la longueur de la barre, sous la charge P, on a:

$$l = L - L_0,$$

et par suite : $$L = L_0 \left(1 + \frac{a}{\omega}\ P \right).]$$

On peut encore arriver à la détermination du coefficient d'élasticité des corps solides par une autre méthode basée sur les lois du mouvement vibratoire que nous avons fait connaître précédemment (§ 27 et suiv.). Quand, après avoir exercé une traction sur un corps, on l'abandonne subitement à lui-même, ce corps reprend sa longueur primitive mais ne la conserve pas; alternativement plus long et plus court qu'à l'origine, il n'arrive au repos qu'après une série d'oscillations de part et d'autre de sa position d'équilibre. Si, au lieu d'exercer une traction, on comprime le corps, il en résulte aussi des vibrations longitudinales; les vibrations sont transversales, quand le corps a été fléchi latéralement, et tournantes, quand elles sont dues a la torsion. Or, il a été dit, § 29, que la durée de la vibration est en raison inverse de la racine carrée de la force élastique. Il s'ensuit qu'au lieu de mesurer directement la force élastique à l'aide de la déformation produite par la torsion, la flexion ou l'extension, nous pouvons déduire le coefficient d'élasticité de la rapidité avec laquelle oscille un corps qui a été brusquement soustrait à un effort d'extension, de flexion ou de torsion.

Quant au degré plus ou moins parfait de l'élasticité, on l'apprécie en cherchant le poids capable de produire une déformation *permanente* extrêmement petite; cette charge, rapportée à l'unité de section, représente ce qu'on appelle la *limite de l'élasticité*. La détermination de cette quantité ne comporte pas une grande exactitude, car, en employant des méthodes de mensuration de plus en plus précises, on constate des déformations permanentes qui échappent à des mesures moins parfaites.

Tout corps, en s'allongeant, éprouve une augmentation de volume et, par suite, un amoindrissement de densité, parce que la diminution de la section est relativement moins grande que l'accroissement de longueur. Nous ne connaissons pas encore très exactement le rapport qui existe entre la contraction de la section et l'allongement; ce rapport serait de 1/4 suivant certains expérimentateurs, de 1/3 suivant d'autres ; il y a lieu, d'ailleurs, de penser que le rapport en question n'est pas le même pour toutes les substances.

La compression des corps augmente, au contraire, leur densité en diminuant leur volume. La physiologie nous offre l'exemple d'un corps qui se comprime de lui-même ou, du moins, sans l'intervention de forces extérieures : tel est le phénomène de la contraction musculaire; dans ce cas, on a aussi observé une légère diminution de volume.

[**46ª. Dynamomètres médicaux.** — On a utilisé l'élasticité des métaux dans la construction d'instruments appelés dynamomètres et destinés à la mesure des forces en général. On se sert de dynamomètres, en médecine, pour mesurer la force musculaire dans les états physiologique et pathologique, et, en chirurgie, pour évaluer la force nécessaire à la réduction des luxations des membres. Celui de la figure 34 se compose de deux lames métalliques recour-

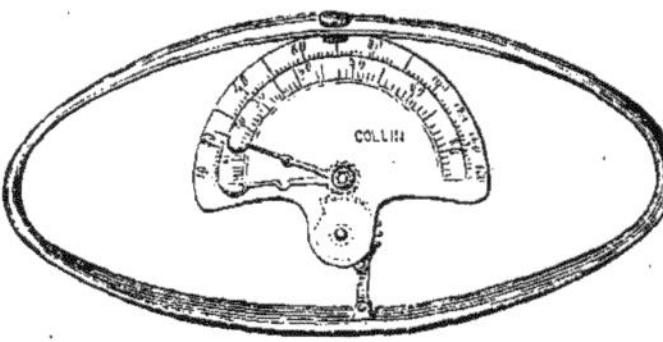

Fig. 34. — Dynamomètre médical.

bées en forme d'arcs et soudées l'une à l'autre par leurs extrémités seules. A l'arc supérieur est fixé un cadran qui porte deux graduations expérimentales en kilogrammes, et sur lequel se meut une aiguille. Lorsque les arcs se rapprochent, sous l'action de deux forces antagonistes, l'aiguille est mise en mouvement par l'intermédiaire d'une roue dentée et d'une crémaillère en contact avec l'arc inférieur; elle indique, en kilogrammes, la grandeur de l'effort exercé. La manœuvre de l'instrument peut s'opérer de deux manières différentes ; soit par compression sur le milieu des lames, soit par traction à leurs extrémités. La graduation inférieure indique la force développée dans le premier cas; la supérieure mesure l'effort exercé dans le second.]

[Le docteur Bouchut a utilisé le principe du dynamomètre, pour la construction d'un pèse-bébés ; l'appareil est représenté fig. 35. Pour s'en servir, on l'accroche à un point fixe et on suspend l'enfant au crochet inférieur par l'intermédiaire d'une brassière. La division sur laquelle s'arrête l'aiguille fait connaître le poids de l'enfant.]]

Fig. 35. — Pèse-Bébés.

46ᵇ. Élasticité des substances organiques. — Les corps élastiques très extensibles, tels que le caoutchouc et la plupart des tissus animaux, ne suivent pas rigoureusement la loi de proportionnalité des allongements aux charges; déjà, à partir d'une charge assez faible, les allongements croissent moins rapidement que les poids employés à les produire; si on construit une ligne ayant pour abscisses les charges successives et pour ordonnées les allongements correspondants, on trouve pour ces corps, d'après Wertheim, non pas une ligne droite, comme le voudrait la loi de proportionnalité, mais une courbe qui se rapproche beaucoup d'une hyperbole dont le sommet serait placé à l'origine des coordonnées. On observe encore, dans ces mêmes corps, une autre propriété qui ne leur est probablement pas particulière, mais qu'ils possèdent à un plus haut degré : quand, au lieu d'enlever la charge sitôt après qu'elle a produit son effet d'extension, on la laisse agir pendant longtemps, elle détermine un léger accroissement de l'allongement primitivement obtenu; on exprime ce fait, en disant qu'il est un effet *secon-*

daire ou *consécutif* de l'élasticité; la durée de l'allongement secondaire est très grande.

[Nous avons réuni, dans la première colonne du tableau suivant, les moyennes des résultats obtenus par Wertheim pour les valeurs du coefficient d'élasticité des principaux tissus du corps humain; la seconde colonne renferme les coefficients d'allongement correspondants.

	COEFFICIENT D'ÉLASTICITÉ	COEFFICIENT D'ALLONGEMENT
Os.	2304,666	0,000434
Tendons.	163,41	0,0062
Nerfs..	18,89	0,0528
Muscles vivants, au repos.	0,95	1,0526
Veines.	0,863	1,1587
Artères.	0,052	19,2308]

[M. Imbert, en opérant sur des lames de caoutchouc de faible épaisseur (environ $0^{mm},5$) et en poussant l'expérience jusqu'au voisinage de la rupture, a trouvé que la courbe des longueurs en fonction du poids tenseur présente un point d'inflexion [1] comme on le voit dans la figure 36. Les valeurs comparées de la charge P et de la longueur correspondante L montrent que le rapport $\dfrac{L}{P}$ augmente au début et diminue ensuite au delà du point d'inflexion. On observe pour les lames de faible épaisseur une particularité remarquable, à savoir que la tangente au point d'inflexion passe par l'origine des coordonnées et qu'elle suit sensiblement le même trajet que la courbe, sur une certaine longueur AB; il en résulte que, dans cet intervalle, la longueur de la lame devient proportionnelle au poids tenseur, et que l'on a :

$$\frac{L}{P} = \frac{1}{K} = a.$$

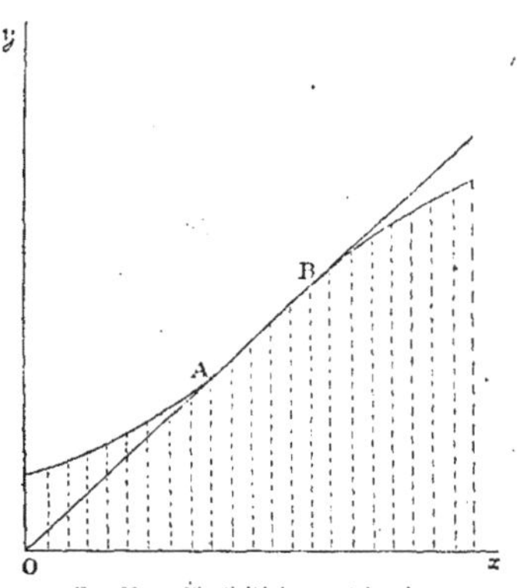

Fig. 36. — Élasticité du caoutchouc.

On sait que pour les métaux, qui ont un coefficient d'élasticité constant, il y a proportionnalité entre les allongements et les charges.]]

[46°. **Élasticité musculaire.** — Il n'est pas hors de propos de rappeler ici que le coefficient d'élasticité du tissu musculaire *diminue* quand le muscle entre en contraction ; c'est ce qu'ont appris les expériences de MM. Weber, Marey, etc. ; mais, de ce que le *coefficient d'allongement* ou l'*extensi-*

---

(1) [Il convient de faire remarquer que les charges n'ont pas été rapportées à l'unité de section ; il serait possible que ce fût là l'origine du point d'inflexion, dont l'existence a aussi été reconnue par M. Horvath.]]

bilité a une valeur plus considérable, dans le muscle contracté que dans le muscle relâché, il n'en reste pas moins certain que la *longueur absolue* d'un muscle soumis à une charge qui ne dépasse pas la limite de l'élasticité, est plus grande pendant le repos que pendant l'activité (Marey).

Wertheim a aussi reconnu que le coefficient d'élasticité d'un muscle mort depuis un temps plus ou moins long est moindre, comparé à celui d'un muscle pris sur un animal récemment tué. Ce fait nous semble de nature à expliquer la disparition, après la mort, de cette propriété du système mus-culaire, désignée sous le nom de *tonicité*, en vertu de laquelle le muscle vivant se trouve dans un état de tension permanente, même lorsqu'il est au repos, à condition toutefois que la distance mutuelle de ses points d'insertion surpasse sa longueur naturelle.]

[**46ᵈ. Rôle de l'élasticité musculaire.** — L'élasticité fournit une utilisation éco-nomique du travail moteur du muscle.

Le point de départ des recherches de M. Marey sur ce sujet a été l'expé-rience suivante : aux extrémités d'un fléau de balance sont suspendus, d'un côté, un poids A, de l'autre et par l'intermédiaire d'un long fil inextensible, un poids B, dix fois plus léger. Malgré la différence d'action de poids aussi inégaux, le fléau est maintenu horizontal, au moyen d'un arrêt ; mais il peut s'élever du côté le plus lourd et rester dans sa nouvelle position grâce à un encliquetage. Quand on laisse tomber le corps B d'une hauteur con-venable, la force vive acquise pendant la chute est insuffisante pour soulever le corps A, si celui-ci est suspendu par l'intermédiaire d'un fil inexten-sible ; mais si la suspension a lieu au moyen d'un corps élastique, un ressort à boudin, par exemple, le fléau soulevé à une certaine hauteur et retenu dans cette nouvelle position par l'effet de l'encliquetage, attire à lui le corps A, bien que l'effort développé par la chute de B soit le même dans les deux cas. En effet, la traction développée au moment où le corps B est arrêté dans sa chute se transmet au corps A dans un temps très court et peut être considérée comme s'exerçant directement sur ce corps, au moment même où elle se produit, si entre A et B ne se trouve aucune substance extensible et élastique. Au contraire, lorsque le corps A est suspendu au fléau par un ressort à boudin, l'effort de traction commence par allonger cet intermédiaire élastique, ce qui permet au fléau de s'élever ; puis, le ressort, reprenant sa longueur première, soulève le corps A, vu qu'il ne peut pas faire redes-cendre le fléau qui est retenu par l'encliquetage.

« Cette expérience nous amène à conclure, ajoute M. Marey, qu'un ressort élastique, placé entre une voiture et le trait qui lui transmet la force du moteur, doit produire une meilleure utilisation des forces intermittentes appliquées à la déplacer. » Voici comment cette conséquence a été vérifiée : Un moteur à action intermittente, un homme, est successivement employé à traîner une voiture à bras, avec et sans intermédiaire élastique ; la traction est inscrite à chaque instant sur un cylindre tournant au moyen d'un dynamographe placé entre le moteur et la masse à déplacer. Le mou-vement du cylindre étant uniforme, l'aire comprise entre la courbe des tractions et une droite perpendiculaire aux ordonnées de la courbe repré-sentera le travail moteur dans chacun des cas ; et, si la vitesse de translation de la voiture est la même dans les deux expériences, la comparaison de ces aires décidera de l'avantage offert par l'un ou l'autre mode de traction. L'expérience a montré que la traction par un intermédiaire élastique fournit une économie de travail de 26 0/0.

Ces résultats paraissent pouvoir être appliqués aux forces intermittentes qui résultent de la contraction musculaire. C'est en vertu de l'élasticité, en effet, que les secousses isolées, produites par l'excitation d'un muscle, se fusionnent entre elles et fournissent un raccourcissement continu. Les chocs successifs que des secousses distinctes auraient produits n'existent plus et la perte de travail correspondante à chacun d'eux est annihilée.]]

[[46e. **Constance de la pression intérieure des fluides dans une enveloppe élastique très extensible.** — Le mode singulier d'allongement du caoutchouc, dont nous avons parlé plus haut (cf. § 46ʰ), explique un phénomène curieux à observer.

Lorsqu'un ballon de caoutchouc ou plus généralement une enveloppe élastique analogue sont distendus par un gaz, l'élasticité entre en jeu, comme dans le cas de la traction; mais, par suite de la courbure de la membrane, la réaction élastique donne naissance à une composante normale en chaque point à la surface de l'enveloppe, et qui fait équilibre à la pression intérieure du gaz. La valeur de cette composante, que nous retrouverons dans l'étude de la tension superficielle des liquides (cf. § 72), est donnée par la formule

$$N = F \left(\frac{1}{R} + \frac{1}{R'} \right) \qquad (1)$$

dans laquelle R et R' sont les rayons de courbure principaux de la surface au point considéré et F la réaction élastique, c'est-à-dire la force, tangente à la surface, qui en chaque point s'oppose à l'extension et qui, dans le cas de la traction, fait équilibre à la charge P.

Lorsque l'enveloppe est sphérique, la composante normale a pour expression

$$N = \frac{2 F}{R}. \qquad (2)$$

Si on représente par L la longueur de la circonférence d'un grand cercle, la formule (2) peut s'écrire

$$N = \frac{4 \pi F}{L} \qquad (3)$$

Or, nous avons vu plus haut que le rapport $\frac{L}{F}$ ou $\frac{L}{P}$ reste sensiblement constant dans l'intervalle des deux points A et B de la figure (36) ; l'inverse de ce rapport étant désigné par K, la formule (3) devient

$$N = 4 \pi K \qquad (4)$$

ce qui montre que, dans ces conditions, la pression du fluide intérieur reste constante.]]

[[46f. **Rôle de l'élasticité de l'enveloppe dans la transmission des pressions.** — Soient N la composante normale due à l'élasticité de la membrane qui sert d'enveloppe, H la pression du fluide intérieur, H' la pression extérieure. La condition d'équilibre sera donnée par l'équation :

$$H = H' + N.$$

Si la membrane est assez extensible pour qu'une augmentation h' de la pression extérieure entraîne une variation du volume limité par la membrane, il en résultera une variation h de la pression intérieure, et la nouvelle équation d'équilibre sera :

$$H + h = H' + h' + N'.$$

N' étant la valeur de la composante normale correspondante au nouvel état de tension de la membrane,

De ces deux égalités on déduit, par soustraction :

$$h = h' + N' - N.$$

En sorte que h sera inférieur, égal ou supérieur à h', suivant que la différence $(N'-N)$ sera négative, nulle ou positive. On peut réaliser ces trois cas en opérant sur des ballons en caoutchouc.

Si la membrane est très peu extensible, un changement notable de la pression intérieure sera équilibré par une variation correspondante de l'état de tension de la membrane, et le volume conservera la même valeur. Dans ce cas, un accroissement h' de la pression extérieure entraînera simplement une diminution de la composante normale et la pression intérieure restera invariable. Il en sera de même, tant que la membrane gardera un certain degré de tension, c'est-à-dire, tant que la pression intérieure l'emportera sur l'extérieure. Mais à partir de ce moment, l'élasticité de la membrane n'intervenant plus, tout accroissement h' de la pression extérieure ne pourra être équilibré que par une augmentation égale de la pression intérieure.

En résumé, lorsqu'une pression est exercée à travers une membrane élastique, distendue par un fluide, mais très peu extensible, l'excès seul de la pression extérieure sur l'intérieure se transmet au fluide contenu dans l'intérieur de la membrane.

Cette conclusion permet d'interpréter les graphiques obtenus par M. Poullet, dans l'effort expulsif de l'accouchement, et de déterminer la part qui revient, dans cet acte, aux couches superposées des muscles de l'utérus et de l'abdomen. Les mêmes considérations expliquent encore pourquoi, lorsqu'on veut favoriser l'émission de l'urine, en exerçant avec la main une pression sur la paroi abdominale, il faut développer un effort considérable pour obtenir le résultat désiré. En effet, la pression mécanique exercée sur l'abdomen n'est transmise au liquide de la vessie que si elle est supérieure à la pression que ce fluide supporte déjà, et l'excès seul de la première pression sur la seconde agit sur le liquide à expulser.]]

INDICATIONS BIBLIOGRAPHIQUES RELATIVES A L'ÉLASTICITÉ DES TISSUS ORGANIQUES

[W. WEBER. Ueber die Elasticität fester Körper. (*Poggendorff's Annalen*, 1841, LIV, 1.)
ED. WEBER. Muskelbewegung. (*Wagner's Handwœrterbuch der Physiologie*, 1846, III, 2e partie.)
WERTHEIM. Mémoire sur l'élasticité et la cohésion des principaux tissus du corps humain. (*Annales de chimie et de physique* [3], 1847, XXI, 385.)
WUNDT. Ueber die Elasticität feuchter organischer Gewebe. (*Müller's Archiv für Anatomie und Physiologie*, 1857, p. 298.) — Die Lehre von der Muskelbewegung, Braunschweig 1858.
A. W. VOLKMANN. Ueber die Elasticität der organischen Gewebe. (*Archiv für Anatomie und Physiologie*, 1859, p. 293.)
MARC SÉE. *De l'élasticité.* Paris, 1860.
RITTER. *Des propriétés physiques du tissu musculaire.* Strasbourg, 1863.
MAREY. *Du mouvement dans les fonctions de la vie* Paris, 1868.
OGER. Considérations physiologiques sur la forme naturelle et la forme apparente de quelque organes, etc. *Diss. inaug.* Strasbourg, 1870.
E. BAILLY. *Tonicité musculaire. Diss. inaug.*, Strasbourg, 1870.
IMBERT. *Recherches expérimentales et théoriques sur l'élasticité du caoutchouc.* Lyon, 1880.]

CHAPITRE II

DU POIDS ET DU CENTRE DE GRAVITÉ DES CORPS SOLIDES

47. Poids des corps. — Tous les corps exercent les uns sur les autres des actions à distance. Ces actions ne sont pas assez énergiques, en général, pour vaincre la cohésion considérable de la matière à l'état solide et pour modifier par là les positions relatives de ses atomes constituants ; elles se bornent à déterminer des déplacements de totalité des corps soumis à leur influence. C'est, en conséquence, dans les solides que les lois de la pesanteur se montrent dans leur plus grande simplicité.

Sous l'influence de la pesanteur, tout corps tend à se précipiter vers la terre et il tombe, en réalité, s'il n'est pas soutenu ; l'effort que fait un corps pour tomber se nomme son *poids*. On peut définir le *poids* d'un corps *la résultante de toutes les attractions élémentaires que la pesanteur exerce sur les molécules du corps considéré.*

Plus la masse d'un corps est grande, c'est-à-dire, plus il contient de molécules matérielles, plus aussi son poids est considérable ; le poids sert donc directement de mesure à la masse.

D'autre part, l'accélération que la pesanteur imprime aux corps durant leur chute est la même, quelque masse qu'ait le corps qui tombe : un point matériel unique, en supposant que nous puissions l'observer à l'état isolé, mettrait à tomber d'une hauteur déterminée le même temps qu'une masse très lourde ; car la terre attire à la fois toutes les molécules d'un corps et communique à chacune d'elles la même accélération ; quel que soit, par conséquent, le nombre de ces points matériels, leur ensemble éprouvera une accélération égale à celle que reçoit chaque molécule en particulier. On peut donc dire que *tous les corps tombent également vite*, [ou, en d'autres termes, que *la durée de la chute d'un corps est indépendante de sa masse et de sa nature*.] Cette loi se trouve confirmée par l'observation de la chute d'objets très différents quant à leur poids et à leur nature, à condition toutefois qu'on opère dans le vide, afin de supprimer l'influence perturbatrice de la résistance que l'air oppose au mouvement.

47ᵃ. Direction de la pesanteur. — *La direction suivant laquelle agit la pesanteur doit passer par le centre de la terre*, puisque cette dernière peut être regardée comme une sphère de densité uniforme dans toute sa masse.

Soit, en effet, M (fig. 37) un point matériel situé au-dessus de la surface de la terre : l'attraction à laquelle ce point se trouve soumis est la résultante des actions qu'il éprouve de la part de chaque molécule du globe terrestre. Joignons le point

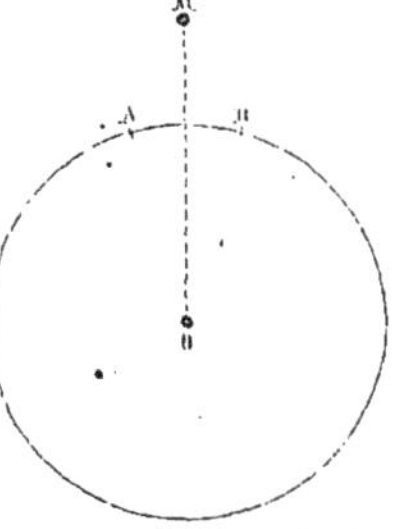

Fig. 37. — Démonstration théorique de la direction de la pesanteur.

M au centre de la terre ; la droite MO ainsi tracée est ce qu'on appelle une *verticale*. Or, à tout point de la terre, tel que A, correspond un autre point B, symétrique du premier par rapport à la verticale ; les actions de ces deux points sur la molécule M, étant égales et également inclinées sur la verticale, ont une résultante qui est dirigée suivant cette même verticale.

Un poids suspendu à un fil constitue ce qu'on appelle le *fil d plomb*. La direction de la verticale et, par suite, celle de la pesanteur sont données par la direction du fil à plomb.

48. Centre et ligne de gravité. — Tout objet qui n'est pas soutenu tombe à terre suivant la verticale ; lorsqu'il est soutenu, il exerce sur le corps qui lui sert d'appui une pression dirigée aussi suivant la verticale. Or, un corps quelconque est composé d'un nombre infini de points matériels, et chacun de ces points est attiré par la pesanteur vers le centre de la terre ; il en résulte que, mathématiquement parlant, on peut mener par les différents points d'un corps une infinité de verticales qui vont toutes se couper au centre de la terre ; mais il est permis de regarder les verticales d'un même corps comme parallèles entre elles, puisque le rayon du globe terrestre est extrêmement grand, si on le compare aux dimensions habituelles des objets placés à la surface de notre planète. Cela revient à dire que le corps est attiré par un système de forces parallèles. Or, on a vu qu'un pareil système peut être remplacé par une force unique ayant la même direction que les composantes et égale en intensité à leur somme ; cette résultante des forces parallèles prend, dans le cas particulier de la pesanteur, le nom de *ligne de gravité*.

Quand un corps est libre, il se meut dans la direction de la résultante en question, et on ne peut l'en empêcher qu'en lui opposant une force précisément égale à son poids et dirigée en sens contraire. S'il ne s'agit que de mettre obstacle au mouvement de translation, la position du point d'application de la résistance n'a aucune importance ; mais il en est autrement, lorsqu'on veut en même temps prévenir tout mouvement de rotation.

Je suppose maintenant que le corps vienne à tourner d'un certain angle ; les forces parallèles qui agissent sur les différents points de ce corps, ainsi que leur résultante, tourneront de la même quantité angulaire. Or, il est

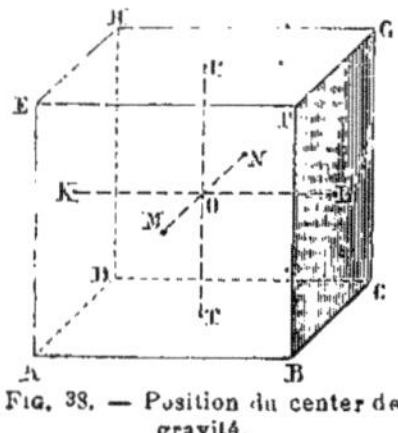

facile de voir que, dans ce mouvement de rotation, la ligne de gravité tourne autour d'un point unique, c'est-à-dire que les différentes lignes de gravité, qui répondent aux diverses positions du corps, se coupent en un même point. Ce point s'appelle le *centre de gravité ;* il peut être regardé comme le point d'application de la résultante des actions de la pesanteur.

Fig. 38. — Position du center de gravité.

Considérons, par exemple, le cube pesant de la figure 38 : dans cette position, la face ABCD étant horizontale, la ligne de gravité est représentée par l'axe vertical PT ; si nous faisons tourner le cube de manière à rendre successivement horizontales les faces ABFE et ADHE, la ligne de gravité prendra les positions MN et LK. Le point d'intersection O de ces trois lignes est le centre de gravité du corps ; quelle que soit l'orientation de ce dernier, la ligne de gravité passe toujours par ce même point.

48ª. Détermination du centre de gravité. — Pour déterminer le centre de gravité d'un corps, il suffit de connaître deux de ses lignes de gravité : leur intersection est le point cherché.

On procède à la détermination expérimentale du centre de gravité, en plaçant le corps successivement dans deux positions différentes et en cherchant à chaque fois le point qu'il faut soutenir pour que le corps reste en équilibre. Cette méthode est basée sur le principe du levier ; car, pour empêcher le mouvement de rotation de cet instrument, il faut choisir son point d'appui de manière que les moments statiques des forces qui agissent aux extrémités opposées du levier se fassent équilibre.

Quand un corps à trois dimensions est soutenu, comme on vient de l'indiquer, il représente en réalité un système de leviers simples invariablement reliés entre eux et ayant un point d'appui commun; aux extrémités de chacun de ces leviers agissent des forces verticales. Aussi est-il possible, en partant des lois de l'équilibre du levier, de calculer la position du centre de gravité des corps qui ont une forme géométrique et dont la masse est homogène ; pour les solides de ce genre qui possèdent un centre de symétrie, le centre de gravité coïncide évidemment avec le centre de figure ; tel est le cas du cercle, de la sphère, du cylindre, du cube et de tous les polyèdres réguliers. Dans un triangle, c'est au point d'entre-croisement des médianes qu'est situé le centre de gravité.

Quant aux corps qui ne sont pas homogènes ou qui ont une forme irrégulière, leur centre de gravité ne peut être déterminé qu'expérimentalement. Éd. Weber a trouvé que le centre de gravité du corps humain est situé dans l'intérieur du canal médullaire de la colonne vertébrale, à peu près au niveau du bord supérieur de la deuxième vertèbre lombaire. Les membres, considérés isolément, ont, en général, leur centre de gravité placé plus près de l'extrémité supérieure que de l'inférieure.

Le procédé classique pour la détermination expérimentale du centre de gravité consiste à suspendre le corps à un cordeau, successivement dans deux positions différentes; les directions du cordeau, prolongées à travers le corps, donnent deux lignes de gravité, dont l'intersection est le centre de gravité lui-même.

Pour obtenir le centre de gravité du corps humain, on s'y est pris d'une autre manière (Borelli, Weber): une planche est placée en équilibre sur l'arête supérieure d'un couteau horizontal et représente ainsi un fléau de balance ; on fait coucher sur cette planche un homme dans le décubitus dorsal et on le dispose de manière que le système soit en équilibre, l'arête du couteau étant perpendiculaire à la longueur du corps ; le plan vertical qui passe par cette arête contient alors le centre de gravité. Il faudrait encore, pour fixer la position de ce point, obtenir l'équilibre dans deux autres positions ; mais on peut se dispenser de déterminer, expérimentalement du moins, l'un des deux nouveaux plans, en remarquant que le plan médian du corps, ou plan antéro-postérieur, est un plan de symétrie qui, par conséquent, doit contenir le centre de gravité ; il ne resterait donc qu'à chercher la position d'équilibre du corps, couché sur le côté et parallèlement à l'arête du couteau. [Cette dernière détermination, difficile à exécuter, n'est pas indispensable ; on peut trouver approximativement ce troisième plan, à l'aide de considérations relatives à l'équilibre du corps dans la station verticale.]

Le centre de gravité des diverses parties du corps humain, prises isolément, s'obtient par l'emploi de la méthode qui vient d'être indiquée. [Nous avons suivi une marche semblable pour déterminer le centre de gravité des poissons ; mais notre procédé a sur celui de Borelli et de Weber l'avantage d'une précision et d'une facilité d'exécution plus grandes :

nous nous sommes servi d'une balance, sur le fléau de laquelle était assujettie et bien équilibrée une planchette de bois très léger [1].]

49. Divers états d'équilibre. — On a vu qu'un corps est en équilibre, toutes les fois que la verticale, qui passe par son centre de gravité, rencontre le point par lequel il est soutenu. Il y a lieu de considérer trois cas d'équilibre, suivant la position du centre de gravité par rapport au point fixe de suspension.

Soit, par exemple, AB une barre pesante, mobile autour d'un axe horizontal et ayant son centre de gravité en G (fig. 39). Nous pouvons placer l'axe de suspension, soit au-dessus du centre de gravité, en S, soit au-dessous, en I; nous pouvons enfin le faire passer par le centre de gravité lui-même.

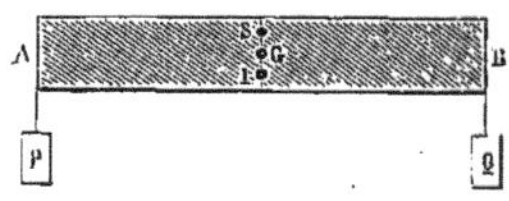

Fic. 39. — Positions diverses du centre de gravité dans l'état d'équilibre.

Dans ce dernier cas, le corps est en équilibre dans toutes les positions qu'il peut prendre autour de son axe de suspension; car la ligne de gravité passera toujours par le point d'appui; on désigne cet état sous le nom d'*équilibre indifférent*.

Si l'axe de suspension est placé en S, au-dessus du centre de gravité, et, qu'après avoir dérangé la barre de sa positon d'équilibre, on l'abandonne à elle-même, elle revient de nouveau à sa position première, parce que le centre de gravité redescend jusqu'à ce qu'il soit situé dans la verticale passant par le point d'appui; on dit alors que l'équilibre est *stable*.

Considérons enfin le cas où le centre de suspension est en I, au-dessous du centre de gravité: dérange-t-on le corps de cette position d'équilibre, le centre de gravité, qui tend toujours à tomber le plus bas possible, descend et vient se placer au-dessous du centre de suspension; le corps abandonne ainsi définitivement sa position initiale pour se mettre en état d'équilibre stable; l'équilibre primitif était donc *instable*. La connaissance de ces trois états d'équilibre des corps solides a une importance capitale pour la théorie de la balance.

49ᵃ. Balance. —[On nomme *balances* des appareils destinés à comparer le poids d'un corps quelconque à celui de poids gradués, c'est-à-dire, à déterminer le poids relatif des corps.]

La balance ordinaire (fig. 40) consiste essentiellement en un levier du premier genre, appelé *fléau*, aux extrémités duquel sont suspendus des *bassins* ou *plateaux* destinés à recevoir, l'un l'objet à peser, l'autre les poids qui doivent lui faire équilibre; l'égalité des poids est accusée par l'horizontalité du fléau.

[Certaines balances de précision sont munies d'un petit poids additionnel appelé *cavalier* et destiné à éviter l'emploi des petites fractions du gramme. Ce cavalier, formé d'un fil métallique plié en forme de Λ, peut être amené en un point quelconque du fléau, à l'aide d'une tige qui traverse à frottement l'une des parois latérales de la cage de la balance. On démontre, au moyen de la théorie du levier, que l'effet produit par un cavalier de poids p, placé à une distance l du centre de suspension du fléau dont le bras a une longueur L, est

---

[1] Moxoyer. Contribution à l'étude de l'équilibre et de la locomotion chez les poissons. (*Annales des sciences naturelles*, 1866, 5ᵉ série, Zoologie, VI, p. 5.).

le même que celui d'un poids x, placé sur le plateau correspondant et donné par la formule

$$x = p\,\frac{l}{L}.$$

La distance l est mesurée au moyen de divisions équidistantes gravées sur les bras du fléau.]]

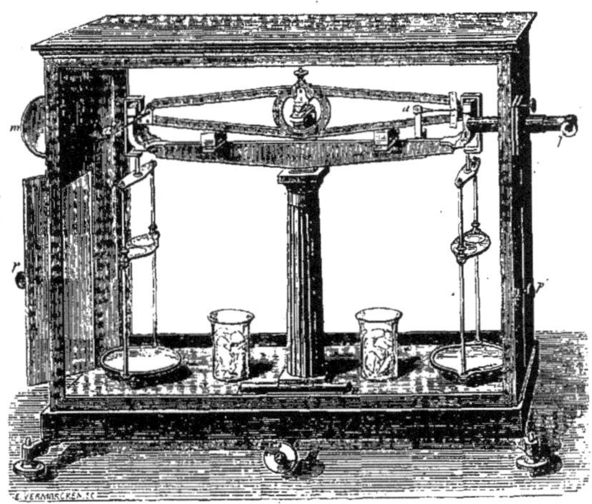

Fig. 40. — Balance de précision.

Il est facile de voir qu'une balance ne peut servir à peser qu'à la condition de présenter un état d'équilibre stable, condition qu'on réalise en plaçant le centre de gravité du fléau au-dessous de l'axe de suspension ; car il faut qu'on puisse juger, dans une certaine mesure, de la différence de charge des plateaux par la grandeur de l'angle d'inclinaison du fléau. Or, si le centre de gravité était situé au-dessus du centre de suspension, le fléau, étant en équilibre instable, décrirait un angle de 90° pour le moindre excès de charge de l'un des plateaux ; une semblable balance est dite *folle*. Si, d'autre part, le centre de gravité coïncidait avec le centre de suspension, le fléau se tiendrait en équilibre dans toutes les positions, lorsqu'il y aurait égalité entre les charges des deux plateaux ; il ne serait pas possible de faire des pesées avec une pareille balance.

[L'instrument, pour être *précis*, c'est-à dire, pour donner des pesées exactes, doit encore satisfaire à deux autres conditions : le fléau, débarrassé de ses plateaux, doit se tenir horizontalement dans sa position d'équilibre stable, et les bras du fléau doivent être rigoureusement égaux en longueur. Il résulte de la théorie du levier que, si ces deux conditions ne sont pas remplies, les poids qui se font équilibre dans les deux plateaux, ne sont pas égaux. Or, comme l'égalité mathématique des bras du fléau est impossible à réaliser en pratique, toutes les balances sont plus ou moins inexactes ;

néanmoins, en ayant recours à la méthode connue *des doubles pesées*, on peut obtenir une pesée exacte, même avec une balance inexacte, pourvu que l'instrument soit sensible.]

[La *sensibilité* d'une balance se mesure par l'angle dont s'incline le fléau pour un excès de charge de l'un des plateaux : plus cet angle est grand pour une faible différence de charge, plus l'instrument est sensible.] Une balance est d'autant plus sensible, toutes choses égales d'ailleurs, que les bras du fléau sont plus grands, que le poids en est moindre et que le centre de gravité du fléau est plus rapproché de l'axe de suspension.

[Les conditions de sensibilité de la balance sont toutes contenues dans la formule :

$$\operatorname{tg} \alpha = \frac{P\,L}{p\,l}.$$

P représente la différence des poids placés dans les plateaux ; L est la longueur du bras du fléau ; p désigne le poids du fléau et l la distance de son centre de gravité à son centre de suspension ; α est l'angle d'inclinaison du fléau.]

[En outre, pour que la sensibilité ne varie pas avec la charge totale placée sur les deux plateaux, il faut que les points de suspension des plateaux soient en ligne droite avec le centre de suspension du fléau.]

[Suivant que l'axe de suspension du fléau est au-dessus ou au-dessous de la droite qui joint les points de suspension des plateaux, la sensibilité de la balance augmente ou diminue avec l'accroissement de la charge totale. L'un de ces cas se trouve toujours réalisé dans la pratique ; aussi pour obtenir le poids de divers corps avec la même approximation, et pour réduire au minimum le nombre des pesées, devra-t-on opérer de la manière suivante : on commencera par placer à la fois tous les corps à peser sur l'un des plateaux et par établir l'équilibre avec une tare ; puis on pèsera successivement chacun de ces corps, au moyen de la double pesée, en y substituant momentanément des poids marqués et en ayant soin, après chaque pesée, d'enlever ces poids et de remettre le corps sur le plateau. La charge totale étant ainsi constante pendant toute la durée des pesées, il s'ensuit que la sensibilité de la balance reste invariable. En outre, ce mode opératoire ne nécessite que *(n+1)* équilibres, tandis qu'il en faudrait $2n$ par la méthode de la double pesée pratiquée à nouveau sur chaque corps isolément.]

49ᵇ. Balance à bras inégaux. — Quand il s'agit de peser des fardeaux très lourds, il y a avantage à employer une balance dont les bras de levier sont inégaux ; on suspend au bras le plus court le corps à peser, et au bras le plus long le poids qui doit lui faire équilibre : en augmentant ainsi le bras de la résistance, on diminue la charge totale qu'il faut faire supporter à l'instrument pour obtenir l'équilibre.

La balance *romaine* offre un exemple de balance à bras inégaux ; le bras de la résistance est dix fois plus grand que celui de la puissance ; un poids unique, mobile le long de son bras de levier, permet d'effectuer toutes les pesées comprises entre certaines limites, car ce poids agit avec plus ou moins d'intensité, suivant la distance à laquelle il se trouve de l'axe de suspension du fléau.

[La figure 41 représente une balance romaine destinée spécialement à peser les nouveau-nés. Le levier se sépare en trois parties égales ; on peut ainsi placer le tout dans un petit étui portatif. Le poids qui sert à faire les pesées, consiste en une sphère métallique D, percée d'un canal central,

dans lequel s'engage la tige du levier; un ressort à pression placé dans ce même canal maintient le poids dans la position où on l'amène. On soutient l'instrument à l'aide de l'anneau B, et l'enfant à peser est suspendu au crochet A.]

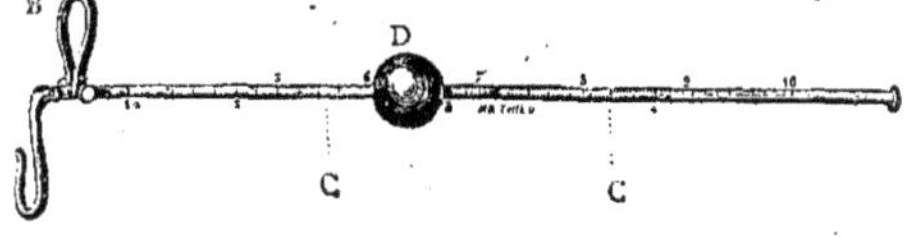

Fig. 41. — Balance d'Odier et Blache pour peser les nouveau-nés.

[Le *pèse-bébés* de *Coulon* se présente sous les apparences d'une balance dite de *Roberval,* qui n'aurait qu'un seul plateau; mais, en réalité, il repose sur le principe des *bascules romaines* qui servent à peser de lourds fardeaux avec un poids unique. Il consiste essentiellement en une balance romaine associée à un système de leviers coudés du second genre qui soutiennent le plateau sur lequel on place la corbeille renfermant l'enfant. Deux masses pesantes, mobiles chacune le long d'une règle divisée, servent, la plus petite à établir la tare de la corbeille et des vêtements, l'autre à indiquer le poids de l'enfant. — Si ce nouveau pèse-bébés, d'un dispositif ingénieux, est moins portatif que d'autres, il s'en distingue par la commodité et la précision de son emploi.]

50. Poulie. — On vient de voir que le principe de la balance est un levier en état d'équilibre stable. La *poulie* est un levier en équilibre indifférent.

Supposons que des forces égales et parallèles agissent perpendiculairement aux extrémités du diamètre horizontal d'une poulie mobile autour de son centre (fig. 42, A). Nous pouvons nous représenter chacune de ces forces comme appliquées à un bras de levier, ayant pour longueur le rayon de la poulie, et l'équilibre a lieu en réalité, comme si le système était réduit à un levier droit, mobile autour de son centre de gravité. Mais la poulie en mouvement n'est plus assimilable à un simple levier droit du premier genre, à bras égaux, tournant autour de son point fixe.

Imaginons, en effet, des poids agissant aux extrémités d'un semblable levier horizontal: si l'instrument tourne d'un certain angle autour de son point d'appui, les directions des forces ne restent pas perpendiculaires à leur bras de levier; décomposons alors chaque force en deux autres, l'une perpendiculaire au levier, l'autre dirigée suivant sa longueur; les deux composantes de cette dernière sorte auraient pour effet de faire glisser le levier, au cas où son point d'appui ne serait pas parfaitement fixe, et les deux autres composantes, perpendiculaires à leur bras de levier, diminuent de grandeur, à mesure que l'angle de rotation augmente.

Dans la poulie, au contraire, malgré le mouvement de rotation, chaque force conserve toujours la même direction par rapport à son bras de levier, de longueur invariable, attendu que, restant tangente à la circonférence de la gorge, elle s'applique constamment à l'extrémité du rayon qui passe par le point de tangence et qui lui est ainsi perpendiculaire. La poulie peut donc

être considérée comme composée d'autant de bras de leviers qu'elle a de
rayons différents; à mesure qu'elle tourne, les forces, agissant sur de nouveaux bras de levier, conservent une direction perpendiculaire à ceux-ci.
C'est là ce qui donne à la poulie son importance dans les arts : on l'emploie toutes les fois qu'il s'agit de changer la direction d'un mouvement; on
peut, par exemple, élever un fardeau, en le suspendant à l'extrémité d'une
corde qui s'enroule sur la gorge d'une poulie, et dont on tire l'autre extrémité de haut en bas.

50ᵃ. Moufles. — En associant ensemble plusieurs poulies, les unes fixes,
les autres mobiles, on obtient un système, connu sous le mon de *moufle*
et destiné à multiplier la puissance. Supposons, par exemple, qu'une
corde s'enroule en sens contraire sur deux poulies, comme le montre la
figure 42 : la poulie A', suspendue par son centre, ne peut se déplacer;
elle est *fixe*, tandis que la poulie B peut, non seulement tourner, mais encore
monter et descendre; au centre de cette dernière est suspendu le fardeau P;
la force destinée à l'élever est appliquée à la circonférence de la poulie fixe,
et représentée par le poids *p*. Nous voyons dès lors que la résistance P agit
sur un bras de levier égal au rayon de la poulie mobile B, tandis que le bras

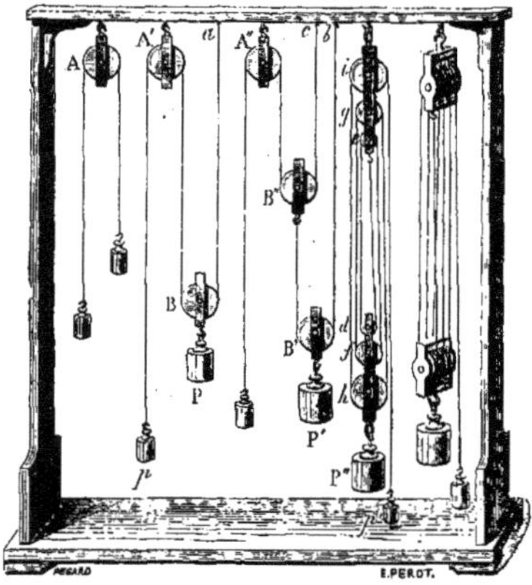

Fɪɢ 42. — Poulies et moufles : A, poulie fixe; B, poulie mobile;
i, g, c, d, f, h, poulies assemblées de manière à former deux
moufles dont la réunion constitue ce qu'on appelle un *palan.*

de levier de la puissance
équivaut à la somme des
rayons des deux poulies.
En réunissant ainsi deux
poulies de même diamètre,
nous pouvons donc faire
équilibre, avec un poids
donné, à un poids *deux*
fois plus grand; si on associe quatre poulies, on
arrive à tenir en équilibre
un poids quadruple, etc.
[C'est là un effet qu'il importe de ne pas perdre de
vue, quand on fait usage
des moufles pour la réduction des luxations.]

50ᵇ. Roues. — Les *roues*
peuvent aussi, comme les
poulies, servir à accroître
l'effet d'une force; mais
elles sont plus souvent
employées pour modifier
la vitesse d'un mouvement. Les rouages d'une montre, par exemple,
se composent d'une série de roues dentées qui s'engrènent mutuellement et
qui ont des rayons différents. Les vitesses de rotation de deux roues qui
engrènent l'une dans l'autre sont entre elles dans le rapport inverse des
rayons de ces roues.

51. Déplacement du centre de gravité de l'homme. Base de sustentation. — Jusqu'ici
nous n'avons considéré que des objets dont le centre de gravité avait une

position fixe et invariable ; nous avons supposé cette condition remplie chez l'homme, puisque nous avons déterminé son centre de gravité, en donnant aux différentes parties de son corps la position qu'elles occupent à l'état de repos. Mais l'organisme humain nous offre, au plus haut degré, l'exemple d'un corps à centre de gravité *mobile;* nous allons indiquer brièvement les conditions qui président au déplacement de ce point, et nous en montrerons l'importance.

Tout changement de forme d'un corps, impliquant une répartition différente de la masse qui le compose, s'accompagne, en général, du déplacement du centre de gravité. L'homme jouit de la faculté de modifier la configuration générale de son corps, en faisant varier la situation relative des différentes parties qui le constituent; aussi le centre de gravité du corps humain possède-t-il une mobilité assez grande.

Lorsqu'on envisage un homme, dans la station verticale sur les deux pieds, sa ligne de gravité tombe dans l'intérieur de la surface limitée par les droites qui joignent les points d'appui les plus extérieurs des pieds ; [cette surface est ce qu'on nomme la *base de sustentation*]. La stabilité de l'équilibre dans ces conditions est d'autant plus grande que les pieds sont plus écartés l'un de l'autre; car, la base de sustentation étant élargie par le fait de cet écartement, on peut donner aux mouvements du tronc et des bras plus d'amplitude, sans que la verticale qui passe par le centre de gravité cesse de tomber dans l'intérieur de cette base. Dans la station sur un seul pied, ou plutôt sur une seule jambe, le tronc tout entier s'incline du côté de la jambe qui sert de soutien, afin que la ligne de gravité, se déplaçant dans le même sens, rencontre encore la base de sustentation, laquelle n'est plus représentée que par la surface du pied qui repose sur le sol.

L'homme qui se tient debout ou qui marche se trouve en état d'équilibre instable, puisqu'il a son centre de gravité placé au-dessus du point d'appui; aussi tombe-t-il, dès que sa ligne de gravité sort de la base de sustentation ; cet accident se produit quand l'inclinaison du corps dépasse certaines limites. Pour éviter dans ce cas une chute imminente, on corrige le déplacement de la ligne de gravité, en portant les membres dans le sens opposé à celui de l'inclinaison du tronc. Les jambes surtout, en raison de la longueur du bras de levier sur lequel agit leur masse, peuvent faire équilibre à la masse bien supérieure du tronc, ou du moins, elles limitent les excursions du centre de gravité.

Dans la marche et la course, nous dérangeons à dessein la position de notre centre de gravité. Pour faire un pas, nous inclinons le tronc légèrement en avant et du côté de la jambe que nous voulons avancer. Quand la course est rapide, l'inclinaison du tronc est très prononcée ; la plupart du temps, elle est même si forte qu'on est obligé de la compenser par le mouvement du bras du côté opposé à celui de la jambe qu'on projette en avant.

Lorsqu'un homme porte un fardeau, l'homme et sa charge ont un centre de gravité commun, et, pour que le système soit en équilibre, il faut que le porteur modifie son attitude de manière à faire tomber constamment dans l'intérieur de la base de sustentation la verticale qui passe par le centre de gravité commun. C'est pour cette raison que le portefaix qui a sa charge sur le dos incline le tronc en avant; celui, au contraire, dont la partie antérieure du corps est alourdie par un poids supplémentaire, rejette le tronc en arrière; cette dernière attitude est celle que prennent ordinairement les personnes qui ont, comme on dit, du ventre.

Quand le tronc, sous l'action d'une charge trop lourde, s'infléchit en avant au delà de la limite requise par les lois de l'équilibre, l'homme est obligé de prendre, à l'aide d'une canne, un troisième point d'appui sur le sol; le vieillard, dont le dos est voûté, se trouve dans les mêmes conditions. L'individu qui porte un fardeau sur un côté de son corps se penche du côté opposé.

Dans tous les cas que nous venons de passer en revue, la présence d'un poids additionnel entraîne le déplacement du centre de gravité commun à l'homme et au fardeau; en vue de ramener ce point dans la position nécessitée par la conservation de l'équilibre, on est obligé de développer un surcroît d'effort qui s'ajoute au travail musculaire accompli pour supporter la charge. Aussi est-ce sur la tête qu'on peut porter les fardeaux les plus lourds, car alors l'attitude du corps ne change pas, et le centre de gravité n'est déplacé qu'en hauteur.

Le corps d'un pendu se trouve en état d'équilibre stable.

CHAPITRE III

DU MOUVEMENT DES CORPS SOLIDES DÉTERMINÉ PAR L'ACTION DE LA PESANTEUR [1]

52. Concentration du poids d'un corps au centre de gravité. — La considération du centre de gravité simplifie singulièrement l'étude des mouvements que la pesanteur imprime aux solides, car les choses se passent comme si le poids du corps était appliqué en totalité au centre de gravité.

La pesanteur, agissant seule, tend à entraîner le centre de gravité dans la direction de la verticale; lorsqu'elle agit concurremment avec d'autres forces, il est facile de connaître le mouvement résultant, si on sait quelle est l'intensité de ces forces étrangères et dans quelle direction elles tendent à déplacer le centre de gravité.

Il est évident que ce point n'est pas moins important à considérer dans un corps soustrait à l'action de la pesanteur, mais soumis à l'influence d'une autre force quelconque agissant à distance; car le centre de gravité n'est, en définitive, que le *centre des forces parallèles* relatif au cas particulier de la pesanteur. Toute force exerçant son action à distance pourrait servir à déterminer la position du centre en question, et si on a recours ordinairement à la pesanteur, c'est évidemment parce que cette force est constamment à notre disposition. On voit donc que, dans la plupart des questions relatives à la dynamique des solides, il est permis de

---

(1) [Si on tenait à mettre un peu d'uniformité dans la désignation des différentes parties de la physique, on pourrait donner à ce chapitre et au suivant le nom commun de *Stéréodynamique*, par analogie avec le nom d'*Hydrodynamique*, qui s'applique à l'étude du mouvement des fluides. Pour le même motif, nous intitulerions le chapitre précédent : *Stéréostatique*.]

faire abstraction des corps eux-mêmes et de leur substituer leur centre de gravité, puique la masse totale d'un corps peut être regardée comme concentrée en ce point.

52ª. Masse d'un corps. — Quant à la notion de la *masse*, elle n'est pas non plus subordonnée à la pesanteur seule ; elle conserve la même signification, quelle que soit la force considérée (cf. § 25).

L'observation apprend qu'une force donnée, en agissant sur différents corps, leur communique des vitesses différentes. On dit que *deux masses sont égales quand, soumises à l'action de forces égales, elles en reçoivent dans le même temps des accélérations égales.* La pesanteur, qui nous a servi à déterminer le centre de gravité des corps, est aussi utilisée pour la recherche de leur masse ; elle offre, en effet, l'avantage d'être la force la plus répandue de la nature et de pouvoir être isolée des autres forces. Aussi le poids des corps sert-il de mesure à leur masse.

53. Accélération due à la pesanteur. — Nous avons choisi pour unité de force la force qui, agissant sur l'unité de masse, lui communique pendant l'unité de temps une accélération égale à 1 (V. § 25). Aucune des forces connues de la nature, la pesanteur pas plus que les autres, ne représente cette unité dynamique. Quand un corps tombe librement vers la terre, l'accélération imprimée à chaque unité de sa masse est égale à $9^m,809$. La pesanteur est donc à l'unité de force mécanique dans le rapport de 9,809 à 1. On représente ordinairement le nombre $9^m,809$ par la lettre g.

53ª. Lois de la chute. — [La pesanteur, étant une force constante, produit un mouvement uniformément accéléré. Or, les lois qui régissent ce mouvement (§ 24) nous apprennent que :] la vitesse acquise au bout de t secondes par un corps qui tombe librement est :

$$v = gt; \qquad (1)$$

l'espace parcouru dans le même temps est :

$$h = \frac{1}{2} gt^2. \qquad (2)$$

[En éliminant le temps entre ces deux équations, on trouve que la vitesse *due à la hauteur h* a pour valeur :

$$v = \sqrt{2\,gh}.] \qquad (3)$$

La vitesse de chute des corps qui tombent librement est trop grande pour qu'on puisse la mesurer directement avec un peu de précision ; nous verrons plus loin (§ 56ª) comment les oscillations du pendule ont été utilisées pour déterminer l'accélération due à la pesanteur. Mais, quand il s'agit simplement de vérifier les lois de la chute, on peut y arriver à l'aide de la *machine d'Atwood*, qui est disposée de manière à diminuer l'intensité de la force accélératrice et, par suite, à ralentir le mouvement du mobile.

Cette machine permet de démontrer facilement que :

1° *La vitesse acquise par un corps qui tombe librement, en partant de l'état de repos, est proportionnelle au temps écoulé ;*

2° *Les espaces parcourus sont proportionnels aux carrés des temps employés à les parcourir.*

[On peut aussi vérifier ces lois au moyen de l'*appareil enregistreur* de Poncelet et Morin, dans lequel le corps, en tombant, trace lui-même sur un cylindre tournant une courbe qui représente le mouvement dont il était animé à chaque instant. Cet appareil offre un grand intérêt, au moins sous le rapport historique, car il peut être regardé, quant au principe de sa construction, comme le type des appareils enregistreurs imaginés par MM. Ludwig, Helmholtz, Vierordt, Marey, etc., et employés avec tant de succès par ces éminents physiologistes pour l'étude des mouvements qui s'accomplissent dans l'organisme vivant.]

[M. Bourbouze a transformé la machine d'Atwood en appareil enregistreur, en y adaptant une lame élastique dont les oscillations isochrones s'inscrivent sur un cylindre mû par la chute même du mobile, et en utilisant les propriétés des électro-aimants pour obtenir la simultanéité rigoureuse du début des oscillations avec le départ du mobile.]

54. Plan incliné. — Quand un corps ne tombe pas librement, mais qu'il est assujetti à suivre un chemin déterminé, comme, par exemple, à rouler le long d'un plan incliné ou à tourner autour d'un axe de suspension, la vitesse de son mouvement n'est pas la même que dans le cas où la chute est libre.

Soit O (fig. 43) un corps placé sur le plan incliné ED; ce corps, sollicité par la pesanteur, descendra le long du plan d'autant plus vite que l'inclinaison de ce plan sur l'horizon sera plus grande. En effet, si le corps tombait librement, il se mouvrait le long de la verticale avec une accélération égale à g (cf. §§ 24 et 53); mais, à cause de la présence du plan, il ne peut se mouvoir que dans la direction ED et avec une vitesse moindre. Pour avoir l'accélération du mouvement de descente, il faut décomposer, suivant la règle du parallélogramme la force JK, égale à g; on obtient ainsi une composante perpendiculaire JH, qui représente

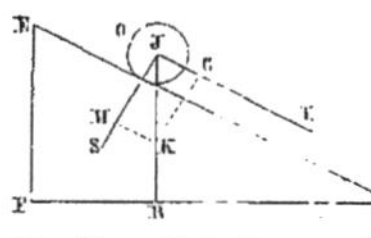

Fig. 43. — Chute d'un corps le long d'un plan incliné.

la force avec laquelle le corps presse sur la surface inclinée et qui est détruite par la résistance même du plan; la composante JG, parallèle à la surface du plan, agit seule pour faire descendre le corps. Or la comparaison des triangles semblables EDF et JHK donne l'égalité des rapports $\dfrac{JG}{JK} = \dfrac{EF}{ED}$, qui nous montre que les forces accélératrices sont dans le rapport inverse des chemins parcourus suivant leurs directions. On en conclut que le mobile, parvenu au bas de sa course, après avoir parcouru le chemin ED, possède la vitesse qu'il aurait acquise en tombant librement de E en F, car si, d'une part, l'intensité de la force qui le fait descendre parallèlement à la surface du plan incliné est diminuée, d'autre part cette force agit pendant un temps d'autant plus long que l'espace à parcourir est plus grand. Nous pouvons exprimer ce résultat d'une manière générale, en disant : *Quand un corps sollicité par la pesanteur tombe d'une certaine hauteur, arrivé au bas de sa course, il possède toujours la même vitesse, quel que soit le chemin qu'il ait suivi.*

Si α désigne l'angle EDF, les formules du mouvement sur un plan incliné sont :

$$v = gt \sin \alpha \qquad e = \frac{1}{2} gt^2 \sin \alpha.$$

55. Pendule simple. — La théorie des mouvements du pendule repose sur les mêmes principes que celle du plan incliné. On appelle *pendule* tout corps pesant suspendu par un fil ou une tige inextensibles à un point fixe, autour duquel il peut osciller.

Dans le *pendule mathématique* ou *pendule simple*, on suppose le fil de suspension dépourvu de pesanteur, le mobile réduit à un simple point matériel pesant, et en état de se mouvoir sans éprouver de résistance d'aucune sorte, par le frottement contre l'air ou contre l'axe de suspension.

Représentons par OA (fig. 44) un semblable pendule à l'état de repos; écartons-le de sa position d'équilibre, amenons-le en OB, puis abandonnons-le à lui-même : le point matériel, sollicité par la pesanteur, descendra avec une vitesse croissante vers sa première position A; puis, en vertu de la vitesse acquise, il la dépassera en sens contraire, remontera jusqu'en un point B', symétrique de B par rapport à la verticale; arrivé là, il rebroussera chemin, parcourra de nouveau sa première trajectoire en sens inverse, et ainsi de suite. Le pendule accomplira de la sorte une série d'oscillations que régissent les lois du mouvement vibratoire exposées dans les §§ 27 et suivants. La pesanteur tend, en effet, à retenir le point matériel dans la position A; mais, l'équilibre ayant été rompu une première fois, il en résulte que le pendule oscille de part et d'autre de sa position d'équilibre; s'il était possible de supprimer toute cause de frottement, et par suite de déperdition de la force initiale, le mouvement ne s'arrêterait jamais et les oscillafions continueraient indéfiniment.

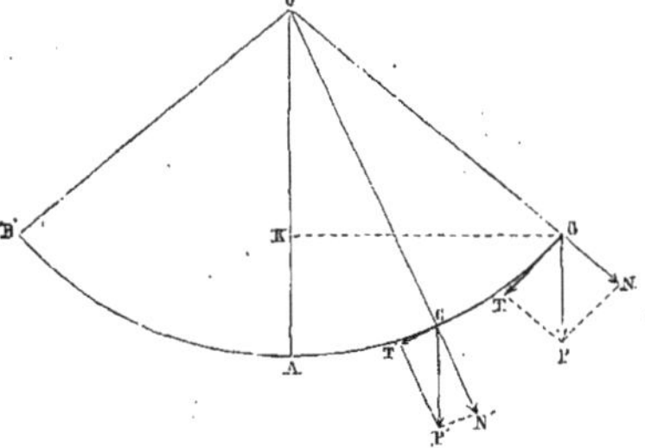

Fig. 44. — Théorie du pendule.

L'*amplitude* d'une oscillation est représentée par la longueur de l'arc BB' ou par la grandeur de l'angle BOB' auquel cet arc sert de mesure; la *durée de l'oscillation* est le temps qu'emploie le pendule pour accomplir son double mouvement de va-et-vient.

L'analogie entre le mouvement du pendule et celui d'un corps roulant sur un plan incliné consiste en ce que, dans les deux cas, le corps est sollicité par la pesanteur à tomber, et qu'il est gêné dans son mouvement par un obstacle qui l'oblige à suivre une route différente de celle qu'il parcourrait s'il tombait librement. Considérons une portion très petite de la trajectoire circulaire décrite par le pendule : chacun de ces arcs élémentaires est assimilable à un petit plan incliné sur lequel doit se mouvoir le point matériel; on peut donc déterminer, à chaque instant du mouvement, l'intensité de la force accélératrice; mais cette intensité varie d'un point à l'autre de la trajectoire, puisque celle-ci se compose d'une infinité de plans élémentaires dont l'angle d'inclinaison augmente à mesure qu'on s'éloigne de la position d'équilibre. Au point B menons la verticale BP égale au poids du mobile et décomposons-la en deux forces : l'une BN, dirigée suivant le rayon OB, exercera sur le centre de suspension une traction qui sera détruite par la résistance de ce point ; la composante tangentielle BT agira seule pour déterminer le mouvement du mobile. Au point C le poids du corps est le même que précédemment, mais la composante tangentielle CT' est évidemment plus petite. Il est facile de voir qu'en définitive la composante de la pesanteur qui fait tomber le mobile décroît à mesure qu'on se rapproche de la position d'équilibre A, où elle est nulle. Cependant il importe de remarquer que cette composante n'est pas exactement proportionnelle à la distance, car le point matériel se meut sur un arc de cercle et c'est la corde de cet arc qui représente la distance ; la force accélératrice augmente donc un peu plus rapidement que la distance ; mais, si on ne considère que des amplitudes très petites, l'arc se confond sensiblement avec sa corde et on peut alors appliquer aux oscillations pendulaires les lois du mouvement vibratoire, lois qui supposent la proportionnalité exacte de la force à la simple distance.

Une première conséquence découle de la théorie du pendule ; c'est la suivante :

Quand l'amplitude des oscillations ne dépasse pas une certaine limite, *la durée de l'oscillation est indépendante de l'amplitude;* en d'autres termes, *les oscillations du pendule sont isochrones.*

Nous avons vu que la vitesse finale d'un corps qui descend le long d'un plan incliné est égale à la vitesse dont serait animé le mobile, s'il était tombé librement de la même hauteur. Il en est de même pour le pendule ; en conséquence, quand le point matériel est arrivé en A, après avoir parcouru l'espace BA, il possède une vitesse égale à celle qu'il aurait acquise en tombant librement suivant la verticale, de K en A ; or, $KA = \frac{1}{2} gt^2$, si nous représentons par t la durée de la chute. Quand on considère plusieurs pendules ayant des longueurs différentes, mais accomplissant des oscillations de même amplitude, les hauteurs de chute sont sensiblement proportionnelles aux longueurs de ces pendules, et, comme la durée de l'oscillation est le double de celle de la chute, il en résulte que :

La longueur d'un pendule est en raison directe du carré de la durée de l'oscillation, ou, en d'autres termes, *la durée d'oscillation d'un pendule est proportionnelle à la racine carrée de sa longueur.*

On peut facilement vérifier expérimentalement les deux lois qui viennent d'être établies, celle de l'isochronisme des petites oscillations et celle de la proportionnalité des durées des oscillations aux racines carrées des longueurs des pendules. En faisant, par exemple, osciller trois pendules de longueurs respectivement égales à 1, 4, 9, on constate que les durées des oscillations sont entre elles comme les nombres 1, 2, 3; on observe, en outre, si les amplitudes sont suffisamment petites, que, pour chaque pendule, la durée de l'oscillation reste la même, malgré les variations de l'amplitude.

Ces lois sont renfermées dans la formule :

$$T = 2\pi \sqrt{\frac{l}{g}};$$

T représente la durée d'une oscillation complète, l est la longueur du pendule, et g l'accélération due à la pesanteur.

Cette formule se déduit de l'équation générale du mouvement vibratoire (§ 29) dont les oscillations pendulaires ne sont qu'un cas particulier.

[La formule du pendule conduit encore à une troisième loi qu'on peut énoncer ainsi : *les durées des oscillations sont en raison inverse de la racine carrée des intensités de la pesanteur.*]

56. Pendule physique ou composé. — Le pendule simple est une pure fiction, qu'on ne réalise jamais qu'avec une approximation plus ou moins grande. Le pendule *physique* ou *composé* est le seul que nous soyons à même de construire; tout corps pesant, qui peut osciller autour d'un point ou d'un axe fixes, représente un pendule composé. Chaque point d'un semblable pendule tend, sous l'influence de la pesanteur, à osciller conformément aux lois du pendule simple, c'est-à-dire à décrire des oscillations d'autant plus lentes qu'il est plus éloigné du centre de suspension; mais, comme tous ces points sont solidaires les uns des autres, ils doivent nécessairement avoir une même durée d'oscillation, intermédiaire entre celles qu'ils auraient s'ils pouvaient se mouvoir indépendamment les uns des autres; il résulte de là que le mouvement des points les plus rapprochés du centre de suspension est retardé, tandis que celui des points les plus éloignés se trouve accéléré. Entre ces deux positions extrêmes, il y en a donc une correspondante à un point qui oscille comme s'il n'était pas relié au reste du système; le point qui jouit de cette propriété porte le nom de *centre d'oscillation*. La distance de ce point au centre de suspension représente la longueur d'un pendule *simple* qui accomplirait des oscillations égales en durée à celles du pendule *composé*.

Quand un pendule a une forme géométrique et qu'il est homogène dans toute sa masse, l'analyse mathématique permet de déterminer la position de son centre d'oscillation et, par suite, sa *longueur*.

Mais on peut y arriver plus simplement, et même plus sûrement, sans calcul, en employant le procédé du *pendule à réversion*, procédé fondé sur la réciprocité des centres de suspension et d'oscillation : un pendule étant donné avec son point de suspension, si on vient à le retourner et à le suspendre par son centre d'oscillation, le nouveau centre d'oscillation occupe précisément la position du premier point de suspension, en sorte que la durée des oscillations dans ce second cas reste la même.

Pour trouver la longueur d'un pendule composé, accomplissant des oscillations d'une durée déterminée, il suffit donc de le retourner et de chercher par tâtonnement un point tel qu'en le prenant pour centre de suspension, et en faisant osciller le pendule, on obtienne la même durée d'oscillation qu'avant le retournement. La distance du second centre de suspension au premier donne la longueur du pendule, longueur qui, introduite dans la formule du pendule simple, rend celle-ci applicable au pendule composé.

56ª. Mesure de l'intensité de la pesanteur. — C'est en procédant, comme il vient d'être dit, qu'on a déterminé l'intensité de la pesanteur, la valeur de g pouvant être tirée de la formule du pendule. L'expérience ainsi conduite a montré que, dans un même lieu, g a exactement la même valeur pour tous les corps, quelle que soit leur nature, mais qu'elle varie d'un lieu à l'autre, avec la latitude; elle augmente de l'équateur au pôle. On a, par exemple :

à l'équateur. . . . . $g = 9,780$

à la latitude de 45°. . . . $g = 9,805$

au pôle. . . . . $g = 9,830$

[A Paris, g est égal à 9,8088 (Borda et Cassini), ou plus exactement, à 9,8096 (Bessel), en faisant une correction relative à l'inégalité de perte de poids d'un corps dans l'air, suivant l'état de mouvement ou de repos du corps.]

L'accroissement de l'intensité de la pesanteur, à mesure qu'on se rapproche du pôle, tient à deux causes : en premier lieu, le globe terrestre étant aplati aux pôles, un point situé dans cette région est plus rapproché du centre de la terre qu'il ne l'est à l'équateur; en second lieu, la force centrifuge, qui agit en sens contraire de la pesanteur, est plus grande à l'équateur (V. § 59, en quoi consiste la force centrifuge).

CHAPITRE IV

MOUVEMENTS PRODUITS PAR L'ACTION DE LA PESANTEUR COMBINÉE AVEC D'AUTRES FORCES MOTRICES

57. Mouvement des projectiles. — Nous avons donné, dans le chapitre précédent, la théorie du plan incliné et celle du pendule, en considérant le mouvement effectué dans ces conditions comme un cas particulier de la chute des corps. Il nous reste à présenter un aperçu général des mouvements que détermine la pesanteur quand elle agit concurremment avec d'autres forces motrices; l'analyse du mouvement complexe qui résulte de cette combinaison de forces n'offre aucune difficulté notable, quand on suppose, non seulement la pesanteur, mais encore les autres forces toutes appliquées au centre de gravité du mobile; or cette supposition est licite dans la plupart des cas, et elle permet de trouver, à un instant quelconque du mouvement; la grandeur et la direction de la résultante, à l'aide du parallélogramme des forces.

Il arrive fréquemment que ces mouvements composés changent à chaque instant de direction et qu'ils ont ainsi une trajectoire *curviligne;* cela tient à ce que la pesanteur, étant une force constante, agit sur le mobile d'une manière continue et uniforme, tandis que les autres forces en jeu n'exercent le plus souvent qu'une action momentanée ou d'intensité variable (cf. § 26).

Le mouvement des projectiles nous offre un exemple de mouvement composé, déterminé par l'action simultanée de la pesanteur et de la force avec laquelle un corps est lancé dans l'espace. Cette dernière force, désignée sous le nom de *force de projection*, n'agit sur le mobile que pendant un temps très court; elle lui imprime une certaine vitesse, en vertu de laquelle le projectile, abandonné à lui-même, se mouvrait indéfiniment en ligne droite et en conservant sa vitesse initiale, si la pesanteur n'intervenait à chaque instant pour modifier la direction du mouvement.

Supposons qu'un projectile soit lancé dans la direction OD′ qui fait avec l'horizon un angle ω (fig. 45); s'il n'était sollicité par aucune autre force, il se trouverait à la fin de la première seconde en A′, à la fin de la deuxième seconde en B′, au bout de la troisième en C′, et ainsi de suite. D'autre part, si le mobile était soumis à l'action seule de la pesanteur, il tomberait vers la terre, suivant la verticale, et parcourrait dans cette

direction un espace A′M₁ $= \dfrac{g}{2}$. pendant la première seconde, un espace B′M₂ $= 4\,\dfrac{g}{2}$ pendant les deux premières secondes, un espace C′M₃ $= 9\,\dfrac{g}{2}$ pendant les trois premières secondes, et ainsi de suite, l'espace parcouru augmentant proportionnellement au carré du temps. Or, en vertu du principe de la composition des mouvements, le projectile occupera, à chaque instant, la position à laquelle il serait parvenu, si l'on avait fait agir sur lui séparément d'abord la force de projection, puis la pesanteur; c'est ainsi qu'à la fin de la première seconde le corps se trouve en M₁, à la fin de la seconde suivante en M₂, et ainsi de suite. En réunissant par un trait continu les différentes positions successivement occupées par le projectile, on obtient pour trajectoire une ligne courbe OM₁ M₂ M₃ D, qui présente la forme d'une *parabole* dont l'axe est vertical.

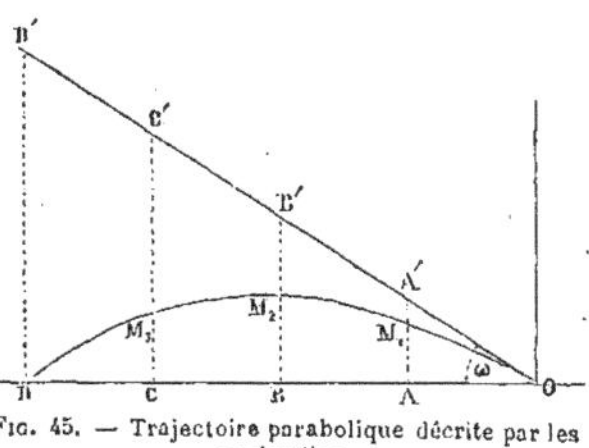

Fig. 45. — Trajectoire parabolique décrite par les projectiles.

[En soumettant la question à l'analyse mathématique, on démontre, en effet, que la trajectoire décrite par un projectile doit être une parabole, si on fait abstraction de la résistance que l'air oppose au mouvement du mobile.

L'intervalle OD, compris entre le point de départ et le point d'arrivée du mobile sur le sol, se nomme l'*amplitude du jet*; on démontre que, pour une même vitesse de projection, *l'amplitude du jet est proportionnelle au sinus du double de l'angle de projection ω et qu'elle atteint sa valeur maximum quand cet angle est égal à 45°*; à égalité d'angle de projection, *l'amplitude du jet est proportionnelle au carré de la vitesse de projection*. On appelle *hauteur* du jet, la plus grande élévation à laquelle parvienne le projectile; on trouve que, toutes choses égales d'ailleurs, *cette hauteur est proportionnelle au carré du sinus de l'angle ω et au carré de la vitesse de projection*.]

58. Mouvements des corps célestes. Lois de Kepler. — On rencontre encore un exemple de mouvements composés produits sous l'influence simultanée de la pesanteur et d'une autre force, dans les mouvements des corps célestes. Il s'exerce, entre le soleil et les planètes, des attractions réciproques qui, comme la pesanteur terrestre, ont pour origine la gravitation universelle. A cette action constante de la gravitation vient s'en joindre une autre dirigée suivant la tangente à la trajectoire décrite par le mobile; on peut se représenter cette dernière force comme le résultat d'une impulsion initiale qui aurait été donnée aux corps célestes à l'origine du mouvement et qui, si elle avait été seule à agir, aurait communiqué à ces corps un mouvement indéfiniment rectiligne et uniforme.

Les mouvements vrais des astres sont extrêmement compliqués, parce que tous les corps célestes s'attirent mutuellement avec une énergie qui, conformément à la loi générale des actions à distance, est directement proportionnelle au produit des masses en présence et en raison inverse du carré de leur distance. Mais on obtient une approximation suffisante dans beaucoup de cas, en ne tenant compte que des actions exercées par les corps célestes les plus considérables, par ceux que la simple observation nous montre comme des centres autour desquels semblent s'effectuer les mouvements des autres astres; pour notre système solaire, par exemple, il suffit de considérer l'attraction que le soleil exerce sur les planètes. Dans cette hypothèse, on trouve :

1° Que les orbites des planètes sont des ellipses, dont le soleil occupe l'un des foyers ;

2° Que les aires décrites par un rayon vecteur mené du centre du soleil au centre de la planète sont proportionnelles au temps ;

3° Que les carrés des temps des révolutions sont proportionnels aux cubes des grands axes des orbites.

Ces trois lois, qui régissent le mouvement des planètes, sont appelées *lois de Kepler*, du nom de l'astronome qui les a découvertes.

59. Mouvement curviligne. Force centrifuge et force centripète. — Les mouvements des planètes ne sont qu'un cas particulier du mouvement curviligne en général. Nous ne saurions traiter ce sujet, dans toute sa généralité, sans nous écarter du but de cet ouvrage; cependant il y a utilité à analyser le mouvement qui se produit dans des conditions semblables, mais plus simples: l'exemple que nous allons étudier servira en même temps à faire comprendre comment les choses se passent dans le mouvement des astres.

Imaginons un mobile B (fig. 46) tournant en cercle autour du point O comme centre. La force qui meut le corps le long de la circonférence et qui,

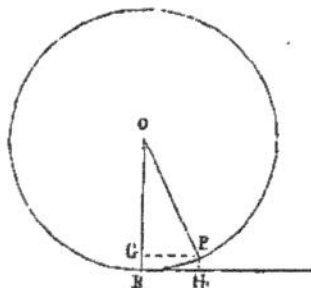

FIG. 46. — Explication de la force centrifuge.

dans un temps très court, lui aura fait parcourir, par exemple, l'arc de cercle BP que nous confondons avec sa corde, cette force peut être décomposée en deux autres : l'une BH poussant le mobile dans la direction de la tangente BA, l'autre BG attirant le corps vers le centre de rotation. Si nous supposons le mouvement uniforme, la première de ces forces est le résultat d'une impulsion unique qui, à l'origine du mouvement, a agi sur le mobile dans la direction de la tangente à la courbe décrite; quant à la composante normale, elle représente nécessairement une force constante, puisque, si elle venait à cesser d'agir, le corps abandonnerait aussitôt la circonférence sur laquelle il se meut.

Les deux forces, dans lesquelles nous venons de décomposer la force motrice, ne sont pas purement fictives; elles existent en réalité ; ce qui le prouve, c'est que d'abord le mobile s'échappe suivant la tangente, si on vient à rompre le fil qui l'attache au point O, et que, d'autre part, durant son mouvement, il exerce sur ce point une traction dirigée suivant OB, traction qui, en vertu du principe de l'égalité de l'action et de la réaction, a pour origine une traction égale et de sens contraire du point O sur le mobile. Quant à la force BH, il ne saurait être question pour elle d'une réaction en sens opposé, puisque cette force se réduit à une impulsion unique qui a agi à l'origine du mouvement et que, par conséquent, il n'y a eu d'effet de réaction qu'à cette époque.

On appelle force *tangentielle* celle qui tend à entraîner le mobile dans la direction de la tangente BA, force *centripète*, celle qui le tire vers le centre O, et force *centrifuge*, celle qui est égale et de sens contraire à la force centripète. Quand on fait tourner avec rapidité un corps fixé à l'extrémité d'une fronde, on se convainc de l'existence de la force centrifuge par l'effort de traction qui tend à entraîner la main, tandis que la force centripète est représentée par l'effort que déploie la main pour empêcher la fronde de s'échapper. Au fond, il s'agit là d'un effet de réaction semblable à celui qui se produit lorqu'on exerce une pression contre un corps : on éprouve une résistance égale en intensité à la pression exercée.

Cela posé, considérons l'élément de chemin BP parcouru par le mobile, et décomposons-le en un mouvement tangentiel BH et un mouvement centripète BG ; si nous déterminons alors la force correspondante à ce dernier mouvement et si, en outre, nous connaissons la vitesse avec laquelle le mobile parcourt sa trajectoire curviligne, nous avons tous les éléments nécessaires pour obtenir la valeur de la force centrifuge. Or l'arc BP, qui se confond avec sa corde, a pour expression :

$$BP = vt,$$

v désignant la vitesse du mobile et t le temps qu'il emploie à parcourir ce chemin BP ; d'un autre côté, m étant étant la masse du mobile et F la force constante qui l'attire dans la direction BO, nous avons (cf. § 25, équation [3]) :

$$BG = \frac{1}{2}\,\frac{F}{m}\,t^2.$$

Enfin, on sait que BP est moyenne proportionnelle entre le diamètre du cercle et le segment BG, c'est-à-dire qu'on a : $BP^2 = 2\,R \times BG$.

En remplaçant BP et BG par leurs valeurs tirées des équations précédentes, nous obtenons :
$$v^2 t^2 = R\,\frac{F}{m}\,t^2,$$

d'où :
$$F = \frac{mv^2}{R}. \tag{1}$$

Telle est l'expression de la force centrifuge ou de son égale, la force centripète.

Ainsi, quand un corps décrit une circonférence d'un mouvement uniforme, *la force constante avec laquelle il est attiré vers le centre du cercle est égale au produit de la masse du mobile par le carré de la vitesse de rotation, divisé par le rayon du cercle.*

[Nous pouvons donner une autre forme à l'expression de la force centrifuge. Soit T le temps employé par le mobile à parcourir d'un mouvement uniforme la circonférence entière, c'est-à-dire l'espace $2\,\pi\,R$; la vitesse v du mobile est égale à l'espace divisé par le temps (cf. § 23) ; par conséquent,
$$v = \frac{2\,\pi\,R}{T}.$$

Cette valeur de v, mise dans la formule
$$F = \frac{mv^2}{R},$$

donne :
$$F = m\,\frac{4\,\pi^2\,R}{T^2}. \tag{2}$$

Nous en concluons que, *lorsque plusieurs corps de même masse parcourent pendant le même temps des circonférences de rayons différents, les forces centrifuges correspondantes sont proportionnelles aux rayons de ces circonférences.*]

59ª . Applications de la force centrifuge. — La force centrifuge joue un grand rôle dans la rotation de la terre autour de son axe, car chaque point de la surface terrestre se comporte comme le mobile de l'exemple précédent. C'est le développement de la force centrifuge qui explique en majeure partie pourquoi l'accélération de la pesanteur décroît à mesure qu'on se rapproche de l'équateur (cf. § 56ª) ; en effet, sous l'équateur, la force centrifuge est $\frac{1}{289}$ de l'intensité de la pesanteur et lui est directement opposée, de sorte que, si la vitesse de rotation de la terre était 17 fois plus grande, la force centrifuge à l'équateur serait 17^2 ou 289 fois plus intense et neutraliserait entièrement l'*attraction* terrestre; dans ces conditions, le poids des corps serait nul à l'équateur.

L'aplatissement de la terre aux pôles s'explique aussi par l'intervention de la force centrifuge: à l'époque où notre planète se trouvait encore à l'état liquide, les parties situées à l'équateur ont dû s'éloigner davantage du centre de la terre, puisqu'elles occupaient une région où la force centrifuge avait son maximum d'intensité, le rayon de l'équateur étant plus grand que celui des autres cercles qui lui sont parallèles. Dans le cas où la vitesse de rotation d'une masse fluide serait assez considérable pour développer une force centrifuge supérieure en intensité à l'action de la pesanteur, il pourrait même arriver que des portions de matière se séparent entièrement de la masse principale. C'est en partant de ces faits que Kant et Laplace ont édifié, pour expliquer l'origine de notre système solaire, une hypothèse qui a pour elle de grandes probabilités: d'après ces savants, l'ensemble de notre système planétaire aurait commencé par former une seule masse à l'état de fluidité ignée ; le mouvement de rotation venant à s'accélérer de plus en plus, à mesure que la matière se condensait, la force centrifuge aurait fini par détacher de la périphérie de cette masse des portions de matière qui ont ainsi donné naissance aux planètes.

Ce que nous avons dit, dans le paragraphe précédent, du mouvement d'un corps assujetti à tourner en cercle autour d'un point fixe, est directement applicable au mouvement des planètes. Ces astres sont aussi sollicités par deux forces, un choc originel agissant dans la direction de la tangente à l'orbite de la planète, et une force constante qui attire celle-ci vers le centre du soleil (cf. § 58). Connaissant la vitesse de translation d'une planète, sa masse et sa distance au soleil, on peut calculer la force centrifuge correspondante, en faisant usage de la formule démontrée plus haut, et la force centrifuge ainsi obtenue doit être égale à la force centripète, c'est-à-dire à l'attraction exercée par le soleil sur l'astre considéré. En procédant de la même manière, on a calculé l'attraction exercée par la terre sur la lune et on a trouvé que la force avec laquelle le globe terrestre attire notre satellite est à l'intensité de la pesanteur à la surface de la terre dans le rapport de 1 à 60^2. Or, comme la distance de la lune à la terre est égale à 60 fois la longueur du rayon terrestre, et que, d'autre part, pour toutes les forces qui agissent à distance, l'intensité diminue en raison inverse du carré de la distance, il en résulte que la force qui fait tomber la lune vers la terre est identique avec la pesanteur terrestre.

[Nous rappellerons, en terminant, que la force centrifuge a été invoquée, à tort, pour expliquer le *mal de mer*, qu'elle a été essayée dans le traitement de la folie pour déterminer, suivant les cas, la congestion ou l'anémie du cerveau, remède plus dangereux qu'efficace, qu'enfin elle modifie dans certaines circonstances les conditions d'équilibre du corps humain, par exemple, chez les écuyers qui parcourent avec une grande vitesse la piste circulaire d'un cirque.]

60. Mouvements de locomotion du corps humain. — Il est une catégorie de mouvements composés qui intéressent plus spécialement le physiologiste et le médecin, et qui résultent aussi de l'action de la pesanteur combinée avec d'autres forces physiques; je veux parler des *mouvements du corps humain*.

On en distingue de deux sortes : les uns sont des mouvements de totalité ou d'ensemble, c'est-à-dire des mouvements de *locomotion*, en vertu desquels l'homme déplace son corps; les autres sont des mouvements partiels, c'est-à-dire des *mouvements sur place*, qui consistent dans le changement des rapports respectifs des diverses pièces du squelette. [Dans le dernier cas, la base de sustentation du corps reste immobile; dans le premier cas, elle se déplace.]

Les mouvements de locomotion que l'homme exécute dans la marche et dans la course offrent une complication extrême, mais on peut en expliquer les points fondamentaux d'une manière très simple, à l'aide des principes de mécanique que nous avons fait connaître. Nous supposerons d'abord que le poids du corps humain est concentré au centre de gravité, comme nous l'avons fait jusqu'ici; nous admettrons, en outre, que les forces qui déterminent le déplacement du corps sont appliquées à ce même centre de gravité, et il ne nous restera plus, pour trouver le mouvement dont est animé ce point, qu'à chercher la résultante des forces qui sont en jeu; nous aurons ainsi substitué au mouvement du corps tout entier celui de son centre de gravité. [Remarquons toutefois que, si la direction de la force motrice ne passe pas, comme on vient de le supposer, par le centre de gravité, il en résultera à la fois un mouvement de translation de ce point et un mouvement de rotation du corps; mais on peut faire abstraction de ce dernier mouvement, pour ne considérer que le premier, car, dans les mouvements de locomotion, l'homme neutralise l'effet de rotation par une contraction appropriée de certains muscles, ou bien il cherche, par une inclinaison convenable du tronc, à placer son centre de gravité dans la direction de la force motrice.]

Le problème ainsi simplifié, soit G le centre de gravité de l'homme (fig. 47), p le poids du corps que nous représentons par la portion GP de la ligne de gravité. Nous considérons le moment où l'une des jambes, celle qui est en arrière, s'appuie sur le sol, en J′ et, par son mouvement d'extension, développe une force de projection dirigée suivant la droite J′G; soit GF = f, l'intensité de cette force qui détermine le déplacement du corps dans la marche et dans la course. Décomposons la force de projection en deux autres : l'une verticale GV, dirigée en sens contraire de la pesanteur, l'autre horizontale GH, dirigée en avant.

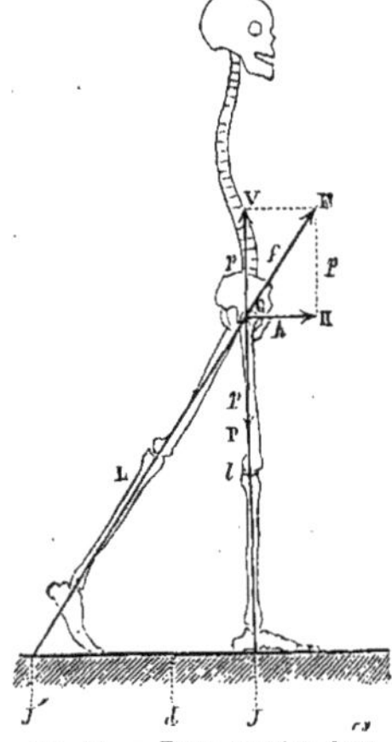

Fɪɢ. 47. — Force motrice dans la marche.

Si le corps ne doit se mouvoir que dans une direction horizontale, la composante verticale, que nous désignerons par v, doit être égale au poids p de l'homme, afin de lui faire équilibre; la composante horizontale h agit seule pour pousser le centre de gravité en avant. L'observation a montré, en effet, que dans la marche ordinaire sur un sol horizontal, le tronc est transporté presque en ligne droite, et que les déplacements qu'il éprouve dans le sens vertical sont peu considérables; [les frères Weber ont trouvé que l'amplitude des variations de hauteur du tronc est en moyenne de 32 millimètres; or, le déplacement du centre de gravité doit être encore moindre, puisque les mouvements du tronc dans le sens vertical sont déterminés par l'allongement et le raccourcissement alternatifs des jambes, d'où résultent des déplacements du centre de gravité en sens contraire de ceux du tronc.]

De ce que le centre de gravité se meut à peu près parallèlement à la

surface du sol, nous devons en conclure que la composante verticale v de
la force de projection fait constamment équilibre au poids du corps et lui
est, par conséquent, égale. Dès lors, il est facile de connaître la grandeur
de la force de propulsion, c'est-à-dire de la composante horizontale correspondante à une inclinaison déterminée de la jambe qui pousse le corps en
avant; on voit, en outre, que cette force de propulsion augmente nécessairement avec l'angle d'inclinaison du membre moteur.

La force de projection f n'est pas continue; elle agit néanmoins à inter ·
valles réguliers; il en est évidemment de même de sa composante horizontale, la force de propulsion; si donc le corps n'avait à vaincre aucune
résistance dans sa marche, il s'avancerait avec une vitesse accélérée. Mais
il peut être assimilé à une voiture que met en mouvement un moteur
quelconque : le sol oppose à la marche de la voiture une résistance qui croît
avec la vitesse du déplacement. Quelque puissante que soit, par conséquent,
la force motrice, il arrive nécessairement un moment où la résistance
lui est égale; à partir de ce moment, le mouvement cesse de s'accélérer,
il devient uniforme, car alors la résistance fait équilibre, à chaque instant,
à la force motrice. Cet état est bien vite atteint dans les mouvements de
locomotion de l'homme : car, pendant que l'une des jambes achève de pousser
le corps en avant, l'autre, qui était levée, retombe à terre et éprouve de la
part du sol une résistance assez grande pour détruire aussitôt la totalité de la
force de propulsion développée par la première jambe; il en résulterait même ·
un arrêt absolu de la locomotion, si le second membre moteur ne venait
remplacer son congénère pour imprimer au corps une nouvelle vitesse, qui est
de nouveau détruite par la résistance que rencontre la première jambe en
retombant à son tour sur le sol qu'elle avait quitté dans l'intervalle, et ainsi
de suite. Les jambes, en se relayant de la sorte, font en réalité de la marche un
mouvement *périodique.*

Néanmoins la marche se rapproche du mouvement uniforme d'un chariot
roulant ou de toute autre machine en activité, dans laquelle une force constante a à vaincre une résistance qui est aussi constante, car les deux jambes
se relaient très vite pour pousser le corps en avant, de sorte qu'il n'y a qu'un
intervalle de temps très court durant lequel aucune force de propulsion
n'agit sur le centre de gravité.

Voici, en effet, dans quel ordre se succèdent les divers actes par lesquels
les jambes développent l'impulsion qu'elles communiquent au corps
(V. fig. 48) : l'articulation du genou du membre qui pose à terre commence
par se mettre dans l'extension ; la jambe proprement dite sert alors de
support fixe à la cuisse, et celle-ci pousse le corps en avant; quand l'extension de l'articulation du genou est complète, l'articulation tibio-tarsienne
s'étend à son tour, le talon se soulève et le pied se détache peu à peu de
son plan d'appui, à la manière d'une roue de voiture dont les différents points
de la circonférence quittent aussi le sol, les uns après les autres et d'arrière
en avant; durant tout le temps que le membre abdominal se développe ainsi,
chaque portion de la plante du pied, à mesure qu'elle se soulève, exerce par
l'intermédiaire de la jambe une action propulsive sur le corps humain. La
force qui est appliquée au centre de gravité ne consiste donc pas en une
succession de chocs instantanés, se répétant à intervalles réguliers; elle agit

d'une manière continue et avec une intensité à peu près constante pendant toute la durée du développement du membre inférieur.

Quand la jambe se détache du sol tout d'une pièce, à la manière d'une échasse, par un mouvement brusque et instantané, la force de propulsion, ainsi que la longueur du pas, en éprouve une diminution notable ; aussi ce dernier mode de progression s'effectue-t-il avec plus de lenteur et exige-t-il un déploiement d'effort musculaire incomparablement plus considérable.

61. Application des lois du pendule à la marche. — En tant que mouvement périodique, la marche de l'homme se distingue par sa grande régularité. Cette uniformité dans la succession des périodes dont se compose la marche vient surtout de ce que les mouvements des jambes sont soumis aux lois des oscillations pendulaires. Dans le temps que l'une des jambes, celle qui s'appuie sur le sol, accomplit son mouvement d'extension, l'autre, qui est arrivée à la fin de son allongement, se raccourcit par la flexion de l'articulation du genou, quitte le sol et décrit une oscillation d'arrière en avant (fig. 48). Or tout corps qui oscille autour d'un axe peut être assimilé à un

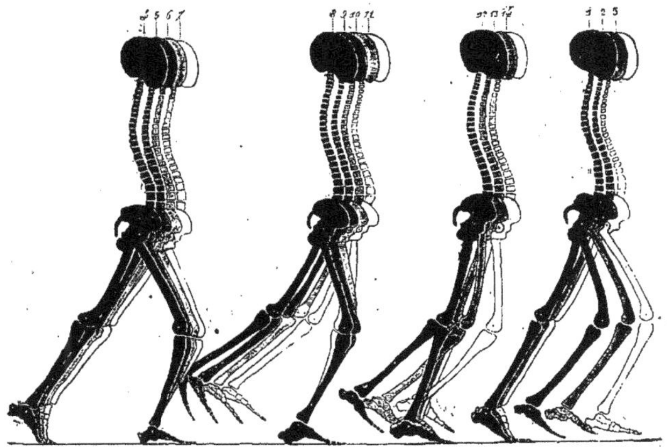

Fig. 48. — Positions successives des membres inférieurs pendant la durée d'un pas.

1er temps (4, 5, 6, 7) : les jambes s'appuient toutes deux sur le sol ; la jambe droite, placée en avant, vient de se poser à terre ; la jambe gauche achève de se développer et est prête à quitter le plan d'appui.

2e temps (8, 9, 10, 11) : la jambe gauche s'est détachée du sol, en fléchissant l'articulation du genou, et commence son mouvement d'oscillation, pendant que la jambe droite se développe à son tour pour pousser le corps en avant.

3e temps (12, 13, 14) : la jambe oscillante passe au-devant de la jambe appuyée.

4e temps (1, 2, 3) : la jambe gauche termine son mouvement d'oscillation et est prête à toucher terre, pendant que la jambe droite est sur le point d'achever son mouvement d'extension.

pendule composé, dans lequel la durée des oscillations est fonction de la longueur du pendule et de la répartition de sa masse (cf. § 56).

C'est en vertu de l'isochronisme des oscillations pendulaires que, dans la marche ordinaire, les pas sont isochrones, les jambes exécutant à tour de rôle, avec une périodicité uniforme, la succession des mouvements qui déterminent la progression du corps. Habituellement, la durée de l'oscil-

lation de la jambe libre égale la durée de l'extension de la jambe appuyée ;
à l'instant même où cette dernière arrive au terme de son développement,
sa congénère se pose à terre et commence à son tour son mouvement
d'extension, pendant que l'autre se met, de son côté, à osciller après avoir
quitté le sol.

L'extension de la jambe peut s'effectuer avec des vitesses qui varient, à
nôtre gré, dans des limites assez étendues; plus nous voulons marcher vite,
plus nous développons nos jambes avec rapidité. Mais la durée d'une oscillation complète est invariable quand la longueur du pendule reste constante;
il en résulte que la jambe oscillante n'a pas toujours le temps de décrire en
entier l'arc correspondant à une oscillation complète, puisqu'elle doit avoir
terminé sa course au moment où la jambe appuyée a fini de s'étendre.

Dans la marche lente, la durée du mouvement d'extension est précisément telle que la jambe mobile peut parcourir en entier son arc d'oscillation; cette durée est même un peu supérieure à celle d'une oscillation
complète, de sorte que les jambes restent toutes deux à la fois en contact
avec le sol pendant un temps appréciable; dans cette phase du pas, la verticale qui passe par le centre de rotation, c'est-à-dire par la tête du fémur,
divise en deux parties égales l'angle que font entre elles les jambes. Quand
la marche est plus rapide, l'arc décrit par la jambe oscillante est raccourci
dans sa partie antérieure; la verticale qui passe par le centre de rotation
n'est plus bissectrice de l'angle formé par les jambes à leur maximum d'écartement; elle est plus rapprochée de la jambe antérieure. Enfin, dans la
marche la plus rapide, l'arc parcouru par la jambe oscillante ne correspond
qu'à une demi-oscillation, et la jambe, au moment où elle se pose à terre,
coïncide avec la verticale du centre de rotation. L'amplitude de l'oscillation
ne peut pas être réduite de plus de moitié, puisqu'il faut que le centre de
rotation soit soutenu par la jambe à l'instant où celle-ci se pose sur le sol
par l'intermédiaire du pied. Dans la course, la durée du mouvement d'extension de la jambe appuyée est inférieure à celle d'une demi-oscillation de la
jambe mobile; il s'ensuit que, pendant un court espace de temps, aucune des
deux jambes ne touche terre, et que le corps flotte dans l'air.

Il est une circonstance qui favorise la locomotion et qui se produit toujours dans la marche rapide et dans la course, c'est l'abaissement du tronc
au-dessous du niveau qu'il occupe dans la station sur les pieds. Cet
abaissement du tronc agit en sens contraire de la diminution de durée du
mouvement d'extension, en augmentant la longueur du pas; en effet, le tronc,
et avec lui l'axe de rotation des jambes, étant placés plus bas, il en résulte
forcément que la jambe mobile se raccourcit davantage et qu'elle oscille, en
conséquence, plus vite; l'augmentation de la vitesse d'oscillation entraîne
un accroissement correspondant de l'arc parcouru dans un temps donné par
la jambe oscillante et, par suite, un accroissement de longueur du pas. Ainsi,
à mesure que la rapidité de la marche augmente, la *durée du pas* diminue.
parce que la jambe appuyée met moins de temps à se développer, et que la
jambe mobile oscille plus vite; en même temps, la *longueur du pas* s'accroît.
On voit donc que les circonstances qui sont le plus favorables à la rapidité
de la locomotion vont toujours ensemble.

62. Rôle du centre de gravité dans la marche. — L'attitude du tronc et, par suite la position du centre de gravité varient aussi avec la vitesse de la marche. Le centre de gravité du corps, [lorqu'il n'est plus porté que sur une seule jambe,] se trouve en équilibre instable ; recevant alors l'impulsion qui lui est communiquée par l'extension de la jambe appuyée, il tomberait à terre, en décrivant un arc de cercle, s'il n'était soutenu à temps par l'autre jambe qui interrompt, à ce moment-là, son mouvement d'oscillation pour servir, à son tour, de support au corps. Mais, plus les périodes d'oscillation et d'extension des jambes sont courtes, plus, en un mot, la marche est rapide, plus la chute du centre de gravité doit tendre à s'effectuer promptement : c'est ce qu'on verrait facilement en analysant les forces qui sont en jeu dans la marche naturelle, à savoir la force d'extension des jambes et le poids du corps. De là, la nécessité pour le tronc de s'incliner en avant et de faciliter ainsi à la ligne de gravité sa sortie de la base de sustentation représentée dans ce cas par la plante du pied appuyé.

L'inclinaison du tronc offre encore un autre avantage : placé en équilibre instable au-dessus de l'axe de rotation que représente la droite qui joint les têtes des fémurs, et poussé par une force appliquée au-dessous de son centre de gravité, le tronc se renverserait en arrière (cf. § 60) ; en s'inclinant en avant, il amène son centre de gravité sur la direction de la force motrice et il supprime par ce moyen le bras de levier de la composante rotatoire qui tendrait à le renverser ; l'équilibre est ainsi maintenu sans surcroît d'effort ; si le tronc ne s'inclinait pas, les muscles fléchisseurs de la cuisse sur le bassin seraient obligés d'entrer en activité pour empêcher la rotation dont il s'agit, et la marche en deviendrait plus fatigante.

Une dernière circonstance exige que le tronc s'incline en avant ; c'est la résistance opposée par l'air au mouvement de progression, résistance qui tend aussi à renverser le corps en arrière. Le tronc, porté par les têtes des fémurs, peut être assimilé à une canne tenue en équilibre sur le bout du doigt pendant qu'on marche; on sait que; pour empêcher la canne de tomber à la renverse, il faut l'incliner dans la direction du mouvement et l'incliner d'autant plus qu'on s'avance plus rapidement.

Nous pouvons nous représenter le mouvement de translation de l'homme, dans la marche et la course, comme résultant d'une série de mouvements de projection horizontale qui se succèdent avec rapidité, et dans lesquels la pesanteur est à chaque instant neutralisée par la composante verticale de la force d'extension que développent à tour de rôle les membres inférieurs en s'appuyant sur le sol. Or, dans le temps que le tronc est ainsi poussé en avant par l'une des jambes, l'autre jambe accomplit son oscillation d'arrière en avant; cette circonstance tend à faire dévier le mouvement de locomotion de la ligne droite et à imprimer au corps des mouvements de torsion autour de son axe longitudinal, alternativement à droite et à gauche. C'est ce qui aurait lieu effectivement, si les membres supérieurs n'intervenaient pour contrebalancer l'action perturbatrice résultant des oscillations des membres inférieurs, et voici de quelle manière : pendant que l'une des jambes oscille d'arrière en avant, le bras du même côté oscille d'avant en arrière et le bras du côté opposé oscille dans le même sens que la jambe; ce balancement simultané des membres supérieurs développe une composante rotatoire qui détruit l'effet produit en sens contraire par la jambe oscillante.

⟦§ **62ᵃ. Application de la méthode graphique à la locomotion humaine** [1]. —
MM. Carlet et Marey ont repris l'étude expérimentale de la locomotion et
plus spécialement de la marche chez l'homme, à l'aide des moyens perfec-
tionnés que fournit la *Méthode graphique*.

Les recherches ont porté, d'une part, sur la force motrice et sur les
éléments du pas (durée, longueur, etc.); d'autre part, sur les divers mouvements oscillatoires du tronc et sur son inclinaison variable avec la
vitesse de la marche. Nous allons résumer brièvement la description des
principaux appareils employés et l'exposé des résultats les plus saillants de
l'expérimentation.

1. APPAREILS EXPLORATEURS ET ENREGISTREURS. — Toute machine *enre-
gistreuse* se compose de deux parties essentielles : l'appareil *explorateur*
et l'appareil *inscripteur* ou *enregistreur* proprement dit. Ce dernier comprend toujours les deux mêmes organes : un stylé écrivant (pointe flexible
ou bec de plume spécial) et une surface lisse, plane ou cylindrique, blanche
ou recouverte de noir de fumée, fixe ou mobile, sur laquelle le style inscrit
les mouvements qui lui sont communiqués. Dans les expériences sur la
locomotion, la transmission des mouvements de l'appareil explorateur
s'opérait sous forme de pressions, par l'intermédiaire d'un tube aboutissant à
un *tambour à levier* auquel était adapté le style, tel que le représente la

FIG. 49. — Tambour à levier écrivant.

figure 49 et tel qu'on le retrouvera décrit dans le *polygraphe de Marey*
(cf. § 84ᵉ) et dans la plupart des appareils enregistreurs destinés aux
usages physiologiques.

Les tracés graphiques s'inscrivaient sur la surface enfumée d'un cylindre.
Dans les recherches de Carlet sur la *marche*, le cylindre était fixe et
disposé verticalement au centre d'une piste horizontale et circulaire de
vingt mètres de longueur. L'homme en expérience suivait cette piste, en
poussant devant lui l'extrémité du bras d'un *manège* bien équilibré par un
second bras de même longueur et de même poids que le premier, et tournant avec aussi peu de frottement que possible autour de l'axe du cylindre
enregistreur. Le bras du manège poussé par l'homme servait à porter une
partie des appareils explorateurs (appareils pour la mesure des oscillations
et de l'inclinaison du tronc) et à soutenir tous les tubes de transmission.
Dans les expériences de Marey sur la *course* et dans toutes celles où la
fixité du cylindre enregistreur était incompatible avec les conditions de
production du phénomène à étudier, l'éminent physiologiste du Collège de

[1] CARLET. Essai expérimental sur la locomotion humaine. (*Ann. des Sciences nat.*, 5ᵉ sér., *Zoologie*, 1872, t. XVI, art. 6.) — MAREY. *La machine animale*, Paris 1873.

France employait le cylindre à rotation uniforme mû par le régulateur de Foucault, renonçant ainsi à connaître la longueur *réelle* du pas.

L'appareil explorateur varie avec la nature des quantités qu'on se propose d'enregistrer. Les dispositifs employés ont été les suivants :

a) Chaussure exploratrice. — Elle sert à déterminer la pression du pied sur le sol, ainsi que la durée et les phases du pas.

La chaussure exploratrice consiste en une forte semelle de caoutchouc, dans l'épaisseur de laquelle on a ménagé une ou deux *chambres à air*, dont l'intérieur est mis en communication avec le tambour enregistreur par un tube de transmission.

La chaussure de Marey, représentée dans la figure 50, se colle sous la semelle d'une chaussure ordinaire ; elle ne possède qu'une seule chambre à air, de petite dimension, située en avant, au niveau de l'extrémité des métatarsiens, et fermée en dessous par une plaque de bois légèrement saillante. Lorsque la plante du pied porte sur le sol, la plaque de bois, cédant à la pression, s'enfonce et comprime la chambre à air, d'où l'accroissement de pression se transmet à l'appareil enregistreur.

Fig. 50. — Chaussure exploratrice de la pression sur le sol (Marey).

La figure 51 montre deux chaussures exploratrices disposées pour la course, avec les tubes de transmission qui les relient à l'appareil enregistreur ; ce dernier est aussi porté par le coureur qui le tient d'une main, tandis que de l'autre il prend une poire de caoutchouc, à l'aide de laquelle il fait commencer l'inscription des tracés au moment opportun.

La chaussure de Carlet est bien préférable à la précédente, en ce qu'elle donne des indications dès que le pied touche terre et pendant toute la durée de l'appui ; elle permet même d'enregistrer séparément les pressions exercées par le talon et par la plante du pied. Elle possède, à cet effet, deux chambres à air, étroites, disposées suivant la longueur du pied, l'une sous le talon, l'autre sous la région métatarsienne, et jusqu'à l'extrémité des orteils. On peut mettre chaque chambre séparément en communication avec un tambour enre-

Fig. 51. — Coureur muni des appareils destinés à enregistrer la pression des pieds sur le sol et les réactions verticales du tronc.

gistreur. La plaque de bois a été supprimée et la compression s'exerce directement sur les parois de caoutchouc en contact immmédiat, d'un côté avec
le sol, de l'autre avec le pied du marcheur qui chausse la semelle exploratrice à la manière d'une sandale.

b) Baguette articulée à la Cardan. — Par un dispositif des plus
ingénieux, M. Carlet est parvenu à projeter, à l'aide d'un même appareil
explorateur, le mouvement oscillatoire d'un point quelconque du corps
sur deux plans perpendiculaires entre eux, le plan vertical antéro-posté--
rieur et le plan horizontal.

La pièce· principale de l'appareil est une baguette ou.tige, .dont une
extrémité se termine en une pointe qu'on enfonce dans les vêtements au
niveau du point à explorer, tandis que l'autre extrémité est encastrée dans
une articulation à la Cardan, laquelle a pour effet de décomposer tous les
mouvements de la baguette en rotations autour de deux.axes perpendiculaires entre eux, l'un vertical, l'autre horizontal.

Chacune de ces rotations actionne un tambour explorateur, au moyen
d'une tige fixée sur la baguette, près de l'articulation, perpendiculairement
à l'axe de rotation et reliée par un fil inextensible à l'extrémité du levier
du tambour. De là, dans les tambours explorateurs, des accroissements de
pression qui se transmettent aux tambours enregistreurs correspondants
et qui sont en rapport avec l'étendue des mouvements de rotation de. Ia
baguette.

c) Parallélogramme d'inclinaison. — Cet appareil, imaginé aussi par
M. Carlet, donne des tracés sinueux dans lesquels les ordonnées varient comme
les tangentes trigonométriques des angles que fait le tronc avec la verticale.
L'appareil explorateur de l'inclinaison consiste en un parallélogramme articulé, disposé verticalement, mobile dans son plan autour d'un axe horizontal
passant par le milieu d'un de ses grands côtés, mobile aussi autour d'un
axe qui coïncide avec ce côté. Enfin, l'extrémité inférieure de ce même
côté est reliée par un fil inextensible au levier parallèle d'un tambour
explorateur. Le marcheur applique la ligne médiane de son tronc contre le
grand côté opposé. Grâce au dispositif indiqué, il n'y a que les changements
d'inclinaison qui, en déterminant la rotation du système autour ·de l'axe
horizontal, fassent varier la distance mutuelle des extrémités du levier
explorateur et du côté du parallélogramme reliées par le fil inextensible ;
ce sont donc là les seuls mouvements que l'appareil transmet à l'enregistreur.

d) Nous ne dirons qu'un mot de l'*explorateur des réactions verticales*
de Marey, car il nous paraît tout à fait impropre à donner des indications.
exactes, quelque ingénieuse que soit l'idée qui en a conçu le dispositif.

Cet appareil, qu'on peut voir en place sur la tête du coureur de la
figure 51, consiste simplement en un tambour dont le levier horizontal porte
à son extrémité une masse pesante. En vertu du principe de l'égalité de
l'action et de la réaction, cette masse pesante oscille en sens inverse des
oscillations verticales du corps et détermine ainsi la compression et la dilatation alternatives de l'air contenu dans le tambour. Mais en raison
même de son poids, la masse oscillante ne saurait suivre exactement les
mouvements du corps : de là un défaut de synchronisme entre les oscil-

lations du corps et celles de l'appareil, et par suite des indications erronées, excepté dans le cas tout exceptionnel où il y aurait concordance parfaite entre les oscillations propres de l'appareil et les mouvements verticaux du corps.

II. Résultats principaux de la méthode graphique. — Quelques exemples de graphiques montreront les principaux résultats obtenus et mettront en lumière les précieuses ressources de la méthode graphique.

α. Figure 52. — *Graphiques de la marche lente.* — Les deux courbes supérieures représentent, pour chacun des pieds, la succession des *foulées*

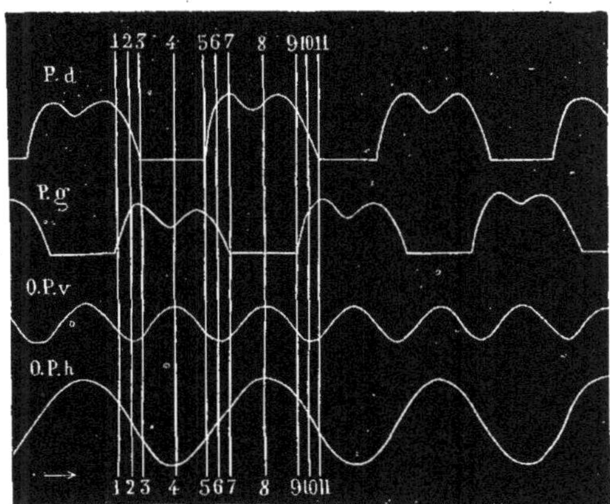

Fig. 52. — Graphique des foulées et des oscillations du tronc dans la marche lente (Carlet).

P, d, succession des foulées et des levées du pied droit. — P, g, foulées et levées du pied gauche., — O, P, v, oscillations verticales du pubis. — O. P, h, oscillations horizontales du pubis.

(phases d'appui) et des *levées* (phases d'oscillation) : les parties horizontales correspondent aux levées ; les parties sinueuses répondent aux foulées et la grandeur des ordonnées mesure la pression du pied sur le sol aux divers instants de la phase d'appui. — On remarquera que la pression n'est pas constante pendant la durée d'une foulée, qu'elle a deux maxima, l'un au début, l'autre à la fin de cette phase. Mais la détermination de cet élément de la marche n'est pas encore assez précise, ni assez détaillée, pour nous faire connaître exactement la loi suivant laquelle varie la pression sur le sol. Un fait toutefois ressort de la mesure de cette pression, c'est qu'elle est toujours supérieure au poids du corps et d'autant plus grande que le pas est plus long.

En faisant agir sur le même tambour enregistreur simultanément les vibrations d'un diapason chronographe et les variations de pression de la chaussure exploratrice, M. Marey a constaté cet autre fait, que la vitesse de translation du corps n'est pas uniforme, mais qu'elle s'accélère pendant la durée de chaque pas simple, pour redevenir brusquement à la fin du pas ce qu'elle était au début.

Les droites verticales parallèles servent à établir la correspondance entre les phases des deux jambes; elles montrent l'existence du temps de double-appui (intervalles 1-3, 5-7, 9-11) dont la durée varie en sens inverse de la vitesse de la marche, devient nulle, et même négative, dans la course.

La courbe qui porte l'indication O, P, V représente les oscillations verticales de la symphyse du pubis, point situé presque sur le même plan horizontal que le centre de gravité du corps. On voit que chaque pas simple donne lieu à une oscillation verticale et que le plus haut point de l'oscillation répond, à très peu près, au milieu de la phase d'appui de la jambe correspondante.

La courbe O, P, h figure les oscillations horizontales du pubis, en nombre évidemment égal à celui des doubles-pas ou à la moitié de celui des oscillations verticales. Les sommets des oscillations verticales correspondent de deux en deux à un sommet des horizontales.

β. Figure 53. — *Graphique d'une marche rapide* (MAREY). — La courbe pleine D et la pointillée G représentent les foulées des deux jambes.

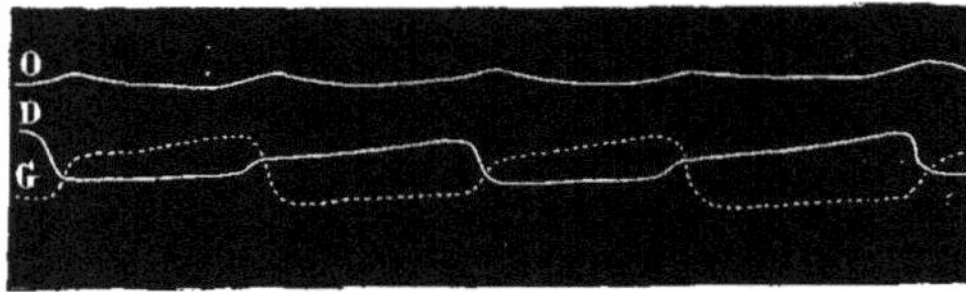

Fig. 53. — Graphique d'une marche rapide.

La superposition des deux courbes montre à la simple vue les rapports de correspondance entre les phases de deux membres; on voit que le temps de l'appui bilatéral fait défaut presque complètement.

Les foulées de cette figure se présentent sous une forme différente de celle qu'elles ont dans la figure précédente : cela provient de ce que les premières ont été obtenues avec la chaussure à deux chambres à air, tandis que la chaussure à une seule chambre a fourni les secondes.

La courbe supérieure O représente les oscillations verticales du tronc dont les sommets se trouvent ici correspondre à l'instant du changement de pied, c'est-à-dire à la fin de chaque foulée. La force de projection et la vitesse de translation étant plus grandes que dans la marche lente, on conçoit que la courbe des oscillations retarde, sur celle des foulées, de la durée d'un demi-pas simple.

γ. Figure 54. — *Graphique de la course* (MAREY). — Ici la durée du double appui est devenue *négative*, ce qui signifie que le corps reste, pendant un moment, complètement libre dans l'air, comme un projectile, sans aucune jambe de soutien.

Quant à la courbe O des oscillations verticales, dont les maxima répondent aux milieux des foulées, comme dans la marche lente, et les minima aux temps de suspension libre; on ne peut s'en expliquer la position défectueuse et inadmissible qu'en accusant l'appareil d'avoir avancé la courbe d'une demi-foulée; car si, déjà dans la marche très rapide, nous voyons les maxima des oscillations verticales se produire après les foulées, *a fortiori* devons-nous trouver la même correspondance. On a dit les

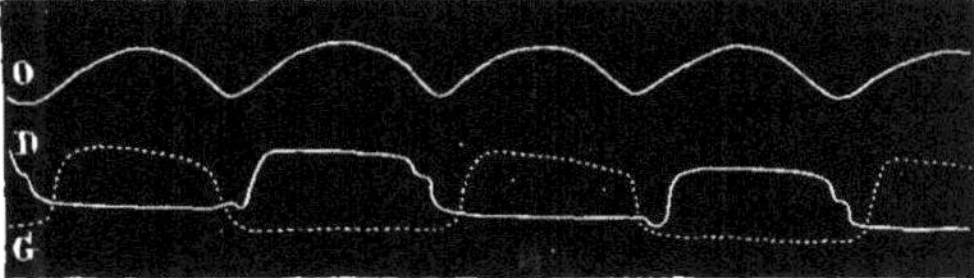

Fig. 54. — Graphiques de la course.
D. foulées du pied droit. — G, foulées du pied gauche.
Réactions verticales du tronc.

raisons qui rendent suspectes les indications de cet appareil, et la preuve irrécusable de son inexactitude, c'est qu'il donne la même position aux oscillations verticales dans le saut, où l'on ne saurait mettre en doute que le corps n'atteigne sa plus grande hauteur pendant la phase de suspension.

63. Représentation mathémathique des lois fondamentales de la marche. — De simples considérations géométriques permettent de représenter par une formule les lois fondamentales de la marche chez l'homme. Soient GJ et GJ' (fig. 55) les deux jambes, au moment où l'une d'elles est posée verticalement sur le sol et où l'autre, faisant avec la première un angle JGJ' et s'appuyant contre terre, se déploie pour pousser en avant le centre de gravité du corps. La force que la jambe motrice GJ' a à développer, varie avec l'angle d'écart JGJ' que nous désignerons par α, car à tous les instants du pas, elle doit avoir une grandeur telle que sa composante verticale soit exactement égale au poids p du corps et que sa composante horizontale agisse seule pour faire avancer le centre de gravité. Appelons l la longueur de la jambe verticale, ou plus généralement et plus exactement la hauteur de la tête du fémur au-dessus du sol, L la longueur de la jambe étendue GJ' et d la distance JJ' comprise entre les extrémités des deux jambes, c'est-à-dire la *longueur du pas*. Le triangle rectangle JGJ' donne entre ces trois quantités la relation :

$$L^2 = l^2 + d^2,$$

d'où:
$$d = \sqrt{L^2 - l^2},$$

qui montre que, la longueur L de la jambe étendue restant constante, la longueur d du pas augmente quand la hauteur l du corps au-dessus du sol diminue.

D'autre part, la similitude des deux triangles GJJ' et GHF fournit la proportion :

$$\frac{l}{d} = \frac{p}{h},$$

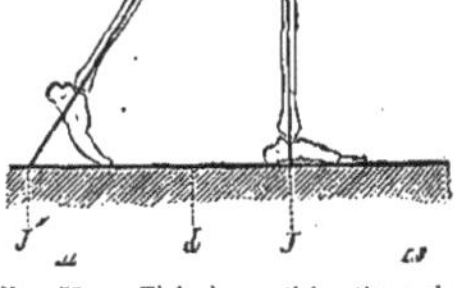

Fig. 55. — Théorie mathématique de la marche.

p désignant la grandeur de la composante verticale GV ou HF, qui doit être égale au poids du corps, h représentant la composante horizontale GH. De l'égalité précédente, on tire:

$$h = p\,\frac{d}{l},$$

Cette formule montre que *la composante horizontale de la force d'extension développée par la jambe motrice doit augmenter proportionnellement au poids du corps, qu'elle devient d'autant plus considérable que la longueur du pas est elle-même plus grande ou que la hauteur du centre de gravité est plus petite.*

Cela posé, pour établir une relation entre les quantités précédentes et la vitesse du pas, nous allons supposer que l'intensité de la composante horizontale h de la force de projection est constante pendant toute la durée du pas et que la *force vive* produite n'est détruite par la résistance du sol qu'à l'instant même où la jambe oscillante vient se poser à terre et où l'autre jambe a terminé son mouvement d'extension. Dès lors, à la fin du pas, la force accélératrice a accompli un *travail* qui a pour expression :

$$h\,d = \frac{1}{2}\,m\,v^2\ldots \quad \text{(Cf. § 25, équation [3].)}$$

En remplaçant la masse m par sa valeur $\dfrac{p}{g}$, nous obtenons :

$$h\,d = \frac{1}{2}\,\frac{p}{g}\,v^2,$$

d'où :
$$v^2 = 2\,h\,\frac{dg}{p}.$$

A la place de h mettons sa valeur précédemment trouvée $p\,\dfrac{d}{l}$ et nous avons

$$v^2 = 2\,d^2\,\frac{g}{l},$$

d'où
$$v = d\,\sqrt{\frac{2g}{l}}.$$

Il résulte de cette dernière formule que *la vitesse finale dont est animé le centre de gravité du corps dans le sens horizontal à la fin de chaque pas, est proportionnelle à la longueur du pas et en raison inverse de la racine carrée de la hauteur de la tête du fémur au-dessus du sol.*

Les conditions fictives, sur lesquelles nous venons de nous appuyer pour établir la théorie mathématique de la vitesse du pas, se trouvent sensiblement réalisées dans la marche très rapide, où l'arc d'oscillation que décrit la jambe mobile est interrompu juste en son milieu par la rencontre soudaine du pied flottant avec le sol (cf. § 61). Dans ce cas, la vitesse du corps pendant la durée d'un pas croît effectivement depuis zéro jusqu'à une valeur maximum, pour retomber aussitôt à zéro, au moment où la jambe oscillante se pose à terre ; c'est ce dont on peut s'assurer par l'observation. Il est à remarquer toutefois que la relation entre la vitesse du pas, sa longueur et la longueur de la jambe oscillante reste la même, lorsque les conditions de la marche s'écartent plus ou moins notablement de celles que nous avons supposées remplies ; tel est le cas, par exemple, de la marche lente et de la course. En pareille occurrence, supposons qu'on décompose la durée totale du pas en intervalles de temps assez petits pour que la force de propulsion puisse être considérée comme constante pendant toute la durée d'un intervalle ; appelant alors φ l'intensité de la force motrice correspondante à un de ces éléments de temps, δ le chemin parcouru durant ce temps, et v la vitesse acquise à la fin du même intervalle, on aurait pour le travail correspondant :

$$\varphi\,\delta = \frac{1}{2}\,\frac{g}{p}\,v^2.$$

Donnons ensuite à φ et à δ les différentes valeurs relatives aux divers intervalles de temps et nous trouverons les vitesses correspondantes ; resterait enfin à faire la somme de toutes ces vitesses élémentaires et à diviser cette somme par la durée du pas ; on obtiendrait ainsi la vitesse *moyenne* avec laquelle le corps a marché pendant la durée d'un pas. Or, la somme des valeurs de δ représente la longueur entière du pas d ; d'autre part, la quantité l, qu'introduirait dans la formule le remplacement de φ par sa valeur en fonction de p, δ et l, est constante ; en conséquence, que l'intensité de la force propulsive h soit constante ou variable pendant la durée du pas, cela ne change pas la relation qui existe entre la vitesse du pas, sa longueur et la longueur de la jambe oscillante.

Quand donc on désirera formuler dans toute leur rigueur les lois de la locomotion relatives aux différentes allures, marche lente, marche rapide, course, etc., en tenant exactement compte des conditions qui président à ces divers cas, on devra décomposer le pas en un nombre infini de périodes élémentaires et faire la somme des effets produits pendant toutes ces périodes. C'est là un problème de mécanique qui se rapporte au mouvement vibratoire complexe et dont la solution mathématique, exigeant le secours de la haute analyse, ne saurait trouver place dans un ouvrage élémentaire ; la question est traitée dans le travail des frères Weber auquel nous renvoyons le lecteur (E. et W. WEBER, *Traité de la mécanique des organes de la locomotion*. Gœttingen, 1836 ; traduit en français par JOURDAN, dans l'*Encyclopédie anatomique*, Paris 1843).

64. Locomotion des quadrupèdes. — Deux circonstances facilitent dans les quadrupèdes les mouvements de progression : en premier lieu, le nombre des organes qui développent la force de propulsion est doublé ; secondement, le centre de gravité ne se trouve pas, comme chez l'homme, en équilibre instable au-dessus d'un axe unique de rotation ; placé, dans cette classe d'animaux, entre l'axe de suspension des membres antérieurs et celui des membres postérieurs, il est en équilibre stable.

64ᵃ. Vol des oiseaux. — Dans les oiseaux, le centre de gravité est situé relativement très haut, à cause de la masse considérable de la cage thoracique. Très désavantageuse pour la marche, cette position du centre de gravité est d'autant plus favorable au vol. Dans ce dernier mode de locomotion, l'oiseau frappe l'air de ses deux ailes, d'avant en arrière ; le fluide aérien, repoussé, résiste et réagit, en vertu du principe de l'égalité de l'action et de la réaction : il en résulte une force réactionnelle qui est dirigée en sens contraire du mouvement des ailes et qui entraîne le corps de l'animal dans l'espace. Lorsque les ailes sont étendues dans un même plan perpendiculaire à l'axe longitudinal du corps, les forces qui agissent sur elles, par suite de la réaction de l'air, sont parallèles et ont une résultante égale à leur somme ; cette résultante est dirigée suivant la longueur de l'oiseau et pousse celui-ci dans la même direction ; dans ces conditions, l'effet produit a sa valeur maximum. Si les ailes occupent toute autre position, les forces réactionnelles auxquelles elles sont soumises ont une résultante inférieure à la somme des composantes, car alors la résultante est la diagonale du parallélogramme construit sur les deux forces non parallèles qui agissent chacune sur l'aile correspondante.

64ᵇ. Saut. Natation. — Le mécanisme [du saut et] de la natation est basé sur le même principe que le vol des oiseaux.

[Dans le saut, qu'il s'agisse de bipèdes ou de quadrupèdes, c'est le sol qui, pressé par la détente rapide des membres de l'animal, réagit avec une intensité égale ; il suffit que la force réactionnelle ainsi développée soit supérieure à la pesanteur pour que le corps de l'animal se détache du sol et soit lancé dans l'espace à la manière d'un projectile.]

Pour nager, l'homme frappe l'eau à la fois des mains et des pieds : il en résulte quatre forces propulsives qui, prises deux à deux, forment deux systèmes de composantes, l'un correspondant au mouvement des bras, l'autre à celui des jambes; chaque système a pour résultante la diagonale du parallélogramme construit sur les deux forces dont il est composé; ces deux résultantes sont dirigées suivant l'axe longitudinal du corps et s'ajoutent pour former une résultante unique qui fait avancer le nageur.

65. Mouvements relatifs des pièces du squelette considérées isolément. — Les mouvements des diverses pièces du squelette les unes par rapport aux autres ont la même origine que les mouvements de locomotion du corps tout entier : dans un cas comme dans l'autre, c'est la force musculaire unie à la pesanteur qui produit le mouvement.

Le squelette, dans son ensemble, se compose d'un grand nombre de leviers dont les actions se combinent entre elles suivant les modes les plus variés et les plus complexes. Le centre de gravité de chaque article ou pièce mobile du squelette représente le point d'application de la résistance, qui est, dans ce cas, le poids même du levier osseux et des parties molles dont il est recouvert.

Si le levier considéré est soumis à l'action d'une charge extérieure, la résistance, représentée alors par les poids réunis de l'article et du fardeau qu'il supporte, est appliquée au centre de gravité de tout le système. D'autre part, chaque point d'insertion d'un muscle est le point d'application d'une puissance. Quand un certain nombre de muscles agissent synergiquement pour produire un mouvement déterminé, la puissance est multiple et s'applique en plusieurs endroits différents; mais on peut à ces divers points en substituer un seul, auquel on appliquera la résultante de toutes les puissances musculaires en jeu.

La majeure partie des pièces du squelette représentent des leviers du *troisième genre*, dans lesquels le bras de levier de la puissance est plus court que celui de la résistance ; on a vu que dans ces conditions l'avantage, sous le rapport de la force, est du côté de la résistance, mais qu'en revanche le point d'application de la résistance se meut plus vite que celui de la puissance. Cette dernière circonstance est favorable à la rapidité des mouvements. Notons encore que la direction suivant laquelle agissent les puissances musculaires est, en général, aussi désavantageuse que possible, car la plupart des muscles se fixent aux os sous des angles extrêmement aigus. [Comme exemples de leviers du troisième genre, nous citerons les membres considérés dans la plupart de leurs mouvements de flexion ou d'extension.

Le levier du premier genre se rencontre aussi assez fréquemment chez l'homme, surtout lorsqu'il s'agit de maintenir l'équilibre dans la station; la tête, par exemple, placée en équilibre sur la colonne vertébrale, représente un levier du premier genre, dont le point d'appui se trouve dans l'articulation occipito-atloïdienne; la résistance est le poids de la tête qui tend à tomber en avant; cette force, appliquée ainsi au devant du point d'appui, est contrebalancée par la puissance que développe la traction des muscles de la région cervicale postérieure.]

[Le levier du deuxième genre, où *la vitesse est sacrifiée à la force*, ne se rencontre pour ainsi dire pas dans l'économie humaine; c'est une erreur des Weber, partagée par MM. Béclard et Giraud-Teulon, de voir un semblable levier dans le pied de l'homme se soulevant sur sa pointe en soutenant le corps: le pied représente alors un levier du premier genre, dont le centre de rotation se trouve dans l'articulation tibio-tarsienne; la puissance, due à la contraction des muscles du mollet, est appliquée au talon, à l'extrémité du calcanéum; la résistance est égale au poids du corps, mais elle est représentée par la réaction du sol contre ce poids et elle s'exerce à l'extrémité antérieure des métatarsiens, attendu que le corps ne pourrait pas se tenir en équilibre si la ligne de gravité tombait en dehors de la base de sustentation. Il est vrai qu'on pourrait, à la rigueur, admettre l'assimilation du pied à un levier du deuxième genre, mais à la condition expresse de faire passer la résistance par le centre de l'articulation tibio-tarsienne et de lui donner la grandeur et la direction de la résultante du poids du corps et de la puissance musculaire.

Quelle que soit celle de ces deux manières d'envisager le problème qu'on adopte, on trouvera toujours le même rapport entre la force musculaire requise et le poids du corps, une force plus que triple de ce poids et plus de quatre fois supérieure à celle que donnerait la théorie classique du levier du deuxième genre [1].]]

Nous laissons à la physiologie l'étude détaillée des mouvements qui s'accomplissent dans les articulations, parce que cette étude exige la connaissance préalable des diverses articulations. (V. *Lehrbuch der Physiologie*, 2° édit. 1868, § 204. — Traduction française, par le Dr Bouchard; Paris, 1872.)

Toutefois, pour montrer combien ces mouvements sont parfois compliqués, il nous suffira de mentionner ce qui se passe lorsque la main écrit ou qu'elle conduit un scalpel. Pour écrire, par exemple, la plume, tenue entre les phalanges extrêmes du pouce et de l'index et reposant sur le médius, représente un levier dont le point d'appui varie suivant le sens et l'étendue des mouvements accomplis: la plume tourne tantôt autour d'un point situé sur l'index, tantôt autour d'un point placé plus en arrière sur le pouce, et ces alternances dans le jeu du levier écrivant nécessitent des modifications correspondantes dans les mouvements des phalanges qui concourent à produire l'effet voulu.

PRINCIPALES INDICATIONS BIBLIOGRAPHIQUES RELATIVES A LA MÉCANIQUE DE L'HOMME
(STATIQUE ET DYNAMIQUE DU CORPS HUMAIN)

[FABRICE D'AQUAPENDENTE. De motu locali animalium secundum totum, etc. Bataviæ, 1618. (*Opera omnia anat. et physiologica;* p. 332 et suiv. Lipsiæ, 1687.)

J. A. BORELLI. De motu animalium, etc.; Rome, 1680; 2° édit. Leyde, 1685.

J. BERNOULLI. De motu musculorum, etc; 1° édit. Bâle, 1694. (*Opera omnia*, t. I, p. 94. Lausanne et Genève, 1742.)

BARTHEZ. *Nouvelle Méchanique des mouvements de l'Homme et des Animaux*. Carcassonne, 1798.

ROULIN. Recherches sur les mouvements et les attitudes de l'homme (*Journal de physiologie* de Magendie, 1821 et 1822, t. I et II, p. 45, 156, 283.)

CHABRIER. Mémoire sur les mouvements progressifs de l'homme et des animaux. (*Journal des progrès des sciences médic.*, 1828; t. X, XI et XII.)

GERDY. Mémoire sur le mécanisme de la marche de l'homme. (*Journal de physiologie*, de Magendie, 1829, IX, 1.) — Mémoire sur la musculation ou locomotion, sur la marche, sur le saut. (*Physiologie médic.*, 1832; t. I, p. 402-482.)

GOUPIL. *La contractibilité musculaire étant donnée, considérer les muscles dans la station, la progression, le saut, le saisir et le grimper*. Strasbourg, 1834.

RAMEAUX. *Considérations sur les muscles*. Paris, 1834.

[1] MONOYER. De la détermination expérimentale de la force musculaire sur le vivant. (*Soc. des Sciences méd. de Lyon*, 1882.)

E. et W. Weber. Mechanik der menschlichen Gewerkzeuge ; Gœttingen, 1836. — Traduction par Jourdan : Traité de la mécanique des organes de la locomotion (*Encyclopédie anatomique*, t. II ; Paris, 1843.)

Maissiat. *Études de physique animale.* Paris, 1843.

Michel. *Des muscles et des os au point de vue de la mécanique animale.* Strasbourg, 1846.

Ed. Weber. Muskelbewegung. (*Wagner's Handwœrterbuch der Physiologie*, 1846, t. III, 2ᵉ part.).

Donders. Beitrag zur Lehre von den Bewegungen des menschlichen Auges. (*Holländ. Beiträge zu den anat. u. physiol. Wissenschaften*, 1847; t. I, p. 104 et 384.)

A. W. Volkmann. Ueber die Kraft welche in dem gereizten Muskel des animalen Lebens thœtig ist. (*Verhand. der sœchsisch. Gesellschaft der Wissensch.*, 1851.)

F.-A. Bernard. *De l'élasticité du tissu musculaire et des phénomènes physiques de l'activité des muscles.* Strasbourg, 1853.

L. Fick. Beitrœge zur Mechanik des Gehens. (*Müller's Arch. f. Anat. u. Physiol.*, 1853. p. 49.)

H. Meyer. Das aufrechte Stehen. (*Müller's Arch. f. Anat. u. Physiolog.*, 1853, p. 9 et 365.) — Die Mechanik des Kniegelenkes. (*Ibid.*, p. 497.)

A. Fick. Die Bewegungen des menschlichen Augapfels. (*Zeitschr. f. rat. Medicin*, 1853, t. IV, p. 102.) — Ueber die Gelenke mit sattelfœrmigen Flœchen. (*Ibid.*, 1854, t. IV, p. 314.)

O. Meissner. Die Bewegungen des Auges. (*Archiv. f. Ophthalm.*, 1855, t. II, p. 1.)

Langer. Ueber das Sprunggelenk der Sœugethiere und des Menschen. (*Sitzungsber. der k. k. Akad. zu Wien*, 1856, t. XXIX, p. 117.)

W. Henke. Die Bewegung zwischen Atlas und Epistropheus. (*Zeitschr. f. rat. Medic.*, 1857, p. 115.)

E. Harless. Die statischen Momente der menschlichen Gliedmassen. (*Verhandlungen der k. bayerisch. Akad. der Wissensch.*, 1857, t. VIII, p. 260.)

Giraud-Teulon. *Principes de mécanique animale*, etc. Paris, 1858.

W. Wundt. *Die Lehre von der Muskelbewegung.* Braunschweig, 1858.

L. Fick. Ueber die Gestaltung der Gelenkflœchen. (*Müller's Arch. f. Anat. u. Physiol.*, 1859, p. 657.)

W. Henke. Die Bewegungen des Kopfes in den Gelenken der Halswirbelsœule. (*Zeitschrift f. ration. Medicin*, 1859, t. VII. p. 49.) — Die Bewegungen der Handwurzel (*loc. cit.*). — Die Bewegungen des Kniegelenkes. (*Loc. cit.*, t. VIII). — Die Aufhœngung des Armes in der Schulter durch den Luftdruck. (*Id.*, 1859.)

Langer. Das Kniegelenk des Menschen. (*Sitzungsbericht der Akad. d. Wissenschaft zu Wien*, 1858, t. XXXII, p. 99.) — Ueber incongruente Charniergelenke. (*Id.*, p. 182). — Die Bewegungen der Gliedmassen, insbesondere der Arme. (*Zeitsch. f. rat. Medic.*, 1859.) — Das Kiefergelenk des Menschen. (*Sitzungsber. der Akad. d. Wissench. zu. Wien*, 1860, t. XXXIII, p. 457.)

G. Meissner. Ueber die Bewegungen des Auges nach neuen Versuchen. (*Zeitschr. f. rat. Medicin*, 1859, t. VIII, p. 1.)

W. Wundt. Ueber die Bewegungen der Augen. (*Archiv. f. Ophthalm.*, 1862, t. VIII, 2ᵉ part, p. 1.)

Helmholtz. Ueber die normalen Bewegungen des menschlichen Auges. (*Archiv. f. Ophthalm.*, 1863, t. IX, 2ᵉ part., p. 158.)

W. Henke. *Handbuch der Anatomie und Mechanik der Gelenke*, etc. ; Leipzig u. Heidelberg, 1863.

Edm. Rose. Die Mechanik des Hüftgelenkes. (*Arch. f. Anat. u. Physiol.*, 1865, p. 521.)

W. Koster. Sur quelques points de la mécanique du corps humain. (*Archives néerlandaises*, 1867, t. II.)

Prompt. Recherches sur la théorie de la marche. (*Gazette médicale de Paris*, 1869, n° 19 et suiv.)

Jobelin. Étude critique de la physiologie des muscles intercostaux. *Thèse de Strasbourg*, 1870.

Schlagdenhauffen. Considérations mécaniques sur les muscles. (*Journ. de l'Anatom. et de la Physiol. de l'homme*, 1872.)

Marey. *Du mouvement dans les fonctions de la vie.* Paris, 1868. — *La machine animale.* Paris 1873.

Carlet. Essai expérimental sur la locomotion humaine. [*Annales des sciences naturelles*, Zoologie, 5ᵉ série, t. XVI, 1872.]

Petitorew. *La locomotion chez les animaux.* Paris, 1874.

Kollmann. *Mechanik des menschlichen Kœrpers*, 1874.

II. MÉCANIQUE DES LIQUIDES

CHAPITRE V

DE L'ÉTAT LIQUIDE

66. Cohésion des liquides. — Nous avons défini l'état *liquide*, cet état de la matière dans lequel les molécules s'attirent mutuellement avec une énergie si faible que la plus légère influence suffit à les déranger de leur position (cf. § 15). On comprend dès lors que toute force, qui vient à agir sur un liquide, y produise de bien plus grandes perturbations moléculaires que dans les solides. La pesanteur, par exemple, sollicite avec la même intensité toutes les molécules matérielles, que la substance considérée soit solide ou liquide; mais, dans le premier cas, elle n'a pas d'influence appréciable sur la forme du corps, parce qu'elle est impuissante à vaincre la forte attraction qui maintient unies les molécules des solides; elle triomphe, au contraire, aisément de la faible résistance que lui opposent les forces attractives qui s'exercent entre les molécules liquides. Telle est la raison, pour laquelle la forme d'une masse liquide au repos est déterminée par la pesanteur et dépend, en conséquence, de la forme du vase qui renferme le fluide.

66ᵃ. Compressibilité des liquides. — Les liquides changent donc aisément de forme, grâce à la mobilité de leurs molécules, qui glissent les unes sur les autres avec une facilité plus ou moins grande; en un mot, ils n'ont pas de forme qui leur appartienne en propre; en revanche, lorsqu'ils sont soumis à l'action de forces extérieures, leur volume éprouve des variations bien moins considérables que celui des gaz placés dans les mêmes conditions, si toutefois la température n'a pas changé. Nous verrons, en effet, qu'en exerçant une compression sur un corps gazeux, on en augmente la densité proportionnellement à la pression; il n'en est pas de même des liquides, ou, du moins, la diminution de volume que nous pouvons leur faire subir est-elle insignifiante et exige-t-elle le déploiement de pressions d'une énergie extrême. C'est en raison de cette circonstance que la *compressibilité* des liquides est si difficile à mettre en évidence, d'autant plus que le vase dans lequel on cherche à les comprimer cède lui-même à la pression intérieure et masque ainsi, par sa dilatation, une partie de la réduction de volume de la masse fluide.

Cependant Regnault a tourné la difficulté en disposant l'appareil de manière que le vase renfermant le liquide, vase qui a reçu le nom de *piézomètre*, supportât sur sa surface extérieure une pression égale à celle qui était exercée de dedans en dehors par l'intermédiaire du fluide soumis à la compression ; par ce moyen, il a pu constater que le volume d'une masse liquide diminue proportionnellement à l'augmentation de pression. Mais cette réduction de volume est si minime que, dans la pratique, on peut toujours considérer les liquides comme étant incompressibles.

[Pour donner une idée de la faible compressibilité des liquides, nous citerons le *coefficient de compressibilité* de l'eau, qui a été trouvé égal, en chiffres ronds, à 0,00005 ; ce nombre signifie qu'un volume d'*un* mètre cube d'eau, par exemple, c'est-à-dire de 1.000.000 centimètres cubes, soumis à une augmentation de pression de 1 atmosphère, éprouve une diminution de 50 centimètres cubes, et se trouve ainsi réduit à un volume de 999.950 centimètres cubes.] Le seul moyen un peu efficace qu'on possède, non seulement pour augmenter, mais encore pour diminuer la densité des liquides dans des proportions notables, consiste à leur ajouter ou à leur enlever du calorique ; nous nous occuperons de cette question quand nous traiterons de la chaleur.

La faible compressibilité des liquides s'explique par l'accroissement rapide qu'éprouvent les forces répulsives qui s'exercent entre les molécules, quand les intervalles moléculaires viennent à diminuer d'étendue. Sous la pression atmosphérique habituelle, les forces moléculaires, attractives et répulsives, se font équilibre ; mais, dès que la pression augmente, l'intensité des forces répulsives croît dans une proportion telle qu'elle oppose un obstacle presque insurmontable au rapprochement mutuel des molécules. Quand, au contraire, on diminue la pression extérieure, en plaçant le liquide dans un milieu où on fait le vide, les molécules des couches superficielles se séparent des molécules sous-jacentes et sortent ainsi de la sphère d'attraction de ces dernières : le corps se *vaporise* et passe à l'état gazeux, les forces attractives ne suffisant plus à le maintenir à l'état liquide.

66ᵇ. Forme de la surface libre des liquides. — Dans les liquides, chaque molécule peut, sous l'influence de la pesanteur, se mouvoir indépendamment des autres jusqu'à ce qu'elle soit arrêtée dans sa chute par la résistance des molécules sous-jacentes ou par les parois du vase ; il en résulte non seulement que toute masse liquide prend la forme du vase qui l'a contenue, mais encore que *la surface libre d'un liquide au repos est horizontale*, c'est-à-dire perpendiculaire à la direction de la pesanteur, chacun des points de cette surface devant se trouver à la même distance du centre de la terre.

CHAPITRE VI

HYDROSTATIQUE

67. Transmission des pressions dans les liquides : principe de Pascal. — Toute molécule liquide tend, avons-nous vu, à tomber verticalement ; la chute a lieu effectivement quand aucun obstacle ne s'oppose au mouvement. Si, au contraire, la molécule considérée repose sur un plan solide qui l'empêche d'obéir à l'action de la pesanteur, elle ne tombe pas, mais elle exerce alors sur ce plan une pression en rapport avec la grandeur de sa propre masse.

Soit ABCD (fig. 56) un vase renfermant une certaine masse liquide qu'on peut regarder comme composée d'un très grand nombre de molécules. Décomposons par la pensée cette masse en un nombre infiniment grand de tranches ou couches horizontales d'une épaisseur infiniment petite; soient *ab, cd, ef,..... mn* ces tranches élémentaires. Il est évident que la première tranche *ab* presse de tout son poids sur la deuxième *cd*, que la troisième tranche supporte à son tour le poids des deux premières réunies, et ainsi de suite jusqu'à la dernière tranche *mn*, qui porte le poids de toutes les autres; finalement, la pression exercée sur le fond BC du vase est égale au poids de toute la masse liquide *abmn*. De même, une tranche quelconque *ik*, prise dans l'intérieur de la masse, supporte une pression équivalente au poids de tout le liquide *abik* situé au-dessus. Si, au lieu d'une tranche entière, on n'en considère qu'une fraction, telle que *x'y'*, cette portion de surface ne portera que le poids de la colonne liquide *pqx'y'*; s'agit-il d'une portion *xy* du fond du vase, la pression exercée sur cette surface a pour valeur le poids de la colonne *pqxy*.

Fig. 56. — Transmission des pressions dans les liquides.

On voit donc que toute molécule située dans l'intérieur d'un liquide supporte une pression dirigée de haut en bas et égale au poids de la file des molécules placées au-dessus. Or il a été dit, dans le paragraphe précédent, que le caractère fondamental de l'état liquide consiste dans la facilité avec laquelle les molécules se déplacent les unes par rapport aux autres, dans tous les sens, sous l'influence des plus légères forces extérieures. S'il en est ainsi, la molécule *x'*, par exemple, pressée par la file *px'* des molécules sus-jacentes, cherchera à fuir aussi bien dans la direction *x'i* ou *x'k* que dans la direction *x'x*; mais, comme elle est retenue dans sa position par la résistance des molécules environnantes, elle exercera autour d'elle, en tous sens, une pression précisément égale à celle qu'elle supporte elle-même. [C'est de cette manière que, *dans les liquides, la pression exercée en un point quelconque de leur masse se transmet également dans tous les sens;* telle est la forme habituelle sous laquelle on énonce le *principe de Pascal* ou *principe d'égalité de pression.*

De plus, en vertu du principe de l'égalité de l'action et de la réaction, la molécule considérée subit à son tour, de la part des molécules environnantes, une pression égale à celle qu'elle leur communique; la molécule *x'*, par exemple, est pressée dans tous les sens avec une force représentée par le poids de la colonne liquide *p x'*. De là, cette autre conséquence extrêmement importante, à savoir que, *dans un liquide en équilibre, chaque molécule est également pressée dans tous les sens.*]

Considérons maintenant un point quelconque *α* des parois latérales du vase de la figure 56 : il résulte du principe qui vient d'être établi que ce point

supporte une pression dirigée normalement à la surface de la paroi et représentée par le poids de la file $a\alpha$ des molécules sus-jacentes. Par la même
raison, la pression qui s'exerce sur la surface $\alpha\beta$ est égale au poids d'une
colonne liquide ayant pour base cette surface même et pour hauteur la
distance $a\gamma$ du niveau du liquide au centre de gravité de la surface considérée. Ce qui est vrai pour la paroi du vase, l'est aussi pour toute autre
portion de surface prise dans l'intérieur de la masse fluide.

Cela posé, remplissons entièrement de liquide un vase ABCD (fig. 57)
clos de toutes parts; supposons qu'on remplace une portion pq de la paroi
supérieure par un piston P prenant très juste dans l'ouverture qui lui est
ménagée, et qu'on charge ce piston d'un poids h; cela revient à supposer la
surface pq surmontée d'une colonne liquide de poids égal à h.

Il est évident, dès lors, que toute surface prise dans l'intérieur du liquide et égale en étendue à la surface pq supportera, en sus du poids de la
colonne liquide sus-jacente, une pression égale à h; tel est le cas des surfaces xy ou $x'y'$. Il en sera de même des pressions exercées sur les parois
latérales du vase, puisque la pression se transmet également dans tous les
sens; ainsi, la surface $p'q'$ sera aussi

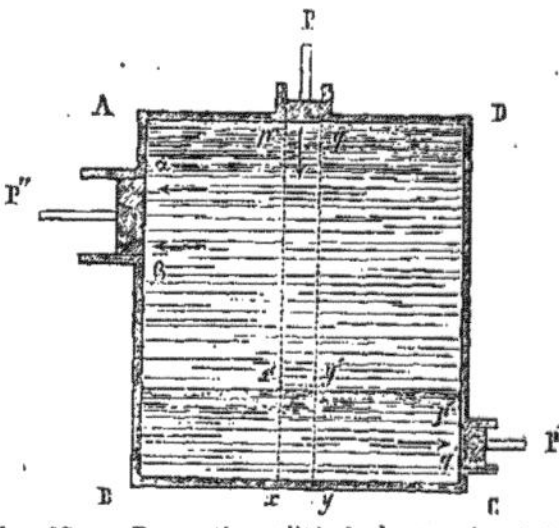

Fig. 57. — Proportionnalité de la pression à la
grandeur de la surface pressée.
(Principe de Pascal.)

pressée de dedans en dehors par une force égale à h, abstraction faite
de la pression afférente au poids du liquide. En admettant donc que cette
surface $p'q'$ soit remplacée par un piston P', il faudrait, pour le maintenir en place, y appliquer une force dirigée de dehors en dedans et
égale à la pression h transmise par le liquide, sans compter la force
nécessaire pour faire équilibre au poids de la colonne liquide qui presse
sur ce piston. Si la surface considérée, au lieu d'être égale à pq, a une
étendue double, elle supportera évidemment une pression double, c'est-à-
dire $2h$; si elle a une étendue triple, elle sera soumise à la pression $3h$.
En un mot, *la pression que supporte une surface, prise dans
l'intérieur d'un liquide ou sur les parois du réservoir qui le contient,
est proportionnelle à l'étendue de la surface considérée.*

67ª. Principe de la presse hydraulique. — La conclusion à laquelle nous venons
d'aboutir offre un moyen d'obtenir de grands effets à l'aide de forces relativement peu intenses. Remplaçons par un piston P'' la portion de paroi $\alpha\beta$,
et supposons que cette surface $\alpha\beta$ ait une étendue double de la surface pq :
exerce-t-on alors sur le piston P une pression h, la pression transmise au
piston P'' sera égale à $2h$; on pourra donc obtenir, à l'aide de ce dernier,
un effet mécanique extérieur deux fois plus grand que celui qui est employé
à produire le mouvement du piston P; l'effort développé par le piston P''
sera capable, par exemple, de soulever un poids $2h$ ou de comprimer
un corps avec une force égale à $2h$, etc. Si nous donnons au piston P'' une
surface 100 fois plus grande que celle de l'autre piston, nous centuplons

aussi la puissance du premier. Tel est le principe ·sur lequel repose la construction de la *presse hydraulique*.

Nous venons de montrer en vertu de quel mécanisme on peut, à l'aide de forces modérées, produire des effets extrèmement puissants; mais il faut se garder d'en conclure que nous avons ainsi créé de la force; on sait que cela est impossible; en réalité, dans la presse hydraulique, comme dans le levier du deuxième genre, nous ne faisons que transformer la vitesse en force : si, en effet, le piston P″ a une surface deux fois plus grande que celle du piston P, il transmet, à la vérité, une pression deux fois plus forte, mais, par contre, il se déplace avec une vitesse deux fois plus petite, puisque le corps de pompe dans lequel il se meut contient, à égalité de longueur, deux fois plus de liquide que le corps de pompe du piston P. [En un mot, *ce qu'on gagne en force, on le perd en vitesse* (cf. § 21)].

68. Pression sur le fond d'un vase. — De cette propriété des liquides, de transmettre également dans tous les sens la pression exercée en un point quelconque de leur masse, découlent les conditions d'équilibre de ces corps et les effets de pression auxquels ils donnent naissance en vertu de leur poids.

Relativement à la pression qu'un liquide, sollicité par la pesanteur, exerce sur le fond du vase qui le contient, il est évident, d'après le principe de Pascal, que cette pression est égale au poids de la colonne liquide qui a pour base la surface considérée, et pour hauteur la distance du fond au niveau du liquide dans le vase; c'est dire que *la pression dont il s'agit est complètement indépendante de la forme du vase*. Considérons, par exemple, les trois vases C, D, E (fig. 58, 59, 60), qui ont des formes différentes, mais qui sont remplis d'eau jusqu'à la même hauteur et dont les fonds ont la même superficie. Dans ces trois vases, la pression sur le fond a des valeurs identiques, car elle est égale

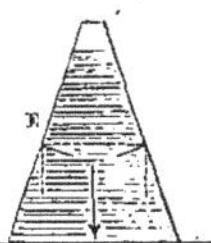

Fig. 58. — Pression sur le fond, égale au poids du liquide.

Fig. 59. — Pression sur le fond, inférieure au poids du liquide.

Fig. 60. — Pression sur le fond, supérieure au poids du liquide.

dans tous à $bh\delta$, si nous désignons par b l'aire du fond, par h la hauteur du liquide et par δ sa densité ; or, ces trois quantités b, h, δ sont les mêmes dans les trois cas.

[Il en résulte que, dans le vase C (fig. 58) la pression sur le fond est égale au poids même de toute la masse liquide; en D (fig. 59), cette pression est plus petite que le poids du liquide contenu dans le vase; elle est, au contraire, plus grande en E (fig. 60). Ainsi, la pression exercée sur le fond d'un vase par le liquide qu'il contient peut être, suivant les cas, égale, supérieure ou inférieure au poids de la masse fluide. On se rend aisément compte de ces faits en décomposant les pressions normales aux parois en pressions horizontales et en pressions verticales : les premières se détruisent deux à deux, tandis que les dernières agissent, suivant leur direction, dans le même sens que la pression sur le fond ou en sens contraire.]

68ᵃ. Équilibre des liquides dans les vases communiquants. — C'est encore le principe de Pascal qui détermine les conditions d'équilibre des liquides dans les vases communiquants; on nomme ainsi le système de deux ou plusieurs réservoirs, tels que B et C (fig. 61), réunis entre eux par un tube A permettant aux masses liquides renfermées dans chaque vase de communiquer l'une avec l'autre.

Quand un pareil système contient un seul liquide, il faut, pour qu'il y ait équilibre, que les surfaces libres du liquide dans les divers vases soient toutes situées dans un même plan horizontal ; en un mot, *le niveau du liquide doit se trouver partout à la même hauteur*.

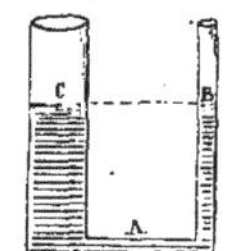

Fig. 61. — Équilibre des liquides dans les vases communiquants.

En effet, considérons une molécule liquide placée dans le tube de communication : cette molécule ne restera en équilibre que si les pressions qu'elle supporte dans tous les sens sont égales et opposées deux à deux; or ces pressions ne dépendent que de la surface de l'élément considéré et de la hauteur du liquide au-dessus du plan horizontal qui renferme la molécule; par conséquent cette hauteur doit être la même dans les deux vases.

Lorsqu'au lieu d'un seul liquide les vases communiquants en contiennent deux de densités différentes et non susceptibles de se mélanger, le liquide le plus lourd, s'il est en quantité suffisante, remplit le fond des deux vases ainsi que le tube de communication, et *les deux liquides s'élèvent, au dessus de leur surface de séparation, à des hauteurs qui sont en raison inverse de leurs densités*.

Cette propriété des vases communiquants permet de comparer entre elles les densités de liquides différents et non miscibles. [C'est sur le même principe que sont fondés les appareils imaginés par Boyle, Feuillée et Babinet pour déterminer la densité des liquides. M. Bertin[1], par une disposition fort ingénieuse, a rendu cette méthode essentiellement pratique et applicable, par exemple, aux recherches médicales sur la densité de l'urine ou d'autres liquides de l'économie.]

68ᵇ. Application du principe des vases communiquants à la circulation du sang. — Ce qui est vrai pour deux réservoirs s'applique à un système d'un nombre quelconque de vases communiquants, et reste encore vrai quand les liquides, au lieu d'être soumis à l'action seule de la pesanteur, ont à supporter, dans l'un ou l'autre des réservoirs, une pression supplémentaire.

Le système vasculaire des animaux, par exemple, peut être assimilé à un ensemble de vases communiquants, dans lequel l'action du cœur développe périodiquement une inégalité de pression, en prenant aux veines une certaine quantité de sang pour la faire pénétrer de force dans les artères. C'est en vertu de cet excès de pression à l'origine du système artériel sur celle qui existe à l'autre extrémité du système circulatoire que le sang circule; car, dans les vaisseaux sanguins de l'organisme animal, de même

(1) Bertin. Sur un nouveau densimètre hydrostatique. (Journal *l'Institut*, du 13 mars 1859; et *Mémoires de la Société des sciences naturelles de Strabourg*, 1861, t. V.)

que dans un système de vases communiquants, la pression tend constamment à s'égaliser sur tous les points. En somme, la force qui détermine la progression du sang consiste dans une rupture de l'équilibre hydrostatique, et la circulation n'est autre chose que le fait même du rétablissement continuel de cet équilibre.

69. Perte de poids d'un corps solide plongé dans un liquide: principe d'Archimède. — On a vu que les molécules liquides exercent les unes sur les autres, ou contre les parois de leur réservoir, une pression précisément égale à celle qu'elles ont elles-mêmes à supporter ; elles se comportent de la même manière à l'égard des corps solides qu'on plonge dans l'intérieur de leur masse.

Or, la pression, qu'un point quelconque du corps immergé éprouve de la part du milieu ambiant, dépend uniquement de la hauteur de la colonne liquide placée au-dessus du point considéré. La face supérieure du corps *abcd*, par exemple (fig. 62), supporte une pression égale au poids de la colonne *adpq ;* la face inférieure *bc* est pressée, de bas en haut, par le poids de la colonne *bcpq*. De même, tout point des faces latérales, tel que *k* ou *l*, supporte une pression dont la grandeur est déterminée par la distance de ce point au niveau du liquide dans le vase; ces pressions latérales sont, ainsi que les verticales, dirigées normalement à l'élément de surface considéré. Il s'ensuit que toutes les pressions latérales se font équilibre deux à deux et qu'on n'a plus à tenir compte que des pressions qui portent sur la face supérieure et sur l'inférieure ; or ces dernières, étant opposées l'une à l'autre et de grandeur

Fig. 62. — Perte de poids d'un corps solide plongé dans un fluide. (Principe d'Archimède).

inégale, ont une résultante égale à leur différence; cette résultante, dirigée de bas en haut, agit sur le corps en sens contraire de la pesanteur et lui fait ainsi perdre une partie de son poids précisément égale au poids du liquide déplacé. On peut donc dire d'une manière générale, que *tout corps plongé dans une masse fluide perd une partie de son poids égale au poids du fluide déplacé*. Tel est l'énoncé de la loi connue sous le nom de *principe d'Archimède*.

[La force qui tend ainsi à soulever le corps est appelée *force de poussée* ou simplement *poussée du fluide ;* elle est, comme nous l'avons dit, verticale et dirigée de bas en haut; son point d'application n'est autre que le centre de gravité de la masse fluide déplacée.]

[A la poussée, action du liquide sur le solide, correspond une réaction égale du solide sur le liquide, ce que l'expérience suivante démontre: deux cylindres, un plein et un creux de capacité égale au volume du premier, sont suspendus, l'un au-dessous de l'autre, à l'un des plateaux d'une balance hydrostatique qu'on met en équilibre au moyen d'une tare; sous le cylindre inférieur, un vase plein de liquide est posé sur un plateau d'une balance de Roberval qu'on maintient en équilibre comme la première. On fait alors plonger le cylindre plein dans le liquide et on constate que les deux équilibres sont rompus à la fois, celui de la balance hydrostatique par la poussée, celui de la balance Roberval par la réaction du solide sur le liquide; pour ramener en même temps les deux fléaux à l'horizontalité, il suffit de remplir le cylindre creux avec le liquide puisé dans le vase sous-jacent. Donc l'action du liquide sur le solide égale bien la réaction du solide sur le liquide et chacune de ces forces a pour mesure le poids du liquide déplacé par le corps immergé.]

[[69 **ᵃ. Utilité des liquides céphalo-rachidien et amniotique.** — Le principe d'Archimède, joint à celui de Pascal, rend compte du rôle de protection joué par certains liquides de l'économie à l'égard des organes qui y sont plongés. Le cerveau, par exemple, perd les 98/100 de son poids, par le fait de son immersion, à l'état physiologique, dans le liquide céphalo-rachidien, car la différence entre le poids spécifique de cet organe et celui du liquide ambiant est précisément : $1{,}03 - 1{,}01 = 0{,}02.$

. Un cerveau, qui pèserait 1.500 grammes dans l'air, ne pèse plus que 30 grammes dans le liquide céphalo-rachidien : c'est donc ce poids de 30 grammes qui représente la pression totale du cerveau sur la base du crâne. Une si faible pression, qui s'élève à peine à 1 décigramme par centimètre carré, ne saurait endommager la contexture éminemment délicate des centres nerveux, ni apporter le moindre obstacle au cours du sang dans l'intérieur de la masse encéphalique. En outre, l'interposition d'un liquide entre la substance cérébrale et la boîte crânienne a pour résultat d'amortir les coups et les chocs extérieurs, en répartissant sur toute la surface du cerveau la compression produite en un point, conformément au principe de l'égalité de transmission des pressions. (Cf. Foltz, in *Gaz. Méd. de Paris*, 1855, p. 144.)

Le même rôle de protection est dévolu au liquide de l'amnios à l'égard du fœtus renfermé dans l'utérus gravide.]]

70. Poids spécifique des solides et des liqui s. — Le principe d'Archimède fournit un moyen de déterminer le *poids spécifique* des corps [ou leur *densité*].

Le rapport du poids absolu P d'un corps au poids V d'un égal volume d'eau à son maximum de densité, c'est-à-dire à la température de + 4°, est ce qu'on appelle le *poids spécifique* de ce corps ; on a donc :

$$d = \frac{P}{V}. \tag{1}$$

Ainsi, pour obtenir le poids spécifique d, *on détermine d'abord le poids absolu d'un volume quelconque du corps, puis le poids d'un égal volume d'eau et on prend le rapport de ces deux poids.* Cette opération fournit en même temps le volume du corps, car le nombre qui exprime en grammes le poids d'une certaine masse d'eau représente aussi le volume de cette même masse en centimètres cubes.

[Nous pouvons encore définir le poids spécifique, *le poids de l'unité de volume du corps considéré ;* si, en effet, dans l'équation (1), on pose V = 1, ce qui revient à considérer l'unité de volume du corps, on trouve $d = P$, c'est-à-dire, le poids spécifique égal au poids même du corps sous l'unité de volume.

Le *poids spécifique* n'est pas rigoureusement la même chose que la *densité* qui, elle, peut être définie *la masse de l'unité de volume d'un corps ;* mais il est facile de voir que ces deux grandeurs, poids spécifique et densité, sont proportionnelles l'une à l'autre et qu'elles sont représentées par les mêmes nombres, quand on rapporte l'unité de poids et celle de masse au même corps, l'eau.

Mettons, en effet, l'équation (1) sous la forme :

$$P = Vd. \tag{2}$$

D'autre part, on a : $M = VD,$ (3)

en appelant M la masse du corps, V son volume et D la densité, ou la masse de l'unité de volume. Multiplions par g les deux membres de l'équation (3) et il vient :

$$Mg = VDg. \tag{4}$$

Or, les deux premiers membres P et Mg des équations (2) et (4) sont égaux (cf. § 25): donc les deux seconds membres le sont aussi, et nous pouvons écrire, en supprimant le facteur commun V : $d = Dg,$ c. q. f. d.]   (5)

70 ª. Détermination expérimentale du poids spécifique. — Ces préliminaires établis, examinons de quelle manière le principe d'Archimède permet de trouver le poids spécifique d'un corps solide ou liquide.

A. MÉTHODE DE LA BALANCE HYDROSTATIQUE. — On pèse le corps successivement dans l'air et dans l'eau : par la première pesée on a le poids P du corps ; la seconde donne le poids V d'un égal volume d'eau.

Ces pesées s'effectuent habituellement à l'aide de la balance *hydrostatique ;* cette machine à peser ne diffère de la balance ordinaire qu'en ce que ses plateaux sont suspendus un peu plus haut, qu'ils peuvent être abaissés ou remontés avec le fléau et son plan d'appui, à l'aide d'une crémaillère, et qu'ils sont munis à leur face inférieure d'un petit crochet destiné à soutenir, au moyen d'un fil métallique très fin, le corps solide, pendant qu'on le plonge dans le liquide.

[Telle est, en résumé, la manière dont on détermine la densité des solides par la *méthode* dite *de la balance hydrostatique.* Cette méthode peut aussi servir à la recherche du poids spécifique des liquides. Dans ce but, on emploie un même corps solide, qu'on plonge successivement dans l'eau et dans le liquide dont on veut connaître la densité : les pertes de poids éprouvées par le solide dans chacun de ces essais représentent les poids de volumes égaux d'eau et du liquide considéré.

Connaissant le poids P d'un corps et son volume V (ou, ce qui revient au même, le poids d'un égal volume d'eau), on n'a qu'à appliquer la formule (1) pour obtenir le poids spécifique.]

B. MÉTHODE DES ARÉOMÈTRES. — La détermination du poids spécifique des solides et des liquides, à l'aide des *aréomètres,* repose aussi sur le principe d'Archimède.

L'aréomètre est un instrument de métal ou de verre qui se compose de trois parties : un corps renflé, creux, de forme cylindrique ou sphérique, surmonté d'une tige plus ou moins longue et terminé inférieurement par un second renflement. Le corps doit être assez volumineux pour permettre à l'instrument de flotter dans le liquide où on le plonge, et le renflement inférieur reçoit du *lest* (plomb ou mercure) destiné à maintenir le flotteur dans une position verticale et à régler la quantité dont il doit s'enfoncer dans le liquide. L'aréomètre s'enfonce, en effet, jusqu'à ce que le poids du liquide déplacé soit égal au poids même de l'instrument.

[On distingue deux genres d'aréomètres : les *aréomètres à volume constant* et ceux à *poids constant* ou à *volume variable.*

Les premiers représentent, au fond, de véritables balances, à l'aide desquelles on détermine, comme avec la balance hydrostatique, le poids des corps et la perte qu'ils éprouvent quand on les plonge dans un liquide. Dans ce but, les aréomètres à volume constant portent sur leur tige un trait de repère qui indique le point où le niveau du liquide doit arriver, pour que le volume immergé soit constamment le même ; l'*affleurement* à ce trait de repère s'obtient à l'aide d'une tare qu'on place, ainsi que le corps à peser ou les poids marqués qui lui font équilibre, sur un petit plateau dont est surmonté l'appareil.

La figure 63 représente l'*aréomètre de Nicholson,* destiné à prendre la densité des solides. Le corps en expérience étant placé sur le plateau de l'aréomètre, on ajoute des poids à tarer de manière que l'instrument s'enfonce exactement jusqu'au trait d'affleurement; remplaçant ensuite le corps par des poids à peser, en quantité telle que l'affleurement soit rétabli, on connaît ainsi le poids P du solide. On enlève ces derniers poids et on plonge le corps dans l'eau, en le mettant dans la petite coupe qui termine l'instrument et lui sert de lest; les poids marqués, qu'il faut alors ajouter pour rétablir une seconde fois l'affleurement, représentent évidemment la perte occasionnée par l'immersion, c'est-à-dire le poids d'un égal volume d'eau V.

L'*aréomètre de Fahrenheit* ne diffère pas, en principe, de celui de Nicholson; mais, destiné à prendre la densité des liquides, il est tout en verre, et le lest, consistant en mercure ou en grains de plomb, est renfermé dans le renflement inférieur qui ne porte pas de coupe. L'appareil étant plongé dans l'eau distillée, on ajoute sur le plateau supérieur des poids marqués jusqu'à ce que l'affleurement ait lieu au trait de repère; la somme de cette charge additionnelle et du poids même de l'aréomètre représente le poids du volume d'eau déplacé. Opérant de la même manière à l'égard du liquide dont on cherche la densité, on obtient le poids d'un égal volume de ce liquide. Le poids de l'instrument se détermine, une fois pour toutes, à l'aide d'une bonne balance.

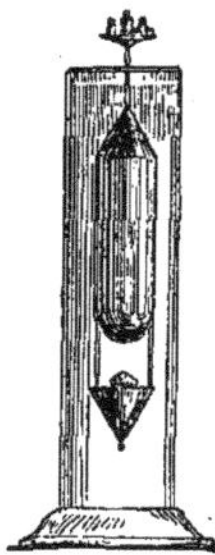

Fig. 63. — Aréomètre de Nicholson.

Les aréomètres à *poids constant* (fig. 64) n'ont pas de plateau destiné à porter une charge supplémentaire; leur poids étant invariable, le volume de la partie immergée varie en raison inverse de la densité du milieu dans lequel plonge l'instrument, de manière que le poids du liquide déplacé reste toujours égal au poids même de l'aréomètre.

La tige des aréomètres à poids constant est divisée, soit en parties d'égal volume, chacune des divisions représentant, par exemple, la *centième* partie du volume de l'instrument depuis son extrémité inférieure jusqu'à la division marquée 100, soit en degrés correspondants chacun à une densité déterminée. Dans le premier cas, l'instrument porte le nom de *volumètre* et ne fait cónnnaître la densité du liquide qu'à l'aide d'une petite opération arithmétique indiquée par

$$d = \frac{100}{n}; \qquad\qquad (1)$$

la formule

n est le nombre marqué en face de la division où affleure le niveau du liquide dans lequel plonge l'aréomètre.

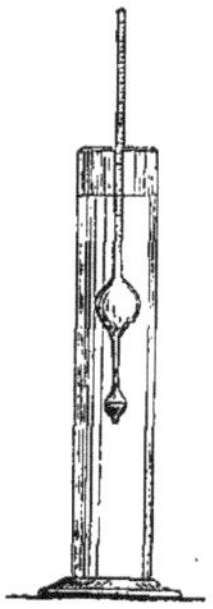

Fig. 64. — Aréomètre à poids constant.

Quand les divisions tracées sur la tige représentent les densités elles-mêmes, on a ce qu'on appelle un *densimètre,* c'est-à-dire un instrument donnant directement la densité par la simple lecture du nombre inscrit en regard de la division où a lieu l'affleurement.]

La graduation des aréomètres à poids constant se fait ordinairement d'une manière empirique; ces instruments [et particulièrement les densi-

mètres] offrent un moyen commode et rapide de déterminer le poids spécifique des liquides.

[*Densimètre de Rousseau.* — Il arrive parfois, notamment dans les recherches physiologiques, qu'on a besoin de déterminer la densité de liquides
dont on n'a que de petites quantités à sa disposition ; le *densimètre de
Rousseau* permet d'opérer sur un seul centimètre cube de matière. Cet
aréomètre a sa tige graduée d'après le même principe que celles des volumètres : chaque division représente un certain volume, le même pour
toutes, par exemple un *centième* de centimètre cube. La tige est surmontée
d'un petit réservoir dans lequel on introduit 1 centimètre cube du liquide
dont il s'agit de trouver le poids spécifique. L'instrument est lesté de
manière que, plongé dans l'eau distillée à + 4°, et sous une charge de
1 gramme obtenue par l'introduction dans le réservoir supérieur de 1 centimètre cube d'eau distillée, il s'enfonce jusqu'à la division 100 de l'échelle.
Si le liquide sur lequel on expérimente est plus lourd que l'eau, à volume égal,
l'aréomètre enfoncera davantage, par exemple, jusqu'à la division 115 ; la
différence entre 100 et 115 représente, en centièmes de centimètre cube, l'augmentation du volume d'eau déplacé par le densimètre, et, par suite, en vertu
du principe d'Archimède, l'excès de poids de 1 centimètre cube du liquide
considéré sur le poids d'un égal volume d'eau, cet excès de poids étant
exprimé en *centièmes* de grammes ; donc 1 centimètre cube de ce liquide pèse
1 gr. 15 et a pour densité le même nombre 1,15, puisque, à volume égal,
les densités sont proportionnelles aux poids (conséquence de la formule
$P = V\,d$).

La figure 65 représente le densimètre de Rousseau A, avec son petit
réservoir C qui est aussi en verre et qui coiffe l'extrémité supérieure de la tige. A côté, se trouve figuré un tube de verre *p*,
portant deux traits marqués 0 et 1, qui limitent dans leur intervalle une capacité de 1 centimètre cube ; on se sert de ce tube,
comme d'une pipette, pour introduire dans le réservoir C un
volume de liquide égal à *un* centimètre cube.

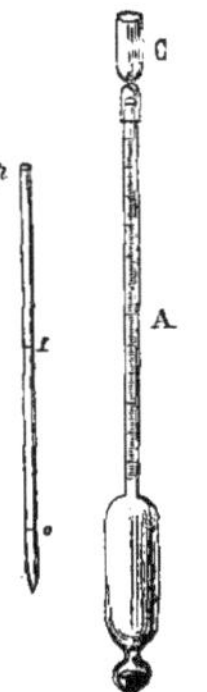

Le densimètre de Rousseau peut également être utilisé pour déterminer
le poids spécifique des solides : dans ce but, on met le corps dans le
réservoir C avec 1 centimètre cube d'eau distillée ; on note la division N à
laquelle affleure l'instrument ; on enlève ensuite une portion de l'eau, de
manière que le volume total de l'eau restante et du corps soit réduit à
1 centimètre cube ; le réservoir doit porter à cet effet un trait qui limite
la capacité de 1 centimètre cube ; on note la nouvelle division *n* à laquelle
s'arrête la tige de l'aréomètre. Il est facile de démontrer qu'alors la
densité est donnée par la formule :

$$d = \frac{N - 100}{N - n}. \qquad (2)$$

Ce procédé est appelé à rendre des services, quand on n'a pas à sa disposition une boîte de poids marqués qui permette l'emploi de l'aréomètre
de Nicholson ou de la méthode du flacon [1].]

Fig 65. — Densi-
mètre de Rous-
seau.

[L'aréomètre que M. Paquet [2] a fait connaître, en 1875, repose sur le
principe imaginé par M. Monoyer pour appliquer le densimètre de Rousseau à la détermination du poids spécifique des solides. La seule modification apportée par M. Paquet consiste

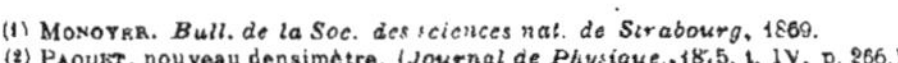

(1) Monoyer. *Bull. de la Soc. des sciences nat. de Strabourg*, 1869.
(2) Paquet, nouveau densimètre. (*Journal de Physique*, 1875, t. IV, p. 266.)

à diviser le réservoir en parties d'égale capacité, au-dessus du trait qui limite le volume de
1 centimètre cube, ce qui procure l'avantage de donner immédiatement le volume du corps,
sans avoir à rétablir le niveau primitif, mais ce qui nécessite une graduation spéciale sur
le réservoir]].

C. Méthode du flacon. — Ni la méthode de la balance hydrostatique,
ni celle des aéromètres ne donnent des résultats bien exacts; la *méthode
du flacon* est la seule qui soit susceptible d'une grande précision. Cette dernière méthode ne repose pas sur le principe d'Archimède; elle consiste
néanmoins à déterminer les poids de volumes égaux d'eau distillée et du
corps dont on cherche la densité; elle exige l'emploi d'une bonne balance, de
poids marqués et d'un flacon bouché à l'émeri. Le bouchon doit être légèrement conique, afin de s'enfoncer toujours de la même quantité dans le
goulot du flacon; de plus, il est ordinairement évidé à l'intérieur et surmonté d'une tubulure creuse portant un trait de repère auquel on fait arriver
le niveau du liquide qui remplit le flacon; la capacité de ce dernier est ainsi
assurée d'une fixité parfaite.

Quand il s'agit de prendre la densité d'un solide, on place ce
corps sur l'un des plateaux d'une balance de précision, et, à
côté, le flacon rempli d'eau distillée (fig. 66); on établit l'équilibre, à l'aide d'une tare mise dans l'autre plateau; on obtient
le poids P du corps en le remplaçant par des poids marqués.
Ces derniers étant enlevés, le corps est introduit dans le flacon,
dont il chasse un volume d'eau égal au sien; pour rétablir l'é-
quilibre, on est obligé d'ajouter des poids qui représentent le
poids V d'un volume d'eau égal à celui du corps.

[Pour déterminer la densité des liquides par la méthode
du flacon, on procède d'une manière analogue. Le flacon
vide est placé sur l'un des plateaux de la balance avec un
poids supplémentaire, lequel peut être quelconque, pourvu
toutefois qu'il soit supérieur au poids du liquide le plus lourd
qu'on aura à introduire dans le flacon; on établit l'équilibre à
l'aide d'une tare. Cela fait, on enlève le poids supplémentaire,

Fig. 66.
Poids spécifique
(méthode du
flacon.)

que nous supposerons être de 20 grammes, pour fixer les idées, et on
remplit le flacon d'eau distillée; on ajoute alors ce qu'il faut de poids
pour rétablir l'équilibre, par exemple 8 grammes, et la différence entre
20 et 8 représente le poids de l'eau, $V = 12$. On remplace ensuite
l'eau par le liquide dont on cherche la densité, et, en opérant comme la
première fois, on obtient le poids P d'un volume de ce liquide égal à celui
de l'eau.

Nous ferons remarquer qu'en suivant la marche qui vient d'être indiquée,
on n'a à faire que deux pesées et une tare, et qu'il est inutile de peser
séparément le flacon, dont le poids n'a pas à figurer dans le calcul de la
densité.] [De plus, la charge des plateaux restant la même dans tout le cours
des opérations, il en résulte, conformément à la remarque du § 49ᵃ, que la
sensibilité de la balance ne varie pas, ce qui ajoute à la précision des pesées.]]

Quand il s'agit de déterminations exactes, il faut aussi avoir égard à la température à
laquelle on a opéré, car, pour rendre les densités comparables entre elles, on a dû convenir
de ramener le volume du corps à ce qu'il serait à la température de 0° et le volume de

l'eau à la température du maximum de densité de ce liquide, + 4°; on a donc à faire subir aux nombres obtenus expérimentalement des corrections relatives à la dilatation du corps et à celle de l'eau (cf. liv. V, chap. 1). [Afin de réduire au minimum le nombre et l'étendue des corrections, on opérera à la température de zéro, en plaçant, avant chaque pesée, le flacon dans la glace fondante, pendant un temps suffisant pour que contenant et contenu prennent la température correspondante.]] — Enfin, celui qui voudrait pousser l'exactitude jusqu'à ses dernières limites devrait encore introduire dans les calculs une correction relative à la pression atmosphérique ; il aurait, en effet, à tenir compte de la perte de poids que l'air fait éprouver aux corps qui y sont plongés : en pesant un corps dans l'air, nous n'avons, en réalité, que son poids apparent, c'est-à-dire la différence entre son poids absolu et le poids d'un égal volume d'air (cf. § 94.)

[[Si le corps solide sur lequel on opère est dissous ou attaqué par l'eau, on en prend la densité par rapport à un liquide qui ne l'altère pas, et on multiplie le résultat expérimental par la densité du liquide employé ; il est facile de voir qu'on obtient ainsi la densité du solide par rapport à l'eau.]]

70ᵇ. Importance du poids spécifique en médecine. — La détermination du poids spécifique des liquides est entrée dans les habitudes de la pratique médicale, où elle sert principalement à faire connaître approximativement la proportion d'eau contenue dans les liquides de l'organisme, tels que le lait, l'urine, etc. Dans ce but, on emploie, la plupart du temps, des aréomètres [à poids constant et surtout des densimètres; c'est ainsi qu'on a construit un *lactodensimètre* pour le lait, un *urodensimètre* pour l'urine. Ces instruments ne diffèrent pas des densimètres ordinaires et donnent, en réalité, la densité des liquides dans lesquels on les plonge.]

On a tenté de trouver par l'expérience, une fois pour toutes, une relation entre les proportions d'eau contenues dans les principaux liquides de l'économie animale et les densités correspondantes; mais de semblables recherches ne sauraient évidemment aboutir à des résultats tant soit peu satisfaisants, car le poids spécifique des liquides de l'organisme n'est pas déterminé uniquement par leur teneur en eau ; il dépend aussi des quantités relatives des principes qui entrent dans la composition de la partie solide tenue en dissolution ou en suspension ; or, les proportions respectives de ces principes les uns par rapport aux autres varient entre des limites assez étendues, notamment dans le lait et l'urine ; il en résulte que la quantité d'eau contenue dans un de ces produits de sécrétion peut présenter des différences notables, bien que la densité du liquide reste la même. Aussi doit-on renoncer à traduire les indications fournies par le densimètre en chiffres représentant la proportion centésimale de l'eau contenue dans un liquide ; il ne faut demander à l'instrument que ce qu'il peut donner, à savoir la densité, sauf à regarder les variations de la densité, pour une même espèce de liquide, comme reflétant, dans une certaine mesure, les variations de sa richesse en eau.

[Le tableau suivant renferme les poids spécifiques *moyens* d'un certain nombre de liquides et de tissus de l'organisme humain :

LIQUIDES		SOLIDES	
Eau distillée.	1,000	Muscles.	1,060
Sang.	1,055	Tendons.	1,125
Sérum du sang.	1,027	Nerfs.	1,040
Liquide céphalo-rachidien.	1,010	Cerveau.	1,030
Salive.	1,006	Artères.	1,070
Bile.	1,026	Veines.	1,045
Humeur aqueuse de l'œil.	1,005	Tissu cutané.	1,191
Urine.	1,025	Tissu osseux.	1,975
Lait de { femme.	1,020	Graisse humaine.	0,941
Lait de { vache.	1,032	Fibrine fraîche.	1.051
Lait de { ânesse.	1,835	Cristallin.	1,079
Pus lié.	1,030	Corps de l'homme.	1,111]

[**70ᶜ. Alcoomètre centésimal de Gay-Lussac**. — C'est un aréomètre à poids con
stant destiné à donner en volumes la richesse alcoolique d'un mélange
d'alcool et d'eau. L'instrument (fig. 67) est lesté de manière à s'enfoncer
jusqu'à la partie inférieure ou supérieure de la tige, suivant qu'on le plonge
dans l'eau pure ou dans l'alcool absolu. On le gradue expérimentalement,
en prenant successivement 10, 20, 30, etc., volumes d'alcool et en ajoutant
chaque fois assez d'eau pour obtenir 100 volumes de mélange.

Au point d'affleurement de l'alcoomètre, dans ces divers
liquides, on marque la quantité d'alcool correspondante, puis
on divise en 10 parties égales chaque intervalle compris entre
deux traits consécutifs. Toutes ces opérations doivent être
faites à la température de 15°, et l'instrument, plongé dans un
mélange d'alcool et d'eau à la même température, indiquera
par le numéro de la division du point d'affleurement la richesse
alcoolique du liquide.

Les indications de l'alcoomètre sont trop faibles ou trop
fortes, suivant qu'on opère à une tem-
pérature inférieure ou supérieure à
+ 15°; pour obtenir alors le titre vrai
du mélange, on se sert, soit de la table
à double entrée de Gay-Lussac, soit
de la formule de Francœur,

$$x = n - \frac{4}{10}\,\theta,$$

n étant la division du point d'affleurement, θ la différence entre la
température de l'expérience et 15°.

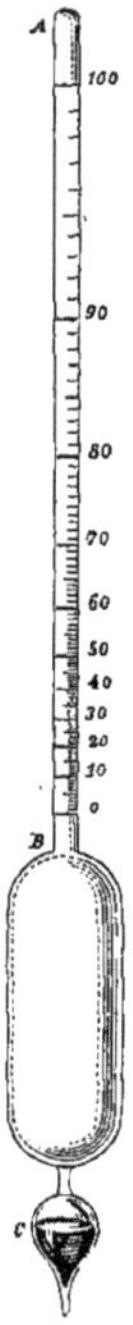

Avec un alcoomètre étalon on peut facilement en construire d'autres, en opérant de
la manière suivante : après avoir convenablement lesté le nouvel alcoomètre, on introduit
dans sa tige encore ouverte une échelle à
divisions arbitraires, dont on fait coïncider le
zéro avec le point d'affleurement dans l'eau
pure ; puis on plonge l'instrument et l'alcoomètre étalon dans un mélange d'alcool et
d'eau et on note les divisions d'affleurement n
et n' sur les échelles.

On trace alors sur une feuille de papier deux
droites qui se coupent, AB, CD (fig. 68); sur
la première AB, on reproduit les divisions
de l'échelle-type, en plaçant le zéro au point d'intersection des deux droites ; sur la seconde
droite CD, on porte, à partir du même point d'intersection, une longueur égale à l'intervalle des divisions 0 et n' de l'échelle arbitraire. On joint par une droite les divisions n
et n', et par chaque point de l'échelle AB, on mène des parallèles à cette droite. Les intersections de ces parallèles avec CD donnent l'échelle du nouvel alcoomètre.

L'alcoomètre de Gay-Lussac, par suite de son mode de graduation et des phénomènes de
contraction de volume que présentent les mélanges d'alcool et d'eau, n'apprend rien sur
la proportion de ce dernier liquide dans une liqueur alcoolique. Il est donc avantageux
d'ajouter à la graduation volumétrique l'échelle à *indications pondérales* de Lejeune, qui
fait connaître le poids de chacun des liquides contenus dans un mélange donné.]]

Fig. 67.
Alcoomètre
centésimal.

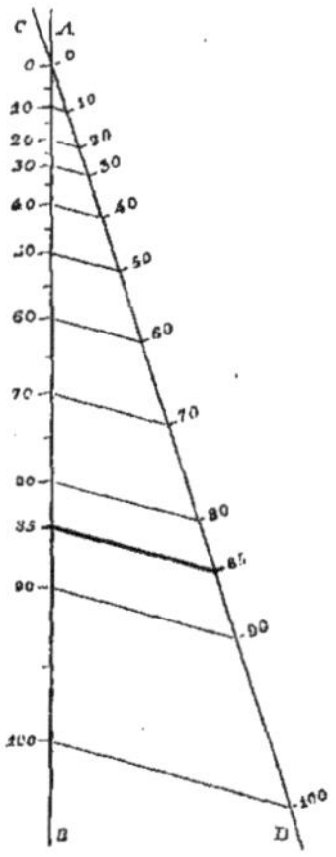

Fig. 68. — Construction d'une
échelle alcoométrique par comparaison.

71. Équilibre des corps solides immergés. — On a vu, § 69, que tout corps solide, plongé dans un liquide, éprouve de la part de ce dernier une poussée dirigée de bas en haut, en sens contraire de la pesanteur, et égale, en intensité, au poids du volume de fluide déplacé ; il en résulte que la vitesse de chute d'un corps qui tombe dans l'intérieur d'une masse liquide doit être ralentie dans un rapport constant.

Quand le corps a la même densité que le liquide dans lequel il pénètre, il s'arrête sitôt qu'il a perdu toute la vitesse qui lui avait été communiquée pendant la durée de sa chute dans l'air ; s'il est directement plongé dans l'intérieur de la masse liquide, et qu'il ne possède pas la moindre vitesse initiale, il reste à l'endroit où on l'a abandonné à lui-même, sans monter ni descendre, se comportant, sous ce rapport, exactement comme le faisait la masse dont il a pris la place.

Lorsque le corps possède une densité supérieure à celle du liquide dans lequel il est immergé, il tombe au fond, car alors son poids l'emporte toujours sur la poussée du fluide.

Enfin supposons le poids spécifique du solide inférieur à celui du milieu ambiant : dans ce cas, la force de poussée est supérieure au poids du corps de toute la différence qui existe entre ce dernier poids et celui du fluide déplacé ; sous l'influence de cet excès de force dirigée de bas en haut, le corps est soulevé et monte à la surface ; mais à mesure qu'il émerge, le volume de la partie immergée et, par suite, la poussée du liquide vont en diminuant. Il arrive donc un moment où, la force de poussée étant devenue égale au poids du corps, ce dernier se trouve en équilibre et *flotte* à la surface du liquide. Ainsi, *le poids du volume de liquide déplacé par un corps flottant est égal au poids même de ce corps*, et c'est là la condition qui détermine la quantité dont le corps s'enfonce dans le liquide.

[**71ᵃ. Application médico-légale.** — La *docimasie pulmonaire* a tiré parti des conditions d'équilibre des corps immergés, pour reconnaître si un enfant est venu au monde, vivant ou mort : par l'immersion des poumons dans l'eau, on sait, quand on les voit surnager, qu'ils ont leurs vésicules remplies de gaz, conséquemment, qu'ils ont dû respirer ; quand, au contraire, les poumons tombent au fond de l'eau, c'est une preuve décisive qu'ils proviennent d'un enfant qui n'a pas respiré, c'est-à-dire d'un mort-né.]]

71ᵇ. Équilibre des corps flottants. — On peut comparer le corps flottant à un corps qui reposerait sur un plan d'appui ; les conditions d'équilibre sont pareilles dans les deux cas. La surface résistante est représentée par la poussée du liquide, poussée qui est à considérer comme composée d'un grand nombre de forces parallèles agissant verticalement de bas en haut sur la face inférieure du corps ; la résultante de toutes ces forces est appliquée en un point qui répond au *centre de gravité* de la masse liquide déplacée ; [ce point porte le nom de *centre de poussée.*] Il est donc permis de regarder aussi le corps flottant comme suspendu par son centre de poussée ; or, tout solide qui a un point d'appui n'est en équilibre que lorsque le centre de gravité et le centre de suspension sont situés sur la même verticale ; telle est aussi la première condition d'équilibre pour le corps flottant.

On sait, en outre, que l'équilibre d'un corps suspendu par un point
est indifférent, stable ou instable, selon la position relative du centre de
gravité par rapport au point de suspension ; il en est de même pour les corps
flottants. Les cas qui présentent ici le plus d'intérêt sont ceux où le centre
de gravité est placé, soit au-dessous, soit au-dessus du centre de poussée :
dans le premier cas, l'équilibre est toujours stable, dans le second, il
est [en général] instable. Quand un corps est en équilibre instable et
qu'on vient à le déranger de cette position, il tourne de 180 degrés
autour de son centre de gravité et se met en équilibre stable ; placé
dans cette dernière position, il y revient toutes les fois qu'il en a été
écarté.

Un corps flottant est donc assuré de se maintenir dans la position qu'il
occupe, s'il a son centre de gravité situé au-dessous de son centre de
poussée, c'est-à-dire, s'il est en équilibre stable. Les navires devraient, en
conséquence, être construits toujours d'après ce principe, car la première
condition qu'on exige d'eux, c'est qu'ils ne chavirent pas au moindre effort
qui tend à les déranger de leur position d'équilibre. On conçoit, du reste, que
les mouvements d'un navire soient d'autant plus assurés que le centre de
gravité est situé plus bas par rapport au centre de poussée. Et cependant, il
est à remarquer que ces conditions de stabilité ne se rencontrent pas dans
les êtres vivants qui nagent d'après un mécanisme semblable à celui de la
marche des navires ; les animaux dont il est ici question ont leur centre
de gravité placé au-dessus du centre de poussée et se trouvent ainsi en
état d'équilibre instable (cf. § 71 ^{d}). C'est là un désavantage qui nécessite
de leur part des efforts musculaires incessants destinés à rétablir à chaque
instant un équilibre sur le point de se rompre ; si ces animaux nageaient
sur le dos, ils auraient évidemment une stabilité plus assurée. [L'homme
lui-même n'est pas dans une position d'équilibre stable, lorsqu'il nage sur
le ventre.]]

[71e. **Métacentre.** — De ce qui précède il ne faudrait pas se hâter de conclure que
l'équilibre d'un corps flottant soit nécessairement instable, toutes les fois que le centre de
gravité est situé au-dessus du centre de poussée ; l'analogie entre les conditions d'équilibre
des corps flottants et des corps suspendus par un point ne saurait être poursuivie aussi loin.

En réalité, l'équilibre d'un corps flottant peut encore être stable, au moins dans certaines limites, lors même que le centre de poussée est au-dessous du centre de gravité : en
effet, le premier de ces points n'est pas toujours fixe dans l'intérieur du corps ; il change
de position relative suivant la forme des parties immergées. Or, il est facile de voir que le
corps flottant, dérangé de sa position d'équilibre, y revient, si le centre de poussée se
déplace du côté où s'incline le corps ; car, dans ce cas, le *métacentre* se trouve au-dessus
du centre de gravité, et, par suite, la poussée du fluide et le poids du corps forment un
couple qui tend à remettre le corps dans sa position première.

Bouguer a donné le nom de *métacentre* au point de rencontre de la droite menée dans le
corps par les centres de poussée et de gravité lors de la position d'équilibre, avec la verticale qui passe par le nouveau centre de poussée, quand le corps occupe une position un
peu différente.

Lorsque le centre de gravité est situé plus bas que le centre de poussée, le métacentre
vient toujours se placer au-dessus du premier de ces points, et l'équilibre est stable. Si,
au contraire, le métacentre tombe en un point situé au-dessous du centre de gravité,
l'équilibre est nécessairement instable. — En somme, les conditions d'équilibre d'un corps
flottant sont entièrement comparables à celles d'un corps placé sur un plan horizontal
et n'ayant sur ce plan qu'un seul point d'appui dont la position peut varier.]

71ᵈ. Équilibre et locomotion des poissons. — Il est des êtres qui jouissent de la faculté de monter et de descendre à leur gré dans l'intérieur de l'eau ; ce sont les organismes qui ont un poids spécifique voisin de celui de ce liquide et variable en plus ou en moins. [On admettait généralement, jusque dans ces derniers temps, que] les poisssons, [ceux, du moins, qui sont munis d'une *vessie natatoire*,] peuvent diminuer ou augmenter à volonté le volume de leur corps, sans changer de poids : pour monter· à ·la surface de l'eau, le poisson relâcherait les muscles qui compriment sa vessie natatoire ; celle-ci se dilaterait et augmenterait ainsi le volume de l'animal ; la compression de cet organe ferait, au contraire, descendre le poisson. Il est à remarquer, en outre, que le poids de la colonne liquide qui presse sur la vessie à air augmente avec la profondeur, de sorte que les mouvements d'élévation et de descente sont favorisés par les variations correspondantes de la pression hydrostatique. Cependant l'étendue de ces mouvements a une limite, au delà de laquelle la pression extérieure est trop considérable pour que le poisson puisse encore relâcher sa vessie natatoire et remonter à la surface de l'eau.

[Relativement à l'équilibre et à la locomotion des poissons, j'ai établi ou confirmé un certain nombre de propositions qui sont en opposition complète avec les notions généralement enseignées sur cette matière, en France du moins : je me borne à rappeler ici quelques-uns des faits les plus saillants qu'il m'a été donné de démontrer :

L'équilibre des poissons est instable, c'est-à-dire que leur centre de gravité est situé au-dessus du centre de poussée, lorsqu'ils sont dans le décubitus abdominal, qui est leur position naturelle. — Le jeu des nageoires et plus particulièrement de la caudale est nécessaire au maintien du décubitus abdominal. On s'explique ainsi ce fait d'observation vulgaire, que le poisson mort ou sur le point de mourir se renverse sur le dos. — Non seulement la vessie natatoire ne contribue pas à rendre stable l'équilibre des poissons qui en sont pourvus, en allégeant leur région dorsale, mais encore elle est un obstacle à la stabilité de leur équilibre, car elle allège la région abdominale. — Les poissons munis de vessie aérienne ne montent ni ne descendent à la manière des ludions, c'est-à-dire par les variations seules de leur poids spécifique. Ces mouvements s'opèrent par le changement de position relative du centre de gravité, soit en avant, soit en arrière du centre de poussée, changement qui est dû au déplacement en sens inverse de la masse gazeuse contenue dans la vessie à air et qui a pour effet de faire basculer la tête du poisson en haut ou en bas, et la queue dans la direction opposée. Les nageoires se chargent alors de faire avancer le poisson dans la direction nouvelle qu'a prise l'axe de son corps. — La locomotion des ·poissons en avant a lieu par le mouvement de la queue et surtout de la nageoire caudale ; les autres nageoires ne jouent aucun rôle dans ce cas, du moins lorsque la progression est rapide. Le recul de l'animal est dû principalement au jeu des nageoires pectorales [1].] [[Les lois de l'élasticité des membranes organiques et de la transmission des pressions dans les enveloppes élastiques (cf., §§ 46ᵇ et 46 *f*), jointes à l'étude de la structure de la vessie natatoire, confirment l'exactitude de la théorie qui vient d'être esquissée, relativement au mécanisme des mouvements d'ascension et de descente des poissons.]]

---

[1] MOXOYER. Recherches expérimentales sur l'équilibre et la locomotion des poissons (*Annales des sciences naturelles* [5] Zoologie, VI, p. 5, juillet 1865).

CHAPITRE VII

ACTIONS MOLÉCULIARE DES LIQUIDES

72. Tension superficielle des liquides. — Jusqu'ici nous avons étudié l'influence de la pesanteur sur les liquides, sans avoir égard aux actions mutuelles des molécules les unes sur les autres. Or, toute molécule prise dans l'intérieur d'une masse liquide est attirée par ses voisines dans toutes les directions; mais, comme ces attractions sont égales, elles se font équilibre deux à deux, en sorte qu'une molécule située dans l'intérieur de la masse se comporte exactement comme si les attractions moléculaires dont nous parlons n'existaient pas. Il n'en est pas de même des molécules placées à la surface : elles sont attirées d'un côté seulement, du côté qui regarde l'intérieur du liquide; aucune force ne les sollicite à aller dans le sens opposé. Il en résulte que la surface libre des liquides est soumise à l'action d'une force dirigée de l'extérieur à l'intérieur et qui a pour effet d'exercer une pression sur le liquide; c'est cette pression qui donne naissance à la *tension superficielle*.

[[En effet, la force qui sollicite chaque molécule superficielle tend à l'enfoncer dans l'intérieur du liquide, à la manière d'un coin, et, si elle ne parvient pas à l'y faire pénétrer, cela tient à ce que toutes les molécules de la surface libre, étant soumises à une force de même grandeur et de même direction, en sont réduites à se rapprocher des molécules sous-jacentes et à exercer sur ces dernières une pression uniforme ; le rapprochement des deux couches de molécules est extrêmement petit, d'ailleurs, à cause du peu de compressibilité des liquides, et il a précisément pour limite la distance à laquelle la résistance à la compression fait équilibre à la pression de la couche superficielle; mais, si minime qu'il soit, il suffit pour accroître l'intensité de l'attraction entre ces deux couches de molécules. Il est facile de voir, en appliquant la théorie du coin à chacune des molécules superficielles, que l'augmentation des tractions dans une direction normale à la surface libre entraîne, par suite même de leur neutralisation, un accroissement proportionné des tractions latérales, c'est-à-dire un accroissement de la force de cohésion dans tous les sens. Nous n'avons considéré que ce qui se passe dans les deux premières couches superficielles de molécules ; mais il va de soi que les mêmes phénomènes se produisent avec une intensité décroissante dans les couches situées au-dessous, à une distance de la surface moindre que le rayon de la sphère d'activité des forces moléculaires. Il en résulte la formation, à la surface du liquide, d'une couche de très faible épaisseur dans laquelle la force de cohésion est plus grande que celle du reste de la masse, ce qui met cette couche dans un état de tension relative et lui communique les propriétés d'une sorte de membrane élastique, contractile, également tendue dans tous les sens, opposant une certaine résistance quand on cherche à la rompre, mais douée d'une extrême flexibilité et se formant instantanément dans tous les points, à mesure qu'ils sont mis à découvert, de sorte que la tension de cette pellicule est constante, quelque étendue qu'on lui donne.]]

L'existence de cette tension donne l'explication d'un phénomène bien connu : lorsqu'un liquide renferme des bulles de gaz, il arrive souvent que ces bulles, au lieu de se dégager pour se répandre dans l'atmosphère, se rassemblent au-dessous de la couche liquide la plus superficielle; le gaz, malgré sa tendance à s'échapper au dehors, est retenu par la tension de cette couche.

[Dans le but de mettre mieux en évidence les propriétés de la couche contractile à la surface des liquides et de démontrer l'existence de la tension superficielle, nous allons rapporter deux expériences des plus instructives.

Qu'on saupoudre de sable très fin la surface du mercure et qu'on enfonce lentement une baguette de verre dans le liquide : on verra les grains de sable se mettre en mouvement dans la direction de la région déprimée par la baguette et s'enfoncer avec cette dernière, puis remonter et s'étaler de nouveau à la surface, au fur et à mesure qu'on retire la tige solide. Dans cette expérience, qu'on peut répéter sur tout autre liquide avec un corps qui n'en soit pas mouillé, l'entraînement des grains de sable déposés à la surface du liquide montre que la couche superficielle n'est pas déchirée, qu'elle s'enfonce avec la baguette et remonte avec elle, sans éprouver de solution de continuité, comme le ferait une membrane élastique douée d'une extensibilité illimitée.

Prenons ensuite un fil très mince et très souple, tel qu'un fil de coton; après en avoir noué ensemble les deux bouts, déposons-le à la surface d'une lame liquide plane, obtenue en plongeant un cadre métallique dans de l'eau de savon, ou mieux dans un des liquides dont on se sert pour répéter les expériences de Plateau sur les figures d'équilibre des lames minces; le fil ainsi déposé dessinera une figure quelconque, en général très irrégulière, mais si, à l'aide d'une pointe, on vient à crever la portion de lame liquide située à l'intérieur du contour linéaire, on verra à l'instant même le fil se tendre et prendre exactement la forme circulaire. Cette expérience montre la tension superficielle produisant des effets de traction, et elle prouve que cette force agit dans tous les sens avec une égale intensité. On peut observer les mêmes effets en opérant sur la surface libre d'un liquide quelconque; il suffit de déposer dans l'intérieur de la figure formée par le fil une goutte d'un second liquide possédant une tension superficielle plus faible que celle du premier.

La tension à la surface libre des liquides est ce qu'on pourrait appeler leur tension *propre* ou *spécifique*. Elle est extrêmement sensible à toutes les influences qui sont de nature à modifier la cohésion; elle diminue pour peu que la température s'élève, et il suffit de la présence de traces d'un autre liquide miscible ou d'une substance soluble pour la faire varier dans un sens ou dans l'autre.

La tension propre est aussi modifiée par le contact d'un autre liquide non miscible; la tension *relative* qui en résulte doit être égale à la différence des tensions propres de chacun des liquides.

Quand on soustrait un liquide à l'action de la pesanteur en l'immergeant, à l'exemple de Plateau, dans un autre liquide de même densité, la forme sphérique que prend le liquide immergé est due uniquement à l'action de sa couche superficielle : celle-ci tend, en vertu de sa contractilité, à donner à la masse liquide la figure qui, pour un volume déterminé, a la surface la plus petite; on démontre en géométrie que la figure qui satisfait à cette condition est celle de la sphère. Telle est l'origine de la forme sphérique qu'affectent les globules de graisse qui nagent dans le lait, et généralement toutes les gouttelettes en suspension dans les liquides *émulsionnés;* c'est la présence de la couche contractile qui aura fait croire à certains observa-

teurs que les globules graisseux du lait possédaient une membrane d'enveloppe. L'étude des figures d'équilibre des liquides soustraits à l'action de
la pesanteur et assujettis à satisfaire à différentes conditions géométriques
est devenue, entre les mains de Plateau, le point de départ de recherches
extrêmement curieuses.

La tension superficielle intervient aussi dans la formation des gouttes
pour en régler le volume, de concert avec la pesanteur.

On retrouve encore l'influence de cette force dans la rotation du camphre
sur l'eau, dans l'étalement d'un liquide à la surface d'un autre liquide
non miscible avec le premier, dans les mouvements spontanés du *proto-
plasma*, des *amibes* et dans une foule d'autres phénomènes, à l'étude desquels
M. van Mensbrugghe a consacré deux mémoires intéressants (cf. *Mémoires
de l'Académie des sciences*, etc., *de Belgique*, 1869 et 1873). — Enfin,
c'est seulement en tenant compte de la part d'action qui revient à la tension
superficielle, dans l'équilibre des liquides au voisinage des solides, qu'on
arrive à établir la vraie théorie des phénomènes capillaires.]

[**72ᵃ. Mesure de la tension superficielle.** — Imaginons une section faite par un plan normal
à la surface libre d'un liquide : de part et d'autre de ce plan et tangentiellement à la surface,
agissent des forces égales entre elles qui maintiennent réunis les deux bords de la section ;
en conséquence, si on cherche à séparer l'une de l'autre les deux portions de la couche
contractile, on éprouve une certaine résistance qui, évaluée en milligrammes et sur une
longueur de 1 millimètre de la section, sert de mesure à la tension superficielle.

Nous ne décrirons pas les divers procédés qui ont été imaginés pour déterminer expérimentalement la grandeur de cette force; nous nous contenterons de réunir dans le tableau
suivant les valeurs moyennes de la tension superficielle d'un certain nombre de liquides, à
la température de 15⁰ :

	mg.		mg.
Eau distillée.	8,00	Essence de térébenthine.	3,03
Glycérine.	7,25	Chloroforme.	3,12
Alcool éthylique.	2,50	Sulfure de carbone.	3,27
Alcool méthylique.	2,40	Huile d'olives.	3,76
Ether éthylique.	1,80	Mercure.	50,00]

[**72ᵇ. Composante normale de la tension superficielle.** — Lorsque la surface libre
d'un liquide est courbe, la tension superficielle donne naissance, en
chaque point, à une composante normale dirigée du côté de la concavité,
c'est-à-dire, vers le centre de courbure. La valeur de cette composante N a
pour expression :

$$N = F \left(\frac{1}{r} + \frac{1}{r'} \right), \qquad (1)$$

ou
$$N = F (R + R'); \qquad (1 \ bis)$$

F désigne la tension superficielle, telle qu'elle a été définie précédemment;
r et r' sont les rayons de courbure principaux au point considéré; R et R'
représentent les inverses de ces rayons, c'est-à-dire les courbures mêmes.

Dans le cas particulier où la surface est sphérique, R' = R, et on a
simplement :

$$N = 2 F R. \qquad (2)$$

C'est cette composante normale qui, dans les bulles de savon et les ballons
de caoutchouc (cf. § 46ᵉ), fait équilibre à la pression intérieure du gaz. On

a vu que, lorsque F varie en raison inverse de R, comme dans les ballons en caoutchouc, la pression intérieure reste constante; mais dans les bulles de savon, où F est constant, la compression du gaz augmente de plus en plus à mesure que la grosseur de la bulle diminue.

Nous allons retrouver cette même composante normale dans les phénomènes capillaires, où elle joue un rôle des plus importants.]]

73. Adhésion des liquides aux solides. — L'action de la pesanteur sur les liquides est aussi modifiée par les phénomènes qui se manifestent au contact des liquides avec les solides, ou des liquides les uns avec les autres.

Tous les corps solides, sans exception, exercent sur les liquides une attraction, dont la grandeur dépend à la fois de la nature du solide et de celle du liquide entre lesquels a lieu le contact. [L'attraction dont il s'agit est appelée *adhésion*, tandis qu'on réserve le nom de *cohésion* à la force attractive qui s'exerce entre les molécules d'une même substance.]

Au point de vue des effets produits par le jeu simultané de l'adhésion et de la cohésion, il y a lieu de distinguer deux cas essentiellement différents. L'attraction du corps solide pour le liquide peut être plus grande ou plus petite que la cohésion du liquide : dans le premier cas, le solide est *mouillé* par le liquide; dans le second cas, il ne l'est pas. Le bois et le verre, par exemple, exercent sur l'eau une attraction plus forte que ne l'est la cohésion des molécules aqueuses; aussi une baguette de verre, qu'on plonge dans l'eau et qu'on en retire ensuite, entraîne-t-elle avec elle des gouttes de ce liquide : ici l'attraction exercée par le verre sur les molécules aqueuses l'emporte, non seulement sur la cohésion du liquide, mais encore sur l'action de la pesanteur. Le mercure à l'état de pureté parfaite ne reste attaché ni au bois ni au verre; il adhère, au contraire, au cuivre et à l'or.

73ᵃ. Surface libre d'un liquide au voisinage d'un solide. — On a vu, § 66ᵇ, que la surface libre d'un liquide au repos et soumis à l'action seule de la pesanteur est horizontale ; cette forme éprouve des changements remarquables quand intervient l'influence d'une autre force, telle que l'adhésion ; [car, en vertu des lois générales de l'équilibre, il faut que la résultante de toutes les forces qui sollicitent un point quelconque de la surface liquide soit normale au plan tangent passant par le point considéré.]] Aussi n'est-ce que très rarement que la surface d'un liquide reste parfaitement horizontale dans le voisinage de la paroi verticale d'un corps solide; l'horizontalité ne peut avoir lieu dans la région sus-indiquée que si l'adhésion du liquide au solide est exactement égale à la *moitié* [1] de la cohésion des molécules liquides. Quand l'adhésion a une valeur plus grande, le liquide mouille le solide et son niveau s'élève contre la paroi de ce dernier, en formant un *ménisque concave*, comme on le voit dans la figure 69 aux points F, G, D, E. Lorsqu'au contraire la cohésion est supérieure au *double* de la force d'adhésion, le liquide ne mouille pas le solide ; sa surface s'en écarte et se déprime de manière à devenir *convexe;* c'est ce que montre la figure 70.

[[1] Le texte allemand dit que l'horizontalité a lieu quand *l'adhésion est exactement égale à la cohésion.* En énonçant cette proposition, l'auteur nous semble avoir commis une inadvertance: il n'a pas pris garde qu'il parlait d'un liquide en contact avec la paroi *verticale* d'un vase. Clairault a démontré mathématiquement que, dans ce cas, la *cohésion du liquide doit être double de sa force d'adhésion au solide,* pour que le niveau reste horizontal.]

L'eau renfermée dans un vase de verre ou de bois nous offre un exemple de liquide donnant naissance à un ménisque concave; le mercure, dans les mêmes circonstances, a une surface convexe.

73ᵇ. Phénomènes capillaires et lois de la capillarité. — Ces changements de forme qu'éprouve la surface des liquides aux points où elle touche à des parois solides concourent, avec la tension superficielle, à modifier d'une manière remarquable les conditions d'équilibre qui régissent les hauteurs des liquides dans les vases communiquants. Considérons, par exemple, ce qui arrive quand les parois d'un vase sont assez rapprochées l'une de l'autre pour que la surface du liquide comprise dans l'intervalle soit en totalité courbe ; tel est le cas des portions de liquides CD et LK représentées dans les figures 69 et 70.

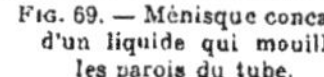

Fig. 69. — Ménisque concave d'un liquide qui mouille les parois du tube.

Fig. 70. — Ménisque convexe d'un liquide qui ne mouille pas les parois du tube.

[On a vu (§ 72ᵇ) que la tension superficielle, s'exerçant en chaque point dans le plan tangent, donne naissance, lorsque la surface est courbe, à une composante normale dirigée vers l'intérieur de la concavité et d'autant plus grande que le rayon de courbure est plus petit; ce qui varie avec la forme de la surface, ce n'est donc pas la tension superficielle, c'est la composante normale de cette force, composante égale à zéro pour une surface plane.

Comparons, dès lors, les pressions que le liquide exerce sur deux portions égales d'un même plan horizontal quelconque S Q P, situées, l'une au-dessous de la surface courbe, l'autre au-dessous de la surface plane. Au point S, par exemple, placé en dehors des tubes des figures 69 et 70, la pression hydrostatique est égale au poids d'une colonne liquide ayant pour hauteur la distance verticale SR du point S à la surface libre du liquide et pour base l'aire de la portion de plan considérée. Un point du même plan situé à l'intérieur des tubes supportera la même pression hydrostatique, mais diminuée ou augmentée de la composante normale de la tension superficielle, puisque cette composante, toujours dirigée vers la concavité, agit dans le même sens que la pesanteur, si la surface est convexe, et en sens contraire, si la surface est concave.

Il suit de là que la pression verticale à l'intérieur des tubes est différente de la pression hydrostatique qui s'exerce seule à l'extérieur : elle est moindre dans le tube de la figure 69, où la surface libre du liquide est concave ; elle surpasse la pression hydrostatique dans le tube à ménisque convexe de la figure 70. En conséquence, l'équilibre ne pourra s'établir que si le niveau du liquide s'élève dans le premier tube et s'abaisse dans le second, jusqu'à ce que le poids de la colonne liquide, diminué ou augmenté de la composante normale correspondante, fasse équilibre dans chaque tube à la pression hydrostatique qui s'exerce à l'extérieur sur le même plan horizontal.]

Les figures 71 et 72 montrent l'influence de la tension superficielle sur l'équilibre des liquides dans les tubes capillaires. On y voit deux systèmes de vases communiquants, formés par la réunion d'un tube à large section A ou A′ avec un tube *capillaire* B ou B′. Dans les tubes larges A et A′, où le niveau du liquide est en majeure partie horizontal, nous pouvons négliger l'influence de la courbure de la surface; il n'en est pas de même dans les tubes capillaires B et B′, où la surface liquide est courbe dans sa totalité, concave en B, convexe en B′.

Dans le tube capillaire B (fig. 71) la pression hydrostatique est moindre que dans le tube large A, pour une même hauteur de colonne de liquide, puisque la composante normale de la tension superficielle y agit en sens contraire de la pesanteur; par conséquent, pour qu'il y ait équilibre, il faut que le niveau du liquide soit plus élevé en B qu'en A. La différence des niveaux doit s'établir en sens inverse dans le système A′ B′ (fig. 72), où la tension superficielle ajoute son action à celle de la pesanteur. L'eau renfermée dans un système de tubes de verre représente le cas de

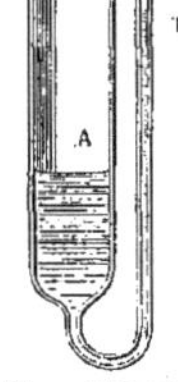

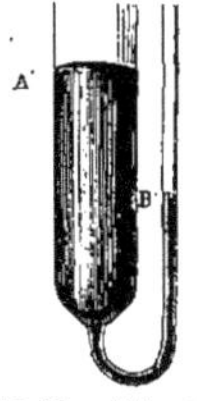

FIG. 71. — Ascension de l'eau dans un tube capillaire.

FIG. 72. — Dépression du mercure dans un tube capillaire.

la figure 71; en remplaçant l'eau par du mercure, on réalise les conditions de la figure 72.

[L'ascension ou la dépression des liquides dans les tubes capillaires est régie par la *loi de Jurin*, qu'on peut énoncer de la manière suivante :] *Pour un même liquide et pour des tubes formés de la même substance, la différence de hauteur des niveaux du liquide dans le tube capillaire et à l'extérieur est en raison inverse du diamètre du tube,* [tant que ce diamètre ne dépasse pas 2 millimètres].

On observe des phénomènes du même genre, quand un liquide se trouve interposé entre deux parois planes très rapprochées l'une de l'autre : si le liquide mouille la substance des parois, il s'élève dans leur intervalle jusqu'à une certaine hauteur; dans le cas contraire, il s'abaisse au-dessous du niveau extérieur.

Entre des parois planes, *la hauteur du liquide est aussi en raison inverse de la distance qui sépare les parois au point considéré;* [mais elle n'est, toutes choses égales d'ailleurs, que la *moitié de la hauteur qui se produit dans un tube de diamètre égal à l'intervalle capillaire en question.* En conséquence, si les parois planes sont parallèles, la lame liquide a partout le même niveau, tandis que, si l'intervalle des parois est légèrement angulaire, les différences de hauteur qui en résultent donnent au niveau du liquide la forme d'une *hyperbole équilatère.*]

[Il importe de remarquer que, si le liquide mouille les parois entre lesquelles il se trouve renfermé, la hauteur de l'ascension est indé-pendante de l'intensité de l'adhésion et, par conséquent, de la nature des parois.]

[**73ᶜ. Application de la capillarité au remplissage des tubes à vaccin.** — On conserve le vaccin dans des tubes capillaires étirés en pointes aux deux bouts. Pour les remplir, il suffit d'introduire l'une des pointes dans la pustule vaccinale, l'autre pointe étant aussi ouverte : le liquide pénètrera de lui-même dans le réservoir de verre et le remplira d'autant plus vite et plus aisément que l'inclinaison du tube sera plus voisine de l'horizontale.]

[**73ᵈ. Influence perturbatrice de la capillarité sur l'équilibre des aréomètres.** — On a vu que, dans le voisinage des solides, l'action combinée de l'adhésion et de la cohésion modifie les conditions d'équilibre des molécules liquides, et qu'elle a pour effet de les élever ou de les abaisser par rapport au niveau général de la masse. Or, en vertu de l'égalité de l'action et de la réaction, le liquide réagit avec une force égale et contraire à celle que le corps plongé exerce sur lui ; dès lors, le solide, supposé libre, s'enfonce plus ou moins qu'il ne l'aurait fait, si les phénomènes d'ascension ou d'abaissement ne s'étaient pas produits.

Cette remarque a conduit M. Duclaux à une appréciation plus rigoureuse des conditions d'exactitude des aréomètres. La tension superficielle intervenant, en même temps que la densité, pour déterminer le point d'affleurement d'un aréomètre, il s'ensuit que lorsqu'on plonge un de ces instruments dans deux liquides différents, le rapport des volumes immergés n'est égal au rapport inverse des densités qu'au cas où les tensions superficielles des deux liquides sont les mêmes, ce qui n'a pas lieu généralement ; de là une cause d'erreur qui entache d'inexactitude la plupart des mesures aréométriques, et qui peut aller jusqu'à affecter le chiffre des centièmes. Les seuls aréomètres à indications exactes sont ceux dont la graduation n'est relative qu'à un seul et même liquide : tel est le cas de l'alcoomètre de Gay-Lussac et du densimètre de Rousseau.

La tension superficielle d'un liquide varie de quantités notables pour des causes qui n'exercent aucune influence sur la densité. Il suffit, par exemple, de tenir un flacon d'éther débouché au-dessus de la surface de l'eau, ou d'y laisser tomber une raclure imperceptible de savon, pour qu'un aréomètre plongé dans ce liquide se relève immédiatement de plusieurs millimètres. On conçoit dès lors de quelles précautions minutieuses on doit s'entourer, quand on se sert des aréomètres, si on tient à obtenir des résultats tant soit peu précis.]

[**73ᵉ. Compte-gouttes.** — Quand un liquide s'écoule par une ouverture suffisamment étroite, l'écoulement a lieu goutte à goutte ; chaque gouttelette peut être assimilée à une petite cellule dont la membrane d'enveloppe est formée par la couche contractile. A l'instant où la goutte se détache, son poids est juste suffisant pour rompre la couche superficielle au niveau de l'orifice d'écoulement ; si le liquide mouille le tube, la couche contractile adhère au contour extérieur de l'orifice de sortie et, par conséquent, le cercle de rupture est plus large que dans le cas où le tube n'est pas mouillé. Donc, toutes choses égales d'ailleurs, la grosseur des gouttes ne dépend que du contour, soit extérieur, soit intérieur, de l'ouverture par laquelle se fait l'écoulement.

De là, l'emploi des compte-gouttes en médecine. Ceux de la figure 73 se composent d'un flacon contenant le liquide ; dans ce flacon plonge un tube effilé en pointe à l'extrémité supérieure ou inférieure; la partie moyenne du tube traverse un manchon en caoutchouc B fixé au col du flacon et communiquant avec l'intérieur de ce réservoir. Si l'on comprime entre les doigts le manchon de caoutchouc, la pression de l'air intérieur augmente, le liquide monte dans le tube et s'écoule par gouttes de l'appareil n° 2, tandis qu'il remplit l'entonnoir qui surmonte le tube du compte-gouttes n° 1 ; dans ce dernier cas, on ferme avec le doigt l'ouverture supérieure de l'entonnoir et; en retirant le tube du flacon, on peut s'en servir comme d'une pipette.

Si on opère successivement, avec un même compte-gouttes, sur un même volume de divers liquides, le poids des gouttes obtenues et, par suite, leur nombre varie avec la tension superficielle, c'est-à-dire avec la composition du liquide. M. Duclaux a déduit de là une méthode, aussi simple que sensible, pour faire l'analyse quan-

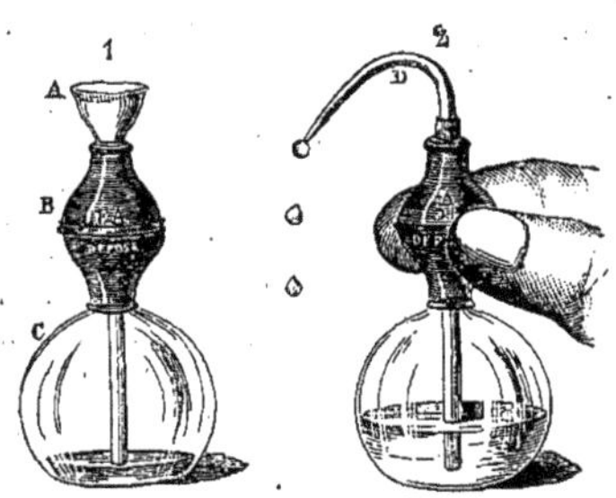

Fig. 73. — Compte-gouttes d'Alvergnat.

titative d'un mélange d'alcool et d'eau. La sensibilité de ce mode de dosage varie en sens inverse de la teneur en alcool, contrairement à ce qui a lieu avec l'alcoomètre de Gay-Lussac ; un autre avantage de cette méthode résulterait, suivant le dire de l'auteur, de ce que, la tension superficielle d'un vin n'étant pas influencée par les matières solides tenues en dissolution, le dosage de l'alcool peut être effectué directement, sans distillation préalable.]]

74. Dissolution. Coefficient de solubilité. — Nous avons expliqué les phénomènes de capillarité, en nous basant sur le rapport qui existe entre la *cohésion* des liquides et leur *adhésion* aux corps solides. Or il peut arriver que l'attraction exercée par le liquide sur le solide soit assez énergique pour vaincre la cohésion du solide lui-même; lorsque ce cas se présente, le corps solide se *dissout*, c'est-à-dire que ses molécules se séparent les unes des autres et se mêlent aux molécules liquides pour former un tout homogène qui se présente à l'état liquide. [En un mot, le solide change d'état; le changement d'état qui s'accomplit dans ces conditions porte le nom de *dissolution*, et la masse liquide qui en résulte est ce qu'on appelle, en physique, une *solution* ou, en pharmacie, un *soluté*.][Le langage pharmaceutique a aussi conservé le nom de *menstrue*, comme synonyme de *dissolvant*, pour désigner le liquide dans lequel s'opère la dissolution.]]

Quand une substance solide se dissout, il arrive, en général, un moment où l'équilibre s'établit entre les molécules du corps soluble et celles du dissolvant et où ce dernier refuse de dissoudre de nouvelles quantités de matière; on dit alors que le liquide est *saturé*, et le rapport entre la quantité maximum de substance dissoute et la quantité de menstrue sert de mesure à ce qu'on appelle la *capacité de saturation* du liquide [ou le *coefficient de solubilité* du solide par rapport au liquide considéré]. La capacité de saturation varie avec la nature du dissolvant et avec celle de la substance dissoute : [ainsi, pour saturer à froid 100 parties d'eau, il faut 300 parties de sucre de canne et seulement 3,3 de chlorate de potasse, tandis que 100 parties de glycérine sont déjà saturées par 40 parties de sucre et dissolvent, par contre, plus de 10 parties de chlorate de potasse.] La solubilité dépend aussi de la température, mais suivant une loi qui varie avec la nature des corps en présence; elle augmente, en général, en même temps que la température; toutefois quelques substances ont un maximum de solubilité correspondant à un degré thermométrique déterminé; nous reviendrons sur cette question dans l'étude de la *chaleur* (cf. Liv. V, chap. II).

La dissolution est un phénomène plus ou moins voisin de la combinaison chimique: elle s'en distingue par ce fait quelle s'opère suivant des proportions qui ne sont ni définies ni fixes; mais elle s'en rapproche en ce que le volume du mélange ne représente pas la somme des volumes du dissolvant et de la substance dissoute; il est presque toujours plus petit, de sorte que le poids spécifique de la solution excède d'une quantité appréciable la moyenne des poids spécifiques des corps mélangés. Ce résultat prouve que, dans le phénomène de la dissolution, les molécules du solide et celles du liquide se rapprochent, sous l'influence de leurs attractions réciproques, de manière à être plus près les unes des autres que ne l'étaient primitivement les molécules du dissolvant; d'où l'on est en droit de conclure que l'attraction exercée par le liquide sur le solide est supérieure, non seulement à la cohésion de ce dernier, mais encore à celle du liquide lui-même.

74ᵃ. Imbibition. — Il existe un certain nombre de solides qui, placés en présence de liquides déterminés, manifestent des phénomènes un peu différents de ceux que nous avons rapportés à la capillarité et à la dissolution. C'est ce qui arrive, notamment pour des substances de nature organique, quand la force avec laquelle leurs molécules sont attirées par le liquide n'est pas suffisamment énergique pour détruire entièrement leur cohésion et pour les faire passer à l'état liquide. Deux cas peuvent alors se présenter : ou bien les molécules liquides pénètrent dans les interstices moléculaires du solide et y sont retenues ; c'est en cela que consiste l'*imbibition;* ou bien le corps solide se désagrège en particules plus ou moins ténues qui se disséminent dans l'intérieur de la masse liquide pour constituer une *solution imparfaite.* On peut considérer ce genre de solution comme un mélange d'une certaine quantité de liquide pur avec des particules solides imbibées de ce même liquide.

Tous les tissus organiques, à l'exception du tissu graisseux, possèdent la propriété de s'imbiber d'eau. — Certains produits du règne végétal et du règne animal forment avec l'eau des solutions imparfaites: l'amidon, la gomme, le blanc d'œuf, les *zymases* sont dans ce cas.

75. Diffusion des liquides. — Les attractions qui s'exercent entre les molécules des solides et celles des liquides peuvent aussi se manifester entre des molécules appartenant toutes à l'état liquide, mais de nature différente. On dit de deux substances qui jouissent de cette propriété qu'elles sont *diffusibles* ou *miscibles* l'une avec l'autre : l'eau, par exemple, est miscible avec une solution de sucre, ou avec l'alcool, mais elle ne diffuse ni avec l'huile ni avec le mercure.

Pour mesurer l'intensité de la force avec laquelle les molécules de deux liquides s'attirent mutuellement, on met ces liquides en contact l'un avec l'autre et on détermine le temps qu'ils emploient à former un mélange parfaitement homogène; la vitesse avec laquelle les divers liquides diffusent entre eux se nomme leur *vitesse de diffusion*. On a trouvé que la vitesse de diffusion entre l'eau et les solutions aqueuses de différents sels varie notablement suivant la nature de la substance dissoute, mais que, pour un même sel, elle augmente avec la richesse de la solution, c'est-à-dire que, à égalité de température, la quantité de sel qui, dans un temps donné, abandonne sa solution primitive pour se diffuser dans l'eau, est proportionnelle au degré de concentration de la solution saline.

[Sous le rapport de leur diffusibilité mutuelle, les liquides se divisent en deux classes : les uns sont miscibles en toutes proportions; les autres, au contraire, ne le sont qu'entre certaines limites. L'eau et l'alcool, par exemple, se mélangent en toutes proportions; il en est de même de l'alcool et de l'éther. Mais l'eau ne dissout qu'une faible quantité d'éther (1 partie d'éther dans 9 parties d'eau); le chloroforme est aussi un peu soluble dans l'eau.]

76. Diffusion des liquides à travers des cloisons poreuses : Osmose. — Il arrive fréquemment que deux liquides miscibles soient séparés l'un de l'autre par une cloison poreuse, perméable au moins à l'un d'eux; la présence d'un tel diaphragme est une cause de complication qui imprime un caractère tout particulier aux phénomènes de diffusion. Alors, en effet, le mélange des liquides ne dépend pas seulement de l'attraction mutuelle de leurs molécules; il est aussi subordonné à l'affinité de chacun de ces corps pour la substance de la cloison. Les phénomènes qui se manifestent dans les conditions que nous venons d'indiquer sont connus, depuis Dutrochet, sous le nom d'*endosmose*, [ou d'une manière plus générale, sous celui d'*osmose* (Graham)].

Aperçu général des phénomènes d'osmose. — Dans la simple diffusion, les liquides en présence échangent entre eux des quantités respectivement égales de leurs principes constituants, de sorte que le volume de chacun des liquides, évalué à partir de leur surface primitive de séparation, reste toujours constant. Il n'en est pas de même dans l'osmose : celui des deux liquides qui a le plus d'affinité pour le diaphragme le traverse en plus grande proportion et détermine un changement correspondant dans le rapport des volumes de liquide qui se trouvent distribués de part et d'autre de la cloison, quand l'équilibre s'est établi. Si, par exemple, de l'eau et de l'alcool sont séparés par une membrane de caoutchouc, la quantité d'alcool qui traverse cette cloison pour se diffuser dans l'eau est plus abondante que la quantité d'eau qui passe dans le compartiment de l'alcool, attendu que le caoutchouc est mouillé par l'alcool et ne l'est pas par l'eau : Les deux mêmes liquides sont-ils séparés par la vessie d'un animal, c'est, au contraire, l'eau qui passe en plus forte proportion, parce qu'elle a plus d'affinité que l'alcool pour la membrane organique. Tous les tissus animaux, à peu d'exceptions près, possèdent la propriété d'être imbibés par l'eau: de là, leur tendance habituelle à en favoriser le transport, toutes les fois qu'ils sont interposés entre l'eau et des solutions miscibles avec ce liquide.

L'osmose joue un rôle capital, en physiologie, dans l'absorption des produits de la digestion et dans les échanges de matériaux qui constituent la nutrition des tissus; aussi convient-il de donner quelque développement à l'étude des phénomènes osmotiques [1].

[ÉQUIVALENT ENDOSMOTIQUE. — Quand on veut comparer entre elles différentes substances, au point de vue de leur diffusibilité au travers des membranes organiques, il est indispensable d'opérer toujours dans les mêmes conditions; les liquides seuls doivent varier; encore faut-il avoir soin de rapporter toutes les expériences à un seul et même liquide pris comme terme de comparaison, puisque le pouvoir diffusif dépend de la nature des corps en présence; l'eau a été choisie pour servir de substance étalon.

Pour étudier les phénomènes d'osmose dans leur plus grande simplicité, il faut donc expérimenter toujours à la même température, avec la même membrane, et prendre l'eau pour y faire diffuser le liquide osmogène.

A cette fin, on introduit le liquide en expérience dans un tube dont l'orifice inférieur est fermé par une membrane et plonge légèrement dans l'eau d'un réservoir : un appareil ainsi disposé porte le nom d'*endosmomètre*. Or, tant que la concentration du liquide osmogène reste sensiblement la même et que la proportion de substance dissoute qui a passé dans le réservoir extérieur est insignifiante, *il y a un rapport constant entre le poids de l'eau qui pénètre dans l'intérieur de l'endosmomètre et le poids de la substance dissoute qui en sort.* Ce rapport représente ce qu'on appelle l'*équivalent endosmotique* d'un corps, ou la quantité d'eau qui se substitue, par voie d'osmose, à 1 gramme de cette substance (Jolly).

Avec les membranes animales, l'équivalent endosmotique est le plus souvent supérieur à l'unité, c'est-à-dire que la quantité d'eau qui remplace le corps osmogène est plus grande que le poids de cette substance qui sort de l'endosmomètre; d'autrefois elle n'en est qu'une fraction. Dans le premier cas, l'osmose est dite *positive;* dans le second, elle est *négative.*

L'équivalent endosmotique d'un corps dépend : 1° de sa nature chimique; 2° du degré de concentration de sa solution. Ludwig a montré que, pour la plupart des solutions à osmose positive, l'équivalent endosmotique augmente avec le degré de la concentration; il varie en sens inverse quand l'osmose est négative. Mais ces variations suivent une marche très lente, tant qu'on ne dépasse pas la limite à partir de laquelle le corps qui se diffuse perd son eau de cristallisation ou d'hydratation. Ainsi, d'après Eckhard, une solution contenant 4,6 % de *chlorure de sodium* possède un équivalent endosmotique égal à 1,5; si la proportion de sel est de 11,1 %, l'équivalent s'élève à 2,3; et il devient égal à 3 quand la concentration de la ltqueur est de 26,5 %. Jolly a trouvé un équivalent endosmotique de 200 pour l'hydrate de potasse et de 0,35 pour l'acide sulfurique monohydraté. L'équivalent du sulfate de soude diminue quand la concentration augmente, bien que ce sel ait une osmose positive (Ludwig).

VITESSE DE DIFFUSION DANS L'OSMOSE. — La vitesse avec laquelle

---

[1] L'auteur renvoie, pour cette étude, à son *Traité de physiologie de l'homme* (V. WUNDT. *Lehrbuch der Physiologie des Menschen*, §§ 27-34, 2ᵉ édit. Erlangen 1868). Les détails que nous plaçons entre crochets, sont en majeure partie, une traduction libre et résumée de ces paragraphes du *Traité de physiologie* de Wundt.

s'effectue l'échange entre l'eau pure et une substance dissoute est constante,
aussi longtemps que la concentration de la solution reste la même, que l'eau
conserve sensiblement sa pureté et que la température ne varie pas.

Les vitesses de diffusion des différents corps, à travers des cloisons
poreuses, ne dépendent pas des équivalents endosmotiques ; mais elles sont
en relation avec la solubilité du corps considéré et avec sa composition
chimique. La vitesse de diffusion augmente en même temps que la solubilité ;
des substances voisines sous le rapport chimique possèdent des vitesses
de diffusion peu différentes les unes des autres.

En outre, le degré de concentration de la liqueur a une influence marquée sur la vitesse de diffusion qui croît plus rapidement que la proportion
de matière dissoute n'augmente. Dans l'osmose entre l'eau et une solution
saline, la vitesse avec laquelle les molécules de sel se dirigent vers l'eau est
d'autant plus grande que la solution saline est plus concentrée : il en est de
même de la vitesse du courant qui entraîne les molécules d'eau vers la
solution ; mais l'accélération de ces deux courants n'est pas égale : elle est
plus grande pour celui qui va de l'eau vers la solution saline que pour
celui qui marche en sens opposé. On voit par là que, plus une solution
est concentrée, plus est grande la proportion d'eau qui, dans un temps
donné, traverse une cloison poreuse pour se mêler au sel.

Ainsi s'explique le fait indiqué plus haut, à savoir que l'équivalent endosmotique croît avec la concentration de la liqueur.

Osmose entre des solutions de composition et de concentration
différentes. — Quand l'osmose s'opère, non plus entre une solution et
l'eau pure, mais entre deux solutions différentes, les effets produits
dépendent, d'une part, du degré de concentration des deux liqueurs, d'autre
part, de la nature chimique des corps dissous.

L'influence de la concentration entre seule en jeu, du moment qu'on
fait diffuser deux solutions renfermant le même corps, mais en proportion
différente. Dans ce cas, la proportion de substance dissoute diminue dans la
liqueur la plus concentrée, pendant qu'elle augmente dans la solution la
plus étendue ; en même temps, il se produit un changement de volume,
comme cela a lieu quand l'osmose s'effectue entre une solution saline et l'eau
pure ; mais la variation de volume est moins rapide avec deux solutions.
Si on maintient constant le degré de concentration de chacun des liquides,
l'échange qui s'opère à travers la cloison poreuse entre les principes constituants de ces solutions ne varie pas non plus : chaque gramme de sel qui,
dans un temps donné, passe de l'une des solutions dans l'autre, est remplacé par un poids déterminé d'eau, et le rapport des quantités pondérales
d'eau et de sel, qui se substituent ainsi l'une à l'autre, est à peu près le
même que si l'osmose avait lieu entre la solution la plus concentrée et
de l'eau pure ; dans ces conditions, l'*équivalent endosmotique* reste donc
sensiblement constant. D'autre part, la vitesse avec laquelle s'opère la
diffusion croît en raison inverse de la différence de concentration des deux
solutions en présence.

Lorsqu'on soumet à la diffusion osmotique deux solutions renfermant des
corps de nature chimique différente, l'échange entre les principes dissous
s'effectue d'autant plus rapidement que ces substances ont une plus grande

affinité chimique l'une pour l'autre. Ainsi la vitesse des courants osmotiques est plus grande entre un acide et une base qu'entre deux acides ou entre deux sels. En outre, l'un des courants prédomine d'autant plus qu'on opère sur des corps à affinités mutuelles plus énergiques : quand on met, par exemple, un acide en présence d'un alcali, l'acide se porte vers l'alcali et le contre-courant fait entièrement défaut.

COLLOÏDES ET CRISTALLOÏDES. — Tous les corps que M. Graham désigne sous le nom de *colloïdes*, la gomme, l'albumine, la gélatine, etc., ont pour caractère commun, lorsqu'ils sont à l'état de solution aqueuse, de ne traverser que très difficilement les membranes organiques. Mais, en raison de l'attraction que ces substances exercent sur l'eau, elles possèdent un équivalent endosmotique élevé et qui paraît compris entre celui des alcalis et celui des sels ; du reste, le courant endosmotique, aussi bien que l'exosmotique, a une vitesse très faible.

M. Graham oppose aux colloïdes les substances qu'il appelle *cristalloïdes* et qui possèdent la propriété de traverser facilement les membranes organiques. Les colloïdes sont des substances qui ne cristallisent pas et qui donnent une consistance gélatineuse à l'eau dans laquelle on les dissout ; la plupart des matières cristalloïdes, au contraire, peuvent être obtenues à l'état cristallisé.

L'albumine dissoute a plus d'affinité exosmotique pour les sels que pour l'eau pure, et son courant de diffusion augmente assez rapidement avec la concentration de la solution saline. Cependant, si la proportion de sel dissous est excessive, les échanges moléculaires s'arrêtent, du moins à l'égard de l'albumine, laquelle ne cède plus que de l'eau au bain salin.

DIALYSE. — Quand on fait diffuser dans l'eau un mélange de colloïdes et de cristalloïdes en solution, aucune trace de matière colloïde ne traverse la membrane au début de l'expérience. Si on met, par exemple, dans un endosmomètre un mélange de gomme et de sucre dissous dans l'eau, le sucre seul traverse la membrane de l'appareil pour se répandre dans le bain extérieur. C'est en se basant sur ce principe que M. Graham a imaginé une nouvelle méthode pour opérer, dans un mélange de différentes solutions, la séparation des cristalloïdes d'avec les colloïdes. On introduit le mélange dans un réservoir flottant constitué par une sorte de tamis dont le fond est en *parchemin végétal* (papier non collé qu'on a rendu très résistant et imputrescible, en le trempant dans l'acide sulfurique) ; ce tamis est placé sur un bain d'eau distillée dans lequel les cristalloïdes se rendent, après avoir traversé la membrane.

Cette méthode de séparation des corps porte le nom de *dyalise* et l'appareil qui sert à l'appliquer s'appelle le *dyaliseur*.

Il y a toutefois un cas où la dyalise ne s'opère pas comme on vient de l'indiquer ; c'est lorsque la substance cristalloïde mêlée au colloïde forme, en arrivant de l'autre côté de la membrane, une solution pour laquelle la matière colloïde possède une affinité exosmotique considérable. Ainsi, un mélange d'albumine et de chlorure de sodium placé dans le dyaliseur ne laisse passer au commencement que des molécules salines ; mais la solution de sel marin qui se forme de la sorte dans le bain extérieur attiré ensuite l'albumine avec une grande énergie. Pour obvier à cet inconvénient, il faut

renouveler fréquemment l'eau distillée dans laquelle flotte le dyaliseur.
De tous les corps colloïdes, c'est la gomme qui possède la diffusibilité la
plus faible. M. Graham et M. Eckhard ont constaté que les membranes animales et le parchemin végétal ne laissent passer aucune trace de gomme;
M. Schumacher a observé une légère diffusion de cette substance, en
employant une membrane de collodion. Avec des solutions de pectine et de
gélatine on obtient le double courant d'endosmose et d'exosmose, même
à travers les membranes animales. M. de Wittich a reconnu que les
peptones se distinguent de toutes les autres substances albuminoïdes par
leur plus grande diffusibilité.

Influence de la nature de la cloison poreuse sur l'osmose. —
L'équivalent endosmotique est en général plus élevé, toutes choses égales
d'ailleurs, quand la membrane interposée entre les deux liquides qui diffusent l'un vers l'autre est desséchée, au lieu de se trouver à l'état frais ou
d'avoir été préalablement imbibée ; la membrane en se gonflant devient
un peu moins perméable à l'eau et, au contraire, plus perméable aux
sels. L'équivalent endosmotique n'a donc pas une fixité absolue, même
dans le cas où on emploie toujours la même espèce de membrane, et il
varie dans des limites assez étendues, suivant la nature de la cloison poreuse. Les diaphragmes qui n'ont pas la propriété de se gonfler dans l'eau,
telles sont les cloisons d'argile, ne font pas éprouver des variations de ce
genre à l'équivalent endosmotique; aussi sont-ils plus propres que les membranes organiques à faire connaître l'influence de la dimension des pores
sur l'osmose.

En employant des diaphragmes d'argile dont les pores sont de plus en
plus larges, on trouve qu'il arrive un moment à partir duquel l'effet de la
cloison poreuse sur la diffusion des liquides disparaît complètement : il se
produit un simple mélange, mais point d'osmose, c'est-à-dire que l'équivalent endosmotique est alors égal à l'unité.

A mesure que les pores diminuent de largeur, l'équivalent endosmotique
s'éloigne de l'unité, s'élevant pour les corps à osmose positive, s'abaissant
pour les substances à osmose négative. Mais après avoir atteint une valeur
maximum correspondante à une étroitesse déterminée des pores, l'équivalent endosmotique se rapproche de nouveau de l'unité jusqu'à ce qu'enfin
il ne se produise plus ni osmose, ni diffusion ; à ce moment-là, la cloison
est devenue entièrement imperméable aux liquides. Ainsi donc, relativement
aux dimensions des pores du septum interposé, il existe deux valeurs
limites, en dehors desquelles l'endosmose n'a plus lieu; dans l'intervalle
se trouve une valeur particulière à laquelle répond un changement dans
le sens des variations de l'équivalent. La largeur des pores qui correspond à ce point de rebroussement varie considérablement suivant la nature
des solutions qu'on fait diffuser; elle est d'autant plus petite, pour les
solutions salines mises en présence de l'eau, que le sel a plus d'affinité
pour ce dernier liquide.

L'épaisseur de la cloison, c'est-à-dire la longueur des pores, exerce sur
les phénomènes osmotiques la même influence que leur largeur: plus la
cloison est épaisse, plus l'équivalent endosmotique s'écarte de l'unité.

Ce que nous venons de dire des diaphragmes en argile s'applique éga-

lement aux membranes organiques. Aussi est-ce probablement aux dimensions variables des pores qu'il faut attribuer en grande partie les différences
qu'on observe dans l'osmose, suivant que la membrane employée est sèche
ou humide, suivant que la pression est plus ou moins forte, etc. Si donc
on voulait déterminer la part d'influence qui revient aux propriétés physiques et chimiques des septums membraneux, il faudrait essayer comparativement des membranes de nature différente, mais identiques quant
aux dimensions de leurs pores. C'est là une entreprise à laquelle on ose à
peine songer; jusqu'à présent, du moins, c'est tout au plus si l'on a pu
établir, sous ce rapport, quelques points de repère.

Les cloisons d'argile et la plupart des membranes organiques, notamment toutes celles d'origine animale, employées comme diaphragmes osmotiques entre l'alcool et l'eau, laissent passer ce dernier liquide en plus
forte quantité que l'alcool. La proportion est renversée quand on opère
avec une membrane de caoutchouc ou de collodion.: le courant le plus
intense est dirigé de l'alcool vers l'eau. Ces différences dans le sens du
courant endosmotique sont dues aux pouvoirs d'imbibition des membranes
relativement à tel ou tel liquide : toutes les membranes qui favorisent le
passage de l'eau dans l'alcool s'imbibent facilement d'eau; les membranes
qui font, au contraire, prédominer le courant dirigé de l'alcool vers l'eau,
attirent l'alcool avec une plus grande énergie.

THÉORIE DE L'OSMOSE. — Les phénomènes généraux de l'osmose reposent
sur deux faits fondamentaux, l'imbibition des cloisons poreuses, résultat
de l'adhésion des liquides aux solides, et la diffusion des liquides.

Qu'on se représente une membrane, dont l'une des faces soit baignée par
un liquide A et l'autre par un liquide B. Pour qu'il y ait osmose, c'est-
à-dire mélange des deux liquides avec transport réciproque et inégal de
leurs éléments constituants, il faut : 1° que les deux liquides soient miscibles;
2° que l'un des liquides, par exemple, le liquide A, ait plus d'affinité que
l'autre pour la substance de la membrane; 3° que l'affinité du mélange des
deux liquides pour la membrane soit intermédiaire entre les adhésions de
chacun des liquides à cette même cloison.

Dans ces conditions, le mélange des deux liquides ne peut plus s'opérer
suivant le même mode que la diffusion libre sans interposition de cloison
poreuse. Considérons, en effet, ce qui va se produire dans un pore quelconque du diaphragme : le liquide A, qui a le plus d'affinité pour la substance de la cloison, pénètrera dans le pore et le remplira en entier, chassant
au besoin devant lui le liquide B, au cas où ce dernier tendrait aussi
à s'introduire dans cet espace; parvenue sur l'autre face du diaphragme,
la liqueur A se répandra dans la liqueur B en vertu de l'affinité des deux
liquides l'un pour l'autre; puis de nouvelles quantités du premier liquide
traverseront le pore pour remplacer la portion qui s'est diffusée dans le
liquide B, et ainsi de suite. De là un transport continu du liquide A vers
le liquide B, d'où résulte le courant que Dutrochet a appelé *endosmotique*.
Telle est, du moins, la marche du phénomène dans la couche de liquide
en contact immédiat avec la paroi intérieure du pore; mais dans le filet
central les deux liquides se mélangent en suivant les lois de la diffusion
libre, car dans cette partie du pore ils sont soustraits à l'action élective de

la cloison. Dès lors,. il s'opère entre les molécules des deux liquides un échange par parties égales, qui donne naissance à deux courants, l'un dirigé dans le même sens que le courant endosmotique et venant le renforcer, l'autre dirigé en sens contraire et constituant le contre-courant ou courant *exosmotique* de Dutrochet; ce dernier a pour effet de faire passer du liquide B dans le compartiment occupé primitivement par le liquide A.]

INDICATIONS BIBLIOGRAPHIQUES RELATIVES A L'OSMOSE

[DUTROCHET. *L'agent immédiat du mouvement vital*, etc. Paris, 1826. — *Nouvelles recherches sur l'endosmose et l'exosmose*. Paris, 1828. — *De l'endosmose*. (Mémoires pour servir à l'histoire anat. et physiol. des végétaux et des animaux. Paris, 1837, t. I, p. 1-100).

BRUECKE. *De diffusione humorum per septa mortua et viva*. Berlin, 1841. — Beiträge zur Lehre von der Diffusion tropfbarflüssiger Körper durch poröse Scheidewände. *(Poggendorf's Annalen*, 1843, LVIII, 77.)

MATTEUCCI et CIMA. Mémoire sur l'endosmose. *(Ann. de chim. et de phys.*, [3], 1845, XIII, p. 63.)

PH. JOLLY. Experimental-Untersuchungen über Endosmose. *(Zeitschrift f. ration. Medicin*, 1849, VII, 138).

C. LUDWIG. Ueber die endosmotischen Equivalente und die endosmostiche Theorie. *(Zeitschrift f. ration. Medicin*. 1849, VIII, 15.)

J. BÉCLARD. Mémoire pour servir à l'histoire de l'absorption et de la nutrition. *(Comptes rendus de l'Acad. des sciences*, 1851, XXXIII. p. 1.) — Cause de l'endosmose. *(Gaz. des hôpitaux*, 1851, p. 323.)

CLOETTA. *Diffusionsversuche durch Membranen mit zwei Salzen*. Zürich. 1851.

GRAHAM. On osmotic force *(Philosoph. Transact.*, 1854. p. 177.)

LHERMITE. Recherches sur l'endosmose. *(Comptes rendus de l'Acad. des sciences.*, 1864, XXXIX, 1177.)

MORIN. Nouvelles expériences sur la perméabilité des vases poreux et des membranes desséchées par les substances nutritives. *(Mém. de la Soc. de phys. et d'hist. nat. de Genève*, 1844, XIII, 2e part., 251.)

HARZER. Beiträge zur Lehre von der Endosmose. *(Archiv f. physiolog. Heilkunde*, 1856, XV, 194.)

O. FUNCKE. Ueber das endosmotischen Verhalten der Peptone. *(Archiv f. pathol. Anatomie u. Physiologie*, de Virchow, 1858, XIII, p. 449.)

C. HOFFMANN. *Ueber das endosmotiche Equivalent des Glaubersalzes*. Giessen, 1858. — Bestimmung des endosmotischen Æquivalents me er chemischer Verbindungen. *(Beiträge zur Anat. u. Physiol.* d'Eckhard, 1858, II).

ECKHARD. Ueber Diffusionsgeschwindigkeit durch thierische Membranen. *(Ibid.*, 1859.)

A. ADRIAN. Ueber Diffusionsgeschwindigkeiten und Diffusionsäquivalente bei getrockneten Membranen. *(Ibid.*, 1859.)

TRAUBE. Experimente zur Theorie der Zellenbildung und Endosmose. *(Archiv f. Anat. u. Physiol.* etc., par Reichert et du Bois-Reymond, 1867, p. 87-166. — Analyse dans la *Gaz. méd. de Paris*, 1869, nos 5 et 6.)

La question de l'endosmose et de ses applications physiologiques est traitée avec un soin tout particulier et avec de grands développements dans l'excellent ouvrage de MILNE-EWARDS, *Leçons sur la physiologie*, etc., 1859, t. V, p. 1-248.

Pour la bibliographie relative aux applications physiologiques de l'endosmose, et notamment à l'absorption, nous renvoyons le lecteur aux articles ABSORPTION du *Dictionnaire encyclopédique des sciences médicales*, 1864, I, p. 242, et du *Nouveau dictionnaire de médecine et de chirurgie pratiques*, 1864, I, p. 181.]

CARLET. *L'osmose. Thèse de concours*. Paris, 1878.

CHARPENTIER. Osmographie. *Compte-rendu, Acad. sc.* 1837.

E. DOUMERC — *Etude sur l'osmose des liquides*. Bordeaux, 1881.

CHAPITRE VIII

HYDRODYNAMIQUE

77. Chute des liquides. — Toute particule de liquide tombe, en vertu de la
pesanteur, de la même manière qu'un corps solide; mais, si la masse
liquide qui obéit à l'action de la gravitation a une certaine étendue, ses
molécules constituantes se séparent facilement les unes des autres, à cause
de la faible cohésion qui les unit. Aussi, quand un liquide tombe librement,
a-t-il une tendance à se diviser en gouttes isolées. On peut empêcher cet
effet de se produire, soit en faisant couler le liquide le long d'un plan
incliné, ce qui ralentit la vitesse de sa chute, soit en le forçant à s'écouler
dans l'intérieur d'un tube; dans ce dernier cas, les molécules liquides ne
peuvent pas se séparer les unes des autres sans laisser entre elles un vide,
à la formation duquel la pression atmosphérique met obstacle.

Que l'écoulement ait lieu sur un plan incliné ou dans un tuyau, il en
résulte toujours un courant continu de liquide, dont le mouvement diffère
de celui des corps tombant en chute libre; car les molécules liquides sont
mues non seulement par leur propre poids, mais encore par celui des molécules sus-jacentes, ainsi que l'exige le principe de la transmission des
pressions dans les fluides.

77ª. Écoulement par un orifice en mince paroi. — L'écoulement des liquides peut
être étudié à l'aide d'un vase cylindrique, tel que celui de la figure 74, qu'on

Fig. 74. — Écoulement d'un liquide
par un orifice en mince paroi.
(Principe de Toricelli.)

remplit de liquide jusqu'au niveau mn et dont le
fond est percé d'un orifice xy à bords très minces.
La veine liquide qui s'échappe par cette ouverture
tombe en chute libre, à partir du moment où elle
a franchi le plan de l'orifice. Quant au liquide
renfermé dans le réservoir, il se trouve animé
d'un mouvement continu dirigé vers l'orifice de
sortie, et auquel prend part toute la masse, puisque la pression se transmet également dans tous les
sens. La tranche xy se met en mouvement, non
seulement entraînée par son propre poids, mais
encore poussée par la pression totale qu'exerce
sur elle la colonne $pqxy$. Or, comme la pression
développée par chacune des tranches qui composent cette colonne liquide est due au poids même
de la tranche considérée, il est évident que la
pression résultante produit un effet précisément égal à celui que déter-
minerait la pesanteur agissant sur la tranche xy, si cette tranche
était tombée de la hauteur px du niveau du liquide au-dessus du fond
du réservoir; nous désignons cette hauteur par H. Le poids de la

colonne *pqxy* représente donc une force qui imprime à la tranché *xy* une vitesse initiale égale à celle qu'acquerrait cette tranche en tombant verticalement de la hauteur *H*. Si on maintient constant le niveau du liquide dans le réservoir, la force qui agit sur les tranches liquides, au fur et à mesure qu'elles se présentent à l'orifice de sortie, ne varie pas, et la veine qui en jaillit s'échappe avec une vitesse constante, dont la grandeur est déterminée par la hauteur *H*. Cette hauteur *H* se nomme la *charge*.

PRINCIPE DE TORICELLI. — La loi, qui règle la vitesse d'écoulement des liquides par les orifices pratiqués en mince paroi, porte le nom de *principe de Toricelli*, du nom du savant qui l'a découverte.

[On peut l'énoncer ainsi : *la vitesse d'écoulement d'un liquide par un orifice en mince paroi est égale à celle qu'acquerrait un corps en tombant librement de la hauteur H du niveau du liquide au-dessus du centre de gravité de l'orifice de sortie.* D'après ce principe, la vitesse d'écoulement a pour expression :

$$v = \sqrt{2\,g\,H}. \qquad (1)$$

On a vu, en effet, § 53ª, que telle est la valeur de la *vitesse due à la hauteur H*, c'est-à-dire de la vitesse que possède un corps qui a parcouru en chute libre une distance verticale *H*. Il s'ensuit que *la vitesse d'écoulement d'un liquide est proportionnelle à la racine carrée de la charge.*]

CONTRACTION ET CONSTITUTION DE LA VEINE. — Il importe de remarquer que, pour établir la loi de Toricelli, on est parti d'une hypothèse qui n'est jamais réalisée d'une manière rigoureuse; on a supposé que les molécules liquides situées primitivement en dehors de la colonne *pqxy* qui est destinée à former la veine liquide, pénètrent dans cette veine successivement et sans éprouver de résistance. Or les choses se passent autrement. Considérons, par exemple, les deux molécules M et M′ (fig. 74), au moment où elles se rencontrent au point R, après avoir parcouru les chemins respectifs MR et M′R : il est évident que ces molécules se contrarieront dans leur marche et d'autant plus que les directions de leurs trajectoires s'éloigneront davantage de la verticale ; car on peut décomposer le mouvement de chacune des molécules en deux autres, un vertical IR et un horizontal MI et M′I ; les deux composantes horizontales se neutralisent mutuellement, puisqu'elles ont des directions opposées, mais les composantes verticales, ayant une vitesse moindre que celle des molécules dont la trajectoire est perpendiculaire à l'orifice de sortie, exercent sur ces dernières une influence retardatrice. De là un ralentissement de la vitesse d'écoulement qui a pour effet de rétrécir rapidement la veine liquide, à mesure qu'elle s'éloigne de l'orifice de sortie, et on désigne ce phénomène sous le nom de *contraction de la veine;* le maximum de contraction correspond à l'endroit où les filets liquides qui viennent des régions latérales opèrent leur jonction, et la section de la veine en ce point n'est qu'environ les 2/3 de celle de l'orifice d'écoulement. Si on substitue à la section de l'orifice de sortie la *section contractée*, on trouve que l'écoulement a lieu conformément au principe de Toricelli.

A partir de la *section contractée*, le liquide tombe en chute libre. Si la veine liquide était solidifiée, elle tomberait tout d'une pièce, comme le ferait un solide de même section. Mais la masse à l'état liquide peut être considérée, vu sa faible cohésion, comme une réunion de corpuscules solides qui s'échappent l'un après l'autre par l'orifice de sortie. Or, si on laisse tomber successivement deux corps, en mettant un certain intervalle de temps entre les époques de leur départ, la distance qui sépare les deux mobiles augmentera continuellement pendant toute la durée de la chute, attendu que la vitesse de chaque mobile croît en raison directe du temps. Le même phénomène tend à se produire dans l'écoulement des liquides ; en l'absence de toute force cohésive, les différentes tranches de molécules se sépareraient les unes des autres, et leurs distances mutuelles s'accroîtraient sans cesse avec la durée de la chute; mais la cohésion intervient ici de la même manière qu'elle l'a fait pour déterminer la contraction de la veine à sa sortie de l'orifice d'écoulement : elle maintient la continuité du jet aux dépens de son diamètre, qui va en diminuant graduellement ; toutefois le rétrécissement se produit alors avec bien plus de lenteur qu'au début. Cependant, si la hauteur de chute est considérable, les variations de distance entre les différentes tranches finissent par acquérir une si grande valeur que la veine devient discontinue : les molécules liquides se séparent les unes des autres par petits groupes, et la veine se résout ainsi en gouttes, qui augmentent de nombre et diminuent de grandeur à mesure qu'elles parcourent un espace de plus en plus considérable.

Dépense. — La *dépense* est le volume de liquide écoulé dans l'unité de temps ; elle est donc égale au produit de la vitesse par la section de l'orifice d'écoulement. Soit q la dépense, v la vitesse, et s la section, on a :

$$q = sv, \qquad (2)$$

formule qui montre que, si la dépense doit rester constante, il faut que la vitesse varie en raison inverse de la section. On voit donc que la vitesse peut être très grande, bien que la dépense soit très faible, si la section de l'orifice d'écoulement est très petite, et *vice versâ*, qu'une dépense considérable peut être fournie par une vitesse minime jointe à une large section.

En remplaçant v par sa valeur en fonction de la charge, nous avons :

$$q = s \sqrt{2\,g\,H}, \qquad (3)$$

et pour le débit Q au bout du temps t :

$$Q = qt = s\,t \sqrt{2\,g\,H}. \qquad (4)$$

En réalité, le volume de liquide écoulé dans le temps t n'a que les 2/3 de cette valeur, à cause de la contraction de la veine, de sorte que la formule dont on se sert en pratique est :

$$Q = 2/3\,st \sqrt{2\,g\,H}. \qquad (5)$$

Ces relations permettent de calculer, soit la dépense à l'aide de la vitesse, soit la vitesse à l'aide de la dépense, et de déduire de la vitesse la charge correspondante.

77 b. Écoulement par un orifice latéral. — L'orifice d'écoulement est-il percé dans la paroi verticale d'un réservoir, au lieu d'en occuper le fond, cette circonstance n'apporte pas de modification essentielle au phénomène : la vitesse d'écoulement reste toujours proportionnelle à la racine carrée de la hauteur du liquide dans le réservoir au-dessus de l'orifice de sortie (loi de Toricelli), et la veine éprouve aussi une *contraction*. Mais, sitôt que le liquide s'est échappé au dehors, il se meut à la façon d'un corps lancé horizontalement : la pression hydrostatique agit comme une force de projection horizontale, et l'influence concomitante de la pesanteur fait décrire à la veine liquide une trajectoire parabolique (cf. §§ 26 et 57).

77 ᶜ. Influence des ajutages sur la dépense. — Supposons l'orifice d'écoulement muni de ce qu'on appelle un *ajutage*, c'est-à-dire, d'un tube cylindrique court et de même section : les molécules liquides les plus extérieures sont attirées par la paroi interne du tube, dans le cas où celui-ci est mouillé; elles cheminent, en conséquence, parallèlement à l'axe du tube, sans se contrarier mutuellement, et la veine ne présente pas le phénomène de la contraction. Aussi la dépense est-elle plus grande avec un ajutage cylindrique qu'avec un orifice librement ouvert à l'extérieur. On a trouvé qu'en réalité la dé pense *effective* s'accroît par la présence d'un ajutage cylindrique, de manière à n'être plus que d'environ 1/10 inférieure à la vitesse *théorique* déduite du principe de Toricelli.

78. Écoulement dans les tuyaux de conduite rectilignes. — Quand l'écoulement des liquides s'effectue dans des tuyaux de conduite, au lieu de se faire par un orifice libre ou muni d'un simple ajutage, le théorème de Toricelli ne suffit plus à représenter toutes les lois du mouvement.

Le cas le plus fréquent et le plus intéressant pour le physiologiste est celui où le liquide mouille les parois de la conduite : l'adhésion devient alors une cause de ralentissement; une mince couche de liquide s'attache à la surface interne du tuyau, c'est la *couche immobile*, et l'écoulement s'effectue dans l'intérieur de ce canal à parois liquides.

Il s'exerce ainsi, entre les molécules qui progressent et celles qui restent en place, un frottement qui diminue la rapidité du courant. La résistance développée par ce frottement croît évidemment, toutes choses égales d'ailleurs, avec la longueur de la conduite. Mais d'une part, la vitesse du courant doit être la même dans toute l'étendue du tuyau supposé de section uniforme, puisque la quantité de liquide qui y pénètre est nécessairement égale à celle qui en sort dans le même temps ; donc le frottement ralentit l'écoulement d'une manière uniforme sur tout le parcours du liquide. D'autre part, dans le réservoir, il existe au niveau de l'orifice d'entrée du tuyau une pression hydrostatique représentée par la *charge totale*, c'est-à-dire, par la hauteur du liquide au-dessus de l'orifice en question. La vitesse d'écoulement étant moindre que celle qui correspond à cette charge totale, il n'y a qu'une portion de la force motrice qui soit employée à faire mouvoir le liquide; le reste subsiste sous forme de pression hydrostatique et devient ce qu'on nomme la *pression latérale ;* par conséquent, la pression qui se fait sentir à l'origine répond exactement à la quantité dont la vitesse est ralentie, c'est-à-dire à la grandeur de la résistance que le liquide rencontrera dans toute l'étendue de son parcours. Or, il faut évidemment qu'en chaque point du tube la force destinée à détruire la résistance soit égale en grandeur à cette dernière, et comme elle ne peut être empruntée à la portion de là force motrice qui détermine la vitesse d'écoulement, puisque cette vitesse est constante, c'est nécessairement le reste de la charge, celle qui ne fait pas progresser le liquide, qui sert à triompher de la résistance.

De là résulte qu'au fur et à mesure qu'on s'éloigne de l'origine du tuyau, la pression latérale décroît dans le même rapport que la résistance qui reste à vaincre. Ainsi, à l'orifice d'entrée O (fig. 75), elle est égale à la résistance que le liquide va éprouver dans tout son parcours; en tout autre point du trajet, elle n'a plus pour valeur que la résistance qui reste encore à vaincre jusqu'à l'orifice de sortie, et, comme cette résistance est, toutes choses égales d'ailleurs, proportionnelle à la distance dans une conduite de section uniforme, il s'ensuit que la pression latérale diminue en raison directe du chemin parcouru depuis l'origine du tuyau et qu'elle devient nulle à l'orifice extérieur E.

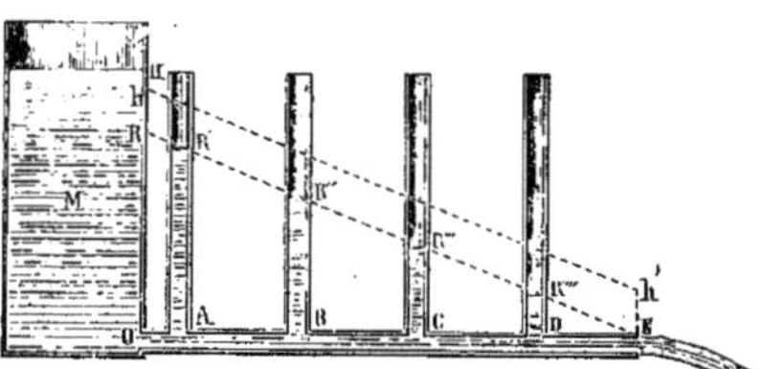

Fig. 75. — Écoulement dans un tuyau rectiligne et de section uniforme. R R' R" R''' R'''' E, ligne des niveaux piézométriques indiquant la marche décroissante de la pression latérale.

On peut facilement représenter par la méthode graphique la marche de la pression. De la charge totale HO qui existe dans le réservoir M (fig. 75), il faut d'abord retrancher une portion Hh, qui répond à la perturbation qu'éprouve le liquide en pénétrant dans le tuyau et qui mesure la *résistance au passage*. Le reste de la charge se décompose alors en deux parts : l'une RO, qui continue à se manifester sous forme de pression hydrostatique et qui correspond à la résistance à vaincre, l'autre Rh, qui détermine la progression du liquide. Vient-on à implanter dans les parois du tuyau de conduite, en différents points A, B, C, D, de petits tubes verticaux nommés *piézomètres*, le liquide s'élèvera dans ces tubes jusqu'à ce.que le poids de la colonne soulevée fasse équilibre à la pression au point considéré; on constate alors que les niveaux du liquide dans les piézomètres se trouvent tous sur une ligne droite partant de la hauteur R, à l'origine du tuyau, et aboutissant à l'orifice terminal E. La vitesse d'écoulement étant constante, si nous menons par le point h une droite hh', parallèle à RE, les ordonnées comprises entre ces deux lignes seront toutes égales entre elles et représenteront la charge de la vitesse en chaque point. On voit donc qu'en un endroit quelconque A du tuyau la force motrice existante est représentée par la somme des ordonnées correspondantes : la première de ces ordonnées AR' mesure la force qui se manifeste sous forme de pression latérale ; la seconde, comprise entre R' et le point où l'ordonnée coupe la droite hh', répond à la partie de la charge qui se traduit par la vitesse avec laquelle le liquide progresse.

On appelle *hauteur de la résistance* la portion OR de la charge qui sert à vaincre graduellement la résistance ; *hauteur de la vitesse* d'écoulement, la portion Rh. [Si nous désignons par H la charge totale dans le réservoir, par h la hauteur de la vitesse d'écoulement, et par R le reste de la force motrice qui est absorbée par la résistance totale, nous aurons entre ces trois quantités la relation :

$$H = h + R \qquad (1)$$

ou, en remplaçant h par sa valeur en fonction de la vitesse :

$$H = \frac{v^2}{2g} + R.] \qquad (2)$$

En adoptant les désignations employées dans le principe de la conservation de la force (cf. § 11), on voit que dans une section quelconque du tuyau de conduite, la hauteur de la résistance correspond à la force de tension, et la hauteur de la vitesse à la force vive. Nous dirons donc que, dans l'écoulement d'un liquide par un tuyau, la force vive reste constante, tandis que la tension ou pression latérale diminue d'une manière continue jusqu'à ce qu'elle devienne nulle. Cette conclusion semble être en contradiction avec le principe même de la conservation de la force, d'après lequel la tension et la force vive doivent former une somme invariable.

La contradiction n'est qu'apparente : en effet, la force de tension qui disparaît par le frottement du liquide contre la couche adhérente aux parois du tube, se retrouve sous forme de chaleur, et la quantité de chaleur ainsi développée est équivalente à la force absorbée par la résistance. La tension qui existe à l'origine du tuyau se convertit ainsi peu à peu en force vive calorifique, et la transformation est complète à l'extrémité terminale.

Il y a donc une différence fondamentale entre le mouvement des liquides dans les tuyaux et celui des corps solides glissant sur un plan horizontal sous l'influence d'une impulsion initiale : dans ce dernier cas, la force vive qui détermine le mouvement est elle-même employée en partie à vaincre la résistance développée par le frottement, en sorte que la vitesse du mobile diminue continuellement. Dans les liquides, au contraire, dès l'origine du mouvement, il existe une force de tension en quantité précisément suffisante pour détruire la résistance engendrée par le frottement; de là résulte que la vitesse d'écoulement est constante, mais elle a, dès le début, une valeur d'autant plus faible que la résistance totale à vaincre est plus grande. On se rendra compte du fait en raisonnant de la manière suivante : à mesure que le liquide perd de sa force vive par son frottement contre la couche immobile, il en récupère une quantité égale provenant de la transformation de la force de tension qui existe sous forme de pression hydrostatique. Dès lors, les choses se passent comme si la chaleur prenait d'abord naissance aux dépens de la force vive motrice; mais cette transformation intermédiaire peut être laissée de côté, car, du moment que la force qui détermine la progression du liquide reste constante, la chaleur développée par le frottement doit être équivalente à la hauteur de la résistance (cf. liv. V, chap. 5).

79. Relation entre la résistance et la vitesse d'écoulement. — Nous avons démontré que l'écoulement d'un liquide dans un tuyau éprouve un affaiblissement qui, *cæteris paribus*, croît avec la longueur de la conduite. Or, ce degré de ralentissement qui se manifeste sous forme de pression latérale, dépend lui-même de la grandeur de la vitesse de progression du liquide, car ce dernier ne frotte contre la couche immobile que s'il est en mouvement. On conçoit, *a priori*, que le frottement augmente avec la vitesse, puisque plus il y a de molécules qui glissent à la surface de la couche immobile dans un temps donné, plus aussi il faut de force pour les détacher de celles qui restent adhérentes aux parois. En général donc, la hauteur de la résistance doit augmenter avec la hauteur de la vitesse.

L'observation a montré effectivement que la résistance est proportionnelle à la simple vitesse [quand celle-ci est très petite, et plus exactement, qu'elle dépend de la vitesse v suivant la relation $av + bv^2$]. Comme, d'autre part, pour une vitesse déterminée, la charge destinée à vaincre la résistance

doit être d'autant plus grande que le tuyau est plus long et plus étroit, on
a, en appelant R la hauteur de la résistance :

$$R = a \, \frac{l}{d} \, v \qquad\qquad (1)$$

[ou, plus exactement :

$$R = 4 \cdot \frac{l}{d} \, (av + bv^2)];\qquad\qquad (2)$$

l représente la longueur et d le diamètre du tuyau supposé circulaire ; a et
b sont des constantes qui dépendent de la nature du liquide.

[On voit donc que :

« Dans des tuyaux cylindriques et de diamètre uniforme, la résistance
est proportionnelle à la longueur du tuyau, en raison inverse de son
diamètre, et qu'elle augmente avec la vitesse. »]

De la première des équations précédentes, on tire :

$$v = \frac{R}{a} \times \frac{d}{l}.\qquad\qquad (3)$$

La constante a dépend du frottement des molécules liquides les unes contre les autres; elle
est d'autant plus grande que le liquide a une *viscosité* plus considérable; on peut donner à
cette constante le nom de *coefficient de frottement intérieur*. Du moment que le liquide
mouille le tube, la résistance ne dépend que de cette espèce de frottement et nullement de la
force d'adhésion. L'élévation de la température diminue la valeur du coefficient a, et, par
suite, accroît la vitesse d'écoulement. — [On a trouvé pour l'eau à + 15° : $a = 0,00\ 001\ 88$
et $b = 0,00\ 034\ 25$; on ignore les valeurs relatives au sang vivant.]]

80. Écoulement dans les tuyaux de diamètre variable. — La vitesse d'écoulement
n'est constante dans toute la longueur d'un tuyau que si ce dernier a
partout le même calibre; mais, lorsque la section présente des irrégularités,
la vitesse du liquide doit varier en vertu de la même cause qui la rend
constante dans les tuyaux de diamètre uniforme; cette cause est celle qui
maintient la continuité de la veine fluide : il faut, en effet, que les quantités
de liquide qui passent dans des temps égaux au niveau de chaque section
soient égales. Or, le volume de la masse qui trouve place en un point donné
du tuyau est d'autant plus considérable que la section y est plus grande :
par conséquent, *la vitesse de progression des molécules liquides doit
varier en raison inverse de l'aire de la section du tuyau.* [Telle est la loi
formulée déjà par Léonard de Vinci et connue sous le nom de *loi de la
continuité.*]

Considérons, par exemple, une conduite composée, comme celle de la
figure 76, de trois tronçons de section différente et placés bout à bout : au
point de raccord d'un tube étroit avec un tube plus large, il y aura une diminution soudaine de vitesse; on constatera, au contraire, une augmentation brusque à la jonction d'une partie large avec une partie rétrécie. En
revanche, la pression latérale s'élèvera subitement à l'endroit où le tuyau
s'élargit brusquement, car, en vertu de l'inertie de la matière, le liquide
tend à conserver la vitesse acquise, et la perte d'une portion de cette
vitesse entraîne une augmentation de pression des molécules les unes
contre les autres et contre les parois de la conduite. Inversement, l'accroissement de vitesse qui se produit au passage d'une partie large à une

partie rétrécie s'accompagne d'une diminution correspondante de la pression latérale.

La rapidité avec laquelle la pression latérale décroît, à mesure qu'on s'éloigne de l'origine du tuyau, n'est pas la même dans les différents tronçons : elle est plus grande dans les parties étroites que dans les parties larges, attendu que les variations de pression sont en rapport avec la résistance à vaincre et que cette dernière augmente avec l'étroitesse du tube.

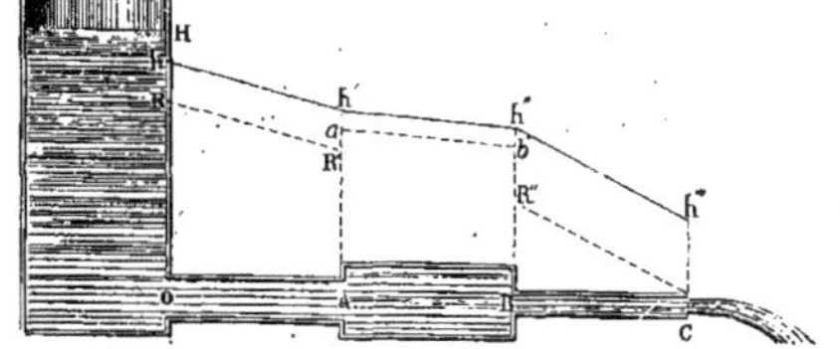

Fig. 76. — Écoulement dans une conduite rectiligne de diamètre variable.

Toutes les conséquences que nous venons d'indiquer se trouvent représentées par les lignes tracées au-dessus de la conduite OABC dans la figure 76. Soit OR la hauteur de la résistance à l'origine et Rh la hauteur de la vitesse d'écoulement : la marche de la pression latérale dans le tube OA sera représentée par la droite RR′ et la vitesse par la ligne hh′ parallèle à la première. Au point A, la vitesse diminue brusquement d'une quantité correspondante à la hauteur R′a et la pression augmente d'autant, de manière à devenir égale à Aa. Puis, dans le tube AB, la pression suit une marche décroissante représentée par la droite ab et la vitesse garde une valeur constante, ce qu'indique la ligne h′h″ parallèle à la ligne des pressions. En B, la vitesse augmente de nouveau d'une quantité correspondante à la hauteur bR″, et la pression diminue dans le même rapport. Enfin, dans le tube BC, la ligne des pressions est représentée par la droite R″C, et celle de la vitesse par la parallèle h″h‴.

La présence de renflements dans un tube diminue la résistance totale, car la vitesse est moindre dans les parties évasées ; il en résulte que la hauteur primitive de la résistance est aussi plus petite, que, par suite, la vitesse générale et avec elle la dépense sont augmentées.

Il est facile è voir que les lois qui régissent l'écoulement des liquides dans un tube de calibre variable sont aussi une conséquence directe du *principe de la conservation de la force*. En effet, quand le liquide passe d'une partie étroite dans une partie plus large, il y a conversion de force vive en tension, et inversement, le passage du liquide d'un tube large dans un étroit s'accompagne de la transformation de la tension en force vive. Il faut noter, en outre, qu'au point de jonction de deux tubes de section différente, le choc des molécules liquides les unes contre les autres développe une résistance semblable à celle qui se produit à l'origine du tube, de sorte qu'il n'y a jamais égalité parfaite entre la quantité de force vive qui est absorbée ou qui prend naissance et la grandeur de la tension qui reparaît ou qui cesse de se manifester : la perturbation apportée au mouvement du liquide par les changements de calibre du tuyau consomme une portion de la force motrice, ou plutôt en détermine la conversion en une autre forme de force vive, la chaleur.

81. Influence des coudes sur la vitesse d'écoulement. — Nous avons montré au § 78 que, dans un tuyau rectiligne et de diamètre constant, la pression latérale décroît d'une manière uniforme depuis l'orifice d'entrée jusqu'à l'orifice de sortie ; il n'en est plus de même quand le tube, au lieu d'être droit, présente des coudes. Soit ABC (fig. 77) un tuyau coudé en B : le liquide, arrivant suivant la direction AB, viendra se heurter contre la paroi opposée du coude ; il en résultera un choc qui tendra à faire refluer le liquide en sens contraire et qui agira ainsi comme une cause de résistance. Si le tuyau est fortement coudé, le choc produit déterminera à ce niveau une sorte de remous qui pourra entraîner l'arrêt complet d'un certain nombre de molécules liquides. Or, comme la dépense doit être néanmoins la même dans toute l'étendue du tube, il s'ensuit que le remous en question exercera sur la vitesse des molécules qu'il n'immobilise pas une influence semblable à celle d'un rétrécissement siégeant au niveau du coude : ces molécules s'écouleront plus rapidement dans toute la partie où se fait sentir le remous, et cette augmentation de vitesse s'accompagnera nécessairement d'une diminution de pression.

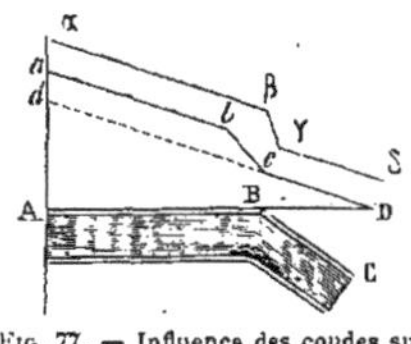

Fig. 77. — Influence des coudes sur l'écoulement des liquides.

Imaginons qu'aux divers points de la droite AD, dont la partie BD répond à la portion coudée BC, on élève des ordonnées proportionnelles aux pressions latérales ; en joignant les extrémités de ces ordonnées, on obtient la ligne brisée $a\,b\,c$ D, qui représente la marche des variations de la pression latérale. On voit qu'à l'origine du tuyau la hauteur de la résistance est de $a\,a'$ supérieure à ce qu'elle serait dans une conduite rectiligne de même longueur et de même section ; cet excès de pression latérale correspond à la résistance engendrée par le remous du liquide. Au niveau de ce remous, de b en c, la pression baisse plus rapidement ; puis, le coude franchi, elle reprend la marche décroissante qu'elle suivait dans la première partie de son trajet. Si le tuyau n'était pas coudé, la ligne des hauteurs des pressions latérales serait représentée par la droite a'D. Il en résulte cette conséquence, qu'on pouvait prévoir *a priori*, que la présence du coude augmente la hauteur de la résistance depuis l'origine du tuyau jusqu'au niveau de la partie coudée, mais qu'à partir de ce dernier point, la pression latérale est exactement ce qu'elle serait si la conduite était rectiligne. Quant à la hauteur de la vitesse, elle est limitée dans toute la longueur du tuyau par la ligne brisée α β γ δ : constante jusqu'en b, elle éprouve, dans le parcours compris entre ce point et le point β qui répond à peu près au milieu de l'étendue du remous, une augmentation en rapport avec le rétrécissement du courant ; enfin, de β à γ, elle reprend la valeur a α qu'elle avait au début.

82. Écoulement dans un système de tuyaux ramifiés. — Quand l'écoulement s'opère dans un système de tubes *ramifiés*, au lieu de s'effectuer dans un tube unique, les causes perturbatrices sus-indiquées se trouvent presque toutes réunies. Ainsi, au niveau de chaque point de division, il se produit un changement de direction plus ou moins considérable du tube de dérivation ; la somme des calibres des branchements diffère très souvent du calibre du tronc dont ils émanent ; enfin l'étendue des parois exposées au frottement du liquide est, en général, augmentée.

L'influence de chacune de ces conditions, envisagées séparément, nous

est déjà connue; on peut en déduire les particularités que doit présenter
l'écoulement des liquides dans un système de tuyaux ramifiés.

· Il est une disposition spéciale qui nous intéresse particulièrement,
en raison de son analogie avec le système vasculaire de l'organisme
animal : un tube se ramifie, à l'aide de bifurcations répétées, en un nombre
plus ou moins grand de branches; celles-ci se réunissent de nouveau
en un tube unique, dont la section est à peu près égale à celle de la conduite
primitive, et le calibre total des branches surpasse celui du tronc dont
elles dérivent. La figure 78 représente en coupe verticale (I) et en projection horizon-
tale (II) une dispo-
sition de ce genre
réduite à sa plus
grande simplicité.

La ligne brisée
RR′ R″ R‴ R⁗ E
figure les varia-
tions de la pres-
sion latérale. Au
·point de bifurca-
tion B, la pression
éprouverait une
hausse brusque,
si l'augmentation
du calibre total
était seule en jeu;
mais elle bais-
serait tout aussi
rapidement , si
elle n'avait à su-
bir que l'action
perturbatrice du

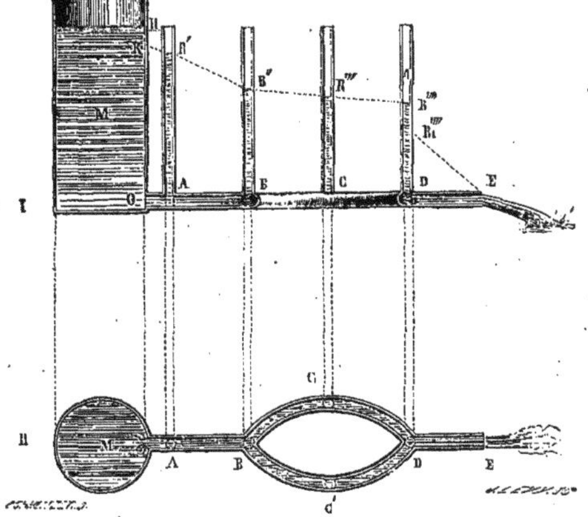

Fig. 78. — Écoulement des liquides dans un système de tubes ramifiés.
La figure supérieure (I) représente une coupe verticale du système et la figure inférieure (II
une projection horizontale.

coude qui se trouve à ce niveau. Ces deux influences, de sens contraire,
peuvent se compenser, et alors il en résulte simplement qu'en R′ la ligne
des pressions change de direction et suit une pente moins forte; cet effet est
la conséquence nécessaire de l'élargissement du système entre les points B
et D. Au point D, où les embranchements viennent de nouveau se réunir en
un tronc commun, il y a, à la fois, rétrécissement du lit du courant et flexion
angulaire des parois du tuyau; les deux causes modificatrices agissent ici
dans le même sens, et la pression latérale éprouve une chute brusque, plus
grande qu'elle ne le serait si la diminution de calibre entrait seul· en ligne
de compte.

On voit par ce qui précède, et l'expérience le confirme, que dans un système
ramifié à disposition symétrique, il n'y a pas symétrie dans les variations de la pression latérale : celle-ci est plus forte, au milieu C de la
longueur du système, que la moyenne des pressions qui existent en deux
points A et E placés à égale distance et de part et d'autre de la position
considérée. En ce qui concerne la hauteur de la résistance à l'origine O

du système, on doit s'attendre à la trouver, en général, plus grande qu'elle ne le serait, toutes choses égales d'ailleurs, dans un tuyau unique et rectiligne; tel est, du moins, l'effet produit par la présence des coudes et par l'accroissement des surfaces avec lesquelles le liquide se trouve en contact. Mais, l'élargissement du calibre total exerçant une influence précisément opposée, il peut arriver que ces deux actions, de sens contraire, se contrebalancent ou même que la dernière l'emporte : dans le premier cas, la hauteur de la résistance totale est la même pour le système ramifié que pour un tuyau simple; par suite, la hauteur de la vitesse est aussi la même. Quand l'augmentation du calibre a une action prépondérante, la résistance devient plus petite et la vitesse s'accroît. Ainsi, la charge totale étant supposée invariable, le système ramifié de la figure 78 peut, suivant les cas, fournir une dépense égale ou même supérieure à celle du tuyau unique de la figure 76.

La relation établie au § 79 entre la résistance et la vitesse donne directement l'explication de ce fait que l'élargissement du courant diminue la hauteur de la résistance.

L'amoindrissement de la résistance dans ce cas provient de la diminution relative de la surface de contact entre le liquide et les parois qu'il baigne : en effet, la quantité de liquide qui adhère aux parois n'est proportionnelle qu'au *simple diamètre* du tuyau, tandis que le volume total croît en raison directe du *carré du diamètre*. Dès lors, quand la bifurcation d'un tube a lieu de manière à augmenter la largeur du courant, il peut parfaitement se faire que l'étendue superficielle des parois en contact avec le liquide ne varie pas, ou même qu'elle diminue par rapport au volume de la masse en mouvement. Ainsi, d'après les recherches de Volkmann, il paraît y avoir sensiblement compensation entre l'accroissement et la diminution de la résistance dans un système du genre de celui que représente la figure 78, où les branches de bifurcation ont l'une et l'autre le même diamètre que le tuyau principal.

Des expériences plus récentes et faites avec beaucoup de soin par Jacobson indiquent que la ramification d'un tuyau augmente, en règle générale, la vitesse d'écoulement, et elles conduisent à penser qu'en dehors des causes que nous avons signalées, il en existe encore d'autres, jusqu'ici inconnues, qui produisent un accroissement de dépense dans les systèmes ramifiés.

83. Écoulement dans les tubes capillaires. — La relation établie précédemment entre la résistance, la vitesse d'écoulement et la largeur du tuyau de conduite n'est plus applicable du moment que la grandeur du diamètre descend au-dessous d'une certaine limite. Dans les tubes *capillaires*, la résistance est encore proportionnelle à la longueur ; mais la dépense, au lieu d'augmenter en raison directe du simple diamètre, croît proportionnellement à la quatrième puissance de cette dimension.

La différence qu'on observe, sous le rapport de l'écoulement, entre les tubes capillaires et les tuyaux à large section, tient à cette circonstance que l'épaisseur de la couche adhérente aux parois n'est plus négligeable dans les premiers ; il en résulte que le diamètre intérieur du tube est plus grand que celui du canal liquide dans lequel se fait l'écoulement.

[Poiseuille a trouvé expérimentalement que, dans les tubes capillaires, *la dépense Q est proportionnelle à la charge H, à la quatrième puissance du diamètre d, et en raison inverse de la longueur l du tube* :

$$Q = k \frac{H d^4}{l}. \qquad (1)$$

M. Hagen et M. Hagenbach ont donné, chacun de leur côté, une formule un peu différente, mais qui conduit aux mêmes conclusions.]

Les expériences de Poiseuille et de Hagen ont montré que la dépense dépend de la température et de la nature du liquide; elle n'est influencée par la nature du tube que dans le cas où ce dernier n'est pas mouillé. [Le coefficient k est constant pour un même liquide et une même température, mais il augmente avec l'élévation de cette dernière.

Si on remplace la dépense par la vitesse, on trouve :

$$v = k' \frac{Hd^2}{l}, \qquad (2)$$

ce qui permet de donner à l'énoncé de Poiseuille cette autre forme :

La vitesse dans un tube capillaire est proportionnelle à la charge et au carré du diamètre et en raison inverse de la longueur.]

84. Application des lois de l'hydrodynamique à la circulation du sang : Hémodynamique. — [L'anatomie nous montre, dans l'organisme des animaux supérieurs et dans celui de l'homme en particulier, un organe creux de nature musculaire, le *cœur*, divisé en deux cavités tout à fait distinctes, quoique accolées l'une à l'autre, le cœur *droit* et le cœur *gauche;* chacune de ces cavités, à son tour, est subdivisée en deux compartiments, l'*oreillette* et le *ventricule*, qui communiquent entre eux par l'intermédiaire d'une soupape mobile, la valvule *tricuspide* à droite et la valvule *mitrale* à gauche (fig. 79).

Du ventricule gauche part un canal ou tube élastique, l'*aorte*, qui ne tarde pas à se ramifier en un nombre de plus en plus grand de canaux, les *artères*, et de telle sorte que le calibre total des vaisseaux augmente à mesure qu'on s'éloigne du cœur. Parvenus dans l'intimité des organes et des tissus, ces vaisseaux, réduits à une grande ténuité, y prennent le nom de *capillaires*, et, par leurs *anastomoses*, y forment un véritable réseau vasculaire. Les capillaires, à leur tour, par une disposition inverse de celle des artères, se réunissent successivement entre eux; il en résulte un système de vaisseaux, les *veines*, qui retournent au cœur, en diminuant progressivement de nombre et de calibre total. Toutes les veines, excepté celles du cœur lui-même, se réunissent en deux gros troncs veineux, la *veine cave supérieure* et l'*inférieure*, qui débouchent dans l'oreillette droite. Tel est, en peu de mots, le système de la *grande circulation*, ou circulation *générale*.

Du ventricule droit part également un tuyau élastique, l'artère *pulmonaire*, qui forme, en se distribuant dans le parenchyme du poumon, un système semblable au premier; c'est le système de la *petite circulation*, lequel aboutit à l'oreillette gauche. Le cercle est donc complet et divisé, par le cœur, en deux moitiés de longueur inégale.

L'aorte et l'artère pulmonaire sont munies, chacune à leur origine, de trois valves, les valvules *sigmoïdes*, disposées en forme de soupape et destinées à intercepter en temps utile la communication entre les ventricules et l'ensemble des vaisseaux artériels.

Enfin tout l'intérieur du système circulatoire est rempli par un liquide particulier, le *sang*, tenant en suspension des corpuscules solides, désignés sous le nom de *globules sanguins*, les uns de forme discoïde et de couleur *rouge;* d'autres, en petit nombre, *blancs*, sphériques et plus gros.

D'autre part, depuis l'immortelle découverte de Harvey, la physiologie enseigne que le cœur se contracte périodiquement, en vertu de sa nature musculaire, et qu'il agit à la manière d'une pompe foulante sur tout le liquide contenu dans le système vasculaire : de là un mouvement, une circulation du sang, dont la direction est déterminée par le jeu même des valvules situées aux deux orifices de chaque ventricule. Ces soupapes sont disposées de telle sorte que, par la contraction ou *systole* des ventricules, les valvules auriculo-ventriculaires se ferment, tandis que celles qui séparent les ventricules du système artériel s'ouvrent : le sang est ainsi lancé dans les artères. Lorsque la contraction des ventricules cesse, ceux-ci tendent à reprendre un volume plus grand, et la communication avec le système artériel est interceptée par la fermeture des valvules sigmoïdes : dès lors, sous l'influence de l'inégalité de pression entre l'intérieur du ventricule et l'intérieur de l'oreillette correspondante, différence qui est augmentée par la contraction de cette dernière, la valvule auriculo-ventriculaire s'ouvre et le sang remplit le ventricule. Puis le phénomène de la systole recommence, et ainsi de suite : d'où la progression du sang des artères dans les veines en passant par les capillaires et à travers les deux circulations. Les contractions des ventricules sont synchrones et se font immédiatement après celle des oreillettes.

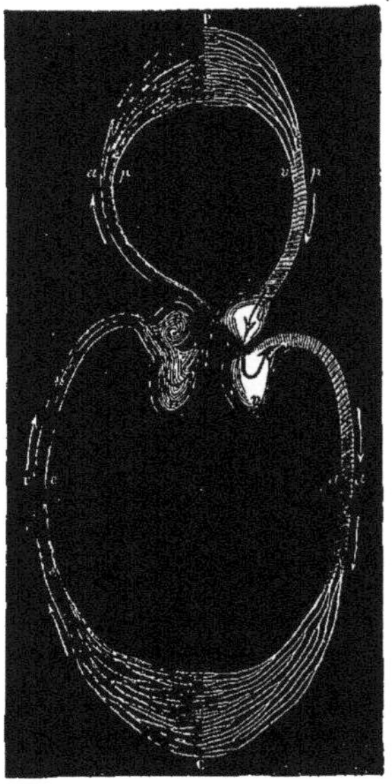

Fig. 79. — Schéma de la grande et de la petite circulation.

vv, Ventricules ; — oo, Oreillettes ; — aa, Système artériel de la grande circulation ; — C, Capillaires céréraux ; — vc, Système veineux de la grande circulation ; — ap, Système artériel de la petite circulation ; — P, Capillaires pulmonaires ; — vp, Système veineux de la petit circulation.

Telles sont les données fournies au physicien : à lui alors de déterminer le fonctionnement de la machine, sans s'inquiéter de la cause première qui la met en action ; à lui d'établir les lois qui président à l'écoulement du sang dans le système circulatoire, et d'expliquer tous les phénomènes physiques qui sont la conséquence de ce mouvement de liquide.

C'est à M. Volkmann que revient l'honneur d'avoir été l'un des premiers à poser la question de la circulation sur son véritable terrain, en appliquant au cours du sang les lois déjà connues de l'hydrodynamique et en les contrôlant par l'expérimentation.]

Quelle que soit l'origine de la force en vertu de laquelle un liquide tend à s'écouler, on peut toujours représenter l'intensité de cette force par une colonne liquide de hauteur *H*, qui est ce que nous avons appelé la *charge*. Dans l'appareil de la circulation sanguine, c'est le cœur qui, par la contraction périodique de son ventricule, développe une pression hydrostatique équivalente à la charge en question. Or, cette hauteur se scinde, comme on l'a vu (§ 78), en deux parts, la hauteur de la vitesse et la hauteur de la résistance : la première détermine la vitesse avec laquelle le sang s'échappe du cœur; la seconde représente la pression latérale, ou, comme l'appellent les physiologistes, la *tension sanguine* qui existe à l'origine de l'aorte ou de l'artère pulmonaire; la valeur de cette pression latérale mesure la résistance que le sang a à vaincre dans toute l'étendue de son parcours, à travers le système de la grande ou de la petite circulation. Au fur et à mesure qu'on s'éloigne des ventricules, la force motrice est absorbée en quantité de plus en plus considérable pour détruire la résistance, et la pression latérale diminue dans le même rapport. [C'est là un résultat prévu par la théorie et confirmé par l'expérimentation; en mesurant, en effet, la pression latérale en divers points du système vasculaire, à l'aide des *hémomanomètres* (cf. § 84ᵃ), on a constaté que *la tension du sang décroît à mesure qu'on s'éloigne de l'origine de la force motrice, c'est-à-dire des ventricules*.

Voici quelques valeurs de tension moyenne, exprimées en centimètres de colonne mercurielle, qui ne laissent aucun doute à cet égard :

Artère carotide d'un veau.. . . 16ᶜ,5	Veine faciale d'une chèvre. . . 4ᶜ,1
— métatarsienne. 14ᶜ,6	— jugulaire — . . . 1ᶜ,8

De semblables mensurations n'ont pu être pratiquées sur l'homme. Mais, fait remarquable, les résultats obtenus sur des animaux de toute taille ont fourni sensiblement les mêmes valeurs; ce qui montre que la tension sanguine ne dépend point de la taille de l'animal, mais qu'elle résulte d'un rapport à peu près constant qui existerait, chez les êtres vivants, entre la force de contraction du cœur et le calibre de l'orifice aortique. Il est donc logique d'étendre à l'homme les valeurs numériques fournies par les autres mammifères.

Aussi les physiologistes admettent-ils que la tension moyenne, à l'origine du système artériel, est d'environ 15 centimètres de mercure, ce qui correspond à une colonne sanguine de 2 mètres de hauteur. A la terminaison du système veineux, près du cœur, la tension n'est plus que de 2 centimètres de mercure.]

Il a été dit, d'autre part, que le système vasculaire augmente d'abord rapidement de calibre total pour revenir ensuite à peu près à ses dimensions premières : il atteint sa plus grande largeur au niveau des capillaires et sa section minimum dans les gros troncs artériels et veineux qui partent du cœur ou qui y aboutissent. De cette disposition anatomique résulte que la vitesse de progression du sang diminue dans le système artériel, du ventricule aux capillaires et qu'elle augmente, dans le système veineux, des capillaires à l'oreillette; cependant elle n'atteint jamais dans les gros troncs veineux une valeur aussi grande que dans les grosses artères, parce que le calibre total des vaisseaux qui ramènent le sang au cœur est supérieur à celui des artères qui conduisent ce liquide aux capillaires.

[C'est en mesurant directement la vitesse à l'aide d'appareils particuliers (cf. § 84ᵇ) qu'un grand nombre de physiologistes sont parvenus à confirmer les prévisions de la théorie et à établir les propositions suivantes :

La vitesse du sang diminue, dans le système artériel, à mesure qu'on s'éloigne du cœur ; elle est à peu près la même dans tout le système capillaire, et elle augmente dans le système veineux à mesure qu'on s'éloigne des capillaires.

La vitesse du sang offre la même particularité que la tension : elle a une valeur idéntique, toutes choses égales d'ailleurs, dans tous les grands mammifères. Aussi peut-on admettre pour l'homme les moyennes suivantes représentant la vitesse en centimètres par seconde :

| Artère carotide. | 26^c, | Capillaires. | $0^c,05$ à $0^c,01$ |
| — faciale. | 16_0, | Veine jugulaire. | 22^c. |

MM. Chauveau, Bertolus et Laroyenne ont trouvé qu'au *moment de la systole ventriculaire,* la vitesse du sang dans les grosses artères voisines du cœur est de 52 centimètres par seconde.

Les nombres précédents s'accordent bien avec nos connaissances anatomiques sur la capacité relative des différentes parties du système circulatoire; la différence de vitesse entre le sang de la jugulaire et celui de la carotide est conforme au fait connu que la capacité du système veineux est supérieure à celle du système artériel, à égale distance du cœur.]

La vitesse du courant sanguin en un point donné pourrait être calculée d'avance, si l'on connaissait le calibre total du système vasculaire au niveau considéré et la vitesse en un autre point quelconque où la section fût aussi connue, car la même quantité de liquide doit traverser dans le même temps chaque section du système circulatoire (loi de la continuité). Il faut, en conséquence, que les veines ramènent au cœur autant de sang qu'il s'en écoule par les artères dans le même temps.

Cette égalité entre l'apport et le départ du sang doit exister, en particulier, pour la grande et la petite circulation : le volume de liquide qui traverse une région du système vasculaire général est égal à celui qui, dans le même temps, passe par une section quelconque des vaisseaux pulmonaires; par conséquent, chacun des quatre compartiments du cœur admet et débite des quantités égales de sang. Or, l'élargissement du courant et la ramification vasculaire atteignent un degré plus élevé dans la grande circulation que dans la petite; d'autre part, l'expérience a prouvé que, à égalité de charge, la dépense est sensiblement la même pour deux systèmes présentant entre eux les différences que nous venons de mentionner, à condition toutefois que les branches de divers ordres aient même longueur et même diamètre dans les deux cas ; mais, ni l'anatomie ni la physiologie ne permettent de supposer l'existence d'un rapport de ce genre entre les vaisseaux de la grande circulation et ceux de la petite. Nous savons, au contraire, par l'expérimentation physiologique que la résistance est bien moindre dans la petite circulation que dans la grande, car la mensuration de la pression latérale donne des valeurs beaucoup moins élevées dans l'artère pulmonaire que dans l'aorte ; [la tension sanguine dans l'aorte équivaut en moyenne au poids d'une colonne mercurielle de 15 centimètres de mercure ; dans l'artère pulmonaire elle n'a que le tiers de cette valeur (Chauveau et Faivre).] Si donc la dépense est la même dans les deux circulations, ce résultat est dû en majeure partie à une différence de force motrice ; un fait anatomique vient à l'appui de cette manière de voir, c'est le peu de développement de la masse musculaire du cœur droit comparée à celle du cœur gauche. On croit, en outre, devoir admettre que la contraction

du ventricule droit n'est pas complète, puisque la capacité de cette cavité
surpasse celle du ventricule gauche, [[du moins, sur le cadavre.]] Il est
d'ailleurs probable que les deux cavités cardiaques s'adaptent, pendant la
période de leur développement, aux conditions requises par l'égalité de la
dépense dans les deux systèmes circulatoires, de sorte que la différence de
force musculaire entre les deux cœurs ne serait que la conséquence de cette
nécessité physiologique.

On peut enfin déduire des lois de l'écoulement dans les systèmes ramifiés
des conclusions applicables à la circulation dans les collatérales. Nous avons
fait remarquer que, dans la plupart des cas, la pression latérale à l'origine
d'un système de tuyaux n'est pas influencée d'une manière marquée par
l'augmentation du nombre des embranchements collatéraux, parce qu'il y
a compensation partielle entre l'accroissement du calibre total et celui des
surfaces de frottement. Toutefois, si on vient à interrompre subitement la
circulation dans un vaisseau collatéral, à l'aide d'une ligature par exemple,
on augmente par là la résistance et on détermine ainsi l'élévation de la
pression latérale. Quand, au contraire, un vaisseau se subdivise en plusieurs rameaux collatéraux de longueur et de section diverses, en général,
la dépense se trouve accrue, comme il a été dit dans le § 82.

[84ᵃ. **Appareils destinés à mesurer la pression latérale ou la tension du sang:**
Hémomanomètres . — Tous les hémomanomètres, sauf deux, qui sont dus, l'un
à M. Marey, l'autre à M. A. Fick, reposent sur le principe du manomètre à
air libre (cf. § 95ᵇ).

C'est au commencement du siècle dernier seulement que l'illustre physiologiste anglais Hales imagina le premier d'appliquer le manomètre à la
mesure de la tension artérielle. Son procédé consistait à couper une artère
et à introduire dans le bout central un long tube de verre placé verticalement : le sang y remontait à une certaine hauteur, qui indiquait la
tension. Poiseuille rendit un grand service à la science en substituant au
manomètre à colonne sanguine le manomètre à mercure beaucoup plus facile
à manier, en raison de la moindre élévation de la colonne liquide ; de plus,
par l'emploi d'une solution alcaline, il évita la coagulation du sang dans la
branche où pénètre ce liquide.

Magendie employa, sous le nom d'*hémomètre* (fig. 80), un manomètre
formé d'une large cuvette *m* remplie de mercure, sur lequel s'exerce la
pression sanguine, et en communication avec un tube vertical T, dans lequel
s'élève la colonne mercurielle. Cet instrument, un peu perfectionné, a été
décrit, par Claude Bernard, sous le nom de *cardiomètre*.

La manière dont Hales et Poiseuille appliquaient leur manomètre était
défectueuse : en supprimant la circulation dans le vaisseau sur lequel on
opérait, elle donnait la tension dans le tronc d'où émanait le vaisseau
sectionné et nullement celle de ce dernier. Préoccupés de cette cause
d'erreur, les physiologistes allemands Ludwig, Valentin, Vierordt, etc.,
y remédièrent en appliquant le manomètre à la manière du piézomètre de
Bernoulli : une ouverture en boutonnière, faite à la paroi du vaisseau dont
on veut mesurer la tension, laisse passer l'extrémité du tube manométrique
munie de deux plaques entre lesquelles est compris le tissu artériel ; une
virole à vis rapproche ces plaques l'une de l'autre.

C'était là un nouveau progrès. Néanmoins tous ces instruments, appliqués à la mesure de la tension artérielle, portaient avec eux deux causes d'erreur inévitables. La colonne mercurielle s'élève et s'abaisse en suivant les variations de la pression ; mais, en vertu de la vitesse acquise par la masse du mercure, l'oscillation dépasse les hauteurs maxima et minima correspondantes aux pressions réelles du sang et empêche de connaître exactement les valeurs extrêmes de la tension artérielle. De là, une première cause d'erreur signalée par M. Guettet.

La seconde, mise en lumière par M. Marey, rend tout aussi inexacte la détermination de la tension moyenne. En effet, dans l'évaluation des forces qui font osciller un manomètre, pour que la moyenne *arithmétique* des hauteurs maxima et minima correspondantes aux positions extrêmes de la colonne mercurielle fût égale à la moyenne *dynamique* ou *analytique*, il faudrait que l'ascension et la descente de cette colonne se fissent d'un mouvement parfaitement identique ; or, la simple observation d'un manomètre quelconque appliqué au système artériel montre que l'ascension du mercure est beaucoup plus rapide que la descente.

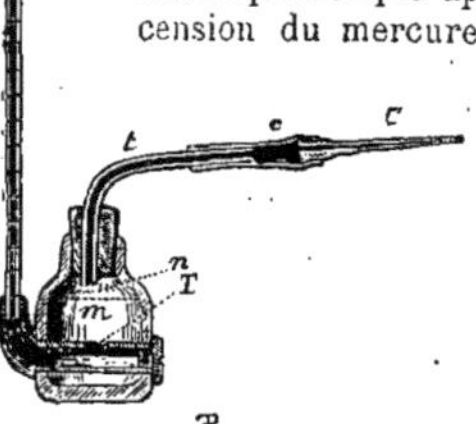

Fig. 80. — Hémomètre de Magendie.

T T, Tube manométrique ; — *m*, Cuvette remplie de mercure : — *n*, Portion de la cuvette, et *t, c, C*, Tube rempli d'une solution alcaline ; — C, Canule qui s'engage dans le bout central de l'artère.

Aussi y a-t-il lieu de mettre en doute l'exactitude de la conclusion de Poiseuille prétendant que la tension moyenne est la même dans toute l'étendue du système artériel.

La transformation, faite par Ludwig, du manomètre à mercure en appareil enregistreur, sous le nom de *cymographe* ou *kymographion*, a remédié à cette seconde cause d'erreur avec une approximation suffisante pour que M. Volkmann ait pu en tirer une conclusion inverse de celle de Poiseuille. Mais le cymographe laisse subsister le premier défaut, en sorte qu'il donne des indications erronées pour les valeurs maxima et minima. La modification à l'aide de laquelle Ludwig a obtenu un appareil enregistreur consiste à ajouter, dans la branche libre du manomètre, un flotteur surmonté d'une tige ; celle-ci porte un pinceau qui, placé en regard d'un cylindre vertical tournant d'un mouvement uniforme autour de son axe, y dessine les oscillations sous forme de courbes sinueuses.

M. Volkmann a fait servir ces courbes à la détermination de la tension moyenne, à l'aide du procédé usité en météorologie, dans un but analogue. Le *planimètre* de Wetli, celui d'Amsler, [ou l'*intégromètre* de Deprez,] instruments destinés à mesurer l'aire des surfaces irrégulières, permettent de trouver la tension moyenne avec une rapidité et une précision encore plus grandes.

En 1858, M. Marey, dans son *manomètre-compensateur* (fig. 81), a cherché à supprimer du même coup les deux causes d'erreurs par la simple interposition d'un tube capillaire entre les deux branches du manomètre de Magendie. La résistance que ce tube capillaire oppose au mouvement du mercure a pour effet de faire monter le niveau du liquide par petites saccades jusqu'en un point tel, d'après l'auteur, que la longueur de la colonne soulevée est proportionnelle à la durée de la pression ; les oscillations ont alors si peu d'amplitude qu'elles sont négligeables. L'adjonction d'un tube manométrique ordinaire permettrait d'obtenir en même temps les valeurs extrêmes de la tension, si l'erreur relative à la vitesse acquise ne subsistait pas pour ce second tube.

Vers la même époque, Claude Bernard imaginait son *manomètre différentiel*, destiné à mesurer la différence de tension entre deux artères. C'est un simple tube en U, contenant du mercure, et dont les deux branches sont mises en rapport chacune avec une artère différente.

En 1862, MM. Chauveau et Marey ont employé un appareil enregistreur fondé sur le principe de la transmission des pressions dans les enveloppes élastiques, par l'intermédiaire de l'air ; la première idée de l'application de ce principe à l'expérimentation physiologique est due à Ch. Buisson. Deux ampoules élastiques remplies d'air communiquent entre elles par un tube flexible ; l'ampoule *exploratrice* est introduite dans le vaisseau dont on veut mesurer la tension ; l'autre ampoule, qui a la forme d'un petit tambour, porte le levier du sphygmographe de Marey (fig. 82), dont la pointe inscrit ses mouvements

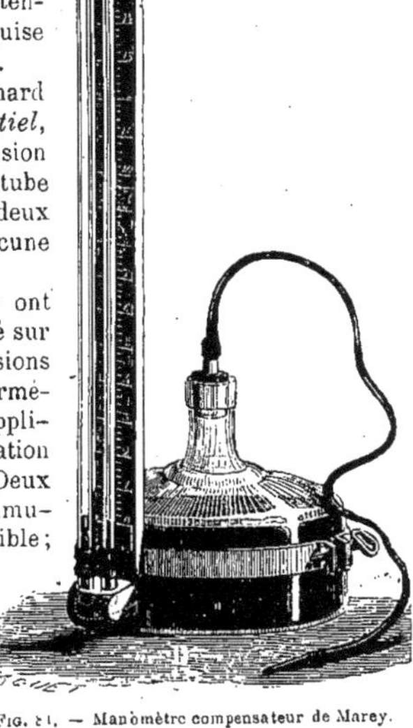

FIG. 81. — Manomètre compensateur de Marey.

sur la surface d'un cylindre tournant. L'air de l'appareil transmet au tambour *inscripteur* la pression exercée sur l'ampoule exploratrice. M. Marey

FIG. 82. — Levier du polygraphe articulé avec la membrane du tambour inscripteur.

a donné à ce dispositif, le nom de *polygraphe*, parce qu'on peut s'en servir pour enregistrer toute espèce de mouvement.

M. A. Fick a imaginé un *cymographe à ressort* fondé sur le principe du manomètre métallique de Bourdon. La pièce essentielle de cet appareil enregistreur consiste en un ressort creux, à section elliptique et recourbé en cercle. L'une des extrémités est ouverte et en communication avec l'intérieur du vaisseau sanguin au moyen d'un tube ; l'autre extrémité est fermée et mobile. On remplit d'alcool l'intérieur du ressort, et d'une solution de carbonate de soude le tube de communication. Quand la pression augmente dans l'intérieur du manomètre, le ressort se redresse ; il s'enroule dans le cas contraire. Les mouvements de l'extrémité mobile du ressort sont transmis à une pointe écrivante, par l'intermédiaire d'un système de leviers, dont la disposition rappelle le parallélogramme de Watt et a pour but d'amplifier le mouvement et de le rendre rectiligne. Un cylindre tournant enregistre les tracés décrits par l'appareil. Ce cymographe métallique se gradue par comparaison avec un manomètre à mercure à air libre ; il ne paraît pas entièrement à l'abri des erreurs résultant de la vitesse acquise par les pièces en mouvement.]

[Enfin M. Marey s'est servi, dans ses dernières recherches sur la tension artérielle, d'un appareil fondé sur un principe analogue à celui du cymographe de Fick et auquel il donne le nom de *manomètre métallique inscripteur.*

Une capsule de baromètre anéroïde a (fig. 83), remplie de liquide, est mise en communication, d'un côté avec l'artère soumise à l'expérience, au moyen du tube p, de l'autre avec un manomètre à mercure m destiné à donner la valeur absolue de la pression et à contrôler les indications du manomètre inscripteur. La capsule a est renfermée dans un vase métallique rempli d'eau jusqu'au milieu de la hauteur d'un gros tube de verre qui le surmonte et que le tube t met en communication avec un tambour à levier inscripteur. Tout changement de pression transmis à la capsule a fait varier le volume de cette dernière et, par suite, le niveau de l'eau dans le vase métallique : il en résulte, pour l'air contenu dans le tambour récepteur, des compressions et des dilatations qui sont inscrites par le levier. Cet appareil, d'après les expériences comparatives de M. Marey, est celui qui fournirait les indications les plus exactes.]

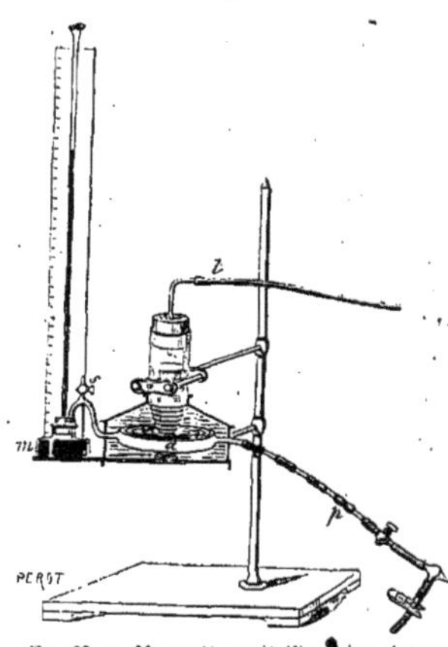

Fig. 83. — Manomètre métallique inscripteur de Marey.

84ᵇ. Méthodes et appareils employés pour mesurer la vitesse d'écoulement du sang. Hémadromomètres. — [Deux méthodes principales ont été imaginées pour mesurer la vitesse du courant sanguin en un point donné. Je les désignerai sous les noms de méthode *hydraulique* et de méthode *optique*.

I. *Méthode hydraulique.* — Nécessitant l'emploi d'appareils relativement volumineux et la section du vaisseau sur lequel on opère, elle n'est applicable qu'aux troncs d'un certain calibre.

L'*hémadromomètre* de Volkmann consiste en un petit tube métallique droit qu'on interpose entre les deux bouts d'une artère coupée transversalement, et qu'on fait communiquer latéralement avec les deux extrémités d'un tube de verre en U. Deux robinets, à triple ouverture, logés dans le tube métallique, sont disposés de façon à tourner en même temps et à laisser passer le sang, soit dans l'un des tubes, soit dans l'autre. L'instrument étant en place, on fait couler le sang dans le tube rectiligne; puis, tournant subitement les robinets, on note le temps que l'extrémité de la colonne sanguine, reconnaissable à sa couleur, met à parcourir une longueur donnée du tube en U préalablement rempli d'eau salée. Cet instrument, de l'aveu même de son auteur, est défectueux : par suite de ses coudes et de sa longueur, il introduit dans le système circulatoire une résistance nouvelle; en revanche, il est vrai, la vitesse qu'on mesure ainsi est celle d'un courant qui recommence, consécutivement à un arrêt brusque ayant dû produire un choc de *bélier hydraulique*.

En 1858, M. Vierordt a imaginé son *hémotachomètre*, fondé sur le principe du pendule hydrométrique des hydrauliciens. Cet appareil se compose d'une caisse quadrilatère, étroite, dont deux parois latérales opposées sont en verre. Cette caisse, préalablement remplie d'eau, porte dans son intérieur un petit pendule qui est dévié par le passage du sang ; une pointe d'argent, fixée au pendule et tenue constamment appliquée contre la paroi de verre, indique la déviation i, de laquelle on déduit la vitesse par la formule : $v = k \sqrt{\operatorname{tg} i}$; k est une constante qu'on détermine expérimentalement, en faisant passer dans l'instrument, avec une vitesse connue, un liquide de propriétés physiques semblables à celles du sang.

L'hémotachomètre a donné des valeurs peu différentes de celles qu'à trouvées Volkmann. Mais, dans les artères, la vitesse suit les mêmes variations que la tension, de sorte que le pendule oscille et que l'instrument indique seulement les maxima et les minima.

Pour obtenir la vitesse moyenne, M. Vierordt a transformé son hémotachomètre en appareil enregistreur, en prolongeant au dehors de la caisse la tige du pendule, sous forme d'une aiguille, qui va tracer ses oscillations sur un cylindre tournant, comme dans le cymographe de Ludwig.

En 1860, M. Chauveau, dans ses recherches sur la vitesse du sang, en collaboration avec Bertolus et M. Laroyenne, s'est servi d'un hémadromomètre analogue au précédent. Le tube métallique ouvert aux deux bouts, qu'on interpose sur le trajet de l'artère préalablement divisée (fig. 84, 1), présente à sa partie moyenne une petite ouverture quadrangulaire fermée par une mince membrane de caoutchouc bien tendue. Au milieu de cette membrane est pratiquée une petite fente, à travers laquelle passe une aiguille extrêmement légère en aluminium (fig. 84, 1bis) ; la partie qui fait saillie dans l'intérieur du tube est aplatie; le bout extérieur se meut devant un demi-cercle divisé en degrés. Le courant sanguin dévie l'aiguille d'une quantité en rapport avec sa vitesse, comme dans l'hémotachomètre de Vierordt.

En 1867, M. Lortet a perfectionné l'instrument de Chauveau, par l'adjonction d'un mécanisme enregistreur, et en a fait un *hémadromographe*. La figure 84 représente cet appareil associé à un *sphygmoscope* de Marey, qui permet de recueillir le tracé des pulsations du vaisseau sur lequel on expérimente, en même temps que l'hémadromographe enregistre le tracé de la vitesse du courant sanguin.

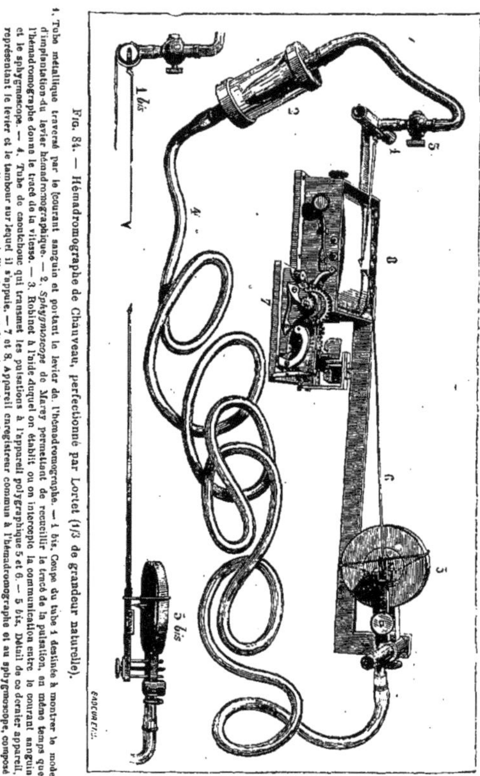

Fig. 84. — Hémadromographe de Chauveau, perfectionné par Lortet (1/3 de grandeur naturelle).

1, Tube métallique traversé par le courant sanguin et portant le levier de l'hémadromographe. — 1 bis, Coupe du tube 1 destinée à montrer le mode d'implantation du levier hémadromographique. — 2, *Sphygmoscope* de Marey permettant de recueillir le tracé de la pulsation, en même temps que l'hémadromographe donne le tracé de la vitesse. — 3, Robinet à l'aide duquel on établit ou on intercepte la communication entre le courant sanguin et le sphygmoscope. — 4, Tube de caoutchouc qui transmet les pulsations à l'appareil polygraphique 5 et 6. — 5 bis, Détail de ce dernier appareil, représentant le levier et le tambour sur lequel il s'appuie. — 7 et 8, Appareil enregistreur commun à l'hémadromographe et au sphygmoscope, composé d'un mouvement d'horlogerie et d'une bande de papier qui se déroule sous les deux leviers.

II. *Méthode optique.* — Cette méthode s'emploie dans des cas où la méthode hydraulique est inapplicable, notamment pour déterminer la vitesse dans les capillaires, à condition toutefois que ceux-ci soient logés dans des parties transparentes. Le microscope permet alors de suivre un globule sanguin et de mesurer l'espace qu'il parcourt en un temps donné.

En 1856, M. Vierordt est parvenu à évaluer, sur lui-même et sans instrument, la vitesse de la circulation capillaire : mettant à profit le phénomène particulier de la vision connu sous le nom d'*image vasculaire* de Purkinje, il a vu les globules sanguins circuler dans les capillaires de sa propre rétine et a pu en mesurer la vitesse de déplacement. Ce procédé a donné des résultats peu différents de ceux qui ont été obtenus sur les animaux, à l'aide du microscope.

Hales avait cru pouvoir calculer la vitesse du courant sanguin, en supposant qu'elle était due à la hauteur manométrique qui indique la pression latérale. Les développements dans lesquels nous sommes entré relativement aux lois de l'écoulement des liquides dans les tuyaux de conduite, montrent avec la dernière évidence que, non seulement la vitesse du courant *n'est pas due* à la hauteur de la résistance, mais qu'elle ne peut même pas en être déduite.]

[84ᶜ. **Force motrice et travail mécanique du cœur.** — S'il est une question sur laquelle les physiologistes aient été peu d'accord, c'est certainement celle de l'évaluation de la *force du cœur :* depuis les 180.000 livres de Borelli jusqu'aux 45 grammes de D. Bernoulli, toutes les valeurs intermédiaires ont été données. Ces divergences proviennent en majeure partie, du sens différent que chaque auteur attache à l'expression *force du cœur*. Pour jeter quelque clarté sur ce sujet, il importe de poser nettement le problème et de bien définir la nature des quantités qu'on veut évaluer.

Or, dans toute machine, on a à considérer :

1° La *force motrice* ou la *puissance :* c'est la force qui produit le mouvement après avoir vaincu la résistance. On la représente par un poids.

2° Le *travail mécanique* accompli par la force, ou le *travail moteur :* c'est l'effet produit par la force motrice.

On a choisi pour unité de travail, le *kilogrammètre*, c'est-à-dire le produit de l'unité de force (le kilogramme) par l'unité de longueur (le mètre); cette quantité représente le travail correspondant à l'élévation de 1 kilogramme à la hauteur de 1 mètre.

I. FORCE MOTRICE DU CŒUR. — Elle est représentée par le poids d'une colonne sanguine de hauteur H, qui correspond à ce qu'on nomme la *charge*, en hydrodynamique.

Le poids de cette colonne mesure la pression que les parois du cœur exercent sur le sang qui y est contenu, et en vertu du principe de l'*égalité de l'action et de la réaction*, il est aussi égal à la pression supportée par la surface interne du cœur.

La *force motrice* et la *pression supportée par le cœur* sont donc deux quantités équivalentes, et on peut prendre indifféremment l'une pour l'autre. C'est là ce que quelques auteurs désignent sous le nom de *force statique* du cœur.

Hales évaluait le poids de la colonne sanguine en lui donnant pour section la surface interne du ventricule; Poiseuille ne tenait compte que de l'aire de l'orifice aortique. Or, ce qu'il importe avant tout de connaître, c'est la pression supportée par l'unité de surface ; il faut donc calculer le poids d'un cylindre de sang ayant une section de 1 centimètre carré et une hauteur H. Si l'on veut ensuite connaître la pression totale supportée par le ventricule, on n'aura qu'à multiplier le poids ainsi obtenu par la surface intérieure de cette cavité.

La hauteur manométrique trouvée dans l'aorte ne représente pas la charge totale H; elle ne donne que la hauteur R correspondante à la somme des résistances que le sang éprouvera dans tout son parcours à travers le système circulatoire; il faut y ajouter la charge h qui produit la vitesse d'écoulement à l'orifice de sortie. Mais cette vitesse ne pouvant être calculée que par une méthode peu précise, il est préférable d'aller mesurer la pression H directement dans le cœur même; c'est ainsi qu'ont procédé MM. Chauveau et Marey, à l'aide de leur sphygmographe comparatif et qu'ils ont trouvé les nombres suivants, exprimés en millimètres de hauteur mercurielle :

Oreillette droite.	$2^{mm},5$
Ventricule droit.	$25^{mm},0$
Ventricule gauche.	$125^{mm},0$

Les valeurs absolues de ces nombres semblent un peu faibles, mais leur comparaison suffit à montrer la grande différence de force des deux ventricules; celle du ventricule droit n'est qu'environ 1/5 de celle du gauche, fait en rapport avec la différence de masse musculaire des deux cœurs et avec la différence de résistance des deux circulations.

Bernoulli n'avait évalué que la hauteur correspondante à la vitesse d'écoulement, comme si l'écoulement se faisait par un orifice en mince paroi; c'est là ce qui explique la petitesse du nombre qu'il a trouvé.

II. **TRAVAIL MÉCANIQUE DU CŒUR.** — Les lois de la mécanique nous apprennent que, dans toute machine, le travail moteur T_m est égal au travail utile T_u plus le travail résistant T_r.

$$T_m = T_u + T_r. \qquad (1)$$

C'est là le principe de la *transmission du travail*.

Or, le travail est le produit de la force, ou du poids qui la mesure, par le chemin parcouru suivant sa direction, ou bien, ce qui revient au même, la demi-variation des *forces vives* (cf. § 25).

Dès lors, m étant la *masse* du sang chassé par une systole du ventricule et v la vitesse d'écoulement au niveau de l'orifice aortique ou pulmonaire, le travail utile sera :

$$T_u = m \frac{v^2}{2}, \qquad (2)$$

car le sang est primitivement au repos dans le ventricule; il n'y a donc pas lieu de parler de sa vitesse antérieure.

D'autre part, le travail de la résistance est la différence entre le travail moteur et le travail utile. Or, nous aurions

$$T_m = m \frac{V^2}{2}, \qquad (3)$$

en désignant par V la vitesse que produirait la charge totale H, s'il n'y avait pas de résistance à vaincre.

Donc : $$T_r = \frac{m}{2} (V^2 - v^2) = p \frac{V^2 - v^2}{2g},$$

en remplaçant m par sa valeur en fonction du poids p du sang et de l'intensité g de la pesanteur.

Mais en vertu du théorème de Toricelli, on a :

$$\frac{V^2}{2g} = H \quad \text{et} \quad \frac{v^2}{2g} = h,$$

h étant la hauteur de la vitesse effective; par suite,

$$\frac{V^2}{2g} - \frac{v^2}{2g} = H - h = R,$$

en désignant par R la hauteur de la résistance. On obtient ainsi :

$$T_r = pR. \tag{4}$$

Donc, le travail moteur que nous cherchons

$$T_m = m\,\frac{v^2}{2} + pR \tag{5}$$

En remplaçant m, la masse du sang par sa valeur $\dfrac{p}{g}$, il vient :

$$T_m = p \left(R + \frac{v^2}{2g} \right). \tag{6}$$

Telle est l'expression algébrique du travail du cœur par systole.

Si l'on prend, par exemple, les valeurs correspondantes au ventricule gauche, savoir :
$$p = 0_{kg},180; \quad R = 2^m; \quad v = 0^m,5 \text{ (Chauveau)},$$
on trouve : $\qquad\qquad\qquad\qquad T_m = 0_{kgm},362,$
ce qui veut dire que le travail effectué par le ventricule gauche, à chaque systole, est
équivalent à celui qui est nécessaire pour élever 362 grammes à la hauteur de 1 mètre, ou,
ce qui revient au même, 1 kilogramme à la hauteur de 362 millimètres.

Le travail du ventricule droit est beaucoup plus petit, puisque la hauteur de la résistance
n'y est guère que 1/5 de celle du ventricule gauche.

L'expression que nous venons de trouver pour le travail du cœur ne représente que son
travail par systole; si l'on veut avoir le travail par seconde, il faut multiplier la valeur
précédente par le nombre des battements accomplis dans l'unité de temps.

On doit conclure des recherches de M. Marey que le travail du cœur est sensiblement
constant dans les conditions physiologiques.]

[84ᵈ. Résistance produite par la discontinuité des colonnes capillaires. — Qu'on se
représente une colonne liquide renfermée dans un tube capillaire et interrompue sur une longueur plus ou moins grande par une bulle de gaz : à
chaque extrémité de cette bulle, la surface libre du liquide formera un
ménisque, concave ou convexe, suivant que le tube sera mouillé ou non.

Dans un cas comme dans l'autre, si le tube a le même diamètre intérieur
au niveau des ménisques, si les pressions qui s'exercent en amont et en aval
de la bulle ont la même grandeur H et des directions opposées, les surfaces
du liquide auront la même courbure ; par suite, les composantes normales
de la tension superficielle (cf. § 72ᵇ) seront égales entre elles — soit N leur
valeur commune, — et la bulle se tiendra en équilibre, comprimée dans les
deux sens par la somme $(H + N)$.

Supposons maintenant que la pression qui s'exerce sur le liquide augmente
d'un côté seulement, en amont de la bulle, et soit h la hauteur de cet excès
de pression : la courbure du ménisque situé du même côté deviendra
moindre, si la surface est concave ; la composante normale de la tension
superficielle diminuera, et prendra la valeur $(N - n)$, en sorte que l'excès
de pression transmis au gaz de la bulle sera, non pas h, mais seulement
$(h - n)$. Cet accroissement de pression augmentera la courbure du second
ménisque, et, par suite, la composante normale de sa tension superficielle
qui deviendra $(N + n')$.

L'excès de pression transmis au delà du second ménisque se trouvera ainsi diminué d'une nouvelle quantité n' et se réduira à $(h - n - n')$, car la seconde composante normale agit en sens contraire de la première.

Il est évident que, si $(n + n') = h$, l'excès de pression transmis au delà de la bulle sera nul, et l'équilibre subsistera comme si les pressions hydrostatiques qui agissent en amont et en aval étaient égales. Qu'à la suite de la première bulle, on en intercale de nouvelles en nombre de plus en plus grand, de manière à transformer la colonne liquide en une sorte de chapelet composé d'index liquides alternant avec des bulles de gaz, chaque bulle se comportera à son tour comme la première, à mesure qu'on augmentera la charge. Dès lors il sera toujours possible de faire équilibre à une pression donnée, quelque grande qu'elle soit, en divisant la colonne par un nombre suffisant de bulles ; M. Jamin a pu aller jusqu'à trois atmosphères (plus de 2 mètres de mercure ou 31 mètres d'eau), sans parvenir à vaincre la résistance d'un chapelet d'eau et d'air. On a donc, dans la formation de ces chapelets, une cause de résistance capable d'empêcher ou d'arrêter l'écoulement d'un liquide. — La surface de contact de deux liquides non miscibles affectant aussi une forme courbe, on conçoit que la division d'une colonne de l'un d'eux par les gouttes de l'autre puisse devenir, comme les chapelets d'air, une source de résistance.

On voit que des bulles gazeuses ou des gouttes liquides peuvent produire le même effet qu'un bouchon solide obstruant la lumière du tube.]]

[[§ 84e. **Théorie des embolies gazeuses et liquides**. — Les effets mécaniques des chapelets de liquide et de gaz mélangés ou de liquides différents (cf. § 84d) expliquent tout naturellement le mécanisme des accidents mortels produits par les embolies gazeuses ou liquides.

« Lorqu'une grosse veine voisine du cœur, la jugulaire par exemple, est ouverte, il arrive souvent qu'au moment de l'inspiration, de l'air pénètre dans la veine, par suite de la diminution de pression dans la cage thoracique. Quand la quantité d'air introduite est trop forte pour être dissoute en totalité par le sang avant d'arriver dans les poumons, une mort subite est la conséquence fatale de cet accident ; la mort est due à l'arrêt de la circulation pulmonaire, arrêt déterminé par la formation de chapelets de bulles d'air dans les capillaires du poumon. On vient de voir que la présence de ces chapelets offre une résistance qui croît avec le nombre des bulles, et il arrive un moment où la force de contraction du cœur n'est plus à même de surmonter cette résistance.

« Les mêmes accidents peuvent être occasionnés par le séjour dans un air comprimé et se manifester lorsqu'on revient à la pression atmosphérique ordinaire. En effet, une pression supérieure à celle de l'atmosphère augmente la quantité de gaz dissous dans le sang ; puis, si ce surcroît de pression est brusquement supprimé, l'excès de gaz dissous se dégage subitement, en vertu des *lois de la solubilité gazeuse*, dans toute l'étendue du système vasculaire, et l'accident signalé plus haut se produit : c'est ainsi que le professeur Rameaux, de Strasbourg, a expliqué, en 1861, les cas de mort subite observés dans les travaux qui nécessitent l'emploi de l'air comprimé [1]. »

Des embolies *liquides*, aussi funestes que les gazeuses, peuvent être

---

[1] MONOYER, *Applications des Sciences physiques aux théories de la circulation*. Strasb., 1863.

produites par le dépôt dans les vaisseaux sanguins de gouttelettes de chloroforme, consécutivement aux inhalations prolongées de ce médicament, ou à l'ingestion du chloral. La graisse liquide donnerait lieu aux mêmes effets, si elle parvenait à pénétrer dans le système circulatoire.]]

[84ᶠ. **Lympho-dynamique.** — « Le système lymphatique peut être considéré comme une annexe du système veineux, prenant naissance dans l'intimité des tissus par un nombre infini de petits vaisseaux en communication directe à leur origine avec les interstices anatomiques, et présentant la disposition ramifiée du système veineux; les capillaires lymphatiques, en effet, se réunissent successivement les uns aux autres et finissent par constituer deux troncs principaux, le *canal thoracique* qui se jette dans la veine sous-clavière gauche, et la *grande veine lymphatique*, souvent multiple, qui se rend dans la veine sous-clavière droite. Les lymphatiques renferment dans leur intérieur, de distance en distance, des valvules d'une disposition spéciale, qui s'opposent au reflux du liquide.

« La force qui opère l'écoulement de la lymphe et du chyle est multiple : c'est, d'une part, la pression latérale du sang qui détermine une transsudation continuelle de sérosité dans les espaces lymphatiques, et, d'autre part, la force *osmotique* qui remplit les chylifères des sucs élaborés par la digestion; il y a là une double force continue constituant la *vis a tergo*. Une autre cause, très puissante suivant les physiologistes, réside dans la contractilité de l'enveloppe qui, en raison de la présence des valvules, chasse le contenu des lymphathiques vers le canal thoracique. On sait que les lymphatiques des reptiles portent, de distance en distance, des poches musculaires, véritables *cœurs lymphatiques*, qui établissent une certaine analogie entre le cours de la lymphe et celui du sang. La contraction des muscles environnants agit de la même manière que celle des parois lymphatiques. A toutes ces causes s'ajoutent les mouvements respiratoires : l'inspiration appelle, par aspiration, la lymphe dans le thorax; l'expiration la chasse du réservoir de Pecquet, par suite de la compression qu'exercent les muscles abdominaux. Une valvule puissante, située à l'orifice du canal thoracique, s'oppose au reflux du sang veineux.

« La vitesse d'écoulement de la lymphe augmente à mesure qu'on s'éloigne de l'origine des lymphatiques, par la raison que le calibre général diminue. M. Colin l'a trouvée égale à $2^c,5$ par seconde dans le canal thoracique d'une vache. [1] »

On voit que la circulation lymphatique complète la circulation sanguine, en recueillant le liquide que la pression latérale fait filtrer à travers les parois des vaisseaux sanguins, et en ramenant ce liquide dans le torrent sanguin en un point où la tension est devenue presque nulle. Le système lymphatique opère un véritable drainage des liquides épanchés dans les tissus et les fait rentrer dans la circulation générale.]]

(1) Monoyer, *Applications des Sciences physiques aux théories de la circulation.* Strasb. 1863.

CHAPITRE IX

DU MOUVEMENT ONDULATOIRE DES LIQUIDES

85. Formation des ondes liquides. — Dans le chapitre précédent, nous nous sommes occupé du mouvement de translation *rectiligne* des liquides, et nous n'avons fait intervenir le mouvement curviligne qu'en tant qu'il était le résultat de l'action de la pesanteur sur une masse liquide mue par une impulsion première dirigée horizontalement ; dans ces conditions, nous avions un mouvement de tout point comparable à celui des projectiles solides (cf. § 77). Or, il arrive fréquemment que le transport d'un liquide en ligne droite se combine avec un mouvement ondulatoire qui se propage dans le sein de la masse fluide : c'est ainsi qu'il se forme des ondes à la surface d'un liquide qui s'écoule dans un canal, toutes les fois que l'afflux n'est pas parfaitement uniforme ; de même, des vagues prennent naissance dans un cours d'eau, quand le lit présente des aspérités notables, ou quand le vent vient à fouetter la surface liquide.

Ce qui rend possible l'apparition du mouvement ondulatoire dans ces circonstances, c'est la mobilité des molécules liquides : si, en effet, à la force qui détermine la progression rectiligne de la masse vient s'ajouter une autre influence qui provoque une rupture d'équilibre entre les différentes molécules, chacune de celles-ci va obéir en même temps aux deux impulsions qui la sollicitent. De là, un mouvement résultant composé de deux autres, l'un rectiligne et dirigé dans le sens de l'écoulement du liquide, l'autre consistant en oscillations exécutées par chaque molécule autour de sa position première. Pour se rendre compte d'un mouvement aussi complexe, il importe d'étudier d'abord le mouvement ondulatoire des liquides considéré isolément, et d'examiner ensuite les modifications qu'il éprouve quand il se combine avec un mouvement de translation rectiligne.

Étant donné un liquide au repos complet, on y voit apparaître des ondes toutes les fois que l'équilibre est troublé en un point quelconque de la surface, soit qu'on y plonge brusquement un corps solide, soit qu'on enlève une portion du liquide ou qu'on en ajoute une nouvelle quantité. Vient-on, par exemple, à jeter une pierre dans l'eau ou à laisser tomber une goutte de liquide à la surface d'une eau tranquille, l'endroit où l'équilibre a été ainsi rompu devient l'origine d'une onde circulaire qui se propage de proche en proche en s'éloignant de son point de départ ; cette onde s'affaiblit à mesure qu'elle progresse et elle finit par s'éteindre. Dans le cas en question, la zone qui entoure la place où le liquide a été dérangé commence par s'élever au-dessus de son niveau primitif et produit ainsi une onde *saillante* ou *mont (Wellenberg)* ; puis, pendant que ce mont devient onde *rentrante* ou *val (Wellenthal)*, la zone suivante se soulève à son tour sous forme d'onde saillante, et ainsi de suite. Quand, au contraire, la rupture de l'équilibre est due à la soustraction d'une portion de liquide, par exemple, quand on en aspire brusquement à l'aide d'un tube, le mouvement ondulatoire débute par une onde rentrante : la zone circulaire qui entoure immédiatement l'endroit troublé commence par s'abaisser au-dessous du niveau primitif; dans le temps que l'onde rentrante ainsi produite se transforme en onde saillante, la zone suivante se déprime à son tour en donnant naissance à une onde rentrante, et ainsi de suite.

On voit qu'il y a une différence dans l'ordre de marche de l'onde, suivant qu'elle est produite par *propulsion* ou par *appel :* dans le premier cas, le mouvement débute par une onde saillante ou mont, qui est suivie d'une onde rentrante ou val; on a alors ce que nous appellerons une *ondulation positive* (cf. §§ 30 et 35); dans le second cas, c'est une onde rentrante qui marche en tête et, par conséquent, l'ondulation sera dite *négative.*

Nous n'avons mentionné que la formation d'une seule onde circulaire, mais le phénomène ne s'arrête pas là d'ordinaire : les molécules liquides, dérangées de leur position d'équilibre, ne reviennent pas au repos, après avoir exécuté une oscillation unique; en vertu de la vitesse acquise, elles continuent à osciller encore un certain nombre de fois et à former ainsi une série d'ondes alternativement saillantes et rentrantes, qui se propagent de la même manière que la première ; cependant le mouvement vibratoire s'affaiblit de plus en plus, à mesure que le nombre des oscillations accomplies augmente, et il finit par s'arrêter entièrement. Ces oscillations consécutives s'observent, quel que soit le sens de l'ondulation, qu'il soit positif ou négatif.

Le mouvement vibratoire qui prend ainsi naissance s'explique par les lois de l'équilibre des liquides. Considérons, en effet, un corps solide tombant d'une certaine hauteur et rencontrant la surface d'un liquide : le corps, à l'instant du choc, possède une force vive en vertu de laquelle il pousse devant lui et refoule en bas les molécules liquides qui font obstacle à sa chute ; ce déplacement des molécules directement choquées détermine un mouvement en sens contraire des molécules voisines, et celles-ci s'élèvent sous forme d'un rempart circulaire tout autour de la partie déprimée. Or, pour qu'un liquide soit en équilibre, il faut que le niveau de sa surface libre soit horizontal ; par conséquent, les molécules qui ont été soulevées retombent par leur propre poids, et comme elles acquièrent, dans cette chute, une certaine quantité de force vive, elles dépassent leur position d'équilibre et descendent au-dessous du niveau général. Agissant à leur tour, comme l'a fait à leur égard le corps solide en tombant, elles déter-minent l'ascension des molécules suivantes, et ainsi de suite. Tel est le mécanisme suivant lequel se propage l'onde circulaire positive; il est le même pour l'onde négative, avec cette seule différence que les ascensions et les dépressions s'y succèdent dans l'ordre inverse.

86. Trajectoire des molécules liquides dans le mouvement ondulatoire. — La trajectoire que décrivent les molécules liquides dans le mouvement ondulatoire peut être déterminée à l'aide de considérations très simples. Il est évident, d'abord, que chaque molécule, à tout instant du mouvement, se déplace dans le même sens que l'onde dont elle fait partie intégrante. S'agit-il, par exemple, d'une molécule située au point d'origine d'une onde saillante : cette molécule commencera par se porter en avant et en haut, puis elle se dirigera en avant et en bas, quand l'onde s'abaissera; on voit en A (fig. 85) une flèche dont la forme et la direction indiquent la trajectoire décrite par la molécule en question pendant la durée de l'onde saillante. La flèche B représente le chemin suivi par la même molécule pendant la durée de l'onde rentrante qui succède à l'onde saillante : dans cette phase du mouvement, la molécule revient d'abord en arrière et en bas, puis en arrière et en haut. En réunissant ces deux trajectoires partielles, on a le chemin correspondant à la durée d'une oscillation entière ; c'est cette trajectoire complète que nous avons figurée en C, en supposant la hauteur de l'onde saillante égale à la profondeur de l'onde rentrante. On voit que, dans ce cas, chaque molécule

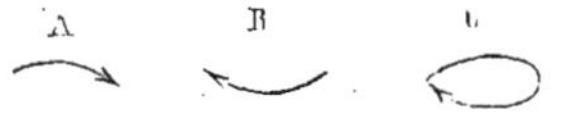

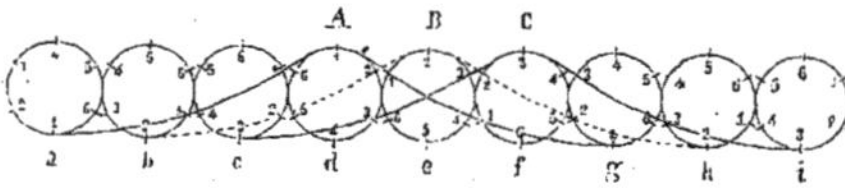

Fig. 85. — Trajectoire décrite par une molécule liquide pendant la durée d'une oscillation entière.

liquide se retrouve, à la fin de l'oscillation, exactement dans la position qu'elle occupait au début. La propagation de l'onde est donc tout à fait indépendante de la progression du liquide ; elle ne consiste point dans un transport réel de matière ; c'est la déformation seule de la matière qui se transmet de proche en proche : [*Unda non est materia progrediens, sed forma materiæ progrediens* (E. H. Weber).]

La propagation de l'onde se déduit facilement du mouvement des différentes molécules liquides. Pour plus de simplicité, nous supposerons d'abord que la trajectoire de chaque molécule soit circulaire. Considérons dès lors toutes les molécules, *a*, *b*, *c*, *d*, *e*, *f*, *g*,.... qui prennent part, à un moment donné, à la formation de l'onde *a*A*g* (fig. 86) ; leur position à l'instant considéré est indiquée par le chiffre 1. Chacune de ces molécules parcourra sur sa trajectoire des arcs de cercle égaux dans des temps égaux :

Fig. 86. — Propagation d'une onde à la surface d'un liquide.

quand, par exemple, la molécule *a* sera arrivée dans la position marquée 2, les molécules *b*, *c*, *d*, *e*, *f*... auront marché d'une même quantité et occuperont aussi sur leurs trajectoires respectives les positions qui portent le chiffre 2. En réunissant par une ligne continue les points 2, on obtient la courbe pointillée *b*B*h* qui représente le lieu de l'onde, à l'instant où chaque molécule a parcouru la sixième partie de sa trajectoire. L'onde B a exactement la même forme que l'onde A ; mais elle occupe une position différente : l'onde s'est déplacée de manière que son sommet est venu de A en B. Dans un troisième moment, l'onde, continuant à marcher, transporte son sommet en C ; elle est alors figurée par la ligne pleine *c*C*i*.

Lorsque les molécules auront passé des positions 1 aux positions 4, elles auront accompli une demi-oscillation ; à ce moment-là, l'onde A sera devenue rentrante, de saillante qu'elle était à l'instant initial où les molécules se trouvaient en 1. Enfin, le même lieu A sera de nouveau le siège du sommet d'une onde saillante, lorsque les molécules seront revenues en 1, après avoir accompli une oscillation complète.

[D'après le dire de l'auteur,] les ondes liquides ainsi produites par une rupture d'équilibre qui imprime aux molécules un mouvement d'oscillation le long d'une courbe fermée correspondraient aux vibrations *stationnaires* étudiées dans le § 40 et ne seraient autre chose que la forme spéciale sous laquelle ce genre de vibrations se présente dans les liquides.

Les trajectoires des molécules dans le mouvement ondulatoire des liquides ne sont pas toujours des circonférences ; elles ont, en général, une forme elliptique, le grand axe de l'ellipse étant parallèle à la surface libre de la masse en équilibre. C'est dans la couche la plus superficielle que la trajectoire se rapproche le plus de la forme circulaire; à mesure qu'on descend au-dessous de la surface, l'axe vertical de l'ellipse devient de plus en plus petit, jusqu'à ce que finalement la trajectoire soit réduite à une droite horizontale, le long de laquelle a lieu le mouvement de va-et-vient de la molécule oscillante. On peut constater directement l'existence de ces oscillations moléculaires en mêlant au liquide des corps réduits en poudre et possédant la même densité : en excitant alors des ondes, on voit les particules solides exécuter les oscillations dont nous avons parlé.

87. Influence de l'inégalité de longueur de l'onde saillante et de l'onde rentrante sur le mouvement des molécules liquides. Ondes à translation directe ou rétrograde. — Nous avons raisonné jusqu'ici dans l'hypothèse d'une égalité de longueur entre le mont et le val de l'onde ; lorsque cette égalité n'a pas lieu, le mouvement des molécules liquides en est profondément modifié.

Supposons d'abord que l'onde saillante ait une longueur supérieure à celle de l'onde rentrante : dans ce cas, la molécule liquide parcourt un certain espace ab (fig. 87, A), pendant les phases ascendante et descendante de l'onde saillante ; mais le chemin parcouru pendant la durée de l'onde rentrante est plus petit; soit bc cette seconde portion de la trajectoire. On voit qu'en semblables circonstances, la trajectoire n'est pas fermée et que la molécule ne se retrouve pas, à la fin de l'oscillation, dans la position qu'elle

occupait à l'origine : elle a marché d'une longueur égale à ac. Si une deuxième onde vient à atteindre la même molécule, celle-ci décrira, comme la première fois, une courbe non fermée, qui la fera avancer d'une nouvelle quantité et, après le passage de quatre ondes successives, cette molécule se trouvera transportée de a en f (fig. 87, B).

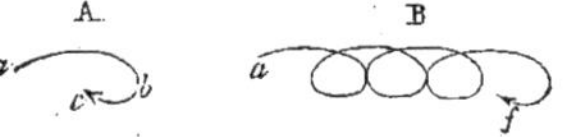

Fig. 87. — Onde avec translation directe des molécules.

Supposons, au contraire, que le mouvement débute par un val plus long que le mont qui lui succède ; en pareil cas, chaque molécule oscil-

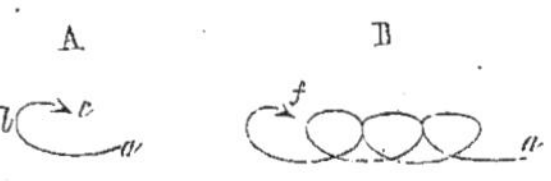

Fig. 88. — Onde avec translation rétrograde des molécules.

lante va parcourir, pendant la durée de l'onde saillante, un espace bc (fig. 88, A) plus petit que le chemin ab correspondant à l'onde rentrante ; il en résultera qu'à la fin de l'oscillation la molécule sera, en arrière de sa position première, d'une longueur égale à ac; après quatre ondes successives, elle aurait reculé de a en f (fig. 88, B).

Des considérations précédentes nous tirons les conclusions suivantes :

Toutes les fois que, dans le mouvement ondulatoire·d'un fluide, il y a inégalité de longueur entre les deux phases positive et négative de l'onde, il en résulte un mouvement de translation des molécules oscillantes; lorsque l'onde saillante est plus longue que la rentrante, le mouvement de translation est *direct*, c'est-à-dire qu'il s'effectue dans le même sens que la propagation de l'onde; il est, au contraire, *rétrograde* ou *inverse*, c'est-à-dire dirigé en sens contraire de la propagation de l'onde, lorsque cette dernière a sa partie rentrante plus longue que la saillante.

Dans les conditions que le présent paragraphe suppose réalisées, on voit le mouvement ondulatoire des liquides toujours accompagné d'un transport réel de matière, et c'est ainsi que la considération de la trajectoire des molécules oscillantes nous conduit à concevoir la coexistence des ondes avec le mouvement de progression de la masse liquide. Examinons maintenant ce qui arrive quand l'une des phases de l'onde, la positive ou la négative, diminue de plus en plus jusqu'à devenir nulle. Supposons, par exemple, qu'on excite des ondes positives en faisant croître périodiquement la vitesse d'écoulement d'un liquide : chaque molécule décrira une trajectoire semblable à B de la figure 87, et plus les ondes positives se succèderont avec rapidité, plus la longueur des dépressions diminuera en comparaison de celle des protubérances; il arrivera donc un moment où la fin d'une onde saillante coïncidera avec l'origine d'une nouvelle onde de même espèce et

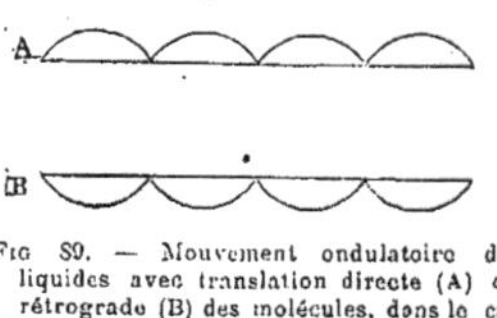

Fig 89. — Mouvement ondulatoire des liquides avec translation directe (A) ou rétrograde (B) des molécules, dans le cas où chaque onde est réduite à {sa phase positive ou négative.

où, par conséquent, les ondes rentrantes feront entièrement défaut; en A (fig. 89) est représentée la courbe décrite, dans ce cas, par les molécules liquides. Pour obtenir des ondes négatives en même temps que la progression du liquide, il suffit de produire l'écoulement au moyen d'une pompe aspirante qu'on fait agir d'une manière intermittente : chaque coup de piston de la machine donne naissance à une onde négative qui se propage de proche en proche, pendant que les molécules liquides marchent en sens contraire et se dirigent vers la pompe; au fur et à mesure que les coups de piston s'accélèrent, les ondes rentrantes deviennent relativement de plus en plus longues, jusqu'à ce que finalement la trajectoire des molécules liquides prenne la forme représentée en B (fig. 89).

CHAPITRE X

ÉCOULEMENT DES LIQUIDES DANS LES TUBES ÉLASTIQUES

88. Influence de l'élasticité des tuyaux de conduite sur l'écoulement des liquides. — Les lois du mouvement ondulatoire des liquides ont une grande importance physiologique, car elles sont applicables aux mouvements de ces mêmes corps dans les tubes extensibles et élastiques. Jusqu'ici, nous n'avons considéré que l'écoulement dans des tubes à parois rigides et inextensibles ; on a vu alors le liquide effectuer, en général, un simple mouvement de progression rectiligne. Il n'en n'est pas toujours de même, quand les tubes ont des parois extensibles qui, en se dilatant, permettent aux molécules liquides de s'écarter de la ligne droite : en pareil cas, la masse fluide peut être animée à la fois d'un mouvement de progression et d'un mouvement ondulatoire.

On conçoit aisément que, même dans un tube extensible, l'intermittence de la force motrice soit une condition *sine qua non* de la production des ondes ; car, si l'action de la charge était continue et constante, le tube se dilaterait dans toute sa longueur, jusqu'à ce que sa force élastique fasse équilibre à la tension du liquide en mouvement, et, à partir de ce moment, l'écoulement s'effectuerait comme dans un tube rigide.

Considérons immédiatement un système de tubes extensibles et élastiques ; nous supposerons que la force motrice agisse par saccades se reproduisant à intervalles réguliers, et que la quantité de liquide qui pénètre à chaque saccade dans le système soit égale à celle qui en sort, de telle sorte que la masse totale du contenu ne varie pas. Ce sont là, on le sait, les conditions que réalise l'appareil de la circulation sanguine dans l'organisme humain, et qui s'y rencontrent dans un état de complication encore plus grand, par suite de la présence de deux systèmes semblables, celui de la grande et celui de la petite circulation, en communication l'un avec l'autre.

Cela posé, on a vu qu'un corps élastique réagit contre toute force qui le sollicite à changer de forme ; en vertu de cette réaction, égale et opposée à l'action, le corps tend à reprendre sa forme première, et il y revient effectivement sitôt qu'il est soustrait à l'influence de la cause déformatrice. Si donc, dans l'intérieur d'un tube élastique déjà plein de liquide, on en introduit une nouvelle quantité, la portion de ce conduit où pénètre l'ondée se dilate ; mais, en même temps, elle exerce sur son contenu une pression en rapport avec la distension qu'elle subit ; cette pression fait cheminer l'ondée dans la portion suivante du tube, qui se distend à son tour, pendant que la partie précédemment dilatée reprend son volume primitif. Cette distension partielle des parois se propage ainsi de proche en proche jusqu'à l'extrémité terminale de la conduite ; arrivée en ce point, elle se réfléchirait si le tube était fermé, et l'excédant de liquide serait renvoyé dans la direction de son point de départ : le tube serait alors parcouru dans toute sa longueur, alternativement dans un sens et dans l'autre, par une onde qui irait en s'affaiblissant graduellement après chaque réflexion nouvelle, jusqu'à ce que finalement l'équilibre se fût rétabli dans de nouvelles conditions de distension.

Mais en supposant, comme nous l'avons fait, qu'à chaque nouvel afflux de liquide il sorte du tuyau une quantité de liquide égale à celle qui y entre, le mouvement ondulatoire se terminera à la fin du tube, sans revenir sur ses pas ; car, en ce point, la pression de l'onde liquide, au lieu de distendre les parois, chassera au dehors le trop-plein de cette portion du système. Par conséquent, dans le cas que nous considérons en ce moment, il ne se produit que des ondes progressives, et après le passage de chaque ondée, le liquide rentre au repos, jusqu'à ce qu'un nouvel afflux de liquide détermine la formation d'une nouvelle onde.

89. Mouvement de progression et d'ondulation des liquides dans les tubes élastiques. — Il est évident, *a priori*, que l'extensibilité des tubes doit avoir une influence sur la vitesse d'écoulement, influence qui se traduit par un ralentissement du courant En effet, si le tube était rigide, inextensible, à l'instant même où une certaine quantité de liquide entrerait par l'une des extrémités du système, un volume égal serait forcé d'en sortir par l'autre extrémité, [car, les liquides étant quasi-incompressibles, la colonne contenue dans le tube avancerait tout d'une pièce, comme un corps solide, puis s'arrêterait jusqu'à ce que l'arrivée d'une nouvelle ondée la fît avancer derechef, et ainsi de suite; dans ces conditions, on aurait un écoulement saccadé, discontinu, et comme la vitesse serait très grande, il en serait de même de la résistance et par suite aussi de la force nécessaire pour la vaincre.]

Quand, au contraire, le tube est extensible, la quantité de liquide introduite n'est entièrement expulsée du système qu'à l'instant où l'onde concomitante en a parcouru toute la longueur; en même temps, cette masse additionnelle doit s'écouler plus lentement qu'elle n'est entrée dans le système; car, de même qu'il n'existe pas de corps absolument rigide, de même il n'y a pas de corps assez extensible pour n'opposer aucune résistance à la force qui le distend. Si donc une ondée liquide est poussée dans l'intérieur d'un tube élastique, non seulement elle en dilate les parois au niveau de l'endroit où elle a pénétré, mais encore elle transmet une partie de son impulsion à tout le contenu du système et le fait avancer parallèlement à l'axe du tube. Au moment où l'afflux du liquide cesse, la première portion du tube a atteint son maximum de distension et commence déjà à revenir sur elle-même; la pression développée par le retrait des parois agit, à l'égard du reste du tube, comme le ferait l'arrivée de nouvelles ondées, de sorte que le liquide continue à progresser sans interruption. La deuxième portion du tube se dilate à son tour, sous l'influence de l'ondée qui lui est envoyée par la première portion revenue à ses dimensions premières; cette dilatation partielle se transmet de la même manière et successivement à la troisième portion, à la quatrième et ainsi de suite. En somme, tant que durent ces alternances de renflement et de retrait qui se transportent de proche en proche d'un bout à l'autre du tube, l'écoulement est continu. Mais à l'endroit même où se produisent, à un moment donné, la dilatation et le rétrécissement alternatifs du tube, ce mouvement oscillatoire des parois élastiques se communique au contenu et imprime à chaque molécule liquide un mouvement de va-et-vient semblable à celui dont nous avons parlé dans l'étude du mouvement ondulatoire des liquides; car des ondes à phases alternativement saillantes et rentrantes prennent naissance dans la paroi du tube et par suite dans son contenu, de la même manière qu'elles se développent à la surface libre d'un liquide.

Si l'extrémité terminale du tuyau était bouchée, chaque molécule décrirait une courbe elliptique fermée, semblable à celle de la figure 85, C; mais, attendu que nous avons écarté cette hypothèse et qu'en conséquence tout le contenu du tube est animé d'un mouvement de translation, il y a coexistence de ce dernier mouvement et du mouvement ondulatoire. La trajectoire

décrite par une molécule liquide présente une forme analogue à celle de
la figure 90, A; puis, à mesure qu'on s'éloigne de l'origine du tube, l'onde
devient de moins en moins haute, la
portion de la trajectoire qui rebrousse
chemin diminue peu à peu par rapport à celle qui se porte en avant;
finalement l'onde disparaît entièrement, et les molécules se meuvent en
ligne droite.

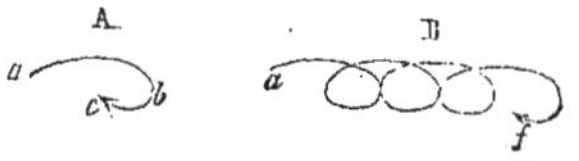

Fig. 90. — Onde avec translation directe.

Il est évident qu'à partir de l'instant où le mouvement d'ondulation prend
fin et où celui de progression persiste seul, l'écoulement doit devenir uniforme, car ce qui en fait varier la vitesse, c'est précisément la concomitance
des oscillations moléculaires. Toutes les fois qu'un liquide en mouvement
dans un tube élastique éprouve des variations de vitesse, les parois du tube
sont nécessairement animées d'oscillations qui se communiquent au liquide :
en supposant, par exemple, que la vitesse augmente en un point donné, la
portion du tube située en aval, recevant une plus grande quantité de liquide,
se distendra ; elle se rétrécira, au contraire, si la vitesse diminue en amont.

**90. Influence de l'élasticité des tuyaux de conduite sur la hauteur et la longueur de
l'onde.** — Plus les parois d'un tube élastique sont extensibles, plus la hauteur
de l'onde liquide qui le parcourt est considérable et plus aussi la longueur
en est petite. Si, en effet, les parois cèdent facilement à la pression du
liquide, la portion du tube située près de l'orifice d'entrée se dilate assez
rapidement pour loger en entier l'ondée qui y est poussée ; si, au contraire,
les parois opposent une grande résistance à la distension, l'onde saillante
qui prend naissance a une grande longueur, mais, en revanche, une
faible hauteur.

En même temps, la vitesse de transmission du mouvement ondulatoire
doit augmenter avec la rigidité du tube. A la limite, c'est-à-dire dans un
tube où la rigidité serait absolue, l'onde se propagerait avec une vitesse
infinie, sa longueur serait infiniment grande et sa hauteur infiniment petite;
en un mot, le mouvement vibratoire disparaîtrait pour faire place à un
simple mouvement de progression rectiligne.

La dilatation subie par un tube élastique dépend, non seulement de l'extensibilité des parois, mais encore de la grandeur de la pression exercée par
le liquide nouvellement introduit. Or, à l'origine du tube, la pression latérale
est égale à la somme des résistances que le liquide aura à vaincre dans tout
son parcours ; puis elle décroît d'un point à l'autre, en raison de la quantité
de résistance déjà détruite : la pression diminuant, le mouvement ondulatoire
s'affaiblit dans le même rapport.

Ainsi donc, du moment que la force motrice est intermittente, l'écoulement
des liquides dans les tuyaux diffère, toutes choses égales d'ailleur, suivant
que les parois du système sont extensibles ou rigides. Avec des tubes
rigides, le mouvement du liquide suit dans toute l'étendue du système
exactement les mêmes phases que l'afflux qui a lieu d'une façon brusque
et intermittente à l'orifice d'entrée : à un instant quelconque, le même
volume de liquide passe par toutes les sections du système, et les variations de la vitesse de progression sont partout synchrones, de même sens

et de même grandeur; à chaque nouvel afflux de liquide, la vitesse croît
jusqu'à une certaine valeur maximum, puis diminue de nouveau pour
redevenir nulle, et, à l'instant où la pression cesse de se faire sentir à
l'origine du tube, le contenu du système tout entier rentre au repos. Quand,
au contraire, le tuyau est extensible, il n'y a que les molécules situées tout
près de l'orifice d'entrée qui prennent des vitesses en rapport, à [chaque
instant, avec l'impulsion correspondante de l'ondée liquide qui pénètre dans
le système. Et ce ne sont pas les mêmes molécules qui parcourent successivement les diverses phases du mouvement; c'est seulement lors de son
passage à travers l'orifice d'entrée que chaque molécule possède la vitesse
requise par l'état de la force motrice à l'instant considéré ; dans le reste du
système, l'écoulement continue encore, sous l'influence de l'onde progressive,
que déjà il n'entre plus de nouvelles quantités de liquide. Il en résulte que
la durée du repos dans l'intervalle de deux ondées successives diminue de
plus en plus, à mesure qu'on s'éloigne de l'origine du tube ; à une distance
suffisante, pour que l'onde n'ait pas encore passé par le point considéré,
quand se produit le choc d'entrée de l'ondée suivante, le temps de repos
devient nul, et le liquide s'écoule d'une manière continue ; mais la vitesse
de progression offre encore des oscillations périodiques qui finissent aussi
par disparaître au niveau de l'endroit où a lieu l'*extinction de la vague;*
à partir de ce point, l'écoulement devient uniforme.

En résumé, ce qui caractérise l'influence de l'élasticité des tuyaux de
conduite sur l'écoulement des liquides, dans le cas où la force motrice est
intermittente, c'est la transformation d'un mouvement de progression *saccadé*
et *discontinu* en un mouvement *continu* et *uniforme;* cette transformation
s'opère d'autant plus rapidement, que la résistance qui fait obstacle au
mouvement éteint plus vite l'onde développée dans le tube élastique.

**91. Application des lois de l'écoulement des liquides dans les tubes élastiques à la
circulation du sang.** — Les vaisseaux sanguins forment, comme on l'a déjà
dit, deux systèmes de tubes élastiques, celui de la grande circulation et
celui de la petite, en communication l'un avec l'autre ; à l'origine de
chacun de ces systèmes, la contraction des ventricules détermine la formation d'une onde positive, tandis qu'à l'autre extrémité, la dilatation des
oreillettes produit une onde négative. Ces deux mouvements ondulatoires
agissent dans le même sens sur le courant sanguin, puisque l'onde positive
fait avancer le liquide dans la direction suivant laquelle elle se propage
elle-même, tandis que l'onde négative marche en sens inverse du mouvement de progression qu'elle détermine.

L'onde positive est de beaucoup la plus forte des deux, parce qu'elle
prend naissance dans les gros troncs artériels, où elle rencontre, dès le
début, une pression plus élevée que celle qui existe dans les gros troncs
veineux : aussi l'onde positive se propage-t-elle plus loin, et ne disparaît-elle
qu'à l'entrée du système capillaire, tandis que c'est à peine si l'onde négative
se fait sentir dans le voisinage immédiat du cœur.

L'onde positive conserve à peu près toute son énergie première jusque
dans les artérioles; mais, arrivée à ce niveau, elle s'éteint presque soudai-
nement, par suite de la multiplicité des bifurcations qui augmente rapidement la résistance.

La circulation du sang dépend en partie des conditions dans lesquelles se propage l'onde, en partie du rythme des contractions cardiaques. Pendant le temps de repos du cœur, la vitesse du courant doit être nulle à l'origine du système artériel : à ce niveau, l'écoulement est donc *intermittent*. Mais les battements du cœur se succèdent à intervalles assez rapprochés pour que, déjà dans les troncs qui émanent de l'aorte, le cours du sang ne s'arrête jamais tout à fait ; cependant la vitesse n'y est pas encore constante ; ce n'est qu'à partir des capillaires que l'écoulement devient sensiblement régulier. Dans les gros troncs veineux, la vitesse présente de nouveau des rémissions périodiques produites par l'onde négative ; néanmoins l'écoulement ne redevient plus intermittent, même au niveau du point où les veines caves et les veines pulmonaires débouchent dans les oreillettes.

[**91ª. Influence de l'élasticité des artères sur la dépense.** — On vient de voir le rôle important que joue l'élasticité des artères dans la circulation, rôle que E. Weber a comparé, avec beaucoup de justesse, à celui de la chambre à air d'une pompe à incendie.

C'est donc l'élasticité artérielle qui rend continu un écoulement déterminé par une force intermittente : l'élasticité *emmagasine* une partie de la force développée par la systole du cœur, pour la restituer pendant la diastole ; mais elle n'ajoute rien à la force du cœur.

De là cette conclusion, en apparence logique, admise pendant longtemps, que la dépense est la même dans une artère et dans un tube non élastique, toutes choses égales d'ailleurs. En 1857, M. Marey est venu renverser cette opinion, en démontrant expérimentalement que, dans le cas d'*afflux intermittent*, l'élasticité des artères en augmente la dépense. L'appareil dont M. Marey a fait usage consiste en un flacon de Mariotte, d'où part un tube qui se bifurque ; à l'une des bifurcations est adapté un tube de verre, à l'autre un tube de caoutchouc ayant exactement les mêmes dimensions et la même forme que le premier, mais muni à son origine d'une soupape destinée à s'opposer au reflux ; ces deux tubes sont terminés par des ajutages identiques. L'intermittence est obtenue par le jeu d'un robinet placé sur le tube commun. Lorsque le liquide coule d'une manière continue et constante, la dépense des deux tubes est la même ; lorsque, au contraire, l'écoulement est intermittent, la dépense du tube élastique l'emporte sur celle du tube de verre.

M. Giraud-Teulon, rapportant cette remarquable expérience, en a donné une explication très rationnelle : si le tube est élastique et extensible, chaque nouvel afflux de liquide le dilate ; de là, ralentissement de la vitesse, et par suite diminution de la résistance due au frottement. La résistance, étant moindre, absorbe moins de force motrice, et conséquemment il reste une plus grande portion de cette dernière pour faire progresser le liquide. Si, au contraire, le tube était rigide, l'écoulement serait intermittent et brusque, et la force motrice aurait à vaincre à chaque systole une résistance considérable. [Remarquons encore que ce serait alors la totalité de la masse liquide contenue dans le système vasculaire qui recevrait au même instant le choc propulseur de l'ondée, ce qui en affaiblirait énormément l'effet sur chaque unité de masse.]

En résumé, non seulement l'élasticité artérielle rend continu l'écoulement du sang, mais encore, tout en n'ajoutant rien à la force du cœur, elle n'en augmente pas moins la dépense des artères, par la raison qu'elle diminue la perte de charge due au frottement. Il en résulte pour le moteur une économie considérable de force. Aussi la disparition de l'élasticité artérielle doit-elle avoir pour conséquence une augmentation de travail de la part du cœur, d'où l'hypertrophie de l'organe (Marey); l'on savait, en effet, depuis longtemps que l'ossification sénile des artères s'accompagne toujours d'une hypertrophie du ventricule gauche; mais l'explication de ce fait restait à trouver.]

[**92. Sphygmo-dynamique.** — Nous désignerons sous ce nom l'étude physique de la pulsation artérielle.]

L'onde positive qui parcourt le système artériel produit le phénomène de la *pulsation*. Les caractères physiques du *pouls* artériel constituent les données les plus importantes à connaître pour se renseigner sur l'état organique et fonctionnel de l'appareil de la circulation; aussi convient-il d'entrer dans quelques détails au sujet des conditions physiques qui répondent aux diverses formes de la pulsation, et de décrire les principaux instruments employés dans l'exploration du pouls.

L'application des doigts sur l'artère peut fournir quelques renseignements à cet égard, mais c'est un moyen grossier et tout à fait insuffisant. Cependant il permet de constater le degré de fréquence du pouls : à l'état normal, le nombre des pulsations dans un temps donné est toujours égal à celui des ondes produites à l'origine du système, c'est-à-dire au nombre des battements du cœur; toute altération dans le rythme du pouls doit donc être rapportée à une irrégularité correspondante des battements cardiaques, soit que la pulsation varie quant à sa force, soit que l'intervalle compris entre deux pulsations consécutives ait une durée inégale.

Les caractères distinctifs de chaque forme de pulsation en particulier dépendent tantôt du mode de génération de l'onde à l'origine du système artériel, tantôt de l'état des parois vasculaires. Relativement à ce dernier point, il faut considérer l'état de réplétion plus ou moins grand des vaisseaux et le degré de tension de leurs parois. Plus une artère est remplie de sang, plus ses parois sont tendues; mais cette tension dépend aussi de la contrac-tilité artérielle : quand les fibres musculaires lisses qui entrent dans la composition de la tunique moyenne des artères se contractent, elles rétrécissent la lumière du vaisseau et en augmentent la tension ; celle-ci diminue, au contraire, pendant le relâchement des fibres musculaires. En nous basant sur ces considérations, nous aurons à distinguer le pouls *plein* ou *vide*, et le pouls *dur* ou *mou*. Le pouls est dit plein, quand l'artère renferme une grande quantité de sang; il paraît dur, quand la tension du vaisseau est considérable.

Pour juger de l'état des parois artérielles, il n'est pas non plus sans importance de tenir compte de la netteté plus ou moins grande avec laquelle on perçoit la pulsation. Le pouls *faible* reconnaît pour cause, soit une diminution d'énergie des contractions du cœur, soit l'interposition de parties molles entre l'artère et l'instrument qui en mesure le soulèvement, soit un resserrement considérable du calibre du vaisseau, soit enfin le défaut d'élasticité des parois artérielles; dans ce dernier cas, la pulsation peut manquer presque entièrement; c'est ce qui arrive fréquemment chez les vieillards, dont les artères, atteintes par l'ossification sénile, présentent les propriétés des tubes rigides.

Les indications les plus importantes sont fournies par la forme même de la pulsation, c'est-à-dire par la rapidité avec laquelle la pulsation parcourt ses différentes phases. La simple application du doigt sur l'artère est peu propre à nous renseigner sur ce point ; il faut recourir à l'emploi de la méthode graphique.

Nous décrirons dans le paragraphe suivant les méthodes et les appareils imaginés pour obtenir le tracé du pouls ; auparavant, nous allons faire connaître les principales différences qu'on observe dans la forme de la pulsation prise avec un appareil approprié. [Chaque pulsation est représentée par une courbe sinueuse, dans laquelle on distingue trois parties fondamentales : l'*ascension*, le *sommet* et la *descente*.]

Les différences qui peuvent se rencontrer dans la pulsation portent sur les points suivants :

1° *Rapidité de l'ascension*. — Lorsque l'ascension est rapide, le pouls est dit *vite;* on oppose à cet état le pouls *lent*. Les figures 91, 92 et 93 représentent des pouls vites, et la figure 94 un pouls lent.

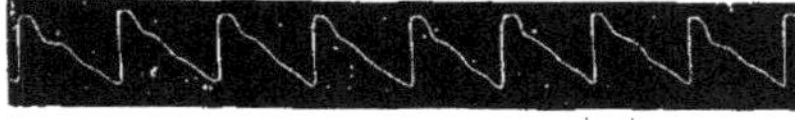

Fig. 91. — Tracé de pouls fréquent et vite.

Fig. 92. — Tracé de pouls rare, vite et à descente lente.

Il importe de ne pas confondre la vitesse avec la fréquence : un pouls fréquent peut être lent, tout aussi bien qu'un pouls rare peut être vite; ainsi le pouls de la figure 92 est à la fois rare et vite.

2° *Rapidité de la descente*. — Parfois la pulsation descend très vite, après avoir

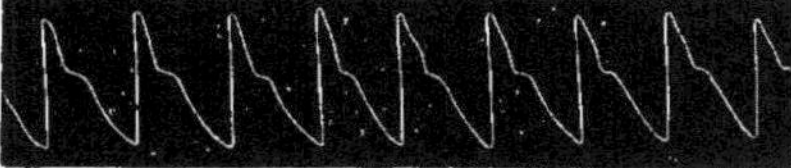

Fig. 93. — Tracé de pouls dicrote.

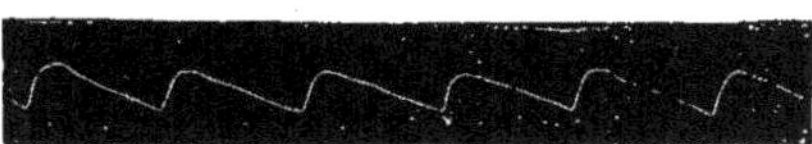

Fig. 94. — Tracé de pouls lent.

atteint son summum d'élévation; la figure 93 en donne un exemple.

D'autres fois, la pulsation se maintient quelque temps à la même hauteur et redescend ensuite lentement, comme le montre la figure 92.

3° *Monocrotisme et dicrotisme*. — Le pouls est *monocrote* lorsque chaque pulsation ne se compose que d'une seule ligne d'ascension et d'une seule ligne de descente (fig. 94). On dit, au contraire, le pouls *dicrote* ou *rebondissant*, quand un deuxième battement vient s'intercaler dans le cours de chaque pulsation principale; il en résulte une courbe irrégulière, qui présente en un point de son tracé un crochet plus ou moins marqué.

La pulsation secondaire peut se montrer, soit pendant la période d'ascension, ce qui est rare, soit pendant la période de descente (fig. 93). On voit des exemples des deux variétés de dicrotisme et même de polycrotisme dans

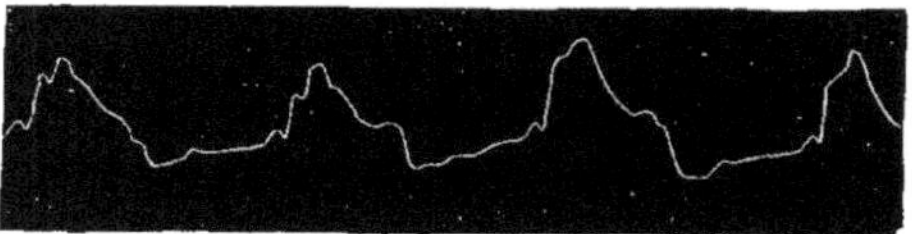

la figure 95, qui représente, non pas le tracé du pouls, mais celui des battements du cœur, pris au moyen du *cardiographe* (cf. § 92ᵇ).

FIG. 95. — Tracé des battements du cœur obtenu à l'aide du *cardiographe* de Marey.

Faisons maintenant connaître les causes physiques de ces différentes formes de pouls. La pulsation monte d'autant plus vite que l'ondée sanguine qui produit le mouvement ondulatoire à l'origine du système artériel est projetée avec plus de rapidité et partant avec plus de force. Le pouls vite indique donc, en général, que la systole ventriculaire s'effectue dans un temps très court; mais il peut aussi avoir une autre signification et témoigner d'un amoindrissement de la résistance normale que le sang éprouve à son entrée dans le système artériel; c'est ainsi que cette forme de pouls se rencontre, à un degré particulièrement marqué, dans les cas d'insuffisance aortique.

La vitesse de descente de la pulsation est presque entièrement sous la dépendance de l'état des parois artérielles; celles-ci, après chaque dilatation, reviennent d'autant plus rapidement sur elles-mêmes, qu'elles ont été plus distendues et qu'elles sont plus parfaitement élastiques, parce qu'alors l'onde est en même temps d'autant plus haute et plus courte. La pulsation redescend, au contraire, très lentement quand les parois vasculaires ont perdu de leur élasticité, comme on l'observe dans l'ossification sénile des artères.

Le rebondissement du pouls, c'est-à-dire l'apparition d'une onde secondaire avant l'arrivée d'une nouvelle onde principale, se montre dans les cas où la pulsation descend rapidement et où, en même temps, les parois vasculaires possèdent une force élastique peu considérable, tout en étant douées d'une élasticité parfaite. Le pouls dicrote est surtout prononcé lorsque la tension des parois artérielles a considérablement diminué, circonstance qui se rencontre dans les maladies fébriles et plus particulièrement dans la fièvre typhoïde ; il manque toutes les fois que les artères sont devenues rigides. L'apparition du dicrotisme est favorisée par la présence d'obstacles au cours du sang placés en aval du point exploré; c'est ce qu'on peut démontrer expérimentalement en produisant une pulsation dans l'intérieur d'un tube élastique rempli de liquide : on voit alors succéder à l'onde principale une série d'ondes secondaires qui augmentent d'amplitude à mesure qu'on accroît la résistance à l'orifice d'écoulement, en en réduisant, par exemple, la largeur. Cette influence de la résistance est confirmée par l'observation clinique, qui montre le pouls dicrote perçu avec d'autant plus de netteté qu'on explore un point plus rapproché des capillaires.

[**92ᵃ. Sphygmographes.** — Les premiers instruments qui aient servi à déter-

miner, d'une manière scientifique, les caractères du pouls sont ceux que
nous avons déjà décrits sous le nom d'*hémomanomètres ;* mais, précisément parce ces appareils sont éminemment propres à faire connaître les
variations de la tension sanguine, ils perdent beaucoup de leur valeur,
quand on leur demande des renseignements exacts sur les effets complexes
qui se traduisent par le phénomène de la pulsation et qui résultent de
l'intervention de l'élasticité artérielle dans la propagation de l'onde sanguine. En outre, les hémomanomètres nécessitent des vivisections préalables qui en restreignent l'application aux animaux seuls.

Il est hors de doute que la sensation perçue par le doigt, lorsqu'on
l'appuie sur une artère, ne pouvait servir de base à des observations rigou-
reuses. Toutefois la science dut se contenter pendant bien longtemps de ce
moyen imparfait d'investigation ; c'est seulement en 1855 que M. Vierordt
eut la première idée d'un instrument qui, retraçant la forme du pouls,
pût s'appliquer à l'homme.

L'appareil de Vierordt, connu sous le nom de *sphygmographe*, consistait
en un levier métallique du troisième genre, dont le point d'application de la
puissance est appuyé sur l'artère, à l'aide d'une petite tige terminée par une
plaque. Ce levier porte à son extrémité un pinceau qui en retrace les oscillations sur un cylindre vertical tournant ; mais, afin que le pinceau décrive
une ligne droite, l'extrémité d'un deuxième levier plus court est reliée à
celle du premier par un cadre métallique mobile autour des points d'attache,
le tout constituant une sorte de parallélogramme de Watt. Ce système de
pièces charge l'appareil d'un poids considérable, auquel fait équilibre un
contre-poids placé sur le prolongement du levier inférieur.

Le sphygmographe de Vierordt, malgré les services qu'il a rendus, est
sujet à une cause d'erreur signalée par M. Marey : en raison de sa grande
masse, l'appareil n'obéit pas instantanément à la force qui le sollicite ; il
est *paresseux*, et les oscillations qu'il exécute ont une durée d'ascension
sensiblement égale à celle de la descente.

M. Marey a remédié à ce défaut, en remplaçant le système des leviers
articulés par un petit levier unique d'une légèreté extrême, partie en bois,

Fig. 96. — Sphygmographe clinique de Marey.

partie en aluminium, et terminé par un bec de plume ; un ressort élastique
déprime le vaisseau ; les mouvements que ce ressort éprouve à chaque pulsation sont transmis au levier, très près de son centre de rotation, par le
talon vertical d'une tige en relation avec le ressort ; cette disposition amplifie
en même temps le mouvement. Le bec de plume décrit un arc de cercle, et,

pour qu'il ne s'éloigne pas trop de la surface du cylindre enregistreur, il est
disposé de manière à se mouvoir dans un plan tangent au cylindre, tandis que,
dans l'appareil de Vierordt, le pinceau est perpendiculaire à ce même plan.

Le dispositif de Marey supprime la déformation de la courbe par l'inertie,
et, comme résultat prévu, il donne des tracés qui prouvent que les deux
phases de la pulsation ne sont ni égales, ni semblables.]

A l'aide de quelques modifications de détail, M. Marey a pu adapter son
sphygmographe à l'exploration du pouls de l'artère radiale et en faire ainsi
un véritable instrument de clinique. Il lui a suffi, à cet effet, de monter
l'appareil sur une gouttière métallique qui enveloppe l'avant-bras et qu'on
fixe à l'aide de courroies (fig. 96). Une fente longitudinale pratiquée à la
partie supérieure de cette gouttière Q R (fig. 97) laisse passer le ressort qui
y est fixé par sa base à l'aide de la vis P, et qui porte à son extrémité une
plaque d'ivoire K (fig. 97), laquelle presse sur l'artère. Les mouvements

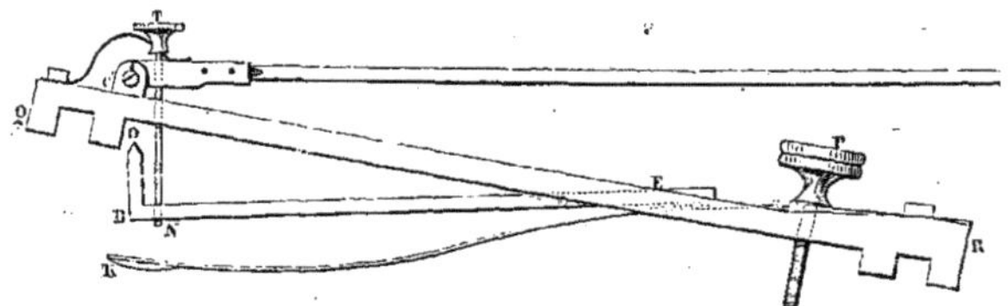

Fig. 97. — Levier du sphygmographe de Marey et mécanisme de transmission des mouvements.

de la plaque d'ivoire sont transmis au levier enregistreur, par l'intermédiaire de la tige BE articulée en E avec le ressort et terminée en B par
un talon dont la pointe D vient buter contre le levier près de son centre de
rotation. La vis TN, qui traverse librement une ouverture pratiquée à la
base du levier, a pour but de rendre la tige BE solidaire de la plaque d'ivoire,
dans les mouvements d'élévation, tout en permettant de faire varier la
distance de ces deux pièces et de maintenir ainsi le point D toujours en
contact avec le levier dans une position moyenne, quelle que soit la situa -
tion plus ou moins profonde du ressort. Un autre petit ressort appuie sur la
base du levier et tend constamment à l'abaisser, pour l'empêcher de quitter
l'extrémité D du talon, lors des soulèvements brusques, et pour annuler,
d'autre part, les effets du frottement pendant la descente.

Enfin, le cylindre enregistreur a été remplacé par une plaque rectangulaire
d'aluminium LM (fig. 96), mue parallèlement à la longueur du levier par
un mouvement d'horlogerie qui fait partie de l'appareil et qui se remonte à
l'aide du bouton F. On recouvre la plaque d'une bande de papier glacé sur
laquelle le bec a, qui termine le levier, trace ses oscillations.

[M. E. Mach a signalé dans le sphygmographe de Marey une petite cause
d'erreur : la descente du levier ne reproduit pas fidèlement la phase
correspondante de la pulsation ; elle en est indépendante jusqu'à un certain
point, car elle est déterminée par l'action du petit ressort qui presse sur le
levier. M. Mach a remédié à ce défaut en articulant le levier enregistreur
avec la pièce qui porte la vis.]

[M. Marey a obtenu le même résultat d'une manière plus simple en supprimant la pièce intermédiaire BE et en faisant transmettre les mouvements de la plaque K au levier directement par la vis TN elle-même. Dans ce but, une articulation à charnière fixe à demeure la pointe de la vis à l'extrémité du ressort, tandis qu'on accroche temporairement et à la distance voulue les filets saillants de la vis aux dents d'une petite roue placée sur l'axe de rotation du levier.]

|Cependant l'imperfection signalée par M. Mach n'était pas la seule : les indications du sphygmographe de Marey dépendent de la pression que le ressort exerce sur l'artère, pression qui varie nécessairement d'une expérience à l'autre, et dans des proportions inconnues.

Béhier a fait disparaître cette cause d'erreur en ajoutant à l'instrument un dynamomètre, qui permet de mesurer la pression du ressort sur l'artère. La figure 98 représente en 1 la perspective et en 2 la coupe de ce nouveau sphygmographe. On voit en C une vis de pression, munie de quatre ailettes ; en tournant cette vis dans un sens convenable, on applique le ressort sur l'artère, et la pression exercée est mesurée par le nombre de divisions dont a tourné le plateau D ; la vis C porte, à cet effet, un pignon denté, qui engrène

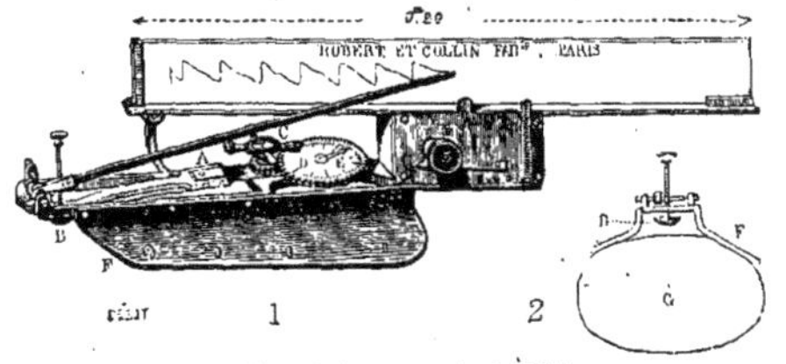

Fıɢ. 98. — Sphygmographe de Béhier.

1. Vue d'ensemble de l'appareil ; — AB, ressort modifié de façon à ne s'appliquer que par la pression de la vis C ; — C, vis de pression à ailettes commandant la plate-forme D ; — D, plate-forme graduée en grammes ; — E, aiguille folle destinée à marquer le point de départ de la pression ; — F, gouttière servant de support et rendue rigide pour éviter l'application simultanée du levier et de l'instrument.

2. Coupe transversale faite au niveau de la plaque à pression et destinée à montrer l'indépendance complète du ressort ; — B, plaque du ressort ; — F, support rigide fixant l'appareil sur le bras ; — G, coupe du bras.

avec les dents pratiquées sur la circonférence du plateau D. Une aiguille folle E sert à indiquer le point de départ de la pression et le nombre de grammes qui la mesure. La gouttière métallique F, qui supporte l'appareil et qui s'applique sur le bras, n'est point à charnières, comme dans le sphygmographe de Marey ; elle a une forme invariable, et permet ainsi de mettre l'instrument en place, sans que le ressort appuie en même temps sur l'artère à explorer. La coupe transversale du sphygmographe et du bras sur lequel il est appliqué est destinée à montrer l'indépendance complète du ressort B, qui ne s'applique sur l'artère que par la pression de la vis C. Il est évident qu'avec un pareil instrument on peut toujours opérer dans les mêmes conditions de pression, et obtenir ainsi des tracés sphygmographiques comparables entre eux.

M. Longuet a adopté pour son sphygmographe un dispositif très différent des précédents et qui, s'il n'écarte pas toutes les causes d'erreur signalées plus haut, répond du moins à quelques autres indications utiles.

L'instrument a pour pièce principale une tige verticale A (fig. 99) surmontée d'une potence E et terminée à sa partie inférieure par une très petite

plaque destinée à être appliquée sur l'artère; la potence supporte un fil, qui
s'enroule successivement autour des deux axes mobiles B et F. Un double
ressort C C ramène constamment de haut en bas la tige qui a été soulevée
de bas en haut par le choc artériel. Une aiguille mobile I reçoit son mouvement de la tige A
et indique la pression de la plaque sur l'artère, ainsi que la force de projection de la
pulsation.

L'axe F porte une roue H, à laquelle l'oscillation verticale de la tige A fait décrire un arc de cercle en rapport avec la hauteur du mouvement rectiligne. Une plume ordinaire G est fixée à la circonférence de la roue, à l'aide d'une pince à pression continue et par l'intermédiaire d'une tige articulée, de manière que le bec de plume décrive un trait horizontal, quand la tige principale A exécute un mouvement vertical.

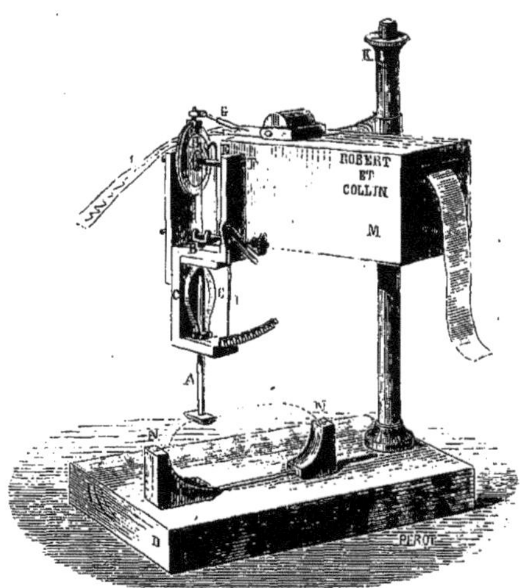

Fig. 90. — Sphygmographe de Longuet.

A, tige verticale dont la plaque terminale s'applique sur l'artère; — B, axe mobile,
autour duquel s'enroule le fil porté par la potence E; — C. C, ressorts destinés à
empêcher la plaque de quitter l'artère; — D, pied de l'instrument; — E, potence qui
surmonte la tige A; — F, axe mobile de la roue H; — H, roue actionnée par la tige
A; — G, plume s'adaptant à la roue H et inscrivant les mouvements sur une bande
de papier J; — I, aiguille du dynamomètre indiquant la pression de la plaque sur
l'artère; — M, caisse renfermant le mécanisme d'horlogerie qui fait mouvoir le
papier.

La bande de papier sur laquelle s'inscrit le tracé sphygmographique a plus d'un mètre de long et se déroule entre deux cylindres
qu'un mouvement d'horlogerie renfermé dans la caisse M fait tourner l'un
sur l'autre. Tout l'appareil est porté par une colonne verticale, le long
de laquelle on le meut à volonté à l'aide du bouton K; cette colonne est
plantée dans un socle de bois D, sur lequel deux supports NN peuvent
glisser dans des rainures et servent à maintenir le bras du sujet en expérience.

Le mode d'emploi de ce sphygmographe est très simple. Après avoir placé
le bras entre les deux supports NN, de manière que l'artère à explorer
soit située juste au-dessous de la plaque qui termine la tige A, on abaisse
tout le système à l'aide du bouton K; l'aiguille I du dynamomètre indique
alors la pression de la plaque sur l'artère.

Le sphygmographe de Longuet fait connaître la pression exercée sur l'artère, et permet de la varier au gré de l'opérateur; ce sont là des avantages

qu'il partage avec le sphygmographe de Béhier et celui de Brondel, dont il va être question ; mais il indique, en outre, la force de la pulsation. De plus, le dispositif adopté pour maintenir le bras n'entrave pas la circulation veineuse, puisque le membre n'est comprimé qu'en trois endroits. Enfin, l'appareil étant mobile autour de la colonne qui lui sert de support, peut s'appliquer à presque toutes les parties du corps. En revanche, il nous semble un peu compliqué et d'un maniement assez délicat.]

[Le sphygmographe tout récent de Brondel (fig. 100) ressemble, quant

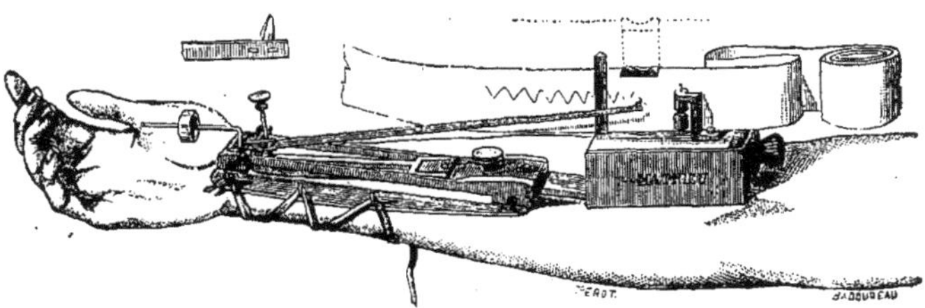

Fig. 100. — Sphygmographe *passif* de Brondel.

à la forme, à celui de Marey, mais il en diffère par le mécanisme explorateur qui se rapproche du système des leviers articulés de Vierordt. Au ressort métallique du sphygmographe de Marey, M. Brondel a substitué un levier droit dont l'extrémité libre s'applique sur l'artère. Un second levier, articulé avec le précédent, est terminé par la plume destinée à inscrire les pulsations ; enfin un levier du deuxième genre, coudé à angle droit et sur la branche horizontale duquel on peut faire courir des curseurs de poids différents, permet d'exercer sur l'extrémité libre du premier levier et, par suite, sur l'artère à explorer des pressions variables, faibles ou fortes, faciles à déterminer. Avec ce sphygmographe comme avec ceux de Béhier et de Longuet, on a donc l'avantage de pouvoir opérer toujours dans des conditions identiques de pression.]]

92b. Cardiographe clinique. — M. Marey a décrit sous ce nom un appareil enregistreur, qui n'est autre chose qu'un sphygmographe modifié de façon à pouvoir s'appliquer sur la région précordiale et à donner ainsi le tracé des battements du cœur.

L'appareil se compose de deux parties principales : un *transmetteur* et un *récepteur*. Le transmetteur, représenté en grandeur naturelle dans la figure 101, consiste en

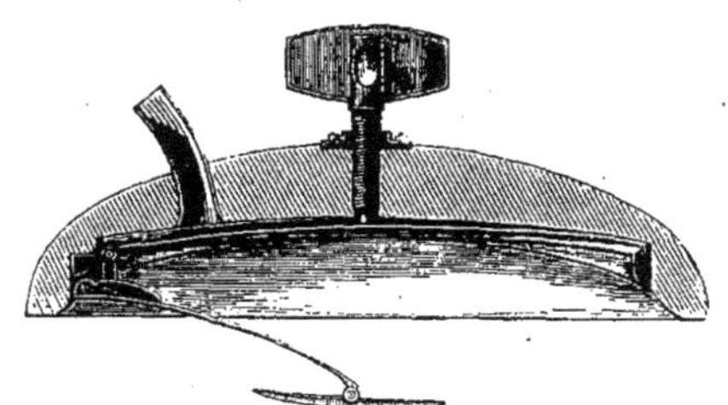

Fig. 101. — Cardiographe clinique de Marey (transmetteur).

une sorte de ventouse de bois, d'une faible profondeur, et dont on applique

l'ouverture sur la poitrine, à l'endroit où se fait sentir le choc précordial ;
on l'appuie avec assez de force pour obtenir une occlusion hermétique.
La peau, alternativement soulevée et déprimée par les mouvements de
propulsion et de retrait du cœur, augmente ou diminue la capacité inté-

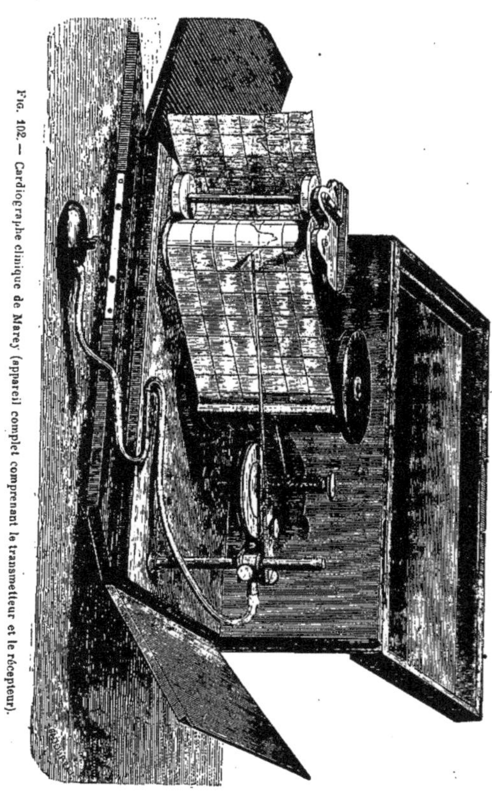

Fig. 102. — Cardiographe clinique de Marey (appareil complet comprenant le transmetteur et le récepteur).

rieure de la ventouse : de là, des variations corespondantes dans la
pression de l'air emprisonné entre l'instrument et la peau, variations qui
sont transmises au récepteur par l'intermédiaire d'un tube à air. Pour
accroître la sensibilité de l'appareil, un mécanisme spécial permet de
refouler plus ou moins les téguments sous-jacents, de manière qu'appliquée

avec plus de force contre la pointe du cœur, la peau en reproduise les mouvements avec une fidélité et une amplitude plus grandes.

Le mécanisme en question est un système de deux ressorts articulés entre eux par une de leurs extrémités : le supérieur occupe le fond de la cuvette et peut être plus ou moins fléchi à l'aide de la vis de réglage placée au-dessus; l'inférieur, actionné par le premier, se dirige en bas et se termine par une plaque d'ivoire qui presse sur la peau ; l'intensité de cette pression dépend du degré de flexion du premier ressort.

La figure 102 représente dans son ensemble l'appareil cardiographique comprenant le transmetteur et le récepteur; ce dernier consiste dans le *polygraphe* dont il a déjà été parlé (cf. § 84ᵃ, fig. 83). Les mouvements du levier polygraphique s'enregistrent sur une bande de papier sans fin pressée par deux galets d'ivoire contre un cylindre vertical que fait tourner un mouvement d'horlogerie. On peut ainsi obtenir des graphiques de longue durée, avantage que présente aussi le sphygmographe de Longuet.

La surface du papier est divisée, par des lignes verticales et horizontales équidistantes, en petits carrés qui facilitent la comparaison des amplitudes et des durées des différentes parties de la courbe. Nous avons reproduit dans la figure 95 (cf. § 92, p. 194) un exemple de tracé des battements du cœur obtenu à l'aide du cardiographe clinique.]

PRINCIPALES INDICATIONS BIBLIOGRAPHIQUES RELATIVES A L'HÉMODYNAMIQUE

HALES. Hæmastaticals essais. (Hœmastatique, etc., trad. de l'anglais par DE SAUVAGES, Genève, 1744.)

DE SAUVAGES. Theoria pulsus et circulationis. Montpellier, 1752.

E. H. WEBER. Pulsum arteriarum non in omnibus arteriis simul, etc. De utilitate parietis elastici arteriarum. (Progr. edit. Lipsiæ, 1827 ; réimpr. dans : De pulsu, etc. Lipsiæ, 1834.)

HERING. Versuche die Schnelligkeit des Blutlaufs und der Absonderung zu bestimmen. (*Zeitschrift f. Physiol.* de *Tiedemann et Treviranus*, 1829, t. III, 85.)

POISEUILLE. Recherches sur la force du cœur aortique. Thèse de Paris, 1828. — Recherche sur l'action des artères dans la circulation artérielle. (*Journ. de physiol. de Magendie*, 1829, t. IX, 44.) — Recherches sur les causes du mouvement du sang dans les vaisseaux capillaires. (*Mém. de l'Acad. des sciences, savants étrangers*, 1835, VII, p. 105.)

MAGENDIE Leçons sur les phénomènes physiques de la vie, III. Paris, 1837.

MAISSIAT. Des lois des mouvements des liquides dans les canaux et de leurs applications à la circulation des êtres organisés en général. Thèse d'agrégation. Paris, 1839.

POISEUILLE. Recherches expérimentales sur l'écoulement des liquides considérés dans les capillaires vivants. (*Compt. rend. Acad. des sciences*, 1843, t. XVI, 60.)

FREY. Versuch einer Theorie der Wellenbewegung des Blutes in den Arterien. (*Müller's Archiv f. Anat. u. Physiol.*, etc., 1845, p. 132.)

GUETTET. Mémoire sur quelques applications de l'hydraulique à la circulation. (*Compt. rend. Acad. des sciences*, 1846, XXII, 126.) — Mémoire sur les hémomètres. (*Ibid.*, 1850, XXX, 64, et *Gaz méd. de Paris*, 1850, p. 93.)

ROCHOUX. La circulation du sang soumise au calcul. (*Bullet. de l'Acad. de méd*, 1848-49, t. XIV. 1822.)

HERING. Versuche die Druckkraft des Herzens zu bestimmen. (*Archiv f. physiolog. Heilkunde*, de *Vierordt*, 1850, t. IX. 13.)

VIERORDT. Ueber die Herzkraft. (*Ibid.*, 1850, t. IX.)

VOLKMANN. Die Hämodynamik nach Versuchen. Leipzig, 1850.

E. H. WEBER. Ueber die Anwendung der Wellenlehreauf die Lehre vom Kreislaufe des Blutes und insbesondere auf die Pulslehre. (*Müller's Archiv f. Anat. und Physiol.*, 1851, 497.)

VIERORDT. Die Lehre vom Arterienpuls im gesunden und kranken Zustande. Braunschweig, 1855.

DONDERS. Kritische en experimentele bijdragen op het gebied der hœmodynamica. (*Nederlandsch Lancet*, 1855, IV, 601, et 1856, V, 129.)|

BLACK. On the forces of the circulation. (*Medical Times*, 1855, X, 305.)

J. ARONSSOHN. Principales lois physiques de la progression du sang. Thèse, Strasbourg, 1851.

VOLKMANN. Erœrterungen zur Hämodynamik mit Beziehungen auf die neuesten Untersuchungen von DONDERS. (*Müllers's Archiv f. Anat. u, Physio'*, etc., 1857, p. 523.)

REDTENBACHER. Zur Kritik des Hämodynamometers. (*Archiv f. Physiolog. Heilkunde*, 1857.)

VIERORDT. Die Pulscurven des Hämodynamometers und des Sphygmographen. (*Ibid.* 1857.)
— Die Erscheinungen und Gesetze der Stromgeschwindigkeiten des Blutes. Frankfurt, 1858.

MAREY. Recherches hydrauliques sur la circulation du sang. (*Ann. des sciences naturelles, Zoologie*, 1858, 4e série, t. VIII, 329.) — Recherches sur la circulation du sang à l'état physiologique et dans les maladies. Thèse, Paris, 1859. — Recherches sur le pouls au moyen d'un nouvel appareil enregistreur, le sphygmographe. Paris, 1860. — Physiologie médicale de la circulation du sang. Paris, 1re édit., 1863; 2e édit., 1881.

BUISSON. Quelques recherches sur la circulation à l'aide d'appareils enregistreurs. Thèse, Paris, 1862. (*Gaz. méd. de Paris*, 1861, p. 319.)

CHAUVEAU, BERTOLUS, LAROYENNE. Recherches expérimentales sur la vitesse de la circulation dans les artères du cheval. (*Journal de la physiologie de l'homme et des animaux*, de *Brown-Séquard*, 1860, III, 695.)

JACOBSON. Beiträge zur Hämodynamik. (*Archiv f. Anat. und Physiol.*, de *Reichert et Du Bois-Reymond*, 1860, 80.)

CHAUVEAU et MAREY. Appareils et expériences cardiographiques, etc. (*Mém. de l'Acad. de médecine*, 1863, XXVI, 268.)

MONOYER. Application des sciences physiques aux théories de la circulation. Thèse d'agrégat. Strasbourg, 1863.

MACH. Zur Theorie des Pulswellenzeichner. (*Sitzungsbericht der Akademie der Wissenschaften.* Wien, 1863, 2e partie, t. XLVI, p. 157.)

WOLFF. Charakteristik des Arterienpulses. Leipzig, 1865.

RIVE. De sphygmograaf van Marey en de sphygmographische curve. (*Nederl. Archief v. Genees-en Naturkunde*, 1865, t. II, 399.)

A. FICK. Die medizinische Physik. 1re édit. Braunschweig, 1858; 2e édit., 1866.

G. VALENTIN, Versuch einer physiologischen Pathologie des Herzens und der Blutgefœsse. Leipzig et Heidelberg. 1866.

P. LORAIN, Le pouls, ses variations et ses formes diverses dans les maladies. Paris, 1870.

LORTET. Recherches sur la vitesse du cours du sang dans les artères du cheval au moyen d'un nouvel hémadromographe. Paris, 1876.

MAREY. Du mouvement dans les fonctions de la vie. Paris, 1868.

MAREY et CARLET, *Art.* circulation, in *Dict. encyclop. des. sc. méd.* 1re série, t. XVII, 1875.

BRONDEL. *Archives de médecine navale*, 1879 et 1880; communication à la Société de biologie, décembre 1881; thèse de doctorat. Paris, J.-B. Baillière, 1881; *Nouveau Dictionn. de méd. et de chirurgie prat.* Paris, 1882, t. XXXIII.

III. MÉCANIQUE DES GAZ

CHAPITRE XI

DE L'ÉTAT GAZEUX

93. Expansibilité des gaz. — Nous avons défini. l'*état gazeux*, cet état de la matière dans lequel les forces répulsives moléculaires l'emportent sur les forces attractives (cf. § 15). Il en résulte que les gaz partagent avec les liquides la propriété d'avoir leurs molécules douées d'une grande mobilité dans tous les sens; comme ces derniers, ils ne possèdent pas de forme propre; ils prennent celle du vase qui les contient. D'autre part, ils se distinguent des liquides par un caractère fondamental, l'absence de volume déterminé: les molécules gazeuses, en vertu des mouvements qui les animent, ont une tendance continuelle à s'écarter les unes des autres, et, par suite, elles se répandent dans tout l'espace qui leur est ouvert, quelle qu'en soit l'étendue. Cette propriété des gaz de se dilater indéfiniment, quand aucune force extérieure ne les en empêche, se nomme l'*expansibilité*, et on désigne sous

le nom de *force d'expansion, force élastique* ou *tension,* l'effort avec
lequel un gaz presse contre les obstacles qui s'opposent à son augmentation
de volume.

[93ᵃ. **Constitution des gaz.** — Revenant aux idées émises par Daniel Bernouilli, il y a
déjà plus d'un siècle, d'éminents physiciens regardent les gaz comme formés de molécules
indépendantes, d'une petitesse extrême (1/2 à 1 billionimètre de diamètre), qui se meuvent
dans toutes les directions, en suivant des trajectoires rectilignes et avec des vitesses considérables (461 mètres par seconde pour l'oxygène et 4 fois plus ou 1.844 mètres pour l'hydrogène, à latempérature de 0°). L'existence de ces mouvements rend compte très naturellement de la tendance des fluides aériformes à se répandre dans tout l'espace qui est mis
à leur disposition, quelque immense qu'il soit. La force élastique des gaz s'explique non
moins aisément par les chocs répétés de leurs molécules entre elles et contre les parois des
vases qui les contiennent. Enfin, ces mêmes mouvements moléculaires, auxquels il convient
d'adjoindre des mouvements de rotation et de vibration des atomes, représentent la forme
sous laquelle la chaleur existe dans cet état de la matière.

Au reste, nous indiquerons brièvement dans le livre V, consacré à l'étude du calorique,
de quelle manière on a pu déduire de ces idées théoriques les lois expérimentales auxquelles les gaz obéissent (lois de Mariotte et de Gay-Lussac) et soumettre ainsi au contrôle
de l'expérience les résultats obtenus par le calcul.]

93ᵇ. Poids spécifique des gaz. — Les gaz, comme tous les autres corps, sont
pesants ; mais l'action de la pesanteur y est contrebalancée jusqu'à un certain
point par la force d'expansion des molécules ; celles-ci cessent de se rapprocher les unes des autres, dès que la pression développée par la pesanteur est tenue en équilibre par l'énergie des répulsions mutuelles qui, on l'a
vu, varie en sens inverse de la distance. La chaleur accroît la vitesse de
translation des molécules et, par suite, l'intensité des répulsions moléculaires ; les pressions extérieures agissent, au contraire, dans le même sens
que la pesanteur. Il en résulte que le *poids spécifique* des gaz varie avec
la température et avec la pression entre des limites extrêmement écartées :
il diminue très rapidement quand la température s'élève ; il augmente beaucoup avec la pression. Aussi faut-il avoir soin, pour les gaz encore plus que
pour les solides et les liquides, de rapporter leur poids spécifique toujours à
la même pression et à la même température ; on est convenu de le ramener à
la température de la glace fondante et à la pression normale de 76 centimètres de mercure.

La méthode employée pour déterminer le poids spécifique des gaz ne
diffère pas, en principe, de celle dont on se sert pour les liquides ; mais,
comme tous les gaz ont une densité excessivement faible, il faut opérer sur
de grandes quantités de matière. On prend donc un ballon de verre spacieux ;
on le pèse successivement vide, rempli de gaz, puis d'eau, en notant la
température et la pression à laquelle on opère. Ces pesées font connaître le
poids P du gaz contenu dans le ballon et le poids d'un égal volume d'eau,
c'est-à-dire la capacité V du ballon ; à l'aide de ces données, on calcule la
densité D du gaz, par rapport à l'eau, en la tirant de la formule : $P = VD$
(cf. § 70). Il s'agit ensuite de ramener à la température zéro et à la pression
normale la densité ainsi trouvée à la température et à la pression de l'expérience ; nous donnerons plus loin (liv. V, chap. I) les formules qui permettent
d'effectuer cette correction.

En opérant comme il vient d'être dit, on a trouvé que la densité de l'air
atmosphérique rapportée à celle de l'eau est égale à 0,001293, [d'où on

conclut que le poids de 1 litre d'air, pris à 0° et à la pression de 0 m. 76, est de 1 gr. 293].

Afin de comparer facilement entre eux les poids spécifiques des divers gaz, il est commode de les exprimer en fonction de l'un d'eux pris pour unité; on rapporte habituellement les densités de tous les gaz à celle de l'air atmosphérique. [Il vaudrait mieux, comme l'a proposé M. Wurtz, choisir la densité de l'hydrogène pour unité; ce choix offrirait un double avantage : 1° le même nombre exprimerait la densité du gaz et son *poids atomique*, quand il s'agit d'un gaz simple, ou la moitié de son *poids moléculaire*, dans le cas d'un gaz composé; 2° l'air, n'étant qu'un mélange, est sujet à varier de composition et par suite de densité, tandis que la densité de l'hydrogène ne saurait changer.] Le tableau suivant renferme, dans la deuxième colonne, les densités des principaux gaz rapportées à celle de l'air; [dans la première colonne, les densités des mêmes gaz par rapport à celle de l'hydroëgne prise comme unité, et dans la troisième colonne les poids atomiques ou moléculaires :]

NOMS DES GAZ	DENSITÉS RAPPORTÉES A L'HYDROGÈNE	DENSITÉS RAPPORTÉES A L'AIR	POIDS ATOMIQUES OU MOLÉCULAIRES
Hydrogène..	1	0,06926	1
Azote.	14	0,97137	14
Oxygène.	16	1,10563	16
Chlore.	35,2	2,44	35,5
Hydrogène protocarboné.	8	0,559	16
Oxyde de carbone.	13,95	0,967	28
Bioxyde d'azote.	14,99	1,038	30
Hydrogène sulfuré.	17,2	1,1912	34
Protoxyde d'azote.	22	1,527	44
Acide carbonique.	22,05	1,52901	44
Air.	14,44	1,00000	

CHAPITRE XII

PRESSION ET ÉQUILIBRE DES GAZ

— AÉROSTATIQUE —

93ᶜ. Extension des principes de Pascal et d'Archimède aux gaz. — Dans un gaz, de même que dans un liquide, la pression se transmet également en tous sens (principe de Pascal); cet effet est la conséquence de l'extrême mobilité des molécules. Si, par exemple, on exerce une pression sur un point quelconque d'une masse aériforme renfermée dans un vase clos, chaque particule de gaz et chaque point de la paroi intérieure du vase supporteront, à surface égale, le même degré de pression.

Les gaz étant pesants, une tranche horizontale quelconque d'une masse gazeuse supporte le poids des couches sus-jacentes. Ainsi, chaque point de la surface terrestre est soumis à une pression représentée par le poids de la colonne d'air atmosphérique située au-dessus du lieu considéré.

Nous avons établi (§ 69) qu'en vertu du *principe d'Archimède*, tout corps solide plongé dans une masse liquide perd une partie de son poids égale au poids du liquide déplacé ; ce principe s'applique aussi aux gaz. En conséquence, tout corps plongé dans un gaz, par exemple, dans l'air atmosphérique, perd une partie de son poids égale au poids du fluide déplacé ; car la pression qui s'exerce sur la face inférieure du corps surpasse celle que supporte la face supérieure d'une quantité précisément égale au poids d'une colonne gazeuse ayant pour hauteur la distance verticale des deux faces considérées.

94. Perte de poids des corps plongés dans l'air. — De ce qui précède, il résulte que, si on pèse un corps dans l'air, on obtient, en réalité, seulement son poids apparent ; pour avoir le poids *absolu*, il faut ajouter au poids apparent le poids du volume d'air déplacé, on devrait, en outre, tenir compte de la perte éprouvée par les poids marqués qui servent aux pesées. Mais, dans la plupart des cas, surtout si on a affaire à des solides, on néglige les causes d'erreur que nous venons de signaler, car, la densité de l'air étant extrêmement faible par rapport à celle des solides et des liquides, les corrections relatives à la perte de poids dans l'air seraient insignifiantes. Cependant ces corrections deviennent nécessaires quand on a à peser des corps très volumineux et très légers, ou bien, quand on vise à une grande précision.

En désignant par P le poids absolu d'un corps, par p son poids dans l'air, par U son volume réel et par a la densité de l'air à la température et à la pression de l'expérience, le poids de l'air déplacé est Ua ; et par conséquent:

$$P = p + Ua. \tag{1}$$

D'autre part, en pesant le corps dans l'eau, on a aussi la relation :

$$P = p' + Uc, \tag{2}$$

dans laquelle p' représente le poids du corps dans l'eau et c la densité de l'eau. Il suffit alors d'éliminer U entre ces deux équations, pour avoir le poids absolu :

$$P = \frac{Pc - p'a}{c - a}. \tag{3}$$

[On peut encore déterminer le volume U en opérant comme on le fait pour la recherche du poids spécifique par la méthode du flacon ; p_e étant le poids de l'eau chassée hors du flacon, on a : $p_c = U c$.]

Si l'on veut, en outre, faire la correction relative à la perte qu'éprouvent les poids marqués qui servent aux pesées, correction soustractive, puisque ces poids pèsent dans l'air moins que ne l'indiquent les valeurs inscrites, il faut retrancher du poids p le poids du volume d'air déplacé, qui est $\frac{p}{d}\,a$, d étant la densité du métal dont sont faits les poids employés ; les quantités p' ou p_e seraient à modifier de la même manière, et la formule (3) prendrait ainsi la forme définitive :

$$P = \frac{p\left(1 - \frac{a}{d}\right) e - p'\left(1 - \frac{a}{d}\right) a}{c - a}. \tag{4}$$

95. Loi de Mariotte. — Les gaz possèdent non seulement la propriété de se raréfier, mais encore celle de pouvoir être comprimés. La compressibilité des fluides aériformes, de même que leur expansibilité en quelque sorte indéfinie, est une conséquence nécessaire de l'absence de volume propre qui caractérise cet état de la matière.

Pour raréfier ou comprimer un gaz, on n'a qu'à diminuer ou à augmenter la pression qu'il supporte.

On peut accroître la pression d'un gaz à l'aide du *tube de Mariotte*, représenté dans la figure 103. Cet appareil se compose d'une planchette ver-

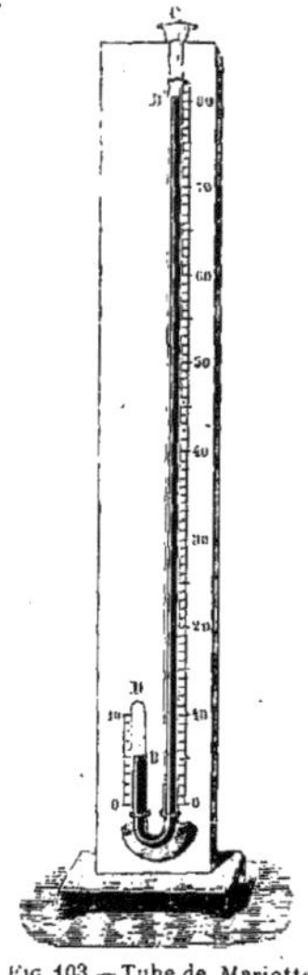

Fig. 103. — Tube de Mariotte.

ticale, contre laquelle est fixé un tube de verre recourbé en U, à branches inégales; le long de la petite branche D, fermée à sa partie supérieure, on a tracé des divisions d'égale capacité, tandis que du côté de la grande branche C, qui est ouverte, se trouve une échelle divisée en centimètres. Par la grande branche, on verse du mercure de manière à emprisonner un certain volume d'air dans la petite et on s'arrange pour que le niveau du liquide soit le même des deux côtés : l'air ainsi emprisonné aura une force élastique égale à la pression atmosphérique (cf. § 96). Si on continue à ajouter du mercure dans la branche ouverte, l'air renfermé dans la petite branche sera comprimé, et il supportera une pression supérieure à celle de l'atmosphère d'une quantité équivalente au poids d'une colonne de mercure ayant pour hauteur la différence des niveaux de ce liquide dans les deux branches (cf. § 95[b]). Cette hauteur, de 75 centimètres dans la figure 103, ajoutée à la hauteur barométrique normale de 76 centimètres, mesure la pression supportée par l'air comprimé en D. A une différence des niveaux nulle [répond une pression de 76^{cm} de mercure ou 1 *atmosphère*, au niveau de la mer ; si donc la différence était de 76, de 2 × 76, de 3 × 76 centimètres, etc., la pression correspondante serait égale à 2, 3, 4, etc., *atmosphères.* L'air ainsi comprimé diminue de volume à mesure que la pression augmente.

Pour observer la dilatation produite par la diminution de pression, on substitue au tube en U un long tube droit fermé à son extrémité supérieure et, après y avoir emprisonné une petite quantité d'air, on le plonge, le bout ouvert en bas, dans une profonde cuvette remplie de mercure, où on l'enfonce plus ou moins, suivant le degré de pression qu'on veut laisser agir sur cet air confiné.

Quel que soit le sens dans lequel varient les pressions, on constate que : *les volumes occupés par une même masse gazeuse sont en raison inverse des pressions qu'elle supporte.* Tel est l'énoncé de la *loi de Mariotte.* — De cette loi on conclut immédiatement que *la densité d'un gaz est proportionnelle à la pression;* car on sait que la densité d'un corps est, à poids égal, en raison inverse de son volume, et il est évident, d'autre part, que le poids de l'air emprisonné dans la petite branche du tube de Mariotte ne varie pas.

[En appelant V le volume d'une masse gazeuse sous la pression H, V' le volume de la même masse sous une autre pression H', on a, en vertu de la loi de Mariotte :

$$\frac{V'}{V} = \frac{H}{H'},\qquad\qquad (1)$$

relation qu'on peut encore mettre sous la forme suivante :

$$V\,H = V'\,H'. \qquad\qquad (2)$$

Cette dernière formule nous montre que : *le produit du volume d'une masse gazeuse par la pression qu'elle supporte est une quantité constante.*]

Des recherches d'une extrême précision, dues à V. Regnault, ont appris que la loi trouvée par Mariotte, et qui était supposée s'appliquer à tous les gaz, n'est cependant rigoureusement exacte pour aucun d'eux. La plupart éprouvent une diminution de volume plus rapide que ne l'exige cette loi : l'air atmosphérique, l'azote, l'acide carbonique, et surtout les gaz facilement liquéfiables, sont dans ce cas; par contre, la compressibilité de l'hydrogène, au lieu de rester constante, diminue à mesure que la pression augmente. En outre, la chaleur aurait une influence marquée sur la marche des phénomènes : pour les gaz à compressibilité croissante l'élévation de la température ferait disparaître l'écart entre la loi de Mariotte et les résultats observés, tandis que pour l'hydrogène cet écart augmenterait ; l'effet inverse se produirait par l'abaissement de la température.

[En étudiant les écarts de la loi de Mariotte pour des pressions encore plus différentes de la pression atmosphérique que ne l'avait fait Regnault, M. Cailletet a constaté que l'air offre un maximum de compressibilité à 80 atmosphères et qu'au delà il se comporte comme l'hydrogène, tandis que MM. Mendélejeff et Kirpitschew ont trouvé, entre 0^{mm}, 5 et 650^{mm}, une compressibilité supérieure à celle qui est assignée par la susdite loi. Ces résultats infirment les conclusions formulées par Regnault : en effet, dans les expériences de M. Cailletet, le gaz se rapprochant de son point de liquéfaction aurait dû devenir plus compressible ; dans celles des physiciens russes, au contraire, les écarts de la loi eussent dû être d'autant moindres que le gaz se trouvait à une plus grande distance de l'état liquide.]]

Au point de vue des rapports de la chaleur avec l'état gazeux des corps, il importe de tenir compte des écarts de la loi de Mariotte ; aussi reviendrons-nous sur ce sujet dans l'étude de la chaleur (cf. liv. V, chap. I). Mais considérées en elles-mêmes, les différences résultant de ce désaccord entre la loi théorique et la réalité sont si faibles, du moins, pour les fluides difficilement liquéfiables, que, dans les circonstances ordinaires, on peut en faire abstraction quand il s'agit seulement de calculer le volume ou la densité d'un gaz en fonction de la pression qu'il supporte, ou bien de résoudre le problème inverse ; c'est ainsi, par exemple, qu'on s'appuie sur la loi de Mariotte dans la détermination des hauteurs par le baromètre, dans la mesure des pressions par la réduction de volume d'une masse gazeuse (manomètres à air comprimé), etc.

[**95ᵃ. Voluménomètre.** — La loi de Mariotte a fourni à Say et à Regnault le principe d'un instrument destiné à mesurer le volume et, par suite, le poids spécifique de certaines substances, telles que la poudre, les fécules et une foule de corps organisés, qui sont altérées par leur immersion dans un liquide ou qui retiennent une grande quantité d'air dans leurs pores.

L'instrument de Regnault, appelé *voluménomètre*, se compose d'un ballon B, rattaché au reste de l'appareil au moyen d'un collier à gorge *c* et communiquant avec un manomètre à deux branches M, par l'intermédiaire du tube *t*. L'une des branches du manomètre présente deux traits de repère au-dessus et au-dessous d'un renflement *a*. On détermine une fois pour toutes : 1° le volume v compris entre ces deux traits, en pesant le mercure nécessaire pour le remplir; 2° le volume intérieur V du ballon B et du tube t jusqu'au trait supérieur, en appliquant la loi de Mariotte à la variation de pression d'une masse d'air, à laquelle on fait occuper successivement les volumes v et $(V + v)$, variations que le manomètre de l'appareil permet de mesurer.

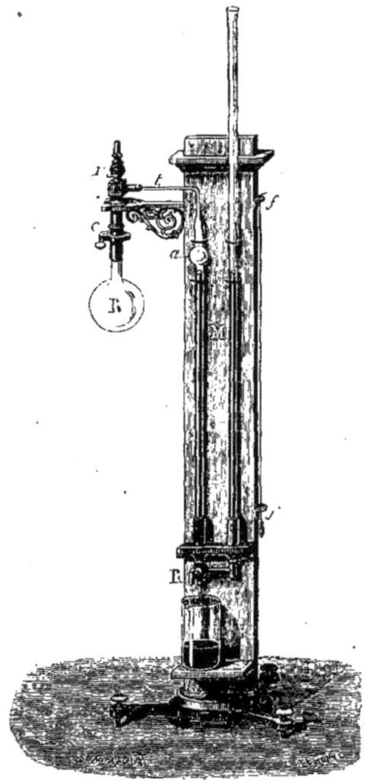

Ces constantes de l'instrument connues, on introduit dans le ballon B le corps dont le volume x est à déterminer. On remet le ballon en place et on ouvre les robinets r et R, le premier pour permettre à l'air renfermé dans l'appareil de s'échapper au dehors, le second pour établir la communication entre les deux branches du manomètre; on verse ensuite du mercure par la branche ouverte jusqu'à ce que les niveaux du liquide dans les deux branches soient à la hauteur du trait de repère supérieur. En fermant à ce moment-là le robinet r, on emprisonne dans l'appareil un volume $(V - x)$ d'air à la pression atmosphérique H, mesurée au même instant avec un baromètre. Par une rotation convenable du robinet R, on fait alors écouler le mercure des deux branches jusqu'à ce que le niveau le plus élevé, celui de la branche fermée, coïncide avec le trait de repère inférieur. L'air emprisonné qui occupe maintenant le volume $(V + v - x)$, est à la pression $(H - h)$, h désignant la différence actuelle des niveaux du mercure dans le manomètre. En vertu de la loi de Mariotte, on a alors :

$$(V - x)\, H = (V + v - x)\,(H - h),$$

d'où :
$$x = \frac{Vh - v\,(H - h)}{h}.$$

Si nous appelons p le poids du corps préalablement pesé, la densité cherchée sera donnée par l'expression :

$$d = \frac{p}{x} = \frac{ph}{Vh - v\,(H - h)}.$$

Fig. 104. — Volumenomètre de Regnault.

95ᵇ. Force élastique des gaz. Manomètres. — On distingue trois genres de manomètres, les manomètres à air libre, les manomètres à air comprimé et les manomètres métalliques.

MANOMÈTRE A AIR LIBRE. — Le principe de Pascal a été mis à profit pour mesurer la pression que supporte un gaz, ou celle qu'il exerce lui-même, en vertu de sa force élastique. S'agit-il, par exemple, de déterminer la pression d'une masse gazeuse renfermée dans le réservoir R clos de toutes parts (fig. 105), on pratique, en un point quelconque de la paroi de ce vase, une petite ouverture à laquelle on adapte l'une des extrémités d'un tube A B C recourbé en U, en laissant l'autre branche ouverte à l'air libre. Dans l'intérieur de ce tube, on introduit une certaine quantité de mercure, ou de tout autre liquide ; la communication entre le réservoir et l'extérieur se trouve ainsi interceptée, et la différence H des niveaux A et B du liquide dans les deux branches de l'instrument permet de calculer la pression du gaz. En effet, du côté ouvert à l'extérieur, la surface A du mercure supporte le poids de l'atmosphère ; dans l'autre branche la surface B est pressée par la masse gazeuse R. Si cette dernière a une force élastique inférieure à la pression atmosphérique, la hauteur du mercure sera plus petite dans la branche ouverte A que dans la branche B qui communique avec le réservoir, et la pression du gaz égalera celle de l'atmosphère diminuée du poids d'une colonne de mercure ayant pour hauteur la différence des deux niveaux ; ce cas est représenté dans la figure 105. Si, au contraire, la

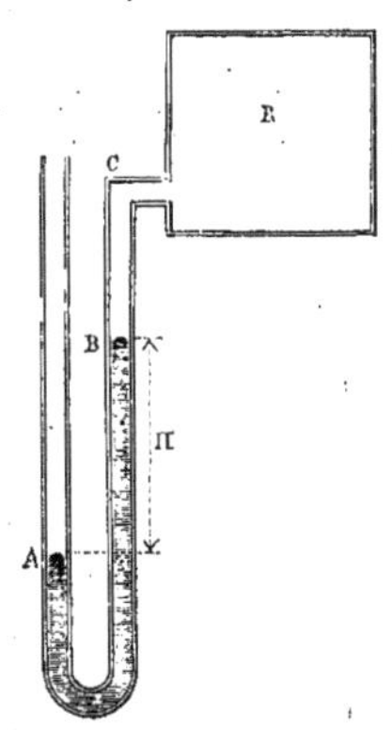

FIG. 105.— Principe du manomètre à air libre.

pression du gaz l'emportait sur celle de l'atmosphère, le niveau se tiendrait plus bas en B qu'en A : c'est ce que montre le dispositif de la figure 103, où le niveau B dans la branche fermée est à 75ᶜᵐ au-dessous du niveau B′ dans la branche ouverte ; la pression supportée par le fluide aériforme renfermé dans l'espace B D est alors égale à la pression atmosphérique augmentée du poids d'une colonne mercurielle de 75ᶜᵐ de hauteur. Tel est le principe sur lequel repose le *manomètre à air libre*, instrument destiné à mesurer la pression d'un gaz ou d'une masse fluide, en général. Il importe d'ailleurs fort peu que le tube manométrique soit large ou étroit, car, en vertu du principe de Pascal, la pression est proportionnelle à la surface pressée ; on doit toutefois exclure les tubes à diamètre assez petit pour que l'influence de la capillarité y atteigne une valeur qui ne soit pas négligeable.

Un manomètre ainsi construit accuse donc, par la différence de hauteur des niveaux du mercure dans les deux branches de l'instrument, l'inégalité de pression entre l'extérieur et une masse de gaz confinée. De cette différence de hauteur H il est facile de déduire la tension intérieure du gaz : cette dernière est égale à la pression atmosphérique exprimée en hauteur de colonne mercurielle, augmentée ou diminuée de H, suivant le côté où le niveau est le plus élevé.

On peut remplacer le mercure par tout autre liquide peu volatil, et si on compare entre eux deux manomètres construits avec des liquides différents, on reconnaît que les différences de hauteur dans les deux instruments sont en raison inverse des densités des liquides employés ; l'eau, par exemple, dont le poids spécifique est environ 13 fois plus petit que celui du mercure, s'élèverait à une hauteur 13 fois plus grande. L'emploi de liquides à faible densité est indiqué dans certains cas où les différences de pression à observer sont peu considérables.

[MANOMÈTRE DIFFÉRENTIEL. — L'accroissement de sensibilité obtenu par la diminution de poids spécifique du liquide manométrique est parfois insuffisant ; il faut avoir recours alors au manomètre à deux liquides de Krætz,

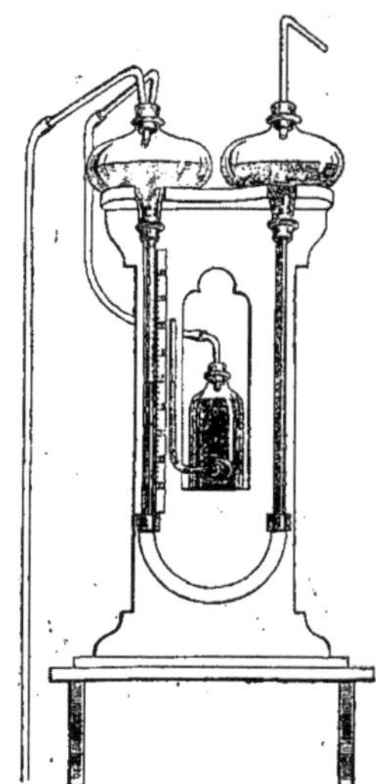

FIG. 106. — Manomètre différentiel.

dans lequel les variations de niveau peuvent être rendues théoriquement aussi grandes qu'on le désire, si les liquides dont on fait usage sont convenablement choisis. Ce manomètre (fig. 106) se compose d'un tube, recourbé en U, dont les deux branches verticales débouchent chacune dans le fond d'un vase de diamètre beaucoup plus large. Il faut que les deux liquides superposés ne soient pas miscibles et qu'ils aient des densités très voisines l'une de l'autre. On verse d'abord dans l'un des vases, celui de droite, le liquide le plus lourd, de l'essence de térébenthine, par exemple, puis dans l'autre vase, de l'alcool coloré, et on fait en sorte que la surface de séparation des deux liquides arrive à mi-hauteur de la branche de gauche, en regard du zéro d'une échelle verticale qui permet d'en mesurer les déplacements. Le vase à alcool, fermé par un bouchon, communique, au moyen d'un tube de verre, avec un manomètre à eau, placé au centre de l'appareil et servant à apprécier par comparaison la sensibilité de l'instrument ; un deuxième tube donne

accès, dans le même vase, aux pressions qu'il s'agit de mesurer. Quant au réservoir de droite, il s'ouvre dans l'atmosphère.

L'excès de pression qui s'exerce du côté de l'alcool est-il égal au poids d'une colonne de ce liquide de 2^{cm}, les surfaces libres des liquides se déplaceront en sens contraire l'une de l'autre, chacune de 1^{cm} environ, puisque leurs densités sont très voisines ; mais, par suite du large diamètre des vases, cette variation de niveau nécessitera, dans chacun de ceux-ci, l'entrée ou la sortie d'une quantité de liquide assez grande pour occuper une longueur considérable dans le tube de communication, et la surface de séparation des liquides éprouvera un déplacement égal à cette longueur. La sensibilité de ce manomètre est donc d'autant plus grande que les vases ont un diamètre plus considérable par rapport à celui du tube et que les densités des deux liquides diffèrent moins l'une de l'autre. M. Marey, dans ses recherches physiologiques sur le vol des oiseaux, s'est servi de cet appareil pour mesurer les pressions de l'air en avant et en arrière d'un disque mobile.]]

[[MANOMÈTRE A AIR COMPRIMÉ. — Avec cet instrument, la tension du gaz se mesure par la réduction de volume qu'elle fait subir à une masse limitée de gaz, réduction soumise à la loi de Mariotte. On transforme le manomètre à air libre en manomètre à air comprimé en réduisant la longueur de la branche ouverte A (fig. 105) et en la fermant à sa partie supérieure, après y avoir emprisonné une certaine colonne d'air à la pression atmosphérique.]]

[[MANOMÈTRES MÉTALLIQUES. — On a fait connaître, dans le § 84ª, les manomètres employés en physiologie (hémomanomètres). On y a décrit des instruments fondés sur un tout autre principe, savoir les manomètres *métalliques*, dans lesquels l'élasticité de flexion a été utilisée sous forme soit de ressort creux (manomètres à ressort), soit de caisse à fonds élastiques (manomètres à système *anéroïde* ou *holostérique*).]]

[[95ᶜ. **Mesure des hautes pressions.** — Dans les cas où les pressions à mesurer s'élèvent à plusieurs centaines d'atmosphères, comme dans les expériences sur la liquéfaction des derniers gaz réputés permanents, M. Cailletet a pu évaluer exactement ces énormes pressions en les faisant s'exercer à l'extérieur d'un réservoir en verre muni d'un tube capillaire, et contenant du mercure : les déplacements du niveau du liquide mesuraient la réduction de volume du réservoir, réduction proportionnelle à la pression extérieure.]]

96. Pression atmosphérique. Baromètre. — Le manomètre de la figure 105 donne la pression du gaz renfermé dans le réservoir R par rapport à celle qui existe à l'extérieur, c'est-à-dire une pression *relative;* [nous avons montré qu'en ajoutant à cette pression relative la pression extérieure, on obtient la pression absolue du gaz.] Une simple modification dans le dispositif de l'appareil permet de déterminer directement la pression absolue. Je suppose, par exemple, qu'il s'agisse de trouver la pression extérieure, celle qui agit sur le niveau A du mercure : il suffit de faire le vide dans le réservoir R, de manière que la surface du mercure dans la branche B C n'ait aucune pression à supporter. Il est évident que, dans ces conditions, la hauteur de la colonne mercurielle comprise entre les niveaux A et B dans la branche B C représente la pression qui s'exerce sur la surface A dans la branche ouverte.

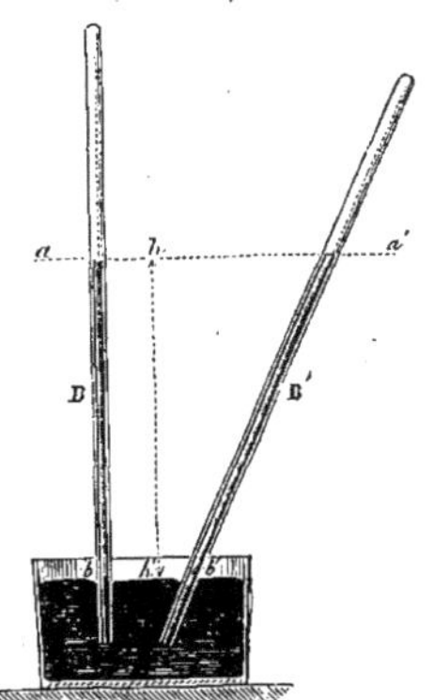

Fig. 107. — Baromètre à cuvette.

L'appareil ainsi modifié prend le nom de *baromètre,* quand il est destiné à mesurer la pression atmosphérique. Dans la pratique, on supprime le réservoir R de la figure 105 et on se borne à fermer l'extrémité C du tube, en s'arrangeant de façon que cette branche ne renferme aucune trace de gaz. [On a ainsi un *baromètre à siphon*. La figure 103 représenterait un baromètre de cette espèce, si la grande branche était fermée à sa partie supérieure C et l'espace B' C entièrement vide, tandis que la petite branche serait mise en communication avec l'air extérieur par une ouverture pratiquée dans la partie B D. La différence de hauteur B B' des niveaux du mercure dans les deux branches mesurerait la grandeur de la pression atmosphérique.]

On donne aussi au baromètre la disposition suivante (fig. 107) : un tube de verre B suffisamment long est fermé à l'une de ses extrémités, rempli de mercure et renversé de manière que l'extrémité ouverte plonge dans une cuvette également remplie de mercure ; le liquide se maintient alors dans le tube à une hauteur verticale h en rapport avec la pression atmosphérique. [Ainsi construit, l'instrument est appelé *baromètre à cuvette*. L'espace vide qui existe au-dessus du mercure dans le tube porte le nom de *chambre barométrique*.]

[La figure 108 représente le baromètre *de Fortin*, lequel n'est autre chose qu'un baromètre à cuvette, rendu à la fois portatif et précis. Tout

l'instrument est renfermé dans un manchon ou étui métallique, percé de fenêtres en regard des niveaux du mercure, et portant gravée sur sa surface une échelle en millimètres, le long de laquelle se meut un curseur annulaire muni d'un vernier. Une peau de chamois forme le fond de la cuvette, qu'on peut ainsi élever ou abaisser à l'aide d'une vis de soutien, de manière à amener le niveau du mercure en contact avec l'extrémité libre d'une pointe d'ivoire qui répond au zéro fixe de l'échelle. — Le même dispositif permet de réduire la capacité de la cuvette à un degré suffisant pour que le mercure remplisse totalement l'appareil et qu'il ne puisse pas être projeté avec violence contre les parois de verre, pendant le transport.]]

[*Baromètre-balance*. — C'est un baromètre à cuvette dont le tube, au lieu d'être fixe, est suspendu au fléau d'une balance et équilibré au moyen d'une tare. Par suite de l'existence du vide barométrique, les actions verticales de la pression atmosphérique sur l'instrument ne se font pas équilibre et la pression sur la base supérieure de la chambre barométrique s'ajoute au poids du tube pour le solliciter à tomber. Il en résulte que, si la pression atmosphérique vient à augmenter ou à diminuer, la force qui tend à faire descendre le tube varie dans le même sens et communique au fléau une inclinaison correspondante.

Il est clair que la sensibilité du baromètre doit augmenter avec le diamètre de la chambre barométrique; on démontre, en outre, que le déplacement vertical du tube est proportionnel à la variation de pression ; ce déplacement peut être mesuré, soit directement le long d'une échelle, soit par l'inclinaison du fléau. Le baromètre-balance est le plus souvent employé comme appareil enregistreur; il suffit, pour cela, de munir le fléau d'un style qu'on met en contact avec la surface d'un cylindre tournant.]]

Fig. 108.
Baromètre de
Fortin.

La hauteur du mercure dans le tube barométrique se tient habituellement, au bord de la mer, dans le voisinage de 760 millimètres ; c'est cette hauteur qu'on est convenu de prendre comme représentant la pression normale de l'atmosphère à l'altitude de zéro. [Elle correspond à un poids de 1033^{gr},296 ou, en nombres ronds, de 1033 grammes par centimètre carré, car tel est le poids d'un cylindre de mercure ayant 1$^{c.q}$ de base et 76^{cm} de hauteur, la densité de ce liquide étant 13,596 ; on a, en effet : $P = VD = 1 \times 76 \times 13,596 = 1033,296.$

On a fait de la pression 1033^{gr}, correspondante à cette hauteur mercurielle de 76 centimètres, une unité pour la mesure de la force élastique des gaz et des vapeurs, unité qui a reçu le nom d'*atmosphère*. Il nous semble préférable de rattacher les mesures de cet ordre au système métrique et de choisir, en conséquence, le kilogramme pour unité de pression. Cette *atmosphère métrique* représente le poids d'une colonne de mercure de 1 centimètre carré de section et de 735^{mm},51 de hauteur, ou celui d'une colonne d'eau de 10 mètres de hauteur (F. M.).]]

[96^a. **Corrections des mesures barométriques.** — Pour rendre les observations barométriques comparables entre elles, on doit les ramener à ce qu'elles seraient si les différences de hauteur observées n'étaient dues qu'à l'influence de la pression atmosphérique ; il faut, en conséquence, leur faire subir deux espèces de corrections, l'une relative à la température, l'autre à la capillarité.

La première correction a pour but d'éliminer l'action de la capillarité, action qui diminue la hauteur d'ascension du mercure dans les tubes d'un diamètre inférieur à 30 millimètres ; on a construit des tables *à deux entrées* qui donnent la valeur de la quantité à ajouter, quand on connaît au préalable le diamètre intérieur du tube barométrique et la *flèche* du ménisque convexe qui termine la surface du mercure.]

Nous avons vu, d'autre part, que la hauteur de la colonne liquide soulevée est en raison inverse de la densité du liquide employé ; or, cette densité varie avec la température suivant une loi dont il sera question dans l'étude de la chaleur (cf. liv. V, chap. I) ; en outre, les divisions de l'échelle servant à mesurer la hauteur du mercure dans le tube barométrique ont des longueurs qui dépendent aussi de la température. La seconde correction est donc double ; elle consiste : 1° à ajouter à la hauteur observée, et corrigée de la capillarité, l'allongement correspondant à la température t de l'expérience, ce qu'on obtient en multipliant cette hauteur par le *binôme de dilatation* de la matière dont est faite l'échelle ; on a ainsi la hauteur *vraie* à t^o ; 2° à ramener la hauteur du mercure à ce quelle serait à la température de zéro, en multipliant la hauteur *vraie* par le rapport inverse des densités du mercure à la température de l'expérience et à 0°, ce qui revient à diviser par le *binôme de dilatation* relatif au mercure.

96^b. **Diminution de la pression atmosphérique avec l'altitude.** — La pression de l'atmosphère en un point quelconque du globe terrestre est égale au poids de la colonne d'air placée au-dessus du lieu considéré ; il s'ensuit qu'elle doit diminuer à mesure qu'on s'élève au-dessus du niveau de la mer, puisque la hauteur de l'atmosphère varie en sens inverse de l'altitude.

En supposant que l'air conservât partout la même densité jusqu'aux limites de l'air atmosphérique, la diminution de la hauteur barométrique serait proportionnelle à l'accroissement de l'altitude ; la réalisation de ce cas exigerait que l'air atmosphérique fût à peu près incompressible, comme le sont les liquides. Mais il n'en est rien : en sa qualité de fluide gazeux, l'air ne possède pas de volume déterminé ; il se dilate, en raison de sa force expansive, autant que le permet la pression à laquelle il est soumis. Or, chaque couche horizontale de l'atmosphère supporte le poids total des couches sus-jacentes, et comme ce poids est nécessairement d'autant plus faible qu'on s'élève plus haut, la densité de l'air doit décroître à mesure que l'altitude augmente, car, en vertu de la *loi de Mariotte*, (cf. § 95), la densité d'un gaz est proportionnelle à la presssion qu'il supporte. Ainsi donc, deux causes concourent à diminuer la pression atmosphérique, et, par suite, à faire baisser le niveau du mercure dans le tube barométrique, au fur et à mesure qu'on s'élève au-dessus du niveau de la mer : d'une part, la hauteur de la colonne gazeuse qui presse sur la surface du mercure dans la cuvette devient plus petite ; de l'autre, la densité de l'air va en décroissant. Si nous nous élevons, par exemple, à 1 mètre de hauteur, la pression atmosphérique diminuera d'une quantité égale au poids de la couche gazeuse de 1 mètre d'épaisseur qu'on a traversée.

Cela posé, nous pouvons admettre sans erreur sensible que la densité de l'air reste constante dans l'épaisseur d'une même couche, tout en variant quand on passe de l'une à l'autre ; le poids de chacune des couches se déduira alors facilement de la pression correspondante ; car, à volume égal, le poids d'un gaz est proportionnel à sa densité, et, par suite, à la pression qu'il supporte.

[Appelons P_0 la pression de l'atmosphère au niveau de la mer (altitude égale à zéro), et p_1 le poids de la première couche d'air, de 1 mètre de hauteur. La pression à la face supérieure de la première couche, c'est-à-dire à l'altitude 1, sera :

$$P_1 = P_0 - p_1.$$

Le poids de l'air composant la deuxième couche sera égal à celui de la première multiplié par le rapport direct des pressions correspondantes ; on aura donc :

$$p_2 = p_1 \frac{P_1}{P_0} = p_1 \frac{P_0 - p_1}{P_0} ;$$

par conséquent, la pression sur la face supérieure de la deuxième couche, c'est-à-dire à l'altitude 2, aura pour valeur :

$$P_2 = P_1 - p_2 = P_0 - p_1 - p_1 \frac{P_0 - p_1}{P_0}$$
$$= \frac{(P_0 - p_1)^2}{P_0}$$
$$= \left(\frac{P_0 - p_1}{P_0}\right)^2 P_0 .$$

On trouverait de même que le poids de la troisième couche est :

$$p_3 = p_2 \frac{P_2}{P_1} = p_1 \left(\frac{P_0 - p_1}{P_0}\right)^2 ,$$

et que, par suite, la pression à l'altitude 3, serait :

$$P_3 = P_2 - p_3$$
$$= \left(\frac{P_0 - p_1}{P_0}\right)^3 P_0 .$$

Les valeurs ainsi calculées nous montrent que *la pression atmosphérique diminue suivant une progression géométrique quand l'altitude augmente en progression arithmétique.*

La pression atmosphérique à une altitude quelconque n a donc pour expression :

$$P_n = \left(\frac{P_0 - p_1}{P_0}\right)^n P_0. \qquad (1)$$

En prenant les logarithmes des deux membres, on obtient l'équation :

$$\text{Lg. } P_n = n \text{ Lg. } \left(\frac{P_0 - p_1}{P_0}\right) + \text{Lg. } P_0,$$

d'où l'on tire :
$$n = \frac{\text{Lg. } P_n - \text{Lg. } P_0}{\text{Lg. } \left(\frac{P_0 - p_1}{P_0}\right)}, \qquad (2)$$

ou, en représentant le dénominateur, qui est une quantité constante par la lettre k, et en se rappelant que le logarithme d'un quotient est égal à la différence des logarithmes des deux nombres :

$$n = \frac{1}{k} \text{ Lg. } \frac{P_n}{P_0}, \qquad (3)$$

P_n et P_0 représentant des pressions équivalentes aux poids des colonnes mercurielles correspondantes. Or, en appelant H_0 et H_n les hauteurs de ces colonnes et D la densité du mercure, nous avons :

$$P_0 = H_0 \, D \quad \text{et} \quad P_n = H_n \, D,$$

et, par suite :
$$\frac{P_n}{P_0} = \frac{H_n}{H_0}.$$

Nous pouvons donc remplacer dans la formule (3) le rapport des pressions évaluées en grammes par celui des hauteurs exprimées en mètres et écrire :

$$n = \frac{1}{k} \text{ Lg. } \frac{H}{H_0}.] \qquad (4)$$

Telle est la formule qui permet de déterminer, à l'aide du baromètre, d'une manière approximative, l'altitude n d'un lieu, c'est-à-dire sa hauteur au-dessus du niveau de la mer.

[Connaissant les hauteurs barométriques en deux endroits différents, on peut, au moyen de la formule indiquée ci-dessus, calculer les altitudes des deux stations considérées et en déduire la distance verticale qui les sépare. Toutefois nous ferons remarquer que la formule précédemment établie et connue sous le nom de *formule de Halley*, ne fournit pas de résultats très exacts, car elle néglige un certain nombre de causes qui influent sur la densité des couches atmosphériques. Laplace, tenant compte de l'influence de la température et de la latitude, a donné une formule plus exacte, dont on se sert généralement pour la mesure des hauteurs par le baromètre.]

97. Effets de la pression atmosphérique. — Tous les corps plongés dans l'air atmosphérique supportent de la part de ce fluide une pression équivalente au poids de la colonne gazeuse située au-dessus d'eux, poids égal à 1033$^{gr.}$ par centimètre carré, quand la hauteur barométrique est de 76 centimètres. Lorsqu'un corps est en communication avec l'atmosphère par toute sa surface, il est pressé également dans tous les sens ; en conséquence, il n'est pas affecté d'une manière sensible par l'intervention de cette force extérieure, vu que les pressions de direction opposée se neutralisent mutuellement. Mais, s'il a une portion de sa surface soustraite plus ou moins complètement à l'influence de la pression atmosphérique et s'il est mobile, il se déplace en sens contraire de la direction suivant laquelle agissait la pression supprimée ou diminuée, et il s'avance jusqu'à ce qu'il rencontre une résistance capable de faire équilibre à l'excès de pression qui s'exerce sur la face opposée. Telle est la cause de l'ascension du mercure dans le tube barométrique : ce liquide s'élève jusqu'à ce que le poids de la colonne soulevée soit égal à la pression de l'atmosphère.

A l'aide de la machine pneumatique dont il sera question dans le § 98, on peut aisément étudier les phénomènes qui se manifestent quand on soustrait les corps à la pression atmosphérique. Les liquides volatils, par exemple, placés dans le vide, se réduisent très rapidement en vapeur. Aussi emploie-t-on souvent la susdite machine pour dessécher les substances humides, surtout celles qui ne doivent pas être exposées à une température élevée; ordinairement on vient 'en aide à l'action du vide dans ces circonstances, en plaçant à côté de la substance à dessécher une matière avide d'eau, telle que le chlorure de calcium ou l'acide sulfurique.

Les animaux qu'on introduit sous le récipient de la machine pneumatique éprouvent un besoin de respirer, qui se fait sentir à intervalles d'autant plus rapprochés que la raréfaction est plus avancée, et ils finissent par mourir asphyxiés.

La cloche de verre qui constitue le récipient en question peut servir à mettre en évidence l'énergie de la pression atmosphérique : lorsque le vide existe sous cette cloche, il faut une force considérable pour la séparer de la *platine* sur laquelle elle repose. On démontre ordinairement cet effet de la pression atmosphérique au moyen d'une expérience déjà ancienne, qui est connue sous le nom d'expérience *des hémisphères de Magdebourg* : deux hémisphères creux en métal sont appliqués l'un contre l'autre, de manière que leurs bords se touchent exactement; à l'aide d'une tubulure que porte l'une de ces pièces on met l'espace qu'elles limitent en communication avec la machine pneumatique et on fait le vide; il faut alors déployer un effort extrêmement considérable pour opérer la séparation des deux hémisphères.

97ᵃ. Pipette. — En plongeant un tube dans un liquide par l'une de ses extrémités et en aspirant par l'autre, on détermine un vide partiel qui fait monter le fluide aqueux ; si on ferme ensuite le bout supérieur, de manière à empêcher l'air extérieur de rentrer, on peut sortir le tube entièrement hors du liquide, sans que le contenu s'en écoule : ce dernier est retenu en place par la pression atmosphérique qui agit sur sa face inférieure. C'est sur ce principe qu'est fondé l'instrument connu sous le nom de *pipette* et qui sert à transvaser de petites quantités de liquide.

97ᵇ. Siphon. — La pression atmosphérique intervient aussi pour produire l'écoulement des liquides à travers le *siphon*. Cet instrument consiste en un tube ouvert aux deux bouts et recourbé de manière à former deux branches de longueur inégale, dont on plonge la plus courte dans le liquide à transvaser : dès l'instant que le siphon est *amorcé*, c'est-à-dire que le tube est entièrement rempli, l'écoulement a lieu et dure aussi longtemps que le niveau du liquide dans le vase se trouve situé au-dessus du plan horizontal qui passe par l'orifice d'écoulement.

[On amorce habituellement le siphon, quand il est en place, en appliquant la bouche à l'extrémité de la grande branche et en aspirant le liquide par un effort de succion. On peut aussi, avant d'installer l'instrument, commencer par le remplir en y versant du liquide, puis tenir bouché avec le doigt l'orifice de la grande branche, pendant qu'on introduit la petite dans le vase.

En adaptant un flotteur de liège à la petite branche, on rend l'écoulement constant, attendu que la hauteur de chute, c'est-à-dire la distance verticale entre le niveau du liquide dans le vase et l'orifice d'écoulement conserve toujours la même valeur.

Le nouveau siphon de M. Sedlaczek présente un dispositif ingénieux pour amorcer, sans que l'opérateur ait à craindre l'introduction du liquide dans sa bouche, ni le contact d'une substance corrosive avec les doigts. Dans un tube assez large C pénètrent, à travers un bouchon qui en obture l'extrémité supérieure, un tube plus petit *d* et la petite branche d'un siphon ordinaire. L'extrémité inférieure du grand tube C se termine en forme d'entonnoir sans bec et loge une bille de verre *b* qui fait office de soupape d'*aspiration*. Ce tube étant plongé dans la liqueur à transvaser, on attend qu'il soit à peu près rempli, et on insuffle de l'air par le tube *d* : l'accroissement de pression intérieure qui en résulte applique la bille contre l'orifice d'entrée et force le liquide à monter dans le siphon et à le remplir entièrement. A partir de ce moment, l'écoulement se produit et se continue de lui-même par suite de l'arrivée incessante de nouvelles quantités de liquide qui soulèvent la soupape, afin de rétablir l'équilibre hydrostatique entre le tube C et le vase.

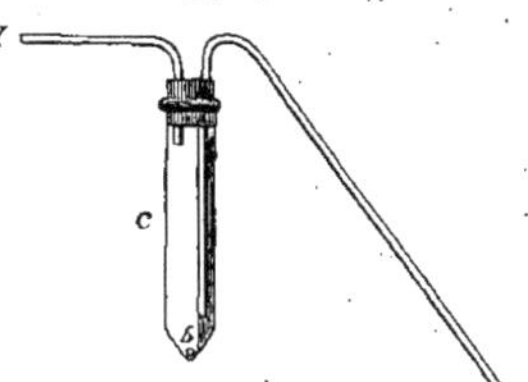

Fig. 109. — Siphon de Sedlaczek.

On emploie le siphon en chirurgie pour l'irrigation continue des plaies et des parties enflammées. Le siphon *chirurgical* consiste en un tube de caoutchouc, dont l'un des bouts est muni d'une rondelle de plomb qui le maintient au fond d'un vase plein d'eau placé plus ou moins haut, tandis que l'autre bout est amené au-dessus de la région à arroser.

Le *siphon du Dr Potain* se compose de deux siphons flexibles, accouplés en hauteur par l'embranchement de la grande branche de l'un sur la petite branche de l'autre. On introduit chacune des petites branches dans un réservoir distinct, la plus élevée dans un vase rempli d'eau phéniquée, l'inférieure dans la cavité de la plèvre suppurée ; puis, par l'occlusion alternative de l'une ou l'autre des longues branches, on fait fonctionner séparément chacun des siphons, et on peut ainsi procéder successivement au lavage de la cavité pleurale et à l'évacuation du liquide purulent qui s'y est accumulé. Il est à remarquer que le siphon inférieur qui sert à l'évacuation du pus n'a pas besoin d'être amorcé séparément ; il l'est par le fait même de l'amorcement du siphon de lavage, auquel on doit procéder en premier lieu. Cet instrument remplace les aspirateurs dont il sera parlé plus loin ; mais il ne permet pas d'opérer sous d'aussi fortes pressions ; cela constitue, suivant les cas, un avantage ou un inconvénient.]]

[[**§ 97^c. Pompes médicales** [1]. — Les pompes sont des machines destinées, soit à *évacuer* un liquide d'un réservoir naturel ou accidentel, soit à pratiquer l'opération inverse, c'est-à-dire à *injecter* un liquide dans l'intérieur d'une cavité ; les premières agissent en *aspirant*, les secondes en *refoulant* ou en *expulsant*.

On fait en médecine un emploi fréquent des pompes, sous différents noms et sous diverses formes. Les pompes foulantes comprennent les seringues de

---

[1] Monoyer. *Cours de Physique médicale*. Lyon, 1879. (Notes manuscrites.)

tout genre, les clysopompes, les irrigateurs et les transfuseurs ; on pourrait y rattacher les pompes à *projection* (machines à douches hydrothérapiques) et les *pulvérisateurs*. Le plus grand nombre des pompes *aspirantes* sont disposées pour être aussi foulantes ; tel est le cas des aspirateurs et des pyulques.

La partie essentielle de toutes les pompes consiste dans le *corps*, réservoir dont les variations de capacité déterminent l'aspiration ou l'expulsion du liquide par l'intermédiaire d'un tube plus ou moins long, rigide ou flexible, ordinairement muni d'un ajutage terminal.

Il y a lieu de distinguer les pompes *à piston* et les pompes à *corps élastique*. Dans les premières, à parois rigides, les variations de capacité sont déterminées par le mouvement de va-et-vient d'un piston, sorte de bouchon qui joue à frottement dans l'intérieur du corps de pompe. Une colonne liquide peut remplir l'office de piston, comme on le verra dans la machine pneumatique à mercure.

Dans les pompes de la seconde catégorie, à parois flexibles et douées d'une force élastique suffisante pour restituer au corps sa forme première, généralement sphérique ou ovoïde, il n'y a pas de piston ; c'est alors la pression des mains ou celle d'un corps dur appliqué contre le corps de pompe qui en réduit la capacité intérieure, tandis que l'élasticité rétablit le volume primitif.

Lorsqu'on a quelque intérêt à empêcher que le liquide suive la même voie à l'entrée et à la sortie, on pratique une seconde ouverture dans la paroi du corps de pompe, ou dans le piston même ; mais il faut alors munir d'une soupape chacun des orifices, ou placer un robinet sur le trajet de chacun des tubes qui y aboutissent. Ce dispositif est de rigueur dans les pompes *mixtes*, qui produisent, à volonté, l'aspiration ou l'injection.

La force qui fait pénétrer le liquide dans le corps de pompe a une valeur maximum, celle de la pression atmosphérique, c'est-à-dire 1033 grammes par centimètre carré de surface pressée. Il en résulte que l'aspiration ne peut pas élever le liquide à une hauteur supérieure à celle qui fait équilibre au poids de l'atmosphère, environ 10 mètres pour l'eau et les liquides de même densité. Encore faut-il, pour atteindre ce maximum, que la pression puisse être réduite à zéro dans le corps de pompe ; l'infériorité des pompes élastiques, sous ce rapport, est facile à comprendre.

La force avec laquelle le liquide est expulsé de la pompe n'est limitée dans aucun sens ; elle ne dépend que du degré d'effort développé par l'opérateur, effort qui, avec le secours du levier, de la vis et des engrenages, peut acquérir telle intensité, grande ou petite, qu'on désire.

Les soupapes présentent une grande variété de forme et de composition : tantôt, c'est un couvercle de métal nommé *clapet* qui se rabat sur l'orifice en tournant autour d'une charnière, tantôt une sorte de bouchon conique (soupape *conique*), ou sphérique (soupape à *boulet*), de métal, de caoutchouc, ou de toute autre substance, guidé ou limité dans sa course ; d'autres fois, l'ouverture, réduite à une simple fente et pratiquée dans une membrane élastique, s'ouvre ou se ferme automatiquement par les seules variations de la pression intérieure, etc.

Ces considérations générales vont nous permettre d'être bref dans la description des pompes médicales et de ne parler que de quelques représentants des principaux types.

A. POMPES FOULANTES. — 1. *Seringues*. — La seringue *à injection* se compose d'un corps de pompe à un seul orifice d'écoulement pratiqué au centre de la base et surmonté d'un prolongement tubuleux nommé *porte-canule*. Le piston, plein, est formé de deux rondelles de cuir embouties, traversées par une tige rigide et maintenues en contact mutuel par leur convexité au moyen de deux plaques qui se vissent l'une sur l'autre. Ce système de piston, dit à *parachute*, procure une fermeture d'autant plus hermétique que la pression du liquide qui cherche à fuir est plus grande.

La *canule* est un ajutage cylindrique droit ou courbe qui, dans la plupart des seringues, se fixe directement sur le porte-canule, soit à frottement dur, soit par des tours de vis. On emploie toutes sortes de matières dans la fabrication des seringues ; on en fait en argent pur ou doré, en maillechort, en laiton, en étain, en verre, en *ébonite* ou caoutchouc durci, etc.

L'étain n'est guère employé que pour les seringues destinées aux usages domestiques et dont la construction est plus simple : la canule y fait corps avec le porte-canule et le piston est formé d'un peu d'étoupe ou de plusieurs tours de fil de coton qu'on enroule à l'extrémité de la tige entre deux rebords saillants.

Dans la seringue *à injections hypodermiques* (fig. 110), la canule, d'une très grande finesse, est en acier et se termine en pointe tranchante taillée en biseau, de manière à pouvoir pénétrer facilement dans les tissus. Sur la tige du piston on grave des divisions équidistantes qui permettent de me-

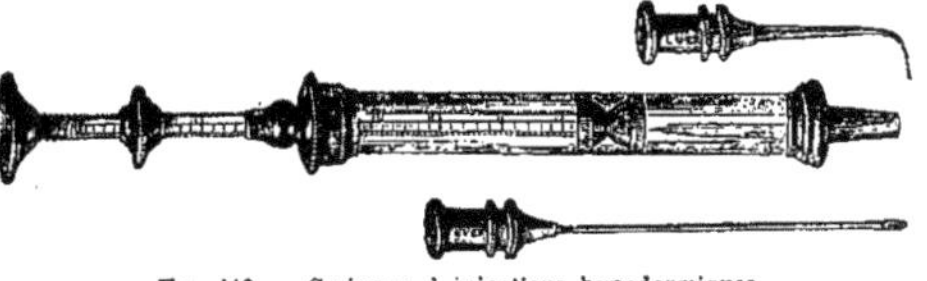

FIG. 110. — Seringue à injections hypodermiques.

surer la quantité de liquide injecté. Dans le modèle primitif de Pravaz, l'inventeur de la seringue à injections hypodermiques, la mensuration du liquide employé s'obtenait par le moyen d'un curseur taraudé tournant autour de la tige du piston filetée avec le même pas de vis : chaque tour de l'écrou représentait un certain volume connu et constant. Le curseur a été conservé, mais il ne sert plus qu'à limiter la course du piston dans les cas où l'on veut fractionner l'injection.

Dosage des solutions pour injections hypodermiques. — Le titre de la solution employée doit être tel que le contenu d'une division de la seringue renferme une quantité déterminée et connue du principe actif. La graduation des seringues à injections hypodermiques étant arbitraire et variant d'un instrument à l'autre, il importe de savoir trouver le titre de la solution appropriée à chaque seringue donnée.

Dans ce but, on remplit la seringue d'eau distillée ; après l'avoir bien essuyée, on la pose sur le plateau d'une balance et on tare ; puis, on fait écouler au dehors le contenu d'un nombre entier de divisions, et on rétablit l'équilibre avec des poids marqués, dont la valeur fait connaître le poids p d'eau contenu dans n divisions.

Soit alors a la quantité de principe actif qu'on désire avoir dans le contenu de 1 division, et x la quantité à mettre dans un poids P d'eau ; na sera la quantité à ajouter au poids p. On pourra donc poser l'égalité de rapport :

$$\frac{x}{P} = \frac{na}{p},$$

d'où :

$$x = na\,\frac{P}{p},$$

Supposons qu'on ait choisi :

$$n = 10$$

$$a = 0\ \text{gr.},\ 001 = \frac{1}{1000}$$

$$P = 100\ \text{gr.}$$

La formule se réduit alors à :

$$x = 10\,\frac{1}{1000}\,\frac{100}{p} = \frac{1}{p}.$$

2. *Injecteur à pression continue du Dr Robin*. — L'appareil de la figure 111, dont le dispositif est analogue à celui de la machine pneumatique

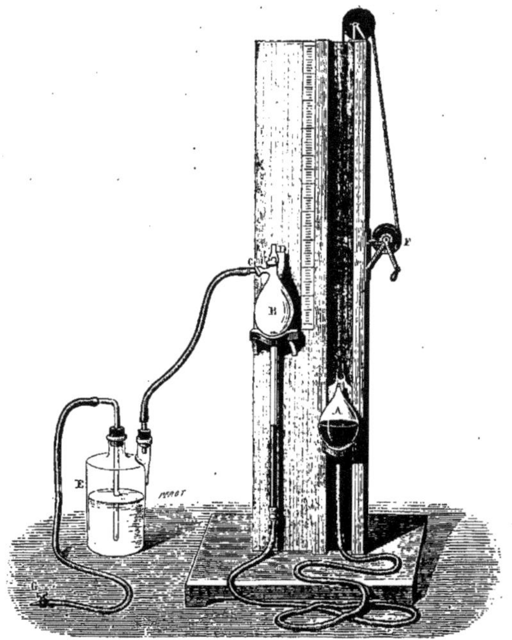

Fig. 111. — Injecteur à pression continue du Dr Robin.

à mercure (cf. § 98), convient aux injections délicates, telles que celles des capillaires, des réseaux lymphatiques, et qui exigent une pression modérée ou même faible, mais soutenue et très régulière, ce qu'on ne saurait obtenir

avec des seringues, car la force engendrée par la main qui presse le piston
est sujette à des variations continuelles et parfois brusques.

Un réservoir mobile A, qu'on peut élever ou abaisser au moyen de la
manivelle F, est relié par un tube de caoutchouc à un réservoir fixe B ; ce
dernier communique au moyen des robinets D et C, soit avec l'atmosphère,
soit avec un flacon à deux tubulures E contenant le liquide à injecter. On
verse du mercure dans le réservoir A, puis on le soulève après avoir fermé
le robinet D. L'air comprimé dans l'appareil agit sur le liquide du flacon E
et le force à s'écouler par un tube flexible armé d'une canule terminale
que précède le robinet G. La pression intérieure peut être augmentée à
volonté et une échelle verticale, fixée à une hauteur convenable entre les
deux réservoirs, permet de la mesurer.

3. *Injecteurs élastiques.* — Une simple poire creuse de caoutchouc
vulcanisé, surmontée d'une canule, peut remplacer la seringue dans un
grand nombre de circonstances.

L'emploi de deux ballons en caoutchouc, accouplés comme ceux de
l'appareil de Richardson (cf. § 261°), et associés à un réservoir de verre,
permet d'obtenir un jet continu.

4. *Clysopompes.* — Ils diffèrent des seringues, destinées au mêmes
usages, par la présence dans le corps de pompe de deux orifices, l'un pour
l'entrée, l'autre pour la sortie du liquide, munis chacun d'une soupape à
boulet ; l'orifice de sortie est placé latéralement et s'ouvre dans un porte-
canule oblique auquel on fixe un tube flexible terminé par la canule.

L'extrémité inférieure du corps de pompe se visse sur un petit support
qui occupe le centre d'un réservoir rempli du liquide à injecter.

On construit des clysopompes dont le corps communique avec une
chambre à air qui a pour effet de rendre le jet continu, comme dans les
pompes à incendie.

5. *Irrigateurs.* — L'irrigateur du docteur Eguisier a remplacé avantageu-
sement les seringues et les clysopompes. La pression est fournie par un
fort ressort à spirale qui agit par l'intermédiaire d'un pignon sur la tige à
crémaillère du piston ; ce dernier est formé d'une rondelle de cuir embouti
soutenue par un anneau métallique dont l'ouverture, munie d'une soupape
conique s'ouvrant de haut en bas, livre passage au liquide qu'on verse au-
dessus du piston. L'écoulement est continu, mais non constant, car l'action
du ressort s'affaiblit de plus en plus à mesure qu'il se détend.

6. *Transfuseurs.* — L'injection d'une certaine quantité de sang, naturel
ou préalablement *défibriné*, dans le système circulatoire d'un malade, constitue ce qu'on nomme la transfusion du sang. Cette opération, déjà connue
des anciens, est appelée à rendre les plus grands services, quand on pourra
la pratiquer à l'abri de tout danger ; on a surtout à se prémunir contre
trois accidents presque toujours mortels, la coagulation du sang qui n'a pas
été défibriné, l'introduction de l'air dans les veines, le refroidissement du
sang. Dans l'espoir de parvenir à écarter ces diverses causes d'insuccès,
les partisans de la transfusion ont eu recours à toutes les ressources de
l'hydraulique, depuis le simple tube de communication jusqu'aux pompes
les plus compliquées, pour pratiquer la transfusion soit *directe*, soit
médiate. Nous ne décrirons qu'un seul transfuseur, celui de Collin, qui se

recommande à l'attention du physicien et du chirurgien par l'ingéniosité du mécanisme destiné à empêcher l'entrée de l'air dans les vaisseaux sanguins.

Cet appareil, représenté dans la figure 112, se compose de deux parties principales : une cuvette ou *palette*, destinée à recevoir le sang à transfuser, tel qu'il jaillit du vaisseau phlébotomisé, et une pompe foulante à piston plein et à un seul orifice d'écoulement. Une ouverture percée dans le fond

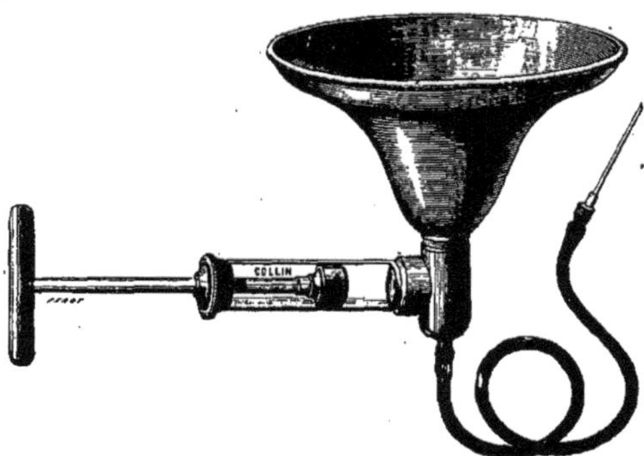

Fig. 112. — Transfuseur de Collin.

de la palette permet au sang de se rendre dans une petite chambre cylindrique qui communique par deux autres ouvertures, d'un côté avec l'extrémité du corps de pompe disposé horizontalement, de l'autre côté avec un tuyau flexible terminé par une canule de calibre assez petit pour pouvoir être engagée dans une veine de moyenne grosseur. La chambre de communication loge une soupape à boulet, consistant en une petite sphère creuse d'aluminium, plus légère que le sang.

Les choses étant ainsi, supposons que le sang remplisse déjà tout l'appareil, le corps de pompe, la chambre de communication, la cuvette, le tube d'écoulement et la canule. Si on vient alors à pousser le piston, le sang contenu dans le corps de pompe et la chambre de communication sera chassé par le tube jusque dans la veine du transfusionné ; la bille d'aluminium, retenue en raison de sa légèreté spécifique, à la partie supérieure de la chambre, empêche le reflux du sang dans la cuvette, sans pour cela s'opposer à l'afflux de ce liquide, quand il est aspiré par le retrait du piston.

Lorsque le sang qui reste dans l'appareil ne suffit plus pour remplir entièrement la chambre, la bille creuse cesse d'être projetée contre l'ouverture située au fond de la cuvette, et l'air expulsé par le piston s'échappe au dehors à travers cette ouverture, sans pénétrer dans le tube injecteur.

B. Pompes aspirantes. — Celles qu'on emploie en médecine sous le nom de *pyulques* ou d'*aspirateurs* ont spécialement pour but l'évacuation de collections liquides et surtout purulentes ; mais on les dispose habituellement de manière à les faire aussi fonctionner comme pompes foulantes, afin de pouvoir injecter un liquide détersif ou médicamenteux, après l'évacuation des produits morbides. On atteint très simplement ce double but en remplaçant les soupapes par des robinets qui permettent, en outre, de faire un vide préalable dans le corps de pompe ou dans le récipient destiné à recueillir le liquide évacué et de porter ainsi d'emblée à son maximum d'intensité l'action de la pression atmosphérique.

1. *Aspirateur de Dieulafoy* (fig. 113). — Pour *aspirer* avec cet appareil, on introduit l'une des canules-trocarts 1, 2, 3, 4, montée sur le tube T, dans la cavité qui renferme la collection liquide; puis, après avoir fermé tous les robinets, on retire complètement le piston P, jusqu'à ce que la

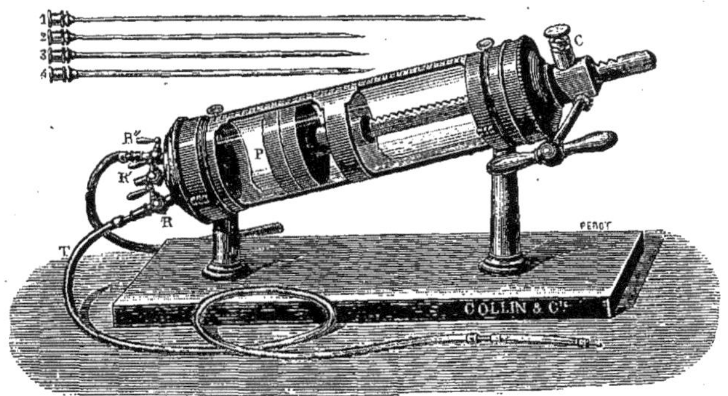

Fig. 113. — Aspirateur de Dieulafoy.

sortie d'une encoche taillée dans la tige l'empêche de rentrer : l'ouverture du robinet R livre alors passage au liquide morbide qui se précipite dans le corps de pompe. On enfonce ensuite le piston, en fermant le robinet R et ouvrant R', afin de vider le corps de pompe. On recommence la même série de manœuvres jusqu'à évacuation complète de la collection liquide.

Pour *injecter* avec le même appareil, il suffit de renverser le jeu des robinets R et R', c'est-à-dire de fermer R quand on retire le piston et R' quand on l'enfonce. Le corps de pompe en verre est consolidé dans toute sa longueur par une garniture métallique portant des divisions volumétriques qui permettent de mesurer la quantité de liquide évacué.

C'est la main de l'opérateur qui meut le piston, dans le petit modèle dit à *encoche*, comme dans le grand modèle, dit à *crémaillère* (fig. 113); mais, dans ce dernier, la puissance musculaire est renforcée par le jeu d'un levier en forme de poignée qui fait tourner un pignon engrenant avec les dents de la tige à crémaillère du piston; quand ce dernier a été tiré, un cliquet l'empêche de rentrer. Un troisième robinet R″, muni d'un tube, permet de puiser un liquide détersif ou médicamenteux pour laver l'intérieur du corps de pompe ou l'injecter à la place de la collection évacuée, sans avoir à renverser le jeu du robinet évacuateur.

2. *Aspirateur de Potain* (fig. 114). — Cet appareil diffère du précédent par l'interposition, entre le corps de pompe entièrement métallique A et le tube d'aspiration D, d'un récipient en verre 1, dans lequel se rendent les matières évacuées; on évite ainsi le passage de ces substances à travers le

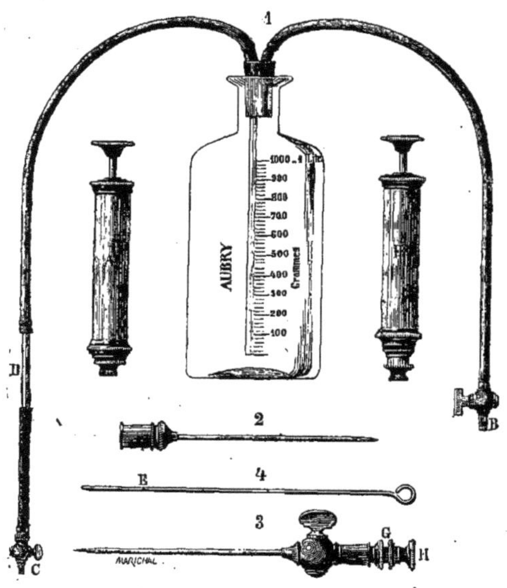

Fig. 114 — Aspirateur du D' Potain.

corps de pompe, ce qui met ce dernier à l'abri de toute souillure. En outre, indépendamment des robinets B et C placés dans le voisinage du récipient intermédiaire, on trouve une soupape en gutta-percha à chacun des deux orifices du corps de pompe, l'une pour l'aspiration, l'autre pour l'expulsion.

3. *Pompe stomacale de Kussmaul.* — Cette pompe en *ébonite* (caoutchouc durci), sans soupapes, ne porte qu'un seul robinet, à trois voies, qui permet de faire communiquer le corps de pompe, alternativement avec la cavité de l'estomac par l'intermédiaire d'une sonde stomacale et avec un vase destiné à recevoir les matières évacuées.]

98. Machine pneumatique. — La *machine pneumatique* est un appareil destiné à faire le vide, c'est-à-dire à enlever le gaz renfermé dans un espace clos. Elle se compose des parties essentielles suivantes : un corps de pompe A (fig. 115), dans l'intérieur duquel se meut un piston P ; la partie inférieure du corps de pompe est mise en communication, à l'aide du conduit C, avec la cloche ou récipient R dans lequel il s'agit de faire le vide. Le piston est percé d'un canal fermé par une soupape D qui s'ouvre de dedans en

dehors ; cette soupape, en se soulevant, donne issue à l'air renfermé au-
dessous du piston, quand celui-ci vient à s'abaisser. Au bas du corps de
pompe se trouve une seconde soupape B, qui s'ouvre dans le même sens que
la première et qui intercepte en temps utile la
communication entre le corps de pompe et le récipient.

Supposons l'appareil entièrement rempli d'air
atmosphérique à la pression ordinaire et le piston
au bas de sa course : si on soulève alors ce dernier, la soupape D reste fermée, tandis que la
soupape B s'ouvre ; une partie du contenu de la
cloche R fait irruption dans le corps de pompe
jusqu'à ce qu'il y ait dans tout l'appareil la même
pression, inférieure, d'ailleurs, à celle de l'atmosphère, puisque l'air primitivement renfermé
dans le récipient a augmenté de volume. Vient-
on ensuite à faire redescendre le piston, la

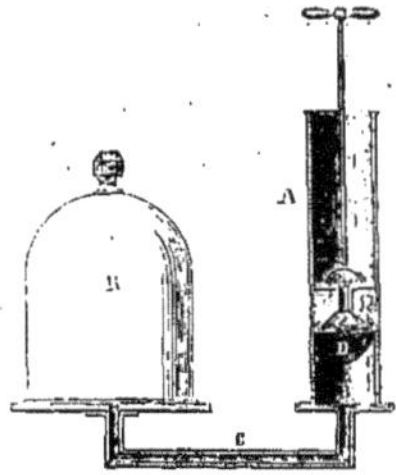

Fig. 115.— Principe de la machine pneumatique.

soupape B se ferme par son propre poids, le gaz logé dans le corps de
pompe au-dessous du piston est comprimé : aussi soulève-t-il la soupape D
et s'échappe-t-il à l'extérieur. En répétant plusieurs fois ce double mouvement de va-et-vient du piston, on raréfie de plus en plus l'air du récipient.
Il est facile de voir qu'on peut porter cette raréfaction à un haut degré,
en multipliant les coups de piston, mais qu'on ne saurait jamais, ni théoriquement, ni pratiquement, obtenir un vide absolu ; car chaque coup de
piston n'enlève qu'une fraction de l'air renfermé dans le récipient, et cette
fraction, toujours la même en volume, représente un poids d'autant plus
petit que la pression est déjà plus affaiblie.

[En pratique, et quelle que soit la perfection de la machine employée, la
raréfaction a une limite qu'il est impossible de dépasser ; cela tient à ce qu'il
reste toujours, au-dessous du piston descendu au plus bas de sa course,
un petit espace qu'on ne peut supprimer complètement et qu'on nomme
l'*espace nuisible*. En effet, à force de diminuer à chaque nouveau coup de
piston, en progression géométrique décroissante, comme il est facile de le
montrer, la tension dans le récipient finit par devenir égale à celle que
l'air de l'espace nuisible acquiert en se répandant dans tout le corps de
pompe : il est évident qu'à partir de ce moment la soupape de communication B, également pressée sur ses deux faces, ne s'ouvre plus et qu'aucune portion de gaz ne peut plus passer du récipient dans le cylindre ; la
limite de la raréfaction est alors atteinte, et il est inutile de continuer à
pomper.]

On a apporté à la construction de la machine pneumatique un certain
nombre de perfectionnements qui permettent de pousser la raréfaction à un
degré tel, que la pression sous le récipient soit inférieure à celle d'une
colonne de mercure de 1/2 millimètre de hauteur.

[La figure 116 représente une machine pneumatique ainsi perfectionnée.
Au lieu d'un seul cylindre ou corps de pompe, il y en a deux, qui, fonction-
nant alternativement, raréfient l'air du récipient d'une manière continue.
L'accouplement de deux corps de pompe présente, en outre, l'avantage de

rendre moins pénible la manœuvre de la machine : avec un corps de pompe unique, on avait, pour soulever le piston, à vaincre plus ou moins complètement l'effort exercé par la pression atmosphérique sur cette pièce ; avec deux corps de pompe, on a deux pressions semblables qui se contre-balancent en partie. Le mouvement alternatif des pistons s'obtient par le jeu d'un levier fixé à une roue dentée, laquelle engrène de chaque côté avec la tige à crémaillère dont chacun des pistons est surmonté. La soupape destinée à fermer l'ouverture siégeant à la base du corps de pompe est un petit cône métallique porté par une tige qui traverse le piston à frottement dur et qui en suit

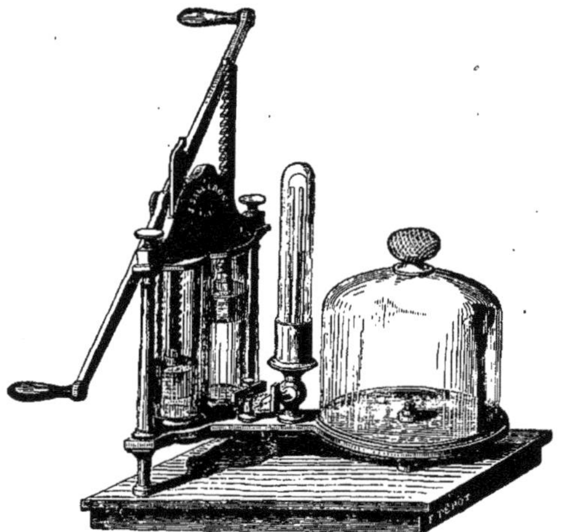

Fig. 116. — Machine pneumatique à deux corps de pompe.

ainsi les mouvements ; mais, afin que l'occlusion se produise dès que le piston commence à redescendre, cette tige ne peut s'élever que de quelques millimètres, arrêtée qu'elle est dans son mouvement d'ascension par la plaque qui sert de couvercle au corps de pompe. Sur le conduit qui met en communication le récipient avec le système des cylindres de la machine est fixée une *éprouvette*, dans l'intérieur de laquelle un *baromètre tronqué* à siphon indique la pression de l'air raréfié, mais seulement à partir du moment où celle-ci est déjà tombée assez bas. Le perfectionnement le plus important, sous le rapport du degré de raréfaction qu'il est possible d'obtenir, consiste dans l'adjonction d'un robinet *à double épuisement* placé au milieu du canal qui réunit les deux corps de pompe ; cette pièce, cachée dans la figure 116, porte aussi le nom de *robinet de Babinet;* elle est percée de deux systèmes de canaux qu'on peut disposer de manière à employer l'un des corps de pompe pour faire le vide dans l'autre, pendant que ce dernier extrait l'air du récipient.]

[La machine *à double effet de Bianchi* ne possède qu'un cylindre, mais disposé de manière que le piston fasse le vide en montant et en descendant ; on peut la considérer comme ayant deux corps de pompe fusionnés en un seul. Le grand avantage de cette machine réside dans la facilité et la rapidité de la manœuvre, le mouvement de va-et-vient du piston étant engendré par la rotation d'un volant armé d'une manivelle.]

La *machine pneumatique à mercure*, qui permet d'obtenir un degré de raréfaction plus considérable, quoique encore fort éloigné du vide absolu, repose sur le principe du baromètre. [Un tube de verre, d'environ 1 mètre de hauteur, est relié à sa partie inférieure, par un tube de caoutchouc I (fig. 117), avec le fond d'une cuvette de forme sphérique B, qui s'ouvre à l'air libre ; le haut du tube peut être fermé par un robinet à trois voies D et présente un renflement A qui augmente la capacité de la chambre barométrique ; tout le système est rempli de mercure et constitue un baromètre à siphon. Le robinet D est destiné, en outre, soit à mettre la chambre barométrique A en communication avec le vase dans lequel il s'agit d'opérer le vide, par l'intermédiaire du tube coudé DE, de la chambre à dessécher H et du robinet G, soit à remplir de mercure tout le tube barométrique, y compris le renflement A, le tube ouvert R donnant alors issue au gaz expulsé de l'appareil.

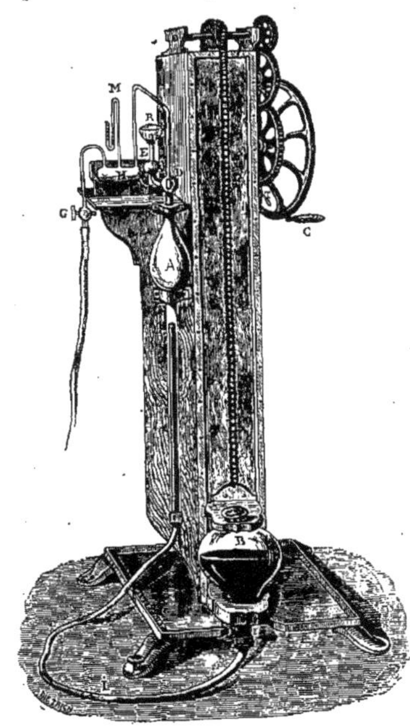

F.g. 117. — Machine pneumatique à mercure.

Quand on élève la cuvette B, en tournant la manivelle C, le mercure monte dans le tube IA, et on peut ainsi, par une orientation convenable du robinet D, chasser entièrement le gaz de la chambre barométrique A ; l'abaissement de la cuvette fait, au contraire, descendre le mercure et détermine la formation du vide barométrique, quand on tourne le robinet D de manière à intercepter toute communication avec l'extérieur ; ce même robinet permet d'extraire le gaz contenu dans le réservoir où on désire faire le vide. On voit qu'en définitive le mercure joue ici le rôle

du piston solide de la machine pneumatique ordinaire, et que la supériorité
de la machine à mercure tient à la suppression de *l'espace nuisible*.]

On fait un fréquent usage de la machine pneumatique à mercure dans
les recherches physiologiques, notamment pour extraire les gaz dissous
dans le sang. [La cuvette au fond de laquelle débouche le tube ouvert R
permet de recueillir dans une éprouvette le gaz extrait par la machine et
destiné à l'analyse chimique.]]

[**98ª. Ventouses.** — On appelle *ventouse* une petite cloche de verre qui
s'applique sur une partie quelconque de la peau, et dans l'intérieur de
laquelle on fait un vide plus ou moins complet. La portion du tégument
externe qui est ainsi soustraite à la pression de l'air atmosphérique se gonfle
et rougit par l'afflux du sang et des humeurs.

Appliquée sur la peau intacte, la ventouse est dite *sèche*. Si la peau a
été préalablement incisée au moyen d'un *scarificateur*, le sang s'échappe
en abondance dans l'intérieur de la cloche ; celle-ci porte alors le nom de
ventouse scarifiée.

On détermine la raréfaction de l'air contenu dans la ventouse, en y
faisant brûler un morceau de papier, ou mieux encore, en la plaçant au-
dessus de la flamme d'une lampe à alcool : lorsque la ventouse est ainsi
remplie d'air chaud, on l'applique rapidement sur la peau ; l'air se refroidit
bientôt et diminue alors de force élastique.

Au lieu de produire le vide à l'aide de la chaleur, on peut employer une
petite pompe aspirante qu'on adapte à une tubu-
lure fixée sur la ventouse ; on a alors la *ventouse
à pompe*.

Dans les ventouses dites *à refoulement*, le
vide est obtenu par un moyen plus simple. La
cloche de verre, peu haute, est surmontée d'une
tubulure coiffée elle-même d'une sphère creuse
de caoutchouc vulcanisé à parois très épaisses
(fig. 118). On comprime entre les doigts la
sphère de caoutchouc, de manière à en réduire
autant que possible la capacité intérieure et à
refouler ainsi au dehors l'air qu'elle contient ;
puis, appuyant sur la peau les bords de la coupe
en verre, on cesse la compression : les parois en

FIG. 118 — Ventouse à refoulement.

caoutchouc, en vertu de l'élasticité de cette substance, reprennent la forme sphérique et déter-
minent ainsi un vide partiel dans l'intérieur de la ventouse. — On fabrique
même des ventouses entièrement en caoutchouc.]

[La *ventouse de Junod* est une large botte en maillechort, dans laquelle on introduit la jambe du malade et où l'on fait le vide à l'aide d'une
pompe aspirante. La clôture hermétique de l'appareil est assurée par une
forte lame de caoutchouc fixée au pourtour supérieur de l'enveloppe métallique et percée d'une ouverture centrale qui livre passage à la cuisse, sur
laquelle elle exerce une constriction énergique.]]

99. Rôle de la pression atmosphérique dans l'économie animale. — Il existe dans
l'organisme des animaux, et dans celui de l'homme en particulier, des

cavités entièrement privées d'air, et d'autres qui ne renferment qu'un air raréfié ; ces conditions naturelles nous fournissent l'occasion d'observer des effets semblables à ceux qu'on obtient artificiellement à l'aide de la machine pneumatique.

Dans les articulations des membres, par exemple, les surfaces articulaires des os sont en contact intime l'une avec l'autre, sans interposition d'air. La pression atmosphérique qui s'exerce en dehors de l'articulation contribue à maintenir ce contact, et les surfaces osseuses ne peuvent être séparées l'une de l'autre sans un effort considérable, abstraction faite de la force nécessaire pour rompre les ligaments qui ajoutent à la solidité de l'articulation. C'est pour cela qu'on peut couper tous les ligaments qui entourent l'articulation coxo-fémorale et même le ligament rond situé à l'intérieur, sans que la tête du fémur abandonne la cavité cotyloïde, dans laquelle elle est exactement emboîtée ; la résultante des pressions exercées par l'atmosphère sur la surface du membre inférieur est plus grande que le poids de ce dernier et suffit à le maintenir dans ses rapports naturels. Cette action de la pression atmosphérique facilite considérablement le jeu des articulations ; car les efforts musculaires peuvent être employés tout entiers à faire mouvoir les membres, puisqu'aucune portion n'en est nécessaire pour maintenir les surfaces articulaires en contact.

Toutes les cavités closes du corps humain, telles que celles de l'abdomen, du thorax et du crâne, représentent aussi des espaces vides d'air. Les parois du ventre, étant dépressibles, se moulent exactement sur les viscères abdominaux, et la pression atmosphérique se transmet ainsi à la face inférieure du diaphragme, dont elle détermine la voussure à convexité dirigée vers la poitrine. La cage thoracique possède, au contraire, des parois rigides : aussi la pression de l'atmosphère est-elle sans action directe sur la surface externe des poumons, tandis qu'elle s'exerce dans toute sa plénitude sur la surface intérieure de ces organes, en communication avec l'air ambiant par l'intermédiaire des bronches et de la trachée-artère. Cette disposition a pour effet de maintenir les poumons dans un état de dilatation permanente, aussi grand que le comporte la capacité de la poitrine, et de forcer ces organes à suivre les mouvements respiratoires du thorax.

La pression atmosphérique joue aussi un rôle important dans la circulation : elle favorise l'écoulement du sang dans les veines superficielles, en poussant ce liquide vers la cavité thoracique, où, à chaque inspiration, il se produit une diminution de pression. D'autre part, elle vient en aide à l'élasticité des parois des capillaires pour résister à la tension sanguine.

Quand on fait l'ascension d'une haute montagne, ou qu'on s'élève en ballon à une grande hauteur, on se trouve dans un air raréfié. On constate alors que la respiration s'accélère, afin de compenser la diminution de la quantité d'oxygène qui pénètre dans les poumons à chaque inspiration. En outre, toutes les fonctions dans lesquelles la pression atmosphérique joue un rôle éprouvent des troubles plus ou moins notables : un sentiment de fatigue dans les membres, de la dyspnée, des congestions veineuses, finalement des ruptures des capillaires superficiels, accompagnées d'hémorragies du côté des poumons, du nez, des lèvres, etc., tels sont les principaux accidents qui surviennent dans ces conditions [et qui font partie de cet ensemble de symptômes que, dès le quinzième siècle, Da Costa décrivait sous le nom de *mal des montagnes*. Le travail de M. Lortet [1] a éclairé d'un nouveau jour la physiologie de cette affection complexe ; les recherches de l'auteur ont porté sur les perturbations que présentent les fonctions de respiration, de circulation et de calorification, à mesure qu'on s'élève sur les hautes montagnes ; l'*anapnographe*, le *sphygmographe* et le *thermomètre à maxima avec index*, de Walferdin, ont servi à recueillir les données nécessaires pour cette étude]. [Enfin, M. Jourdanet [2], par ses observations sur les climats d'altitude, et M. P. Bert [3], par ses expériences de laboratoire, ont montré que la véritable cause du mal des montagnes réside dans l'insuffisance de la quantité d'oxygène qui pénètre dans les poumons à chaque inspiration, lorsque la pression barométrique est devenue trop faible ; le sang serait alors moins riche en oxygène ; il y aurait *anoxyhémie*, suivant l'expression de M. Jourdanet. Cet état anormal produirait des effets analogues à ceux qui dépendent de l'anémie, due à la diminution des globules sanguins.]]

[**99ª. Drainage capillaire.** — Un liquide renfermé dans un espace clos à parois rigides ne peut pas s'écouler au dehors par un orifice capillaire, parce que, d'une part, la pression atmosphérique s'oppose à la formation d'un vide entre les parois et le contenu du réservoir, et que, d'autre part, la tension superficielle qui s'exerce à la surface libre du liquide, au niveau de l'orifice de sortie, empêche l'air extérieur de rompre la couche contractile et de s'introduire par bulles dans le vase. L'écoulement qui n'a pas lieu par un orifice en mince paroi est encore bien moins possible par un tube étroit ; on a vu, en effet, que la division d'une colonne liquide par des bulles de gaz augmente la résistance à l'écoulement (cf. § 84ᵉ); on conçoit *a fortiori* qu'il y ait impossibilité à ce que le gaz et le liquide cheminent en sens inverse l'un de l'autre dans un même tube.

Supposons maintenant qu'on adapte au vase clos un second tube capillaire plus long que le premier : pendant que l'eau remplira ce nouveau tube, l'air extérieur entrera par l'autre pour remplacer le liquide sorti et permettra ainsi à la pression atmosphérique de s'exercer à l'intérieur du vase : alors le liquide s'écoulera par le long tube, entraîné par l'excès de poids de la colonne qui le remplit; le gaz et le liquide, circulant dans des tubes séparés, ne se gênent pas mutuellement. Tel est, d'après M. Monoyer [4], le principe du *drainage capillaire*, imaginé par le docteur Mollière, pour évacuer lentement les collections liquides, sans les mettre largement en communication avec l'atmosphère. On pratique une ponction dans la paroi de la collection morbide avec un trocart capillaire ; si les parois de la cavité sont rigides ou dépourvues d'élasticité, aucune portion de liquide ne s'écoule par la canule de l'instrument. On introduit alors dans la canule un certain nombre de crins réunis en faisceau ; par leur juxtaposition côte à côte, ces crins délimitent des canaux capillaires à section de triangle curviligne,

---

(1) LORTET, Deux ascensions au Mont-Blanc en 1869; recherches physiologiques sur le mal des montagnes (*Lyon médical*, 1869, t. III, p. 79).
(2) JOURDANET, *Influence de la pression de l'air sur la vie de l'homme* etc., 2ᵉ édit. Paris, 1876.
(3) P. BERT, *La Pression barométrique.* Paris, 1878.
(4) MONOYER, *Soc. des Sciences médic. de Lyon,* 1880.

qui doivent être plus longs que la canule pour fonctionner comme le second tube capillaire dont nous avons parlé précédemment : le liquide chemine dans leurs interstices et s'écoule au dehors goutte à goutte, pendant que l'air entre par l'espace compris entre les parois de la canule et le faisceau de crins.

On se tromperait grandement, en tout cas, si on s'imaginait que ce mode d'évacuation s'opère à l'abri de l'air : la rentrée de ce gaz est, on l'a vu, indispensable à l'écoulement du liquide, à moins que les parois de la cavité ne soient aptes à revenir sur elles-mêmes, auquel cas le liquide s'échapperait par la canule seule, sans nécessiter l'emploi des crins.]]

100. Compression des gaz. — A l'aide d'appareils appropriés, on peut pousser la compression bien au delà du degré auquel se trouvent soumises les couches inférieures de l'atmosphère. En modifiant légèrement la disposition des machines qui servent à faire le vide, on les rend applicables à la compression des gaz. Pour transformer, par exemple, la machine pneumatique de la figure 115 en machine de compression, il suffit de renverser le jeu des soupapes B et D, et de faire en sorte qu'elles s'ouvrent de haut en bas : si nous soulevons alors le piston, la soupape B se ferme, sous l'influence du vide qui tend à se produire dans le corps de pompe, tandis que, par la même cause, la soupape D s'ouvre et donne accès à l'air atmosphérique dans l'espace compris entre les deux soupapes. Quand on abaisse ensuite le piston, l'air contenu dans le corps de pompe est comprimé, puis chassé dans le récipient R, après avoir forcé la soupape B à s'ouvrir. En répétant, à plusieurs reprises, ce double mouvement de va-et-vient du piston, on amène l'air du récipient au degré de tension voulu. [Ici, toutefois, comme dans la machine pneumatique, la présence de l'*espace nuisible* limite le degré de la compression.] Dans les machines de compression, le récipient consiste ordinairement en un fort vase métallique qu'on visse solidement sur la *platine*, car une cloche de verre semblable à celle qui est employée dans la machine pneumatique n'offrirait pas une ténacité suffisante pour résister à la force élastique d'un gaz comprimé à l'excès.

On peut obtenir une compression énergique, en soumettant au poids d'une colonne de mercure une masse gazeuse renfermée dans un espace resserré.

[[C'est ce dernier moyen qu'ont employé Dulong et Arago, puis Regnault, dans leurs expériences destinées à vérifier la loi de Mariotte ; en surmontant la grande branche du tube de la figure 103 d'une série de tubes semblables, ils ont pu donner à la colonne de mercure une hauteur de 25 mètres environ, ce qui représente une pression de plus de 32 atmosphères. L'échauffement ou le dégagement d'un gaz, par réaction chimique dans un espace clos, fournissent aussi des pressions considérables ; mais les plus fortes sont obtenues à l'aide de machines fondées sur le principe de la presse hydraulique.]]

100ᵃ. Liquéfaction des gaz. — Arrivés à un certain degré de compression, les fluides aériformes passent à l'état liquide. Le froid, en diminuant la force élastique du gaz, favorise ce changement d'état. C'est ainsi qu'à la température de zéro, l'acide carbonique exige, pour être liquéfié, une pression de 37 atmosphères ; l'acide sulfhydrique devient liquide à 20 atmosphères, le gaz ammoniac à 4,4 et l'acide sulfureux déjà à 1,5 atmosphère. Les gaz réputés *permanents*, [[jusqu'à l'époque toute récente où on est parvenu à les liquéfier,]] étaient au nombre de six, savoir : l'oxygène, l'azote, l'hydrogène, l'oxyde de carbone, le bioxyde d'azote et l'acétylène.

CHAPITRE XIII

ABSORPTION, ÉCOULEMENT ET DIFFUSION DES GAZ

(AÉRODYNAMIQUE)

101. Absorption des gaz par les liquides ou dissolution des gaz. — Lorsqu'un gaz est soumis à l'action de pressions extérieures, il éprouve dans ses propriétés moléculaires des modifications particulières que nous allons retrouver dans les phénomènes d'*absorption* et de *diffusion gazeuses*.

Dans l'*absorption des gaz*, de même que dans leur compression, il y a condensation de la masse fluide, c'est-à-dire réduction de volume ; mais au lieu d'être produite par l'action d'une pression extérieure, la condensation résultant de l'absorption est due au simple contact du gaz avec un liquide ou un solide. Il s'ensuit que l'intensité de l'absorption dépend à la fois des propriétés du gaz absorbé et de celles du corps absorbant.

Relativement à leur solubilité, les divers gaz présentent des différences en rapport avec leur inégalité de compressibilité ; ceux qui se liquéfient le plus facilement par la pression sont aussi en général les plus solubles : tel est le cas des acides carbonique, sulfhydrique, sulfureux, chlorhydrique et du gaz ammoniac ; au contraire, l'oxygène, l'azote, l'hydrogène ne se laissent absorber qu'en faible proportion.

L'expérience prouve que, *pour un même gaz, un même liquide et une même température, le volume de gaz absorbé ou dissous par un volume déterminé de liquide est constant, quelle que soit la pression sous laquelle s'opère la dissolution*, pourvu que le volume absorbé soit mesuré à cette même pression.

D'après la loi de Mariotte, la densité d'un gaz est proportionnelle à la pression (cf. § 94) : il en résulte que *le poids de gaz absorbé par un poids déterminé de liquide est proportionnel à la pression sous laquelle s'effectue l'absorption*. A l'aide de cette loi on peut, connaissant la quantité de gaz qu'absorbe un poids donné de liquide, sous une pression déterminée, calculer le poids de gaz que dissoudrait la même quantité de liquide à toute autre pression, la température restant la même.

On nomme *coefficient d'absorption* ou *de solubilité* d'un gaz par rapport à un liquide, *le volume constant de ce gaz que dissout l'unité de volume du liquide considéré*, à la température de zéro, le volume du gaz absorbé étant ramené à la pression sous laquelle s'est opérée la dissolution.

[A chaque degré de température correspond un coefficient d'absorption différent ; mais M. Bunsen a donné des formules empiriques qui permettent d'en calculer la valeur à une température quelconque, à l'aide du coefficient à 0°.]

Le tableau suivant renferme, dans la première colonne, les coefficients d'absorption des principaux gaz par rapport à l'eau [à la température de 0°, et dans la seconde colonne, les valeurs de ces mêmes coefficients] à 15°, d'après M. Bunsen :

NOMS DES GAZ	COEFFICIENTS A 0°	COEFFICIENTS A 15°	NOMS DES GAZ	COEFFICIENTS A 0°	COEFFICIENTS A 15°
Hydrogène..	0,0193	0,0193	Acide carbonique. . .	1,7967	1,0020
Azote.	0,0203	0,0148	Hydrogène sulfuré.. .	4,3706	3,2326
Air.		0,0179	Acide sulfureux. . . .	79,789	43,564
Oxyde de carbone. . .	0,0328		Acide chlorhydrique. .		500
Oxygène.	0,0411	0,0299	Gaz ammoniac. . . .	1040,63	727,2

[Les nombres inscrits dans ce tableau montrent l'influence marquée de la température sur la quantité de gaz absorbé : on voit le coefficient d'absorption diminuer, quand la température augmente; à l'ébullition, le liquide ne conserve plus aucune trace de gaz en solution.]

Lorsqu'on met un liquide en présence d'un mélange de gaz, chacun de ces derniers est absorbé comme s'il était seul, c'est-à-dire proportionnellement à son coefficient de solubilité et à la pression qui lui est propre dans le mélange. Il en résulte que la composition du mélange gazeux dissous diffère, en général, de celle de l'atmosphère en contact avec le liquide. L'air atmosphérique, par exemple, renferme en volume 79 parties d'azote et 21 parties d'oxygène, de sorte que ces gaz y ont des pressions égales respectivement aux 79/100 et aux 21/100 de celle de l'atmosphère ; d'autre part, les coefficients d'absorption par rapport à l'eau sont 0,01478 pour l'azote et 0,02989 pour l'oxygène, à + 15°. Par conséquent, l'eau mise en présence de l'air atmosphérique absorbera des volumes d'oxygène et d'azote qui seront entre eux dans le rapport de $(0,21 \times 0,02989)$ à $(0,79 \times 0,01478)$ ou de 34 à 66. On voit donc que l'air dissous dans l'eau est notablement plus riche en oxygène que celui de l'atmosphère, fait qui a une grande importance pour les animaux à respiration aquatique tels que les poissons.

[101ª. **Échange des gaz dans le poumon : Hématose**. — On sait que le sang veineux, en traversant les poumons, exhale une partie de l'acide carbonique qu'il renferme, pour absorber un volume sensiblement égal d'oxygène, qu'il emprunte à l'air atmosphérique; le sang est alors *artérialisé*, et il a perdu sa couleur brun foncé, pour prendre une coloration d'un rouge vif. C'est ce double échange de gaz entre le sang et l'air qui constitue l'*hématose*, but final de la respiration.

Les phénomènes d'absorption et d'exhalation gazeuses, qui ont leur siège dans les poumons, sont plus complexes qu'il ne semble à première vue. Il ne s'agit pas ici d'un phénomène semblable à la simple diffusion des gaz (cf. § 103), ni à l'osmose gazeuse (cf. § 104). En effet, les deux gaz entre lesquels a lieu l'échange, ne sont pas directement en contact l'un avec l'autre ; la muqueuse pulmonaire les sépare, et cette membrane, excessivement mince d'ailleurs, est mouillée; de plus, l'un des gaz, l'acide carbonique, est à l'état de solution dans le sang.

Il y a donc, pour le moins, deux ordres de phénomènes qui interviennent dans l'hématose. En premier lieu, l'oxygène de l'air, appelé dans l'intérieur de la cavité des poumons par l'acte de l'inspiration, se dissout dans le liquide qui imbibe la muqueuse pulmonaire ; c'est là un phénomène régi par les lois de la solubilité des gaz dans les liquides (cf. § 101). Puis, entre ce liquide saturé d'oxygène et le sang chargé d'acide carbonique s'opère, à travers la membrane pulmonaire, un véritable phénomène d'osmose qui donne naissance à deux courants de sens contraire : l'un transporte l'oxygène dans le sang et l'autre amène l'acide carbonique à la surface de la muqueuse. Cet échange de molécules gazeuses en solution est soumis aux lois qui régissent l'osmose des liquides (cf. § 76). Quant à l'acide carbonique ainsi mis en présence de la masse gazeuse qui remplit la cavité pulmonaire, il se dégage en partie de son dissolvant, jusqu'à ce que la quantité qui reste en solution satisfasse aux lois de la solubilité des gaz dans les liquides.

Nous voyons donc que l'échange des gaz dans le poumon est un acte complexe, comprenant à la fois des phénomènes de solubilité et d'osmose. Il est une circonstance qui ajoute un élément de plus à la complication de ce processus physiologique ; c'est l'affinité spéciale des globules sanguins, et vraisemblablement aussi de la fibrine, pour l'oxygène ; par suite de cette affinité, la quantité d'oxygène que renferme le sang doit être divisée en deux parts : l'une s'y trouve en solution dans le sérum, en vertu des lois de la solubilité des gaz ; l'autre portion, de beaucoup supérieure à la première, est fixée par les globules et échappe aux lois de la physique.]

101ᵇ. Absorption des gaz par les solides ou imbibition gazeuse. — Dans l'absorption d'un gaz par un liquide, il y a pénétration intime et mutuelle des molécules des deux corps en présence, de telle manière qu'il en résulte une masse parfaitement homogène. On a affaire à un phénomène fort différent, quand le corps absorbant est solide ; dans ce cas, l'action est toute superficielle : le solide condense à sa surface le gaz avec lequel il se trouve en contact. Aussi les substances qui présentent le pouvoir absorbant le plus considérable sont-elles des corps poreux, tels que le charbon, l'écume de mer, l'éponge de platine ; ces substances ne manifestent leurs propriétés absorbantes que lorsqu'elles viennent d'être calcinées, et qu'on a ainsi chassé l'air atmosphérique qu'elles avaient condensé à leur surface. Le pouvoir absorbant des solides est notablement affaibli par l'humidité, parce que la couche d'eau qui adhère alors à leur surface diminue l'attraction de cette dernière pour le gaz.

L'ordre suivant lequel se rangent les différents gaz, sous le rapport de leur *absorbabilité*, est à peu près le même, que l'absorption ait lieu par les solides ou par les liquides. Ainsi Saussure a trouvé que 1 volume de charbon absorbe 90 volumes de gaz ammoniac, 33 d'acide carbonique, 9,25 d'oxygène, 7,5 d'azote et seulement 1,75 d'hydrogène. L'intensité de l'absorption dépend aussi de la nature du solide, et il est des corps qui paraissent avoir une affinité toute particulière pour certains gaz ; le palladium et le platine divisé se trouvent dans ce cas à l'égard de l'hydrogène. Le *briquet à hydrogène* de Dœbereiner, d'un usage si fréquent autrefois, repose précisément sur la propriété que possède la mousse de platine de condenser à sa surface de grandes quantités d'hydrogène et de déterminer par là la combinaison de ce gaz avec l'oxygène.

102. Écoulement des gaz. — Le principe de Pascal concernant la transmission des pressions dans l'intérieur d'une masse fluide s'applique aussi bien aux corps gazeux qu'aux liquides. Il en résulte que, si on pratique une ouverture dans la paroi d'un réservoir clos et plein de gaz, le fluide aériforme s'écoulera avec une vitesse conforme à la loi de Toricelli (cf. § 77). En supposant que l'écoulement ait lieu dans le vide, les molécules gazeuses possèdent à leur sortie la vitesse qu'acquerrait un corps en tombant dans le vide d'une hauteur égale à celle de la colonne de gaz qui mesure la pression au niveau de l'orifice d'écoulement. Cette vitesse est donnée par la formule :

$$v = \sqrt{2\,g\,H,} \qquad (1)$$

H étant la hauteur d'une colonne homogène de gaz dont le poids serait égal à la pression dans le réservoir.

Comme il n'est pas possible de mesurer directement H, on l'évalue en fonction de la hauteur h de la colonne mercurielle équivalente, qui est donnée par un manomètre. Or, les hauteurs de deux colonnes fluides qui font équilibre à la même pression sont évidemment entre elles en raison inverse de leurs densités, de sorte qu'on a :

$$H\,d = h\,D, \qquad (2)$$

en appelant D la densité du mercure et d celle du gaz qui s'écoule, cette dernière rapportée à l'eau, à la pression et à la température de l'expérience ; pour simplifier, nous supposerons la température égale à 0°. De l'égalité précédente on tire :

$$H = h\ \frac{D}{d}. \qquad (3)$$

En remplaçant d par sa valeur en fonction de la densité δ du gaz par rapport à l'air, de la densité de l'air par rapport à l'eau 0,0013 et de la hauteur h, ce qui donne :

$$d = 0{,}0013\ \delta\ \frac{h}{0{,}76}, \qquad (4)$$

on obtient :

$$H = \frac{D}{\delta} \times \frac{0{,}76}{0{,}0013}.$$

Mettant enfin cette valeur de H dans la formule de la vitesse, on arrive à l'équation :

$$v = \sqrt{2\,g\ \frac{D}{\delta} \times \frac{0{,}76}{0{,}0013}}, \qquad (5)$$

ou en remplaçant g et D par leurs valeurs et en effectuant les calculs :

$$v = 394^{m}\ \sqrt{\frac{1}{\delta}}. \qquad (6)$$

Pour un autre gaz de densité δ', la vitesse d'écoulement dans le vide aurait pour expression :

$$v' = 394\ \sqrt{\frac{1}{\delta'}}.$$

Si on prend le rapport des vitesses des deux gaz, on trouve :

$$\frac{v}{v'} = \sqrt{\frac{\delta'}{\delta}}. \qquad (7)$$

Cette dernière relation montre que *les vitesses, avec lesquelles deux gaz se précipitent dans le vide, sont en raison inverse des racines carrées des densités de ces gaz.*

L'expérience confirme d'une manière générale la loi qui vient d'être déduite de la théorie : l'acide carbonique s'écoule plus lentement que l'oxygène ;

l'oxygène, à son tour, étant plus lourd que l'hydrogène, coule moins vite que ce dernier gaz. Toutefois, pour les gaz comme pour les liquides, la vitesse effective n'atteint jamais la valeur de la vitesse théorique ; elle lui reste toujours inférieure d'un tiers ou même de moitié. Cet écart entre la théorie et l'expérience paraît dû à la collision des molécules gazeuses, qui perdent une partie de leur vitesse, en se heurtant les unes contre les autres au niveau de l'orifice d'écoulement ; et ce qui le prouve, c'est que la dépense effective peut être augmentée et rendue presque égale à la dépense théorique, à l'aide d'ajutages semblables à ceux dont nous avons expliqué l'action pour les liquides (cf. § 78).

Si le gaz, au lieu de se précipiter dans le vide, pénètre dans un espace renfermant déjà une certaine quantité du même fluide, il s'écoule plus lentement, puisqu'il a alors à vaincre une pression extérieure ; en outre, la vitesse diminue progressivement et le mouvement s'arrête entièrement, quand la pression est devenue la même à l'extérieur et à l'intérieur. [Le calcul montre que, dans ce cas, la vitesse d'écoulement est encore en raison inverse de la racine carrée de la densité du gaz, et que, de plus, elle dépend du rapport entre la pression intérieure du gaz et l'excès de cette dernière sur la pression extérieure.]

102ᵃ. Écoulement des gaz au travers d'espaces capillaires. — Quand un gaz circule dans des espaces capillaires, les lois de l'écoulement sont notablemens modifiées, comme cela arrive aussi pour les liquides. Les vitesses des divers gaz ne sont plus entre elles en raison inverse des racines carrées de leurs densités ; elles présentent des différences bien moins considérables, L'hydrogène, par exemple, circulant dans un tube ou dans un système de tubes capillaires, s'écoule seulement 2,7 fois plus vite que l'oxygènet tandis qu'il possède une vitesse près de 4 fois supérieure à celle de ce dernier gaz, lorsqu'il s'échappe par un orifice en mince paroi. Cependant la vitesse varie encore en sens inverse de la densité, mais dans un rapport qu'on est obligé de déterminer expérimentalement pour chaque gaz en particulier ; elle dépend, en outre, de la nature des parois du tube capillaire par lequel s'effectue l'écoulement. On tient compte de ces deux espèces d'influences, la densité du fluide gazeux et la substance du tube, en déterminant ce qu'on appelle le *coefficient de frottement* du gaz, par rapport à une substance donnée. Quand le tube d'écoulement n'est pas trop étroit et qu'il présente un diamètre uniforme, la dépense est, en outre, directement proportionnelle à la pression du gaz et en raison inverse du carré de la longueur du tube.

Ordinairement on étudie l'écoulement des gaz par les espaces capillaires dans des conditions plus complexes que celles que nous avons supposées jusqu'ici : au lieu d'un simple tube capillaire, à calibre régulier, on prend une cloison poreuse, en argile ou en plâtre, par exemple ; une pareille cloison peut être considérée comme composée d'une infinité de canalicules capillaires de formé irrégulière, dont le diamètre et la longueur sont inconnus ; on produit ainsi la *filtration*, ou comme l'appelle Graham, la *transpiration* du gaz. Dans ce cas, le coefficient de frottement ou de *filtration* n'est pas déterminé exclusivement par la nature du gaz et par celle du diaphragme poreux ; il comprend en même temps l'influence exercée

par les dimensions des espaces capillaires. La vitesse d'écoulement dépend
de ce coefficient de frottement, qui varie avec le gaz et avec le diaphragme
employé ; elle est, en outre, directement proportionnelle à la force élastique
du gaz.

[**102ᵇ. Pnéodynamique. Pnéomètres. Anapnographe**. — Le jeu de l'appareil
respiratoire est comparable à celui d'une pompe pneumatique aspirante et
foulante qui serait dépourvue de soupape et qui ne communiquerait avec
l'atmosphère que par une seule ouverture. La cage thoracique représente,
en effet, un corps de pompe, dont une portion des parois est formée d'une
membrane élastique, le muscle *diaphragme*, qui, par ses mouvements
successifs de contraction et de relâchement, remplit l'office de piston en
faisant alternativement croître et décroître la capacité de la poitrine. Dans
l'état de repos, ce muscle, qui constitue le plancher de la chambre respiratoire, s'élève en forme de voûte dans l'intérieur de la cavité thoracique ; cette élévation et cette forme du diaphragme sont déterminées
par la force élastique des poumons agissant de concert avec la pression
atmosphérique. On sait que la cavité du thorax n'est pas en communication
directe avec l'atmosphère ; elle en est séparée par un organe creux qui la
remplit entièrement, les poumons, espèce de sac double, à nombreuses
cloisons intérieures et en communication avec l'extérieur par un canal qui
porte le nom de *trachée-artère*.

Nous avons déjà signalé le rôle que joue la pression atmosphérique pour
maintenir la surface externe des poumons en contact avec les parois internes
de la cage thoracique et pour s'opposer ainsi à la formation d'un vide entre
les deux feuillets de la *plèvre* (cf. § 99). Ce résultat ne s'obtient pas sans
occasionner une distension assez considérable du tissu pulmonaire, et
comme ce tissu est élastique, il fait effort pour revenir à des dimensions
moindres. Plusieurs physiologistes, Carson, Bérard, Donders, Perls, ont
mesuré, à l'aide du manomètre à eau, la force élastique du poumon ; ce
dernier savant a étendu ses recherches à différents états morbides, et il est
arrivé à des résultats intéressants.

Cela posé, il est facile de se rendre compte du mécanisme physiolgique
des mouvements respiratoires. Quand le diaphragme se contracte, sa courbure s'efface principalement dans les parties latérales ; en même temps les
côtes sont légèrement soulevées et écartées ; de là une augmentation de la
capacité intérieure du thorax, qui a pour effet de diminuer la pression du
gaz primitivement contenu dans les poumons, et d'appeler un certain volume
d'air extérieur pour rétablir l'équilibre : tel est l'acte de l'*inspiration*.
Dans un second temps, le diaphragme revient au repos et, par suite, l'élasticité du poumon fait reprendre à la chambre respiratoire ses dimensions
premières : sous l'influence de l'augmentation de pression qui en résulte,
un volume d'air, égal à celui qui avait été appelé par l'inspiration, est
rejeté au dehors ; cette expulsion de l'air constitue l'acte de l'*expiration*.

Dans les conditions ordinaires d'une respiration calme, le renouvellement
de l'air dans les poumons s'opère comme on vient de l'indiquer : l'inspiration
qui détermine l'entrée de l'air est due à l'intervention active du diaphragme ;
l'expiration est un acte purement passif. Quant aux autres muscles,
qui prennent un ou plusieurs points d'appui sur la charpente osseuse du

thorax, ils n'entrent en jeu que dans les mouvements respiratoires *forcés;* les intercostaux, sur l'action desquels on a tant disserté, sont à peu près les seuls muscles qui fonctionnent aussi dans la respiration normale, et encore leur rôle se borne-t-il presque exclusivement à maintenir dans un état de tension convenable les parties molles qui remplissent les espaces intercostaux, et à les empêcher de céder aux efforts de la pression, soit extérieure, soit intérieure.

Le volume d'air qui, dans l'état physiologique, entre à chaque inspiration dans les poumons, ou en sort à chaque expiration, représente ce qu'on a appelé la *capacité respiratoire ordinaire*, et mesure le débit normal de la pompe thoracique; il est en moyenne de $^1/_2$ litre.

Après une expiration ordinaire, on peut, en mettant en jeu tous les muscles expirateurs, diminuer encore davantage la capacité pulmonaire et chasser une nouvelle quantité d'air, qui constitue la *réserve respiratoire* (Hutchinson). Mais, alors même qu'on a poussé l'expiration jusqu'à sa limite extrême, il reste toujours dans les poumons un certain volume de gaz qui est ce qu'on appelle le *résidu.*

D'autre part, si après un mouvement d'expiration *forcée*, on fait l'inspiration la plus complète possible, il pénètre dans les alvéoles pulmonaires, en sus de l'air nécessaire pour remplir la capacité respiratoire ordinaire et la réserve, un troisième volume de gaz que M. Milne-Edwards appelle *capacité complémentaire*. La somme de ces trois volumes représente la *capacité vitale* de Hutchinson, ou *capacité inspiratrice extrême* de Milne-Edwards. En ajoutant le résidu à la capacité vitale, on obtient la *capacité absolue* des poumons.

Pnéomètres ou spiromètres. — La mesure de ces différentes capacités importe autant au clinicien qu'au physiologiste. Divers instruments ont été imaginés dans ce but, sous le nom de *spiromètres*, ou mieux de *pnéomètres*.

Le plus employé est le *spiromètre* de Hutchinson (1846). Construit sur le principe du gazomètre des usines à gaz, cet appareil consiste essentiellement en une cloche renversée ou réservoir mobile, plongé dans un récipient plein d'eau et équilibré par des contre-poids qui facilitent les mouvements d'ascension ou de descente. L'air provenant de l'expiration est conduit, par l'intermédiaire d'un tube flexible, dans cette cloche qu'il fait monter d'une quantité en rapport avec son volume; l'élévation du réservoir se lit sur une échelle verticale placée à côté. Il importe, dans ces mesures, de tenir compte de la température et de la pression.

Dans le spiromètre de Boudin (1854), les gaz provenant de l'expiration sont amenés dans un sac ou ballon de caoutchouc à parois molles, qui reste naturellement affaissé sur lui-même, mais qui se gonfle par l'insufflation; une petite tige graduée est fixée verticalement sur la face supérieure de ce réservoir et s'élève à travers un orifice pratiqué dans un demi-cercle métallique dont les extrémités reposent sur une lame d'appui; l'élévation de la tige indique le volume de gaz introduit dans le ballon.

Le *pneumatomètre* de Bonnet, de Lyon (1856), n'était autre chose qu'un spiromètre construit sur le principe du compteur à gaz.

Le spiromètre imaginé par Guillet (1856) est extrêmement portatif; cet appareil, que son auteur appelait *pneusimètre à hélice*, consiste en un petit tube renfermant dans son intérieur un moulinet semblable à celui de l'anémomètre de Combes ; en soufflant à travers le tube, on fait tourner le moulinet, et le nombre des tours accomplis pendant la durée d'une expiration est indiqué par l'aiguille d'un compteur annexé à l'appareil. De ce nombre de tours on déduit, à l'aide d'une formule, le volume d'air expiré.

Les spiromètres font connaître le volume d'air inspiré ou expiré, et permettent ainsi de déterminer les différentes variétés de la capacité respiratoire, à l'exception toutefois de la capacité absolue. D'autre part, un certain nombre de physiologistes, parmi lesquels figurent MM. Vierordt, Marey, Chauveau, ont imaginé des procédés pour mesurer et enregistrer la fréquence des mouvements respiratoires, leur étendue et les variations qu'éprouve la pression de l'air, suivant la vitesse du courant d'entrée ou de sortie ; mais la quantité d'air inspiré ou expiré reste alors inconnue.

Anapnographe. — M. Bergeon, de concert avec M. Kastus, a inventé, sous le nom d'*anapnographe* (de ἀναπνοή, respiration), un appareil enregistreur qui donne des tracés de la respiration encore plus instructifs que ne le sont ceux du sphygmographe pour la circulation.

La figure 119 représente l'anapnographe primitif, tel qu'il a été présenté le 15 septembre 1868 à l'Académie de médecine[1]. Cet appareil consiste en une valve V, qu'on forme d'une lame très mince d'aluminium, afin de lui donner une grande légèreté. Cette lame, mobile autour d'un axe horizontal, constitue la paroi postérieure d'une caisse rectangulaire, dont l'intérieur est mis en communication avec les voies respiratoires par l'intermédiaire d'un tube flexible qui se fixe sur l'orifice A. Deux petits ressorts antagonistes, dont on règle l'action à l'aide des boutons RR, ramènent la valve V dans la position verticale, sitôt qu'aucune force étrangère ne tend plus à l'en écarter. Un levier extrêmement léger, fixé sur l'axe de rotation de la valve, se dirige verticalement en bas et se termine par une plume S qui inscrit sur une bande de papier mobile les déplacements de la valve. Un mécanisme d'horlogerie déroule le papier d'un mouvement uniforme.

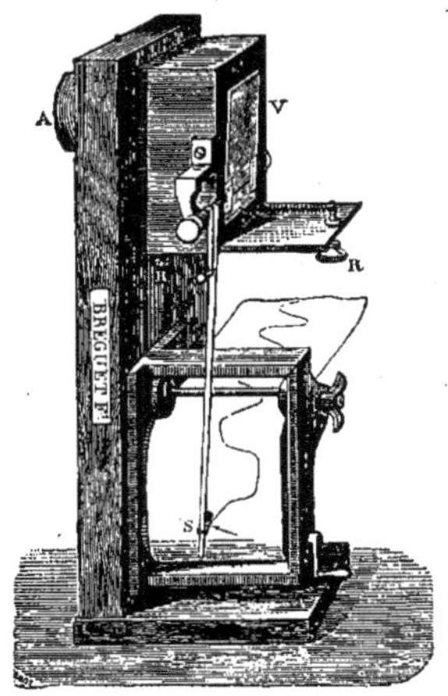

FIG. 119. — Anapnographe (spiromètre écrivant) de Bergeon et Kastus. ·

A, orifice par lequel on respire au moyen d'un tube et des capuchons représentés dans la figure 120. — V, valve mobile suivant tous les mouvements du courant d'air. — R, R, boutons de réglage, à l'aide desquels on établit l'équilibre entre les ressorts qui ramènent la valve dans la position verticale. — S, pointe écrivante qui trace les excursions de la valve sur une bande de papier mobile.

(1) Voir la théorie de cet appareil dans le travail suivant : Bergeon et Kastus, Nouvel appareil enregistreur de la respiration (*Gazette hebd. de méd. et de chir.* 1868, n°° 37, 39 et 40). ·

Pour faire fonctionner l'anapnographe, il suffit de coiffer le nez du sujet en observation de l'un des capuchons représentés dans la figure 120, et de relier cette pièce à la boîte de l'appareil par un tube flexible. A chaque mouvement respiratoire, la pression augmente ou diminue dans l'intérieur de la caisse, et, par suite, de l'air cherche à entrer ou à sortir ; mais il ne peut y parvenir qu'en écartant dans un sens ou dans l'autre la valve V qui obture le fond de la caisse aussi exactement que possible, sans cependant qu'il y ait aucun contact, ni frottement. Les mouvements de la valve indiquent donc le passage de l'air par l'appareil. En outre, et c'est là ce qui constitue le mérite essentiel de l'anapnographe, *les écarts de la valve sont sensiblement proportionnels aux débits*, c'est-à-dire aux quantités de gaz écoulé. Ce résultat a été obtenu par une disposition particulière consistant à donner à la valve des dimensions moindres que celles de la face postérieure de la boîte et à compléter cette face à l'aide d'un cadre.

Fig. 120. — Capuchons nasaux de l'anapnographe.

L'appareil primitif a été de la part de M. Bergeon l'objet de perfectionnements d'une importance capitale. Dans le nouveau modèle [1], la valve occupe le milieu de la caisse qu'elle divise en deux compartiments égaux, et la proportionnalité mathématiquement exacte entre les écarts de la cloison mobile et les volumes d'air qui traversent l'appareil est obtenue par la disposition suivante : le plafond de la boîte présente en son milieu une arête vive, transversale, qui se trouve en regard et aussi près que possible du bord supérieur de la valve, quand celle-ci se tient dans la position verticale ; de chaque côté de cette ligne, la surface du plafond décrit une courbe parabolique à concavité dirigée vers le bas. Le calcul démontre, en effet, que dans ce cas, *à chaque position de la valve correspond un orifice de sortie de l'air donnant un débit proportionnel à l'écartement*. Les deux ressorts antagonistes destinés à maintenir la cloison mobile ont été remplacés par un ressort unique en spirale.

Les tracés obtenus à l'aide de l'anapnographe ont une forme sinueuse analogue à celle des graphiques que donne le sphygmographe. Ils fournissent les indications suivantes : 1° la fréquence et la durée de l'inspiration et de l'expiration ; 2° les variations de pression et de vitesse du courant d'air à tous les instants ; 3° le débit de la pompe thoracique, c'est-à-dire le volume d'air inspiré ou expiré dans un temps donné, si petit qu'il soit.

Capacité absolue des poumons. — Ni les spiromètres, ni l'anapnographe, ni aucun autre instrument ne permettent de déterminer sur le vivant la capacité absolue des poumons. Pour obtenir cette donnée, M. Gréhant [2] a eu recours à une méthode fort ingénieuse. Le sujet en observation inspire un volume déterminé d'hydrogène ; puis il exécute

[1] Bergeon, *Recherches sur la physiologie médicale de la respiration, à l'aide d'un nouvel appareil enregistreur, l'anapnographe.* Paris, 1869.

[2] Gréhant, *Recherches physiques sur la respiration de l'homme.* Thèse de Paris, 1864.

plusieurs mouvements respiratoires, en faisant passer les gaz de l'expiration dans un vase clos (cloche renversée sur l'eau), et en réinspirant ces mêmes gaz ; il évitera avec soin l'introduction de l'air extérieur dans les poumons ou dans la cloche ; après cinq ou six mouvements respiratoires, le mélange de l'hydrogène et des gaz primitivement contenus dans les poumons est homogène. Il suffit alors d'en recueillir une certaine quantité et d'y doser la proportion d'hydrogène.

Soit x la capacité absolue des poumons, v le volume d'hydrogène qui a été mêlé aux gaz de la respiration, V le volume du mélange soumis à l'analyse et v' la quantité d'hydrogène qu'il renferme ; nous aurons évidemment la relation :

$$\frac{x}{v} = \frac{V}{v'},$$

d'où il est facile de tirer la valeur de x.

Cette méthode suppose que l'hydrogène n'est pas sensiblement absorbé dans les poumons, fait constaté par MM. Regnault et Reiset.]

[**102c. Spirophore.** — Le docteur Woillez a donné ce nom à un appareil de son invention (1876), destiné à pratiquer la respiration artificielle chez les asphyxiés et les noyés.

Cet appareil de sauvetage se compose d'un cylindre en tôle, fermé à un bout, ouvert à l'autre, et assez grand pour recevoir le corps de l'asphyxié, à l'exception de la tête, qui reste libre au dehors. Un diaphragme approprié clôt ensuite hermétiquement l'ouverture qui entoure le cou. Un soufflet d'une capacité de plus de 20 litres communique avec cette caisse au moyen d'un gros tube ; il est mis en mouvement par un levier qui, en s'abaissant, diminue la tension de l'air emprisonné autour du corps, tandis que, en se relevant, il refoule dans l'intérieur du cylindre le gaz qu'on vient d'en extraire.

Lorsque la tension diminue dans la caisse, l'air extérieur est appelé dans la poitrine, où il pénètre par les voies respiratoires, pour rétablir l'équilibre de pression ; puis, quand le gaz extrait de la caisse y rentre, les poumons rejettent un volume d'air égal à celui qui s'y était introduit pendant l'inspiration. On peut ainsi entretenir artificiellement les mouvements respiratoires chez les individus qui ont cessé de respirer par faiblesse ou par paralysie des puissances inspiratrices.

Une fenêtre, pratiquée sur le devant de la caisse et fermée par une glace transparente, permet de voir la poitrine et l'abdomen du patient.]]

103. Diffusion des gaz. — Quand on établit une communication entre deux espaces clos, renfermant chacun le même gaz, à la même pression et à la même température, il ne se produit aucun mouvement des deux masses fluides l'une vers l'autre ; mais, si les gaz en présence sont de nature différente, l'équilibre ne subsiste plus, lors même que la pression et la température sont identiques dans les deux réservoirs : un double courant s'établit, chacun des gaz passant du vase où il est renfermé dans l'espace occupé par l'autre. Ce double mouvement continue jusqu'à ce que les deux masses fluides soient uniformément réparties dans tout le système ; il s'arrête sitôt que le mélange est devenu parfaitement homogène.

Le transport des molécules gazeuses, qui a pour effet d'en déterminer le mélange, porte le nom de *diffusion des gaz* ou d'*aéro-diffusion*.

La diffusion des gaz diffère essentiellement de celle des liquides. Cette dernière semble due, comme on l'a vu, à une sorte d'attraction qui s'exercerait entre les molécules appartenant à des substances différentes, et c'est de l'intensité de ce pouvoir diffusif que dépend la vitesse de la diffusion ; en outre, le phénomène en question ne s'observe que pour certains liquides déterminés, pour ceux qui sont miscibles ; les autres restent séparés et se superposent dans l'ordre décroissant de leurs densités. Au contraire, tous les gaz se mélangent entre eux, et leur diffusion se produit sitôt qu'on les met en contact les uns avec les autres ; de plus, le transport des molécules gazeuses reconnaît pour cause cette propriété des fluides aériformes de tendre sans cesse à occuper tout l'espace offert à leur expansion. Une masse gazeuse s'écoule, par conséquent, dans un autre gaz, de la même manière qu'elle se répandrait dans le vide, avec cette différence toutefois que la vitesse d'écoulement est moins grande.

Dans la diffusion, les gaz se déplacent souvent en sens contraire du mouvement que tendent à leur imprimer leurs pesanteurs spécifiques. Lorsque, par exemple, on place au-dessus d'un ballon renfermant de l'acide carbonique un second ballon plein d'hydrogène à la même pression et à la même température, et qu'on établit la communication entre les deux gaz, l'acide carbonique monte en partie dans le vase supérieur, pendant qu'un volume égal d'hydrogène se répand dans le réservoir inférieur pour y remplacer l'acide carbonique sorti *(expérience de Berthollet)*. Quant à la pression, elle conserve, dans chaque ballon, sa valeur première pendant toute la durée du phénomène. Si, primitivement, elle n'était pas la même dans les deux gaz, elle ne tarde pas à s'égaliser dès qu'on les fait communiquer ensemble; en même temps le mélange s'effectue, mais avec plus de lenteur que s'il n'y avait pas eu de différence de pression. On peut se convaincre que les choses se passent ainsi, en adaptant un manomètre à chacun des ballons. [On constate alors que *la force élastique du mélange est toujours égale à la somme des forces élastiques des gaz mélangés, rapportés chacun au volume total, conformément à la loi de Mariotte.*

Tel est l'énoncé de la loi qui régit le mélange d'un nombre quelconque de gaz, dont les volumes et les pressions sont aussi quelconques. De cette loi, connue sous le nom de *loi de Dalton*, il résulte que *dans un mélange de plusieurs gaz, la pression exercée par chacun d'eux est la même que s'il occupait seul le volume total.*

En appelant f, f', f''... les forces élastiques de plusieurs gaz qui occupent respectivement les volumes v, v', v''...., en désignant par V le volume total du mélange, et par F la force élastique finale, on peut représenter algébriquement la loi de Dalton de la manière suivante:

$$F = f\,\frac{v}{V} + f'\,\frac{v'}{V} + f''\,\frac{v''}{V} +\dots$$

$$= \frac{fv + f'v' + f''v'' +}{V}\dots$$

ou encore : $$F\,V = f\,v + f'\,v' + f''\,v'' +\dots]$$

104. Osmose des gaz. — Les lois de la diffusion et de l'écoulement des gaz à travers des espaces capillaires s'appliquent aussi au cas où les deux fluides sont séparés par une cloison poreuse. [Le phénomène correspond, dans ce cas, à celui que nous avons étudié pour les liquides, sous le nom d'*osmose*.] Dans l'osmose des gaz, de même que dans leur simple diffusion, les molécules d'espèces différentes se mélangent les unes avec les autres, de manière à former une masse homogène. La rapidité avec laquelle s'accomplit l'échange des gaz est proportionnelle à la différence des pressions qui s'exercent sur les deux faces de la cloison poreuse et au *coefficient* dit *de frottement ;* si la pression est maintenue égale de part et d'autre de la cloison, on n'a à tenir compte que du coefficient de frottement, lequel dépend, comme nous l'avons dit, de la nature du gaz et du diaphragme à travers lequel s'opère la diffusion. On réalise cette condition en introduisant dans le tube t (fig. 121) un gaz, de l'hydrogène, par exemple, à la pression atmosphérique; l'extrémité supérieure du tube est fermée par un tampon de plâtre p, et la partie inférieure, ouverte par le bas, plonge dans un bain de mercure que renferme l'éprouvette F. On enfonce le tube de manière que le niveau du bain soit le même à l'extérieur et à l'intérieur; l'hydrogène possède alors une force élastique exactement égale à la pression atmosphé-

Fig. 121. — Tube de Graham pour étudier l'osmose des gaz.

rique, de sorte que la pression est la même de part et d'autre du tampon de plâtre, à travers lequel s'opère la diffusion. On observe dans ces conditions que l'hydrogène sort de l'appareil plus vite que l'air n'y entre, et que, par suite, le mercure monte assez rapidement dans le tube; si on a soin de maintenir le liquide intérieur constamment au niveau du bain extérieur, en enfonçant progressivement le tube à mesure que le volume du gaz qui y est renfermé diminue, on conserve l'égalité des pressions extérieure et intérieure. Au bout de quelque temps, tout l'hydrogène a disparu et a été remplacé par un volume moindre d'air atmosphéri-que. Quand, au lieu d'hydrogène, on emploie de l'acide carbonique, c'est alors l'air qui pénètre plus rapidement que l'acide carbonique ne sort, et il en résulte que la masse gazeuse augmente de volume dans l'intérieur du tube.

On voit, d'après ce que nous venons d'exposer, qu'il existe une grande analogie entre l'osmose et la diffusion des gaz ; ces deux phénomènes ne diffèrent que sous un seul rapport: dans l'osmose, la pression ne se transmet pas à travers le diaphragme poreux; il en

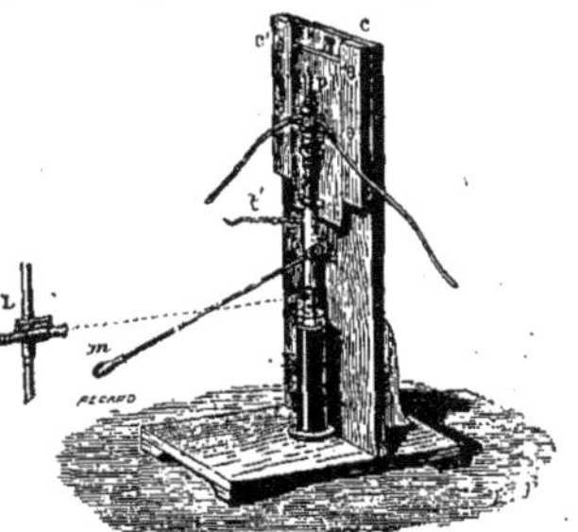

Fig. 122. — Diffusiomètre de Bunsen.

résulte que chacun des gaz pénètre dans l'espace occupé par l'autre, exactement comme s'il se précipitait dans le vide.

[[Le *diffusiomètre de Bunsen* (fig. 122) est préférable au tube de Graham, en ce qu'il permet d'opérer sous diverses pressions et de maintenir facilement invariables les niveaux du mercure pendant toute la durée d'une expérience. A cet effet, le tube à diffusion *t* est fixé sur une planchette que l'observateur peut faire mouvoir au moyen d'une petite manivelle *m* et d'un système de roues dentées ; le tube *t* est muni, au-dessous du diaphragme en plâtre, d'un tube latéral *t'*, destiné à recueillir du gaz à un moment quelconque de l'expérience pour en faire l'analyse; deux autres tubes latéraux servent à amener l'air ou tout autre gaz au-dessus de la cloison poreuse. Une soupape conique, qu'on peut élever ou abaisser au moyen de la tige P, permet d'établir ou d'interrompre à volonté le courant gazeux. Les niveaux du mercure dans le tube à diffusion et dans la cuvette E sont visés, à travers une lunette L, par l'observateur qui tient en même temps à la main la manivelle *m*, pour rétablir la pression primitive à mesure qu'elle tend à changer.]]

PRINCIPALES INDICATIONS BIBLIOGRAPHIQUES RELATIVES A LA MÉCANIQUE DE LA RESPIRATION

HAMBERGER. *Dissertatio de respirationis mechanismo et usu genuino.* Iena, 1727.

HALLER. *De respiratione experimenta anatomica,* etc. Gœttingen, 1746 (traduction française. Lausanne, 1758).

CARSON. On the elasticity of the lungs (*Phil. Trans.*, 1820, p. 29).

BÉRARD. Effets de l'élasticité des poumons (*Arch. gén. de méd.*, 1830, 1re série. t. XXIII, p. 79).

HUTCHINSON. On the capacity of the lungs and on the respiratory functions (*Med. chir. Trans.* London, 1846, t. XXIX, p. 137).

G. SIMON. *Ueber die Menge der ausgeathmeten Luft bei verschidenen Menschen und ihre Messung durch das Spirometer.* Giessen, 1848.

ALBERS. Nothwendige Correctionen bei Anwendung des Spirometers (*Wiener med. Wochenschrift*, 1852, nos 39 et 44).

DONDERS. Beitr. zum Mechanismus der Respiration (*Zeitsch. f. ration. Med.*, 1853, 2e série, t. III, p. 287).

FABIUS. *De spirometro ejusque usu.* Amsterdam, 1853.

HECHT. *Essai sur le spiromètre.* Strasbourg, 1855.

BONNET. Application du compteur à gaz à la mesure de la respiration (*Comptes rendus*, 1856, t. XLII, p. 519, et XLIII, p. 825).

GUILLET. Description d'un spiromètre (*Ibid.*, 1856, t. XLIII, p. 214).

SCHNEPF. Note sur un nouveau spiromètre d'une sensibilité et d'une simplicité extrêmes (*Ibid.*, 1856, t. XLIII, p. 1046).

KOSTER. Ueber die Wirkung der Respirationsmuskeln, etc. (*Archiv f. die holländ. Beiträge* etc., 1860).

BERGEON et KASTUS. Nouvel appareil enregistreur de la respiration (*Gaz. hebdom. de méd. et de chir.*, 1868, nos 37, 39 et 40).

PERLS. Ueber die Druckverhältnisse im Thorax bei verschiedenen Krankheiten (*Deutsches Archiv f. klin. Medicin* de Ziemssen et Zenker, 1860, t. IV, p. 1-86).

BERGEON. *Recherches sur la physiologie médicale de la respiration à l'aide d'un nouvel appareil enregistreur, l'anapnographe.* Paris, 1869.

P. BERT. *Leçons sur la physiologie comparée de la respiration.* Paris, 1870.

DUVAL (Mathias). *Nouveau Dictionnaire de médecine et de chirurgie pratiques,* t. XXXI, art. Respiration.

LIVRE III

ACOUSTIQUE

CHAPITRE PREMIER

PRODUCTION ET PROPAGATION DU SON

105. Nature du son. — L'*acoustique* a pour objet l'étude du *son*. Tout mouvement, qui, en arrivant à notre oreille, y éveille une sensation auditive, produit ce qu'on appelle un *son*.

Dans la grande majorité des cas, le mouvement se propage par l'intermédiaire de l'atmosphère pour parvenir jusqu'à nous ; le son reconnaît donc pour cause immédiate la plus fréquente les vibrations de l'air. Une cloche placée dans le vide et mise en branle ne rend aucun son, parce que les vibrations qu'y a fait naître le choc du marteau ne peuvent pas, en l'absence de l'air, se transmettre à notre oreille.

Les ébranlements excités dans l'air ne sont perçus comme son que s'ils ont une intensité suffisante ; des ébranlements, relativement peu intenses, mais qui se répètent en grand nombre et à des intervalles très rapprochés, peuvent aussi donner naissance à des sensations sonores.

105ª. Sirène acoustique. — La *sirène* est un instrument à l'aide duquel il est possible de produire, dans l'air ou dans tout autre milieu fluide, une série de chocs qui se succèdent avec telle rapidité qu'on désire.

La sirène de Cagniard de la Tour consiste essentiellement en un disque V V, représenté dans les figures 123, 124 et 125, en élévation, en coupe verticale et en projection horizontale. Ce disque est percé, près de sa circonférence, d'une série d'ouvertures équidistantes ; il se trouve placé au-dessus d'un réservoir à air D D, dont le couvercle porte aussi des ouvertures, en nombre égal à celles du disque et disposées de la même manière, avec cette différence toutefois que le plateau supérieur a ses ouvertures inclinées dans un sens, tandis que l'inférieur a les siennes en sens inverse, comme le montre la coupe verticale de la figure 125. Le disque V V est porté par une tige verticale qui lui sert de pivot et avec laquelle il peut tourner, sous la plus légère impulsion, autour d'un axe vertical passant par son centre. Un tuyau E E qui débouche dans le fond de la caisse à air y amène le vent d'une soufflerie ; l'air ainsi insufflé s'échappe à l'extérieur, en passant d'abord par les ouvertures du plateau inférieur et de là, par celles du disque mobile, quand ces deux séries d'ouver-

tures se correspondent; d'où un choc de l'air insufflé contre l'air extérieur.
En même temps, par suite de l'inclinaison relative des axes des ouvertures
des deux plateaux, l'air, en s'échappant, imprime au disque supérieur
un mouvement de rotation, dont on peut augmenter ou diminuer à volonté
la vitesse, en faisant varier dans le même sens la pression dans la caisse.
En un mot, chaque fois que les ouvertures du disque mobile se trouvent

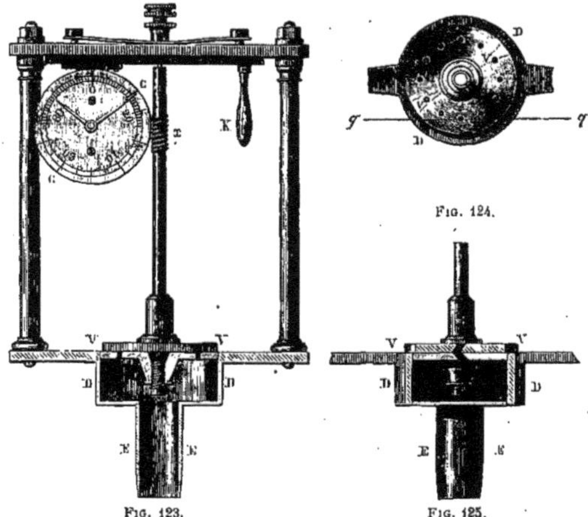

Fig. 124.

Fig. 123.   Fig. 125.

Fig. 123. — Sirène de Cagniard de la Tour.

C, C, cadran du compteur. — D, D, caisse à air, dont le couvercle est percé de trous. — E, E, tuyau amenant dans
la caisse le vent de la soufflerie. — V, V, disque mobile percé de trous. — K, manette destinée à mettre le compteur en rapport avec l'axe du disque mobile, à l'aide de la vis sans fin x.

Fig. 124. — Le disque mobile de la sirène, vu d'en haut.

Fig. 125. — Coupe verticale du disque et de la caisse à air faite suivant la droite q q de la figure 124.

en regard de celles du plateau fixe, l'air de la caisse D D s'échappe et
produit un ébranlement dans la masse gazeuse extérieure; puis, le disque
mobile, venant à tourner, bouche les trous du plateau inférieur et interrompt la sortie du gaz, et ainsi de suite. La fréquence des chocs imprimés
à l'air extérieur dépend du nombre des ouvertures et de la vitesse de rotation
du disque. Si, par exemple, la sirène porte 12 ouvertures et que le disque
accomplisse 10 rotations par seconde, le nombre des chocs en une seconde
sera de 10 fois 12 ou 120.

Pour connaître le nombre des chocs dans un temps donné, on met l'axe
du plateau mobile en rapport avec un compteur placé à la partie supérieure
de l'appareil; ce compteur indique le nombre des tours du disque, au
moyen d'une aiguille qui se meut, sur un cadran divisé C C, de la même
manière que l'aiguille d'une montre. Il existe ordinairement un second
cadran, actionné par le premier, et qui donne le nombre des tours décrits
par la première aiguille.

106. Distinction entre le bruit et le son. — Lorsqu'on met la sirène en marche,
on n'entend au commencement aucun son ; mais, à mesure que le mouvement
s'accélère, le nombre des chocs augmente, et quand il est de 16 par seconde,
on perçoit un *son musical ;* la hauteur de ce son s'élève à mesure que la
vitesse de rotation de l'appareil augmente.

Supposons maintenant qu'on remplace le disque à trous équidistants
par un autre (fig. 126), dont le pourtour soit percé d'ouvertures irrégulièrement distribuées : avec un semblable disque
on n'obtient jamais de son musical, quelle que soit
la vitesse de rotation ; on entend ce qu'on appelle
un *bruit*, qui, dans le cas particulier, est un sifflement.

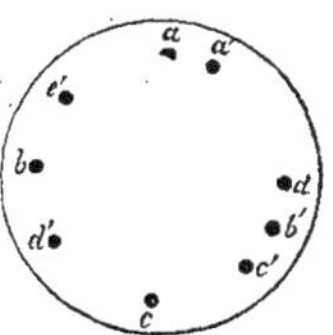

Fig. 126. — Plateau de sirène
à ouvertures non équidis-
tantes, produisant un mé-
lange confus de sons musicaux.

Toutes nos sensations auditives se ramènent à des
bruits ou à des *sons musicaux*. Il y a fréquemment combinaison de ces deux espèces de sons ;
ainsi, des bruits accompagnent la plupart des sons
musicaux fournis par nos instruments de musique.
D'autre part, il n'existe peut-être pas un seul bruit
qui ne présente jusqu'à un certain degré le caractère
musical : avec un peu d'attention et d'habitude, on
peut reconnaître l'existence de sons musicaux dans le bruissement du vent,
dans le roulement d'une voiture, dans le grondement du tonnerre, dans
le bruit de la chute d'un corps sur le sol, etc. De toutes les sources
sonores, la voix humaine est celle qui participe au plus haut degré à la
fois du son musical et du bruit : les consonnes consistent en bruits ; les
voyelles, au contraire, ont davantage un caractère musical ; les bruits
dominent dans la parole ; les sons musicaux ont le rôle prépondérant
dans le chant.

L'expérience indiquée au début de ce paragraphe nous donne la clef de la
différence qui existe entre un bruit et un son musical. Quand les chocs
répétés qui produisent le son se succèdent à des intervalles irréguliers, il
en résulte un bruit ; quand, au contraire, l'intervalle de temps qui sépare
deux chocs consécutifs est constant, le son produit est musical. La même
expérience explique aussi pourquoi la plupart des bruits ont en même temps
un certain degré de caractère musical. Considérons, par exemple, le disque
représenté dans la figure 126 : les ouvertures dont il est percé se trouvent
disposées le long d'une circonférence concentrique à la périphérie du
plateau, mais à des distances inégales les unes des autres ; toutefois, dans
le nombre, il s'en rencontre toujours quelques-unes de plus ou moins
sensiblement équidistantes ; tel est, par exemple, le cas des trous *a*, *b*, *c*, *d*.
Si ces dernières ouvertures existaient seules, l'appareil donnerait, pour une
certaine vitesse de rotation du plateau, un son musical d'une hauteur
déterminée ; c'est la présence des autres ouvertures qui vient troubler
la pureté de ce son musical et le tranformer en bruit.

Nous pouvons donc considérer tout bruit comme n'étant autre chose
qu'un mélange confus de sons, à la formation duquel prennent part un certain nombre de chocs qui se répètent à intervalles réguliers. Il arrive même
qu'on rencontre dans un bruit plusieurs mouvements à périodicité régulière

qui, s'ils étaient entendus séparément, engendreraient chacun un son
musical pur; mais, en se produisant tous à la fois, ils se nuisent mutuel--
lement et donnent ainsi naissance à un bruit. Allant plus loin, nous dirons
qu'il est possible de résoudre tous les bruits en réunions de sons musicaux,
c'est-à-dire en séries de vibrations régulières qui s'accomplissent en même
temps et qui parfois changent rapidement de périodicité. Supposons, par
exemple, que dans le disque de la figure 126 il y ait, outre les ouvertures
équidistantes a, b, c, d, d'autres trous a', b', c',..... inégalement espacés; si
on considère séparément deux de ces derniers, tels que a' et b', placés à
une distance déterminée l'un de l'autre, leur présence produira, pendant la
rotation du disque, une série de chocs groupés deux par deux; or, il suffit
de deux vibrations pour engendrer le commencement d'un son musical de
hauteur déterminée. Si donc nous admettons, et l'expérience confirme cette
manière de voir, que dans la formation du bruit il se produise une succession de sons musicaux dont la hauteur change très rapidement, nous pourrons définir le bruit, *un mélange de sons musicaux discordants.*

107. Vitesse des vibrations sonores. — Les circonstances favorables à la production des sons ne manquent pas dans la nature. On perçoit, en effet, un
son toutes les fois qu'un corps, animé d'un mouvement vibratoire régulier,
transmet ses vibrations à notre oreille par l'intermédiaire de l'air, à condition cependant que les vibrations transmises aient une intensité et une
rapidité suffisantes. Nous avons déjà appelé l'attention sur la fréquence
du mouvement vibratoire dans les phénomènes naturels (liv. I, §§ 34 et 36).
Tout corps, soumis à l'influence de forces qui tendent à le retenir dans
une position déterminée, se met à accomplir des oscillations à périodes
régulières, quand il vient d'être écarté de sa position d'équilibre par une
impulsion étrangère; lorsque les différentes molécules du corps entrent successivement en vibration, le mouvement est ondulatoire. Les manifestations
sonores que nous désignons sous le nom de *sons musicaux*, reconnaissent
donc pour cause générale le mouvement vibratoire et ondulatoire.

Mais il importe de remarquer que tous les mouvements périodiques ne
procurent pas de sensations auditives : les oscillations du pendule, les ondes
des liquides, se succèdent à des intervalles de temps trop éloignés pour produire un son; les vibrations qui engendrent la chaleur et la lumière, ont, au
contraire, des périodes trop courtes pour impressionner l'organe de l'ouïe.
Il faut donc que la vitesse de vibration soit comprise entre certaines limites
pour éveiller en nous la sensation d'un son.

A l'aide de la sirène acoustique (cf. § 105ª), il est facile de déterminer
les limites supérieure et inférieure des sons musicaux perceptibles : il suffit
d'évaluer les vitesses de rotation du disque correspondantes à l'instant où
l'on commence à entendre un son musical et à l'instant où l'on cesse d'en
percevoir. En procédant de la sorte, on a trouvé les limites de perceptibilité des sons musicaux comprises entre 16 et 38 000 vibrations doubles
par seconde. Mais on ne distingue nettement la hauteur du son que dans
l'intervalle de 30 à 4 000 vibrations; la plupart des sons en usage dans la
musique ne dépassent pas ces limites restreintes.

On vient de voir entre quelles limites peut varier la vitesse d'oscillation,
sans que le mouvement vibratoire de l'air cesse d'être perçu comme son

musical ; les mêmes limites existent pour la production des bruits, puisqu'il ne faut voir dans ces derniers que des combinaisons de sons musicaux.

108. Forme des ondes sonores. — Nous avons dit précédemment (§§ 30 et 35) que tous les mouvements vibratoires se propagent sous forme d'ondes, soit longitudinales, soit transversales. Ces deux espèces de vibrations peuvent, l'une et l'autre, donner naissance au son ; mais, comme les ondes aériennes consistent toujours en condensations et en dilatations, nos sensations auditives reconnaissent, en définitive, pour cause immédiate, des vibrations longitudinales. Quant au mouvement même de l'air, il peut être engendré aussi bien par les vibrations transversales des corps sonores que par leurs vibrations longitudinales.

108ª. Origine du son. — Dans bien des cas, l'air est lui-même l'origine première du son, par exemple, toutes les fois qu'il est violemment ébranlé : le bruit de la tempête, celui du tonnerre proviennent des secousses irrégulières de la masse gazeuse atmosphérique ; les sons musicaux rendus par la flûte et par les tuyaux d'orgue ont leur source dans les ébranlements régulièrement périodiques de l'air que renferment les cavités cylindriques de ces instruments ; on produit ces ébranlements en soufflant par l'*embouchure* du tuyau.

Le son a plus souvent encore pour origine les vibrations des corps solides. Le choc de deux de ces corps l'un contre l'autre produit un bruit dont la cause première réside dans l'ébranlement imprimé aux molécules solides et transmis ensuite à l'air environnant. Les vibrations des solides, qu'elles soient transversales ou longitudinales, peuvent aussi engendrer des sons musicaux : en frottant une verge dans le sens de sa longueur, on y détermine des ondes alternativement condensantes et dilatantes, d'où résulte un son d'une tonalité reconnaissable à l'oreille.

C'est aux vibrations transversales des solides qu'on a recours habituellement pour obtenir les notes de la musique. Dans ce but, on fait vibrer des verges et des lames métalliques, des cordes et des membranes tendues : telle est l'origine des sons rendus par le diapason, le piano, le violon, le tambour, les timbales et les instruments à anches.

La ressemblance entre les instruments à anches et l'appareil vocal de l'homme est complète au point de vue du mode de production des sons : les cordes vocales inférieures du larynx représentent des anches membraneuses d'une forme particulière, que fait vibrer le passage de l'air venant des poumons (cf. § 115).

[Dans les exemples que nous venons de citer, le son est toujours le résultat d'une action mécanique ; mais, en vertu du principe de l'équivalence des forces (cf. § 11ª), les vibrations sonores peuvent aussi être engendrées par l'énergie chimique, par la chaleur, par la lumière, par l'électricité et le magnétisme.

Si on enflamme un jet de gaz ou de vapeur combustible (hydrogène, oxyde de carbone, vapeur d'éther, gaz d'éclairage, etc.) à l'extrémité d'un tube effilé, entouré lui-même d'un second tube de diamètre plus grand, il se produit, au-dessus de la flamme, une série de détonations qui proviennent de la combustion du mélange explosible de l'oxygène atmosphérique avec de petites quantités de gaz entraînées par le courant d'air ascendant ;

l'air vibre donc et rend un son qui résulte de la transformation de l'énergie chimique en mouvement vibratoire sonore.

Cette expérience de l'*harmonica chimique* peut être modifiée de manière à faire de l'énergie calorifique la cause immédiate du son produit. Il suffit, à l'exemple de M. Rijke, d'engager à frottement, dans un tube de verre assez large, un morceau de toile métallique et de le porter au rouge en le chauffant par-dessous au moyen d'une flamme quelconque : à peine a-t-on retiré cette dernière que le tube se met à chanter. Les vibrations résultent ici de la dilatation brusque des différentes couches d'air que le courant ascendant amène successivement en contact avec la toile métallique chaude.

Les corps solides sont aussi susceptibles de rendre des sons d'origine thermique. Dans l'expérience de Trewelyan, par exemple, une lame de laiton, appelée *berceau*, et creusée sur sa face inférieure d'une gouttière longitudinale, est chauffée, puis déposée sur un anneau de plomb. L'un des bords de la gouttière venant seul à toucher le plomb, ce dernier s'échauffe au point de contact, se dilate et forme un petit monticule qui fait basculer le berceau ; l'autre bord de la gouttière arrive alors au contact du plomb et, le même effet de dilatation et de soulèvement se reproduisant, le berceau bascule en sens inverse. De ce balancement de la lame de laiton résulte, entre les deux métaux, une série de chocs qui se succèdent assez rapidement pour produire un son.

Dans ces deux dernières expériences, le calorique, cause première de l'ébranlement, se propage par conductibilité ; la chaleur rayonnante peut aussi donner lieu à des phénomènes du même genre. Pour le montrer, M. Tyndall enferme un gaz dans un ballon de verre, qu'il met en communication avec l'oreille, au moyen d'un tube de caoutchouc terminé par un embout d'ivoire. A l'aide d'une roue dentée, il fait tomber sur le ballon des radiations calorifiques intermittentes : si le gaz n'est pas complètement diathermane, il se dilate chaque fois qu'il est frappé par un rayon de chaleur, puis diminue de volume aussitôt après, lorsqu'une dent de la roue vient interrompre l'arrivée du flux calorifique. Ces variations périodiques de volume, dont on peut à volonté augmenter ou diminuer la fréquence, en changeant la vitesse de rotation de la roue, engendrent un mouvement vibratoire des molécules gazeuses, et l'oreille perçoit un son d'autant plus intense que le pouvoir diathermane du gaz soumis à l'expérience est plus faible.

On verra plus loin (cf. § 123) comment MM. Bell et Tainter, d'un côté, et M. Mercadier, de l'autre, ont utilisé ces phénomènes pour la construction du thermophone, et comment le photophone de Bell fournit un exemple de la transformation indirecte du mouvement lumineux en vibrations sonores.

L'électricité peut aussi provoquer des ébranlements mécaniques et donner naissance à un son : c'est ce que prouve le bruit qui accompagne l'étincelle des machines électriques. Le phénomène découvert par Page, en 1837, fournit un autre exemple d'une transformation analogue : un barreau de fer doux, placé dans l'axe et à l'intérieur d'une bobine d'induction, est soumis à des aimantations et à des désaimantations successives engendrées par la fermeture et l'ouverture alternatives du courant inducteur ; ces changements d'état magnétique du barreau s'accompagnent de vibrations intérieures, longitudinales suivant M. de La Rue, à la fois longitudinales et transversales suivant M. Wertheim ; il en résulte un son dont le nombre de vibrations est égal à celui des interruptions du courant. Ce phénomène a été utilisé par M. Riess dans la construction du téléphone musical (cf. § 123).]]

109. Vitesse de propagation du son. — Le mouvement vibratoire des solides, qu'il soit longitudinal ou transversal, excite dans l'air ambiant des ondes condensantes et dilatantes qui se propagent dans toutes les directions.

Le son se transmet dans les liquides de la même manière que dans l'air et les gaz. Si, par exemple, on introduit l'oreille sous l'eau et qu'à une certaine distance un son se produise dans ce même milieu, on perçoit une sensation auditive, exactement comme si on se trouvait entouré d'air ; la seule différence qui existe entre les deux cas est relative à la vitesse de propagation du mouvement vibratoire. Dans l'air, le son parcourt 333 mètres par seconde, à la température de zéro ; au sein de l'eau, il franchit dans le même temps un espace de 1.435 mètres.

La vitesse de propagation du son a une valeur encore plus considérable dans les solides : elle est, dans le cuivre, environ 10 fois et, dans le fer, 15 fois plus grande que dans l'air. Elle augmente d'ailleurs avec la température du milieu ; [elle atteint environ 340 mètres dans l'air à + 15°.]

109ª. Variation d'intensité du son avec la distance. — Dans un milieu indéfini le son se propage, à partir du point d'origine du mouvement, en tous sens, sous la forme d'ondes sphériques, alternativement condensées et dilatées ; à mesure que ces ondes s'éloignent de leur centre commun, le rayon de la sphère à laquelle elles appartiennent augmente dans le même rapport. Or, la somme des forces vives du mouvement vibratoire répandu à la surface d'une onde reste constante, quelle que soit la grandeur de cette dernière ; par conséquent, l'intensité du son en un point quelconque, intensité déterminée par la force vive correspondante, est inversement proportionnelle à l'étendue de la surface sphérique sur laquelle se trouve le point considéré et qui a pour rayon la distance au centre sonore. Comme, d'ailleurs, la surface d'une sphère est proportionnelle au carré du rayon, il s'ensuit que *l'intensité du son varie en raison inverse du carré de la distance de la source sonore.*

110. Réflexion des ondes sonores. Écho, résonnance. — Quand une onde sonore aérienne vient à rencontrer la surface d'un autre milieu, solide, liquide ou gazeux, elle se réfléchit ou se réfracte, en suivant les lois générales de la réflexion et de la réfraction du mouvement vibratoire.

Si le rayon sonore incident est perpendiculaire à la surface réfléchissante, il revient sur lui-même, sans changer de direction ; s'il rencontre obliquement la surface, il est réfléchi, en faisant avec la normale un angle de réflexion égal à l'angle d'incidence et en restant dans le plan d'incidence.

Tous les rayons sonores qui, partis d'un centre commun O (fig. 127), rencontrent une surface plane MN, prennent, après la réflexion, des directions telles qu'ils semblent émaner d'un point O', symétrique du point O par rapport au plan réflecteur.

Lorsque la distance de la source sonore à la surface réfléchissante est assez grande pour qu'il s'écoule un intervalle de temps appréciable entre l'instant où l'on perçoit le son direct et celui où l'on entend le son réfléchi, il se produit ce qu'on appelle un *écho*. Si la distance de la surface catacoustique n'est pas suffisante pour donner lieu à un écho, les ondes répercutées se mêlent aux ondes directes, et de cette superposition partielle résulte un renforcement du son perçu, ce qu'on exprime en disant qu'il y a *résonnance*.

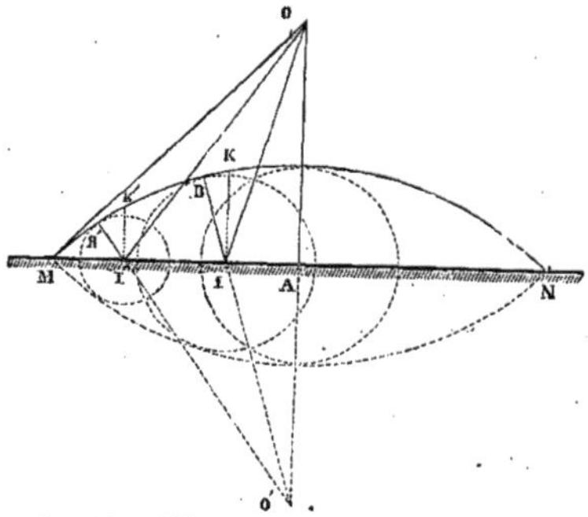

[La réflexion du son se produit aussi au sein même de l'atmosphère, lorsque celle-ci n'est pas homogène : c'est ce qui semble ressortir des observations de M. Tyndall sur la distance limite de perceptibilité des signaux acoustiques. Le son d'une trompette à anche, qu'on faisait résonner au moyen de l'air comprimé, pouvait être entendu en pleine mer à une distance de vingt kilomètres

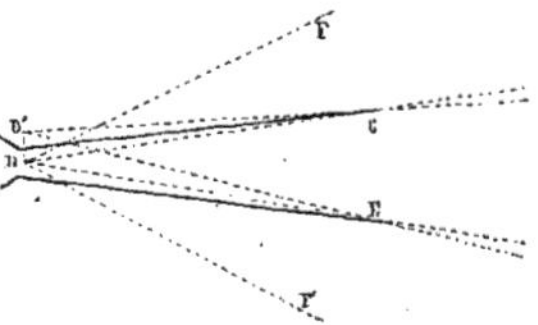

Fig. 127. — Réflexion du son par une surface plane.

par un temps brumeux, alors qu'à une distance bien moindre la côte n'était déjà plus visible ; au contraire, à de certains jours où l'atmosphère avait une transparence parfaite, le son cessait d'être perçu à partir de cinq à six kilomètres. Il a dû y avoir, dans ce dernier cas, une véritable réflexion contre les couches atmosphériques peu éloignées de la côte, car M. Tyndall, en se plaçant de manière à se trouver entre la source sonore et la couche d'air réfléchissante, a entendu un écho paraissant venir du large et dont l'intensité était comparable à celle du son émis. Il semble donc exister une transparence acoustique fort différente de la transparence optique.]]

110ᵃ. Porte-voix. — Le *porte-voix* offre une disposition avantageuse pour produire le renforcement du son. Cet instrument consiste en un tube conique, dont la figure 128 représente une section faite suivant l'axe ; le son est émis en D, au sommet du cône. Les rayons sonores compris dans l'angle CDE se propagent comme si l'instrument n'existait pas ; mais ceux qui se trouvent dans l'angle CDF subissent de la part de la paroi correspondante

Fig. 128. — Théorie du porte-voix.

une réflexion qui les renvoie dans l'angle CD'E et qui leur donne la direction qu'ils auraient s'ils partaient du point D', image virtuelle du point D ; il en sera de même des rayons dirigés dans l'angle EDF'. Tous ces rayons réfléchis viendront renforcer les rayons qui sortent directement du porte-voix, car, en définitive, la portion d'onde FDF' sera condensée dans un cône de moindre ouverture CDE. [Cette théorie du porte-voix, empruntée, ainsi que la figure schématique de l'instrument, au *Cours de physique* de M. Jamin, est incomplète, attendu qu'elle applique à une surface conique les effets de la réflexion sur une surface plane. Pour avoir une idée exacte de la marche des rayons sonores dans le cas considéré, on n'a qu'à faire tourner la figure autour de l'axe du cône : on reconnaît alors que tous les rayons réfléchis vont s'entre-croiser le long de cet axe et forment ainsi une droite *focale axiale*, s'étendant en avant et en arrière de la source sonore, mais ayant en ce point les radiations à leur maximum de concentration. On verrait qu'il en est de même des rayons qui ont subi deux, trois, etc., réflexions successives, et qu'en somme le cône ne laisse perdre aucune des radiations sonores émises.]]

Au reste, il semble résulter des expériences de Hassenfratz, que la réflexion des ondes sonores ne joue qu'un rôle secondaire dans les effets du porte-voix, et que la part d'influence la plus grande revient au *pavillon* qui termine l'instrument, l'action de cette pièce étant d'ailleurs encore inexpliquée.] [On pourrait cependant assimiler le rôle du pavillon à celui d'un *résonnateur* à volume variable, en état de limiter une masse d'air vibrante plus ou moins grande, par suite de l'absence de paroi solide sur la face qui s'ouvre librement à l'extérieur en s'évasant; le renforcement du son dans un semblable résonnateur serait comparable à ce qui se passe dans la presse hydraulique, où nous voyons la pression croître avec l'étendue de la surface comprimante.]].

110ᵇ. Cornet acoustique. — Le *cornet acoustique*, dont les personnes affectées de surdité font usage pour mieux entendre, a aussi pour but de renforcer les sons. On donne habituellement à cet instrument la forme d'un porte-voix renversé et coudé. [La théorie que nous avons donnée du porte-voix montre que le cornet acoustique peut aussi empêcher la dissémination et la déperdition des radiations sonores, mais à condition que l'extrémité la plus étroite de l'instrument soit enfoncée dans le conduit auditif.]

110ᶜ. Rôle de l'oreille externe dans l'audition. — L'oreille externe de l'homme présente la forme générale d'un tronc de cône, dont la grande base est tournée vers l'extérieur, tandis que la petite regarde en dedans vers la caisse du tympan; on voit d'habitude dans cette forme un dispositif adopté par la nature pour concentrer les ondes sonores. En réalité, le rôle acoustique de l'oreille externe est le suivant : la conque et la face interne du tragus représentent des surfaces concaves tournées l'une vers l'autre; la dernière de ces surfaces est orientée de façon à renvoyer dans l'intérieur du conduit auditif externe les ondes sonores qui lui arrivent du dehors. Or, en vertu des lois générales de la réflexion, les surfaces concaves offrent toujours une forme favorable à la concentration des radiations; en conséquence, la conque reçoit les ondes sonores incidentes et les renvoie concentrées à la surface interne du tragus, qui leur fait subir une nouvelle concentration et les dirige dans l'intérieur du conduit auditif externe. En appliquant les mêmes principes aux autres parties saillantes ou rentrantes de l'oreille, on en expliquerait le rôle acoustique.

Il est encore un détail important à noter dans la forme de l'oreille externe : la principale surface, celle qui est la première à recevoir les radiations sonores, la conque, regarde en avant; il en résulte que les ondes qui arrivent d'avant en arrière sont renvoyées en plus forte proportion que les autres dans l'intérieur du conduit auditif : de là,· la possibilité d'apprécier la direction du son et de juger de la position occupée par un corps sonore.

[Une expérience facile à répéter est bien propre à faire apprécier le degré d'influence du pavillon *otique* sur l'acuité de l'ouïe : on met la main repliée en forme de cornet derrière la conque et on se place en face de la source sonore ; on augmente ainsi l'étendue de la surface réfléchissante et on constate alors que l'intensité des sensations auditives se trouve accrue dans une forte proportion. L'effet est encore plus marqué, quand on expérimente avec les deux oreilles.]

110ᵈ. Tubes acoustiques. Otoscope. — Le *tube acoustique* permet aussi de faire parvenir à l'oreille les sons avec toute leur intensité première : il consiste en un tube cylindrique, fait habituellement de caoutchouc ou de toute autre matière élastique et terminé à l'une de ses extrémités par un embout de corne ou d'ivoire qu'on introduit directement dans l'oreille; l'autre extrémité est mise en rapport avec la source sonore. La conductibilité des parois de l'instrument pour le son ajoute son action à l'effet ordinaire du tube, qui est d'empêcher la déperdition des ondes sonores par le même mécanisme que dans le porte-voix et dans le cornet acoustique.

[L'*otoscope* de Toynbee, destiné à faire entendre les sons qui peuvent se produire dans l'intérieur de l'oreille, n'est autre chose qu'un tube acoustique terminé à ses deux extrémités par un embout; le médecin introduit l'un des embouts dans l'oreille à examiner et l'autre dans sa propre oreille.]

110ᵉ. Stéthoscope. — L'instrument dont on se sert habituellement pour ausculter les organes renfermés dans la cavité thoracique, et que Laënnec a baptisé du nom de *stéthoscope*, remplirait [peut-être] mieux et plus simplement le but auquel il est destiné, s'il était construit d'après les mêmes principes que les tubes acoustiques. Il ne suffit pas, en effet, de faire disparaître les inconvénients qu'entraîne l'application directe de l'oreille sur la poitrine du malade, il faut encore employer un instrument qui permette d'entendre aussi bien que possible. Le stéthoscope classique, celui dont on s'est servi exclusivement jusque dans ces derniers temps, se trouverait précisément disposé de manière à affaiblir les sons, [s'il était démontré que tel est l'inconvénient de la forme du cornet acoustique et si, d'autre part, les sons n'étaient pas plutôt transmis par les parties solides que par la colonne d'air emprisonnée dans l'intérieur de l'instrument.]

En 1864, M. Kœnig a imaginé un stéthoscope dont la construction semble mieux répondre aux exigences de l'acoustique. [Ce dernier instrument se compose d'un anneau cylindrique en métal, dont deux membranes de caoutchouc très mince ferment les bases ; une ouverture pratiquée dans la paroi de l'anneau permet de tendre, par insufflation, les deux membranes, de manière à donner à l'ensemble la forme d'une lentille; en fermant un robinet, on s'oppose à la sortie de l'air insufflé. La base supérieure de l'anneau est surmontée d'une calotte sphérique de métal, portant en son milieu un petit ajutage, auquel s'adapte un tube acoustique de caoutchouc.

La membrane inférieure, tendue comme on l'a vu, s'applique sur la région à ausculter; elle se moule sur la forme des parties sous-jacentes, en reçoit les vibrations et les transmet à la membrane opposée, par l'intermédiaire de l'air emprisonné; la seconde membrane les communique à son tour à la masse gazeuse renfermée dans la calotte sphérique et dans le tube acoustique, et de là au tympan de l'observateur.

On peut fixer cinq tubes à l'instrument, sans nuire à la netteté avec laquelle les bruits arrivent à l'oreille, ce qui permet à cinq personnes à la fois d'entendre et d'étudier les sons fournis par l'auscultation, avantage précieux pour l'enseignement clinique.]

111. Réfraction et diffraction des ondes sonores. — Quand des ondes sonores passent d'un milieu dans un autre, elles se réfractent en suivant les lois générales de la réfraction du mouvement vibratoire : le rapport entre les sinus des angles d'incidence et de réfraction est constant pour deux mêmes substances et égal au rapport des vitesses de propagation du son dans les deux milieux considérés.

Dans la généralité des cas, la réfraction des ondes sonores s'accompagne de phénomènes de réflexion et parfois aussi de diffraction. En outre, quand le son se transmet à d'autres corps, il éprouve ordinairement une abondante déperdition : une grande partie des ondes sonores s'éteint ou, pour parler plus exactement, se transforme en d'autres espèces de mouvement qui n'impressionnent pas l'organe de l'ouïe.

La diffraction du son est très considérable à cause de la grande longueur des ondes sonores; tout le monde sait, en effet, que le son semble tourner les obstacles; en se plaçant, par exemple, près de l'angle d'un mur, on perçoit encore assez bien les sons produits de l'autre côté, alors même qu'on se trouve en deçà de la droite qui joint le centre phonique à l'arête du mur. Il est vrai que, dans ce cas, aux ondes diffractées s'entremêlent des ondes transmises directement par l'obstacle, puisque le son se propage aussi à travers les corps solides. Au reste, les phénomènes relatifs à la réfraction et à la diffraction des ondes sonores ne présentent jusqu'à l'heure actuelle qu'un médiocre intérêt, au point de vue des applications médicales.

Voir, pour la théorie de la diffraction, le chapitre qui traite de la diffraction des ondes lumineuses (§§ 208 et suiv.).

CHAPITRE II

QUALITÉS DU SON ET SONS MUSICAUX

112. Qualités du son. — Dans le chapitre précédent, nous avons considéré la propagation du son en général; nous allons maintenant nous occuper des différentes *qualités des sensations auditives*. Cette étude se divise naturellement en deux parties : la première sera consacrée aux sons musicaux, la seconde, aux principales formes de bruit.

[L'organe de l'ouïe distingue dans un son musical trois qualités différentes : l'*intensité*, la *hauteur* ou le *ton*, et le *timbre*.

L'*intensité* dépend de l'amplitude des vibrations sonores ; selon que cette amplitude est plus ou moins grande, notre oreille est impressionnée plus ou moins fortement et la sensation perçue est plus ou moins intense.

Le *ton* s'apprécie par le degré de gravité ou d'acuité du son; il dépend, comme nous le verrons à l'instant, de la rapidité des mouvement vibratoires, c'est-à-dire du nombre des vibrations accomplies dans l'unité de temps, les sons aigus répondant aux vibrations les plus rapides]. L'un des caractères les plus saillants d'un son en est précisément la *hauteur*.

Enfin les sons se distinguent encore les uns des autres par une qualité particulière qui dépend sans aucun doute du mode de production de la vibration sonore. Ainsi, quand on fait rendre au violon, à l'orgue, à la flûte, etc., un son musical de même hauteur et de même intensité, le son émis par chacun de ces instruments présente un caractère spécial, qui permet à l'oreille d'en reconnaître l'origine. C'est cette qualité du son qui constitue ce qu'on appelle le *timbre*.

112ª. Hauteur du son. — La *hauteur* d'un son musical est donc déterminée par le nombre des vibrations isochrones accomplies dans l'unité de temps; mais elle est tout à fait indépendante de la forme même et, par conséquent, du mode de production des vibrations.

Notre oreille possède naturellement, ou acquiert par l'exercice, la faculté d'apprécier les rapports de hauteur des sons. Grâce à cette aptitude particulière de l'organe de l'ouïe, on a pu constater que *des intervalles égaux entre les hauteurs de deux sons ont toujours le même rapport entre les nombres de vibrations correspondants;* [c'est-à-dire que, si on considère deux sons dont les hauteurs soient séparées par un intervalle déterminé et que, sans modifier cet intervalle, on fasse varier la hauteur absolue de chacun des sons, le rapport qui existe entre les nombres de vibrations correspondants ne change pas non plus. Qu'un son, par exemple, se trouve à l'*octave aiguë* d'un autre et corresponde à un nombre double de vibrations ; si les deux sons montent en même temps, de manière à rester à l'octave l'un de l'autre, les vibrations du premier seront toujours en nombre double de celles du second].

Cette loi, vraie quelle que soit d'ailleurs la cause productrice des vibrations sonores, se vérifie aisément à l'aide de la sirène (cf. § 105ª). Supposons, par exemple, que l'instrument rende un son quelconque ; si on double ensuite la vitesse de rotation, ce qui double aussi le nombre des vibrations, le nouveau son émis est toujours à l'octave aiguë du premier.

On peut démontrer d'une manière encore plus simple la loi de l'égalité entre le rapport des tons et celui des nombres de vibrations correspondants, en se servant du dispositif de la *sirène polyphone* de Dove : le disque mobile porte deux séries de trous disposés sur deux circonférences concentriques et équidistants dans chaque série, mais il y en a deux fois plus sur l'une des circonférences que sur l'autre. En faisant tourner un disque ainsi construit, on entend deux sons simultanés qui se trouvent toujours à l'octave l'un de l'autre, quelle que soit la valeur absolue de la vitesse de rotation. Si le nombre des trous de l'une des séries est à celui des trous de l'autre dans le rapport de 2 à 3, le son le plus élevé accomplira 3 vibrations pendant que le plus grave en fera 2, et le premier son sera la *quinte* du second. [Quand deux

sons ont même hauteur, et, par conséquent, même nombre de vibrations,
on les dit à l'*unisson ;* dans ce cas, le rapport est l'unité.]

112ᵇ. Sonomètre ou monocorde. — Cet instrument fournit aussi un moyen de
vérifier la loi formulée dans le paragraphe précédent.

Le *sonomètre* ou *monocorde* se compose d'une corde tendue au-dessus
d'une caisse de résonnance et d'un chevalet mobile qui permet d'en faire
varier à volonté la longueur qu'on veut mettre en état de vibration.
Quand la corde résonne dans son entier, elle rend le son *fondamental ;*
si on n'en fait vibrer que la moitié, en plaçant le chevalet au milieu
de la longueur, le nouveau son émis est l'*octave supérieure* du premier. De même, selon que la portion qui vibre représente les 2/3 ou les
3/4 de la longueur totale de la corde, on obtient la *quinte* ou la *quarte* du
son fondamental, et ainsi de suite. Or, on verra (cf. § 113ᵉ) que *le nombre
des vibrations exécutées dans le même temps par une même corde, dont
la tension reste constante, est en raison inverse de la longueur de cette
corde.* On retrouve donc, avec le sonomètre, la loi relative au rapport entre
les hauteurs des sons et les nombres de vibrations correspondants, bien
que leur mode de production et leur timbre soient tout autres dans cet
instrument que dans la sirène.

[**112ᶜ. Méthode graphique pour mesurer le nombre des vibrations sonores. Phonautographe.** — A la fois plus simple et plus précise que l'emploi de la sirène
ou du sonomètre, la *méthode graphique* permet de mesurer le nombre
des vibrations en enregistrant sur une surface qui se meut d'un mouvement uniforme, soit les vibrations du corps sonore lui-même, soit celles qui
se propagent dans l'air.

Pour inscrire les vibrations d'un corps sonore, par exemple, celles
d'une verge métallique ou d'un diapason, on se sert du procédé imaginé par
Thomas Young [1] en 1807, tombé ensuite dans l'oubli, puis remis en pratique
par Duhamel, en 1840. On arme l'extrémité du corps vibrant d'un style léger
qui vient s'appuyer sur la surface latérale d'un cylindre recouvert d'une
couche légère et non adhérente de noir de fumée. Le cylindre étant animé
d'un mouvement de rotation uniforme autour de son axe, le corps sonore
inscrit lui-même ses mouvements sous forme d'une courbe sinueuse, dont
chaque ondulation représente une vibration. Si la rotation du cylindre
est parfaitement uniforme et si on en connaît la vitesse, ou bien, si
on détermine, à l'aide d'un chronomètre, la durée de l'expérience, il suffit
de compter le nombre des ondulations tracées pendant un intervalle de
temps donné, pour avoir le nombre correspondant des vibrations. Mais la
manière la plus simple d'arriver à cette évaluation consiste à procéder
comme l'ont fait Thomas Young, et plus tard Wertheim, c'est-à-dire à
enregistrer, en même temps que les vibrations du corps sonore, celles
d'un diapason *chronomètre* dont la vitesse de vibration soit connue ; on
obtient ainsi deux courbes sinueuses disposées parallèlement l'une au-dessus
de l'autre. Il suffit alors de compter, dans chaque courbe, les sinuosités
comprises entre deux génératrices du cylindre, pour connaître le rapport
entre les nombres de vibrations du diapason et du corps sonore, et

---

(1) *A course of lectures on natural Philosophy and the mechanical arts.* London, 1807, t. I, p. 190.

pour en déduire le nombre des vibrations exécutées par ce dernier dans l'intervalle d'une seconde.

Le *phonautographe* est un appareil imaginé par Scott et destiné à enregistrer les vibrations sonores transmises par l'air, quelle que soit, du reste, la nature simple ou complexe du son produit. Le phonautographe, tel que le construit M. Kœnig, est représenté dans la figure 129. Il se compose d'un vase métallique, ayant la forme d'un paraboloïde de révolution à sommet tronqué; ce *miroir acoustique*, qui remplit l'office d'un collecteur de sons, est fermé, au niveau du foyer principal, par une feuille de caoutchouc très mince, maintenue dans un état de tension convenable, à l'aide d'un système de deux anneaux cylindriques DE, qui s'emboîtent l'un dans l'autre, en retenant emprisonnés les bords de la membrane. Vers le milieu de celle-ci, s'élève un style, formé d'une soie de porc, que fixe

Fig. 129. — Phonautographe.

une goutte de cire à cacheter. L'extrémité terminale de ce style s'appuie sur la surface latérale d'un cylindre, dont on voit la coupe transversale en A, et qu'on fait tourner à l'aide de la manivelle H ; sur le cylindre est appliquée une bande de papier recouverte de noir de fumée.

Quand on vient à produire un son quelconque près de l'ouverture du vase collecteur, les vibrations de l'air se concentrent au foyer du paraboloïde, comme l'indiquent les lignes brisées LI, L'I', L"I", L'''I'''...., et communiquent leur impulsion à la membrane, qui entre à son tour en vibration ; le style suit les mouvements de la membrane et les inscrit sur le cylindre enregistreur, qui avance en même temps qu'il tourne, grâce au pas de vis dont est muni l'axe de rotation B.

Pour éviter qu'une *ligne nodale* ne passe par la base d'implantation du style, auquel cas celui-ci resterait en repos, on détermine la formation d'une semblable ligne dans une position convenablement choisie; on obtient ce résultat en appliquant sur la membrane, au point voulu, l'extrémité d'une vis portée par une pièce mobile C, qui est fixée au système d'anneaux DE. La vis F permet de faire varier l'inclinaison du vase collecteur.

Afin de donner une idée de la manière dont la méthode graphique enregistre les vibrations sonores, nous avons réuni dans la figure 130 onze paires de tracés. Le tracé inférieur de chaque paire a été obtenu à l'aide du phonautographe et représente le mouvement vibratoire correspondant à l'émission simultanée de deux ou trois sons; à la gauche de chacun de ces tracés sont inscrits des chiffres qui indiquent les rapports entre les nombres de vibrations des sons composants *l'accord* enregistré.

Par exemple, on a obtenu le tracé désigné par (1 : 2), en produisant simultanément, devant l'ouverture du phonautographe, deux sons dont les nombres de vibrations étaient entre eux dans le rapport de 1 à 2, c'est-à-dire deux sons à l'*octave* l'un de l'autre.

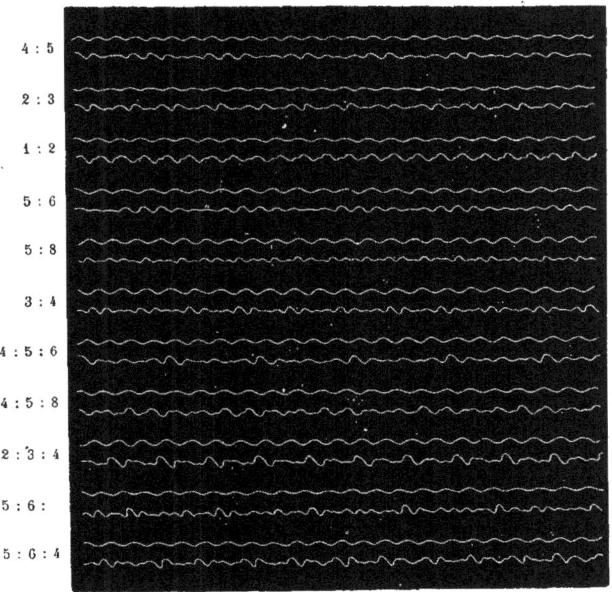

Fig. 130. — Tracés graphiques de vibrations sonores, obtenus à l'aide du phonautographe.

Les tracés supérieurs, qui ont la forme d'une sinusoïde régulière, proviennent des vibrations d'un diapason chronométrique, exécutant 512 vibrations simples par secondes (ut_3); l'instrument, portant un style à l'une de ses branches, a inscrit lui-même ses vibrations sur le cylindre tournant du phonautographe, à côté des tracés fournis par ce dernier appareil; on peut ainsi déterminer le nombre absolu des vibrations des sons enregistrés.

113. Intervalles consonnants et dissonnants. — On appelle *intervalle* de deux sons le rapport $\dfrac{n'}{n}$ entre les nombres de vibrations qui leur correspondent. Les intervalles les plus simples portent les noms suivants :

L'*octave*, qui correspond au rapport de. . . .   1 à 2 ;
La *quinte*,   —   —   . . .   2 à 3 ;
La *quarte*,   —   —   . . .   3 à 4 ;
La *tierce majeure*, qui correspond au rapport de.   4 à 5 ;
La *tierce mineure*,   —   —   .   5 à 6 ;

auxquels on peut joindre, comme venant après, sous le rapport de la simplicité, les deux intervalles suivants :

La *sixte mineure*, qui correspond au rapport de. .   5 à 8 ;
La *sixte majeure*,   —   —   6 à 10 ou 3 à 5.

On dit ces sept intervalles *consonnants*, parce que, si on fait entendre simultanément les deux sons qui composent l'un quelconque d'entre eux, il en résulte un *accord* que notre oreille trouve harmonieux.

On distingue deux espèces d'intervalles consonnants : ceux dont la consonnance est *parfaite* et ceux dont la consonnance est *imparfaite*. Les intervalles consonnants parfaits comprennent l'*octave* et la *quinte*, [auxquels il faut joindre l'*unisson*]; il existe entre les sons qui leur correspondent les mêmes rapports qu'entre les nombres 1, 2, 3. Les cinq autres intervalles ne possèdent qu'une consonnance imparfaite, parce que l'audition simultanée des deux sons qui composent l'un quelconque d'entre eux est moins harmonieuse pour l'oreille que la sensation éveillée par les sons d'un intervalle consonnant parfait.

Tout intervalle qui n'est pas consonnant produit une *dissonnance*, quand les deux sons correspondants se font entendre simultanément. On voit donc que : *deux sons forment un accord harmonieux, lorsque les nombres de vibrations correspondants ont entre eux les mêmes rapports que les nombres entiers les plus petits.*

113ª. Accords. — La loi que nous venons d'énoncer en dernier lieu est encore vraie dans le cas où l'oreille entend plus de deux sons à la fois.

On nomme *accord*, la production simultanée de plusieurs sons. Trois sons forment un accord harmonieux, quand chacun d'eux est séparé des deux autres par un intervalle consonnant : telle est la réunion du son fondamental, de sa tierce majeure et de sa quinte, car l'intervalle de la tierce majeure au son fondamental, celui de la quinte au son fondamental d'une part, et à la tierce majeure d'autre part, représentent tous des intervalles consonnants.

Entre un son fondamental et l'octave, il n'y a place que pour six accords consonnants de trois sons, à savoir :

1° L'*accord parfait majeur*, composé du son fondamental, de sa tierce majeure et de sa quinte, les nombres de vibrations correspondants étant dans le rapport :

$$1 : 5/4 : 3/2,$$

ou, en multipliant par 4,   4 : 5 : 6.

2° L'*accord parfait mineur*, composé du son fondamental, de la tierce mineure et de la quinte, dont les rapports s'expriment par les nombres :

$$1 : 6/5 : 3/2.$$

3° L'*accord de sixte et tierce majeures*, ou simplement *accord de sixte majeure*, formé par le son fondamental, la tierce et la sixte majeures, avec des nombres de vibrations dans les rapports de :

$$1 : 5/4 : 5/3.$$

4° *L'accord de sixte et quarte majeures*, où entrent le son fondamental, la quarte et la sixte majeure, entre eux comme les nombres :

$$1 : 4/3 : 5/3.$$

5° *L'accord de sixte et tierce mineures*, ou simplement *accord de sixte mineure*, composé du son fondamental, de la tierce et de la sixte mineures, qui ont leurs nombres de vibrations dans le rapport de :

$$1 : 8/5 : 6/5.$$

6° *L'accord de sixte mineure et quarte*, qui contient le son fondamental, sa quarte et sa sixte mineure, avec les rapports :

$$1 : 4/3 : 8/5.$$

Les quatre derniers accords ont une consonnance moins bonne que celle des deux premiers, qui portent le nom d'*accords parfaits*.

113ᵇ. Échelle musicale. Gamme. — [On donne le nom d'*échelle musicale* à une série de sons séparés les uns des autres par des intervalles déterminés et choisis de façon à se reproduire dans le même ordre d'une octave à la suivante ; les sons compris dans une octave se nomment des *notes* et leur réunion s'appelle une *gamme*. L'échelle musicale tout entière se compose donc d'une succession de gammes, dont chacune commence par la note qui termine la précédente ; l'étendue de cette échelle est renfermée entre les limites inférieure et supérieure des sons perceptibles.]

GAMME MAJEURE. — Pour former la *gamme majeure*, les musiciens ont pris les sons qui donnent l'accord parfait majeur et les deux accords de sixte majeure ; à ces cinq sons, le son fondamental ou la *prime*, la tierce, la quarte, la quinte et la sixte, ils en ont ajouté deux autres qui représentent la tierce et la quinte de la quinte prise pour son fondamental ; ces deux nouveaux sons correspondent à des nombres de vibrations, dont le rapport à la prime est 9/8 pour la *seconde* et 15/8 pour la *septième*. On obtient ainsi sept sons ou *notes*, qui ont reçu chacune un nom particulier, et qui, rangées par ordre de grandeur, forment la série suivante :

Noms français et italiens. . .	*ut* ou *do*	*ré*	*mi*	*fa*	*sol*	*la*	*si*	*ut*
Noms allemands et anglais. .	c	d	e	f	g	a	h	c′
Rapports des nombres de vibrations	1	$\frac{9}{8}$	$\frac{5}{4}$	$\frac{4}{3}$	$\frac{3}{2}$	$\frac{5}{3}$	$\frac{15}{8}$	2.
	1	1,125	1,25	1,333..	1,50	1,666..	1,875	2
	24	27	30	32	36	40	45	48

Telles sont les sept notes qui, sans compter l'octave, composent la *gamme en ut majeur*. Cette gamme ne comprend que trois accords consonnants :

L'accord parfait majeur   *(ut, mi, sol)* ;
L'accord de sixte et tierce majeures *(ut, mi, la)* ;
L'accord de sixte majeure et quarte *(ut, fa, la)*.

Les sept notes de la gamme en *ut majeur* ne suffisent plus, quand on veut former de la même manière la gamme en *ré majeur*, c'est-à-dire une gamme partant du *ré* pris comme son fondamental, et où les intervalles des sons soient respectivement égaux à ceux de la gamme en *ut*. Posons, en effet, le nombre des vibrations du *ré* égal à 1 : nous avons alors, pour *mi*, le rapport 5/4 : 9/8 $=$ 10/9, tandis que l'intervalle de la seconde doit être 9/8 ; de même le *fa* ne représente pas la tierce du *ré*, car, au lieu d'équivaloir au rapport 5/4, il a pour valeur 4/3 : 9/8 $=$ 32/27, relativement au *ré*, et ainsi de suite. Si on voulait former la gamme en *mi majeur*, on trouverait aussi que la seconde, la tierce, etc., n'ont pas leurs représentants dans le *fa*, dans le *sol*, etc., puisque le rapport du *fa* au *mi* est 16/15 et celui du *sol* au *mi* 6/5.

On voit qu'en toute rigueur il faudrait une série différente de sons pour chaque gamme majeure commençant par une autre note, prise comme son fondamental, c'est-à-dire comme *tonique;* on obtiendrait ainsi un certain nombre de nouvelles notes, qui viendraient se placer entre celles de la gamme en *ut*. Chacune de ces notes additionnelles, pouvant devenir, à tour de rôle, le point de départ d'une nouvelle gamme, fournirait une série de sons intercalaires de deuxième ordre ; on aurait de la même manière des notes de troisième ordre, de quatrième, etc. ; en un mot, le nombre des sons à intercaler dans l'intervalle d'une octave serait infini. Mais, en musique, on s'est borné à introduire les notes intercalaires de premier ordre, et, pour plus de simplicité, on n'a intercalé entre deux notes consécutives de la gamme en *ut* majeur qu'un seul son intermédiaire, représentant ce qu'on appelle un *demi-ton*. [Le demi-ton est ainsi nommé, parce qu'il correspond sensiblement à la moitié de l'intervalle qui sépare deux notes principales de la gamme, intervalle qui porte aussi le nom de *ton*.] Si on a pu restreindre à ce point le nombre des notes, cela tient à ce que la plupart des sons intermédiaires à ajouter se trouvent être, ou assez voisins des notes principales pour qu'on puisse, sans erreur sensible, leur substituer celles de ces dernières qui s'en rapprochent le plus, ou assez peu différents les uns des autres pour qu'il soit permis de les distribuer en un petit nombre de groupes et de remplacer chacun de ces groupes par un seul son de valeur moyenne. C'est ainsi, par exemple, que l'oreille ne fait pas de différence entre les sons 9/8 et 10/9, [dont le rapport est égal à 80/81 quantité qui ne diffère de l'unité que de 1/81 ; tout rapport assez voisin de l'unité pour que l'oreille confonde les deux sons correspondants porte, en musique, le nom de *comma*.

Les sons intercalaires dont il vient d'être question, n'ont pas reçu d'appellations nouvelles; on désigne chacun d'eux par le nom de la note principale la plus voisine, en y ajoutant l'épithète de *dièze* ou de *bémol*, selon qu'on prend, pour le dénommer, la note qui le précède ou celle qui le suit : ainsi le son placé entre le *fa* et le *sol* s'appelle indifféremment *fa dièze* ou *sol bémol*. En musique on indique par le signe ♯ qu'une note est diézée, et par le signe ♭ qu'elle est bémolisée.

Entre le *mi* et le *fa*, de même qu'entre le *si* et l'*ut*, il n'a pas été nécessaire d'intercaler de son intermédiaire, parce que les intervalles correspondants ne comprennent qu'un demi-ton. Le nombre des sons qui ont été ajoutés aux sept notes principales de la gamme se trouve ainsi réduit à cinq.]

GAMME MINEURE. — De même que l'accord parfait majeur et les deux accords de sixte majeure ont servi à composer la gamme majeure, de même

on a formé la gamme mineure, à l'aide de l'accord parfait mineur et des
deux accords de sixte mineure, en intercalant deux nouvelles notes, l'une
placée entre le son fondamental et la tierce, l'autre entre la sixte et l'octave.
La *seconde* conserve la valeur 9/8 qu'elle a dans la gamme majeure ; mais
la *septième*, au lieu d'être représentée par 15/8, correspond à 9/5, afin
d'avoir entre elle et la sixte mineure un intervalle égal à celui qui sépare
la sixte majeure de la septième dans la gamme majeure ; or, 9/5 : 8/5
15/8 : 5/3. La gamme en *ut mineur* se trouve ainsi composée des notes
suivantes :

Noms français et italiens	*ut*	*ré*	*mi♭*	*fa*	*sol*	*la♭*	*si♭*	*ut*
Noms allemands et anglais	c	d	es	f	g	as	b	c′
	1	$\dfrac{9}{8}$	$\dfrac{6}{5}$	$\dfrac{4}{3}$	$\dfrac{3}{2}$	$\dfrac{8}{5}$	$\dfrac{9}{5}$	2
Rapports des nombres de vibrations.	1	1,125	1,20	1,333.	1,50	1,60	1,8	2
	24	27	28,80	32	36	38,4	43,2	48

Cette gamme comprend trois accords consonnants :

> L'accord parfait mineur ·   *(ut, mi♭, sol) ;*
> L'accord de sixte et tierce mineures *(ut, mi♭, la♭) ;*
> L'accord de sixte mineure et quarte *(ut, fa, la♭).*

Avec chacune des notes de la gamme en *ut mineur* on peut commencer
une nouvelle gamme, ce qui donne les gammes en *ré mineur*, en *mi
mineur*, etc, ; en procédant, comme nous l'avons indiqué pour la gamme
majeure, on obtiendrait ainsi de nouvelles séries de sons d'un ordre de plus
en plus élevé ; mais, pour le mode mineur, on limite également le nombre
des sons additionnels à ceux du premier ordre et on se contente d'intercaler
un seul son entre deux notes consécutives de la gamme en *ut mineur*. Par
suite de ces simplifications, on retombe sur des notes qui se trouvent déjà
dans les gammes du mode majeur.

La gamme entière se compose donc des douzes notes suivantes :

$$ut, \begin{Bmatrix} ut\,\sharp \\ ré\,\flat \end{Bmatrix} ré, \begin{Bmatrix} ré\,\sharp \\ mi\,\flat \end{Bmatrix} mi, \; fa, \begin{Bmatrix} fa\,\sharp \\ sol\,\flat \end{Bmatrix} sol, \begin{Bmatrix} sol\,\sharp \\ la\,\flat \end{Bmatrix} la, \begin{Bmatrix} la\,\sharp \\ si\,\flat \end{Bmatrix} si.$$

[Chaque note diézée se confond avec la suivante bémolisée. L'intervalle
du *mi* au *fa*, ainsi que celui du *si* à l'*ut*, n'étant que d'un demi-ton, le *mi♯*
ne diffère pas du *fa*, ni le *si ♯* de l'*ut*.]

En se bornant à composer la gamme de tons et de demi-tons, c'est-à-dire
en n'intercalant entre deux notes consécutives de la gamme en *ut majeur*
qu'un seul son moyen, les musiciens ont été obligés, non seulement de
donner à ces notes intercalaires des valeurs différentes de celles que leur
assigne la théorie, mais encore d'altérer les tons entiers ; sans cette précaution, certains intervalles eussent été très justes, mais, en revanche, les
autres eussent paru d'autant plus faux. On a préféré faire subir à chaque
ton ou demi-ton une légère altération, afin d'amener tous les intervalles
autant que possible au même degré relatif de justesse. Ce résultat s'obtient
à l'aide du *tempérament égal ;* on appelle ainsi la méthode qui consiste à
ne donner une valeur juste qu'aux octaves et à distribuer, à intervalles
égaux, les douze sons compris dans une octave, ce qui revient à rendre

constant le rapport des nombres de vibrations entre deux sons consécutifs ; ce rapport a pour valeur : $\sqrt[12]{2} = 1{,}05956$, et il représente l'intervalle d'un demi-ton.

[**113ᵉ. Vibrations des colonnes gazeuses dans les tuyaux.** — On a vu (cf. § 108) que le son rendu par un tuyau est dû aux vibrations de la colonne de gaz qui y est renfermée ; ce qui le prouve, d'ailleurs, c'est que la hauteur du son reste la même avec des tuyaux formés de substances différentes, pourvu que la forme et les dimensions n'en varient pas. La masse gazeuse est mise en état de vibration par le courant d'air qui vient se briser contre l'arête d'une pièce taillée en biseau (tuyaux à embouchure de flûte), ou qui éprouve des interruptions périodiques résultant des oscillations d'une lame élastique libre à l'une de ses extrémités (tuyaux à anche).

Les vibrations de la couche d'air située au voisinage de l'embouchure se transmettent de proche en proche jusqu'à l'extrémité du tuyau ; arrivées là, elles se réfléchissent, mais avec ou sans changement de signe de la vitesse, suivant que le tuyau est ouvert ou fermé (cf. § 42). La superposition des ondes directes qui continuent à se produire à l'embouchure et des ondes réfléchies qui cheminent en sens inverse donne naissance à des ondes *stationnaires* (cf. § 40), dont les nœuds et les ventres ont une position invariable, déterminée par la longueur d'onde du mouvement vibratoire qui les engendre. Cette fixité des éléments de l'onde stationnaire et la relation qui doit exister entre sa longueur et celle de la colonne d'air vibrante montrent qu'un même tuyau ne peut pas rendre tous les sons. Un tuyau fermé ne fait entendre que les sons dont la longueur d'onde λ satisfait à l'équation :

$$L = (2\,n - 1)\,\frac{\lambda}{4}, \qquad (1)$$

L étant la longueur du tuyau et n un nombre entier quelconque.

En tirant de là l'expression du nombre des vibrations dans l'unité de temps, et en donnant successivement à n des valeurs égales aux nombres entiers, dans leur ordre naturel, on verra que les sons compris dans la formule correspondent aux *harmoniques* d'ordre impair 1, 3, 5, etc. Le plus grave de la série est le son *fondamental* du tuyau ; c'est le plus facile à obtenir. On produit les autres en augmentant la vitesse du courant d'air.

Un tuyau ouvert rend les sons dont la longueur d'onde satisfait à la relation :

$$L = 2\,n\,\frac{\lambda}{4}. \qquad (2)$$

Il est facile de voir, à l'aide de cette formule, que les sons ainsi produits forment la suite naturelle des harmoniques 1, 2, 3, etc.

Remarquons encore que le son fondamental d'un tuyau ouvert est à l'octave de celui d'un tuyau fermé de même longueur, et que, par suite, un tuyau fermé rend le son fondamental d'un tuyau ouvert de longueur double, ce que l'expérience confirme.

On peut vérifier objectivement les lois des tuyaux sonores, en montrant que la position des nœuds et des ventres est bien celle qu'indique la théorie. Il suffit pour cela de fixer, le long de la paroi du tuyau, des capsules manométriques de Kœnig (cf. § 115ᵃ), dont on observe la flamme dans un miroir tournant. Le ruban lumineux vu par réflexion présente des dentelures maxima, quand la capsule se trouve dans la région d'un ventre; il a ses deux bords unis et rectilignes, quand elle correspond à un nœud.]]

[[113ᵈ. **Vibrations des liquides.** — Les considérations théoriques qui conduisent aux lois des tuyaux sonores sont aussi applicables aux vibrations longitudinales des colonnes liquides et aboutissent aux mêmes conclusions. Wertheim, en plongeant entièrement dans l'eau des tuyaux ouverts, a pu les faire chanter sous l'action d'un courant liquide ; les sons obtenus étaient conformes aux déductions de la théorie. L'expérience sur les tuyaux fermés n'a pas donné des sons assez purs pour permettre des vérifications.]]

[[113ᵉ. **Vibrations longitudinales et transversales des cordes et des verges.** — Les verges diffèrent des cordes, en ce qu'elles possèdent une forme d'équilibre indépendante du moyen de fixation employé.

a) Vibrations longitudinales. — On fait vibrer longitudinalement ces corps, en les frottant dans le sens de leur longueur avec un morceau de drap enduit de colophane. Toutes choses égales d'ailleurs, la hauteur du son fondamental doit être, comme pour les tuyaux sonores, en raison inverse de la longueur et indépendante des dimensions transversales de la corde ou de la verge; l'expérience confirme cette conclusion.

Relativement aux sons plus élevés que l'on peut obtenir, il y a plusieurs cas à considérer. Si la verge est fixée à l'une de ses extrémités seulement, les choses se passent comme dans un tuyau fermé, et les sons partiels produits correspondent aux harmoniques de rang impair. Si la verge est libre à ses extrémités, ou bien fixée aux deux bouts, ce qui est aussi le cas d'une corde tendue, les harmoniques forment, comme ceux des tuyaux ouverts, la suite naturelle des nombres entiers.

Pour obtenir les sons harmoniques d'une corde, il suffit de la toucher légèrement en des points situés au milieu, au tiers, au quart, etc., de sa longueur; on détermine ainsi la formation d'autant de nœuds qu'il y a de points immobilisés, et la corde se subdivise en 2, 3, 4, etc., segments égaux en longueur et vibrant à l'unisson les uns des autres. La hauteur du son émis par chacun de ces segments est évidemment en raison inverse de la longueur comprise entre deux nœuds consécutifs.

b) Vibrations transversales. — Les lois qui régissent les vibrations transversales dans les verges et les cordes découlent des mêmes principes; aussi leurs formules ne diffèrent-elles que fort peu entre elles.

Les verges ont leurs lois de vibration contenues dans l'expression suivante, due à Euler :

$$N = \frac{ke}{l^2}\sqrt{\frac{g.E}{d}},\qquad(1)$$

où on désigne par N le nombre des vibrations exécutées pendant une seconde, par g l'accélération due à la pesanteur; par l, E, d, la longueur, le coefficient d'élasticité et la densité de la verge, par e l'épaisseur comptée parallèlement à la direction du mouvement. La constante k dépend de la manière dont la verge est fixée et du nombre des nœuds qu'elle présente.

On voit que, dans les verges vibrant transversalement, la hauteur du son varie en raison inverse du carré de la longueur du corps. Il en résulte que les sons partiels d'un diapason, où chaque branche représente une verge encastrée à l'une de ses extrémités, ne correspondent pas aux harmoniques du son fondamental. ·

Dans les cordes, le nombre N des vibrations transversales du son émis a été déterminé par Lagrange; il est donné par la formule :

$$N = \frac{1}{r\,l} \sqrt{\frac{g\,p}{\pi\,d}}, \qquad (2)$$

où r, l, d représentent le rayon, la longueur et la densité de la corde, et p le poids tenseur, qui tient lieu de force élastique. Elle montre que la hauteur du son est proportionnelle à la racine carrée du poids tenseur et en raison inverse du rayon, de la longueur et de la racine carrée de la densité de la corde. — On vérifie ces lois au moyen du sonomètre, dont la description a été donnée plus haut (cf. § 112^b).]

[113e. **Vibrations des plaques et des membranes.** — Il résulte des travaux d'analyse de Poisson, de Lamé et de M. Bourget, ainsi que des recherches expérimentales de Chladni et de Savart, que les sons obtenus en attaquant directement les plaques, ou en faisant vibrer les membranes par influence, au moyen de tuyaux sonores, offrent une très grande variété. Quand ils atteignent une certaine hauteur au-dessus de celle de la note fondamentale, ces sons deviennent très voisins les uns des autres et ne forment plus une série d'harmoniques. Les plaques et les membranes tendues se divisent, lorsqu'on les ébranle, en segments vibrants séparés par des lignes de repos ou *lignes nodales*, dont le nombre et la forme n'ont pas une constance absolue pour un même son. On met cette segmentation en évidence en recouvrant la membrane ou la plaque de sable fin : les grains de sable, en s'accumulant sur les lignes nodales et en laissant les ventres à découvert, dessinent des *figures* dites *acoustiques*.

Les sons propres d'une membrane, ceux, par conséquent, qu'elle est en état de renforcer, dépendent du degré de tension, des dimensions et de la forme du corps vibrant, et ils correspondent à des figures acoustiques bien déterminées. Toutefois, dans un état de tension convenable, une membrane peut être facilement ébranlée par l'influence de vibrations sonores de hauteur quelconque produites dans le voisinage ; mais alors elle ne renforce pas le son, elle sert seulement de véhicule à la transmission du mouvement, et elle se comporte comme une masse gazeuse indéfinie qui transmet des vibrations de toutes périodes, sans les absorber, c'est-à-dire sans les convertir en ondes stationnaires.]

[113^f. **Rôle de l'oreille moyenne dans l'audition.** — Cette différence dans la manière dont une membrane répond aux influences qui la sollicitent à vibrer est d'une importance capitale pour la théorie de l'audition ; elle réduit à néant l'objection de MM. Bourget et Bernard qui, à la suite de recherches théoriques et expérimentales sur les vibrations des membranes, ont nié le rôle attribué généralement à la membrane du tympan. D'après Savart, en effet, cet organe serait amené, par l'action du muscle interne du marteau, dans un état de tension convenable pour être facilement influencé par des sons de toute hauteur, de manière, non pas à les ren-

forcer, mais simplement à transmettre les mouvements vibratoires à la
chaîne des osselets et de là à l'oreille interne, sans altération de forme
ni de période. Il convient de rappeler ici le fait découvert par M. Helmholtz
et vérifié par M. Ad. Politzer (1871), à savoir que les membranes à
surface courbe possèdent un pouvoir résonnant supérieur à celui des
membranes planes, ce qui expliquerait pourquoi la membrane du tympan
vibre facilement sous l'influence d'un si grand nombre de sons. On verra
plus loin (cf. § 115[b]) comment les organes centraux analysent et perçoivent
les mouvements ainsi transmis.

Savart a reconnu, en outre, qu'un excès de tension diminue l'aptitude des
membranes à vibrer par influence ; le muscle interne du marteau pouvant
par sa contraction tendre à l'extrême la membrane du tympan, celle-ci
joue alors un rôle de protection à l'égard des organes de l'oreille interne,
en atténuant les impressions trop vives.

La membrane du tympan remplirait encore une autre fonction, d'après
M. Helmholtz ; elle empêcherait les mouvements vibratoires d'affecter
directement les membranes qui ferment la fenêtre ovale et la fenêtre ronde :
« Le problème mécanique résolu par les appareils des cavités tympa-
niques consiste à transformer un mouvement d'une grande amplitude et
d'une petite force, celui de la membrane du tympan, en un mouvement
d'une plus faible amplitude et d'une plus grande force, qu'il s'agit de
communiquer au liquide du labyrinthe. C'est là un problème analogue à
celui qui a été résolu au moyen de beaucoup d'appareils mécaniques, tels
que le levier, la poulie, etc. Mais le procédé employé dans l'appareil
auditif est fort différent et tout à fait original. »]]

114. Du timbre. — Tandis que la hauteur d'un son dépend uniquement du
nombre des vibrations isochrones accomplies dans l'unité de temps, le
timbre est déterminé par la *forme même de la vibration*. Il est évident,
a priori, que la courbe qui représente
les ondes aériennes d'où résultent les
sensations auditives, peut offrir des formes
très différentes, tout en remplissant la
condition de l'isochronisme des vibrations, auquel cas la hauteur du son est
la même. Ainsi les courbes A et B
(fig. 131) correspondent au même son,
puisqu'elles comprennent un nombre
égal de concamérations dans le même

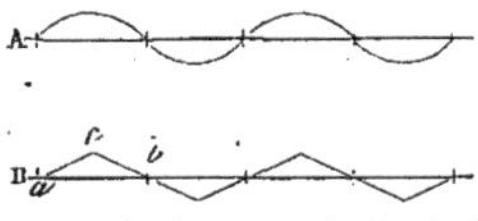

Fig. 131.—Vibrations sonores de même durée,
mais de forme différente.

A, vibrations aériennes produites par la flûte ;
B, vibrations d'une corde de guitare.

temps ; et cependant, en raison de leur différence de forme, elles n'impressionnent pas l'oreille d'une manière identique, de sorte que la sensation
auditive perçue est différente dans les deux cas.

La forme de l'onde aérienne qui est transmise à l'organe de l'ouïe, dépend
toujours de la manière dont le son prend naissance. La courbe A (fig. 131),
par exemple, reproduit à peu près la forme des vibrations aériennes qu'on
produit en jouant de la flûte ; le pincement d'une corde de guitare engendre
les vibrations figurées en B. Dans ce dernier cas, la corde elle-même
prend, en vibrant, la forme de la portion de courbe *a c b*, qui représente le mouvement ondulatoire transmis à l'air ; en pinçant la corde avec

le doigt, on l'écarte, en effet, de sa position d'équilibre et on lui donne la forme *a c b;* abandonnée ensuite à elle-même, la corde se met à osciller, en reprenant la même forme à chaque nouvelle oscillation, et en transmettant ses vibrations à l'air ambiant.

114ᵃ. Vibrations sonores simples. — La forme la plus simple de vibration sonore est celle que représente la courbe A (fig. 131). Dans les oscillations de cette espèce, *la distance du mobile à sa position d'équilibre est, à chaque insant du mouvement, en raison directe du sinus du temps,* si on prend, pour représenter le temps, un arc qui lui soit proportionnel. De là le nom de *vibration sinusoïdale* donné à cette forme de mouvement ; on l'appelle aussi *oscillation pendulaire,* parce que la même loi régit les oscillations du pendule, celles, du moins, qui n'ont qu'une faible amplitude.

Nous avons déjà dit plus haut que les vibrations sonores de la flûte ont une grande analogie de forme avec les oscillations pendulaires ; il en est de même à l'égard des sons rendus par les tuyaux d'orgue fermés et à large section. Les vibrations qui se rapprochent le plus de la forme sinusoïdale se produisent dans l'air d'une caisse de résonnance, sous l'influence d'un diapason accordé à l'unisson de la colonne gazeuse.

114ᵇ. Vibrations sonores composées. — Toute courbe figurative d'un mouvement vibratoire, quelque forme qu'elle ait, peut être considérée comme composée d'un nombre limité de vibrations simples semblables à celle de la courbe A (fig. 131). La vibration représentée, par exemple, dans la courbe à trait continu de la figure 132, se résout en deux vibrations simples correspondantes aux deux courbes pointillées. Si on déplaçait, l'une par rapport à l'autre, ces composantes, en avançant ou en reculant l'une d'elles, ce qui reviendrait à supposer que la *différence de phase* ne soit plus nulle, comme c'est le cas de la figure en question, on obtiendrait une autre forme de vibration composée. En ajoutant un plus grand nombre de vibrations simples, on pourrait modifier encore plus profondément la courbe résultante.

Il est facile de voir que, dans cette composition des vibrations, le mouvement résultant consiste en oscillations à périodes égales, tant que les durées des composantes ont entre elles les rapports des nombres entiers les plus petits ; tel est le cas de l'onde représentée dans la figure 132, où les vibrations composantes ont des durées dans le rapport de 1 à 2. De

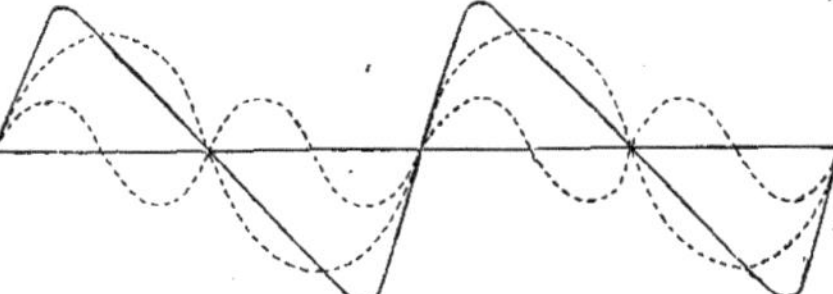

Fig. 132. — Vibration composée de deux vibrations simples, à longueurs d'onde dans le rapport de 1 à 2 et à différence de phase nulle.

là cette conséquence que : *Toute forme quelconque de vibration régulière et périodique peut être considérée comme la somme de vibrations simples ou pendulaires, qui ont des durées une, deux, trois, quatre....... fois moins grandes que celle du mouvement donné* (Fourier). Or, le son, en général, consiste en un mouvement vibratoire de l'air à périodes régulières ; par conséquent, si nous appelons *son élémentaire* ou *simple* celui qui répond à la vibration pendulaire, et *son musical composé* celui que produisent des vibrations composées, il nous est permis d'appliquer la loi de Fourier à la théorie du timbre et de la formuler dans l'énoncé suivant :

Tout son musical qui n'est pas simple équivaut à une réunion de sons élémentaires, dont les nombres de vibrations correspondants ont entre eux les mêmes rapports que les nombres entiers les plus petits.

La loi que nous venons de formuler n'est pas d'une exactitude absolue, en ce sens qu'il existe des sons qui rentrent dans le domaine musical et qui, néanmoins, renferment des ondes élémentaires dont les longueurs ne satisfont pas à la loi en question. Le diapason et tous les instruments à corde rendent par la percussion des sons élémentaires de cette nature, qu'on peut appeler des *harmoniques faux;* mais comme ces derniers ont pour la plupart une hauteur très grande, ils passent inaperçus à côté des sons élémentaires plus graves qui représentent des *harmoniques justes,* ces derniers constituant essentiellement le son musical.

115. Sons élémentaires : son fondamental et harmoniques. — [On vient de voir que le *son musical,* c'est-à-dire la sensation complexe produite dans l'oreille par un ébranlement périodique de l'air, se compose, en général, d'une série de sons distincts qu'on désigne sous le nom de sons *simples* ou *élémentaires,* dont le plus *grave* est ce qu'on appelle le *son fondamental,* tandis que les autres, plus élevés, représentent les *harmoniques* du premier. Les nombres de vibrations du son fondamental et de ses harmoniques ont entre eux les mêmes rapports que les termes de la suite naturelle des nombres entiers 1, 2, 3, 4, 5, 6, 7, 8...; si on prend, par exemple, pour son fondamental $ut_1 = 1$, les harmoniques répondent aux notes $ut_2 = 2$, $sol_2 = 3$, $ut_3 = 4$, $mi_3 = 5$, $sol_3 = 6$, $7 = 1,75$ (entre $la\ \sharp = 1,736$ et $si\ \flat = 1,80$), $ut_4 = 8$.]

Les divers sons élémentaires qui composent un son musical ont des intensités relatives très différentes; c'est en cela que ce dernier se distingue de l'*accord* engendré par l'émission simultanée de plusieurs notes consonnantes. Le son fondamental l'emporte tellement en intensité sur tous ceux qui l'accompagnent, qu'il détermine à lui seul la hauteur de la sensation perçue, les harmoniques n'ayant d'autre effet que de lui donner cette qualité particulière et caractéristique qu'on nomme le *timbre.* Toutefois, le son musical complexe a ceci de commun avec l'accord, que non seulement il peut être produit réellement par la superposition de plusieurs sons élémentaires, mais encore que l'oreille, en écoutant attentivement ou en recourant à des moyens particuliers, est à même d'y reconnaître la présence de la note fondamentale et des harmoniques concomitants.

115ᵃ. Analyse des sons. Résonnateurs. — L'existence réelle des sons élémentaires dans un son musical est facile à démontrer objectivement, à l'aide d'expériences fondées sur les lois de la *résonnance*[1]. On sait que les cordes,

---

[1] [L'expression de *consonnance*, employée par quelques auteurs allemands, est celle qui, sous le rapport étymologique, conviendrait le mieux pour désigner ce que nous nommons ici *résonnance;* mais le premier de ces termes est aussi pris dans une autre acception (cf. § 116). D'un autre côté, nous avons déjà fait usage du mot résonnance pour exprimer le fait du renforcement du son par réflexion (cf. § 110,

les membranes tendues; et, en général les corps qui présentent une faible masse, se mettent aisément en état de vibration, quand on produit dans leur voisinage un son, à l'unisson duquel ils vibrent naturellement; le mouvement de l'air se communique dans ce cas au corps résonnant et lui fait rendre un son de même hauteur. Lors donc qu'un son est émis en présence d'une corde tendue, et qu'il renferme, au nombre de ses composants, le son propre de la corde, celle-ci vibre *par influence;* le son élémentaire qui est contenu dans le son *inducteur* et qui est ainsi renforcé par la résonnance acquiert assez d'intensité pour dominer les sons dont il est accompagné et pour devenir facilement perceptible. On peut encore constater d'une autre manière qu'un son naturel est réellement composé de sons élémentaires : sur une corde quelconque d'un piano, on place un petit cavalier de papier ou un copeau de bois, puis on frappe une autre corde donnant une note plus grave et renfermant, au nombre de ses harmoniques, le son fondamental de la première; on place, par exemple, le cavalier sur la corde qui rend l'ut_3, et on attaque la corde correspondante à l'ut_2, ou à l'ut_1, ou au fa_1, etc.; sitôt que la corde frappée fait entendre sa note, celle de l'ut_3 se met à vibrer par influence et rejette au loin le cavalier qu'elle portait.

En employant une méthode qui, au fond, repose aussi sur les lois de la résonnnance, on peut faire l'analyse *subjective* d'un son, c'est-à-dire isoler pour l'oreille les différents sons élémentaires qui entrent dans la composition d'une sensation auditive quelconque. Si, dans les conditions habituelles, nous n'arrivons pas à distinguer directement les harmoniques d'un son donné, cela provient uniquement de ce que ces sons secondaires ont une intensité trop faible; le son *fondamental*, qui est le plus grave, a le plus de force et attire toute notre attention; c'est d'après lui seul que nous jugeons de la hauteur de la sensation perçue ; les *harmoniques* qui accompagnent la note principale n'ont d'autre effet que de lui donner un timbre caractéristique.

RÉSONNATEURS. — Nous venons de voir qu'une corde tendue résonne, quand on fait entendre dans le voisinage le son propre qu'elle rendrait si elle était directement ébranlée. Une masse d'air limitée se comporte de la même manière qu'une corde, lorsqu'elle est placée dans les mêmes conditions: si, par exemple, on produit un son en présence d'une sphère ou d'un tube creux, dont l'intérieur communique avec l'air ambiant, le contenu d'un pareil réservoir se met à vibrer, pourvu que le son inducteur soit à l'unisson des vibrations propres de la masse gazeuse. On donne le nom de *résonnateurs* à des appareils fondés sur ce principe et destinés à analyser les sons par le renforcement individuel de leurs vibrations élémentaires. Les résonnateurs le plus généralement employés consistent en tubes de verre fermés à une extrémité et ouverts à l'autre. Étant donné un de ces tubes et un diapason vibrant à l'unisson de la note que rendrait ce résonnateur, si on le faisait *parler* directement par la projection d'un courant d'air contre

---

p. 251). N'y aurait-il pas lieu dès lors, afin d'éviter toute équivoque, d'appeler *sonorescence* la propriété que possèdent les corps de rendre un son sous l'influence des vibrations sonores qui leur sont transmises par l'air, la sonorescence étant à l'égard du son ce qu'est la phosphorescence relativement à la lumière?]

l'embouchure, le son du diapason est considérablement renforcé, lorsqu'on vient à l'approcher de l'ouverture du tube.

Quand on veut se servir des résonnateurs pour entendre isolément les divers sons élémentaires qui composent un son naturel, on laisse le tube résonnant ouvert aux deux bouts ; on engage l'une de ses extrémités dans le conduit auditif, tandis qu'on se bouche l'oreille du côté opposé : si le mélange des notes harmoniques qui accompagnent le son fondamental contient la note propre au résonnateur, celle-ci est renforcée par sonorescence et s'entend très distinctement. [En ayant une série de résonnateurs accordés pour les différents harmoniques, on peut ainsi reconnaître, dans un son quelconque, la présence des notes qui le composent.]

[On donne aussi aux résonnateurs la forme d'une sphère creuse. La figure 133 représente un instrument de cette nature dû à M. Helmholtz ; c'est un globe creux en laiton muni de deux ouvertures diamétralement opposées, dont l'une établit la communication avec l'air ambiant, tandis que l'autre est surmontée d'un ajutage conique qu'on introduit dans le conduit auditif.

M. Daguin a décrit, sous le nom de *cornet analyseur*, un instrument qui remplace, à lui seul, une série de résonnateurs à son fixe. Cet analyseur a la forme d'un porte-voix et se compose de trois tubes rentrants l'un dans l'autre : grâce à ce dispositif, on peut faire varier,

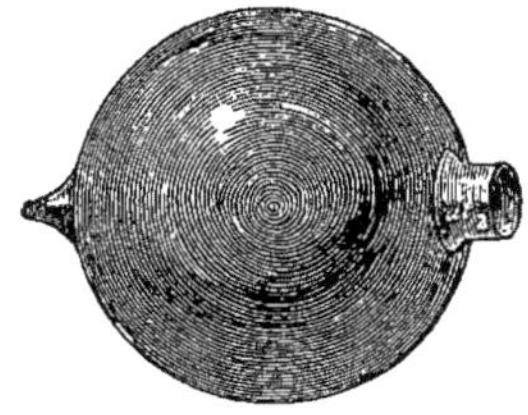

Fig. 133. — Résonnateur de Helmholtz.

à volonté, entre certaines limites, le volume de la colonne gazeuse résonnante et accorder ainsi le cornet pour différentes notes].

[FLAMMES MANOMÉTRIQUES. — La méthode des *flammes manométriques*, appliquée aux résonnateurs, permet d'analyser les sons sans le secours de l'oreille ; cette méthode, imaginée par M. Kœnig, rend visible l'état vibratoire d'une masse d'air par l'agitation communiquée à la flamme d'un bec de gaz. On emploie dans ce but une petite capsule de bois, dont l'ouverture est close par une très mince membrane de caoutchouc, tandis que le fond est perforé de deux trous, l'un destiné à recevoir un tube qui amène du gaz d'éclairage dans l'intérieur de la capsule, l'autre muni d'un bec, à l'extrémité duquel on allume le gaz qui s'en échappe. Il est clair que la flamme ainsi obtenue s'allongera brusquement, quand la membrane de la *capsule manométrique* sera vivement poussée de dehors en dedans, et qu'elle diminuera de hauteur, quand la membrane exécutera un mouvement en sens contraire. Pour rendre plus visibles les variations de longueur de la flamme, on la place devant un miroir qu'on fait tourner avec une grande vitesse autour d'un axe vertical : alors, grâce à la persistance des sensations lumineuses (cf. § 177ᵇ), si la flamme conserve une longueur constante, l'image, vue par réflexion dans le miroir tournant, se présente sous la forme d'une longue traînée lumineuse continue, étalée horizontalement et de même hauteur dans toutes ses régions ; mais, du moment que la flamme vient à éprouver des alternatives d'allongement et

de raccourcissement, l'image se résout en une série de languettes de feu
séparées par des espaces noirs; la hauteur des languettes et leur distribution dépendent de la nature simple ou complexe des vibrations sonores
transmises à la flamme. On peut voir, dans la figure 135, un certain
nombre de ces apparences lumineuses présentées par les flammes vibrantes.
— Pour appliquer à l'analyse des sons la méthode dont nous venons
d'exposer le principe, M. Kœnig, au lieu d'introduire l'un des orifices du
résonnateur dans l'oreille, le fait communiquer par un tube de caoutchouc
avec une capsule manométrique : dès lors, toutes les fois que le résonnateur parle, la flamme est animée de vibrations qui se traduisent à la vue
par l'apparition de dentelures dans la traînée lumineuse que produit la
réflexion dans le miroir tournant.

En réunissant un certain nombre de résonnateurs munis de flammes
manométriques et accordés pour des sons qui soient entre eux comme les
nombres entiers de la série naturelle 1, 2, 3, 4, 5, 6, 7, 8..., on peut
décomposer, d'une manière visible, le timbre d'un son en ses notes
élémentaires.

La figure 134 représente l'*appareil à flammes manométriques*, construit

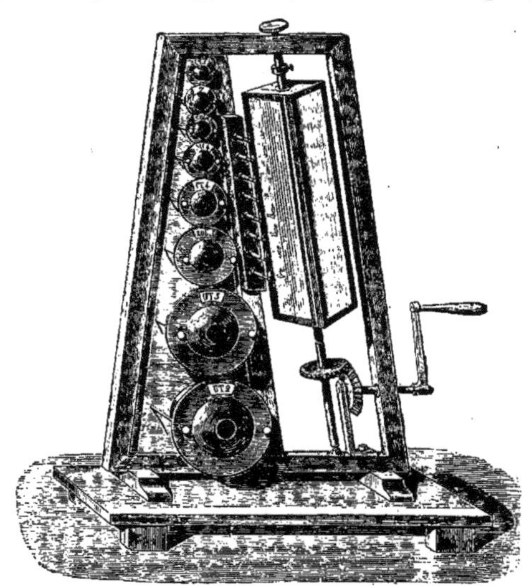

Fıɢ. 134. — Appareil à flammes manométriques de Kœnig, pour l'analyse du timbre des voyelles.

dans ce but par M. Kœnig : huit résonnateurs donnant la note fondamentale
ut_2 et les sept premiers harmoniques ut_3, sol_3, ut_4, mi_4, sol_4, 7, ut_5, sont
fixés sur un support, l'un au-dessus de l'autre; chacun d'eux communique

par un tube de caoutchouc avec une capsule manométrique ; les becs de
ces capsules se trouvent placés l'un au-dessus de l'autre, sur une ligne légèrement inclinée et à côté d'un miroir à quatre faces, qu'on peut faire tourner
avec rapidité autour d'un axe parallèle à la ligne des flammes.

Chaque fois qu'on produira un son dans le voisinage de cet appareil,
les résonnateurs en état de vibrer à l'unisson des notes élémentaires renfermées dans ce son, et ceux-là seuls, se mettront à parler ; on reconnaîtra
ceux qui résonnent et la manière dont ils vibrent aux dentelures que présenteront les images des flammes manométriques correspondantes, vues dans
le miroir tournant ; les résonnateurs dont les notes ne seront pas contenues
dans le son émis resteront silencieux, et leur état de repos sera accusé dans
leurs flammes respectives par la continuité et l'uniformité de hauteur des
traînées lumineuses auxquelles donnera naissance la rotation du miroir.]

115ᵇ.Théorie de l'audition. — Toutes les fois que des ondes sonores longitudinales rayonnent dans l'air et viennent à rencontrer une oreille humaine,
elles impriment à la membrane du tympan des vibrations transversales
(cf. § 113ᶠ) qui, transmises par l'intermédiaire de la *columelle* ou
chaîne des osselets au liquide du labyrinthe, s'y propagent de nouveau
sous forme d'ondes longitudinales ; de là, le mouvement vibratoire se communique aux éléments anatomiques en connexion immédiate avec les terminaisons du nerf acoustique, y subit sans doute une seconde fois la transformation en vibrations transversales, [puis repasse définitivement à l'état
longitudinal pour cheminer dans les filets nerveux et aboutir aux centres
percepteurs.]

Le mouvement vibratoire sonore est perçu par l'organe auditif suivant
un mécanisme tout différent de celui qui préside aux sensations lumineuses.
Ce que l'œil *voit*, c'est toujours la vibration résultante ; il n'est pas en
état de la décomposer en oscillations pendulaires, ni de percevoir isolément chacune des sensations correspondantes. L'oreille, au contraire,
analyse le son ; elle décompose la vibration complexe en vibrations simples
qui impressionnent chacune séparément, l'organe de l'ouïe ; c'est de l'ensemble de ces sensations auditives élémentaires que résulte la perception
du son. Bien que, dans les conditions habituelles et sans le secours d'instruments spéciaux, nous ne distinguions pas isolément les différentes notes
simples qui entrent dans la composition d'un son, il ne s'en produit pas
moins dans l'oreille autant de sensations séparées qu'il y a de vibrations
pendulaires formant le son entendu, et ce sont précisément ces diverses
sensations secondaires ainsi engendrées qui, par leur adjonction à la note
principale, en déterminent le timbre ; mais, pour que les harmoniques qui
accompagnent un son s'entendent distinctement, il faut que ces notes
accessoires aient une grande intensité, ou que notre oreille y prête une
extrême attention.

On ne retrouve quelque chose de semblable à cette décomposition d'un
mouvement périodique composé en vibrations simples que dans les effets
de résonnance ; nous avons vu (cf. § 115ᵃ) que ces phénomènes offrent
le moyen d'isoler réellement les oscillations pendulaires qui constituent une
vibration composée. Quand on soulève les étouffoirs d'un piano, de manière
à rendre à toutes les cordes leur pleine liberté, et qu'on fait entendre un son

d'une grande intensité devant la table d'harmonie de l'instrument, les cordes qui donnent les notes élémentaires contenues dans le son émis, et celles-là seules, résonnent par influence ; les autres restent en repos. Si on pouvait mettre chacune des cordes du piano en communication avec une fibre nerveuse acoustique, de telle sorte que celle-ci fût excitée toutes les fois que la corde correspondante entre en vibration, il est évident que tout son, qui viendrait frapper un semblable instrument, éveillerait une série de sensations en rapport avec les différentes oscillations pendulaires composant le mouvement vibratoire transmis par l'air. Or, telle est précisément la manière dont s'opèrent les sensations auditives.

Nous sommes ainsi amenés à conclure que l'oreille renferme des *corps résonnants* accordés pour différentes notes, comme les cordes d'un piano, chacun de ces résonnateurs se trouvant en communication avec une fibre nerveuse distincte. Et, en effet, le microscope a permis de découvrir dans la rampe moyenne du limaçon de petites fibres élastiques qui communiquent avec les terminaisons des filets du nerf auditif ; c'est à ces éléments anatomiques que semblerait dévolu le rôle de résonnateurs.

[Les *fibres de Corti*, tel est le nom de ces corps résonnants, s'élèvent au nombre de plus de 3.000, ce qui donnerait plus de 300 fibres pour chaque octave, puisque l'étendue des sons perceptibles embrasse environ 10 octaves. — La théorie de l'audition qu'on vient d'esquisser est celle qu'a développée M. Helmholtz, et dont, suivant une remarque faite par M. Terquem, on retrouve déjà les premiers linéaments dans les écrits de de Meiran.]

[Cependant il semblait difficile de la concilier avec le fait de l'absence des fibres de Corti dans le limaçon des oiseaux, auxquels on ne saurait pourtant refuser la faculté de percevoir et d'apprécier la hauteur des sons. M. Helmholtz a reconnu lui-même la nécessité de modifier l'hypothèse première, et il a reporté à la membrane basilaire, qui sert de support aux fibres de Corti, le rôle d'appareil résonnateur précédemment attribué à ces derniers organes ; cette membrane, bien que continue, ne s'en comporterait pas moins, en raison de sa structure, comme un système de cordes juxtaposées, de longueur décroissante, et accordées chacune pour un son déterminé. Les fibres de Corti ne serviraient plus alors qu'à faire varier localement la tension de la membrane basilaire et la masse de la portion vibrante.]

[Bibliographie: E. Weber. De aure et auditu hominis et animalium. Leipzig, 1820. — Savart, Recherches sur les usages de la membrane du tympan et de l'oreille externe (*Journ. de physiol. de Magendie,* 1825, t. IV) ; et *Leçons de physique professées au Collège de France* (acoustique) (journal l'*Institut,* 1839). — Ed. Weber, Ueber den Mechanismus des menschlichen Gehörorgans (*Verhandl. der säcisisch. Gesellsch. der Wissensch.,* 1831. — J. Mueller, chap. Ouïe, dans son *Traité de physiologie,* trad. franç., 2e édit., 1851, t. II, p. 390. — Harless, art. Hören (ouïe), dans *Wagner's Handwœrterb. der Physiologie,* 1853. t. IV. — Helmholtz. Ueber die Combinationstöne (*Poggend. Ann.,* 1856, t. XCIX, p. 497). — Toynbee. On the mode in which sonorous ondulations are conducted from the membrana tympani to the labyrinth in the human ear (*Philos. Magaz.,* 1860, p. 56). — Helmholtz. Théorie physiologique de la musique fondée sur l'étude des sensations auditives, trad. de l'allemand, par Guéroult. Paris, 1868 ; et Die Mechanik des Gehörknöchelchen und des Trommelfells *(Archiv f. die gesammte Physiol.,* de Pflüger, 1868, t. I, p. 1-60).] — Gavarret, Phénomènes physiques de la phonation et de l'audition. Paris, 1877.

115c. Timbre des instruments de musique. — En analysant les sons musicaux à l'aide de l'une ou l'autre des méthodes exposées dans le § 115ᵃ, on reconnaît que les sons élémentaires qui composent un son quelconque diminuent généralement d'intensité, à mesure qu'ils s'élèvent en hauteur. L'affaiblissement porte à la fois sur le son fondamental et sur les *harmoniques concomitants*.

On remarque, en outre, que les harmoniques d'ordre impair, c'est-à-dire la quinte de l'octave, la tierce de la deuxième octave, la septième de la troisième octave du son fondamental, etc., s'entendent plus facilement que les harmoniques d'ordre pair, qui représentent des octaves du son fondamental ou de notes plus élevées. La cause de cette différence siège évidemment dans notre oreille, car, dans un accord, nous distinguons aussi les tierces et les quintes plus aisément que les octaves. Parmi les harmoniques d'ordre impair, le plus fréquent est le troisième, c'est-à-dire la douzième du son fondamental ou la quinte de la première octave supérieure; puis, viennent la cinquième note qui représente la tierce de la deuxième octave, et le septième harmonique (7/4 = 1,75) qui correspond *à peu près* à la septième mineure (9/5 = 1,80) de la deuxième octave.

Du reste, le nombre et le rang des harmoniques qui prennent naissance dans une circonstance donnée, ne présentent rien de fixe; il y a, sous ce rapport, une variété extrême, qui dépend de la nature de la source sonore et qui produit précisément la diversité des timbres.

C'est ainsi que la percussion des cordes fournit des sons riches en harmoniques et dans lesquels la note fondamentale est relativement assez faible.

Les instruments à cordes, dans lesquels le son est engendré par le frottement d'un archet, donnent un son fondamental plus fort; les premiers harmoniques s'y font entendre relativement moins bien, mais les harmoniques élevés, du sixième au dixième environ, ont une intensité remarquable et produisent le *mordant* particulier aux instruments de cette catégorie.

Les tuyaux d'orgue à embouchure de flûte, larges et fermés, donnent le son fondamental presque pur; étroits, ils font entendre très nettement la troisième note, c'est-à-dire la douzième du son fondamental. Dans les tuyaux larges et ouverts, on perçoit, à côté du son fondamental, le premier et le deuxième harmonique (l'octave et la douzième).

Le timbre des tuyaux à anche dépend, en partie de l'*anche* dont les vibrations engendrent le son, en partie du tuyau qui joue le rôle de caisse de résonnance. Dans les instruments de cette classe, le son est produit, comme dans la sirène, par les pulsations périodiques d'une veine gazeuse, pulsations dues à ce que l'anche, en vibrant, ouvre et ferme alternativement l'orifice par lequel s'échappe l'air. [On distingue deux espèces d'anches : dans l'anche *battante*, la lame élastique ferme périodiquement le canal de sortie de l'air, qui porte le nom de *rigole*, en venant s'appliquer sur cette pièce demi-cylindrique, qu'elle déborde de toutes parts, à la manière d'un clapet; ce dispositif a pour effet d'interrompre chaque oscillation presque au milieu de son parcours et de donner naissance à des chocs *solidiens*, qui rendent le son criard. La position et les dimensions de l'anche *libre* sont telles, au contraire, que la lame élastique, située tout entière dans l'intérieur de la fenêtre qui livre passage à l'air, y oscille en liberté, en rasant, sans les toucher, les bords de l'ouverture ; le son a plus de douceur, par suite de l'absence de chocs solidiens.]]

Le mouvement du fluide aériforme est ici discontinu au plus haut degré, puisqu'il existe, entre deux ébranlements consécutifs, un temps de repos complet correspondant à la durée de fermeture de l'orifice qui donne issue au gaz; mais nous avons déjà fait remarquer que la courbe figurative d'un mouvement vibratoire peut toujours être regardée comme formée par la superposition d'un très grand nombre de courbes simples dites *sinusoïdes*, même dans les cas où elle présente des interruptions nettement accusées. Aussi les anches libres, non munies d'un tube de résonnance, rendent-elles un son strident qui renferme une longue série d'harmoniques allant jusqu'au vingtième et au delà.

En associant aux anches des tubes de résonnance ou *cornets d'harmonie*, on renforce considérablement ceux des harmoniques qui correspondent aux sons propres de ces tuyaux. Le timbre des tuyaux à anche de l'orgue, de l'harmonium et des instruments dits *à bocal*, dans lesquels les lèvres du musicien remplissent le rôle d'anches membraneuses, dépend donc essentiellement de la forme et des dimensions du tuyau de résonnance. Le tube cylindrique de la clarinette renforce principalement les sons partiels de rang impair, tandis que les tubes à forme conique du hautbois, du basson, de la trompette et du cor augmentent assez uniformément l'intensité de tous les harmoniques.

Les instruments à anche se divisent en trois genres, suivant la manière dont le son prend naissance : dans les uns, l'orgue et l'harmonium, le son est produit par l'intermédiaire d'une anche métallique dont les oscillations ont une durée constante. Dans les instruments dits *à bec* (clarinette, hautbois, basson), l'anche consiste en une lame de bois ou d'une matière élastique analogue qui, sous l'influence du souffle, produit un mélange de sons de hauteur très différente ; le tube de résonnance associé à l'anche opère une sorte de triage dans les sons partiels, en renforçant ceux qui correspondent aux siens propres. Dans les instruments dits *à bocal* (trompette, cor, etc.), ce sont les lèvres mêmes du musicien qui, sous l'impulsion du courant d'air chassé par un effort énergique d'expiration, vibrent transversalement, à l'unisson des notes que la colonne d'air du tuyau de l'instrument peut rendre; celui de ces sons propres qui prend naissance dépend de la forme et de la tension des lèvres, ainsi que de l'intensité du souffle phonateur.

115ᵈ. Théorie de la voix. — Le larynx humain est un tuyau à anche d'une espèce particulière. Il renferme deux anches membraneuses représentées par les *cordes vocales inférieures*, lesquelles jouissent de la propriété de modifier la tension et les dimensions de leurs parties vibrantes, et de rendre ainsi des sons de hauteur variable. La cavité buccale remplit l'office de caisse de résonnance ; mais elle est trop courte, trop largement ouverte, elle possède des parois trop molles pour avoir sur le son rendu une influence qui aille jusqu'à en régler la hauteur ; elle se borne à renforcer le son partiel qui correspond aux vibrations propres de la masse d'air qu'elle renferme, et c'est de cette manière qu'elle intervient dans la phonation pour modifier le timbre du chant ou de la parole. .

Ainsi, tandis que, dans la plupart des instruments à anche, la hauteur du son est déterminée par celle de la note que rend le tube de résonnance, dans l'organe de la voix, c'est l'anche elle-même qui règle la hauteur du son, et la caisse de résonnance n'a d'influence que sur le timbre. Or, comme la cavité buccale peut changer de forme et de dimensions, grâce aux muscles qui entrent dans la constitution de ses parois, il en résulte que ce n'est pas toujours le même harmonique qu'elle renforce, et que, par suite, la voix peut émettre des sons à la fois de même hauteur et de timbre très différent. C'est précisément cette faculté que possède l'appareil phonateur de l'homme de modifier le timbre d'un son, sans en changer la hauteur, qui caractérise cet instrument et le distingue de toutes les autres sources musicales.

[La mobilité des cartilages du larynx autour de leurs articulations influe aussi sur la tension des cordes vocales. C'est ce qui explique pourquoi la hauteur du son augmente avec la force du souffle : d'après M. Gavarret, les cartilages mobiles seraient écartés par la pression latérale de l'air en mouvement ; il en résulterait pour les cordes vocales une tension plus grande, indépendante de celle que produit la contraction musculaire. Ce fait est de nature à rendre compte de la difficulté que les chanteurs éprouvent à passer du *piano* au *forte* sur une note de hauteur invariable.

Remarquons encore que les cordes vocales se composent de deux faisceaux différents de fibres : l'un comprend les fibres élastiques du ligament thyro-aryténoïdien inférieur, l'autre est formé des fibres du muscle thyro-aryténoïdien interne. La possibilité que ces faisceaux se tendent, indépendamment l'un de l'autre, a été mise à contribution pour expliquer les voix *de poitrine* et *de fausset* ou *de tête*. Muller avait déduit de ses expériences sur des larynx humains détachés du corps que, dans la production de la voix de poitrine, chaque corde vocale vibre en totalité, les deux faisceaux dont il vient d'être question participant au mouvement, et que, dans la voix de fausset, les fibres élastiques seules entrent en vibration. On objectait à cette théorie qu'il était difficile d'admettre l'existence d'une ligne nodale parallèle au bord libre des cordes vocales dans la voix de fausset. M. Donders a réfuté l'objection, en montrant qu'il suffit de supposer que les muscles thyro-aryténoïdiens se contractent pour produire la voix de poitrine et qu'ils se relâchent pour permettre l'émission de la voix de tête : dans le premier cas, la masse vibrante serait plus considérable, ce qui ferait baisser la hauteur du son et modifierait en même temps le timbre.]]

115⁰. Timbre des voyelles. — Les divers timbres que la voix humaine donne à une même note ou à un son de même hauteur, correspondent aux différences qui caractérisent les *voyelles*. On peut se convaincre de ce fait par une expérience très simple : on n'a qu'à produire dans la bouche un bruit quelconque, par exemple, à souffler comme on le fait quand on parle à voix basse ou qu'on chuchotte, sans que les cordes vocales entrent en vibration, ou bien à frapper les dents avec un corps métallique ; si on donne alors à la cavité buccale la forme qu'elle a lorsqu'on prononce une voyelle déterminée, le son entendu dans ces conditions offre le caractère de cette même voyelle. L'analyse des sons de la voix, faite à l'aide des méthodes fondées sur l'emploi des résonnateurs, a démontré jusqu'à l'évidence que telle est bien l'origine des voyelles.

[On réussit à rendre visible le timbre des voyelles en les chantant devant l'orifice d'une sorte de pavillon en communication avec une capsule à flamme manométrique: l'image de la flamme, vue par réflexion dans un miroir tournant, prend des formes, variables suivant la note chantée, mais caractéristiques pour chaque voyelle. La figure 135 représente, d'après M. Kœnig, la forme des flammes qui caractérisent les voyelles OU, O, A, chantées successivement sur les notes ut_1, sol_1, ut_2; le nombre et la force relative des harmoniques propres à chaque voyelle s'y révèlent par les apparences variées de l'image de la flamme. L'appareil de résonnance à flammes manométriques de la figure 134 permet de décomposer les timbres des voyelles en leurs sons composants et de rendre cette décomposition visible.]

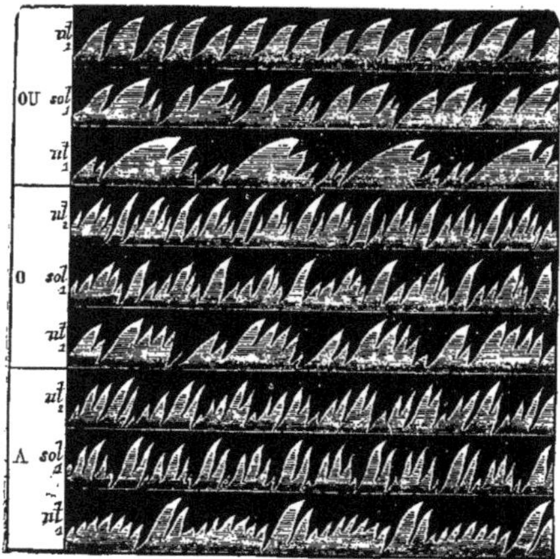

Fig. 135. — Timbre des voyelles OU, O, A, rendu visibles par la forme de la flamme manométrique.

A chaque voyelle répondraient, d'après M. Helmholtz, une ou plusieurs notes *caractéristiques*, que M. Jamin nomme *vocables*. En ajoutant à un son quelconque une vocable donnée, on peut donc reproduire artificiellement la voyelle correspondante. Le tableau suivant renferme les huit voyelles A, O, OU, E, È ou AI, E ou EU, I, U, rangées autant que possible d'après l'ordre de leurs affinités musicales, avec les *vocables* qui les caractérisent:

Voyelles.	OU	O	A
Vocables.	fa_2	$si\flat_3$	$si\flat_4$
Voyelles.	I	È	E
Vocables.	fa_2, $ré_6$	fa_2, $si\flat_5$	$ré_4$, sol_5
Voyelles.	U	EU	
Vocables.	fa_2, sol_5	fa_3, $ut\sharp_5$	

[Outre ces huit voyelles, on en distingue encore six autres, savoir : Ò (sol), ÈU (*peuple*) et les quatre improprement dites *nasales* AN, IN, ON, UN.]

[[La fixité absolue des vocables se concilie difficilement avec certains faits, entre autres avec la possibilité d'émettre une voyelle donnée sur une note de hauteur égale et même supérieure à celle de la vocable correspondante, ou, avec l'absence de dissonnance toutes les fois que l'intervalle entre la vocable et la note sur laquelle on chante la voyelle n'est pas consonnant.]]

La théorie du timbre, dont nous venons d'esquisser les principaux points dans les §§ 11γ à 116, se trouve traitée avec tous les développements que comporte la question dans l'ouvrage suivant: HELMHOLTZ, *Théorie physiologique de la musique fondée sur l'étude des sensations auditives*, traduit de l'allemand par GUÉROULT. Paris, 1868.]

[M. Kœnig a repris, en 1870, l'étude du timbre des voyelles, et il est arrivé à des résultats plus simples que ceux qui ont été obtenus par M. Helmholtz ; c'est ce que montre le tableau suivant :

Voyelles.	OU	O	A	É	I
Vocables.	$si\flat_2$	$si\flat_3$	$si\flat_4$	$si\flat_5$	$si\flat_6$
Nombres de vibrations simples correspondants.	470	940	1880	3760	7520

Il résulterait de là que, pour passer d'une voyelle à l'autre, la cavité buccale se modifierait de telle sorte, que le son propre correspondant monte chaque fois d'une octave.

« Il me paraît plus que probable, ajoute M. Kœnig, qu'il faut chercher dans la simplicité de ces rapports la cause physiologique qui fait que nous retrouvons toujours à peu près les mêmes cinq voyelles dans les différentes langues, quoique la voix humaine en puisse produire un nombre indéfini, comme les rapports simples entre les nombres de vibrations expliquent l'existence des mêmes intervalles musicaux chez la plupart des peuples. »]

[Bibliographie: DUTROCHET, Essai sur une nouvelle théorie de la voix, avec l'exposé des divers systèmes qui ont paru jusqu'à ce jour sur cet objet ; thèse, Paris, 1806. — SAVART, Mémoire sur la voix humaine (*Ann. de chim. et de phys.*, 1825, t. XXX, p. 64). — J. MULLER, art. VOIX et PAROLE, dans *Traité de physiol.*, trad. franc., 2e éd., 1851, t. II, p. 127). — GERDY, art. VOIX, dans sa *Physiologie médic.* etc., 1830, t. I, 2e part., p. 728. — GARCIA, Mémoire sur la voix humaine (*Compt. rend.*, 1841, t. XII, p. 638). — DONDERS, Ueber die Natur der Vocale (*Archiv. f. d. holl. Beiträge*, 1857, t. I). — HELMHOLTZ, Ueber die Klangfarbe der Vocale (*Gelehrte Anzeig. der bayerisch. Akad. d. Wissensch.*, 1859). — DONDERS, Over stem en spraak (*Nederl. Arch.*, 1865, t. I, p. 385 et 451). — FOURNIÉ, Physiologie de la voix et de la parole. Paris, 1866. — DELESCHAMPS, *Étude physique des sons de la parole*; thèse d'agrégation. Paris, 1869. — R. KŒNIG, Sur les notes fixes caractéristiques des diverses voyelles (*Compt. rend. Acad. d. Sc.*, 1870, p. 931.)]

116. Interférence des ondes sonores. Consonnance et dissonnance. — Quand plusieurs mouvements vibratoires à périodicité régulière prennent naissance en même temps, il peut en résulter deux effets différents : ou bien, les mouvements se composent pour engendrer une vibration complexe, comme le font les sons partiels qui se combinent en un son unique; dans ce cas, il est toujours possible, à l'aide des méthodes d'analyse exposées dans le § 115ᵉ, de décomposer la vibration résultante en oscillations pendulaires simples ; ou bien, les mouvements interfèrent de manière à se contrarier mutuellement, et alors se manifestent une série de phénomènes, dont nous aurons à parler.

CONSONNANCE. — Si les divers sons émis simultanément ont des nombres de vibrations qui soient entre eux dans le rapport des harmoniques d'une même note, il est évident que ces sons se propageront sans se nuire mutuellement ; leur superposition communiquera aux molécules d'air un mouvement vibratoire complexe, qui, de même que la vibration d'un son composé et plus aisément encore, est réductible en ses mouvements composants. Par conséquent, tous les sons qui ont leurs nombres de vibrations dans le même rapport que les nombres entiers de la suite naturelle 1, 2, 3, 4, 5, etc., retentissent sans se contrarier entre eux.

Il a été dit, § 113, que ces rapports numériques répondent à des intervalles *consonnants;* il y a donc, entre deux sons consonnants, la même relation qu'entre deux harmoniques d'une même note : les nombres de vibrations correspondants ont les mêmes rapports mutuels que les nombres entiers les plus simples. Quand deux de ces sons se produisent simultanément, ils engendrent un mouvement vibratoire composé à périodes régulières, mouvement que notre oreille décompose en vibrations simples.

INTERFÉRENCE PROPREMENT DITE. — Considérons maintenant des sons simultanés, dont les vibrations présentent des différences de *phase* telles que ces divers mouvements se renforcent ou s'affaiblissent, ou même s'annulent entièrement, pendant toute leur durée ou pendant des intervalles de temps périodiques ; dans de pareilles conditions, les sons exerceront les uns sur les autres des actions perturbatrices. Quand le renforcement ou l'affaiblissement a lieu d'une manière uniforme pendant toute la durée de chaque vibration, on a affaire à ce qu'on peut appeler un *phénomène d'interférence* proprement dit. Cette interférence du son consiste dans la composition de plusieurs vibrations de même période, et elle comprend deux cas principaux : 1° les vibrations qui interfèrent ont des phases concordantes, c'est-à-dire que les *monts* ou protubérances des différentes ondes coïncident les uns avec les autres, et qu'il en est de même des dépressions ou *vaux ;* 2° les vibrations qui interfèrent ont une différence de marche d'une demi-longueur d'onde, c'est-à-dire que le *mont* d'une onde coïncide avec le *val* de l'autre.

La figure 136 représente le premier cas, celui où deux ondes de même période et de même amplitude suivent la même route et n'ont pas de diffé-

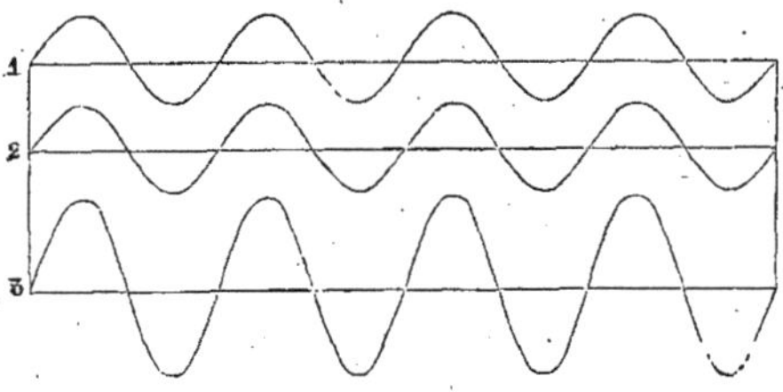

Fig. 136. — Interférence de deux ondes sonores de même période, de même amplitude et à phases concordantes.

rence de phase. L'interférence des ondes 1 et 2 engendre l'onde 3, qui a des monts deux fois plus élevés que ceux des ondes composantes et des dépressions aussi deux fois plus profondes. Il en résulte un renforcement du son ; mais l'intensité n'est pas simplement doublée, elle acquiert une valeur quadruple de celle que produirait isolément chacune des ondes composantes, puisque l'intensité du son est proportionnelle au carré de l'amplitude de la vibration.

Dans la figure 137, les deux ondes 4 et 5 ont une différence de phase égale à une demi-longueur d'onde : les éminences de l'une des courbes correspondent aux dépressions de l'autre et réciproquement. Il en résulte que les mouvements vibratoires se neutralisent mutuellement et que leur superposition est représentée par la ligne droite 6 ; en conséquence, les molécules d'air restent au repos et le son a une intensité nulle, c'est-à-dire qu'il y a silence complet.

On peut facilement, à l'aide de la sirène, produire par interférence, soit le

renforcement, soit l'affaiblissement ou même l'extinction du son. A cet effet,
on associe ensemble deux disques mobiles portant le même nombre de
trous et montés sur le même axe, de manière qu'ils tournent en même temps; on a ainsi la *sirène double* de Helmholtz. Vient-on à disposer les
deux sirènes de telle sorte que, leurs trous se correspondant exactement

chacun à chacun,
les ébranlements
donnés à l'air par
les deux systèmes
d'ouvertures soient
synchrones, dans
ce cas-là, les deux
sons simultanés
possèdent la même
hauteur et passent

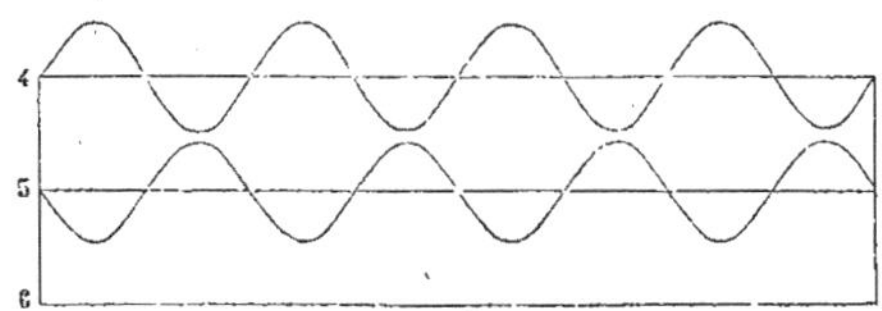

Fig. 137. — Interférence de deux ondes sonores de même période, de même
amplitude, dont les phases diffèrent d'une demi-longueur d'onde.

aux mêmes instants par les mêmes phases; il en résulte un renforcement
notable. Si, au contraire, on dispose l'appareil de manière que les chocs
imprimés à l'air par l'une des sirènes tombent juste au milieu des intervalles qui séparent les impulsions produites par l'autre disque, les sons se
neutralisent mutuellement. Toutefois, il n'y a que le son fondamental qui
soit entièrement réduit au silence; les harmoniques continuent à se faire
entendre. L'explication de cette particularité est la suivante : tandis que les
sons fondamentaux des deux sirènes présentent une différence de phase
d'une demi-durée de vibration, la différence est égale à la durée d'une
vibration entière pour leurs octaves supérieures; par suite, ces octaves se
renforcent, au lieu de se réduire mutuellement au silence. Ainsi, d'un côté,
l'intensité du son fondamental devient nulle; de l'autre, celle du premier
harmonique prend une valeur double ; il en résulte que le son entendu
monte à l'octave.

[M. Malinin [1] a invoqué ces phénomènes d'interférence pour expliquer le
rôle des *canaux semi- circulaires*, qui, d'après cet auteur, rempliraient
dans l'oreille une fonction analogue à celle de la choroïde dans l'œil : les
canaux en question absorberaient les ondes sonores qui ont servi dans le
limaçon à faire vibrer les éléments sensitifs de l'organe de l'ouïe. Peut-
être pareille absorption s'opère-t-elle déjà dans le vestibule et dans la
rampe tympanique, par suite de la rencontre des ondes transmises par la
chaîne des osselets avec celles qui viennent de la fenêtre ronde.]

BATTEMENTS. — Considérons maintenant le cas où il y a production
simultanée de deux sons qui n'ont pas exactement la même hauteur : on
entend alors, non pas un son renforcé ou affaibli d'une manière uniforme et
continue, comme dans la simple interférence, mais un son alternativement
renforcé et affaibli; ces variations d'intensité sonore se succèdent d'une
manière régulière et constituent ce qu'on appelle des *battements*.

On peut facilement se rendre compte du mécanisme de formation des
battements, en se représentant deux ondes sonores qui suivent la même

<hr>

(1) MALININ, Sur le rôle physiologique des canaux semi-circulaires *(Centralblatt f. d. medic. Wissensch.,*
1866, n° 43; extrait dans *Gaz. hebdom. de méd. et de chir.,* 1866, p. 765).

route et qui ont des longueurs d'onde un peu différentes : à un moment donné, les deux ondes se trouvent dans le même état de vibration, avec des phases concordantes ; il y a, par exemple, superposition de deux protubérances et, par suite, formation d'une éminence de hauteur double, d'où renforcement du son. Au bout d'un certain temps, l'une des ondes se trouvera, par rapport à l'autre, en retard d'une longueur d'onde : le mont de l'un des mouvements vibratoires coïncidera avec le val de l'autre, et il en résultera l'extinction du son. Après un intervalle de temps égal au précédent, la différence de phase sera de nouveau nulle et le renforcement du son se reproduira comme la première fois, et ainsi de suite.

Deux sons ayant entre eux une différence de 1 vibration par seconde, donneront donc naissance, dans l'unité de temps, à 1 battement comprenant un renforcement et un affaiblissement d'intensité ; si les deux sons diffèrent de 2 vibrations, ils feront entendre 2 battements par seconde, et ainsi de suite. On voit, en résumé, que *deux sons simultanés engendrent, par unité de temps, un nombre de battements égal à la différence qui existe entre leurs nombres de vibrations.* S'agit-il d'oscillations pendulaires, comme celles du diapason ou des tuyaux fermés, le son s'éteint complètement à chaque coïncidence d'une demi-onde positive avec une demi-onde négative. Quand il se produit des vibrations complexes, les harmoniques supérieurs apparaissent à l'instant même où les notes fondamentales se taisent, et le son passe à l'octave. Du reste, les harmoniques donnent aussi des battements, et il est facile de voir, en comparant leurs nombres de vibrations, qu'à chaque battement du son fondamental doivent correspondre deux battements du deuxième son partiel, trois du troisième, et ainsi de suite.

Ce n'est pas seulement à l'aide de l'oreille qu'on peut constater l'existence des battements ; on arrive aussi à les rendre visibles, en faisant vibrer par influence un corps, dont le son fondamental soit assez voisin des deux sons émis pour résonner avec eux. Si, par exemple, on prend comme corps résonnant une corde mince, tendue sur une table d'harmonie et munie d'un petit index en papier, on voit nettement la corde exécuter par influence des vibrations d'amplitude alternativement grande ou petite, selon que le son résultant des deux sources sonores atteint le maximum ou le minimum d'intensité. [La méthode des flammes manométriques permet aussi de rendre sensible à la vue le phénomène des battements.]

CAUSE DE LA DISSONNANCE. — A mesure que la différence entre les nombres de vibrations de deux sons augmente, les battements qu'ils engendrent par leur émission simultanée se suivent à des intervalles progressivement décroissants ; en même temps les sons générateurs accusent un caractère de *dissonnance* de plus en plus marqué. Quand les battements n'ont que peu de fréquence, ils déterminent un *tremblement* du son, qui, dans telles circonstances données, peut produire un certain effet musical ; mais, s'ils atteignent le nombre de 20 à 30 par seconde, ils se traduisent par une sensation désagréable à l'oreille ; des battements se succédant avec rapidité donnent lieu à une sorte de roulement semblable à celui qu'on produit en prononçant la lettre R. Cependant, lorsque le nombre des battements est encore plus considérable, lorsqu'il dépasse 130 par seconde, les intermit-

tences du son se répètent à des intervalles si petits qu'on ne les distingue
plus les uns des autres.

Du reste, ce n'est pas uniquement le nombre des battements qui détermine
le degré de la dissonnance; la grandeur de l'intervalle qui sépare les deux
sons simultanés a aussi une importance majeure; ainsi, les accords si_3-ut_4 et
$si\flat_2$-ut_3 donnent tous les deux 66 battements à la seconde, et cependant le
premier intervalle, qui comprend un demi-ton, paraît bien plus dissonnant
que le second, qui est d'un ton entier. *La dissonnance diminue corréla-
tivement à l'accroissement de l'intervalle, quand le nombre des battements reste le même.*

. Ce fait s'explique au moyen des lois de la sonorescence. La perception des
sons s'opère dans notre oreille par l'intermédiaire d'organes résonnants,
en communication avec les filets terminaux du nerf acoustique (cf. § 115^b).
Or, ces organes doivent se comporter comme le fait une corde qui, vibrant
sous l'influence des battements produits par deux sons simultanés, exécute
des oscillations à amplitude alternativement maximum et minimum. Il y
aura donc perception de battements et conséquemment dissonnance, toutes
les fois que deux sons impressionneront simultanément les mêmes éléments
sensibles, de manière à leur imprimer des oscillations à amplitude périodiquement variable, par suite de la superposition des vibrations communiquées. Si les battements ne se succèdent pas avec trop de rapidité, l'oreille
les perçoit isolément. Telles sont les raisons pour lesquelles la dissonnance
diminue, d'une part, quand l'intervalle des deux sons émis simultanément
augmente, d'autre part, pour un même intervalle, quand les hauteurs des
sons s'abaissent.

117. Sons résultants. — Lorsque deux sons de hauteur différente se font
entendre en même temps, ils éprouvent des alternatives de renforcement et
d'affaiblissement, ce que nous venons d'étudier sous le nom de battements;
or, si ces derniers ont une intensité et une durée convenables, les vibrations
transmises à l'air se combinent, de manière à engendrer de nouveaux sons
qu'on appelle *sons résultants*.

Imaginons, en effet, que deux sons de hauteur différente soient émis
simultanément : à chaque coïncidence de deux ondes condensantes, l'air sera
comprimé avec plus d'énergie; de même, la superposition de deux ondes
dilatantes déterminera une plus forte dilatation; de là une succession de
maxima de condensations et de dilatations qui, se répétant à intervalles
réguliers, imprimeront à l'air des vibrations isochrones, d'où résultera la
production d'un nouveau son distinct de ses générateurs. Le nombre des
vibrations de ce son résultant est évidemment égal à la différence entre
les nombres relatifs aux deux sons composants; aussi le nomme-t-on
son différentiel. Deux notes, par exemple, ayant des nombres de vibrations dans le rapport de 2 à 3 (tierce), ou de 3 à 4 (quarte), donnent un
son différentiel de hauteur 1, relativement aux sons générateurs, de sorte
que, dans le premier cas, on obtient l'octave grave de la plus basse des
notes émises et dans le second cas (intervalle de quarte), la douzième
inférieure. On voit par là que les sons différentiels ont toujours une hauteur inférieure à celle des sons primaires dont ils dérivent. [C'est un
organiste allemand, du nom de Sorge, qui a signalé, pour la première fois,

en 1745, les sons différentiels ; ces mêmes sons ont été étudiés un peu plus tard par Romieu, de Montpellier, et par le célèbre violoniste Tartini.]

Il existe des sons résultants d'une autre espèce, qui prennent naissance dans les mêmes conditions que les sons différentiels, c'est-à-dire, quand deux ondes de grande amplitude, mais de longueur différente, se propagent en même temps ; il arrive alors que les condensations et les dilatations afférentes à l'une et à l'autre de ces ondes primaires mettent, chacune séparément, l'air en mouvement et y engendrent ainsi de nouvelles vibrations périodiques, dont le nombre égale la somme des vibrations des deux sons composants. Les sons résultants produits de la sorte ont été découverts par M. Helmholtz, qui les appelle *sons additionnels*; ils ont, d'ailleurs, une intensité bien inférieure à celle des sons différentiels

Lorsqu'on émet simultanément des sons complexes, les divers harmoniques qui accompagnent chacune des notes fondamentales peuvent se composer entre eux : on obtient ainsi des sons résultants de premier ordre fournis par les notes fondamentales, des sons de deuxième ordre produits par les premiers harmoniques, etc.; mais dans les ordres supérieurs, il n'y a que les sons différentiels qui soient perceptibles.

[D'après les recherches publiées, en 1876, par M. |Kœnig, il existerait, pour chaque couple quelconque de sons, n et n' deux séries différentes de battements, dont les nombres seraient, pour la série dite *inférieure* :

$$m = n' - kn,$$

et pour la *supérieure* : $m' = (k + 1) n - n'$,

de telle sorte qu'on aurait toujours : $m + m' = n.$

Le coefficient k représente un nombre entier quelconque.

Ces battements, parvenus à un degré suffisant de fréquence, deviendraient l'unique origine des *sons résultants*. Mais il n'en serait pas de même des sons *additionnels* et *différentiels* de Helmholtz qui, réunis sous le nom de *sons de combinaison*, constituent, pour M. Kœnig, un phénomène complètement différent des battements et des sons résultants.]]

CHAPITRE III

DES BRUITS

118. Classification des bruits. — Ce que nous savons de la nature des bruits se borne à la distinction fondamentale établie, § 106, entre les sons qui ont un caractère musical et ceux qui n'en ont point. On n'a pas encore réussi à opérer l'analyse des différentes formes de bruits, comme on a pu le faire pour le timbre des sons musicaux.

Cependant il y a lieu de diviser les bruits en deux genres : les uns ont une durée trop courte pour qu'on puisse y reconnaître un son de hauteur déterminée, les autres proviennent d'un mélange confus de sons qui se troublent mutuellement et qui empêchent ainsi l'oreille d'en apprécier la hauteur. Il faut convenir toutefois qu'un grand nombre de bruits peuvent être rangés à la fois dans l'un et dans l'autre des genres que nous venons d'établir ; c'est ce qui arrive pour ceux qui ont une durée trop brève et qui se composent, en même temps, de trop de sons différents.

118ᵃ. Bruits instantanés. — C'est dans les bruits de courte durée qu'on trouve ceux qui approchent le plus des sons musicaux à vibrations régulières ; ainsi en est-il du bruit que produit habituellement le choc de deux corps solides. Dès l'instant, en effet, qu'un corps de cette nature reçoit un ébranlement, il se met à vibrer consécutivement, en vertu de l'élasticité de ses molécules ; les oscillations qui prennent naissance de cette manière ne persistent pas longtemps, mais, comme il suffit d'un petit nombre de vibrations périodiques pour engendrer un son musical, il est évident que, si nous n'apprécions pas la hauteur d'un bruit instantané, cela tient uniquement, dans la plupart des cas, à l'excessive brièveté de l'impression sonore. La même cause, qui empêche l'oreille de reconnaître une note fondamentale de trop courte durée, s'oppose aussi à la perception des harmoniques concomitants ; c'est par là principalement que le bruit instantané diffère du son musical ; il en prend de plus en plus le caractère, à mesure qu'il croît en durée.

118ᵇ. Caractères généraux des bruits de percussion. — Les sons que fournit la percussion des différentes régions de l'organisme humain nous offrent un exemple instructif de bruits de courte durée. Pour les produire, on appuie sur la partie à explorer une petite plaque d'ivoire, appelée *plessimètre,* et on frappe dessus à l'aide du doigt ou d'un petit marteau dont la tête porte un tampon de caoutchouc ; [la plaque d'ivoire peut aussi être remplacée par un doigt mis à plat sur les téguments.]

Le plessimètre rend, par la percussion, un son très bref et dépourvu de caractère musical, modifié par la résonnance des parties sous-jacentes. Quand l'instrument repose sur des organes solides et élastiques, ceux-ci se mettent à vibrer par influence dans toute leur masse. Une cavité remplie d'air se trouve-t-elle sous le point percuté, elle fait l'office de caisse de résonnance et renforce, dans le son rendu par le plessimètre, la note qu'elle est apte à donner.

Les bruits de percussion diffèrent les uns des autres par l'intensité, la hauteur et la durée. La force de percussion restant la même, le son rendu est d'autant plus intense que la masse sous-jacente au plessimètre résonne avec plus de facilité ; si l'endroit percuté recouvre un espace rempli de gaz, la résonnance de ce fluide augmente la force du son et dans une proportion d'autant plus grande qu'il y a, dans l'intérieur ou dans les parois de la cavité, une moindre quantité de substance propre à étouffer les vibrations sonores.

La hauteur du son de percussion dépend des dimensions du corps vibrant : en effet, *le nombre des vibrations transversales exécutées par une verge parallélipipédique est proportionnel à l'épaisseur, en raison inverse du carré de la longueur et de la racine carrée de la densité du corps vibrant* (cf. § 113ᶜ). On conçoit, dès lors, que la percussion du fémur, par exemple, donne un son plus grave que celle du tibia ; mais, en présence de la complexité de forme et de structure des diverses parties du corps humain, il ne saurait être question de préciser le son qui doit se produire dans un cas déterminé, ni même de formuler à cet égard des règles tant soit peu approximatives.

On sait de plus que dans les verges, ou, en général, dans des corps élastiques de même substance et de forme semblable, *le nombre des vibrations est en raison inverse des dimensions homologues.*

Quand le son est dû à la résonnance de la masse gazeuse renfermée dans un espace creux, sa hauteur dépend des dimensions de cette cavité et de l'ouverture qui la met en communication avec l'air extérieur ; dans le cas où la cavité a une forme approchante de celle d'un tube cylindrique, le ton est d'autant plus grave que le tube est plus long et plus large ; en outre, il baisse à mesure que l'ouverture se rétrécit.

Lorsque la partie frappée est de nature à entretenir facilement le mouvement vibratoire qui lui est communiqué, le bruit de percussion croît en durée et se rapproche ainsi du son musical ; c'est ce qui arrive notamment, quand sous l'endroit percuté se trouve une collection gazeuse réunissant les conditions les plus favorables à la résonnance ; tel est, en général, le cas d'une cavité ayant des parois lisses, modérément tendues, et ne renfermant aucun corps qui étouffe le son. D'habitude, l'accroissement du son en durée s'accompagne d'une augmentation notable d'intensité.

119. Principales formes des bruits de percussion. — Dans le langage médical, on a introduit une terminologie particulière, pour exprimer les différentes nuances que présente le bruit de percussion, sous le rapport de la force, de la hauteur et de la durée.

Le son, à la fois faible et instantané, est appelé *mat ;* on a de la peine à en reconnaître la tonalité ; la percussion de grandes masses musculaires, telles qu'on en trouve dans la cuisse, donne un son d'une matité typique. On qualifie le son d'*obscur* ou de *creux*, quand il est faible et bref, mais d'une durée dépassant pourtant un peu celle de la percussion. On obtient un bruit de cette espèce, en percutant des parties qui recouvrent des masses gazeuses aptes à résonner, mais dont l'interposition de produits solides éteint les vibrations : tel est le cas qui se présente dans la percussion du thorax, lorsque des exsudats occupent la partie du poumon située au niveau du point exploré. L'obscurité se transforme graduellement en matité, à mesure que la quantité d'exsudat augmente, surtout quand ce produit morbide s'est déposé entre les feuillets de la plèvre.

Le son *plein* (sonore) ou *clair* dure plus longtemps et a plus de force que celui qui est obscur ; il se rapproche déjà davantage du son musical. On l'obtient, par exemple, en percutant le thorax sain : le bruit est dû, dans ce cas, aux vibrations de parois à peu près rigides et à la résonnance de la masse gazeuse renfermée dans les poumons, résonnance amoindrie par la présence du parenchyme pulmonaire. Le développement exagéré du système musculaire ou du tissu graisseux qui recouvre les parois de la poitrine, obscurcit aussi le son ; cette couche de parties molles étouffe les vibrations de la région percutée, de la même manière que le drap dont on recouvre la peau d'un tambour assourdit le son de l'instrument. Toutes choses égales d'ailleurs, le bruit fourni par la percussion du thorax est d'autant plus sonore que la poitrine a des parois plus maigres.

La différence qu'on fait entre un son *obscur* et un son *creux*, entre un son *clair* et un son *plein*, se rapporte exclusivement, je crois, à la tonalité. En disant d'un bruit qu'il est *obscur* ou *sourd*, on entend toujours exprimer par là qu'il est, non seulement faible et bref, mais encore *grave;* s'agit-il, au contraire, d'un son à la fois faible, bref et *aigu*, on l'appelle *creux* ou *vide*. De même, l'épithète de *clair* entraîne l'idée d'un son aigu, et on choisit l'expression de *plein* pour désigner un son plus grave, mais de même intensité et de même durée que le clair. Ainsi les termes opposés d'obscur et de clair, de creux et de plein, ont rapport à la fois à la force, à la durée et à la hauteur du bruit ; un son clair, par exemple, devient obscur, quand il éprouve une diminution d'intensité, de durée et de hauteur ; il devient creux, si la diminution ne porte que sur l'intensité et la durée.

Un bruit de percussion d'un timbre particulier est celui qu'on désigne sous le nom de *son tympanique*. Par sa durée, il se rapproche du son musical, et une oreille exercée en distingue aisément la hauteur. Cette variété de bruit prend naissance, quand il existe sous l'endroit percuté une masse gazeuse placée dans les conditions les plus favorables à la résonnance ; ainsi la percussion des parois abdominales distendues par une accumulation de gaz donne un son tympanique ; le même effet se produit pour le thorax, renfermant un certain volume de gaz, que limitent des parois lisses et dans un état de tension convenable. Toutefois, il ne faut pas que les tissus qui servent d'enveloppe à la masse gazeuse résonnante soient soumis à une tension par trop considérable, sinon ils étouffent les vibrations sonores, et le son, au lieu d'être tympanique, devient mat: une vessie gonflée à l'excès par de l'air ne donne pas de son tympanique à la percussion ; mais, sitôt qu'on la dégonfle un peu, le tympanisme apparaît. De même, le poumon sain percuté sur le vivant, où il est fortement distendu par l'air, ne rend qu'un son plein ; mais, lorsqu'il est extrait d'un cadavre, et revenu en partie sur lui-même, on obtient un bruit qui revêt le caractère tympanique.

Si le bruit se rapproche encore davantage du son musical, par sa durée, il prend un timbre *métallique;* ce qui caractérise cette variété de son, c'est la production de vibrations sonores qui font suite au bruit instantané de percussion et qui en prolongent la durée, mais qui s'en distinguent nettement par leur faible intensité et par la pureté du son qu'elles engendrent. Il en résulte qu'une masse gazeuse, susceptible de résonner pendant un certain temps et avec une intensité modérée, peut rendre un son offrant, à s'y méprendre, le timbre métallique : c'est ce qu'on observe en percutant des points, au niveau desquels existent des cavités remplies d'air, dont les parois consistent en membranes assez résistantes et à surface lisse.

[Bibliographie : Auenbrugger, *Inventum novum ex percussione thoracis humani, ut signo abstrusos interni pectoris morbos detegendi*. Vindobonæ, 1761 (traduit en français et commenté par Corvisart. Paris, 1808). — Piorry, *De la percussion médiate et des signes obtenus à l'aide de ce nouveau moyen d'exploration dans les maladies des organes thoraciques et abdominaux*. Paris, 1827. — Raciborski, *Nouveau manuel complet d'auscultation et de percussion, ou application de l'acoustique au diagnostic des maladies*. Paris, 1835. — Skoda, *Abhandlung über Percussion und Auscultation*, 1re édit. Wien, 1839 ; 6e édit. Wien, 1864 (traduct. française par Aran. Paris, 1854). — Mazonn, Die Theorie der Percussion der Brust auf Grundlage directer Versuche, etc. (*Prager Vierteljahresschrift*, 1852, t. XXXVI, p. 1). — Hoppe, Zur Theorie der Percussion (*Virchow's Archiv f. pathol.*

Anat., 1854, t. VI, 144). — WOILLEZ, Études sur les bruits de la percussion thoracique (*Arch. génér. de méd.*, mars et avril 1855, 5ᵉ série, t. V, p. 269 et 434). — WINTRICH, Ein weiterer kritisch. Beitrag zur Lehre über die verschiedenen « Percussionschalle » (*Medic. Neuigkeiten.* 1856, t. VI). — GEIGEL, Ueber physikalische Begründung der Percussionsresultate (*Deutsche Klinik,* 1856, nᵒˢ 2 et 3). — Zur Lehre vom Percussionschalle (*Ibid.,* nᵒ 15). — P. NIEMEYER, *Handbuch der theoretischen und clinischen Percussion und Auscultation, vom historischen und cristischen Standpuncte.* Erlangen, 1868; — *Précis de percussion et d'auscultation,* trad. par Szerlecki, Paris, 1874. — Consultez, en outre, la bibliographie relative aux *bruits de la respiration et de la circulation,* à la fin du § 123ᵃ.

120. Bruits prolongés ou continus. — Quand l'air reçoit une succession d'ébranlements, qui se répètent à intervalles irréguliers, c'est-à-dire dont le rhytme et le plus souvent aussi l'intensité varient continuellement, il en résulte l'audition d'un *bruit continu.* La courbe de la figure 138 représente un bruit de cette espèce. Nous avons vu précédemment (cf. § 114ᵇ) qu'une pareille courbe est aussi décomposable en un certain nombre de courbes simples correspondantes à des vibrations régulières. En d'autres termes, tout bruit peut être regardé comme formé par la réunion d'une foule de sons musicaux, dont les uns se font entendre simultanément, tandis que les autres changent rapidement de hauteur. Mais jusqu'à ce jour on n'a pas encore réussi à trouver la forme du mouvement vibratoire correspondant aux différents bruits; on en est réduit à juger de leur composition d'après leurs caractères acous - tiques.

FIG. 138. — Courbe du mouvement vibratoire dans le cas d'un bruit continu.

Un grand nombre de bruits continus paraissent dus plutôt à l'émission simultanée d'une foule de notes dissonnantes, qu'aux variations rapides de la tonalité des sons qui se succèdent. Dans cette catégorie viennent se ranger les bruits de *roulement* et de *bourdonnement,* lesquels ont beaucoup de ressemblance avec le son produit par le mélange de plusieurs notes, accompagné de battements d'une grande intensité ; on peut, jusqu'à un certain point, y reconnaître encore une tonalité. Le bruit de roulement consiste en une succession de sons musicaux très graves, séparés les uns des autres par des intermittences de durée assez courte ; quand les batte- ments se succèdent avec plus de rapidité et que la hauteur des sons composants est un peu plus élevée, on entend un *bourdonnement.* Des battements engendrés par des notes voisines de la limite supérieure des sons perceptibles produisent ce qu'on appelle une *stridulation.* La constitution de ces bruits s'explique aisément par ce que nous savons de leur mode de production.

Les bruits de *râle* et de *crépitation* ont pour origine une succession d'ébranlements aériens, dont chacun séparément a une durée trop courte pour que l'oreille puisse en apprécier la tonalité. On obtient, par exemple, un râle intense, en faisant tourner rapidement deux roues de bois dont les dents s'engrènent mutuellement : chaque fois qu'une dent de la roue, à laquelle on imprime directement le mouvement de rotation, quitte une dent de l'autre roue, celle-ci vibre et rend le son qui lui est propre ; mais, comme ces vibrations ne durent qu'un temps très court, le son émis est bref et on a de la peine à en reconnaître la hauteur. Si la seconde roue, celle qui rend le son, est très petite, ce n'est plus un râle qu'on entend, mais une crépitation ; cette dernière forme de bruit ne diffère donc du râle proprement dit que par sa tonalité plus élevée, car la hauteur du son produit monte à mesure que les dimensions de la roue diminuent.

D'autres bruits semblent plutôt dus à une série de sons de hauteur très différente, qui se succèdent rapidement, mais qui reviennent toujours dans le même ordre : tel est, par exemple, le *gargouillement*. Cette variété de bruit prend naissance, quand des bulles d'air traversent un liquide renfermé dans un tube : en pénétrant dans le liquide, chaque bulle engendre un son grave, de hauteur correspondante aux dimensions du tube ; puis, au moment où elle arrive à la surface, elle éclate et produit un son plus aigu, dont la tonalité est déterminée par la grandeur même de la bulle.

Les bruits de *souffle* et de *sifflement* paraissent être ceux qui s'éloignent le plus du son musical ; ces deux formes ont manifestement pour origine des ébranlements tout à fait irréguliers de l'air, et il ne peut plus être question ici de discerner une tonalité. Le bruit de souffle se fait entendre quand l'air traverse une ouverture assez large ou un tube dont la section s'élargit brusquement ; à ce niveau, les molécules du gaz prennent un mouvement gyratoire ; il en résulte une sorte de tourbillon, qui, comme dans l'écoulement d'un liquide à travers un tube de diamètre variable, est plus considérable là où l'air passe d'une partie rétrécie dans une partie élargie qu'à l'endroit où la variation de calibre s'opère en sens inverse ; aussi le bruit produit dans le premier cas est-il de beaucoup le plus intense. Lorsque l'ouverture qui livre passage au courant d'air est très étroite, le bruit de souffle se transforme en bruit de sifflement ou de *sibilance*.

121. Consonnes de la voix humaine. — Le langage humain nous offre, dans l'émission des *consonnes*, des exemples de bruit d'une grande variété. Quand on se borne à chasser l'air par la bouche tenue assez largement ouverte, on produit un bruit de souffle ou d'aspiration qui donne la consonne H. Mais si, la cavité buccale étant préalablement fermée, on vient à expulser l'air avec impétuosité, en rouvrant la bouche, ou bien si, pendant que l'air s'écoule au dehors, on rétrécit une portion des voies qu'il parcourt, il en résulte de nouveaux bruits, dont le timbre varie avec la forme et le siège de la partie rétrécie. Malheureusement, l'étude physique des consonnes est encore à faire ; quant au mécanisme physiologique de leur production, il est exposé dans les traités de physiologie. (Cf. WUNDT, *Traité de Physiologie*, § 208, trad. française par BOUCHARD, Paris, 1872, et BEAUNIS, *Nouveaux éléments de Physiologie humaine*, 2ᵉ édit., Paris, 1881.)

Nous nous bornerons donc à donner ici une classification des consonnes fondée, d'une part, sur le siège de l'occlusion de la cavité buccale, d'autre part, sur la manière dont l'air est chassé au dehors.

[Mais, comme aucune des classifications publiées ne nous satisfait entièrement, nous allons en faire connaître une qui diffère un peu de celle de l'auteur et qui nous semble plus conforme à la réalité. F. M.]

<table>
<tr>
<th colspan="3">BRÈVES</th>
<th rowspan="4" colspan="2">CONSONNES

———

SIÈGE ET MÉCANISME

DE L'OCCLUSION OU DU RÉTRÉCISSEMENT

DES VOIES AÉRIENNES</th>
<th colspan="2">LONGUES</th>
<th rowspan="6">SYNONYMIE BASÉE SUR L'HARMONIE IMITATIVE</th>
</tr>
<tr>
<th>SIMPLES</th>
<th colspan="2">MIXTES</th>
<th rowspan="3" colspan="2">BRUIT
DE
SOUFFLE</th>
</tr>
<tr>
<td>BRUIT SEC D'EXPLOSION</td>
<td colspan="2">BRUIT D'EXPLOSION PRÉCÉDÉ D'UN MURMURE LARYNGIEN</td>
</tr>
<tr>
<td colspan="3">PRESSION DE L'AIR
AU MOMENT DE
L'OUVERTURE DE LA CAVITÉ BUCCALE</td>
</tr>
<tr>
<td>I
FORTE</td>
<td>II
MODÉRÉE</td>
<td>III
FAIBLE</td>
<td colspan="2">1° LABIALES</td>
<td>IV
FORT</td>
<td>V
FAIBLE</td>
</tr>
<tr>
<td>P</td>
<td>B</td>
<td>M</td>
<td>Lèvres fermées</td>
<td>Lèvres entr'ouvertes</td>
<td>F</td>
<td>V</td>
<td>Soufflantes</td>
</tr>
<tr>
<td colspan="3"></td>
<td colspan="2" align="center">2° DENTALES</td>
<td colspan="3"></td>
</tr>
<tr>
<td>T</td>
<td>D</td>
<td>N</td>
<td>Occlusion par application de la pointe de la langue contre l'arcade dentaire supérieure.</td>
<td>Rétrécissement entre l'arcade dentaire supérieure et la pointe de la langue appliquée contre l'arcade dentaire inférieure.</td>
<td>S</td>
<td>Z (1)</td>
<td>Sifflantes</td>
</tr>
<tr>
<td colspan="3"></td>
<td colspan="2" align="center">3° PALATALES</td>
<td colspan="3"></td>
</tr>
<tr>
<td>. . . .</td>
<td>. . . .</td>
<td>L (1)</td>
<td>Occlusion par application de la pointe de la langue contre la voûte palatine.</td>
<td>Rétrécissement entre la voûte du palais et la pointe de la langue soulevée.</td>
<td>CH fr.</td>
<td>J</td>
<td>Chuintantes.</td>
</tr>
<tr>
<td colspan="3"></td>
<td colspan="2" align="center">4° GUTTURALES</td>
<td colspan="3"></td>
</tr>
<tr>
<td>K (2)</td>
<td>G</td>
<td>. . . .</td>
<td>Occlusion de l'isthme du gosier.</td>
<td>Rétrécissement de l'isthme du gosier.</td>
<td>CH(3)all</td>
<td>H</td>
<td>Aspirantes</td>
</tr>
<tr>
<td>DURES</td>
<td>DOUCES</td>
<td></td>
<td colspan="2"></td>
<td colspan="3"></td>
</tr>
<tr>
<td colspan="2">EXPLOSIVES</td>
<td>LIQUIDES</td>
<td></td>
<td>Vibration concomitante de la luette.</td>
<td>R</td>
<td>. . . .</td>
<td>Roulantes</td>
</tr>
</table>

(1) Les consonnes-*diphthongues* GN (Ñ espagnol) et LL (l. *mouillé*) sont aussi des *palatales mixtes*, combinées avec la voyelle I. On sait que le Parisien remplace volontiers le son de l. mouillé par celui de la voyelle-diphthongue Y ou II.

(2) Le K se prononce en allemand avec un bruit d'explosion encore plus fort qu'en français, où il a pour équivalent le son dur du C suivi d'une des voyelles A, O, U.

(1) Dans le TH anglais, qui appartient aussi au groupe des *sifflantes*, la pointe de la langue vient s'appliquer contre l'arcade dentaire supérieure : de là, un son un peu différent de celui du Z.

(2) Le son guttural du CH allemand se retrouve dans le G hollandais et dans le J espagnol.

122. Bruits de la respiration. — L'étude physique des bruits qu'on entend en auscultant les appareils de la respiration et de la circulation, soit à l'état normal, soit à l'état pathologique, est encore bien incomplète ; nous ignorons même le mode de production d'un certain nombre d'entre eux.

Les bruits de souffle et de sibilance prennent naissance, comme on l'a vu précédemment (cf. § 120), lorsqu'un courant d'air s'échappe par un orifice

plus ou moins étroit, ou lorsqu'il traverse un tube dont le calibre éprouve
une variation brusque et notable. L'appareil de la respiration présente
deux endroits où les conduits qui livrent passage à l'air inspiré changent
brusquement de section : il existe un rétrécissement à l'entrée du larynx
et un élargissement au niveau de chacun des points où les dernières ramifications des bronches s'ouvrent dans les vésicules pulmonaires. Le bruit
qui se produit dans le premier de ces points est un souffle rude (souffle
trachéal) et ressemble à celui qu'on obtient en soufflant à l'orifice
d'un tube de même largeur que la trachée artère; le bruit formé au niveau
des vésicules pulmonaires est un souffle excessivement fin appelé *murmure vésiculaire;* on l'entend en appliquant l'oreille sur la poitrine. La
différence de timbre qu'on remarque entre ces deux bruits respiratoires est
évidemment en rapport avec l'inégalité de hauteur des sons qu'on obtiendrait
en soufflant successivement dans la trachée artère et dans une petite bronche,
avec assez de force pour faire parler ces tuyaux organiques ; en réalité,
nous observons des différences du même ordre dans le bruit produit par le
passage d'un courant d'air au-dessus de l'orifice d'un tube, suivant que le
tube est large ou étroit. Par conséquent, les vibrations sonores qui
siègent dans les terminaisons de l'arbre bronchique ont une durée bien
plus courte que celles qui prennent naissance à l'entrée de la trachée-artère.

Ces deux bruits respiratoires varient, en outre, d'intensité, suivant qu'ils
se produisent pendant l'inspiration ou pendant l'expiration ; celui de la
trachée est plus faible lorsque l'air entre dans la cavité pulmonaire que
lorsqu'il en sort ; le bruit qui se passe dans les poumons est, au contraire,
plus intense à l'inspiration qu'à l'expiration. Ces particularités trouvent
leur explication dans le fait indiqué plus haut, à savoir que le son est plus
intense quand l'air s'écoule d'un espace étroit dans un espace large, que
dans le cas où il suit une marche inverse.

Des bruits semblables à ceux que détermine le passage de l'air dans
le larynx prennent peut-être naissance aux points de bifurcation des
bronches, soit à l'inspiration, soit à l'expiration ; mais l'existence de ces
bruits bronchiques n'est pas prouvée d'une manière certaine, et en tout cas
ils doivent être extrêmement faibles. Aussi se base-t-on sur un caractère
douteux, quand on appelle *bruit bronchique* le souffle qu'on entend dans
la trachée-artère et qu'on l'oppose au *murmure vésiculaire,* en désignant
sous ce dernier nom le bruit qui a son siège dans les vésicules du poumon.

Dans certaines circonstances, le souffle *bronchique* ou *tubaire* s'entend
beaucoup plus loin que d'habitude ; c'est ce qui arrive notamment, quand les
bronches ont leurs parois épaissies, par exemple, par des exsudats; le gaz
contenu dans les conduits aériens ainsi modifiés résonne facilement, et c'est
pour cette raison seule que le bruit en question est alors perçu à une plus
grande distance. Il est reconnu, en effet, que l'air vibre plus aisément par
influence dans un tube ouvert à parois rigides que dans un tube semblable
à parois molles et peu résistantes. Lorsque, en outre, la portion de poumon
qui entoure les ramifications bronchiques épaissies est imperméable à l'air,
et c'est le cas habituel, le murmure vésiculaire est aboli à ce niveau, et
on entend à sa place le souffle bronchique renforcé.

Les conditions qui règlent la transmission, dans l'intérieur du poumon,

du souffle engendré au niveau du larynx, peuvent aussi déterminer le reten-
tissement de la voix jusque dans les profondeurs de l'arbre aérien. En
appliquant alors l'oreille contre les parois de la cage thoracique, on entend
le son de la voix renforcé par la résonnance de l'air contenu dans les ramifications bronchiques. Cette résonnance de la voix *(bronchophonie)* peut
atteindre un degré d'intensité tel, que les parois du thorax vibrent d'une
manière sensible au toucher et que la voix semble prendre naissance dans la
poitrine même. Il faut se garder de croire, comme on le fait souvent, que
dans les cas de ce genre, le bruit respiratoire ou le son de la voix éprouvent
un simple renforcement sans autres modifications ; le son qui provoque
la résonnance de l'air dans les bronches est influencé par ces vibrations
communiquées, comme l'est, dans la percussion, le son du plessimètre par
la sonorescence des parties sous-jacentes : le caractère général du bruit
primitif est conservé, mais la colonne d'air qui résonne en même temps en
détermine l'intensité, la durée et la tonalité.

Le rétrécissement anormal des bronches, par suite du gonflement de la
muqueuse, peut donner naissance à un bruit de souffle très intense et même
à de la sibilance. Lorsque des mucosités tapissent les parois intérieures
des grosses bronches, un *râle* se produit à chaque mouvement respiratoire ; si les mucosités occupent les petites bronches, la hauteur du son
s'élève et le râle devient *crépitant.* L'origine de ces bruits paraît être
la suivante : d'une part, l'air, en traversant le liquide qui obstrue la
lumière des bronches, forme des bulles, lesquelles, venant à éclater,
produisent un bruit de râle ou de crépitation ; d'autre part, les parois des
fines ramifications bronchiques, agglutinées à la fin de l'expiration, se
séparent violemment pendant l'inspiration. Ce n'est pas sans raison qu'on
distingue des râles *secs* et des râles *humides :* les premiers prennent naissance quand le mucus sécrété a une viscosité plus ou moins grande ; les
seconds, quand l'air traverse un liquide très fluide. On sait, en effet, qu'une
bulle d'air, entourée de matière visqueuse, rend, en éclatant, un son bref
et dépourvu de caractère musical ; si le liquide est très fluide, le râle se
rapproche davantage du bruit de gargouillement.

Enfin le râle peut être renforcé, comme la respiration bronchique, lorsque
les bronches ont leurs parois épaissies, de manière que la colonne d'air renfermée dans l'arbre aérien vibre à l'unisson du son émis dans les bronches
mêmes ou dans leur voisinage. Telle est l'origine des râles dits *consonnants.*

122ª. Bruits qui prennent naissance dans l'appareil de la circulation. — On retrouve
dans l'appareil de la circulation des conditions analogues à celles qui président à la production des bruits dans l'organe de la respiration ; aussi la
circulation du sang engendre-t-elle des sons ; mais ici le rôle du
liquide ne paraît pas être toujours le même que celui de l'air dans les
phénomènes acoustiques de la respiration. D'après Th. Weber, l'écoulement
du sang n'agirait que comme cause d'ébranlement, et les vibrations sonores
auraient leur siège dans les parois mêmes des vaisseaux contre lesquelles
vient se heurter le courant sanguin.

[Nous étudierons successivement les bruits qui se produisent dans les
vaisseaux *(bruits vasculaires)* et ceux qui prennent naissance dans le
cœur *(bruits du cœur).*]

Bruits vasculaires. — Les recherches entreprises sur l'écoulement des liquides dans les tubes ont appris que, en toutes circonstances, il suffit d'augmenter convenablement la rapidité du courant pour donner naissance à un son, et qu'inversement on peut toujours éviter la production du bruit en diminuant suffisamment la vitesse de l'écoulement.

Les conditions les plus favorables à la formation des bruits engendrés par le mouvement des liquides se trouvent réunies lorsque :

1° Le liquide en mouvement possède une grande fluidité ;

2° Les parois du tube d'écoulement ont une faible épaisseur ;

3° Le tube lui-même a un calibre notable ;

4° La surface interne présente des aspérités;

5° Les bruits se produisent plus facilement dans des tuyaux flexibles (tubes de caoutchouc, intestins, etc.) que dans des tubes rigides de métal ou de verre ;

6° Enfin les variations qui surviennent dans le lit du courant, c'est-à-dire dans sa largeur ou dans sa direction, sont éminemment propres à engendrer des vibrations sonores ; c'est ce qui arrive surtout quand le liquide passe brusquement d'un point rétréci dans un point dilaté, et plus facilement encore, lorsqu'au lieu de suivre l'axe du tube en entrant dans la partie dilatée, il prend une direction oblique et va se briser contre la paroi.

Dans les conditions physiologiques, le sang paraît couler silencieusement dans les vaisseaux des systèmes artériel et veineux ; mais, sous l'influence de certains états morbides, il se produit des bruits qui reconnaissent généralement pour cause des changements survenus dans le lit du courant ; c'est ainsi qu'on entend souvent un bruit de souffle dans la veine jugulaire, notamment chez les individus affectés de chloro-anémie. Les tumeurs anévrismales donnent aussi naissance à un bruit de sifflement synchrone avec la systole des ventricules.

[L'origine qui vient d'être attribuée aux bruits engendrés par l'écoulement du sang dans les vaisseaux artériels et veineux est celle que Th. Weber a fait connaître en 1855. Le physiologiste allemand, on l'a vu, rapporte la production de ces bruits au frottement du liquide contre la surface interne des vaisseaux et aux vibrations sonores que ce frottement excite dans les parois vasculaires.

Une année auparavant, M. Heynsius, d'Utrecht, avait émis une autre opinion, basée aussi, comme celle de Weber, sur l'expérimentation. Ayant remarqué que le courant forme des remous ou tourbillons, au niveau des parties dilatées, M. Heynsius attribue le bruit au choc et à la collision des molécules fluides entre elles ; pour le physiologiste hollandais, l'origine du son est dans le liquide lui-même, et les vibrations qu'on observe dans les parois des tubes élastiques y arrivent par voie de conductibilité. M. Heynsius regarde, d'ailleurs, avec M. Weber, la présence de rugosités dans l'intérieur des vaisseaux, comme favorable à la production des bruits.

Les expériences de M. Chauveau, qui datent de 1858, ont conduit leur auteur à nier formellement l'influence de l'état rugueux du tube, et le savant français attribue le bruit de souffle à la vibration d'une veine liquide se produisant chaque fois que le courant pénètre dans une partie relativement plus large et avec une vitesse suffisante.

En présence d'expériences et d'affirmations contradictoires, il convient de réserver notre jugement ; il y aurait en tout cas témérité à adopter l'une des théories, à l'exclusion des autres, car il n'est pas impossible que les différentes causes signalées interviennent, suivant les cas, dans la production des bruits de la circulation sanguine.

Quant à l'intensité, à la hauteur, au timbre de ces bruits, ils varient suivant une foule de conditions, la plupart du temps difficiles à préciser, telles que la vitesse d'écoulement, la viscosité du sang, le degré du rétrécissement vasculaire, l'état moléculaire des tissus qui transmettent le son jusqu'à l'oreille de l'observateur, etc. Les cliniciens ont depuis longtemps distingué des bruits intermittents ou bruits à *simple courant* (bruits de souffle, de râpe, de scie, murmures vasculaires), des bruits à *double courant* (bruit de diable), etc.]

[Il n'y aurait rien de plus naturel, d'ailleurs, que la transformation directe en vibrations sonores de la force motrice absorbée par le frottement du liquide contre sa couche immobile, force qu'on sait se convertir déjà en travail thermique et probablement aussi en électricité ; pour que pareille transformation eût lieu, il suffirait que des ondes stationnaires pussent s'établir.

Les recherches plus récentes de M. Nolet (1871) ne paraitront peut-être pas encore suffisantes pour trancher la question dans un sens ou dans l'autre ; cependant elles tendent à prouver que la formation d'une veine liquide n'est pas indispensable à la production d'un bruit, que ce dernier prend naissance, dès que la vitesse du courant est assez grande, et qu'il se fait alors entendre avec une égale intensité dans tous les points de la paroi.]]

BRUITS DU CŒUR. — La majeure partie des bruits qu'on entend, à l'état physiologique comme à l'état pathologique, lorsqu'on ausculte la région précordiale, ont pour cause la présence des saillies que le sang rencontre dans sa traversée par le cœur.

Aux orifices des différentes cavités cardiaques se trouvent, en effet, des valvules, dont la fermeture s'opère brusquement sous l'influence du courant sanguin ; le choc du liquide contre ces soupapes membraneuses les fait entrer en vibration ; de là, production de bruit. Évidemment les valvules ne peuvent vibrer de manière à rendre un son appréciable, qu'à la condition de mettre obstacle au cours du sang ; on entendra donc, au moment de la systole des ventricules, un *premier bruit* dû à la fermeture des valvules auriculo-ventriculaires et, au début de la diastole, un *second bruit* produit par les valvules sigmoïdes. Dans l'état normal, les valvules du cœur ferment hermétiquement les orifices d'entrée et de sortie du sang, à chaque systole ou diastole des ventricules ; le son est alors de courte durée et présente un caractère musical.

De fait, les valvules sigmoïdes sont éminemment propres à rendre un son bien accentué : brusquement refoulées par la tension artérielle à l'instant même où cesse la contraction des ventricules, elles deviennent le siège de vibrations sonores qui se communiquent aux gros troncs artériels. [Nous avons là un exemple d'un bruit de la nature de ceux que Cagniard de la Tour appelle *bruits solidiens*. D'une manière générale, ces bruits se produisent toutes les fois qu'une membrane élastique est soumise tout à coup

à une tension considérable ; elle entre alors en vibration et donne naissance
à un bruit plus ou moins fort, suivant la rapidité et le degré de la tension.]

La théorie qui explique le second bruit du cœur par le *claquement* des
valvules sigmoïdes, théorie due à Rouanet, est donc exacte, sans aucun
doute ; un fait qui milite en faveur de cette explication, c'est que le maximum d'intensité de ce bruit siège au-dessus de la base du cœur. [Ajoutons
enfin, comme preuve irréfragable, que l'excision des valvules sigmoïdes
entraîne la suppression du second bruit.]

La fermeture des valvules auriculo-ventriculaires donne aussi naissance
à des vibrations qui se communiquent aux parois du cœur. Mais, en même
temps, la contraction des fibres musculaires des ventricules doit produire
des vibrations sonores (cf. § 122ᶜ). Il y a donc lieu de regarder le *premier*
bruit comme étant avant tout un son de nature musculaire, uu bruit *rota-*
toire auquel vient s'ajouter le bruit occasionné par le claquement des valvules auriculo-ventriculaires. Cette théorie s'accorde avec ce fait que le premier bruit du cœur présente, à un plus haut degré que le second, un caractère
musical ; le dernier appartient plutôt à la catégorie des bruits instantanés.

Lorsque l'une ou l'autre des valvules, soit auriculo-ventriculaires, soit
sigmoïdes, ne ferme pas hermétiquement l'orifice qui lui correspond, [ce
dernier, simplement rétréci, donne lieu à la formation d'une *veine*
liquide,]] d'où résulte un bruit continu. Toutes les fois qu'un pareil bruit
accompagne l'un des sons normaux du cœur ou le remplace entièrement,
on peut conclure à l'existence d'altérations morbides, ayant leur siège dans
les valvules ou dans les orifices cardiaques (insuffisance valvulaire, végé-
tations, rétrécissement des orifices, etc.). Les sons continus qu'on entend
dans ces circonstances présentent des caractères variés : c'est tantôt un bruit
de souffle, tantôt un bourdonnement ou un râle, etc.

Il n'est pas douteux qu'une étude approfondie des causes physiques qui
président à la formation de ces divers bruits ne conduise à des résultats
importants pour le diagnostic des maladies du cœur. Sous ce rapport, nous
devons signaler un fait qui est une source de grosses difficultés : c'est que
le même cœur peut donner des bruits très variables et que ces variations
paraissent dépendre surtout de l'énergie avec laquelle se contractent les
ventricules. A l'heure présente, on se contente, en général, de déterminer
le siège de la lésion cardiaque, en recherchant le point où le bruit a le
maximum d'intensité ; dans l'état actuel de la science, cette branche importante du diagnostic médical repose donc plus sur les connaissances anatomiques que sur des données physiques.

122ᶜ. Bruit de contraction musculaire. — Quand un muscle se contracte, il fait
entendre un son qui dure aussi longtemps que l'acte même de la contraction
[et qui porte le nom assez impropre de *bruit rotatoire*]. [En réalité,
c'est encore là un bruit *solidien* dû à la tension brusque de la fibre musculaire par le fait de sa contraction.]] La hauteur du son musculaire
est déterminée par le nombre des incitations nerveuses qui produisent
la contraction ; le muscle exécute dans l'unité de temps un nombre de
vibrations égal à celui des excitations motrices qui lui sont transmises par le
système nerveux ou par des courants électriques. On a là un fait général
[déjà entrevu par Wollaston] et parfaitement établi par les recherches de

M. Helmholtz; peut-être arrivera-t-on à l'utiliser pour reconnaître, à l'aide
de la tonalité du premier bruit du cœur, les troubles survenus dans l'innervation de cet organe ; jusqu'ici nous ne possédons aucun moyen de mesurer
le degré de cette innervation. [M. Collongues a déjà fait des efforts louables
pour tirer quelques conclusions de l'étude du bruit de contraction musculaire dans les diverses maladies : il a donné le nom de *dynamoscopie* à
l'auscultation appliquée au bruit rotatoire.] [On verra plus loin, § 123ª, les
résultats obtenus par M. Boudet, à l'aide du microphone.]

[INDICATIONS BIBLIOGRAPHIQUES RELATIVES AUX BRUITS RESPIRATOIRES ET CIRCULATOIRES

LAENNEC, Traité de l'auscultation médiate, etc. Paris, 1818 ; 4º édit., 1837.
ROUANET, Analyse des bruits du cœur. Paris, 1832. — Nouvelle analyse des bruits du cœur.
    Paris, 1844.
MAGENDIE, Mémoire sur l'origine des bruits normaux du cœur (*Mém. de l'Acad. d. Sciences*. 1838,
    t. XIV.
BEAU (J.-H.-S.), Nouvelles recherches sur les causes des bruits anormaux des artères (*Arch.
    gén. de méd.*, 1844, 4º série. t. VIII, p. 413, et t. IX, p. 1, 133, 421). Reproduit *in* Traité
    expérimental et clinique d'auscultation. Paris, 1856.
BARTH et ROGER, Traité pratique d'auscultation, etc.; 1ʳᵉ éd. Paris, 1841 ; 6ᵉ éd. Paris, 1865.
ARAN, Mémoire sur le murmure vasculaire (*Arch. gén. de méd.*, 1843. 1ᵉ série, t. II, p. 405).
VOLKMANN, Ueber Herztöne und Herzbewegung (*Zeitschrift f. ration. Med.*, 1845, t. III).
HEYNSIUS, Bijdrage tot eene physische verklaring van de abnormale geruischen in het waat-
    stelsel (*Nederl. Lancet*, 1854, 3ᵉ série, t. IV, p. 20).
TH. WEBER, Physikalische und physiologische Experimente über die Entstehung der Geräusche
    in den Blutgefässen *Arch. f. physiolog. Heilkunde*, 1855, t. XIV, p. 40).
CHAUVEAU et FAIVRE, Nouvelles recherches expérimentales sur les mouvements et les bruits
    normaux du cœur (*Gaz. méd. de Paris*, 1856, nᵒˢ 24, 27, 30 et 37, et tirage à part).
CHAUVEAU. Études pratiques sur les murmures vasculaires ou bruits de souffle, etc. (*Gaz. méd. de
    Paris*, 1858, pp. 247 et suiv. — Expériences physiques propres à expliquer le mécanisme des
    murmures vasculaires ou bruits de souffle (*Compt. rend.*, 21 septembre 1858).
MAREY, Du pouls et des bruits vasculaires (*Journal de physiol*. de Brown-Séquard, 1859, t. II,
    p. 259 et 420).
SEITZ, Die Auscultation und Percussion der Respirationsorgane, nebst einer theoretisch-physika-
    lischen Einleitung von Zamminer. Erlangen, 1860.
POTAIN, Note sur les dédoublements normaux des bruits du cœur (*Union médic.*, 1866).
A. LUTON, art. *Auscultation* (*Nouveau Dictionnaire de méd. et de chir. pratiques*, t. IV,
    p. 90 et suiv. Paris, 1866) ; art. *Cœur*, physiologie (*ibid.*, t. VIII, p. 304. Paris, 1868).
BARTH et ROGER, art. *Auscultation* (*Dictionn. encycl. des Sciences méd.* t. VII, Paris, 1867).
THAMM, Beitræge zur Lehre ueber Venenpuls und Gefæss geræusche, Diss. in. Kœnigsberg, 1868 ;
    — et (*Berlin. Klin. Wochenschr*. 1869, nᵒ 15.)
NOLET, Recherches sur les murmures vasculaires (*Arch. des Sciences néerlandaises exactes
    et naturelles*, 1871, t. VI, 49).
Consultez, en outre, la bibliographie relative aux *bruits de percussion* § 119.]

CHAPITRE IV

INSTRUMENTS D'ACOUSTIQUE

TAUTOPHONES [1]

[123. **Téléphones et microphones.** — On appelle *téléphones* des instruments
destinés à transmettre à grande distance les sons et, en particulier, ceux de
la voix humaine.

[[1] C'est à-dire *répétant les sons*. — Le chapitre IV tout entier a été ajouté à la présente édition.]

Les *microphones* augmentent, en outre, l'intensité des sons transmis.

Les *tubes-acoustiques*, dont il a déjà été parlé (cf. § 110ᵈ), peuvent être considérés comme les premiers représentants des téléphones ; mais le principe sur lequel ils reposent, excellent pour de petites distances, devient impraticable lorsque les deux postes à relier se trouvent un peu éloignés l'un de l'autre, car le diamètre des tuyaux doit croître assez rapidemment avec leur longueur.

C'est à M. Bell que revient l'honneur d'avoir imaginé et construit le premier téléphone reproduisant la parole à de très grandes distances. L'invention du microphone est due à M. Hughes.

CLASSIFICATION DES TÉLÉPHONES. — On a apporté plusieurs modifications à l'appareil primitif de Bell et des téléphones nouveaux ont été imaginés sur des principes différents. On peut classer les téléphones aujourd'hui connus comme l'indique le tableau suivant :

TÉLÉPHONES				
	Articulants	à transmission par la chaleur		Thermophones de Bell et de Mercadier.
		à transmission par la lumière.		Photophone à sélénium de Bell.
		à transmisson par l'électricité	à résistance variable.	Téléphones de Bell, d'Edison de Salet, d'Ader etc. Micro-Téléphone de Hughes.
			à résistance constante.	Téléphones de Bell, de A. Breguet.
		à transmission mécanique.		Téléphone à ficelle.
	Musicaux.			Téléphones de Riess, d'Elisha Gray, de Warley, etc.

Nous n'avons pas à faire connaître tous ces appareils ; il nous suffira de décrire sommairement un représentant de chacun des groupes du tableau précédent.

Téléphone de Riess. — Les courants électriques, si commodes pour la répétition des signaux à distance, ont été utilisés par plusieurs physiciens pour la reproduction des sons musicaux. MM. Froment et Du Moncel en 1853, M. Pétrina, de Prague, en 1856, indiquaient déjà la possibilité d'arriver à ce résultat ; en 1860, M. Riess, de Friedrichsdorff, a fait construire, le premier téléphone vraiment digne de ce nom.

Le transmetteur de cet appareil se compose essentiellement d'une membrane de caoutchouc, arrangée en interrupteur électrique et vibrant à l'unisson de chaque son émis devant elle. Ce dispositif permet d'envoyer à un fil de ligne, jusqu'à un poste éloigné, un courant qu'interrompt chaque vibration de la membrane. Nous avons indiqué (cf. § 108ᵃ) le principe du récepteur de ce téléphone fondé sur le phénomène découvert par Page. Des appareils du même genre ont été construits par Warley, en 1870, par Elisha Gray, en 1874.

Ces dispositions ingénieuses, imaginées d'ailleurs en vue des transmissions multiples et simultanées des signaux télégraphiques, ne conservent que la tonalité du son émis ; l'intensité et le timbre n'interviennent en rien dans l'interruption du courant ; aussi, la voix humaine ne pouvant agir sur la transmission que par la hauteur du son qu'elle émet, en résulte-t-il que la parole n'est pas reproduite dans le récepteur. De là le nom de *téléphones musicaux* donné aux appareils de ce genre.

Téléphone à ficelle. — La transmission de la voix au moyen du télé-

phone à ficelle [1]. n'est connue que depuis le travail de M. Weinhold, de
Chemnitz, en 1872. Qu'on imagine deux cornets en fer blanc, fermés chacun
par une membrane au centre de laquelle est fixée l'un des bouts d'une même
ficelle. Si on parle devant l'un des cornets, les vibrations de l'air, engendrées par les paroles prononcées, se communiquent à la membrane, puis
à la ficelle préalablement tendue, à travers laquelle elles cheminent jusqu'à
la membrane du deuxième cornet qui les répète exactement et les transmet,
par l'intermédiaire de l'air, à l'oreille de l'observateur.

Cet appareil constitue ce que M. Bell appelle un téléphone *articulant*.
Mais ce n'est là, à vrai dire, qu'un jouet scientifique; la transmission à
de grandes distances exige que le fil puisse être suspendu en divers points
et, chaque support absorbant une partie des vibrations, l'intensité du son au
poste récepteur devient rapidement trop faible pour être perçue.

Téléphone de Bell. — Cet appareil, imaginé en 1876, est représenté en
coupe sur la figure 139. Il se compose d'une rondelle de tôle maintenue en
place entre deux pièces de bois réunies par des vis de pression. La pièce
antérieure représente une sorte de cornet, dont la forme rappelle celle du
stéthoscope ordinaire ; étant approchée de la bouche, elle sert à recueillir et
à envoyer sur la rondelle métallique une plus grande somme d'énergie
vibratoire; la pièce postérieure, moins importante, puisqu'on a pu la sup-

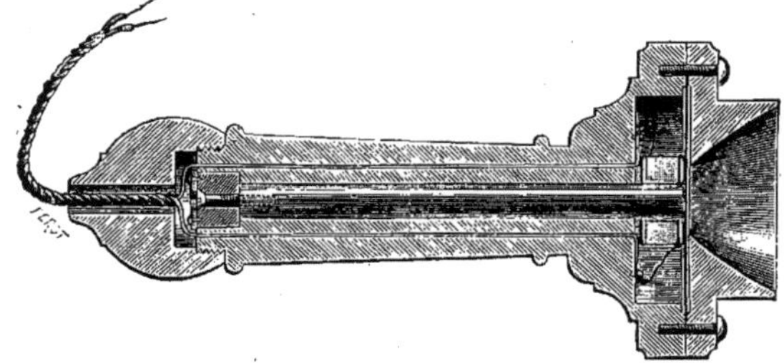

Fig. 139. — Téléphone de Bell (Coupe longitudinale.)

primer dans les téléphones de démonstration, protège les diverses parties de
l'appareil. Derrière la région centrale de la plaque de tôle et à une faible
distance, se trouve un aimant rectiligne dont l'extrémité antérieure est entourée, sur une petite longueur, d'une bobine d'induction. Le fil de la bobine,
qui émerge du téléphone par l'autre extrémité, est mis en communication avec
le fil d'un second appareil identique au premier. Comme pour le téléphone à ficelle, le transmetteur et le récepteur ne diffèrent donc en rien l'un
de l'autre, et l'appareil est absolument réversible.

On a donné du téléphone la théorie suivante : la plaque de fer vibre à
l'unisson de tout son émis devant elle ; ses déplacements déterminent des
variations corrélatives dans le magnétisme de l'aimant, et les courants induits

<hr>

[1] Weinhold, *Vorschule der experimental Physik*. Leipzig, 1872. — D'après M. Preece, l'invention du
téléphone à ficelle reviendrait à Robert Hooke, qui, dans un écrit datant de 1667, affirme avoir transmis
la parole à une grande distance au moyen d'un fil tendu.

qui, par suite, prennent naissance dans le fil de la bobine, ont une intensité, une durée et un ordre de succession dépendant rigoureusement de l'amplitude, du nombre et de la forme des vibrations de la rondelle. Ces courants, transmis par le fil de ligne au téléphone récepteur, y provoquent des variations dans la quantité de magnétisme de l'aimant; il en résulte, pour la plaque aimantée correspondante, des vibrations exactement semblables à celles du son émis. La voix humaine se trouve ainsi reproduite à distance, avec conservation de la hauteur et du timbre. Quant à l'intensité du son à l'arrivée, elle est certainement en rapport avec celle du son émis, mais elle ne peut lui être égale, le transmetteur ne recevant qu'une faible partie de l'énergie vibratoire initiale. D'après les expériences de M. Demoget, de Nantes, l'intensité du son téléphonique serait environ 1.500.000 fois plus petite que celle du son émis.

La théorie précédente est au moins incomplète, car elle ne suffit pas pour expliquer toutes les expériences instituées à la suite de la découverte de M. Bell, dans le but de déterminer exactement le rôle des diverses parties de l'appareil.

M. Du Moncel n'a pu observer aucun mouvement vibratoire à la surface d'un liquide placé sur la plaque d'un téléphone récepteur ; toutefois M. Blacke a constaté qu'un index porté par ce diaphragme traçait sur un enregistreur une ligne légèrement ondulée. Mais ces mouvements, probablement dus à des effets d'attraction magnétique et de réaction élastique qui s'exercent sur la tôle, ne paraissent pas être la cause principale de la reproduction des sons. M. Hughes, en effet, a construit des téléphones récepteurs dans lesquels l'intérieur de la bobine renfermait deux barreaux aimantés séparés par un corps isolant; l'expérience a montré que la reproduction de la parole est plus parfaite quand les pôles de nom contraire des aimants se trouvent placés tous deux en regard de la plaque, bien que les effets attractifs de ces pôles soient alors en désaccord. D'ailleurs, M. A. Bréguet a pu faire parler un téléphone dont la plaque avait 15 centimètres d'épaisseur, et M. Warwich a constaté que la parole était encore perçue lorsqu'on remplaçait la rondelle magnétique par des diaphragmes en étain, en plomb, en zinc, en acier, en verre, en bois, en liège ou en pierre. M. Spottiswod d'abord, M. Warwich ensuite, ont été plus loin : ils ont supprimé toute plaque vibrante, et l'expérience leur a montré que la parole était encore reproduite; l'intensité du son, il est vrai, est alors plus faible et les articulations manquent de netteté.

D'après cela n'est-on pas en droit de penser que le téléphone articulant de Bell ne diffère pas essentiellement du téléphone musical de Riess? Dans l'un comme dans l'autre, le son paraît être reproduit au moyen de vibrations moléculaires déterminées, dans le sein de l'aimant, par des courants interrompus; la plaque, animée de mouvements de même nature, est dès lors utile, mais non indispensable, et l'on comprend que l'emploi de diaphragmes multiples superposés produise sur les sons transmis un renforcement qu'on ne saurait expliquer dans la seule hypothèse d'attractions s'exerçant sur la plaque magnétique. La supériorité du téléphone Bell résulterait surtout de la forme du transmetteur et, par suite, de la réversibilité de l'appareil.

Téléphone d'Edison. — Le transmetteur (fig. 140) diffère de celui du téléphone Bell en ce que l'électro-aimant est remplacé par un disque de

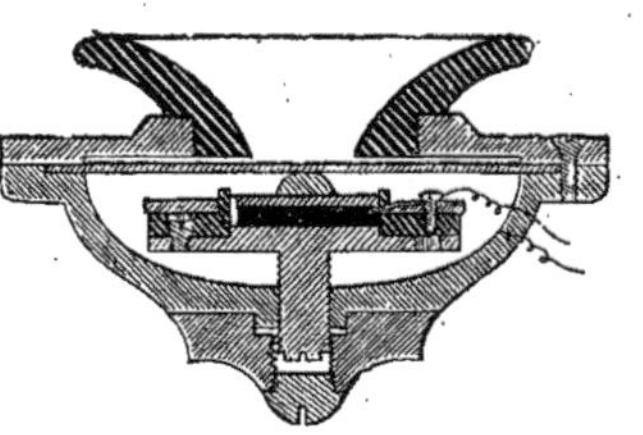

charbon pressé entre deux lames de platine et traversé par un courant de pile ; un corps solide, en contact avec la lame supérieure et avec la plaque de tôle, transmet au disque les vibrations du son émis devant l'appareil. Le courant, après avoir traversé le charbon, agit comme inducteur à travers une bobine dont le courant induit est envoyé dans le récepteur, lequel ne diffère pas essentielle-

Fig. 140. — Téléphone d'Edison (coupe longitudinale.)

ment de celui de Bell. On emploie cette disposition, parce que l'expérience a montré les courants induits beaucoup plus favorables que les voltaïques aux transmissions téléphoniques ; l'avantage provient surtout, d'après M. du Moncel, de la faible durée des courants induits et de la périodicité

Fig. 141. — Téléphone de Boudet.

de leurs inversions. Les pressions variables que subit le charbon, pendant qu'on parle devant la plaque, suffisent pour faire varier la résistance de ce disque au passage du courant voltaïque et pour engendrer ainsi des courants induits qui déterminent dans le récepteur la reproduction des paroles prononcées devant le transmetteur.

On peut transformer le transmetteur d'Edison en thermoscope d'une grande sensibilité en supprimant la plaque et en exerçant une pression sur le disque de charbon au moyen d'une vis micrométrique : si on approche alors la main, la faible dilatation occasionnée dans les diverses pièces de l'appareil par la chaleur rayonnée modifie la pression d'une quantité suffisante pour que le courant varie d'intensité ; l'aiguille d'un galvanomètre placée dans le circuit dévie, en effet, de plusieurs degrés.

La figure 141 représente le téléphone du Dr Boudet : le disque de charbon de l'appareil précédent est remplacé ici par six petites sphères de la même substance, disposées en file dans le tube T ; une vis extérieure

V permet de les presser plus ou moins fortement l'une contre l'autre, et de régler ainsi la sensibilité de l'instrument.

Photo-téléphone de Bell. — Cet appareil, imaginé par M. Bell en 1880, est fondé sur une propriété du sélénium, que M. Willoughby Smith a fait connaître en 1873 : la résistance offerte par ce métalloïde au passage d'un courant électrique est d'autant plus faible que le corps est exposé à une lumière plus intense. Si donc on fait tomber un rayon lumineux intermittent sur un crayon de sélénium traversé au même instant par un courant dont le circuit comprenne un téléphone à résistance constante, aux variations de conductibilité du sélénium correspondront des variations d'intensité du courant, et le téléphone chantera. On peut obtenir l'intermittence des radiations lumineuses au moyen d'une roue dentée tournant devant une source de lumière : le téléphone fait alors entendre un son continu.

Pour reproduire la parole, MM. Bell et Tainter projettent sur le sélénium la lumière solaire réfléchie par un miroir plan, en verre très mince, derrière lequel on parle et qui constitue le transmetteur. Les vibrations de la voix se communiquent, par un tube jouant le rôle de porte-voix, au miroir qui prend, sous cette influence, des courbures variables : de là, des variations correspondantes dans le degré de concentration des rayons réfléchis ; par suite, la quantité de lumière que reçoit le sélénium passe par une série de maxima et de minima, dont le nombre et la grandeur se trouvent en rapport exact avec les vibrations des sons émis. On comprend que dans ces conditions le téléphone du poste récepteur reproduise les paroles prononcées derrière le miroir.

L'expérience réussit encore lorsqu'on interpose, sur le trajet du rayon lumineux qui seul relie les deux postes, une cuve d'alun destiné à arrêter les rayons calorifiques ; mais on n'obtient qu'un résultat négatif avec une solution d'iode dans le sulfure de carbone, qui absorbe la lumière et laisse passer la chaleur. C'est donc bien l'effet du mouvement lumineux sur le sélénium que le téléphone transforme en vibrations sonores ; la lumière est ici la cause première, mais non immédiate, de la production du son.

Thermo-téléphones. — Quelques mois après l'invention du photophone, M. Bell, d'un côté, M. Mercadier, de l'autre, imaginaient en même temps un téléphone d'un nouveau genre et constituant la solution la plus simple, si ce n'est la plus curieuse, du problème de la transmission de la parole à distance.

Le transmetteur ne diffère en rien de celui que nous avons décrit pour le photophone ; le récepteur est uniquement constitué par un morceau de gaze recouverte de noir de fumée et tendue sur un cadre contre l'ouverture d'un cornet acoustique. Un faisceau de rayons calorifiques, réfléchi par le miroir du transmetteur, tombe sur le récepteur ; comme dans l'appareil précédent, la concentration du faisceau réfléchi change continuellement sous l'influence des vibrations sonores émises derrière le miroir, et les quantités variables de chaleur reçues et absorbées par le noir de fumée provoquent des dilatations et des condensations successives dans la masse d'air qui en remplit les pores ; de ces effets résultent des vibrations sonores reproduisant les paroles prononcées.

Presque toutes les substances peuvent être employées dans la construction du récepteur, mais le noir de fumée, en raison de son pouvoir absorbant considérable, donne les meilleurs résultats.

Microphone de Hughes. — Il se compose d'un crayon de charbon de cornue à gaz C (fig. 142), dont les extrémités taillées en pointe aboutissent à des crapaudines creusées dans deux autres morceaux de charbon, A et B, implantés eux-mêmes dans une planchette verticale en bois; le tout est porté par une seconde planchette horizontale, munie, en guise de pieds, de deux tubes en caoutchouc, ayant pour but de soustraire l'appareil à l'influence perturbatrice des trépidations du meuble qui sert de soutien. On fait passer à travers les charbons le courant d'une pile P dont le circuit comprend un téléphone T. Le crayon C est simplement maintenu dans la verticale, sans avoir à supporter de pression, comme dans le téléphone d'Edison; aussi les moindres ébranlements communiqués à l'appareil occasionnent-ils, en B et surtout en A, des variations de contact suffisantes pour modifier l'intensité du courant électrique et pour actionner le téléphone.

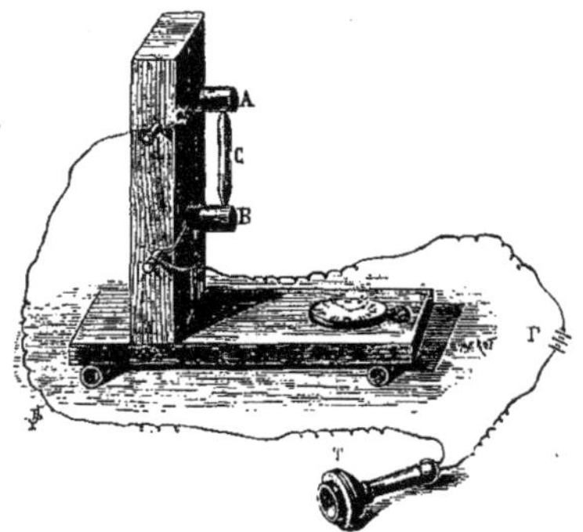

Fig. 142. — Microphone de Hughes.

En remarquant, avec M. Warren de la Rue, que le téléphone chante sous l'action d'un courant d'intensité égale à celle d'un élément Daniell qui aurait traversé *un million* de kilomètres de fil télégraphique, on admettra sans peine que les changements de pression et d'étendue qui surviennent dans les contacts des charbons puissent déterminer dans le courant de la pile annexée à l'appareil des variations bien supérieures à cette intensité-là. Le téléphone récepteur rendra donc des sons plus forts que s'il était actionné par un de ses congénères; il renforcera même les vibrations qui agissent sur la tablette horizontale. Avec le *microphone*, on peut, en effet, entendre le bruit que fait une mouche en marchant sur la tablette, bruit absolument imperceptible à l'oreille nue.

Bien que l'appareil de Hughes soit surtout impressionné par les ébranlements communiqués à la tablette horizontale, il peut cependant fonctionner comme transmetteur téléphonique; il suffit pour cela de parler à une petite distance du crayon vertical C. Mais, sous cette forme, il ne constitue pas un bon récepteur, et M. Hughes a imaginé dans ce but un autre dispositif. Le téléphone ainsi construit diffère notablement de ceux que nous avons décrits et la théorie en est encore moins connue. Il n'y a plus, en effet, que des variations d'intensité du courant pour transmettre les vibrations si complexes de la voix, et le peu qu'on sait de la nature de l'électricité ne permet pas encore de donner la raison scientifique des résultats obtenus.]]

[123ᵃ. **Applications du téléphone et du microphone.** — Le nombre en est déjà considérable, bien que l'invention de ces instruments soit de date récente, et l'on peut prévoir l'importance qu'elles prendront un jour, lorsqu'on aura imaginé les perfectionnements que le temps seul permet d'apporter aux nouvelles découvertes.

Dans plusieurs grandes villes, Paris, New-York, Londres, Lyon, etc., des Sociétés ont été fondées pour mettre leurs divers abonnés en communication téléphonique constante, et on avait installé, à l'exposition d'électricité de Paris, des téléphones du système Ader, qui ont permis d'entendre dans les bâtiments du Palais de l'Industrie les représentations qui avaient lieu à l'Opéra et au Théâtre Français.

M. Hughes a utilisé le téléphone pour la construction d'une nouvelle balance d'induction. Au moyen de cet instrument, M. Warren de la Rue a démontré l'intermittence des décharges d'une pile dans un tube vide et M. Spottiswode a étudié l'état sensitif de la décharge électrique.

La médecine et la chirurgie ont aussi bénéficié de ces belles découvertes; les résultats obtenus jusqu'à ce jour et que nous allons faire connaître permettent de fonder des espérances sérieuses sur le nouveau moyen d'investigation mis à la disposition des physiologistes et des cliniciens.

APPLICATIONS MÉDICALES DU TÉLÉPHONE. — Les expériences de M. Demoget ont appris que le son perçu dans un téléphone n'a que $1/1.500.000$ de l'intensité du son émis. L'appareil ne saurait donc servir aux cliniciens pour l'étude des bruits respiratoires, cardiaques, musculaires, etc.; les microphones, amplificateurs du son, peuvent seuls être utilisés dans ce but. Mais la sensibilité du téléphone aux faibles courants et aux plus légères variations de leur intensité, jointe à la propriété qu'il possède de séparer nettement dans leurs effets des actions qui se succèdent avec une rapidité extrême, en font un instrument précieux en physiologie.

M. d'Arsonval a montré, en effet, que le téléphone constitue le meilleur des galvanoscopes connus : on excite une patte de grenouille, préparée à la manière ordinaire, au moyen de l'appareil à chariot de Siemens et Halske, et on éloigne la bobine induite jusqu'à ce que le nerf ne réponde plus à l'excitation; si, à ce moment, on remplace la patte par un téléphone, ce dernier fait entendre un son intense qui persiste jusqu'au moment où la bobine est à une distance 15 fois plus grande que celle pour laquelle la patte cesse d'être excitée. « En admettant pour l'induction, comme « pour les actions à distance, la loi des carrés inverses, ajoute l'auteur, on « voit que le téléphone est au moins 200 fois plus sensible que le nerf. »

M. Marey a utilisé le téléphone pour l'étude de la décharge des poissons électriques; il a pu confirmer ainsi les résultats que la méthode graphique lui avait précédemment fournis, à savoir que cette décharge se compose d'une série de flux discontinus. Une excitation légère en donne une dizaine d'une durée totale de $1/15$ de seconde environ; mais si on pique le lobe électrique du cerveau et qu'on lance dans un téléphone la forte décharge ainsi obtenue, on entend un son voisin du *mi*, d'une durée totale de 3 à 4 secondes, ce qui accuse le passage d'environ 165 flux successifs.

Enfin M. Fick, de Wurzbourg, a imaginé d'employer le téléphone comme appareil excitateur des nerfs et des muscles : il suffit pour cela de mettre ces organes en communication avec les extrémités des fils d'un téléphone devant lequel on parle. M. Fick a constaté ce résultat curieux que certaines voyelles, O et U par exemple, déterminent dans le circuit des courants plus intenses et agissent, par suite, plus énergiquement sur les nerfs.

APPLICATIONS MÉDICALES DU MICROPHONE. — L'emploi du microphone pour l'étude des bruits intra-thoraciques, musculaires et autres a présenté des difficultés qni paraissent aujourd'hui heureusement surmontées. Tant que l'usage de l'instrument est resté limité à la transmission de la parole, il n'était pas nécessaire qu'une disposition particulière permît d'en faire varier la sensibilité d'une manière lente et continue ; il fallait, au contraire, que cette condition fût réalisée dans les appareils destinés à l'auscultation des bruits de diverse nature et d'intensité différente qui se produisent dans l'organisme humain. De plus, la grande sensibilité des microphones offrait souvent un inconvénient, car l'appareil était impressionné par tous les bruits extérieurs dont l'effet se superposait à celui des sons à étudier ; il importait donc de limiter autant que possible l'étendue du point soumis à l'exploration et de trouver un mode de fixation qui empêchât la trans-. mission au microphone des ébranlements provenant de causes étrangères à celles qu'on avait en vue.

Les appareils qui répondent le mieux à ces desiderata ont été imaginés par le Dr Boudet qui s'est spécialement occupé de cette question ; nous empruntons ce qui va suivre à l'ouvrage qu'il a publié sur ce sujet.

a) Stéthoscope microphonique. — M. Van Ermangen et M. Boudet ont fixé le microphone dans l'intérieur d'une ventouse, afin que l'appareil fût plus complètement soustrait à l'influence des bruits extérieurs ; des fils métalliques traversant la paroi de la ventouse lançaient dans les charbons un courant voltaïque, sur le trajet duquel se trouvait un téléphone. Avec ce dispositif, M. Boudet a pu entendre, dans l'auscultation du cœur, « les claquements valvulaires, le frottement du sang contre les parois de « l'organe et le bruit musculaire qui accompagne ses contractions. Il est « même possible de distinguer les bruits auriculaires des bruits ventri- « culaires. Lorsque l'appareil est bien réglé, on entend très nettement la « contraction de l'oreillette ; le rythme des bruits cardiaques se rapproche « alors beaucoup de celui que l'on désigne en pathologie sous le nom de « bruit de galop. »

Mais l'usage d'un semblable appareil exige une habitude assez grande ; aussi M. Boudet a-t-il songé à lui donner une forme qui, tout en lui conservant ses principaux avantages, le rendît d'un maniement plus facile. Le nouveau stéthoscope microphonique est représenté sur la figure 143. Le microphone se compose d'un premier charbon C, mobile autour d'un axe passant tout près du centre de gravité de ce levier oscillant ; l'une des extrémités est munie d'une petite aiguille aimantée, tandis que l'autre repose sur un second charbon C', en forme de disque, fixé au centre d'une membrane T, en vessie de porc desséchée ; celle-ci est fortement tendue et obture l'ouverture supérieure d'un tambour transmetteur. Une vis M, dont l'extrémité a été aimantée, permet de régler la pression de C sur C' et, par

suite, la sensibilité de l'instrument; on n'a qu'à faire varier la distance
à laquelle réagissent les deux masses magnétiques en présence, la pointe
de la vis et l'aiguille du charbon oscillant. Le tambour est muni d'un tube

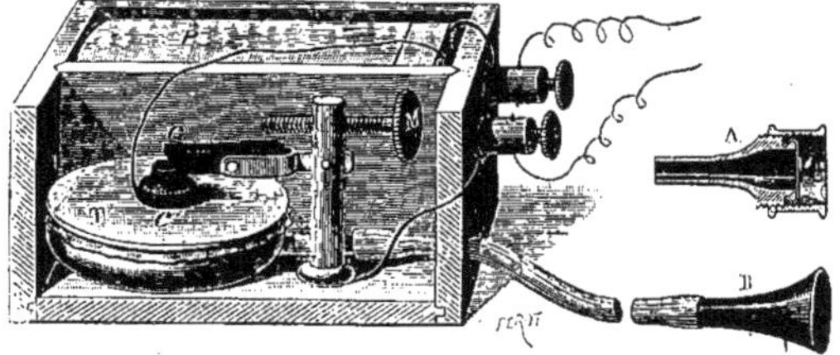

Fig. 143. — Stéthoscope microphonique de Boudet.

en caoutchouc terminé par un embout d'ivoire ou de corne B, servant
d'explorateur et qu'on applique en un point donné de la poitrine.

Le même appareil peut servir à l'étude des bruits de la circulation;
il suffit de substituer à l'embout B la pièce A qui représente une sorte de
tambour fermé par une membrane bien tendue, au centre de laquelle on
a fixé, avec un peu de cire, un bouton d'ivoire qu'on applique sur le trajet
du vaisseau à explorer. Le courant voltaïque destiné à traverser les charbons est fourni par une petite pile P au chlorure d'argent ; celle-ci est
enfermée, avec le microphone, dans une boîte dont un des côtés porte deux
poupées métalliques auxquelles on
fixe les fils conducteurs aboutissant
à un téléphone récepteur.

b) Sphygmophone.—Cet instrument, spécialement destiné à l'exploration de l'artère radiale, est représenté fig. 144. Il est formé d'une
plaque d'ébonite légèrement concave en dessous, et munie de deux
ailettes latérales, L, qui portent des
crochets destinés à permettre la
fixation de l'appareil au moyen d'un
ruban, comme pour le sphygmographe de Marey. Un ressort métallique en forme de lame E, fixé
sur l'un des bords de la plaque,
porte à son extrémité libre le
charbon inférieur H du microphone. Le charbon supérieur D est

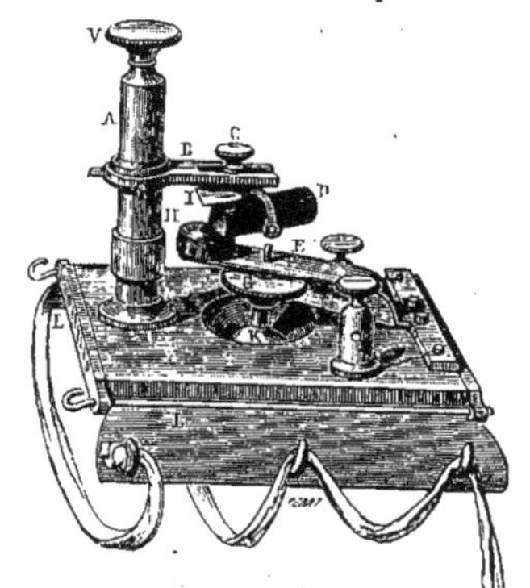

Fig. 144. — Sphygmophone du Dr Boudet.

suspendu autour d'un axe transversal que porte une chape, reliée elle-
même à une vis C ; cette dernière est mobile horizontalement entre les
deux branches de la pièce B qu'on peut élever ou abaisser le long

de la colonne verticale A à l'aide d'une deuxième vis V. Le contact des
deux charbons est assuré au moyen d'un morceau de papier écolier I plié
en forme de V et faisant office de ressort, ce qui permet, en outre, à la vis
V de régler la pression des deux charbons et par suite la sensibilité de
l'appareil. Une deuxième lame métallique F disposée parallèlement et au-
dessous de la première, porte un bouton explorateur K qui passe à
travers une ouverture centrale pratiquée dans la plaque d'ébonite et
fait saillie au-dessous. La pression de ce bouton K sur l'artère se règle
au moyen d'une troisième vis G, dont la tête renversée est soutenue par
le ressort F, tandis que la tige traverse un écrou pratiqué dans l'épaisseur
de la lame E. Enfin des bornes métalliques, en communication chacune
avec l'un des charbons du microphone, servent à fixer les extrémités d'un
circuit sur le trajet duquel on intercale une pile et le téléphone récepteur.

L'appareil convenablement réglé et fixé, chaque pulsation de l'ondée
sanguine est transformée, par le système micro-téléphonique, en un bruit
nettement perceptible. Le polycrotisme du pouls est accusé par le nombre
de bruits correspondants à une seule pulsation ; dans les accès de palpitation,
on entend un bruit rotatoire, analogue à celui de la contraction musculaire ;
dans les cas d'intermittence du cœur, les bruits perçus se trouvent séparés
par des intervalles de silence complet, etc.

c) *Myophone.* — Destiné à l'étude du bruit musculaire, cet appareil
(fig. 145) présente de grandes analogies de construction avec le précédent.
Le bouton explorateur B porte à son extrémité supérieure le charbon

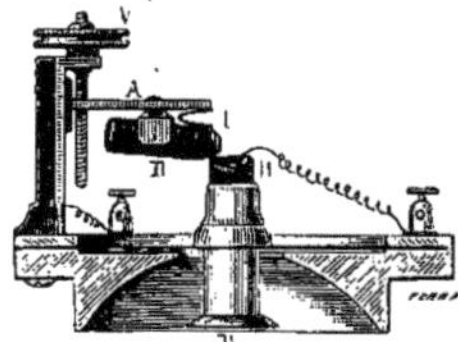

Fig. 145. — Myophone du D' Boudet.

inférieur du microphone et traverse une
membrane de parchemin fortement tendue
sur une embouchure de téléphone. Le charbon supérieur D, muni de son ressort en
papier I, est suspendu comme dans le
sphygmophone à un chariot A, qu'on peut
aussi abaisser ou élever à volonté au moyen
de la vis V.

Le myophone, appliqué à l'exploration
d'une masse musculaire, fait entendre dans
le téléphone récepteur un bruit rotatoire qui caractérise le tonus normal ;
la hauteur et l'intensité du son augmentent lorsqu'une contraction volontaire intervient.

L'étude des muscles paralysés comprend deux cas suivant leur état de
flaccidité ou de contracture. Dans le premier cas, le bruit téléphonique est
d'autant plus faible que la paralysie est plus complète ; l'appareil a permis
de constater que des muscles, paraissant à la vue complètement inexci-
tables, étaient encore sensibles à l'action de l'électricité.

Dans la contracture hémiplégique, le bruit rotatoire est plus faible que le
bruit normal de la contraction volontaire ; il est caractérisé par des
intermittences d'affaiblissement et de renforcement. La même irrégularité
se manifeste dans la contraction hystérique, mais avec une moindre diminution d'intensité du bruit, car il n'y a pas en même temps atrophie musculaire.

Le myophone a montré que le tremblement sénile n'atteint en général qu'un muscle ou un seul groupe de muscles, les antagonistes se trouvant dans un état de contraction dont le degré règle l'amplitude des oscillations du membre affecté, sans pour cela que le nombre des oscillations varie pour un même sujet et pour un même groupe musculaire.

Enfin dans l'ataxie locomotrice progressive, le myophone a permis de constater qu'à la consistance inégale que présentent au toucher les muscles d'un même membre, correspondent des différences considérables dans le degré de leur tonus.

Signalons encore, parmi les applications médicales des microphones, celle qui est relative au diagnostic des calculs vésicaux : M. Thompson emploie dans ce but un cathéter ordinaire relié à une pile et à un téléphone. Si la sonde introduite dans la vessie rencontre un calcul, le choc qui en résulte est révélé par un bruit intense qu'on perçoit dans le téléphone récepteur. Un appareil du même genre pourrait être employé pour la recherche dans le sein des tissus des corps solides étrangers.]]

[123c. Phonographe. — Quelques mois à peine après que M. Bell avait inventé le téléphone, qui résout le problème de la transmission de la parole *à travers l'espace*, M. Edison trouvait le moyen de la transmettre, pour ainsi dire, *à travers le temps*, en imaginant le phonographe, merveilleux instrument qui enregistre les sons du langage articulé, pour les répéter ensuite, quel que soit le temps écoulé depuis le moment où ils ont été proférés.

Le phonographe (fig. 146) comprend : 1° un style inscripteur réuni à

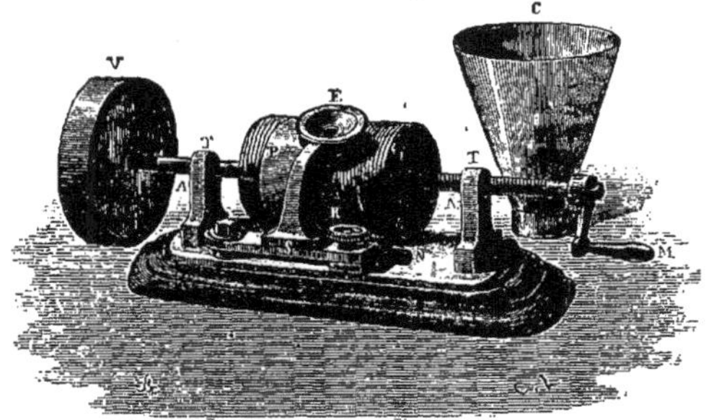

Fig. 146. — Phonographe d'Edison.

une lame vibrante devant laquelle on parle; cette lame est adaptée à une embouchure de téléphone E, et la pointe traçante s'élève perpendiculairement à l'extrémité d'un petit ressort métallique parallèle à la lame et séparé de cette dernière par un fragment de tube de caoutchouc, destiné à transmettre les vibrations tout en les atténuant; 2° une mince feuille d'étain, qui s'enroule autour d'un cylindre P, dont la surface est filetée avec le même pas de vis que l'axe A, A et que l'écrou de l'un des supports T, T ; grâce à ce dispositif, on peut, à l'aide de la manivelle M, donner au cylindre un double mouvement de rotation et de translation, que le volant V rend sensiblement uniforme, et maintenir pendant toute la durée du mouvement la pointe traçante en regard d'une rainure du cylindre. Dès lors cette pointe, venant à vibrer, imprimera sur les parties de la feuille d'étain tendues au-dessus des rainures des gaufrages qui seront la représentation graphique des sons émis devant la lame vibrante. La pression que [le style inscripteur exerce sur la feuille métallique doit être convenablement réglée au repos ; à cet effet, l'embouchure E est portée par un levier S, qu'on peut approcher ou éloigner du cylindre tournant, au moyen de la poignée N, et fixer, par une vis de pression, dans la position requise.

Pour faire l'expérience, il suffit d'approcher les lèvres très près de l'embouchure E et de parler à haute et intelligible voix pendant qu'on fait tourner le cylindre : les vibrations du style tracent alors une série des dépressions parfaitement visibles sur la feuille métallique et la parole est enregistrée. Pour la reproduire, on desserre la vis R, on éloigne l'embouchure et on ramène le cylindre en arrière ; puis on remet l'embouchure en place, de telle sorte que cette dernière et le cylindre se trouvent dans la même position relative qu'au début. Si on fait de nouveau tourner le cylindre, la pointe du style suivra nécessairement les dépressions qu'elle a elle-même tracées dans la première partie de l'expérience ; ses déplacements se transmettront à la lame vibrante, et cette dernière, repassant exactement par les mêmes mouvements vibratoires que ceux qu'elle exécutait tantôt sous l'influence directe de la voix, répètera les paroles prononcées. On renforce les sons obtenus en plaçant au-dessus de l'embouchure E le cornet C.

Plusieurs savants ont étudié la forme des dépressions produites sur la feuille d'étain, en vue d'arriver à une lecture des tracés phonographiques. M. Mayer a reconnu une identité presque complète entre la forme des tracés correspondants à un son donné et l'aspect que le même son donne à une flamme manométrique de Kœnig, vue dans un miroir tournant. Mais cette forme change avec la distance de la source sonore au corps influencé, lame vibrante ou flamme manométrique, car les divers sons simples qui constituent le son enregistré se trouvent, au moment où ils agissent, dans des relations de phases qui dépendent de cette distance (cf. § 114), si bien qu'il sera, pour le moins, fort difficile de découvrir des caractères généraux et spécifiques dans les formes diverses qui peuvent correspondre au même son.

Aucun perfectionnement important n'a encore été apporté au phonographe d'Edison : mais le jour où, sous une forme nouvelle, l'appareil sera débarrassé de son timbre nasillard et pourra être entendu de tous les points d'une salle, les nombreuses applications que l'inventeur a signalées seront autant de faits accomplis.]]

LIVRE IV

124. Aperçu des phénomènes lumineux. — [On appelle *optique* la branche de
la physique qui traite de la lumière.] Les phénomènes lumineux sont, en
général, l'effet d'une cause extérieure, agissant à distance sur notre œil
pour y éveiller une sensation visuelle. Tout objet qui donne lieu à des
phénomènes de cet ordre est visible ; on le dit *lumineux*.

Il faut distinguer les objets *lumineux par eux-mêmes* ou *photogènes*
de ceux qui ne sont qu'*éclairés* et qui ne doivent leur éclat qu'à une lumière
d'emprunt ; les premiers émettent dans toutes les directions des radiations
lumineuses dont la source réside en eux-mêmes : tel est le cas du soleil,
des étoiles fixes, des corps en ignition. Les corps qui ne sont pas lumineux
par eux-mêmes, peuvent le devenir, ou, du moins, en remplir l'office, en
renvoyant la lumière qu'ils reçoivent du dehors.

Il est des corps qui se laissent traverser par les radiations lumineuses :
ce sont les milieux *transparents ;* quand une substance ne laisse passer
aucune portion de lumière, elle est dite *opaque*.

Dans la réflexion comme dans la transmission, la lumière suit, en se
propageant, les mêmes lois que le mouvement ondulatoire ; elle révèle
encore sa nature vibratoire dans les phénomènes d'interférence, où on la
voit produire, en s'ajoutant à elle-même, tantôt de l'obscurité, tantôt une
clarté plus vive, suivant la différence de marche des ondes qui se superposent. (Cf. liv. IV, chap. xviii.)

124ª. Nature de la lumière : théorie des ondulations. — Dans les phénomènes
que nous venons d'énumérer, la lumière se comporte exactement comme le
son ; de même que ce dernier, elle est donc due à un mouvement vibratoire.
Les qualités de la lumière ont aussi leurs analogues dans le son : dans les
deux ordres de phénomènes, l'intensité dépend de l'amplitude des vibrations ;
la couleur correspond à la hauteur du son et, comme cette dernière, elle
est déterminée par la durée de la vibration.

En regard de ces ressemblances, il faut signaler des différences fondamentales : les ondes lumineuses sont d'une petitesse extrême, si on les
compare aux ondes sonores ; les vibrations qui produisent la lumière
s'accomplissent avec une rapidité incomparablement plus grande, et, au lieu
d'être longitudinales comme celles qui transmettent le son, elles se montrent
toujours transversales, c'est-à-dire s'effectuant dans un sens perpendicu-

laire au sens de leur propagation. En outre, la lumière traverse le vide, [ou, du moins, les espaces où la raréfaction de la matière a été poussée au plus haut degré auquel nous puissions parvenir dans l'état actuel da la science;] on sait que ce degré de raréfaction suffit cependant pour empêcher la propagation des vibrations sonores.

[Mais on n'a là qu'un vide *relatif*, extrèmement éloigné du vide *absolu :* on a calculé que les atomes pondérables qui restent dans un millimètre cube d'air réduit à la minime pression de 1/10 de millimètre de mercure se comptent encore par millions et par centaines de millions. Il n'est nullement prouvé que la lumière puisse franchir un espace entièrement privé de matière pondérable, pas plus qu'on n'a démontré l'absence totale de cette matière dans les espaces célestes. Il y a, au contraire, de fort grandes probabilités pour que la présence d'atomes pondérables soit indispensable à la transmission de tous les mouvements, vibratoires ou autres, sans exception, et on a, d'autre part, de bonnes raisons pour admettre l'existence d'un milieu *cosmique*, formé de matière *pondérable*, dont les atomes disséminés dans tout l'univers servent de substratum aux vibrations lumineuses qui émanent du soleil et des étoiles. C'est donc sans nécessité aucune, que les physiciens ont imaginé l'existence d'une matière prétendue *impondérable*, à laquelle ils ont donné le nom d'*éther*, et qu'ils supposent non seulement répandue dans le soi-disant vide des espaces inter-stellaires, mais encore incorporée à la matière pondérable. Dans le § 14ᵈ, nous avons déjà rejeté, comme entièrement gratuite et vaine, l'hypothèse d'une matière impondérable, que nous aurions sous la main, sans pouvoir ni l'isoler ni la distinguer de la matière pondérable, par quelque caractère chimique.

Des considérations précédentes nous sommes en droit de conclure que c'est la même matière pondérable, la seule que nous connaissions, qui, en vibrant, produit tantôt la lumière, tantôt le son.

Mais, s'il y a identité de substratum matériel pour les vibrations lumineuses et pour les vibrations sonores, il n'y a pas égalité des masses vibrantes dans les deux cas : dans le son, le mobile est un corpuscule composé d'un nombre plus ou moins grand de molécules ; dans la lumière, chaque molécule, peut-être même chaque atome, oscille séparément. Nous pouvons indiquer cette dissemblance en disant que la vibration est *atomique* dans la lumière et *corpusculaire* dans le son. Cette inégalité entre les grandeurs des masses vibrantes est en rapport avec l'énorme différence des longueurs d'ondes.]

La théorie qui explique les phénomènes lumineux au moyen du mouvement ondulatoire est connue sous le nom de *théorie des vibrations* ou *des ondulations*. C'est à Huyghens que revient l'honneur d'en avoir posé les premiers principes ; mais jusqu'à une époque assez rapprochée de nous on préféra le *système de l'émission ou de l'émanation* soutenu par Newton. Dans ce système, on admettait que les phénomènes lumineux étaient dus à la propagation rectiligne de particules très subtiles lancées en tous sens par les corps photogènes. L'intensité de la lumière dépendait alors du nombre de ces particules, et il y en avait d'autant d'espèces différentes que de couleurs simples. On arrivait à rendre compte de la réflexion et de la réfraction en recourant à l'intervention de forces, tantôt attractives, tantôt répulsives, qu'on supposait s'exercer entre les molécules des corps et les particules lumineuses. Mais toute une classe de phénomènes, ceux d'interférence et de polarisation, ne peuvent être expliqués d'une manière satisfaisante qu'à l'aide de la théorie des ondulations ; l'étude approfondie de

cette partie de l'optique a porté le dernier coup au système de l'émission. Nous ferons
connaître plus loin (cf. § 130) un fait décisif qui tranche la question dans le sens indiqué ;
ce fait concerne la vitesse de propagation de la lumière dans les différents milieux réfringents.

124ᵇ. Plan du livre consacré à l'étude de l'optique. — Nous étudierons les
phénomènes lumineux dans l'ordre suivant :

1° Propagation rectiligne de la lumière (*Intensité* et *Vitesse de transmission*);

2° Modifications imprimées à la marche de la lumière quand elle rencontre
une surface de séparation entre deux milieux différents *(Réflexion* et *simple
Réfraction)* ;

3° Séparation des couleurs et étude des sensations colorées *(Dispersion*
et *Chromatique)*;

4° *Absorption* et *émission* de la lumière; *phosphorescence, fluorescence* et effets chimiques ;

5° Description et théorie des principaux *instruments d'optique ;*

6° *Interférence* et *diffraction* de la lumière;

7° *Polarisation* et *double réfraction.*

I. — PROPAGATION DE LA LUMIÈRE EN LIGNE DROITE

CHAPITRE PREMIER

INTENSITÉ DE LA LUMIÈRE

125. Marche rectiligne des rayons lumineux dans un milieu homogène. — *Tout point
lumineux est le centre d'une infinité de radiations qui se propagent
en ligne droite et dans toutes les directions de l'espace ;* chacune de
ces directions représente ce qu'on appelle un *rayon lumineux.*

Les rayons qui s'entre-croisent en un même point sont dits *homocentriques.*

Le point de rencontre de rayons homocentriques se nomme un *foyer.*
On dit que le foyer est *réel* ou *virtuel,* suivant qu'il est formé par les
rayons eux-mêmes, ou par leurs directions prolongées en sens contraire
de leur marche.

De ce seul fait que la lumière se meut en ligne droite, on peut tirer l'explication d'un certain nombre de phénomènes qui vérifient la loi en question.
Nous choisirons, à titre d'exemples, la formation des ombres derrière les
corps opaques et la production des images par les petites ouvertures.

125ᵃ. Ombre et pénombre. — Quand on place en regard d'une source lumineuse un corps opaque, ce dernier projette dans l'espace une *ombre* située
du côté opposé à celui d'où vient la lumière. L'ombre d'un corps est la

portion de l'espace qui ne reçoit pas de lumière et qui, par conséquent, se trouve plongée dans l'obscurité.

Il y a lieu de distinguer deux cas : celui où la source lumineuse est réduite à un point unique, et celui où elle est représentée par une surface d'une étendue plus ou moins grande. .

Premier cas. — Soit V (fig. 147) un point lumineux et PQ un corps opaque. En menant par le point V les tangentes VP et VQ, et en les prolongeant, on obtient le cône JVK, dont la portion PQKJ, complètement privée de lumière, projette sur l'écran TS l'ombre KJ, qui a une forme semblable à celle de l'objet, quand l'écran est perpendiculaire à l'axe du cône.

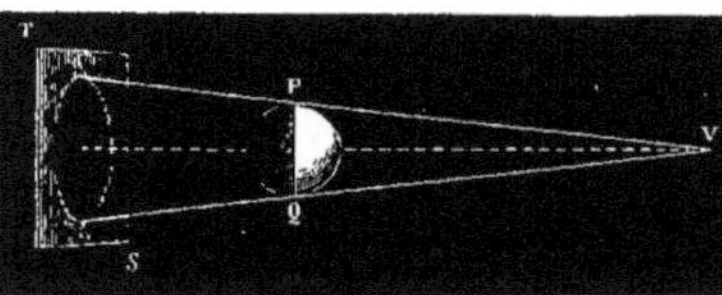

Fig. 147. — Ombre projetée par un point lumineux.

Second cas. — Au lieu d'un point unique, prenons pour source lumineuse un corps VO (fig. 148) qui présente une certaine surface et qu'on peut regarder comme composé d'un grand nombre de points lumineux. Nous aurons alors à construire, d'après les règles qui précèdent, le cône d'ombre relatif à chacun de ces points. Or, tous les rayons limites ainsi menés, tangentiellement au contour du corps opaque, par chacun des points de la source lumineuse sont renfermés

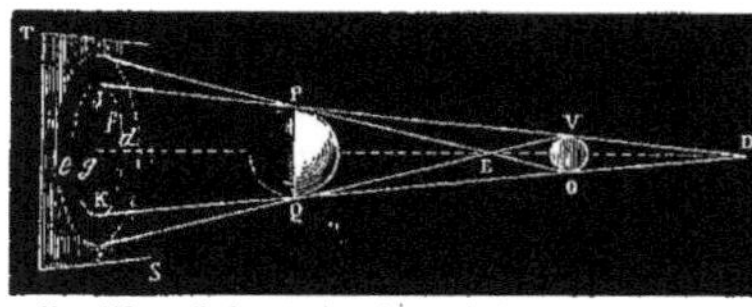

Fig. 148. — Ombre et pénombre projetées par une source lumineuse d'une certaine étendue.

dans l'intervalle compris entre deux surfaces coniques : l'une formée par les droites VPJ et OQK, qui représentent les tangentes extérieures communes au corps opaque et au corps lumineux; l'autre, déterminée par les tangentes intérieures VQF et OPG.

On verrait facilement que l'espace PQKJ circonscrit par le cône des tangentes extérieures est complètement privé de lumière, et que l'intervalle compris entre les deux surfaces coniques reçoit des rayons lumineux, mais en proportion d'autant moindre qu'on se rapproche davantage de la surface du cône GPEQF formé par les tangentes intérieures. Si donc on place un écran ST derrière le corps opaque, la portion *f*K*g*J de cet écran que limite la surface du cône entièrement privé de lumière sera plongée dans l'obscurité complète. Autour de cette surface, constituant l'ombre *centrale* ou *ombre* proprement dite, on aperçoit un espace annulaire FeG*d* répondant à l'intervalle qui sépare les deux surfaces coniques, et d'autant plus éclairé qu'on s'éloigne davantage de l'ombre; cet espace s'appelle la *pénombre*.

Comme la plupart des sources lumineuses sont des corps d'une certaine étendue, et non de simples points, il en résulte que l'ombre portée par un objet est en général entourée d'une pénombre, qui augmente de largeur à mesure qu'on s'éloigne du corps non transparent.

125^b. Formation des images par les petites ouvertures. Chambre noire. — Quand on dispose une source lumineuse en face d'un écran percé d'une petite ouverture, les rayons qui traversent cette dernière vont dessiner sur un second écran placé en arrière du premier une image *réelle* et *renversée*. Imaginons, par exemple, qu'on place une flamme de bougie devant

l'ouverture O (fig. 149) d'une chambre noire : dans ces conditions l'image de la flamme va se peindre sur la paroi opposée à l'ouverture. Il est facile de voir, d'après la marche des rayons extrêmes, que cette image est *antithétique*, c'est-à-dire qu'elle a une direction

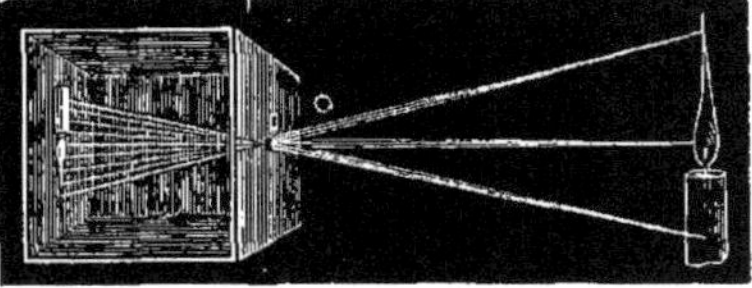

Fig. 149. — Image réelle et renversée des objets extérieurs, produite par les rayons lumineux qui ont traversé une petite ouverture (chambre noire)

renversée par rapport à celle de l'objet qui la fournit et que, toutes choses égales d'ailleurs, elle augmente de grandeur avec la distance de l'écran.

En outre, l'image est toujours semblable à l'objet, quelque forme qu'ait l'ouverture, qu'elle soit ronde, carrée ou triangulaire, pourvu qu'elle soit suffisamment étroite. En effet, de chaque point de la source lumineuse part un pinceau de rayons qui traverse l'ouverture et qui va éclairer, sur l'écran situé au fond de la chambre noire, une petite surface semblable à l'ouverture même ; il en résulte une infinité d'images minuscules qui, très rapprochées les unes des autres, se recouvrent en partie et dont l'ensemble reproduit la forme de l'objet éclairant. Prend-on, par exemple, le soleil comme source lumineuse, on obtient l'image du disque solaire ; dans les conditions habituelles, cette image est circulaire, mais en temps d'éclipse, elle a la forme d'un croissant ou d'un anneau, suivant que l'éclipse est partielle ou annulaire. On conçoit, d'après le mode même de génération de ces images, que leurs contours ne soient jamais très nets.

126. Variation de l'intensité de l'éclairage avec la distance. — Attendu qu'une source lumineuse envoie des rayons dans toutes les directions de l'espace, *l'intensité avec laquelle elle éclaire une surface donnée doit varier en raison inverse du carré de la distance de cette surface.*

Considérons un point lumineux O (fig. 150) placé au centre commun d'une série de sphères transparentes. La paroi intérieure de chaque sphère recevra la totalité de la lumière émise, et il est évident, d'autre part, que l'unité de surface de chacune d'elles sera d'autant moins éclairée qu'elle fera partie d'une

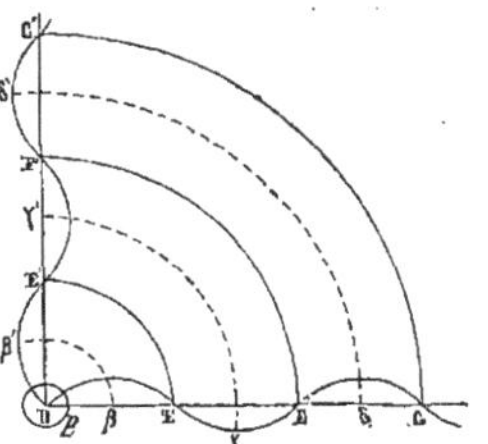

Fig. 150. — Variation d'intensité des ondes lumineuses avec la distance.

sphère plus grande. Or, d'après un théorème connu de géométrie, la surface de la sphère est proportionnelle au carré du rayon. Par conséquent, l'intensité de la lumière reçue par une surface donnée varie en raison inverse du carré de la distance de cette surface à la source lumineuse.

En prenant comme unité d'intensité lumineuse celle qui répond à l'unité de distance, on a :
$$E = \frac{1}{d^2},$$
pour exprimer l'intensité E à la distance d.

[[**126ᵃ. Intensité de la lumière reçue ou émise obliquement.** — 1° L'intensité d'éclairage ou d'*illumination* d'une surface donnée est, toutes choses égales d'ailleurs, proportionnelle au *cosinus de l'angle d'incidence* des rayons lumineux.

2° De même, l'intensité de la lumière lancée dans une direction donnée par une surface photogène est, *cœteris paribus*, proportionnelle à l'*angle d'émission* que fait la direction donnée avec la normale à la surface.

Ces deux lois se démontrent facilement par le raisonnement et donnent lieu à de nombreuses vérifications expérimentales.]]

126ᵇ. Photométrie. — La loi qui sert de base à la mesure de l'intensité lumineuse au moyen des *photomètres*. On appelle ainsi des instruments destinés à comparer les pouvoirs éclairants de deux sources lumineuses.

Le principe des méthodes photométriques est, en général, le suivant: les deux sources lumineuses à comparer sont disposées de façon à éclairer deux portions contiguës d'un même écran, puis on éloigne la source la plus éclatante jusqu'à ce que les deux portions de surface éclairées fassent sur l'œil une impression qui paraisse égale. Alors, en vertu de la loi du § 126, *les intensités des deux lumières sont directement proportionnelles aux carrés de leurs distances à l'écran.*

Dans le *photomètre de Rumford*, les deux lumières qu'on veut comparer sont placées à une certaine distance d'un écran blanc, en avant duquel une tige opaque est fixée dans une position verticale. Chacune des sources lumineuses projette ainsi sur l'écran une ombre de la tige, et l'ombre due à l'une des lumières est éclairée par l'autre. Il suffit alors de reculer ou d'avancer l'une des lumières jusqu'à ce que l'intensité des deux ombres soit la même; à ce moment-là, les intensités des deux sources lumineuses sont proportionnelles aux carrés de leurs distances à l'écran.

Le *photomètre de Bunsen* donne des indications plus précises. Il consiste en un écran de papier blanc, portant en son milieu une tache de stéarine, tache qui le rend translucide dans toute la portion imprégnée par le corps gras. Quand on place une lumière derrière un pareil écran, la tache de stéarine paraît plus claire que la surface environnante, parce que le papier enduit d'une matière grasse laisse passer plus de rayons lumineux ; place-t-on, au contraire, une lumière en avant de l'écran, la partie imprégnée de stéarine se détache en sombre sur le reste du papier, car un corps réfléchit d'autant moins de lumière qu'il en transmet davantage. Si donc on dispose entre deux lumières de même intensité, il est facile de régler les distances de ces lumières de façon que la partie stéarinée et les autres parties du papier paraissent également éclairées ; on reconnaît que cet état est atteint à la disparition complète de la tache, laquelle ne se distingue plus du reste de l'écran. Laissant alors en place l'une des lumières, on enlève l'autre après avoir mesuré sa distance à l'écran, et on lui substitue la source lumineuse dont on veut évaluer le pouvoir éclairant; on cherche la distance à laquelle il faut placer cette nouvelle lumière pour rendre son intensité d'éclairement égale à celle de la lumière qu'on a enlevée, et le rapport des carrés des distances ainsi mesurées donne le rapport cherché des intensités des deux lumières.

127. Sensibilité de la rétine aux différences d'intensité lumineuse. — Dans toutes les mesures photométriques dont il vient d'être question, c'est, en définitive, l'œil qui apprécie le degré d'éclairage; en d'autres termes, on compare les intensités de la sensation et nullement celles de la lumière objective. L'exactitude d'une mesure photométrique dépend donc du plus ou moins de précision avec laquelle nous jugeons si deux sensations lumineuses sont ou non égales en intensité. Aussi, pour se rendre compte de la valeur d'un procédé photométrique, est-il nécessaire de connaître le degré de précision que comporte notre faculté d'apprécier les différences d'intensité de deux sensations visuelles.

A cet effet, on peut se servir du photomètre. Disposons, par exemple, à la même distance de la tige du photomètre de Rumford deux lumières d'égale intensité, ce que nous reconnaitrons à l'égalité des deux ombres portées ; laissons l'une des lumières en place, et éloignons progressivement jusqu'à ce que l'ombre correspondante, devenant de plus en plus faible, finisse par s'évanouir complètement. A ce moment-là, la différence d'éclat entre la partie de l'écran éclairée seulement par la bougie fixe et la partie éclairée à la fois par les deux sources lumineuses n'est plus appréciée par l'organe de la vision. On trouve que la distance à laquelle il faut placer la bougie mobile pour arriver à un tel résultat est égale à 10 fois environ la distance qui sépare la bougie fixe de l'écran. [(Fechner); pour Bouguer, le rapport des distances n'était égal qu'à 8]. Supposons, par exemple, que celle-ci soit à 1 mètre de l'écran, il faudra éloigner l'autre de 10 mètres, pour amener la disparition de l'ombre correspondante. Et, comme l'intensité de la lumière varie en raison inverse du carré de la distance, il en résulte que le sens de la vue n'est pas capable d'estimer l'intensité d'une lumière avec une approximation supérieure à 1/100 de sa valeur réelle.

[127ᵃ. Loi psycho-physique. — Ainsi, la rétine ne commence à percevoir la différence d'intensité de deux lumières qu'à partir du moment où cette différence atteint une certaine valeur limite, que nous appellerons la valeur *sensible* ou l'*unité physiologique*. On s'est demandé comment, cette limite étant atteinte, l'intensité de la sensation variait avec l'intensité de la lumière objective. E. H. Weber a conclu de l'observation que *toute sensation croît en progression arithmétique, quand l'excitation augmente en progression géométrique*, ou, ce qui revient au même, que *l'accroissement de sensation d S est proportionnel au rapport entre l'accroissement de l'excitation d I et l'excitation primitive elle-même I* :

$$d\,S = K\,\frac{d\,I}{I}. \tag{1}$$

Cette équation différentielle, étant intégrée d'après les règles connues, donne :

$$S = K\,\mathrm{L\,g}\,I + C. \tag{2}$$

Or, en posant l'intensité de l'excitation égale à la *valeur sensible*, I_0, nous devons avoir une sensation nulle ; par conséquent, nous pouvons écrire :

$$O = K\,\mathrm{L\,g}\,I_0 + C, \tag{3}$$

d'où nous tirons : $C = -\,K\,\mathrm{L\,g}\,I_0.$

Cette valeur de la constante C, introduite dans l'équation (2), donne finalement :

$$S = K\,(\mathrm{L\,g.}\,I - \mathrm{L\,g}\,I_0), \tag{4}$$

ou :

$$S = K\,\mathrm{L\,g}\,\frac{I}{I_0}. \tag{5}$$

Telle est la formule *phycho-psysique* de Fechner, qui montre que : *la sensation est proportionnelle au logarithme de l'excitation*, cette dernière étant évaluée en *unités physiologiques*.

Cette loi se vérifie, d'après M. Fechner, entre des limites fort étendues, non seulement pour les sensations de différence d'intensité lumineuse, mais encore pour la sensibilité *absolue* de la rétine à l'excitation lumineuse et pour la plupart des autres genres de sensations. La relation qui existe entre l'intervalle de deux sons appréciés par l'oreille et le rapport de leurs nombres de vibrations n'est qu'une conséquence de la loi en question.]]

CHAPITRE II

VITESSE DE LA LUMIÈRE

128. Vitesse de propagation de la lumière dans le milieu cosmique. — C'est en 1670 qu'Olaf Rœmer, astronome danois, calcula le premier la vitesse de la lumière dans les espaces planétaires, à l'aide de l'observation des éclipses du premier satellite de Jupiter. Bradley et Molineux ont utilisé, dans le même but, l'*aberration* des étoiles fixes ; ce phénomène consiste dans une déviation apparente des étoiles du côté vers lequel se transporte la terre, déviation due à la combinaison des mouvements de progression de la lumière et de translation de notre planète autour du soleil.

Les divers procédés employés ont fourni des résultats assez concordants et qui conduisent à une vitesse de 77.000 lieues (308.000 kilomètres) par seconde ; il a été reconnu, en outre, que cette vitesse est la même pour toute espèce de lumière, quelles qu'en soient la couleur et l'origine.

129. Vitesse de la lumière dans l'air. — A l'aide d'appareils extrêmement ingénieux, que nous n'avons pas à décrire ici, Fizeau et Foucault sont parvenus, chacun de son côté, à mesurer la vitesse de la lumière dans l'air atmosphérique, le premier sur une distance de quelques kilomètres, le second sur une longueur de 4 mètres seulement. Fizeau a trouvé le nombre 78.800 lieues ; cette valeur comparée à celle que fournissent les mesures astronomiques pour la vitesse dans le vide relatif des espaces cosmiques, est un peu forte, puisque la lumière doit se propager plus lentement dans l'air, ainsi qu'on va le voir dans le paragraphe suivant. Il est vrai que la méthode astronomique pèche sous le rapport de l'exactitude et que le procédé de Fizeau renferme aussi des causes d'erreur. Les dernières expériences de Foucault ont donné le nombre de 75.000 lieues (300.000 kilomètres) pour la vitesse de la lumière dans l'air à la pression normale de l'atmosphère. •

Cette vitesse est si grande par rapport à celle du son (voy. § 109) qu'on a pu déterminer cette dernière, en mesurant le temps qui s'écoule entre l'instant où on aperçoit la lueur produite par un coup de canon et l'instant où on entend le bruit de l'explosion.

130. Vitesse de la lumière dans différents milieux. — La lumière ne se transmet pas avec la même rapidité dans les différents milieux ; elle se propage plus lentement dans les substances [plus réfringentes, lesquelles sont aussi, en général,] plus denses. La vitesse de la lumière dans l'eau, par exemple, n'a que les trois quarts de la valeur qu'elle possède dans l'air. C'est ce que Foucault a démontré expérimentalement en faisant passer les rayons lumineux successivement dans l'air et dans l'eau.

On se rappelle que la vitesse de propagation des ondes diminue quand la densité du milieu augmente (voy. § 41). Les expériences de Foucault apportent donc une preuve directe en faveur de la théorie des ondulations.

II. — RÉFLEXION ET RÉFRACTION DE LA LUMIÈRE

131. Réflexion de la lumière en général. — Toutes les fois que la lumière rencontre sur son trajet une surface de séparation entre deux milieux, elle éprouve une perturbation dans sa marche : une partie est réfléchie, c'est-à-dire renvoyée dans le premier milieu ; l'autre partie pénètre dans le second milieu et s'y propage avec une vitesse différente, ce qui a pour effet de dévier le rayon lumineux de sa direction primitive, sauf dans le cas d'incidence normale (cf. §§ 41-43). C'est de cette manière que prennent naissance les phénomènes de réflexion et de réfraction.

Les corps non lumineux par eux-mêmes ne sont rendus visibles que par la lumière qui leur vient du dehors et qu'ils réfléchissent à leur surface. La plupart du temps, cette réflexion a lieu irrégulièrement dans toutes les directions. Il n'y a que les corps dont la surface est polie qui produisent une réflexion *régulière* ou *spéculaire*, c'est-à-dire qui renvoient la lumière dans une direction déterminée, dépendant d'ailleurs de l'angle d'incidence des rayons lumineux et de la forme de la surface réfléchissante ; de pareils corps reproduisent par réflexion l'image des objets extérieurs.

La réflexion *irrégulière* ou *diffuse*, la seule qui nous fasse voir les corps non lumineux, peut être considérée comme résultant d'une infinité de réflexions régulières ; car une surface rugueuse est constituée, en réalité, par la juxtaposition d'innombrables surfaces très petites, toutes parfaitement polies, mais orientées dans tous les sens, de sorte que la lumière qui tombe sur l'ensemble de la surface est renvoyée dans une infinité de directions différentes.

131ᵃ. Réfraction de la lumière en général. Transparence et opacité des corps. — La portion de lumière qui n'est pas réfléchie par les corps pénètre dans l'intérieur de leur substance et s'y réfracte. La réfraction, de même que la réflexion peut être régulière ou diffuse.

La lumière se réfracte régulièrement dans les milieux *transparents* ou *diaphanes.* Pour qu'une substance soit transparente, il faut, en général, qu'elle ait une constitution homogène et une surface polie. Les corps diaphanes fournissent des images des objets situés derrière eux, images qui nous font voir ces objets, mais qui peuvent, selon les circonstances, en modifier la forme, la grandeur ou la position apparentes.

Les milieux qui, par suite de l'irrégularité de leur surface ou du manque d'homogénéité de leur substance, produisent une réfraction diffuse, sont dits *translucides ;* ils se laissent traverser par la lumière, mais ne donnent pas d'images nettes. On peut envisager les corps translucides comme formés par la réunion d'une foule de particules transparentes, orientées dans tous les sens ; les rayons lumineux sont alors réfractés dans une foule de directions différentes, et de plus, ils éprouvent une réflexion partielle à chaque fois

qu'ils traversent la surface de séparation entre deux particules contiguës ;
un milieu translucide laisse donc toujours passer moins de lumière qu'un
corps transparent. Ce phénomène des réflexions partielles, joint aux effets
de l'absorption de la lumière dont il sera traité plus loin (voy. chap. XI),
opère la transition graduelle de la transparence parfaite à l'opacité absolue.
Telle substance qui, sous une grande épaisseur, est complètement opaque,
devient souvent translucide et même transparente, quand elle est réduite à
une couche d'une excessive minceur. [On peut même dire que c'est là la
règle générale et que tous les corps, y compris les métaux, se laissent
traverser par la lumière, dès qu'ils ont une épaisseur suffisamment petite.]

131ᵇ. Loi de réciprocité. — Il est une loi générale d'optique qui s'applique à
tous les mouvements ondulatoires, et qui a une grande importance ; c'est la
suivante :

*Tout rayon lumineux qui passe par deux points déterminés de
l'espace suit toujours le même chemin, quel que soit le sens dans
lequel il marche, pourvu qu'aucun changement ne survienne dans le
nombre, dans la composition ou la disposition des milieux interposés.]*

CHAPITRE III

RÉFLEXION DE LA LUMIÈRE

132. Lois générales de la réflexion. — Les phénomènes catoptriques découlent
des lois générales de la réflexion des ondes (cf. § 39). [Ces lois, confirmées
par l'expérience, sont les suivantes :

1° *Le rayon réfléchi reste dans le plan d'incidence ;*
2° *L'angle de réflexion est égal à l'angle d'incidence.*

132ᵃ. Construction du rayon réfléchi. — Soit DE (fig. 151) un rayon incident
qui rencontre le plan réfléchissant au point E, et soit EH le rayon réfléchi

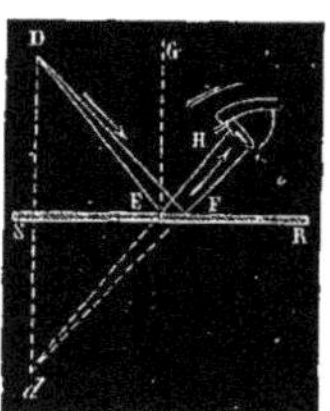

correspondant situé dans le plan d'incidence
(c'est le plan de la figure) et faisant, avec la normale GE au point d'incidence, un angle de ré -
flexion GEH égal à l'angle d'incidence GED. D'un
point quelconque D pris sur le rayon incident,
abaissons une perpendiculaire DS*d* sur le plan
réfléchissant.

Il est facile de voir que le rayon réfléchi, étant
prolongé en sens contraire de sa marche, va
couper cette perpendiculaire en un point *d symétrique* du premier D, c'est-à-dire situé précisément à la même distance et de l'autre côté du
plan réflecteur ; cela résulte de l'égalité des deux

Fig. 151.—Image d'un point lumineux, par réflexion sur un plan.

triangles rectangles DES et *d*ES. De là un moyen très simple de construire
le rayon réfléchi correspondant à un rayon incident quelconque.]

Si la surface réfléchissante est courbe, on mènera par le point d'incidence un plan tangent, qui représente le plan réflecteur correspondant et qu'on utilise de la même manière pour la construction du rayon réfléchi.]]

132b. Formation des images dans les miroirs plans. — [On nomme *miroir* toute surface polie, de forme géométrique, destinée à produire par réflexion les images des objets. Les miroirs peuvent être *plans* ou *courbes*.]

I. IMAGE D'UN POINT LUMINEUX. — On voit, par ce qui précède, que les rayons qui partent d'un même point lumineux et qui tombent sur une surface plane polie, donnent des rayons réfléchis dont les prolongements vont tous, sans exception, se couper en un point unique placé derrière la surface et symétrique du point lumineux. En d'autres termes, *à des rayons incidents* HOMOCENTRIQUES (qui passent par un même centre) *correspondent des rayons réfléchis homocentriques;* cette loi de la *conservation de l'homocentricité* des rayons lumineux est indispensable à la formation des images. Ainsi, tous les rayons émis par le point D (fig. 151) et réfléchis par le plan RS, suivent, après la réflexion, la même direction que s'ils étaient partis du point *d*. Par conséquent, un œil placé en avant de la surface réfléchissante, sur le trajet des rayons réfléchis, verra en *d* une image du point D, comme si ce dernier occupait réellement la position *d*.

[Pour construire l'image de réflexion d'un point lumineux placé devant une surface plane, nous n'avons donc qu'à procéder comme pour la construction d'un rayon réfléchi, c'est-à-dire à mener par le point en question une perpendiculaire au plan réflecteur et à prendre sur cette droite prolongée au delà du plan un point situé à la même distance que le point lumineux.]

II. IMAGE D'UN OBJET. — Soit CD (fig. 152) un objet placé devant le miroir PP'. Pour obtenir l'image de cet objet, on n'a qu'à construire l'image de chacun de ses points, conformément à la règle indiquée dans le paragraphe précédent. Comme l'objet que nous avons choisi a la forme d'une ligne droite, il suffit de construire les images C' et D' de deux de ses points C et D; nous obtenons ainsi l'image C' D', [dont tous les points occupent, par rapport au plan de réflexion, des positions *symétriques* de celles des points correspondants de l'objet.

Dans les miroirs plans, *l'image est donc symétrique de l'objet;* en outre, *elle a la même grandeur que celui-ci,*

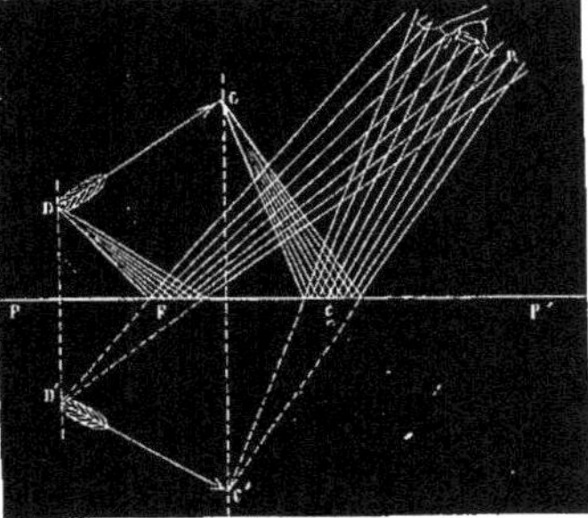

FIG. 152. — Formation de l'image d'un objet dans un miroir plan.

comme cela ressort du mode de construction employé; elle est donc semblable à l'objet, mais non superposable; enfin elle est *virtuelle,* c'est-à-dire formée, non par les rayons réfléchis eux-mêmes, mais par leurs prolongements.

[Jusqu'ici nous n'avons considéré que des points lumineux *réels*, par conséquent, situés en avant du miroir et envoyant sur ce dernier des rayons en état de divergence ; nous avons .alors trouvé que ces rayons se réfléchissaient aussi en divergeant, comme s'ils émanaient d'un autre foyer situé derrière le miroir et représentant l'image *virtuelle* du premier.

Supposons maintenant que la lumière se propage en sens contraire, que les rayons incidents se dirigent en convergeant vers un point d situé derrière le miroir ; nous pouvons considérer ce point comme étant un foyer *virtuel*. En vertu de la loi de réciprocité (cf. § 131^{b}), les nouveaux rayons réfléchis devront parcourir la route que suivaient les rayons incidents lorsqu'ils émanaient en divergeant du foyer réel D ; ils iront donc converger en ce point qui sera alors l'image *réelle* de l'objet virtuel d.

On voit que les miroirs plans peuvent aussi fournir des images *réelles*, et qu'ils en donnent dans le cas où l'objet est virtuel. Pour se procurer un objet de cette nature, il suffit de faire en sorte que le miroir intercepte, avant leur point d'entre-croisement, un faisceau de rayons lumineux qui, s'ils n'étaient pas arrêtés en route, iraient former une image *réelle*. L'effet du miroir, dans ces conditions, consiste donc à reporter une image réelle dans une position symétrique par rapport au plan réflecteur.

Il est, par conséquent, inexact de dire que les miroirs plans donnent toujours des images virtuelles ; l'image est de nature contraire à celle de l'objet. Deux points, tels que D et d, qui peuvent ainsi jouer, indifféremment l'un à l'égard de l'autre, le rôle d'image, se nomment des foyers conjugués.]

[**132^{c}. Champ du miroir plan.** — Il y a lieu de distinguer le *champ de vision*, c'est-à-dire l'espace embrassant tous les objets dont les images catoptriques peuvent être vues par un œil dans une position donnée, et le *champ de visibilité* d'un objet, c'est-à-dire l'ensemble des positions que peut occuper un œil sans cesser de voir l'image d'un objet donné.

Les limites des deux champs s'obtiennent de la même manière : on mène des tangentes au contour du miroir, par l'image de l'œil pour avoir le champ de vision, et par l'image de l'objet donné pour déterminer le champ de visibilité. Il est évident, dès lors, que, si l'œil occupe la position de l'objet, les deux champs se confondent.]

[**132^{d}. Miroirs angulaires.** — Prenons un objet, peint en rouge sur une de ses faces et en vert sur l'autre, et plaçons-le dans l'intervalle laissé par deux miroirs plans I et II, faisant entre eux un angle quelconque, la face rouge tournée vers le miroir I et la face verte en regard de l'autre. Chaque miroir donnera une image de l'objet, mais de couleur différente, le premier une rouge R, et le second une verte V.

Mais ce n'est pas tout : par suite des réflexions successives d'un miroir à l'autre, l'image primaire R$_1$ sera reproduite par le miroir II, puis cette image secondaire R$_2$ de nouveau par le miroir I, et ainsi de suite. Il en sera de même de l'image verte V$_1$. Il se formera donc deux séries d'images, les unes rouges R$_1$, R$_2$, R$_3$, etc., les autres vertes V$_1$, V$_2$, V$_3$, etc.

Toutefois, le nombre de ces images n'est pas infini, comme on l'a cru longtemps. La formation de nouvelles images s'arrête dès que la dernière obtenue pour chaque miroir tombe dans *l'espace mort*, c'est-à-dire dans l'angle compris entre les faces des miroirs prolongées au delà de leur entre-croisement.

Si on désigne par n le nombre entier de fois que le demi-angle des miroirs est contenu dans la demi-circonférence et par β la moitié du reste, le cas échéant, on trouve, en suivant la démonstration de M. Bertin, que le nombre des images, non compris l'objet, est, en général, égal à n, exepté quand l'objet est situé à une distance de chaque miroir, plus petite ou plus grande que β, suivant que n est pair ou impair, auquel cas le nombre des images est $(n + 1)$. D'autre part, lorsque $\beta = 0$ et que n est pair ou que, n étant impair, l'objet est au milieu de l'angle des miroirs, les deux dernières images, différentes de couleur, occupent la même position, ce qui réduit alors à $(n - 1)$ le nombre apparent des images. On voit que théoriquement le nombre des images devient infini, seulement lorsque l'angle des miroirs est nul, c'est-à-dire lorsqu'ils sont disposés parallèlement l'un en regard de l'autre.

133. Laryngoscope. — Les miroirs plans ont reçu une foule d'applications aussi bien dans le domaine de la physique médicale que dans celui des autres branches de la science et de l'industrie. D'une manière générale, on les emploie toutes les fois qu'il s'agit de changer la direction des rayons lumineux, soit pour projeter la lumière sur des points déterminés, soit pour produire des images permettant de voir des objets masqués par des parties opaques.

C'est ainsi qu'en médecine on a recours aux propriétés du miroir plan pour explorer les organes du corps humain qui, en raison de leur situation profonde, sont à la fois peu ou point éclairés et inaccessibles au regard direct ; l'intérieur du larynx se trouve dans ce cas.

Les conditions à remplir pour voir des organes ainsi placés sont au nombre de deux : en premier lieu, il faut projeter la lumière sur les parties à explorer, de manière à les éclairer vivement ; en second lieu, les rayons lumineux renvoyés par ces parties doivent recevoir une direction telles qu'ils puissent parvenir à l'œil de l'observateur.

Le *laryngoscope*, qui, comme son nom l'indique, est destiné à observer l'intérieur du larynx, se compose d'un petit miroir d'argent, d'acier poli ou de verre étamé, à contour circulaire, ovale ou carré (fig. 153). Ce

FIG. 153. — Miroir laryngoscopique.

miroir, porté par une tige munie d'un manche, est introduit dans l'arrière-gorge du sujet dont on veut examiner le larynx. Il faut avoir soin, avant de procéder à cette introduction, de chauffer un peu le miroir, afin d'éviter la condensation à sa surface de la vapeur d'eau provenant de l'air expiré ; sans cette précaution, le miroir se recouvrirait d'une couche de rosée qui empêcherait l'observation.

D'autre part, à l'aide d'un second miroir plan (Garcia), ou d'un miroir concave (Czermak), ou d'une lentille convergente (Moura-Bourouillou), ou de toute autre manière, on projette un faisceau de lumière, soit naturelle, soit artificielle sur le miroir laryngoscopique, lequel, s'il est dans une position convenable, dirige les rayons dans l'intérieur du larynx et illumine ainsi la *glotte* et son voisinage. Les parties éclairées renvoient à leur tour des

Fig. 154. — Laryngoscope disposé pour l'observation.

rayons lumineux, qui, après s'être réfléchis sur le miroir, arrivent dans l'œil de l'observateur placé en avant et lui font voir l'image virtuelle de la glotte.

[La figure 154 représente l'un des laryngoscopes les plus employés, disposé pour l'observation : le miroir est en place dans l'arrière-gorge de la malade. L'appareil d'éclairage consiste en une lentille convergente qui concentre sur le miroir laryngoscopique la lumière d'une lampe modérateur ; de l'autre côté de la source lumineuse se trouve un écran dont la face tournée vers la lentille est métallique et sert ainsi de réflecteur auxiliaire ; cet écran garantit en même temps l'observateur contre les rayons directs de la lampe.

Il importe de se rappeler, quand on se sert du laryngoscope, que l'image fournie par un miroir plan est *symétrique* de l'objet (cf. § 132a). Par conséquent, les rapports de position dans un plan parallèle à celui du miroir sont conservés : les parties du larynx situées en réalité à droite de l'observateur sont vues à droite, et les parties situées à gauche apparaissent à gauche ; mais les rapports dans le sens de la profondeur sont intervertis :

les parties antérieures en réalité deviennent postérieures dans l'image, et réciproquement. Ce changement de rapport se voit clairement dans la figure 155, qui représente en A l'image de la glotte telle qu'elle apparaît dans le miroir, et en B la glotte dans sa position réelle par rapport à l'observateur.]

[133ᵃ. Appareils à miroirs pseudoscopiques. —Les propriétés des miroirs plans ont encore été utilisées dans des appareils destinés à tromper l'observateur , non prévenu sur la position relative de chacun de ses yeux par rapport à celle des images qu'il voit, de telle sorte que le simulateur, qui prétendrait être affecté

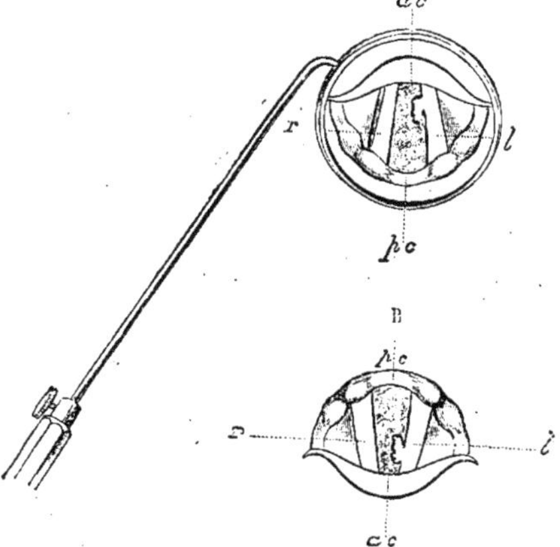

Fɪɢ. 155. — A, Position apparente de la glotte dans l'image fournie par le miroir. — B, Position réelle de la glotte.
a c, Commissure antérieure des cordes vocales ; p c, commissure postérieure des cordes vocales ; r, corde vocale droite ; l, corde vocale gauche portant une tumeur.

d'amaurose unilatérale, soit induit à désigner comme étant vue par lui précisément celle des deux images qui est seule visible pour l'œil soidisant aveugle.

Dans ce but, M. Flees, d'Utrecht (1856), s'est servi de deux miroirs convenablement inclinés, auxquels M. Mareschal a substitué un miroir unique ; M. Monoyer (1881) a adopté un dispositif qui permet d'obtenir à volonté les effets des deux systèmes et qui, dans l'ignorance où le simulateur est laissé, relativement à la combinaison employée, déjoue toute tentative de fraude.

Le principe de ces appareils est le suivant : deux objets, différents de couleur ou de forme, tels que deux pains à cacheter, l'un bleu, l'autre rouge, sont placés en A et en B (fig. 156) et laissent entre eux un intervalle suffisant pour y mettre les yeux D et G du simulateur. A une faible distance au delà (20 centimètres environ), en regard du milieu de l'intervalle des yeux, est disposé un système de deux petits miroirs plans, M, N, fixés à des volets verticaux, mobiles autour d'une charnière commune dont le point C représente la projection horizontale.

Chaque miroir donne alors une image de chacun des objets, ce qui fait en tout quatre images ; mais la grandeur et l'orientation des miroirs doivent être telles que, par suite de la dissociation partielle des champs de vision et de visibilité, chacun des yeux ne puisse apercevoir qu'une seule image, et précisément celle qui est projetée du côté opposé à celui où il se trouve, l'œil droit voyant l'image de gauche et l'œil gauche celle de droite. Or, une personne non prévenue, apercevant dans l'intérieur d'un appareil deux images, supposera tout naturellement que chaque œil voit l'image qui lui fait face, et si elle est censée ne pas voir avec l'un de ses yeux, elle croira devoir n'accuser que la présence de l'image située en face de l'autre œil, c'est-à-dire précisément l'image qui ne peut être vue que par l'organe prétendu amaurotique. Le simulateur se trahirait non moins sûrement s'il avouait qu'il voit deux images, puisque chaque œil ne peut en voir qu'une seule. Cela posé, recherchons quels sont les effets produits dans les diverses positions qu'on peut donner aux miroirs.

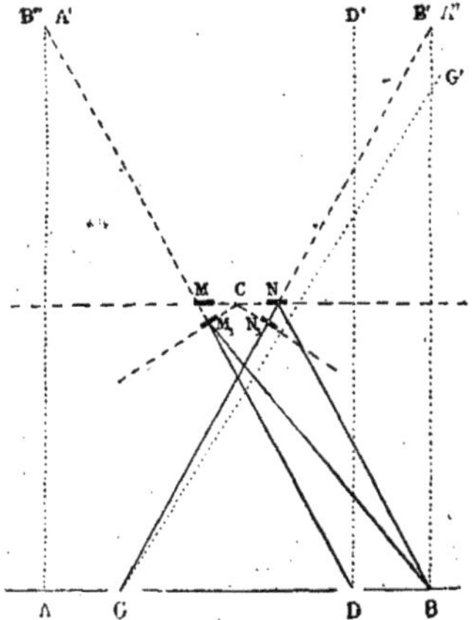

Fig. 156. — Principe de l'appareil à *miroirs pseudoscopiques* de MONOYER, pour découvrir la simulation de la cécité unilatérale.

1° Angle des miroirs, α = 180°, c'est-à-dire les miroirs ramenés dans un même plan parallèle à la ligne GD des yeux de l'observateur.

Dans cette situation, les images visibles sont *homomères*, c'est-à-dire situées chacune du même côté que l'objet correspondant, de sorte que chaque œil voit l'image de l'objet situé du côté opposé : ainsi, l'œil droit voit à gauche en A′ l'image de l'objet de gauche A, par réflexion dans le miroir M; de même, le miroir N montre à l'œil gauche l'image B′ de l'objet de droite B.

Le miroir unique de Mareschal produit les mêmes effets que le dispositif sus-indiqué, avec cet inconvénient en plus que la présence de la région centrale du miroir accroît le champ de vision dans des directions qui permettent à chaque œil d'apercevoir l'image de son congénère.

2° α < 180° : les miroirs forment un angle rentrant, comme l'indiquent les positions M₁, N₁; c'est le système de Flees.

Les images visibles sont alors *hétéromères*, par rapport aux objets correspondants, de sorte que chaque œil voit l'image de l'objet situé de son côté : l'œil droit aperçoit dans le miroir M₁ l'image de B projetée à gauche en B″; de même l'image de l'objet de gauche A est vue à droite en A″ par l'œil gauche.

En résumé, avec cet appareil à *double effet*, on voit avec chaque œil, l'image située du côté opposé, et cette image est tantôt bleue, tantôt rouge, suivant l'orientation des miroirs, puisqu'elle émane tantôt de l'objet de droite, tantôt de celui de gauche.

Des crans entaillés dans le plancher de la caisse qui contient toutes les pièces de l'appareil, servent à arrêter sûrement et sans tâtonnement chaque miroir dans l'une quelconque des deux positions requises pour obtenir les effets voulus. La grandeur et l'orientation des miroirs sont calculées de manière que, quel que soit le dispositif employé, chacun des yeux reste en dehors de son propre champ de visibilité et du champ de vision de son congénère; en d'autres termes, aucun des yeux de l'observateur ne peut voir sa propre image ni celle de l'autre œil.]]

[**Bibliographie:** CZERMAK, *Du laryngoscope et de son emploi en physiologie et en médecine;* édit. franç. Paris, 1860.
MANDL. De la laryngoscopie (*Gaz. des hôpit.*, 3 mai 1860).
LE MÊME. Appareil d'éclairage laryngoscopique(*Bullet. de l'Acad. de méd.*, janvier 1862).
TÜRCK. *Méthode pratique de laryngoscopie;* édit. franç. Paris, 1861.
MOURA-BOURQUILLOU. *Cours complet de laryngoscopie.* Paris, 1861.
LE MÊME. *Traité de laryngoscopie et de rhinoscopie*, Paris, 1864.
FOURNIÉ. Nouveau miroir réflecteur(*Bullet. de l'Acad. de méd.*, juin 1865).
DE LABORDETTE. Note sur le spéculum laryngien (*Bullet. de l'Acad. de médec.*, 1865, t. XXX, p. 324 et 721). De l'emploi du spéculum laryngien dans le traitement de l'asphyxie par submersion (*Ann. d'hygiène publ. et de méd. légale;* 1868 et tirage à part).
PLAÏTE. Appareil d'éclairage (*Bullet. de l'Acad. de méd.*, décemb. 1865).
MORELL-MACKENZIE. *Du laryngoscope*, etc., trad. franc. Paris, 1867].

134. Réflexion de la lumière sur les surfaces courbes. — Toute surface courbe peut être considérée comme formée par la réunion d'un nombre infini de surfaces planes élémentaires juxtaposées. Par conséquent, pour trouver la direction que prend un rayon incident quelconque LF (fig. 157), après sa réflexion sur une surface courbe, on n'a qu'à mener par le point d'incidence F, un plan XX' tangent à la surface, puis à élever en ce même point une perpendiculaire au plan ; cette droite FQ se confondra avec le prolongement du rayon de courbure et sera en même temps normale à la surface au point d'incidence. Si donc, dans le plan qui contient le rayon incident LF et la normale FQ, on mène la droite FU faisant avec la normale un angle QFU égal à l'angle d'incidence QFL, on obtient ainsi le rayon réfléchi cherché.

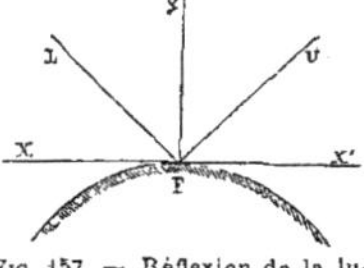

Fig. 157. — Réflexion de la lumière sur une surface courbe.

Suivant que la surface réfléchissante présente sa convexité ou sa concavité aux rayons incidents, elle constitue un miroir *convexe* ou *concave*. [Les miroirs courbes se divisent aussi, d'après la forme de leur surface, en miroirs *sphériques, paraboliques, cylindriques, coniques*, etc. Les plus importants sont les miroirs sphériques, et nous ne nous occuperons que de ceux-ci.]

134ª. Formation des images dans les miroirs convexes. —Considérons deux rayons lumineux, tels que DL et D*d* (fig. 158), qui, émis par le point D, vont rencontrer la surface convexe du miroir sphérique LH. Chacun de ces rayons se réfléchira conformément à la règle établie dans le paragraphe précédent: le rayon DL donnera naissance au rayon réfléchi LG, et le rayon D*d*, que nous supposons se confondre avec la direction du rayon de courbure de la surface, reviendra sur ses pas en suivant sa direction première. Les deux rayons réfléchis prolongés se coupent derrière le miroir au point *d*.

Il est facile de voir que tout autre rayon émis par le point D suit, après sa réflexion sur le miroir, une direction dont le prolongement passe aussi au point *d*. Donc tous les rayons émanés du point A sont réfléchis par le miroir,

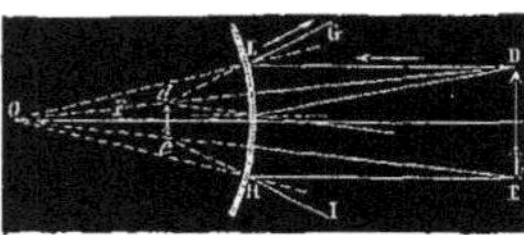

Fig. 158. — Formation des images dans les miroirs convexes.

de telle manière que leurs prolongements vont concourir en un point *d*, qui est l'image *virtuelle* du point D. Cette image est située derrière la surface réfléchissante à une distance inférieure à celle de l'objet. Ce que nous venons de dire pour le point D s'applique également au point E : les rayons émis par ce dernier point se réfléchiront de manière que leurs prolongements se rencontrent tous en un point *e*, qui sera l'image de E. De même, les points situés entre D et E auront leurs images placées entre *d* et *e*. L'œil verra donc en *d e* une image *virtuelle*, semblable à l'objet DE, mais *plus petite* et *droite*, c'est-à-dire de même sens que l'objet.

[Quelle que soit la position de l'objet, *pourvu qu'il soit réel*, l'image formée dans un miroir convexe présente toujours les caractères qui viennent d'être signalés, et ne sort jamais de l'intervalle compris entre le miroir et son foyer.] Cependant, si l'objet est très près de la surface réfléchissante, son image est *déformée;* cela provient de ce que, dans ce cas, les angles d'incidence correspondant aux divers rayons sont très différents les uns des autres (cf. § 137)].

135. Formation des images dans les miroirs concaves. — Dans la réflexion de la lumière sur les miroirs concaves, il y a plusieurs cas à distinguer, suivant que le point lumineux est situé soit au centre de courbure de la surface

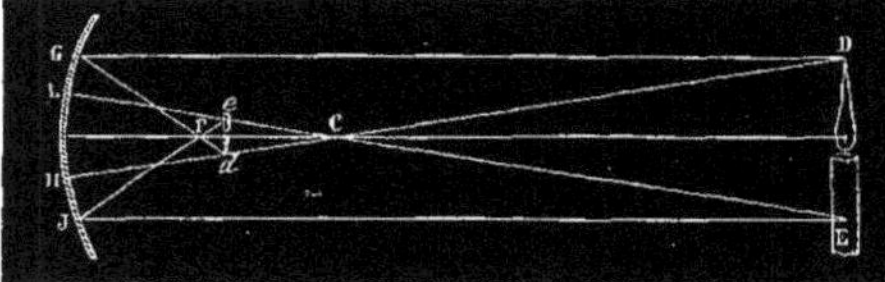

Fig. 159. — Formation des images réelles dans les miroirs concaves.

réfléchissante, soit en deçà ou au delà de ce point ; dans le miroir convexe, l'objet était nécessairement placé toujours en avant du centre de courbure.

Examinons d'abord le cas où le point lumineux coïncide avec le centre de courbure C (fig. 159). Il est évident que tout rayon lumineux, tel que CL, émis par ce point, sera renvoyé par le miroir suivant la même direction et donnera un rayon réfléchi qui passera aussi par le point C, puisque toutes les droites menées par le centre de courbure de la surface réfléchissante représentent des rayons de la sphère à laquelle appartient cette surface et, par conséquent, sont normales au miroir.

Éloignons maintenant le point lumineux du miroir et transportons-le en D, par exemple, à une distance plus grande que celle du centre de courbure. En vertu des lois de la réflexion, les rayons lumineux émis par le point D iront, après s'être réfléchis sur le miroir, concourir en un point *d* situé entre la surface réfléchissante et son centre de courbure. Pour obtenir la position de ce point *d*, il suffit de mener par le point D deux rayons incidents quelconques DG et DH, et de construire les rayons réfléchis correspondants, en faisant l'angle de réflexion égal à l'angle d'incidence. [Dans la figure, nous avons choisi deux rayons particuliers : l'un, DH, passe par le centre de courbure et se réfléchit, par conséquent, en revenant sur lui-même ; tout rayon ainsi mené porte le nom d'*axe secondaire ;* l'autre rayon est parallèle à l'*axe principal*, c'est-à-dire à la droite CF qui joint le centre de courbure au centre de figure du miroir. Nous verrons plus loin que le rayon réfléchi correspondant à un rayon parallèle à l'axe principal passe par un point fixe, qui porte le nom de *foyer principal* et qui se trouve au milieu de la distance qui sépare le centre de courbure du centre de figure. Le choix de ces deux rayons en particulier n'a d'autre but que de simplifier la construction de l'image du point lumineux, la direction des rayons réfléchis étant toute connue, sans qu'il soit nécessaire de mener les normales aux points d'incidence et de faire un angle de réflexion égal à celui de l'incidence.] Ainsi, quand le point lumineux est en D, au delà du centre de courbure, et au-dessus de l'axe principal, son image est située en *d*, entre ce centre et le miroir, et au-dessous de l'axe principal.

Rapprochons, au contraire, le point lumineux du miroir et mettons-le en *d*, là où se formait tout à l'heure l'image du point D. En vertu de la *loi de réciprocité* (cf. § 131ᵇ), les rayons partis de *d* iront, après leur réflexion sur le miroir, concourir en D. Ainsi, quand l'objet est placé en D, son image occupe la position *d ;* si ce dernier point est pris, à son tour, comme objet, son image se forme en D ; les deux points D et *d* sont donc réciproques l'un de l'autre et appelés, pour cette raison, *foyers conjugués.* Il en est de même des points E et *e ;* ils sont conjugués l'un de l'autre. Par conséquent, si DE est un objet, son image se fait en *de ;* elle est renversée et plus petite ; prend-on, au contraire, *de* pour objet, l'image correspondante se forme en DE ; elle est aussi renversée, mais plus grande que l'objet.

Approchons-nous encore davantage du sommet du miroir ; il arrivera un moment où l'objet occupera une position telle que les rayons qui en partent prendront, après leur réflexion, une direction parallèle à l'axe principal ; soit F ce point. Les rayons FG et FJ émis du point F se réfléchissent suivant les droites GD et JE parallèles à l'axe principal CF, et, par suite, parallèles entre elles. L'image ou le foyer conjugué du point F est donc située à l'*infini ;* réciproquement, les rayons, tels que GD et JE, qui viennent d'un objet situé à une distance infinie, et qui ont une direction parallèle à l'axe principal, concourent tous au point F, après leur réflexion sur le miroir. Ce point particulier, dont la position invariable répond au milieu de la distance qui sépare le centre de courbure du sommet 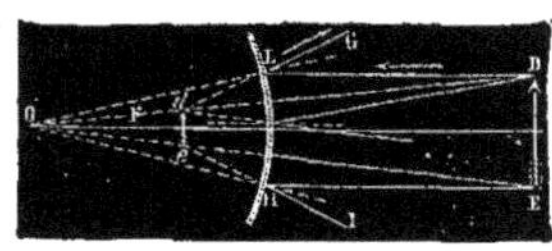
du miroir, est celui que nous avons désigné plus haut sous le nom de *foyer principal.*

Transportons enfin l'objet entre le foyer principal et la surface du miroir, par exemple, en *d* (fig. 160). Il est facile de voir que les rayons qui partent de ce

Fig. 160. — Formation des images virtuelles dans les miroirs concaves.

point deviennent divergents après leur réflexion sur la surface concave du miroir LH ; par conséquent, ce ne sont plus, comme dans le cas où le point lumineux était au delà du foyer principal, les rayons réfléchis eux-mêmes qui se rencontreront ; ce sont leurs prolongements qui iront concourir en un point D situé derrière la surface réfléchissante. Dès lors, l'image d'un objet *de* placé devant le miroir se fera de l'autre côté de la surface réfléchissante et sera virtuelle.

En résumé, la réflexion sur les miroirs concaves offre quatre cas à considérer :

1° La lumière vient d'un point situé en avant du miroir, au delà du centre de courbure, et converge, après la réflexion, en un point placé entre le centre de courbure et le foyer principal ; si les rayons émanent d'un point situé à l'infini, ils vont se réunir au foyer principal lui-même ;

2° La lumière part du centre de courbure et revient au même point ;

3° Les rayons lumineux sont envoyés par un point situé entre le centre de courbure et le foyer principal ; les rayons réfléchis correspondants vont converger au delà du centre de courbure ; ils sont parallèles quand le point lumineux coïncide avec le foyer principal ;

4° L'objet est placé entre le foyer principal et le miroir ; dans ce cas, les rayons lumineux sont rendus divergents par la réflexion et ne se rencontrent plus en avant de la surface réfléchissante ; mais leurs prolongements se coupent en un point situé derrière le miroir.

[On voit donc que *les foyers conjugués se déplacent en sens inverse l'un de l'autre, l'un s'éloignant du foyer principal quand l'autre s'en rapproche, et réciproquement.* Cette règle s'applique non seulement aux miroirs concaves, mais encore aux miroirs convexes.]

Dans les trois premiers cas, l'image est *réelle*, *renversée* et *plus grande* ou *plus petite* que l'objet, selon qu'elle est au delà du centre de courbure, ou entre ce point et le foyer principal ; dans le deuxième cas, où l'objet est au centre de courbure, l'image coïncide avec l'objet et a la même grandeur. Dans le quatrième cas, l'image est située derrière le miroir, par conséquent *virtuelle*, droite et toujours plus grande que l'objet.

136. Représentation algébrique de la relation qui existe entre les positions des foyers conjugués dans les miroirs sphériques. — I. Formule des abscisses. — Nous avons vu, dans le paragraphe précédent, que, pour construire l'image d'un objet dans un miroir concave (la construction est la même dans le cas du miroir convexe), il suffit de connaître la position du centre de courbure ou celle du foyer principal ; l'un de ces points étant donné, l'autre s'en déduit très simplement, comme on le montrera plus loin. Nous indiquerons aussi la manière dont on peut déterminer expérimentalement le foyer principal des miroirs concaves et convexes.

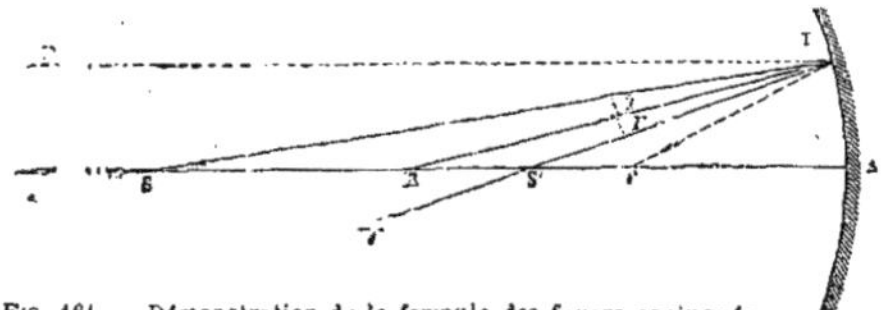

Fig. 161. — Démonstration de la formule des foyers conjugués dans les miroirs sphériques.

Pour le moment, il s'agit de trouver par le calcul la position de l'image d'un objet dont la distance au miroir est donnée. Soient S (fig. 161) un point lumineux situé sur l'axe principal, S′ son foyer conjugué, R le centre de courbure du miroir M N. Menons du point lumineux un rayon incident quelconque SI et le rayon réfléchi correspondant IS′. Nous supposerons toutefois que le point d'incidence I est très voisin du sommet A du miroir, et que, par suite, les rayons incidents ou réfléchis font, avec l'axe principal AX, un angle très petit. Avec cette restriction, nous pouvons admettre, sans erreur sensible, les égalités suivantes :

$$SA = SI \text{ et } S'A = S'I.$$

De là, nous concluons à l'égalité des rapports :

$$\frac{SA}{S'A} = \frac{SI}{S'A}.$$

Mais, dans le triangle SIS', la normale RI est bissectrice de l'angle SIS', puisque l'angle de réflexion est égal à l'angle d'incidence. Or, on sait, d'après un théorème connu de géométrie, que dans un triangle, *la bissectrice d'un angle quelconque partage le côté opposé en deux segments qui sont entre eux comme les côtés adjacents de l'angle.*

Il s'ensuit que :
$$\frac{S'I}{SI} = \frac{S'R}{SR};$$

donc :
$$\frac{S'A}{SA} = \frac{S'R}{SR}.$$

Désignons par p la distance S A du point lumineux au miroir, par p' la distance S'A de l'image, et par r la longueur R A du rayon de courbure.

En introduisant ces valeurs dans la dernière égalité, et en remarquant que :

$$SR = SA - AR = p - r \text{ et } S'R = AR - S'A = r - p',$$

nous obtenons :
$$\frac{p'}{p} = \frac{r - p'}{p - r},$$

ou, en chassant les dénominateurs et en simplifiant :

$$p'r + p\,r = 2pp'. \quad \ldots \quad (1)$$

Telle est la relation algébrique qui existe, pour les miroirs concaves, entre les distances des foyers conjugués à la surface réfléchissante et le rayon de courbure.

Elle montre tout d'abord que la position du point S' est indépendante de l'angle d'incidence, puisque cette quantité ne figure pas dans la formule, que, par conséquent, tous les rayons qui partent du point lumineux S et qui tombent sur le miroir, vont, après leur réflexion, concourir au foyer conjugué S' ; en d'autres termes, l'*homocentricité des rayons incidents entraîne celle des rayons réfléchis.* Cette loi n'est rigoureusement exacte, pour les miroirs sphériques, que dans un seul cas, lorsque le point lumineux et, par suite, le point conjugué coïncident tous deux avec le centre de courbure ; mais, tant que l'angle d'incidence ne dépasse pas une certaine valeur, l'homocentricité des rayons réfléchis est suffisamment approchée pour donner naissance à des images nettes ; c'est ce qui a lieu quand l'ouverture du miroir est assez petite et que les points lumineux restent dans le voisinage de l'axe optique.

A l'aide de cette formule, on peut calculer l'une des trois quantités p, p', r, quand on connaît les deux autres. S'agit-il, par exemple, de trouver la distance de l'image p', connaissant la distance p de l'objet et le rayon r, nous aurons, en résolvant l'équation (1) par rapport à p' :

$$p' = \frac{p\,r}{2p - r}. \quad \ldots \quad (2)$$

En divisant le numérateur et le dénominateur par p, on obtient :

$$p' = \frac{r}{2 - \dfrac{r}{p}}. \quad (3)$$

Si on pose alors $p = \infty$, ce qui revient à supposer les rayons incidents parallèles à l'axe optique, et si on appelle f, la valeur correspondante de p', on trouve :

$$f = \frac{r}{2}.$$

La distance f donne la position de ce que nous avons appelé le *foyer principal* du miroir puisque nous avons défini celui-ci le point de concours des rayons réfléchis provenant de rayons incidents parallèles entre eux ; c'est la *longueur focale principale*.

Divisons tous les termes de l'équation (1) par le produit $pp'r$, et nous obtiendrons :

$$\frac{1}{p} + \frac{1}{p'} = \frac{2}{r}. \quad \ldots \ldots \tag{4}$$

ou, en remplaçant r par sa valeur en fonction de f :

$$\frac{1}{p} + \frac{1}{p'} = \frac{1}{f}. \quad \ldots \ldots \tag{5}$$

[Telle est la formule *classique* des foyers conjugués dans les miroirs concaves, qu'on peut écrire plus simplement :

$$P + P' = F \tag{6}$$

en représentant les quotients $\quad\quad \dfrac{1}{p}, \ \dfrac{1}{p'}, \ \dfrac{1}{f},$

par $\quad\quad\quad\quad\quad\quad\quad\quad P, \ P', \ F,$

qui expriment des *catoptries*, quantités entièrement semblables aux *dioptries*, que nous ferons connaître à l'occasion des lentilles.

En divisant par $2\,pp'$ tous les termes de l'équation (1), et en remplaçant r par sa valeur en fonction de f, on obtient une autre forme :

$$\frac{f}{p} + \frac{f}{p'} = 1, \tag{7}$$

que j'appellerai formule *transformée*.]]

La formule du miroir convexe ne diffère de celle du miroir concave que par le signe des termes. On peut l'en déduire en affectant les quantités r ou f du signe —, attendu que, dans le miroir convexe, le centre de courbure et le foyer sont situés de l'autre côté de la surface réfléchissante, par rapport à l'objet. Les formules (4) et (5) deviennent alors :

$$\frac{1}{p} + \frac{1}{p'} = - \frac{2}{r} = - \frac{1}{f}. \quad \ldots \ldots \tag{8}$$

[On obtiendrait de même la formule en catoptries :

$$P + P' = - F, \tag{9}$$

et la formule transformée $\quad\quad \dfrac{f}{p} + \dfrac{f}{p'} = - 1.]] \tag{10}$

[Si, au lieu de prendre le sommet du miroir pour origine des distances, on compte celles-ci à partir du foyer principal, on arrive à une formule bien plus simple que les précédentes, et qui est identiquement la même pour le miroir concave et pour le convexe ; cette formule *simplifiée* est la suivante :

$$qq' = f^2, \tag{11}$$

q et q' désignant les distances respectives de l'objet et de son image au foyer principal.]

II. Formules du grossissement ou des ordonnées. — Considérons le miroir concave MN (fig. 162), dont le foyer principal est en F et le centre de courbure en R. Soit PQ un objet, P'Q' son image construite suivant l'un des procédés indiqués au § 135. Les deux triangles semblables PQR et P'Q'R donnent la relation :

$$\frac{P'Q'}{PQ} = \frac{RQ'}{RQ}.$$

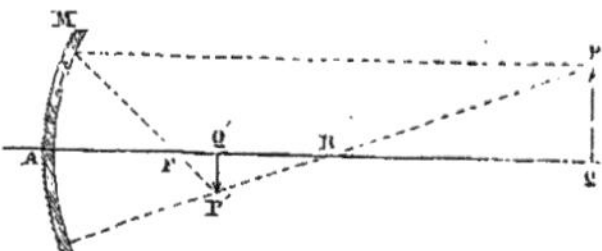

Fig. 162. — Rapport de grandeur de l'objet et de l'image dans les miroirs sphériques.

Désignons par y' la grandeur P'Q' de l'image, par y la grandeur PQ de l'objet ; remplaçons RQ' et RQ par leurs valeurs en fonction de AR $= 2f$, AQ' $= p'$, AQ $= p$, et nous obtenons :

$$\frac{y'}{y} = \frac{2f - p'}{p - 2f}.$$

A p' substituons sa valeur pf tirée de la formule (5) des foyers conjugués et, après réduction, on a, pour expression du *grossissement* G :

$$G = \frac{y'}{y} = \frac{f}{p - f}. \qquad (1)$$

A l'aide de cette équation, nous pouvons calculer la grandeur y de l'image, si l'on nous donne la grandeur y de l'objet, sa distance p au miroir et la longueur focale f.

Nous venons de voir que $p' = \dfrac{p.f}{p - f}$; nous en déduisons :

$$\frac{p'}{p} = \frac{f}{p - f}.$$

Donc on a aussi :

$$G = \frac{y'}{y} = \frac{p'}{p}.$$

En rapportant les distances au foyer principal, on a les formules simplifiées :

$$G = \frac{f}{q} = \frac{q'}{f}.$$

En procédant de la même manière pour le miroir convexe, on trouverait que le rapport des grandeurs de l'image et de l'objet est donné par l'équation :

$$G = \frac{y'}{y} = \frac{f}{p + f} = \frac{p' + f}{f} = \frac{p'}{p}. \qquad (2)$$

[136ᵃ. Détermination expérimentale du foyer principal des miroirs sphériques. — Nous nous bornerons à indiquer les meilleurs procédés pratiques.

A. Miroir concave. — *Premier procédé.* — Faire tomber sur le miroir un faisceau de rayons parallèles (rayons solaires), et chercher, à l'aide d'un écran, leur point de concours, c'est-à-dire l'endroit où l'image est le plus petite ; ce point est le foyer principal. C'est un procédé peu exact et pas toujours applicable.

Deuxième procédé. — Placer devant le miroir une source lumineuse (flamme de bougie, ou mieux dessin découpé à jour dans un écran et éclairé par derrière), et chercher, à l'aide d'un petit écran, le point où l'image est le plus nette ; mesurer les distances p et p' de l'objet et de l'image au miroir et appliquer la formule des foyers conjugués.

En ayant soin d'amener par tâtonnement l'objet dans une position telle que son image se fasse à la même distance du miroir, on évite l'emploi de formule, car on sait que cette distance est égale au double de la longueur focale.

[Pour déterminer la position d'une image réelle, il n'est pas indispensable de la recevoir sur un écran, où, d'ailleurs, il peut arriver qu'elle demeure invisible, par défaut de clarté propre ou par excès d'éclairage ambiant. On substitue à l'écran un index vertical très étroit, telle qu'une aiguille, et l'observateur, un de ses yeux sur l'axe optique du miroir, vise directement l'image et l'index qui se projettent l'un sur l'autre; si alors, tandis qu'on déplace la tête latéralement, à droite ou à gauche, on constate que les deux points visés se meuvent ensemble, en restant unis comme s'ils n'en faisaient qu'un, c'est la preuve qu'ils se trouvent tous deux à la même distance de l'œil et, par suite, du miroir; si, au contraire, on les voit se mouvoir avec des vitesses inégales, et s'écarter l'un de l'autre dans le sens transversal, on en conclut que le point qui se meut le moins vite, qui paraît se porter du même côté que l'œil observateur, est plus loin que l'autre, c'est-à-dire plus rapproché du miroir ; selon l'indication fournie par ces mouvements apparents, on avance ou on recule l'index jusqu'à qu'on ce n'observe plus la dissociation des points visés. Ce sont là des effets qui s'expliquent très aisément par les lois de la perspective linéaire.]]

Troisième procédé. — De la formule établie plus haut :

$$\frac{y'}{y} = \frac{f}{p - f},$$

je tire la valeur de f, savoir : $f = p\,\dfrac{y'}{y + y'}$.

Il suffit donc de placer devant le miroir, sur son axe principal, un objet de grandeur connue y, de mesurer la distance p de cet objet au miroir et la grandeur y' de son image réelle. Cette dernière détermination, pour être précise doit être effectuée avec l'ophtalmomètre de Helmholtz (voy. § 197), et dans ce cas, on prendra pour objet, suivant les circonstances, l'intervalle de deux points lumineux ou de deux traits d'une échelle divisée transparente. C'est le procédé le plus exact. Quand on n'a pas d'ophtalmomètre à sa disposition, on peut mesurer l'image en la projetant sur une échelle divisée, mais le moyen le plus pratique consiste à se placer dans les conditions voulues pour que la grandeur de l'image soit égale à celle de l'objet, égalité que l'œil, placé sur l'axe principal, reconnaît aisément à la superposition des dimensions correspondantes. On sait que, dans ce cas, les foyers conjugués coïncident tous deux avec le centre de courbure, et, par conséquent, sans formule, que la longueur focale est la moitié de la distance de l'objet au miroir.]]

B. Miroir convexe. — Le procédé basé sur l'emploi de la formule du grossissement et de l'ophtalmomètre, que nous venons d'indiquer, s'applique aussi au miroir convexe, et il est même le seul à la fois précis et pratique. Aussi s'en est-on servi pour déterminer le rayon de courbure de la cornée.

Mais si on veut se contenter d'une approximation suffisante dans la plupart des cas, on mesure la grandeur y' à l'aide d'une petite échelle tracée, par exemple, sur une bande de papier qu'on colle à la surface du miroir, suivant un méridien qui comprenne la dimension à mesurer. On s'éloigne suffisamment pour que la distance de l'image au miroir soit négligeable par rapport à celle d'où l'on observe, et on regarde combien l'image embrasse de divisions de l'échelle, en s'aidant, au besoin, d'une lunette pour mieux voir. Dans le miroir convexe on a : $f = p\,\dfrac{y'}{y - y'}$, mais l'emploi de cette formule n'est même pas nécessaire, car si on y pose : $y' = \dfrac{y}{2}$, elle devient : $f = p$. Donc, en cherchant, par tâtonnement, à placer l'objet dans une position telle que ses dimensions soient doubles de celles de l'image correspondante, on n'a qu'à mesurer la distance de l'objet pour avoir la longueur focale cherchée.

137. Aberration de sphéricité des miroirs. — Les lois que nous avons établies relativement aux foyers et aux images qui résultent de la réflexion de la lumière sur les surfaces sphériques n'ont pas une rigueur absolue ; elles sont applicables seulement dans les cas où *l'angle d'ouverture* du miroir est petit, de façon que les rayons incidents soient tous très voisins de l'axe principal et rencontrent la surface réfléchissante en des points peu éloignés du sommet du miroir. L'angle formé par les deux droites qui joignent le centre de courbure aux bords opposés du miroir en est ce qu'on appelle l'*ouverture*.

Dès l'instant que cette ouverture dépasse 8 à 10 degrés, tous les rayons lumineux qui partent d'un centre commun (rayons *homocentriques*) ne concourent plus, après la réflexion, exactement en un point unique: les rayons réfléchis près des bords se rencontrent plus près du sommet du miroir que ceux qui se réfléchissent dans le voisinage immédiat de ce dernier point. C'est cette absence d'homocentricité des rayons réfléchis qu'on désigne sous le nom d'*aberration de sphéricité* des miroirs et qui produit un défaut de netteté des images.

Soient PK et PK_2 (fig. 163) deux rayons lumineux émis par le point P ; le premier rayon rencontre le miroir dans le voisinage du sommet en K, et se réfléchit suivant KP_1 ; l'autre tombe près des bords, en K_2, et est renvoyé dans la direction $K_2 P_2$. Le point P_2, où le rayon réfléchi sur le bord coupe l'axe principal est plus rapproché du miroir que le point P_1, par où passe le rayon réfléchi près du sommet A. En construisant de même les rayons réfléchis par la surface dans l'intervalle KK_2, on trouverait qu'ils viennent tous rencontrer l'axe entre les points P_1 et P_2. Nous voyons ainsi que les rayons lumineux qui, partis du point P, rencontrent le miroir, ne restent pas *homocentriques*, et qu'au lieu de concourir en un point unique, ils vont couper l'axe en des points différents.

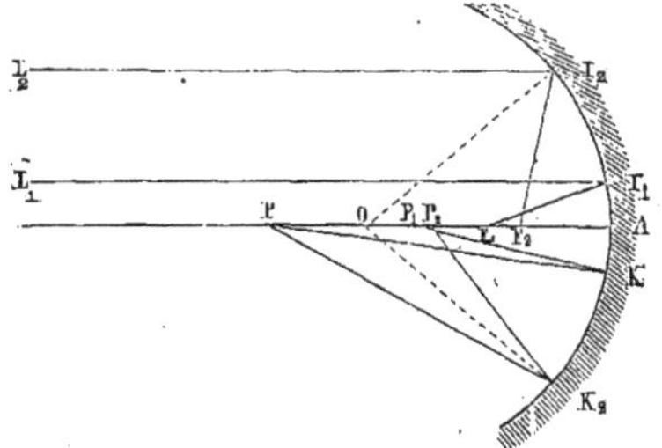

Fig. 163. — Aberration de sphéricité des miroirs.

Si l'on considère des rayons tels que $L_1 I_1$ et $L_2 I_2$, parallèles à l'axe principal, les rayons réfléchis correspondants ne se réuniront pas non plus en un point unique ; ils couperont l'axe dans l'intervalle $F_1 F_2$; cet intervalle mesure l'*aberration de sphéricité* dite *longitudinale*.

Nous avons vu que les rayons émis par le point P perdent leur homocentricité par la réflexion et qu'ils se coupent deux à deux dans l'intervalle $P_1 P_2$. Il n'est donc pas possible, dans ces conditions, d'obtenir de l'objet punctiforme P une image qui soit elle-même réduite à un point ; car le point de concours P_2 des rayons voisins de l'axe est entouré de rayons qui n'ont pas encore opéré leur rencontre, et le point P_1, le plus éloigné du sommet du miroir, est environné de rayons qui se sont déjà entre-croisés et qui poursuivent leur route en divergeant. En conséquence de cette marche des rayons réfléchis, l'image du point P, en quelque endroit de la ligne $P_1 P_2$ qu'on l'observe, se présentera sous la forme d'un cercle lumineux plus ou moins large et dont l'éclat ira en s'affaiblissant vers les bords ; une semblable image porte le nom d'*image* ou de *cercle d'aberration*. Si l'objet placé devant le miroir, au lieu d'être représenté par un point unique, a une certaine étendue, ses différents points donneront naissance à des cercles de diffusion qui se recouvriront en partie les uns les autres, et il en résultera une image confuse dont les contours surtout seront peu nets.

En procédant comme nous l'avons fait pour le miroir concave, nous arriverions à reconnaître que le miroir convexe possède une aberration de sphéricité tout à fait semblable.

A propos de l'aberration de sphéricité par réfraction, nous montrerons d'une manière plus détaillée le mode d'entre-croisement successif des rayons lumineux deux par deux et la forme de la courbe *caustique* qui en résulte (cf. § 147, fig. 181).

[En général, quelle que soit la forme qu'ait une surface réfléchissante, il n'en est pas, le plan excepté, qui donne un point unique comme image d'un point lumineux occupant n'importe quelle position : les rayons partis d'un même centre ne restent plus homocentriques après leur réflexion, mais ils se rencontrent suivant une surface appelée *caustique*, comme on vient de le voir pour les miroirs sphériques. A la vérité, dans certaines formes de surface réfléchissante, la caustique se réduit à un point, mais seulement pour une position déterminée du point lumineux ; tel est le cas de l'ellipsoïde et du paraboloïde de révolution et même de la sphère.]

138. Réflecteurs. — Lorsqu'on reçoit la lumière solaire sur un miroir concave, il se forme au foyer principal une image du soleil excessivement petite, mais d'un éclat extrême. Aussi emploie-t-on le miroir concave principalement comme *réflecteur*, pour concentrer la lumière sur les objets qu'on désire éclairer vivement. Dans ce but, on place l'objet un peu en deçà ou au delà du foyer du miroir, de manière à l'éclairer sur une étendue suffisante.

La figure 164 montre clairement la différence d'action qui existe entre le miroir plan et le miroir concave, sous le rapport de la concentration de la lumière. Tandis que le miroir plan I K réfléchit les rayons parallèles A I, L M, B K, sans changer leur état de parallélisme, le miroir I′ K′ renvoie ces mêmes rayons à l'état de convergence. Un faisceau incident de rayons parallèles, dont la largeur est A B, éclaire après réflexion sur le miroir concave, une surface A′ B′ de même grandeur ; le miroir concave, au contraire, concentre ce faisceau et lui donne, à une distance déterminée, une largeur *ab*.

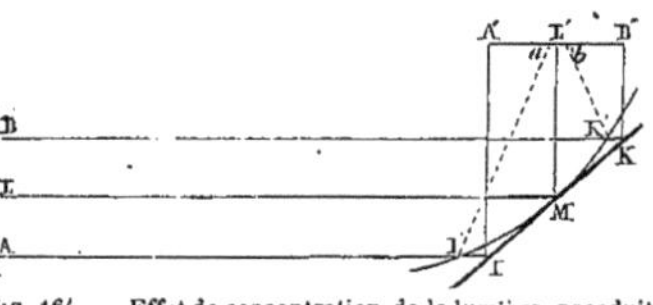

Fig. 164. — Effet de concentration de la lumière produit par les miroirs concaves.

Donc, la surface *ab* recevra plus de lumière dans le second cas que dans le premier, et, par suite, sera plus vivement éclairée.

Quand on n'a pas à sa disposition la lumière du jour, dont les rayons sont parallèles, et qu'on est obligé de se servir des rayons divergents provenant d'une source lumineuse artificielle, c'est alors qu'on emploie de préférence le miroir concave comme réflecteur, car il permet de rendre parallèles ou légèrement convergents les rayons émis par la source lumineuse, tandis que, dans les mêmes circonstances, le miroir plan renverrait à l'état de divergence la lumière divergente reçue. La concentration des rayons lumineux est surtout avantageuse en médecine toutes les fois qu'il s'agit d'éclairer des organes situés profondément et auxquels la lumière arrive difficilement. C'est ainsi que, dans le laryngoscope de Czermak, le réflecteur est un miroir concave (cf. § 133). Nous verrons cette même espèce de miroir figurer dans divers ophtalmoscopes (cf. liv. IV, chap. 17). [On l'emploie aussi, sous le nom d'*otoscope*, pour éclairer au fond de l'oreille la membrane du tympan ; on a même fait pour cet usage des miroirs paraboliques qui s'adaptent à une lampe (*otoscope parabolique* de Garrigon-Desarènes, 1865).]

Le miroir concave entre également dans la construction du télescope.

CHAPITRE IV

RÉFRACTION DE LA LUMIÈRE A TRAVERS DES MILIEUX SÉPARÉS PAR DES SURFACES PLANES ET PARALLÈLES

139. Lois de la réfraction simple. — Nous ne considèrerons dans ce qui va suivre que des milieux d'une transparence absolue et terminés par des surfaces parfaitement polies ; nous supposerons de plus que ces milieux sont *isotropes* (cf. § 33, p. 58, note), que, par conséquent, la lumière s'y propage également vite dans toutes les directions ; enfin nous n'examinerons que les cas où les surfaces traversées par les rayons lumineux, soit à l'entrée, soit à la sortie, ont une forme plane ou à courbure régulière.

Cela posé, tout rayon lumineux, en passant d'un milieu dans un autre, isotrope, donne un rayon réfracté, qui suit les lois générales de la réfraction des ondes (cf. § 43), savoir :

1° *Le rayon réfracté reste dans le plan d'incidence.*

2° *Le rapport des sinus des angles d'incidence et de réfraction est constant pour deux mêmes milieux et égal au rapport des vitesses de propagation de la lumière dans les milieux considérés.*

En désignant par i l'angle d'incidence, et par r l'angle de réfraction, on a : $\dfrac{\sin i}{\sin r} = \dfrac{V}{V'}$, V et V' étant les vitesses de propagation de la lumière dans le premier et dans le second milieu.

Ce rapport constant $\dfrac{\sin i}{\sin r}$ se nomme l'*indice de réfraction*, et on le représente habituellement par la lettre n.

Nous avons dit (§ 130) que plus un milieu est réfringent, plus la lumière s'y propage lentement. Il en résulte qu'un rayon lumineux se rapproche de la normale, quand il passe d'un milieu dans un autre plus réfrigent, et qu'il s'en écarte quand il entre dans un milieu moins réfrigent. Dans le premier cas, le rapport des sinus est supérieur à l'unité ; dans le second cas, il est plus petit que un. [On est convenu de réserver la lettre n pour désigner le rapport des sinus, dans le cas où l'angle d'incidence est supérieur à l'angle de réfraction ; en sorte qu'on a toujours ; $n > 1$. Si l'on considère le cas inverse, le rapport des sinus est renversé et devient alors égal à $\dfrac{1}{n}$.

[Lorsqu'un angle est suffisamment petit, on peut, sans erreur notable, remplacer son sinus par l'arc qui mesure cet angle ; dès lors, à la formule exacte de *Descartes* $\dfrac{\sin i}{\sin r} = n$, il est permis de substituer celle de *Kepler* $\dfrac{i}{r} = n$, qui n'est qu'approchée, mais qui peut être employée, tant que l'angle d'incidence ne dépasse pas 30°.]

139ᵃ. Indices de réfraction absolu et relatif. — Les indices de réfraction des solides, des liquides et des gaz ont été déterminés à l'aide de méthodes dont il sera parlé dans le § 144ᵃ. [On a trouvé, contrairement à ce qu'avancent quelques auteurs français et étrangers, qu'il n'y a pas de rapport entre les poids spécifiques des corps et leurs indices de réfraction, et que les milieux les plus denses ne sont pas toujours ceux qui ont l'indice le plus élevé ; les valeurs que nous reproduisons dans le tableau ci-dessous ne laissent aucun doute à cet égard ; on y voit l'éther sulfurique posséder un indice de réfraction supérieur à celui de l'eau, bien que les poids spécifiques de ces deux liquides offrent une différence précisément de sens contraire.]

[L'absence de rapport constant entre l'indice de réfraction et la densité d'un milieu s'explique tout naturellement, car on sait que la vitesse de propagation du mouvement vibratoire dépend non seulement de la densité D

du milieu, mais encore de sa force élastique E : $V = \sqrt{\dfrac{E}{D}}$.]]

[A la vérité, si on considère un seul et même corps, à différents degrés de densité, son indice de réfraction augmente en même temps que le poids spécifique.] Ainsi, l'indice de réfraction d'un liquide diminue, à mesure que la température s'élève. Dans un gaz, il varie en raison directe de la densité : plus un gaz est comprimé, plus sa réfringence est considérable. C'est en s'appuyant sur cette loi et en déterminant la réfraction qu'éprouve la lumière lorsqu'elle passe de l'air soumis à la pression atmosphérique ordinaire dans un espace renfermant de l'air à une pression plus élevée, qu'on a pu calcuier l'indice de réfraction de l'air par rapport au vide, c'est-à-dire ce qu'on appelle l'*indice absolu*. On a ainsi obtenu le nombre 1,000204 pour indice de réfraction absolu de l'air à la pression normale de $0^m,76$,

Dans la plupart des cas, la quantité qu'on représente par n n'est autre chose que l'indice de réfraction de la substance par rapport à l'air, c'est-à-dire un indice *relatif*. Il est facile d'en déduire l'indice *absolu*. Soient, en effet, U la vitesse de la lumière dans le vide, V et V' ses vitesses dans l'air et dans l'eau, m et m' les indices absolus de ces deux milieux. Nous avons vu, § 139, que l'indice de réfraction est égal au rapport des vitesses de propagation de la lumière dans les deux milieux considérés. Par conséquent :

$$m = \frac{U}{V} \quad \text{et} \quad m' = \frac{U}{V'}.$$

Divisant membre à membre la seconde équation par la première, on a :

$$\frac{m'}{m} = \frac{V}{V'}.$$

Or, nous savons aussi que l'indice relatif est :

$$n = \frac{V}{V'}.$$

Nous pouvons donc écrire :

$$n = \frac{m'}{m}.$$

D'où l'on tire $\qquad m' = m\,n.$

On voit que, pour calculer l'indice de *réfraction absolue* d'une substance, connaissant son indice n par rapport à l'air et l'indice absolu m de l'air, il suffit de multiplier ces deux quantités l'une par l'autre. — [La règle est la même que pour obtenir la densité d'un corps par rapport à l'eau, quand on connaît sa densité relativement à une autre substance.]]

INDICES DE RÉFRACTION

I. CORPS SOLIDES

Diamant.	2,47 à 2,75	Cornée transparente.		1,350
Quarz (indice ordinaire).	1,547		couche corticale.	1,405
Sel gemme.	1,545	Cristallin.	couche moyenne.	1,429
Verre. { Flint-glass.	1,57 à 1,58		noyau.	1,454
{ Crown-glass.	1,500			
Sucre.	1,535			
Glace.	1,310			

II. LIQUIDES

Sulfure de carbone.	1,678	Pus lié.	1,395
Solution saturée de sel marin.	1,575	Sang humain.	1,354
Huile de ricin.	1,476	Blanc d'œuf.	1,351
Huile d'olive.	1.467	Humeur aqueuse.	1,342
Alcool rectifié.	1,372	Humeur vitrée.	1,348
Éther sulfurique.	1,358	Salive.	1,339
		Eau.	1,336

III. GAZ

Air.	1,000294	Azote.	1,000300
Oxygène.	1,000272	Acide carbonique.	1,000449

Les indices des solides et des liquides sont rapportés à l'air; ils correspondent aux rayons jaunes du spectre, excepté ceux du sucre et du crown-glass, qui sont relatifs au rouge extrême.]

140. Réfraction à travers une surface réfringente plane. Dioptre plan. — Nous allons maintenant appliquer les lois de la réfraction à l'étude des phénomènes qui se manifestent quand la lumière traverse des milieux transparents terminés par des surfaces planes; nous examinerons ensuite les principaux cas où les surfaces réfringentes sont courbes. Dans toute cette partie du livre, jusqu'au chapitre VII inclusivement, nous supposerons toujours que nous avons affaire à de la lumière *monochromatique,* c'est-à-dire composée de vibrations ayant même longueur d'onde; on sait, d'après ce qui a été dit touchant le mouvement vibratoire en général, et nous reviendrons sur ce point dans la suite de l'ouvrage, que les vibrations de même durée possèdent aussi la même réfrangibilité.

Considérons un dioptre plan, c'est-à-dire deux milieux inégalement réfringents, l'air et l'eau, par exemple, séparés l'un de l'autre par une surface plane, et soit O (fig. 165) un point lumineux placé dans le milieu le plus réfringent, l'eau. En passant de ce liquide dans l'air, les rayons OD et OE s'écartent de la normale au point d'incidence et prennent les directions divergentes DF et EG; mais ces rayons prolongés vont sensiblement concourir en un point O′, situé sur la perpendiculaire ON et plus rapproché de la surface que le point O. [C'est ce qu'il serait facile de montrer, à la condition toutefois que les rayons incidents considérés ne forment entre eux qu'un angle très petit; car tous les rayons

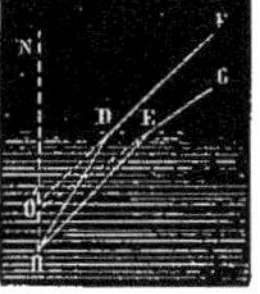

Fig. 165. — Image d'un objet placé dans le milieu le plus réfringent et vu à travers une surface de séparation plane.

émis du point O ne restent nullement homocentriques après la réfraction, ils s'entre-croisent de manière à engendrer une surface *caustique* qui donne lieu à de l'astigmatisme. Sous la réserve de ces restrictions, le point O' peut être regardé comme l'image *virtuelle* du point O, et l'œil placé sur le trajet des rayons réfractés DF, EG, verra l'objet O en O'.

Plus les rayons sont obliques, plus l'objet paraît relevé vers la surface du liquide.

Cette déviation de l'image d'un objet vu suivant une direction oblique à la surface réfringente explique un certain nombre de phénomènes, entre autres celui-ci : un objet est déposé au fond d'une coupe, et un observateur, placé latéralement, s'en éloigne jusqu'à ce que la vue lui en soit cachée par les parois opaques du vase ; on remplit alors ce dernier d'eau, et aussitôt on voit apparaître l'image de l'objet. C'est encore par un effet de réfraction qu'un bâton plongé obliquement dans l'eau jusqu'à une certaine hauteur nous semble brisé, parce que la partie immergée paraît relevée.

Si l'objet se trouvait dans le milieu le moins réfringent, les rayons lumineux, en passant dans le plus réfringent, se rapprocheraient de la normale et sembleraient ainsi partir d'un point plus éloigné. En supposant, par exemple, que O' soit l'objet, son image serait en O, en vertu de la loi de réciprocité.

[**140ª. Formule des dioptres plans.** — Pour un objet situé sur l'axe qui est normal à la surface réfringente et qui passe par l'œil de l'observateur, on trouve que les formules des *foyers conjugués* sont :

1º Objet dans le milieu le moins réfringent,

$$p' = n\,p\,;\qquad(1)$$

2º Objet dans le milieu le plus réfringent,

$$p' = \frac{p}{n},\qquad(2)$$

en désignant par p, p' les distances respectives de l'objet et de l'image à la surface réfringente, et par n l'indice relatif des deux milieux.

On peut représenter les deux cas par une seule et même formule, en appelant toujours m l'indice *absolu* du premier milieu, dans lequel se trouve l'objet *réel*, et par m' l'indice du second milieu ; on a alors :

$$\frac{p'}{p} = \frac{m'}{m}.\qquad(3)$$

Quant à la grandeur et à l'orientation de l'image, elles sont les mêmes que celles de l'objet, ce qu'indique la formule du *grossissement* :

$$G = \frac{y'}{y} = +1.\qquad(4)$$

On remarquera que l'objet et son image sont toujours situés tous deux dans le même milieu.]]

141. Angle limite. Réflexion totale dans le milieu le plus réfringent. — En général, toutes les fois que la lumière rencontre une surface de séparation entre deux milieux différents, il y a à la fois réflexion et réfraction. Ainsi, le rayon VR (fig. 166), en arrivant au contact de la surface PP', donne naissance à deux rayons : l'un RV', qui pénètre dans le second milieu et s'y réfracte en se rapprochant de la normale OO' ; l'autre, qui revient dans le premier milieu, en faisant un angle de réflexion égal à l'angle d'incidence. De même, si V'_1R est le rayon incident, il se dédouble en un rayon réfracté RV′₁ qui, entrant dans un milieu moins réfringent, s'écarte de la normale, et en un rayon qui retourne dans le milieu le plus réfringent en satisfaisant aux lois de la réflexion.

.Quand la lumière se dirige du milieu le moins réfringent vers le plus réfringent, une portion du faisceau peut toujours traverser la surface de séparation est en propager dans le second milieu, attendu que, dans ce cas, le rayon réfracté se rapproche de la normale ; par conséquent, quel que soit l'angle sous lequel se présente le rayon incident, il existera toujours un rayon réfracté correspondant qui satisfera à la loi : $\frac{\sin i}{\sin r} = n$. [Si le rayon incident est normal, il

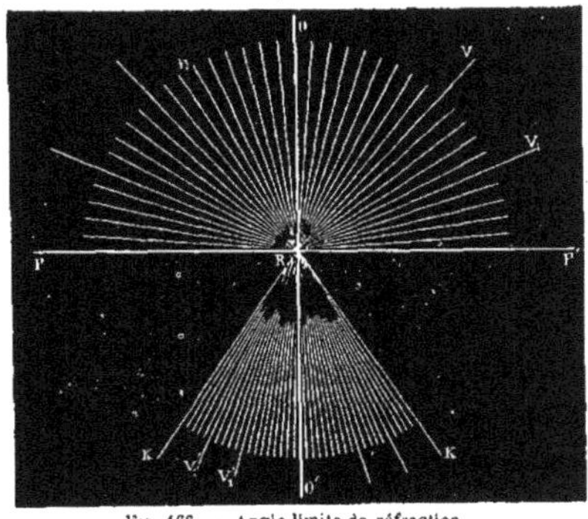

Fig. 166. — Angle limite de réfraction.

passe sans déviation ; tel est le cas de OR (fig. 166), qui se continue suivant RO′. A mesure que l'incidence augmente l'angle de réfraction croît aussi ; mais, comme il est toujours plus petit que l'angle d'incidence, il atteint un maximum qui correspond à l'incidence rasante, c'est-à-dire à un rayon incident faisant avec la normale un angle de 90 degrés. Cette valeur

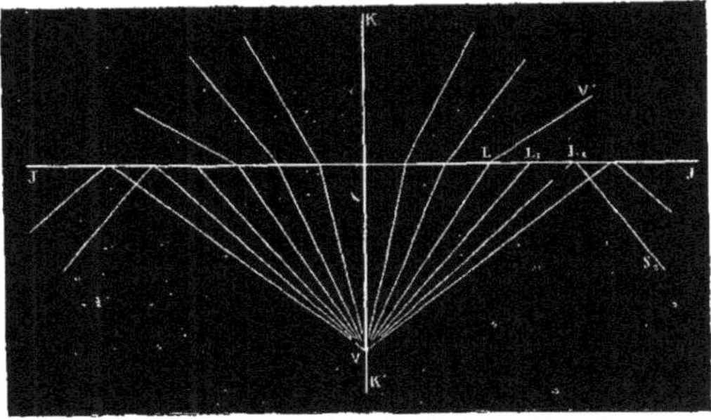

Fig. 167. — Réflexion totale dans le milieu le plus réfringent.

maximum de l'angle de réfraction se nomme l'*angle limite*. Dans la figure 166, KRO′ représente cet angle. En faisant tourner la droite RK autour de la normale RO′, on décrit un cône dans l'intérieur duquel sont compris tous les rayons réfractés qui pénètrent par le point R.]

Supposons que la lumière marche en sens inverse et qu'elle arrive à la surface JJ (fig. 167), pour entrer dans le milieu le moins réfringent. Lorsque l'angle que fait le rayon lumineux avec la normale est inférieur à l'angle limite, il pénètre dans le second milieu, car il peut s'écarter de la normale, conformément au rapport des sinus ; ainsi le rayon VL donnera le rayon réfracté LV'. Le rayon limite VL_1 qui tombe sous l'angle maximum de réfraction, émergera suivant L_1J en rasant la surface. Mais, si on considère le rayon VL_2, dont l'incidence est supérieure à l'angle limite, aucune portion n'en pourra pénétrer dans le milieu le moins réfringent, et la lumière incidente sera tout entière réfléchie suivant L_2S_2, conformément aux lois de la réflexion. On dit alors qu'il y a *réflexion totale*.

La valeur de l'angle limite se calcule facilement à l'aide de la formule : $\dfrac{\sin i}{\sin r} = n$. Ce angle que nous désignerons par l, est, en effet, celui qui correspond à un angle d'incidence $i = 90°$. Or, on sait que le sinus d'un angle de 90° est égal à 1 ; la formule précédente devient donc, dans le cas où $\sin i = 1$ et où $r = l$:

$$\frac{1}{\sin l} = n,$$

d'où :

$$\sin l = \frac{1}{n}.$$

142. Réfraction à travers les lames à faces parallèles. — Un milieu réfringent, limité par deux surfaces planes et parallèles, constitue ce qu'on appelle une *lame à faces parallèles;* il représente, en réalité, avec les deux milieux situés en dehors des faces qui le limitent, un système de deux *dioptres plans parallèles*, ayant un milieu intermédiaire commun; les milieux extrêmes sont, en général, supposés identiques.

[I. Incidence normale a la lame. Loi des foyers conjugués. — En appliquant successivement à chacun des dioptres qui composent la lame les formules données pour la réfraction à travers un seul plan réfringent, l'image fournie par la première face servant d'objet pour la seconde, on trouvera aisément l'équation des foyers conjugués relative aux lames.

Supposons, par exemple, la substance de la lame plus réfringente que le milieu ambiant. Appelons p, la distance de l'objet à la première face de la lame (face d'entrée), p'' la distance de l'image à la seconde face, e et n, l'épaisseur et l'indice de réfraction de la lame ; la formule des foyers conjugués sera :

$$p'' = p + \frac{e}{n} ; \tag{1}$$

attendu que e est plus petit que $\dfrac{e}{n}$, puisqu'on a $n < 1$, il s'en suit :

$$p'' < p + e, \tag{2}$$

d'où on conclut que l'image d'un objet vu à travers une lame plus réfringente que le milieu ambiant est toujours plus rapprochée que l'objet lui-même. Une lame moins réfringente que le milieu ambiant produirait l'effet inverse.

Si les milieux extrêmes ne sont pas identiques, en représentant par m, m', m'' les indices absolus des trois substances que les rayons traversent successivement, et appliquant la formule (3) du § 140ᵃ, on trouve pour formule des foyers conjugués :

$$p'' = p\,\frac{m''}{m} + e\,\frac{m''}{m'}]]$$

II. Incidence oblique. Déplacement latéral. — Considérons la lame de verre ABCD (fig. 168) en contact par ses deux faces avec le même milieu, l'air, dans lequel elle est plongée, et soit P un point lumineux. Comme le verre est plus réfringent que l'air, le rayon oblique PI, qui rencontre la première face AB sous l'incidence i, pénètrera dans le verre en se rapprochant de la normale et prendra la direction IE; arrivé à la seconde face, en E, il émergera en s'écartant de la normale, puisqu'il passera alors d'un milieu plus réfringent dans un autre qui l'est moins. Mais il est facile de voir que, par suite du parallélisme des deux surfaces AB et CD, l'angle d'incidence sur la face de sortie est égal à l'angle de réfraction relatif à la face d'entrée; par conséquent, l'angle d'émergence doit être égal à l'incidence du rayon PI sur la première face, car le rapport des sinus est le même dans les deux cas; d'où il résulte que le rayon EL a une direction parallèle à celle du rayon incident PI.

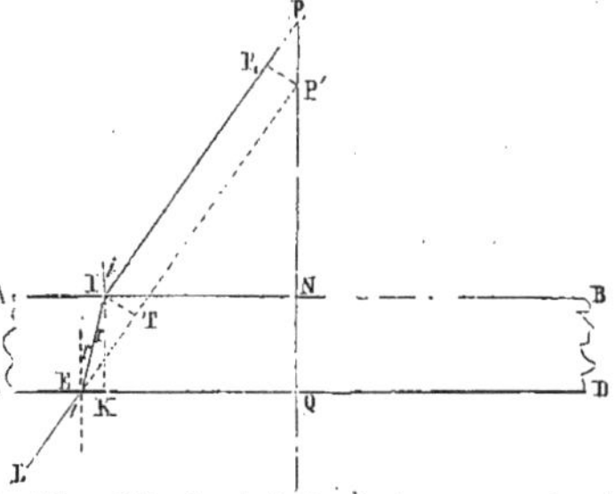

Fig. 168. — Réfraction de la lumière à travers une lame à faces parallèles.

Ainsi, les rayons lumineux, en traversant une lame à faces parallèles, ne sont pas déviés angulairement de leur direction première, mais s sont *déplacés latéralement*. Un œil placé sur le trajet du faisceau émergent EL verrait donc le point lumineux sur le prolongement de ce faisceau, en P', à côté de sa position réelle. On reconnaîtrait aisément, en faisant les constructions nécessaires, que la grandeur du déplacement latéral P_1P' dépend à la fois de l'épaisseur de la lame, de son indice de réfraction et de l'inclinaison du rayon incident. A mesure que l'obliquité décroît, c'est-à-dire que le rayon lumineux se rapproche de la perpendiculaire PQ, le déplacement latéral diminue, et devient nul, quand le rayon est normal à la lame; le rayon vient-il à passer de l'autre côté de la perpendiculaire, il éprouve un déplacement en sens opposé.

La valeur du déplacement est facile à calculer. Du point I (fig. 168) abaissons la perpendiculaire IT sur le prolongement du rayon émergent. Dans le triangle rectangle IET, nous avons :

$$IT = IE \sin IET;$$

et, comme l'angle $IET = i - r$, il vient :

$$IT = IE \sin (i - r).$$

D'autre part, le triangle rectangle IEK donne :

$$IE = \frac{IK}{\cos r}.$$

Mettant, dans l'avant-dernière équation, cette valeur de IE, nous obtenons :

$$IT = IK \frac{\sin (i - r)}{\cos r}.$$

IT est le déplacement latéral, que nous désignerons par x; IK est l'épaisseur e de la lame. Par conséquent, nous pouvons écrire :

$$x = e \frac{\sin (i - r)}{\cos r}. \qquad \dots \qquad (1)$$

Or, de la relation sin $i = n$ sin r, on peut déduire la valeur de l'angle r, et en la mettant dans la formule (1), on obtient le déplacement; mais il est préférable de faire subir à cette formule une transformation algébrique, qui permette d'éliminer l'angle r et d'arriver à l'équation :

$$x = e \sin i \left(1 - \frac{\sqrt{1 - \sin^2 i}}{\sqrt{n^2 - \sin^2 i}} \right) \quad \ldots \ldots \quad (2)$$

MESURE DU DÉPLACEMENT LATÉRAL. — La méthode la plus simple pour mesurer le déplacement latéral que fait éprouver une lame de verre aux objets qu'on regarde au travers consiste à prendre deux lames du même verre et de même épaisseur, à les placer de champ l'une au-dessus de l'autre et à les rendre mobiles en sens opposé autour d'un axe vertical commun.

Soient AB et CD (fig. 169) deux lames pareilles, vues en projection horizontale et mobiles autour d'un axe qui les traverse dans le sens de la

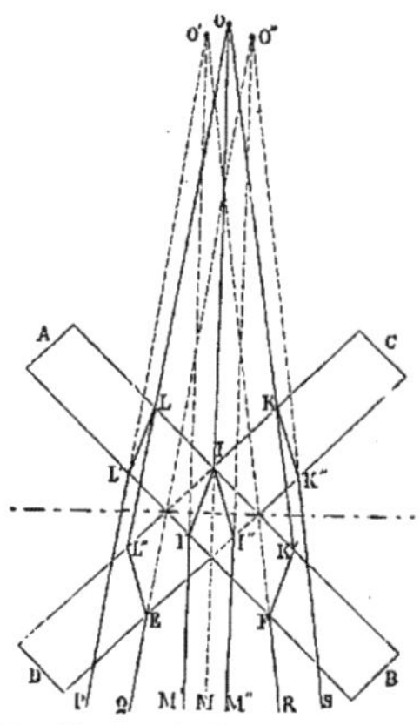

Fig. 169. — Dédoublement de l'image d'un objet vu à travers un système de deux lames croisées.

largeur par le milieu de l'épaisseur et qui est perpendiculaire au plan de la figure. Considérons le rayon OI émis par le point lumineux O et arrivant juste au point de contact des deux lames ; le pinceau lumineux dont ce rayon forme l'axe se dédoublera : une portion traversera la lame supérieure AB, l'autre moitié passera par la lame inférieure CD.

Supposons d'abord les lames situées dans un même plan perpendiculaire au rayon incident (la ligne transversale pointillée indique la position de ce plan) ; dans ce cas, les rayons du faisceau dont l'axe est OI traverseront le système des lames sans éprouver de déplacement.

Imaginons ensuite que les lames tournent en sens contraire l'une de l'autre, autour de leur axe commun, de quantités égales, de manière à faire entre elles l'angle représenté dans la figure. Dans cette position, ceux des rayons du faisceau, dont l'axe est OI, qui traversent la lame AB, suivront un chemin tel que II′M′ ; ceux qui pénètrent dans la lame CD, se réfracteront suivant II″ et émergeront dans la direction I″M″. De même, les rayons d'un autre faisceau OL parti du point O se réfracteront les uns dans la lame AB, suivant LL′ et donneront à l'émergence des rayons tels que L′P ; les autres dans la lame CD, suivant L″E et prendront à leur sortie la direction EQ. En répétant la construction pour un faisceau dont l'axe serait OK, on obtiendrait deux faisceaux partiels réfractés suivant les directions FR et K″S. Or, il est facile de voir que tous les rayons qui émergent de la lame AB sont déplacés dans le même sens, et que leurs prolongements vont sensiblement concourir en un point O′, qui se trouve ainsi être l'image du point O vu à travers la première lame ; de même, les rayons transmis par la lame CD se rencontrent en un point O″ placé de l'autre côté du point O. Il en résulte qu'un observateur, regardant à travers le système des deux lames un objet O, verra à sa place deux images O′ et O″. Si, comme nous l'avons supposé, chaque lame a tourné de la même quantité par rapport à la position qui répond à leur parallélisme, le déplacement OO′ doit être égal à OO″, et, par suite l'écartement *des deux images est le double du déplacement déterminé par chaque lame.*

L'angle que fait le rayon OI avec la normale au point d'incidence, pour chaque lame, est évidemment égal à l'angle dont la lame a tourné. Par conséquent, si on suppose l'œil placé en M, juste en face du point O, l'angle de rotation de chaque lame mesurera l'angle d'incidence i du pinceau lumineux qui, partant de O, arrive, après réfraction, à l'observateur. L'écartement des deux images sera donc donné par le double de la valeur précédemment trouvée pour le déplacement x relatif à une seule lame ; il sera égal à $2\,x$.

C'est sur ce principe qu'est fondé l'*ophtalmomètre* [(V. § 197), instrument destiné à mesurer l'écartement de deux images ou plus généralement la grandeur d'un objet quelconque.

[On peut obtenir les mêmes effets de dédoublement, à l'aide d'une seule lame de verre, si on a soin que le pinceau lumineux qui va de l'objet à la pupille de l'observateur soit coupé en deux par le bord de la lame. Javal a fait reconstruire un ophtalmomètre d'après ce principe.]]

CHAPITRE V

DE LA RÉFRACTION ET DE LA RÉFLEXION PAR LES PRISMES

143. Réfraction de la lumière à travers un prisme. — Nous avons vu dans le paragraphe précédent que tout rayon lumineux qui traverse un milieu à faces parallèles éprouve un déplacement latéral, mais qu'il émerge parallèlement à lui-même, sans subir de déviation angulaire. Il en est autrement quand le milieu diaphane est terminé par des faces planes inclinées l'une sur l'autre ; un pareil milieu s'appelle en optique un *prisme*, et la lumière, en le traversant, est toujours plus ou moins déviée de sa direction première. Dans le présent chapitre, nous ne nous occuperons que des effets du prisme sur des rayons de même réfrangibilité.

La marche des rayons lumineux dans un prisme se déduit aisément des lois générales de la réfraction. Soit ABC (fig. 170) la section d'un prisme faite par un plan perpendiculaire aux arêtes ; les lignes BC et AC représentent les faces du prisme et AB sa *base*, opposée à l'angle réfringent ACB, qui se nomme *angle de réfringence*. Considérons le rayon lumineux VI qui rencontre la face BC au point I, sous l'incidence i; ce rayon pénètre dans le prisme en se rapprochant

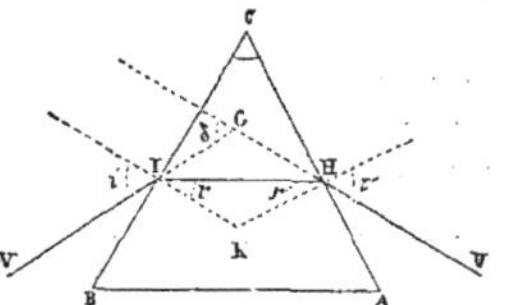

Fig. 170. — Réfraction de la lumière à travers un prisme.

de la normale IK, si la substance du prisme est plus réfringente que le milieu ambiant et il prend la direction IH, de manière que l'angle de réfraction r satisfasse à la relation $\dfrac{\sin i}{\sin r} = n$. Arrivé à l'autre face, en H, il subit une seconde réfraction, et il émerge dans la direction HU, en s'écartant de la normale HK, attendu qu'il passe alors dans un milieu moins réfringent ; le rapport entre l'angle d'incidence r' sur la surface de sortie et l'angle d'emergence i' est aussi conforme à la loi des sinus.

Ainsi donc, la lumière, en traversant le prisme considéré, est réfractée à deux reprises dans le même sens ; il en résulte que les *rayons lumineux sont déviés vers la base du prisme*. D'autre part, si on place l'œil sur le trajet du rayon émergent HU, le point d'où est parti le rayon incident VI est vu sur le prolongement du rayon HU ; par conséquent, les *objets regardés à travers un prisme paraissent déviés vers le sommet*.

On arriverait à des résultats exactement inverses des précédents si l'on considérait un prisme formé d'une substance moins réfringente que le milieu ambiant.

Il est facile de calculer la grandeur de la déviation du rayon lumineux. Si nous prolongeons le rayon émergent UH au delà du point G, où il rencontre le prolongement du rayon incident VI, nous obtenons l'angle de déviation δ. Or, cet angle, extérieur au triangle GHI, est égal à la somme des deux angles intérieurs GIH et GHI ;

mais :
$$GHI = GHK - IHK = i' - r',$$
et
$$GIH = GIK - HIK = i - r.$$
Donc :
$$\delta = i - r + i' - r' = i + i' - (r + r').$$

D'autre part, $r + r'$ est évidemment égal à l'angle HCI, angle de réfringence du prisme, que nous appellerons α ; car, dans le triangle HCI, la somme des angles HCI, CHI, CIH est égale à 180°, et comme $CHI = 90 - r'$, $CIH = 90 - r$, il s'ensuit :
$$\alpha + (90 - r') + (90 - r) = 180,$$
ou :
$$\alpha = r + r'.$$

Nous aurons ainsi pour la déviation :
$$\delta = i + i' - \alpha,$$
équation qui permet de déterminer l'une des quantités δ, i, i', α, quand les trois autres sont données.

144. Déviation minimum. — La valeur que nous venons de trouver pour δ montre que la déviation dépend de l'angle d'incidence. On démontre que la déviation a sa valeur minimum lorsque le prisme est dans une position telle que l'angle d'émergence i' soit égal à l'angle d'incidence i ; on trouve alors que les deux angles intérieurs r et r' sont aussi égaux entre eux, et que, par suite, le *trajet du rayon lumineux dans l'intérieur du prisme est perpendiculaire à la bissectrice de l'angle de réfringence*. Dans cette position du prisme, *la déviation δ a sa valeur minimum*.

Nous avons trouvé dans le paragraphe précédent :
$$\delta = i + i' - \alpha, \tag{1}$$
et
$$\alpha = r + r'. \tag{2}$$
Si on pose :
$$i = i' \quad \text{et} \quad r = r', \tag{3}$$
les formules (1) et (2) deviennent :
$$\delta = 2i - \alpha \tag{4}$$
$$\alpha = 2r. \tag{5}$$

Des équations (3) et (4) on peut tirer les valeurs de i et de r, sans avoir besoin de les mesurer directement ; on trouve ainsi :

$$i = \frac{\alpha + \delta}{2} \quad \text{et} \quad r = \frac{\alpha}{2}. \quad . \quad . \quad . \quad (6)$$

En substituant dans la formule $n = \dfrac{\sin i}{\sin r}$, nous obtenons :

$$n = \frac{\sin \dfrac{\alpha + \delta}{2}}{\sin \dfrac{\alpha}{2}} \quad . \quad . \quad . \quad . \quad (7)$$

équation qui permet de déterminer l'indice de réfraction n, quand on a mesuré l'angle α du prisme et l'angle de déviation minimum δ.

[Si α est très petit, et que les rayons incidents soient sensiblement perpendiculaires au plan bissecteur, on peut à la relation exacte des sinus substituer la formule approchée de Kepler :
$$i = nr$$
En y mettant à la place de i et r leurs valeurs (6), on obtient :

$$\frac{\alpha + \delta}{2} = n \frac{\alpha}{2},$$

et après simplification :
$$\delta = (n - 1) \alpha. \qquad (8)$$

Cette dernière formule permet de calculer la déviation qu'un prisme de petit angle fait subir aux rayons lumineux. Pour le verre dont l'indice $n = \dfrac{3}{2}$, on a :

$$\delta = \frac{\alpha}{2}.$$

Ainsi, pour un prisme de verre d'angle petit et recevant des rayons normaux à son plan bissecteur, la *déviation est la moitié de l'angle réfringent*.]

144ª. Détermination de l'indice de réfraction. Réfractométrie. — [Il existe un certain nombre de méthodes pour la détermination de l'indice de réfraction des corps. Nous nous bornerons à l'exposé succinct des plus générales ou des plus pratiques; nous ne nous étendrons un peu longuement que sur un procédé qui se recommande entre tous au physiologiste et à l'ophtalmologiste par une facilité et une rapidité d'exécution dont ne souffre nullement l'exactitude des résultats, et qui joint à ces précieux avantages le mérite de la nouveauté; je veux parler du *Réfractomètre d'Abbe*, qu'on trouvera décrit dans le paragraphe suivant.]]

MÉTHODE DE LA DÉVIATION MINIMUM OU DU PRISME. — Pour faire servir la formule du minimum de déviation à la mesure de l'indice de réfraction, il faut connaître l'angle du prisme α et la déviation minimum δ.

On procède à la mesure de δ de la manière suivante : à l'aide d'une lentille convergente, on projette l'image d'un point lumineux ; puis, entre la source lumineuse et la lentille, on interpose le prisme, en ayant soin de régler à nouveau la distance de la lentille, de manière à conserver sa netteté à l'image qui se projette alors en un autre point situé à une certaine distance du premier. Cela fait, on tourne le prisme dans un sens ou dans l'autre jusqu'à ce qu'on ait obtenu une position pour laquelle la déviation de l'image soit la plus petite possible. Imaginons qu'une droite réunisse la source lumineuse à son image avant l'interposition du prisme et qu'une seconde droite soit menée par le prisme et par le point où se réunissent les rayons déviés, l'angle que font entre elles ces deux directions est l'angle δ.

Au lieu d'une lentille convergente, on emploie de préférence une lunette à travers laquelle l'observateur vise un objet éloigné ; la déviation minimum est alors mesurée par le plus petit angle, dont il faut faire tourner l'axe de la lunette pour que les rayons déviés par le prisme arrivent de nouveau à l'œil de l'observateur.

Quant à l'angle α du prisme, on le mesure à l'aide d'un *goniomètre*, instrument composé essentiellement d'une lunette mobile le long d'un cercle gradué, au centre duquel est placé le prisme ; l'axe de la lunette étant dirigé suivant un rayon de ce cercle, on vise l'image d'un objet éloigné vue par réflexion successivement sur les deux faces du prisme ; la quantité dont il faut faire tourner celui-ci pour amener la seconde image dans la direction de la première est le supplément de l'angle α, ainsi qu'il est facile de le démontrer.

La même méthode peut être suivie pour mesurer l'indice de réfraction des liquides et des gaz. On emploie, à cet effet, un prisme creux dont les côtés sont fermés par des plaques de verre à faces parallèles ; le liquide ou le gaz sur lequel on opère est introduit dans l'intérieur de ce prisme ; d'après ce qui a été dit § 142, la présence des lames de verre qui constituent les parois du prisme n'a pas d'influence sur la déviation des rayons lumineux ; car le rayon qui traverse la lame d'entrée n'éprouve qu'un déplacement latéral, qui est compensé par un déplacement en sens contraire dû à la lame d'émergence, de sorte que le rayon qui sort du prisme à vide est sur le prolongement du rayon qui entre.

Méthode du grossissement ou des lentilles. — Au lieu de renfermer le liquide dans un prisme creux, on peut aussi le mettre dans une lentille creuse, plan convexe, qu'on obtient en pratiquant une cavité hémisphérique, sur l'une des faces d'une lame de verre à faces parallèles ; par-dessus le liquide se place une seconde lame de verre à faces parallèles. Il est évident que si on regarde au travers d'un pareil système de lames de verre, sans qu'il y ait de liquide dans la cavité intérieure, les objets assez éloignés sont vus avec leurs dimensions naturelles ; quand, au contraire, la lentille liquide se trouve emprisonnée entre les deux lames, les objets paraissent plus petits. Connaissant alors le rayon de courbure de cette lentille, on peut facilement déduire l'indice de réfraction de la formule du grossissement (cf. § 151b).

C'est cette dernière méthode qui a servi à M. Holmholtz à déterminer l'indice de réfraction des milieux réfringents de l'œil. La grandeur de l'image se mesure à l'aide de l'*ophtalmomètre* (cf. § 197). Quant au rayon de courbure de la lentille, on peut le calculer à l'aide de la grandeur de l'image vue par réflexion sur la face concave en suivant le procédé indiqué pour la détermination expérimentale de la longueur focale du miroir concave (cf. § 136b).

[Méthode des lames a faces parallèles ou du microscope. — Elle utilise la relation qui existe entre les distances des foyers conjugués dans une lame à faces parallèles et son indice de réfraction. Nous parlerons de cette méthode à l'occasion du microscope, qui y joue le principal rôle expérimental, pour la mesure directe ou indirecte des variations de distance.]]

[On verra aussi, § 213, la manière dont on peut calculer l'indice des substances opaques en s'appuyant sur les lois de la polarisation.]

[[144b. **Méthode de la réflexion totale.** Réfractomètre d'Abbe. — Le principe de cet appareil est le suivant : Soient B A C, A C E (fig. 171), deux prismes

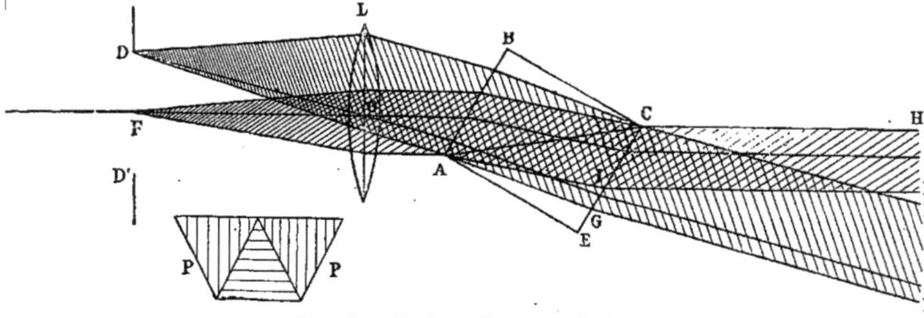

Fig. 171. — Théorie du réfractomètre d'Abbe.

de flint rectangulaires, à réflexion totale (cf. § 145), juxtaposés par leurs faces hypoténuses, de manière à présenter la forme d'un parallélépipède droit ; les faces juxtaposées laissent entre elles un intervalle très mince ayant partout la même épaisseur ; cet intervalle, représenté sur la figure par la largeur de la ligne AC, constitue une lame à faces parallèles qu'on remplit du liquide à examiner.

Or, considérons le rayon lumineux KI qui tombe sur la face d'entrée CE, sous une inclinaison telle, par rapport à l'angle réfringent C de ce premier prisme ACE, qu'après s'y être réfracté suivant IA, il rencontre la face hypoténuse AC, sous une incidence juste égale à l'angle limite (64° environ pour le verre et l'eau): ce rayon traversera la lame liquide, sans déviation nouvelle, cheminera dans le second prisme ABC et émergera parallèlement à sa direction d'entrée, puisque les faces extérieures du système sont parallèles.

Il est bien évident que si on fait diminuer, à partir de cette position limite KI, l'angle d'incidence du rayon sur la face d'entrée, on diminuera l'incidence sur la face hypoténuse, et, par conséquent, tous les rayons plus inclinés que le rayon limite KI traverseront le système des prismes et émergeront parallèlement à leur direction première.

Au contraire, tous les rayons moins inclinés que KI, rencontreront la face hypoténuse sous une incidence supérieure à l'angle limite et, par suite, étant réfléchis totalement, ils ne traverseront pas le système.

Cela posé, imaginons qu'on fasse tomber sur le prisme d'entrée, un faisceau de rayons lumineux offrant une foule d'inclinaisons différentes de part et d'autre de la direction moyenne KI : tel est le cas de la lumière diffuse des nuées réfléchie par un miroir concave. Le système des prismes laissera passer les rayons à inclinaison plus grande que celle du rayon limite KI et arrêtera tous les autres.

Supposons enfin que, sur le trajet des rayons émergents, on interpose une lentille convergente (objectif d'une lunette): cette lentille rassemblera tous les rayons parallèles à une direction donnée en un même point de son plan focal, ce point variant de position avec l'inclinaison des rayons sur l'axe optique.

Si, par exemple, l'inclinaison et la position du système des prismes sont telles que l'axe du pinceau émergent des rayons parallèles au rayon limite KI coïncide avec l'axe optique de la lentille, ces rayons auront leur point de concours en F, foyer principal de la lentille; les rayons parallèles à la direction CM iront se réunir en D, et les rayons à direction intermédiaire formeront une série de foyers situés dans l'intervalle FD, qui se trouvera de la sorte éclairé. Il n'en sera plus de même au-dessous de F; car les points de cette portion du plan focal sont les foyers de rayons parallèles à des directions pour lesquelles il y a réflexion totale. Cette partie du plan focal sera plongée dans l'obscurité.

On a ainsi un champ divisé, par un diamètre parallèle aux arêtes des prismes, en deux moitiés, une sombre et une claire. L'inclinaison du système prismatique qui procure ce résultat fait connaître l'indice de réfraction de la substance examinée.

Le réfractomètre d'Abbe, représenté dans la figure 172, comprend, comme pièces essentielles, le système de prismes P, dont nous venons de parler, mobile en même temps que l'alidade A, autour d'un axe horizontal R, un miroir concave M, dont on peut aussi faire varier l'inclinaison, une lunette L, fixée dans une position inclinée, et un arc de cercle portant une graduation I, qui donne immédiatement, sans calcul, la valeur de l'indice de réfraction.

On opère de la manière suivante : Le prisme supérieur étant enlevé, on dépose sur la face hypothénuse de l'autre une goutte du liquide à examiner; puis on remet le premier prisme en place, après avoir interposé près des bords deux petites bandelettes du papier le plus mince, lesquelles suffisent pour empêcher le contact des prismes et pour retenir ainsi une lamelle excessivement ténue de liquide.

Cela fait, on n'a plus qu'à régler l'inclinaison du miroir, puis celle des prismes, de telle sorte que l'œil qui regarde dans la lunette y voie le champ divisé en deux moitiés, l'une sombre, l'autre brillante. On lit la valeur cherchée de l'indice de réfraction sur le cadran divisé, en regard d'un trait de repère marqué sur le rebord intérieur d'une fenêtre dont est percée l'extrémité de l'alidade.

Afin que la ligne de séparation de l'ombre et de la lumière puisse tou-

jours être amenée dans la même position, condition indispensable à l'exactitude des mesures, la lunette est munie d'un réticule composé de quatre

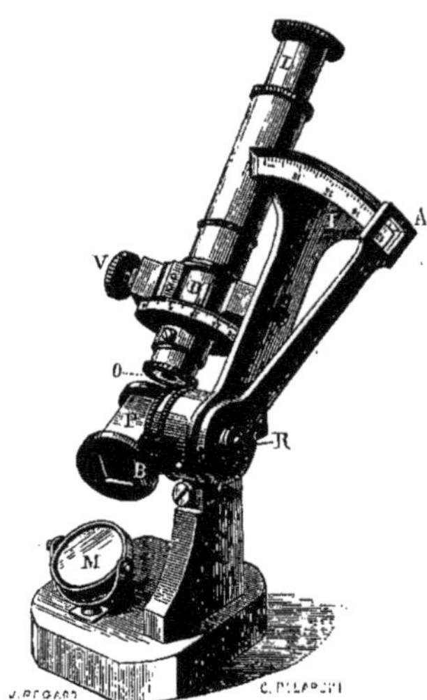

FIG. 172. — Grand réfractomètre d'Abbe
(dessiné d'après nature).

fils qui se coupent à angle droit,
de manière à figurer les côtés
d'un carré; la ligne de séparation des deux moitiés du champ
doit passer par deux sommets
opposés de ce carré.

Qand on opère avec de la lumière blanche, la réfraction
s'accompagne de *dispersion*,
c'est-à-dire de séparation des
couleurs, et au lieu d'une ligne
nette de démarcation entre la
lumière et l'obscurité, on verra
une zone plus ou moins large
formée de bandes irisées parallèles. Pour faire disparaître ces
couleurs et rétablir la netteté
de la ligne de séparation, la lunette renferme dans son intérieur
un prisme *compensateur* dont
on voit la coupe à part (fig. 171,
FP), et qui se manœuvre au
moyen du bouton V (fig. 172).

L'angle dont il faut faire tourner le prisme compensateur,
pour corriger les effets de dis-
persion, se lit sur un cercle divisé qui se meut au-dessous du trait de
repère D; cet angle permet de calculer le coefficient de dispersion de la
substance soumise à l'expérience.

Ce qui fait du réfractomètre d'Abbe un instrument précieux pour le physiologiste, c'est surtout l'avantage qu'il offre de n'exiger que des quantités
de matières très petites; aussi s'en est-on déjà servi pour mesurer l'indice
de réfraction des différentes couches du cristallin.]]

144ᶜ. Du stéréoscope. — Le prisme est souvent utilisé en optique physiologique et dans la pratique ophtalmologique pour changer la direction des
rayons lumineux qui doivent pénétrer dans l'œil.

C'est à ce titre qu'il figure dans le *stéréoscope*. [Cet ingénieux appareil,
dont on doit la découverte à Wheatstone (1838), permet d'obtenir la sensation du relief, à l'aide de deux images planes représentant le même objet,
tel qu'il est vu par chacun des yeux; pour obtenir cet effet de relief, il est
indispensable que chaque œil voie seulement l'image qui lui correspond et
que les deux impressions se superposent.]

Wheatstone s'est servi, dans ce but, de deux miroirs convenablement inclinés; Brewster a eu l'heureuse idée de remplacer les miroirs par des
prismes.

Le stéréoscope à *réfraction* (fig. 173) se compose de deux prismes aigus

p et π, dont les sommets se regardent. Il en résulte que les rayons lumineux, partis des points c et γ des dessins ab et $\alpha\beta$, subissent, en traversant les prismes correspondants, une déviation telle qu'ils semblent émaner d'un même point q. Les images des points c et γ vont ainsi se peindre sur les rétines des deux yeux en des *points correspondants*, de sorte que leurs impressions se fusionnent et font voir un point unique q. Il en est de même pour tous les autres points des dessins ab et $\alpha\beta$, qui, pris deux à deux, confondent leurs impressions, et au lieu de voir deux images distinctes, on n'en aperçoit qu'une seule ; mais comme les dessins plans ab et $\alpha\beta$ sont eux-mêmes des représentations d'un objet unique, vu de deux points différents, on a la sensation d'une image en relief, comme si on regardait l'objet lui-même.

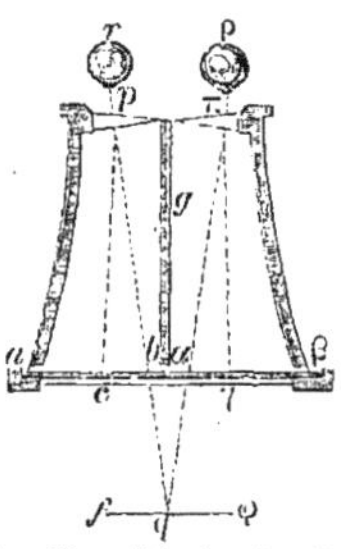

Fig. 173. — Principe du stéréoscope à prismes.

Un écran g sépare en deux la caisse de l'instrument et empêche que le dessin correspondant à l'œil droit ne soit vu par l'œil gauche, et *vice versa*.

Si les prismes n'existaient pas, il faudrait, pour atteindre le même résultat, que l'œil r fixât le point c et l'œil ρ le point γ, c'est-à-dire que les axes des yeux fussent parallèles ; avec un peu d'exercice, on parvient à obtenir ce parallélisme, tout en regardant des objets rapprochés ; mais ce n'est pas sans un certain effort qu'on arrive ainsi à dissocier les mouvements des yeux, et la présence des prismes dans le stéréoscope n'a d'autre but que de ramener les images d'objets distants l'un de l'autre sur des points correspondants des rétines, tout en laissant aux axes visuels le degré de convergence requis par l'éloignement de l'objet.

Ordinairement on emploie, dans la construction du stéréoscope, non des prismes à faces planes, mais des lentilles prismatiques, qu'on obtient en coupant par le milieu une lentille biconvexe de 18 centimètres de distance focale ; les deux moitiés sont disposées dans l'instrument de manière que le bord épais soit tourné en dehors. Par ce moyen, non seulement les deux images stéréoscopiques sont fusionnées en une seule, mais encore elles sont agrandies par suite de l'effet des lentilles. Le stéréoscope ainsi construit a reçu de son inventeur, le célèbre Brewster, le nom de *stéréoscope à lentilles*.

144ᵈ. Emploi des verres prismatiques en ophtalmologie. — Quand on place devant l'œil un prisme dont le sommet est tourné *en dedans*, c'est-à-dire vers le nez, tous les objets vus au travers du prisme paraissent déplacés dans cette même direction d'une quantité sensiblement proportionelle à la distance et à l'angle de déviation δ. Ainsi le point S (fig. 174), regardé à travers le prisme A, semble transporté en S'. Dispose-t-on le prisme en sens contraire, la base *en dedans*, les objets paraissent déplacés *en dehors*. Un observateur, ayant l'œil ainsi armé d'un prisme et regardant en même temps avec l'autre œil, verra tous les objets *en double* (diplopie) ; car un objet n'est vu *simple* avec les deux yeux qu'autant que son image dans chaque œil se peint sur des points correspondants des rétines, par exemple sur les deux *taches jaunes*.

Supposons, au contraire, que l'un des yeux soit affecté de *strabisme*, c'est-à-dire dévié en dedans ou en dehors par rapport à son congénère ;

dans ces conditions, les deux yeux ne peuvent pas fixer simultanément le même objet, et il en résulte, en général, l'apparition de doubles images. La diplopie est dite *homonyme* ou *croisée*, suivant que chaque œil projette son image du côté où il se trouve ou du côté opposé. L'emploi d'un prisme permet alors d'amener leur fusionnement et de supprimer ainsi la diplopie sans annuler du même coup la vision binoculaire. Considérons, par exemple, le cas où l'œil droit louche en dedans (strabisme interne) et engendre ainsi une diplopie homonyme : en plaçant devant cet œil un prisme d'angle convenable et à sommet interne, nous pouvons ramener l'image sur la tache jaune et rétablir ainsi l'unicité de la vision. On corrigerait de même la diplopie croisée produite par un strabisme externe, en mettant devant l'œil malade un prisme à sommet tourné en dehors, etc. Dans tous les cas, pour que la correction soit exacte, il faut que la déviation du prisme soit égale et de sens contraire à la déviation de l'axe visuel de l'œil strabique.

On a souvent recours, dans la pratique ophtalmologique, à cet effet de compensation du prisme, soit pour mesurer la déviation d'un œil strabique, en cherchant le prisme qui corrige exactement la diplopie, soit pour guérir les degrés légers de strabisme, en habituant graduellement les yeux à fusionner les doubles images avec des prismes dont on diminue progressivement l'angle. [M. Javal a recommandé par le même usage un stéréoscope *à réflexion*, dans lequel on peut faire varier l'angle des miroirs.]]

[144°. **Bi-prisme du docteur Monoyer** [1]. — Cet instrument a pour but de mettre à la disposition du médecin un moyen de découvrir la simulation de l'amau-

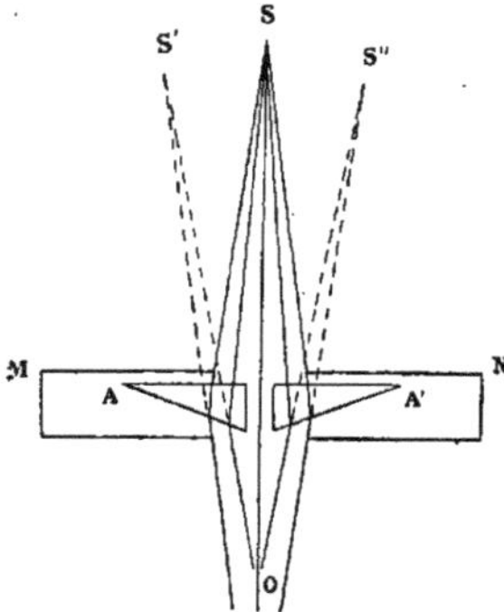

Fig. 174. — Bi-prisme de Monoyer.

rose unilatérale, bien supérieur à l'emploi des miroirs pseudoscopiques (cf. § 133ª, p. 324) et des autres procédés connus.

Le bi-prisme en question se compose, comme son nom l'indique, de deux petits prismes A, A′ (fig. 174) de 10° chacun, opposés par leurs bases. Ces prismes sont renfermés dans une boîte cylindrique percée d'une ouverture centrale sur chaque face. A l'aide de deux boutons extérieurs et d'un mécanisme particulier, non représenté sur la figure, il est possible d'amener en regard des ouvertures centrales : 1° un seul prisme, l'un ou l'autre au choix (système à *simple effet*); 2° une portion de la base de chaque prisme, ces bases étant appliquées l'une contre l'autre (système à *double effet*); 3° une portion de chacun des deux prismes, mais les bases laissant entre elles un intervalle de 1ᵐᵐ (système à *triple effet*).

L'œil regardant par les ouvertures centrales de cet instrument un objet, tel qu'une bougie, apercevra :

(1) MONOYER. Sur trois nouveaux moyens de découvrir la simulation de l'amaurose unilatérale. (*Gaz. hebd. de méd. et de chir.* 1872.)

a) Dans le premier cas, une seule image, mais déviée dans une direction ou dans la direction opposée suivant le prisme utilisé ;

b) Dans le deuxième cas, deux images, plus ou moins écartées l'une de l'autre suivant la distance à laquelle se trouve la bougie.

c) Dans le troisième cas, trois images, dont une centrale, vue directement, à travers l'intervalle des deux prismes.

Ajoutons qu'en faisant tourner l'instrument autour d'un axe passant par ses deux ouvertures, on fera tourner dans le même sens les images déviées par les prismes.

Si l'individu soumis à l'examen est réellement aveugle de l'autre œil, laissé libre, il ne verra que les images dont nous venons de parler et devra en indiquer le nombre et la position relative.

Mais, s'il simule, si l'œil prétendu aveugle voit aussi, alors cet œil lui fournira une image qui sera tantôt isolée, tantôt fusionnée avec l'une des images vues par l'autre œil, et sans que le simulateur puisse savoir s'il a affaire à une image vue monoculairement ou binoculairement. Voici, entre une foule de combinaisons, l'une des plus propres à faire découvrir la simulation : le bi-prisme étant orienté de manière que les images qu'il donne soient disposées en ligne verticale, on commence par lui faire produire le *triple effet*. Dans cette position des prismes, il y a toujours *trois* images visibles, pour celui qui ne voit que d'un œil comme pour celui dont les deux yeux fonctionnent normalement; mais, dans ce dernier cas, l'image centrale est vue binoculairement. Nous supposerons donc que l'individu soupçonné accuse la présence des trois images, sinon il serait superflu de poursuivre l'examen. Remplaçons alors, à l'insu du simulateur, le triple effet par le double ; rien ne sera changé en apparence pour celui qui jouit de la vision binoculaire; le nombre et la position des images seront les mêmes; seulement, l'image centrale ne sera plus vue que par l'œil prétendu amaurotique, ce dont le simulateur ne saurait s'apercevoir ; il continuera donc à dire qu'il voit trois images. S'il était réellement borgne, il n'en verrait plus que deux]].

[144ᶠ. Diplomètre du docteur Landolt. — Cet instrument, dans lequel l'auteur utilise la déviation des rayons lumineux par les prismes, est destiné à mesurer le diamètre d'objets intangibles, et en particulier celui de la pupille. Au fond, c'est aussi un ophtalmomètre, mais moins exact que celui de Helmholtz, bien qu'il puisse servir aux mêmes usages, quand une grande précision n'est pas de rigueur, et qu'on désire opérer rapidement.

Le diplomètre se compose de deux moitiés d'un même prisme coupé par un plan perpendiculaire à l'arête de réfringence, l'une des moitiés ayant été tournée de 180°, de manière à avoir son sommet du même côté que la base de l'autre, et *vice versa*.

Il résulte de cette disposition que les rayons lumineux sont déviés dans un sens par l'une des moitiés et en sens opposé par l'autre; en conséquence, un pinceau lumineux issu d'un même point et tombant à cheval sur la ligne de jonction de ces deux prismes se dédoublera en deux demi-pinceaux déviés en sens opposés : d'où formation de deux images virtuelles, comme dans l'ophtalmomètre.

L'écartement apparent des images dépend non seulement de l'angle du prisme, mais aussi de la distance de l'objet, à laquelle il est sensiblement proportionnel, comme il est facile de le voir.

Les deux prismes sont enchâssés dans une bague, qui glisse le long d'une tige graduée, dont les divisions donnent directement la grandeur de l'objet à mesurer.

Pour mesurer le diamètre de la pupille avec le diplomètre, on applique contre le pourtour de l'orbite les trois pieds qui terminent la tige de l'instrument; puis on éloigne la bague qui porte les prismes jusqu'à ce que les deux demi-pupilles qu'on voit au travers, et qui glissent l'une par rapport à l'autre le long de leur diamètre commun soient devenues tangentes par les extrémités opposées de ce diamètre (le contour de la pupille figure alors la lettre S); à ce moment-là, l'écartement des images est précisément égal au diamètre cherché, et il suffit de lire, sur la tige graduée, la division à laquelle affleure la bague, pour avoir la largeur de la pupille en millimètres.]

145. Réflexion de la lumière dans l'intérieur des prismes. Emploi des prismes comme réflecteurs ou miroirs. — Nous venons de voir que le prisme dévie les rayons lumineux qui le traversent; il peut aussi changer leur direction par un effet de réflexion totale.

I. Considérons, par exemple, le prisme D E F (fig. 175) *rectangulaire* en E et *isocèle*, dont l'angle de réfringence F est de 45°, et orientons-le de

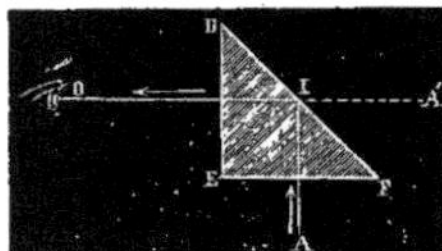

Fig. 175. — Prisme rectangulaire à réflexion totale.

manière que le rayon A I soit perpendiculaire à la face d'entrée E F; ce rayon pénétrera sans déviation dans le milieu réfringent, et arrivera ainsi jusqu'à la face hypothénuse D F, en I, sous une incidence de 45°. En ce point, il sera réfléchi et prendra une direction I O, faisant avec la direction première un angle de 90°, et perpendiculaire, par conséquent, à la seconde face D E, qu'il traversera donc sans éprouver de déviation.

Le prisme a agi, dans ce cas, comme l'eût fait un miroir plan placé en DF, et se présentant aux rayons incidents sous un angle de 45°. Il y a toutefois une différence capitale entre les effets produits, suivant que la réflexion a lieu sur un miroir ou sur la face hypoténuse d'un prisme rectangle : dans le premier cas, la lumière n'est que partiellement réfléchie, une portion étant absorbée par la substance du miroir; dans le second cas, il *y a réflexion totale*, attendu que l'*angle limite* du verre est de 41°30′, que, par conséquent, les rayons qui rencontrent la face DF sous un angle de 45° ne peuvent pas la traverser et sont réfléchis totalement (cf. § 141).

Un observateur, placé en O sur le trajet des rayons émergents, verra donc le point A transporté en A′; si, au lieu d'un point unique, on a affaire à un objet, le prisme en donnera par réflexion une image symétriquement placée, exactement comme dans le cas des miroirs plans. Cette propriété du prisme rectangle est utilisée dans plusieurs instruments d'optique, notamment dans le microscope et l'ophtalmoscope binoculaires.

II. On peut obtenir la réflexion totale dans un prisme sans changement de direction des rayons lumineux. Considérons, en effet, un rayon incident LI, parallèle à la grande face BC du prisme (fig. 176). Rencontrant la face AB sous une incidence de 45° il se réfractera en se rapprochant de la normale et prendra la direction II'. Or, l'angle de réfraction à travers la face AB est inférieur à 45°; par conséquent l'angle d'incidence sur la face BC est supérieur à 45°, et de là résulte la réflexion totale du rayon lumineux qui suit alors la route I' I", et sort du prisme par la face AC, parallèlement à sa direction première, puisque l'angle

d'incidence sur la face de sortie est évidemment égal à l'angle de réfraction relatif à la face d'entrée. Ainsi, dans ce cas, la lumière éprouve successivement deux réfractions et une réflexion, et tous les rayons parallèles à l'hypoténuse sortent du prisme sans déviation ; mais leurs rapports de position sont intervertis: le rayon LI, qui était le plus rapproché du

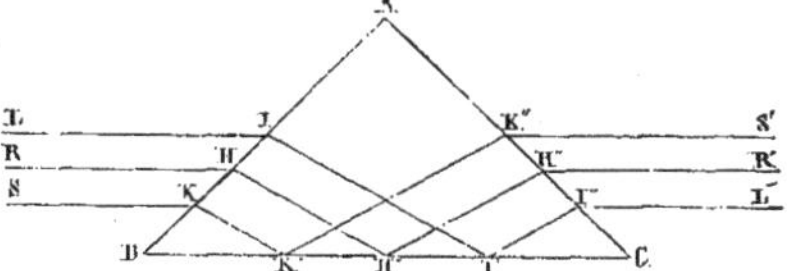

Fig. 176. — Prisme à réflexion totale sans déviation des rayons lumineux.

sommet, donne le rayon I"L", qui est le plus rapproché de la base ; de même le rayon SK, le plus éloigné du sommet dans le faisceau incident, devient K"S", qui est le plus éloigné de la base. Si donc on regarde un objet à travers un semblable prisme, on voit une image semblable à l'objet, de même grandeur et occupant sensiblement la même position, mais *renversée*, suivant une direction perpendiculaire aux arêtes du prisme, c'est-à-dire *symétrique* de l'objet par rapport à un plan parallèle à la face hypoténuse.

Ce genre de prisme à réflexion peut être utilisé pour produire des effets de reliefs, à l'aide d'un dessin unique, dans le cas où l'objet que ce dessin représente donnerait, vu en perspective par les deux yeux, deux images symétriques l'une de l'autre.

CHAPITRE VI

RÉFRACTION DE LA LUMIÈRE A TRAVERS UNE SURFACE COURBE

146. Réfraction à travers une surface sphérique. Dioptre simple. — La réfraction de la lumière par une surface courbe ou *dioptre simple* repose sur les mêmes principes que la réfraction par les surfaces planes ; les différences observées dans les effets tiennent uniquement à cette circonstance que, dans le cas où la surface de séparation est courbe, la direction de la normale varie d'un point à l'autre, tandis qu'elle est constante pour les surfaces planes.

[Nous aurions quatre cas à examiner, suivant que le point lumineux est situé dans le milieu le plus réfringent ou dans le milieu le moins réfringent, et suivant que la surface d'entrée est convexe ou concave ; mais ces quatre dioptres sont deux à deux *réciproques* l'un de l'autre, et il suffit d'étudier complètement l'un d'eux pour les connaître tous.

Nous rechercherons, en premier lieu, ce qui arrive quand les milieux réfringents sont séparés par une surface de révolution autour de l'axe principal, et nous choisirons la surface sphérique. Nous supposerons, en outre, que les rayons incidents sont homocentriques et composés d'une seule espèce de vibrations. Il est entendu d'ailleurs, ici comme pour la réflexion, que l'on considère seulement des surfaces de petite ouverture, c'est-à-dire ayant une faible étendue par rapport au rayon de courbure.]

I. DIOPTRE CONVERGENT OU POSITIF. — Soit IAK (fig. 177) la coupe d'une calotte sphérique décrite du point O comme centre avec OA pour rayon ; le milieu situé à la gauche de la surface étant moins réfringent que le milieu de droite, et le point de départ des rayons incidents se trouvant dans le milieu le moins réfringent, en sorte que la surface d'entrée est convexe. Le

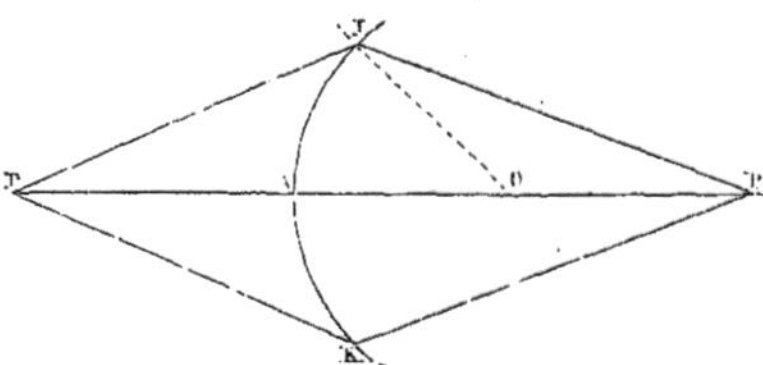

FIG. 177. — Foyers conjugués dans la réfraction à travers un dioptre sphérique.

centre de figure A s'appelle le *sommet* ou le *pôle* de la surface réfringente, et la droite PP', qui passe par ce point et par le centre de courbure O, est l'*axe principal*.

MARCHE DES RAYONS LUMINEUX. FOYERS CONJUGUÉS. — Considérons le rayon lumineux PI parti du point P et cherchons le rayon réfracté correspondant. A cet effet, menons au point d'incidence I la normale, laquelle se confond avec le rayon OI de la sphère dont fait partie la surface réfringente ; puis traçons le rayon réfracté IP', faisant avec la normale un angle de réfraction qui satisfasse à la loi des sinus. En construisant de la même manière les rayons réfractés correspondants aux divers rayons incidents qui partent du point P et qui rencontrent le dioptre IAK, on trouverait que tous ces rayons vont, après leur réfraction, concourir très sensiblement en un point P' situé sur l'axe principal. Ce point est l'*image* du point P.

Réciproquement, si le point lumineux est placé dans le milieu le plus réfringent, en P', par exemple, les rayons qui en émanent iront, après réfraction, se réunir en P ; car, en vertu de la loi de réciprocité, la lumière prendra, pour aller de P' en P, la même route que celle quelle a suivie pour se rendre de P en P' ; pour cette raison, les points tels que P et P' sont appelés *foyers conjugués*.

FOYERS PRINCIPAUX. — La distance du foyer conjugué P' au sommet A

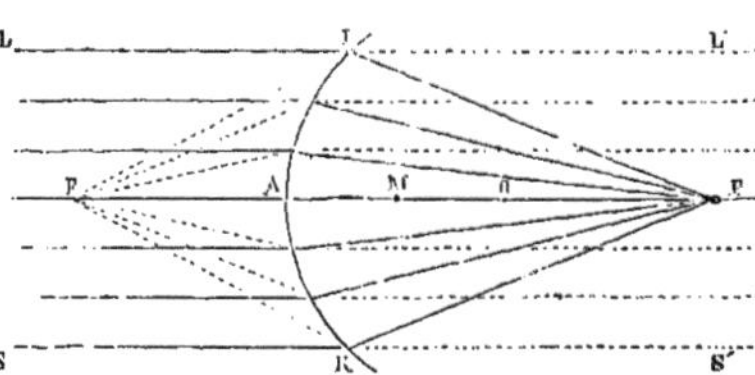

FIG. 178. — Foyers principaux dans la réfraction à travers un dioptre sphérique.

du dioptre simple dépend de la distance du point lumineux P : à mesure que celui-ci s'éloigne du sommet A, son foyer conjugué, marchant dans le même sens, s'approche de la surface réfringente. Lorsque le point lumineux a reculé à l'infini, les rayons qui en partent LI, FA, SK (fig. 178) sont parallèles entre eux, et leur point de concours, après la réfraction, est situé en F'. Ce point F', où viennent se réunir les rayons réfractés correspondants à des rayons incidents parallèles à l'axe principal, s'appelle le *foyer principal postérieur*, ou *second foyer principal* et sa distance à la surface réfringente est la *longueur focale postérieure*. Entre le foyer principal F' et la surface réfringente, il ne peut se former de foyer conjugué qu'autant que les rayons incidents ont été rendus convergents par une réfraction ou une réflexion préalables.

Supposons, au contraire, que le point lumineux se rapproche du sommet A ; son foyer conjugué s'éloignera de plus en plus, jusqu'à l'infini. Les rayons réfractés seront alors représentés par les droites pointillées IL', AF', KS', parallèles à l'axe principal, et le point lumineux occupera une position déterminée F, qui porte le nom de *foyer principal antérieur* ou *premier foyer principal;* la distance FA s'appelle la *longueur focale antérieure.*

Si le point lumineux se rapproche encore davantage de la surface réfringente, les rayons qui en partent resteront divergents après la réfraction ; seulement leur divergence sera moins grande que celle du faisceau incident, et, au lieu de se réunir de l'autre côté de la surface IAK, pour former une image *réelle*, ils sembleront partir d'un point situé du même côté du dioptre que le point lumineux ; l'image sera *virtuelle.*

Tous ces résultats se déduisent rigoureusement de la discussion des formules dont il va être question.

FORMULE DES FOYERS CONJUGUÉS OU DES ABSCISSES. — En appelant p et p' les distances de l'objet et de son image au sommet du dioptre, r le rayon de courbure de celle-ci, n l'indice relatif des deux milieux, on démontre aisément qu'il existe entre ces quatre quantités la relation :

$$\frac{1}{p} + n\,\frac{1}{p'} = (n-1)\,\frac{1}{r} \quad \cdots \cdots \quad (\text{I})$$

Telle est la formule classique des foyers conjugués.

Lorsque $p = \infty$, il vient : $n\,\dfrac{1}{p'} = (n-1)\,\dfrac{1}{r}$ d'où : $p' = \dfrac{n}{n-1}\,r = f'\ldots$ (1)

Pour que $p' = \infty$, il faut que : $\dfrac{1}{p} = (n-1)\,\dfrac{1}{r}$ d'où : $p = \dfrac{1}{n-1}\,r = f\ldots$ (2)

Or, quand $p = \infty$, les rayons incidents sont parallèles à l'axe principal et le point de concours des rayons réfractés est le *foyer principal postérieur* F' (fig. 178) ; la valeur f' représente donc la *longueur focale postérieure.* Pour que les rayons réfractés sortent parallèlement à l'axe, c'est-à-dire pour que $p' = \infty$, il faut que l'objet soit au *foyer antérieur* F ; la longueur focale antérieure est donc f.

On voit que les deux foyers F et F' sont inégalement distants du sommet A du dioptre considéré et que le foyer postérieur F' est le plus éloigné. [La comparaison des formules (1) et (2) donne pour le rapport des deux longueurs focales : $\dfrac{f'}{f} = n$, et pour leur différence : $f' - f = r$. Donc les deux foyers sont à égale distance du milieu M du rayon de courbure.

En remplaçant, dans la formule (I), r par sa valeur en fonction de f et de f', tirée des équations (1) et (2), nous obtenons :

$$\frac{1}{p} + n\,\frac{1}{p'} = \frac{1}{f} \quad \cdots \cdots \quad (\text{II})$$

ou ce que nous appellerons la *formule transformée* :

$$\frac{f}{p} + \frac{f'}{p'} = 1 \quad \cdots \cdots \quad (\text{III})$$

Enfin, si, au lieu de prendre pour origine des distances le sommet A du dioptre, on représente par q la distance de l'objet au foyer antérieur et par q' la distance de son image au foyer postérieur, on a la formule *simplifiée* :

$$qq' = ff'. \quad\quad\quad (\text{IV})$$

La discussion de l'une quelconque des trois formules (I), (II) et (III) conduit aux résultats suivants :

Quand l'objet se rapproche de la surface réfringente, en venant de l'infini jusqu'au foyer principal antérieur, l'image est réelle et s'éloigne ; en allant du foyer postérieur à l'infini, de l'autre côté de la surface. Puis, pendant que l'objet marche depuis le foyer antérieur jusqu'au sommet A, l'image passe du même côté que lui, devient virtuelle et va de l'infini à la surface ; en cet endroit, l'objet et son image se rencontrent au même point.

Si l'objet devient *virtuel*, c'est-à-dire si les rayons incidents sont convergents, de telle sorte que, en poursuivant leur route, ils iraient concourir en un point situé derrière la surface réfringente, dans ce cas, l'image est toujours *réelle* et parcourt l'intervalle compris entre le sommet A et le foyer postérieur, pendant que l'objet s'éloigne de la surface jusqu'à l'infini postérieur.

En résumé, *les foyers conjugués marchent toujours dans le même sens.*

Les formules qui précèdent supposent que le point lumineux est situé dans le milieu le moins réfringent, et que la surface d'entrée est convexe. Elles s'appliquent aussi au cas où l'objet est situé dans le milieu le plus réfringent et où la surface d'entrée est concave, car ce cas est réciproque du premier ; il suffira donc de désigner alors par p' la distance de l'objet et par p celle de l'image. Mais si on veut continuer à appeler p la distance de l'objet et p' celle de l'image, la formule (I) deviendra :

$$n \frac{1}{p} + \frac{1}{p'} = (n - 1) \frac{1}{r} \quad \ldots \ldots \quad \text{(V)}$$

Quant aux formules II, III et IV elles resteront les mêmes.

PLANS FOCAUX. — La relation qui existe entre les foyers conjugés situés sur l'axe principal s'applique également au cas où le point lumineux est en dehors de cet axe : l'image se fait sur la droite qui passe par l'objet et par le centre de courbure, c'est-à-dire sur l'axe secondaire correspondant, et les distances respectives de ces deux foyers conjugués à la surface réfringente sont liées entre elles par la même loi que celle qui détermine les positions relatives des foyers conjugués sur l'axe principal.

A mesure que l'objet s'éloigne du dioptre, son image s'en rapproche, et quand il est à une distance infinie, les rayons incidents sont parallèles à l'axe secondaire et vont, après la réfraction, concourir en un point situé sur cet axe à la même distance de la surface réfringente que celle qui sépare sur l'axe principal le foyer postérieur F' du sommet A (fig. 179). Si l'axe

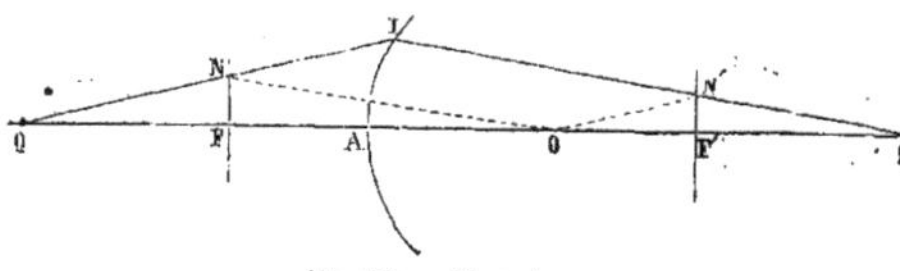

FIG. 179. — Plans focaux.

secondaire considéré fait un très petit angle avec l'axe principal, si, par conséquent, il rencontre la surface réfringente en un point très voisin du pôle A, le foyer principal de cet axe secondaire est sensiblement situé dans un plan mené par le foyer F' perpendiculairement à l'axe principal. Il en serait de même pour tous les autres axes secondaires voisins de l'axe FF'. Donc, le plan F'N', perpendiculaire à l'axe principal et mené par le foyer F', renferme tous les foyers principaux relatifs aux divers axes secondaires ; ce plan porte le nom de *plan focal postérieur*, ou *second plan focal.*

Élevons aussi au foyer antérieur F un plan FN perpendiculaire à l'axe principal ; nous aurons le *plan focal antérieur* ou *premier plan focal.* Tout point situé dans ce plan enverra sur la surface réfringente des rayons qui, après la réfraction, se propageront dans le second milieu parallèlement à l'axe secondaire relatif au point considéré.

|La notion des plans focaux est utile à connaître, car elle permet de construire le rayon réfracté correspondant à un rayon incident quelconque ou de déterminer géométriquement la position du foyer conjugué d'un point lumineux situé sur l'axe principal. Soit, par exemple, le rayon incident QI (fig. 179); il s'agit de trouver le rayon réfracté correspondant. Le rayon QI coupe le plan focal antérieur en N : or, nous savons que tout rayon lumineux parti d'un point du plan focal antérieur prend, en se réfractant, une direction parallèle à l'axe secondaire de ce point. Il suffit donc de tracer cet axe secondaire NO et de lui mener par le point d'incidence I une parallèle IQ'; cette dernière droite est le rayon réfracté cherché.

On peut encore s'y prendre autrement : menons l'axe secondaire ON' parallèle au rayon incident QI; le point N', où cet axe coupe le plan focal postérieur, est le foyer où viennent se réunir, après la réfraction, les rayons incidents parallèles à ON'. Donc, en joignant IN', nous obtenons le rayon réfracté correspondant au rayon incident QI.

Le point lumineux Q, d'où part le rayon incident QI, aura évidemment pour foyer conjugué le point Q', où le rayon réfracté IQ' coupe l'axe principal.]

CONSTRUCTION DE L'IMAGE D'UN OBJET. — Pour construire l'image d'un objet, il suffit de construire l'image de ses différents points. On vient de voir comment s'obtient l'image d'un point situé sur l'axe principal; reste donc à montrer la manière de construire le foyer conjugué d'un point placé en dehors de cet axe.

Soit P (fig. 180) le point lumineux dont il s'agit de trouver le foyer conjugué. Menons le rayon incident PI, parallèle à l'axe principal; le rayon réfracté correspondant IP' doit passer par le foyer postérieur F'. Joignons le point P au foyer antérieur F et prolongeons

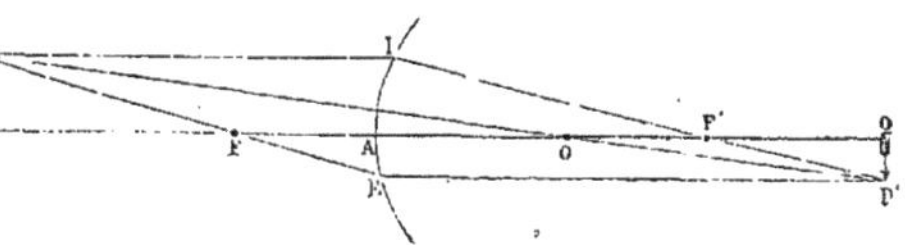

FIG. 180. — Construction de l'image de réfraction d'un objet.

cette droite jusqu'à sa rencontre avec la surface réfringente; nous avons ainsi un rayon incident PE, qui, après la réfraction, doit marcher parallèlement à l'axe principal, suivant EP'. Le point de rencontre P' des deux rayons réfractés IP' et EP' est le foyer conjugué du point P. — L'axe secondaire POP', relatif à l'objet P doit aussi passer par l'image P'; de là, deux autres manières de déterminer ce dernier point.

Pour construire l'image de l'objet PQ, il faudrait encore trouver le foyer conjugué du point Q; mais comme, dans la figure ci-dessus, la flèche PQ est perpendiculaire à l'axe principal, son image aura la même direction, et on l'obtiendra en menant P'Q' perpendiculaire à l'axe QQ'. Tout objet placé ainsi au delà du foyer antérieur donne une image *réelle* et *renversée*, située de l'autre côté de la surface réfringente. [Quand l'objet est à une distance double de la longueur focale antérieure, l'image lui est égale en grandeur; elle est plus petite que l'objet lorsque celui-ci est au delà de cette position, et plus grande lorsqu'il se trouve en deçà. Quand l'objet est situé entre le foyer et la surface réfringente, l'image est *virtuelle, droite* et toujours plus grande que l'objet.

FORMULE DU GROSSISSEMENT OU DES ORDONNÉES. — A l'aide de simples considérations géométriques, on démontrerait aisément sur la figure 180 que le rapport entre la grandeur y' de l'image et la grandeur y de l'objet a pour valeur :

$$\frac{y'}{y} = \frac{f}{p-f},$$

ou encore :

$$y\,\frac{f}{p} = y'\,\frac{f'}{p'}.$$

En adoptant la formule simplifiée des foyers conjugués : $qq' = ff'$, on obtiendrait pour le rapport des grandeurs :

$$\frac{y'}{y} = \frac{f}{q} = \frac{q'}{f'}. \ \ \dots \ ]$$

147. Aberration de sphéricité des surfaces réfringentes.

— Toutes les lois établies dans le paragraphe précédent ne sont applicables que dans les cas où l'on considère des dioptres de petite ouverture et des rayons incidents très voisins de l'axe principal. Dès l'instant que ces conditions ne sont pas réalisées, l'homocentricité des rayons est détruite par la réfraction : les rayons parallèles ou émis par un point lumineux situé à distance finie ne se réfractent pas de manière à concourir en un point unique; les rayons périphériques se réunissent plus près de la surface réfringente que les rayons centraux; il se produit ici le phénomène que nous avons déjà indiqué à propos de la réflexion par les miroirs sphériques (cf. § 137, fig. 163).

Soit IAK (fig. 181) la coupe d'une surface réfringente de grande étendue par rapport à son rayon de courbure. Considérons le faisceau de rayons

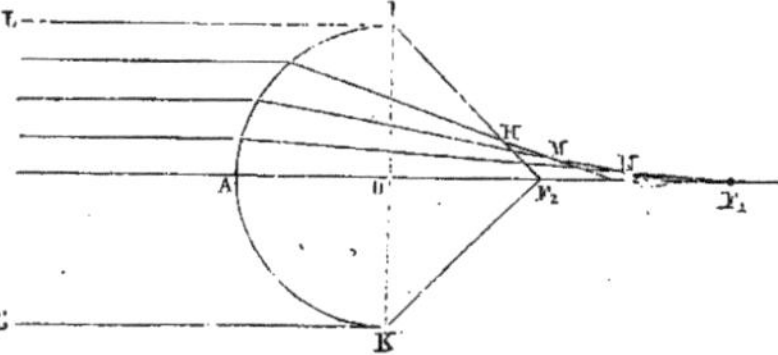

Fig. 181. — Aberration de sphéricité d'une surface réfringente.

parallèles LISK situés dans le plan de la figure; les rayons réfractés correspondants à la moitié supérieure du faisceau se coupent deux à deux, suivant une ligne courbe qui porte le nom de *caustique par réfraction*. Pour obtenir les divers points H, M, N, F_1 qui déterminent cette courbe, il faut construire pour chaque rayon incident un rayon réfracté qui satisfasse à la loi des sinus. La moitié inférieure du faisceau lumineux donnerait une caustique semblable à la précédente, et l'on aurait ainsi une *surface caustique* présentant la forme d'un pavillon de cor.

[Nous ajouterons qu'il n'existe pas de forme de surface réfringente qui conserve l'homocentricité des rayons réfractés, pour une position quelconque des rayons incidents; le plan lui-même, qui faisait exception dans la réflexion de la lumière, ne donne pas de point unique comme image d'un point. On connaît, il est vrai, des surfaces de révolution (ellipsoïde, hyperboloïde, sphère) pour lesquelles la caustique se réduit à un point, mais seulement pour une position déterminée et fixe du point lumineux.]

148. [Réfraction astigmatique régulière.

— On a vu dans le § 146 que toute surface réfringente symétrique autour de l'axe principal et à courbure réguliére, tel est le cas de la callote sphérique, réduit les rayons réfractés en un point unique, à condition toutefois que l'ouverture de la surface soit peu considérable et que les rayons incidents soient homocentriques. Dans ces conditions, si le faisceau incident a la forme d'un cylindre ou d'un cône divergent à base circulaire, le faisceau réfracté est un cône à base circulaire, dont le sommet représente le foyer conjugué du point lumineux. En coupant ce faisceau par une série de plans perpendiculaires à l'axe principal on obtient des sections circulaires dont le diamètre est d'autant plus petit qu'on se rapproche davantage du sommet du cône; à ce niveau, la section se réduit à un point.

Quand la surface réfringente n'est pas symétrique autour de l'axe principal, le faisceau réfracté peut avoir des formes très diverses, mais jamais il n'offre celle d'un cône, et par suite les rayons ne concourent pas en un point unique, alors même qu'ils sont très voisins de l'axe principal. Parmi toutes les formes de surfaces réfringentes non symétriques autour de l'axe principal, il en est une qui intéresse particulièrement le médecin, parce qu'on la retrouve à un degré plus ou moins prononcé dans le système dioptrique de l'œil chez tous les hommes, et qu'elle y donne lieu à une anomalie de la

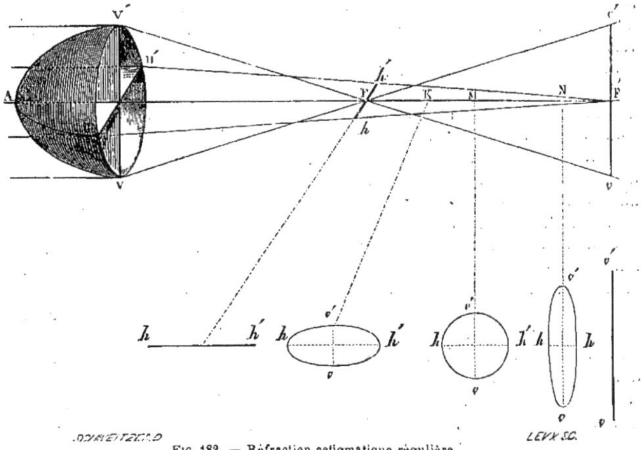

Fig. 182. — Réfraction astigmatique régulière.

réfraction connue sous le nom d'*astigmatisme régulier* (voy. § 181ᵉ). Nous voulons parler du cas où la surface d'entrée des rayons lumineux est le sommet d'un *ellipsoïde à trois axes inégaux,* de telle sorte, par exemple, que la courbure du méridien vertical VV' (fig. 182) soit plus forte que celle du méridien horizontal HH'. C'est au géomètre français Stürm que nous devons de connaître la marche de la lumière à travers une semblable surface réfringente.

Considérons la surface AVHV'H', qui représente en perspective une portion de la surface d'un ellipsoïde à trois axes inégaux,. ayant son sommet en A et son grand axe dirigé suivant la droite AF'; la courbe elliptique VAV', située dans le plan de la figure, est le méridien vertical; la courbe HAH', qu'on doit se représenter située dans un plan perpendiculaire à celui de la figure, est le méridien horizontal. Imaginons qu'un faisceau de rayons parallèles à l'axe principal et limité par une ouverture circulaire rencontre la surface réfringente en question; nous allons indiquer quelle sera la forme du faisceau réfracté correspondant, en supposant que la courbure du méridien vertical soit plus petite que celle du méridien horizontal et que le second milieu ait une réfringence supérieure à celle du premier.

Les rayons lumineux situés dans le plan du méridien vertical VAV', qui est une section principale de l'ellipsoïde, vont, après la réfraction, se réunir sur l'axe principal en un point F; les rayons situés dans le méridien horizontal HAH' forment leur foyer plus loin en F', attendu que la longueur focale est proportionnelle au rayon de courbure (voy. la formule [1] de la page 355). Les points F et F' sont appelés, le premier, *point focal antérieur*, le second, *point focal postérieur;* la distance FF' porte le nom d'*intervalle focal*. Si, par le point focal antérieur F, on mène dans le méridien horizontal une perpendiculaire hh' à l'axe principal, et par le point focal postérieur F' une perpendiculaire vv' au même axe, mais dans le méridien vertical, les portions de ces droites comprises entre les rayons extrêmes sont les *lignes focales*, antérieure et postérieure. Or, on démontre que tous les rayons réfractés, quel que soit le méridien correspondant à leur point d'incidence, s'appuient à la fois sur l'une et l'autre des deux lignes focales et sont ainsi enveloppés par une surface *gauche*, c'est-à-dire par une surface non développable sur un plan. Il n'y a donc que les rayons situés dans les deux méridiens principaux qui aillent se réunir sur l'axe principal; les autres se croisent en dehors, car les normales à leur point d'incidence ne rencontrent pas cet axe.

Pour nous faire une idée plus nette de la forme du faisceau réfracté, nous allons le couper en divers points de l'intervalle focal par des plans perpendiculaires à l'axe principal; les sections ainsi obtenues sont représentées au bas de la figure 182. On voit qu'au niveau du point focal antérieur F, le faisceau se réduit à une droite horizontale hh', qui est. la ligne focale antérieure; plus loin, à la hauteur du point K, la section présente la forme d'une ellipse dont le grand axe est horizontal; en un certain point M, elle se transforme en un cercle; au delà, elle redevient une ellipse, mais dont le grand axe est vertical. Enfin, au point focal postérieur, nous retrouvons une simple droite verticale, la ligne focale postérieure vv'. En dehors de l'intervalle focal, on obtient toujours des ellipses à grand axe horizontal ou vertical, selon que la section est faite en avant de la ligne focale antérieure ou en arrière de la ligne focale postérieure. C'est d'ailleurs dans l'intervalle focal qu'a lieu la plus grande accumulation de lumière.

Les distances des points focaux F et F' sont régies par la loi de la réfraction à travers les surfaces sphériques. On démontre aisément, à l'aide de simples considérations géométriques, en rabattant le plan du méridien horizontal sur le méridien vertical, que les *longueurs des lignes focales sont proportionnelles à leurs distances au sommet de la surface réfrin-*

gente ; que, par suite, *la ligne focale antérieure est plus courte que la postérieure,* et que *la section circulaire est plus rapprochée du point focal antérieur que du postérieur.*]

[Les résultats précédents subsistent encore après un nombre quelconque de réfractions, quelles que soient, d'ailleurs, les surfaces réfringentes ; en particulier la forme que nous venons de décrire est celle que présente un faisceau de rayons réfractés par le système dioptrique d'un œil affecté d'astigmatisme.]]

CHAPITRE VII

RÉFRACTION DE LA LUMIÈRE DANS UN MILIEU TERMINÉ PAR DEUX SURFACES COURBES (LENTILLES)

149. Diverses espèces de lentilles sphériques. — La lumière suit une route plus compliquée quand, au lieu de rencontrer sur son passage une seule surface réfringente, elle traverse plusieurs milieux transparents séparés les uns des autres par des surfaces courbes. Ne voulant examiner que les cas les plus intéressants au point de vue pratique, nous supposerons dans tout ce chapitre que les milieux réfringents traversés par la lumière constituent un *système dioptrique centré,* c'est-à-dire que les centres de courbure des diverses surfaces de séparation sont situés sur une même droite, qui est l'axe optique principal du système.

Le cas le plus simple est celui dans lequel un milieu transparent est limité par deux surfaces courbes qui le séparent de deux autres milieux ayant un même indice de réfraction, différent d'ailleurs de l'indice du milieu intermédiaire. Un pareil système se trouve réalisé dans les lentilles.

On nomme *lentille* un milieu transparent, terminé par deux faces courbes placées en regard l'une de l'autre et très rapprochées. [Suivant le genre de courbure des faces, on distingue les lentilles en *sphériques, cylindriques, elliptiques, paraboliques, hyperboliques.* Les lentilles sphériques, cylindriques et hyperboliques sont les seules que le médecin ait besoin de connaître ;] elles sont généralement faites en verre.

En combinant des surfaces sphériques entre elles ou avec des surfaces planes, on obtient six espèces de lentilles, qui sont représentées en coupe dans les figures 183 et 184.

Ces diverses espèces de lentilles se divisent en deux groupes : les lentilles *convergentes* ou *positives* et les lentilles *divergentes* ou *négatives.*

Premier groupe : Lentilles convergentes. — Ce groupe comprend :

1° La lentille *biconvexe* (fig. 183, I), dont les deux faces sont convexes et ont des courbures égales ou inégales ;

2° La lentille *plan-convexe* (II) : l'une des faces est plane, l'autre est convexe ;

3° Le *ménisque convergent* (III) : l'une des faces est convexe, l'autre est concave et moins courbe.

Les lentilles de ce groupe se reconnaissent pratiquement à ce qu'elles sont plus épaisses au centre que sur les bords. Elles jouissent, comme on le verra, de la propriété d'augmenter la convergence des rayons lumineux.

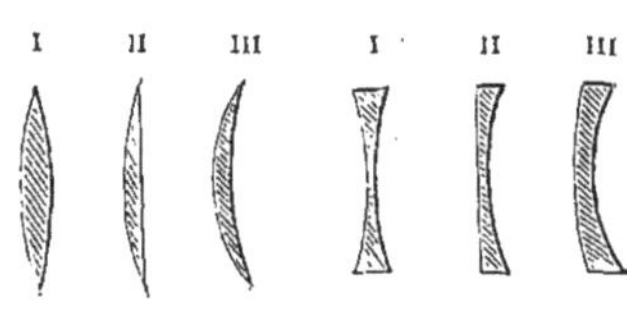

Fig. 183. — Formes diverses des lentilles sphériques convergentes. — I. Lentille biconvexe. — II. Lentille plan-convexe. — III. Ménisque convergent.

Fig. 184. — Formes diverses des lentilles sphériques divergentes. — I. Lentille biconvexe. — II. Lentille plan-concave. — III. Ménisque divergent.

Second groupe : Lentilles divergentes. — On trouve dans ce groupe :

1° La lentille *biconcave* (fig. 183, I), dont les deux faces sont concaves et ont la même courbure ou des courbures différentes;

2° La lentille *plan-concave* (II), avec une face plane et l'autre concave;

3° Le *ménisque divergent* (III), qui présente une face concave et une convexe; mais le rayon de courbure de la face convexe est plus grand que celui de la face concave.

Dans les lentilles de ce groupe, les bords sont plus épais que le centre; la divergence des rayons lumineux est augmentée.

149ª. Phénomènes généraux de la réfraction dans les lentilles sphériques. Foyers conjugués et foyers principaux. Plans focaux. — La réfraction de la lumière dans les lentilles découle directement des considérations développées dans le chapitre précédent au sujet des surfaces réfringentes sphériques.

En effet, soient IK (fig. 185) la face d'entrée d'une lentille biconvexe et PI un rayon incident quelconque. Ce rayon, passant d'un milieu (l'air, par exemple) dans un autre plus réfringent (le verre), se rapprochera de la normale et prendra la direction IE. Arrivé à la seconde face, il la traversera en s'écartant de la normale, puisqu'il entrera alors dans un milieu moins réfringent (l'air). Or, comme la

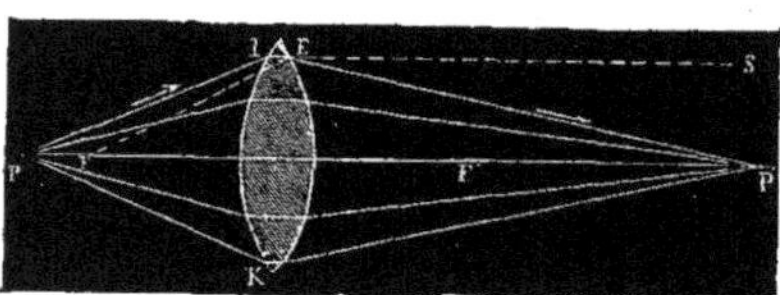

Fig. 185. — *Formation du foyer conjugué d'un point lumineux, dans les lentilles convergentes.*

courbure de cette seconde face est de sens contraire à celle de la première, le rayon, pour s'écarter de la normale, devra se rapprocher de l'axe principal et suivre le chemin EP'. Le rayon se réfracte donc à deux reprises, au point d'incidence et au point d'émergence, et chaque fois dans le même sens, de manière à venir couper l'axe en un point P'. Tous les rayons lumineux partis du point P iraient, après la réfraction, se réunir au point P'; celui-ci est, par conséquent, le *foyer conjugué* du premier, et c'est un foyer *réel*.

La lentille biconvexe a donc pour effet de faire converger les rayons lumineux en un point unique, et il est facile de voir que son action réfringente est supérieure à celle d'une seule surface de même courbure.

En suivant la marche des rayons lumineux dans la lentille plan-convexe et le ménisque convergent, on verrait aisément que ces deux espèces de lentilles sont aussi convergentes.

Les lentilles négatives, au contraire, augmentent la divergence des rayons lumineux qui les traversent. Le rayon PI, par exemple, en traversant la face d'entrée de la lentille biconcave (fig. 186), se rapproche de la normale, ce qui l'écarte de l'axe principal, vu le sens de la courbure de cette face; soit IE le trajet du rayon dans l'intérieur de la lentille ; au point d'émergence, il subit une seconde réfraction qui l'écarte encore davantage de l'axe principal et lui donne la direction EL, laquelle, prolongée en sens contraire de la marche de la lumière, coupe l'axe en un point P', situé en avant de la lentille du même côté

Fig. 186. — Formation du foyer conjugué d'un point lumineux dans les lentilles divergentes.

que l'objet. Ce point P' est le foyer conjugué du point P ; il est *virtuel*.

Quand les rayons qui tombent sur la lentille sont parallèles à l'axe optique, leur point de concours porte le nom de *foyer principal*. Dans la lentille convergente (fig. 187), ce foyer est *réel;* il est marqué en F'. Dans la lentille divergente (fig. 188), le foyer principal F est *virtuel*. On distingue ici,

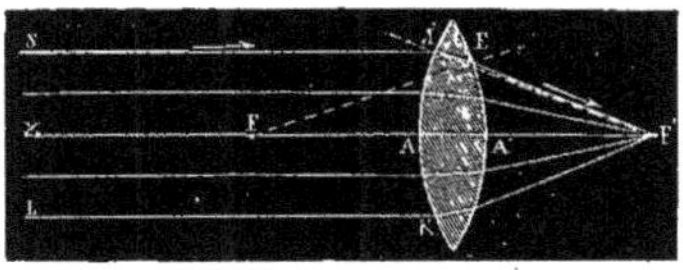

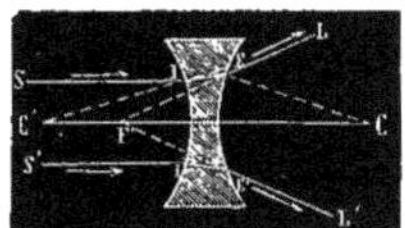

Fig. 187. — Foyers principaux de la lentille convergente.

Fig. 188. — Foyers principaux de la lentille divergente.

du reste, comme dans la réfraction à travers une seule surface réfringente, un foyer principal *antérieur* ou premier foyer et un *postérieur* ou second foyer; mais dans les lentilles les deux foyers sont toujours à égale distance des faces réfringentes, et, par suite, les deux longueurs focales sont égales, quelle que soit d'ailleurs la forme de la lentille et le rapport de grandeur de ses rayons de courbure.

[En menant par les foyers principaux des plans perpendiculaires à l'axe optique, on obtient les *plans focaux*, qui jouent dans les lentilles le même rôle que dans la réfraction à travers un dioptre simple.]

149ᵇ. Formation des images dans les lentilles sphériques. — Nous venons de voir que les rayons homocentriques qui se présentent pour traverser une lentille restent très sensiblement homocentriques après la réfraction et concourent, eux ou leurs prolongements, en un point, qui est l'image réelle ou virtuelle du point lumineux d'où émanent les rayons incidents. L'effet d'une lentille est semblable à celui d'une surface courbe unique, séparant deux milieux inégalement réfringents.

Si, au lieu d'un seul point lumineux, on considère une réunion de points, c'est-à-dire un objet, la lentille en donnera une image réelle ou virtuelle, suivant le cas. Supposons qu'il s'agisse d'abord d'une lentille convergente ;

et soit DE (fig. 189) un objet placé à une grande distance de la lentille, plus loin que le double de la longueur focale : il se formera de l'autre côté, au delà du foyer F, une image *e d*, *réelle, renversée et plus petite* que l'objet. Plus l'objet s'éloigne, plus son image se rapproche du foyer principal F ; elle se fait en ce point, quand l'objet est situé à l'infini. Imaginons, au contraire, que la distance de l'objet diminue de plus en plus; l'image correspondante s'éloignera du foyer principal F, tout en restant *réelle* et *renversée*, mais en devenant *plus grande*

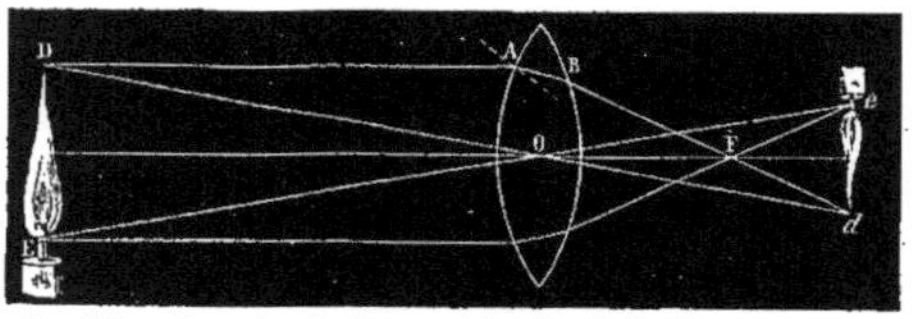

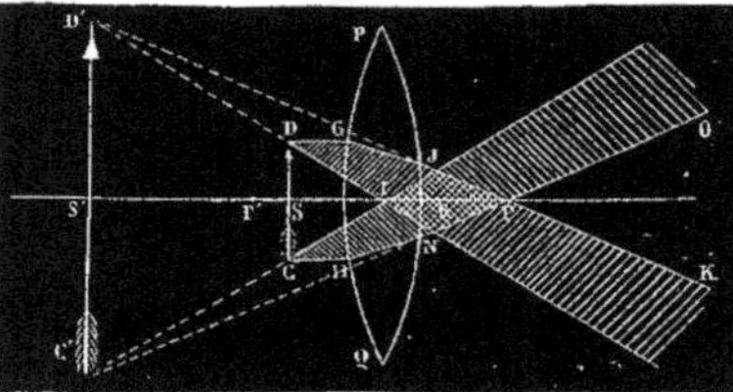

Fig. 189. — Formation des images réelles dans les lentilles convergentes.

que l'objet, à partir du moment où ce dernier sera à une distance inférieure au double de la longueur focale. Si, par exemple, *ed* représente l'objet, DE sera dans ce cas son image. Lorsque l'objet est éloigné du foyer antérieur d'une distance égale à la longueur focale, son image est à la même distance au delà du foyer postérieur et lui est égale en grandeur.

Plaçons maintenant l'objet DC (fig. 190) entre la lentille convergente PQ et son premier foyer principal F'; dans ce cas, les rayons lumineux partis de chacun des points de l'objet conserveront, après la réfraction, un certain degré de divergence, et il en résultera une image D'C' *virtuelle, droite* et *amplifiée*. L'image, située du même côté de la lentille que l'objet, est d'autant plus éloignée et plus grande que l'objet est plus près du foyer F'.

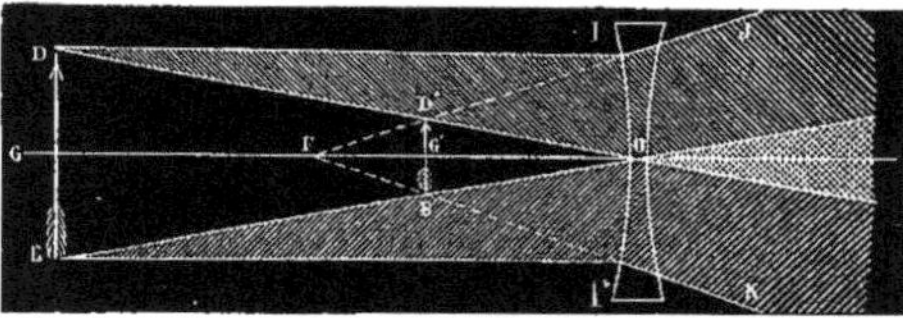

Fig. 190. — Formation des images virtuelles dans les lentilles convergentes.

Quant aux lentilles divergentes, elles donnent toujours des images *virtuelles, droites* et *rapetissées*, à moins que l'objet ne soit lui-même virtuel. Ainsi, les rayons lumineux émis par la flèche DE (fig. 191), située en avant de la lentille biconcave II', divergeront, après la réfraction, de façon à fournir une image virtuelle D'E', située du même côté entre le foyer principal F et la lentille.

Fig. 191. — Formation des image virtuelles dans les lentilles divergentes.

Pendant que l'objet s'avance de l'infini jusqu'au milieu réfringent, son image ne parcourt que l'intervalle compris entre le foyer principal et la lentille.

Comme pour le dioptre simple, les résultats que nous venons d'énoncer sur les positions relatives d'un objet et de son image résultent de la discussion de la formule des foyers conjugués (cf. § 151ᵇ.)

[Pour construire les images dans les lentilles, on procèdera en suivant les règles indiquées pour la construction des images produites par la réfraction à travers un dioptre simple; mais, comme les lentilles doivent toujours avoir une épaisseur négligeable, on supposera les deux faces confondues en une seule, et si on se sert des axes secondaires, on les fera passer par un point spécial qui porte le nom de *centre optique*, et dont il va être parlé dans le paragraphe suivant.]

150. Marche des rayons lumineux dans l'intérieur des lentilles. Centre optique. — Dans chaque lentille, le rayon lumineux qui coïncide avec l'axe optique AA′ (fig. 192) traverse sans subir de déviation ni de déplacement latéral, puisqu'il est perpendiculaire à la fois aux deux faces du milieu réfringent. Il n'en est pas de même des rayons qui passent par l'un ou l'autre des centres de courbure E et E′ des deux faces de la lentille. Un rayon dirigé, par exemple, suivant LE, traverse la face PDQ sans déviation, mais il change de direction à sa sortie par la face opposée PD′Q; inversement, le rayon qui a la droite L′F′ pour prolongement n'est dévié de sa route

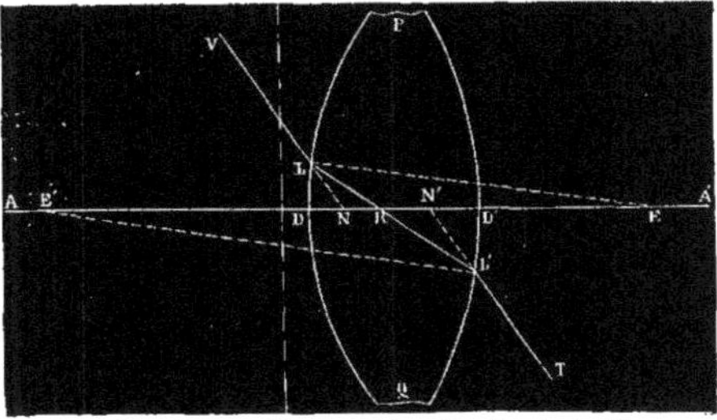

Fig. 192. — Centre optique et points nodaux dans les lentilles.

qu'en traversant la face d'émergence PDQ. Ainsi, tandis que, dans la réfraction par une seule surface réfringente, le centre de courbure est en même temps le *centre optique*, c'est-à-dire un point tel que tous les rayons incidents dont la direction passe par ce point n'éprouvent pas de déviation en pénétrant dans le second milieu, les centres de courbure perdent toute importance, du moment que la lumière traverse un système de plusieurs surfaces réfringentes.

Toutefois, dans un système centré qui, comme celui des lentilles, ne se compose que de deux surfaces réfringentes, il existe un point dont le rôle est analogue à celui que joue le centre de courbure dans le cas d'un dioptre simple. En effet (fig. 192), menons deux rayons de courbure parallèles FL, F′L′; les plans tangents menés par les points L et L′ à chacune des faces de la lentille seront eux-mêmes parallèles. Parmi tous les rayons incidents qui passent par le point L, il y en a nécessairement un qui se réfracte dans l'intérieur de la lentille de façon à émerger par le point L′. Or, les plans tangents aux points L et L′ étant parallèles entre eux, il en est de même du rayon incident et du rayon émergent, car ces rayons se trouvent dans le même cas que s'ils avaient traversé une lame à faces parallèles. Soit VL le rayon incident qui suit dans l'intérieur de la lentille le chemin LL′ pour émerger parallèlement à sa direction première, suivant L′T, et soit R le point d'intersection du rayon intérieur LL′ avec l'axe optique. On démontre que la position de ce point R est constante pour une même lentille, quel que soit le système des points d'incidence et d'émergence considéré, pourvu qu'ils appartiennent à deux éléments parallèles. Le point R ainsi déterminé s'appelle le *centre optique* de la lentille.

Tout rayon lumineux qui, après avoir traversé la face d'entrée, passe par le centre optique, représente en quelque sorte un *axe secondaire;* car, de tous les rayons émis par un point situé en dehors de l'axe principal, c'est le seul qui, en traversant la lentille, ne soit pas dévié angulairement : il éprouve seulement un déplacement latéral, d'autant plus faible que le point lumineux est plus rapproché de l'axe principal.

Dans une lentille dont les deux faces ont le même rayon de courbure, le centre optique est situé au milieu de l'épaisseur DD′. Si les deux rayons de courbure EL et E′L′ sont inégaux, le centre optique est situé du côté de la face la plus courbe et d'autant plus près que le rayon de cette face est plus petit par rapport à celui de l'autre ; aussi, quand l'une des faces est plane, le centre optique est-il situé sur la face courbe.

[D'après ce qui précède, pour déterminer géométriquement la position du centre optique, il suffit de mener par les centres de courbure E, E′ (fig. 192) deux rayons EL et E′L′ parallèles entre eux : la droite qui joint les extrémités L et L′ coupe l'axe principal au centre optique R.]

150ª. Points nodaux. — Prolongeons le rayon incident VL (fig. 192) et le rayon émergent correspondant TL′ jusqu'à leur rencontre avec l'axe principal; nous obtenons ainsi deux points qu'on appelle *points nodaux;* l'un, N, est le *premier point nodal* ou point nodal *antérieur;* l'autre, N′, est le *second point nodal,* ou point nodal *postérieur.*

Nous verrons dans le paragraphe suivant que ces deux points sont, l'un par rapport à l'autre, deux foyers conjugués, en sorte que tous les rayons incidents dont les directions rencontrent l'axe optique au premier point nodal prennent, en émergeant, des directions qui coupent cet axe au second point nodal. On en conclut que : *à tout rayon incident dont la direction passe par le premier point nodal, correspond un rayon émergent qui est parallèle au rayon incident et dont la direction passe par le second point nodal.*

Ces deux rayons parallèles, l'un incident, l'autre émergent, portent le nom de *rayons* ou *lignes de direction;* [nous les appellerons aussi *lignes directrices,* ou simplement *directrices.*] Leur rôle, dans les appareils dioptriques, est le même que celui des axes secondaires dans la réfraction par une seule surface réfringente : le foyer conjugué d'un point lumineux situé en dehors de l'axe principal se trouve toujours sur la seconde des lignes de direction correspondantes à ce point; et pour déterminer la position de ce foyer conjugué, il suffit de chercher le point où la ligne de direction est coupée par un autre rayon émergent parti du point lumineux.

Dans les lentilles simples, dont l'épaisseur a toujours une valeur assez petite pour pouvoir être négligée, les deux points nodaux sont si voisins l'un de l'autre qu'il est permis de les supposer confondus avec le *centre optique.* Aux lignes directrices on substitue alors une droite passant par le centre optique et faisant fonction d'axe secondaire. C'est ainsi qu'on a procédé pour construire les images des figures 189, 190, 191.

151. Plans et points principaux. — Dans les lentilles, et en général dans tout système dioptrique dont le premier et le dernier milieu ont le même indice de réfraction, les points nodaux se confondent avec deux autres points qui présentent une grande importance.

Reprenons la figure 192 et considérons cette fois le centre optique R comme étant lui-même un point lumineux; les rayons, tels que RL et RL′ qui en partent, prendront, au sortir de la lentille, les directions LV et L′T, et paraîtront alors émaner des deux points N et N′; il en serait de même pour tous les autres rayons émis par le centre optique. Les points N et N' sont donc les images virtuelles du centre optique regardé successivement à travers la face PDQ et la face PD'Q de la lentille. Ainsi, le point R sera vu en N par un œil placé en avant de la face PDQ, et en N' par un œil placé derrière la face PD'Q.

D'une manière générale, toute image qui, pour un observateur regardant la face PDQ, paraît située en N, est vue en N' par un observateur placé de l'autre côté de la lentille; par conséquent, si l'on considère la réfraction à travers tout le système, le point N est le foyer conjugué de l'image N' relative à la face PD'Q, et réciproquement ce dernier point est le foyer conjugué de l'image qui se fait en N à travers la face PDQ.

Cela posé, considérons la figure 193, dans laquelle H et H' représentent les points N et N' de la figure précédente. Par ces points menons deux plans AY et A'Y' perpendiculaires à l'axe optique TT'; on démontre que pour deux points quelconques, A et A', par exemple, pris sur ces plans à une même distance assez petite de l'axe, il existe la même relation qu'entre les points H et H'; une image située en A est vue en A' par un œil placé à la droite de la lentille, et une image située en A' paraît se trouver en A pour un observateur placé à gauche. Il en serait de même pour tout autre couple de points pris sur les plans AY et A'Y' à la même

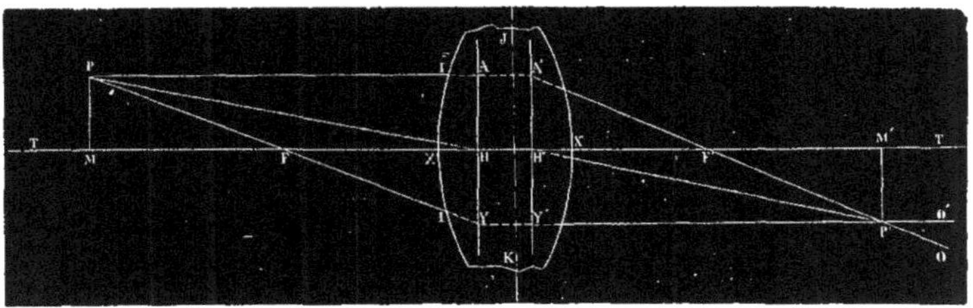

FIG. 193. — Points et plans principaux; lignes de direction dans les lentilles.

distance de l'axe; ces deux plans sont donc les images l'un de l'autre; ils portent le nom de *plans principaux*; l'un est le *plan principal antérieur*, l'autre est le *plan principal postérieur*. Les points H et H' par lesquels passent ces plans s'appellent les *points principaux*.

[Les plans principaux jouissent donc de cette propriété, à savoir que, *à tout rayon incident qui rencontre le premier plan principal en un point quelconque, répond un rayon émergent qui coupe le second plan principal en un point situé du même côté et à la même distance de l'axe principal du système*.]

Nous avons déjà dit que, dans les lentilles, les points principaux se confondent avec les points nodaux ; mais ces différents points sont distincts toutes les fois que le milieu dans lequel se meuvent les rayons lumineux émergents n'a pas la même réfringence que celui d'où partent les rayons incidents.

L'ensemble des points *focaux*, *principaux* et *nodaux* constitue ce que l'on appelle les *points cardinaux*.

En appliquant aux diverses espèces de lentilles les principes qui viennent d'être exposés, on arrive facilement à déterminer, pour chaque cas en particulier, la position des points principaux; on trouverait ainsi qu'ils sont placés, dans la lentille biconcave, de la même manière que dans la lentille biconvexe. Dans les lentilles plan-convexe ou plan-concave, la face plane pouvant être considérée comme une surface sphérique dont le rayon est infiniment grand, l'un des points principaux coïncide avec le sommet de la face courbe. Dans les ménisques convergents ou divergents, les points principaux sont situés en dehors de la lentille, du côté de la face qui a le plus petit rayon de courbure.

Dans la réfraction par une seule surface réfringente, de même que dans la réflexion par les miroirs, il n'y a qu'un seul point principal, lequel est au sommet même de la surface; le centre de courbure représente le point nodal unique, qui, dans ce cas, ne se confond pas avec le point principal.

Nous indiquerons plus loin (§ 154) une construction géométrique très simple des points focaux, principaux et nodaux dans le cas le plus général, construction qui est applicable, sans aucun changement, aux diverses lentilles sphériques.

151ᵃ. Construction géométrique des images à l'aide des plans principaux. — Supposons qu'il s'agisse de trouver l'image d'un point quelconque P (fig. 193): menons le rayon incident PI parallèle à l'axe optique et prolongeons-le jusqu'à ce qu'il ait coupé les deux plans principaux en A et A′; le point A′ est l'image du point A; par conséquent, tout rayon incident dont la direction rencontre le premier plan principal en A, donne un rayon émergent qui coupe le second plan principal en A′. D'autre part, comme le rayon PI est parallèle à l'axe, il émerge suivant la droite A′F′ qui passe par le foyer principal. Traçons ensuite les directrices PH et H′P′; la dernière rencontre le rayon A′F′ au point P′, qui est l'image du point P.

[On peut se dispenser de mener les directrices du point P et déterminer le foyer conjugué P′ en faisant passer par le foyer antérieur F un rayon incident qui rencontre le premier plan principal en Y; le rayon émergent correspondant doit être parallèle à l'axe; la droite YP′ représente ce rayon.]

Quand l'épaisseur de la lentille est négligeable, ce qui est le cas général, les deux points principaux se confondent en un seul, qui est en même temps le centre optique, et les deux plans principaux se réduisent à un seul, lequel passe par le centre optique; la construction précédente revient alors à la construction classique connue.

151ᵇ. Formules des abscisses et des ordonnées dans les lentilles. — Si on désigne par p la distance d'un objet à la lentille supposée réduite à un plan, par p' la distance de l'image au même point, par r et r' les rayons de courbure des deux faces, par n l'indice de réfraction de la lentille par rapport au milieu dans lequel elle est plongée, on trouve entre ces cinq quantités la relation :

$$\frac{1}{p} + \frac{1}{p'} = (n-1)\left(\frac{1}{r} - \frac{1}{r'}\right). \quad\quad\quad (I)$$

Cette formule, analogue à celle qui régit les foyers conjugués dans le cas d'un dioptre simple (cf. § 146), suppose que l'épaisseur de la lentille est négligeable, et que, par suite, les deux points principaux sont réunis en un seul passant par le centre optique. On obtient la longueur focale en posant dans l'équation précédente $p = \infty$, et, par suite $\frac{1}{p} = 0$, ce qui donne :

$$\frac{1}{p'} = (n-1)\left(\frac{1}{r} - \frac{1}{r'}\right) = \frac{1}{f}. \quad\quad\quad (II)$$

d'où l'on tire pour la longueur focale :

$$f = \frac{r\,r'}{(n-1)\,(r'-r)}. \quad\quad\quad\quad (II^{bis})$$

On obtiendrait la même valeur en faisant dans l'équation (I), $p' = \infty$; par conséquent, les deux foyers sont à égale distance de la lentille.

En mettant dans la formule (I), à la place du second membre, la quantité $\frac{1}{f}$ qui lui est égale en valeur, nous arrivons à l'équation classique :

$$\frac{1}{p} + \frac{1}{p'} = \frac{1}{f}. \quad\quad\quad\quad (III)$$

ou, en remplaçant les diverses quantités par leur valeur en *dioptries* (cf. § 154).

$$P + P' = F. \quad\quad\quad\quad (III^{bis})$$

Quant au rapport de grandeur de l'objet et de son image, il est donné par la formule :

$$\frac{y'}{y} = \frac{p'}{p} = \frac{f}{p-f} = \frac{p'-f}{f}. \quad\quad\quad (IV)$$

[La discussion des formules (III) et (IV) conduirait exactement aux mêmes résultats que ceux qui ont été trouvés pour la réfraction à travers une seule surface réfringente. On verrait qu'en résumé l'objet et son image se déplacent toujours dans le même sens, et que le plus grand des deux est celui qui est le plus éloigné de la lentille.]

On peut facilement trouver l'équation (I), en partant de la formule relative aux foyers conjugués dans la réfraction à travers un dioptre simple. Il suffit, à cet effet, de calculer la position du foyer conjugué d'un objet relativement à la face d'entrée de la lentille, puis de considérer cette première image comme jouant le rôle d'objet par rapport à la face de sortie, et de chercher le foyer conjugué correspondant.

La formule (III) est encore applicable, elle est même plus exacte, dans le cas où on fait intervenir la notion des plans principaux ; mais alors il faut compter la distance p de l'objet à partir du premier plan principal, et la distance p' de l'image à partir du second plan principal ; quant à la nouvelle longueur focale, distance d'un foyer principal au point focal correspondant, elle est donnée par la formule :

$$f = \frac{n\,r\,r'}{(n-1)\,[n\,(r'-r)+e\,(n-1)]} \qquad\qquad \text{(A)}$$

e désignant l'épaisseur de la lentille.

La position des points principaux se calcule à l'aide des formules suivantes :

$$h_1 = e\,\frac{r}{n\,(r'-r)+e\,(n-1)}\,,$$
$$h_2 = e\,\frac{r'}{n\,(r'-r)+e\,(n-1)}\,,$$

h_1 et h_2 désignant les distances des points principaux aux surfaces réfringentes voisines.

En faisant, dans l'équation (A), $e=0$, on retombe nécessairement sur la formule (IIbis) relative au cas où l'épaisseur de la lentille est négligeable.

[Si on compte les distances à partir des foyers principaux, les formules (III) et (IV) prennent la forme :

$$qq' = f^2 \qquad \text{et} \qquad \frac{y'}{y} = \frac{f}{q} = \frac{q'}{f}.]$$

152. Calcul de la longueur focale pour les diverses espèces de lentilles. — On a ordinairement besoin de connaître la longueur focale f d'une lentille, afin de pouvoir calculer la position et la grandeur de l'image correspondante à un objet dont la grandeur et la distance sont données. La formule (II) montre que f dépend des rayons de courbure r et r'.

Or, dans la lentille biconvexe, si r est regardé comme positif, r' doit être considéré comme négatif, puisqu'il se rapporte à une face dont la courbure est tournée en sens contraire de celle dont le rayon est r. Dans ce cas, la formule (II) devient :

$$\frac{1}{f} = (n-1)\left(\frac{1}{r}+\frac{1}{r'}\right). \qquad\ldots\ldots \text{(1)}$$

Pour la lentille plan-convexe, où $r' = \infty$, on a :

$$\frac{1}{f} = (n-1)\,\frac{1}{r}. \qquad\ldots\ldots \text{(2)}$$

Dans le ménisque convergent, r et r' sont tous deux positifs, mais r' est plus grand que r ; la formule du foyer conserve alors la forme :

$$\frac{1}{f} = (n-1)\left(\frac{1}{r}-\frac{1}{r'}\right). \qquad\ldots\ldots \text{(3)}$$

le second membre étant toujours positif, puisque $\dfrac{1}{r'}$ est plus petit que $\dfrac{1}{r}$.

Pour passer de la lentille biconvexe à la lentille biconcave, il suffit de changer les signes de r et r', c'est-à-dire de considérer r comme négatif et r' comme positif. On obtient alors :

$$\frac{1}{f} = (n-1)\left(-\frac{1}{r} - \frac{1}{r'}\right) = -(n-1)\left(\frac{1}{r} + \frac{1}{r'}\right). \quad \ldots \ldots \quad (4)$$

Cette formule nous montre que la longueur focale d'une lentille biconcave est égale, au signe près, à celle d'une lentille biconvexe ayant les mêmes rayons de courbure ; le foyer est *négatif* dans la lentille biconcave, et, par suite, situé du côté des rayons incidents.

Si la lentille est plan-concave, $r' = \infty$, et par conséquent :

$$\frac{1}{f} = -(n-1)\frac{1}{R}. \quad \ldots \ldots \quad (5)$$

Enfin, dans le ménisque divergent, r et r' sont tous deux négatifs, mais avec $r' > r$; d'où résulte :

$$\frac{1}{f} = -(n-1)\left(\frac{1}{r} - \frac{1}{r'}\right). \quad \ldots \ldots \quad (6)$$

En résumé, on voit que les trois lentilles convergentes ont un foyer *positif*, et que les trois lentilles divergentes ont un foyer *négatif*; que, d'ailleurs, à égalité de courbure, les valeurs absolues des longueurs focales sont égales deux à deux. Ces conclusions ne sont exactes qu'autant que la substance de la lentille est plus réfringente que le milieu ambiant, car si le contraire avait lieu, il faudrait remplacer dans les formules n par son inverse $\frac{1}{n}$, et alors l'action des lentilles se trouverait renversée : les lentilles du premier groupe deviendraient divergentes et celles du second groupe seraient convergentes.

153. Aberration de sphéricité des lentilles. — Les lois précédemment exposées sur la réfraction dans les lentilles ne sont applicables que si on se borne à considérer des rayons lumineux très voisins de l'axe optique. Du moment que cette condition n'est pas réalisée, les lentilles se comportent comme le fait une seule surface réfringente (cf. § 147) ; le foyer des rayons périphériques est plus rapproché de la lentille que celui des rayons centraux ; l'image d'un point lumineux, au lieu d'être réduite à un point, se présente sous forme d'un petit cercle de diffusion.

Cette aberration, dite *de sphéricité*, est d'autant plus considérable que la portion de la surface de la lentille sur laquelle tombent les rayons lumineux est plus grande, et que la courbure des faces est plus forte; car, dans ce cas, la lumière rencontre la face d'incidence sous un angle plus grand.

Les lentilles ont reçu une foule d'applications, pour lesquelles il est indispensable de diminuer autant que possible les effets de l'aberration de sphéricité. Le moyen le plus exact consisterait à donner aux faces de la lentille une forme telle que la courbure fût plus grande dans le voisinage du sommet que vers les bords ; on obtiendrait ce résultat avec des lentilles à surfaces elliptiques ou paraboliques, car alors l'angle d'incidence des rayons périphériques serait sensiblement égal à celui des rayons centraux, et la réfraction ne leur ferait pas perdre leur homocentricité. Malheureusement, la fabrication de lentilles elliptiques ou paraboliques présente de si grandes difficultés pratiques que jusqu'à présent on n'en a pas encore fait usage.

L'aberration de sphéricité dépend aussi de l'indice de réfraction de la substance dont est formée la lentille : elle est d'autant moindre que cet indice est plus grand. C'est ce qu'il est facile de comprendre : imaginons, en effet, un milieu possédant un si haut degré de réfringence que l'angle de réfraction soit égal à zéro pour tous les rayons qui y pénètrent en traversant une surface sphérique ; dans ces conditions, les rayons réfractés, tant ceux de la périphérie que ceux du centre, se confondraient avec les normales et iraient se réunir au centre de courbure. Assurément ce cas n'est pas réalisable, attendu que l'angle de réfraction ne saurait devenir nul pour une valeur de l'angle d'incidence différente de zéro ; car, pour qu'il en fût ainsi, la formule $\dfrac{\sin i}{\sin r} = n$ exigerait que n devînt infiniment grand. Mais il est évident que, toutes choses égales d'ailleurs, l'intervalle qui sépare le foyer des rayons périphériques de celui des rayons centraux, sera d'autant plus petit que l'indice de réfraction sera plus grand. C'est pour cette raison que les lentilles en *flint* ont moins d'aberration de sphéricité que les lentilles en *crown;* une lentille en diamant serait encore préférable sous ce rapport.

Le moyen qu'on emploie habituellement pour diminuer autant que possible l'aberration de sphéricité consiste à placer devant la lentille un écran percé au milieu d'une ouverture qui ne laisse passer que les rayons centraux ; un pareil écran porte le nom de *diaphragme*. Mais la présence du diaphragme, en arrêtant les rayons marginaux, diminue dans le même rapport l'intensité de la lumière transmise par la lentille : si, par exemple, la portion opaque du diaphragme recouvre la moitié de l'étendue de la lentille, l'éclat de l'image focale ne sera que la moitié de celui qu'elle aurait s'il n'y avait pas de diaphragme. Par conséquent, sous le rapport de l'intensité lumineuse des images, il y a avantage à employer des lentilles dont l'aberration de sphéricité soit assez petite pour qu'on puisse ou se passer de diaphragme, ou au moins en réduire considérablement la zone opaque. L'intensité de la lumière concentrée au foyer d'une semblable lentille est proportionnelle à l'étendue de la surface sur laquelle tombent les rayons incidents.

[On verra plus loin (§ 182) qu'il y a avantage à placer le diaphragme au milieu de l'épaisseur même de la lentille.] ·

[On nomme lentilles *aplanétiques* celles qui sont complètement dépourvues d'aberration de sphéricité.]

La grandeur de l'aberration de sphéricité varie aussi, toutes choses égales d'ailleurs, suivant le rapport qui existe entre les courbures des deux faces de la lentille ; la longueur focale étant donnée, il est possible de réduire l'aberration à un minimum déterminé. [Ainsi, pour une lentille biconvexe, en verre d'indice $n = \dfrac{3}{2}$, on obtient le minimum d'aberration en donnant à la face d'entrée de la lumière un rayon de courbure six fois plus petit que celui de la face d'émergence.

La lentille plan-convexe a presque l'aberration minimum, lorsque les rayons lumineux entrent par la face courbe ; mais l'aberration devient quatre fois plus grande si on retourne la lentille.]

[154. Numérotage des lentilles. Pouvoir dioptrique et dioptrie. — Jusqu'à ces dernières années, le numéro qui caractérisait une lentille était donné par la longueur focale de cette lentille exprimée en pouces. Il en résultait que les verres dont l'effet était le plus faible portaient les numéros les plus élevés, et inversement. Pour faire disparaître cette contradiction, Soleil fils proposa, dès 1857, de définir les lentilles par le grossissement qu'elles fournissent ; mais on a préféré, avec raison, prendre pour base du nouveau système de numérotage l'inverse de la distance focale, c'est-à-dire l'expression $\frac{1}{f}$ à laquelle M. Monoyer a donné le nom de *pouvoir dioptrique*.

M. Imbert [1] a justifié l'emploi de cette expression $\frac{1}{f}$ comme mesure de l'effet produit, en démontrant qu'une lentille imprime une déviation constante aux rayons incidents quelconques qui rencontrent le premier plan principal à la même distance de l'axe, et que cette déviation constante est proportionnelle au pouvoir dioptrique $\frac{1}{f}$ de la lentille.]]

[La méthode qui consiste à exprimer le degré du pouvoir dioptrique par une fraction ayant l'unité pour numérateur et la distance du foyer pour dénominateur, n'est pas commode dans la pratique médicale ; elle présente, en effet, deux inconvénients : elle ne permet pas de comparer immédiatement des pouvoirs dioptriques donnés, puisque des fractions ne sont comparables qu'autant qu'elles sont réduites au même dénominateur ; en second lieu, l'ophtalmologiste se trouve à chaque instant dans le cas de calculer la somme ou la différence de deux pouvoirs dioptriques ; or, les opérations arithmétiques qu'on effectue sur les fractions ordinaires sont toujours, sinon difficiles, du moins longues et fastidieuses. Un moyen ingénieux et simple a été proposé pour parer à ces deux inconvénients : il consiste à prendre pour *unité de réfraction* le pouvoir dioptrique d'une lentille convenablement choisie et à exprimer le pouvoir dioptrique de toute autre lentille par un nombre *entier* qui indique le nombre d'unités de réfraction auquel est égal le pouvoir de la lentille considérée.]

[Lors du congrès ophtalmologique de Bruxelles, en 1875, on a adopté pour unité le pouvoir dioptrique de la lentille de 1 mètre de distance focale, suivant la proposition faite par M. Monoyer qui, en outre, a créé, pour cette unité de réfraction, le terme de *dioptrie*. D'après ces conventions, une lentille qui a une distance focale f, exprimée en mètres, a un pouvoir dioptrique F ou un numéro donné par la formule :

$$F = \frac{1}{f}, \qquad (1)$$

et le quotient $\frac{1}{f}$ représente des dioptries. Inversement, si on connaît le numéro ou le pouvoir dioptrique F d'une lentille, sa longueur focale f sera donnée, en mètres, par l'égalité :

$$f = \frac{1}{F}. \qquad (2)$$

Si dans l'équation (1) on fait successivement $f = 0^m,50, = 0^m,333.. , = 0^m,25, = 0^m,20$, etc., les pouvoirs dioptriques correspondants seront respectivement égaux à

$$\frac{1}{0^m,50} = 2^{\text{dioptries}}, \quad \frac{1}{0^m,333} = 3^d, \quad \frac{1}{0^m,25} = 4^d, \quad \frac{1}{0^m,20} = 5^d, \text{ etc.}$$

Les lentilles qui satisfont à ces conditions constituent, avec celle qui est prise pour unité, la série métrique des verres de lunettes à termes équidistants. La distance focale des verres intermédiaires, que nécessite la pratique ophtalmologique est, en outre, facilement calculée au moyen de l'équation (2),

---

[1] A. IMBERT. — *De l'interprétation du pouvoir dioptrique*, etc., Thèse Inaug. Lyon, 1883.

si on se donne les pouvoirs dioptriques des lentilles à intercaler ; ainsi le verre de $2^d,5$ devra avoir pour longueur focale :

$$f = \frac{1}{2^d,5} =: 0^m,40.$$

On déduit facilement de l'interprétation donnée plus haut du pouvoir dioptrique, que les lentilles de la série métrique sont telles que, en passant de l'une quelconque d'entre elles à la suivante, l'augmentation de déviation imprimée à un même rayon incident, d'ailleurs quelconque, est constante et égale à la déviation imprimée à ce même rayon par la lentille de une dioptrie.]]

[**154ᵃ. Détermination expérimentale du foyer principal des lentilles.** — Les procédés qu'on emploie dans cette détermination sont, pour la plupart, semblables à ceux que nous avons indiqués pour trouver le foyer des miroirs.

A. *Lentille convergente.* — 1. On fait tomber sur la lentille des rayons parallèles entre eux (rayons solaires) et à l'axe principal, et on cherche à l'aide d'un écran le sommet du cône réfracté ; c'est le foyer principal. — 2. On place la lentille à une distance telle d'un objet que l'image réelle obtenue soit à la même distance de la lentille ; alors l'intervalle entre les deux foyers conjugués est égale à *quatre* fois la longueur focale. — 3. On mesure p et p' pour une position quelconque de l'objet et on applique la formule des foyers conjugués.

B. *Lentille divergente.* — 1. On procède comme pour les miroirs convexes, en mesurant la grandeur y et la distance p de l'objet, ainsi que la grandeur y' de l'image ; puis on applique la formule du grossissement. — 2. On associe à la lentille divergente une lentille convergente de foyer plus court, et on cherche la longueur focale φ du système. La distance x du foyer de la lentille divergente est alors approximativement donnée par la formule $\frac{1}{\varphi} = \frac{1}{f} - \frac{1}{x}$, en désignant par f la longueur focale de la lentille convergente auxiliaire (voy. § 155ᵉ).]

[[C. *Phacomètre de Badal.* — Pour le cas particulier des verres de lunettes, on a construit des instruments appelés *phacomètres*, qui donnent rapidement et par une simple lecture le pouvoir dioptrique de ces lentilles.

Le phacomètre de Badal (fig. 194) se compose de deux tubes du, eo, qui glissent l'un dans l'autre. Le tube extérieur du porte, à 10 centimètres de son extrémité d, une lentille positive de 10 dioptries, mobile autour d'une charnière s et pouvant, par suite, être placée dans les positions l ou l'. Une monture métallique p, munie d'un ressort à boudin r, sert à maintenir la lentille à essayer appliquée contre l'extrémité d. Le tube intérieur est muni à son extrémité e d'une plaque de verre dépoli qui sert d'écran pour recevoir les images données par le système des deux lentilles.

Lorsqu'aucun verre n'est fixé en p, et que la lentille de l'appareil occupe la position l', l'image d'un objet situé à l'infini, ou du moins à une distance très grande, se forme à 10 centimètres à droite de l', et c'est en ce point qu'il faudra amener l'écran e pour que l'œil, placé à l'extrémité o, voie cette image nettement. Si maintenant on fixe en p une lentille positive ou négative, dont l'effet s'ajoute à celui de la lentille l' ou s'en retranche, pour recevoir de nouveau l'image sur l'écran e, il faudra, suivant le cas, enfoncer ou au contraire retirer le tube *eo*, de quantités qui dépendent du pouvoir dioptrique de la lentille ajoutée en *p*. Or, il est facile de démontrer que, la lentille *p* coïncidant avec le foyer principal de la lentille de 10 dioptries *l'*, si l'on fait varier d'une unité le pouvoir dioptrique du verre fixé en *p*, il faut déplacer l'écran *e*, et, par suite, le tube *eo* de 1 centimètre. Pour graduer l'instrument, c'est-à-dire pour obtenir, par la position de l'écran *e*, le numéro du verre fixé en *p*, on marquera donc 0, sur le tube mobile, en face de l'extrémité *u*, lorsque l'œil de l'observateur, placé en *o*, voit nettement l'image des objets éloignés qui sont fournis par la seule lentille *l'*; on portera ensuite de part et d'autre de ce point 0 des longueurs égales à 1, 2, 3.... centimètres, lesquelles correspondront à un nombre égal de dioptries positives ou négatives ajoutées en *p*.

Lorsque le verre à essayer est de 10 dioptries, le tube *eo* doit être enfoncé de 10 centimètres à partir de sa position initiale; l'écran *e* rencontre, par suite, la lentille *l'*, et l'instrument ne peut plus fonctionner. Il faut alors placer la lentille du phacomètre dans la position *l* et chercher, au moyen de l'écran *e*, la position du foyer principal de la lentille *p* agissant seule. Dès ce moment, à des accroissements égaux du pouvoir dioptrique du verre à essayer ne correspondent plus des déplacements égaux du tube mobile, et la graduation doit alors être faite, expérimentalement, par exemple, en opérant sur des lentilles de numéros connus.

Phacomètre de Snellen. — Il est basé sur le principe suivant : Dans tout système dioptrique dont les distances focales sont égales, si un objet est placé à une distance du premier plan principal égal au double de la distance focale, son image, égale en grandeur et renversée, se forme à la même distance du second plan principal. Dans le cas particulier d'une lentille dont l'épaisseur est négligeable, l'intervalle qui sépare l'image de l'objet est alors égal à quatre fois la distance focale.

Le phacomètre de Snellen se compose d'une règle horizontale, portée sur un pied vertical et creusée d'une rainure

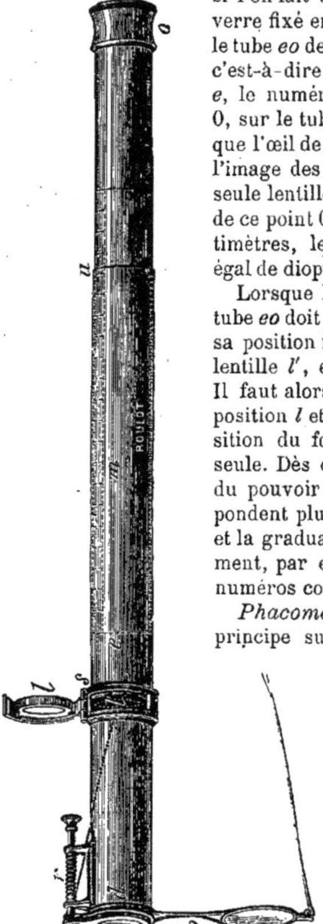

Fig. 194. — Phacomètre de Badal.

longitudinale dans laquelle s'engagent, de part et d'autre du milieu, deux rubans d'acier de même longueur dont les extrémités portent, l'une un écran opaque percé de trous, l'autre une plaque de verre dépoli I. Ces rubans métalliques traversent verticalement la règle en son milieu,

descendent le long du pied de l'appareil et se terminent tous deux à un
même bouton, mobile le long d'une rainure verticale; le déplacement de ce
bouton entraîne des changements de position des deux écrans, qui
se trouvent toujours, néanmoins, à la même distance du milieu de la
règle. Une petite lampe et une lentille positive fixe permettent d'envoyer un
faisceau cylindrique sur l'écran opaque et d'en éclairer les trous dont l'image
doit être reçue sur le verre dépoli I. La lentille à essayer est placée en L

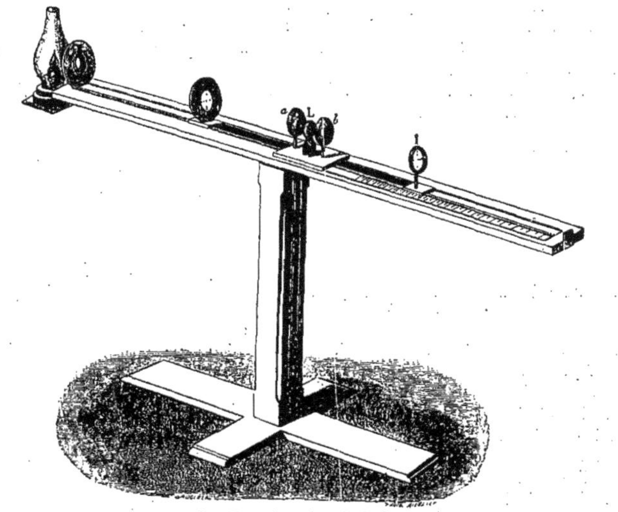

Fig. 195. — Phacomètre de Snellen.

entre les deux mors d'une pince; de part et d'autre de L se trouvent deux
lentilles positives fixes a et b, de même numéro, dont le rôle est de diminuer
la longueur à donner à la règle horizontale; sans elles, en effet, dans le cas
où le verre à mesurer serait de 1 dioptrie, la distance des deux écrans
devrait être de 4 mètres; mais les lentilles additionnelles, déviant de
quantités égales les rayons incidents et réfractés, permettent de réduire
la longueur totale de la règle à 1 mètre, tout en conservant la possibilité de mesurer des verres de 0,25 dioptries. Une graduation en dioptries,
déterminée théoriquement ou par l'expérience, est inscrite le long de la rainure que parcourt l'écran I; le numéro en face duquel il faut placer le verre
dépoli pour recevoir l'image des trous de l'écran opaque, donne le pouvoir
dioptrique de la lentille fixée en L.

Le phacomètre de Snellen est plus précis que celui de Badal, mais il offre
l'inconvénient de ne pouvoir pas être utilisé directement pour les lentilles
négatives. Toutefois, si l'on n'a pas besoin d'une exactitude très grande, on

peut opérer de la manière suivante : on place en L la lentille négative que l'on associe avec une lentille positive de numéro plus fort et connu, de telle sorte que l'effet résultant des deux verres soit positif. Le pouvoir dioptrique de la lentille négative est alors sensiblement égal à la différence entre le numéro de la lentille positive et le pouvoir dioptrique de l'ensemble des deux verres associés, lequel est fourni par le phacomètre.]]

155. Applications diverses des lentilles sphériques. Éclairage focal. Chambre noire. Verres de lunettes. — Les propriétés des lentilles ont reçu une foule d'applications ; on les emploie principalement : 1° pour concentrer la lumière sur les objets dans le but de les éclairer vivement ; 2° pour obtenir des images réelles ou virtuelles.

ÉCLAIRAGE FOCAL. — Les lentilles destinées à servir d'appareil d'éclairage sont évidemment convergentes et ont en général une longueur focale assez grande ; l'objet à éclairer est placé au foyer C' (fig. 196) ou dans son voisinage immédiat.

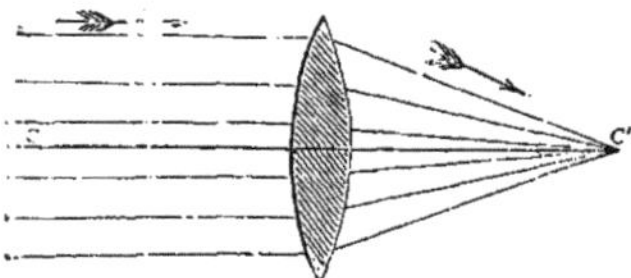

Fig. 196. — Lentille convergente employée pour l'éclairage focal.

[Ce mode d'éclairage est devenu d'un emploi journalier dans la pratique ophtalmologique pour explorer les parties antérieures du globe oculaire (cornée, chambre antérieure, iris et cristallin) ; il est connu sous le nom d'*éclairage focal*. A l'aide d'une lentille biconvexe de 12 à 15 dioptries de foyer, on concentre sur les parties à examiner les rayons émanant d'une source lumineuse artificielle placée à une assez grande distance ; on aperçoit ainsi des lésions qui échappent à la vue, quand on explore à l'éclairage ordinaire du jour.

Nous avons déjà indiqué (cf. § 133) l'adjonction au laryngoscope d'une lentille convergente, à titre d'appareil d'éclairage ; nous la verrons jouer le même rôle dans d'autres instruments, tels que l'*urétroscope* (voy. § 201[b]).]

CHAMBRE NOIRE. — Quand il s'agit d'obtenir des images *réelles*, c'est aussi aux lentilles à foyer positif qu'il faut recourir. On a vu (§ 149[b]) que l'image réelle est amplifiée ou rapetissée, suivant la distance à laquelle se trouve l'objet. La *chambre noire* ou *obscure* donne des images réduites d'objets éloignés.

Cet appareil se compose d'une caisse rectangulaire A (fig. 197), noircie à l'intérieur ; la face antérieure est percée d'une ouverture circulaire dans laquelle s'engage un tube mobile portant à son extrémité une lentille convergente *l* ; la paroi postérieure *g* est formée par une lame de verre dépoli. En dirigeant la lentille *l* vers un objet éloigné, de manière à ce qu'elle reçoive les rayons lumineux qui en partent, et en tirant le tube jusqu'à ce que le foyer conjugué de l'objet coïncide avec l'écran de verre *g*, on voit se dessiner sur ce dernier une image renversée et rapetissée de l'objet.

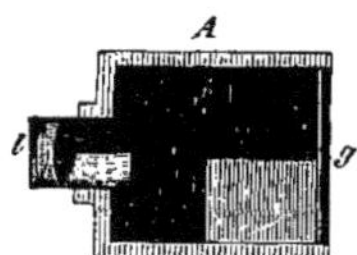

Fig. 197. — Chambre noire.

La chambre noire donne des images réelles d'objets extérieurs dans des conditions qui rappellent de très près ce qui se passe dans l'œil ; la seule différence entre ces deux appareils consiste en ce que dans l'œil les images sont produites par un système de plusieurs milieux réfringents, et non par une simple lentille (voy. liv. IV, chap. xiv).

Dans la lunette astronomique, dans la lunette terrestre et dans le microscope composé, il y a aussi une lentille convergente, l'objectif, qui sert à donner une image réelle des objets extérieurs ; cette première image est regardée à travers une seconde lentille, l'oculaire, qui l'amplifie et la rend virtuelle. Nous reviendrons sur ces instruments dans le chapitre xv.

Verres de lunettes ou Besicles. — On peut se procurer des images virtuelles aussi bien à l'aide des lentilles convergentes qu'avec les lentilles divergentes. Si on dispose devant l'œil une lentille donnant une image virtuelle d'un objet extérieur, l'effet produit équivaut à celui qu'on obtiendrait en transportant *réellement* l'objet au lieu occupé par son image *virtuelle*. Or, celle-ci est plus éloignée que l'objet, quand elle est fournie par une lentille positive ; elle est, au contraire, plus rapprochée dans la lentille négative. Aussi cette dernière espèce de verre convient-elle aux yeux *myopes*, pour leur permettre de distinguer les objets éloignés ; tandis que les *hypermétropes* ont besoin de lentilles convergentes ; les presbytes se trouvent dans le même cas s'ils veulent voir des objets rapprochés (cf. § 181[b] et suiv.).

[155ª. **Lentilles cylindriques.** — Pour corriger les effets perturbateurs de la *réfraction astigmatique régulière* (cf. §§ 148 et 181°), qui nuisent à la

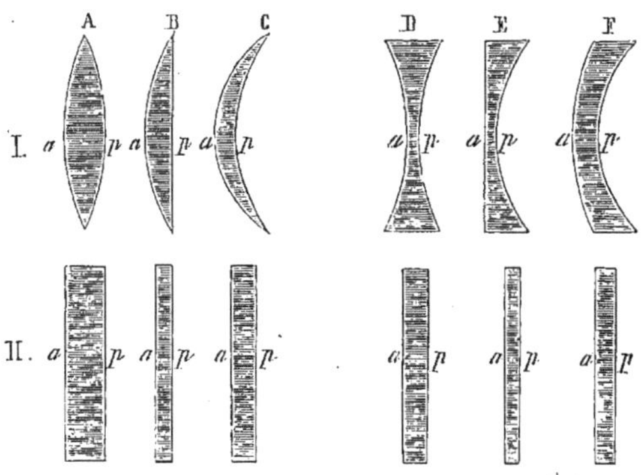

Fig. 198. — Lentilles cylindriques positives. — A. Lentille biconvexe. — B. Lentille plan-convexe. — C. Ménisque positif.

Fig. 199. — Lentilles cylindriques négatives. — D. Lentille biconcave. — E. Lentille plan-concave. — Ménisque négatif.

I. Coupes faites par un plan perpendiculaire à l'axe du cylindre.
II. Sections passant par l'axe du cylindre. — *a*, face antérieure ; *p*, face postérieure du verre.

netteté de la vue chez certaines personnes, on fait usage de lentilles qui n'exercent pas une action égale dans tous les méridiens. Les verres employés dans ce but sont terminés par des surfaces dont une, au moins, est cylindrique ; on peut les ramener à trois types principaux :

I. *Verres cylindriques simples* (fig. 198 et 199). — Ces lentilles doivent être considérées comme limitées par l'intersection de deux cylindres dont les axes et par suite les génératrices sont parallèles, ou d'un plan avec un cylindre. Pour donner une idée exacte de leur forme, nous les avons représentés dans les figures 196 et 197 : la rangée I donne les coupes perpendiculaires à l'axe, et la rangée II les sections faites par un plan contenant l'axe ; *a* désigne la face antérieure, *p* la postérieure.

Les lentilles cylindriques se divisent, comme les sphériques, en deux groupes :

A. Les verres convergents ou *positifs*, qui comprennent :
    1° La lentille biconvexe (fig. 198, A).
    2° La lentille plan-convexe (B).
    3° Le ménisque positif (C).

B. Les verres divergents ou *négatifs*, savoir :
    1° La lentille biconcave (fig. 199, D).
    2° La lentille plan-concave (E).
    3° Le ménisque négatif (F).

Il est facile de voir que, dans le plan mené par l'axe même, ces verres cylindriques n'ont aucune action sur le foyer du système dioptrique auquel on les ajoute, puisque les rayons lumineux qui se propagent dans ce plan sont dans le cas de rayons traversant une lame à faces parallèles ; en d'autres termes, la distance focale est infinie dans le plan mené par l'axe du cylindre. L'effet réfringent est, au contraire, maximum dans le plan perpendiculaire à l'axe.

II. *Verres bicylindriques.* — Ces lentilles ont deux surfaces courbes cylindriques, dont les axes sont *croisés*. Dans tous les méridiens, il y a action convergente ou divergente, mais l'effet est différent suivant le plan d'incidence des rayons lumineux, à moins que les deux faces n'aient le même rayon de courbure, auquel cas la lentille est dite à la *Chamblant*, et agit sensiblement à la manière d'une lentille sphérique. Les faces peuvent être toutes deux convexes ou concaves ; ou bien l'une d'elles être convexe, tandis que l'autre est concave.

III. *Verres sphéro-cylindriques.* — L'une des faces est sphérique et agit comme telle ; l'autre a une courbure cylindrique et reste sans action sur les rayons situés dans un plan passant par son axe.

On peut se représenter ces lentilles comme une combinaison d'une lentille plan-cylindrique avec une lentille plan-sphérique. On se sert seulement de celles qui ont les faces toutes deux ou convexes ou concaves.]

[**155ᵇ. Lentilles hyperboliques.** — On les emploie depuis quelque temps pour remédier à l'anomalie de réfraction qui résulte d'une forme hyperbolique de la cornée. Rœhlmann a fait construire deux séries de ces verres dont les numéros varient d'après la valeur de l'angle du cône asymptote de l'hyperboloïde de révolution qui constitue l'une des faces ; l'autre face de la lentille est plane. Dans le premier système, la distance du sommet du cône asymptote au sommet de l'hyperboloïde est de $0^{mm},25$, dans le second elle est de 2 millimètres.

Ajoutons toutefois que M. Monoyer ayant eu entre les mains un certain nombre de ces verres, il a pu s'assurer qu'ils sont formés d'un tronc de cône dont la petite base est surmontée d'un ou deux segments de sphères imparfaitement raccordées.]]

[**155ᶜ. Réfraction à travers un nombre quelconque de milieux réfringents composant un système centré.** — Étant donné un nombre quelconque de milieux réfringents, séparés les uns des autres par des surfaces sphériques centrées, et un objet P_o placé dans le premier milieu, on peut toujours trouver, par le calcul ou par des constructions géométriques, la position de son image P_n dans le dernier milieu, en cherchant successivement, pour chaque surface de séparation, le foyer conjugué correspondant et le faisant servir d'objet par rapport à la surface suivante. Mais ce procédé, aussi long que fastidieux, n'est pas commode en pratique, car la même série d'opérations serait à recommencer pour chaque nouvelle position de l'objet. C'est ici surtout que les principes de la théorie de Gauss, complétée par Listing, introduisent une admirable simplification. Ces principes, que nous avons appliqués à l'étude de la réfraction à travers les lentilles (cf. §§ 150ᵃ, 151 et 151ᵃ), s'étendent à tous les systèmes dioptriques centrés.

Il en résulte que tout système dioptrique, quelque compliqué qu'il soit, peut être remplacé par un système composé de :

1° 6 *points cardinaux*, savoir :
    2 points *principaux* ;
    2 points *nodaux* ;
    2 points *focaux* ou *foyers principaux*.

2° 4 plans perpendiculaires à l'axe commun, qui comprennent :
    2 *plans principaux* ;
    2 *plans focaux*.

Les définitions et les propriétés de ces points et de ces plans, sont identiques à celles que nous avons énoncées précédemment à propos des lentilles.

En comptant les distances p et p' de l'objet et de son image, ainsi que les longueurs focales φ et φ', à partir des points principaux correspondants, on a toujours, pour représenter la loi des foyers conjugués, la formule générale $\dfrac{\varphi}{p} + \dfrac{\varphi'}{p'} = 1$ à laquelle on peut encore substituer la formule simplifiée :

$$qq' = ff',$$

en prenant les points focaux pour origine des distances.

Il résulte de là que le rapport des dimensions linéaires d'un objet et de son image, dans un plan perpendiculaire à l'axe principal, est aussi, comme pour les lentilles, donné par les expressions :

$$\frac{y'}{y} = \frac{\varphi}{q} = \frac{q'}{\varphi'}.$$

La discussion de ces diverses formules conduirait évidemment aux résultats indiqués pour le dioptre simple.

Si l'on désigne par l et l' les distances des points focaux aux points nodaux correspondants, par k et k' les distances des points nodaux aux points principaux, on trouve les relations suivantes :

$$l = \varphi' \quad \text{et} \quad l' = \varphi,$$

et, par suite :

$$k = k'.$$

En d'autres termes, la distance du foyer antérieur au premier point nodal est égale à la longueur focale postérieure, et la distance du foyer postérieur au second point nodal égale la longueur focale antérieure ; il suit de là qu'il y a entre les deux points nodaux le même intervalle qu'entre les points principaux.

On démontre encore que $\dfrac{\varphi}{\varphi'} = \dfrac{m_o}{m_n}$, m_o et m_n étant les indices absolus du premier et du dernier milieu.

Si le dernier milieu a la même réfringence que le premier, $m_n = m_o$ il en résulte :

$$\varphi = \varphi' ; \qquad l = l' = \varphi ; \qquad k = k',$$

c'est-à-dire que, dans ce cas, les deux longueurs focales sont égales et les points nodaux se confondent avec les points principaux.

Les formules précédentes deviennent alors :

$$\frac{1}{p} + \frac{1}{p'} = \frac{1}{\varphi}, \qquad qq' = \varphi\varphi', \qquad \frac{y'}{y} = \frac{\varphi}{q} = \frac{q'}{\varphi};$$

leur discussion conduirait aux résultats indiqués plus haut pour les lentilles.

[DÉTERMINATION DES POINTS CARDINAUX. — Les positions de ces points peuvent être obtenues au moyen d'un calcul très simple qu'a fait connaître M. Monoyer [1]; nous nous bornerons ici à indiquer la construction géométrique qui permet d'arriver au même résultat.

Considérons, par exemple, le cas de trois dioptres simples associés entre eux A_1, A_2, A_3 (fig. 200), auxquels nous pouvons substituer les plans $A_1 E_1$, $A_2 E_2$, $A_3 I_3$, tangents à leur sommet.

Soient C_1, C_2, C_3, les centres de courbure, F_1 et F'_1, F_2 et F'_2, F_3 et F'_3 les foyers principaux de ces dioptres composants. Il est facile, au moyen de la construction de la

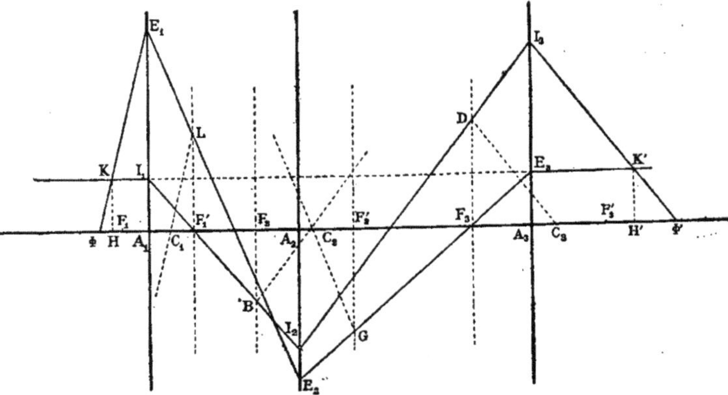

FIG. 200. — Détermination géométrique des points cardinaux d'un système quelconque centré.

figure 179, p. 356, de suivre, à travers le système considéré, un rayon KI parallèle à l'axe principal et de déterminer sa direction I_3 K' à la sortie. Le point Φ', où ce rayon réfracté rencontre l'axe principal, est le second foyer principal du système.

Considérons encore le rayon incident K' E_3, situé à la même distance de l'axe, auquel il est aussi parallèle, que le rayon KI_1, mais traversant en sens inverse le système des dioptres. En appliquant encore la construction de la figure 179, nous pourrons tracer la direction E_1 K du rayon réfracté correspondant à ce rayon incident K' E_3 et déterminer ainsi le premier foyer principal Φ.

Remarquons maintenant que le point K a pour foyer conjugué à travers tout le système le point K', puisque les deux rayons KI_1 et KE_1 ont, après réfraction, les directions E_3 K' et L_3 K'. Donc un objet K H, perpendiculaire à l'axe principal, a pour image une droite K' H', qui lui est égale et homothétique; il résulte de là que les points H et H' sont les points principaux du système. Les longueurs focales du dioptre composé sont dès lors Φ H $= \varphi$ et Φ'H' $= \varphi'$.

En portant une longueur égale à Φ' H' à partir du point Φ et vers la droite, c'est-à-dire en sens inverse du sens dans lequel est compté Φ' H', et à partir du point Φ', et vers la gauche,

<hr>

(1) MONOYER. Théorie générale des systèmes dioptriques centrés, *Journal de Physique*, 1883

une longueur égale à Φ H qui, elle, est comptée vers la droite, on obtient les deux points nodaux du système, ainsi qu'il est facile de le démontrer sur la figure.]]

[[Construction des rayons et des images. — Les points et les plans que nous venons d'apprendre à déterminer sont les seuls éléments qu'il importe de connaître pour étudier complètement la réfraction à travers un dioptre composé.

Soit, en effet, un système dioptrique quelconque réduit à ses points focaux, principaux et nodaux f et f'', h' et h'', k' et k'' (fig. 201) et proposons-nous, par exemple, de trouver le

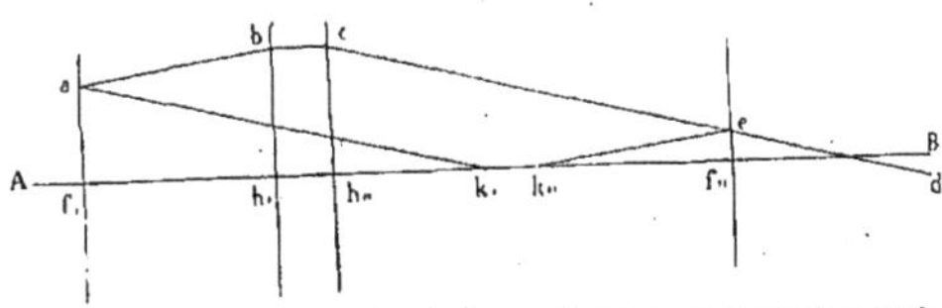

Fig. 201. — Construction du rayon réfracté correspondant à un rayon incident quelconque.

rayon réfracté correspondant à un rayon incident quelconque ab. Par le point b, où ce rayon incident rencontre le premier plan principal, menons une parallèle à l'axe jusqu'à la rencontre du second plan principal ; nous déterminerons ainsi un point c du rayon réfracté. Joignons, en outre, au premier point nodal le point a où le rayon incident rencontre le premier plan focal ; d'après la propriété des points nodaux, la droite $a k'$ ainsi obtenue, est parallèle au rayon réfracté que nous pourrons, par suite, tracer puisque nous connaissons déjà un point c de ce rayon.

On peut encore mener par le deuxième point nodal k'' une parallèle au rayon incident jusqu'à

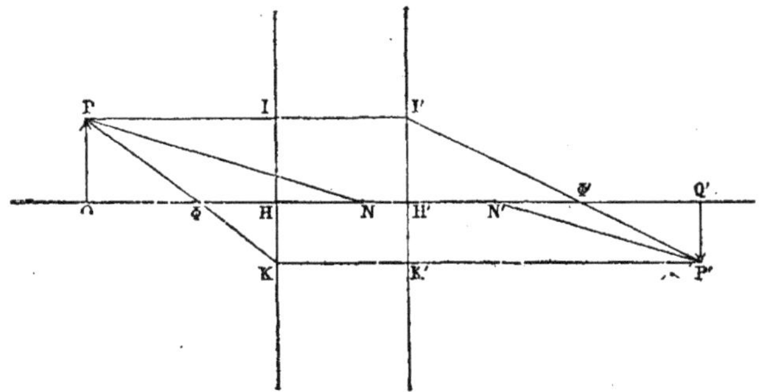

Fig. 202. — Construction des images.

la rencontre en e avec le second plan focal ; ce point e est aussi un point du rayon réfracté que l'on obtiendra donc en menant la ligne $c e$.

Soit encore à construire l'image d'un objet P Q (fig. 202). Il suffit pour cela de considérer les deux rayons incidents PI et PK qui donnent, après leur passage à travers le système dioptrique, deux rayons réfractés I'P', K'P', dont l'intersection P' est le foyer conjugué du point P. L'image de PQ sera donc la droite P' Q' perpendiculaire à l'axe principal.

On peut encore, pour déterminer le point P', considérer le rayon incident P N dont la direction prolongée va passer par le premier point nodal ; le rayon réfracté correspondant, qui doit passer par le point P', sera donné par la droite N'P' parallèle à PN.]]

[[Pouvoir dioptrique des systèmes composés. — Si les milieux extrêmes sont identiques, et, par suite, les distances focales égales, on peut encore caractériser un système quelconque par son pouvoir dioptrique $\dfrac{1}{\varphi} = \Phi$, qui représente, comme dans le cas des lentilles, la déviation constante que le système imprime à tout rayon incident rencontrant le premier plan principal à la même distance de l'axe.

Si les distances focales φ et φ' du dioptre composé sont inégales, il y a lieu de considérer deux pouvoirs dioptriques $\dfrac{1}{\varphi'} = \Phi$, et $\dfrac{1}{\varphi} = \Phi'$; chacun d'eux représente seulement la déviation imprimée aux rayons parallèles à l'axe qui se réfractent au foyer principal correspondant; la valeur de l'angle de déviation varie, en effet, dans ce cas avec la direction du rayon incident.

M. Monoyer a donné la relation qui lie le pouvoir dioptrique d'un système composé aux pouvoirs dioptriques des dioptres composants. Cette relation, assez complexe dans le cas général, se simplifie quand on suppose que le premier plan principal de chaque dioptre composant coïncide avec le second plan principal du dioptre précédent. On ne peut jamais satisfaire rigoureusement à cette condition dans le cas de l'association de verres de lunettes, puisque les plans principaux sont situés dans l'épaisseur même de ces lentilles; toutefois, quand ces dernières sont placées en contact l'une avec l'autre et que leur numéro n'est pas élevé, on peut, sans erreur notable, supposer que la coïncidence, dont il vient d'être parlé, existe réellement. Le pouvoir dioptrique Φ du système est alors donné par la relation. .

$$\Phi = F_1 + F_2 + F_3 + \ldots \ldots$$

F_1, F_2, $F_3 \ldots$ étant les pouvoirs dioptriques des lentilles associées.]]

Traduite en langage ordinaire, l'équation précédente s'énonce de la manière suivante :

. *Le pouvoir réfringent d'un système de plusieurs lentilles associées est égal à la somme algébrique des pouvoirs réfringents des diverses lentilles qui composent le système.*

De là résulte que, si on associe, par exemple, deux lentilles ayant chacune une longueur focale égale à 1, la longueur focale φ du système sera $\dfrac{1}{2}$; l'association de trois lentilles pareilles donnerait une longueur focale égale à $\dfrac{1}{3}$, et ainsi de suite.

On peut obtenir de cette manière un système dont l'action réfringente soit très grande, tout en n'employant que des lentilles à long foyer, et cette association de lentilles offre l'avantage de diminuer la longueur focale, sans augmenter l'aberration de sphéricité.

Consulter sur la théorie de Gauss les ouvrages suivants :

Gauss. Dioptrische Untersuchugen, Göttingen 1840. Tradution française par Bravais, in *Ann. de chim. et de phys.*, 1851 (2e série), t. XXXIII).
Helmholtz. *Optique physiologique*, § 9, traduction de Javal et Klein, Paris, 1867.

Le même sujet est traité sous une forme élémentaire dans :

Neumann. *Die Haupt und Brennpuncte eines Linsensystems*, Leipzig, 1866.
Gavarret. *Des images par réflexion et par réfraction*, Paris, 1867.
Martin. Interprétation géométrique et continuation de la théorie des lentilles de Gauss (*Ann. de chim. et de phys.*, 1867, 4e série, t. X. p. 385).]
Groullebois. *Théorie élémentaire des lentilles épaisses*, Paris, 1882.
Monoyer. Théorie générale des systèmes dioptriques centrés. *Journal de Phys.*, 1883.

III — CHROMATIQUE (ÉTUDE DES COULEURS)

CHAPITRE VIII

DISPERSION DE LA LUMIÈRE ET MÉLANGE DES COULEURS

156. Décomposition de la lumière blanche par le prisme. Spectre solaire. — En exposant les lois de la réflexion et de la réfraction, nous avons toujours supposé que nous avions à faire à de la lumière homogène ou *monochromatique*, c'est-à-dire à de la lumière composée d'une seule espèce de rayons. Or, l'observation montre que la plupart des sources lumineuses émettent des rayons de *différente réfrangibilité* et que l'impression faite sur l'organe de la vision varie suivant le degré de réfrangibilité de la lumière reçue, d'où résultent pour nous des sensations différentes qui correspondent aux diverses *couleurs*.

Imaginons qu'on fasse pénétrer dans une chambre obscure, à travers une très petite ouverture R (fig. 203), pratiquée dans le volet, un pinceau de lumière solaire et qu'on interpose sur son trajet le prisme de verre D, disposé verticalement. Si cette lumière était simple, si elle ne renfermait qu'une seule espèce de rayons, elle irait former quelque part sur l'écran A, dans l'intervalle *oc*, une petite image ronde et blanche du soleil; or, au lieu de

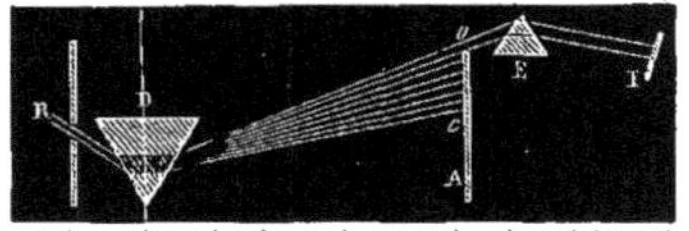

Fig. 203. — Dispersion des couleurs par le prisme (séparation des couleurs simples).

cela, on observe sur l'écran une image *o c* allongée horizontalement et présentant les diverses couleurs de l'arc-en-ciel. Cette séparation des couleurs à l'aide de la réfraction à travers un prisme porte le nom de *dispersion de la lumière*, et l'image colorée ainsi obtenue est ce qu'on appelle le *spectre solaire*.

On compte dans ce spectre sept *couleurs principales* qui se succèdent, à partir de la plus réfrangible, dans l'ordre suivant (voy. p. 392 fig. 211) :

Violet, indigo, bleu, vert, jaune, orangé, rouge.

Ces couleurs ne sont pas séparées entre elles par des lignes de démarcation nettement tranchées, elles se fondent l'une dans l'autre par des teintes de transition ; [et, en réalité, il y a *physiquement* une infinité de couleurs, c'est-à-dire autant de couleurs que de durées différentes de la vibration lumineuse; mais l'œil n'est pas en état de les distinguer toutes les unes des autres, de même que l'oreille ne fait pas de différence entre deux sons extrêmement voisins.]

Le phénomène du spectre solaire prouve que la lumière du soleil renferme des rayons de différente réfrangibilité ; les plus réfrangibles nous donnent la sensation de la couleur violette, et nous appelons rouges ceux qui, étant le moins déviés par le prisme, ont la plus faible réfrangibilité.

Les couleurs du spectre sont simples et ne peuvent plus être décomposées en d'autres couleurs. C'est ce que l'expérience suivante démontre : on isole l'une des couleurs, en interceptant les autres au moyen de l'écran A (fig. 203); les rayons rouges *o*, qu'on laisse ainsi passer, sont reçus sur un second prisme E ; on observe bien encore une déviation, mais la lumière transmise conserve la couleur qu'elle avait avant son passage à travers le prisme E et on n'obtient pas de nouveau spectre. En répétant la même expérience pour les autres couleurs, on constate qu'elles ne sont plus décomposables.

156ᵃ. Recomposition de la lumière blanche. — Inversement, on peut recomposer la lumière blanche, c'est-à-dire en faire la synthèse, en réunissant de nouveau les différentes couleurs séparées par le prisme. Le procédé le plus simple consiste à disposer sur le trajet du faisceau transmis par le prisme qui fournit le spectre, une lentille convergente O (fig. 204) dont l'axe soit

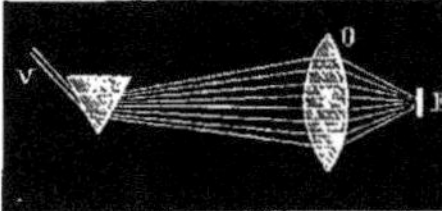

Fig. 204. — Synthèse de la lumière blanche.

parallèle aux rayons moyens du faisceau; en plaçant un écran F au foyer de la lentille, on y recueille, au lieu d'un spectre coloré, une image blanche du soleil. Si l'on rapproche l'écran de la lentille, le spectre apparaît avec ses couleurs, et réduit dans ses dimensions ; éloigne-t-on, au contraire, l'écran, le spectre se montre encore, mais avec ses couleurs disposées dans un ordre précisément inverse.

Il existe un autre moyen tout aussi simple d'annuler la dispersion produite par un premier prisme ; il suffit de recevoir le spectre sur un second prisme de même substance et de même angle réfringent que le premier, mais tourné en sens contraire. Le système des deux prismes représente alors une lame à faces parallèles qui n'a d'autre effet que de déplacer latéralement le faisceau lumineux.

157. Mélange des couleurs spectrales. — De même qu'en réunissant toutes les couleurs du spectre on reproduit de la lumière blanche, de même on peut combiner entre elles deux ou plusieurs de ces couleurs, et obtenir ainsi des *couleurs composées.*

Les méthodes les plus convenables pour mélanger les couleurs spectrales, prises deux à deux et à leur plus grand état de pureté, sont les suivantes :

On superpose deux spectres de manière que les deux couleurs dont on veut étudier le mélange se projettent au même endroit. Dans ce but, il suffit de pratiquer au volet d'une chambre obscure, deux petites ouvertures, par lesquelles on fait pénétrer les rayons solaires; derrière chaque ouverture est disposé un prisme qu'on peut tourner à volonté, de manière à amener telle couleur choisie dans l'un des spectres, sur telle autre couleur déterminée de l'autre spectre.

M. Helmholtz est arrivé au même résultat à l'aide d'un seul prisme. Sa méthode consiste à pratiquer, dans le volet d'une chambre obscure, une fente étroite en forme de **V**, dont les branches *ab* et *bc* (fig. 205) soient à angle droit l'une sur l'autre ; derrière cette fente, on place un prisme à arête verticale. Il en résulte la formation de deux spectres dont la figure 206 représente la forme et la position relative : $\alpha\alpha_1\beta\beta_1$ est le spectre de la fente ab; $\gamma\gamma_1\beta\beta_1$ est celui de la fente bc. On voit que dans l'espace triangulaire $\beta\delta\beta_1$ situé au milieu et commun aux deux spectres, toutes les bandes colorées de

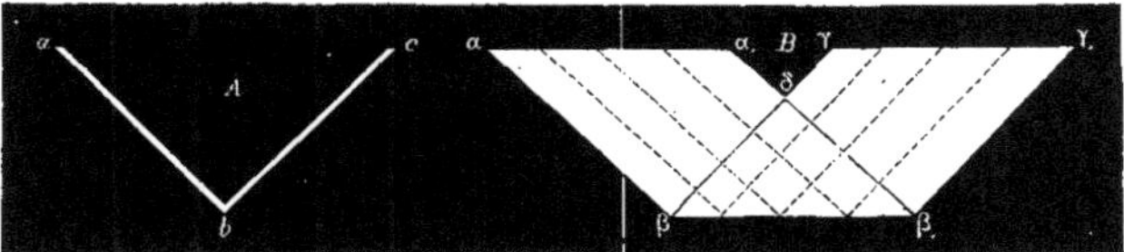

Fig. 205. — Double fente en V pour obtenir deux spectres partiellement superposés.

Fig. 206. — Double spectre partiellement superposé pour l'étude des mélanges binaires des couleurs spectrales, suivant la méthode de Helmholtz.

l'un coupent toutes celles de l'autre ; cette surface comprend donc toutes les combinaisons des couleurs simples prises deux à deux.

La méthode suivante, encore plus exacte, mais qui exige un appareil plus compliqué, permet d'étudier le mélange de plus de deux couleurs.

Imaginons qu'on dispose une lentille L' (fig. 207) immédiatement derrière un prisme P qui reçoit un faisceau de rayons solaires $\alpha'\alpha''$; cette lumière

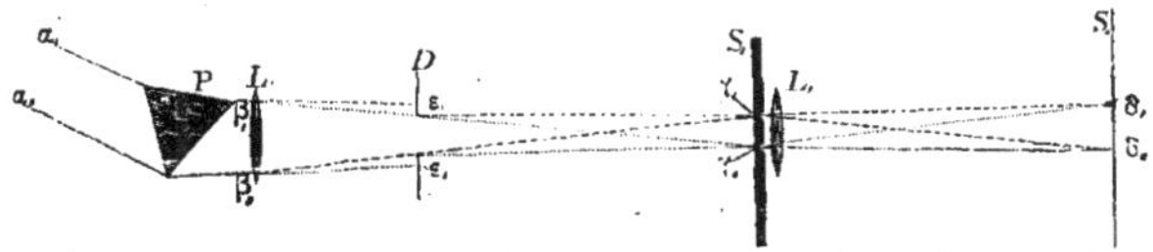

Fig. 207. — Méthode la plus exacte et la plus générale pour mélanger deux ou plusieurs couleurs spectrales.

blanche sera décomposée par le prisme en autant de pinceaux de rayons parallèles qu'elle renferme de couleurs de réfrangibilité différente ; et, comme les sommets virtuels de ces pinceaux ne coïncident pas, chacun d'eux ira, après avoir traversé la lentille, former son image en un point différent. Si, par exemple, le foyer des rayons violets se fait en γ' celui de la lumière rouge sera situé en γ''. L'écran S', placé au foyer de la lentille L', recevra ainsi un spectre objectif. Entre cet écran et la lentille se trouve un diaphragme D destiné à arrêter les rayons marginaux dont la présence nuirait à la pureté des couleurs spectrales qui se projettent dans l'intervalle $\gamma'\gamma''$. Supposons que l'écran S' présente deux petites fentes verticales et qu'on place chacune d'elles au point de concours d'un des divers pinceaux colorés, par exemple aux points γ', et γ'' où sont les foyers des rayons violets et rouges ; ces deux espèces de rayons passeront seuls et continueront leur route en formant deux pinceaux divergents, l'un rouge et l'autre violet. Derrière l'écran se trouve une seconde lentille L'', à foyer plus court, qui projette sur un second écran S'' une image $\delta'\delta''$ de l'ouverture $\epsilon'\epsilon''$ du diaphragme D ; mais, comme les fentes γ' et γ'' ne laissent passer que deux des différentes espèces de rayons qui ont traversé l'ouverture du diaphragme, l'image $\delta'\,\delta''$ présente la couleur résultant du mélange de ces deux sortes de rayons. Sur la figure, les rayons latéraux des deux faisceaux de couleurs différentes dont les foyers coïncident avec les deux fentes γ' et γ'' se reconnaissent en ce que les plus réfrangibles sont représentés par des lignes à traits discontinus, et les moins réfrangibles par des lignes ponctuées.

En perçant une troisième fente dans l'écran S', on obtiendrait le mélange de trois couleurs spectrales, et ainsi de suite. — [Par cette méthode, on obtient un champ coloré plus étendu que par la première et l'on supprime toutes les autres couleurs, dont le contraste pourrait être nuisible.

Le tableau ci-dessous, que nous empruntons à l'*Optique physiologique* de Helmholtz, donne les résultats obtenus à l'aide des méthodes précédentes.

	VIOLET	INDIGO	BLEU	VERT-BLEU	VERT	JAUNE-VERT	JAUNE
Rouge. . . .	Pourpre.. .	Rose foncé.	Rose clair.	*Blanc*. . . .	Jaune clair.	Jaune d'or.	Orangé.
Orange. . . .	Rose foncé.	Rose clair .	*Blanc*.. . .	Jaune clair.	Jaune.. . . .	Jaune.	
Jaune.. . . .	Rose clair.	*Blanc* . . .	Vert clair..	Vert clair. .	Jaune ver-dâtre. . .		
Jaune-Vert.. .	*Blanc*. . . .	Vert clair .	Vert clair .	Vert. . . .			
Vert.	Bleu clair .	Bleu. . . .	Bleu verdâ-tre.				
Vert-Bleu. .	Bleu.. . . .	Bleu.					
Bleu	Indigo . . .						

Ce tableau est à deux entrées. Les couleurs spectrales sont inscrites au haut des colonnes verticales, et une seconde fois en tête des rangées horizontales; à l'intersection d'une colonne avec une rangée, on trouve la couleur résultant du mélange des deux couleurs simples correspondantes.

On voit par ce tableau que parmi les couleurs binaires, ainsi produites par le mélange des couleurs simples, il n'y en a qu'une seule qui soit nouvelle, c'est le *pourpre;* les autres sont analogues à celles du spectre, sans toutefois qu'elles procurent des sensations identiques.

Par le mélange de plus de deux couleurs simples, on n'obtient pas de nouvelles couleurs physiologiques, c'est-à-dire de nouvelles espèces de sensations colorées. Ainsi toutes les combinaisons possibles des couleurs *physiques* simples caractérisées par leur longueur d'onde, n'engendrent qu'un nombre relativement restreint de sensations colorées différentes.

Le *blanc* est une couleur composée; le *noir* est l'absence de toute lumière; le gris est du blanc d'une intensité faible.]

158. Mélange des sensations produites par les substances colorées. — On ne s'est pas borné à mélanger les vives couleurs du spectre solaire; on a aussi cherché à connaître la sensation résultante que produit sur l'organe de la vision la réunion de plusieurs impressions provenant de matières colorées. Pour mélanger la lumière chromatique des matières colorantes, le procédé le plus simple est celui de Lambert.

Sur un fond noir horizontal, on place deux objets colorés, par exemple deux pains à cacheter, *b* et *c* (fig. 208). A une certaine distance au-dessus de la table, on dispose verticalement une petite lame de verre *a*, à faces parallèles, de telle sorte que le plan de cette lame soit perpendiculaire à la droite qui joint les deux objets colorés et qu'il la divise en deux moitiés égales. L'observateur met son œil tout près de la lame de verre et regarde obliquement de manière à voir l'objet *c* par réflexion sur cette lame, tandis qu'il aperçoit directement l'objet *b* à

Fıɢ. 208. — Méthode de Lambert pour le mélange des couleurs.

travers ce milieu transparent. Les deux images se peignent ainsi sur le même endroit de la rétine et donnent la sensation correspondante au mélange des couleurs des objets *b* et *c*.

Mais, pour que deux impressions lumineuses se mélangent dans la rétine, il n'est pas indispensable qu'elles se produisent simultanément; par suite du phénomène de la persistance des impressions lumineuses, il suffit qu'elles se succèdent à des intervalles de temps suffisamment rapprochés.

[En effet, la sensation lumineuse, de même que les autres sensations, ne se manifeste qu'un certain temps après que l'excitant lumière a commencé à agir, mais sa durée dépasse toujours un peu celle de l'impression reçue par la rétine. La période latente d'excitation varie d'ailleurs avec la couleur de la lumière, c'est-à-dire avec la rapidité des vibrations excitatrices.

Pour mettre ces faits en évidence, on opère de la manière suivante: un disque, formé de secteurs alternativement blancs et noirs, est animé d'un mouvement rapide de rotation; l'œil qui le regarde reçoit donc à des intervalles de temps égaux et très courts les impressions simultanées de toutes les couleurs simples qui constituent la lumière blanche. Supposons que la plus courte période latente d'excitation soit celle du bleu et que les intervalles de temps dont il vient d'être parlé soient égaux à cette période, la couleur bleu aura seule le temps d'impressionner la rétine et le disque paraîtra bleu. Si la vitesse de rotation du disque diminue, d'autres radiations simples auront le temps d'exciter la rétine, et l'on verra, par conséquent, le disque changer de couleur. Enfin, ce disque paraîtra gris lorsque sa vitesse de rotation sera assez ralentie pour que le temps mis par un secteur blanc à passer devant l'œil soit supérieur aux diverses périodes latentes d'excitation de toutes les lumières simples.

La persistance des impressions lumineuses après que l'excitant a cessé d'agir peut être mise en évidence par les expériences les plus simples. Il suffit, par exemple, de faire tourner rapidement devant l'œil un corps de petites dimensions pour avoir la sensation d'une courbe continue.] Si donc on fait agir sur un même point de la rétine une nouvelle impression lumineuse avant que la sensation excitée par l'impression précédente se soit éteinte, on obtient une sensation résultant de la combinaison des deux impressions. En diminuant de plus en plus l'intervalle de temps qui sépare deux impressions consécutives, on peut ainsi mélanger autant d'impressions qu'on le désire. C'est sur ce principe que repose l'emploi du disque rotatif pour le mélange des couleurs.

Cet appareil consiste en un disque circulaire (fig. 209), sur lequel on colle des secteurs découpés dans des papiers de couleur différente. Le disque est ensuite monté sur un appareil à rotation, par exemple sur une *toupie d'Alle-magne* (Maxwell), et dès qu'il a atteint une vitesse de rotation suffisante, l'œil ne distingue plus les différents secteurs colorés ; il ne voit que la couleur résultante.

La méthode des disques rotatifs a sur celle de Lambert l'avantage de permettre le mélange d'un nombre quelconque de couleurs. Si on dispose sur le disque des secteurs en nombre égal aux couleurs principales du spectre et reproduisant autant que possible les mêmes tons, la sensation résultante est celle de la lumière blanche, lorsque le disque est en mouvement. Mais, pour obtenir cet effet, il faut donner aux différents secteurs colorés des dimensions qui soient entre elles dans des rapports convenables. Newton a trouvé que les secteurs doivent avoir des angles proportionnels aux nombres $\dfrac{1}{9}$, $\dfrac{1}{16}$, $\dfrac{1}{10}$, $\dfrac{1}{9}$, $\dfrac{1}{10}$, $\dfrac{1}{16}$,

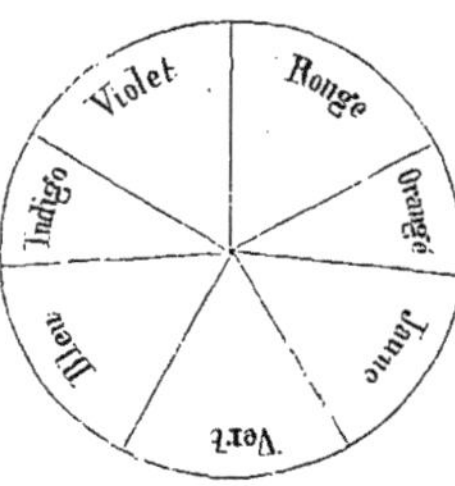

Fig. 209. — Disque rotatif de Newton, pour le mélange des couleurs.

$\dfrac{1}{9}$; un calcul très simple donne alors pour les valeurs de ces angles les nombres :

Rouge	Orangé	Jaune	Vert	Bleu	Indigo	Violet
60°45',5	34°10',5	54°41'	60°45',5	54°41'	34°10',5	60°45',5

Tels sont précisément les rapports qui existent entre les secteurs de la figure 209. Vient-on à supprimer une ou plusieurs de ces couleurs, ou à faire prédominer l'une d'elles, il en résulte des couleurs composées.

Les couleurs ainsi obtenues n'ont jamais l'éclat et la vivacité de celles que produit le mélange des couleurs spectrales ; car les matières colorantes employées sont loin de présenter le même degré de saturation que les couleurs spectrales correspondantes ; la couleur d'une matière colorante, alors même qu'elle est aussi pure que possible, est toujours *lavée* de blanc, c'est-à-dire qu'elle peut être considérée comme formée par la combinaison d'une couleur spectrale avec une certaine quantité de lumière blanche. Il s'ensuit que le mélange de ces sortes de couleurs présente toujours une nuance plus ou moins blanchâtre.

159. Des couleurs complémentaires. — Quand on enlève au spectre solaire une ou plusieurs des couleurs qui le composent, les autres donnent, par leur mélange, un ton semblable à l'une des couleurs principales et n'en différant que par un degré moindre de saturation ; de même, le mélange des couleurs enlevées donne une autre couleur qui a son analogue dans le spectre. Si, par exemple, on ôte du spectre les rayons rouges, les couleurs restantes donnent par leur mélange du vert bleuâtre. Que dans le disque de la figure 209 on supprime les trois secteurs bleu, indigo, violet, et le reste paraîtra jaune, lorsque le disque tournera, tandis que les secteurs enlevés donneront par leur mélange un ton bleu violet ou indigo.

Si maintenant on vient à combiner ces couleurs rouge et vert bleuâtre ou jaune et bleu violet on aura, en somme, opéré la combinaison de toutes les couleurs du spectre et l'on obtiendra de là lumière blanche. Il résulte de là qu'il est toujours possible de faire du *blanc*, en combinant deux couleurs convenablement choisies. Deux couleurs qui, par leur mélange, produisent de la lumière blanche, sont dites *complémentaires*.

Dans le premier des exemples cités plus haut, l'une des couleurs complémentaires était simple, tandis que l'autre, composée elle-même, pouvait être considérée comme un mélange d'une des couleurs du spectre avec de la lumière blanche. Dans le second exemple, les deux couleurs complémentaires équivalaient à des couleurs simples lavées de blanc. M. Helmholtz a découvert que deux couleurs simples peuvent aussi être complémentaires; le tableau du § 157 nous montre, en effet, quatre couples de couleurs spectrales complémentaires, savoir :

Le *rouge* et le *vert-bleu ;*
L'*orangé* et le *bleu ;*
Le *jaune* et l'*indigo ;*
Le *jaune verdâtre* et le *violet.*

[Le *vert* du spectre n'a pas de couleur complémentaire simple ; il en a une composée, le *pourpre.*]

En mélangeant ces couleurs complémentaires dans des proportions différentes de celles qui sont nécessaires pour reproduire du blanc, on obtient des couleurs intermédiaires, dont les tons correspondants dans le spectre occupent aussi une position intermédiaire entre celles des deux couleurs complémentaires. Ainsi, le mélange du rouge et du vert-bleu, avec prédominance du rouge, donne une couleur qui correspond à l'orangé, tandis que, si on augmente de plus en plus la proportion du vert-bleu, le ton résultant vire au jaune et finit par devenir vert. Ces couleurs composées sont toujours moins *saturées* que les couleurs correspondantes du spectre ; elles se comportent comme des couleurs simples auxquelles on aurait ajouté une certaine quantité de blanc.

160. Les trois couleurs fondamentales. — Dans la liste des couleurs complémentaires données plus haut, figurent deux couleurs qui occupent les extrémités opposées du spectre et qui ont pour complémentaires deux couleurs très voisines. Je veux parler du rouge et du violet qui ont pour complémentaires respectives le vert-bleu et le jaune verdâtre. Il est clair que, si on combine ensemble deux couples de couleurs complémentaires, tels que le rouge et le vert-bleu, le violet et le jaune vert, on obtient du blanc, tout aussi bien que si on n'avait mélangé que les deux couleurs complémentaires d'un seul couple ; or, le vert-bleu et le jaune vert donnent par leur combinaison un ton vert. Par conséquent, le mélange des trois couleurs simples *rouge, vert* et *violet* doit produire du blanc. Cette conclusion, déduite par voie de raisonnement, est confirmée par l'expérience ; si, en effet, sur le disque rotatif de la figure 209, on dispose, suivant trois secteurs de dimensions convenables, les trois couleurs que nous venons de nommer, la surface du disque paraît blanche, quand on lui imprime une grande vitesse de rotation.

Nous admettrons donc comme un fait démontré que la réunion du *rouge*, du vert et du violet produit du blanc et que tous les tons intermédiaires compris entre deux couleurs complémentaires quelconques peuvent être remplacés par le mélange en proportions convenables des couleurs complémentaires considérées. Il est évident, dès lors, qu'on peut, avec le rouge, le vert et le violet, reproduire toutes les couleurs qui existent dans la nature ; mais nous ferons remarquer que les couleurs ainsi obtenues ne sauraient, en raison même de leur mode de génération, posséder le degré de saturation absolue qui est le propre des couleurs spectrales. Les trois couleurs, rouge, vert et violet, à l'aide desquelles on peut ainsi reproduire toutes les autres, ont reçu le nom de *couleurs fondamentales*.

Le rouge, le jaune et le bleu, qu'on regardait autrefois comme représentant les trois couleurs fondamentales, et que la plupart des peintres désignent encore comme telles, peuvent aussi reproduire tous les tons et toutes les nuances avec assez de fidélité, à une condition toutefois, c'est qu'on mélange, non pas les impressions colorées, mais les matières colorantes elles-mêmes, ce qui est bien différent. Dans le mélange des poudres colorées, il se passe, en effet, des phénomènes d'absorption lumineuse qui interviennent pour modifier les résultats (cf. § 167). Avec le disque rotatif, le mélange du rouge, du jaune et du bleu ne donne pas un blanc parfaitement pur.

[Les trois couleurs fondamentales n'ont pas une existence objective ; leur signification est purement subjective ; mais, d'après l'hypothèse de Young adoptée par M. Helmholtz, elles correspondraient, dans l'œil, à trois sortes de fibres nerveuses dont l'excitation donnerait respectivement la sensation du rouge, du vert et du violet. Toute lumière objective, simple ou composée, agirait à la fois sur ces trois espèces de fibres nerveuses avec une intensité qui varierait avec la longueur d'onde. Les rayons les moins réfrangibles exciteraient le plus fortement les fibres sensibles au rouge, les rayons de réfrangibilité moyenne ébranleraient davantage les fibres du vert et les vibrations les plus rapides exciteraient avec le plus d'énergie les fibres du violet. Telle est, en deux mots, le principe de la théorie des sensations colorées à laquelle M. Helmholtz s'est rallié.] [[Mais jusqu'à présent, malgré les recherches histologiques les plus minutieuses on n'a rien découvert dans la rétine qui puisse faire croire à l'existence des trois espèces de fibres de Young et de Helmholtz.]]

161. Triangle chromatique. — On a imaginé divers procédés pour représenter par une construction géométrique les lois du mélange des couleurs. L'un des plus simples est le suivant :

Traçons le triangle RVU (fig. 210). Aux sommets des angles plaçons les trois couleurs fondamentales : *rouge, vert* et *violet* ; sur les côtés du triangle, portons les autres couleurs qu'on trouve dans le spectre et qu'on peut reproduire approximativement par le mélange de deux des couleurs fondamentales ; nous aurons ainsi l'orangé et le jaune pour le côté RV, le bleu et l'indigo pour le côté VU ; le troisième côté ne correspond pas à une couleur du spectre, car le mélange du rouge et du violet donne du pourpre.

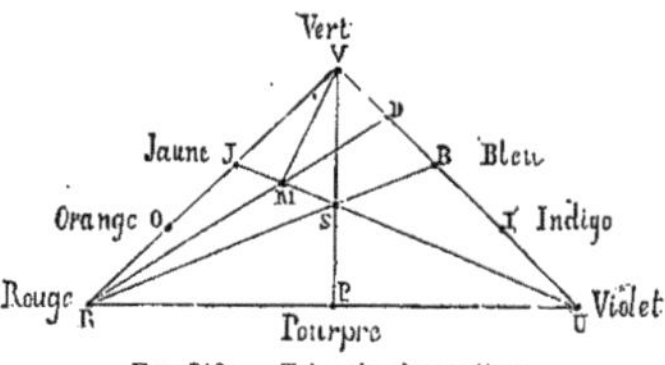

Fig. 210. — Triangle chromatique.

Cela posé, il existe évidemment dans l'intérieur du triangle un point S, tel que, si on le joint aux sommets R, V, U, les droites ainsi menées RS, VS et US sont respectivement proportionnelles aux quantités de rouge, de vert et de violet, nécessaires pour former du blanc. De même, tout autre point M de la surface du triangle correspond à une couleur composée qu'on peut obtenir en mélangeant les trois couleurs fondamentales dans des proportions représentées par les lignes RM, VM, UM. Mais, dans le cas particulier de la figure, la droite UM passe par le point J, qui répond à la position du jaune ; elle contient, par conséquent, tous les mélanges du jaune et du violet ; nous pouvons donc remplacer les quantités RM de rouge et VM de vert par la quantité JM de jaune, et reproduire la couleur relative au point M, en mélangeant du jaune et du violet dans le rapport de JM à UM ; la même couleur sera encore fournie par un mélange d'une quantité JM de jaune avec une quantité SM de blanc, ou enfin d'une quantité RM de rouge avec une quantité DM de vert-bleu. Le résultat est toujours le même, quel que soit celui de ces mélanges que l'on forme.

La construction indiquée ci-dessus permet donc de déterminer les diverses combinaisons de couleurs qui peuvent se substituer les unes aux autres. Elle conduit, en outre, à cette règle *qu'une couleur composée quelconque, produite par le mélange de plusieurs couleurs simples, peut toujours être obtenue aussi par la combinaison d'une couleur spectrale déterminée (ou du pourpre) avec une proportion convenable de lumière blanche.*

161ᵃ. Des trois qualités des couleurs composées. — Les considérations exposées dans les paragraphes précédents nous montrent que, dans toute couleur composée, il faut distinguer trois éléments :

1° Le *ton* de la couleur; on entend par là l'espèce de la couleur simple qui domine dans le mélange et qui la caractérise; la nature de cette couleur simple est déterminée par son degré de réfrangibilité dans le spectre.

2° Le *degré de saturation* de la couleur, [ce que nous appellerons encore sa *nuance*]. La nuance dépend de la quantité plus ou moins grande de lumière blanche ajoutée à la couleur simple qui donne le ton. Les couleurs simples du spectre possèdent le maximum de saturation; elles ne contiennent pas de lumière blanche, tandis que les couleurs composées sont toujours moins saturées.

3° L'*intensité* de la lumière, laquelle est fonction de l'amplitude des vibrations éthérées. Les couleurs qui ont une faible intensité lumineuse paraissent *sombres*, celles dont l'intensité est grande ont une *teinte claire*. Quand la lumière est très vive, la couleur devient encore plus claire et prend une nuance blanchâtre, tandis que toutes les couleurs simples ou composées paraissent noires, quand la lumière est suffisamment affaiblie.

Le triangle chromatique de la figure 210 ne donne que les rapports de ton et de saturation des couleurs. Pour représenter en même temps les dégradations de teinte, c'est-à-dire les modifications correspondantes aux variations d'intensité lumineuse, il suffit d'ajouter une troisième dimension au triangle et de le transformer en pyramide triangulaire : le milieu de la base répondrait au blanc, et le sommet de la pyramide représenterait le noir, c'est-à-dire une intensité lumineuse nulle. Dans une section horizontale faite par le milieu de la hauteur, on trouverait alors le *brun* (jaune foncé); le gris, le bleu foncé, etc.

Dans la construction de la table des couleurs de la figure 210, l'unité de saturation de chacune des trois couleurs fondamentales peut être choisie arbitrairement; et suivant les unités adoptées, les couleurs spectrales sont placées, soit sur les côtés mêmes du triangle, soit le long d'une courbe située dans son intérieur. Supposons, par exemple, qu'on prenne pour unités les degrés de saturation des couleurs spectrales; dans ce cas, celles-ci se trouveront disposées le long d'une circonférence qui ne sera interrompue qu'entre le rouge et le violet, où elle fera place à une ligne droite.

On ne peut pas comparer directement entre elles les couleurs spectrales, quant à leur degré de saturation; mais on regarde comme étant plus saturée qu'une autre celle dont l'effet prédomine dans le mélange. A ce titre, nous dirons que le violet du spectre est beaucoup plus saturé que le jaune, car si on superpose ces deux couleurs, le mélange a un ton violet. En comparant de la même manière les diverses couleurs du spectre, on arrive à les ranger dans l'ordre suivant: violet, indigo, rouge et bleu, orangé et vert, jaune. Le jaune est la couleur la moins saturée.

Quand il s'agit de trouver les proportions dans lesquelles il faut mélanger des couleurs simples pour obtenir une couleur composée déterminée, le procédé le plus simple consiste à faire usage du disque rotatif de la figure 209.

CHAPITRE IX

RAIES SOMBRES DU SPECTRE SOLAIRE

162. Raies de Fraunhofer. — Lorsqu'on examine attentivement le spectre solaire, à l'aide d'une lunette, on remarque qu'il est traversé en un grand nombre d'endroits par des lignes sombres plus ou moins étroites et parallèles à l'arête du prisme. Ces lignes, appelées *raies de Fraunhofer*, du nom du célèbre opticien qui les a étudiées le premier avec soin (1815), présentent ceci de remarquable qu'elles occupent des positions fixes et parfaitement déterminées, et qu'elles offrent ainsi des points de repère précieux pour s'orienter dans le spectre. Les principales de ces raies sont désignées par les lettres de l'alphabet A, B, C, D, E, F, G, H; leurs positions se trouvent indiquées dans la figure 211. La raie A est dans le rouge extrême; B occupe le milieu du rouge; C est à la limite du rouge et de l'orangé; D au commencement du jaune; E dans le vert; F à la limite du vert et du bleu; G au commencement de l'indigo, et H dans le violet.

Fraunhofer avait compté dans le spectre environ 600 raies; mais on en découvre d'autant plus qu'on emploie pour les étudier des lunettes plus puissantes; MM. Kirchoff et Bunsen ont porté le nombre de ces raies à plus de 3.000 et en ont dédoublé plusieurs qu'on tenait pour simples.

Les raies du spectre offrent un moyen précis et commode de spécifier les différentes couleurs spectrales; si nous disons, par exemple, que dans telle expérience nous avons fait usage de la raie D; nous indiquons d'une manière rigoureuse le degré de réfrangibilité de la couleur employée, et chaque observateur pourra retrouver cette même couleur en cherchant cette raie.

163. Utilité des raies de Fraunhofer pour la mesure des indices de réfraction. — Nous avons exposé précédemment (cf. § 144ᵃ) la manière dont on s'y prend pour mesurer à l'aide du prisme l'indice de réfraction des diverses substances transparentes; dans l'exposé de cette méthode, nous avons admis, pour plus de simplicité, que le faisceau de lumière qui tombait sur le prisme était composé de rayons de même réfrangibilité et qu'il avait une épaisseur infiniment petite; or, de pareilles conditions, la dernière au moins, sont irréalisables en pratique. On opère, en général, sur de la lumière composée, de sorte que le faisceau lumineux, au sortir du prisme, s'étale en une bande d'une certaine étendue et diversement colorée; mais, grâce aux raies de Fraunhofer, il est possible de faire usage de la méthode indiquée et même d'y apporter un grand degré de précision; il suffit d'observer la déviation d'une raie déterminée. On choisit généralement la raie E, qui est située dans la région moyenne du spectre, et on a ainsi l'indice de réfraction *moyen* de la substance sur laquelle on opère : [mais, en réalité, il y a lieu de considérer pour chaque substance autant d'indices de réfraction qu'il y a de rayons lumineux de réfrangibilité différente, car, de ce que les déviations d'une même raie sont égales pour deux prismes de même angle réfringent, mais de nature différente, il ne s'ensuit pas que les déviations soient les mêmes pour chacune des autres raies; c'est le contraire qu'on observe généralement (cf. § 164).]

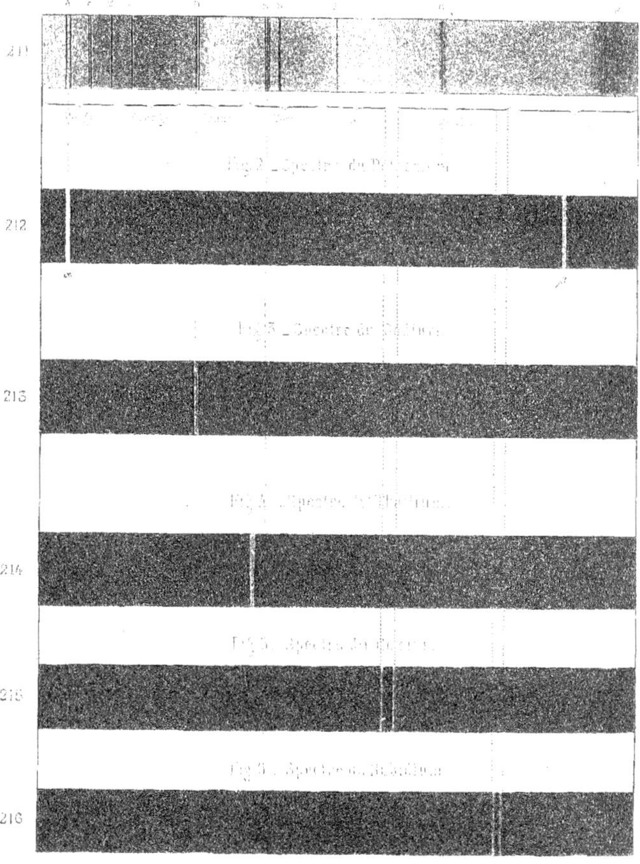

Fig. 1 _ Spectre solaire (spectre lumineux)

211

Fig. 2 _ Spectre du Potassium

212

Fig. 3 _ Spectre du Sodium

213

Fig. 4 _ Spectre du Thallium

214

Fig. 5 _ Spectre du Calcium

215

Fig. 6 _ Spectre du Strontium

216

163ª. Manière d'observer les raies du spectre. — Toutes les fois qu'on a besoin d'obtenir un spectre bien pur dans lequel les raies sombres se détachent avec une grande netteté, l'emploi seul du prisme est insuffisant ; car, au sortir de ce milieu, les diverses couleurs ne sont pas assez bien séparées ; elles se recouvrent en partie et les raies ne se montrent pas, ou, au moins, n'apparaissent que confusément.

Pour observer les raies, on procède de la manière suivante : à une certaine distance d'une fente étroite à travers laquelle pénètrent les rayons solaires, on dispose une lentille convergente, [de préférence une lentille cylindrique convexe, l'axe du cylindre étant parallèle à la direction de la fente]. L'écran destiné à recevoir le spectre, se place à l'endroit où la lentille projette une image parfaitement nette de la fente. Cela fait, on met le prisme immédiatement derrière la lentille, entre celle-ci et l'écran. De cette manière, on obtient un spectre d'une grande pureté et dans lequel les diverses raies sont bien distinctes. Quand il s'agit de procéder à des observations exactes, au lieu de projeter le spectre sur un écran, on l'observe à l'aide d'une lunette grossissante.

CHAPITRE X

DU POUVOIR DISPERSIF ET DE L'ACHROMATISME

164. Mesure de la dispersion. — Nous avons dit que, dans la détermination des indices de réfraction, on se sert généralement de la raie E du spectre ; si on procédait à la même détermination en prenant toute autre raie, on obtiendrait des résultats entièrement différents des premiers ; non seulement les valeurs absolues ne seraient pas les mêmes, mais encore les deux séries de valeurs que l'on obtiendrait avec deux prismes différents ne se correspondraient pas. En effet, de deux prismes ayant le même angle de réfringence, celui dont l'indice de réfraction est le plus élevé, dévie évidemment davantage tous les rayons ; en outre, la déviation est proportionnellement plus forte pour les rayons les plus réfrangibles, de sorte que le spectre fourni par ce prisme est plus étalé. Ce résultat s'explique par ce fait que les rayons qui sont le plus fortement déviés en traversant la première face, rencontrent la seconde sous un angle d'incidence plus grand.

La différence entre les indices de réfraction des rayons extrêmes peut servir de mesure à la dispersion. On choisit habituellement pour indice des rayons violets n_v celui qui correspond à la raie H, et pour indice des rayons rouges n_r, celui de la raie B ; la différence $n_v - n_r = \delta$, est ce qu'on appelle le *coefficient de dispersion totale*, ou simplement la *dispersion totale*.

Le tableau suivant donne les indices n_v et n_r et le coefficient de dispersion de quelques substances importantes à connaître :

NOMS DES SUBSTANCES	n_v	n_r	δ
Eau	1,334	1,331	0,013
Crown-glass	1,546	1,525	0,021
Flint-glass.	1,671	1,627	0,044
Huile de cassia.	1,700	1,590	0,110

Quand on a déterminé la grandeur de la dispersion totale ou, si l'on veut,

la longueur totale du spectre fourni par un prisme donné, il ne s'ensuit pas
que l'on connaisse du même coup la longueur de ses différentes parties,
c'est-à-dire la distance de deux autres raies quelconques, attendu qu'il
n'existe aucun rapport entre la dispersion totale et les *dispersions partielles*, ces dernières ayant des valeurs variables suivant la région du spectre
à laquelle elles se rapportent.

De là résulte une grande diversité dans les spectres produits par des
prismes de différentes substances, puisque la largeur de chaque couleur
varie avec l'étendue entière du spectre, mais non pas proportionnellement
à la dispersion totale. Des substances qui possèdent sensiblement le même
indice de réfraction moyen peuvent donc avoir des dispersions notablement différentes. Aussi, toutes les fois qu'il s'agit de déterminer les propriétés
optiques d'un milieu réfringent, est-il indispensable de connaître non seulement son indice moyen, mais encore son coefficient de dispersion.

165. Prismes achromatiques. — Ce fait que les dispersions de deux substances
ne sont pas proportionnelles à leurs indices de réfraction pour une même couleur, permet de faire disparaître les effets de la dispersion produite par un
prisme sans annuler en même temps la déviation des rayons lumineux.

Étant donné un premier prisme ABC (fig. 217) et un rayon LG de
lumière blanche, ce rayon sera à la fois dévié et décomposé; en sortant du

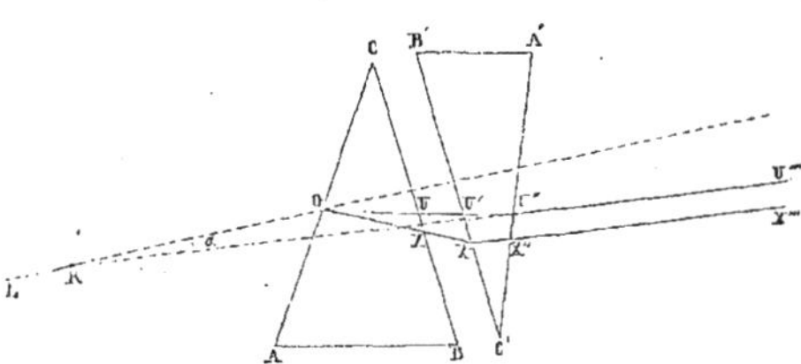

Fig. 217. — Prismes achromatiques.

milieu réfringent,
il donnera un
spectre limité par
les deux rayons
extrêmes UU' et
XX'. Si derrière
ce prisme nous
en disposons un
second ayant le
même indice, le
même angle ré-
fringent et tourné

en sens inverse, il est évident que nous supprimerons ainsi la dispersion,
mais en détruisant du même coup la déviation; car le système de ces
deux prismes se comportera comme une lame à faces parallèles.

Supposons, au contraire, le second prisme A'B'C' formé d'une substance
qui, tout en ayant un indice moyen à peu près égal à celui du premier
prisme, possède une dispersion beaucoup plus grande; dans ce cas, il
sera possible de lui donner un angle réfringent tel que les couleurs
séparées par le prisme ABC soient réunies de nouveau par leur passage à travers le prisme A'B'C', tout en conservant au faisceau lumineux
émergent un certain degré de déviation. En effet, si les deux prismes
avaient le même angle réfringent, les effets de la dispersion ne s'en
manifesteraient pas moins, puisque les extrémités du spectre fourni
par la substance la plus dispersive dépasseraient celles du spectre
de l'autre prisme. Il faut donc diminuer l'angle réfringent du prisme
A'B'C' d'une quantité convenable pour rendre les deux spectres égaux
en longueur; ce résultat étant obtenu, la lumière émergera d'un pareil

système sans subir de décomposition, et tout en restant déviée vers la base du prisme ABC.

La figure 217 représente la marche des rayons dans ces conditions : le faisceau lumineux qui sort du prisme ABC et qui forme un spectre limité par les rayons UU′ et XX′ émerge du prisme A′B′C′ suivant U″U‴ et X″X‴, après avoir subi une inversion dans la disposition des couleurs qui le composent, de sorte que les deux spectres de sens inverse sont superposés l'un à l'autre, et redonnent ainsi de la lumière blanche. Un semblable système porte le nom de *prismes achromatiques*.

Le rapport des angles réfringents qui procure l'achromatisme de deux prismes ne peut servir que pour une direction déterminée des rayons lumineux ; si l'incidence du rayon LG augmente, l'angle de dispersion UGX devient plus grand et ne peut plus être compensé par la dispersion du second prisme, cette dernière ayant, au contraire, diminué.

[Pour que deux prismes s'achromatisent réciproquement, il faut que leurs angles de dispersion soient égaux, ce qui a lieu quand : $\dfrac{A}{A'} = \dfrac{\delta'}{\delta}$; A et A′ représentent les angles réfringents, δ et δ′ les coefficients de dispersion des deux prismes.] On trouve de cette manière qu'il faut associer un prisme de crown-glass d'un angle de 60° avec un prisme de flint de 29°,17′ pour obtenir un système achromatique, à l'égard de rayons dont l'incidence est de 59°; pour toute autre incidence, l'achromatisme n'est pas parfait, mais néanmoins l'aberration de réfrangibilité est diminuée. [Au reste, avec deux prismes on ne peut achromatiser exactement que deux couleurs, puisque les rapports de dispersion partielle ne sont pas constants; on achromatise ordinairement les rayons bleus et orangés.]

166. Aberration de réfrangibilité des lentilles. — Par suite de l'inégale réfrangibilité des différentes couleurs, la réfraction de la lumière composée s'accompagne toujours de la séparation des diverses espèces de rayons, mais les effets de la dispersion sont bien moins marqués dans les milieux réfringents terminés par des surfaces sphériques que dans les prismes. Cependant ils on encore une valeur assez grande pour nuire à la netteté des images réelles ou virtuelles que fournissent ces surfaces; l'action perturbatrice de la dispersion est même supérieure à celle de l'aberration de sphéricité, car non seulement elle détruit l'homocentricité des rayons réfractés, mais encore elle donne naissance à des cercles de diffusion diversement colorés, en sorte que les images sont irisées, c'est-à-dire bordées d'un liséré rouge ou violet. Le défaut de netteté résultant de la dispersion constitue ce qu'on appelle l'*aberration de réfrangibilité* ou *aberration chromatique*.

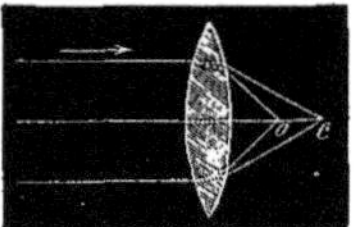

Fig. 218. — Aberration de réfrangibilité des lentilles.

Considérons, par exemple, un faisceau de rayons blancs parallèles tombant sur la lentille convergente de la figure 218 ; les rayons rouges, qui sont les moins réfrangibles, iront se réunir sur l'axe principal au point *c*, tandis que les rayons violets, se réfractant davantage, concourront au point *o*; entre ces deux foyers extrêmes viendront se former ceux des couleurs intermédiaires, indigo, bleu, vert, etc. Si donc on dispose un écran en *o*, on verra s'y peindre un petit cercle blanc entouré d'un liséré rouge; le centre paraît blanc, parce qu'un grand nombre de rayons diversement colorés se croisent dans cette région et recomposent ainsi de la lumière blanche. Place-t-on, au contraire, l'écran en c, on obtient un cercle blanc bordé de violet. — La distance oc comprise entre les foyers des rayons extrêmes sert ordinairement de mesure à l'aberration chromatique.

166ª. Lentilles achromatiques. — En se reportant à ce que nous avons dit sur la dispersion dans les prismes (cf. § 165), on comprendra que la nature de la substance dont est formée une lentille doit avoir une grande influence sur l'intervalle oc des foyers des rayons extrêmes. De là la possibilité de supprimer l'aberration chromatique d'une lentille, en employant une méthode tout à fait semblable à celle qui sert à achromatiser un prisme.

Étant donnée une lentille convergente, telle que celle de la figure 218, associons-la à une lentille divergente faite d'une substance possédant un plus grand pouvoir dispersif; nous pourrons donner aux faces de cette dernière une courbure telle que l'intervalle des foyers extrêmes y soit égal à celui de la première lentille, mais évidemment disposé en sens inverse; or, cette condition, pour être satisfaite, exige que la lentille divergente ait un pouvoir réfringent moindre que celui de la lentille positive, puisqu'elle a un pouvoir dispersif plus grand. De cette manière, le système des deux lentilles conservera un certain degré de pouvoir *convergent*, et néanmoins l'aberration chromatique y aura disparu; les lentilles composant un tel système sont dites *achromatiques*.

Nous avons fait remarquer que des prismes, achromatisés pour une direction donnée des rayons lumineux, ne le sont plus aussi exactement quand l'incidence de la lumière vient à changer. Cette remarque s'applique également aux lentilles achromatiques. Or, celles-ci sont fréquemment employées pour obtenir des images d'objets placés à des distances plus ou moins rapprochées; dans ces conditions, l'incidence des rayons lumineux est variable; cette circonstance seule suffit déjà pour empêcher qu'on ait des systèmes lenticulaires absolument achromatiques. Ce n'est pas tout : pour les lentilles, comme pour les prismes, les dispersions partielles n'étant pas proportionnelles aux dispersions totales, la suppression de celles-ci n'entraîne pas l'annulation des premières; de ce que, par exemple, on aura fait superposer l'orangé et le bleu, il ne s'ensuit pas que les autres couleurs soient aussi fusionnées. D'une manière générale, il faut associer autant de lentilles qu'il y a de couleurs à achromatiser; dans la pratique, on se borne à deux lentilles, qu'on achromatise pour les rayons orangés et bleus.

Les lentilles achromatiques entrent dans la construction des microscopes et des lunettes. Les opticiens font ordinairement la lentille convergente en crown-glass et la divergente en flint-glass. Pour les rendre achromatiques, ils procèdent, en général, par voie de tâtonnement, bien qu'on puisse arriver au même résultat par le calcul. Les deux lentilles étant amenées au degré de courbure convenable pour constituer un système achromatique, on les accole l'une à l'autre, à l'aide d'un peu de baume de Canada, dont l'indice de réfraction est intermédiaire entre ceux du flint et du crown-glass; on évite ainsi la perte de lumière qu'occasionnerait sans cela la réflexion des rayons sur les faces intérieures des lentilles. Dans le but de diminuer encore davantage l'aberration chromatique, on arrête les rayons marginaux à l'aide d'un diaphragme, qui a ainsi une double utilité, puisque nous avons déjà vu ce moyen servir à amoindrir l'abberration de sphéricité (cf. § 153).

ABSORPTION ET ÉMISSION DE LA LUMIÈRE — RAYONS CHIMIQUES

CHAPITRE XI

ABSORPTION DE LA LUMIÈRE

167. Absorption de la lumière dans son passage à travers les milieux réfringents. Couleur des corps dans la lumière transmise. — Dans l'étude des lois de la réflexion et de la réfraction des rayons lumineux, nous avons supposé que la lumière n'éprouvait pas de déperdition, et qu'après avoir été réfléchie ou réfractée, elle réapparaissait tout entière. Cette hypothèse n'est jamais réalisée d'une manière rigoureuse ; souvent même elle est fort éloignée de la vérité ; la lumière subit toujours des pertes plus ou moins considérables, soit en se réfléchissant, soit en traversant les milieux réfringents. Il en résulte des phénomènes particuliers dont nous allons nous occuper et que nous chercherons à expliquer.

Dans la réflexion et la réfraction régulières, on observe déjà la disparition d'une certaine quantité de lumière, qui n'est ni renvoyée par la surface réfléchissante, ni transmise par le milieu réfringent, mais qui se perd dans l'intérieur de ce dernier. Il n'existe qu'une circonstance où il se produise une réflexion totale ; c'est lorsque les rayons se présentent pour passer d'un milieu dans un autre moins réfringent, sous une incidence supérieure à l'angle limite (cf. § 141). Mais, en dehors des applications qui ont été faites de la réflexion totale par le prisme (cf. § 145), ce genre de phénomène n'est pas très fréquent dans la nature. Cependant il convient d'y rattacher en partie la réflexion irrégulière qui se produit dans les corps formés par la réunion de particules inégalement réfringentes ; comme exemple de semblables substances, nous citerons l'écume, qui est formée par le mélange de particules aqueuses et de bulles d'air, la neige, qui consiste en un assemblage de cristaux de glace entre lesquels se trouve emprisonné de l'air. La blancheur éclatante de la neige est due précisément aux nombreuses réflexions, soit totales, soit partielles, qui ont leur siège dans chaque flocon ; la même cause explique la couleur blanche de l'écume. Mais alors même que, la réflexion étant totale, la lumière n'éprouve pas de perte de ce chef, elle n'en est pas moins affaiblie par le fait de sa propagation dans les milieux réfringents. L'expérience prouve que toutes les substances, même les plus transparentes, absorbent une certaine quantité de la lumière qui les traverse ; pour le démontrer, il suffit de placer sur le trajet d'un faisceau de rayons lumineux une couche très épaisse d'un des milieux les plus transparents que l'on connaisse, par exemple, l'eau ou le verre ; on mesure l'intensité de la lumière à son entrée dans le milieu et à sa sortie, et on constate que cette intensité diminue quand l'épaisseur de la couche augmente.

En général, les milieux diaphanes n'absorbent pas dans la même proportion les rayons de différente réfrangibilité ; il en résulte que ces milieux paraissent colorés. Ainsi l'eau, sous une grande épaisseur, offre, une couleur bleue ; le verre ordinaire est tantôt verdâtre, tantôt jaunâtre ; [[quant à la coloration bleu foncé présentée par l'air, elle n'est pas due, comme pour l'eau et le verre, à l'absorption mais à des phénomènes d'interférence auxquels donne lieu la réflexion de la lumière sur les vésicules d'eau contenues dans l'atmosphère.]]

Les corps transparents qui n'exercent sur la lumière qu'une absorption minime paraissent incolores, quand on les regarde sous une faible épaisseur ; car plus la quantité totale de lumière absorbée est petite, moins il doit y avoir de différence entre la composition de la lumière transmise et celle de la lumière incidente. On peut s'assurer facilement qu'il en est ainsi en examinant des corps qui présentent des colorations variables suivant l'épaisseur considérée ; ainsi, le verre teint par l'oxyde de cobalt est d'un bleu foncé, quand on le regarde sous une grande épaisseur ; en lame mince, il paraît bleu blanchâtre. De même les globules sanguins examinés isolément au microscope sont d'un rouge fortement lavé de blanc, tandis que, vus en masse, ils donnent au sang une couleur d'un rouge saturé.

En rapprochant les faits dont il vient d'être question ce que nous avons dit au § 131ᵃ, à savoir que les corps qui sont opaques dans les conditions ordinaires deviennent transparents du moment qu'on les réduit en couche suffisamment mince, nous sommes amenés à envisager comme un phénomène tout à fait général l'absorption de la lumière par les milieux dans lesquels elle pénètre ; de plus, il nous faudra poser en règle que cette absorption s'exerce inégalement sur les rayons de différente réfrangibilité et dans des proportions qui varient avec la nature du milieu. La lumière la moins absorbée donne au corps sa *couleur*, que cette couleur apparaisse seulement quand le milieu se présente en grande masse, ou qu'elle se montre déjà pour de faibles épaisseurs. Quand l'absorption s'exerce à peu près avec la même intensité sur toutes les couleurs, le corps paraît blanc ou noir ; *blanc* si l'absorption est faible, *noir* si elle est très grande.

168. Absorption de la lumière dans la réflexion. Couleur des corps dans la lumière réfléchie. — Les notions relatives à l'absorption de la lumière transmise ne sauraient s'appliquer aux rayons lumineux réfléchis spéculairement à la surface des corps. Dans le cas de la réflexion régulière, la lumière renvoyée doit avoir exactement la même composition que la lumière incidente : si cette dernière est blanche, la première l'est aussi. Et, en effet, nous voyons que les surfaces parfaitement polies réfléchissent la lumière, sans en modifier la couleur.

Il en est autrement des corps à structure irrégulière, et dont la surface présente des rugosités ; la lumière, en rencontrant des surfaces de cette nature, ne se divise pas simplement en deux parts, l'une réfléchie et l'autre transmise ; une portion des rayons est réfléchie diffusément par la surface ; une autre portion pénètre dans le corps jusqu'à une certaine profondeur, en général peu considérable quand le milieu est opaque. La lumière qui traverse ainsi les couches superficielles subit des réflexions partielles en passant d'une couche à l'autre, et ce sont les rayons de retour qui donnent aux corps opaques leur couleur: car ces rayons, en parcourant à deux reprises une épaisseur plus ou moins grande de la substance considérée, sont soumis dans ce double trajet à l'action absorbante du corps, qui les dépouille d'une certaine quantité de couleurs; en conséquence, ils ressortent colorés.

On voit donc que la couleur des corps vue par réflexion a la même origine que la couleur de la lumière transmise; dans l'un et l'autre cas, il y a absorption en proportions inégales des rayons de différente réfrangibilité.

169. Spectres d'absorption. — Ce n'est pas au simple aspect de la couleur d'un corps que nous pouvons reconnaître exactement quelles espèces de rayons il absorbe; sans doute, en voyant une substance laisser passer la lumière rouge, nous sommes en droit de supposer qu'elle absorbe les rayons les plus réfrangibles; mais, en semblable matière, notre œil ne nous fournit que des indications fort grossières; pour arriver à une détermination rigoureuse des rayons qui sont absorbés dans un cas donné, il faut analyser la lumière après son passage à travers le milieu absorbant. Cette analyse se fait à l'aide d'un prisme: la lumière, au sortir du corps qu'elle a traversé, est reçue sur un prisme de verre et décomposée de la sorte en ses couleurs élémentaires; il est évident que les rayons qui ont été absorbés par le corps considéré doivent manquer dans le spectre obtenu.

Afin d'écarter toute lumière autre que celle qui est transmise par le milieu absorbant, on se place dans une chambre entièrement obscure; une fente pratiquée dans le volet donne accès à un faisceau de lumière solaire qu'on dirige à travers la substance soumise à l'étude; cette substance doit être en couche assez mince pour laisser passer les rayons lumineux. Sur le trajet du faisceau transmis, on dispose un prisme en flint-glass aussi pur que possible et sans défaut; on obtient ainsi, au delà du prisme, le spectre d'absorption du corps considéré.

En examinant dans ces conditions la lumière qui a traversé un verre bleu de cobalt, on ne trouve guère dans le spectre que deux couleurs, le rouge et le bleu, séparées par un intervalle noir; les rayons de réfrangibilité moyenne font défaut; ils ont été absorbés. [Le verre teint en rouge par le protoxyde de cuivre ne laisse passer que l'extrémité rouge du spectre et le commencement de l'orangé.]

Les liquides colorés, tels que des solutions de chlorophylle, d'hémoglobuline ou d'autres matières colorantes, se comportent comme les verres de couleur, sous le rapport de l'absorption; les spectres que l'on obtient avec une lumière blanche qui a préalablement traversé une épaisseur suffisante de ces substances présentent à certaines places parfaitement déterminées des bandes obscures mal délimitées qui ne correspondent pas aux raies, sombres et à bords nets, du spectre solaire (raies de Fraunhofer); elles sont connues sous le nom de *raies* ou *bandes d'absorption*.

De semblables raies s'observent aussi dans le spectre de la lumière qui a traversé des gaz colorés, par exemple des vapeurs d'acide hypo-nitrique, et, comme tous les gaz sont colorés quand on les regarde sous une grande épaisseur, il est probable qu'en couche suffisamment profonde ils donnent tous des raies d'absorption dans leur spectre.

Tel est précisément le cas de l'air atmosphérique: un grand nombre de raies du spectre solaire proviennent de l'absorption exercée par l'atmosphère terrestre, et ce qui le prouve, c'est que les raies dues à cette origine tons plus ou moins nettes et plus ou moins nombreuses, suivant l'état de l'atmosphère, suivant sa pureté, son degré de sécheresse ou d'humidité, suivant la hauteur du soleil, etc. Quant aux raies principales du spectre solaire, leur constance et leur fixité prouvent qu'elles reconnaissent une cause autre que l'absorption par les couches de l'atmosphère terrestre.

[MM. Bell et Tainter ont fait connaître en 1881 une nouvelle méthode pour la recherche des bandes d'absorption. On fait tomber successivement les diverses régions d'un spectre provenant d'un faisceau lumineux intermittent qui a traversé une substance absorbante sur un photophone ou un thermophone mis en communication avec un téléphone ordinaire; ce dernier chante lorsque la région spectrale recueillie n'est pas absorbée; le silence du téléphone indique, au contraire, la présence dans le spectre d'une bande d'absorption. On peut par ce procédé constater l'absorption des radiations infra-rouges non visibles.]

169ª. Analyse spectrale du sang et de la chlorophylle. — Le spectre d'absorption du sang et des solutions d'hémato-globuline offre un intérêt tout particulier pour le médecin. Quand on fait passer un faisceau de lumière solaire ou de toute autre lumière blanche (gaz d'éclairage, lampe à pétrole) à travers une solution concentrée de sang oxygéné ou d'hémato-globuline, les rayons rouges sont les seuls qui traversent le milieu coloré; en ajoutant de l'eau, on voit apparaître dans le spectre successivement les rayons orangés, puis les jaunes, les verts, les bleus et enfin toutes les couleurs; mais il reste deux bandes d'absorption situées dans le jaune et le vert entre les raies D et E de Fraunhofer (fig. 219, II). Traite-t-on la solution de sang ou d'hémoglobine par un agent

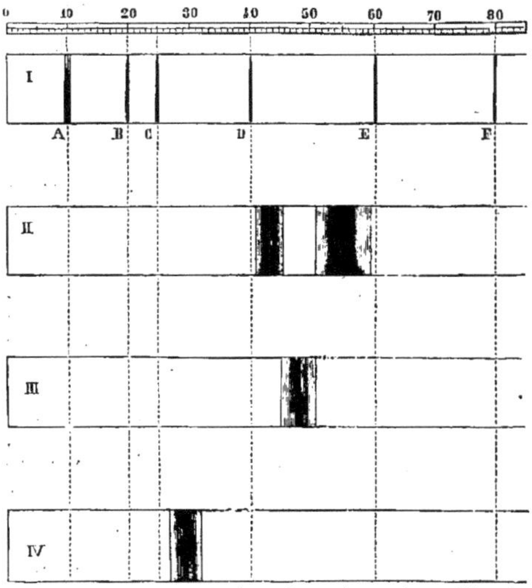

Fig. 219 — Spectres d'absorption des matières colorantes du sang (hémoglobine et hématine). — I. Spectre solaire montrant la position des raies de Fraunhofer. — II. Spectre de l'hémoglobine montrant les deux bandes caractéristiques entre les raies D et E. — III. Spectre de l'hémoglobine après l'action d'agents réducteurs; les deux raies du spectre précédent ont été remplacées par une raie unique de position intermédiaire. — IV. Spectre de l'hématine.

réducteur (hydrogène sulfuré, sulfure ammonique, etc.), les deux raies précitées disparaissent pour faire place à une raie unique située entre les deux précédentes (fig. 219, III).

[Le sang tenant en dissolution de l'oxyde de carbone présente les mêmes raies d'absorption que le sang normal, mais il s'en distingue en ce que ces deux raies persistent après l'action des agents réducteurs.]

Sous l'influence des acides et des alcalis, l'hémoglobine ou hématoglobuline se dédouble en une substance albuminoïde nommée *globuline* et en une matière colorante appelée *hématine*. Cette dernière, en solution acide, donne une seule bande d'absorption située à la limite du rouge et de l'orangé, tout près et un peu au delà de la raie C (fig. 219, IV) ; si la solution est alcaline, la bande d'absorption est située plus près de la raie D, et occupe presque toute la largeur de l'orangé ; c'est en raison de cette absorption d'une partie des rayons de l'extrémité rouge du spectre que l'hématine paraît *verte* dans la lumière transmise. En traitant l'hématine par les agents réducteurs, on voit disparaître la bande d'absorption située dans le rouge ou l'orangé ; à sa place se montrent une bande noire qui occupe presque toute l'étendue du jaune, et une raie plus étroite placée dans le vert.

Depuis 1866, on utilise ces caractères du spectre de l'hémoglobine pour la recherche des taches du sang ou pour reconnaître la présence de l'oxyde de carbone dans le sang. Dans ce but, on étend le liquide d'une quantité d'eau suffisante, on le verse dans une petite auge fermée par deux lames de verre à faces parallèles, et on place cet appareil devant la fente du *spectroscope*. (V., pour la description et l'emploi du spectroscope, le §171.)

[Nous devons signaler à ce propos l'existence, dans une algue, le *palmella cruenta*, d'une matière colorante qui aurait, suivant M. Phipson, les plus grandes analogies avec la matière colorante du sang et donnerait, quand on l'examine au spectroscope, deux bandes d'absorption assez semblables à celles de l'hémoglobine.

Le spectre d'absorption de la chlorophylle présente sept bandes, une dans le rouge, très nettement limitée et d'un noir absolu, trois plus étroites et moins sombres dans l'orangé, le jaune et le vert, enfin trois autres plus larges dans les parties bleue et violette du spectre. M. Chautard a montré que la première de ces bandes d'absorption, celle qui est située dans le rouge, entre les raies B et C de Fraunhofer, se dédouble sous l'influence combinée des alcalis et de la chaleur, ce qui fournit une réaction spectrale caractéristique et très sensible pour la recherche de la chlorophylle.]

[Bibliographie : Hoppe-Seyler. Ueber die chemischen und optischen Eigenschaften des Blutfarbstoffes (*Virchow's Archiv für pathol. Anat.*, 1862, t. XXIII, p. 446 ; 1864, t. XXIX, p. 233 et 597). — *Handbuch der physiol. u. pathol. chemischen Analyse.* Berlin, 1865.

Valentin. *Der Gebrauch des Spektroskopes zu physiologischem und ärztlichem Zweck.* Leipzig et Heidelberg, 1863, 3e édit. 1870.

Stokes. Sur la réduction et l'oxydation de la matière colorante du sang (*Phil. Magaz.*, 1864, t. XXVIII, p. 391, Extrait dans *Bull. de la Société chim. de Paris*, 1865, nouv. série, t. IV, p. 402).

Bird-Herapath. *Pharmaceutical Journal*, 1866 (Première application médico-légale de l'analyse spectrale pour la recherche du sang).

Lelorrain. *De l'oxyde de carbone au point de vue hygiénique et toxicologique.* Thèse. Strasbourg, 1868.

Balley. *Des méthodes à suivre pour rechercher le sang.* Thèse. Strasbourg, 1868.

R. Benoît. *Études spectroscopiques sur le sang.* Thèse. Montpellier, 1869.]

170. Spectre des flammes. — Quand un gaz ou un corps à l'état de vapeur est porté à l'incandescence, il émet de la lumière ; celle-ci peut être directement décomposée par le prisme ; elle fournit alors un spectre que nous nommerons *spectre d'émission*, par opposition au *spectre d'absorption*, qu'on obtient en faisant passer les rayons solaires à travers le gaz.

La manière la plus simple de se procurer des gaz incandescents de différente nature chimique consiste à introduire un sel métallique dans une flamme très chaude et très peu éclairante. On sait depuis longtemps que la plupart des sels métalliques communiquent aux flammes des colorations très diverses : ainsi les sels de soude colorent la flamme en jaune, les sels de strontium et de lithium la rendent rouge, les sels de baryte donnent une couleur verte. Ces colorations sont produites par l'incandescence des particules métalliques réduites à l'état de vapeur. Il a été reconnu que le résultat ne dépend que de la nature du métal, quelle que soit d'ailleurs la combinaison dans laquelle il se trouve engagé.

En examinant le spectre des vapeurs métalliques incandescentes, on remarque tout d'abord que ce spectre n'est pas continu, qu'il ne se compose que d'un certain nombre de couleurs, et que tous les degrés de réfrangibilité n'y sont pas représentés. Quant aux couleurs qui s'y rencontrent, elles se montrent sous la forme de raies *brillantes*, à bords généralement très nets et dont le nombre et la position dépendent de la nature du métal qui les produit. Le *sodium*, par exemple, est caractérisé par une raie jaune, ou, plus exactement, deux raies jaunes très voisines qui occupent rigoureusement la place de la raie D de Fraunhofer (fig. 213, p. 392) ; le spectre du *thallium* se réduit à une raie verte unique (fig. 214). Le sodium et le thallium sont les deux seuls métaux qui fournissent une lumière *monochromatique*, c'est-à-dire ne contenant que des rayons d'une seule réfrangibilité. Les spectres des autres métaux renferment tous plusieurs raies brillantes plus ou moins distantes les unes des autres et, qui peuvent, par conséquent, offrir des couleurs différentes ; ainsi, le *potassium* donne deux raies, l'une située dans le rouge extrême, l'autre dans le violet (fig. 212) ; le spectre du *cæsium* est formé également de deux raies, mais assez rapprochées l'une de l'autre et situées dans le vert (fig. 215), celui du *rubidium* de deux raies encore, mais qui apparaissent au commencement du violet ; les autres métaux fournissent en général un nombre de raies beaucoup plus considérable ; le fer, par exemple. en donne plus de six cents.

Les raies brillantes dont nous venons de parler varient d'un métal à l'autre, sous le rapport du nombre, de la couleur et de la position ; mais elles sont constantes pour un même corps, et, pour les faire apparaître, il suffit d'employer des quantités infiniment petites d'un métal. Aussi l'*analyse spectrale* des flammes qui renferment des vapeurs métalliques constitue-t-elle la méthode la plus sensible que nous possédions pour reconnaître les traces d'un métal donné.

170ª. Inversion du spectre des flammes. — Imaginons qu'un faisceau de rayons émanant du soleil ou de toute autre source lumineuse traverse successivement une flamme, c'est-à-dire une couche de gaz incandescent, puis un prisme ; il en résultera un spectre d'absorption, qui peut être regardé comme produit, en quelque sorte, par l'interférence de deux spectres.

Le cas le plus simple est celui dans lequel les deux spectres qui interfèrent renferment les mêmes raies brillantes ; c'est ce qu'on obtient, par exemple, en prenant pour source lumineuse la *lumière Drummond*, devant laquelle on dispose la flamme d'une lampe à alcool contenant un sel de soude. La lumière *Drummond* est produite par l'incandescence d'un bâton de chaux sur lequel on dirige la flamme d'un mélange de gaz détonnant ; cette lumière, extrêmement brillante, contient aussi la raie jaune du sodium, comme il est facile de s'en assurer en examinant directement son spectre. Nous avons ainsi deux sources lumineuses, la lumière Drummont et la flamme de l'alcool, qui ont des intensités très différentes, mais qui renferment toutes deux la même raie brillante. Si on place la lumière Drummond en avant de la flamme de l'alcool, le spectre observé est identique à celui que produirait la lumière Drummond seule ; on aperçoit très nettement la raie brillante du sodium. Mais intervertit-on les positions des deux sources lumineuses, de manière que les rayons de la source la plus intense aient à traverser la flamme peu éclairante de l'alcool avant de rencontrer le prisme, le phénomène change d'aspect : *la raie brillante a fait place à une raie sombre, qui occupe exactement la même position.*

170ᵇ. Rapport entre le pouvoir émissif et le pouvoir absorbant des corps pour la lumière. — Ainsi, quand on dispose l'une derrière l'autre deux flammes dont les spectres renferment les mêmes raies brillantes, et que la flamme située en avant possède une intensité notablement plus petite, elle affaiblit, dans le spectre de la flamme antérieure, l'éclat des couleurs qu'elle peut émettre, en sorte que, par un effet de contraste, ces dernières paraissent sombres, comparées au reste du spectre. Ce fait remarquable s'explique si nous admettons que les corps qui émettent une certaine lumière sont aussi ceux qui absorbent en plus grande proportion les rayons de même espèce ; en d'autres termes, *les corps qui possèdent le plus grand pouvoir émissif ont également le plus grand pouvoir absorbant pour les rayons de même réfrangibilité.*

Et, en effet, il est une loi générale en vertu de laquelle *le pouvoir absorbant* A *d'un corps pour la lumière est proportionnel à son pouvoir émissif* E, c'est-à-dire que le rapport $\dfrac{A}{E}$ est une quantité constante. A l'aide de cette loi, qui s'applique à tous les mouvements vibratoires (son, chaleur, lumière), on peut, dans le cas particulier, se rendre compte du phénomène remarquable de l'inversion du spectre.

170ᶜ. Origine des raies de Fraunhofer. — Les considérations dans lesquelles nous venons d'entrer nous conduisent naturellement à l'explication des raies sombres du spectre solaire ; ces raies doivent leur origine à un phénomène d'absorption.

Un petit nombre d'entre elles résultent, comme nous l'avons déjà dit (§ 169), de l'absorption exercée par l'atmosphère terrestre ; ce sont les raies dites *telluriques* ou *terrestres ;* mais la grande majorité existent dans la lumière solaire avant que celle-ci ait traversé notre atmosphère. La constitution du soleil réalise, en effet, les conditions propres à donner un spectre *interverti.* Cet astre se compose d'un noyau incandescent, probablement à l'état de fusion ignée, qui rayonne une lumière d'une intensité extrême ; ce noyau est placé au centre de ce qu'on appelle la *photosphère*, sorte d'atmosphère de gaz en combustion qui répand une lumière beaucoup plus faible. On comprend dès lors que la photosphère absorbe, dans la lumière émise par le noyau, les raies ayant la réfrangibilité de celles qu'elle peut émettre et qu'ainsi nous observions des raies sombres dans le spectre solaire.

MM. Kirchoff et Bunsen, auxquels la science est redevable d'une nouvelle méthode d'analyse des corps, l'*analyse spectrale*, ont eu la pensée de comparer la position des raies de Fraunhofer avec les raies brillantes de différentes vapeurs métalliques à l'état d'incandescence, dans le but de déterminer la composition chimique du soleil. Quand nous trouvons, en effet, qu'une raie sombre du spectre solaire coïncide avec une raie brillante du spectre d'émission d'un métal, nous sommes en droit d'en conclure que ce métal existe réellement dans le soleil. C'est de cette manière qu'on a reconnu la présence du sodium, du potassium, du fer, etc., dans l'atmosphère solaire.

171. De l'analyse spectrale. Spectroscope. — MM. Kirchoff et Bunsen ont imaginé, sous le nom de *spectroscope*, un dispositif commode pour étudier le spectre d'émission ou d'absorption des différentes substances. La figure 220

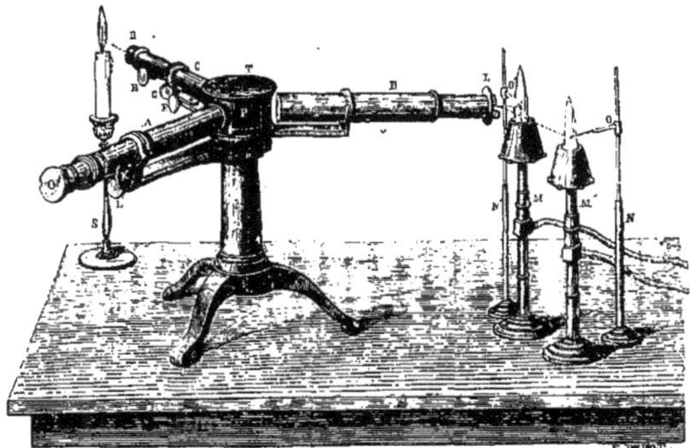

Fig. 220. — Spectroscope à une lunette horizontale et à un seul prisme

représente cet appareil, tel qu'il a été modifié par MM. Duboscq et Grandeau. Il se compose d'un prisme de flint P installé verticalement sur un support et recouvert d'un tambour T; ce dernier, noirci à l'intérieur, est percé sur son contour de trois ouvertures, en regard desquelles sont respectivement disposés les tubes A, B, C. Le tube B, faisant fonction de collimateur, porte à son extrémité L une fente verticale étroite, en face de laquelle se place la source lumineuse à analyser ; cette fente, qu'on peut ouvrir plus ou moins à l'aide d'une vis, se trouve au foyer d'une lentille convergente située à l'autre extrémité du tube B; de cette manière, les rayons lumineux qui ont traversé la fente tombent, à l'état de parallélisme, sur le prisme P, qui les décompose et les dirige dans le tube A. Celui-ci n'est autre chose qu'une lunette grossissante, mobile autour de la verticale passant par le prisme, au moyen de laquelle on peut observer à volonté les différentes régions de l'images pectrale. Le bouton K sert à mettre la lunette *au point*.

Afin qu'il soit possible de relever exactement la position des raies, un micromètre horizontal est placé à l'extrémité du tube C : ce micromètre, consistant en une plaque de verre sur laquelle on a reproduit, par la photographie, une échelle divisée en un grand nombre de parties égales est éclairée par derrière à l'aide d'une lampe ou d'une bougie S et se trouve au foyer d'une lentille convergente située à l'autre extrémité du tube C ; on s'arrange de manière que les rayons lumineux provenant du micromètre se réfléchissent sur la face d'émergence du prisme et soient renvoyés dans la lunette A. De cette façon, l'image grossie du micromètre vient se placer parallèlement à celle du spectre, et l'observateur les voit toutes deux en même temps.

Comme source lumineuse, on emploie, s'il s'agit d'étudier le spectre d'émission des vapeurs métalliques, la flamme d'une lampe à alcool ou, de préférence, la flamme d'un *bec de Bunsen* M ; dans cette flamme peu éclairante par elle-même, mais très chaude, on introduit un fil de platine O′, à l'extrémité duquel est déposée une parcelle du sel à déterminer.

Pour analyser le spectre d'absorption des liquides, celui du sang par exemple, on prend, comme source lumineuse, un faisceau de rayons solaires ou, plus simplement, la lumière du gaz ou celle d'une lampe à pétrole. Le liquide est introduit dans une petite auge, dont les parois opposées sont formées par des plaques de verres à faces parallèles ; cette auge se place derrière la fente du tube B, entre celle-ci et la source lumineuse.

[Afin de rendre possible, si cela est nécessaire, la comparaison des parties de même réfrangibilité de deux sources lumineuses, la moitié supérieure de la fente située en L peut être recouverte par un petit prisme à réflexion totale, orienté de manière que les rayons partis d'une seconde source lumineuse placée latéralement en M′ puissent pénétrer dans le collimateur B, en même temps que les rayons émis par la source M entrent par la partie libre de la fente. L'observateur voit ainsi à travers la lunette A deux spectres horizontaux placés l'un au-dessus de l'autre et dans des positions rigoureusement parallèles.

Une disposition ingénieuse a permis à M. Duboscq de réduire le volume de l'appareil. La figure 221 représente le spectroscope ainsi modifié et qu'on désigne sous le nom de *spectroscope vertical*, parce que la lunette y est placée verticalement. On voit, à l'extrémité du petit tube latéral C, la fente *f* avec son prisme à réflexion totale *p*. Un second prisme à réflexion totale situé dans le corps de l'instrument renvoie le faisceau lumineux vers un prisme de 30° placé à la partie inférieure ; les rayons entrent dans ce prisme, puis reviennent sur eux-mêmes, réfléchis qu'ils sont par la face inférieure, qui est argentée dans ce but, et finalement ils arrivent à l'œil de l'observateur placé en O, après avoir traversé un système de lentilles constituant une lunette grossissante. Le micromètre est adapté au tube M, et son image est renvoyée dans la direction de l'oculaire O par une glace sans tain, disposée à 45° à la hauteur de ce tube latéral.

Les spectroscopes à un seul prisme ne donnent pas une assez grande dispersion pour qu'on puisse distinguer les raies les plus déliées des images spectrales. Quand on veut pousser l'analyse plus loin, on emploie des appareils à plusieurs prismes. La figure 222 représente un modèle à quatre prismes dont la disposition est indiquée en projection dans la figure 223.

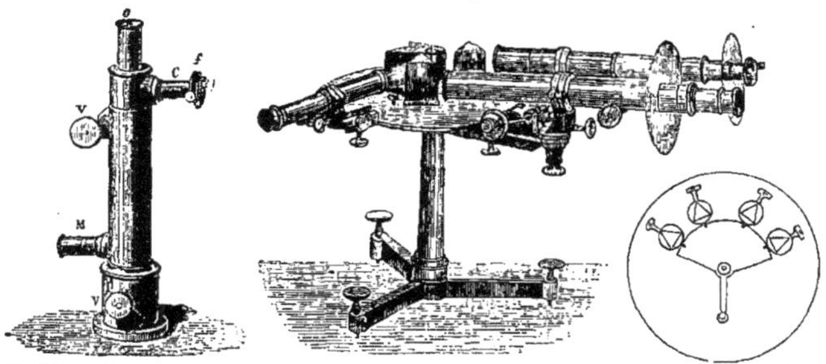

Fig. 221. — Spectroscope vertical.   Fig. 222. — Spectroscope polyprisme (modèle à quatre prismes).   Fig. 223.—Disposition des prismes sur la plate-forme du spectroscope polyprisme.

La lunette d'observation reste toujours devant le premier prisme; le micromètre est adapté, comme dans le spectroscope horizontal de la figure 220, à une petite lunette spéciale que l'on amène devant la face d'émergence du dernier prisme.

Les prismes sont mobiles, isolément ou ensemble, autour d'un axe vertical, afin qu'on puisse ramener chaque couleur à sa déviation minimum. La lunette d'observation est aussi susceptible de recevoir trois sortes de mouvements, qui permettent de viser les différentes parties du spectre et de mesurer la distance des raies.

[SPECTROSCOPE DE M. THOLLON. — En 1878, M. Thollon a fait construire un nouveau spectroscope; les avantages que présente cet instrument sur ceux que nous venons de décrire résultent des propriétés que possède un couple ou système de deux prismes égaux (fig. 224), de même indice, dont les arrêtes de réfringence sont parallèles et qui sont toujours symétriques par rapport à un plan parallèle à ces mêmes arêtes.

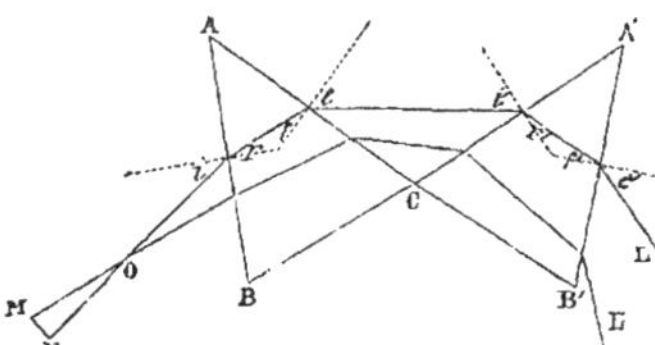

Fig. 224. — Prismes accouplés de Thollon

Si on appelle i et e, i' et e' les angles d'incidence et d'émergence d'un même rayon avec les deux prismes, Δ l'angle du couple, c'est-à-dire l'angle des faces AC et A'C, A l'angle de réfringence commun aux deux prismes et D la déviation du rayon, la formule (1) de la page 344, appliquée successivement à chaque prisme du couple, conduit à l'égalité

$$D = i + e + i' + e' - 2\,A\,;$$

comme $e + i' = \Delta$, on peut écrire

$$D = i + e' + \Delta - 2\,A$$

Il résulte de là que pour une même valeur de la somme $i + e'$, D varie avec Δ, c'est-à-dire que la dispersion donnée par le couple varie avec l'angle Δ des faces AC et A'C' ; si donc on rend mobiles, l'un par rapport à l'autre, les deux prismes associés, le pouvoir dispersif du couple variera entre certaines limites, qui sont d'ailleurs assez étendues.

L'angle Δ restant invariable, le couple présente pour $i = e'$ un minimum de déviation différent de celui qui correspond à la condition $i = e = i' = e'$ et qu'on peut appeler minimum absolu. En outre, M. Thollon a démontré que si $i = e' = 0$, auquel cas, le rayon est perpendiculaire aux faces d'entrée AB et de sortie A'B', le spectre obtenu est normal par rapport à l'indice c'est-à-dire que l'accroissement de l'angle d'émergence e' est proportionnel à l'accroissement de l'indice de réfraction n.

Le spectroscope de M. Thollon est représenté schématiquement (fig. 225) en projection horizontale ; il est formé de quatre couples de prismes, p et p', p'' et p''', etc., portés par des lames métalliques articulées, A B, B C, D E, E F, B b, etc., que l'on peut faire mouvoir, au moyen de la vis V, de telle sorte que les angles des couples varient, tout en restant égaux entre eux. Un rayon L o, venu du collimateur, subit en o une réflexion totale sur la face hypoténuse d'un prisme rectangle, et traverse normalement les faces d'entrée et de sortie des divers couples de gauche de la figure 225. Arrivé en L', ce rayon subit successivement deux réflexions totales qui le renvoient, la première verticalement, la seconde horizontalement et avec une direction telle qu'il traverse, en sens inverse de tantôt, mais dans un plan horizontal différent, le même système de couples de la

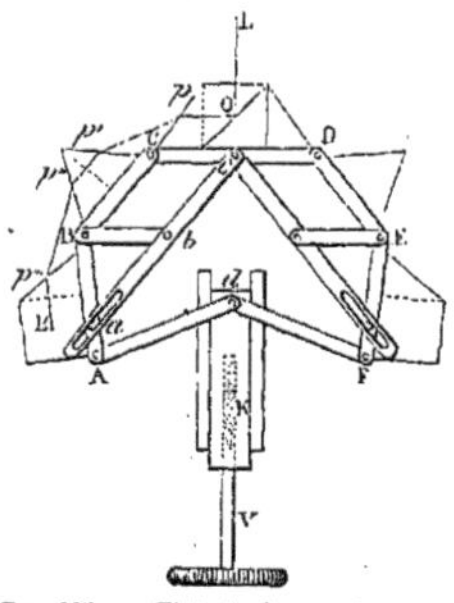
Fig. 225. — Théorie du spectroscope de Thollon.

partie gauche de la figure ; à sa sortie du prisme p, le changement de niveau subi permet à ce rayon de pénétrer dans les couples de droite, qu'il traverse aussi deux fois en sens inverse, grâce à un nouveau changement de hauteur qui le ramène dans le plan horizontal passant par le rayon primitif L o. Arrivé en o, le rayon réfracté dont nous venons d'indiquer la marche subit une nouvelle réflexion totale, et est ainsi renvoyé dans la lunette, suivant le prolongement de L o. La vision est donc absolument directe.]]

[[GRADUATION DU SPECTROSCOPE EN LONGUEUR D'ONDE. — Les positions des raies brillantes que présente un spectre particulier, ou des raies de Fraunhofer, par exemple, ne sont pas déterminées si on connaît seulement les divisions du micromètre sur lesquelles elles apparaissent, le micromètre pouvant occuper diverses positions dans le champ de la lunette du spectroscope, et ses divisions variant de grandeur d'un instrument à l'autre. L'indice de réfraction ne suffit même pas pour fixer d'une façon absolue la position de ces raies, car pour une radiation donnée, l'indice varie, quoique de quantités assez faibles, suivant le verre dont les prismes de l'instrument sont formés. Mais il est un élément qui peut servir à caractériser les divers rayons du spectre, c'est la longueur d'onde de la lumière correspondante. Pour pouvoir déterminer rapidement la longueur d'onde d'une couleur quelconque, on gradue préalablement le spectroscope de la manière suivante : on donne au micromètre une position telle que l'image de la division 100, par exemple, coïncide avec la raie jaune du sodium, puis on note successivement les divisions sur lesquelles apparaissent les raies, de longueurs d'onde connues, d'un certain nombre de métaux, potassium, thallium, cæsium, etc., dont on introduit les sels dans le bec Bunsen de l'instrument. On trace alors, sur une feuille de papier, une droite horizontale $o\,x$, sur laquelle on porte des longueurs égales qui représentent les divisions du micromètre, et par celles de ces divisions qui correspondent aux raies apparues dans la lunette du spectroscope, on élève à $o\,x$ des perpendiculaires auxquelles on donne des longueurs proportionnelles aux longueurs d'onde des raies obtenues. On joint ensuite par une courbe continue les extrémités de toutes ces perpendiculaires. Ceci fait, la longueur d'onde d'une région quelconque du spectre, déterminée par la division n du micromètre avec laquelle elle coïncide, sera représentée par l'ordonnée élevée par la division n de la droite $o\,x$, jusqu'à la rencontre de la courbe. Il est évident, d'ailleurs, que la courbe dont nous venons de parler est spéciale au spectroscope qui a servi à la construire.]]

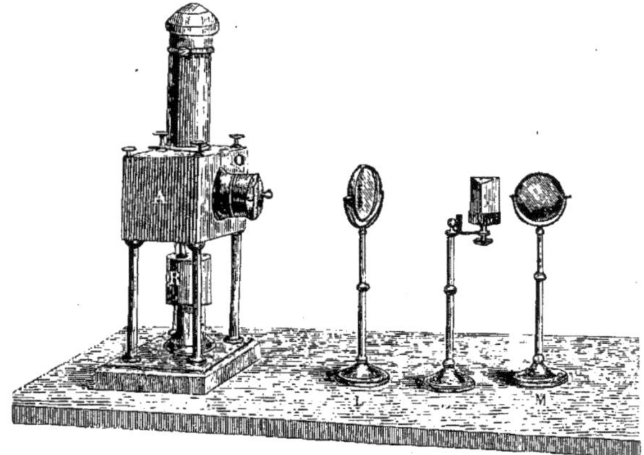

Fig. 226. — Disposition pour la projection des phénomènes spectroscopiques. — A, Lanterne photogénique, munie d'un porte-fente O, et dans l'intérieur de laquelle se place une lampe électrique R, ou une lampe Drummond. — L, Lentille cylindrique convexe. — P, Prisme en flint de 60°. — M, Miroir plan destiné à renvoyer l'image spectrale dans la direction voulue.

Le dispositif de la figure 226 indique la manière dont on peut projeter les phénomènes spectroscopiques et en particulier les raies brillantes des métaux. A est une lanterne munie d'un porte-fente O à ouverture variable; dans l'intérieur de la lanterne se place une lampe électrique R ou une lumière Drummond. En avant de la fente par où passent les rayons lumineux, on dispose la lentille cylindrique L, de manière à obtenir à une grande distance une image réelle de la fente ; puis, sur le trajet du faisceau lumineux émergent, se place le prisme en flint P. Quant au miroir plan M, il sert à renvoyer l'image spectrale sur un écran et dans telle direction qu'on désire.]

172. Théorie des phénomènes d'absorption lumineuse. — Pour expliquer les phénomènes de l'absorption, il nous faut recourir à quelques considérations de mécanique. Nous savons que la lumière est due aux vibrations des atomes éthérés, et nous devons en conclure, conformément aux lois générales du mouvement vibratoire, que les divers rayons colorés correspondent à des vibrations de durée différente. Or, si des rayons d'une réfrangibilité déterminée viennent à s'éteindre par le fait de leur absorption, la disparition ne s'explique que par une communication de mouvement, attendu que le mouvement ne peut pas être anéanti d'une manière absolue : les vibrations dont la durée correspond au degré de réfrangibilité des rayons éteints se sont transformées en mouvements qui ne produisent pas d'effets lumineux, c'est-à-dire que les atomes éthérés ont transmis leur mouvement aux atomes de la matière pondérable et y ont déterminé des changements de position. Mais quand cette communication de mouvement ne porte que sur des ondes d'une longueur donnée, cela suppose que les atomes pondérables du corps considéré ont une tendance à exécuter les vibrations de même durée que celle qui correspond aux rayons absorbés. Les molécules de la vapeur de sodium, par exemple, doivent avoir une propension à accomplir les oscillations dont la longueur d'onde réponde à la réfrangibilité de la double raie D du spectre solaire ; c'est précisément pour cela que la vapeur incandescente du sodium donne un spectre d'émission où une raie brillante occupe la place de la raie D, les vibrations des atomes de sodium se communiquant à l'éther environnant. Et si ces atomes de vapeur sodique ont de la facilité à exécuter ainsi les vibrations d'une certaine durée, ils absorberont de préférence les vibrations de même période qui leur seront transmises.

Il existe deux séries de phénomènes qu'on peut regarder comme une confirmation directe de la théorie précédente. D'une part, nous voyons la lumière produire des *effets chimiques*, ce qui prouve qu'elle détermine des changements de position des atomes pondérables ; d'autre part, les phénomènes de *phosphorescence* et de *fluorescence* nous montrent les vibrations lumineuses communiquées aux atomes pondérables faisant retour à l'éther et rendant ainsi lumineux par eux-mêmes les corps qui ont été préalablement impressionnés par la lumière.

[On observe aussi très fréquemment un troisième mode de transformation des radiations lumineuses, à savoir leur conversion en vibrations calorifiques obscures. Ce phénomène indique un abaissement dans le degré de réfrangibilité des radiations, c'est-à-dire une augmentation de durée des vibrations ; le fait s'explique sans difficulté par les lois de la composition des mouvements vibratoires.

En résumé, la lumière absorbée est convertie soit en chaleur, soit en action chimique ou en quelque autre travail moléculaire ; ou bien elle est de nouveau émise, avec ou sans modifications, par le corps qu'elle a impressionné.]]

CHAPITRE XII

EFFETS CHIMIQUES DE LA LUMIÈRE

173. Combinaisons et décompositions chimiques produites sous l'influence de la lumière. — Dans la plupart des circonstances où la lumière arrive au contact des corps, les seuls effets qui se produisent en apparence consistent dans les modifications subies par les rayons lumineux eux-mêmes lors de leur reflexion ou de leur réfraction. Cependant on est porté à penser que, même dans ces cas, les corps éprouvent des altérations plus ou moins passagères que nos moyens d'investigation sont impuissants à mettre en évidence.

Il existe, au contraire, certains corps sur lesquels la lumière agit avec assez d'énergie pour provoquer, selon les cas, leur combinaison avec d'autres substances ou leur décomposition. Le chlore et l'hydrogène, qui restent mélangés sans s'unir dans une obscurité profonde, se combinent instantanément et avec explosion, quand on expose leur mélange à l'action des rayons solaires. Sous l'influence de la lumière, le chlore en solution dans l'eau décompose ce liquide pour s'unir à l'hydrogène et met l'oxygène en liberté ; les matières colorantes végétales sont décolorées par l'action des rayons solaires, et ce phénomène est mis à profit pour le blanchiment des étoffes. Citons, pour terminer, l'influence toute-puissante de la lumière sur le processus chimique qui se passe dans le règne végétal ; c'est grâce à cette influence que les plantes absorbent l'acide carbonique répandu dans l'atmosphère et exhalent de l'oxygène.

173ᵃ. Action de la lumière sur les sels d'argent. Photographie. — La plus belle application qu'on ait faite de nos jours des effets chimiques de la lumière est fondée sur la décomposition des sels haloïdes d'argent. Sous l'influence de la lumière, les sels d'argent, tels que le chlorure, l'iodure, etc., prennent une coloration d'abord violette, puis noire, par suite de la réduction du sel et de la mise en liberté de l'argent à l'état de poudre noire. Si la lumière n'agit que pendant un temps très court, le sel n'est pas réduit, mais il a acquis la propriété d'être très facilement et très rapidement décomposé par les agents réducteurs ; c'est cette propriété des sels d'argent qu'on a mise à profit pour obtenir des images photographiques.

Le principe de la photographie est le suivant : une plaque de verre est recouverte d'une mince couche de collodion renfermant une certaine quantité d'iodure de potassium. Cette plaque est ensuite plongée dans un bain de nitrate d'argent ; il se forme par double décomposition de l'iodure d'argent, qui se fixe sur le collodion, et du nitrate de potasse, qui se dissout dans le bain ; la couche de collodion se trouve ainsi *sensibilisée*. On la porte alors dans une chambre noire, et on la place exactement à l'endroit où vient se peindre l'image de l'objet à reproduire, image qui est fournie par l'objectif de l'instrument. Quand on juge que la lumière a agi un temps suffisant sur la plaque, on enlève celle-ci et on verse sur la surface impressionnée un liquide réducteur, qui est ordinairement une solution d'acide pyrogallique. Ce réactif réduit l'iodure d'argent dans les endroits où ce sel a été impressionné par la lumière, et la réduction s'opère en proportion d'autant plus grande que l'action de la lumière a été plus intense. On voit alors l'image *se développer;* mais la distribution de la lumière s'y trouve *renversée;* les parties claires dans l'image de la chambre noire se détachent en noir dans l'épreuve et, réciproquement, les ombres sont remplacées par des clairs ; l'image photographique ainsi obtenue constitue ce qu'on nomme l'*épreuve négative.*

Il reste encore à empêcher l'action ultérieure de la lumière sur le sel d'argent non réduit ; dans ce but, on enlève cet excédant d'iodure, en le dissolvant à l'aide d'une solution d'hyposulfite de soude ou de cyanure de potassium ; l'image se trouve alors *fixée*, et elle peut servir de cliché pour obtenir des épreuves *positives*.

Le tirage des épreuves positives se fait de la manière suivante : on trempe une feuille de papier blanc dans une solution d'iodure de potassium, puis on la fait sécher ; ensuite on l'étend à la surface d'un bain d'argent et on la laisse s'imprégner pendant quelques minutes. Le papier se trouve ainsi sensibilisé ; quand il est bien sec, on le place sous l'épreuve négative, sa face sensible en contact avec la couche de collodion, et on expose le tout aux rayons solaires. Les parties noires du cliché interceptant la lumière, le sel d'argent de la feuille de papier sous-jacente n'est réduit que dans les points placés en regard des blancs de l'épreuve négative. On développe l'image ainsi obtenue comme on l'a fait pour l'épreuve négative, en plongeant le papier impressionné dans une solution d'acide pyrogallique. Le sel d'argent non réduit est enlevé par l'hyposulfite de soude, et dans l'image qui se trouve alors fixée, la distribution des ombres et des clairs est inverse de ce qu'elle est dans le cliché ; par conséquent, elle est semblable à celle de l'image de la chambre noire ; aussi la nomme-t-on *épreuve positive.*

[La chambre noire employée en photographie est représentée dans la figure 227. Elle ne diffère pas en principe de celle qui a été décrite au § 155 ; mais, au lieu d'un simple objectif achromatique, la chambre noire photographique porte un objectif double composé de deux lentilles achromatiques O et O'.

Grâce à l'emploi des *verres combinés,* on peut donner à l'objectif

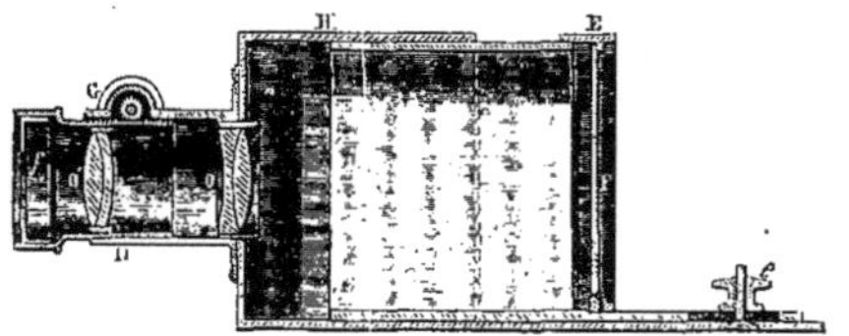

Fig. 227. — Chambre noire à *objectifs combinés* pour la photographie.

une grande ouverture, tout en corrigeant l'aberration de sphéricité ; un diaphragme *f* placé en avant de la lentille antérieure supprime les rayons marginaux et contribue ainsi à donner plus de netteté aux images. Le pignon G s'engrène dans une crémaillère fixée au tube qui porte la première lentille, et permet de rapprocher plus ou moins les deux verres, afin de faire varier le grossissement et d'achever la mise au point. Le tube D, qui porte l'objectif double, est adapté à la paroi antérieure d'une caisse composée de deux parties : l'une fixe H, l'autre E mobile, qui peut entrer plus ou moins dans la première, au moyen d'un tirage à coulisse. La paroi verticale postérieure, opposée à l'objectif, est formée par une plaque de verre dépolie F, sur laquelle vient se peindre l'image des objets extérieurs ; c'est cette plaque qui sert à l'opérateur pour la mise au point. En faisant mouvoir le fond mobile de la boîte, on amène la lame de verre en un point tel que l'image de l'objet à reproduire s'y dessine nettement ; on achève de mettre au foyer, en rapprochant ou en éloignant, selon le cas, la lentille O'. On enlève ensuite la plaque de verre, pour la remplacer par la surface sensibilisée, sur laquelle doit se développer l'image photographique.]

[En 1881, M. Janssen, en prenant des photographies du soleil, a découvert les curieux phénomènes suivants, dont l'explication reste encore à trouver : si on laisse la lumière agir plus longtemps qu'il n'est nécessaire pour obtenir l'épreuve négative, la plaque de verre présente une teinte uniformément claire où il est impossible de distinguer aucun détail ; si le temps de pose augmente encore, il se forme une épreuve positive directe qui est remplacée à son tour par une teinte sombre uniforme quand on laisse se continuer plus longtemps l'action de la lumière ; enfin on obtient de nouveau une épreuve négative si les rayons lumineux agissent sur la plaque sensible pendant un temps encore plus considérable.]

Dans ces dernières années, on s'est attaché à reproduire par la photographie, dans un but scientifique, les objets d'histoire naturelle ; sous ce rapport, la photographie des objets microscopiques mérite toute notre attention. Nous traiterons ce sujet à l'occasion du microscope (cf. § 189^d).

174. Activité chimique des différentes radiations du spectre solaire. Rayons ultraviolets. — Les différents rayons colorés qui composent le spectre sont loin de posséder le même degré d'activité chimique ; d'une manière générale, celle-ci augmente en même temps que la réfrangibilité. Les rayons rouges sont ceux dont l'action chimique est la plus faible, tandis que les rayons violets agissent avec le plus d'énergie. On peut mettre en évidence cette inégalité d'activité chimique des radiations solaires, en photographiant le spectre du soleil ; l'image obtenue montre que la partie impressionnée par les rayons violets est beaucoup plus foncée que la partie correspondante aux rayons rouges.

On observe, en outre, un phénomène fort remarquable : l'image photographique du spectre est plus grande que le spectre lui-même vu directement ; elle s'étend au delà du violet. Nous en concluons qu'il existe des radiations encore plus réfrangibles que les rayons violets ; ces radiations particulières n'affectent pas l'œil ; du moins ne sont-elles pas visibles dans les conditions ordinaires, mais elles le deviennent, quand on a soin de cacher la partie lumineuse du spectre (Helmholtz) ; elles ne sont pas non plus révélées par le thermomètre ; en revanche, elles possèdent une activité chimique très énergique.

La recherche des effets chimiques produits par les radiations des sources lumineuses a permis de compléter l'étude des spectres d'absorption. On a reconnu que, dans toutes les circonstances où la lumière exerce une action chimique, [elle n'agit que par les radiations absorbées] et que l'absorption porte principalement sur les rayons les plus réfrangibles du spectre. [Ainsi M. Timiriaseff a montré par l'expérience que les seules radiations utiles et nécessaires à la fonction chlorophyllienne sont celles qui correspondent aux bandes d'absorption de la chlorophylle.]] De même lorsque, par exemple, le chlore s'unit à l'hydrogène sous l'influence de la lumière, il y a constamment absorption de rayons chimiquement actifs, et, d'après les expériences de Bunsen et Roscoë, la quantité de rayons disparus est proportionnelle à l'effet chimique produit. Cette corrélation entre l'action chimique et l'absorption de la lumière est [un nouvel exemple de la transformation des forces et de la conservation du travail]], et, ce qui revient d'ailleurs au même, une confirmation directe de la théorie que nous avons exposée plus haut, touchant l'absorption (cf. § 172).

[174ᵃ. **Étendue du spectre solaire.** — Nous venons de voir que les radiations émanées du soleil renferment, indépendamment de celles qui sont visibles dans les conditions ordinaires, d'autres radiations encore plus réfrangibles, non lumineuses, mais douées d'une grande activité chimique ; ces dernières, connues sous le nom de *rayons ultra-violets*, occupent dans le spectre solaire une région qui fait suite aux rayons violets. A l'autre extrémité du spectre, au delà du rouge, existent des rayons moins réfrangibles que ceux de la raie A, invisibles, sans action chimique, mais reconnaissables à leur grande puissance calorifique ; ce sont les *rayons infra-rouges*, dont nous aurons occasion de parler dans l'étude de la chaleur (V. § 273ᵃ).

Ainsi le spectre solaire se compose de trois parties : un spectre *lumineux* proprement dit, qui occupe le milieu ; un spectre *ultra-violet* formant l'extrémité la plus réfrangible, et un spectre *infra-rouge* placé à l'autre extrémité. La partie supérieure de la figure 228 représente ces trois spectres : les rayons

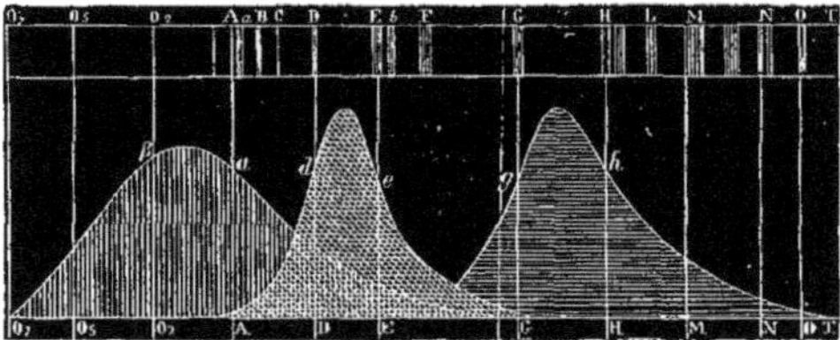

FIG. 228 — Courbes d'intensité calorifique, lumineuse et chimique des différentes régions du spectre solaire.

lumineux occupent l'intervalle compris entre les raies A et H ; le spectre ultra-violet s'étend de la raie H à la raie P [1], et va même au delà de celle-ci. On voit que le spectre chimique présente, comme le spectre lumineux, des lacunes, dont la présence se révèle dans l'image photographique par des raies ; les principales de ces raies ont été désignées, à partir du violet, par les lettres qui suivent la lettre H. — L'espace A O₇ correspond au spectre infra-rouge.

Au-dessous de ce spectre complet, se trouvent dessinées trois courbes, que nous empruntons au *Cours de physique* de M. Jamin. Les ordonnées de la courbe O₇βaG représentent les intensités de la chaleur dans les diffé-

---

(1) Par erreur on a mis sur la figure 228, la lettre T au lieu de la lettre P.

rents points du spectre. La courbe A*de*H donne les intensités de la lumière; on voit que le maximum d'éclat a lieu dans le jaune entre les raies D et E. Quant à la courbe des intensités de l'action chimique, elle offre deux maxima ; de A jusqu'en F, elle se confond sensiblement avec la courbe de l'intensité lumineuse; mais à partir de F, elle s'élève de nouveau, passe par un second maximum qui correspond à un point situé entre les raies G et H, puis redescend pour se terminer à l'extrémité du spectre; c'est ce que montre la courbe *gh*P. La courbe des intensités chimiques varie suivant la nature de la substance impressionnable qu'on emploie; celle de la figure 228 se rapporte au chlorure d'argent.

Nous donnons, en terminant, les nombres de vibrations qui correspondent à chaque partie du spectre :

Rayons infra-rouges. . . . . 62 $^1/_2$ à 400) *trillions*
— lumineux. . . . . . 400 à 750 } de vibrations en
— ultra-violets. . . . . 750 à 1000) une seconde

Si nous comparons l'échelle des radiations éthérées à celle des sons, nous voyons que la première ne comprend en tout que quatre octaves, dont une à peine est visible dans les conditions ordinaires.

Au lecteur désireux de pousser plus avant l'étude des matières traitées dans le présent chapitre, nous recommandons spécialement l'ouvrage suivant: EDM. BECQUEREL. *La lumière ses causes et ses effets*, t. II (Effets de la lumière). Paris 1868.]

CHAPITRE XIII

DE LA FLUORESCENCE ET DE LA PHOSPHORESCENCE

175. Phénomènes de fluorescence. — Un certain nombre de corps transparents, solides ou liquides, deviennent lumineux par eux-mêmes quand on les éclaire vivement; cette émission de lumière qui se produit pendant que le corps est soumis à l'action de radiations lumineuses extérieures constitue le phénomène connu sous le nom de *fluorescence.*

Qu'on dirige, par exemple, un faisceau de rayons solaires à travers une solution de sulfate de quinine, et l'on verra la surface du liquide s'illuminer tout autour de l'endroit où les rayons solaires font leur entrée dans le milieu réfringent; la lumière ainsi diffusée en tout sens offre une coloration d'un beau bleu céleste et elle n'est émise que par la couche superficielle de la substance fluorescente; à partir d'une petite profondeur, elle cesse entièrement de se produire.

[Nous appellerons lumière *inductrice* celle qui provoque la fluorescence d'un corps, et lumière *induite* celle qui est émise par ce corps.]

Un grand nombre de substances, surtout de matières organiques animales ou végétales, sont fluorescentes ; parmi celles qui possèdent cette propriété au plus haut degré, nous citérons: certains échantillons de spath fluor (d'où le nom de *fluorescence*), le verre d'urane (verre coloré en jaune par l'uranium) et en général les composés d'uranium, le platino-cyanure de potassium, la solution de sulfate de quinine dans l'eau acidulée par l'acide sulfurique ou tartrique, la solution aqueuse d'esculine, la solution alcoolique de chlorophylle. La *rétine* de l'œil à l'état frais présente aussi un faible degré de fluorescence (Helmholtz, Setschenow). Les métaux, ainsi que le charbon, le quartz, etc., sont entièrement inactifs.

La lumière émise par fluorescence est toujours colorée, et sa couleur varie suivant la nature de la substance soumise à l'examen; elle est bleue pour le sulfate de quinine, verte pour le verre d'urane, rouge pour la chlorophylle, etc.

L'apparition de la fluorescence dans un corps actif est subordonnée à la composition de la lumière qui tombe sur le corps, car tous les rayons colorés ne sont pas également aptes à produire le phénomène. Quand on examine sous ce rapport les différentes régions du spectre, on reconnaît que les rayons qui provoquent la fluorescence ont toujours une réfrangibilité au moins égale à celle de la couleur émise par le corps. Si on éclaire, par exemple, la solution de quinine ou le verre d'urane avec des rayons rouges ou jaunes, ces corps ne manifestent pas leurs propriétés fluorescentes, car la lumière qu'ils sont en état d'émettre ne renferme que des rayons dont la réfrangibilité est supérieure aux vibrations rouges ou orangées. La chlorophylle, au contraire, répand une lueur rouge, à quelque région du spectre qu'appartiennent les rayons lumineux qu'on fait tomber sur cette substance.

Ce fait que la lumière induite est toujours moins réfrangible que les rayons inducteurs nous fournit un moyen fort remarquable de démontrer l'existence du spectre ultra-violet que l'œil n'aperçoit pas dans les conditions habituelles, et d'augmenter considérablement l'étendue visible du spectre solaire. Sur le trajet des rayons qui émergent du prisme, on interpose une substance fluorescente, par exemple une solution de sulfate de quinine, qui devient lumineuse et accuse ainsi la présence des rayons ultra-violets. M. Stokes a trouvé, dans cette expérience, que tous les rayons d'une réfrangibilité inférieure à celle de la couleur développée par induction, traversent la substance fluorescente sans éprouver d'absorption, mais qu'à partir du point où la fluorescence commence à se manifester, le spectre se fonce considérablement pour s'éclaircir de nouveau dans la partie correspondante aux rayons les plus réfrangibles, bien au delà de la limite du spectre visible dans les conditions ordinaires. Un grand nombre de raies sombres se montrent aussi dans cette partie ultra-violette du spectre. Vient-on à analyser les différentes couleurs d'un tel spectre, en les isolant à l'aide d'un écran percé d'une fente et en les recevant successivement sur un second prisme, on remarque qu'à partir du point où la fluorescence commence à se produire, la réfrangibilité de tous les rayons se trouve abaissée, en sorte que ceux même qui occupent l'extrémité du spectre sont reportés en deçà de la limite du violet.

On peut d'ailleurs voir directement les rayons ultra-violets sans le secours des liquides fluorescents; si l'on arrête à l'aide d'un écran tous les autres rayons, à l'exception des ultra-violets, ces derniers deviennent visibles et donnent une sensation de couleur bleuâtre, très faible à la vérité. Attendu que la rétine est elle-même fluorescente, c'est, selon toute vraisemblance, à cette propriété de la membrane sensible de notre organe visuel qu'il faut attribuer en totalité ou en partie la faculté que nous possédons de voir, moyennant certaines précautions, les rayons ultra-violets en général et particulièrement la couleur sous laquelle ils nous apparaissent.

176. Théorie de la fluorescence. — Nous avons vu (§ 172) que l'absorption de la lumière s'explique par la communication des vibrations lumineuses de l'éther aux molécules de la substance absorbante, et que celle-ci absorbe précisément les vibrations de même période que celles qu'elle exécute. Or, les molécules des corps fluorescents ont une facilité toute particulière à vibrer suivant un rythme déterminé, et leurs oscillations sont si énergiques qu'elles se communiquent à l'éther environnant et donnent ainsi naissance à de la lumière.

Mais les vibrations éthérées qui excitent la fluorescence dans un corps ne sont pas uniquement celles qui ont la même période que les vibrations propres de ce corps; des oscillations plus rapides produisent le même effet. Nous pouvons nous expliquer cette particularité en invoquant les lois de la vibration par influence dont il a été parlé dans l'étude du son (cf. § 115ª). Nous avons montré qu'une corde se met à vibrer quand on produit dans son voisinage un son suffisamment intense et ayant la même longueur d'onde que le son propre de la corde; si le son émis est plus grave, il reste sans action, [à moins qu'il ne soit composé et qu'il ne renferme au nombre de ses harmoniques la note même que le corps résonnant est apte à donner.] Au contraire, un son plus élevé peut faire résonner la corde [s'il répond à l'un des harmoniques que celle-ci est à même de rendre] ; car alors il commence par mettre en mouvement une portion de corde de longueur telle que les vibrations induites soient à l'unisson du son inducteur; puis, le mouvement se communiquant de proche en proche, la corde finit par résonner dans toute son étendue. Un effet du même genre se produit dans les phénomènes de fluorescence : les molécules du corps fluorescent se mettent en mouvement sous l'influence des vibrations de l'éther, non seulement quand ces dernières ont la même longueur d'onde que les oscillations propres des molécules pondérables, mais encore quand elles ont des périodes plus courtes. Une pareille transformation de vibrations n'est pas possible dans le cas où le mouvement se propage uniquement dans le milieu éthéré sans se communiquer aux atomes pondérables; car la petitesse des atomes de l'éther, comparée à l'amplitude des vibrations qu'ils exécutent, est telle qu'ils ne peuvent osciller qu'en totalité ; en conséquence le mouvement se transmet d'un atome à l'autre, en conservant la même vitesse de vibration. Nous devons, au contraire, regarder les molécules de la matière pondérable comme ayant des dimensions relativement notables ; on conçoit dès lors que chacune de ces molécules puisse commencer par se subdiviser en un certain nombre de parties qui entrent isolément en vibration sous l'influence d'oscillations de même période ; ces vibrations partielles finissent par mettre la molécule tout entière en mouvement; celle-ci exécute alors les vibrations qui lui sont propres et les transmet à l'éther ambiant.

177. Phosphorescence. — On désigne sous ce nom la propriété que possèdent un grand nombre de corps de devenir lumineux quand ils ont été exposés au soleil, et de continuer à luire plus ou moins longtemps après qu'ils ont été soustraits à l'action de la lumière extérieure. Parmi les substances phosphorescentes figurent le diamant, le spath calcaire, une variété verte de chaux fluatée, connue sous le nom de *chlorophane*, la plupart des sels de chaux, les composés de strontiane, de baryte etc.

Les rayons les plus réfrangibles du spectre sont ceux qui excitent le mieux la phosphorescence. Ce phénomène doit donc, comme celui de la fluorescence, être attribué à une communication de mouvement : les vibrations de l'éther se transmettent aux molécules des corps phosphorescents et celles-ci vibrent consécutivement pendant un temps plus ou moins long. [Pour M. Edm. Becquerel, d'ailleurs, *la fluorescence n'est qu'une phosphorescence de très courte durée.*

Ce savant physicien a fait des recherches très étendues sur la phosphorescence ; en employant un ingénieux appareil, nommé *phosphoroscope*, qui permet de voir un corps moins d'*un millième* de seconde après son exposition au soleil, il a reconnu que presque toutes les substances sont phosphorescentes ; il n'y a guère que les métaux qui fassent exception. Mais tandis que certains corps, tels que les sulfures alcalino-terreux (sulfures de calcium, de strontium, de baryum), continuent à luire pendant plusieurs heures après qu'ils ont été exposés aux rayons solaires, pour d'autres substances, l'émission consécutive de la lumière ne dure qu'une fraction de seconde ; le platino-cyanure de potassium ne reste lumineux que pendant 1/500 de seconde.

La lumière émise par phosphorescence dépend de la nature du corps et de son état moléculaire ; elle est en général composée, et les couleurs qui la composent sont d'une réfrangibilité au plus égale à celle de la lumière inductrice.

M. E. Becquerel a reconnu, en outre, que la durée d'émission des différents rayons colorés est, en général, inégale pour une même substance, de sorte que la teinte du corps phosphorescent change à mesure qu'on s'éloigne de l'époque de l'insolation.]

177ª. Animaux luisants. — Il existe une autre catégorie de phénomènes dans lesquels on observe aussi une production de lumière et qu'on range à tort parmi les phénomènes de phosphorescence, car leur origine n'est certainement pas la même. Nous voulons parler de la lueur que répand le bois pourri et de la lumière qu'émettent certains animaux, tels que les lampyres ou vers luisants, la scolopendre électrique et un grand nombre d'animalcules marins ; parmi ces derniers figurent des méduses, des mollusques, des polypes, des infusoires, des annélides, etc. ; c'est à la lumière que répandent ces êtres vivants qu'est due la *phosphorescence de la mer*.

La plupart des animaux *luisants* sécrètent une sorte de mucus, et c'est cette matière qui rayonne de la lumière ; d'autres fois, chez les lampyres, par exemple, il existe un organe particulier dans lequel se trouve renfermée une substance grasse phosphorée qui constitue la matière photogène.

La production de lumière, dans ces circonstances, s'accompagne évidemment de phénomènes chimiques ; mais on n'est pas encore suffisamment renseigné sur la nature des réactions qui s'accomplissent dans ce cas, ni sur les rapports qu'elles ont avec l'émission de la lumière.

[Toutefois M. Panceri a cru pouvoir conclure de recherches récentes que la phosphorescence est due, dans un grand nombre de cas au moins, à un phénomène d'oxydation des graisses contenues dans les tissus des animaux phosphorescents.]]

[Consultez, relativement à la *phosphorescence* et à la *fluorescence*, l'ouvrage déjà cité de M. EDM. BECQUEREL, *La lumière, ses causes et ses effets* (t. I, Source de lumière), Paris, 1867.]

[**177ᵇ. Application des lois de la phosphorescence et de l'absorption de la lumière à la théorie des images consécutives.** — Les impressions visuelles faites sur la rétine par la lumière extérieure durent un certain temps après que la cause qui les a excitées a cessé d'agir. A-t-on, par exemple, regardé fixement la flamme d'une lampe, ou tout autre objet lumineux, et vient-on soudain à placer ses yeux dans l'obscurité, on continue à voir l'image de cet objet, comme si les rayons lumineux qui en émanent parvenaient encore au fond de l'œil. Nous appelons *image consécutive* la sensation visuelle qui succède ainsi à la contemplation d'un objet.

La persistance des sensations visuelles consécutives a une durée plus ou moins grande, suivant l'intensité plus ou moins forte de la lumière qui a excité la rétine et suivant le degré d'impressionnabilité de cette membrane.

Dans les conditions où nous nous sommes placés pour l'observer, l'image consécutive est la reproduction fidèle de l'objet, non seulement sous le rapport de la forme, mais encore sous celui de la distribution de la lumière; les ombres et les clairs occupent dans l'image les mêmes positions que dans l'objet. Je suppose, par exemple, pour plus de simplicité, qu'on ait regardé une croix blanche placée sur un fond noir : l'image consécutive montrera aussi, dans les premiers instants du moins, une croix blanche sur fond noir. Dans ce cas, l'image est dite *positive* et pour l'observer, il faut, comme nous l'avons vu, que les yeux soient plongés dans l'obscurité la plus complète.

Quand, au lieu de se placer dans l'obscurité, on laisse de nouveau la lumière pénétrer dans l'intérieur de l'œil, pendant que l'image consécutive est encore visible, il se produit un renversement dans la distribution de la lumière: les ombres de l'image positive sont remplacées par des clairs et inversement; l'image est devenue *négative*. Si, à ce moment-là, on replace ses yeux dans l'obscurité complète, l'image redevient positive, et ainsi de suite. Il s'entend de soi qu'on peut obtenir d'emblée l'image négative, en regardant un fond blanc, immédiatement après avoir contemplé l'objet lumineux.

Lorque l'image est positive, elle a, en général, la même couleur que l'objet; elle est *homocroïque*. Si, par exemple, on a regardé une croix rouge placée sur un fond noir, et qu'on soustraie ensuite les yeux à l'action de toute lumière extérieure, on continue à voir une croix rouge sur fond noir. Dans ce cas, l'image consécutive est donc *positive* et *homocroïque*. Je suppose qu'on vienne alors à porter son regard sur un fond blanc, l'image passe à l'état négatif et en même temps elle prend la couleur *complémentaire* de celle de l'objet; on verrait ainsi une croix *verte* sur fond blanc.

Il y a donc lieu de distinguer deux classes d'images consécutives: les images *directes*, qui résultent de l'action primitive de la lumière inductrice et qu'on observe en l'absence de toute lumière modificatrice, et les images *modifiées*, qui sont dues à l'action combinée de l'image directe et d'une lumière modificatrice. Cette distinction est justifiée par la raison que l'image directe, homochroïque au début, peut devenir *hétérochroïque*, mais qu'elle est nécessairement positive, tandis que l'image modifiée est, selon la couleur et l'intensité de la lumière modificatrice, positive ou négative, homochroïque ou complémentaire.

L'image consécutive directe ne conserve pas la même intensité lumineuse pendant toute la durée de son apparition ; elle diminue, en général, d'intensité à mesure qu'on s'éloigne du début du phénomène ; mais si l'impression lumineuse primitive est suivie de nouvelles impressions qui se succèdent dans le même point de la rétine à des intervalles assez rapprochés pour que l'intensité de l'image consécutive n'ait pas le temps de diminuer sensiblement d'une impression à l'autre, il en résulte une sensation continue. Telle est la cause du phénomène qu'on observe quand on fait tourner rapidement en cercle un charbon incandescent : au lieu d'un point lumineux unique, on voit un cercle de feu.

Les phénomènes dont nous venons de donner une idée sommaire s'expliquent aisément à l'aide des lois physiques de la phosphorescence et de l'absorption de la lumière. Admettons, en effet, que la rétine soit phosphorescente, et ce n'est pas là une hypothèse sans fondement; on a constaté expérimentalement que cette membrane est fluorescente, et nous avons vu que la seule différence qui existe entre la phosphorescence et la fluorescence porte sur la durée du phénomène. La rétine est donc phosphorescente, c'est-à-dire que, soumise à l'influence des rayons lumineux, elle jouit de la propriété de les absorber, puis d'émettre à son tour de la lumière de même couleur que la lumière inductrice, dans les premiers instants du moins ; en d'autres termes, les vibrations lumineuses qui viennent frapper la rétine se communiquent à cette membrane, avec ou sans modifications, et le mouvement vibratoire, ainsi transmis, persiste pendant un temps plus ou moins long avant de disparaître entièrement, jusqu'à ce qu'il ait été transformé en totalité en d'autres mouvements moléculaires.

La phosphorescence de la rétine nous permet d'expliquer tout naturellement les images positives et homocroïques ; rien n'est plus facile à comprendre.

Nous avons vu, d'autre part, qu'un corps qui émet des radiations lumineuses absorbe précisément les vibrations de même réfrangibilité que celles qu'il rayonne, et laisse passer, au contraire, sans l'affaiblir, toute couleur qu'il n'émet pas ; c'est sur ce fait que nous avons basé la théorie de l'*inversion du spectre*.

Appliquant ces données physiques à la rétine, nous admettrons que cette membrane arrête au passage les rayons de même réfrangibilité que ceux qu'elle émet après avoir été impressionnée par la lumière, et qu'elle transmet seulement les radiations lumineuses qui manquent dans son propre spectre. Rien de plus facile dès lors que d'expliquer le mode de production des images négatives ou complémentaires qu'on obtient en regardant un fond blanc, pendant que l'image positive existe encore : l'image négative ou complémentaire est due à l'*inversion* de l'image positive ou homochroïque. Je suppose, par exemple, que l'image directe soit *rouge*, et qu'on fasse alors pénétrer de la lumière blanche dans l'œil : les rayons rouges seront absorbés par la rétine dans les points qui émettent de la lumière rouge ; la lumière blanche, dépouillée en totalité ou en partie de ses rayons rouges, fournit la couleur complémentaire du rouge, c'est-à-dire le vert ; l'image consécutive deviendra donc verte, le fond paraissant blanc, puisque les parties de la rétine non primitivement impressionnées par la lumière transmettront aux fibres du nerf optique toutes les radiations de la lumière réagissante. — Si l'image positive était blanche sur fond noir, elle deviendrait noire sur fond blanc sous l'influence d'une lumière réagissante blanche ; on aurait alors l'image négative proprement dite.

Les images consécutives, tout en restant positives, éprouvent quelquefois une succession de phases diversement colorées, principalement quand l'intensité de la lumière inductrice est considérable ; on observe aussi que l'image directe vire du positif au négatif et *vice versa*, lors même qu'aucune lumière extérieure ne pénètre jusqu'à la rétine. On se rend compte de ces irrégularités apparentes dans la marche des images consécutives, en invoquant, d'une part, les phénomènes analogues que présentent les corps phosphorescents étudiés par M. Edm. Becquerel, et, d'autre part, l'existence d'une lumière *intra-oculaire*. On sait, en effet, qu'en réalité l'œil n'est jamais plongé dans l'obscurité *absolue* quelque soin qu'on prenne pour le garantir de la lumière extérieure. Il porte en lui-même une source permanente de sensations lumineuses : le mouvement circulatoire du sang dans les vaisseaux, les actions mécaniques qui accompagnent chaque mouvement des yeux ou des paupières, les variations de la tension intra-oculaire, les divers mouvement moléculaires qui s'effectuen dans l'intimité des tissus, etc., toutes ces causes d'ébranlement, en se communiquant aux éléments de la rétine, se traduisent par une production de lumière que les Allemands ont appelée *chaos lumineux, lumière du chaos, lumière propre de la rétine* (Helmholtz) ; l'intensité et la couleur de cette lumière varient suivant les individus et suivant les circonstances.

En résumé, notre théorie repose sur le pouvoir émissif et absorbant de la rétine pour les radiations lumineuses, et elle fait intervenir la lumière propre de l'œil à titre de lumière modificatrice. Elle explique tous les faits connus qui se rapportent aux images consécutives, et n'est en contradiction avec aucun d'eux.

Le contraste successif ou simultané des couleurs, les ombres colorées sont des phénomènes du même ordre et auxquels la théorie qui précède s'applique également.

Bibliographie : Plateau. *Essai d'une théorie générale comprenant l'ensemble des apparences visuelles qui succèdent à la contemplation des objets colorés et de celles qui accompagnent cette contemplation*, etc. Bruxelles, 1834.
Chevreul. *Des couleurs*, etc. Paris, 1864, in-f°, avec planches.
H. Aubert. *Physiologie der Netzhaut*, p. 347 et suiv. Breslau, 1865.
Brücke. *Des couleurs*, etc., trad. par Schützenberger. Paris, 1866.
Helmholtz. *Optique physiologique*, traduction de Javal et Klein, § 23. Paris, 1867.
Monoyer. Idée d'une nouvelle théorie entièrement physique des images consécutives (*Bull. de la Société des sc. nat. de Strasbourg*, 1868, p. 58-68).]

V. — DES PRINCIPAUX INSTRUMENTS D'OPTIQUE SERVANT A LA VISION

CHAPITRE XIV

DE L'ŒIL

178. Description sommaire de l'œil. — On fait usage, pour les besoins de l'optique physiologique et de la médecine pratique, de divers instruments dont la théorie est fondée sur les lois de la réfraction et de la réflexion. En tête figure nécessairement l'œil; les autres instruments d'optique ne servent qu'à accroître la puissance de notre organe visuel et leur fonctionnement ne saurait être bien compris sans la connaissance préalable de la dioptrique oculaire.

[L'appareil de la vision se compose chez l'homme d'un organe principal, le *bulbe* ou *globe oculaire*, et de parties accessoires destinées à mouvoir et à protéger le bulbe.

Le globe de l'œil se présente sous la forme d'un sphéroïde dont la partie antérieure (cornée) est un peu plus bombée que le reste. On distingue dans cet organe une enveloppe solide ou coque oculaire et un contenu transparent. L'enveloppe se compose de trois systèmes de membranes qui s'emboîtent réciproquement et qui sont, en allant de l'extérieur à l'intérieur :

1° La *sclérotique* (fig. 229, 1), membrane fibreuse et opaque, qui se continue en avant avec la *cornée* (3), membrane transparente. La cornée a sensiblement la forme d'une calotte sphérique dont l'étendue représente environ le sixième antérieur du bulbe et dont le rayon de courbure ($7^{mm},8$ en moyenne) est plus petit que celui de la sclérotique (12^{mm}). Des mesures exactes des images catoptriques de la cornée, obtenues par l'emploi de l'ophtalmomètre, ont montré que la surface externe de cette membrane n'est pas rigoureusement sphérique, mais qu'elle appartient plutôt à un ellipsoïde.

2° La *choroïde* (9), membrane vasculaire, tapissée à sa surface interne d'une couche de pigment. Cette membrane adhère à la sclérotique ; elle s'en détache, un peu avant d'atteindre la cornée, devient libre et forme, sous le nom d'*iris* (14), une sorte de diaphragme circulaire percé au centre d'une ouverture qui porte le nom de *pupille ;* à la jonction de l'iris avec la choroïde, se trouvent le *muscle ciliaire* et *les procès ciliaires* (11, 12 et 13.)

3° La *rétine* (15), membrane mince et transparente qui s'applique sur la choroïde sans y adhérer et se termine dans le voisinage de l'*ora serrata* où elle se confond avec la zonule de Zinn. La rétine représente la membrane sensible, celle que la lumière doit impressionner pour exciter une sensation visuelle ; elle se compose de diverses couches dont la plus externe est connue sous le nom de *couche des bâtonnets et des cônes.* Elle est en communication avec le cerveau par l'intermédiaire du nerf optique (16), qui traverse la sclérotique et la choroïde à la partie postérieure du bulbe.

L'intérieur de la coque oculaire est divisé transversalement, par le cristallin et la zonule de Zinn, en deux cavités de capacité fort inégale et sans communication l'une avec l'autre. La cavité antérieure comprise entre la

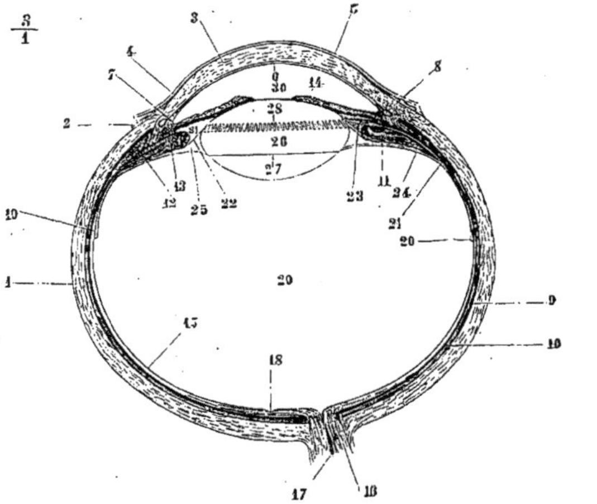

Fig. 229. — Coupe horizontale du globe oculaire. — 1) *Sclérotique.* — 2) Conjonctive. — 3) *Cornée* revêtue 4) de sa lame élastique antérieure, 5) de son épithélium, et tapissée sur sa face postérieure par 6) la membrane de Demours. — 7, 8) Canal de Fontana. — 9) *Choroïde* revêtue de 10) sa couche pigmentaire. — 11) *Procès ciliaires.* — 12 et 13) *Muscle ciliaire.* — 14) *Iris.* — 15) *Rétine.* — 16) *Nerf optique*, et 17) Artère centrale de la rétine. — 18) *Fovea centralis*, occupant le centre de la *tache jaune* ou *macula lutea.* — 19, 20) Commencement de la *zonule de Zinn* au niveau de l'*ora serrata.* — 21) Dédoublement de la zonule de Zinn en 22), et 23) un feuillet antérieur qui sert de ligament suspenseur du cristallin, et 24) un feuillet postérieur qui n'est autre chose que la continuation de la membrane d'enveloppe (hyaloïde) du corps vitré, et qui va se souder à la face postérieure du cristallin 26), suivant la ligne portant le n° 27. — 28) Ligne onduleuse indiquant l'attache du feuillet antérieur. — 29) Humeur vitrée. — 30) Chambre antérieure. — 31) Chambre postérieure.

cornée et la face antérieure du cristallin est occupée par l'*humeur aqueuse* et subdivisée elle-même, par l'iris, en deux compartiments : la *chambre antérieure* (30) et la *chambre postérieure* (31); cette dernière se trouve réduite à un espace annulaire par suite de l'application de la plus grande partie de l'iris contre le cristallin. L'humeur aqueuse est un liquide transparent et incolore dont les propriétés physiques ne diffèrent pas sensiblement de celles de l'eau ; l'indice de réfraction est à peu près le même (cf. le tableau de la p. 336).

Le *cristallin* (26), a la forme d'une lentille sphérique biconvexe, dont la face antérieure est moins bombée que la postérieure; le rayon de courbure de cette dernière est de près de 6^{mm}, tandis que celui de la face anté-

rieure a, en moyenne, 10^mm de longueur, pendant l'état de repos de
l'organe. [La comparaison des astigmatismes cornéen et total conduit à
penser que le cristallin a une forme essentiellement variable ; le muscle
ciliaire modifierait non seulement sa courbure générale, mais encore sa
forme géométrique de manière à produire une compensation des irrégularités que font présenter la cornée.]

La droite qui réunit les *sommets* ou *pôles* des deux faces s'appelle l'*axe ;*
la longueur de cet axe mesure l'épaisseur du cristallin. Sur le cadavre, cette
épaisseur est comprise entre 4 et 5 millimètres ; dans l'œil vivant, elle
est moindre pendant le repos de l'accommodation, 3^mm,5 en moyenne
(Helmholtz).

On voit, d'après les nombres inscrits sur le tableau de la page 336, que
l'indice de réfraction du cristallin augmente graduellement de valeur en
allant de la superficie au centre et que dans la couche périphérique il est
déjà supérieur à celui de l'humeur aqueuse.

La cavité postérieure de l'œil est remplie par une substance transparente
de consistance gélatineuse, appelée *humeur vitrée* (29) et qui a sensiblement le même indice de réfraction que l'humeur aqueuse.

On appelle *axe de l'œil* la droite qui passe par le centre du globe et par
le pôle ou sommet de la cornée ; tout plan mené par cet axe coupe la
sphère oculaire suivant une circonférence de grand cercle qui se nomme
un *méridien*. Le plan de l'*équateur* est le plan mené perpendiculairement
à l'axe par le centre de l'œil ; il partage le bulbe en deux hémisphères.
Les *pôles* sont les points où l'axe rencontre la surface de l'œil.]

179. Œil schématique. — Au point de vue de la réfraction, nous avons
donc à considérer dans l'œil trois milieux réfringents, l'humeur aqueuse,
le cristallin, l'humeur vitrée, et trois surfaces réfringentes, la cornée et les
deux faces du cristallin, le tout constituant un système dioptrique centré.

A la vérité, ces surfaces réfringentes ne sont pas mathématiquement
sphériques ; elles appartiennent plutôt à des portions d'ellipsoïdes, dont les
trois axes sont souvent inégaux ; mais on peut, en général, sans erreur
sensible, les assimiler à des portions de sphère. Leurs centres de courbure ne sont pas non plus exactement situés sur une même droite ; néanmoins il s'en faut de bien peu que le centrage ne soit parfait, et il est
permis de regarder le système comme rigoureusement centré. Nous avons
dit que l'indice de réfraction de la lentille cristalline n'est pas le même
dans toutes les couches, qu'il augmente graduellement de la superficie
au centre. [Cet accroissement régulier de réfringence donne lieu à un
résultat extrêmement curieux : la longueur focale du cristallin est *plus
courte* qu'elle ne le serait si toute la masse possédait l'indice de réfraction
du noyau. Si donc on voulait remplacer le cristallin par une lentille *homogène* ayant la même forme, les mêmes dimensions et la même distance focale, il faudrait donner à cette lentille un indice de réfraction supérieur
non seulement à la moyenne arithmétique des indices de toutes les couches,
mais encore à l'indice de la couche la plus réfringente. En tenant compte
de cette particularité,] nous pourrons toujours substituer au cristallin une
lentille homogène produisant le même effet optique. Enfin nous négligerons
la petite différence qui existe entre la réfringence de l'humeur aqueuse et

celle du corps vitré, et nous assignerons à ces deux milieux le même indice de réfraction.

Les considérations qui précèdent permettent de se représenter le système dioptrique de l'œil comme formé par un milieu réfringent (humeur aqueuse et humeur vitrée réunies) séparé de l'air par une surface sphérique (cornée), et dans l'intérieur duquel est plongé une lentille biconvexe (cristallin), plus réfringente que le milieu ambiant. Telle est la constitution de ce qu'on appelle l'*œil schématique*.

[Un pareil système doit évidemment agir à la manière d'une lentille convergente, c'est-à-dire donner, comme dans la chambre noire, des images réelles et renversées des objets extérieurs. C'est ce qu'on voit *a priori*, en suivant le trajet d'un rayon lumineux dans l'intérieur du système à travers les trois surfaces réfringentes : l'orientation de ces surfaces et l'ordre suivant lequel se succèdent les milieux réfringents montrent que chaque nouvelle réfraction rapproche le rayon lumineux de l'axe principal et que par suite le système produit un effet convergent.]

Nous avons dit, § 155e, que, d'après la théorie de Gauss, tout système dioptrique centré, quelque compliqué qu'il soit, peut être remplacé par un système de *six points cardinaux*. C'est Listing qui, le premier, a fait l'application de cette théorie à l'étude de la réfraction dans l'œil.

[Il était nécessaire, pour cela, de connaître : 1° les rayons de courbure de la cornée et des deux faces du cristallin ; 2° les distances comprises entre ces surfaces réfringentes ; 3° les indices de réfraction des divers milieux réfringents que les rayons lumineux traversent avant d'aller former leur foyer sur la rétine.

La détermination de ces éléments théoriques de la réfraction oculaire peut être effectuée par les procédés que nous allons indiquer.]

I. — Rayons de courbure. Ophtalmomètre de Helmholtz. — [Cet appareil est destiné à mesurer la grandeur des images réfléchies par la cornée ou par les faces du cristallin, ce qui permet de calculer ensuite le rayon de courbure de ces surfaces réfringentes.]

L'ophtalmomètre se compose d'une lunette horizontale T (fig. 230), dont l'objectif s'ouvre dans une boîte renfermant deux lames de verres à faces parallèles MN et PQ, disposées comme celles de la figure 169, p. 342, c'est-à-dire placées de champ l'une sur l'autre, et mobiles en sens inverse autour d'un axe vertical commun ; la ligne de séparation des deux lames doit être à la hauteur du diamètre horizontal de l'objectif. Nous avons montré, § 142 que si l'on regarde un objet, tel que AB, à travers ce système de lames, et que celles-ci fassent un angle quelconque entre elles, l'objet est vu double ; on obtient ainsi deux

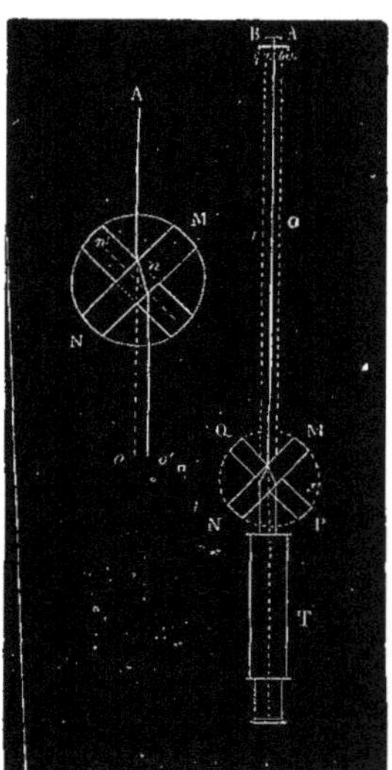

Fig. 230. — Principe de l'ophtalmomètre.

images *ab* et *αβ* ; et comme leur distance augmente avec l'angle de rotation des lames, il est possible d'amener l'extrémité de droite de l'une des images en coïncidence avec l'extrémité gauche de l'autre image ; tel est le cas représenté dans la figure 230, où les extrémités *α* et *b* se confondent.

Un mécanisme spécial permet de faire tourner les lames, autour d'un axe vertical commun, de quantités angulaires égales, mais de sens contraire; l'inclinaison des lames, l'une par rapport à l'autre, se lit sur un tambour qui se meut avec chacune d'elles et qui est divisé en degrés.

[Pour mesurer avec l'ophtalmomètre une image de réflexion, il faut commencer par faire choix d'un objet. A cet effet, Woinow a ajouté à l'instrument de Helmholtz une règle divisée perpendiculaire à l'axe de la lunette et le long de laquelle peuvent glisser trois petits miroirs, dont deux doivent être très rapprochés l'un de l'autre. En orientant ces miroirs de manière à renvoyer sur la cornée les rayons venus d'une flamme S placée au-dessus de l'œil sur lequel on effectue une mensuration, on obtient trois images 1, 2, 3 (fig. 231,1), et l'on prend comme grandeur y' de l'image à mesurer l'intervalle du point 1 au milieu des deux autres 2 et 3, intervalle que nous avons pris, sur la figure, comme diamètre d'une circonférence, afin de mieux l'indiquer. En inclinant les lames de l'ophtalmomètre, on obtiendra six points lumineux (fig. 231, II) et pour dédoubler entièrement la longueur choisie comme image à mesurer, il faudra réaliser la disposition représentée en III, c'est-à-dire amener le point lumineux 1″ qui se déplace vers la droite au milieu de l'intervalle des points 2′ et 3′ qui se déplacent vers la gauche. L'avantage de ce mode opératoire résulte de ce qu'il est plus facile d'amener un point 1″ au milieu de deux autres 2′ et 3′ que d'obtenir la superposition exacte de deux points lumineux, comme on le faisait avant Woinow.]

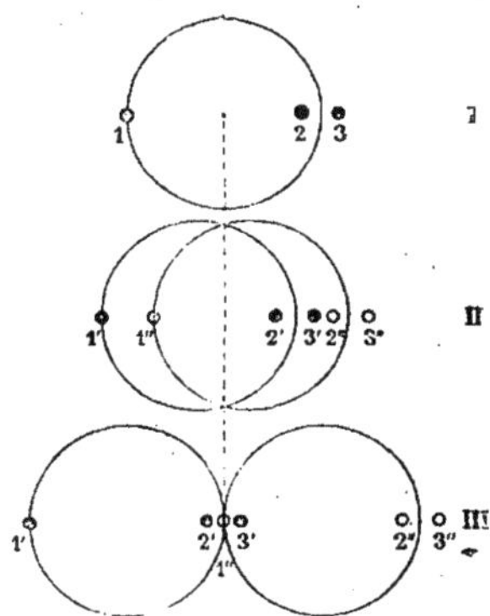

Fɪɢ. 231. — Dédoublement des images cornéennes par l'ophtalmomètre.

Nous avons vu, p. 342, que, le dédoublement étant effectué comme nous venons de le dire, la grandeur y' à mesurer est donnée par la formule :

$$d = 2\,e\,\sin\,\alpha \left(1 - \frac{\sqrt{1 - \sin^2 \alpha}}{\sqrt{n^2 - \sin^2 \alpha}} \right).$$

dans laquelle e désigne l'épaisseur des lames, et α l'angle dont chaque lame a tourné.

On peut éviter l'emploi de cette formule, et cela est même préférable, en déterminant expérimentalement une fois pour toutes les valeurs de d qui correspondent aux différentes valeurs de α, pour l'ophtalmomètre dont on se sert. [Il suffit, dans ce but, de viser un objet de grandeur connue, par exemple une règle divisée en millimètres, et de noter l'angle dont il faut faire tourner les lames pour amener la coïncidence d'un trait de division successivement avec un autre distant du premier de 1, 2, 3... millimètres.]

[L'objet y correspondant à l'image mesurée y' est le double de la distance du miroir isolé au milieu des deux autres, car les points 1, 2, 3 sont les images cornéennes des images virtuelles de la source S fournies par les miroirs plans et ces dernières sont symétriques de S par rapport aux miroirs; il résulte de là que la distance p de l'objet à la cornée est double de la distance de l'œil au plan vertical passant par la règle qui porte les miroirs.] Ces deux quantités y et p étant mesurées, la première au moyen des divisions de la règle, la seconde directement par les procédés ordinaires, le rayon de courbure r de la cornée sera donné par la formule: $f = p\,\dfrac{y'}{y - y'}$ (cf. § 136) dans laquelle $f = \dfrac{r}{2}$.

Un des avantages les plus importants de l'ophtalmomètre, c'est que la grandeur linéaire de l'écartement apparent des images doubles qu'on y observe est indépendante de leur distance à l'instrument. Un autre avantage non moins précieux, dans les recherches physiologiques surtout, résulte de ce fait que de légers mouvements imprimés à la surface réfléchissante et par suite aux images, ne gênent nullement l'observation, car les deux images se déplacent toujours de la même manière, et leur position relative ne change pas. C'est grâce à cette dernière circonstance qu'il est devenu possible de mesurer sur le vivant la courbure de la cornée et du cristallin, avec un degré de précision qui va jusqu'au 1/200 de millimètre.

[Nous décrirons à propos de l'astigmatisme (§ 181') un nouvel ophtalmomètre, dû à MM. Javal et Schiötz, qui permet de déterminer très rapidement, mais avec une exactitude un peu moins grande, le rayon de courbure de la cornée.]

[II. — DÉTERMINATION DES DISTANCES DES DIOPTRES OCULAIRES. — Le meilleur procédé à suivre consiste dans l'emploi de l'instrument que Donders a présenté au Congrès de Londres, en 1872, sous le nom d'*ophtalmo-microscope*.

Cet instrument est un microscope ordinaire, dont le corps est mobile sur une tige graduée et qui est muni de trois pieds que l'on applique, pour faire une mensuration, en trois points de l'arcade orbitaire, afin d'obtenir une plus grande fixité. En faisant glisser l'ensemble de l'oculaire et de l'objectif, dont la distance relative doit rester constante, on vise successivement la cornée et chacune des faces du cristallin; la mise au point est facile, surtout si l'on emploie l'éclairage latéral, à cause des variations brusques de l'indice de réfraction au point visé. Les quantités dont il faut chaque fois déplacer le corps du microscope, quantités qui sont données par des lectures sur la tige graduée, font connaître, non pas les distances réelles des surfaces réfringentes de l'œil, mais leurs distances apparentes, car chacune d'elles est vue par réfraction à travers les milieux qui la précèdent. De ces données expérimentales, on déduit facilement, au moyen des formules classiques de la réfraction, la profondeur vraie de la chambre antérieure de l'œil et l'épaisseur exacte du cristallin, en supposant connus les rayons de courbure des diverses surfaces réfringentes.

III. — INDICES DE RÉFRACTION. — Nous avons décrit, p. 346, un instrument, le réfractomètre d'Abbe, qui permet de déterminer ces indices rapidement et avec une grande exactitude.]

Les procédés de mensuration que nous venons de décrire conduisent aux moyennes suivantes :

Rayon de courbure de la cornée. . . . . $7^{mm}829$
    »   »   de la face antérieure du cristallin. . . . . 10^{mm}
    »   »   de la face postérieure du cristallin. . . . . 6^{min}
Distance comprise entre deux surfaces réfringentes consécutives. . . . . $3^{mm}6$
Indice de réfraction de l'humeur aqueuse et de l'humeur vitrée. 1,3365
Indice de réfraction du cristallin. . . . . , . 1,4371

Partant de ces données et appliquant alors le calcul, on trouve pour la position des points cardinaux de l'œil schématique, les valeurs suivantes :

Premier point principal. . . . . — $1^{mm},7532$ ⎫
Second point principal. . . . . — $2^{mm},1101$ ⎬ différence : 0,3569
Premier point nodal. . . . . — $6^{min},9685$ ⎫
Second point nodal. . . . . — $7^{mm},3254$ ⎬ différence : 0,3560
Foyer principal antérieur. . . . . + $13^{mm},7451$
Foyer principal postérieur. . . . . — $22^{mm},8237$

Ces distances sont exprimées en millimètres et comptées à partir du sommet de la cornée ; les distances précédées du signe — correspondent à des points situés en arrière de la cornée ; le signe + se rapporte aux points placés en avant de cette surface réfringente.

Les nombres précédents nous donnent :

Pour la *longueur focale antérieure* (distance du foyer antérieur au premier point principal). . . . . $15^{mm},4983$
Pour la *longueur focale postérieure* (distance du foyer postérieur au second point principal). . . . . $20^{mm},7136$

On voit que dans l'œil les deux longueurs focales sont inégales; ce résultat pouvait être prévu, car nous avons dit, § 155[b], que les longueurs focales f_1 et f_2 d'un système dioptrique dans lequel les milieux transparents extrêmes n'ont pas le même indice de réfraction sont entre elles dans le rapport de ces indices, c'est-à-dire qu'on a : $\dfrac{f_1}{f_2} = \dfrac{m_0}{m_n}$.

Or, pour l'œil, l'indice du premier milieu a pour valeur $m_0 = 1$, puisque ce premier milieu n'est autre que l'air; le dernier milieu, l'humeur vitrée, a pour indice $m_n = 1,3365$; donc le rapport $\dfrac{m_0}{m_n} = \dfrac{1}{1,3365} = 0,738$. Tel est aussi le rapport $\dfrac{f_1}{f_2}$, ainsi qu'on peut s'en assurer en divisant 15,4983 par 20,7136 [1]. En nombres ronds, on a : $f_1 = \dfrac{3}{4} f_2$.

Les positions des points cardinaux sont marquées sur la figure 232, qui représente l'œil schématique, à l'échelle de 2/1. On voit en H_1 et H_2 les deux points principaux, en K_1 et K_2 les points nodaux, en Φ_1 et Φ_2 les foyers principaux.

[La figure 232 est une réduction au 1/5 du dessin publié par M. Giraud-Teulon dans le *Journal d'anatomie et de physiologie* de Robin, 1868, n° 2. Elle renferme, outre les points

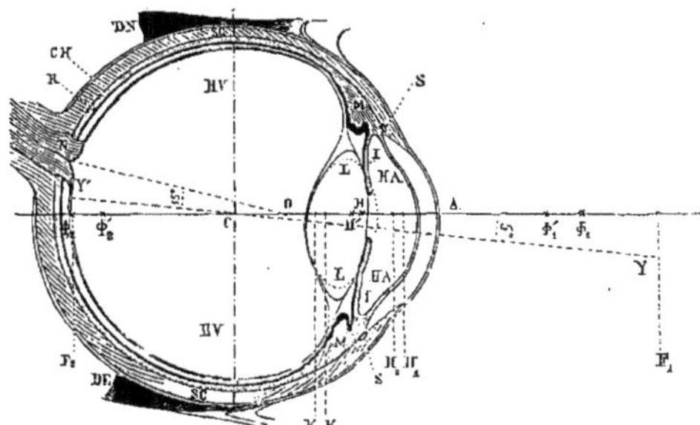

Fig. 232.— Œil schématique (Gross. = 2) — A, Sommet de la cornée. — SC. Sclérotique.— S, Canal de Schlemm. — CH, Choroïde. — I, Iris.— M, Muscle ciliaire. — R, Rétine. — N, Nerf optique. — HA, Humeur aqueuse. — L, Cristallin (la ligne pointillée indique sa forme pendant l'accommodation). — HV, Humeur vitrée. — DN, Muscle droit interne. — DE, Muscle droit externe.
YY', Axe optique principal. — AΦ_2, Axe visuel faisant un angle de 5° avec l'axe optique. — C, Centre de figure du globe oculaire.

Points cardinaux d'après Listing.
H_1, H_2, Points principaux. — K_1, K_2, Points nodaux. — $F_1 F_2$, Foyers principaux.

Constantes dioptriques d'après Giraud-Teulon.
H, Points principaux fusionnés. — O, Centre de similitude (points nodaux fusionnés). — Φ_1 et Φ_2, Foyers principaux pendant le repos de l'accommodation. — H,' Point principal; Φ'_2 et Φ'_1, Foyers principaux pendant le maximum d'accommodation.

cardinaux donnés par Listing, les constantes dioptriques calculées par M. Giraud-Teulon; l'auteur, remarquant avec raison que la longueur de l'axe de l'œil schématique ($22^{mm},8237$) est un peu trop faible, a cherché des valeurs qui se rapprochassent davantage des conditions optiques de l'œil normal ; malheureusement il est parti d'une donnée expérimentale essentiellement inexacte, et il est ainsi arrivé à des résultats qu'on ne saurait accepter ; en effet, ce qu'il appelle le *centre de similitude*, qu'il identifie avec le point nodal, il le place en O, à $9^{mm},30$ en arrière de la cornée, c'est-à-dire derrière le centre de courbure de cette surface réfringente, ce qui est théoriquement impossible. Il trouve alors que les points principaux fusionnés (leur intervalle $0^{mm},3569$ pouvant être négligé) sont situés en H *dans le cristallin* à $4^{mm},55$ de la cornée, et que le foyer antérieur est en Φ_1, à $9^{mm},45$ de la cornée. Le foyer postérieur Φ_2 tombe dans la couche externe de la rétine.

---

[1] Les nombres de la page précédente ne sont pas ceux donnés par Listing, mais ceux qui résultent des recherches les plus récentes.

Les considérations qui précèdent étaient nécessaires pour connaître la valeur exacte de la réfraction oculaire et les limites des approximations permises, mais en faire usage en pratique serait introduire dans les calculs une exactitude illusoire, et, pour les besoins ordinaires, on peut parfaitement se contenter de *l'œil réduit*, dont il va être question dans le paragraphe suivant.]

180. Œil réduit. — Nous avons vu précédemment que le système dioptrique de l'œil peut être considéré comme constitué par une lentille biconvexe plongée dans un milieu moins réfringent, ce milieu étant séparé de l'air atmosphérique par une surface sphérique dont la convexité regarde l'extérieur. Le problème revient donc à rechercher successivement l'effet produit par une surface d'entrée convexe (la cornée), séparant deux milieux inégalement réfringents (l'air et l'humeur aqueuse), puis par une lentille convergente (le cristallin) placée entre deux milieux également réfringents (l'humeur aqueuse et le corps vitré). Ces questions nous sont connues ; elles ont été traitées dans les §§ 146 et 151 [b].

Cela posé, considérons d'abord l'action de la cornée seule et déterminons, par rapport à cette surface réfringente, le foyer conjugué d'un objet situé à une certaine distance en avant de l'œil ; cette première image servira ensuite d'objet virtuel pour le cristallin, et donnera, relativement à cette lentille, un foyer conjugué qui sera l'image définitive de l'objet vu à à travers tout le système dioptrique de l'œil.

Si nous appelons p la distance d'un objet P à la cornée, p'' la distance de son foyer conjugué P'' dans le milieu situé de l'autre côté de cette surface réfringente, la formule (1) de la page 355 nous donne la relation :

$$\frac{1}{p} + n\,\frac{1}{p''} = (n-1)\,\frac{1}{r},$$

ou, en remplaçant r, rayon de courbure de la surface réfringente, par sa valeur en fonction de la longueur focale postérieure f_1 :

$$\frac{1}{p} + n\,\frac{1}{p''} = \frac{1}{f_1}. \quad \ldots \ldots \qquad (1)$$

Négligeant alors la distance qui sépare la cornée du cristallin, ainsi que l'épaisseur de cette lentille, nous prendrons $-p''$ pour la distance de l'objet au cristallin, et nous aurons, en vertu de la formule (III) du § 151[b] :

$$-\frac{1}{p''} + \frac{1}{p'} = \frac{1}{f_2} \quad \ldots \ldots \qquad (2)$$

p' désigne la distance du foyer conjugué de l'image P'', relativement à la lentille cristalline ; f_2 est la longueur focale du cristallin.

Éliminons p'' entre les équations (1) et (2) et nous obtenons :

$$\frac{1}{p} + n\,\frac{1}{p'} = n\left(\frac{1}{f_1} + \frac{1}{f_2}\right).$$

Or, la formule de l'association des lentilles (voy. p. 382) nous permet de remplacer $\frac{1}{f_1} + \frac{1}{f_2}$ par $\frac{1}{\varphi'}$, φ' étant la longueur focale postérieure du système ; il vient donc :

$$\frac{1}{p} + n\,\frac{1}{p'} = n\,\frac{1}{\varphi'}. \quad \ldots \ldots \qquad (3)$$

[Nous ferons remarquer que la longueur focale f_2 du cristallin au repos et en place est comprise entre 45 et 47 ^{mm}, tandis que la cornée a une longueur focale postérieure $f_1 = 30\ ^{mm}$. Ces nombres montrent que l'action réfringente de la cornée est supérieure à celle du cristallin, et que, par conséquent, on commettrait une erreur grossière, en ne tenant compte que de la lentille organique.]

L'équation (3) est entièrement semblable à la formule (1) qui se rapporte à la réfraction à travers une surface réfringente. Nous en concluons qu'on peut substituer au système dioptrique de l'œil un seul milieu réfringent séparé de l'air par une surface sphérique ; en donnant à l'indice de ce milieu et au rayon de courbure de la surface de séparation des valeurs convenables, on obtient un système dioptrique que Listing appelle *œil réduit*, et dans lequel les positions des foyers principaux, et, par suite, de deux foyers conjugués quelconques, sont les mêmes que dans l'œil schématique.

On place la surface réfringente à $1^{mm},9317$ en arrière de la cornée, c'est-à-dire juste au milieu de l'intervalle compris entre les deux points principaux de l'œil schématique. Le rayon de courbure r de cette surface idéale est donnée par la relation $\dfrac{1}{\varphi} = \dfrac{n-1}{r}$, dans laquelle on prend pour n l'indice de réfraction de l'humeur aqueuse, et pour la longueur focale antérieure φ la distance du foyer antérieur à la surface réfringente ; on trouve alors : $r = 5^{mm},2752$. Le centre de courbure est ainsi placé à $7^{mm},2069$ en arrière de la cornée et tombe au milieu de l'intervalle des deux points nodaux.

Quant au foyer postérieur, sa distance à la surface réfringente est $\varphi' = 20^{mm},9520$, en vertu de la relation $\varphi' = n\,\varphi$. La réfraction dans cet œil réduit suit exactement les lois qui régissent la réfraction à travers un dioptre simple. On peut donc lui appliquer les formules de la page 355, savoir la formule des foyers conjugués :

$$\frac{1}{p} + n\,\frac{1}{p'} = (n-1)\,\frac{1}{r}. \quad \ldots \quad \ldots \quad \text{(I)}$$

ou
$$\frac{1}{p} + n\,\frac{1}{p'} = n\,\frac{1}{\varphi'} = \frac{1}{\varphi},$$

ou encore :
$$\frac{\varphi}{p} + \frac{\varphi'}{p'} = 1.$$

Le rapport des dimensions linéaires sera donné par la formule :

$$\frac{y'}{y} = \frac{p'-r}{p+r}. \quad \ldots \quad \ldots \quad \text{(II)}$$

y' étant la grandeur de l'image et y celle de l'objet.

Tant que la vision est distincte, l'image de l'objet se forme sur la rétine ; par suite, p' est constant et égal à la longueur de l'axe de l'œil ; si nous désignons cette longueur invariable par a, la dernière des formules ci-dessus devient :

$$\frac{y'}{y} = \frac{a-r}{p+r}. \quad \ldots \quad \ldots \quad \text{(II}^{\text{bis}}\text{)}$$

Les formules précédentes appliquées au système réfringent de l'œil ne peuvent donner que des valeurs approchées, car dans l'établissement de ces formules nous avons négligé les distances mutuelles des diverses surfaces réfringentes, comme nous l'avions fait pour la théorie des lentilles (cf. § 151 ^{b}). On commet donc une erreur en substituant au système dioptrique de l'œil un dioptre simple ; en réalité, l'effet n'est pas mathématiquement le même dans les deux cas ; pas plus dans l'œil que dans une simple lentille il ne saurait y avoir d'axe secondaire rectiligne, c'est-à-dire de rayon lumineux qui traverse le système en ligne droite, à l'exception du rayon qui se confond avec l'axe principal. Néanmoins l'œil réduit suffit dans la plupart des circonstances où l'on a besoin de faire intervenir la réfraction des milieux oculaires.

Relativement à l'emploi des formules applicables à l'œil réduit, nous ferons remarquer que les seules constantes qu'il soit nécessaire de connaître sont : $r = 5^{mm},2752$ et $\varphi' = 20^{mm},9520$. Si à l'aide de la formule (1) on a calculé p ou p' et qu'on veuille rapporter ces distances au sommet de la cornée, on n'a qu'à poser : $p = l + e$ et $p' = l' - e$, en désignant par l et l' les distances de l'objet et de son image à la cornée même, et par e l'intervalle qui sépare le sommet de cette membrane de la surface idéale de l'œil réduit; on se rappelle d'ailleurs que $e = 1^{mm},9317$.

[M. Donders a simplifié encore davantage l'œil réduit, en adoptant pour les constantes optiques des valeurs moins exactes que les précédentes, mais suffisamment approchées, et qui ont l'avantage d'être faciles à retenir, parce qu'elles sont représentées par des nombres ronds. Dans l'œil réduit de Donders, $r = 5^{mm}$ et $n = \dfrac{4}{3}$ (indice égal à celui de l'eau); on trouve alors pour les deux longueurs focales : $\varphi = 15^{mm}$ et $\varphi' = 20^{mm}$. La surface réfringente est supposée placée à 2^{mm} en arrière de la véritable position de la cornée.]

[On a construit, d'après ces données, des yeux artificiels qui permettent de vérifier par l'expérience la plupart des conséquences auxquelles conduit l'étude théorique de l'œil, de montrer l'influence de la longueur de l'axe antéro-postérieur de cet organe sur son état de réfraction, de s'exercer à l'examen ophtalmoscopique, etc. On trouvera au § 201ᵃ la description de l'œil du docteur Perrin ; nous donnerons ici celle de quelques autres de ces instruments.

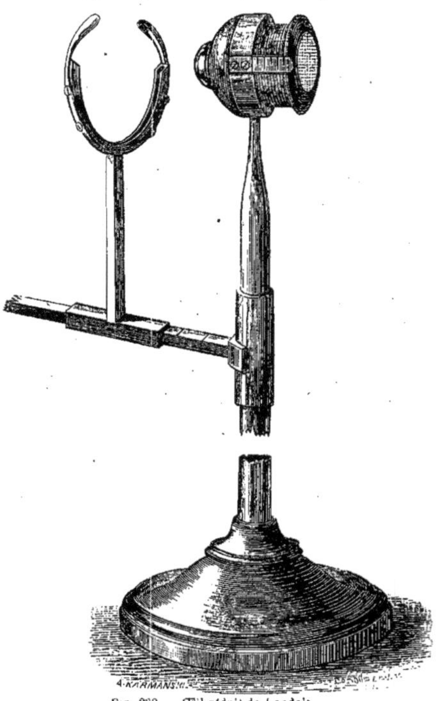

Fig. 233. — Œil réduit de Landolt.

ŒIL DU DOCTEUR LANDOLT. — Il est construit d'après les nombres adoptés par Donders : il se compose donc essentiellement d'une cornée sphérique (fig. 233) en verre très mince, dont les deux faces sont parallèles et ont un rayon de courbure de 5 millimètres. Cette cornée est enchâssée dans une monture métallique sur laquelle on peut visser, plus ou moins profondément, une deuxième monture terminée par une plaque de verre dépoli qui figure la rétine ; l'espace compris entre la cornée et la rétine est rempli d'eau. Au moyen du pas de vis des montures métalliques, on peut faire varier la longueur de l'axe antéro-postérieur de l'œil, et réaliser ainsi tous les états de myopie ou d'hypermétropie *anisoaxile* (v. § 181ᵇ) compris entre + 10ᵈ et — 10ᵈ. On obtient une amétropie *isoaxile* en laissant à l'œil sa longueur normale, et ajoutant à la cornée un ménisque convergent ou divergent. Pour produire l'astigmatisme et étudier la déformation des images rétiniennes qui résultent de cette anomalie de réfraction, il suffit d'adapter à la cornée un verre cylindrique.

En avant de l'œil se trouve une tige horizontale graduée, dont le 0 correspond au centre de courbure de la cornée ou point nodal de l'œil réduit ; cette tige porte deux cadres mobiles destinés à recevoir un verre correcteur, une échelle optométrique, etc.

Œɪʟ ᴅᴜ ᴅᴏᴄᴛᴇᴜʀ Bᴀᴅᴀʟ. — Sa construction n'est pas basée sur les principes théoriques qui ont amené Listing à la considération de l'œil réduit. L'appareil dioptrique de cet œil (fig. 234) est formé, en effet, par une lentille de 17ᵐᵐ,5 de longueur focale. L'œil étant un système à foyers inégaux, afin de réaliser cette condition essentielle, M. Badal a dû prendre conventionnellement pour origine des distance une cornée fictive située à 4ᵐᵐ,5 en avant de la lentille de l'instrument ; les longueurs focales de l'œil sont alors données par les distances des foyers principaux de la lentille à la cornée fictive. La rétine est encore figurée par une plaque de verre que l'on peut déplacer dans un sens ou dans l'autre, de manière à réaliser divers degrés d'amétropie anisoaxile. En avant de l'appareil (à

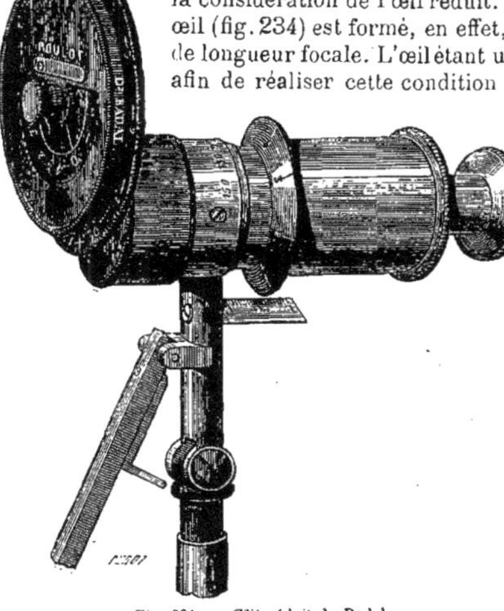

Fig. 234. — Œil réduit de Badal.

gauche de la figure), se trouvent deux disques superposés, indépendants l'un de l'autre, mobiles autour de l'axe antéro-postérieur de l'œil, et percés d'ouvertures dans lesquelles sont enchâssés, sur l'un, des verres positifs ou négatifs pour réaliser l'amétropie isoaxile, sur l'autre, des verres cylindriques, pour produire, par leur combinaison avec les verres sphériques, les diverses espèces d'astigmatisme régulier.

Œil du docteur Parent. — Il présente le même inconvénient théorique que le précédent, car son système dioptrique est encore constitué par une lentille. On peut faire varier la longueur de l'axe antéro-postérieur de l'œil comme dans les appareils précédents, et la position d'une aiguille mobile sur un cadran gradué E donne à chaque instant le degré d'amétropie anisoaxile réalisé. Les verres cylindriques destinés à produire l'astigmatisme sont enchâssés par couple sur deux tringlettes mobiles dans des coulisses et que l'on peut superposer de manière à produire à volonté un astigmatisme simple, composé ou mixte (V. § 181ᵉ).]

[**180ª. Axe visuel.** — Toutes les régions de la rétine ne sont pas également aptes à *voir nettement ;* la vision n'est parfaitement distincte que dans une très petite étendue de la membrane sensible, dans ce qu'on appelle la *macula lutea* ou tache jaune. Aussi, quand l'œil fixe un objet, pour le voir le plus distinctement possible il se dirige de manière à faire

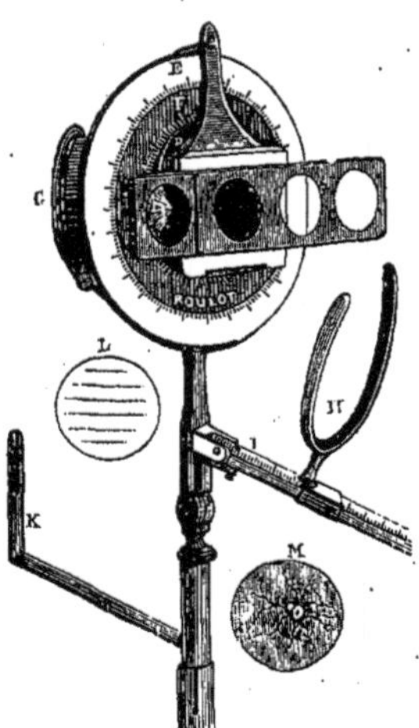

Fig. 235. — Œil réduit de Parent.

tomber sur sa *macula lutea* l'image rétinienne de cet objet (Dónders). Or, la tache jaune n'est pas située au pôle postérieur du globe oculaire ; elle est placée à une petite distance en dehors de ce point. Il en résulte que l'axe optique de l'œil qui se confond avec l'axe de figure de cet organe ne passe pas par le point de fixation et que la vision s'effectue sur un axe secondaire que nous appellerons *axe visuel principal.*

L'axe visuel est donc l'axe optique secondaire qui réunit le point fixé par l'œil à son image rétinienne, laquelle image tombe au centre de la tache jaune, en un point connu sous le nom de fosse centrale *(fovea centralis).* L'axe visuel est représenté dans la figure 232 par la droite $\Phi_1\Phi_2$; il fait avec l'axe optique YY′ un angle de 5° en moyenne, pour l'œil emmétrope.

La non-coïncidence de l'axe visuel avec l'axe optique et sa direction par rapport à ce dernier expliquent ce fait que les yeux paraissent loucher en dehors quand ils regardent un objet très éloigné, car alors les axes visuels sont parallèles et par conséquent les axes optiques divergents.

Tandis que la vision atteint son plus haut degré d'acuité dans la *macula lutea*, la région du fond de l'œil qui répond à l'entrée du nerf optique est entièrement insensible aux impressions lumineuses (expérience de la tache aveugle ou *punctum cæcum* de Mariotte). Cette région, représentée par la *papille optique*, a, en général, une forme circulaire et un diamètre de 1ᵐᵐ,5 en moyenne. La papille optique est située en dedans du pôle postérieur de l'œil et légèrement au-dessous du plan horizontal ; l'axe secondaire qui passe par le milieu du *punctum cæcum* fait avec l'axe visuel un angle d'environ 20°.]

[**180ᵇ. Angle visuel. Mesure de l'acuité de la vue.** — On appelle *angle visuel* relatif à deux points l'angle formé par les *lignes visuelles* qui aboutissent à cès deux points. M. Helmholtz a montré que les lignes visuelles ne doivent pas être confondues avec les lignes de direction, que par suite elles ne s'entre-croisent pas au premier point nodal ; *la ligne visuelle est la droite qui joint un point de l'espace au centre de l'image de la pupille vue à travers la cornée*, ou sensiblement, au centrè réel de la pupille, puisque l'image en question n'est située qu'à environ $0^{mm},5$ en avant de la pupille même.

La faculté que possède la rétine de distinguer deux impressions lumineuses voisines a une limite qui paraît dépendre de la grandeur des éléments sensibles (cônes et bâtonnets); cette grandeur détermine l'angle visuel minimum, au-dessous duquel la rétine confond deux impressions en une seule. La valeur de cet angle minimum est, à l'état physiologique, en moyenne de 1′, ce qui correspond sur la rétine à une étendue de $0^{mm},004$.

L'acuité de la vue est évidemment en raison inverse de l'angle visuel minimum sous lequel on distingue des impressions lumineuses séparées. Un grand nombre de causes morbides contribuent à diminuer l'acuité de la vue. Aussi est-il nécessaire de pouvoir la mesurer.

En oculistique, on prend pour unité d'acuité visuelle celle d'un œil qui reconnaît de s objets sous-tendant un angle de 5′ et suffisamment éclairés ; on se sert dans ce but de caractères d'imprimerie (Échelles typographiques de Giraud-Teulon, de Snellen, de Monoyer). On détermine alors la plus petite distance à laquelle l'œil peut lire ces caractères ; soit d cette distance, et Δ la distance à laquelle les caractères sont vus sous l'angle de 5′. L'acuité de la vue V est en raison inverse de [l'angle visuel, et par consé-quent en raison directe de la distance d, de sorte qu'on a :

$$\frac{V}{1} = \frac{d}{\Delta}.$$

d'où on tire :

$$V = \frac{d}{\Delta}$$

Si $d = \Delta$, on trouve : V = 1.]

[Il est plus simple, en pratique, de déterminer la grandeur des plus petits

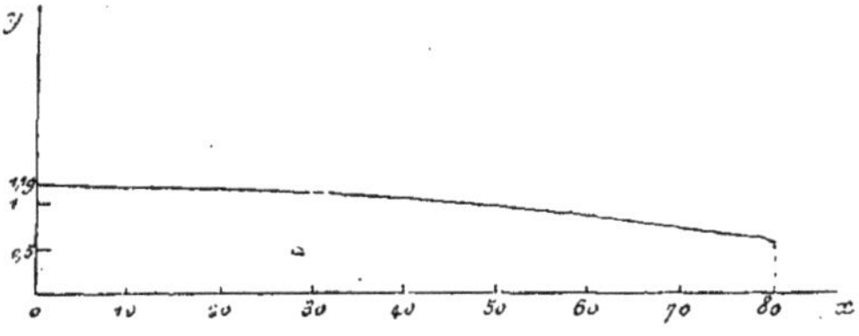

Fig. 236. — Variation de l'acuité visuelle avec l'âge.

caractères que l'œil peut distinguer, à une distance constante ; l'acuité visuelle d'un œil est alors en raison inverse de cette grandeur.

L'acuité visuelle diminue, en dehors de toute influence pathologique, à

mesure qu'on avance en âge : supérieure à l'unité choisie jusqu'après,vingt ans,
elle est sensiblement égale à 1 vers quarante ans, et décroît ensuite plus rapidement qu'elle ne l'a fait jusqu'alors. En tenant compte des données fournies
par un grand nombre d'observations, M. Monoyer a représenté par la courbe
de la figure 236 les variations normales de l'acuité visuelle avec l'âge. Cette
courbe diffère très peu d'une branche de parabole, et peut être représentée
par l'équation

$$V = 1,19 - 0,0001\ x^2,$$

dans laquelle V représente l'acuité visuelle comptée sur l'axe des y et x
les années comptées sur l'axe des x.]]

181. De l'accommodation de l'œil aux distances. -- [Nous avons supposé jusqu'ici que la réfraction était fixe et invariable pour un même œil ; c'était
là une hypothèse destinée uniquement à simplifier l'étude et à classer les
phénomènes. En réalité et à l'état physiologique, l'œil jouit de la faculté
d'augmenter dans une certaine mesure le degré de sa réfraction et, par
suite, de diminuer sa longueur focale. De là, la possibilité de voir nettement à différentes distances. Supposons, par exemple, qu'un œil soit emmétrope, c'est-à-dire organisé de façon que sa rétine occupe exactement le
lieu où vient se former l'image d'un objet infiniment éloigné, qu'en d'autres
termes son foyer principal postérieur coïncide avec la couche des bâtonnets
de la rétine ; l'objet se rapproche-t-il, l'image correspondante s'éloigne et
tombe ainsi en arrière de la rétine, si l'état de la réfraction n'a pas changé ;
dans ce cas, la membrane sensible coupe le faisceau lumineux réfracté suivant un *cercle de diffusion*, ce qui rend la vision confuse. Si, au contraire, la réfraction augmente d'une quantité convenable en rapport avec la
nouvelle position de l'objet, l'image restera toujours à la même distance
et ne sortira pas de la rétine ; la vue conservera donc sa netteté, quoique
l'objet ait changé de position.

On appelle *accommodation* cette propriété que possède l'organe visuel de
pouvoir *s'accommoder* ou *s'adapter* à la distance des objets, en augmentant
son action réfringente de manière à corriger l'*aberration* dite *de parallaxe*.
Le terme de *parallaxe* désigne l'angle formé par deux droites menées du
centre de l'objet aux extrémités d'un diamètre de la pupille ; la grandeur de
cet angle est sensiblement en raison inverse de la distance de l'objet, de
sorte que la parallaxe sert de mesure à cette distance.

Il a été démontré expérimentalement que l'accommodation est bien positivement et uniquement le résultat d'un accroissement de convexité du cristallin ; ce changement de courbure de la lentille organique porte principalement sur la face antérieure de l'organe et paraît être sous la dépendance
du muscle ciliaire ; mais on en est réduit aux conjectures en ce qui concerne
le mécanisme de cette importante fonction.

A Cramer revient l'honneur d'avoir prouvé d'une manière irréfutable que
l'accommodation consiste dans une augmentation de courbure du cristallin.
A l'aide d'un instrument particulier dont la pièce principale est un microscope, il a observé les images de réflexion produites par la cornée et les deux
faces du cristallin, et il a constaté dans l'une de ces images des changements
de position et de grandeur liés aux variations de l'accommodation. Lorsqu'on
dispose devant un œil un objet lumineux, par exemple la flamme d'une

lampe, on voit dans le champ pupillaire trois images dont la découverte est due à Purkinje et que Sanson a utilisées pour le diagnostic de la cataracte. La première de ces images *a*, (fig. 237) virtuelle et droite est produite par la surface de la cornée agissant comme un miroir convexe ; la deuxième *b*, plus grande et peu distincte, est due à la face antérieure du cristallin, qui constitue aussi un miroir convexe ; elle est droite et virtuelle comme la première ; la dernière *c*, réelle et renversée, provient de la réflexion de la lumière sur la face postérieure du cristallin qui joue le rôle de miroir concave. Or, en examinant ces images, on remarque que *la deuxième devient plus petite et se rapproche de la première*, à l'instant même où l'œil s'accommode pour un objet rapproché, d'où l'on conclut que la face antérieure du cristallin, qui donne l'image *b*, devient plus convexe.

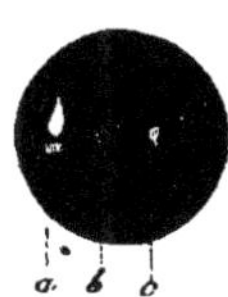

Fig. 237. — Images catoptriques de la cornée et du cristallin, dites *images de Purkinje-Sanson*. — *a)* Image virtuelle et droite réfléchie par la cornée. — *b)* Image virtuelle et droite réfléchie par la face antérieure du cristallin. — *c)* Image réelle et renversée produite par la face postérieure du cristallin.

La figure 238 représente, à l'échelle de $\dfrac{5}{1}$ le changement de cour-

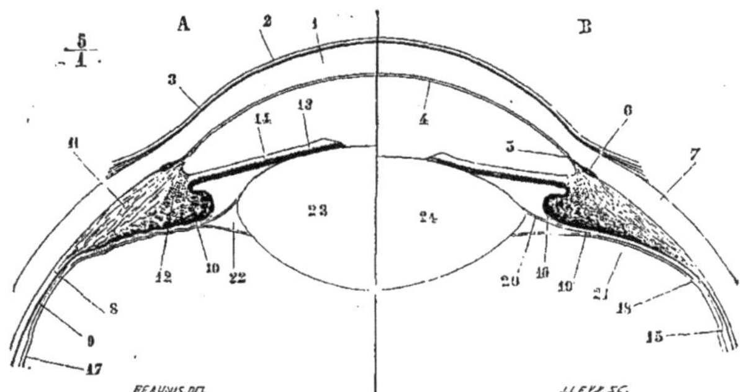

Fig. 238. — A, Position et courbure de la face antérieure du cristallin, lors du maximum d'accommodation. — B, Forme du cristallin pendant le repos de l'accommodation. — 1) 2) 3) 4) Cornée et ses diverses couches. — 5) Ligament pectiné. — 6) Canal de Schlemm ou de Fontana. — 7) Sclérotique. — 8) Choroïde. — 9) Rétine. — 10) 11) 12) Muscle et procès ciliaires. — 13) et 14) Iris. — 15) *Ora serrata*. — 16) Terminaison de la rétine. — 17) et 18) Hyaloïde ou membrane d'enveloppe du corps vitré. — 19) et 20) Feuillet antérieur de l'hyaloïde. — 21) Feuillet postérieur de l'hyaloïde. — 22) Canal de Petit. — 23) Cristallin pendant l'accommodation. — 24) Cristallin pendant le repos de l'accommodation.

bure que subit le cristallin pendant l'accommodation ; cette figure est divisée en deux parties : la moitié A correspond à la vision des objets rapprochés, lors du maximum d'accommodation ; la moitié B, à la vision des objets éloignés pendant le repos de l'accommodation.]

181ᵃ Étendue de l'accommodation et mesure du pouvoir accommodatif. — On vient de voir que l'organe visuel possède la faculté d'augmenter, dans l'acte de l'accommodation, la courbure du cristallin et plus spécialement de sa face antérieure; ce changement de courbure a pour effet d'accroître le pouvoir réfringent de l'œil et par conséquent d'en diminuer les longueurs focales, ce qui lui permet de ramener constamment au même point l'image d'un objet placé successivement à des distances de plus en plus rapprochées. Mais cette diminution de la longueur focale a une limite et il arrive un moment où l'objet est trop près de l'œil pour que l'accommodation soit en état de maintenir l'image correspondante dans la rétine. Il y a donc un point en deçà duquel la vision commence à ne plus être nette ; ce point est désigné sous le nom de *punctum proximum* ou point le plus rapproché de la vision distincte. D'autre part, l'œil au repos possède un état de réfraction minimum qui détermine la position du *punctum remotum* ou point le plus éloigné de la vision distincte ; l'accommodation peut augmenter graduellement le degré de la réfraction jusqu'à un certain maximum auquel correspond le *punctum proximum*. [Il existe par conséquent deux positions limites des objets dans l'intervalle desquelles la vision reste distincte ; cet intervalle représente ce qu'on appelle l'*étendue de l'accommodation*.]

On peut se figurer le changement réel qui a lieu pendant l'accommodation comme équivalent à l'addition, à la face antérieure du cristallin, d'une lentille convergente ; le pouvoir réfringent de cette lentille auxiliaire sert de mesure à ce que M. Donders appelle la *latitude d'accommodation ;* [cette expression nous paraît impropre et nous lui préférons celle de *pouvoir accommodatif*]. Ainsi, le pouvoir accommodatif, c'est-à-dire la quantité maxima de pouvoir réfringent qui est ajoutée à l'œil par le fait de l'accommodation, a pour mesure le pouvoir dioptrique d'une lentille convergente qui, supposée en contact avec le cristallin, mais placée dans l'air, produirait le même effet que l'accommodation et permettrait de voir nettement un objet situé au *punctum proximum*, sans que l'état primitif de la réfraction des milieux oculaires ait varié. En d'autres termes, les rayons lumineux venant d'un objet situé au *punctum proximum* prennent, à leur sortie de la lentille qui est équivalente au pouvoir accommodatif de l'œil, une direction telle qu'ils semblent partir du *punctum remotum ;* par conséquent, le *punctum proximum* doit se trouver entre la lentille et son foyer. Appliquant la formule des lentilles au cas spécial où il s'agit d'obtenir une image virtuelle, nous trouvons :

$$\frac{1}{p} - \frac{1}{r} = \frac{1}{a},$$

ou $$P - R = A,$$

p désignant la distance du *punctum proximum*, r celle du *punctum remotum*, a la longueur focale de la lentille et P, R, A, ces mêmes distances exprimées en dioptries.

C'est l'expression $\frac{1}{a} = A$ qui représente le pouvoir accommodatif. Supposons, par exemple, que $p = 0^m,10$, $r = 0^m,50$; nous aurons pour le pouvoir accommodatif :

$$\frac{1}{a} = A = \frac{1}{0,10} - \frac{1}{0,50} = 10^d - 2^d = 8^d.$$

Ce qui veut dire que, dans ce cas, l'effet produit par l'accommodation équivaut à l'addition d'une lentille convergente de 8 dioptries.

Dans l'œil emmétrope, le *punctum remotum* est à l'infini, c'est-à-dire que $r = \infty$; on a alors $\dfrac{1}{a} = \dfrac{1}{p}$ ou $A = P$.

[Le pouvoir accommodatif diminue quand l'âge augmente, par suite du déplacement continu du *p. p.* et du *p. r.*; chez les emmétropes, le premier de ces points commence à s'éloigner de l'œil dès l'âge de dix ans, tandis que le *p.r.* reste stationnaire jusqu'à quarante-deux ans environ. M. Donders, à la suite d'un grand nombre d'observations, a construit des courbes donnant les positions moyennes de ces points extrêmes de la vision distincte pendant toute la durée de la vie, et à l'état physiologique. La différence des ordonnées de ces deux courbes correspondant à un même abscisse, représente, suivant qu'elle est exprimée en mètres ou en dioptries, l'étendue de l'accommodation ou le pouvoir accommodatif correspondant. M. Monoyer a pris ces différences comme ordonnées d'une nouvelle courbe, et a obtenu ainsi (fig. 239) le graphique des variations du pouvoir accommodatif, compté sur l'axe du y et exprimé en dioptries, avec l'âge compté sur l'axe du x. Cette courbe se confond sensiblement avec une branche de parabole, et peut être représentée par l'équation

$$A = 16 - 0,3\, x + 0,001\, x^2,$$

dans laquelle A est le pouvoir accommodatif moyen correspondant à l'âge x.]

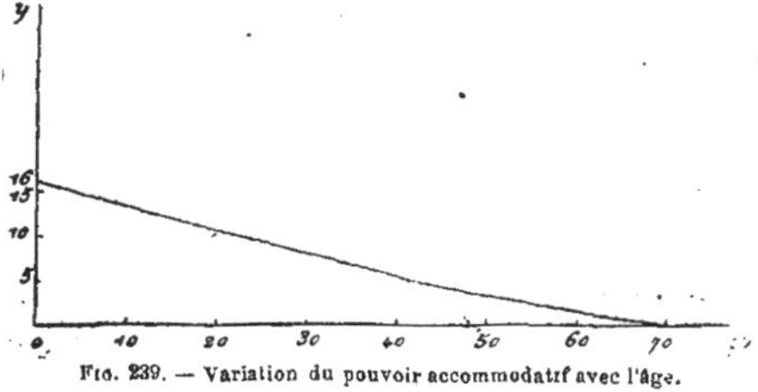

Fig. 239. — Variation du pouvoir accommodatif avec l'âge.

181 . Anomalies de la réfraction : Myopie, Hypermétropie. — [Dans un œil normalement constitué sous le rapport de la réfraction, la rétine occupe une position telle que le foyer principal φ (fig. 240) du système dioptrique soit situé dans la couche des bâtonnets pendant le repos de l'accommodation. En pareil cas, pour qu'un objet extérieur donne une image qui tombe exactement dans la membrane sensible, et, par conséquent, s'y dessine nettement, il faut que cet objet soit placé à l'infini, c'est-à-dire qu'il envoie à l'œil des rayons parallèles ; l'image rétinienne étant nette, il en est de même de la vision. Un œil ainsi disposé est appelé *emmétrope* ; on voit que, pour cet œil, le point le plus éloigné de la vision distincte est situé à l'infini.

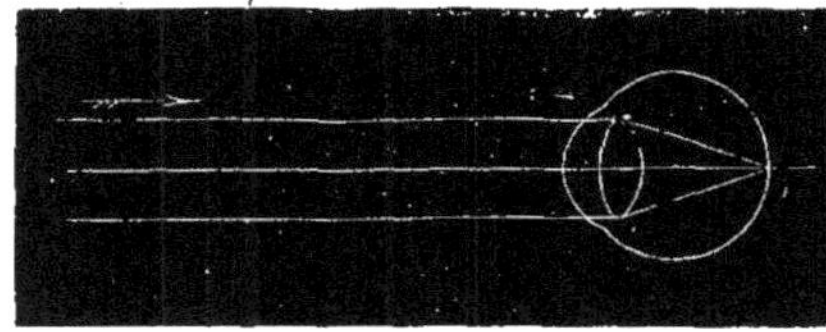

Fig. 240. — Œil emmétrope.

Mais il existe des yeux, et ce sont de beaucoup les plus nombreux, dont la rétine est placée, soit en avant, soit en arrière du foyer principal du système dioptrique ; dans ces cas, un objet situé à l'infini n'est pas vu distinctement, puisque son image, se faisant au foyer principal, ne saurait se dessiner nettement sur la rétine qui se trouve en deçà ou au delà du point de concours des rayons lumineux. On appelle, en général, œil *amétrope* celui dont le foyer principal n'est pas situé dans la membrane sensible.

L'amétropie offre deux cas à considérer, selon que le foyer principal de l'œil tombe en avant ou en arrière de la rétine.

Supposons, en premier lieu, que le foyer principal φ (fig. 241) soit devant la rétine : alors l'image d'un objet infiniment éloigné se formera avant que les rayons lumineux aient rencontré l'écran rétinien, et par conséquent l'objet sera vu confusément ; mais, si on le rapproche peu à peu de l'œil, son image s'éloigne du foyer pour s'approcher de la rétine ; il arrive donc un moment où l'objet occupe une position telle que l'image correspondante tombe exactement dans la couche des bâtonnets et procure alors une vision nette.

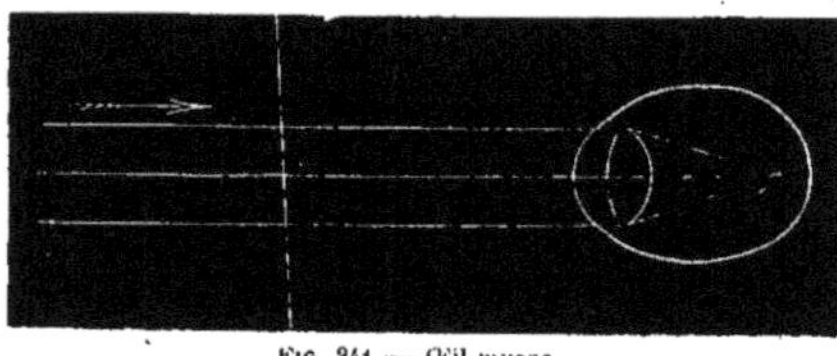

Fig. 241. — Œil myope.

C'est en cela que consiste l'anomalie de la réfraction, connue depuis fort longtemps sous le nom de *myopie*. Pour un œil myope, le point le plus éloigné de la vision distincte, au lieu d'être situé à l'infini comme pour l'emmétrope, est donc placé à une distance *finie* en avant de l'œil.

Considérons maintenant le cas où le foyer postérieur φ (fig. 242) tombe en arrière de la rétine ; on a alors affaire à l'anomalie que M. Donders a nommée *hypermétropie*, et on voit clairement que c'est là l'état opposé à la myopie. Chez l'hypermétrope, l'image d'un objet infiniment éloigné se forme derrière la rétine ; l'objet se rapproche-t-il, l'image correspondante, marchant dans le même sens, s'éloigne encore davantage de la

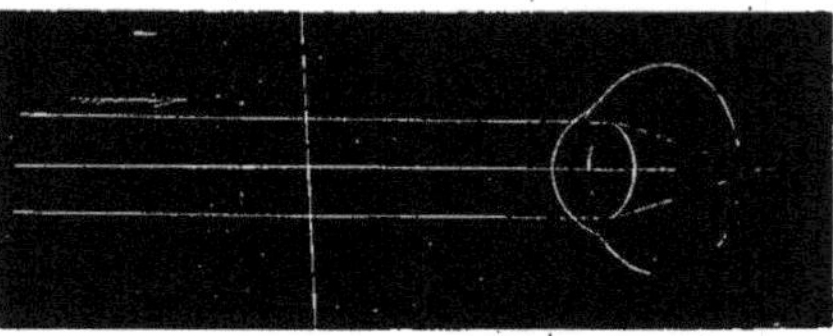

Fig. 242. — Œil hypermétrope.

membrane sensible ; en conséquence, un œil ainsi organisé ne voit distinctement les objets à aucune distance, à moins qu'il ne mette en jeu l'accommodation et qu'il ne diminue ainsi la longueur focale du système ; encore est-il nécessaire, pour que l'accommodation suffise à corriger l'hypermétropie, que le degré de celle-ci ne soit pas supérieur au pouvoir accommodatif. Si l'on veut que les rayons réfractés aillent se réunir sur la rétine, sans que l'accommodation intervienne il faut donner aux rayons incidents une convergence préalable proportionnée au degré de l'hypermétropie ; les directions de ces rayons incidents se coupent en arrière de l'œil en un point *virtuel*, qui a son foyer conjugué dans la rétine ; le point le plus éloigné de la vision distincte est donc situé pour l'hypermétrope à une distance finie en arrière de la rétine. En enlevant à un œil son cristallin, on le rend fortement hypermétrope ; tel est le cas des opérés de cataracte.]

En résumé, d'après M. Donders, les yeux se divisent en *emmétropes* et en *amétropes*. Dans l'emmétropie, le foyer postérieur du système réfringent de l'œil est situé exactement dans la rétine (couche des bâtonnets) pendant le repos de l'accommodation ; dans l'amétropie, il est situé, soit en avant de la rétine *(myopie)*, soit en arrière de cette membrane *(hypermétropie)*. Il en résulte que le point le plus éloigné de la vision distincte est placé à l'infini pour l'œil emmétrope, à une distance finie en avant de la rétine pour le myope, et à une distance finie en arrière de la membrane sensible pour l'hypermétrope. En d'autres termes, la distance r est positive dans la myopie, négative dans l'hypermétropie, infinie dans l'emmétropie.

[Myopie et hypermétropie, telles sont, en définitive, les deux anomalies opposées de la réfraction de l'œil, dans le cas où les surfaces réfringentes sont sphériques ; quand cette dernière condition n'est pas remplie, il apparaît une troisième anomalie, l'*astigmatisme*, dont nous parlerons plus loin.

La myopie et l'hypermétropie sont en général *anisoaxiles*, c'est-à-dire qu'elles sont dues le plus souvent aux différences individuelles de longueur de l'axe optique, ou, ce qui revient au même aux différences de position de l'écran rétinien (Donders)] ; [la réfringence de l'œil peut dans quelques cas être inférieure ou supérieure à sa valeur normale, la longueur de l'axe antéro-postérieur restant invariabble ; il en résulte alors une myopie ou une hypermétropie *isoaxile*. La distinction de ces deux espèces d'amétropie n'a qu'une importance théorique ; on ne peut, en effet, sur le vivant les distinguer l'une de l'autre et leur mesure ainsi que leur correction s'obtient exactement par les mêmes procédés.]]

181°. Correction de l'amétropie par l'emploi des besicles. Mesure du degré de l'amétropie. — [Le myope ne distingue pas les objets éloignés ; l'hypermétrope ne voit bien à aucune distance sans mettre en jeu son accommodation, ce qui est une cause de fatigue pour l'œil ; et encore l'accommodation est-elle loin de suffire toujours à masquer l'hypermétropie. Il importe donc de corriger ces deux défauts de la vue.

Pour rendre emmétrope un œil amétrope, il faut ramener dans la rétine son foyer principal postérieur, sans faire intervenir l'accommodation. Comme on ne peut changer la position de la rétine, on modifie la réfringence de l'œil ; on la diminue chez le myope, on l'augmente chez l'hypermétrope ; dans le premier cas, la longueur focale du système dioptrique est allongée ; dans le second elle est raccourcie. On arrive à ce résultat en plaçant devant l'œil une lentille sphérique convergente ou divergente, selon le cas ; les lentilles qu'on emploie ainsi pour corriger les défauts de la vue prennent le nom de *besicles* ou *lunettes*.]

L'œil myope sera rendu emmétrope par une lentille négative (divergente) de longueur focale telle que les rayons lumineux partis de l'infini divergent, après avoir traversé la lentille, comme s'ils venaient du *punctum remotum* situé à la distance r de l'œil. La longueur focale de cette lentille devra donc être égale à r, en supposant qu'on néglige la distance du verre à l'œil.

L'hypermétrope a besoin, au contraire, d'une lentille positive qui donne aux rayons venant de l'infini une convergence telle qu'ils iraient se réunir derrière la rétine à une distance r du centre optique, cette convergence étant précisément celle que doivent avoir les rayons incidents pour que le foyer conjugé de leur point de concours tombe dans la rétine. La longueur focale de cette lentille doit donc être encore égale à r, si on néglige la distance du verre de lunette à l'œil.

On voit que le pouvoir réfringent $\dfrac{1}{r} = R$ de la lentille positive ou négative qui corrige l'amétropie représente en même temps l'excès ou le déficit de réfringence de l'œil, et peut, en conséquence, servir de mesure au degré de l'amétropie.

Supposons, par exemple, qu'un œil myope ait son *punctum remotum* à une distance de 20 centimètres, nous représenterons le degré de sa myopie par $R = + \dfrac{1}{0,20} = 5^d$, ce qui indique qu'un verre négatif de 20 centimètres de longueur focale ou de 5^d est nécessaire pour corriger cette myopie, c'est-à-dire pour rendre cet œil emmétrope et lui procurer la vision nette des objets éloignés. La notation $R = - \dfrac{1}{20} = 5^d$ se rapporterait, au contraire, à un œil hypermétrope ayant son *punctum remotum* à 20 centimètres en arrière, et exigeant, pour devenir emmétrope, un verre positif de 20 centimètres de longueur focale ou de 5^d. L'emmétropie est indiquée par la notation : $R = \dfrac{1}{\infty} = 0^d$.

[**181ᵈ. Anomalies de l'accommodation. Presbyopie.** — Nous venons de faire connaître les défauts de la vue qui ont leur origine dans une position anormale du *punctum remotum*, et conséquemment du foyer principal ; ces défauts constituent ce qu'on appelle les *anomalies de la réfraction statique* ou *réfraction proprement dite*. Il existe aussi des *anomalies de la réfraction dynamique* ou de *l'accommodation*.

Le pouvoir accommodatif peut diminuer ; alors l'étendue de l'accommodation devient plus petite, le *punctum proximum* s'éloigne, et l'œil n'est plus en état de voir nettement les objets d'aussi près qu'il le faisait avant d'avoir perdu une partie de sa force d'accommodation. On se trouve ici en présence d'une anomalie de l'accommodation depuis longtemps connue sous le nom de *presbyopie* ou *presbytie*.

La limite à partir de laquelle commence la presbyopie est de pure convention. Il n'est plus possible de travailler le soir à quelque ouvrage très fin, lorsque la distance p du *punctum proximum* est supérieure à huit pouces ($21^{cm},66$) ; c'est pour cette raison que M. Donders considère comme presbyte tout œil pour lequel on a : $p > 8$ pouces.

A l'état physiologique, le pouvoir accommodatif diminue avec l'âge ainsi

que nous l'avons dit § 181ᵃ, et il arrive un moment où la distance du
punctum proximum dépasse 8 pouces, en sorte que la presbyopie est
une suite naturelle du progrès des années. Ce défaut de la vue commence
à se manifester, pour l'emmétrope, presque sans exception, vers l'âge de
quarante à quarante-deux ans.

On voit que la presbyopie ne représente en aucune façon l'état opposé à
la myopie, comme on le croyait autrefois; celle-ci est une anomalie de la
réfraction statique, et l'autre une anomalie de l'accommodation; ces
deux vices de la vue sont si peu opposés l'un à l'autre qu'ils peuvent coexister
dans le même œil, quand le *punctum remotum* est à une distance de l'œil
supérieure à 21ᵐᵐ,66.

Pour corriger la presbyopie, il s'agit de donner aux rayons lumineux
émanant d'un objet, situé dans la position qu'il devrait occuper par rapport
à l'œil supposé normal pour être vu nettement et sans fatigue, la direction
qu'ils auraient s'ils partaient d'un point situé au delà du *punctum proximum*
de l'œil presbyte, afin que ce dernier, pour les faire converger sur sa rétine,
n'ait à employer qu'une fraction KA de son pouvoir accommodatif].

[Ce résultat s'obtient à l'aide d'une lentille positive placée devant l'œil et
dont la distance focale, ainsi que l'a indiqué M. Monoyer, peut être calculée
de la manière suivante, en fraction de KA et de la distance *r punctum
remotum*.

Soit L (fig. 243) cette lentille, de distance focale *f*, que nous supposerons

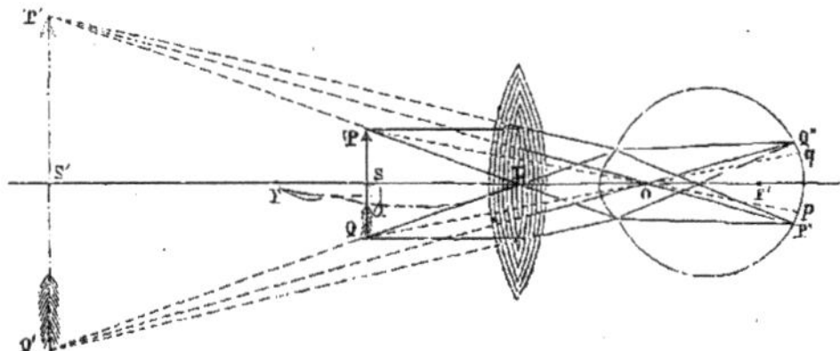

Fɪɢ. 243. — Correction de la presbytie par les verres convexes.

coïncider avec le premier plan principal de l'œil et PQ l'objet placé à une
distance *d*, entre la lentille et son foyer, car l'image P'Q' doit se former à
une distance plus grande *d'*; on aura :

$$\frac{1}{d} - \frac{1}{d'} = \frac{1}{f},$$

ou, en exprimant en dioptries les quantités qui entrent dans cette formule :

$$D - D' = F. \qquad (1)$$

La fraction du pouvoir accommodatif KA que l'œil emploie pour regarder
l'image P'Q' est égale au pouvoir dioptrique de la lentille qui ferait former
au *punctum remotum* de l'œil l'image de PQ. On peut donc écrire :

$$\frac{1}{d'} - \frac{1}{r} = \text{KA},$$

ou :
$$\text{D}' - \text{R} = \text{KA}. \tag{2}$$

Ajoutant membre à membre les deux équations (1) et (2), il vient :
$$\text{D} - \text{R} = \text{F} + \text{KA}$$

d'où :
$$\text{F} = -\text{KA} - \text{R} + \text{D}$$

Il suffira donc, pour calculer le numéro F de la lentille à prescrire, de connaître l'amétropie R de l'œil observé et la distance d à laquelle le sujet veut placer l'objet pour le voir nettement tout en n'employant que la fraction KA de son pouvoir accommodatif. Remarquons que A peut être calculé au moyen de la formule $A = 16 - 0,3\,x + 0,001\,x^2$, si on connaît l'âge du sujet.]]

[Anciennement, et jusque dans ces derniers temps, on confondait la réfraction statique de l'œil avec la réfraction dynamique qui dépend de l'accommodation : le point de repère qui servait de base à la classification des défauts de la vue correspondait à une distance arbitraire qu'on nommait fort improprement la *distance de la vision distincte*, comme si l'accommodation n'était pas à même de rendre la vision distincte dans toute l'étendue comprise entre le *punctum remotum* et le *punctum proximum ;* tout œil dont le *punctum remotum* était situé en deçà du point correspondant à cette distance dite de la *vision distincte* était réputé myope ; quand c'était le *punctum proximum* qui reculait au delà de ce même point, on avait affaire à la presbyopie. En ce qui concerne cette dernière affection, on était dans le vrai ; mais c'était méconnaître la nature de la myopie que de l'opposer à la presbyopie et de la déterminer par rapport au même point de repère. M. Donders est venu débrouiller ces notions confuses : il a établi entre la réfraction permanente statique et l'accommodation une ligne de démarcation bien tranchée : à la réfraction permanente appartiennent les anomalies qui résultent de la position défectueuse du *punctum remotum,* et, par suite, du foyer principal le plus long. Quand, au contraire, c'est la position vicieuse du *punctum proximum* qui nuit à l'accomplissement régulier de la fonction visuelle, l'anomalie est du ressort de l'accommodation.]

181e. Astigmatisme. — [Nous avons avons supposé jusqu'ici que les surfaces réfringentes de l'œil étaient symétriques autour de l'axe principal, et qu'en conséquence la longueur focale du système dioptrique oculaire avait exactement la même valeur dans tous les méridiens. Dans les conditions physiologiques, cette hypothèse est assez voisine de la réalité pour qu'on puisse l'admettre.]

Mais on rencontre des yeux chez lesquels il existe, entre les divers méridiens, des différences de courbure telles que la vision en est considérablement troublée ; cette aberration de courbure donne naissance au défaut de la vue qu'on appelle l'*astigmatisme*.

Dans l'*astigmatisme régulier*, la cornée représente le sommet d'un ellipsoïde à trois axes inégaux ; nous avons exposé (§ 148) l'action réfringente d'une semblable surface. On a vu qu'en raison de la différence de courbure qui existe entre les divers méridiens, différence qui atteint sa valeur *maxima* pour les deux méridiens principaux perpendiculaires l'un à l'autre, la réfraction détruit l'homocentricité des rayons lumineux partis d'un même point ; ceux-ci, au lieu de se réunir en un foyer unique, s'entrecroisent de telle sorte que toute section faite dans le faisceau réfracté perpendiculairement à l'axe principal donne une image de diffusion dont

la forme et la grandeur varient suivant le point où a lieu la section.
au niveau des points focaux on obtient une ligne droite (lignes focales);
dans l'intervalle focal, l'image de diffusion est une ellipse allongée dans
un sens ou dans l'autre et qui, dans une position intermédiaire, se transforme en un cercle. En pareil cas, les images qui vont se dessiner sur la
rétine ne sauraient être parfaitement nettes ; par suite, la vue n'est pas
distincte.

L'astigmatisme régulier peut être corrigé avec une exactitude suffisante
par l'emploi des lentilles cylindriques (cf. § 155^a), qu'on dispose devant
l'œil de manière que l'axe du cylindre soit parallèle à l'un des méridiens
principaux ; l'action réfringente d'une semblable lentille étant nulle dans
le plan qui passe par son axe et ayant, au contraire, sa valeur *maxima*
dans le plan perpendiculaire, il est ainsi possible de n'agir que sur le *punctum remotum* de l'un des méridiens principaux et de l'éloigner ou de
l'avancer d'une quantité suffisante pour le faire coïncider avec celui de
l'autre méridien principal.

[Mais, ainsi que l'a démontré M. Imbert, les verres cylindriques ne conservent l'homocentricité que pour les rayons venus du *punctum remotum*,
commun aux deux méridiens principaux après l'adjonction de la lentille
correctrice, et l'astigmatisme subsiste pour tous les autres points, avec une
valeur assez faible, il est vrai, en sorte que la vision s'opère alors dans des
conditions de netteté suffisantes.]]

Quand les deux méridiens principaux sont affectés d'amétropie, il faut,
pour rendre l'œil emmétrope, déplacer les deux *punctum remotum* de
quantités inégales, et par conséquent employer un verre bicylindrique ou
un verre sphéro-cylindrique.]

[M. Donders a classé ces diverses espèces d'astigmatisme régulier de la
manière suivante :

Lorsqu'un des méridiens principaux est emmétrope tandis que l'autre est
myope ou hypermétrope, on dit que l'œil est affecté d'astigmatisme *simple*.

Si aucun des méridiens n'est emmétrope et que chacun d'eux présente
une anomalie de même signe, c'est-à-dire qu'ils soient tous les deux myopes
ou tous les deux hypermétropes, l'astigmatisme est appelé *composé*.

Enfin si l'un des méridiens est myope et l'autre hypermétrope, l'astigmatisme est dit *mixte*.]]

M. Donders représente le degré de l'astigmatisme par le pouvoir réfringent $\dfrac{1}{l}$ = As de la lentille cylindrique, qui, ajoutée au méridien du
minimum de courbure, fait coïncider son *punctum remotum* avec celui
du méridien du maximum de courbure.

[Tous les yeux, presque sans exception, sont affectés d'astigmatisme; on
s'en assure facilement en regardant de loin avec un seul œil des droites
disposées en rayons, comme celles de la figure 249, mais à une échelle
suffisante pour être distinguées à distance. On remarque alors qu'il y a
toujours un de ces rayons qu'on voit plus nettement que les autres. — Tant
que le degré de l'astigmatisme ne dépasse pas 1^d (Donders), ou 0^d,66
(Javal), il est normal, car il ne trouble pas assez la vue pour nécessiter
l'emploi des verres cylindriques.]

Quand les courbures des divers méridiens diffèrent entre elles, mais sans correspondre d'une manière suffisamment approchée à celle d'un ellipsoïde à trois axes, ou que la courbure d'un même méridien n'est pas régulière, l'astigmatisme qui en est la conséquence est dit *irrégulier;* il ne peut pas être corrigé par les verres cylindriques.]

[**181ᶠ Optométrie.** — L'optométrie s'occupe des méthodes qui servent à déterminer les deux limites de la vision distincte; il en existe deux : celle qui constitue le procédé de détermination clinique et celle qui est fondée sur l'emploi des optomètres.

Le procédé usité dans la pratique ophtalmologique pour mesurer la distance r du *punctum remotum* consiste à chercher par des essais successifs le verre positif ou négatif qui rend le plus distincte la vision d'un objet éloigné et de grandeur proportionnée à la distance; les caractères d'imprimerie des échelles typographiques de Giraud-Teulon, de Snellen ou de Monoyer sont employés à cet usage. Le numéro du verre qui procure ce résultat indique, en dioptries, comme nous l'avons montré § 181ᵉ, la distance négative ou positive du *punctum remotum.*

[Cette méthode conduit, théoriquement, à une détermination erronée du degré de l'amétropie. Les échelles optométriques, en effet, sont généralement placées à une distance de cinq mètres en avant de l'œil; les verres que l'on détermine, rendant la vision nette pour cette distance et non pour l'infini le *punctum remotum* se trouve en conséquence reporté à 5 mètres seulement;

on conserve donc à l'œil une myopie de $\dfrac{1}{5} = 0^d,1$, quantité à la vérité

négligeable et dont la série métrique des verres contenus dans les boîtes d'essai ne permet pas de tenir compte.]

Pour déterminer le point le plus rapproché de la vision distincte (*punctum proximum*), on se sert d'un réseau de fils métalliques très fins qu'on approche de l'œil, jusqu'à ce que leur image commence à devenir confuse; on mesure alors la distance du réseau, ce qui donne la position du *punctum proximum.*

ÓPTOMÈTRES. — Ces instruments dispensent de l'emploi d'une boîte de verre.

Optomètre de MM. Maurice Perrin et Mascart. — Ses auteurs le considèrent comme étant d'un maniement facile et rapide, et comme donnant des résultats suffisamment exacts pour la pratique.

Cet instrument se compose d'un tube cylindrique en cuivre, portant à l'une de ses extrémités en G (fig. 244) une lentille convergente qui sert d'oculaire, à l'autre extrémité un objet K (fig. 245) dessiné sur verre noirci et éclairé par transparence. Dans l'intérieur du tube se trouve une lentille concave H, d'une longueur focale plus courte que celle de la lentille convergente et qui peut être déplacée depuis l'objet jusqu'à l'oculaire, à l'aide d'un pignon *f*, agissant sur une crémaillère E. Selon la position qu'elle occupe par rapport à l'objet, la lentille négative imprime aux rayons lumineux émanés de ce dernier des directions telles qu'en sortant de l'oculaire ces rayons présentent à volonté tous les degrés de convergence ou de divergence qui conviennent aux différentes formes d'amétropie (hypermétropie et myopie), et aux divers états anormaux de l'accommodation (presbytie, spasme ciliaire, etc.). Un index fixé à la glissière F qui entraîne la lentille concave affleure une règle graduée en pouces, *e, e*, et donne, par une simple lecture, l'état de la réfraction.

L'objet regardé par l'œil examiné consiste, pour les déterminations sphériques, en fins caractères d'imprimerie ou en petits groupes de cercles disposés les uns à côté des autres;

pour les déterminations cylindriques (astigmatisme), on emploie un système de lignes parallèles, pouvant être placées dans tous les azimuts, à l'aide d'un tambour à rotation J.]

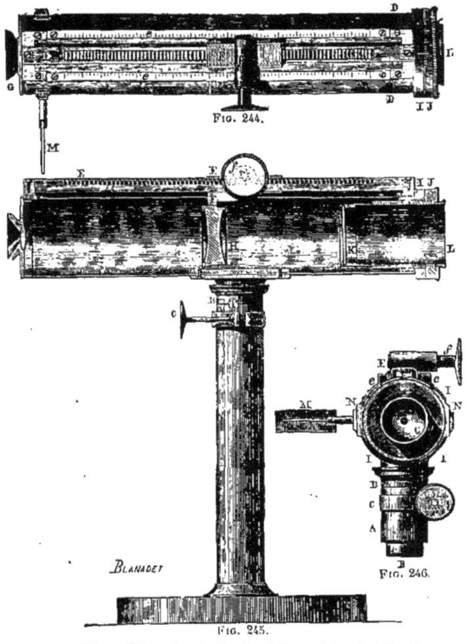

FIG. 244. — Optomètre de Perrin et Mascart (vu d'en haut).

FIG. 245. — Le même instrument, vu en élévation et en coupe.

FIG. 246. — Le même instrument, vu de face.

(Les mêmes lettres désignent les mêmes pièces dans les trois figures).

A, Support. — B, Tirage pour élever l'appareil. — C, Collier avec vis de pression. — D, D,
Tube métallique formant le corps de l'optomètre. — E, Crémaillère. — e, e, Double règle
graduée donnant l'état de la réfraction. — F, Glissière munie d'un index et portant une lentille
concave située dans le corps de l'instrument. — f, Pignon qui commande la crémaillère et
qui fait mouvoir la glissière F. — G, Œilleton derrière lequel est placé l'oculaire consistant
en une ,lentille convergente. — H, Lentille divergente. — I, Cadran fixé au tube. — J,
Cadran mobile fixé au porte-objet et à tranche divisée en degrés. — K, Objet. — L, Petit
tube porte-objet. — M. Ecran à charnière et à tirage.

[*Optomètre de Badal.* — C'est le meilleur des instruments de ce genre.
Il est fondé sur le même principe que le phacomètre du même auteur décrit
§ 154ª.

Cet optomètre (fig. 247) se compose d'une lentille positive de 16 dioptries dont un foyer se trouve à l'une des extrémités du tube dans lequel
elle est fixée ; un second tube, que l'on peut faire glisser dans le premier
au moyen d'une crémaillère et d'un bouton extérieur, porte à son extré-

mité intérieure une plaque de verre sur laquelle on a photographié les caractères d'une échelle optométrique. L'œil dont on veut mesurer l'état de réfraction doit être appliqué tout contre l'œilleton qui termine le tube exté-

rieur, de telle sorte que son premier point nodal coïncide avec le foyer de la lentille de l'appareil.

Quand le tube mobile est dans une position telle que l'échelle se trouve au second foyer de la lentille, les rayons qui, partis de cette échelle, arrivent à l'œil, forment un faisceau parallèle et les choses se passent comme si l'observateur avait devant lui un objet situé à l'infini. Si l'on vient alors à enfoncer ou à sortir le tube mobile, l'échelle passe en deçà ou au delà du foyer, la lentille en donne une image virtuelle ou réelle

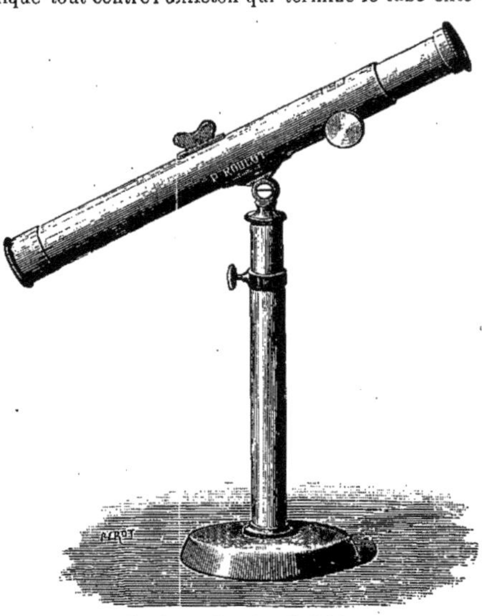

Fig. 247. — Optomètre de Badal.

située en avant ou en arrière de l'œil à des distances variables, et l'on obtient ainsi, pour les rayons incidents, tous les états de divergence ou de convergence correspondants à un degré quelconque de myopie ou d'hypermétropie.

D'après cela, pour déterminer le *punctum remotum*, il faudra éloigner l'échelle, et, par suite, son image jusqu'au moment où l'œil qui, pour suivre cette dernière, a dû relâcher continuellement son accommodation, cesse d'apercevoir les lettres nettement. La distance à laquelle se forme alors l'image, distance donnée par une graduation en dioptries inscrites sur le tube mobile, indique la position du *punctum remotum* et, par suite, le degré d'amétropie. La détermination du *punctum proximum* se fait de la même manière, mais en enfonçant le tube mobile.

Cet instrument présente un inconvénient commun à tous les optomètres et résultant de ce que lorsque la vision s'effectue dans un tube, on fait généralement intervenir d'une façon inconsciente une partie de l'accommodation, si l'on ne maintient pas les deux yeux ouverts ; il en résulte que le degré d'amétropie trouvé est en général un peu trop fort. Mais, en revanche, l'optomètre de Badal présente deux avantages : l'un purement théorique, consiste en ce que les divisions en dioptries du tube mobiles sont égales entre elles, comme les divisions analogues du phacomètre de Badal; l'autre résulte de la constance du diamètre apparent des caractères typographiques, quelle que soit d'ailleurs la distance à laquelle se forme l'image de l'échelle optométrique.]]

Astigmomètres. — Quant au degré de l'astigmatisme, le moyen le plus rapide et le plus commode de le mesurer consiste dans l'emploi de l'*optomètre binoculaire de Javal* ou *astigmomètre*, ou de l'*ophtalmomètre pratique* de Javal et Schiœtz.

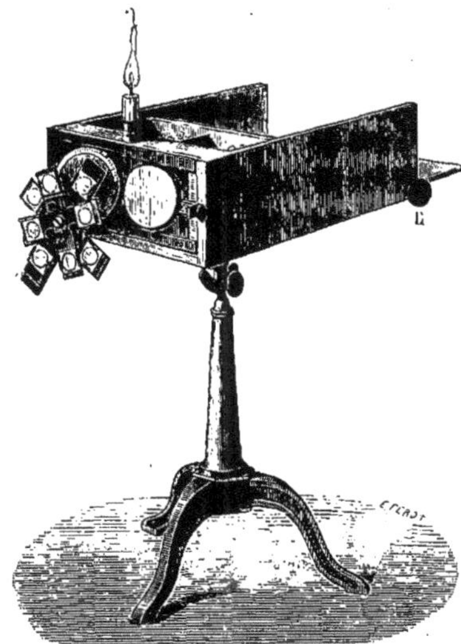

L'optomètre binoculaire se compose d'une caisse rectangulaire montée sur un pied en fonte très massif (fig. 248); la paroi antérieure de la caisse contient, placées l'une à côté de l'autre, deux lentilles sphériques achromatiques, à court foyer; l'une d'elles est mobile latéralement, ce qui permet de régler l'écartement des verres et de le proportionner à celui des yeux de la personne examinée. L'autre lentille porte un système de huit verres cylindriques convexes fixés dans les bras de deux montures en forme de croix; ces montures, superposées l'une à l'autre, sont mobiles séparément et permettent ainsi d'amener, soit isolément, soit deux à deux,

Fig. 248. — Astigmomètre ou optomètre binoculaire de Javal.

les verres cylindriques en face du centre de la lentille sphérique. La paroi postérieure de la caisse porte un carton sur lequel se trouvent représentés

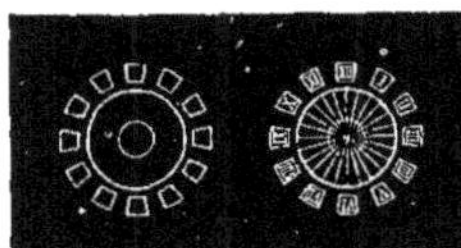

deux dessins semblables (fig. 249), qui, vus chacun par l'œil placé en face, sont fusionnés, comme dans le stéréoscope, en une image unique. Celui des dessins qui est offert à l'œil examiné contient, en outre, au centre, une étoile dont les rayons forment entre eux des angles de 15°.

Fig. 249. — Dessin servant d'objet dans l'astigmomètre.

L'individu affecté d'astigmatisme regardant avec les deux yeux, à travers les lentilles sphériques, le double dessin dont il vient d'être question, et le voyant simple, on fait tourner le bouton E (fig. 248) de manière à éloigner le dessin jusqu'à ce que l'astigmate ne distingue plus nettement qu'un rayon de l'étoile; à ce moment, la ligne focale postérieure du faisceau réfracté coïncide avec la rétine et a une direction nécessairement parallèle à celle du dernier rayon resté visible. On amène ensuite au-devant de l'œil examiné, soit un à un, soit combinés par deux, les verres cylindriques, en commençant par les combinaisons dont le pouvoir dioptrique est le plus faible, et en s'arrangeant de manière que l'axe des verres cylindriques soit toujours perpendiculaire à la direction de la ligne focale postérieure, résultat facile à obtenir, grâce à une disposition particulière qui permet de donner au système des croix l'orientation désirée. On s'arrête à l'instant où tous les rayons paraissent également nets; l'astigmatisme est alors corrigé et le degré en est égal au pouvoir réfringent du verre cylindrique qui produit cet effet.

La fixation binoculaire est mise à profit dans la méthode de M. Javal pour enchaîner l'accommodation et pour empêcher par là les variations de longueur focale du système dioptrique oculaire.

[L'ophtalmomètre pratique, que MM. Javal et Schiötz ont fait construire en 1881, permet de déterminer objectivement avec une grande

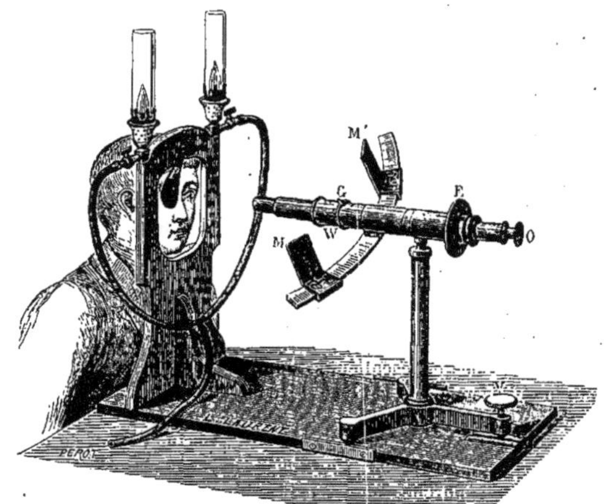

FIG. 250. — Ophtalmomètre pratique de Javal et Schiötz.

rapidité et une approximation de $0^d,1$, le rayon de courbure ou l'astigmatisme de la cornée; il se compose d'une lunette GO (fig. 250), formée de deux objectifs de même distance focale entre lesquels est placé un prisme biréfringent, qui dédouble la grandeur à mesurer comme le font les deux lames de l'ophtalmomètre de Helmholtz. L'œil à examiner est placé comme l'indique la figure, au foyer du premier objectif, derrière un cadre qui sert à fixer la tête et on obtient, au foyer du deuxième objectif, une image égale à l'objet et renversée que l'on regarde à travers un oculaire. La lunette est d'ailleurs portée sur un trépied auquel on peut donner de petits déplacements pour la mise au point exacte des diverses régions de la cornée. Un arc gradué le long duquel peuvent courir deux mires M, M', est mobile autour de la lunette et son orientation est à chaque instant donnée par une aiguille qui se meut sur un cercle divisé E.

Les mires sont formées l'une d'un rectangle A (fig. 251) l'autre d'un triangle rectangle B, moitié du rectangle A et dont l'hypothénuse présente une série de marches en escalier ; lorsque ces mires occupent une position quelconque sur l'arc gradué, leurs images par réflexion sur la cornée, dédoublées par le prisme biréfringent et

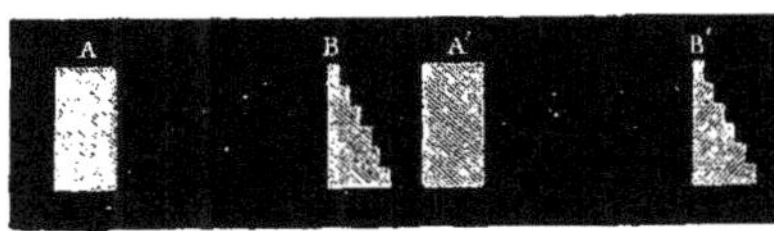

Fig. 251. — Images cornéennes des mires dédoublées par le prisme biréfringent.

vues à travers la lunette, offrent l'ensemble représenté par la figure 251.

Pour faire une détermination, on oriente l'arc dans le plan du méridien de courbure maximum de l'œil et on déplace la mire M' de manière à ce que les deux parties A' et B de la figure 251 soient exactement affrontées, comme l'indique la figure 252 ; on a ainsi dédoublé l'intervalle δ (fig. 251) compris entre le bord gauche de A et le bord droit de la marche inférieure de B. Si l'on fait alors tourner l'arc gradué de 90°, de manière à le placer dans le plan de courbure minima, le rayon du miroir cornéen étant plus grand dans ce nouvel azimut que dans le premier, l'intervalle δ est devenu plus grand, par suite cette distance n'est plus qu'imparfaitement dédoublée par le prisme dont l'effet est invariable et les images B et A' de la figure 251 empiètent l'une sur

Fig. 252. — Coïncidence à établir dans le plan de la courbure maxima.

l'autre comme l'indique la figure 253. Les dimensions du prisme et la grandeur des marches en escalier de l'une des mires sont choisies de telle sorte que, la différence des rayons de courbure des deux méridiens examinés est donnée en dioptries par le nombre de marches qui constituent l'empiètement lors de la seconde détermination. La figure 253, sur laquelle l'empiètement est de deux marches, correspond donc à une différence de courbure c'est-à-dire à un astigmatisme cornéen de deux dioptries. Quant à l'astigmatisme total, toujours très voisin de celui de la cornée, M. Javal l'obtient en faisant passer devant l'œil examiné des verres un peu supérieurs et un peu inférieurs à celui indiqué par la détermination précédente, jusqu'à obtenir la meilleure

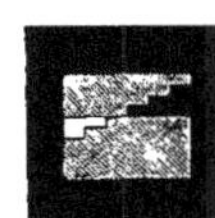

Fig. 253. — Empiètement des images dans le plan de la courbure minima.

correction possible.

Les directions des méridiens de courbure maxima et minima se reconnaissent d'ailleurs à ce que ce sont les seules pour lesquelles les petits côtés du rectangle A' (fig. 251) sont sur les prolongements des lignes analogues de l'image de la mire en escalier ; ce fait tient évidemment aux variations symétriques de courbures qui se produisent de part et d'autres des méridiens principaux.

Si l'on veut obtenir le rayon de courbure de la cornée en dioptries, il suffit, lorsqu'on a produit la tangence indiquée sur la figure 252 de lire la division de l'arc gradué en face de laquelle se trouve le point de repère porté par la mire M'. La position de cet axe, en effet, a été calculée de telle sorte que les degrés inscrits sur sa circonférence constituent en même temps une graduation en dioptrie qui fournit par une simple lecture le rayon de courbure du méridien cornéen suivant lequel l'arc est orienté.]]

[181e. **Aberration de réfrangibilité de l'œil.** — Le système dioptrique de l'œil n'est pas achromatique ; c'est là un fait parfaitement établi par les recherches de Fraunhofer, Matthiessen, Helmholtz, etc., qui ont mesuré l'aberration de réfrangibilité de l'œil, c'est-à-dire la distance comprise entre le foyer des rayons rouges et celui des rayons violets ; ils ont trouvé que la longueur de cet intervalle ne dépasse guère 1/2 millimètre. Il en résulte que l'œil ne peut pas être exactement accommodé à la fois pour deux objets de couleur différente placés à la même distance. Si, dans les circonstances habituelles, les effets de la dispersion ne se font pas sentir, cela tient précisément à la petitesse du pouvoir dispersif de l'œil et à la présence de l'iris qui, arrêtant les rayons marginaux, contribue à diminuer l'aberration chromatique. Mais, quand l'accommodation de l'œil pour un objet n'est pas exacte, les contours en paraissent irisés ; telle est la cause du phénomène des *auréoles accidentelles* qui se montrent autour d'un objet, lorsqu'on le contemple jusqu'à ce que l'accommodation, cédant à la fatigue, se relâche plus ou moins complètement.]

PRINCIPALES INDICATIONS BIBLIOGRAPHIQUES RELATIVES A LA DIOPTRIQUE OCULAIRE

Keppler. *Dioptrice*, etc. Augusta Vindelicorum. Augsbourg, 1611.
Scheiner. *Oculus, sive fundamentum opticum*. Innsbruck, 1619.
Descartes. *Dioptrice*. Lugd. Batav., 1637.
R. Smith. *Complet System of optik*. Cambridge, 1738 (trad. franç. Avignon, 1767).
Jurin. Essay upon distinct and indistinct vision (R. Smith, *Optik*, 1738).
Th. Young. Observations ou vision (*Philos. Transact.*, 1793, t. LXXXIII, 2e part., p. 169). — On the Mechanism of the Eye (*Ibid.*, 1801, t. XCI, 1re part., p. 23 ; analysé in *Bibl. britann.*, 1801, t. XVIII, p. 225).
Tourtual. Ueber Chromasie des Auges (*Meckel's Archiv. f Anat. u. Physiol.*, 1830, p. 29).
F. Sturm. Mémoire sur la théorie de la vision (*Compt. rend.*, 1845, t. XX, p. 554, 761 et 1238).
A. Matthiessen. Détermination exacte de la dispersion de l'œil humain par des mesures directes (*Compt. rend.*, 1847, t. XXIV, p. 375).
Listing. Artickel Dioptrik des Auges (*Wagner's Hundwœrterb. d, Physiol.*, 1851, t. IV, p. 451).
Cramer. *Het accommodatie-vermogen der Oogen physiologisch toegelicht*. Harlem, 1853.
Donders. *Ametropie en hare gevolgen*. Utrecht, 1860. — *Astigmatisme en cylindrische glazen*. Utrecht, 1862 (trad. franç., par Dor. Paris, 1862).
Dor. Des différences individuelles de la réfraction de l'œil (*Journal de la physiol. de l'homme et des animaux*, 1860).
Vallée. Théorie de l'œil. Paris, 1843, et dans *Compt. rend.* (1852-1861), t. XXXIV, XXXV, LII. — *Mémoires des savants étrangers*, t. XII, p. 204, et t. XV, p. 98.
Ed. Jæger. *Ueber die Einstellung des dioptrischen Apparats im menschlichen Auge*. Wien, 1861.
Giraud-Teulon. *Physiol. et pathol. fonctionnelles de la vision binoculaire*, etc. Paris, 1861. — *Précis de la réfraction et de l'accommodation de l'œil*, etc., in Supplément au *Traité pratique des maladies de l'œil*, par Makenzie, trad. de Warlomont et Testelin, 1865, p. 1 à CLII.

Leroux. Expériences destinées à mettre en évidence le défaut d'achromatisme de l'œil (*Ann. de chim. et de phys.*; 1862 [3], t. LXVI, p. 173).

Knapp. Ueber die Asymmetrie des Auges in seinen verschiedenen Meridianen (*Archiv. für Ophthalmol.*, 1862, t. VIII, 2e part., p. 185).

A. Burow. *Ein neuer Optometer.* Berlin, 1863.

A. von Graffe. Ein Optometer (*Deutsche Klinik*,, 1863, p. 10).

Donders. *On the anomalies of Accommodation and refraction of the Eye.* London, 1864; trad. franç., in Wecker,, *Traité théorique et pratique des maladies des yeux*, 1re édit. Paris, 1867, t. II, p. 481-913 (les développements mathématiques et historiques ont été remplacés dans la traduction par de courtes analyses). — Édition originale allemande. Wien, 1866. — Le même. Les anomalies de la réfraction de l'œil et leurs suites; trad. franç., par Monoyer (*Journ. de l'anatom. et de la physiolog. de l'homme et des animaux*, janvier 1865).

H. Scheffler. *Die physiologische Optik.* Braunschweig, 1864 et 1865. — *Die Theorie der Augenfehler und der Brille.* Wien, 1868.

Javal. Sur le choix des verres cylindriques (*Ann. d'ocul.*, 1866, t. LV, p. 5). — Histoire et bibliographie de l'astigmatisme (*Ibid.*, 1866, t. LV, p. 105).

Wüllner. *Einleitung in die Dioptrik des Auges.* Leipzig, 1866.

Schirmer. *Die Lehre von den Refractions und Accommodations Störungen.* Berlin, 1866.

Nagel. *Die Refractions und Accommodations Anomalien des Auges.* Tübingen, 1866.

Polaillon. Des milieux réfringents de l'œil. Thèse de concours. Paris, 1866.

W. Zehender. *Die Accommodations und Refractions Anomalien des Auges* (*Klin. Monatsblætter f. Augenheilkunde*, 1866, t. IV, p. 279-462.)

Helmholtz. *Optique physiologique;* trad. franç. par Javal et Klein. Paris, 1867 (bibliographie jusqu'à l'année 1866).

Gavarret. Art. Astigmatisme, in *Dict. encyclop.* Paris, 1867.

Monoyer. Des anomalies de la réfraction de l'œil, etc. (*Gazette méd. de Strasbourg*, 1868)

Gerold. *Die ophthalmologische Physich und ihrs Anwendung auf die Praxis.* Wien, 1869.

Ed. Meyer. *Leçons sur la réfraction et l'accommodation.* Paris, 1869.

Perrin et Mascart. Mém. sur un nouvel optomètre, etc. (*Ann. d'ocul.*, 1869, LXII, p. 5).

Rabuteau. *Des phénomènes physiques de la vision.* Thèse de concours. Paris, 1869.

Javal. *Nouveau Dictionnaire de médecine et de chirurgie pratiques.* Paris, 1870, article Emmétropie.

Gariel. Des phénomènes physiques de la vision, in *Mouv. méd.*, p. 33-102, 1874.

Donders. Considérations pratiques touchant l'infl. des verres correct. sur l'ocuité visuelle. *Ann. d'oc.*, 1874, LXXI, p. 69.

Sous. — *Traité d'optique*, etc. Paris, 1881.

Giraud-Teulon. *La vision et ses anomalies*, Paris, 1881.

Leroy. — Théorie de l'astigmatisme. (*Arch. d'ophth.*, 1881, t. I, p. 220 et 335).

Javal et Schiötz —Un ophtalmomètre pratique. *Ann. d'ocul.*, 1881, t. LXXXVI, p. 5.

Schiötz. — Art. Ophtalmométrie, in *Dict. encycl.*, 1882.

Imbert. — *Interprétation du pouvoir dioptrique*, etc., Paris, 1883.

Baoneris. — *De l'emploi des verres de lunettes.* Thèse de concours, Paris, 1883.

Imbert. — *De l'astigmatisme.* Thèse de concours, Paris, 1883.

Consultez, en outre, les indications bibliographiques placées à la suite du § 155c, p. 382].

CHAPITRE XV

DES MICROSCOPES

182. Loupe et Microscope simple. — Pour comparer entre elles les dimensions des images rétiniennes fournies par des objets de diverses grandeurs ou placés à des distances différentes, le moyen le plus simple consiste à déterminer les angles visuels correspondants.

[Nous avons vu, § 180b, que l'angle visuel d'un objet a pour mesure l'angle formé par les droites qui joignent par les deux extrémités opposées de l'objet au centre de l'image de la pupille vue à travers la cornée; mais, si l'on considère que ce centre des lignes visuelles est à moins de 4 millimètres (exactement $3^{mm},82$) en avant du premier point nodal, on ne commet pas une grande erreur en mettant le sommet de l'angle visuel à ce premier point nodal), à moins que l'objet ne soit très rapproché de l'œil.]

En prenant pour mesure de l'angle visuel, l'angle des lignes de direction extrêmes, nous avons entre l'objet et son image la relation exprimée par la formule (II ᵇⁱˢ) du § 180. On peut dire plus simplement que *les images rétiniennes des objets qui sont vus sous le même angle visuel sont égales entre elles*.

Lorsque l'angle visuel descend au-dessous d'une certaine valeur déterminée, nous ne sommes plus capables de distinguer séparément deux impressions dont l'intervalle soustend un angle plus petit. Regarde-t-on, par exemple, deux fils très fins tendus l'un à côté de l'autre, et diminue-t-on peu à peu leur écartement, il arrive un moment où ces deux fils paraissent n'en plus former qu'un seul, bien que le contact ne soit pas encore établi. Il a été dit, § 180ᵇ, que l'angle visuel minimum qui représente la limite de finesse de la vue a une valeur moyenne de 1′, ce qui correspond sur la rétine de l'œil schématique à une étendue linéaire de $0^{mm},004$.

Les considérations précédentes montrent que nous devons d'autant mieux distinguer les détails d'un objet que nous le voyons sous un angle visuel plus grand, et qu'inversement tout corps, quelque grand qu'il soit, n'apparaît que comme un point, dès que son diamètre apparent est inférieur à l'angle visuel minimum.

Grâce à l'accommodation nous sommes en état de voir nettement le même objet sous des angles visuels très différents, puisque nous pouvons faire varier la distance de l'objet, sans que son image rétinienne cesse d'être nette. Le moyen auquel nous avons recours pour reconnaître les détails les plus fins d'un objet consiste à rapprocher ce dernier le plus possible de notre œil ; mais on a vu que le pouvoir accommodatif possède une valeur *maxima*, qu'il ne peut dépasser, et qui détermine la position du *punctum proximum*. Du moment qu'un objet est situé en deçà de cette limite, les rayons réfractés à travers le système dioptrique oculaire ont leur point de concours placé en arrière de la rétine; il en résulte sur l'écran rétinien la formation de cercles de diffusion dont l'influence défavorable sur la netteté de la vision n'est pas compensée par l'accroissement de l'angle visuel.

Or, nous avons dans l'emploi de la lentille convergente un moyen de ramener dans la rétine le point de concours de rayons lumineux qui, sans cela iraient se réunir en arrière de la membrane sensible. Cette catégorie de lentilles nous permet donc de rapprocher les objets plus que nous ne pouvons le faire à l'œil nu ; de cette manière, il nous est donné de distinguer des détails qui ne sont pas visibles à une plus grande distance. La lentille convergente employée à cet usage prend le nom de *loupe*.

Soit, par exemple, L (fig. 254), une lentille biconvexe placée devant l'œil, et P Q un objet situé entre cette lentille et son foyer antérieur F ; la lentille aura pour effet de diminuer la divergence des rayons lumineux partis des différents points de l'objet ; ainsi les rayons émanés du point P prendront, au sortir de la lentille, une direction telle qu'ils sembleront provenir d'un point P′ situé plus loin ; de même, le faisceau lumineux qui a son sommet en Q deviendra moins divergent et son sommet sera reculé en Q′. Il en résulte que l'œil croit voir, au lieu de l'objet PQ, un objet P′ Q′ plus grand et plus éloigné.

L'effet de la loupe repose donc sur les deux points suivants : 1° possibilité de rapprocher davantage les objets de l'œil ; 2° accroissement de l'angle visuel par suite de la déviation des rayons lumineux. Supprimons, en effet,

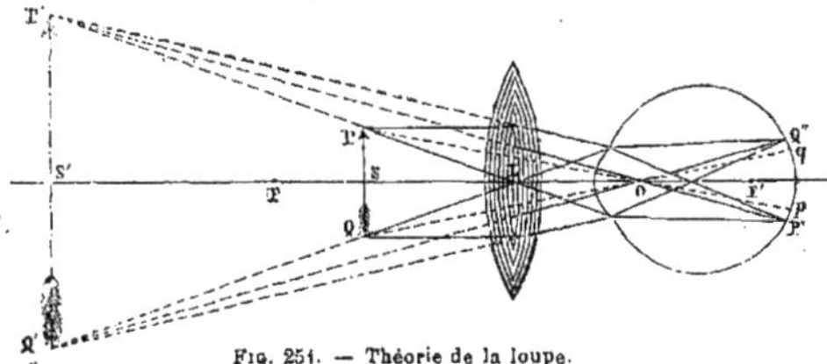

Fig. 251. — Théorie de la loupe.

la lentille L, et joignons les extrémités de l'objet au centre optique O [ou, pour plus d'exactitude, au centre des lignes visuelles] : nous avons ainsi l'angle visuel POQ, qui correspond sur la rétine à une étendue pq. Si nous remettons la loupe en place, l'angle visuel est alors P'OQ', et l'image rétinienne correspondante occupe une étendue égale à P″Q″ ; or, la figure montre que P″Q″ est plus grand que pq.

On appelle grossissement de la loupe le rapport de P'Q' à PQ. Désignons, comme nous l'avons fait jusqu'ici, par p la distance SL de l'objet à la lentille, par p' la distance S'L de l'image, et par f la longueur focale de la lentille ; nous avons entre ces trois quantités la relation connue :

$$\frac{1}{p} - \frac{1}{p'} = \frac{1}{f}.$$

Le terme en p' est précédé du signe — parce que l'image est *virtuelle* et par conséquent située du même côté que l'objet. De cette équation, on tire :

$$p = \frac{p'f}{p'+f}.$$

Or, la loupe doit reporter l'image de l'objet à une distance comprise entre les limites de la vision distincte, distance que nous appellerons r ; il en résulte que, si nous désignons par d_0 l'intervalle qui sépare la lentille de l'œil, nous avons :

$$p' = r - d_0,$$

et, par suite :

$$p = \frac{f(r - d_0)}{f + r - d_0}.$$

D'autre part, nous savons que le rapport $\frac{y'}{y}$ des grandeurs de l'image et de l'objet est égal à $\frac{p'}{p}$. Par conséquent, le grossissement sera :

$$G = \frac{y'}{p} = \frac{r - d_0 + f}{f} = \frac{r - d_0}{f} + 1. \tag{1}$$

Si on suppose la distance d_0, assez petite par rapport à r pour pouvoir être négligée, la formule (1) se réduit à la suivante :

$$G = \frac{r}{f} + 1. \tag{2}$$

qui, traduite en langage ordinaire, signifie que *le grossissement de la loupe est égal à l'unité augmentée du rapport de la distance de la vision à la longueur focale de l'instrument.* [Lorsque la longueur focale est très petite, $\frac{r}{f}$ est très grand; on peut alors négliger le terme 1, ce qui donne simplement : $G = \frac{r}{f}$. Dans ce cas, le *grossissement est sensiblement en raison inverse de la longueur focale de la loupe.*]

[Pouvoir amplifiant. — Le grossissement, tel que nous venons de le définir et de le calculer, ne peut pas renseigner sur l'avantage qu'il y a à regarder à travers une loupe les objets dont on veut distinguer les détails. Ce qu'il importe, en effet, ce n'est pas d'obtenir avec la lentille une image aérienne très agrandie, mais une image rétinienne la plus grande possible; car on ne peut augmenter les dimensions de l'image virtuelle qu'en la faisant former à une distance plus grande de l'œil, ce qui diminue son diamètre apparent. Il résulte de là que, pour obtenir une mesure de l'effet produit par une loupe, il faut comparer entre elles les grandeurs des images rétiniennes de l'objet vu à travers la lentille, puis à l'œil nu, c'est-à-dire prendre le rapport des angles visuels de l'image fournie par la loupe et de l'objet vu directement. M. Guébhard et M. Monoyer ont, chacun de leur côté, calculé ce rapport qu'ils proposent avec raison, de substituer à celui des dimensions linéaires; nous indiquerons la méthode suivie par M. Monoyer.

Soient ρ et r les distances de l'objet y vu directement et de l'image y' fournie par la loupe au premier point nodal de l'œil dont nous négligerons les petits déplacements résultant de variations dans l'état de l'accommodation. Les angles visuels, toujours assez petits pour qu'on puisse leur substituer les tangentes, ont respectivement pour mesure $\frac{y'}{r}$ et $\frac{y}{\rho}$, et leur rapport Γ, auquel M. Monoyer a donné le nom de *pouvoir amplifiant* est donc

$$\Gamma = \frac{y'}{y} \cdot \frac{\rho}{r} = G \, \rho \, R, \qquad\qquad (1)$$

R représentant la distance r exprimée en dioptries.

La distance ρ est arbitraire, car l'objet que l'on regarde à la loupe est à la disposition de l'observateur, et il y a lieu, comme l'a fait M. Monoyer, de distinguer divers genres de pouvoir amplifiant, suivant la valeur attribuée à ρ.

1° On peut convenir, par exemple, de faire la comparaison des images rétiniennes, l'objet étant toujours placé à une distance de l'œil constante et égale à 1^m; on obtient alors le pouvoir amplifiant relatif :

$$\Gamma = G \, R,$$

dont la valeur dépend de R, et, par suite, de l'état d'amétropie de l'œil.

Pour discuter cette expression, il y a avantage à remplacer G par sa valeur trouvée précédemment; il vient alors

$$\Gamma = \left(\frac{r - d_0}{f} + 1 \right) R = F + R (1 - d_0 F).$$

Supposons $d_0 < f$, le terme entre parenthèse est alors positif; par suite, le pouvoir amplifiant augmentera avec R; il y aura avantage à faire former l'image plus près de l'œil. Si, au contraire, avec $d_0 > f$, le terme entre parenthèse est négatif et pour que Γ soit le plus grand possible, il faut que R diminue; il y aura donc avantage à faire former plus loin l'image y'. L'avantage sera plus grand encore si l'œil est hypermétrope et qu'on puisse, en conséquence, donner à R des valeurs négatives.

Remarquons encore que si l'œil est emmétrope et qu'on place l'objet au foyer principal de la loupe, $R = o$ et il reste :

$$\Gamma = F \, ;$$

c'est-à-dire que le pouvoir amplifiant est alors égal au pouvoir dioptrique de la loupe ; il en est encore de même lorsque $d_0 = f$, c'est-à-dire quand le foyer de la loupe coïncide avec le premier point nodal de l'œil.

2° Si l'on prend le rapport des images rétiniennes pour $\rho = r$, c'est-à-dire, en supposant l'objet et l'image virtuelle de la loupe vus à la même distance, on obtient le pouvoir *comparatif :*

$$\Gamma = G,$$

qui n'est autre chose que le grossissement tel qu'on le définit habituellement.

3° Enfin, on peut supposer que l'objet est toujours placé à la même distance de l'œil, qu'il soit vu directement ou à travers la loupe ; en introduisant ces conditions dans la formule (1), on a le pouvoir *absolu :*

$$\Gamma = 1 + \varepsilon\, R + (\varepsilon + d_0)\, F\, (1 - d_0\, R),$$

ε représentant l'intervalle des points principaux de la loupe.

C'est là la manière la plus générale d'exprimer le pouvoir amplifiant et la seule qui soit applicable aux lunettes, puisque l'objet, dans ce cas, est à une distance invariable de l'œil.]]

Avec la loupe on ne peut jamais voir nettement qu'une faible partie de l'objet qu'on regarde. Cela tient à ce que les rayons lumineux qui partent des extrémités de l'objet PQ sont réfractés plus fortement que les rayons émanant d'un point voisin de l'axe principal (cf. § 153), et que, par suite, leur divergence est diminuée dans une plus grande proportion ; il en résulte que l'image des points P et Q paraît plus éloignée que celle du point S, et qu'ainsi la surface de l'objet semble bombée. On évite cette déformation de l'image en n'utilisant que la partie centrale de la loupe et en excluant les régions périphériques à l'aide d'un diaphragme percé en son milieu d'une ouverture [et placé en avant de la lentille ; mais on diminue ainsi le champ de l'instrument ; ainsi y a-t-il avantage à employer les loupes *diaphragmées* de Wollaston ; elles sont constituées par une sphère divisée en deux parties égales par un diaphragme intérieur percé d'une petite ouverture centrale ; la lentille n'est alors traversée que par des rayons dont l'incidence est toujours sensiblement normale, l'aberration de sphéricité est par suite presque annulée et le champ de la loupe conserve cependant une étendue considérable.]] Un autre moyen pour supprimer l'aberration de réfrangibilité, consiste dans l'emploi d'un système de lentilles achromatiques (V. § 166).

L'instrument qu'on désigne sous le nom de *microscope simple* n'est autre chose qu'une loupe montée sur un support et accompagnée, comme le microscope composé, d'un porte-objet et d'un appareil d'éclairage ; la loupe est formée d'une seule lentille ou de plusieurs lentilles constituant un système achromatique. Le microscope simple est souvent employé pour préparer les objets qu'on étudie ensuite à l'aide du microscope composé.

183. Microscopes à projection. — Dans la loupe, la lentille convergente est employée à donner une image virtuelle et amplifiée des objets. On peut se servir d'une lentille du même genre pour projeter sur un écran une image réelle et agrandie ; tel est le principe des *microscopes à projection.*

Nous avons vu (cf. § 149ᵇ) que, si on place un objet *e d* (fig. 255) un peu au delà du foyer principal F d'une lentille convergente, mais très près de ce point, il se forme de l'autre côté de la lentille, et à une grande distance, une image

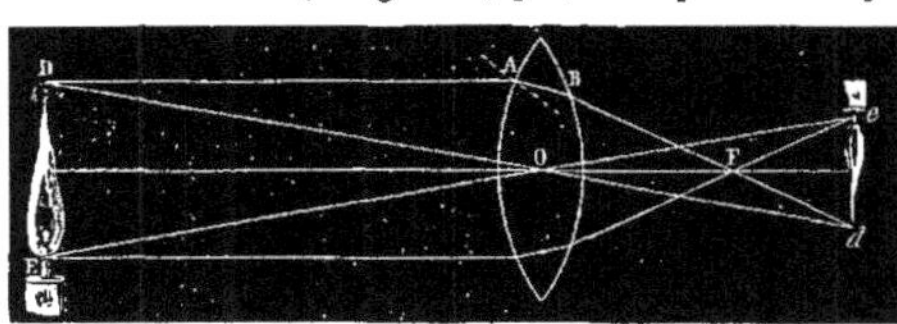

Fig. 255. — Principe du microscope à projection.

DE, réelle, renversée et plus grande que l'objet ; imaginons que nous recueillions cette image sur un écran disposé à cet effet en DE, et nous aurons un microscope à projection réduit à sa forme la plus simple.

Pour le soustraire aux effets des aberrations de sphéricité et de réfrangibilité qui nuiraient à la netteté des images, on emploie un système de
lentilles aplanétiques et archromatiques.

L'image sera d'autant mieux visible qu'elle sera plus brillante, toutes
choses égales d'ailleurs; il importe donc que l'objet $e\ d$ soit fortement
éclairé, car la quantité de lumière envoyée par la surface de l'objet se
répartit, dans l'image DE, sur une étendue bien plus considérable, de sorte
que l'image a d'autant moins d'éclat que le grossissement est plus grand;
En outre, la lumière, en traversant un système de lentilles, éprouve une série
de réflexions et d'absorptions qui l'affaiblissent toujours un peu. C'est en
raison de cette importance de l'éclairage qu'on distingue différentes variétés
de microscopes à projection, suivant le mode d'éclairage employé. Dans le
microscope solaire, on fait usage de la lumière du soleil; la source lumineuse du *microscope à gaz* est la lumière Drummond; enfin, dans le *microscope photo-électrique*, l'objet est éclairé par la lumière électrique. De
tous ces appareils, le microscope solaire est le plus avantageux, parce qu'il
est le seul qui, même pour les plus forts grossissements, donne une image
suffisamment éclairée.

Le dispositif d'un microscope à projection reste à peu près toujours le même, quel que
soit le mode d'éclairage employé. On y distingue comme parties essentielles un système de
lentilles achromatiques, ordinairement au nombre de trois, une pièce formée de deux lames
de verre entre lesquelles se place l'objet, un écran destiné à recueillir l'image et un appareil
d'éclairage. Ce dernier consiste en un miroir concave ou en un miroir plan associé à une
lentille convergente; dans l'un comme dans l'autre cas, les rayons provenant de la source
lumineuse sont concentrés sur l'objet, qui se trouve ainsi éclairé par derrière.

Le grossissement se calculera à l'aide de la formule connue (cf. § 151[b], p. 368, formule IV) :

$$\frac{y'}{y} = \frac{f}{p - f}.$$

Si l'on suppose $p = f$, c'est-à-dire l'objet situé au foyer même du système dioptrique, on
a, pour la grandeur de l'image, $y' = \infty$; donc, pour obtenir une image aussi grande que
possible, il faut placer l'objet très près du foyer, sans toutefois le faire coïncider avec ce
dernier point. Il est clair, d'ailleurs, qu'on doit toujours avoir $p > f$, sinon y' deviendrait
négatif, c'est-à-dire que l'image se formerait du même côté que celui où se trouve l'objet et
serait, par conséquent, virtuelle. Lorsque $p = 2f$, la grandeur de l'image est égale à celle

de l'objet, car on a alors : $\dfrac{y'}{y} = \dfrac{f}{f} = 1$.

Le microscope solaire donne des grossissements extrêmement considérables, pouvant aller
jusqu'à 6000 et même 8000; en outre, le champ de l'instrument a une grande étendue, ce
qui permet d'embrasser d'un seul coup d'œil un objet dans sa totalité; malgré ces avantages,
ce microscope ne saurait être employé dans les recherches micrographiques, car il ne fournit
pas d'images suffisamment nettes. La cause de ce défaut réside non seulement dans l'aberration de sphéricité et de réfrangibilité, mais encore dans l'interférence des rayons lumineux
(cf. chap. XVIII); l'influence de ce dernier genre de phénomènes se fait surtout sentir dans
les forts grossissements. En revanche, les microscopes à projection sont très utiles comme
moyen de démonstration, pour faire voir à un grand nombre d'observateurs les objets que
leur petitesse empêche de distinguer de loin.

184. Microscope composé. — Quand, au lieu de projeter sur un écran l'image
réelle que donne un système lenticulaire, on la regarde à l'aide d'une loupe,
ce qui augmente encore le grossissement, on réalise le principe du *micros-*

cope composé. Cet instrument résulte donc de la combinaison de la loupe avec le microscope à projection.

Sous sa forme la plus simple, le microscope composé présente à considérer une lentille convergente GH (fig. 256), en avant de laquelle est placé l'objet DE, à une distance plus grande que la longueur focale principale ; cette première lentille donne une image réelle et renversée D′E′, plus grande que l'objet, si celui-ci est situé près du foyer. Une seconde lentille convergente G′J est disposée de manière que son foyer principal antérieur tombe à gauche de l'image D′E′ ; la lentille G′J agit alors comme loupe par rapport à l'image réelle D′E′ et en fournit une image vir-

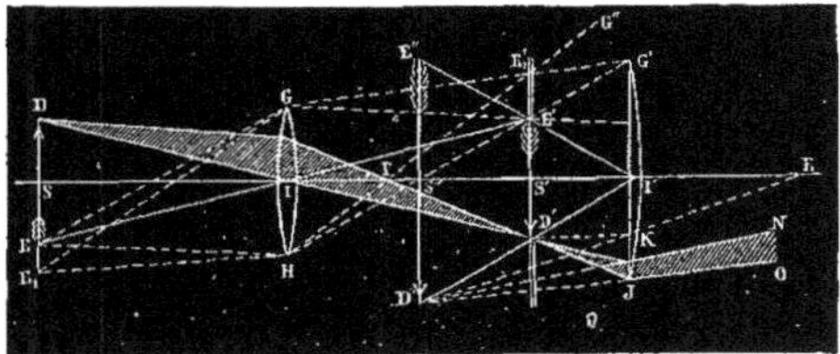

Fig. 256. — Principe du microscope composé.

tuelle et amplifiée, située en D″E″ ; pour que l'œil placé derrière la seconde lentille distingue nettement l'image virtuelle, il faut que celle-ci occupe une position qui ne soit pas en dehors des limites de la vision distincte.

En résumé, dans le microscope composé, il se forme d'abord une image réelle et renversée D′E′ plus grande que l'objet, et à laquelle une loupe, substitue une image virtuelle D″E″ plus grande elle-même que l'image réelle. En plaçant un écran en D′E′, on pourrait y recueillir l'image réelle ; mais l'image virtuelle n'existe que pour notre œil, qui projette en D″E″, lieu des intersections des rayons lumineux venus des différents points de D′E′, les impressions qu'il reçoit. La lentille GH tournée vers l'objet et fournissant l'image réelle, porte le nom d'*objectif;* la lentille par laquelle on regarde et qui donne l'image virtuelle s'appelle l'*oculaire*.

Le *champ* du microscope composé, c'est-à-dire l'espace dans lequel sont renfermés les points d'un objet qui peuvent être vus, est toujours peu considérable, d'abord parce que l'objectif lui-même a un champ limité, mais surtout parce que, de tous les rayons partant des différents points de l'objet et tombant sur l'objectif, ceux-là seuls qui viennent d'un point situé près de l'axe principal rencontrent l'oculaire. Le cône des rayons partis d'un point E_i, par exemple, donnerait, au sortir de l'objectif, un cône réfracté qui aurait pour base la circonférence de la lentille GH et pour sommet le point $E_i′$, et qui, se continuant suivant $G′E′_iG″$, n'entrerait ni dans l'oculaire, ni, par conséquent, dans l'œil.

184ª. Calcul du grossissement du microscope composé. — Pour obtenir le grossissement du microscope composé, c'est-à-dire le rapport $\dfrac{E″\,D″}{E\,D}$, remarquons que l'on a identiquement :

$$\frac{E″\,D″}{E\,D} = \frac{E″\,D″}{E′\,D′} \times \frac{E′\,D′}{E\,D} ;$$

il suffira donc de calculer le grossissement produit par l'objectif, puis celui de l'oculaire, et de multiplier l'une par l'autre les deux expressions que l'on aura trouvées. Or, si nous appelons y la grandeur de l'objet, y' celle de l'image réelle fournie par l'objectif, p_1 la distance de l'objet à l'objectif, et f_1 la longueur focale de cette lentille, nous avons :

$$\frac{y'}{y} = \frac{f_1}{p_1 - f_1}.$$

Quant au grossissement de l'oculaire, il a la même expression que celui de la loupe (cf. § 182) :

$$\frac{y''}{y'} = \frac{f_2 + r}{f_2},$$

y'' désignant la grandeur de l'image virtuelle E″ D″, f_2 la longueur focale de l'oculaire, et r la distance pour laquelle l'œil est accommodé.

En multipliant terme à terme les deux équations précédentes, nous trouvons pour le grossissement du microscope :

$$G = \frac{y''}{y} = \frac{f_1}{p_1 - f_1} \times \frac{f_2 + r}{f_2} = \frac{f_1\,(r + f_2)}{f_2\,(p_1 - f_1)}. \quad . \quad . \quad (1)$$

Dans cette formule, la valeur de p_1 peut varier entre certaines limites. Si p_1 diminue, l'image D'E' devient plus grande et s'éloigne de l'objectif pour se rapprocher de l'oculaire ; l'image D″E″ marche dans le même sens, et il arrive un moment où elle est trop près de l'œil pour être vue nettement. On peut remédier à cet inconvénient, soit en reculant l'oculaire, soit en en prenant un plus fort. Pour un objectif et un oculaire donnés, la distance p_1 de l'objet à l'objectif est subordonnée à la longueur l du microscope, c'est-à-dire à la grandeur de l'intervalle II' qui sépare l'oculaire de l'objectif. Il est donc possible d'exprimer p_1 en fonction de f_1 , f_2 , r et l.

Appelons p'_1 la distance I'S de l'image I'S à l'objectif, p_2 la distance S'I' de cette même image à l'oculaire et rappelons-nous que la distance S″I' de l'image D″E″ à l'oculaire doit être égale à r, distance de la vision distincte. Nous avons nécessairement :

$$l = p'_1 + p_2 ,$$

ou, en remplaçant p'_1 et p_2 par leurs valeurs tirées de la formule des foyers conjugués :

$$l = \frac{p_1\,f_1}{p_1 - f_1} + \frac{D\,f_2}{D + f_2}. \quad . \quad . \quad (2)$$

A l'aide de cette équation, on calculera la valeur de p_1 qu'on mettra ensuite dans la formule (1), et on en déduira le grossissement.

[On peut arriver, par un procédé beaucoup plus simple, à une valeur du grossissement complètement analogue à celle que nous avons obtenue dans le cas de la loupe ; il suffit d'employer les formules relatives aux systèmes composés. Si nous représentons, en effet, par φ la distance focale du microscope, c'est-à-dire du système formé de l'association de l'oculaire et de l'objectif, on trouve en opérant comme au § 182 :

$$\frac{y''}{y} = G = \frac{p'}{p} = \frac{r - d_0}{\varphi} + 1, \quad (3)$$

d_0 représentant ici la distance du second plan principal du microscope à l'œil.

Pouvoir amplifiant. — Ce que nous avons dit à ce sujet à propos de la loupe s'applique de tout point au microscope composé.

185. De la lentille de champ. — Le microscope composé, réduit aux parties que nous avons décrites, présente plusieurs défauts : 1° le champ de l'instrument est peu étendu ; 2° les aberrations de sphéricité et de réfrangibilité y font sentir leurs effets perturbateurs sur la pureté des images.

L'influence de l'aberration de courbure se manifeste par le phénomène suivant : les rayons qui tombent sur les parties périphériques de l'objectif sont réfractés plus fortement que les rayons centraux ; il en résulte que l'image réelle D'E' (fig. 256), au lieu d'être plane comme l'objet, offre une courbure dont la convexité regarde l'observateur ; l'oculaire agit, à son tour, dans le même sens, et l'image D″E″ est encore plus bombée. D'un autre côté, le contour de l'image est bordé d'un liseré coloré dû à l'aberration chromatique. Ces imperfections peuvent être réduites à un minimum par un moyen qui consiste à ajouter au microscope une troisième lentille convergente qu'on place entre l'objectif et l'oculaire, avant le lieu de formation de l'image réelle donnée par l'objectif.

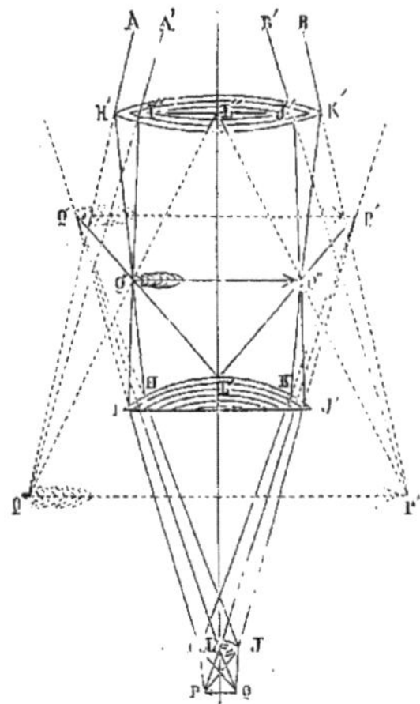

L'introduction de cette nouvelle lentille L′ (fig. 257) a pour résultat d'augmenter la convergence des rayons lumineux, et par conséquent de rapprocher de l'objectif l'image réelle et de la rendre plus petite. Nous avons indiqué sur la figure en P′Q′ la position et la grandeur de l'image que donnerait l'objectif L ; par suite de la présence de la lentille L′, l'image P′Q′ est reportée en P″Q″, et c'est cette dernière image dont l'oculaire L″ donne alors une image virtuelle P‴Q‴.

On voit que l'introduction de la lentille L′, qui porte le nom de *lentille de champ* ou *lentille collective*, diminue un peu le grossissement, puisqu'elle rend plus petite l'image réelle P″Q″ ; mais, en revanche, elle augmente le champ de l'instrument, et, en outre, elle accroît la clarté de l'image

Fɪɢ. 257. — Effet produit par la lentille de champ dans le microscope composé. [Par erreur, la lentille de champ L′J′ tourne sa face plane vers l'objectif; elle devrait être disposée en sens inverse, pour avoir le minimum d'aberration sphérique (cf. § 153, p. 370).]

virtuelle P‴Q‴ dans le même rapport qu'elle réduit la grandeur de l'image réelle P′Q′. Ce n'est pas tout : la lentille de champ corrige aussi dans une certaine mesure les aberrations de sphéricité et de réfrangibilité, et elle est redevable de cet effet à l'action qu'elle exerce sur les rayons réfractés, action qui consiste à diminuer l'obliquité des rayons extrêmes tombant sur l'oculaire, et à rapprocher les uns des autres les foyers des diverses couleurs.

Les microscopes actuels sont toujours munis d'une lentille de champ ; la présence de ce troisième milieu réfringent introduit nécessairement une modification dans la formule (1) qui donne le grossissement de l'instrument. La manière la plus simple d'en tenir compte consiste à substituer au système de l'oculaire et de la lentille de champ une lentille unique, qui produirait le même effet.

Supposons d'abord que l'oculaire et la lentille de champ se touchent ; appelons f_2 et f_3 leurs longueurs focales respectives ; nous pourrons déduire la longueur focale f du système de la formule connue, relative à l'association des lentilles :

$$\frac{1}{f} = \frac{1}{f_2} + \frac{1}{f_3}.$$

Mais, puisque en réalité l'oculaire et la lentille de champ sont séparés l'un de l'autre par un intervalle notable, la longueur focale du système est plus grande que f. Pour trouver la véritable longueur f'', introduisons une lentille auxiliaire divergente de longueur focale ψ,

telle que, associée à la lentille convergente de foyer f', elle donne une longueur focale f''.
Nous aurons alors :

$$\frac{1}{f''} = \frac{1}{f'} - \frac{1}{\psi},$$

et en remplaçant $\frac{1}{f'}$ par sa valeur :

$$\frac{1}{f''} = \frac{1}{f_2} + \frac{1}{f_3} - \frac{1}{\psi}.$$

On exprimera ensuite ψ en fonction des longueurs focales f_2 et f_3 et de l'écartement a des deux verres ; puis on tirera la valeur de f'', qu'on introduira dans la formule (1) du grossissement.

Le rapport entre les trois quantités f_2, f_3 et a est le plus favorable pour la correction des aberrations de sphéricité et de réfrangibilité, quand on a : $\dfrac{f_3}{3} = \dfrac{a}{2} = \dfrac{f_2}{1}$, c'est-à-dire quand la lentille collective a une longueur focale triple de celle de l'oculaire et que l'écartement des deux verres est égal au double de cette dernière longueur.

[Quant à l'autre expression du grossissement donnée par la formule (3), elle subsiste sans modification après l'adjonction de la lentille du champ, de même que les conclusions relatives au pouvoir amplifiant ; il suffit de remarquer que φ représente alors la distance focale du système formé par les trois lentilles du microscope]].

186. Objectifs achromatiques et aplanétiques.

— Pour donner encore plus de netteté aux images fournies par le microscope composé, on emploie des objectifs achromatiques et aplanétiques. Lorsque le grossissement est moyen, une seule lentille achromatique est suffisante ; il n'en est plus de même pour les forts grossissements ; on associe alors un certain nombre de lentilles composées, ce qui offre le double avantage d'augmenter le grossissement et de corriger les aberrations de sphéricité et de réfrangibilité mieux qu'on ne peut le faire avec un système uniquement formé d'un verre en crown et d'un verre en flint.

Malgré les avantages que présentent les systèmes achromatiques et aplanétiques, on en borne l'emploi à l'objectif. L'oculaire et la lentille de champ sont, en général, de simples verres convergents, parce qu'on ne pourrait leur substituer des combinaisons lenticulaires aplanétiques qu'au détriment du grossissement. D'ailleurs on a dans le choix du système objectif un moyen de compenser l'aberration produite par l'oculaire et la lentille de champ. Il est facile, en effet, de composer un système lenticulaire qui, au lieu de dévier les rayons périphériques plus fortement que les rayons centraux, comme le fait une simple lentille convergente, ou même de réunir en un point unique tous les rayons réfractés, agisse, au contraire, plus faiblement sur les rayons marginaux ; nous dirons d'un tel système qu'il est *achromatisé* ou *compensé en excès (überverbessertes System)*. On reconnaît cet excès de correction à ce signe que le foyer le plus rapproché est bordé d'un liseré bleu, tandis que, dans une simple lentille convergente, ce liseré est rouge. Nous dirons, au contraire, que l'achromatisme est *en déficit (unterverbessertes System)*, lorsque l'aberration du système sera incomplètement corrigée ; l'oculaire et la lentille de champ réunis constituent un système de cette nature.

On peut donc s'arranger de manière que l'excès de correction de l'objectif compense exactement le déficit d'achromatisme de l'oculaire, y compris celui de la lentille de champ. Mais il est clair que, si un objectif donné pro-

duit une compensation exacte pour une distance déterminée du verre oculaire et de la lentille de champ, l'achromatisme de tout l'ensemble du système ne subsiste plus avec la même rigueur dès l'instant qu'on vient à
changer les distances respectives des différents verres. C'est pour cette
raison qu'on rend invariable l'écartement qui existe entre l'oculaire et la
lentille de champ, en fixant ces deux verres dans le même tube ; on donne
souvent le nom d'*oculaire* à l'ensemble de ces deux lentilles.

Quant à la distance du système de l'oculaire à celui de l'objectif, on peut
la faire varier entre certaines limites ; de là un moyen d'obtenir avec la
même combinaison de verres des grossissements différents. Il est clair, en
effet, que plus la lentille de champ est éloignée de l'objectif, plus l'image
P″Q″ (fig. 257), et par suite l'image P‴Q‴ sont grandes. Si l'on désire connaître plus exactement l'influence de la longueur du tube du microscope
sur le grossissement de l'appareil, on n'a qu'à se reporter aux considérations développées dans le § 184ᵉ. Mais ces variations de la distance entre
l'oculaire et l'objectif s'accompagnent aisément d'un défaut de netteté des
images, surtout lorsqu'il a fallu, pour obtenir l'achromatisme du système
dioptrique tout entier, dépasser notablement le point de correction de
l'objectif.

187. Objectifs à correction. — Pour examiner un objet sous le microscope,
on le dispose généralement entre deux plaques de verre ; or, quand le grossissement est considérable, l'influence de la plaque supérieure sur la marche
de la lumière n'est pas négligeable. Cette lamelle représente, en effet, une

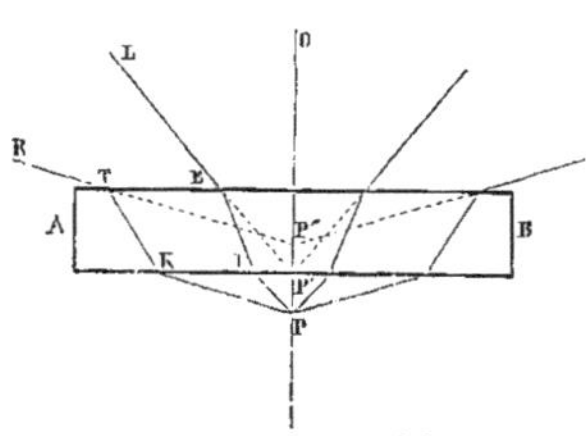

Fig. 258. — Action perturbatrice de la lame couvre-
objet sur l'homocentricité des rayons lumineux.

lame à faces parallèles, et dévie en
conséquence les rayons lumineux
qui rencontrent obliquement sa
surface ; il en résulte que les rayons
qui partent d'un même point P de
l'objet (fig. 258) prennent, après
avoir traversé la plaque AB, des
directions telles qu'ils semblent provenir de différents points P′, P″…
situés l'un au-dessus de l'autre. Si
donc l'objectif doit de nouveau faire
concourir tous ces rayons en un
même point, il faut le construire de
telle sorte que des rayons homocentriques qui tomberaient sur la face la plus
extérieure soient réfractés, de façon à aller se réunir en une série de points
situés l'un à la suite de l'autre, mais disposés dans un ordre inverse de
celui des points P, P′, P″…

Il est évident, dès lors, qu'un objectif donné ne convient qu'à une plaque
de verre d'une épaisseur déterminée. Néanmoins on peut employer un seul
et même objectif pour des plaques de différente épaisseur, en faisant varier
les distances mutuelles des diverses lentilles qui composent cet objectif ; plus
la plaque de verre qui recouvre l'objet est épaisse, plus il faut rapprocher
ces lentilles les unes des autres, si l'on veut corriger l'aberration de courbure et de réfrangibilité. [Dans les objectifs dits *à correction* ou *à compensation*, la première lentille peut être rapprochée ou éloignée des deux

autres, de manière à corriger l'influence de l'épaisseur de la lame de verre couvre-objet.] Si l'on n'a pas à sa disposition d'objectif à correction, il faut toujours se servir de plaques d'une épaisseur en rapport avec les propriétés optiques du système objectif employé.

187ᵃ. Objectifs à immersion. — Le rapprochement mutuel des diverses lentilles qui composent l'objectif augmente le pouvoir réfringent du système et par suite le grossissement du microscope. On pourrait donc avec une seule et même combinaison de verres obtenir un grossissement d'autant plus fort qu'on recouvrirait l'objet d'une lame de verre plus épaisse; mais, en réalité, cette manière d'accroître le grossissement n'est praticable que dans des limites très restreintes, parce que, la distance focale de l'objectif diminuant, il arriverait un moment où l'épaisseur de la plaque de verre deviendrait supérieure à la distance à laquelle il faudrait placer l'objet.

Le but qu'on se propose d'atteindre en augmentant l'épaisseur de la lame couvre-objet, peut aussi être obtenu par l'interposition entre cette lamelle et la surface de la dernière lentille objective, d'une couche d'eau ou de tout autre liquide plus réfringent que l'air. [Tel est le principe de l'*immersion* imaginé par Amici.] L'eau agit dans ce cas comme le ferait le verre, et exige, par conséquent, qu'on *corrige* l'objectif dans le même sens, c'est-à-dire qu'on diminue l'intervalle des lentilles qui le composent. Les objectifs disposés d'après le principe de l'immersion sont appelés *objectifs à immersion;* non seulement ils produisent un grossissement plus considérable, mais encore ils ont l'avantage de donner plus de clarté que les objectifs ordinaires; car la suppression de la lame d'air entre la plaque de verre et la première lentille de l'objectif fait disparaître en majeure partie une cause puissante de déperdition de la lumière, en amoindrissant beaucoup l'intensité de la réflexion aux surfaces de séparation entre le verre et le milieu interposé.

188. Description du microscope composé. — Après ces notions théoriques préliminaires, qu'il était indispensable d'exposer, nous allons décrire rapidement le microscope composé tel qu'on le construit de nos jours.

Le corps de l'instrument consiste en un tube BC (fig. 259) portant à son extrémité inférieure l'objectif formé de trois lentilles achromatiques, dont la plus extérieure est celle qui a le plus court foyer. Dans l'intérieur du tube BC, vers son milieu, se trouve un diaphragme percé au centre d'une ouverture et destiné à arrêter les rayons marginaux. A la partie supérieure, on voit l'oculaire C, comprenant le verre oculaire proprement dit et la lentille de champ; ces deux verres sont montés dans un même tube appelé *porte-oculaire,* qui s'enfonce à frottement doux dans le tube principal. Le porte-oculaire renferme dans son intérieur un petit diaphragme qui doit être exactement situé à l'endroit où se forme l'image réelle fournie par l'objectif, sinon l'étendue ou l'éclairement du champ du microscope serait diminué.

Les pièces accessoires les plus importantes sont le *porte-objet* et l'*appareil d'éclairage.* Le porte-objet consiste en une plate-forme ou platine E, reliée au corps du microscope par l'intermédiaire d'une colonne portant un collier qui embrasse le tube BC. On procède à la mise au foyer, soit en déplaçant le porte-objet, soit en faisant mouvoir le corps de l'instrument. Dans le microscope que représente la figure 259, c'est le tube BC qui est

mobile : les mouvements rapides sont obtenus à l'aide du pignon A, qui
commande une crémaillère fixée au collier dont nous avons parlé ; la mise
au foyer s'achève à l'aide de la vis de rappel D, qui détermine un mouvement lent. La plaque qui constitue le porte-objet est en laiton ; les vis K
et L permettent de la faire mouvoir dans deux sens perpendiculaires pour
amener l'objet dans le champ de l'instrument. Au centre de la platine se
trouve une ouverture destinée à laisser passer les rayons lumineux renvoyés
par le système d'éclairage. Ce système consiste en un miroir concave F, mobile
dans tous les sens et qu'on oriente de manière à réfléchir dans la direction
convenable la lumière provenant des nuées ou d'une lampe. [Quand on
veut obtenir un éclairage plus intense, on place sous l'ouverture dont est percée la platine, un système de lentilles convergentes connu sous le nom d'*éclairage*

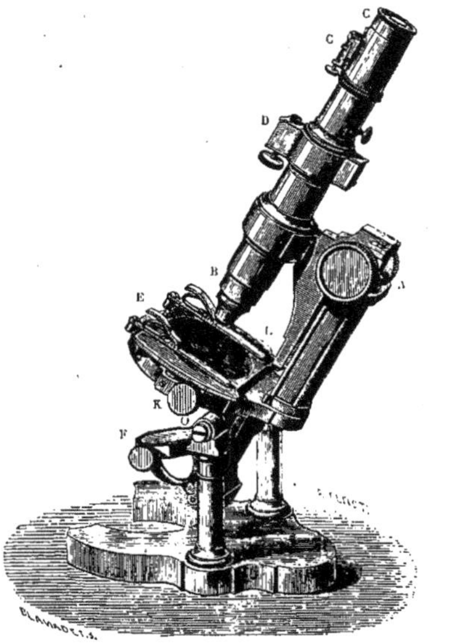

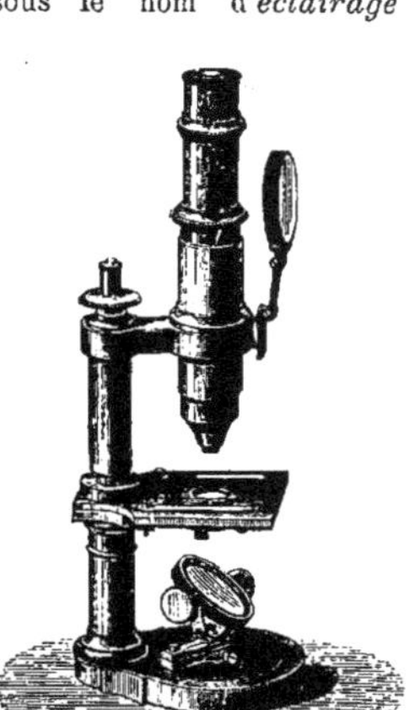

Fig. 259. — Microscope inclinant (grand modèle perfectionné
de Nachet). — A, Double pignon imprimant, par l'intermédiaire d'une crémaillère, des mouvements rapides au corps
du microscope. — B, Système objectif. — C, Système oculaire. — C', Vis micrométrique pour mettre le *micromètre
oculaire* exactement au point. — D, Vis de rappel pour achever la mise au point. — E, Platine. — F, Miroir réflecteur.
— K, L, Vis servant à déplacer la platine.

Fig. 260. — Microscope petit modèle
droit (Nachet).

Dujardin, et destiné à concentrer la lumière sur l'objet.] Au-dessous se meut un
diaphragme tournant qui
porte plusieurs ouvertures de différentes grandeur ; par ce moyen, on peut
faire varier la quantité de lumière qui tombe sur l'objet. Ce dernier se pose
sur la platine E, entre deux plaques de verre, dont l'inférieure, la plus
grande, est maintenue par deux règles à ressort. [Le système tout entier,
corps du microscope, porte-objet et appareil d'éclairage, est suspendu sur

axe de manière à pouvoir s'incliner et rester fixe dans toutes les positions.
La figure 260 représente un microscope de construction plus simple, et
qui suffit, en général, pour les besoins de la médecine pratique. Dans ce
modèle, l'instrument ne peut pas être incliné ; les mouvements rapides
s'opèrent directement à l'aide de la main, et un certain nombre d'autres
perfectionnements font également défaut.]

189. Microscope horizontal.— Dans un grand nombre de circonstances, il est
utile de pouvoir changer la direction des rayons lumineux qui traversent
le microscope, avant qu'ils entrent dans
l'œil de l'observateur. Ce résultat s'obtient
généralement à l'aide d'un prisme à réflexion
totale. C'est ainsi qu'en plaçant entre l'objectif et l'oculaire un prisme tel que celui
de la figure 261, on renvoie dans la direction horizontale les rayons qui ont traversé l'objectif ; coudant alors le corps du

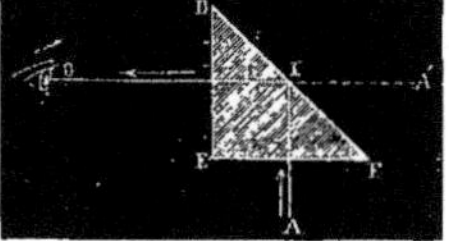

Fig. 261. — Prisme à réflexion totale.

microscope à angle droit on a un instrument à l'aide duquel on peut
observer en regardant droit devant soi. [Cette disposition a été adoptée
par Ch. Chevalier.]

189ᵃ. Application de la chambre claire au microscope. — En adaptant au microscope une *chambre claire*, on peut projeter sur une feuille de papier
l'image fournie par l'instrument et la dessiner en suivant exactement ses
contours. Disposons, par exemple, devant l'oculaire d'un microscope horizontal la chambre claire de Wollaston. Ce petit appareil consiste en un prisme
à quatre faces, dont la coupe est représentée en BDCE (fig. 262) ; l'angle D
est droit, tandis que l'angle E a 135° et les angles C et
B chacun 67°5. Un rayon lumineux tel que *dc*, qui
arrive horizontalement, traverse sans déviation la
face CD ; puis rencontrant la face CE en *c* sous un
angle supérieur à 41°, il est réfléchi totalement
suivant *cf* ; il subit en *f* une seconde réflexion totale,
qui le renvoie verticalement dans la direction *fi*,
et de là dans l'œil de l'observateur, qui projette au

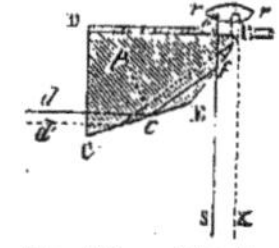

Fig. 262. — Chambre
claire de Wollaston.

dehors suivant *f*S l'image de l'objet d'où partent les rayons tels que *dc*. En
plaçant une feuille de papier en S, on voit à la fois par l'ouverture B, qui
n'est recouverte qu'en partie par le prisme, l'image fournie par le microscope et le papier ; on peut ainsi suivre les contours de l'image.

[M. Nachet a imaginé pour les microscopes verticaux une chambre claire
spéciale, qui est représentée dans la figure 263. Elle se compose d'un prisme
dont la section *degh* est un parallélogramme ; les
angles aigus *d* et *g* ont 45°. Sur la petite face *gh*, qui se
place au-dessus de l'oculaire, est collé un petit cylindre
de verre, dont la base inférieure est horizontale
comme la face *eg*, de sorte que les rayons qui émergent
du microscope traversent le prisme sans déviation.
Mais ceux qui, venant du papier placé à côté du
microscope, rencontrent la face *dh*, éprouvent sur
les faces obliques *ed* et *gh* deux réflexions totales qui les renvoient dans

Fig. 263. — Chambre claire
de Nachet pour les mi-
croscopes verticaux.

l'œil de l'observateur suivant une direction parallèle à celle des rayons fournis par le microscope.]

189ᵇ. Microscope redresseur. — Le microscope composé ordinaire renverse les images; c'est là un grave inconvénient, qnand on veut disséquer sur le porte-objet, puisque la pointe du scalpel paraît se déplacer en sens contraire du mouvement réel qu'on lui imprime. Le redressement des images peut s'obtenir de la manière suivante.

Supposons qu'on ait affaire à un microscope vertical. Imaginons qu'on surmonte l'oculaire de deux prismes à réflexion totale semblables à celui de la figure 264, et qu'on les dispose l'un au-dessus de l'autre, mais de manière que leurs sections perpendiculaires soient situées dans deux plans verticaux faisant entre eux un angle de 90°. Chacun des prismes renversera l'image dans le plan perpendiculaire à ses arêtes, comme le montre la figure 264, où l'on voit les points L, R, S disposés, après la réfraction, dans l'ordre S′, R′, L′. Par suite, l'image sera redressée dans tous les sens. [M. Nachet combine les deux prismes en un seul prisme triangulaire à bases obliques, qui produit le même effet.]

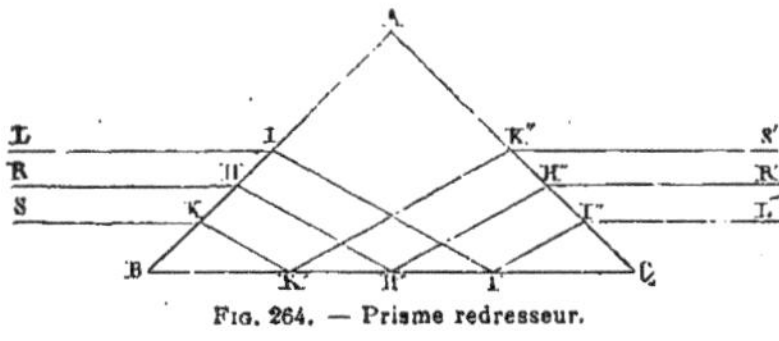

Fɪɢ. 264. — Prisme redresseur.

189ᶜ. Microscope pancratique. — Le redressement de l'image peut encore être obtenu par l'adjonction d'un second objectif. Imaginons, en effet, qu'on place l'objet à une distance plus grande qu'on ne le fait avec les microscopes ordinaires; l'image réelle donnée par l'objectif sera alors plus petite et plus rapprochée du système réfringent qui la produit; nous pourrons reprendre cette image au moyen d'un second objectif, qui, la renversant à son tour, donnera une image réelle de même sens que l'objet; c'est à cette seconde image réelle que l'oculaire en substituera une virtuelle.

Un microscope ainsi disposé permet de varier le grossissement tout en conservant le même système d'objectifs. Selon qu'on approchera ou qu'on éloignera l'objet du premier objectif la première image réelle deviendra plus grande ou plus petite. Approche-t-on, par exemple, l'objet, l'image grandit ; en même temps elle s'éloigne; par conséquent, il faut aussi reculer le second objectif avec l'oculaire, afin que l'image soit vue distinctement. Les instruments construits d'après ce principe sont connus sous le nom de microscopes *pancratiques*.

189ᵈ. Application de la photographie à la reproduction des objets microscopiques. — Nous avons montré § 189ᵃ comment la chambre claire appliquée au microscope composé permet de calquer pour ainsi dire sur le papier l'image fournie par l'instrument. Nous devons dire un mot d'une méthode qui donne des résultats encore plus exacts ; nous voulons parler de la photographie appliquée à la reproduction des objets microscopiques.

On a commencé par photographier directement les images fournies par le microscope solaire, en projetant ces images sur une plaque sensible ; mais les épreuves ainsi obtenues laissaient à désirer, et d'ailleurs ce genre de microscope n'est pas d'un emploi avantageux dans les recherches micrographiques.

L'appareil le plus convenable est un bon microscope composé, tel que

celui qui est représenté en C (fig. 265.) Pour le faire servir à la photographie, on enlève l'oculaire et on le remplace par un châssis A dans lequel
se meut la plaque sensible ; la distance de l'objet à l'objectif doit être telle
que l'image réelle fournie par l'instrument se peigne exactement au lieu
occupé par la plaque photographique. Il faut éclairer l'objet beaucoup plus
fortement que cela n'est nécessaire quand on se sert du microscope pour
observer directement l'image. [Aussi concentre-t-on la lumière sur le miroir M à l'aide d'un appa-
reil particulier représenté
en B ; en outre, sous la
platine du microscope on
place l'*éclairage de Du-
jardin* F.]

A l'aide du dispositif qui
vient d'être décrit, on ne
peut obtenir que des images
de dimensions assez petites.
On les amplifie en les
faisant servir d'objet pour
une nouvelle épreuve pho-
tographique, et ainsi de
suite. [Mais il est quelquefois préférable d'obtenir
du premier coup une image
suffisamment agrandie.
Dans ce cas on adapte au
microscope une boîte à
soufflet avec rallonge, à
l'aide de laquelle la plaque
sensible peut être placée
à une assez grande dis-
tance, de manière que l'i-
mage réelle fournie par le
microscope, se faisant plus

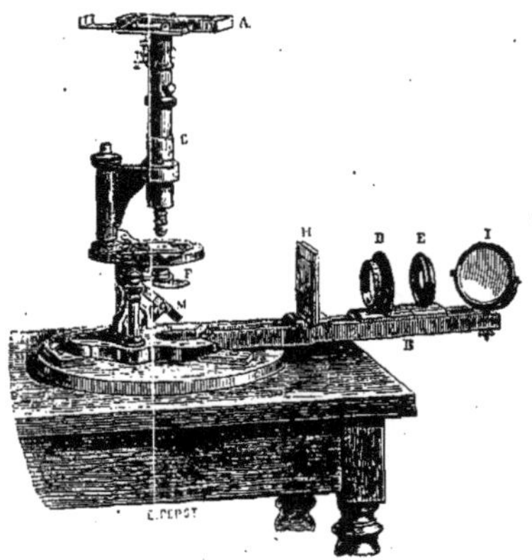

Fig. 265. — Appareil de photographie microscopique à petites
épreuves (modèle Nachet). — A, Châssis substitué à l'oculaire
et destiné à recevoir la plaque sensible. — B, Règle à coulisse
supportant l'appareil auxiliaire d'éclairage, savoir : I) un miroir
argenté; E) un diaphragme à ouverture circulaire; D) une lentille convergente; H) une cuve renfermant une solution de sulfate de cuivre ammoniacal, qui ne laisse passer que des rayons
possédant une activité chimique. — C, Corps du microscope.
— F, Éclairage de Dujardin concentrant la lumière sur l'objet.
— M, Miroir réflecteur du microscope.

loin, soit aussi plus grande; il va sans dire que l'objet doit alors être rapproché de l'objectif. La figure 266 représente un appareil de ce genre
adapté à un microscope vertical, qu'un prisme à réflexion totale placé en C
transforme en microscope horizontal.]

Pour le détail des opérations que nécessite la photographie des objets microscopiques, nous
renvoyons le lecteur aux ouvrages suivants :
GERLACH. *Die Photographie als Hülfsmittel mikroskopischer Forschung*. Leipzig, 1863.
[MOITESSIER. *La photographie appliquée aux recherches micrographiques*. Paris, 1866.]

190. Microscope binoculaire. — Les prismes peuvent être utilisés de différentes manières pour transformer le microscope *monoculaire* en microscope
binoculaire ou *stéréoscopique*.

Imaginons que, derrière la lentille objective L (fig. 267), nous disposions
deux prismes D_1 et D_2, dont les arêtes soient placées en regard et en contact
l'une avec l'autre. Chacun des prismes recevra une moitié du faisceau lu-

mineux émané du point I de l'objet PQ et réfracté par l'objectif ; les rayons qui traversent le prisme D_1 iront se réunir en I'_1 pour donner une image réelle du point I ; les rayons réfractés par le prisme D_2 formeront une image en I'_2. Il en serait de même pour tous les autres points de l'objet PQ, en sorte qu'on aura ainsi en $P_1 Q_1$ et $P_2 Q_2$ deux images réelles. Sur le trajet des rayons lumineux qui partent de ces images, plaçons à une distance conve-nable deux oculaires O_1, O_2, et mettons-nous derrière, de façon que notre œil droit voie l'une des images et l'œil gauche l'autre image. Si l'objet PQ présente des différen-ces de niveau, c'est-à dire des saillies et des creux, les deux images P_1Q_1 et P_2Q_2 ne seront pas semblables, car tel point de l'objet enverra un pinceau de lumière qui tom-bera tout entier sur l'un des prismes et qui ne rencontrera pas l'autre ; en un mot, il existera entre les images $P_1 Q_1$, $P_2 Q_2$ les mêmes différences qu'entre les deux pro-

Fig. 266. — Appareil de photographie microscopique à amplification directe (modèle Nachet). — A, Allonge antérieure de la boîte à soufflet qui représente une chambre noire. — B, Chevalet servant d'appui à cette allonge . — C, Tube renfermant un prisme à réflexion totale. — D, Microscope. — E, Tablette de bois mobile. — F, Disque tournant supportant le microscope et l'appareil auxiliaire d'éclairage. — H, Allonge à porte latérale constituant la partie postérieure de la chambre noire.

jections stéréoscopiques de l'objet. Il en résultera que les yeux venant à fusionner ces deux images, éprouveront la sensation du relief, et croiront voir l'objet lui-même avec ses saillies et ses creux.

Le dispositif que nous venons de décrire a deux défauts qui en rendent l'emploi impraticable : 1° les prismes D_1 et D_2 dispersent la lumière et don-nent ainsi des images colorées ; 2° le fusionnement des deux images donne naissance à un effet *pseudoscopique*, c'est-à-dire que la sensation de relief a lieu en sens inverse de ce qu'elle est dans l'objet ; les saillies apparaissent en creux et inversement.

Cet effet de pseudoscopie est dû au renversement de l'image. Considérons par exemple, les deux dessins G et D (fig. 268), qui, regardés respective-ment par l'œil correspondant, donnent par leur fusionnement l'apparence d'une pyramide tronquée, dont la petite base est en avant de la grande. Transportons les deux images ; en mettant à gauche en D' le dessin D, et à droite en G' le dessin G, l'œil droit voit alors le dessin que l'œil gauche, y voyait précédemment et inversement. Il en résulte que la pyramide apparaît en creux : c'est-à-dire que la petite base semble située sur un plan plus reculé que celui de la grande base.

On peut supprimer du même coup l'aberration de réfrangibilité et l'effet pseudoscopique, en prenant deux prismes achromatiques et en les disposant base contre base. Par ce moyen, le faisceau de lumière parti de chaque point de l'objet est divisé en deux portions, et les deux pinceaux ainsi obtenus s'entre-croisent, de manière que celui de droite se rend à l'œil gauche, et celui de gauche à l'œil droit; le relief apparaît alors tel qu'il existe en réalité.

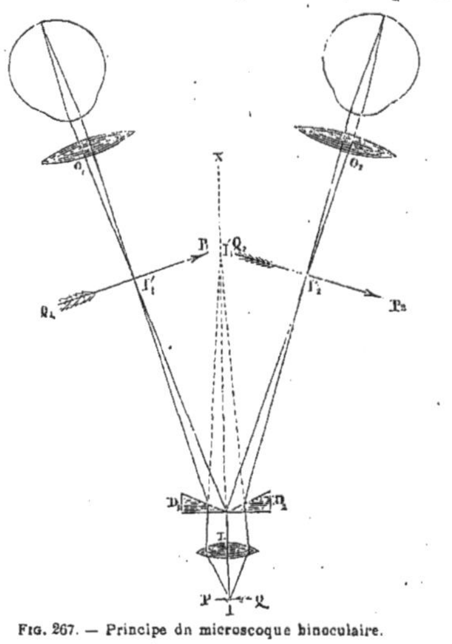

Au lieu de déterminer le dédoublement du faisceau lumineux par la voie dioptrique, on préfère l'obtenir à l'aide de la réflexion totale, parce qu'il n'y a pas lieu, dans ce cas, de s'oc-

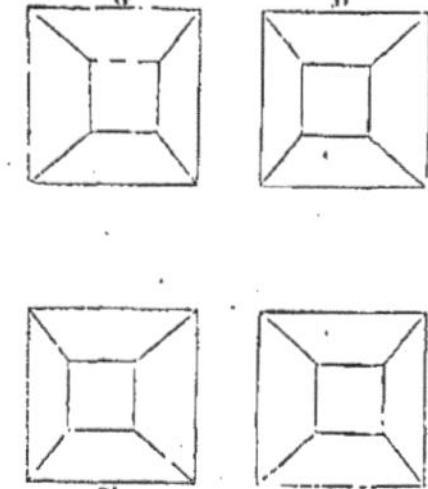
FIG. 268. — Dessins disposés pour produire l'effet stéréoscopique (D, G) ou l'effet pseudoscopique (D', G').

FIG. 267. — Principe du microscope binoculaire.

cuper de la correction de l'aberration de réfrangibilité. Nous nous bornerons à décrire deux des dispositifs usités dans la construction du microscope binoculaire.

Un premier procédé consiste à prendre trois prismes équilatéraux et à les disposer comme le représente la figure 269. Le prisme inférieur dédouble le faisceau lumineux et détermine en même temps l'entre-croisement des deux pinceaux partiels, ce qui empêche l'effet stéréoscopique de se transformer en vue pseudoscopique. Les deux prismes supérieurs s'emparent des pinceaux qui émergent du prisme inférieur pour leur donner une direction appropriée à la position des yeux de l'observateur. Un mécanisme spécial permet de régler la distance mutuelle des prismes supérieurs, afin de la mettre en harmonie avec l'écartement des yeux pour chaque individu.

M. Nachet emploie encore un autre procédé fort ingénieux pour transformer le microscope monoculaire en instrument binoculaire. Au-dessus de l'objectif a (fig. 270) est un premier prisme à réflexion totale D, placé de façon à s'emparer de la moitié du faisceau lumineux qui émerge de l'objectif et à le renvoyer horizontalement sur un second prisme E; celui-ci, disposé en sens inverse du premier, envoie la lumière sur l'oculaire A'B'. Quant aux rayons qui traversent l'autre moitié de l'objectif, ils continuent leur route en ligne

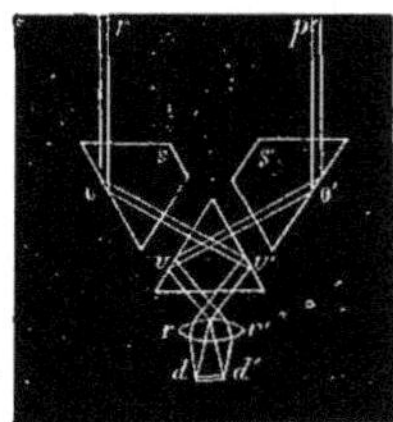
FIG. 269. — Système de prismes à réflexion totale produisant le dédoublement des faisceaux lumineux dans le microscope uniquement binoculaire.

droite et tombent sur l'oculaire AB. Dans ces conditions, chaque faisceau provenant d'un point de l'objet est dédoublé, mais les pinceaux partiels ne s'entre-croisent pas, de sorte qu'on a une vue pseudoscopique de l'objet. Si on veut obtenir la vision stéréoscopique dans des conditions de relief conformes à la réalité, il suffit de déplacer le prisme D parallèlement à lui-même dans un plan horizontal, de manière à ce qu'il dégage la moitié gauche du faisceau réfracté par l'objectif et qu'il s'empare de la moitié droite ; c'est alors le pinceau de gauche qui continue sa route en ligne droite pour se rendre dans l'œil droit, tandis que le pinceau de droite subit deux réflexions qui le dirigent dans l'œil gauche. Cet appareil est très instructif, en ce qu'il permet, par un simple déplacement du prisme, d'obtenir à volonté une vue stéréoscopique directe ou une vue pseudoscopique, et de comparer ainsi la différence des effets dans les deux cas. Enlève-t-on entièrement le prisme D, on n'a plus qu'un microscope monoculaire. La figure 271 représente dans son ensemble un microscope muni de son appareil binoculaire.

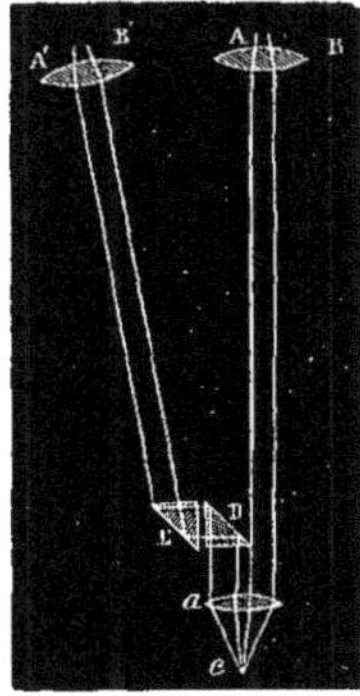

Fig. 270. — Principe de l'appareil binoculaire applicable à tout microscope.

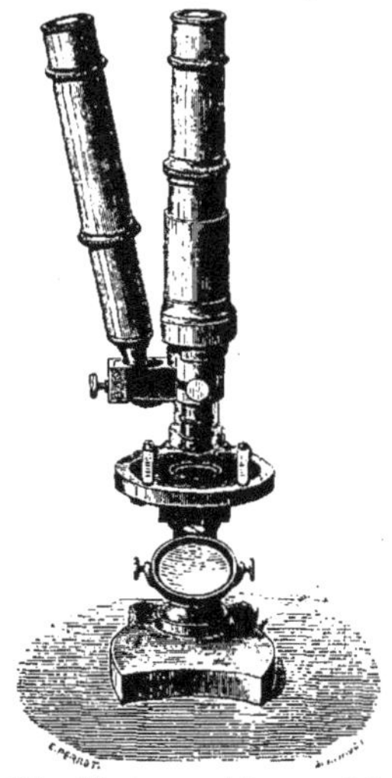

Fig. 271. — Microscope muni d'un appareil binoculaire (Nachet).

Ce genre d'instrument donne moins de clarté que les microscopes monoculaires ; car, à cause du dédoublement du faisceau lumineux, chaque image est moins éclairée. Mais il jouit du précieux avantage de produire la sensation du relief, c'est-à-dire de montrer l'objet tel qu'il est en réalité, avec ses saillies et ses creux, de nous faire apprécier les différences de niveau de ses diverses parties et de nous donner ainsi une idée vraie de la forme des objets. Toutefois le microscope monoculaire permet aussi de déterminer indirectement l'éloignement relatif des détails observés ; car, en faisant varier la mise au point, on peut explorer successivement les différents plans de l'objet. Toujours est-il que le microscope binoculaire est un excellent instrument, surtout comme moyen de démonstration.

191. Mesure du grossissement d'un microscope composé. — Nous avons indiqué précédemment (cf. §§ 184ᵃ et 185) la marche à suivre pour calculer le grossissement d'un microscope, à l'aide de ses constantes dioptriques. En pratique, on n'emploie jamais ce procédé, parce qu'il est long et qu'il donne des résultats incertains ; on a recours à la voie expérimentale pour mesurer le grossissement.

Un moyen très facile consiste à placer sur le porte-objet du microscope une lame de verre portant des divisions très rapprochées les unes des autres, par exemple 100 divisions dans l'espace de 1 millimètre; c'est là ce qu'on appelle un *micromètre*. [Nobert fabrique des micromètres dont les traits sont si rapprochés qu'il en irait au delà de 3.000 dans la longueur d'un seul millimètre!] A l'aide de la chambre claire, on projette les divisions grossies du micromètre sur une règle divisée en millimètres et placée à la distance moyenne de la vision distincte; il suffit alors de noter le nombre N des divisions de l'échelle qui sont recouvertes par m divisions du micromètre. Si on désigne eu outre par k le rapport de grandeur qui existe entre les deux sortes de divisions, on a évidemment pour le grossissement :

$$G = k \frac{N}{m}. \qquad \ldots \qquad (1)$$

Supposons, par exemple, qu'on ait trouvé $N = 20$ pour $m = 10$ et que $k = 100$ (une division du micromètre étant égale à $0^{mm},01$, tandis qu'une division de la règle a pour longueur 1^{mm}) ; on a lors :

$$G = 100 \frac{20}{10} = 200.$$

Dans le cas où la règle divisée ne serait pas à la distance moyenne de la vision distincte, il faudrait la ramener par le calcul à cette distance. Or, la grandeur apparente d'un objet est en raison inverse de son éloignement; donc une longueur comprenant N divisions à la distance e, se réduirait à $N \dfrac{D}{e}$ pour la distance moyenne de la vision distincte D. Mettant à la place de N la valeur $N \dfrac{D}{e}$ dans l'équation (1), nous obtenons :

$$G = k \frac{N\,D}{m\,e}. \qquad \ldots \qquad (2)$$

Si, par exemple, $N = 20$ pour $m = 10$, à la distance $e = 300^{mm}$, et qu'on adopte pour valeur de la distance moyenne de la vision distincte $D = 200^{mm}$, le grossissement réel sera :

$$G = 100 \frac{20 \times 200}{10 \times 300} = 133,33.$$

Un observateur habitué à fusionner deux images sans le secours du stéréoscope peut se passer de chambre claire et opérer, comme l'indique M. Bertin : avec l'un des yeux il regarde dans le microscope le micromètre, tandis que l'autre œil fixe la règle divisée placée sur le porte-objet; quand la superposition des deux images a lieu, on cherche, comme précédemment, le nombre N de divisions de l'échelle qu'embrassent m divisions du micromètre.

191ᵃ. Mesure de la grandeur réelle des objets microscopiques. — Pour déterminer la grandeur réelle d'un objet vu sous le microscope, on peut procéder de la manière suivante : après avoir mesuré le grossissement de l'instrument, on remplace le micromètre par l'objet dont on veut connaître les dimensions absolues, et on cherche combien son image couvre de divisions de la règle. En divisant le nombre ainsi trouvé par le grossissement, on a la grandeur réelle de l'objet. Si, par exemple, l'image de l'objet recouvre sur l'échelle 2^{mm}, et que le grossissement soit de 200, la grandeur absolue de l'objet est égale à 2/200 de millimètre ou $0^{mm},01$.

Habituellement on a recours à des méthodes plus exactes et qui ne nécessitent pas la connaissance préalable du grossissement. Le procédé le plus généralement suivi est celui qui repose sur l'emploi du *micromètre oculaire*. On désigne sous ce nom un simple micromètre en verre qui se place entre la lentille de champ et le verre oculaire, juste au point où se forme l'image réelle fournie par l'objectif; de cette manière, les divisions du micromètre sont grossies par l'oculaire conjointement avec l'image réelle de l'objet. Il faut commencer par déterminer la valeur d'une division du micromètre oculaire relativement à l'objectif employé ; dans ce but, on dispose sur le porte-objet un *micromètre objectif*, et on cherche combien une division du premier recouvre de divisions du second.

Supposons que 1 division du micromètre oculaire embrasse 5 divisions du micromètre objectif et que chaque division de ce dernier soit égale à $0^{mm},01$; nous en conclurons que 1 division du micromètre oculaire représente en réalité une longueur de 5 fois $0^{mm},01$ ou $0^{mm},05$. Connaissant la valeur des divisions du micromètre oculaire, nous n'avons qu'à regarder combien il en entre dans la dimension à mesurer sur l'objet examiné au microscope, et à multiplier le nombre trouvé par la valeur d'une division.

[191b. Emploi du microscope pour la détermination des indices de réfraction. — Dans le cas d'un solide, le corps doit présenter deux faces planes et parallèles. Le procédé de détermination de l'indice a été indiqué par le duc de Chaulnes et modifié par M. Bertin de la manière suivante: l'objectif du microscope demeurant fixe, on met successivement au point avec l'oculaire pour un objet, un micromètre par exemple, placé : 1° au-dessus de la lame du corps; 2° au-dessous de cette lame ; 3° dans la position précédente, la lame étant enlevée ; on mesure chaque fois les grossissements G, γ et g, dus à l'objectif et l'on démontre que l'on a:

$$n = \frac{\gamma}{g} \cdot \frac{G - g}{G - \gamma} ;$$

le grossissement de l'oculaire étant constant dans les trois déterminations, on peut prendre pour G, g et γ le grossissement correspondant du microscope.

M. Monoyer a simplifié le procédé en remarquant que G, γ et g sont proportionnels aux grandeurs y'_1, y'_2, y'_3 des images fournies par l'objectif pour chacune des trois positions successives de l'objet, en sorte que l'on peut écrire :

$$n = \frac{y'_2 (y'_1 - y'_3)}{y'_3 (y'_1 - y'_2)}.$$

Pour mesurer y'_1, y'_2, y'_3, il suffit de munir l'oculaire d'un micromètre et de noter pour chaque mise au point le nombre de divisions recouvertes par l'image que donne l'objectif.

Le même procédé est applicable aux liquides; il suffit de les introduire dans une petite cuve cylindrique fermée par des lames de verres à faces parallèles et d'opérer sur ces cuves comme tantôt sur la lame solide, après avoir tracé des divisions sur chacune des lames de verre qui limitent le cylindre liquide.

Dans le cas où l'on n'a à sa disposition que de petites quantités de liquides, on peut employer la méthode de Brewster, modifiée aussi par M. Bertin. On amène l'objectif à être tangent à une lame de verre et on met successivement au point pour un micromètre: 1° lorsque le ménisque compris entre la lame de verre et l'objectif est vide ; 2° lorsque le ménisque est plein du liquide dont on cherche l'indice n; 3° lorsque le même ménisque est plein d'un liquide dont l'indice n' est connu. En appelant g, γ, γ' les grossissements correspondant à ces trois cas, on démontre que l'on a :

$$\frac{n - 1}{n' - 1} = \frac{g - \gamma}{g - \gamma'}.$$

Comme pour le cas des solides, si on représente par y'_1 , y'_2 , y'_3 les grandeurs des images fournies par l'objectif, on voit facilement que l'on a :

$$\frac{n-1}{n'-1} = \frac{y'_1 - y'_2}{y'_1 - y'_3},$$

d'où on tire la valeur de n.]]

192. Essai du microscope. — Pour juger de la bonté d'un microscope, il faut prendre en considération, d'une part, les conditions générales auxquelles doit satisfaire tout instrument d'optique, savoir : l'aplanétisme, l'achromatisme, l'exactitude du centrage, etc. ; d'autre part, le but spécial auquel il est destiné. Sous ce rapport, l'essai d'un microscope comprend une série d'épreuves que nous allons passer en revue.

Pour vérifier si l'instrument est exempt d'aberration de sphéricité et de réfrangibilité, on prend comme objet une image à contours très nettement délimités, par exemple, l'image d'une croisée réfléchie à la surface d'un globule de mercure ; cette image, regardée à travers le microscope, doit conserver la pureté de ses contours et disparaître sitôt qu'on élève ou qu'on abaisse le corps de l'instrument. Toutefois la disparition de l'image n'est jamais brusque, parce qu'il est impossible de supprimer entièrement les aberrations de sphéricité et de réfrangibilité. Si la correction du système réfringent est en déficit, l'image s'évanouit à l'instant même où l'on abaisse le microscope, mais elle se change en une sorte de nébulosité lumineuse, quand on relève l'instrument. La correction est-elle en excès, le phénomène se montre dans l'ordre inverse.

Le procédé suivant est encore plus sensible pour vérifier l'achromatisme : on recouvre d'une feuille d'étain l'une des moitiés de l'objectif ; l'autre moitié représente alors un prisme ; si l'aberration de sphéricité n'y est pas suffisamment corrigée, on s'en apercevra à l'apparition de lisérés colorés qui borneront les images de lignes claires placées sur fond noir, l'irisation des contours sera surtout marquée quand la mise au point sera défectueuse.

Pour essayer le microscope relativement à la déformation particulière des images, dont il a été question dans le § 185, le meilleur procédé consiste à regarder un réseau quadrillé aussi fin que possible ; ce réseau, vu à travers le microscope, doit présenter une surface parfaitement plane ; il paraîtrait, au contraire, excavé, si l'achromatisme du système péchait par excès ; il semblerait bombé dans le cas inverse (cf. § 186).

Quant aux autres qualités optiques que doit remplir un bon microscope, telles que l'exactitude du centrage, la clarté, etc., il serait difficile de les soumettre à une épreuve directe. On se borne à apprécier la puissance de l'instrument, en examinant des préparations microscopiques qui offrent des détails de structure d'une délicatesse incomparable, et qu'on ne peut apercevoir qu'avec un excellent microscope. Ces préparations microscopiques sons connues sous le nom de *test-objets;* les plus généralement employées sont des diatomées, groupe de végétaux microscopiques de la famille des algues; l'enveloppe siliceuse de ce plantes porte à sa surface une série de stries extrêmement fines et si rapprochées les unes des autres dans certaines espèces, qu'il en va jusqu'à 2000 dans l'espace de 1 millimètre. On jugera de la puissance d'un microscope, en comparant l'image qu'il donne d'un test-objet à celle que fournit un autre microscope déjà reconnu excellent ou à une bonne reproduction photographique de cet objet.

La puissance d'un microscope, ce qu'on appelle aussi son *pouvoir optique*, comprend deux éléments distincts : le *pouvoir définissant* ou *délimitant*, et le *pouvoir pénétrant* ou *résolvant*. Ce sont là deux qualités qui s'excluent jusqu'à un certain point l'une l'autre, et qui néanmoins doivent se trouver réunies dans un bon microscope. Aussi faut-il tenir compte de l'usage auquel on destine particulièrement l'instrument, et donner, selon les cas, la préférence au pouvoir définissant ou au pouvoir résolvant ; la dernière de ces qualités sera recherchée surtout pour les forts grossissements ; on attachera, au contraire, plus d'importance à la première pour les grossissements moyens.

Sous le nom de *pouvoir définissant*, on désigne la propriété que possède un microscope de donner des images à contours très nettement délimités ; plus la correction des aberrations de sphéricité et de réfrangilité est exacte, plus le pouvoir définissant a un degré élevé. Or, cette correction est d'autant plus aisée à faire que l'*angle d'ouverture* de l'objectif est plus petit, car alors il ne pénètre dans le microscope que des rayons centraux, c'est-à-dire peu inclinés sur l'axe principal du système.

Le *pouvoir résolvant* a pour mesure le degré de finesse des détails qu'on peut encore apercevoir avec un microscope donné. Il exige que l'instrument ait une clarté suffisante

même dans les forts grossissements, et que l'éclairage ne soit pas uniquement obtenu à l'aide
de rayons centraux, mais qu'il s'y ajoute des rayons marginaux, qui, rencontrant obliquement l'objet, produisent des effets d'ombre dus aux petites inégalités de la surface et rendent
ainsi visibles les moindres détails de structure. On réalise ces conditions en donnant à
l'objectif une grande ouverture; mais nous venons de voir que dans ce cas les aberrations
de sphéricité et de réfrangibilité ne peuvent pas être corrigées exactement. Il est donc évident
qu'un microscope perd en pouvoir définissant ce qu'il gagne en pouvoir résolvant. Cependant,
grâce aux perfectionnements apportés à la construction des microscopes, on est arrivé de
nos jours à donner aux objectifs un angle d'ouverture de près de 150°, tandis que dans les
anciens instruments cet angle ne dépassait pas 70°.

On peut déterminer directement l'angle d'ouverture d'un objectif, en faisant tomber sur
la dernière lentille du système (celle qui est la plus éloignée de l'objet) un faisceau de lumière
parallèle et en mesurant la distance à laquelle les rayons forment leur foyer; un calcul fort
simple donne alors l'angle d'ouverture. Parmi tous les rayons qui tombent sur la lentille
frontale (celle qui est plus rapprochée de l'objet), ceux-là seuls qui sont compris dans l'angle
d'ouverture peuvent traverser tout le système objectif.

[Bibliographie : BREWSTER. *Treatise on the microscope*, 1837.

MANDL. *Traité pratique du microscope et de son emploi à l'étude des corps organisés.*
Paris, 1838.

HANNOVER. *De la construction et de l'emploi du microscope;* traduct. par Ch. Chevalier.
Paris, 1855.

TBURY. Notice sur les microscopes *(Arch. des sciences phys. et nat. de Genève*, 186'',
nᵒ 32).

SCHACHT. *Das mikroskop und seine Anwendung*, 3ᵉ édit. Berlin, 1862.

A. CHEVALIER. L'étudiant micrographe ; *Traité théorique et pratique du microscope*, etc.,
2ᵉ édit. Paris, 1865.

HARTINC. *Das Mikroskop* ; 2' édit. allem. Braunschweig, 1866 (ouvrage le plus complet qui
existe sur la matière, comprenant la théorie, l'emploi et l'histoire du microscope.

H. FREY. *Le Microscope*, trad. franc., par Paul Spillmann. Paris, 1867.

C. NÆGELE et SCHWENDENER. *Das Mikroskop.* Leipzig, 1867.

CH. ROBIN. *Du Microscope et des Injections*, 2ᵉ édit. Paris, 1871.]

HAGER. *Das mikroscop und seine Anwendung*, Berlin, 1873.

HENOCQUE. Art. microscope, *in Dict. encycl.*, t. VII, 2ᵉ série, Paris, 1873.

CARPENTER. *The microscope and its revelations*, 5ᵉ édit. London, 1875.

MATHIAS DUVAL. Art. microscope, *in Dict. de méd. et de chir.* t. XXII, Paris, 1876.

TRUTAT. *Traité élémentaire du microscope*, Paris, 1882.

A. GUEBHARD. Puissance et grossissement des appareils dioptriques. *Annales d'oculistique*, 1883.

MONOYER. Du Pouvoir amplifiant des instruments d'optique. *Compt. rend. Ac. sc.*, 1883.

CHAPITRE XVI

LUNETTES D'APPROCHE ET TÉLESCOPES-OPHTALMOMÈTRE

193. Lunette astronomique. — La lunette astronomique ou lunette de Keppler
se compose, de même que le microscope, d'un objectif et d'un oculaire.

L'objectif consistant en une lentille convergente achromatique donne de
l'objet qu'on vise une image réelle et renversée; et comme on se sert de la
lunette astronomique pour regarder des objets très éloignés, tels que les
astres, cette image est excessivement petite et se forme très près du foyer
de l'objectif; elle est alors reprise par l'oculaire qui, faisant l'office de loupe,
la transforme en une image virtuelle, droite et amplifiée. Pour que l'image
réelle ait beaucoup de clarté et qu'elle ne soit pas trop petite, il faut prendre

un objectif de grand diamètre et de grande longueur focale. Ainsi, tandis que dans la construction du microscope on cherche à réduire le plus possible la distance focale de l'objectif, on s'applique, au contraire, à l'augmenter, quand il s'agit des lunettes, et par là on accroît la puissance de l'instrument. Le système oculaire est composé, comme dans le microscope, d'un verre de champ et d'une lentille oculaire convergente.

Le *grossissement* de la lunette est le rapport des diamètres apparents de l'objet vu dans la lunette et à l'œil nu, rapport égal à celui des angles visuels dans les deux cas. Si on suppose que l'image réelle donnée par l'objectif se fasse en un point qui coïncide à la fois avec le foyer principal de l'objectif et celui de l'oculaire, ce qu'on peut admettre sans erreur sensible, on trouve par un calcul fort simple que le grossissement :

$$G = \frac{f'}{f},$$

f désignant la longueur focale de l'objectif et f' celle de l'oculaire. Le grossissement est donc égal au rapport des distances focales de l'objectif et de l'oculaire.

[Il y a lieu de répéter à propos des lunettes et télescopes les considérations que nous avons présentées à propos du grossissement de la loupe et du microscope, avec cette restriction toutefois que l'objet étant alors à une distance invariable, on ne peut prendre pour mesure de l'effet produit par l'instrument que le pouvoir amplifiant absolu.]

194. Lunette terrestre. — Elle ne diffère de la lunette astronomique que par l'adjonction d'un système de deux lentilles convergentes placées entre l'objectif et l'oculaire, et destinées à redresser les images, afin que les objets ne soient pas vu renversés.

194ª. Lunette de Galilée. — Dans la lunette dite *de Galilée,* le redressement de l'image est obtenu par un autre moyen extrêmement simple : l'oculaire, au lieu d'être une lentille convergente comme dans la lunette astronomique et dans la lunette terrestre, consiste. en un verre divergent A (fig. 272) qui se place entre l'objectif J et le point où

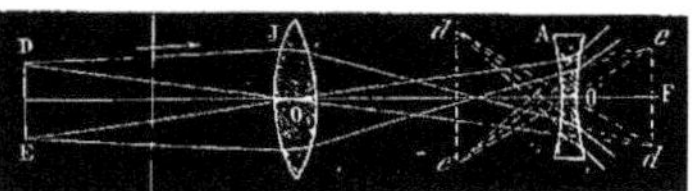

Fig. 272. — Principe de la lunette de Galilée.

viendrait se former l'image réelle *e d*, s'il n'y avait pas d'oculaire. Les rayons qui convergent vers les points de cette image sont rendus divergents par la lentille concave, et leurs prolongements vont donner du côté où est situé l'objet, une image *e′ d′* virtuelle, droite et plus grande que ne le serait l'image réelle si elle se formait.

Pour que l'oculaire agisse dans le sens que nous venons d'indiquer, il faut que sa longueur focale soit un peu plus courte que la distance à laquelle il se trouve du point où l'objectif seul formerait son image réelle.

La valeur approchée du grossissement est ici, de même que dans la lunette astronomique, égale au rapport de la distance focale de l'objectif à celle de l'oculaire ; on suppose que l'image réelle se formerait au foyer de l'objectif, ce qui est vrai quand l'objet est très éloigné et que le foyer extérieur de l'oculaire coïncide avec celui de l'objectif, ce qui a lieu quand l'œil est accommodé pour des rayons parallèles.

[La *loupe composée* dont se servent les oculistes pour examiner les parties antérieures du globe oculaire n'est autre chose qu'une lunette de Galilée disposée pour observer des objets peu éloignés. Elle est représentée en perspective dans la figure 273.

Elle a sur la loupe simple l'avantage, à égalité de grossissement, de pouvoir être tenue à une plus grande distance de l'objet, en sorte que l'observateur ne court pas le risque de projeter son ombre sur les parties qu'il examine. C'est à tort que la loupe dont nous parlons porte le nom de *loupe de Bruecke*, car la priorité de l'invention appartient à Ch. Chevalier.

La lunette de Galilée est employée comme *lorgnette de spectacle*.

Fig. 273. — Loupe composée d'oculiste (G=1/2).

Nous verrons plus loin le principe de la lunette de Galilée servir de base à un procédé d'examen du fond de l'œil à l'aide de l'ophtalmoscope (cf. § 199).]

195. Télescope. — Les notions exposées plus haut sur la théorie des lunettes nous ont appris que, pour obtenir un fort grossissement et une clarté suffisante, il faut employer comme objectif une lentille convergente à long foyer et à grand diamètre, et comme oculaire une lentille à court foyer. Or, il est difficile de fabriquer des lentilles de grandes dimensions qui soient parfaitement sphériques et exemptes de tout défaut; aussi a-t-on imaginé de remplacer la lentille objective par un miroir concave. On a alors ce qu'on appelle un *télescope* ou une *lunette catoptrique*.

196. Emploi de la lunette dans les instruments de mesure. — La lunette d'approche ne sert pas seulement à observer les astres ou les objets situés à la surface de la terre; elle entre aussi dans la composition d'un certain nombre d'instruments de mesure d'un usage très fréquent. C'est ainsi qu'on la trouve associée à une règle verticale dans le cathétomètre pour la mesure des distances verticales de deux points, à un cercle divisé dans le théodolite et le goniomètre pour la mesure des angles.

[La lunette doit être munie, dans ces cas, d'un *réticule*. On désigne sous ce nom deux fils très fins en métal ou en soie, disposés en croix dans un plan perpendiculaire à l'axe de l'instrument et au point où se forme l'image réelle donnée par l'objectif; l'un des fils est vertical, l'autre horizontal et leur point d'entre-croisement se trouve exactement sur l'axe optique de la lunette.]

196ª. Cathétomètre. — Cet instrument se compose d'une règle verticale en métal, le long de laquelle se meut une lunette grossissante disposée horizontalement et munie d'une *vis de rappel* pour les déplacements lents. La règle est divisée en millimètres, et la lunette porte un vernier, mobile avec elle et donnant les centièmes de millimètre. En visant avec la lunette successivement les deux points dont on veut connaître la distance verticale, et en notant à chaque station la position de la lunette sur la règle, on obtient par une simple soustraction la mesure cherchée.

On se sert du cathétomètre dans une foule de circonstances, par exemple pour mesurer la différence de hauteur de deux colonnes liquides (lecture des hauteurs barométriques, recherches relatives à la dilatation des liquides par la chaleur), ou encore pour déterminer l'allongement des corps élastiques soumis à des charges plus ou moins fortes, etc.

Quand on ne tient pas à atteindre un grand degré de précision, on peut, dans certains cas, remplacer le cathétomètre, instrument d'un prix très élevé, par un simple *viseur*. On nomme ainsi une lunette horizontale mobile le long d'une colonne verticale. S'agit-il, par exemple, de mesurer les allongements successifs d'un corps élastique, on fixe à son extrémité inférieure une tige graduée, et on amène le fil horizontal du réticule de la lunette en coïncidence avec l'une des divisions de cette règle; l'allongement se produisant, la règle s'abaisse et une nouvelle division se trouve en regard de la lunette. Ce procédé a été utilisé en physiologie pour mesurer l'élasticité des muscles et des autres tissus de l'organisme.

196ᵇ. Mesure des angles. — La lunette munie d'un réticule est fréquemment employée pour mesurer la distance angulaire de deux points éloignés ou l'angle visuel sous-tendu par un objet. Dans ce but, on la rend mobile autour d'un axe perpendiculaire à son axe optique et passant par le centre d'un cercle métallique, dont le limbe, divisé en degrés, est parallèle au plan de rotation. La position angulaire de la lunette est donnée par une règle ou *alidade*, qui tourne avec elle et qui porte un index muni d'un vernier.

En disposant un pareil système dans un plan vertical et en l'associant à un second cercle horizontal qui l'entraîne dans son mouvement de rotation, on réalise le principe du *théodolite*, un des instruments les plus précis qu'on puisse employer pour la mesure des angles, et dont on se sert pour les mesures astronomiques et géodésiques.

197. Ophtalmomètre. — La lunette fait enfin partie d'un instrument très précieux dans les recherches physiologiques ; nous voulons parler de l'*ophtalmomètre* de M. Helmholtz, que nous avons décrit § 179.

La lunette, dans cet instrument, sert à la fois à faire mieux voir les images et à assurer au regard de l'observateur une direction fixe et invariable. Elle ne diffère d'une lunette astronomique ordinaire que par l'adjonction d'une seconde lentille objective achromatique; un objectif formé d'une seule lentille achromatique ne donnerait pas d'images suffisamment nettes dans le cas où l'on observe des objets peu éloignés, car alors les rayons incidents ont une divergence notable ; la seconde lentille peut être supprimée si l'objet visé est à une grande distance.

CHAPITRE XVII

OPHTALMOSCOPE

198. Conditions de visibilité du fond de l'œil. — On désigne sous le nom d'*ophtalmoscope* un instrument dont l'invention est due à M. Helmholtz (1851) et qui est destiné à observer les parties profondes de l'œil. Dans les circonstances ordinaires, quand on regarde l'œil d'une personne, l'ouverture pupillaire paraît noire ; cette apparence tient aux conditions particulières de la réfraction oculaire. Mais il ne suffit pas d'éclairer le fond de l'œil pour le rendre visible ; il faut, en général, recourir à quelque artifice dioptrique particulier, si on veut le voir nettement.

Soit, en effet, L (fig. 274) un point lumineux envoyant un cône MLN de lumière divergente sur l'œil ; si ce dernier est exactement accommodé pour la distance du point L, les rayons réfractés iront se réunir sur la rétine en un point L′, qui sera le foyer conjugué de L. Or, en vertu de la loi de réciprocité, les rayons réfléchis par le point L′ sortiront de l'œil de manière à courir au point L. Un observateur placé à côté du point L, par exemple en Q′, ne recevra aucun des rayons de retour venus du point L′, et, par conséquent, le fond de l'œil observé lui paraîtra noir ; en effet, la partie de la rétine qui pourrait lui renvoyer de la lumière n'est pas éclairée ; pour

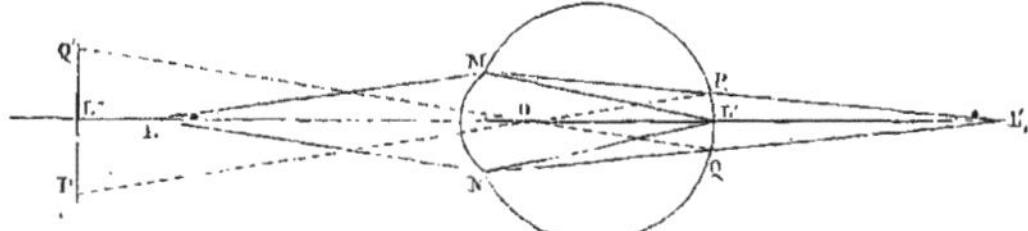

Fig. 274. — Marche des rayons lumineux qui émergent de l'œil.

qu'elle le fût, il faudrait que l'œil de l'observateur émît lui-même de la lumière. Telle est la raison pour laquelle le fond de l'œil, examiné dans les circonstances ordinaires, sans appareil spécial, n'est pas visible.

Supposons maintenant que l'œil observé soit accommodé pour une distance OL″, supérieure à celle du point lumineux L : alors les rayons réfractés provenant de L convergeront vers un point L₁′, situé derrière la rétine, et éclaireront ainsi une certaine étendue PQ de cette membrane. Les rayons réfléchis par la portion éclairée ressortiront de l'œil pour donner à l'extérieur une image *aérienne* P′Q′, réelle et renversée. Dans ces conditions, un observateur placé en Q′ recevra dans son œil les rayons de retour provenant du point Q, et aura ainsi la sensation de la lumière ; mais il ne verra pas distinctement le point Q, parce que les rayons qui ont traversé le système réfringent de l'œil observé émergent à l'état de convergence. On peut rendre la vision nette, en interposant entre l'œil du patient et celui de l'observateur un milieu réfringent (lentille convexe ou concave) qui déplace le point de concours des rayons lumineux, soit en le rendant virtuel, soit en le rapprochant de l'œil observé, tout en le laissant réel.

En résumé, pour voir distinctement le fond de l'œil, il faut réaliser les deux conditions suivantes :

1° Éclairer les parties qu'on désire observer, de manière que l'œil de l'observateur puisse se placer sur le trajet des rayons émergents ;

2° Reporter l'image du fond de l'œil à une distance en rapport avec le pouvoir accommodatif de l'observateur.

De là résulte que l'instrumentation ophtalmoscopique comprend en général deux ordres d'appareils : une partie catoptrique représentée par un appareil d'éclairage, et un appareil dioptrique consistant en lentilles de diverses espèces

199. Méthodes pour observer à l'ophtalmoscope. — Il existe deux méthodes pour observer le fond de l'œil à l'aide de l'ophtalmoscope : la méthode dite à l'*image droite* et la méthode dite à l'*image renversée*.

I. EXAMEN A L'IMAGE DROITE. — Dans cette méthode, on transforme l'image aérienne du fond de l'œil, image réelle et renversée, en une image droite et virtuelle ; on obtient ce résultat en interposant entre l'œil du patient et celui de l'observateur une lentille divergente de longueur focale convenable.

Soit, par exemple, A (fig. 275) l'œil observé et *a* un point éclairé de la rétine, dont le foyer conjugué est *b* ; en ce point se formera l'image aérienne du fond de l'œil, image réelle qui, comme le montre la direction de la flèche, est renversée. Plaçons en B une lentille divergente, dont la longueur focale B*p* soit plus petite que la distance de l'image aérienne à cette lentille. Dans ces conditions, les rayons lumineux venant de *a* et convergeant, au sortir de l'œil, vers le point *b*, seront rendus divergents par la lentille B, et paraîtront partir d'un point *d*

Fig. 275. — Théorie de l'examen ophtalmoscopique à *l'image droite.*

situé en arrière de l'œil observé ; il en sera de même pour tous les autres points éclairés de la rétine, et nous aurons ainsi en *d* une image redressée et virtuelle que l'œil de l'observateur, placé derrière la lentille divergente, pourra voir nettement si elle se trouve à une distance comprise dans les limites de sa vision distincte.

[La méthode à l'image droite est basée sur le principe de la lunette de Galilée (cf. § 194ᵃ) : l'objectif de cette lunette est représenté ici par le système réfringent de l'œil observé et l'oculaire par la lentille divergente B ; la théorie de la formation des images est la même dans les deux cas (voy. § 201).

Le calcul nous montrera que la longueur focale de la lentille qui fait voir distinctement le fond de l'œil, dépend à la fois de la distance pour laquelle l'observateur adapte sa vue et de la distance de l'image aérienne, c'est-à-dire de l'état d'accommodation de l'œil observé ; le choix de la lentille n'est donc pas indifférent et doit nécessairement varier pour chaque cas particulier. — Si l'œil de l'observateur et celui de l'observé sont tous deux accommodés pour une distance infinie, on n'a pas besoin de lentille pour obtenir une image nette. Il en serait de même si l'un des yeux possédait un degré d'hypermétropie qui compensât exactement la myopie de l'autre.]

II. Examen a l'image renversée. — Dans cette méthode, on se borne à rapprocher de l'œil observé l'image aérienne, tout en la laissant réelle et renversée ; l'interposition d'une lentille convergente sur le trajet des rayons lumineux produit ce résultat. Soit de nouveau A (fig. 276) l'œil observé ; l'image aérienne *b*.β est, en général, très éloignée, et si l'observateur voulait se

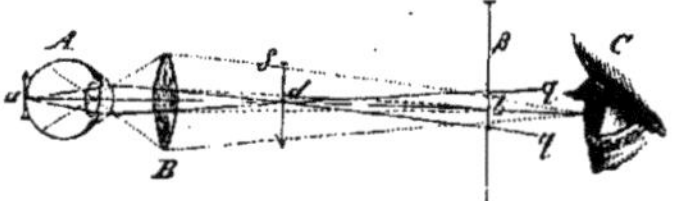

Fig. 276. — Théorie de l'examen ophtalmoscopique à *l'image renversée.*

placer derrière, à sa distance visuelle, il n'embrasserait qu'un champ tellement restreint qu'il lui serait impossible de rien distinguer, d'autant plus que la clarté de cette image est extrêmement faible.

Mettons devant l'œil A une lentille convergente B de 15 dioptries environ ; cette lentille aura pour effet d'augmenter la convergence des rayons qui émergent de l'œil, de rapprocher, par conséquent, l'image réelle et de la reporter en *d*, à une distance telle qu'un observateur, ayant son œil en C, puisse la voir distinctement.

[La théorie des foyers conjugués dans le cas d'une lentille positive recevant des rayons convergents, nous apprend que, si l'image réelle *b*, qui, par rapport à la lentille B, fait fonction d'objet virtuel, est à une distance infinie, son image conjuguée *d* se forme au foyer

même de la lentille, et, que si la distance de l'image b varie depuis l'infini jusqu'à
zéro, l'image d ne se déplace que de d en B. Donc, en général, l'image d sera très voisine
du foyer de la lentille, et l'observateur connaissant ainsi la distance pour laquelle il doit
accommoder sa vue, n'aura pas de peine à voir nettement.

Sous ce rapport, l'examen à l'image renversée l'emporte sur l'examen à l'image droite, car,
dans ce dernier cas, l'observateur ignore la position de l'image virtuelle. La seconde méthode
présente encore un autre avantage, celui de donner un champ très étendu; aussi est-elle d'un
emploi plus général et plus utile. Cependant l'examen à l'image droite devient indispensable
du moment qu'on veut le faire servir à la détermination de l'état de la réfraction ou qu'il s'agit
de calculer, soit la profondeur d'une excavation, soit la saillie d'une partie proéminente.

Le grossissement de l'image droite est généralement plus considérable que celui de l'image
renversée; égal environ à 13 dans le premier cas, il n'est que de 4 dans l'image renversée
produite par une lentille convergente de 6^{cm} de foyer. Mais ici on est toujours maître
d'en augmenter la valeur, d'une part, en prenant des lentilles à longueur focale de plus en
plus grande, d'autre part, en armant l'œil de l'observateur d'une lentille convergente, jouant
le rôle de loupe par rapport à l'image réelle donnée par la lentille *objective*. On réalise ainsi
le principe du microscope composé, et on obtient par là un grossissement supérieur, si l'on
veut, à celui que procure le procédé à l'image droite.

Nous venons de dire qu'on accroît le grossissement en prenant une lentille objective à long
foyer; c'est, qu'en effet, l'action de cette lentille est inverse de celle d'une loupe: *elle grossit
d'autant plus qu'elle a une distance focale plus grande,* car elle réduit d'autant moins
l'image aérienne. — Il est entendu d'ailleurs que, toutes choses égales, le grossissement
dépend de l'état de réfraction de l'œil observé (cf. §201).]

200. Mode d'éclairage du fond de l'œil pour l'examen ophtalmoscopique. —
L'éclairage du fond de l'œil pour les observations ophtalmoscopiques doit
satisfaire aux deux conditions suivantes: 1° être suffisamment intense ;
2° permettre à l'œil de l'observateur de se placer sur le trajet des rayons
qui émergent de l'œil observé. Ce double résultat s'obtient le plus facilement

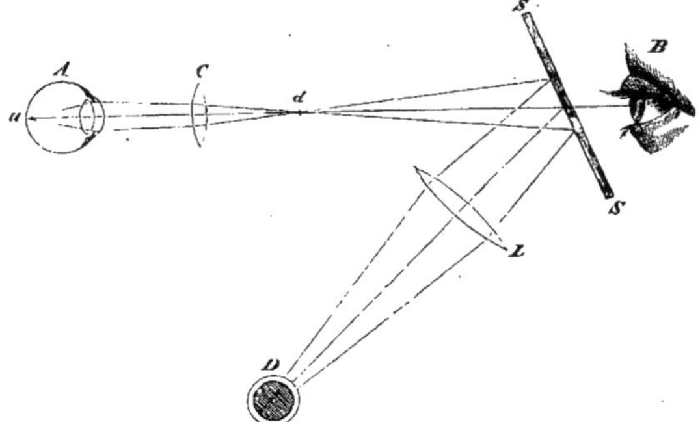

Fig. 277. — Conditions pratiques de l'examen ophtalmoscopique à *l'image renversée.*

par l'emploi de miroirs dont le centre est percé d'une petite ouverture : les
rayons émanés d'une source artificielle sont projetés à l'aide du miroir dans
l'œil à examiner, et les rayons de retour traversant l'ouverture centrale du
miroir entrent dans l'œil de l'observateur placé derrière.

Soient A (fig. 277) l'œil observé, B l'œil de l'observateur, SS un miroir
plan percé d'une petite ouverture centrale, D la source lumineuse (une

lampe modérateur ou un bec de gaz) placée latéralement et C la lentille convergente objective destinée à l'examen à l'image renversée. Le miroir SS orienté d'une manière convenable, réfléchit dans la direction de l'œil A les rayons venant du foyer lumineux D ; le point *a* éclairé envoie à son tour des rayons qui, réfractés par le système réfringent oculaire et la lentille C, se réunissent au point *d* et continuent ensuite leur marche jusqu'à l'œil B, en passant par l'ouverture centrale du miroir.

Le miroir plan seul ne donne pas, en général, un éclairage suffisant ; car il conserve aux rayons émanés de la source lumineuse leur divergence primitive, de sorte que la quantité de lumière qui pénètre dans l'œil observé est peu considérable. On remédie à cet inconvénient en interposant entre la source lumineuse et le miroir plan une lentille convexe L ; par ce moyen, le miroir reçoit un faisceau de rayons convergents qu'il renvoie sur la lentille objective C dans le même état de convergence.

Au lieu d'un miroir plan associé à une lentille convergente, il est préférable d'employer un miroir concave ; ce dernier produit le même effet que la combinaison précédente, et plus simplement.

On a aussi imaginé d'associer un miroir convexe à une lentille convergente. Avec ce système d'éclairage, on a l'avantage de pouvoir en faire varier la longueur focale par le changement relatif de la distance de la lentille au miroir ; ce résultat est impossible à obtenir avec le miroir concave, et ne peut l'être avec le miroir plan que si on change de lentille. La combinaison d'un miroir convexe avec une lentille convergente se comporte, en effet, de la même manière que l'association de deux lentilles, dont une serait convexe et l'autre concave ; la longueur focale d'un pareil système diminue par le rapprochement des verres et augmente avec leur écartement. [Mais l'avantage dont nous venons de parler est illusoire en pratique, car il a trop peu d'importance au point de vue des résultats pour qu'on en tienne compte ; le miroir concave est toujours préférable en raison de sa simplicité et de la commodité de son maniement.]

Examinons maintenant l'action de la lentille objective C sur l'éclairage du fond de l'œil ; elle accroît la convergence des rayons lumineux qui lui sont renvoyés par le miroir et concentre ces rayons en un point situé très en avant de la rétine ; de ce point les rayons s'écartent de nouveau pour aller éclairer une étendue plus ou moins grande du fond de l'œil.

Dans l'examen à l'image droite, les conditions d'éclairage sont moins favorables, à cause de l'absence de la lentille objective. Néanmoins l'emploi des appareils qui viennent d'être indiqués est encore suffisant. Mais il faut avoir soin de tenir le miroir aussi près que possible de l'œil observé, comme le montre la figure 278. Pourvu que les rayons réfléchis par le miroir possèdent un degré de convergence convenable, ils sont rassemblés par le système dioptrique de l'œil observé en un point situé en avant de la rétine, et celle-ci se trouve alors éclairée dans une certaine étendue.

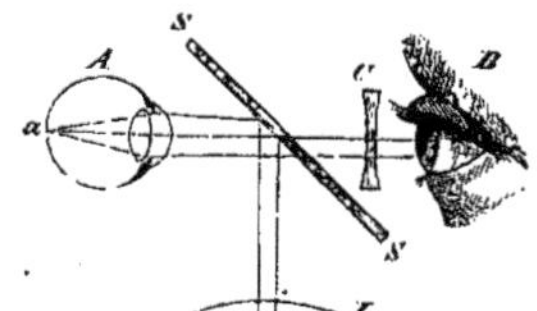

Fig. 278. — Conditions pratiques de l'examen ophtalmoscopique à l'image droite.

Supposons que l'œil observé soit accommodé pour une distance infinie, les rayons renvoyés par un point éclairé de la rétine sortiront à l'état de paral-lélisme, et si l'observateur a aussi son œil accommodé pour l'infini, il verra distinctement l'image réelle et considérablement amplifiée du fond de l'œil. Mais il arrive rarement que l'observateur et l'observé aient tous deux leurs yeux disposés pour la vision d'objets situés à l'infini; aussi est-on obligé, la plupart du temps, de recourir à l'emploi d'une lentille concave; celle-ci se place alors en C immédiatement derrière le miroir.

200ᵃ. Principales formes d'ophtalmoscopes monoculaires. — Les ophtalmoscopes les plus répandus ne diffèrent, en général, les uns des autres que par le mode d'éclairage employé. Dans l'ophtalmoscope de *Ruete*, l'appareil d'éclairage consiste en un miroir concave; dans l'ophtalmoscope de *Coccius*, c'est un miroir plan associé à une lentille convergente; dans celui de *Zehender*, figure la combinaison du miroir convexe avec la lentille convergente.

[La forme d'ophtalmoscope dont l'usage s'est le plus généralisé, est celle dans laquelle l'appareil d'éclairage se borne au miroir concave. Dans les premiers temps qui ont suivi la découverte de l'ophtalmoscope, le miroir était en métal ou en verre étamé, avec une ouverture centrale, pour le passage des rayons de retour. Actuellement on donne avec raison la préférence aux miroirs en verre argenté qui réfléchissent une plus grande quantité de lumière et, au lieu de percer un trou dans le verre, on se borne à enlever au centre la couche d'argent, dans l'étendue d'un tout petit cercle.]

Il n'entre pas dans le plan de cet ouvrage de donner des instructions pratiques sur l'emploi de l'ophtalmoscope; notre tâche se borne à l'exposé des principes physiques qui servent de base à la théorie des instruments d'optique. En conséquence nous pouvons nous dispenser de décrire les nombreuses modifications qui ont été apportées au dispositif de l'appareil ophtalmoscopique. [Cependant il nous sera permis de dire un mot d'un ophtalmoscope qui se recommande au médecin praticien par la simplicité et la rapidité de sa manœuvre et par la facilité de son transport.

La disposition adoptée pour cet instrument est semblable à celle qui est usitée dans la loupe de poche dite *loupe fermante;* on a pu, par ce moyen supprimer l'étui ou la boîte des ophtalmoscopes ordinaires, ou, du moins, faire servir cette pièce accessoire à deux fins, comme enveloppe de protection et comme manche de l'instrument. En rattachant alors toutes les autres pièces à cette partie de l'appareil, on a obtenu un instrument occupant peu de place, très portatif par conséquent, d'un maniement prompt et facile, et ne le cédant néanmoins à aucun autre sous le rapport des qualités optiques. Cet ophtalmoscope est représenté dans les figures 279 et 280, aux 2/3 de sa grandeur naturelle; la première figure montre l'instrument ouvert et étalé, vu de face; la seconde le montre fermé et vu de profil.

On voit en L,M,D, les trois parties essentielles, savoir, un miroir concave M, une lentille objective L et une série de trois lentilles oculaires l, l', l''. Le miroir est en verre argenté; il a 34 millimètres de diamètre et 18 centimètres de longueur focale; il présente au centre un petit cercle de 3 millimètres de diamètre, dont on a ôté la couche d'argent, pour livrer passage aux rayons qui doivent être reçus dans l'œil de l'observateur. La lentille objective L, destinée à l'examen à l'image renversée, est une lentille biconvexe de 16,6 dioptries et de même diamètre que le miroir. Les trois lentilles oculaires n'ont que 8 millimètres de largeur et

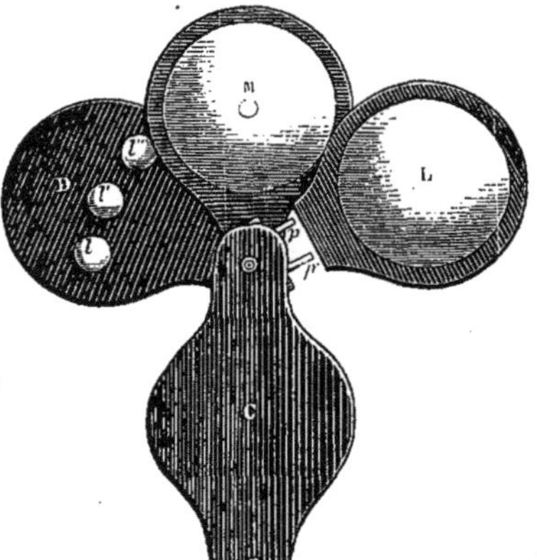

sont enchâssées, l'une à côté de l'autre, dans l'épaisseur d'un disque circulaire D.

Les montures de ces trois pièces ont les mêmes dimensions et sont portées à l'aide

F.g. 279. — Ophtalmoscope de Monoyer (l'instrument est vu de face, ouvert et étalé; échelle de 2/3.

Fig. 280. — Le même instrument vu de profil et fermé.

d'un prolongement, par un pivot commun autour duquel elles peuvent tourner, chacune séparément, pour être introduites entre les deux châsses C et C'. La lentille objective, placée devant le miroir, est la seule pièce qui puisse être détachée du reste de l'appareil ; c'est aussi la seule pour laquelle cette condition soit indispensable; dans ce but, le prolongement de la monture est brisé au milieu et la lentille n'est rattachée au pivot commun que lorsque les deux pointes p et p' sont engagées dans les trous correspondants de la monture. Le disque D, porteur des lentilles oculaires est derrière le miroir; les lentilles sont échelonnées le long d'un arc de cercle, qui a pour centre le pivot commun et pour rayon la distance de ce pivot au centre du miroir ; cette disposition permet d'amener à volonté l'un quelconque des oculaires en regard de la partie non argentée du miroir. Dans le modèle de 1869 l'un des oculaires, celui du milieu est une lentille convexe de 4,5 dioptries, et servant de loupe pour observer l'image renversée, les deux autres sont des lentilles concaves — $4^d,5$ et — 9^d qui suffisent, en général, pour l'examen à l'image droite.]

Nous croyons devoir encore parler de l'ophtalmoscope à *pile de glaces*, de Helmholtz, et de l'ophtalmoscope à *miroir prismatique*, de Meyerstein, parce que l'appareil d'éclairage de ces instruments diffère notablement de ceux que nous avons fait connaître. Dans l'ophtalmoscope de Helmholtz, il n'y a pas de miroir opaque; les rayons émanant de la source lumineuse sont renvoyés dans l'œil observé par une *pile de glaces*, c'est-à-dire par une série de lames transparentes de verre empilées les unes sur les autres; les rayons qui reviennent du fond de l'œil, en arrivant à la surface de cette pile de glaces sont en partie réfléchis dans la direction de la source lumineuse, en partie transmis à l'observateur. Avec cet appareil, l'éclairage est peu intense, mais suffisant néanmoins pour l'examen à l'image droite.

M. Meyerstein emploie comme réflecteur un prisme à réflexion totale disposé de manière à renvoyer par sa face hypoténuse la lumière dans l'œil observé; un trou percé à travers le prisme livre passage aux rayons de retour qui vont dans l'œil de l'observateur. L'ophtalmoscope à miroir prismatique peut servir à l'examen à l'image droite ou à l'image renversée.

[Les lentilles généralement adoptées pour l'examen ophtalmoscopique sont de simples lentilles en verre. Il est incontestable qu'avec des systèmes achromatiques, on se placerait dans de meilleures conditions optiques; c'est dans ce but qu'on a construit des ophtalmoscopes munis de lentilles achromatiques (fig. 281). Mais ce que ces sortes de lentilles ajoutent à la netteté des images ophtalmoscopiques n'est pas en rapport avec l'élévation du prix de l'instrument.

Les diverses espèces d'ophtalmoscope se divisent en deux classes : les uns, appelés *ophtalmoscopes à main*, parce qu'on les tient librement à la main, sont ceux auxquels le praticien donne la préférence ; leur construction est très simple ; ils se manient avec facilité.

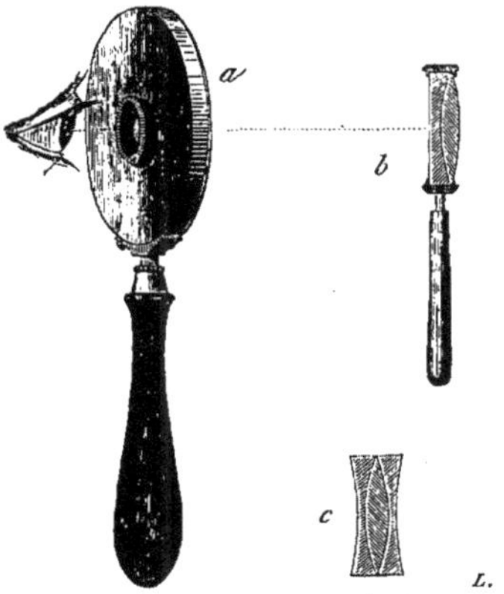

Les *ophtalmoscopes fixes* sont plus volumineux, plus compliqués, à cause des pièces accessoires qui permettent d'en immobiliser les différentes parties et de fixer tout l'appareil sur une table. Ces derniers ne rendent de services réels que lorsqu'on veut avoir la liberté de ses mains, pour dessiner par exemple, ou bien, lorsqu'il s'agit, dans les démonstrations cliniques, de faire voir l'image ophtalmoscopique à des élèves novices dans ce genre d'observation. Les plus parfaits des ophtalmoscopes fixes sont ceux de Follin et Nachet et de Liebreich.

Mentionnons encore les *auto-ophtalmoscopes*, instruments qui permettent à une personne d'examiner son propre œil. Dans l'auto-ophtalmoscope de Coccius, c'est l'œil observateur qui se voit lui-même; avec les instruments de Giraud-Teulon, de Heymann, l'un des

Fig. 281. — Ophthalmoscope à main, muni de lentilles achromatiques (A. Chevalier). — *a)* Miroir ophtalmoscopique concave. — *b)* Lentille convergente achromatique. — *c)* Lentille divergente achromatique.

yeux examine son congénère.]

[**200ᵇ. Ophtalmoscope binoculaire.**— M. Giraud-Teulon a eu l'heureuse idée d'approprier l'ophtalmoscope à la vision binoculaire, et de procurer ainsi à l'observateur la sensation du relief stéréoscopique. Le mécanisme par lequel est obtenu ce résultat ne diffère pas en principe de celui que M. Nachet emploie pour transformer le microscope monoculaire en instrument binoculaire (cf. p. 467 et 468).

Derrière le miroir concave *mn* (fig. 282), en verre argenté, se trouvent deux rhomboèdres R, R, en crown-glass; ils sont placés en contact par un de leur sommet *o*, de manière à se partager par moitiés égales la petite surface circulaire non argentée du miroir. Chacun de ces rhomboèdres représente un double prisme de 45° à réflexion totale.

Dans ces conditions, tout faisceau lumineux qui, parti d'un point quelconque a de l'image réelle ou virtuelle du fond de l'œil, traverse la portion transparente du miroir, est dédoublé par le système des rhomboèdres en

deux pinceaux ; chacun de ces pinceaux subit, dans l'intérieur du rhomboèdre correspondant, une double réflexion totale que le fait émerger parallèlement à sa direction première, mais avec un déplacement latéral égal à la dimension transversale du rhomboèdre.

L'image unique a est ainsi remplacée par deux images rejetées l'une à droite en d, l'autre à gauche en g ; et si leur distance mutuelle est précisément égale à l'écartement des yeux, l'observateur se trouve avoir devant lui deux images placées comme le sont les dessins stéréoscopiques. Deux petits prismes p et p', à sommet interne, opèrent le fusionnement de ces images en une seule située quelque part sur la ligne médiane en a'.

La figure 283 donne une vue d'ensemble de l'ophtalmoscope binoculaire ; la coupe horizontale de la figure 284 montre les détails de construction de l'instrument, tel qu'il est fabriqué actuellement par M. Nachet. On y remarque que l'un des rhomboèdres est coupé en deux, ce qui permet de mobiliser la

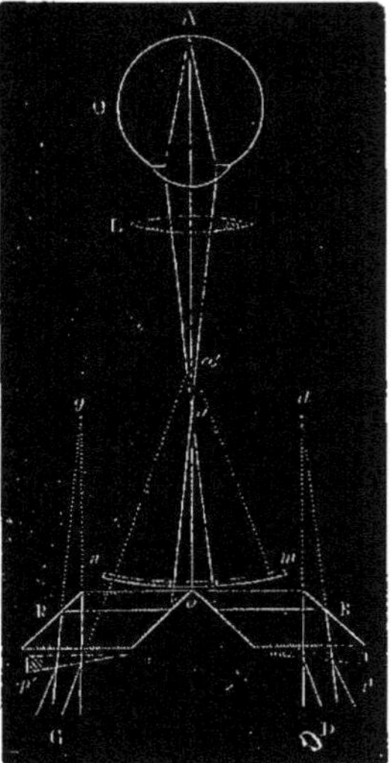

Fig. 282. — Principe de l'ophtalmoscope binoculaire.

moitié externe C, en la faisant glisser dans l'intérieur de la monture, à l'aide d'une tige terminée par le bouton V. Cette disposition a pour but de donner à l'observateur la faculté de régler l'écartement des doubles images et de le proportionner à l'écartement de ses propres yeux.

Signalons encore l'adjonction de deux lentilles prismatiques convexes qu'on substitue aux simples petits prismes à faces planes, pour obtenir le fusionnement des doubles images, quand l'observateur ne peut pas accommoder pour une distance rapprochée ou qu'il désire grossir l'image réelle du fond de l'œil.

Il n'y a, du reste, rien de particulier à ajouter, quant au maniement de l'appareil et au mode d'examen ; on suit à cet égard les préceptes généraux établis pour les ophtalmoscopes monoculaires. Seulement, si on veut se trouver dans de bonnes conditions d'observation, il faut avoir soin, quand on se sert de l'ophtalmoscope binoculaire, de placer la source lumineuse au-dessus et en arrière de la tête du patient ; c'est ce que montre la figure 285.]

[**200ᶜ. Ophtalmoscope à plusieurs observateurs.** — M. Sichel a modifié l'ophtalmoscope binoculaire de manière à permettre à deux personnes d'observer simultanément le même œil et M. Monoyer, tout en conservant le principe de l'instrument l'a transformé en ophtalmoscope à *trois* observateurs. Dans ce but, le faisceau lumineux qui concourt à la formation de l'image R′ du

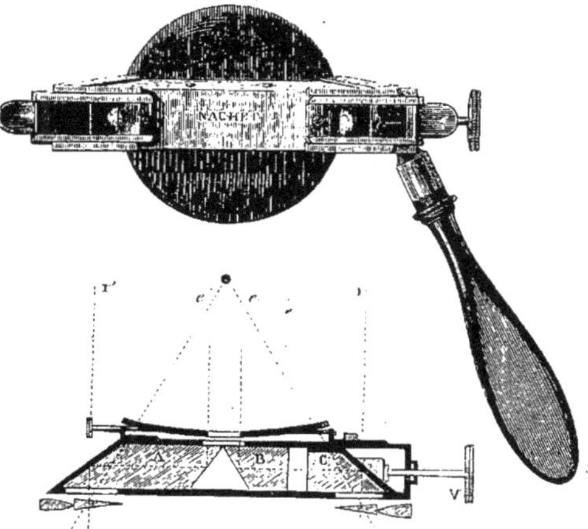

Fig. 283. — Ophtalmoscope binoculaire de Giraud-Teulon (vu de derrière à l'échelle de 2/3.)
Fig. 284. — Coupe horizontale de l'ophtalmoscope binoculaire, montrant les détails du mécanisme optique qui procure la vision binoculaire.

fond de l'œil R (fig. 286) est divisé en trois portions sensiblement égales au

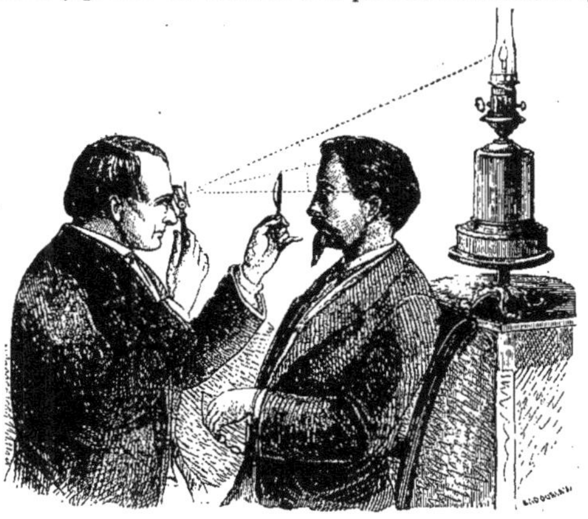

Fig. 285. — Ophtalmoscope binoculaire disposé pour l'observation.

moyen de deux prismes BAC′, B′A′C′ placés derrière le centre du miroir

réflecteur de telle sorte que leurs sommets A et A′ soient à une petite distance
l'un de l'autre. Une portion de la lumière continue donc sa route en ligne
droite et permet de voir l'image R′ comme avec l'ophtalmoscope ordinaire.
Les rayons qui tombent sur l'un ou l'autre des prismes BAC, B′A′C′, se

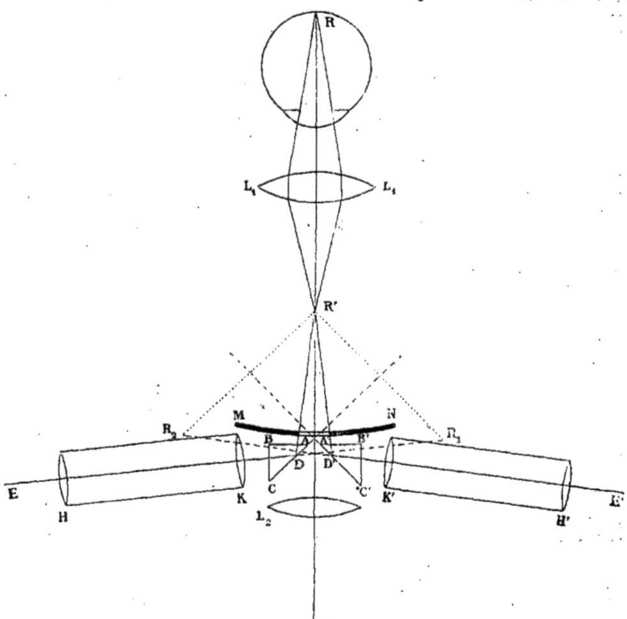

Fig. 286. — Théorie de l'ophtalmoscope à trois observateurs.

réfléchissent sur leur face hypothénuse et sont reçus dans de petites lunettes
astronomiques KH, K′H′ à travers lesquelles deux autres observateurs,
regardent les images R_1 et R_2 ; ces lunettes ont pour effet beaucoup moins
d'amplifier l'image visée que de procurer la faculté de mettre au point
tout en maintenant entre les têtes des trois personnes qui observent simultanément des distances suffisantes pour qu'elles ne se gênent pas mutuellement.

Il importe de remarquer que, les lunettes renversant les objets, les deux
observateurs placés latéralement voient *renversé* ce que l'observateur
médian voit *droit* et *vice versa;* on éviterait ce renversement en remplaçant
les lunettes astronomiques par des lunettes de Galilée.]]

201. Calcul des constantes optiques de l'ophtalmoscope. — La force du verre positif ou
négatif nécessaire pour reporter l'image du fond de l'œil à la distance requise par les lois
de la vision, la distance de ce verre au miroir réflecteur et à l'œil de l'observateur, les

distances respectives de ces différentes pièces à l'œil observé, sont des données qui dépendent évidemment de l'état de la réfraction des yeux en présence, et qui déterminent le grossissement de l'image réelle ou virtuelle obtenue.

Cependant il existe plus ou moins de latitude dans le choix de la lentille correctrice, attendu qu'on peut, entre certaines limites, en compenser l'excès ou le déficit de réfringence, soit par l'intervention de l'accommodation, soit par le changement des distances. Je suppose, par exemple, que pour l'examen à l'image renversée on prenne une lentille convergente plus forte que celle de la figure 288 ; il en résultera que l'image réelle d δ sera plus près de l'œil observé A ; l'observateur devra donc se rapprocher à son tour ou accommoder pour une distance plus grande. S'agit-il de l'examen à l'image droite, et la lentille concave choisie est-elle plus forte que celle de la figure 287, l'œil de l'observateur sera obligé, soit de s'accommoder pour une distance plus petite, soit de s'éloigner de la lentille B. On voit par là que la position exacte à donner aux différentes pièces de l'appareil ophtalmoscopique est toujours subordonnée à un essai préalable. C'est pourquoi nous serons obligés, en général, de nous borner à indiquer les principes qui doivent nous guider dans le choix des verres et dans la détermination approximative des distances.

1° *Examen à l'image droite.* — Considérons d'abord le cas de l'image droite. Nous savons que le système réfringent de l'œil observé A (fig. 287) donne de la portion éclairée a une image réelle et renversée qui se forme à l'extérieur en $b\,\beta$, mais que l'interposition de la lentille concave B redresse cette image, en la rendant virtuelle et en la reportant derrière l'œil en $\delta\,d$. L'œil A et la lentille B forment ainsi un système composé équivalent à l'association d'une lentille convexe avec une lentille concave. Il s'agit de calculer la longueur focale f de la lentille B qui donne une image virtuelle $\delta\,d$ placée à la distance de la division

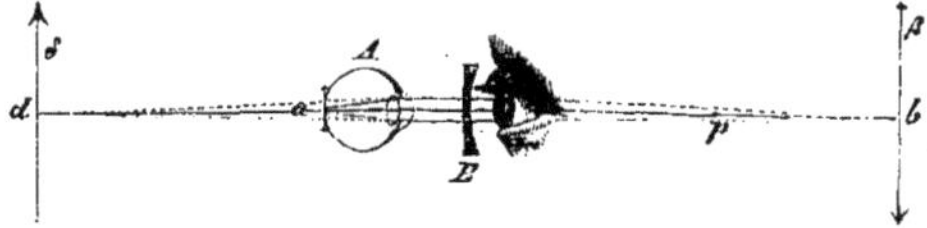

distincte pour l'observateur. L'image aérienne $b\,\beta$ joue, à l'égard de la lentille B, le rôle d'objet virtuel ; son éloignement de l'œil A est égal à la distance A b pour laquelle cet œil est

Fig. 287. — Théorie de l'examen ophtalmoscopique à *l'image droite.*

accommodé. De même, l'image virtuelle $\delta\,d$ doit se trouver à la distance B d pour laquelle l'observateur accommode son organe visuel. Appelons d la première distance, d' la seconde, et e l'intervalle A B, qui sépare la lentille B de l'œil observé ; nous aurons alors :

$$B\,b = d - e \quad \text{et} \quad B\,d = d',$$

en négligeant la distance de l'œil de l'observateur à la lentille. Introduisons ces valeurs dans la formule des lentilles appropriée au cas où l'objet est virtuel, et il vient :

$$\frac{1}{f} = -\,\frac{1}{d - e} + \frac{1}{d'}. \qquad\qquad (1)$$

Cette équation nous montre que la longueur focale f doit être d'autant plus grande que d' et d sont plus grands. On voit aussi que de légères variations dans la distance visuelle d peuvent être compensées par des variations égales et de même sens de l'intervalle e : quand, par exemple, d augmente, il faut éloigner la lentille de l'œil observé, et inversement, quand d diminue, la lentille doit être rapprochée. D'autre part, si d varie dans un sens, pendant que d' varie dans l'autre, la compensation est encore possible sans que la valeur de f change. Enfin, supposons que $d = d' = \infty$, alors on a aussi $f = \infty$; ce qui veut dire que, lorsque les yeux en présence sont l'un et l'autre accommodés pour une distance infinie, la lentille devient inutile.

Quant au grossissement, on le calculera de la manière suivante : en appelant y' la grandeur de l'image réelle $b\,\beta$, et y'' la grandeur de l'image virtuelle $\delta\,d$, on a, d'après la formule IV de la page 368 :

$$\frac{y''}{y'} = \frac{d'}{d - e}.$$

Quand d est très grand, e peut être négligé, et l'on a simplement :

$$\frac{y''}{y'} = \frac{d'}{d}. \quad . \quad . \quad . \quad \quad (1)$$

d'où nous tirons :
$$\frac{y''}{d'} = \frac{y'}{d}.$$

Or, les quotients $\dfrac{y''}{d'}$ et $\dfrac{y'}{d}$ mesurent respectivement les angles visuels ou les grandeurs apparentes de l'image y'' pour l'œil de l'observateur, et de l'image y', pour celui de l'observé. Donc l'image virtuelle y'' de la rétine de l'œil A offre à l'observateur une grandeur apparente égale à celle qu'aurait pour l'œil observé l'image réelle y' de sa propre rétine.

Cela posé, nous avons vu (cf. § 180, p. 428, équation IIbis) que si a désigne la longueur de l'axe de l'œil, le rapport des dimensions linéaires d'un objet y à son image rétinienne y' a pour expression :

$$\frac{y'}{y} = \frac{a - r}{d + r}.$$

Pour appliquer cette formule au cas présent, il nous faut remplacer y par y', y' par y et p par d, y étant la portion de la rétine de l'œil A dont l'image aérienne est $b\,\beta = y'$; il vient alors :

$$\frac{y}{y'} = \frac{a - r}{d + r} ;$$

r représente le rayon de courbure de la surface réfringente de l'œil réduit, c'est-à-dire une quantité très petite (un peu plus de 5^{mm}) : nous pouvons la négliger devant d et écrire :

$$\frac{y}{y'} = \frac{a - r}{d}. \quad . \quad . \quad \quad (2)$$

Divisant membre à membre les équations (1) et (2), nous obtenons finalement :

$$G = \frac{y''}{y} = \frac{d'}{a - r}. \quad . \quad . \quad . \quad \quad (3)$$

Telle est l'expression du grossissement, c'est-à-dire du rapport entre la grandeur y'' de l'image virtuelle $\partial\,d$ et la grandeur y de la portion de rétine qui donne cette image. Dans l'œil réduit, $a - r = 15^{mm}$; si, d'autre part, nous faisons $d' = 200^{mm}$ nous trouvons que le grossissement est de 13,333.

2° *Examen à l'image renversée.*
— Remplaçons la lentille concave par un verre convexe B (fig. 288). L'image aérienne $b\,\beta$ remplit encore, à l'égard de cette lentille, l'office d'objet virtuel et elle en est à une distance $d - e$. Désignons par d'_1 l'intervalle B d qui sépare la lentille de l'image réelle $\partial\,d$ qu'elle fournit ; nous avons alors, en appliquant la formule des foyers conjugués relative au cas où une lentille convergente reçoit des rayons convergents :

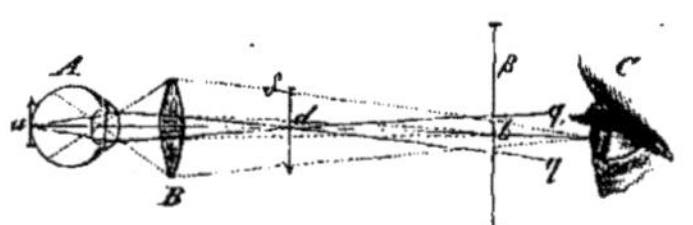

Fig. 288. — Théorie de l'examen ophtalmoscopique à *l'image renversée.*

$$\frac{1}{f'} = \frac{1}{d'_1} - \frac{1}{d - e}.$$

Remarquons que d'_1 et e sont nécessairement très petits par rapport à d, puisque l'image réelle $\partial\,d$, pour être vue distinctement par l'observateur, ne doit pas se trouver à une trop grande distance ni de l'œil observé A, ni de la lentille B. Nous pouvons donc négliger le terme $\dfrac{1}{d - e}$ et poser, avec une approximation suffisante :

$$\frac{1}{f'} = \frac{1}{d'_1},$$

ce qui revient à admettre que l'image $\partial\,d$ se forme juste au foyer de la lentille objective.

Cela posé, nous avons alors entre les grandeurs y'' de l'image δd et y' de l'image $b\beta$, la relation :

$$\frac{y''}{y'} = \frac{f}{d - c},$$

ou, en négligeant c :

$$\frac{y''}{y'} = \frac{f}{d}. \quad . \quad . \quad . \quad . \tag{4}$$

Combinant cette équation avec l'équation (2) déjà trouvée, nous obtenons le grossissement :

$$G = \frac{y''}{y} = \frac{f}{a - r}. \quad . \quad . \quad . \tag{5}$$

Cette expression nous montre que, dans l'examen à l'image renversée, *le grossissement croît en raison directe de la longueur focale de la lentille objective*, tandis que, dans l'examen à l'image droite, il était proportionnel à la distance de la vision distincte de l'observateur. Si, par exemple, on emploie une lentille ayant pour longueur focale $f = 300^{mm}$, on trouve pour le grossissement :

$$G = \frac{300}{15} = 20.$$

Avec une lentille de 600^{mm} de distance focale, on aurait $G = 40$, etc...

[201ᵃ. Détermination de l'amétropie et de l'astigmatisme avec l'ophtalmoscope. — Ce procédé est souvent employé dans la pratique; pour l'amétropie, il conduit à des résultats qui peuvent être énoncés d'une façon très simple au cas où l'on néglige l'intervalle e et où l'on suppose que l'accommodation est paralysée ou relâchée chez le sujet et chez l'observateur : les quantités d et d' de la formule (1) du § précédent représentent alors les distances r et r' des *punctum remotum* des deux yeux et cette formule peut s'écrire :

$$\frac{1}{f} = - \frac{1}{r} + \frac{1}{r'},$$

le signe $-$ de l'expression $\frac{1}{r}$ indiquant que $b\,\beta$ (fig. 287) joue le rôle d'objet virtuel par rapport à la lentille B. De cette équation on tire :

$$\frac{1}{r} = - \frac{1}{f} + \frac{1}{r'},$$

ou

$$R = - F + R', \tag{6}$$

L'amétropie de l'œil observé est donc égale à la somme algébrique de l'amétropie de l'observateur et du numéro du verre qui permet l'observation. Remarquons que le signe de f n'ayant pas été mis en évidence, F devra être regardé, dans l'équation (6) comme positif ou négatif suivant que le verre employé sera convergent ou divergent, il est facile de voir, en effet, sur une figure que, pour pratiquer l'examen à l'image droite et virtuelle dans le cas d'un œil hypermétrope à l'état de repos de l'accommodation, il faut employer une lentille convergente.

Si l'observateur est emmétrope, la formule (6) se réduit à :

$$R = - F,$$

c'est-à-dire que l'amétropie du sujet est donnée par le pouvoir dioptrique changé de signe de verre qui permet l'examen.

Le procédé de diagnostic de l'astigmatisme par l'ophtalmoscope a été proposé en 1861 par Knapp, modifié par Schweiger, et simplifié par M. Javal; il repose sur ce fait que, si l'on fait varier la distance de la lentille à l'œil, il existe une certaine position du verre à partir de laquelle la variation de grandeur d'un axe quelconque de l'image de la papille se produit en sens inverse suivant qu'on approche ou qu'on éloigne cette lentille. Pour donner l'explication de ce fait, représentons par f la distance focale de la lentille employé à l'observation de l'œil astigmate; les images aériennes y' et y'_1 des deux diamètres de la papille supposée circulaire, situés dans les plans des courbures maxima et minima, se formeront en deux points différents M et N dont nous représenterons par q' et q'_1 les distances au foyer antérieur F de la lentille; soient y'' et y''_1 les images que la lentille substitue à celles que donne l'œil. On aura :

$$\frac{y''}{y'} = -\frac{f}{q'} \quad \text{et} \quad \frac{y''_1}{y'_1} = -\frac{f}{q'_1}$$

d'où

$$\frac{y''}{y''_1} = \frac{y'}{y'_1}\,\frac{q'_1}{q'}$$

Pour que $y'' = y_1''$ et que l'image de la papille soit circulaire, il faut que :

$$\frac{y'}{y'_1} = \frac{q'}{q'_1}.$$

La position à donner à la lentille est donc telle que son foyer F divise la droite AB dans le rapport des images y' et y'_1. Suivant qu'on déplacera la lentille, dans un sens ou dans l'autre par rapport à la position qui correspond à l'égalité précédente, le rapport $\dfrac{q'}{q'_1}$ deviendra plus petit ou plus grand que $\dfrac{y'}{y'_1}$ et l'allongement de l'image de la papille se fera dans un sens ou dans l'autre conformément aux faits observés par M. Javal.

Le raisonnement subsiste quel que soit le signe de la lentille employée; mais si, pour un certain déplacement d'une lentille positive, on observe un allongement, par exemple, de l'un des axes de l'image de la papille, on déterminera une diminution dans la longueur de ce même axe, en déplaçant dans le même sens et d'une même quantité une lentille négative.

On peut encore avec l'ophtalmoscope arriver à la détermination objective du degré de l'astigmatisme. Dans ce but, M. Anderson emploie un miroir, étamé sur l'une de ses moitiés seulement et incliné à 45° sur l'axe de l'œil; il envoie sur ce miroir, au moyen d'une lentille, les rayons venus d'une figure rayonnée mobile dont il peut ainsi comme dans un optomètre, faire former l'image à une distance quelconque de l'œil astigmate. Les deux positions qu'il faut donner à cette image pour apercevoir avec l'ophtalmoscope et en se plaçant derrière la partie non étamée du miroir plan, une image rétinienne nette de l'une des droites de la figure rayonnée, déterminent les positions des punctum remotum des deux méridiens principaux ; les directions des deux lignes qui sont successivement vues avec netteté font connaître l'orientation de ces méridiens.]]

[204^b. **Œil ophtalmoscopique du Dr Perrin**. — Le maniement de l'ophtalmoscope exige un long apprentissage. M. Perrin a rendu un service réel aux études ophtalmoscopiques en faisant construire un œil qui permet aux débutants de s'exercer dans des conditions absolument semblables à celles qu'on rencontre dans la pratique. L'emploi de cet appareil artificiel fait disparaître deux des inconvénients inséparables de l'observation sur le vivant : les mouvements du patient qui modifient à chaque instant les conditions de l'observation, et la fatigue qu'entraîne pour l'œil observé un examen trop prolongé.

L'œil ophtalmoscopique est représenté dans la figure 289; il consiste en une sphère métallique creuse, dont les dimensions sont approximativement égales à celles du globe oculaire de l'homme. Cette sphère se compose de trois parties, qui peuvent être séparées les unes des autres: 1° une partie moyenne qui correspond à la zone équatoriale; 2° un segment antérieur A, formé par une lentille convergente sertie dans une virole à vis, qui s'ajuste sur la pièce précédente ; 3° une cupule en cuivre R, représentant le fond de l'œil et maintenue en place par une bague métallique C, qui s'articule avec la pièce moyenne à l'aide d'une charnière. Cette sphère oculaire est portée par un pied qui peut s'élever ou s'abaisser à volonté; une articulation placée en O permet, en outre, des mouvements d'inclinaison.

La lentille convergente a une action réfringente équivalente à celle du système dioptrique de l'œil. Chaque appareil en possède trois de valeur différente : l'une a son foyer exactement sur la rétine (emmétropie), quand la

Fig. 289. — Œil ophtalmoscopique. — A, Lentille convergente représentant le système dioptrique de l'œil. — C, Collier à charnière destiné à maintenir la cupule métallique.— E, Écran. — O, Articulation permettant d'incliner le globe oculaire. — R, Cupule en cuivre sur laquelle est peinte une image du fond de l'œil.

virole est vissée à fond ; on réalise

la *myopie* en n'engageant que très peu la virole. Une deuxième lentille, montée de la même façon, a son foyer principal au delà de la rétine ; elle rend l'œil hypermétrope. Enfin, une troisième, sphéro-cylindrique, réalise les conditions de l'astigmatisme. Sur la face concave de la cupule en cuivre on a reproduit par la peinture le dessin du fond de l'œil. Une collection de cupules semblables représentant les différents aspects du fond de l'œil normal ou pathologique est jointe à l'appareil. En arrière de l'œil se trouve un écran E destiné à renseigner les débutants sur la direction de leur éclairage.]

[Bibliographie : HELMHOLTZ. *Beschreibung eines Augenspiegels zur Untersuchung der Netzhaut im lebenden Auge.* Berlin, 1851.

DONDERS. Note sur le miroir oculaire, inventé par M. *Helmholtz*, pour l'exploration de la rétine dans l'œil vivant (*Ann. d'ocul.*, 1852, t. XXVII, p. 55).

MARESSAL DE MARSILLY. Notice sur l'ophtalmoscope de MM. *Follin* et *Nachet* (*Ibid.*, 1852, t. XXVIII, p. 76).

TH. RUETE. *Der Augenspiegel und das Optometer.* Gœttingen, 1852.

A. COCCIUS. *Uber die Anwendung des Augenspiegels nebst Angabe eines neuen Instruments.* Leipzig, 1853.

VAN TRIGT. *De speculo oculi*, Dissert. inaug. Utrecht, juin, 1853 (une traduction allemande de ce travail avec additions, par *Schauenburg*, Lahr, 1854, a été traduite en français dans les *Archives d'ophtalmologie de* JAMAIN, 1855, t. V, p. 5, sous le titre : Mémoire sur l'examen des yeux malades d'hommes et d'animaux, à l'aide de l'optoscope de M. *Donders*, etc.).

ULRICH. Beschreibung eines neuen Augenspiegels (*Zeitschrift für ration. Medic.*, nouv. sér., 1853, t. IV, p. 175).

MEYERSTEIN. Beschreibung eines neuen Augenspiegels (*Ibid.*, t. IV, p. 310).

ANAGNOSTAKIS. Essai sur l'exploration de la rétine et des milieux de l'œil sur le vivant au moyen d'un nouvel ophtalmoscope (*Ann. d'ocul.*, 1854, t. XXXI, p. 61 et 107 ; tirage à part. Paris, 1854).

STELLWAG VON CARION. *Théorie des Augenspiegels.* Wien, 1854.

W. ZEHENDER. Ueber die Beleuchtung des innern Auges mit specieller Berücksichtigung eines nach eigener Angabe construirten Augenspiegels (*Arch. f. Ophthalm.*, 1854, t. I, 1re part., p. 321).

HASNER. Uber den Augenspiegel (*Prager Vierteljahrschrift f. d. prakt Heilk*, 1855, t. XII, p. 133).

LE MÊME. *Uber die Benutzung foliirter Glaslinsen.* Prag, 1855.

ED. JÆGER. *Beiträge zur Pathologie des Auges.* Wien, 1855.

CASTORANI. Ophtalmoscope de l'auteur (*Arch. d'ophtalm. de Jamain*, 1856, t. VI, p. 254).

DE LA CALLE. *De l'ophtalmoscope*, Dissert. inaug. Paris, 1856.

W. ZEHENDER. Uber die Beleuchtung des innern Auges durch heterocentische Glasspiegel (*Arch. f. Ophthalm.*, 1856, t. II. 2, p. 103).

R. LIEBREICH. De l'examen de l'œil au moyen de l'ophtalmoscope, *in* MACKENZIE, *Traité des maladies de l'œil*, traduit par *Warlomont* et *Testelin*, 1857, t. II, pp. 1 à LXII.

FOLLIN. *Leçons sur l'application de l'ophtalmoscope au diagnostic des maladies des yeux.* Paris, 1859.

GILLET DE GRANDMONT. Sur un nouvel ophtalmoscope (*Bullet. de l'Acad. de médec.*, 12 juillet 1859, t. XXIV, p. 1096).

GIRAUD-TEULON. Théorie de l'ophtalmoscope avec les déductions pratiques qui en découlent, etc. (*Gaz. médec. de Paris*, 1859, nos 7 et 8 ; tirage à part. Paris, 1859).

A. ZANDER. *Der Augenspiegel, seine Formen und sein Gebrauch*, 1re édit., 1859 ; 2e édit., Leipzig et Heidelberg, 1862 (Bibliographie complète).

GIRAUD-TEULON. Note sur la construction et les propriétés d'un nouvel ophtalmoscope, permettant de voir, par le concours harmonique des deux yeux, les images du fond de l'œil (*Comptes rendus*, 1er avril 1861, t. LII, p. 646, et *in Physiologie et pathologie fonctionnelle de la vision binoculaire*, §§ 347 à 350. Paris, 1861).

FOLLIN. *Leçons sur l'exploration de l'œil.* Paris, 1863.

G.-Z. LAWRENCE et GIRAUD TEULON. D'une modification des procédés ophtalmoscopiques (*Ann. d'ocul.*, 1863, t. L, p. 106).

MONOYER. Un ophtalmoscope portatif (*Ann. d'ocul.*, 1864, t. LII, p. 210).

PERRIN. Œil artificiel destiné à faciliter les études ophtalmoscopiques (*Ann. d'ocul.*, 1866, t. LVI, p. 181).

GIRAUD-TEULON. Nouvelle combinaison ophtalmoscopique (*Ibid.*, 1867, t. LVII, p. 82).

MAUTHNER. *Lehrbuch der Ophthalmoscopie.* Wien, 1868.

PONCET. Ophtalmoscope à chambre noire (*Gaz. hebdom. de méd. et de chir.*, 1869, no 32, p. 501).

C. M. GARIEL. *Sur l'ophtalmoscope.* Paris, 1869.]

GAVARRET. Rapport sur un nouvel optomètre destiné à faire reconnaître et à mesurer les vices de réfraction de l'œil, par Perrin et Mascart (*Bullet. de l'Acad. de méd.*, 1869, t. XXXIV).

Perrin. *Traité pratique d'ophtalmoscopie et optométrie.* Paris, 1870, gr. in-8, et atlas.
Carter. Ein Augenspegel von neuer Construction (*Klin. Monats.*, 1872, t. X, p. 282).
Schrœders (de Leipsig). Nouvel ophtalmoscope binoculaire (*Cong. intern. d'opht.* 4e session London, 1872).
Landolt (Ed.). *Ophtalmoscopie, grossissement des images,* Thèse de Paris, 1874
Monoyer. Ophtalmoscope à trois observateurs, *Compt. r. Ac. sc.*, 1875, t. LXXX.
Landolt. (Ed.). Ophtalmoscope à réfraction (*Ann. d'ocul.*, 1876, t. LXXV, p. 227).
Badal. Ophtalmoscope à réfraction (*Ann. d'ocul.*, 1876, t. LXXVI, p. 242).
Anderson. New instrument for estimating astigmatisme, *Lancet*, 1880, p. 455.

[CHAPITRE XVIIbis

DE L'URÉTROSCOPE]

[201c. **Principe de l'urétroscope.** — Les propriétés des miroirs et des lentilles comme appareils de concentration de la lumière ont encore été utilisées dans la construction de l'*urétroscope*. On appelle ainsi un instrument imaginé en 1853 par M. A.-J. Desormeaux, et destiné à examiner plus particulièrement l'intérieur du canal de l'urètre ; cependant il peut servir, en général, à explorer toutes les cavités internes qui ne sont en communication avec l'extérieur que par un orifice ou un canal très étroit, et où l'on peut pénétrer en ligne droite ; de là, le nom d'*endoscope* sous lequel M. Desormeaux a présenté l'appareil de son invention.

Les parties essentielles de l'urétroscope sont (fig. 290): une sonde rectiligne et creuse pour maintenir ouvert le canal de l'urètre et livrer ainsi passage aux rayons lumineux ; un miroir plan percé au centre et disposé obliquement en face de la sonde pour projeter parallèlement à l'axe de celle-ci le faisceau lumineux émané d'une source placée latéralement. Afin d'augmenter l'intensité de l'éclairage, une lentille plan-convexe rassemble les rayons

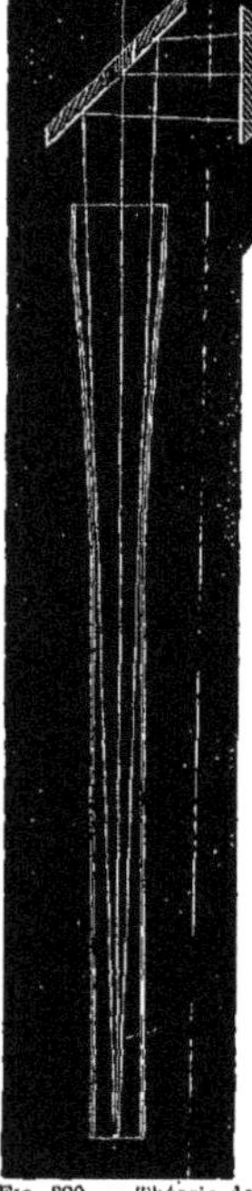

Fig. 290. — Théorie de l'urétroscope.

avant qu'ils tombent sur le miroir percé et leur donne une convergence telle que les rayons réfléchis vont se concentrer sur les objets situés à l'extrémité de la sonde. Du côté opposé à la lentille se trouve un miroir concave, dont le centre de courbure coïncide avec la source lumineuse; de cette manière, la lumière qui tombe sur le miroir est renvoyée au point même où est placée la source lumineuse et contribue à augmenter la quantité des rayons qui sont envoyés sur la lentille. L'observateur place son œil derrière l'ouverture du miroir, et voit alors les parties situées à l'extrémité de la sonde.]

[**201ᵈ. Diverses formes d'urétroscopes**. — L'urétroscope de Desormeaux, le premier en date, est représenté dans la figure 292. On voit à gauche le tube noirci intérieurement qui renferme le miroir percé, incliné à 45°; l'extrémité de ce tube située en avant du miroir (en bas, sur la figure),s'articule avec la sonde (fig. 291), à l'aide d'une bague fendue, munie d'une vis de pression. En arrière du miroir (en haut sur la figure) se trouve un diaphragme percé d'une ouverture conique correspondante à celle du miroir, mais un peu plus petite, afin d'arrêter les rayons lumineux réfléchis par les parois de l'ouverture pratiquée dans le miroir, rayons qui gêneraient la vue des objets placés à l'extrémité de la sonde ; puis vient un œilleton contre lequel l'observateur applique son œil. Quand on veut grossir les objets à examiner, on adapte à cette extrémité du tube, à la place du diaphragme percé, une petite lunette de Galilée à courte portée dont deux modèles sont joints à l'urétroscope, l'un pour les myopes, l'autre pour les presbytes et les hypermétropes.

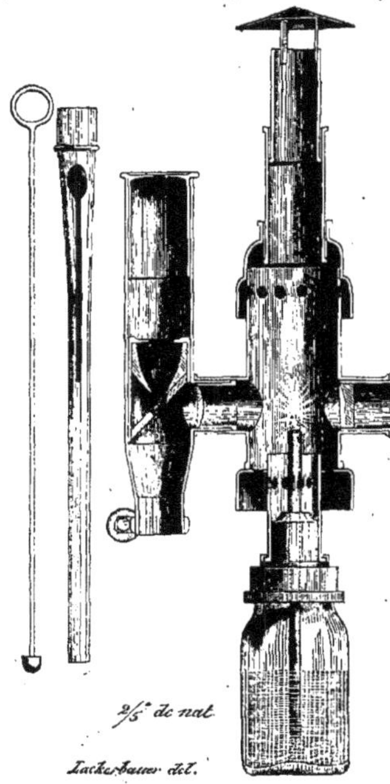

Fɪɢ. 291. — Sonde et embout de l'urétroscope.

Fɪɢ. 292. — Urétroscope de Desormeaux (coupe verticale).

— A droite, nous trouvons l'appareil d'éclairage comprenant : la lentille convergente, la source lumineuse et le réflecteur. La source lumineuse consiste en une lampe *à gazogène* (mélange d'alcool et d'essence de térébenthine), qui présente l'avantage de donner une flamme très éclairante sous un petit volume. La flamme est entourée d'une enveloppe cylindrique surmontée d'une cheminée d'appel qui active le tirage et rend la flamme plus fixe. L'air nécessaire à la combustion est fourni par une rangée de trous percés à la partie inférieure de l'enveloppe; une seconde rangée de trous située à la partie supérieure amène de l'air frais qui ralentit l'échauffement de l'appareil. Toutes ces ouvertures sont garnies de recouvrements pour empêcher que les courants d'air extérieurs ne se fassent sentir à la flamme. L'enveloppe est pourvue, à la hauteur du foyer de lumière, de deux tubulures latérales qui se font face : l'une d'elles reçoit à frottement un petit tube qui porte le miroir concave réflecteur ; l'autre donne entrée à une tubulure semblable qui renferme la lentille et qui fait partie du tube par lequel on regarde. De cette manière, l'axe du tube en question peut prendre telle inclinaison qu'on veut par rapport à l'horizon, pendant que la lampe conserve sa verticalité; dans la figure 292, le tube a été ramené dans une direction parallèle à celle de la lampe. Une virole de baïonnette sert à fixer la lampe à son enveloppe. — Le réflecteur et le miroir percé sont en argent.

La figure 291 représente la sonde et l'embout dont on la garnit pour l'introduire dans le canal de l'urètre; la fente longitudinale qu'on remarque sur la sonde sert au passage des instruments destinés, soit à absterger les parties, soit à pratiquer des opérations.

La figure 293 montre l'urétroscope disposé pour l'observation.

Fig. 293. — Urétroscope de Desormeaux, disposé pour l'observation.

M. Couriard a simplifié ce mode d'exploration en rendant l'appareil d'éclairage entièrement indépendant de la sonde, ce qui facilite le maniement de cette dernière, mais rend l'observation moins aisée par suite de l'obligation dans laquelle on se trouve de régler à chaque instant la direction de la lumière. Les rayons lumineux provenant d'une bonne lampe placée latéralement, sont concentrés à l'aide d'une lentille sur un réflecteur qui les renvoie dans la direction de la sonde. D'autres modifications ont été proposées par M. Ebermann, mais n'ont jamais été réalisées.

M. Mallez, adoptant une idée qui avait été rejetée par M. Desormeaux comme donnant des résultats insuffisants, a remplacé la lampe gazogène par une simple bougie. L'urétroscope de Mallez est représenté dans la figure 294, en coupe horizontale (F. 1) et en élévation (F. 2).

On voit qu'à part les modifications tenant au changement de source lumineuse, cet instrument ne diffère pas sensiblement de celui de Desor meaux. Cependant nous signalerons la suppression de la lentille collectrice et la présence d'un cône *t* à surface intérieure argentée, placé entre la flamme de la bougie et le miroir percé ; ce cône, largement ouvert du côté de la source lumineuse, a pour but de concentrer les rayons.

L'enveloppe de tôle qui entoure la bougie est double ; entre les deux parois circule un courant d'air qui empêche l'échauffement de l'appareil. Enfin, la bougie et son enveloppe peuvent être séparées du reste de l'instrument, ce qui permet d'utiliser la lumière solaire.

L'urétroscope de Mallez a été présenté le 6 octobre 1868 à l'Académie de médecine. Peu de temps auparavant (séance du 22 septembre), M. Langlebert avait fait connaître un instrument fort analogue, mais dans lequel la source lumineuse, rayons solaires ou bougie placée à distance, ne pouvait pas être rendue solidaire du reste de l'appareil.]

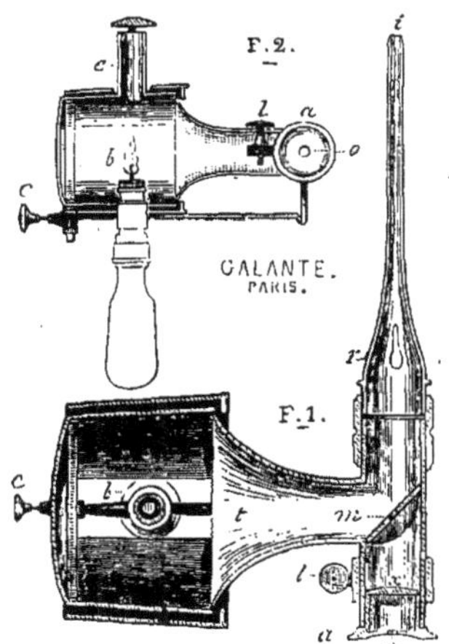

Fig. 294. — Urétroscope de Mallez. — F. 1. Coupe horizontale. — F. 2. Élévation. — *a)* Œilleton. — *b)* Bougie maintenue à une hauteur constante par un ressort renfermé dans le porte-bougie. — *c)* Vis pour régler le réflecteur. — *e)* Cheminée qui surmonte la flamme de la bougie. — *i)* Extrémité de la sonde. — *l)* Vis de pression. — *m)* Miroir percé. — *o)* Trou de l'œilleton contre lequel s'applique l'œil de l'observateur. — *r)* Partie évasée de la sonde. — *t)* Cône à surface argentée et à base tournée vers la source lumineuse. — *x)* Lentille oculaire.

[Bibliographie : A.-J. Desormeaux. *De l'endoscope et de ses applications au diagnostic et au traitement des affections de l'urètre et de la vessie.* Paris, 1865.
Couriard. Modification des Endoscops (*Petersb. med. Zeitschrift,* 1865, t. VIII, p. 52).
Ebermann. Ueber Endoscopie der Harnröhre, etc. (*Ibid.,* t. IX, p. 327).
Langlebert. Note sur un nouveau modèle d'urétroscope (*Bullet. de l'Acad. de méd.,* séance du 22 septembre 1868, et *Gaz. hebdomadaire de méd. et de chir.* 1868, n° 39, p. 316).
Mallez. Nouvel urétroscope (*Bullet. de l'Acad. de médec.,* séance du 6 octobre 1868, et *Gaz. hebdom.,* 1868, n. 41, p. 649.]

VI. — INTERFÉRENCE ET DIFFRACTION DE LA LUMIÈRE

CHAPITRE XVIII

INTERFÉRENCE DES ONDES LUMINEUSES

202. Conditions dans lesquelles se produit l'interférence de la lumière. — Nous abordons maintenant l'étude d'une série de phénomènes qui sont plus propres que tous ceux dont il a été question jusqu'ici à confirmer directement la théorie des ondulations lumineuses. En effet, ces phénomènes nous feront voir, pour ainsi dire, la vibration lumineuse ; non seulement ils prouveront jusqu'à l'évidence que la lumière est le résultat d'un mouvement vibratoire, mais encore ils nous donneront les éléments de ce mouvement, en nous permettant de calculer la longueur d'onde et la vitesse de la vibration ; ils nous mettront à même de déterminer la direction de la vibration et de décider si elle est transversale ou longitudinale.

L'*interférence* des ondes lumineuses se produit quand deux rayons de lumière qui suivent la même route viennent à se rencontrer. Ici, de même qu'en général dans l'interférence de deux mouvements vibratoires (cf. § 37), la superposition de deux demi-ondes positives, c'est-à-dire de deux protubérances, engendre une protubérance plus élevée, et la rencontre de deux dépressions donne une dépression plus profonde, tandis que si une demi-onde positive coïncide avec une demi-onde négative, le mouvement est détruit en partie ou en totalité. Comme l'amplitude de la vibration détermine l'intensité de la lumière, il en résulte que celle-ci augmente par l'interférence de deux demi-ondes de même sens et diminue, au contraire, ou même devient nulle quand les demi-ondes qui interfèrent sont de signe contraire.

Ainsi, en faisant suivre à deux rayons lumineux la même route, c'est-à-dire en ajoutant de la lumière à de la lumière, on peut obtenir, selon les cas, une lumière

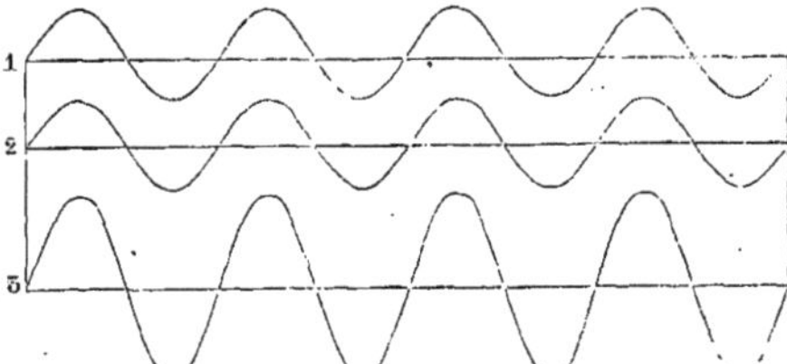

Fig. 295. — Renforcement de la lumière par l'interférence de deux ondes de même période et ayant une différence de phase égale à un nombre *pair* de demi-longueurs d'onde.

plus intense ou de l'obscurité. Si les deux rayons possèdent la même longueur d'onde, *ils interfèrent de manière à donner une lumière plus intense, quand leur différence de marche est nulle, ou égale à 1, 2, 3... lon-*

gueurs d'onde, en un mot, *quand elle est un nombre pair de demi-longueurs d'onde* $[2\,n\,\dfrac{\lambda}{2}\,]$ (fig. 295). Au contraire, *les deux rayons interfèrent de manière à s'entre-détruire et à produire de l'obscurité quand ils ont une différence de marche égale à un nombre impair de demi-longueurs d'onde* $[(2\,n\,+\,1)\,\dfrac{\lambda}{2}\,]$, c'est-à-dire quand leurs phases diffèrent de ¹/₂, 1 ¹/₂, 2 ¹/₂... longueurs d'onde (fig. 296).

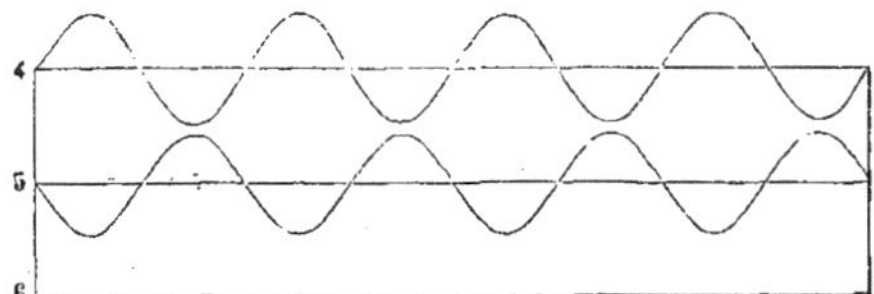

Fɪɢ. 296. — Extinction de la lumière par l'interférence de deux ondes de même période et ayant une différence égale de phase à un nombre *impair* de demi-longueurs d'onde.

Ces lois conduisent immédiatement à une méthode permettant d'étudier les phénomènes d'interférence. Il suffit , dans ce but, de produire deux ondes lumineuses qui , parties d'un même point ou de deux points très voisins, suivent sensiblement la même route, et de faire en sorte que l'un des mouvements soit en retard sur l'autre : alors il y aura accroissement de lumière toutes les fois que la différence de marche sera égale à un nombre *pair* de demi-longueur d'onde, et obscurité, quand la différence de marche sera un nombre *impair* de $\dfrac{\lambda}{2}$. Comme d'ailleurs les faits étudiés jusqu'ici ne nous ont encore rien appris sur la valeur de la longueur des ondes lumineuses, c'est à l'expérimentation seule que nous devons recourir pour déterminer quelle est la différence de marche qui produit, soit le renforcement, soit l'extinction de la lumière. Et c'est après avoir mesuré cette différence que nous aurons les éléments nécessaires pour calculer la longueur d'onde.

203. Expérience des miroirs de Fresnel. — L'expérience suivante, due à Fresnel, repose sur le principe qui vient d'être indiqué, et fournit la méthode la plus simple pour déterminer la longueur des ondes lumineuses.

Deux petits miroirs plans, en métal ou en verre noir, sont placés verticalement l'un à côté de l'autre de manière à former entre eux un angle excessivement obtus. En avant de ces miroirs, et près du bord externe de l'un d'eux, on dispose une source de lumière de dimensions aussi réduites que possible, au moins dans le sens horizontal. Les ondes lumineuses émanant de cette source vont se réfléchir sur les miroirs, et il en résulte deux systèmes d'ondes réfléchies qui se propagent dans les mêmes conditions que si elles partaient de deux points très voisins, ces points n'étant autres que les images de réflexion de la source lumineuse dans les miroirs. Par ce moyen, nous avons deux systèmes de vibrations qui sont parfaitement *synchrones*, c'est-à-dire constamment d'accord, et qui suivent sensiblement la même route: nous supposerons, en outre, que la lumière employée est *monochromatique* qu'elle ne renferme qu'une seule espèce de rayons, d'où résulte que la longueur d'onde est la même pour tous les rayons.

Cela posé, concevons qu'on joigne par une ligne droite les deux images virtuelles qui remplissent l'office de sources lumineuses, et que, sur le milieu de cette droite, et dans le plan horizontal qui la contient, on élève une perpendiculaire, laquelle coupera la ligne d'intersection des plans des miroirs; donnons à cette perpendiculaire le nom d'*axe*. Tout point de cet axe, étant à égale distance des deux centres virtuels d'ébranlement lumineux, correspondra à la rencontre de deux ondes qui n'auront pas de différence de marche et qui se trouveront, par conséquent, dans la même phase de vibration, comme aux points de départ ; dans ce cas, les deux mouvements interfèrent de manière à ajouter leur vitesse, et, par suite, à donner une lumière plus intense. Mais, si on s'écarte progressivement de l'axe, soit à droite, soit à gauche, on rencontre nécessairement un point où, la différence de marche étant de $\frac{1}{2}\lambda$, les rayons interfèrent de manière à s'entre-détruire ; en cet endroit, il doit donc y avoir obscurité. S'éloigne-t-on davantage de l'axe, on tombe sur un point où la différence de marche, est égale à λ ; il y a de nouveau maximum intensité lumineuse. En continuant à s'éloigner, on trouve un point répondant à une différence de marche de $\frac{3}{2}\lambda$, et conséquemment privé de lumière, et ainsi de suite. Les mêmes phénomènes se présentent dans tous les plans menés par la droite qui joint les deux images virtuelles, au-dessus et au-dessous du plan horizontal. Si donc on dispose, à une certaine distance en avant des miroirs, un écran vertical perpendiculaire à l'axe, on verra sur cet écran, de chaque côté du point où il est coupé par l'axe, une série de lignes alternativement brillantes et sombres ; la ligne centrale se trouvant sur l'axe est nécessairement brillante. Ces bandes sont désignées sous le nom de *franges*. La figure 297 montre l'aspect des franges ainsi produites ; BB désigne la frange centrale.

On donne ordinairement à la source lumineuse la forme d'un trait vertical très étroit et parallèle à l'intersection

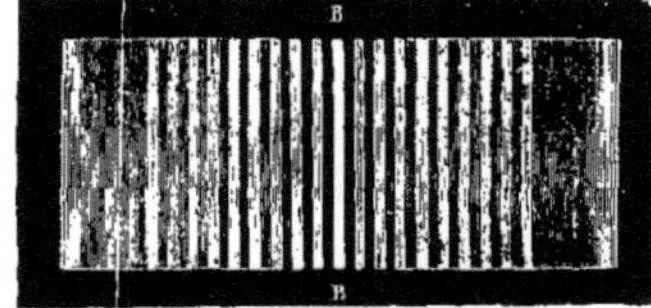

FIG. 297. — Franges d'interférence (expérience des *deux miroirs de Fresnel*).

des plans des miroirs, ce qui augmente l'éclat des franges d'interférence.

D'après les explications que nous avons données plus haut, on voit que les franges sombres correspondent à des différences de marche des rayons lumineux égales à un nombre impair de $\frac{\lambda}{2}$, tandis que les franges brillantes sont produites par des différences égales à un nombre pair de $\frac{\lambda}{2}$. Remarquons, en outre, que les franges sont sensiblement équidistantes.

Si on rapproche l'écran des miroirs, les franges se serrent davantage les unes contre les autres ; elles s'écartent, au contraire, quand on éloigne l'écran. Les mesures effectuées par Fresnel, aussi bien que l'analyse mathématique, prouvent, en effet, que l'ensemble des points qui, dans un plan perpendiculaire à la ligne d'intersection des miroirs, répondent à une frange d'un même ordre, forme une hyperbole qui a pour foyers les deux images de la source lumineuse.

204. Détermination de la longueur d'onde et du nombre des vibrations lumineuses. — L'expérience de Fresnel fournit un moyen très simple de calculer la longueur d'onde ; il existe, en effet, entre λ et la distance d_1 de la première frange brillante à la frange centrale une relation facile à trouver, et qui est la suivante :

$$\lambda = d_1 \sin \omega.$$

Nous désignons par ω l'angle que font entre elles les droites qui joignent la frange centrale aux deux images de la source lumineuse ; cet angle peut être mesuré directement ou calculé en fonction de l'angle des deux miroirs et de la distance de ceux-ci à l'écran. Quant à d_1, on le mesure directement.

En procédant de la même manière successivement pour toutes les couleurs simples, on arrive à déterminer les longueurs d'ondes correspondantes, et on constate que plus la couleur est réfrangible, plus les franges sont serrées et, par suite, plus λ est petit.

Nous donnons, dans le tableau suivant, les longueurs d'onde correspondantes aux principales raies du spectre, telles qu'elles résultent des mesures de Fraunhofer ; ces longueurs sont exprimées en *millièmes de millimètre* ou *micron* (μ) :

Raie B (rouge). . . . . $\lambda = 0\mu,6878$
» C (rouge. . . . . » $0\mu,6564$

$$\text{Raie D (jaune)} \ldots\ldots\ldots\ldots \lambda = 0\mu,5888$$

»	E (vert)	» 0μ,5260
»	F (bleu)	» 0μ,4843
»	G (violet)	» 0μ,4291
»	H (violet)	» 0μ,3928

Les nombres précédents représentent les longueurs d'onde dans l'air ; pour avoir leur valeur dans le vide, il faudrait multiplier ces nombres par le rapport $\dfrac{U}{V}$; mais ce rapport, dans lequel U désigne la vitesse de la lumière dans le vide et V la vitesse dans l'air, diffère peu de l'unité, de sorte que les résultats ne seraient pas sensiblement modifiés par cette correction.

Connaissant la longueur d'onde pour une couleur donnée, nous pouvons facilement calculer le nombre de vibrations correspondant. On a vu, § 32, qu'il existe entre la longueur d'onde λ, la vitesse de propagation du mouvement vibratoire V, et le nombre n des vibrations accomplies en une seconde, la relation :

$$\lambda = \frac{V}{n},$$

d'où nous tirons :

$$n = \frac{V}{\lambda}.$$

En prenant pour V le nombre 300.000 kilomètres (cf. § 129), et pour λ les valeurs précédemment obtenues, on trouve que le nombre des vibrations accomplies en une econde, s'élève :

Pour la raie B.	à	435	*trillions*,
»	C.	456	»
»	D.	509	»
»	E.	569	»
»	F.	630	»
»	G.	698	»
»	H.	764	»

205. Spectre d'interférence. — Dans l'expérience de Fresnel (§ 203), nous avons supposé, pour observer le phénomène d'interférence sous sa forme la plus simple, que nous opérions sur de la lumière monochromatique. Vient-on à prendre de la lumière composée, par exemple un faisceau de rayons solaires qui renferme des radiations de durée et de longueur d'onde différentes, le phénomène présente une apparence qu'on peut prévoir en combinant par la pensée les résultats obtenus avec de la lumière simple dont on fait varier successivement la réfrangibilité. Chaque couleur ayant son système de franges et celles-ci étant d'autant plus larges que la longueur d'onde est plus grande, les franges de même ordre des divers systèmes, à l'exception des franges centrales, ne se superposeront pas exactement, mais se placeront l'une à côté de l'autre, de manière à donner des franges irisées ou *spectres d'interférence*, dans lesquels le violet sera tourné du côté de la frange centrale, qui seule reste sensiblement blanche.

Ces spectres sont loin d'avoir la pureté de celui que donne la réfraction par les prismes, car les différentes couleurs n'y sont pas aussi bien séparées ; il y a, dans les divers points d'un même spectre, mélange d'un plus ou moins grand nombre de couleurs possédant des intensités inégales, et plus on s'éloigne de la frange centrale, plus les couleurs deviennent indistinctes.

206. Couleurs des lames minces. — Il existe encore diverses autres manières de faire apparaître des couleurs par voie d'interférence ; de tels phénomènes de coloration s'observent le plus fréquemment dans des lames très minces de milieux transparents ; aussi les désigne-t-on sous le nom de *couleurs des lames minces*. A cette catégorie de phénomènes appartiennent les riches teintes dont se parent les bulles de savon, quand leur enveloppe est suffisamment mince, les couleurs que présentent les lames de mica ou de verre qui ont une très faible épaisseur, quelques millièmes de millimètres seulement ; les ailes membraneuses de certains insectes, les écailles de poisson, une pellicule excessivement mince d'huile répandue à la surface de l'eau, etc., nous offrent des colorations du même genre.

Considérons une lame mince d'une substance transparente, limitée par deux faces parallèles et plongée dans un même milieu ; ce sera, par exemple, une lame de verre placée dans l'air. Soit DE (fig. 298) un rayon lumineux qui rencontre la première face de la lame en E ; ce rayon va donner naissance à un rayon réfléchi EE′ et à un rayon réfracté EF. Ce dernier se divise à son tour, en arrivant à la seconde face de la lame ; une partie se réfléchit suivant FG, l'autre traverse la face FK et sort définitivement de la lame. Quant à la portion réfléchie FG, elle émerge de la lame suivant GH, mais après avoir éprouvé une nouvelle réflexion qui en a renvoyé une partie dans la direction GK, et ainsi de suite. On voit que tout rayon qui pénètre dans l'intérieur de la lame y éprouve une succession de réflexions et de réfractions à la suite desquelles il fournit chaque fois un nouveau rayon ; mais,

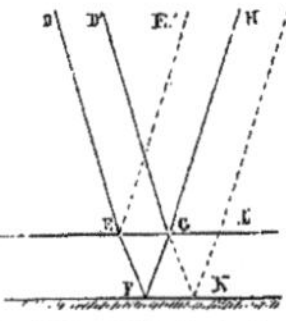

Fig. 298.— Théorie de l'apparition des couleurs dans les lames minces.

en même temps qu'il se multiplie, il perd de son intensité, et quand il a été réfléchi et réfracté à deux reprises, il est tellement affaibli qu'on peut se dispenser de le poursuivre dans sa marche ultérieure.

Couleur de la lumière réfléchie. — En résumé, la lumière réfléchie par la lame se compose de deux systèmes de rayons : les uns ont été renvoyés par la première face, les autres sont réfléchis par la seconde et ont ainsi subi deux réfractions. Les rayons incidents étant parallèles, tous les rayons réfléchis le sont également et se groupent nécessairement deux par deux pour suivre la même route, les rayons qui composent chaque groupe provenant de rayons incidents très voisins et appartenant par conséquent à des systèmes différents.

Soit, par exemple, GH la route suivie par un de ces couples de rayons réfléchis ; l'un des rayons de ce couple est fourni par la réflexion du rayon D′G sur la première face ; l'autre provient du rayon DE qui s'est réfracté suivant EF, et a été réfléchi par la seconde face dans la direction FG. Ces deux rayons vont interférer ; et, selon que leur différence de marche sera égale à

un nombre pair ou à un nombre impair de $\dfrac{\lambda}{2}$, ils ajouteront leur lumière ou

s'éteindront mutuellement (cf. § 202). Or, nous avons vu, § 42ª, que la réflexion d'une onde à la surface de séparation entre deux milieux occasionne

une perte de $\dfrac{1}{2}\lambda$ quand l'onde retourne dans le milieu le moins dense, et

qu'elle s'accomplit sans changement de phase quand l'onde est renvoyée dans le milieu le plus dense. Par conséquent, le rayon réfléchi sur la première face et qui provient du rayon incident D′G se trouve dans le même cas que s'il avait éprouvé un retard égal à $\dfrac{\lambda}{2}$, tandis que la réflexion sur la seconde, face, en F, n'a pas modifié la phase du mouvement du rayon FGH. Si donc l'épaisseur de la lame était infiniment petite par rapport à la longueur d'onde de la lumière considérée, les deux rayons réfléchis qui se propagent suivant GH auraient une différence de marche égale à $\dfrac{1}{2}\lambda$ et produiraient de l'obscurité. Quand l'épaisseur de la lame n'est pas nulle, si l'on suppose que les rayons tombent sous une incidence sensiblement normale, la différence des chemins parcourus est EF + FG, et il faut retrancher de cette différence la perte constante $\dfrac{\lambda}{2}$; par suite si EF + FG $= \dfrac{1}{2}\lambda$, les deux rayons auront des mouvements concordants et ils interféreront de manière à ajouter leur lumière; pour EF + FG $= 2\dfrac{\lambda}{2}$, la différence de phase sera $\dfrac{\lambda}{2}$, et les rayons s'entre-détruiront, d'où obscurité, et ainsi de suite.

Si l'incidence n'était pas normale, la différence des chemins parcourus par les deux rayons qui interfèrent suivant GH serait égale à la somme EF + FG augmenté de la distance du point G au pied de la perpendiculaire abaissée de E sur D'G, cette distance représentant, en effet, la différence de marche des deux rayons dans le premier milieu.

[Lorsqu'on emploie de la lumière homogène, l'interférence des rayons n'a d'autre effet que d'accroître ou de diminuer l'intensité de la lumière réfléchie. Mais avec de la lumière blanche, on observe une coloration qui dépend de l'épaisseur de la lame; car la longueur d'onde étant différente pour chaque couleur, chacune d'elles ne peut pas se trouver en même temps soit renforcée, soit affaiblie ou éteinte.]

Supposons toujours les rayons incidents sensiblement perpendiculaires à la lame et l'épaisseur de celle-ci assez minime pour qu'on puisse regarder le chemin EF + FG parcouru en plus par l'un des rayons comme égal à $2\,e$, e désignant l'épaisseur de la lame. Alors la différence de marche est :

$$2\,e - \frac{\lambda}{2}.$$

Si cette quantité représente un nombre pair de demi-longueurs d'onde, c'est-à-dire si $2\,e - \dfrac{\lambda}{2} = 2\,n\,\dfrac{\lambda}{2}$, d'où : $e = (2\,n + 1)\,\dfrac{\lambda}{4}$, les rayons sont concordants et l'intensité de la lumière réfléchie sera augmentée pour la couleur caractérisée par λ.

Au contraire, pour $2\,e - \dfrac{\lambda}{2} = (2\,n - 1)\,\dfrac{\lambda}{2}$, d'où : $e = 2\,n\,\dfrac{\lambda}{4}$, les rayons s'éteindront mutuellement.

On voit donc qu'il y aura *augmentation de lumière* pour les épaisseurs de lame égales à *un nombre impair de fois* $\dfrac{\lambda}{4}$, et *diminution*, pour des épaisseurs équivalentes à *un nombre pair* de $\dfrac{\lambda}{4}$.

Couleur de la lumière transmise. — Examinons maintenant le cas de la lumière transmise. Ici, de même que pour la réflexion, nous trouvons deux systèmes de rayons transmis, qui se superposent deux par deux. Chaque couple se compose d'un rayon qui a traversé directement la lame transparente et d'un autre qui s'est réfléchi deux fois dans l'intérieur de la lame, en F et en G, avant d'émerger. Ces deux rayons vont interférer et comme les deux réflexions successives qu'a subies le second rayon se sont faites dans le milieu le plus réfringent, la différence de phase qui existe entre les deux ondes ne peut provenir que de la différence de marche des deux rayons, c'est-à-dire du chemin parcouru en plus par le rayon réfléchi deux fois ; ce chemin est égal au double de l'épaisseur de la lame si on suppose l'incidence normale. On voit dès lors que l'interférence des rayons transmis donne de l'*obscurité* quand l'épaisseur de la lame est égale à un nombre *impair* de $\frac{\lambda}{4}$, et *une augmentation de lumière* quand cette épaisseur équivaut à un nombre *pair* de $\frac{\lambda}{4}$.

Le phénomène se présente donc dans un ordre précisément inverse, selon qu'on observe les rayons réfléchis ou transmis. [Si l'on opère sur de la lumière blanche, la lumière transmise fournit une coloration complémentaire de celle que produit la lumière réfléchie.]

207. Anneaux colorés de Newton. — Nous venons de voir que l'interférence des rayons réfléchis ou transmis par une lame très mince ayant partout la même épaisseur ne se révèle que par une augmentation ou un affaiblissement de la lumière quand celle-ci est homogène, ou par une coloration uniforme, quand la lumière est composée. Mais si la lame n'a pas ses faces exactement parallèles, si l'épaisseur varie d'un point à l'autre de manière à produire une différence de phase égale tantôt à un nombre pair, tantôt à un nombre impair de $\frac{\lambda}{2}$, le phénomène prend un caractère bien plus remarquable ; avec une lumière monochromatique on observe alors des places sombres à côté de places extrêmement brillantes ; avec la lumière blanche, les différentes parties de la lame sont diversement colorées. De semblables jeux de lumière se montrent dans une foule de substances transparentes réduites en lamelles très minces ; nous citerons, entre autres, les ailes membraneuses de certains insectes, les écailles de poisson, etc.

Lorsque l'épaisseur de la lamelle varie d'une manière régulière et continue à partir d'un point central et en rayonnant dans toutes les directions, les points pour lesquels l'interférence s'opère dans des conditions identiques se trouvent disposés symétriquement autour d'un centre ; il en résulte la formation de franges circulaires ou d'anneaux concentriques alternativement brillants ou sombres, si la lumière est homogène ; avec de la lumière blanche, les anneaux sont irisés sur leurs bords.

Tel est précisément le phénomène que l'on observe dans tout son éclat en répétant l'expérience dite des *anneaux colorés*. Pour cela, on pose sur une glace bien plane la surface convexe d'une lentille à courbure très faible ; on a ainsi entre les deux verres une lame d'air dont l'épaisseur croît par degrés insensibles, en allant du point de contact vers la circonférence. C'est dans l'intérieur de cette lame d'air que va se produire la différence de marche des rayons qui interféreront avec ceux du premier système, ces derniers étant des rayons réfléchis sans avoir pénétré dans la lame d'air. Les lois trouvées pour les couleurs des lames minces (§ 206) s'appliquent à ce cas particulier.

Supposons que nous opérions avec de la lumière simple, et que nous placions notre œil sur le trajet des rayons réfléchis : dans la région qui répond au point de contact de la plaque de verre avec la lentille, nous verrons une tache sombre ; car, en ce point, l'épaisseur de la lame d'air est nulle ; autour de cette tache centrale se montre un anneau brillant dont le maximum d'éclat correspond à une épaisseur $c = \dfrac{\lambda}{4}$; ensuite vient un anneau sombre pour

$e = 2\,\dfrac{\lambda}{4}$, puis un nouvel anneau brillant pour $e = 3\,\dfrac{\lambda}{4}$, et ainsi de suite. Ce cas est

représenté sur la figure 299. Dans la lumière transmise, l'ordre d'alternance des anneaux brillants ou sombres est interverti, et au centre se trouve une tache brillante.

Avec de la lumière blanche, les anneaux sont irisés. Vus par réflexion, ils présentent un centre obscur entouré d'un premier anneau, dans lequel les couleurs se succèdent dans l'ordre suivant : bleu, blanc, jaune, orangé, rouge ; le deuxième anneau est formé par le vert, le jaune, et le rouge ; le troisième anneau par le bleu foncé, le bleu, le vert, le jaune, le rouge, et ainsi de suite. Chacun de ces anneaux représente un spectre d'interférence dont les couleurs sont plus ou moins pures. (Pour la distribution exacte des couleurs dans les anneaux des différents ordres, voy. § 230.)

Fig. 299.
Anneaux colorés
de Newton, vus
par réflexion.

Les anneaux formés par la lumière transmise ont le centre blanc et leurs couleurs disposées dans un ordre inverse de celui qu'on observe dans les anneaux réfléchis, de sorte que les couleurs qui se montrent au même point par transmission et par réflexion sont complémentaires l'une de l'autre. Les anneaux transmis ont d'ailleurs moins d'éclat que les anneaux réfléchis, puisque l'un des rayons qui interfère dans le premier cas a subi deux réflexions et se trouve ainsi très affaibli.

Le phénomène des anneaux colorés a été observé pour la première fois par Hooke ; mais c'est Newton qui en a découvert les lois.

CHAPITRE XIX

DIFFRACTION DE LA LUMIÈRE

208. Nature et cause de la diffraction. — L'interférence des ondes joue un rôle important dans la diffraction de la lumière. On désigne sous ce nom la propriété que possèdent les rayons lumineux d'être déviés de leur direction, quand ils viennent à raser le bord d'un corps opaque.

Soit O (fig. 300) un centre d'ébranlement rayonnant de la lumière dans toutes les directions ; interceptons une portion des rayons à l'aide d'un corps opaque AK. Les rayons OA, OC, OB, etc., passeront sans obstacle et continueront à se propager en ligne droite ; mais le rayon OAA′ qui rase le bord de l'écran, ne forme pas la limite de séparation de l'ombre et de la lumière ; on constate que du point A du bord de l'écran partent d'autres rayons AE, AF, etc., qui cheminent dans une région de l'espace où il devrait y avoir obscurité complète, si la propagation de la lumière était toujours rigoureusement rectiligne. Ces rayons latéraux qui semblent ainsi émaner du bord de l'écran sont ce qu'on appelle des rayons *diffractés*. [On aperçoit, en outre, du côté opposé à l'ombre, une série de bandes très brillantes parallèles au bord de l'écran et séparées les unes des autres par des bandes de moindre éclat.]

Ces résultats paraissent en désaccord avec ce qu'on observe habituellement, et cependant ils sont la conséquence forcée de la théorie des ondulations. Il est facile de les expliquer à l'aide du *principe d'Huyghens*, et si, dans les circonstances ordinaires ces phénomènes passent inaperçus, cela tient à ce qu'en général la source lumineuse a une trop grande étendue, et qu'alors la présence de la pénombre masque les effets de la diffraction.

Dans un milieu constitué de manière à transmettre le mouvement vibratoire dans toutes les directions, chaque point de la surface d'une onde devient l'origine d'une nouvelle onde qui se propage

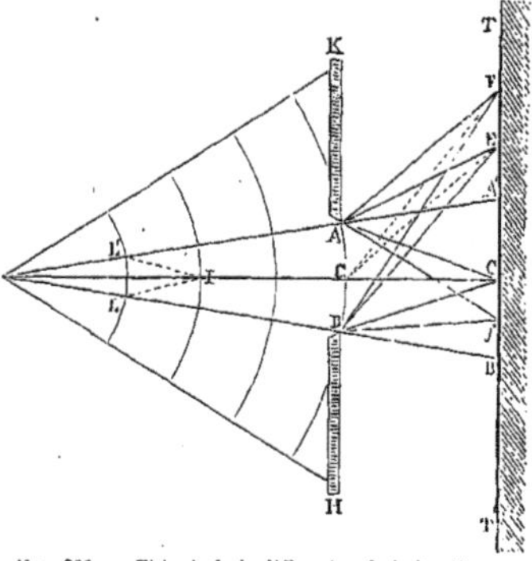

Fig. 300. — Théorie de la diffraction de la lumière.

en tout sens; car, en vertu des lois générales qui régissent la propagation du mouvement vibratoire, toute rupture d'équilibre qui se produit en un point quelconque, détermine la formation d'une onde. Si, par exemple, nous considérons l'onde partie du point lumineux O (fig. 300) au moment où elle est arrivée en A B, chaque point de la surface de cette onde, tel que C, devient à son tour l'origine d'une nouvelle onde, puisque les vibrations de la molécule C se communiquent aux molécules environnantes de la même manière que l'ébranlement de la molécule O s'est transmis de proche en proche jusqu'en C. En un mot, *la surface d'une onde quelconque peut être regardée comme le lieu géométrique d'une série de centres d'ondes secondaires.*

Il semblerait résulter de là qu'un point tel que C', situé sur l'écran TT', devrait recevoir de la lumière de tous les points de la surface de l'onde AB. Comment se fait-il dès lors qu'il n'arrive au point C' que de la lumière venant du point de la surface de l'onde qui se trouve sur la droite menée du centre lumineux primitif O au point éclairé C'; qu'en d'autres termes, la lumière se propage en ligne droite de O en C'?

On lève la difficulté à l'aide du *principe d'Huyghens* en supposant la surface de l'onde AB divisée de part et d'autre du point C, qui se nomme le *pôle* du point éclairé C', en une série d'arcs élémentaires dont les distances respectives au point C' diffèrent de $\dfrac{\lambda}{2}$ d'un arc au suivant. On voit alors que les rayons qui partent de ces différents points pour aboutir en C', se neutralisent très sensiblement deux à deux, à l'exception du premier arc voisin du pôle, qui, en raison de son étendue plus considérable, n'a pas toute sa lumière détruite par l'interférence des rayons émanés des arcs adjacents. Donc, en définitive, le point C' ne reçoit de la lumière que dans la direction de son pôle C.

Il en est autrement quand une portion de l'onde est arrêtée dans sa marche par un corps opaque, tel que AK. [Dans ce cas, tout point, tel que C', de la partie de l'écran située dans la lumière, recevra une quantité *maxima* ou *minima* de rayons lumineux, selon que le corps opaque laissera à découvert, à partir du pôle C, un nombre impair ou pair d'arcs élémentaires. De là l'apparition sur l'écran à partir de A', en allant vers B', d'une série de franges brillantes séparées par des intervalles de moindre éclat.] D'autre part, de l'autre côté de A', dans l'espace que devrait occuper l'ombre géométrique, la surface de l'écran est illuminée avec une intensité qui va en s'affaiblissant graduellement à partir de A' jusqu'à une faible distance où toute lumière cesse d'être visible. Cette lueur est produite par la partie de l'onde laissée à découvert. Quant au point A', il possède un éclairement moindre que celui qu'il aurait si le corps opaque ne lui masquait pas en partie le premier arc élémentaire qui lui correspond sur l'onde AB.

209. Interférence des ondes diffractées. Spectre de diffraction. — Plaçons maintenant un second corps opaque BH en regard et très près du premier AK (fig. 300) : le bord de chacun de ces corps diffractera la lumière qui traverse l'ouverture AB, et, si celle-ci est très étroite, les rayons diffractés pourront interférer.

Considérons les deux rayons diffractés AE et BE (fig. 300) qui aboutissent au point E : ces rayons ont une différence de marche puisque la distance du point E aux points A et B, n'est pas la même ; ils interféreront donc de manière à se détruire si leur différence de marche est égale à un nombre impair de $\frac{\lambda}{2}$. Quant aux rayons compris dans l'intervalle des deux premiers, nous pouvons, en menant le rayon médian CE, les diviser en deux pinceaux. Or, deux rayons symétriquement placés par rapport à CE auront entre eux une différence de marche d'autant plus grande qu'ils seront plus éloignés du rayon médian, et inversement ; donc, en somme, le faisceau entier AEB donnera moins de lumière que chacun des pinceaux partiels AEC ou BEC considérés isolément.

Si, au contraire, les rayons extrêmes AF et BF ont une différence de marche égale à un nombre pair de $\frac{\lambda}{2}$, ils interféreront de manière à se renforcer mutuellement et il en sera de même des deux pinceaux partiels qui composent le faisceau AFB. Il en résultera que le point F sera vivement éclairé, tandis que le point E paraîtra sombre ; au delà de F, on trouverait un second point sombre, puis un nouveau point de maximum d'éclat, et ainsi de suite. On observera donc sur l'écran TT', de part et d'autre de la partie centrale éclairée, une série de bandes ou franges alternativement brillantes et sombres, le passage de l'une à l'autre s'opérant par degrés insensibles.

Avec de la lumière simple, les franges sont brillantes ou sombres, mais ne présentent qu'une seule couleur, et elles sont d'autant plus étroites que le degré de réfrangibilité de la lumière employée est plus élevé. On a donc, dans ce phénomène de diffraction, un nouveau moyen de mesurer la longueur d'onde des différentes couleurs.

En opérant sur de la lumière blanche, on obtient, au lieu de bandes alternativement brillantes et sombres, une série de franges irisées dont les couleurs se succèdent exactement dans le même ordre que celles des anneaux colorés de Newton. Chacune de ces franges représente un spectre dit de *diffraction*.

[Nous venons de voir l'origine des franges *extérieures* ; mais il existe une autre série de franges qui prennent naissance dans la partie A'B' de l'écran directement éclairée par la source lumineuse ; ce sont les franges *intérieures*. Leur mode de production est semblable à celui des franges extérieures.]

210. Phénomènes de diffraction produits par des ouvertures multiples. — Quand, au lieu de laisser passer la lumière par une ouverture unique, on prend plusieurs ouvertures, chacune d'elles donne son système de franges. Mais si les ouvertures sont très rapprochées les unes des autres, les franges des différents systèmes se superposent partiellement et le phénomène se complique davantage. Deux ouvertures, par exemple, donnent une nouvelle série de franges que Fraunhofer nomme spectres de *deuxième classe,* pour les distinguer des spectres de *première classe* qu'on obtient avec une seule ouverture. Avec trois ouvertures, on voit apparaître d'autres spectres, dit de *troisième classe* et qui se placent entre les précédents. Si on augmente encore le nombre des ouvertures, il ne se forme plus de nouvelles classes de spectres, mais ceux qui existent déjà se modifient ; les spectres de deuxième classe ne changent pas, tandis que ceux de troisième se resserrent de plus en plus jusqu'à devenir presque invisibles.

SPECTRES PRODUITS PAR LES RÉSEAUX. — On obtient de magnifiques effets de diffraction avec les réseaux. Le terme de *réseau* désigne en optique une série de raies alternativement opaques et transparentes, très rapprochées les unes des autres et équidistantes ; les traits gravés au diamant sur une plaque de verre pour construire un micromètre constituent un réseau *parallèle* dans lequel les intervalles qui existent entre deux traits consécutifs représentent des ouvertures. Si on regarde à travers un tel système d'ouvertures une fente lumineuse dont la direction soit parallèle à celles des stries du réseau, on aperçoit cette fente comme on la verrait à l'œil nu ; mais, en outre, de part et d'autre de ce trait central, on observe un espace noir assez large, suivi d'un spectre dont le violet est en dedans ; viennent ensuite un second espace obscur moins large que le premier, puis une série de spectres de plus en plus étalés et empiétant de plus en plus les uns sur les autres. Les couleurs du premier spectre sont si pures qu'on y peut facilement distinguer les principales raies de Fraunhofer ; de là, un moyen, le plus précis de tous, de mesurer la longueur d'onde de chaque couleur. [Le spectre de diffraction est appelé spectre normal, parce que les différentes couleurs y occupent des positions dont les distances respectives sont proportionnelles aux longueurs d'onde correspondantes, tandis que dans le spectre de réfraction elles s'étalent à des distances qui varient avec la substance du prisme.]

[Les barbes d'une plume d'oiseau représentent un réseau naturel qui donne aussi des spectres de diffraction. On peut également observer des effets de ce genre, en regardant la flamme d'une bougie, les paupières presque closes ; les cils, par leur juxtaposition, forment un réseau plus ou moins régulier.] [Les stries de la fibre musculaire donnent aussi dans les mêmes conditions un spectre qui a été observé pour la première fois par M. Ranvier.]

[La réflexion de la lumière sur des corps dont la surface présente des stries alternativement polies et ternes produit les mêmes effets que les réseaux ; telle est l'origine des reflets irisés de la nacre de perle.

EMPLOI DES RÉSEAUX POUR LE DIAGNOSTIC DE L'ACHROMATOPSIE. — Les spectres d'interférence des réseaux ont reçu une application médicale. M. Edmond Rose s'en est servi pour le diagnostic de l'achromatopsie. On désigne sous les noms d'*achromatopsie,* de *dyschromatopsie,* de *daltonisme* ou de *cécité des couleurs,* une affection particulière du sens de la vue, par suite de laquelle on ne voit pas certaines couleurs, ou bien on les

confond avec d'autres. Il existe deux classes de daltonistes ; la première,
de beaucoup la plus nombreuse, comprend les individus qui ne perçoivent
pas la couleur rouge, et qui, par conséquent, confondent toutes les couleurs où il entre du *rouge*, avec d'autres qui n'en renferment point, et qui,
en raison de ce fait, offrent la teinte complémentaire, le *vert*. Or, nous avons
vu qu'en regardant à travers un réseau à lignes parallèles (micromètre
de microscope) un trait lumineux où simplement la flamme d'une bougie,
on aperçoit de part et d'autre de la source lumineuse une série de spectres
dont le premier seul est complètement isolé ; le rouge du deuxième empiète
déjà sur le violet du troisième ; mais si l'observateur n'a pas la sensation du
rouge, il verra un espace obscur entre le deuxième et le troisième spectre.]

CouRONNES IRISÉES PRODUITES PAR DES CORPUSCULES. ANNEAUX COLORÉS
DANS LE GLAUCOME. — Il convient de rattacher aux phénomènes des réseaux les cercles colorés qu'on aperçoit autour d'une source lumineuse
(soleil, lune, flamme de bougie, etc.), lorsqu'entre le foyer de lumière et
l'œil de l'observateur se trouvent interposés un grand nombre de corpuscules opaques, laissant entre eux de petits intervalles pour le passage des
rayons lumineux. C'est ainsi qu'en répandant sur une lame de verre une
légère couche de poudre de lycopode ou des globules sanguins, ou plus
généralement des corpuscules dont le plus grand nombre soient égaux, on
observe, quand on regarde la flamme d'une bougie à travers cette lame,
trois ou quatre anneaux irisés ayant le violet en dedans ; la source lumineuse
occupe le centre de ces anneaux, et le diamètre d'un même anneau est en
raison inverse de la grosseur des corpuscules.

La théorie de ces phénomènes a été donnée par Babinet et par Verdet ;
ce dernier physicien a montré que la surface d'onde qui coïncide avec le
plan des corpuscules, peut être remplacée par une surface opaque munie
d'ouvertures ayant les mêmes dimensions et la même position que ces corpuscules.

On observe dans le glaucome un symptôme curieux, qui trouve son explication dans les effets de diffraction dont il vient d'être question. Le *glaucome*
est une affection de l'œil caractérisée par une augmentation de la pression
intra-oculaire, et qui s'accompagne fréquemment de poussées inflammatoires,
pendant lesquelles une fine poussière organique se répand dans la chambre
antérieure et y occasionne le trouble de l'humeur aqueuse. C'est à ce moment
que les malades voient autour de la flamme d'une bougie des anneaux irisés.]

VII. — **POLARISATION ET DOUBLE RÉFRACTION DE LA LUMIÈRE**

CHAPITRE XX

POLARISATION DE LA LUMIÈRE

211. Polarisation rectiligne. — Les phénomènes d'interférence prouvent péremptoirement que la lumière consiste dans un mouvement vibratoire, mais ils ne nous apprennent rien sur la direction des vibrations par rapport au rayon suivant lequel se propage le mouvement.

Nous avons montré (V. liv. I, chap. IV) qu'il existe deux formes principales de vibrations : les vibrations *longitudinales* et les *transversales*. L'étude des sons nous a offert des exemples de ces deux espèces de mouvements. Il s'agit de savoir si les vibrations lumineuses sont longitudinales comme les ondes sonores qui se propagent dans l'air, ou si elles sont transversales comme les vibrations des cordes.

La comparaison suivante, toute grossière qu'elle est, aidera à faire comprendre la manière différente dont se comporte une vibration selon qu'elle est longitudinale ou transversale. Imaginons qu'on laisse tomber des aiguilles sur un crible dont le fond horizontal porte une série de fentes rectilignes et parallèles entre elles: si les aiguilles ont leur axe dirigé verticalement, c'est-à-dire perpendiculairement au plan du crible, elles passeront à travers ce dernier, quelle que soit l'orientation des fentes ; si, au contraire, les aiguilles ont leur axe dans une position horizontale, celles-là seules qui seront parallèles aux fentes traverseront le crible. Supposons que les aiguilles soient parallèles entre elles et que, pour une certaine position du crible, elles le traversent toutes, il n'y en aura plus une seule qui pourra passer, si on fait tourner le crible de 90° autour d'un axe vertical.

MODIFICATION QU'ÉPROUVE LA LUMIÈRE DANS SON PASSAGE A TRAVERS UNE PLAQUE DE TOURMALINE. — Il existe des corps qui se comportent à l'égard de la lumière comme le crible, dont nous venons de parler, le fait par rapport aux aiguilles qui se présentent pour le traverser. Prenons, par exemple, deux plaques de *tourmaline* (silico-borate d'alumine, de fer et de métaux alcalins et alcalino-terreux, en proportions variables, cristallisant dans le système *rhomboédrique* ou IVme syst.), taillées parallèlement à l'axe du cristal ; plaçons-les l'une derrière l'autre et faisons tomber perpendiculairement au système un pinceau de rayons lumineux : on remarque alors que, suivant l'orientation respective des plaques l'une par rapport à l'autre, la lumière passe ou est interceptée. Lorsque les axes des deux tourmalines (il s'agit ici de l'axe cristallographique) sont parallèles, le système est transparent; lorsque les axes sont croisés, c'est-à-dire tournés de 90° l'un par rapport à l'autre, la lumière ne traverse plus l'ensemble des deux plaques, bien que chacune d'elles séparément soit transparente.

[Ces expériences, et une foule d'autres relatives aux effets de la lumière polarisée, sont faciles à répéter à l'aide de la *pince à tourmalines*. Ce petit appareil, représenté dans la figure 301, se compose de deux plaques de tourmaline parallèles à l'axe, enchâssées chacune dans un disque métallique et représentant ce que l'on appelle un *polariseur* P et un *analyseur* A. Les disques sont eux-mêmes montés dans deux anneaux qui représentent les extrémités d'un ressort contourné en forme de pince et destiné à appliquer les plaques l'une contre l'autre; les disques peuvent tourner dans les anneaux qui leur servent de monture, ce qui permet de donner aux axes des tourmalines telle orientation qu'on désire.]

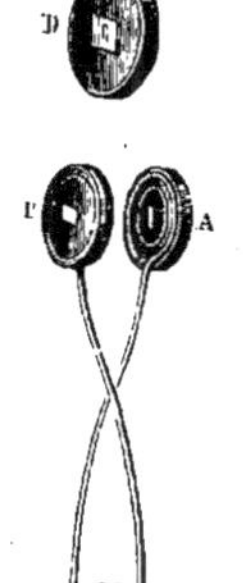

Fig. 301. — Pince à tourmalines. — A et P, Disques métalliques dans chacun desquels est enchâssée une plaque de tourmaline parallèle à l'axe. — D, Disque en liège portant le cristal C, dont on veut étudier les propriétés optiques.

Des phénomènes décrits ci-dessus, nous tirons deux conclusions : la première, c'est que la tourmaline ne possède pas une structure moléculaire identique dans toutes les directions, mais qu'elle appartient à la classe des milieux *anisotropes* (cf. § 43ᵃ, p. 72); la seconde, que la lumière qui a traversé une plaque de tourmaline n'est pas constituée de la même manière dans toutes les directions perpendiculaires au trajet du rayon lumineux. Cette absence de symétrie autour du rayon transmis par une tourmaline est tout à fait incompréhensible si on admet que les vibrations lumineuses se font dans le sens suivant lequel se propage la lumière; elle s'explique, au contraire, tout naturellement dans l'hypothèse de vibrations transversales. Nous pouvons dès lors nous rendre compte du mode d'action de la tourmaline sur la lumière qui la traverse ; ce milieu réfringent ne laisse passer que les vibrations lumineuses qui s'effectuent dans un azimut déterminé par rapport à l'axe cristallographique de la plaque; la lumière transmise est donc composée de vibrations transversales qui ont toutes la même direction; par conséquent elle ne pourra traverser une seconde tourmaline que si les axes des deux plaques sont parallèles ; dans le cas contraire, la lumière ne passera pas.

211ᵃ. Plan de polarisation et de vibration. Orientation des vibrations dans la lumière polarisée et dans la lumière naturelle. — On dit que la lumière est *polarisée rectilignement*, quand, par suite de son passage à travers une tourmaline ou par tout autre moyen, elle a subi une modification telle que toutes les vibrations qui la composent soient orientées de la même manière, en sorte qu'elles s'effectuent toutes dans un même plan.

On appelle *plan de polarisation* d'un rayon le plan qui contient à la fois le rayon considéré et l'axe cristallographique de la tourmaline, cet axe occupant la position dans laquelle le rayon polarisé ne passe pas. Nous admettrons avec Fresnel que la tourmaline ne laisse passer que les vibrations perpendiculaires à son axe ; il s'ensuit que les vibrations qui composent un rayon polarisé s'effectuent dans un *plan de vibration* qui est *perpendiculaire au plan de polarisation*.

Supposons, par exemple, que le plan de vibration soit celui de la figure 302 ; les oscillations des atomes vibrants s'accomplissent de part et d'autre de la droite AE qui représente le rayon polarisé, et il en résulte une onde linéaire ABCDE dont les monts et les vaux sont tous situés dans un même plan. Si l'on imagine un second plan perpendiculaire au précédent et le coupant suivant la droite AE, on a le plan de polarisation.

De ce que la lumière ordinaire ou *naturelle* traverse une tourmaline, quelle que soit l'orientation de l'axe cristallographique de la

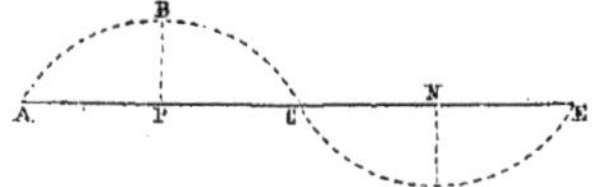

Fig. 302. — Direction des vibrations lumineuses dans un rayon polarisé rectilignement.

plaque, nous devons en conclure qu'un rayon de lumière naturelle est produit par des vibrations qui sont aussi transversales, mais qui s'exécutent dans des directions sans cesse variables, en sorte qu'il en est toujours dans le nombre qui ont l'orientation requise pour pouvoir traverser une plaque de tourmaline.

212. Interférence des rayons polarisés. — Les phénomènes qu'on observe dans l'interférence de la lumière polarisée prouvent directement que les vibrations d'un rayon polarisé sont normales au rayon et qu'elles s'effectuent toutes dans le même plan. En effet, si l'on fait interférer deux rayons polarisés de la même manière, c'est-à-dire dont les plans de polarisation sont parallèles, on constate une similitude parfaite entre les phénomènes produits dans ces conditions et ceux que donne l'interférence de la lumière naturelle. Prend-on, au contraire, deux rayons polarisés à angle droit, c'est-à-dire dont les plans de polarisation sont perpendiculaires l'un à l'autre, on ne peut plus les faire interférer : quelle que soit la différence de marche des deux rayons, on ne parvient pas à les détruire l'un par l'autre. Ainsi donc, *deux rayons polarisés à angle droit n'interfèrent pas*.

On démontre facilement l'interférence des rayons polarisés dans le même plan, au moyen de l'expérience des deux miroirs de Fresnel (V. § 203), en ayant soin d'interposer entre la source lumineuse et le système des miroirs une plaque de tourmaline ; les rayons réfléchis se trouvent alors polarisés dans le même plan, et les franges d'interférence apparaissent comme si l'on avait employé de la lumière naturelle.

Pour démontrer que les rayons polarisés à angle droit n'interfèrent pas, on a recours à la diffraction par deux ouvertures très voisines. Plaçons devant chaque ouverture une tourmaline, et donnons aux axes des deux tourmalines des directions parallèles ; l'interférence des rayons diffractés se produira exactement de la même manière que si l'on opérait sur de la lumière naturelle ; nous verrons apparaître non seulement les franges résultant de la diffraction produite par chaque ouverture séparément, mais encore les franges dues à l'interférence mutuelle des rayons diffractés par l'une des ouvertures avec ceux de l'autre. Tournons l'une des tourmalines de 90°, et aussitôt les franges de deuxième classe disparaissent ; celles de la première classe subsistent seules.

De ce fait que deux rayons polarisés à angle droit donnent toujours la même intensité lumineuse, quelle que soit leur différence de marche, il faut nécessairement conclure que les vibrations lumineuses sont normales au rayon, qu'en d'autres termes, elles appartiennent à la catégorie des vibrations transversales ; car, pour peu que la vibration fût inclinée, on pourrait la décomposer en deux mouvements, l'un perpendiculaire et l'autre parallèle au rayon; et alors les composantes parallèles devraient nécessairement se renforcer ou s'affaiblir mutuellement.

213. Polarisation par réflexion.

213. Polarisation par réflexion. — Le passage de la lumière à travers une plaque de tourmaline n'est pas le seul moyen que nous ayons pour polariser les rayons lumineux. Ceux dont nous allons nous occuper sont éminemment propres à élucider la nature de la lumière polarisée.

Sur le miroir de verre noir AB (fig. 303) faisons tomber un rayon lumineux LI sous l'incidence de 54°35′; le rayon réfléchi IR qui prendra naissance aura acquis la propriété de ne plus pouvoir être réfléchi par un second miroir CD que dans certaines conditions. Si, par exemple, l'angle d'incidence sur la seconde glace est aussi de 54°35′, et que les plans des deux surfaces réfléchissantes soient parallèles, le rayon IR se réfléchira presque sans perte dans la direction RL′; mais. à mesure qu'on fait tourner le miroir CD autour de IR comme axe, de manière à obtenir entre le plan d'incidence sur la première glace et le plan d'incidence

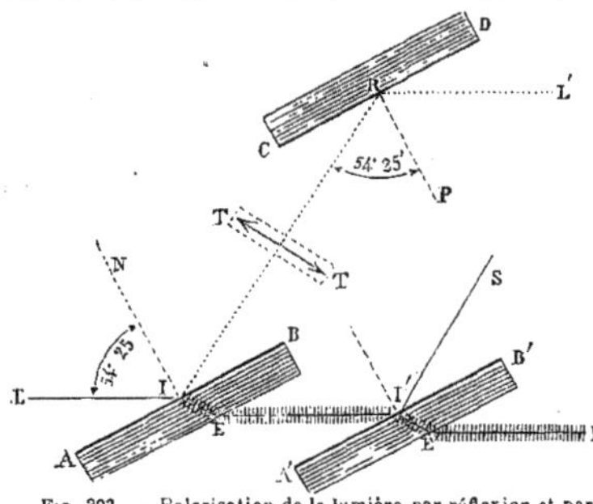

Fig. 303. — Polarisation de la lumière par réflexion et par réfraction.

sur la seconde un angle de plus en plus grand tout en conservant à l'incidence la même valeur, l'intensité du rayon réfléchi par la lame CD diminue progressivement jusqu'à ce qu'elle devienne nulle, quand les deux plans d'incidence sont perpendiculaires l'un à l'autre; à ce moment-là, le miroir CD ne réfléchit plus aucune portion de la lumière qui lui est renvoyée par le miroir AB.

Nous voyons donc que les deux miroirs de verre se comportent l'un à l'égard de l'autre comme deux plaques de tourmaline; et en effet, on peut, sans modifier les résultats, substituer une de ces plaques à chaque lame de verre. Supposons, par exemple, qu'au lieu de recevoir sur la glace CD le rayon réfléchi IR nous le fassions tomber sur une tourmaline; dans ce cas, le rayon en question sera éteint si l'axe TT est situé dans le plan de réflexion; au contraire, il traversera presque sans déperdition, si l'axe de la tourmaline est perpendiculaire au plan de réflexion.

. Nous en concluons, conformément à la définition donnée au § 211ª, que le rayon réfléchi par le miroir AB est polarisé dans le plan qui passe par l'axe TT de la tourmaline, c'est-à-dire dans le plan d'incidence LIR; par conséquent, les vibrations du rayon IR s'effectuent dans une direction perpendiculaire au plan de la figure; c'est ce que nous avons voulu indiquer en représentant ce rayon par une série de points, chacun de ces points figurant la projection de la trajectoire décrite par la molécule oscillante.

Et la preuve, d'ailleurs, que la réflexion polarise la lumière dans le plan d'incidence, c'est la manière dont le second miroir CD se comporte à l'égard du rayon IR réfléchi par le premier.

213ª. Angle de polarisation. Loi de Brewster. — On observe les mêmes phénomènes de polarisation quand on remplace les lames de verre par toute autre substance polie; seulement, l'angle sous lequel il faut faire tomber la lumière pour obtenir le maximum de polarisation varie avec la nature de la surface réfléchissante. On appelle *angle de polarisation* d'une substance l'angle d'incidence pour lequel le rayon réfléchi est complètement polarisé. Cet angle est de 54°35′ pour le verre, de 52°45′ pour l'eau, de 57°22′ pour le cristal de roche, de 68°8′ pour le diamant, etc.

D'après une loi découverte par Brewster, il existe une relation fort remarquable entre l'angle de polarisation et l'indice de réfraction d'une substance : *la tangente de l'angle de polarisation est égale à l'indice de réfraction.* Si nous désignons l'angle de polarisation par p et l'indice de réfraction par n, nous avons donc :

$$\operatorname{tg} p = n.$$

[Connaissant l'une des deux quantités p ou n, on peut calculer l'autre. C'est ainsi qu'on a été à même de déterminer l'indice de réfraction des substances opaques.]

La loi de Brewster peut être présentée sous une autre forme: soit, en effet, LI (fig. 304) le rayon lumineux rencontrant, sous l'angle de polarisation LIN $= p$, la surface de séparation AB entre deux milieux inégalement réfringents; soient IR le rayon réfléchi correspondant, lequel est polarisé dans le plan d'incidence, et IT le rayon réfracté qui est, ainsi qu'on le verra § 214, polarisé dans un plan perpendiculaire. Désignant par r l'angle de réfraction N'IT, nous avons, en vertu de la loi générale de la réfraction :

$$\frac{\sin p}{\sin r} = n. \quad \ldots \quad (1)$$

Or, on sait, d'après un théorème de trigonométrie, que la tangente d'un angle est égale au rapport entre le sinus et le

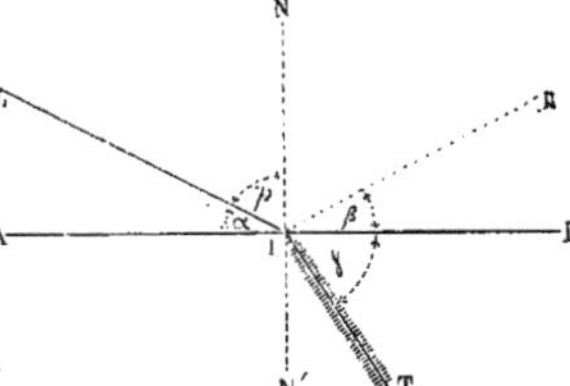

Fɪɢ. 304. — Démonstration de la loi de Brewster relative à l'angle de polarisation.

cosinus de cet angle; nous pouvons donc poser: $\operatorname{tg} p = \dfrac{\sin p}{\cos p}$, et, en vertu de la loi de Brewster :

$$\frac{\sin p}{\cos p} = n. \quad \ldots \quad (2)$$

Des deux équations (1) et (2), nous tirons :

$$\frac{\sin p}{\cos p} = \frac{\sin p}{\sin r}, \quad (3)$$

d'où :

$$\cos p = \sin r; \quad (4)$$

pour que ces deux lignes trigonométriques soient égales, il faut que les angles p et r soient complémentaires, c'est-à-dire que leur somme égale un angle droit.

Mais l'angle p a aussi pour complément l'angle α ou son égal β ; donc $\beta = r$; d'autre part, l'angle N'IT ou r a pour complément l'angle BIT ou γ; donc $p = \gamma$. Par conséquent les angles β et γ sont complémentaires, et, par suite, le rayon IR est perpendiculaire au rayon IT.

La loi de Brewster s'énonce alors de la manière suivante: *lorsqu'un rayon lumineux tombe sur une surface sous l'angle de polarisation, le rayon réfléchi est perpendiculaire au rayon réfracté.*

214. Polarisation par réfraction. — La lumière est aussi polarisée par la réfraction. Pour le démontrer, on remplace les miroirs de verre noir par deux lames de verre transparent AB et A'B' (fig. 303). Faisons de nouveau tomber sur la première lame un rayon lumineux LI sous l'angle de 54°35' : nous obtiendrons, comme précédemment, un rayon réfléchi IR polarisé dans le plan d'incidence et, en outre, un rayon réfracté IE qui traversera la lame et émergera suivant EI' ; or, ce rayon réfracté étant reçu sur une seconde lame de verre parallèle à la première, la traversera sans perte notable suivant l'E'L'' ; une très faible portion seulement se réfléchira dans la direction I'S. Mais, si on fait tourner la plaque A'B' de 90° autour de EI' comme axe, la majeure partie du rayon EI' est réfléchie et il n'en passe qu'une portion insignifiante. De là résulte que le rayon EI' est polarisé dans un plan perpendiculaire au plan de la figure, c'est-à-dire au plan d'incidence; par suite, les vibrations se font dans le plan d'incidence, mais toujours normalement au rayon ; c'est ce qu'indiquent sur la figure les hachures transversales placées sur le trajet du rayon IEI'E'L''.

Nous ferons remarquer que la polarisation du rayon réfracté n'est pas complète, puisqu'un peu de lumière traverse encore la seconde plaque A'B', alors même que celle-ci est orientée de manière que les deux plans d'incidence soient perpendiculaires l'un à l'autre.

Si maintenant on compare l'intensité du rayon IR réfléchi par la plaque AB avec celle du rayon I'S réfléchi par la plaque A'B', quand les plans d'incidence correspondants sont perpendiculaires entre eux, on trouve que ces intensités sont sensiblement égales. D'où il suit que le rayon réfracté IEI', et le rayon réfléchi IR contiennent la même quantité de lumière polarisée, le rayon IR étant d'ailleurs entièrement polarisé.

En résumé, lorsqu'un rayon lumineux rencontre la surface polie d'un milieu transparent, il donne naissance à un *rayon réfléchi polarisé dans le plan d'ncidence et à un rayon réfracté polarisé dans un plan perpendiculaire au pemier*, et les deux rayons renferment la même quantité de lumière polarisée.

215. Théorie de la polarisation par réflexion et par réfraction. — Pour expliquer l'origine de la polarisation par réflexion et par réfraction, nous devons admettre que tout milieu transparent laisse passer de préférence les vibrations lumineuses qui s'effectuent dans le plan d'incidence, et qu'il réfléchit celles qui sont perpendiculaires à ce même plan. On conçoit dès lors qu'un rayon lumineux qui tombe sur une plaque de verre la traversera sans subir de modification, s'il est uniquement composé de vibrations dont les trajectoires sont situées dans le plan d'incidence. Supposons, au contraire, que les vibrations affectent différentes directions par rapport au plan d'incidence, dans ce cas la surface de la plaque de verre exercera sur ces vibrations une action particulière, en vertu de laquelle celles qui constituent le rayon transmis seront ramenées dans le plan d'incidence, tandis que les vibrations du rayon réfléchi seront orientées perpendiculairement à ce plan.

En un mot, toute vibration qui rencontre la lame de verre est décomposée en deux composantes perpendiculaires entre elles, l'une située dans le plan d'incidence, l'autre située dans un plan faisant avec le premier un angle droit.

Cette décomposition est facile à comprendre ; nous pouvons, en effet, considérer un rayon de *lumière naturelle* comme formé par *la réunion de deux rayons polarisés à angle droit*. Soient, par exemple, les vibrations OV_1, OV_2, OV_3 (fig. 305), perpendiculaires au rayon qui coupe le plan de la figure au point O. Chacune de ces vibrations, telle que OV_1, peut être décomposée, suivant la règle du parallélogramme, en deux vitesses, situées, l'une dans le plan OY, l'autre dans le plan OX perpendiculaire au premier. En opérant la même décomposition sur les vitesses V_2 et V_3, on obtient finalement deux systèmes de vitesses Oy_1, Oy_2, Oy_3, et Ox_1, Ox_2, Ox_3, représentant deux séries de rayons polarisés, les plans de polarisation étant d'ailleurs perpendiculaires l'un à l'autre.

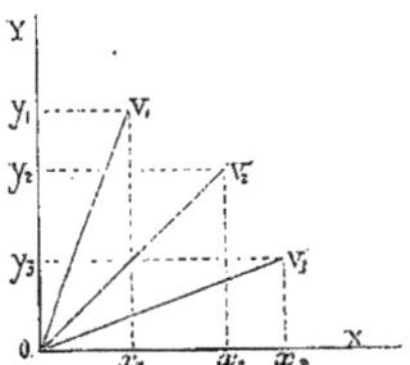

Fig. 305. — Décomposition d'une vibration en deux autres, perpendiculaires entre elles.

La décomposition dont nous venons de parler n'est jamais complète avec une seule lame de verre ; mais on peut polariser à peu près entièrement le rayon transmis aussi bien que le rayon réfléchi, en employant une série de lames ; c'est ce qui arriverait, par exemple, si la plaque A B de la figure 303 était remplacée par une *pile de glaces*, c'est-à-dire par plusieurs lames empilées les unes sur les autres. Toutefois le rayon transmis par une pile de glaces n'est jamais polarisé entièrement, tandis qu'une seule réflexion suffit, en général, pour polariser en totalité la lumière, quand celle-ci rencontre la surface réfléchissante sous l'angle de polarisation.

216. Polarisation elliptique. — Il a été dit, dans le paragraphe précédent, qu'on peut considérer un rayon de lumière naturelle comme composé de deux rayons polarisés à angle droit, mais à condition de supposer, en outre, que les deux vibrations composantes varient continuellement de grandeur l'une par rapport à l'autre ; tel était précisément le cas des composantes Oy_1, Oy_2, Oy_3, relativement aux composantes Ox_1, Ox_2 Ox_3, dans la figure 305. Si, au contraire, les deux composantes considérées conservent toujours les mêmes valeurs relatives, elles se composent en une seule vibration, dont l'orientation est constante, et elles donnent de cette manière un rayon polarisé dans un seul plan.

D'autres phénomènes apparaissent quand deux rayons polarisés à angle droit suivent la même route, mais avec une différence de marche d'une valeur déterminée. Imaginons, par exemple, que la vibration de l'un des rayons soit dirigée suivant AO (fig. 306), que la vibration de l'autre rayon s'effectue dans la direction perpendiculaire AB_1, et possède une amplitude plus petite ; supposons, en outre, qu'il existe entre les deux mouvements vibratoires une différence de phase égale à *un quart* de longueur d'onde. Une molécule, telle que A, située sur le trajet commun des deux rayons, se trouvera alors animée de deux vitesses, l'une dirigée suivant AO, et croissant depuis A jusqu'en O, l'autre dirigée suivant AB_1, et diminuant de A en B_1 ; la première vitesse aurait pour effet de transporter la molécule vibrante de A en O ; la seconde vitesse, agissant seule, ferait marcher la molécule vers B_1.

Ces deux mouvements vont se composer pour donner une résultante qui, variant d'une manière continue en grandeur et en direction, fera parcourir à la molécule A le chemin AB, dans un intervalle de temps correspondant au quart de la durée d'une vibration. Pendant le deuxième quart, la vitesse dirigée suivant AA' décroîtra, tandis que celle qui agit dans la direction de OB, parallèle à AB₁ changera de signe et ira en augmentant en valeur absolue ; la molécule vibrante parcourra alors le chemin BA', puis successivement dans les instants suivants les portions de courbe A'B' et B'A.

On démontre par l'analyse mathématique que la trajectoire totale ABA'B' ainsi décrite pendant la durée d'une vibration est une ellipse ; aussi appelle-t-on lumière *polarisée elliptiquement* celle qu'on obtient, comme nous venons de le montrer, par l'interférence de deux rayons polarisés à angle droit, présentant entre eux une différence de marche déterminée et ne possédant pas la même intensité. Le petit axe BB' de l'ellipse décrite par la molécule vibrante atteint sa grandeur *maxima*, quand la différence de marche des deux rayons qui interfèrent est de $\frac{\lambda}{4}$; lorsque cette différence a une valeur supérieure ou inférieure à $\frac{\lambda}{4}$, il n'est pas nécessaire que les intensités des deux rayons soient inégales, et le petit axe diminue de plus en plus, jusqu'à ce que finalement l'ellipse se transforme en ligne droite pour une différence de marche égale à 0 ou à $\frac{\lambda}{2}$. — On peut encore produire la polarisation elliptique avec deux vibrations rectilignes *inclinées* l'une sur l'autre, et ayant une différence de marche comprise entre 0 et $\frac{\lambda}{4}$.

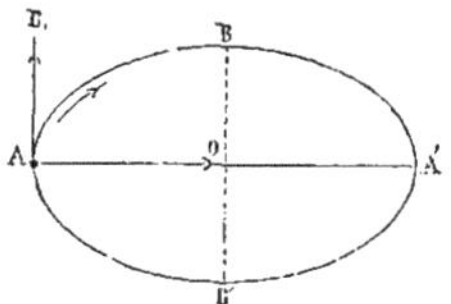

Fig. 306. — Trajectoire des molécules lumineuses dans la polarisation elliptique.

217. Production de la polarisation elliptique. — Nous avons dans le phénomène de la réflexion totale un moyen de nous procurer très facilement de la lumière polarisée elliptiquement. On a vu, § 141, qu'il y a réflexion totale toutes les fois que la lumière se présente pour passer d'un milieu dans un autre moins réfringent, sous un angle d'incidence suffisamment grand qu'on nomme l'*angle limite*. Tant que l'incidence est inférieure à cet angle limite, le rayon lumineux donne naissance à un rayon réfléchi et à un rayon réfracté, tous deux polarisés perpendiculairement l'un à l'autre (cf. § 214). Mais, du moment que la réflexion totale a lieu, la portion de lumière qui traversait la surface de séparation quand la réfraction était encore possible, est réfléchie à son tour, et, en outre, les vibrations qui la composent sont en retard sur celles de l'autre portion, d'une quantité qui varie avec l'incidence et avec l'angle limite ; de là, polarisation elliptique de la lumière par le fait de la réflexion totale. — [La différence de phase qui se produit dans ces circonstances entre les deux portions du faisceau réfléchi totalement est nulle pour une incidence égale à l'angle limite ou à 90° ; dans l'intervalle, elle varie d'une manière continue, en passant par un maximum qui, pour le verre, s'élève à environ 1/8 λ, et correspond à l'incidence de 54°30'.]

En général, la lumière se polarise elliptiquement en proportion plus ou moins grande, toutes les fois qu'elle se réfléchit, excepté dans le cas où l'incidence est égale à l'angle de polarisation. [La réflexion sur les surfaces métalliques est surtout favorable à la production de cette forme de polarisation.]

Pour reconnaître la lumière polarisée elliptiquement, on peut se servir d'une plaque de tourmaline. On constate alors que cet analyseur, quelle qu'en soit l'orientation, n'éteint jamais complètement le rayon polarisé elliptiquement, ce qui distingue cette espèce de lumière de celle qui est polarisée rectilignement ; d'autre part, le faisceau polarisé elliptiquement, vu à travers la tourmaline, présente des intensités maximum et minimum dans deux positions rectangulaires de la plaque, phénomène qui ne se produit ni avec la lumière naturelle, ni avec la lumière polarisée circulairement dont il sera question dans le paragraphe suivant. On sait que la tourmaline éteint les vibrations qui sont polarisées dans un plan parallèle à son axe cristallographique ; nous en concluons qu'avec de la lumière polarisée elliptiquement, on obtient le minimum ou le maximum d'éclat suivant que le petit axe ou le grand axe de l'ellipse sont parallèles à l'axe de la tourmaline.

218. Polarisation circulaire. — Supposons maintenant que les deux axes de la trajectoire elliptique décrite par les molécules oscillantes dans la lumière polarisée elliptiquement soient égaux entre eux : dans ce cas, l'ellipse se transforme en cercle et il en résulte de la lumière polarisée *circulairement*.

La polarisation circulaire prend naissance quand deux rayons polarisés rectilignement et possédant des intensités égales suivent la même route, avec une différence de marche de $\frac{\lambda}{4}$, les plans de polarisation étant toujours perpendiculaires l'un à l'autre. On réaliserait ces conditions, en faisant subir à un faisceau de lumière naturelle la réflexion totale sous une incidence telle que la différence de phase des deux groupes de rayons réfléchis pût être égale à un *quart* de longueur d'onde ; mais, pour obtenir, par une seule réflexion, une différence de phase aussi grande, il faut opérer sur des substances qui ont un angle limite très petit et par conséquent un indice de réfraction très élevé ; c'est tout au plus si le diamant permettrait d'atteindre le but. On élude la difficulté en augmentant le nombre des réflexions totales.

Soit, par exemple, ABCD (fig. 307) la coupe d'un parallélépipède en verre dont les angles A et C ont chacun une valeur de 54°,30' ; c'est là ce qu'on appelle le *parallélépipède de Fresnel*. Le rayon lumineux LI, normal à la face AD, rencontrera la face oblique AB sous l'incidence de 54°,30', y subira la réflexion totale, qui le renverra, avec la même incidence, sur la face opposée CD, en E, où il se réfléchira une seconde fois totalement. Chaque réflexion totale produisant un retard de $\frac{\lambda}{8}$, le rayon émergent EL' se composera de deux rayons polarisés à angle droit et possédant une différence de marche de $\frac{\lambda}{4}$; nous aurons ainsi un rayon polarisé circulairement.

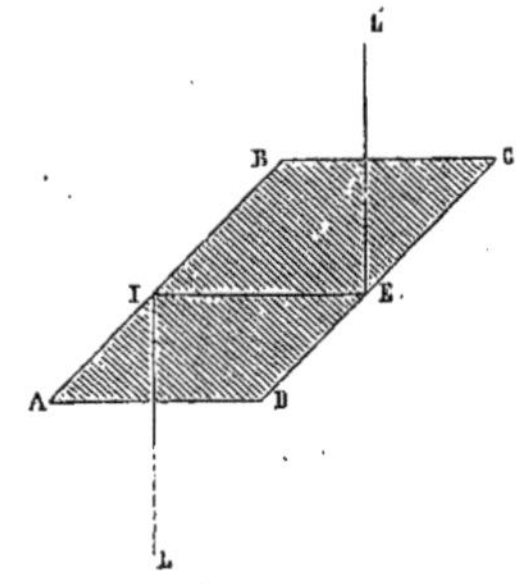

Fig. 307. — Parallélépipède de Fresnel, pour polariser circulairement la lumière.

La lumière polarisée circulairement, vue à travers une plaque de tourmaline, présente la même intensité dans tous les azimuts ; sous ce rapport, elle ne se distingue pas de la lumière naturelle. Mais si on la reçoit sur un second *parallélépipède de Fresnel*, il se produit un nouveau retard de $\frac{\lambda}{4}$; le retard total est alors de $\frac{\lambda}{2}$, et le rayon qui sort du second prisme est polarisé rectilignement.

Un autre caractère différentiel entre la lumière polarisée circulairement et la lumière naturelle est le suivant : quand on fait interférer deux rayons dont les vibrations sont polarisées circulairement, mais en sens contraire, il en résulte un rayon polarisé rectilignement. Soient, par exemple, ACBD et A'C'B'D' (fig. 308) deux vibrations circulaires qui s'accomplissent dans le sens indiqué par les flèches courbes, c'est-à-dire l'une dans le sens *direct*, l'autre dans le sens *inverse*. Imaginons qu'on superpose ces deux vibrations et qu'on décompose chacunes d'elles en deux vibrations rectilignes

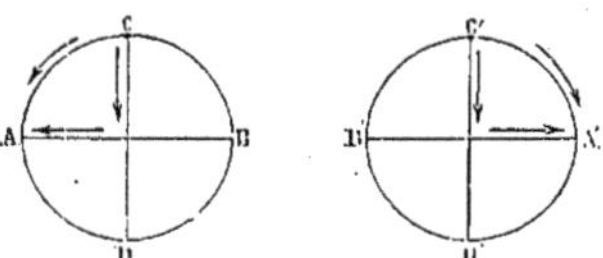

Fig. 308. — Vibrations circulaires de sens opposé.

et perpendiculaires l'une à l'autre, comme le montrent les flèches droites : on voit que les composantes AB et A'B' se détruiront mutuellement, puisqu'elles sont dirigées en sens contraire, tandis que les composantes CD et C'D' s'ajouteront pour produire une vibration rectiligne.

CHAPITRE XXI

DOUBLE RÉFRACTION DANS LES MILIEUX ANISOTROPES

219. Double réfraction dans les cristaux à un axe. — Nous avons vu, dans le chapitre précédent, que, sous l'influence simultanée de la réflexion et de la réfraction, un rayon lumineux donne naissance à deux rayons polarisés à angle droit. Cette décomposition peut aussi être obtenue par la réfraction seule, mais à la condition que l'élasticité du milieu réfringent ne soit pas la même dans toutes les directions ; un pareil milieu est dit *anisotrope,* et il possède la propriété de dédoubler par voie de réfraction un rayon de lumière naturelle en deux autres qui correspondent chacun à un indice de réfraction différent. Ce phénomène est connu sous le nom de *double réfraction.*

Le *spath d'Islande,* qui, au point de vue chimique, n'est autre chose que du carbonate de chaux cristallisé (IVme syst.), d'une pureté et d'une transparence parfaites, présente d'une manière très marquée le phénomène de la double réfraction. La forme primitive du spath d'Islande est le *rhom-*

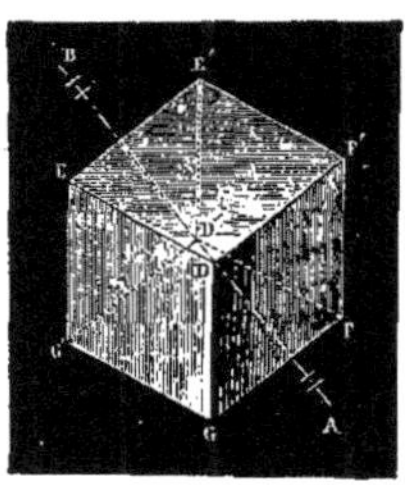
Fig. 309.
Cristal de *spath d'Islande.*

boèdre, c'est-à-dire un solide terminé par six faces planes, qui sont des losanges ou rhombes égaux entre eux (fig. 309) ; chaque face a deux angles obtus de 101°55′ et deux angles aigus de 78°5′. Des huit sommets du rhomboèdre, il en est deux opposés D et D′, auxquels aboutissent trois angles plans obtus égaux entre eux ; la droite AB qui passe par ces deux sommets porte le nom d'*axe cristallographique.* Les autres sommets sont tous formés par la rencontre d'un angle obtus avec deux angles aigus. Les angles dièdres dont les arêtes se coupent aux deux sommets principaux DD′ ont une valeur de 105°5′. — Attendu qu'un cristal quelconque peut être considéré comme formé par la réunion d'une infinité de cristaux élémentaires de même forme et semblablement orientés, il en résulte que toute droite parallèle à l'axe cristallographique jouira des mêmes propriétés ; l'*axe optique* d'un cristal est donc représenté par toute droite parallèle à l'axe cristallographique. On donne le nom de *section principale* à tout plan contenant l'axe optique et une normale à une face naturelle ou artificielle du cristal.

Cela posé, imaginons qu'on taille à chaque extrémité de l'axe d'un cristal de spath d'Islande une face perpendiculaire à cet axe et qu'on dirige à travers ce milieu réfringent un rayon normal aux faces artificielles ainsi obtenues ; le rayon ne se bifurquera pas et il suivra une direction parallèle à l'axe optique. Il n'en est plus de même si le rayon incident est incliné sur l'axe optique ; dans ce cas, il y aura toujours formation de deux rayons réfractés : l'un appelé rayon *ordinaire*, suit les lois de la réfraction simple ; l'autre, le rayon *extraordinaire*, est régi par des lois différentes.

Soit, par exemple, DG'D'F' (fig. 310) une section principale faite dans le cristal de la figure 309 par un plan perpendiculaire à la face DGG'E et qui, renfermant l'axe DD', passe par les sommets D, G', D', F'. Considérons le rayon LI, qui tombe normalement sur la face DF' : il donne naissance, d'une part, au rayon ordinaire II_o, qui traverse le cristal sans déviation et émerge normalement suivant I_oO, d'autre part au rayon extraordinaire II_e, qui reste dans la section principale, mais s'écarte de la normale pour émerger, suivant I_eE, parallèlement au rayon ordinaire. Un œil placé sur le trajet des rayons émergents verrait donc deux images L et L' d'un même objet L.

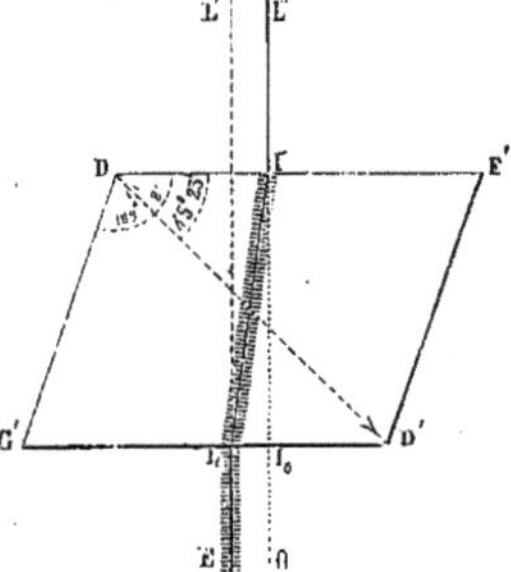

Fig. 310. — Double réfraction dans une section principale du spath d'Islande.

On reconnaît, en outre, que les deux rayons II_oO et II_eE sont polarisés à angle droit : le rayon ordinaire dans la section principale, le rayon extraordinaire dans un plan perpendiculaire à cette section ; les vibrations de ce dernier rayon s'exécutent donc dans la section principale, tandis que celles du rayon ordinaire sont normales à ce plan. Si le rayon incident tombe obliquement sur la surface réfringente, il se bifurque comme dans le cas de l'incidence normale ; mais le rayon extraordinaire n'est pas seul dévié, le rayon ordinaire s'écarte aussi de la normale, conformément aux lois de la réfraction simple.

En étudiant la réfraction dans le spath d'Islande, pour différentes incidences, on a reconnu que le rayon ordinaire obéit en toutes circonstances aux lois de la réfraction simple, c'est-à-dire qu'il est toujours situé dans le plan d'incidence, et qu'il répond à un indice de réfraction d'une valeur constante de 1,6543. Le rayon extraordinaire se comporte différemment. Quand le rayon incident est parallèle à l'axe optique, le rayon extraordinaire se confond avec l'ordinaire et possède, par conséquent, le même indice de réfraction ; mais, du moment que l'incidence est oblique par rapport à l'axe optique, l'indice de réfraction du rayon extraordinaire devient plus petit que celui du rayon ordinaire, et il atteint un minimum égal à 1,483 lorsque le plan d'incidence est perpendiculaire à l'axe optique. En outre le rayon extraordinaire ne reste dans le plan d'incidence qu'autant que ce dernier est une section principale ou un plan perpendiculaire à cette section ; dans tous les autres cas, le rayon extraordinaire sort de ce plan d'incidence.

220. Surface de l'onde dans les cristaux à un axe. — Nous avons vu, § 139ᵃ, que l'indice de réfraction d'une substance est en raison inverse de la vitesse de propagation de la lumière dans ce milieu.

En conséquence, si, dans le spath d'Islande, l'indice du rayon ordinaire est constant, cela prouve que le mouvement vibratoire qui produit ce rayon se propage avec la même vitesse dans toutes les directions ; les variations qu'éprouve la valeur de l'indice du rayon extraordinaire indiquent, au contraire que les vibrations qui constituent ce rayon se propagent inégalement vite dans les différentes directions. Ainsi, tandis que le rayon ordinaire parcourt dans des temps égaux les chemins égaux OA et OI (fig. 311), le rayon extraordinaire emploie le même temps pour aller de O en A, suivant l'axe optique AA′ que pour accomplir le trajet OB dans une direction perpendiculaire à l'axe optique.

En déterminant, pour chaque rayon et dans différentes directions, la longueur du chemin parcouru dans un même intervalle de temps à partir d'un centre commun O, on trouve que le lieu géométrique des positions auxquelles est parvenu le mouvement vibratoire à la fin du temps considéré représente une sphère AIA′H pour le rayon ordinaire et un ellipsoïde de révolution ABA′B′ pour le rayon extraordinaire ; cet ellipsoïde

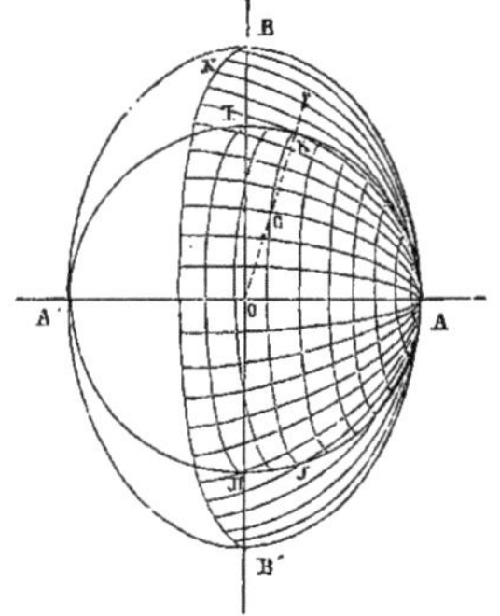

Fig. 311. — Surface de l'onde dans les cristaux à un axe.

peut être regardé comme engendré par la rotation de la demi-ellipse ABA′ autour de son petit axe AA′ qui se confond avec un des diamètres de la sphère. L'axe de rotation AA′ répond à l'axe optique du corps biréfringent.

Il a été dit précédemment que, dans les milieux transparents isotropes, le mouvement vibratoire se propage sous forme d'onde sphérique. On voit que, dans les milieux anisotropes, la surface de l'onde n'est pas une simple sphère, mais que, dans les cristaux à un axe, elle se compose d'une sphère et d'un ellipsoïde ; la sphère est produite par les vibrations normales à la section principale et constituant le rayon ordinaire ; l'ellipsoïde correspond aux vibrations qui s'accomplissent dans la section principale et qui forment le rayon extraordinaire ; c'est, suivant le cristal, tantôt la première, tantôt la seconde de ces deux surfaces qui enveloppe l'autre.

224. Surface d'élasticité des cristaux à un axe. — Le mode de propagation de l'onde lumineuse dans les cristaux à un axe, tels que le spath d'Islande, s'explique parfaitement, si l'on admet que les milieux réfringents de cette espèce possèdent soit une élasticité soit une densité variable avec la direction. Les cristaux à un axe *négatifs* (V. § 223) présentent, en effet, un axe de moindre élasticité perpendiculaire au premier ; en construisant sur ces deux axes une ellipse et en faisant tourner cette ellipse autour de son grand axe, on engendre un ellipsoïde de révolution qui représente ce qu'on appelle la *surface d'élasticité*, et qui est semblable à la surface de l'onde, mais disposé en sens inverse. Dans les cristaux *positifs*, c'est l'axe de plus grande élasticité qui est parallèle à la section principale. Les vibrations perpendiculaires à l'axe de plus grande élasticité se propageront avec la même vitesse dans tous les azimuts, et engendreront l'onde sphérique ; les vibrations parallèles ou obliques à ce même axe marcheront plus vite que les premières et d'autant plus que leur direction se rapprochera davantage de celle de l'axe de plus grande élasticité ; de là, formation de l'onde extraordinaire, dont la surface a la forme d'un ellipsoïde.

222. Explication du dédoublement des rayons lumineux dans les milieux biréfringents. Construction d'Huyghens. — Pour bien comprendre le dédoublement du rayon lumineux dans l'intérieur d'un milieu biréfringent, il est nécessaire de répéter la construction d'Huyghens qui nous a servi à trouver la direction du rayon réfracté dans un milieu monoréfringent (cf. § 43).

A cet effet, nous allons considérer une onde plane incidente et examiner la manière dont elle se propage en pénétrant dans un cristal à un axe. Soit MN (fig. 312) la surface qui sépare un tel milieu de l'air, et AA′ la direction de l'axe optique du corps biréfringent. Un rayon lumineux qui, en traversant la surface réfringente MN, prendrait la direction de l'axe IA′, ne se bifurquerait pas, et les deux ondes, l'ordinaire et l'extraordinaire, mettraient le même intervalle de temps pour parvenir au même point A′. Pour toute autre incidence, il y aura séparation des deux ondes : les vibrations perpendiculaires à la section principale donneront une

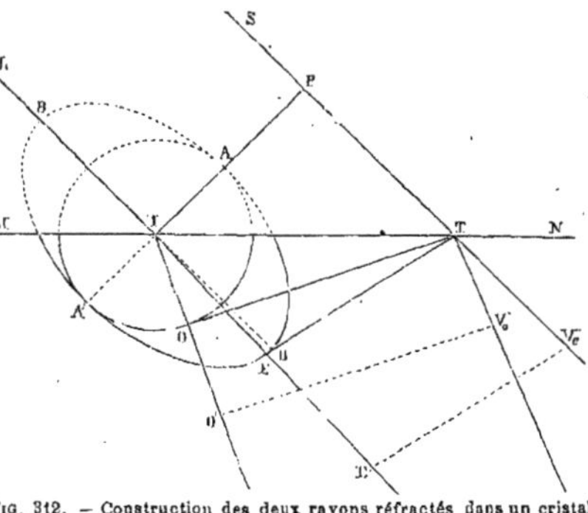

Fig. 312. — Construction des deux rayons réfractés dans un cristal à un axe.

onde sphérique, et les vibrations parallèles à cette section produiront une onde ellipsoïdale ; le petit axe de cet ellipsoïde de révolution se confondra avec l'un des diamètres de la sphère, du moins dans les cristaux négatifs comme le spath d'Islande ; le grand axe aura une direction perpendiculaire à celle du premier, et leur rapport de grandeur sera égal au rapport des vitesses de propagation du rayon ordinaire et du rayon extraordinaire, la dernière ayant une direction perpendiculaire à l'axe optique. Les axes AA′ et BB′ étant connus, on pourra construire la surface de l'onde pour chacun des deux rayons.

Cela posé, considérons la portion d'onde incidente IP, limitée latéralement par les rayons parallèles LI et ST : à l'instant où le rayon LI rencontre la surface réfringente en I, le mouvement qui se propage suivant le rayon ST n'est encore parvenu qu'en P et, pendant le temps qu'il met pour aller de P en T, l'onde ordinaire et l'onde extraordinaire qui ont pris naissance au point I parcourent dans le milieu biréfringent un certain chemin : la première franchit la distance IO, la seconde la distance IE. Si par le point T on mène perpendiculairement au plan d'incidence un plan tangent à l'onde sphérique, ce plan, dont la trace est représentée par la tangente TO, contiendra toutes les molécules dans le même état de vibration au même instant ; c'est ce qu'il serait facile de démontrer. Donc TO est l'onde plane réfractée ordinaire. La droite IO, qui joint le point d'incidence I au point de tangence O, donne la direction des rayons réfractés ordinairement.

La même construction appliquée à l'ellipsoïde ABA' fournit pour onde plane réfractée extraordinairement la tangente TE, la droite IE étant la direction commune des rayons extrordinaires. Dans l'instant suivant, l'onde plane ordinaire parviendrait en $O'V_o$ et l'onde plane extraordinaire en $E'V_e$.

On voit donc qu'en définitive le rayon incident LI engendre deux rayons réfractés; l'un ordinaire IO, l'autre extraordinaire IE moins dévié que le premier.

Nous avons supposé, dans ce qui précède, que le plan d'incidence était une section principale; on a vu que dans ce cas le rayon extraordinaire est situé, comme l'ordinaire, dans le plan d'incidence. Il en est autrement quand ce plan ne coïncide pas avec une section principale; alors, le rayon extraordinaire ne se trouve plus dans le plan d'incidence, à moins que celui-ci ne soit perpendiculaire à l'axe optique.

223. Double réfraction positive et négative. — Le phénomène de la double réfraction se montre dans tous les cristaux à un axe principal, c'est-à-dire dans ceux qui appartiennent aux systèmes *tétragonal* et *hexagonal* (IIe et IVe syst.). Les corps cristallisés dans ces systèmes se distinguent les uns des autres, sous le rapport de la double réfraction, non seulement par la grandeur de l'écart qui existe entre l'indice ordinaire n_o et l'indice extraordinaire n_e, mais encore par le sens de cet écart : dans les uns, c'est l'indice ordinaire qui a la valeur la plus forte et, par conséquent, le rayon ordinaire qui est le plus dévié, puisqu'il se rapproche le plus de la normale; dans les autres, l'indice extraordinaire est supérieur à l'ordinaire, et le rayon ordinaire s'écartant plus de la normale est moins dévié que le rayon extraordinaire. On appelle cristaux *négatifs* ceux du premier groupe; dans ce cas $n_e - n_o$ est négatif; le spath d'Islande appartient à cette classe. On nomme cristaux *positifs* ceux pour lesquels la différence $n_e - n_o$ est positive.

L'onde réfractée se compose, dans les cristaux négatifs, d'une surface sphérique enveloppée par un ellipsoïde de révolution, dans les cristaux positifs d'un ellipsoïde de révolution enveloppé par une sphère de diamètre égal au grand axe de cet ellipsoïde.

223ᵃ. Intensité des deux rayons ordinaire et extraordinaire. Loi de Malus. — Quand on regarde un point lumineux, à travers une plaque d'un cristal *uniaxial* taillé parallèlement à l'axe optique, on voit, en général, deux images, l'une formée par les rayons ordinaires, l'autre par les rayons extraordinaires; mais si la lumière incidente est préalablement polarisée, il existe une certaine orientation de la plaque pour laquelle l'image ordinaire disparaît : c'est lorsque la section principale et le plan de polarisation se croisent à angle droit; dans la position perpendiculaire à la première, c'est l'image extraordinaire qui s'évanouit. [Quand la section principale fait un angle de 45° avec le plan de polarisation, les deux images ont une même intensité, égale à la moitié de celle de la lumière incidente. Dans les positions intermédiaires, les intensités de deux images sont différentes l'une de l'autre, mais toujours complémentaires, c'est-à-dire que *leur somme est égale à l'intensité de la lumière primitive.*

En appelant O l'intensité de l'image ordinaire, E celle de l'image extraordinaire, I celle de la lumière incidente, α l'angle de la section principale avec le plan de polarisation, Malus a montré qu'on a toujours :

$$O = I \cos^2\alpha \qquad\qquad E = I \sin^2\alpha\,;$$

d'où :
$$O + E = I.$$

Telle est l'expression mathématique de la loi connue sous le nom de *loi de Malus*.]

224. Double réfraction dans les cristaux à deux axes. — Le groupe des cristaux à deux axes comprend tous les corps cristallisés qui n'appartiennent ni au système régulier ou cubique, ni aux systèmes tétragonaux et hexagonaux. Dans les cristaux à deux axes, la surface d'élasticité présente la forme d'un ellipsoïde à trois axes inégaux. Une surface de ce genre offre deux sections planes qui sont des cercles, et elle n'en possède que deux ; ces sections renferment l'axe de moyenne élasticité, et elles sont symétriquement placées par rapport aux deux autres axes. La droite menée perpendiculairement à une section circulaire par le centre de l'ellipsoïde correspond sensiblement à un axe optique. Il existe, par conséquent, *deux axes optiques* dans les cristaux dont il est ici question.

Tout rayon lumineux incident qui suit la direction d'un axe optique n'éprouve pas de dédoublement, mais il donne naissance, comme nous allons le voir, à un faisceau lumineux de forme conique.

Pour déterminer la surface de l'onde dans un cristal à deux axes, il faut d'abord construire un ellipsoïde dont les axes représentent les vitesses de propagation du mouvement lumineux dans les trois directions principales. Cet ellipsoïde a nécessairement ses trois axes inégaux, et leurs longueurs sont entre elles dans le rapport inverse des axes de l'ellipsoïde d'élasticité, le grand axe de la première surface correspondant au petit axe de la seconde, et inversement. Tout plan passant par deux des axes de figure de l'ellipsoïde coupe la surface suivant une ellipse principale ; il y a donc trois ellipses principales. On obtiendra la surface de l'onde, à l'aide de l'ellipsoïde des vitesses, en faisant tourner successivement autour de leur grand axe les trois ellipses principales. La surface ainsi engendrée est à deux *nappes*, et son équation est du quatrième degré ; elle offre ceci de particulier qu'elle possède quatre *points singuliers* ou *ombilics*, c'est-à-dire quatre portions rentrantes sous forme d'entonnoir. Si l'on coupe cette surface successivement par les trois plans qui renferment chacun deux des axes principaux de l'ellipsoïde générateur, on trouve que chacune de ces sections est formée par une ellipse et une circonférence. Dans la section perpendiculaire à l'axe moyen, ces deux courbes se coupent ; dans les deux autres sections, appelées *sections principales*, la circonférence enveloppe l'ellipse ou inversement l'ellipse est extérieure à la circonférence.

En appliquant à la surface de l'onde dans les cristaux à deux axes la construction d'Huyghens, on reconnaît aisément :

1º Qu'à tout rayon incident correspondent en général deux rayons réfractés, dont aucun ne suit les lois de la réfraction simple ; *ils sont tous les deux extraordinaires ;*

2º Que néanmoins dans les cas où le plan d'incidence se confond avec une *section principale*, l'un des rayons se réfracte conformément aux lois de la réfraction simple, l'autre restant extraordinaire ;

3º Que, si le rayon incident pénètre dans le milieu biréfringent parallèlement à l'un des axes optiques, il ne se bifurque pas, mais, au lieu de rester à l'état de rayon linéaire, il s'étale dans l'intérieur du cristal sous forme d'un cône creux. Ce phénomène porte le nom de *réfraction conique intérieure*. En observant ce qui se passe lorsque le faisceau réfracté émerge du milieu biréfringent par une face de sortie parallèle à la face d'entrée, on remarque que le faisceau émergent est *cylindrique*.

4º Un rayon lumineux qui chemine dans l'intérieur d'un cristal à deux axes parallèlement à l'un des *axes optiques secondaires*, et qui sort du milieu biréfringent pour entrer dans un milieu isotrope, donne naissance à un faisceau conique creux intérieurement. Tel est le phénomène connu sous le nom de *réfraction conique extérieure*. On appelle *axe optique secondaire* le diamètre de la surface de l'onde qui passe par deux ombilics opposés. Les axes de réfraction conique extérieure sont très voisins des axes optiques principaux.

[Les deux rayons réfractés sont polarisés dans des plans sensiblement perpendiculaires l'un à l'autre. Lorsque le plan d'incidence se confond avec une section principale, le rayon ordinaire est polarisé dans cette section et le rayon extraordinaire dans un plan perpendiculaire.]

La réfraction conique intérieure, ainsi que l'extérieure, ont été déduites *a priori* de la théorie des ondulations par Hamilton, et c'est Lloyd qui en a démontré expérimentalement l'existence dans les cristaux d'arragonite (carbonate de chaux cristallisé en prismes droits à base rectangulaire qui appartiennent au IIIe système).

CHAPITRE XXII

PHÉNOMÈNES D'INTERFÉRENCE DE LA LUMIÈRE POLARISÉE

POLARISATION CHROMATIQUE

225. Polariseurs et analyseurs. Prisme de Nicol. — L'œil seul n'est pas en état de distinguer la lumière polarisée de la lumière naturelle; les milieux biréfringents offrent un moyen précieux de faire cette distinction ; dans ce but on emploie de préférence les cristaux à un axe taillés en plaques ou en prismes.

On désigne sous le terme général d'*analyseurs* ou *polariscopes* les appareils qui permettent de reconnaître si la lumière est polarisée et de déterminer en outre, la direction du plan de polarisation.

La tourmaline, qui nous a servi à étudier les phénomènes de polarisation (cf. § 211), est elle-même un cristal biréfringent, mais qui possède la propriété d'absorber entièrement le rayon ordinaire quand son épaisseur est suffisante et de ne laisser passer que le rayon extraordinaire.

Au lieu de tourmaline, on peut employer une plaque de spath d'Islande ou de tout autre cristal à un axe ; mais le spath d'Islande laisse passer les deux rayons, et la présence de deux images est souvent gênante pour l'observation ; d'autre part, la tourmaline est colorée, ce qui en restreint l'emploi aux cas où l'on n'a pas à s'occuper des phénomènes de coloration. Il était donc désirable de construire un analyseur qui réunît à l'avantage de ne fournir qu'une seule image celui d'être d'une transparence parfaite pour les vibrations de toute réfrangibilité. La disposition qu'on adopte le plus habituellement pour remplir ces conditions est celle qui constitue le *prisme de Nicol*. Ce polariscope ne laisse passer que le rayon extraordinaire, lequel est, comme on le sait, polarisé dans un plan perpendiculaire à la section principale.

Pour obtenir un prisme de Nicol, on prend un cristal naturel de spath d'Islande et on le taille parallèlement à ses faces de clivage de manière à obtenir, non pas un rhomboèdre parfait, mais un prisme allongé à base exactement losangique, dans lequel chaque arête latérale ait 3,7 fois la longueur d'un côté de la base. Les deux arêtes latérales opposées qui aboutissent aux sommets des angles obtus des bases forment avec les petites diagonales des deux bases un parallélogramme qui représente la section principale et dont les angles sont de 71° et de 109°; ces angles mesurent en même temps l'inclinaison des bases sur les arêtes en question. Il faut alors tailler de nouvelles bases de façon à réduire à 68° l'angle de 71°. Cela fait, on divise le prisme en deux par un plan perpendiculaire à la fois à la section principale et aux deux bases artificielles. Les deux moitiés ainsi obtenues sont ensuite réunies dans leur position primitive et collées avec du baume de Canada ; le tout est serti dans une monture de liège entourée d'un tube de laiton.

Soit DGD'G' (fig. 313) la section principale d'un prisme de Nicol et LI un rayon incident qui rencontre la face DG parallèlement à la direction des arêtes du prisme ; ce rayon se bifurque et donne un rayon ordinaire IR_o et un rayon extraordinaire IR_e.

Mais, comme le baume de Canada possède un indice de réfraction 1,528 inférieur à l'indice ordinaire 1,654 du spath, et que l'incidence du rayon IR_o sur la surface de séparation DD' est

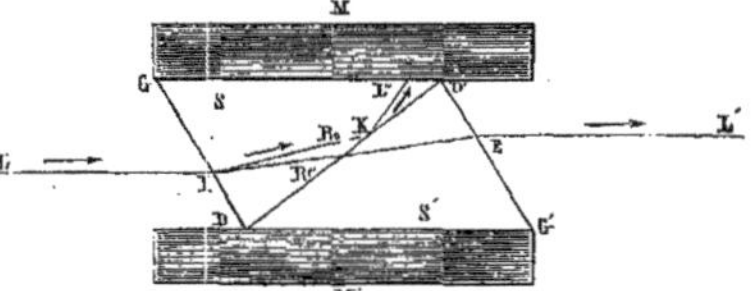

FIG. 313. — Prisme de Nicol (coupe longitudinale).

supérieure à l'angle limite (69°), il en résulte que le rayon ordinaire subit la réflexion totale, et qu'au lieu de traverser la seconde moitié du prisme, il est renvoyé dans la direction KL'', où il rencontre une paroi noircie qui l'absorbe. Quant au rayon extraordinaire IR_e , il poursuit sa route en ligne droite et émerge du système, en E, dans une direction EL' parallèle à celle du rayon incident.

Pour que le rayon ordinaire rencontre la surface de séparation sous une incidence supérieure à l'angle limite, il faut, comme on l'a vu, donner à l'angle DGD' une valeur de 68° et à l'angle GDD' une valeur d'au moins 80° ; on fait ordinairement ce dernier égal à 90°, puisque le cristal est coupé par un plan perpendiculaire aux faces d'entrée et de sortie.

[Tout analyseur peut en même temps servir de *polariseur*. Le prisme de Nicol, par exemple, ne laissant passer que le rayon extraordinaire, polarise la lumière dans un plan perpendiculaire à la section principale du cristal. Un miroir de verre, incliné sous l'angle de polarisation, remplit aussi à volonté le rôle d'analyseur ou de polariseur.

La lumière réfléchie par la surface antérieure de la cornée donne un reflet qui gène l'examen de cette membrane et de la chambre antérieure ; comme cette lumière est partiellement polarisée, M. Al. Bryson [1] a proposé d'en diminuer l'éclat par l'interposition d'un prisme de Nicol, convenablement orienté.] [[Malheureusement, la proportion de la lumière polarisée dans ces conditions est si faible que le moyen proposé ne procure pas d'amélioration sensible. Nous en pourrons dire autant de l'emploi d'un polariseur dans l'examen ophtalmoscopique, où l'image réfléchi par la cornée devient si gênante pour l'observateur qui cherche à voir la *tache jaune*. Au reste, depuis la découverte de l'*éclairage focal*, on n'a plus à se préoccuper des moyens d'améliorer les procédés d'exploration des parties antérieures de l'œil.]]

226. Phénomènes de polarisation produits par deux prismes de Nicol superposés. — La superposition de deux nicols mobiles autour d'un axe commun offre un dispositif très commode pour étudier les phénomènes de polarisation ; l'un des prismes sert de polariseur et l'autre d'analyseur.

Lorsque les sections principales des deux prismes sont orientées de la même manière, le rayon lumineux qui sort du premier prisme traverse aussi le second, sans perte sensible ; mais si on fait tourner l'un d'eux de 90°, le rayon transmis par le polariseur s'éteint dans l'analyseur, puisque

[1] A. Bryson. Du polariscope (*Edinb. new philosoph. Journal*, janvier 1850, p. 19, analysé dans *Ann. d'ocul.*, 1855, t. XXXIII, p. 98).

les plans de polarisation sont alors perpendiculaires entre eux ; dans ce cas, le système des deux prismes ne laisse pas passer de lumière.

Considérons enfin ce qui a lieu quand les sections principales font entre elles un angle compris entre 0° et 90° ; donnons, par exemple, au nicol inférieur une position telle que les plans de polarisation des deux rayons soient perpendiculaires au plan du papier, et que AA' et BB' (fig. 314) représentent leurs traces ; AA' sera la section principale et BB' la section perpendiculaire. Quant au nicol supérieur, si nous le supposons orienté de manière à avoir ses plans de polarisation dirigés suivant CC' et DD', il diminuera plus ou moins l'intensité de la lumière transmise, mais il ne l'éteindra jamais entièrement.

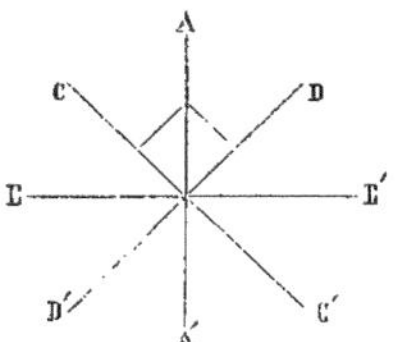

Fig. 314. — Action d'un analyseur sur la lumière polarisée.

En effet, le nicol inférieur ne laisse passer que le rayon extraordinaire, c'est-à-dire les vibrations parallèles à AA' ; ces vibrations, en entrant dans le second prisme, se décomposent en deux autres dirigées suivant les plans de polarisation CC' et DD' ; les composantes parallèles à DD' sont éteintes, si DD' représente le plan de polarisation du rayon ordinaire dans le second nicol, c'est-à-dire la section perpendiculaire ; seules les composantes parallèles à la section principale CC' traversent l'analyseur ; or, ces composantes sont d'autant plus grandes que l'angle compris entre les sections principales des deux nicols est plus petit, et, inversement, elles sont d'autant plus petites que cet angle est plus voisin de 90°.

227. Phénomènes de polarisation produits par une lame biréfringente, parallèle à l'axe, placée entre deux nicols. — Les phénomènes qu'on observe avec deux appareils de polarisation superposés qui ne transmettent chacun que des vibrations d'une seule direction se compliquent quand on interpose entre le polariseur et l'analyseur un troisième milieu biréfringent qui donne naissance à deux rayons polarisés à angle droit.

Soit PP' (fig. 315) le plan de vibration du polariseur et SS' celui de l'analyseur que nous supposons perpendiculaire au premier ; le système de deux nicols ainsi orientés ne laisse passer aucune vibration lumineuse. Plaçons alors entre les deux prismes une *lame parallèle* de spath d'Islande c'est-à-dire une lame taillée parallèlement à l'axe, et d'une épaisseur convenable ; soient XX' la section principale de cette lame cristallisée, et YY' sa section perpendiculaire. Les vibrations transmises par le polariseur s'effectuent suivant la droite PP' ; en traversant la lame biréfringente, chaque vibration, telle que *op*, va se décomposer en deux autres, l'une ordinaire *oy'* située dans la section perpendiculaire, l'autre extraordinaire *ox* dans la section principale. L'analyseur décomposera, à son tour, chacune de ces composantes suivant deux directions perpendiculaires SS' et PP' : la vibration *ox* sera remplacée par *os* et *op'*, la vibration *oy'* par *os'* et *op'*, les deux compo-

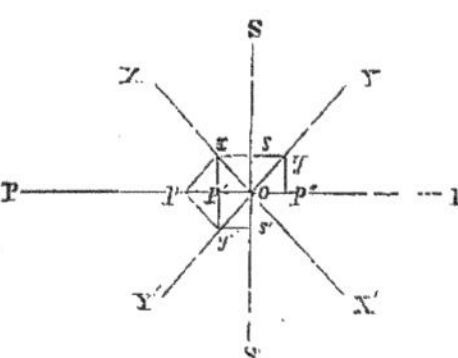

Fig. 315. — Décomposition successive des vibrations polarisées, dans une lame biréfringente *parallèle* entre deux nicols.

sautes op' seront éteintes par l'analyseur, et les vibrations dirigées suivant SS' passeront seules. En définitive, la présence de la lame biréfringente empêche l'analyseur d'éteindre le rayon lumineux que transmet le polariseur ; mais pour que la lumière reparaisse, il faut que les plans de polarisation de la lame ne coïncident pas avec ceux des nicols.

Si la section principale XX' du cristal biréfringent se confond avec le plan de vibration du polariseur ou de l'analyseur, le phénomène est semblable à ce qu'on observe avec les nicols seuls : la lumière passe ou est arrêtée, selon que les sections principales des deux prismes sont parallèles ou croisées.

228. Interférence des rayons polarisés par une lame biréfringente parallèle à l'axe. — L'action d'une plaque biréfringente, *parallèle à l'axe*, placée entre deux nicols orientés de manière à intercepter la lumière ne se borne pas à la faire reparaître ; cette lumière manifeste, en outre, des phénomènes d'interférence dont il est facile de découvrir l'origine.

I. LUMIÈRE PARALLÈLE ET SIMPLE. — Toutes choses égales d'ailleurs, la lumière transmise possède une intensité variable avec l'épaisseur de la plaque.

Nous avons vu que la vibration op transmise par le polariseur est décomposée par la plaque cristallisée en deux vibrations rectangulaires ox et oy', la première appartenant au rayon extraordinaire, la seconde au rayon ordinaire. A mesure que ces vibrations se propagent dans le milieu biréfringent, elles éprouvent, l'une par rapport à l'autre, une différence de marche due à ce que la vitesse de propagation du mouvement n'est pas la même pour le rayon ordinaire que pour l'extraordinaire ; la quantité dont le premier rayon se trouve en retard sur le second dépend de l'épaisseur de la lame ainsi que du rapport qui existe entre les indices ordinaire et extraordinaire.

Supposons qu'au sortir de la lame, la différence de phase soit égale à un nombre *impair* de demi-longueurs d'onde ; alors, pendant que dans l'un des rayons, la molécule vibrera de o en x, la vibration dans l'autre rayon correspondra à la phase oy, qui diffère de celle de oy' d'une demi-longueur d'onde. Les vibrations ox et oy ne peuvent pas interférer, puisqu'elles sont polarisées à angle droit. Mais l'analyseur, les décomposant à son tour, ramène deux des composantes op' et op'' dans le plan PP' et les deux autres os dans le plan SS' ; les composantes os seules peuvent passer et, comme elles sont de même sens, elles se renforcent mutuellement. Si, au contraire, la différence de phase comprend un nombre *pair* de demi-longueur d'onde, les vibrations se trouvent dans les phases primitives ox et oy' ; elles donnent pour composantes parallèles à SS' les vibrations os et os' qui, étant de sens contraire, interfèrent de manière à se détruire ; lorsque la section principale XX' de la lame fait un angle de 45° avec le plan de polarisation, les composantes os et os' sont égales, et il en résulte de l'obscurité.

Dans le cas où l'on ferait tourner l'analyseur de 90°, de telle sorte que son plan de polarisation coïncidât avec celui du polariseur, le renforcement et l'affaiblissement de la lumière se produiraient dans l'ordre inverse, c'est-à-dire qu'il y aurait diminution d'éclat pour une différence de marche égale à $(2n + 1)\dfrac{\lambda}{2}$, et augmentation pour une différence égale à $2n\dfrac{\lambda}{2}$.

Nous venons de supposer la lumière incidente composée uniquement de vibrations de même réfrangibilité, et les rayons qui la composent parallèles entre eux ; cette dernière condition nous a permis de prendre une plaque cristallisée d'une certaine épaisseur. Les mêmes phénomènes s'observent aussi dans la lumière divergente, si la lame biréfringente est extrêmement mince, car alors la différence de phase n'est pas influencée d'une manière sensible par l'obliquité des rayons lumineux.

Nous verrons plus loin (§ 229) ce qui arrive dans la lumière divergente, quand la lame cristallisée a une épaisseur dont il faut tenir compte.

II. COULEURS DANS LA LUMIÈRE PARALLÈLE ET COMPOSÉE. — Quand, au lieu d'opérer avec de la lumière homogène, on se sert de lumière blanche, l'interférence des rayons polarisés se manifeste par l'apparition de couleurs. La cause de cette coloration est facile à expliquer. En effet, si une plaque d'une épaisseur donnée produit une différence de phase d'une demi-longueur d'onde pour une couleur déterminée, cette couleur sera éteinte par l'analyseur convenablement orienté ; mais les autres couleurs seront transmises, car la différence de phase pour chacune d'elles aura nécessairement une valeur supérieure ou inférieure à une demi-longueur d'onde, attendu que la longueur d'onde varie d'une couleur à l'autre.

Supposons, par exemple, que ce soient les vibrations rouges qui possèdent une différence de phase de $\frac{\lambda}{2}$, et que les plans de polarisation des deux nicols aient une direction parallèle ; dans ce cas, si la section principale de la lame cristallisée fait un angle de 45° avec le plan de polarisation, les rayons rouges sont entièrement détruits par l'interférence, l'intensité des rayons orangés et jaune est affaiblie, et la lumière transmise prend une teinte *verte*. En faisant tourner l'analyseur de 90°, on obtiendrait, au contraire, une coloration *rouge*.

229. Franges d'interférence dans la lumière polarisée et divergente avec une lame parallèle à l'axe. — Considérons maintenant le cas où les rayons polarisés qui tombent sur une lame épaisse, *parallèle à l'axe*, sont divergents ; l'inégalité des angles d'incidence produit à elle seule des différences de phase qui donnent naissance à une nouvelle série de phénomènes.

Soient AA' (fig. 316) la section principale de la lame, BB' sa section perpendiculaire, PP' et $P_1 P_1'$ les plans de polarisation des deux nicols, ces plans étant perpendiculaires l'un à l'autre et inclinés de 45° sur la section principale du cristal. Supposons, pour plus de simplicité, que nous opérions sur de la lumière monochromatique. Dans ce cas, nous verrons apparaître au centre C, là où les rayons incidents sont perpendiculaires à la lame, une tache sombre, en admettant que l'épaisseur du milieu cristallisé produise entre le rayon ordinaire et l'extraordinaire une différence de phase égale à un nombre pair de $\frac{\lambda}{2}$. Pour tous les points de la section perpendiculaire BB' la différence de vitesse de propagation de l'onde extraordinaire est constante ; par conséquent, les variations qu'éprouve la différence de marche des deux rayons ne peuvent provenir que des variations de la longueur du chemin parcouru dans l'intérieur du cristal, longueur liée à l'incidence de la lumière. Or, l'obliquité des rayons incidents augmente régulièrement à mesure qu'on s'éloigne du centre C ; il en résulte que, de chaque côté de ce point milieu, pour lequel la différence de marche est $2n\frac{\lambda}{2}$, on rencontrera successivement des points correspondant à des différences $(2n+1)\frac{\lambda}{2}$, $(2n+2)\frac{\lambda}{2}$, $(2n+3)\frac{\lambda}{2}$, etc.

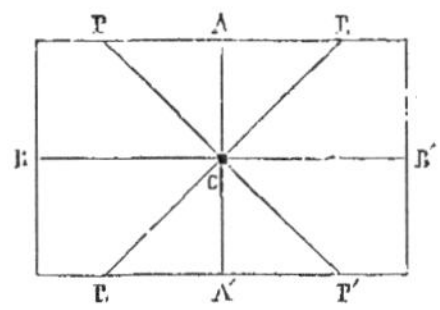

Fig. 316. — Lame biréfringente *parallèle* placée entre deux nicols.

Donc, de part et d'autre du milieu C, tout le long de la droite BB', nous devons voir des points alternativement brillants et sombres.

Dans le plan AA' de la section principale, la différence entre l'indice ordinaire et l'indice extraordinaire atteint sa valeur maximum pour l'incidence normale, et elle diminue avec l'obliquité jusqu'à devenir nulle quand le rayon incident est parallèle à l'axe du cristal. Aussi, bien que l'accroissement de l'incidence augmente la longueur du chemin parcouru dans l'intérieur de la lame cristallisée, et par suite la différence de marche des rayons ordinaire et extraordinaire, la différence de phase de ces deux rayons diminue à mesure qu'on s'éloigne du milieu C; elle prend successivement les valeurs $2n \frac{\lambda}{2}$, $(2n-1) \frac{\lambda}{2}$, $(2n-2) \frac{\lambda}{2}$, etc.

Donc nous devons aussi rencontrer, de part et d'autre de C, le long de l'axe AA', des points alternativement brillants et sombres.

Dans les directions intermédiaires, la différence de marche du rayon ordinaire et du rayon extraordinaire éprouvera évidemment des variations comprises entre les valeurs extrêmes qui correspondent aux directions principales AA' et BB'. Ces variations se feront dans un sens ou dans l'autre, selon que la direction considérée sera plus voisine de la section principale ou de la section perpendiculaire, en sorte que dans les plans PP' ou $P_1 P_1'$ qui partagent en deux moitiés égales l'angle des directions AA' et BB', l'augmentation et la diminution de la différence de marche se compenseront exactement. Par exemple, en un certain point de la direction PP', la différence de marche sera d'une part $(2n+1) \frac{\lambda}{2}$, de l'autre $(2n-1) \frac{\lambda}{2}$, au total, elle sera donc égale à un nombre pair de $\frac{\lambda}{2}$ comme pour le point central C.

On voit, par là, que le long des lignes PP' et $P_1 P_1'$ il y aura une série continue de points sombres; en d'autres termes, le champ de la vision est interrompu par une croix noire, dont les branches sont parallèles aux deux plans de polarisation. Dans chacun des angles ainsi délimités, les variations de la différence de marche suivent une loi plus compliquée; nous avons montré qu'il doit y apparaître des places alternativement brillantes et sombres, mais les distances et les largeurs de ces places varient suivant la direction considérée et d'après une loi dont la recherche nécessiterait le secours de l'analyse mathématique.

Toujours est-il qu'on aperçoit, dans ces conditions, quatre systèmes de franges affectant la forme de branches d'hyperbole, dont les bras de la croix représentent les asymptotes. Telle est la disposition figurée ci-contre (fig. 317).

Lorsqu'on opère avec de la lumière blanche, les franges sont irisées, et les couleurs s'y succèdent dans le même ordre que dans les anneaux de Newton (cf. §§ 207 et 230). Mais il est évident que les couleurs observées varient avec l'épaisseur de la plaque cristallisée, en ce sens que si, pour une épaisseur donnée, on obtient la série des couleurs correspondantes à celles du premier ordre dans les anneaux de Newton, une plaque plus épaisse donnera des couleurs d'un ordre plus élevé.

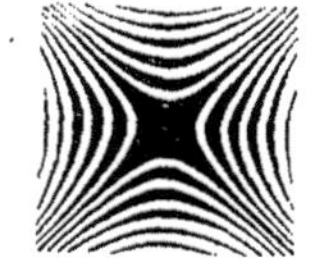

Fig. 317. — Frange d'interférence de la lumière polarisée et divergente, dans une lame biréfringente *parallèle*.

230. Anneaux d'interférence d'une lame perpendiculaire à l'axe dans la lumière polarisée et divergente. — Les phénomènes d'interférence se présentent sous un autre aspect lorsqu'on reçoit un faisceau divergent de lumière polarisée sur une plaque de spath d'Islande taillée *perpendiculairement* à l'axe. Pour abréger le langage, nous appellerons une lame ainsi taillée *lame perpendiculaire*.

Premier cas : LUMIÈRE HOMOGÈNE. — Afin de simplifier l'étude du phénomène, nous supposerons d'abord qu'on opère avec de la lumière monochromatique.

Soit SS' (fig. 318) la coupe d'une lame *perpendiculaire*. Considérons un rayon de lumière polarisée, parti du point L et tombant normalement sur la plaque; ce rayon, étant dirigé suivant l'axe optique LA du cristal, passera sans se dédoubler et sans subir de déviation; nous supposons que le plan de polarisation de la lumière incidente ne soit ni parallèle ni perpendiculaire au plan de la figure. Mais le rayon oblique LI se décomposera en un rayon ordinaire IO polarisé dans la section principale qui est ici le plan de la figure, et en un rayon extraordinaire IE polarisé dans la section perpendiculaire; les vibrations du premier seront normales à la section principale, et celles du second seront situées dans le plan de cette dernière. Par suite de la différence de vitesse de propagation, l'un de ces rayons sera en retard sur l'autre d'une certaine quantité. Un autre rayon incident LI' donnerait de même un rayon ordinaire I'O' et un extraordinaire I'E'. Or, le deuxième point d'incidence peut toujours être pris assez rapproché du premier pour que le point d'émergence O' du deuxième rayon ordinaire coïncide avec le point d'émergence E du premier rayon extraordinaire; nous aurons ainsi deux rayons qui suivront sensiblement la même route, mais avec une différence de marche déterminée.

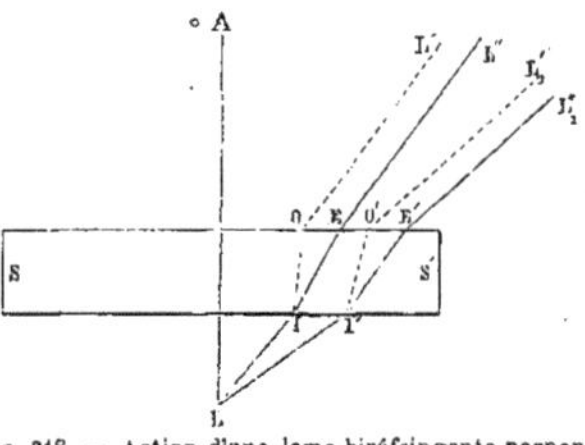

Fig. 318. — Action d'une lame biréfringente perpendiculaire à l'axe sur un faisceau divergent de lumière polarisée.

Ces deux rayons ne peuvent pas interférer, tant qu'ils sont polarisés à angle droit; mais du moment qu'on les ramène dans le même plan de polarisation à l'aide d'un analyseur, ils interfèrent de manière à se renforcer ou à se détruire, selon leur différence de marche. Or, cette différence, nulle au point d'incidence du rayon normal à la lame, augmente graduellement avec l'obliquité, et devient successivement égale à $\frac{\lambda}{2}$, $2\frac{\lambda}{2}$, $3\frac{\lambda}{2}$, etc...Nous devons donc observer, de part et d'autre du pied de la perpendiculaire AL, une série de points alternativement brillants et sombres; comme d'ailleurs tout est symétrique autour de l'axe, ce qui se produit dans le plan de la figure 318 se répète de la même manière dans tous les autres plans passant par l'axe AL; on observera donc un système d'anneaux concentriques alternativement brillants et sombres. D'après les lois exposées au § 227, un anneau donné est brillant ou obscur suivant l'orientation réciproque des plans de polarisation de l'analyseur et du polariseur: quand les deux plans sont parallèles, les anneaux correspondants à des différences de marche d'un nombre *pair* de $\frac{\lambda}{2}$ sont brillants; dans ce cas, le centre est aussi brillant. Si les plans de polarisation sont croisés, le centre est noir, et les anneaux brillants correspondent à des différences de marche d'un nombre *impair* de $\frac{\lambda}{2}$.

Ainsi, lorsqu'on place une lame biréfringente perpendiculaire à l'axe entre un polariseur et un analyseur, soit deux prismes de Nicol, on aperçoit avec de la lumière homogène une série d'anneaux concentriques alternativement brillants et sombres; si les plans de polarisation sont parallèles, le centre des anneaux est brillant; si ces plans sont croisés, le centre est sombre. On remarque, en outre, que ces anneaux sont interrompus en quatre endroits par une croix, *brillante* dans le premier cas (fig. 319), *noire* dans le second (fig. 320). Les bras des croix sont parallèles ou perpendiculaires aux plans de polarisation.

Pour nous rendre compte de la formation de cette croix brillante ou sombre, considérons une coupe faite dans la lame par un plan perpendiculaire à l'axe. Le point C (fig. 321) se trouve alors être la projection de l'axe optique sur le plan de la figure. En menant par ce point C une série de plans perpendiculaires à la lame, nous aurons autant de sections principales PP',SS', etc. Imaginons que les vibrations transmises par le polariseur soient parallèles à PP', et soit IV une de ces vibrations appartenant au rayon dont le point d'incidence est en I dans la section principale A A'. Le cristal décomposera la vibration IV en deux

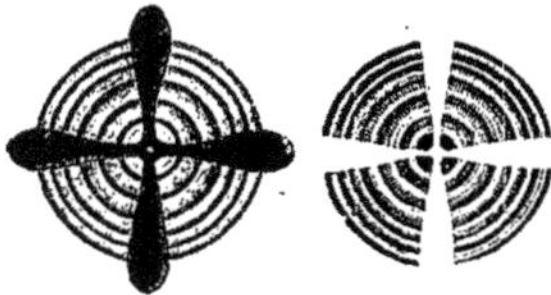

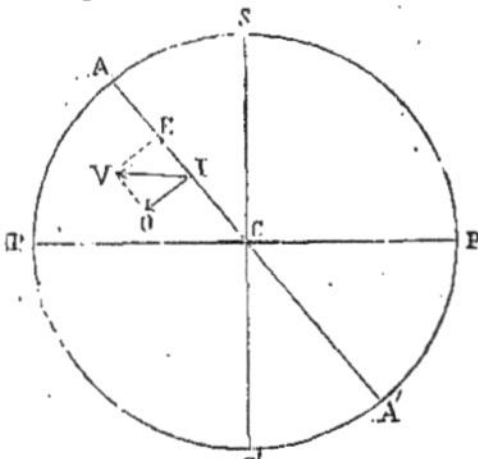

Fig. 319.   Fig. 320.

Fig. 319. — Franges d'interférence des cristaux à un axe, dans la lumière polarisée divergente (lame *perpendiculaire* et plans de polarisation parallèles.)

Fig. 320. — Franges d'interférence des cristaux à un axe, dans la lumière polarisée divergente (lame *perpendiculaire* et plans de polarisation croisés).

Fig. 321. — Explication de la croix brillante ou sombre des cristaux à un axe.

autres, l'une ordinaire IO située dans la section perpendiculaire, l'autre extraordinaire IE située dans la section principale. Il n'en sera pas de même des rayons qui tombent dans les plans PP' et SS' ; leurs vibrations ne subiront pas de décomposition, et selon que les plans de polarisation de l'analyseur et du polariseur seront parallèles ou croisés, ces vibrations passeront ou seront éteintes ; de là l'origine de la croix dont les bras sont parallèles à PP' et à SS' : croix claire, si les vibrations peuvent traverser l'analyseur ; croix noire, si les vibrations sont interceptées.

Deuxième cas : LUMIÈRE COMPOSÉE. — Lorsqu'on répète l'expérience précédente avec de la lumière blanche, les franges sont irisées, et les couleurs s'y trouvent distribuées de la même manière que dans les anneaux de Newton ; suivant que les plans de polarisation sont parallèles ou croisés les franges produites correspondent aux anneaux des lames minces vus par transmission ou par réflexion. Les couleurs des deux systèmes de franges de polarisation sont donc aussi respectivement complémentaires les unes des autres (cf. § 207).

On distingue les couleurs de ces anneaux en couleurs de premier, de deuxième, de troisième... ordre, suivant qu'elles appartiennent au premier, au deuxième, au troisième... anneau, à partir du centre. En raison de l'importance que la connaissance de ces couleurs présente pour l'étude des corps à l'aide de la lumière polarisée, nous en donnons la liste dans le tableau suivant. La colonne A se rapporte au cas où les plans de polarisation sont croisés ; la colonne B au cas du parallélisme de ces plans.

| PREMIER ORDRE | | DEUXIÈME ORDRE | |
A (90°)	B (0°)	A (90°)	B (0°)
Noir.	Blanc.	Rouge pourpre.	Vert clair.
Gris.	Blanc.	Violet.	Vert jaune.
Gris bleu.	Jaune blanchâtre.	Indigo.	Jaune.
Bleu.	Jaune brun.	Bleu.	Orangé.
Vert blanchâtre.	Brun rouge.	Bleu verdâtre.	Orangé brunâtre.
Blanc.	Rouge violet.	Vert.	Rouge carmin.
Jaune blanchâtre.	Violet.	Vert clair.	Rouge pourpre
Jaune.	Indigo clair.	Jaune verdâtre.	Pourpre violet.
Brun jaune.	Bleu gris.	Vert jaunâtre.	Violet.
Orangé brunâtre.	Bleu.	Jaune.	Indigo.
Rouge orangé.	Bleu vert.	Orangé.	Bleu foncé.
Rouge.	Vert pâle.	Orangé rougeâtre.	Vert bleu.
Rouge foncé.	Jaune verdâtre.	Rouge violet.	Vert.

<table>
<tr><th colspan="2">TROISIÈME ORDRE</th><th colspan="2">QUATRIÈME ORDRE</th></tr>
<tr><th>A</th><th>B</th><th>A</th><th>B</th></tr>
<tr><td>Violet.</td><td>Vert jaune.</td><td>Violet clair.</td><td>Jaune vert clair.</td></tr>
<tr><td>Bleu.</td><td>Jaune orangé.</td><td>Bleu verdâtre.</td><td>Rose clair.</td></tr>
<tr><td>Vert.</td><td>Rouge.</td><td>Vert.</td><td>Rouge clair.</td></tr>
<tr><td>Jaune.</td><td>Violet.</td><td>Vert jaune clair.</td><td>Lilas.</td></tr>
<tr><td>Rose.</td><td>Vert bleu.</td><td>Jaune rouge clair.</td><td>Bleu vert clair.</td></tr>
<tr><td>Rouge.</td><td>Vert.</td><td>Rouge clair.</td><td>Vert clair.</td></tr>
</table>

CINQUIÈME ET SIXIÈME ORDRES

(Les couleurs de ces deux ordres sont les mêmes ; seulement celles du dernier sont encore plus lavées de blanc que celles du cinquième.)

A	B
Bleu clair.	Rose clair.
Vert clair.	Rouge clair.
Teinte blanchâtre.	Teinte blanchâtre.
Rouge clair.	Vert clair.

231. Couleurs de polarisation des cristaux biaxiaux taillés en lame mince parallèle au plan de deux axes d'élasticité. — Les phénomènes chromatiques que pré·sentent les cristaux à deux axes dans la lumière polarisée sont plus compliqués que ceux des cristaux à un axe. Dans un cas pourtant, le seul qui ait une grande importance pratique, le cristal *biaxial* se comporte exactement comme un cristal *uniaxial* taillé parallèlement à l'axe; ce cas est celui d'un cristal taillé en lame mince parallèle au plan de deux quelconques des axes de l'ellipsoïde d'élasticité.

Le *gypse* (sulfate de chaux hydraté) cristallise naturellement en tables rhomboïdales qui se laissent facilement cliver en lamelles très minces ; deux des axes d'élasticité *ab* et *cd* (fig. 322) sont contenus dans un plan parallèle au plan de clivage, en sorte que l'ellipse *adbc* représente une section de la surface d'élasticité faite par un plan parallèle à celui du clivage. Dans les micas, biaxiaux (fluo-silicates d'alumine, de fer et de métaux alcalins en proportions variables) deux des axes d'élasticité sont aussi parallèles au plan de clivage. C'est pour cela que, dans la lumière polarisée et parallèle, les lames minces de mica ou de gypse donnent, comme celles des cristaux uniaxiaux parallèles à l'axe, une teinte uniforme, dont le ton dépend de l'épaisseur de la lame cristallisée ; la couleur change nécessairement quand on superpose plusieurs de ces lames.

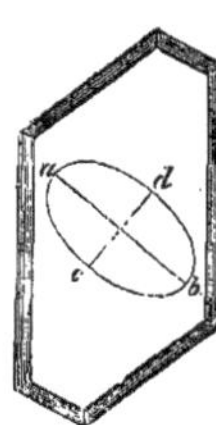

Fig. 322. — Lame de gypse parallèle à deux axes d'élasticité.

On choisit de préférence le gypse ou le mica pour obtenir ces couleurs d'interférence, précisément parce que ces cristaux se laissent facilement cliver en lamelles très minces à faces parallèles. L'intensité de la couleur varie avec l'orientation de la lame cristallisée relativement aux plans de polarisation du polariseur et de l'analyseur. Si les deux plans sont croisés à angle droit, le champ paraît sombre, lors·que les axes d'élasticité *ab* et *cd* sont respectivement paralleles à ces plans; il présente, au contraire, le maximum d'éclat, lorsque ces axes sont inclinés à 45° sur les plans de polarisation.

232. Polarisation chromatique produite par la duplication de lames biaxiales. — Supposons d'abord une lame de gypse placée entre deux nicols croisés, les axes d'élasticité du cristal étant à 45° des plans de polarisation ; dans cette position, nous obtenons une teinte qui correspond à une couleur des anneaux de Newton, d'autant plus voisine du centre que la lame est plus mince ; admettons, pour fixer les idées, que ce soit le *gris* du premier ordre. Sur cette première lame plaçons-en une seconde de même épaisseur et semblablement orientée *(duplication parallèle)* ; nous obtenons alors une couleur qui, dans les anneaux de Newton, occupe une position plus périphérique ; c'est un *bleu clair* du premier ordre. Ainsi, la superposition de deux gypses, qui donnent chacun séparément le gris de premier ordre produit une couleur résultante différente, le bleu clair du même ordre. Nous appellerons couleurs *additionnelles* celles qu'on obtient de cette manière.

Tournons ensuite la seconde lame de 90°, de manière que les axes homologues des deux gypses soient croisés *(duplication croisée)*. La couleur résultante sera dite *différentielle*, puisque la seconde lame déterminera entre le rayon ordinaire et l'extraordinaire une différence de marche de sens précisément contraire à celle que produit le premier gypse. Dans l'exemple choisi, les deux lames ayant même épaisseur, les deux différences de marche se compensent, et la couleur différentielle est le *noir*.

Les nicols parallèles engendrent les couleurs correspondantes à celles des anneaux de Newton dans la lumière transmise. Ainsi, la lame de gypse qui, avec les nicols croisés, donne le gris du premier ordre, produit du blanc quand les nicols sont parallèles ; en superposant deux lames semblables, on aura pour couleur additionnelle le blanc jaunâtre, et pour couleur différentielle le blanc.

Il est très important pour l'étude des propriétés biréfringentes des corps de connaître les couleurs résultantes produites par la superposition de deux lames cristallisées ; aussi donnons-nous ci-dessous le tableau de ces couleurs, relatif au cas où les nicols sont croisés et où les deux lames, ayant la même épaisseur, fournissent des couleurs de premier ordre ; le tableau du § 230, p. 529 et 530, permettra de passer immédiatemment du cas des nicols croisés à celui des nicols parallèles.

COULEURS DES LAMES SÉPARÉES	COULEURS ADDITIONNELLES	COULEURS DIFFÉRENTIELLES
Gris.	Bleu clair.	Noir.
Bleu clair.	Jaune.	—
Jaune.	Bleu.	—
Orangé.	Jaune.	—
Rouge.	Rouge.	—

Les couleurs additionnelles fournies par la duplication de plaques cristallisées donnant des teintes d'un ordre plus élevé sont semblables à celles du tableau précédent ; tout au plus passent-elles au ton voisin. Le jaune du deuxième ordre, par exemple, donne avec le jaune du premier ordre un bleu clair ; mais deux jaunes du deuxième ordre fournissent un vert du quatrième ordre.

Il va de soi que la coloration change quand on fait tourner les deux plaques, l'une par rapport à l'autre, en sorte que leurs axes homologues ne soient ni parallèles ni croisés, mais qu'ils occupent une position intermédiaire. Ainsi, le bleu clair produit par la superposition de deux gypses orientés de la même manière, et donnant chacun, séparément, un gris de premier ordre, se fonce de plus en plus à mesure qu'on fait tourner l'une des lames, et devient finalement du noir, quand les axes homologues sont perpendiculaires l'un à l'autre. Dans les mêmes circonstances, la duplication de deux plaques, fournissant chacune le bleu clair du premier ordre, donne une couleur jaune qui passe successivement par le blanc et le blanc bleuâtre, pour aboutir au noir ; etc.

233. Courbes colorées des cristaux à deux axes. — Si la plaque taillée parallèlement à deux axes, au lieu d'être très mince, possède une épaisseur suffisante pour qu'il en résulte une différence de marche sensible quand l'obliquité du rayon incident varie, on observe les mêmes phénomènes d'interférence que dans les lames des cristaux uniaxiaux parallèles à l'axe (cf. § 229); il apparaît des franges hyperboliques semblables à celles de la figure 317.

La similitude entre les effets des cristaux à un et à deux axes optiques ne subsiste plus du moment que la plaque n'est pas taillée parallèlement à deux des axes d'élasticité. Le cas le plus intéressant est celui dans lequel la lame est perpendiculaire à ce qu'on appelle la *ligne moyenne ;* cette ligne est la bissectrice de l'angle aigu que font entre eux les axes optiques. Une lame ainsi taillée donne, avec les nicols croisés, une croix noire, dont les bras correspondent aux plans de polarisation; sous ce rapport, il y a analogie avec ce qu'on observe dans une lame *perpendiculaire* d'un cristal à un axe. Mais, au lieu d'un seul système d'anneaux ayant pour centre le milieu de la croix, on en aperçoit un autour de chacun des points par où passent les axes (fig. 323). Ces anneaux ne sont pas circulaires; ils appartiennent à une forme particulière de courbe qui porte le nom de *lemniscate* et qui est du quatrième degré. Les anneaux les plus extérieurs des deux systèmes s'allongent vers la ligne moyenne et se portent à la rencontre les uns des autres de manière à former une courbe unique.

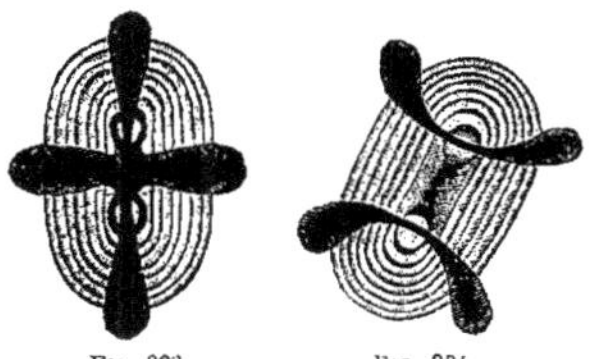

Fig. 323.   Fig. 324.

Courbes d'interférence des cristaux à deux axes dans les lames perpendiculaires à la *ligne moyenne,* (nicols croisés.)

Fig. 323. — Plan des axes perpendiculaire ou parallèle au plan primitif de polarisation.

Fig. 324. — Plan des axes incliné de 45° sur le plan primitif de polarisation

Nous venons de supposer le plan des axes parallèle ou perpendiculaire au plan primitif de polarisation. Si on fait tourner la lame autour de la ligne moyenne, la forme des anneaux ne change pas, mais leur ensemble tourne dans le même sens que la lame, et, en outre, les bras de la croix noire se séparent en deux courbes, qui finissent par représenter deux branches d'hyperbole, quand le plan des axes fait un angle de 45° avec le plan primitif de polarisation (fig. 324).

Lorsqu'on oriente le polariseur et l'analyseur de la même manière, on obtient les mêmes figures ; seulement les parties qui se détachaient en noir, dans le cas où les plans de polarisation étaient croisés, sont devenues brillantes, et inversement.

234. Emploi des lames biréfringentes parallèles pour produire et pour reconnaître la lumière polarisée circulairement. — Les lames de mica et de gypse, placées entre deux nicols, sont fréquemment employées pour produire la polarisation circulaire dont nous avons parlé au § 218. Dans ce but, il suffit de donner à la lame cristallisée une épaisseur telle qu'elle occasionne entre les deux rayons polarisés une différence de marche égale à $\frac{1}{4}\lambda$;

[une lame remplissant cette condition se nomme *lame quart d'onde*. L'épais-

seur doit êtré de $0^{mm},0158$ pour le gypse, et de $0^{mm},032$ pour le mica.

Une lame quart d'onde, associée à un analyseur ordinaire, constitue un polariscope à l'aide duquel on peut reconnaître la lumière polarisée circulairement; car les rayons polarisés à angle droit, qui engendrent cette lumière, ont déjà une différence de marche de $\frac{\lambda}{4}$, et, en traversant la lame quart d'onde, ils éprouvent un nouveau retard égal au premier, ce qui occasionne un retard total de $\frac{\lambda}{2}$; il en résulte un rayon polarisé dans un plan, ce dont on peut s'assurer au moyen des caractères ordinaires de la polarisation rectiligne.]

Un cristal encore plus fréquemment employé que le gypse et le mica, pour polariser circulairement la lumière, est le quartz ou acide silicique cristallisé, et particulièrement la variété la plus pure connue sous le nom de *cristal de roche*. [L'épaisseur d'une lame *quart d'onde* est la même pour le quartz que pour le gypse. On verra, § 238, qu'une lame de quartz perpendiculaire à l'axe produit encore un autre genre de phénomènes, qui consiste dans la rotation du plan de polarisation.]

[234ª. Double réfraction et polarisation chromatique des corps organisés. — Ce ne sont pas seulement les corps cristallisés appartenant aux cinq derniers systèmes qui présentent le phénomène de la double réfraction. D'une manière générale, toutes les fois qu'un milieu transparent ne possède pas la même densité dans toutes les directions, ce milieu est *anisotrope*, et, par suite, *biréfringent*. C'est ainsi que, par la compression, on peut développer la double réfraction dans les cristaux du système régulier, ou dans les milieux non cristallisés, tels que le verre.

Les corps dont la structure est stratifiée, c'est-à-dire ceux qui sont formés de couches concentriques, ont une densité qui diminue du centre à la superficie; cette circonstance suffit, comme l'ont montré MM. Neumann et G. Valentin, pour donner naissance aux phénomènes de polarisation chromatique qui décèlent l'existence de la double réfraction. Aussi la plupart des tissus et des produits qu'on rencontre dans les animaux et les végétaux sont-ils biréfringents; on s'en assure en les observant à l'aide du microscope polarisant (V. § 236). Les grains d'amidon, par exemple, examinés dans la lumière polarisée, montrent une série d'anneaux colorés, entrecoupés par une croix noire ou blanche, suivant que les plans de polarisation sont croisés ou parallèles; la figure ressemble à celle que donne un cristal à un axe taillé en lame perpendiculaire.

La cornée et le cristallin des animaux se comportent aussi dans la lumière polarisée comme un cristal à un axe positif; toutefois le phénomène de double réfraction ne devient manifeste dans le cristallin, que lorsque ce tissu transparent commence à se troubler.

Parmi les tissus biréfringents, nous citerons encore le tissu élastique, les tendons, le tissu osseux, le contenu des tubes nerveux après coagulation de la myéline, certains éléments renfermés dans la fibre des muscles striés, et qui, en raison de cette propriété, portent le nom de *disdiaklastes*. Les cellules épidermiques, les ongles, les cheveux possèdent aussi la double réfraction à un haut degré.

Presque tous les tissus se comportent comme les cristaux uniaxiaux positifs. La dessiccation augmente, en général, la double réfraction, et quelquefois la fait changer de sens en la rendant négative; c'est ce qui arrive pour le cristallin notamment.]

[**Bibliographie** : E. Breucke, Untersuchungen über den Bau der Muskelfasern mit Hülfe des polarisirten Lichtes (*Denkschriften der Akademie der Wissenschaften zu Wien*, 1858). G. Valentin, *Die Untersuchung der Pflanzen und Thiergewebe im polarisirten Licht* Leipzig, 1861. *Die physikalische Untersuchung der Gewebe*. Leipzig et Heidelberg, 1867.]

[**235. Houppes de polarisation de Haidinger.** — Un phénomène qui se rattache à la polarisation chromatique est le suivant, découvert par M. Haidinger. Lorsqu'on reçoit dans l'œil de la lumière polarisée, on aperçoit, dans la région du point de fixation, une croix formée de quatre houppes très diffuses à leur extrémité ; deux d'entre elles sont jaunes, tandis que les deux autres sont violettes. Les houppes jaunes marquent la direction du plan de polarisation. Pour voir cette figure, il suffit de regarder à travers un prisme de nicol une surface blanche, telle qu'un nuage lumineux ou une feuille de papier blanc, bien éclairée. On en facilite l'apparition en faisant tourner le polariseur sur lui-même ce qui entraîne la rotation de toute la figure dans le même sens et de la même quantité. Tous les yeux ne sont pas également aptes à percevoir le phénomène mais ceux qui voient nettement les houppes ont ainsi un moyen de distinguer, sans instrument particulier, la lumière polarisée de la lumière naturelle, et même de déterminer la direction du plan de polarisation.

Un certain nombre d'hypothèses ont été émises pour expliquer la production des houppes de Haidinger. M. Helmholtz admet que les éléments fibreux de la tache jaune sont faiblement biréfringents, et qu'ils absorbent plus fortement le rayon extraordinaire de la couleur bleue que son rayon ordinaire; l'observation montre, en effet, que les houppes n'apparaissent que dans la lumière qui contient du bleu. Dès lors, quand des rayons bleus, polarisés d'une manière quelconque, traversent une membrane ainsi constituée, ces rayons sont absorbés en grande quantité par les fibres parallèles à leur direction, tandis que l'absorption par les fibres perpendiculaires est forte ou faible, suivant que le plan de polarisation est perpendiculaire ou parallèle à la longueur des fibres. Or, les éléments de la couche fibreuse externe sont obliques dans la tache jaune; par suite, la lumière éprouvera une absorption plus grande aux endroits où les fibres sont parallèles au plan de polarisation; de là, l'origine des deux houppes.

L'explication des houppes de polarisation a été cherchée par M. Silbermann, dans la double réfraction du cristallin ; par M. Jamin, dans les réfractions multiples que subit la lumière en traversant les diverses surfaces réfringentes de l'œil ; mais, suivant M. Helmholtz, ces théories ne concordent pas dans tous leurs détails avec les faits.]

236. Appareils pour l'étude de la polarisation chromatique. — Tous ces appareils renferment deux parties essentielles : un *polariseur*, qui a pour but de polariser la lumière incidente avant de la laisser arriver sur l'objet à examiner, et un *analyseur* ou *polariscope*, qui ramène dans le même plan de polarisation les rayons polarisés à angle droit, transmis par le milieu biréfringent.

La *pince à tourmalines*, décrite dans le § 211, représente un appareil de polarisation des plus simples. La tourmaline qu'on tourne vers la lumière incidente, fait office de *polariseur ;* l'autre derrière laquelle l'observateur applique l'œil, remplit le rôle d'*analyseur*. Le cristal C (fig. 301, p. 508) se met entre les deux tourmalines.

Deux prismes de nicol, entre lesquels on place le corps à examiner, constituent également un appareil de polarisation d'une grande simplicité.

Les appareils plus compliqués renferment, en sus du polariseur et de l'analyseur, un certain nombre de pièces auxiliaires destinées, les unes à déterminer l'orientation des plans de polarisation et de la lame cristallisée ; les autres, à rendre la vision plus nette. Nous nous bornerons à décrire deux des appareils les plus employés, l'*appareil de Nœrremberg*, et le *microscope polarisant*. Le premier sert à l'examen des cristaux, dont on possède des échantillons assez grands pour qu'on puisse les tailler en lames ; le second est destiné à l'observation des objets microscopiques.

APPAREIL POLARISANT DE NŒRREMBERG. — [Le polariseur consiste en une glace sans tain *q* (fig. 325), mobile autour d'un axe horizontal ; l'inclinaison de la glace est donnée par une aiguille qui se meut sur le cercle gradué *f*, et qui tourne avec l'axe de rotation. La lumière incidente est polarisée par réflexion sur la glace *q*, qui la dirige de haut en bas sur un miroir plan *s ;* les rayons renvoyés verticalement de bas en haut, traversent la glace sans tain, passent par l'ouverture centrale *h* d'un écran *d*, destiné à porter la lame cristallisée, et tombent sur la glace de verre noir *p* qui fait un angle de 35°25′ avec la verticale et qui remplit l'office d'analyseur ; un disque *r* percé d'une ouverture centrale, et mobile dans son plan à l'intérieur d'un cercle gradué *l* porte la glace *p*, ce qui permet d'amener le plan de polarisation de cet analyseur dans tel azimut qu'on désire. L'écran *d*, sur lequel on place le cristal à examiner, repose sur un anneau *n*, dont le limbe est divisé en degrés, le zéro de la graduation correspondant au plan de polarisation des rayons incidents.

La glace de verre noir peut être remplacée par un prisme biréfringent en spath d'Islande, monté dans le tube *k* (fig. 326). On obtient alors deux images de l'ouverture *h* ; on peut aussi se servir comme analyseur, d'un prisme de Nicol, qui ne donne qu'une image.]

Quand on veut observer dans lumière divergente, on dispose au-dessous du porte-objet une lentille convergente qui concentre les rayons lumineux sur la lame cristallisée; une seconde lentille convergente, placée au-dessus, sert de loupe pour distinguer les courbes chromatiques qui ont pris naissance.

MICROSCOPE POLARISANT. — Cet appareil est surtout employé pour étudier les tissus animaux et végétaux dans la lumière polarisée.

Le microscope polarisant de Hoffmann est un microscope composé ordinaire muni de deux prismes de Nicol, l'un fixé au-dessous du porte-objet et servant de polariseur, l'autre placé au-dessus de l'oculaire et remplissant l'office d'analyseur. Chacun de ces nicols peut tourner autour de son axe. Le porte-objet est mobile à la fois autour d'un axe vertical et autour d'un axe horizontal; les angles décrits dans ces mouvements de rotation se lisent sur des limbes gradués.

Le polariseur et l'analyseur peuvent être séparés de l'appareil, et l'on a alors un microscope composé ordinaire, à

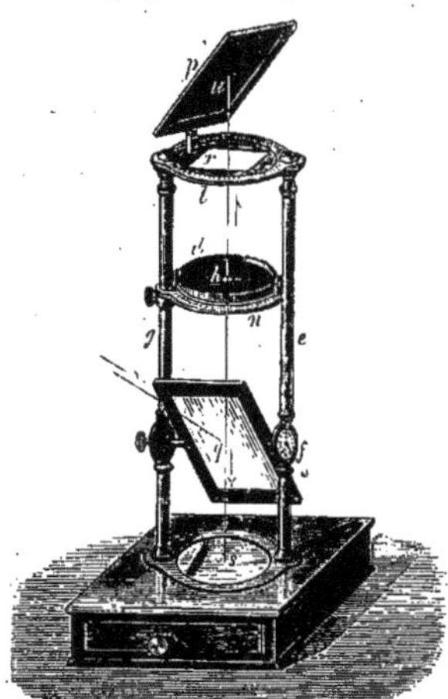

Fig. 325. — Appareil de polarisation de Nœrremberg. *d)* Écran porte-objet. — *e) g)* Colonnes supportant toutes les pièces de l'appareil. — *f)* Cadran gradué indiquant l'inclinaison de la glace qui sert de polariseur. — *h)* Ouverture destinée à laisser arriver la lumière polarisée sur la plaque cristallisée. — *l)* Anneau à limbe gradué pour mesurer l'angle des plans de polarisation de l'analyseur et du polariseur. — *n)* Anneau à limbe gradué indiquant l'orientation de la lame cristallisée. — *p)* Analyseur formé d'une glace de verre noir. — *q)* Glace sans tain servant de polariseur. — *r)* Disque mobile qui porte l'analyseur. — *s)* Glace étamée renvoyant de bas en haut les rayons polarisés par la glace sans tain.

Fig. 326. — Autre analyseur employé dans l'appareil de polarisation de Nœrremberg et consistant, soit en un prisme de spath d'Islande, soit en un prisme de Nicol, monté dans le tube *k*. — *i)* Écran percé d'une ouverture centrale sur laquelle se pose le cristal *o*, serti dans une monture de liège.

l'aide duquel on peut observer les objets à la lumière naturelle, avant de les examiner dans la lumière polarisée.

237. Application de la polarisation chromatique à la détermination des axes d'élasticité et des axes optiques des cristaux. — Les phénomènes de polarisation chromatique fournissent un moyen extrêmement précieux d'investigation pour étudier les propriétés optiques des corps et pour en pénétrer par là la structure intime.

A l'aide des appareils de polarisation que nous venons de décrire, on reconnaît, en effet, si le cristal examiné appartient au système régulier, ou bien s'il possède *un* ou *deux* axes optiques. On peut, en outre, déterminer la position des axes, l'angle qu'ils font entre eux, et dans le cas d'un cristal uniaxial, savoir s'il est positif ou négatif; il est même possible de déterminer la position et la grandeur relative des axes d'élasticité.

L'observation dans la lumière parallèle suffit, en général, pour trouver les directions des axes d'élasticité d'un cristal et leur grandeur relative. Ces déterminations se déduisent des changements de teinte qu'on obtient en faisant tourner la lame cristallisée autour d'un axe horizontal, tantôt dans un sens, tantôt dans l'autre, ainsi que de la position à donner à cette lame pour produire de l'obscurité, quand les plans de polarisation du polariseur et de l'analyseur sont croisés. Une fois la direction des axes reconnue, on pratiquera des coupes parallèles ou perpendiculaires, qui permettront alors de procéder à la recherche de la longueur relative des axes. On rendra cette recherche plus rapide et plus sûre, en ayant recours à l'emploi d'une lame d'un cristal biaxial taillé parallèlement au plan de deux de ses axes d'élas - ticité, et qui, superposée à la lame du cristal à étudier, donnera naissance à des couleurs additionnelles ou différentielles, selon que la duplication sera parallèle ou croisée (cf. § 232). On se sert ordinairement, dans ce but, d'une lame de gypse donnant le rouge du premier ordre.

En opérant dans la lumière divergente et sur des lames perpendiculaires on peut aussi, au moyen des franges colorées, distinguer immédiatement un cristal à un axe d'un cristal à deux axes, et, dans ce dernier cas, mesurer l'angle des axes optiques.

[Consultez, pour plus de détails, C. Nægele et Schwendener, *Das Mikroskop.* Leipsig, 1867.]

CHAPITRE XXIII

POLARISATION ROTATOIRE
(POLARIOYRATION)

238. Rotation du plan de polarisation par le quartz. — Le cristal de roche ou quartz hyalin cristallise dans le système hexagonal (IVᵉ syst.) ; il n'a donc qu'un seul axe optique. En conséquence, on devrait s'attendre à ce qu'une lame de quartz perpendiculaire à l'axe, examinée à l'aide d'un appareil de polarisation dans la lumière divergente, donnât naissance comme le spath d'Islande et presque tous les autres cristaux uniaxiaux, aux phénomènes de polarisation chromatique qui ont été décrits dans le § 230 (fig. 319 et 320). Il n'en est rien ; quand on opère dans la lumière homogène et divergente, et que les plans de polarisation du polariseur et de l'analyseur sont croisés à angle droit, on remarque que la croix noire manque totale- ment au centre, et qu'elle y est remplacée par une tache ou *plage claire* ; on retrouve d'ailleurs ici la même série d'anneaux alternativement brillants et sombres que dans le spath d'Islande. La différence entre les propriétés optiques de ces deux corps porte donc sur la clarté de la tache centrale, brillante dans le premier et sombre dans le second. Mais on peut aussi rendre cette tache sombre dans le quartz, en faisant tourner le plan de pola- risation de l'analyseur d'une quantité déterminée ; les plans de polarisation du polariseur et de l'analyseur font alors entre eux un angle différent de l'angle droit. Or, quand les plans de polarisation sont perpendiculaires l'un à l'autre, le centre des anneaux du spath est sombre, précisément parce que la lame cristallisée ne change pas le plan de polarisation des rayons qui la traversent parallèlement à l'axe optique, en sorte qu'aux points où les rayons incidents sont normaux à la lame, les choses se passent comme s'il n'y avait pas de milieu biréfringent interposé, auquel cas l'analyseur éteint la lumière transmise par le polariseur. De ce que le quartz se comporte autrement, nous devons en conclure qu'*il dévie le plan de polarisation des rayons qui le traversent parallèlement à son axe ;* le sens et la grandeur de la rotation sont donnés par l'angle dont il faut faire tourner l'analyseur pour rétablir l'obscurité de la tache centrale.

Lois de la polarisation rotatoire. — La déviation du plan de polarisation par le cristal de roche a lieu, suivant les échantillons, tantôt à *droite*, dans le sens du mouvement des aiguilles d'une montre, tantot à *gauche;* il y a donc des quartz *dextrogyres* et des quartz *lévogyres.*

1° L'angle de rotation du plan de polarisation varie avec la couleur; *il est d'autant plus élevé que les rayons sont plus réfrangibles.* Voici, par exemple, d'après Biot, les déviations angulaires pour quelques couleurs simples, avec une lame de quartz de 1 millimètre d'épaisseur.

NOMS DES COULEURS	LONGUEURS D'ONDE	ANGLES DE ROTATION
Rouge extrême.	0μ,645	17°,49
Jaune moyen	0μ,550	24°,00
Limite du vert et du bleu. .	0μ,492	30°,04
Violet extrême.	0μ,406	44°,08

2° *La rotation est proportionnelle à l'épaisseur de la lame.* Ainsi une plaque de quartz de 2 millimètres d'épaisseur produira une déviation des rayons rouges extrêmes, égale à $2 \times 17°,49$, ou 34°,98. La rotation reste la même, quand on retourne la lame face à face.

238ª. Couleurs avec la lumière blanche. Teinte sensible. — Si, au lieu d'opérer dans la lumière monochromatique, on emploie de la lumière blanche, il est évident que la partie centrale de la figure de polarisation sera toujours colorée; car, en faisant tourner l'analyseur de la quantité nécessaire pour éteindre complètement les rayons rouges, on n'arrête pas les autres couleurs et si on augmente la rotation, l'intensité des rayons plus réfrangibles diminue, mais celle des rayons rouges s'accroît de nouveau.

[Lorsque la lumière incidente est formée de rayons parallèles, la coloration de la plaque est uniforme; elle change d'ailleurs, d'une manière continue, à mesure qu'on fait tourner l'analyseur. Parmi les couleurs qui se succèdent ainsi, Biot a remarqué dans l'image extraordinaire ce qu'il appelle la *teinte sensible* ou *teinte de passage;* elle répond à la position de l'analyseur qui produit l'extinction des rayons jaunes moyens; pour une plaque de quartz de 1 millimètre d'épaisseur, l'analyseur doit donc être tourné de 24°. La couleur de la teinte sensible est un *bleu violacé* qui rappelle la couleur de la *fleur du lin;* elle offre ce caractère particulier que, pour le plus petit déplacement de l'analyseur, elle vire immédiatement au bleu ou au rouge, suivant le sens du déplacement, circonstance qui permet de la reconnaître facilement et de s'en servir pour déterminer la déviation du plan de polarisation (cf. § 240ª, appareil de Biot, saccharimètre de Soleil).

Il importe de remarquer que la coloration adoptée pour la *teinte sensible* se rapporte exclusivement aux yeux *euchromatopes :* le plus léger degré d'achromatopsie suffit pour la modifier et pour changer la position correspondante de l'analyseur.

A l'aide des déviations du plan de polarisation des couleurs simples et de la règle de Newton sur le mélange des couleurs, on peut calculer la coloration qu'une plaque de quartz d'épaisseur connue produit avec la lumière blanche dans chaque position de l'analyseur. Quand on interpose, entre le polariseur et le quartz, un prisme biréfringent, celui-ci donne deux images qui, conformément à la loi de Malus (V. § 223ª), ont des intensités complémentaires; il en résulte qu'après le passage des rayons à travers le quartz et l'analyseur, ces deux images ont toujours des teintes *complémentaires*, puisque la portion de chaque couleur simple qui manque dans l'image ordinaire se retrouve nécessairement dans l'image extraordinaire.]

239. Théorie de la polarisation rotatoire. — L'étude de la structure du quartz va nous révéler la cause des phénomènes de polarisation rotatoire produits par ce corps. La forme primitive du cristal de roche est une combinaison du prisme hexagonal avec une double pyramide à six faces. Dans la figure 327, les faces appartenant au prisme sont désignées par la lettre M, et les faces des pyramides par la lettre P. Aux angles du prisme, à la naissnace de chaque pyramide terminale, on remarque des facettes *h* inclinées toutes d'un côté, soit à droite, soit à gauche, ce qui constitue un genre de dissymétrie qui rentre dans ce qu'on appelle l'*hémiédrie*. Trois de ces facettes sont posées de deux en deux sur les angles supérieurs du prisme; les trois autres, alternant avec les premières et tournées en sens inverse, occupent les angles inférieurs. Ces facettes, désignées par Haüy sous le nom de *plagièdres*, peuvent être envisagées comme appartenant à une pyramide ou à un rhomboèdre qui serait enclavé dans la forme primitive, sans que les axes des deux formes coïncident.

Il y a dès lors à considérer dans un cristal de quartz deux ellipsoïdes d'élasticité: l'un, correspondant à la forme principale du cristal; l'autre, à la forme secondaire qui produit l'hémiédrie, les grands axes de ces ellipsoïdes secondaires étant légèrement inclinés l'un sur l'autre. Cela posé, imaginons qu'on taille une lame de quartz perpendiculairement au grand axe de l'ellipsoïde principal; cet axe se confond avec l'axe optique, puisque le quartz est positif. Tout rayon lumineux normal à la lame la traverserait sans se bifurquer, si l'ellipsoïde principal existait seul ; mais, par suite de la présence de l'ellipsoïde secondaire, ce rayon se décomposera en deux couples de rayons, deux ordinaires qui suivront la même route perpendiculaire à la surface réfringente, et deux extraordinaires qui auront des trajets distincts.

Or, nous avons vu que toute vibration rectiligne, telle que AA' (fig. 328), peut être regardée comme composée de deux vibrations circulaires AB A'B'

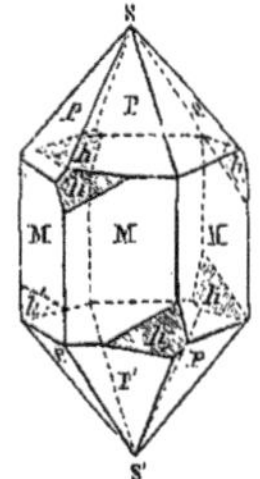

FIG. 327. — Forme cristallographique du cristal de roche (hémiédrie rotatoire).

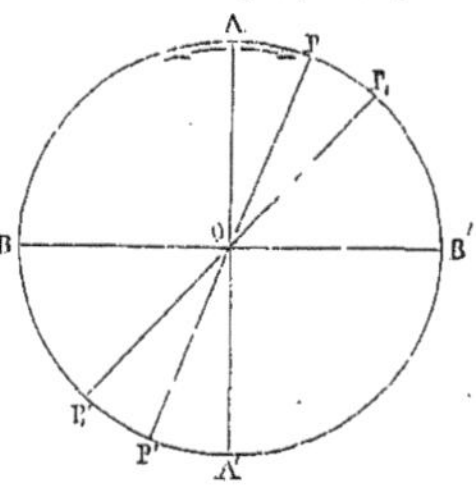

FIG. 328. — Explication de la rotation du plan de polarisation.

et AB'A'B de sens contraire; chacune de ces vibrations circulaires étant engendrée à son tour par deux vibrations rectilignes, polarisées à angle droit et ayant une différence de phase égale à $\dfrac{\lambda}{4}$ (cf. § 218).

Cela posé, nous admettrons que, réciproquement, les quatre rayons auxquels donnent naissance les deux ellipsoïdes d'élasticité du quartz se combinent deux à deux, un ordinaire de l'un des couples avec un extraordinaire de l'autre, de manière à engendrer deux rayons polarisés circulairement et de sens contraire, ces deux rayons restant superposés quand l'incidence est normale à la lame perpendiculaire à l'axe. Si les deux vibrations circulaires possédaient la même vitesse de propagation, elles se composeraient en une seule vibration rectiligne AA', qui aurait toujours la même direction ; mais supposons que l'une des vibrations circulaires se propage plus rapidement que l'autre, la vibration rectiligne résultante se déplacera dans le sens de la composante qui marche le plus vite, et d'une quantité angulaire d'autant plus grande que le chemin parcouru sera plus considérable. Le plan de vibration prendra ainsi successivement les positions PP', $P_1 P_1$ ', etc., à mesure que la longueur du trajet accompli augmentera. Telle est la cause de la rotation du plan de polarisation.

Nous avons admis qu'un rayon lumineux qui rencontre normalement une lame de quartz perpendiculaire à l'axe produit deux rayons polarisés circulairement et de sens inverse ; qu'en outre, les deux vibrations circulaires possèdent une vitesse de propagation différente. Cette hypothèse est confirmée d'une manière éclatante par l'expérience. Taillons, en effet, un prisme BDE (fig. 329) de 152° dans un cristal de roche dextrogyre ; plaçons-le entre deux autres prismes BCD et ADE lévogyres, taillés et disposés de manière à former avec le premier un parallélépipède rectangle. Un rayon polarisé, entrant normalement à la face BC, se décompose en deux autres, polarisés circulairement en sens contraire ; ces rayons restent superposés jusqu'en o. Mais, arrivés en ce point, ils entrent dans le prisme BDE, qui, faisant tourner le plan de polarisation en sens inverse du prisme d'entrée BCD, donnera à la vibration circulaire droite la vitesse de propagation qu'avait la gauche dans le premier milieu, et à la vibration gauche la vitesse que possédait la droite. L'une de ces vibrations se trouvera donc dans le même cas que si elle pénétrait dans un milieu plus réfringent, et l'autre, au contraire, entrera, dans un milieu relativement moins réfringent. De là bifurcation du rayon v o et formation de deux rayons o d et o f, tous deux déviés, l'un à droite, l'autre à gauche. Le prisme ADE produira sur chaque rayon une nouvelle déviation dans le sens de la première, et augmentera ainsi l'angle d'écartement des rayons émergents dh' et fh. Ces rayons possèdent tous les caractères de la lumière polarisée circulairement ; on constate, en outre, que les vibrations se font à droite pour l'un, et à gauche pour l'autre.

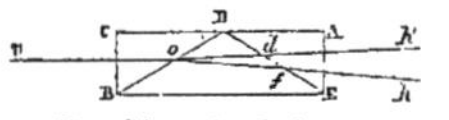

Fig. 329. — Séparation de deux rayons polarisés circulairement en sens contraire.

[Le quartz doit son pouvoir rotatoire à sa structure cristalline ; la molécule même de ce corps est inactive, car les solutions de silice ne dévient pas le plan de polarisation. Nous en dirons autant de quelques autres substances qui exercent sur la lumière polarisée la même action que le quartz ; telles sont le cinabre (sulfure de mercure cristallisé), le chlorate et le bromate de soude, l'acétate d'urane et de soude. Le fait est remarquable pour ces trois derniers corps, parce qu'ils cristallisent dans le système régulier.]

[**239ª. Chromatomètre à polarisation de Rose** [1]. — Nous avons indiqué, § 210, l'application que M. Edm. Rose a faite du spectre des réseaux au diagnostic de l'*achromatopsie*. Mais ce mode d'observation n'est utile que pour donner une première idée de la nature de l'anomalie fonctionnelle relative à la perception des couleurs ; et d'ailleurs il ne fournit plus d'indications du moment qu'on a affaire, non pas à une achromatopsie absolue, c'est-à-dire à la cécité complète pour une couleur, mais seulement à une dimi-

---

[1] EDM. Rose Ueber die Hallucinationen im Santonrausch (*Virchow's Archiv f. pathologische Anatomie u. Physiologie, u. für klinische Medizin.*, 1863, t. XXVIII). — Ueber die einfachste Untersuchungsmethode Farbenkranker (*Berliner klinische Wochenschrift*, 1865, n° 31).

nution de sensibilité *(dyschromatopsie)* pour une ou plusieurs couleurs déterminées.

Que l'achromatopsie soit complète ou non, il est évident que toute couleur dans la composition de laquelle entre la couleur non perçue ou incomplètement perçue produit pour l'*achromatope* la même sensation que la couleur *complémentaire,* à condition que l'intensité des deux couleurs diffère d'une quantité déterminée, variable suivant le degré de l'affection. Ainsi pour tout individu ne jouissant pas d'une sensibilité chromatique normale, il existe deux couleurs complémentaires d'inégale intensité qui sont confondues par lui. C'est là un fait dont on a tiré parti pour déterminer exactement l'espèce et le degré de l'achromatopsie. Il suffit de chercher quelles sont les deux couleurs complémentaires confondues par l'individu, et quelle en est l'intensité relative. On s'est servi dans ce but du disque rotatif de Maxwell, qui permet d'obtenir le mélange de deux ou plusieurs couleurs dans telle proportion qu'on désire. Mais la manœuvre de cet appareil exige toujours beaucoup de temps et de patience. Aussi M. Edm. Rose a-t-il rendu un véritable service en imaginant un *chromatomètre,* à l'aide duquel ces essais se font avec une très grande rapidité.

Le chromatomètre a la forme d'un microscope polarisant; on y trouve, en allant de bas en haut : 1° un miroir, à inclinaison variable, destiné à renvoyer dans l'appareil polarisant la lumière diffuse des nuées; 2° un prisme de Nicol qui sert de polariseur et qui occupe la place de l'objectif; 3° un diaphragme à ouverture rectangulaire ; 4° un prisme de spath d'Islande achromatisé ; 5° une lame de quartz de 5 millimètres d'épaisseur ; 6° enfin, à la place de l'oculaire, un second prisme de Nicol faisant office d'analyseur.

Le prisme biréfringent donne deux images de l'ouverture du diaphragme, et la lame de quartz, en vertu de son pouvoir rotatoire (cf. § 238 ª), colore ces deux images de teintes exactement complémentaires. En faisant tourner l'analyseur, on obtient dans l'intervalle d'un demi-tour, la série complète des tons du spectre. La rotation du polariseur ne modifie que l'intensité relative des couleurs, sans en altérer le ton. Chaque prisme de Nicol porte un index qui tourne avec lui sur un cercle gradué ; on peut de cette manière indiquer par des chiffres les positions du polariseur et de l'analyseur.

Cet appareil permet donc d'obtenir deux images qui passent par toute la série des couleurs spectrales, les deux teintes étant toujours complémentaires, et présentant, relativement l'une à l'autre une différence d'intensité à laquelle on peut donner telle valeur qu'on désire.

Pour examiner avec le chromatomètre l'état fonctionnel d'un œil, relativement à la perception des couleurs on doit laisser à la personne qui regarde dans l'appareil le soin de faire tourner l'analyseur et le polariseur jusqu'à ce qu'elle affirme la parfaite identité des deux images. Les yeux normaux n'arrivent jamais à obtenir dans ces conditions deux images de couleur absolument identique; mais ces yeux-là sont si rares qu'on peut presque affirmer la non-existence de l'*euchromatopsie.*

D'après M. Edm. Rose, tous les héméralopes ou mieux *nyctanopes* seraient affectés de dyschromatopsie; on aurait donc, dans l'emploi du

chromatomètre, un moyen rapide et sûr de diagnostiquer la *nyctanopie*
et d'en découvrir la simulation.]

240. Pouvoir rotatoire moléculaire. — Un grand nombre de substances,
liquides naturellement ou dissoutes dans un liquide inactif, exercent sur
la lumière polarisée une action semblable à celle du quartz. Le pouvoir
rotatoire de ces substances, se manifestant en dehors de tout phénomène de
de cristallisation, appartient évidemment à la molécule même du corps.

Le pouvoir rotatoire moléculaire se rencontre dans la plupart des principes immédiats qui sont élaborés sous l'influence de la vie dans les êtres
organisés, animaux ou végétaux, et qui offrent un certain degré de complication moléculaire. Nous citerons, entre autres, les différentes espèces de
sucre, la dextrine, la gomme arabique, les essences de térébenthine, de
citron, etc., les acides tartrique, malique, etc., la quinine, la cinchonine, la
strychnine et d'autres alcaloïdes, l'albumine, la chondrine, etc. Parmi ces
corps, les uns dévient le plan de polarisation à droite, les autres le font
tourner à gauche. Ainsi la saccharose (sucre de canne), la glycose (sucre
de raisin, de diabète), la lactose (sucre de lait), la dextrine, l'essence de
citron, etc., sont *dextrogyres;* l'albumine, la gélatine, la gomme arabique,
l'essence de térébentine, etc., sont *lévogyres.* Il en est quelques-uns qui,
quoique ayant la même composition chimique, sont tantôt dextrogyres,
tantôt lévogyres ; l'acide tartrique se trouve dans ce cas ; aussi distingue-
t-on un acide tartrique *droit* et un acide tartrique *gauche.*

[Lois de la polarisation rotatoire moléculaire. — L'action rotatoire
d'un liquide appartenant à la molécule même du corps, il est évident que,
toutes choses égales, *la déviation du plan de polarisation produite
par une colonne liquide doit être proportionnelle au nombre des
molécules traversées par la lumière,* c'est-à-dire *à la longueur de la
colonne et à la densité de la substance active.*

Si nous appelons α l'angle de déviation, d la densité de la substance active, l la longueur
de la colonne liquide, nous avons :

$$\alpha = \rho\, l\, d,$$

d'où l'on tire :

$$\rho = \frac{\alpha}{l\, d}. \quad \ldots \quad \text{(1)}$$

La quantité ρ est ce que Biot appelle le *pouvoir rotatoire moléculaire;* on peut le définir :
*la déviation du plan de polarisation que produit une substance, en supposant sa densité
et son épaisseur ramenées à l'unité.* Le pouvoir rotatoire moléculaire varie d'une substance
à l'autre; mais, en général, il est constant pour un même corps, quelles que soient les
valeurs qu'on donne à d et à l, pourvu toutefois que la température ne change pas ; il sert
donc à spécifier ce corps quant à son action rotatoire.

S'il s'agit d'une dissolution, on calculera la densité d de la manière suivante : soient p le
poids de la substance active, et V le volume de la dissolution ; la densité du corps actif
sera évidemment le rapport de son poids à son volume, c'est-à-dire $\frac{p}{V}$, et la formule (1)
deviendra :

$$\rho = \frac{\alpha\, V}{p\, l}. \quad \ldots \quad \text{(2)}$$

Cette dernière formule permet de calculer la quantité de substance active contenue dans
une dissolution, quand on connaît le pouvoir rotatoire ρ de cette substance ; il suffit alors
d'évaluer, à l'aide d'un appareil de polarisation rotatoire (voy. § 240ª et suiv.), la déviation
produite par une colonne liquide dont on mesure la longueur et le volume.

De la formule (2) on tire :

$$\alpha = \rho \, \frac{pl}{V}. \quad \ldots \ldots \qquad\qquad (3)$$

équation qui donne la déviation α produite par une colonne l d'une dissolution renfermant un poids p de substance active dans un volume V.

Quand on a affaire à un mélange de plusieurs substances actives, on calcule séparément les déviations de chacune d'elles, comme si elle était seule, et on fait leur somme en affectant du signe $+$ les déviations qui ont ont lieu à droite, et du signe $-$ celles qui sont de sens contraire. Supposons, par exemple, qu'on ait un mélange de deux substances actives de pouvoirs rotatoires ρ et ρ' ; soient p et p' les poids de ces substances, V le volume de la dissolution, et l la longueur de la colonne liquide. La déviation due à la première substance sera :

$$\alpha = \rho \, \frac{pl}{V}.$$

La déviation due à la seconde aura pour valeur :

$$\alpha' = \rho' \, \frac{p'l}{V}.$$

Donc, nous aurons pour la déviation totale A ;

$$A = \alpha + \alpha' = \frac{l}{V} \, (\rho\, p + \rho'\, p'). \quad \ldots \qquad (4)$$

Nous donnons, dans le tableau ci-dessous, les pouvoirs rotatoires d'un certain nombre de corps dont la plupart se rencontrent dans l'organisme humain. Suivant que la déviation a lieu à droite ou à gauche, elle est précédée du signe $+$ ou du signe $-$.

SUBSTANCES DEXTROGYRES

Saccharose (sucre de cannes)	ρ	$= + \ 73^{\circ},84$
Glycose (sucre de raisin)	ρ_D	$= + \ 53^{\circ},50$
	ρ	$= + \ 56^{\circ},00$
Lactose (sucre de lait)	ρ	$= + \ 58^{\circ},20$
Lactoglycoses. — de Pasteur	ρ	$= + \ 67^{\circ},53$
de Fudokowski	ρ	$= + \ 99^{\circ},74$
Dextrine	ρ	$= + \ 118^{\circ},00$
Amidon soluble	ρ	$= + \ 211^{\circ},00$
Acide glycocholique	ρ	$= + \ 29^{\circ},00$
Taurocholate	ρ	$= + \ 24^{\circ},50$

SUBSTANCES LÉVOGYRES

Lévulose	ρ	$= - \ 106^{\circ},00$
Gomme arabique	ρ	$= - \ 36^{\circ},00$
Albumine. — du sérum	ρ_D	$= - \ 56^{\circ},00$
du blanc d'œuf	ρ_D	$= - \ 35^{\circ},50$
Gélatine	ρ	$= - \ 130^{\circ},00$
Chondrine avec un peu de soude	ρ	$= - \ 213^{\circ},50$
dissoute dans l'eau, avec grand excès de soude	ρ	$= - \ 552^{\circ},00$

La notation ρ_D représente la déviation de la couleur correspondant à la raie D de Fraunhofer. Les pouvoirs rotatoires simplement désignés par ρ se rapportent au jaune moyen.]

240ª. Appareils de polarisation pour la détermination du pouvoir rotatoire moléculaire. — Biot, Soleil, [M. Wild et d'autres] ont imaginé des appareils qui permettent de mesurer la déviation imprimée au plan de polarisation par un liquide *actif*, c'est-à-dire doué du pouvoir rotatoire, ou par une substance active en solution dans un liquide inactif ; à l'aide de cette déviation, on peut ensuite calculer, soit le pouvoir rotatoire moléculaire, soit la richesse d'une solution en substance active. — Tous ces appareils renferment, comme parties essentielles, un polariseur et un analyseur.

[APPAREIL DE BIOT [1]. — Dans cet appareil le polariseur est un miroir de verre noir qu'on incline sous un angle convenable pour polariser entièrement la lumière ; l'analyseur consiste en un nicol monté dans un petit tube mobile autour de son axe ; ce tube entraîne, dans son mouvement, une alidade, dont l'extrémité parcourt un cercle fixe divisé en degrés, et qui indique ainsi l'angle que fait la section principale de l'analyseur avec le plan primitif de polarisation.

Entre le polariseur et l'analyseur s'interpose un tube de verre épais qu'on remplit du liquide à examiner : ce tube est fermé à chacune de ses extrémités par un disque de verre, maintenu en place à l'aide d'une virole métallique qui se visse sur une gaine en laiton, servant d'enveloppe au tube qui contient le liquide.

Pour observer, on fait tourner l'analyseur jusqu'à ce que la *teinte sensible* apparaisse (cf. § 238ª) ; on lit alors sur le cercle gradué le degré indiqué par l'alidade, et on a ainsi mesuré la déviation du plan de polarisation.]

240ᵇ. Saccharimètre de Soleil. — L'appareil imaginé par Soleil est particulièrement destiné à doser la quantité de sucre contenu dans un liquide ; de là, le nom de *saccharimètre* qui lui a été donné.

Le saccharimètre de Soleil se compose de trois parties principales A, B, C (fig. 330) : la partie postérieure A renferme le polariseur, la partie antérieure B, l'analyseur et un dispositif spécial pour mesurer l'action rotatoire de la dissolution sucrée. Dans la partie intermédiaire C, se place le tube G, rempli du liquide sur lequel on opère ; ce tube, semblable à celui de l'appareil de Biot, a 20 centimètres de longueur.

Le polariseur est un prisme biréfringent achromatisé p, figuré à part en C'. La lumière pénètre en o par une petite ouverture circulaire, et tombe sur le prisme p, qui la polarise en donnant deux images de cette ouverture ; mais l'une d'elles, l'image ordinaire, est arrêtée par un diaphragme. L'analyseur, consistant en un prisme de Nicol figuré à part en N, de profil et de face, occupe dans la partie B la position marquée a. Il est précédé d'un tube L, renfermant une lunette de Galilée à courte portée, qui sert à rendre la vision nette. Le prisme de Nicol ayant son plan de polarisation perpendiculaire à celui du polariseur, si l'appareil ne renfermait que ces deux pièces, l'analyseur éteindrait entièrement la lumière transmise par le polariseur. Mais, entre ce dernier et la partie C destinée à recevoir le tube rempli de la dissolution sucrée, se trouve en p' un *biquartz à rotations inverses* ou *plaque à deux rotations*. On nomme ainsi une plaque de quartz composée de deux demi-disques d'égale épaisseur, taillés perpendiculairement à l'axe, l'un dans un cristal dextrogyre, l'autre dans un échantillon lévogyre ; les deux demi-disques sont juxtaposés suivant leur tranche diamétrale, de manière à former un disque circulaire complet ; la plaque à rotations

---

(1) BIOT, *Instructions pratiques sur l'observation et la mesure des propriétés optiques appelées rotatoires avec l'exposé succinct de leur application à la chimie médicale, scientifique et industrielle.* Paris, 1845, in-4.

inverses est figurée à part en Q. Les plans de polarisation de l'analyseur et du polariseur étant croisés à angle droit, la coloration des deux moitiés du bi-quartz est identiquement la même, puisque la moitié dextrogyre dévie à droite le plan de polarisation d'une quantité précisément égale à celle dont

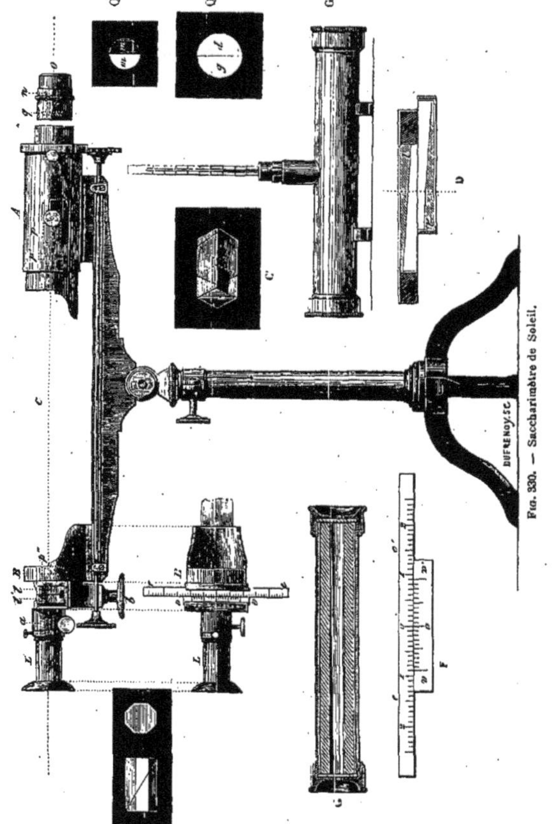

Fig. 330. — Saccharimètre de Soleil.

la moitié lévrogyre le fait tourner à gauche. On a donné à cette plaque une épaisseur telle que la couleur commune obtenue dans les conditions qui viennent d'être indiquées soit celle de la teinte sensible; il faut pour cela une épaisseur de $3^{mm},7$. Pour peu qu'on déplace alors l'analyseur dans un sens ou dans l'autre, l'une des moitiés vire au bleu, tandis que l'autre passe au rouge (fig. 330; Q′), car les plans de polarisation des rayons lumineux qui ont traversé les deux moitiés du bi-quartz ne sont plus symétriquement placés par rapport à la section principale de l'analyseur, et celle-ci s'est rapprochée de l'un autant qu'elle s'éloignait de l'autre.

Il est évident que l'interposition d'un liquide doué du pouvoir rotatoire entre la plaque à deux rotations et l'analyseur, produira le même effet que la rotation de ce dernier ; le liquide augmentera l'action du demi-disque à pouvoir rotatoire de même sens, dans la même proportion qu'il diminuera celle du demi-disque qui dévie le plan de polarisation en sens inverse. Ainsi le tube G, rempli de la dissolution active, étant mis en C, détruira l'égalité de teinte des deux moitiés de la plaque à rotations inverses.

Il s'agit maintenant d'évaluer l'action rotatoire de la colonne liquide interposée. On y arrive très simplement en l'annulant par l'action, égale mais contraire, d'une plaque de quartz qui dévie en sens contraire de la rotation produite par le liquide, et à laquelle on donne l'épaisseur voulue.

A cet effet, MM. Duboscq et Soleil ont imaginé, sous le nom de *compensateur*, un dispositif ingénieux qui permet de faire varier tout à la fois l'épaisseur de la plaque de quartz, et le sens de son pouvoir rotatoire. Le compensateur est placé dans la partie B du saccharimètre, entre le tube à liquide et l'analyseur. Il comprend deux pièces : une plaque simple p'' de quartz *dextrogyre* perpendiculaire à l'axe, de 3 millimètres d'épaisseur, et le compensateur proprement dit, consistant en une plaque de quartz *lévogyre*, formée elle-même de deux lames l, l', dont une coupe horizontale est figurée à part en D. Les faces de chaque lame sont inclinées l'une sur l'autre sous un angle très aigu, et forment ainsi un prisme à arête verticale ; ces prismes, parfaitement égaux entre eux et achromatisés par des prismes de verre, se trouvent disposés l'un au devant de l'autre, mais en sens inverse, de manière à représenter une plaque de quartz à faces parallèles. On peut, en outre, faire glisser les deux lames l'une sur l'autre horizontalement et dans des directions opposées, ce qui permet de faire varier l'épaisseur du système et de la rendre à volonté supérieure ou inférieure à celle de la plaque dextrogyre p''. Pour effectuer ce déplacement mutuel des lames, on manœuvre le bouton b qui porte un pignon denté agissant sur deux crémaillères, adaptées à la partie inférieure des montures métalliques des prismes. L'une des montures est surmontée d'une règle ee', placée horizontalement en travers de l'axe du saccharimètre (V. au-dessous de la partie B, la projection horizontale de cette même partie) ; l'autre monture porte un double vernier vv, placé en regard de la règle, sur laquelle sont tracées des divisions de part et d'autre du zéro, qui est au milieu. La position du zéro du vernier, par rapport aux divisions de l'échelle, indique la grandeur et le sens du déplacement relatif des deux lames, et permet d'évaluer l'épaisseur correspondante du système. Quand les zéros de la règle et du vernier coïncident, c'est la position figurée à part en F, la somme des épaisseurs des deux prismes est égale à l'épaisseur de la plaque p'' ; l'effet rotatoire de cette dernière se trouve ainsi annulé. Si on tourne le bouton b de manière à diminuer l'épaisseur du système des lames mobiles, l'action de la plaque dextrogyre devient prépondérante ; si, par un mouvement en sens inverse, on augmente cette épaisseur, c'est l'effet du quartz lévrogyre qui l'emporte.

Le compensateur fournit donc le moyen de neutraliser l'action rotatoire de la dissolution active, et de rétablir ainsi l'égalité de teinte des deux moitiés du disque à rotations inverses. Connaissant l'épaisseur du quartz qui produit ce résultat, épaisseur donnée par le déplacement du vernier, on peut calculer l'angle dont le liquide fait tourner le plan de polarisation, et si on connaît, en outre, le pouvoir rotatoire de la substance dissoute, on a tous les éléments nécessaires pour déterminer, à l'aide des formules du § 240, la quantité de cette substance qui est tenue en solution. Ordinairement chaque division de l'échelle correspond à un dixième de millimètre d'épaisseur de quartz en plus ou en moins, suivant le sens du déplacement; le vernier donnant à son tour les dixièmes, on peut mesurer l'épaisseur à *un centième* de millimètre. — Pour le dosage des solutions sucrées, on évite tout calcul en se servant des tables que M. Clerget [1] a dressées à cet effet, et qui donnent pour chaque division de l'échelle du saccharimètre le titre correspondant de la liqueur.

[Quand la liqueur sur laquelle on opère ou que la lumière employée ne sont pas incolores, leur couleur, s'ajoutant à celle qu'engendre la polarisation rotatoire, modifie la teinte sensible et nuit ainsi à l'exactitude de l'observation. Pour rétablir la teinte sensible, on adapte à l'extrémité du saccharimètre, au delà du polariseur *p*, une plaque de quartz *q* à rotation simple, et un second prisme biréfringent achromatisé *n*. Le quartz *q*, placé entre les deux prismes polarisants *p* et *n*, donne une teinte qu'on fait varier en tournant le prisme *n* jusqu'à ce qu'elle neutralise la coloration du liquide ou de la lumière employée.]

Pour graduer le saccharimètre, on procède empiriquement. On prépare une série de solutions de sucre de canne dans l'eau, à divers degrés de concentration, et on note le déplacement du zéro du vernier pour chacune d'elles. La même méthode peut être employée pour graduer le saccharimètre par rapport à d'autres liquides doués du pouvoir rotatoire.

[**240°. Polaristrobomètre de Wild** [2]. — Le saccharimètre de Soleil, manié par des mains habiles, donne des résultats très précis, mais à la condition que l'œil de l'observateur ne soit pas affecté de quelque anomalie dans la perception des couleurs (achromatopsie, dyschromatopsie). Le polaristrobomètre de M. Wild offre cet avantage que l'évaluation de la rotation du plan de polarisation y repose, non sur l'appréciation d'une couleur, mais sur la disparition et la réapparition de franges d'interférence.

Dans cet appareil, le polariseur et l'analyseur sont des prismes de Nicol. Un *polariscope de Savart*, placé entre l'analyseur et le tube à liquide, donne une image traversée horizontalement par une série de franges parallèles; mais ces franges manquent dans la partie centrale toutes les fois que les sections principales des deux prismes de nicol sont croisées ou parallèles, et réapparaissent sitôt qu'on fait tourner soit le polariseur, soit l'analyseur. Le polariscope de Savart est formé par la superposition des deux lames épaisses de quartz, taillées un peu obliquement à l'axe et croisées à angle droit. Ce système donne dans la lumière polarisée des franges hyperboliques dont on ne voit que les parties éloignées du sommet, de sorte qu'elles paraissent rectilignes et parallèles.

(1) Clerget. Analyse des substances saccharifères au moyen des propriétés optiques de leurs dissolutions et évaluation de leur rendement industriel (*Ann. de chimie et de physique* [3], 1849, t. XXVI, p. 175). — J. Duboscq. Pratique du saccharimètre Soleil. Paris 1866.

(2) Wild. Ueber ein neues Polaristrobometer und eine neue Bestimmung der Drehungsconstante des Zuckers. Bern, 1865.

Supposons maintenant que les sections du polariseur et de l'analyseur soient perpendiculaires l'une à l'autre : il y a interruption des franges dans la région centrale. Vient-on alors à remplir le tube à liquide d'une substance douée du pouvoir rotatoire, les franges réapparaissent dans toute l'étendue de l'image ; pour les faire disparaître de nouveau, on tourne le polariseur d'une certaine quantité, qui mesure précisément la déviation du plan de polarisation.

Quand la déviation surpasse 5°, et qu'on emploie la lumière blanche, les franges d'interférence ne peuvent jamais être effacées entièrement, quelle que soit la position du polariseur ; elles passent seulement par un minimum d'éclat. Mais on peut obtenir leur disparition en se servant de la lumière monochromatique.]

[240ᵈ. Saccharimètre de Laurent. — Cet instrument, représenté en coupe sur la figure 331 est muni de deux espèces de graduations gravées sur les bord d'un cercle que l'on voit à gauche de la figure 332, laquelle représente le sac-

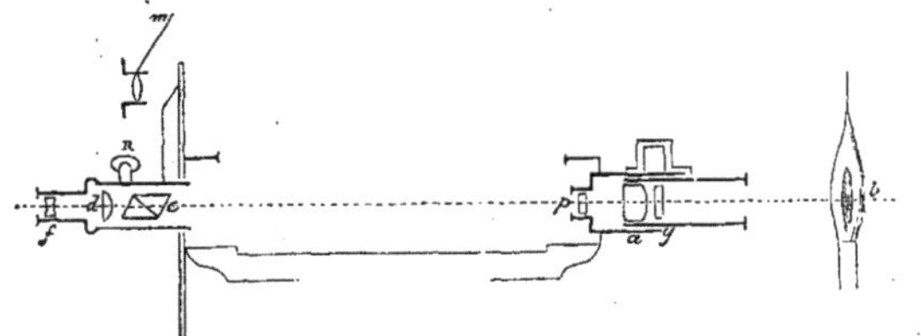

Fig. 331. — Coupe longitudinale du saccharimètre de Laurent.

charimètre vu en perspective. L'une des graduations, en degrés de circonférence, permet de mesurer le pouvoir rotatoire d'un liquide actif, l'autre, en degrés saccharimétriques, donne le moyen de doser, comme avec le saccharimètre Soleil, la quantité de sucre contenue dans une dissolution donnée.

Le saccharimètre de Laurent se compose de deux nicols, polariseur *a* et analyseur *c* (fig. 331) ; entre ces deux prismes se trouve, en *p*, une lame de quartz *demi-onde*, taillée parallèlement à l'axe ; cette lame recouvre la moitié seulement du diaphragme placé en avant, et destiné à limiter le faisceau émané d'un bec Bunsen *b*, dans la flamme duquel on introduit une corbeille à chlorure de sodium, afin d'opérer avec une lumière monochromatique.

Si le plan de polarisation des rayons du faisceau lumineux qui traverse l'appareil, fait avec l'axe de la lame un angle différent de 0 ou de 90°, ceux de ces rayons qui traversent le quartz se décomposeront chacun en deux autres, ordinaire et extraordinaire, présentant à leur sortie une différence de

marche de $\frac{\lambda}{2}$; ils donneront donc, par recomposition, des rayons polarisés

dans un plan symétrique, par rapport à l'axe de la lame, du plan de polarisation des rayons de l'autre moitié du faisceau. Il en résulte que les deux moitiés du diaphragme, vues à travers l'analyseur par l'œil placé au delà, présenteront des intensités égales ou inégales, suivant que l'axe du nicol *c* est ou non parallèle à l'axe de la lame *p*. Lorsque l'analyseur est dans une position telle que ces deux moitiés sont également éclairées, si l'on vient à interposer entre c et p un tube contenant une substance active, la rotation du plan de polarisation de tous les rayons du faisceau détruit cette égalité d'intensité lumineuse; pour la rétablir, il faut, au moyen d'un bouton extérieur s'engrenant avec les dents de la circonférence graduée (fig. 332), faire

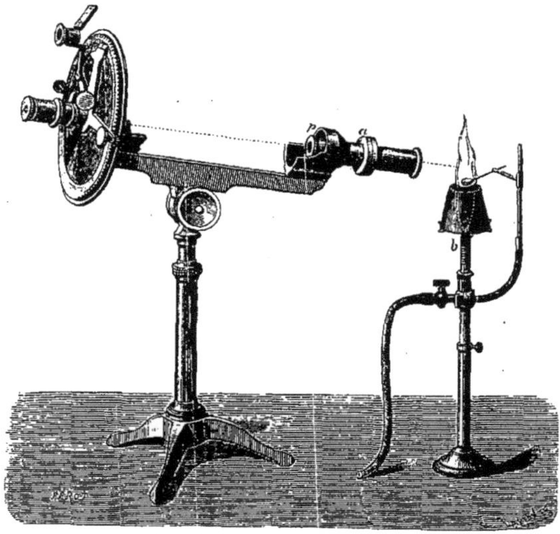

Fig. 33?. — Saccharimètre de Laurent.

tourner l'analyseur d'un angle qui dépend du pouvoir rotatoire de la substance interposée et du titre de la solution.

Les observations sont donc basées sur l'égalité d'intensité lumineuse des deux moitiés d'un diaphragme; en raison de ce fait, l'emploi du saccharimètre Laurent est plus facile que celui de l'instrument de Soleil.

La sensibilité de l'appareil est d'autant plus grande que les angles des plans de polarisation des deux moitiés du faisceau avec l'axe de la lame demi-onde sont plus petits, car une rotation très petite de l'analyseur fait alors changer notablement la quantité de lumière qui éclaire chaque moitié du diaphragme; mais alors l'éclairage, correspondant à une égale intensité lumineuse de tout le champ, est plus faible et peut être insuffisant dans le cas d'un liquide coloré; aussi doit-on opérer dans l'obscurité, et régler chaque fois la sensibilité de l'appareil en donnant au polariseur la position la plus convenable.

LIVRE V

DE LA CHALEUR

241. Aperçu général des phénomènes calorifiques. Division du livre. — La plupart des substances mises au contact de notre organisme produisent sur nous, par l'intermédiaire de nos nerfs sensitifs, une sensation de chaleur ou de froid. Un corps nous semble chaud ou froid, suivant qu'il possède une température supérieure ou inférieure à celle de notre peau. La distinction entre ces deux qualités repose donc uniquement sur la manière dont nos organes sensitifs sont impressionnés par le *calorique*.

Envisagée en soi, la chaleur nous apparaît comme une modalité qui affecte tous les corps sans exception à un degré plus ou moins grand, et qui a une influence essentielle sur leurs autres propriétés. On observe, par exemple, que les corps se dilatent, c'est-à-dire augmentent de volume avec l'élévation de la température, et que, portés à des températures déterminées, ils changent d'état d'agrégation. Pour qu'un corps éprouve des changements de volume et d'état, il faut qu'il reçoive de la chaleur du dehors ou qu'il perde une partie de la sienne. Ces gains et ces pertes de calorique s'effectuent, soit par *conductibilité*, la chaleur passant directement d'un corps à un autre en contact avec le premier, soit par *rayonnement*, de la même manière que se propage la lumière. Quant à la quantité de chaleur qu'absorbent les différents corps pour arriver à un même degré d'échauffement, elle varie suivant la nature de la substance considérée ; tous les corps n'ont pas, comme on dit, la même *capacité calorifique* ou la même *chaleur spécifique*. De plus, lorsqu'un corps se dilate et surtout lorsqu'il passe à un état de fluidité plus grande, une partie de la chaleur absorbée disparaît, pour reparaître ensuite quand le corps revient à son volume ou à son état primitif ; le calorique dont l'effet thermique se trouve ainsi dissimulé est désigné sous le nom de *chaleur latente*. Pendant la décomposition chimique des corps, de la chaleur devient aussi latente, tandis que toute combinaison est, en général, accompagnée d'un dégagement de calorique. De toutes les réactions chimiques, c'est la *combustion* qui fournit la principale source de chaleur dans la nature. L'étude des différents moyens de produire la chaleur nous amènera à examiner la corrélation qui existe entre l'énergie calorifique et les autres forces de la nature ; de cet examen découlera la théorie des phénomènes calorifiques.

Nous suivrons donc, dans l'étude de la chaleur, l'ordre suivant : 1° dilatation thermique ; 2° changements d'état ; 3° chaleur spécifique ; 4° chaleur latente ; 5° propagation de la chaleur ; 6° sources de chaleur et théorie des phénomènes calorifiques.

CHAPITRE PREMIER

DILATATION DES CORPS PAR LA CHALEUR

242. La température considérée comme mesure du degré de chaleur. — Les impressions thermiques que nous ressentons au contact des corps sont impropres à nous en faire apprécier le degré de chaleur; elles peuvent bien nous permettre de reconnaître si un corps est plus chaud ou plus froid qu'un autre; mais elles ne sauraient servir en aucun cas à indiquer avec exactitude des différences déterminées de chaleur.

Nous ne pouvons arriver à mesurer la chaleur que par les effets qu'elle produit sur les corps extérieurs. On a choisi dans ce but l'effet le plus général et en même temps le plus facile à observer, à savoir la dilatation. Mais, comme les différentes substances se dilatent de quantités très inégales, on est convenu de rapporter toutes les mesures thermiques à la dilatation d'un seul et même corps, le *mercure*, ou mieux l'*air*. On obtient alors le degré de chaleur d'un corps en mesurant la dilatation que subissent le mercure ou l'air lorsqu'on les met en contact avec lui.

On appelle *température* d'un corps un état d'équilibre particulier dans lequel le corps ne perd ni ne gagne de chaleur, et dans lequel il possède un volume déterminé ; en d'autres termes, c'est l'état actuel ou l'intensité de la chaleur sensible dans le corps considéré.

242ª. Thermomètres à liquide. — [On désigne sous le nom de *thermomètres* des instruments destinés à mesurer la température.]

En remplissant de mercure chimiquement pur, jusqu'à une hauteur déterminée, un *réservoir* sphérique ou cylindre en verre surmonté d'un tube capillaire, dont le calibre soit partout le même, on a un thermomètre des plus simples ; le tube porte le nom de *tige*. On ferme hermétiquement l'extrémité supérieure du tube, pour que le mercure ne puisse pas s'échapper au dehors quand on incline l'instrument. Il importe, en outre, que l'intérieur du tube soit complètement purgé d'air ; car le gaz, emprisonné entre le mercure et l'enveloppe de verre et dilaté sous l'influence d'une augmentation de température, contribuerait, par ses changements de volume, à faire varier le niveau du liquide. Pour enlever tout l'air, on chauffe le réservoir jusqu'à ce qu'il atteigne un degré de chaleur un peu supérieur aux températures les plus élevées que le thermomètre est destiné à mesurer, et on ferme le tube à l'endroit même où s'arrête alors le niveau du mercure. Quand ensuite le liquide se contracte par le refroidissement, il laisse un vide au-dessus de lui.

En plaçant le long de la tige une échelle divisée, on a un instrument qui peut servir à comparer entre elles des températures différentes. Lorsque le réservoir est mis en contact avec un corps d'une température supérieure à celle du mercure, ce métal se dilate et s'élève dans le tube thermométrique au-dessus du niveau primitif ; si, au contraire, le corps est moins chaud que le mercure, ce dernier se contracte et son niveau baisse. Toutes les fois que le niveau du mercure correspond à la même division, la température est aussi la même.

Afin de rendre les indications de tous les thermomètres comparables entre elles, on a choisi pour base de la graduation de l'échelle deux points fixes répondant à des températures toujours identiques, savoir : d'une part, la température de l'eau lors de son passage de l'état solide à l'état liquide, c'est-à-dire la température de la glace fondante ; d'autre part, la température d'ébullition de l'eau distillée sous la pression normale d'une atmosphère, car le point de fusion et surtout celui de l'ébullition varient avec la pression atmosphérique. On a constaté, en effet, qu'un thermomètre, construit de la manière qui vient d'être indiquée, donne toujours les mêmes indications pour ces deux changements d'état de l'eau, d'où il faut conclure que les tempéra-tures correspondantes sont constantes. A l'aide de ces deux points fixes, tous les thermomètres, quelles que soient leurs dimensions absolues ou relatives, peuvent être gradués de façon à fournir des indications concor-dantes.

On procède à la graduation d'un thermomètre de la manière suivante :

On entoure l'instrument d'abord de glace fondante : la colonne de mercure baisse, et quand elle est devenue stationnaire, on marque le point où son niveau s'arrête. On plonge ensuite le thermomètre dans la vapeur d'eau bouillante : le mercure monte dans le tube jusqu'à un point qu'on marque sur la tige. Les positions des deux points fixes étant ainsi trouvées, on marque 0 au point inférieur, 100 au point supérieur, et on divise l'intervalle en 100 parties égales : l'instrument ainsi gradué est connu sous le nom de *thermomètre centigrade* ou *thermomètre de Celsius*.

Le thermomètre centigrade est celui dont on fait généralement usage dans les recherches scientifiques. On emploie encore sur le continent le thermomètre de Réaumur, dans lequel l'intervalle entre les deux points fixes est partagé en 80 parties égales. En Angleterre on se sert de préférence du thermomètre de Fahrenheit, dont le degré 32 correspond à la tempé- rature de fusion de la glace, et le degré 212 à la température d'ébullition de l'eau, de sorte que l'intervalle entre les deux points fixes comprend 180 degrés. On voit donc que 1° centi-grade équivant à 0°,8 Réaumur et à 1°,8 Fahrenheit. Pour convertir les degrés Fahrenheit en degrés des deux autres échelles, il faut, en outre, retrancher 32 du nombre donné. Par conséquent, on a : $C = \dfrac{5}{4} R, = \dfrac{5}{9} (F - 32)$, en désignant par C, R et F les degrés correspondant à une même température pour les trois échelles thermométriques.

[Il existe une quatrième échelle usitée en Russie, celle de Delisle, qui a les mêmes points fixes que le thermomètre centigrade, mais qui est divisée en 150 degrés ; en outre, le zéro est inscrit en regard du point d'ébullition de l'eau, de sorte que la graduation est descendante.]

Tout thermomètre construit comme nous venons de l'exposer, donne des indications indépendantes du volume du réservoir et du calibre du tube. En effet, quand un thermomètre indique une élévation de température d'un degré centigrade, par exemple, cela signifie simplement que l'accroissement de température observée correspond à un changement de volume du mercure égal à la centième partie de la dilatation qu'éprouve ce liquide en passant de la température de la glace fondante à celle de la vapeur d'eau bouillante.

Il va de soi que la graduation du thermomètre peut être prolongée de part et d'autre des deux points fixes ; on fait précéder du signe — les degrés qui répondent à des températures inférieures à zéro, et du signe + les degrés situés au-dessus.

Le thermomètre à mercure ne peut servir que pour les températures comprises entre le point de congélation du mercure et son point d'ébullition. Le mercure se solidifie à — 39°5 et bout à + 360° ; la température à mesurer approche-t-elle de ces limites, on ne peut plus faire usage du thermomètre à mercure ; il faut alors avoir recours au thermomètre à alcool pour les basses températures, et au thermomètre à air pour les hautes températures (voy. § 245ᵇ).

La graduation du thermomètre, telle qu'on l'a indiquée plus haut, suppose que le tube a exactement le même calibre dans toute sa longueur ; c'est à cette condition seulement que chaque degré de l'échelle répond à une même variation de volume du mercure. Lorsqu'il s'agit de mesurer la température avec une grande précision, il faut vérifier si le tube thermométrique est parfaitement cylindrique, et dans le cas où il ne l'est pas, on doit tenir compte des variations de calibre. On procède à cette vérification en promenant successivement dans toute la longueur de la tige une petite colonne de mercure, qui, si le tube est parfaitement cylindrique, conserve exactement la même longueur dans toutes les positions où on l'amène ; dans le cas contraire, on fait avancer successivement la colonne de mercure d'une quantité égale à sa longueur, et on marque chaque fois les points correspondants aux extrémités de la colonne ; les intervalles compris entre deux traits consécutifs représentent ainsi des parties d'égale capacité. Cet essai peut se faire même sur un thermomètre déjà construit : on n'a qu'à refroidir le réservoir en le plongeant dans la glace fondante pendant qu'on chauffe légèrement le tube : en imprimant alors une secousse brusque à l'instrument, on voit la colonne de mercure se détacher ordinairement juste au niveau du point de jonction du tube avec le réservoir.

Dans chaque thermomètre à mercure, la grandeur du réservoir doit être proportionnée au diamètre de la tige. En effet, plus le réservoir est petit, plus le tube doit être étroit, pour que la longueur du degré reste la même. Aussi, à égalité de volume du réservoir, les subdivisions du degré pourront-elles être d'autant plus nombreuses que le tube sera plus fin. Le choix des dimensions relatives du tube et du réservoir est déterminé par l'usage auquel est destiné l'instrument. Les thermomètres à grand réservoir et à tube large sont les plus faciles à construire, mais plus leur masse est considérable, plus il leur faut de temps pour se mettre en équilibre de température avec le milieu ambiant ; aussi les instruments de ce genre ne trouvent-ils leur emploi que dans les cas où une très grande précision n'est pas de rigueur, et où les circonstances permettent de prolonger le contact du thermomètre avec le corps dont on cherche à évaluer la température ; c'est ce qui a lieu, par exemple, quand il s'agit de mesurer la température de l'air.

242ᵇ. Thermomètres médicaux. — La détermination de la température du corps de l'homme et des animaux exige des instruments à la fois plus précis et plus sensibles, c'est-à-dire des instruments qui permettent d'évaluer de très petites différences de température, et qui donnent leurs indications avec une grande rapidité. On choisit à cet effet, des thermomètres à tube capillaire extrêmement fin, et dont le réservoir ait une capacité très petite et des parois excessivement minces. Dans ces conditions, si on conservait l'échelle thermométrique dans toute son étendue, depuis le point de fusion de la glace jusqu'à la température d'ébullition de l'eau et au delà on serait obligé de donner à l'instrument une longueur démesurée qui en rendrait le maniement peu commode.

THERMOMÈTRES A ÉCHELLE FRACTIONNÉE. — Pour éviter cet inconvénient on règle le thermomètre de manière qu'il n'embrasse qu'un petit nombre de

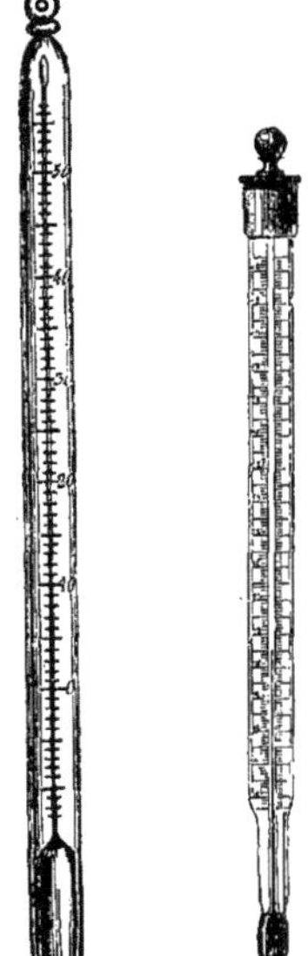

Fig. 333.
Thermomètre
médical
à échelle
fractionnée.

Fig. 334.
Thermomètre médi-
cal à échelle frac-
tionnée donnant
les cinquièmes de
degré.

degrés, et que ces degrés répondent aux températures qui sont à mesurer dans les recherches auxquelles est destiné l'instrument. On a ainsi ce qu'on appelle un thermomètre *à échelle fractionnée*. Veut-on, par exemple, déterminer la température des animaux à sang chaud, on sait à l'avance que, dans ce cas, on a affaire à des températures qui ne descendent pas au-dessous de $+35°$ et qui ne dépassent pas $+45°$. Il suffira donc d'employer un thermomètre dont l'échelle s'étend depuis le degré $+35$ jusqu'au degré $+45$.

[La figure 333 représente un thermomètre à mercure spécialement destiné aux besoins de la pratique médicale ; l'échelle n'embrasse que l'intervalle compris entre $-10°$ et $+55°$; les degrés sont tracés sur la tige même de l'instrument, ainsi que cela a lieu pour tous les thermomètres de précision. Pour le protéger contre les causes de rupture, on le renferme dans un étui métallique. L'échelle du thermomètre médical de la figure 334 est divisée en cinquième de degré, et s'étend depuis $+12°$ jusqu'à $+45°$.

Depuis une quinzaine d'années, on construit pour l'usage médical des thermomètres à échelle fractionnée et à maximum fondés sur le même principe que le thermomètre métastatique à maxima (voy. plus loin), et qui n'en diffèrent que par la graduation. Dans ce dernier, l'échelle est arbitraire, tandis que dans le thermomètre médical à maximum, on a adopté l'échelle centigrade, ce qui permet de connaître la température par une simple lecture.]

La méthode de graduation que nous avons indiquée plus haut et qui exige la détermination expérimentale des deux points fixes, celui de fusion de la glace et celui d'ébullition de l'eau, n'est évidemment pas applicable aux thermomètres à *échelle fractionnée* dont il vient d'être question.

Ces derniers doivent être gradués *par comparaison* avec un thermomètre *étalon ;* on nomme ainsi un thermomètre construit avec le plus grand soin, et qu'on a gradué en déterminant directement les deux points fixes, et en tenant compte des variations de calibre du tube. Pour procéder à une graduation par comparaison, on plonge le thermomètre à graduer et le thermomètre étalon dans un même bain qu'on porte à la température voulue, par le mélange en proportion convenable d'eau froide et d'eau chaude. Quand les colonnes mercurielles des deux thermomètres sont stationnaires depuis un temps suffisant, on peut admettre que la température ne varie plus et qu'elle est la même pour les deux instruments; on marque alors sur la tige du thermomètre à graduer, au point où s'arrête la colonne mercurielle, la température indiquée par le thermomètre étalon; on recommence la même opération pour un autre degré de température et ainsi de suite.

[THERMOMÈTRE A RÉSERVOIR INTERMÉDIAIRE. — Dans les thermomètres à échelle fractionnée dont nous venons de parler, il n'est pas possible de vérifier la position du zéro, et pour contrôler leurs indications, on est obligé de les comparer de temps à autre avec un thermomètre étalon. Le thermomètre à réservoir intermédiaire (fig. 335) a été imaginé précisément dans le but d'obtenir un instrument à échelle fractionnée, qui permît en même temps la vérification du zéro. Au-dessous des degrés dont on a à faire usage on a ménagé dans le tube thermométrique un réservoir destiné à loger une quantité de mercure suffisante pour que le zéro puisse être marqué plus bas sur la tige même de l'instrument.]

[THERMOMÈTRES MÉTASTATIQUES. — Les thermomètres métastatiques de Walferdin sont aussi des thermomètres à échelle fractionnée; mais, outre leur exquise sensibilité qui permet d'évaluer facilement le deux-centième et même le *millième* de degré, ils présentent l'avantage de pouvoir servir en toute circonstance, à quelque degré de l'échelle que corresponde la température à mesurer, de sorte qu'un seul instrument de ce genre, quoique ayant une tige de très faible longueur, remplace toute une série d'autres thermomètres à échelle fractionnée.

Le thermomètre métastatique à mercure (fig. 336, I, A et B) se compose d'un très-petit réservoir soudé à un tube, dont le calibre intérieur est si capillaire qu'une variation de température de quelques degrés suffit pour faire parcourir à la colonne mercurielle toute la longueur de la tige. Le tube se termine par une petite ampoule. La quantité de mercure renfermée dans l'instrument doit être suffisante pour remplir le réservoir, le tube et une partie de l'ampoule, même à la température la plus basse que l'on peut avoir à évaluer.

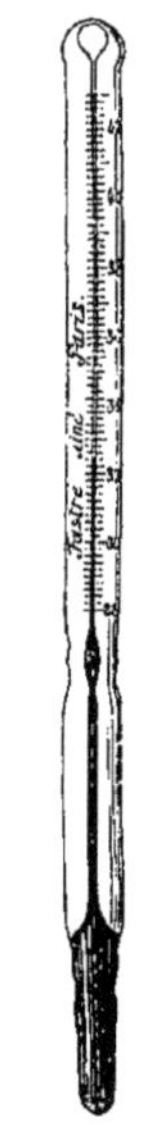

Pour se servir de l'instrument, il faut chaque fois en *régler la course*, de manière que le sommet de la colonne mercurielle se trouve dans la tige pour les températures à mesurer. S'agit-il, par exemple, d'évaluer des températures comprises entre 35° et 42°, on chauffe le thermomètre un peu au delà de 42°; le mercure doit alors remplir tout le tube avec le réservoir et une partie de l'ampoule (fig. 336, I, A). Quand l'équilibre est établi, on laisse refroidir l'instrument, et on lui imprime une secousse brusque qui a pour effet de briser la colonne mercurielle au niveau du point rétréci où commence l'ampoule; le mercure contenu dans celle-ci y reste, tandis que, par le refroidissement, le niveau du liquide situé au-dessous s'abaisse (fig. 336, I, B). Le thermomètre est alors prêt à fonctionner, et on l'emploie comme un thermomètre ordinaire. — Il ne reste plus qu'à convertir en degrés centigrades les indications fournies par le thermomètre métastatique, car cet instrument porte une échelle entièrement arbitraire; la tige est simplement divisée en parties d'égale capacité.

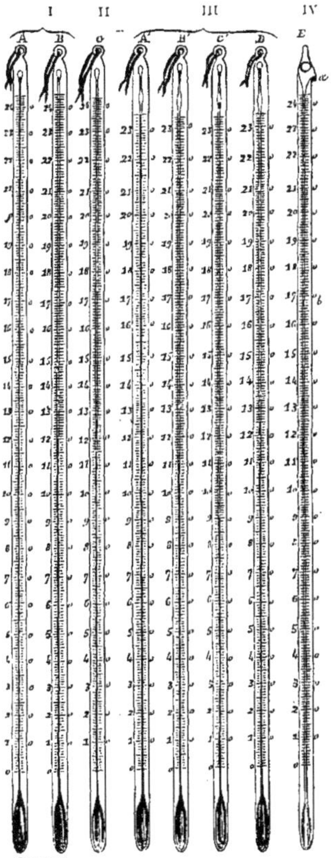

Pour effectuer cette transformation, on plonge l'instrument et un thermomètre étalon dans un même bain d'eau, dont la température soit voisine de celle qui a été mesurée; on note le degré marqué par le thermomètre étalon et la division correspondante du thermomètre métastatique; la température ayant baissé d'un degré, on note de nouveau les deux indications. Par ce moyen, on connaît la température correspondante à une division déterminée de l'échelle métastatique, ainsi que le nombre des divisions qui représente 1° centigrade. Un simple calcul de proportion suffit alors pour convertir en degrés centigrades les indications du thermomètre métastatique. Cet instrument ne donne pas au delà du 200ᵉ de degré.

Le *thermomètre à maxima* de Walferdin (fig. 336, II, C) est construit d'après le même principe que le précédent; il n'en diffère que par la présence d'un index de mercure séparé du reste de la colonne mercurielle. Quand la température s'élève, le mercure, en montant, pousse l'index sans s'unir à lui; et si la température baisse, la colonne mercurielle descend, sans entraîner avec elle l'index, qui, par suite de l'étroitesse du tube, reste dans la position où il a été amené, et indique ainsi le maximum de la température à laquelle a été soumis l'instrument. Pour obtenir cet index, on chauffe le réservoir jusqu'à ce que le mercure pénètre

Fɪɢ. 336. — Thermomètres métastatiques de Walferdin. — I (A, B), Thermomètre métastatique à mercure. — II (C), Thermomètre à maxima. — III (A', B', C', D), Thermomètres métastatique à maxima — IV (E), Thermomètre métastatique à alcool.

un peu dans l'ampoule; on donne alors un coup sec pour détacher le sommet de la colonne; puis, dès que celle-ci est redescendue d'une très petite hauteur, on fait rentrer à sa suite dans le tube la portion de mercure qui était restée dans l'ampoule; on obtient ce résultat en chauffant l'ampoule.

Le thermomètre à maxima qui vient d'être décrit ne peut pas être réglé pour telle température qu'on désire ; son emploi est donc borné aux températures correspondantes à la portion de l'échelle centigrade pour laquelle il a été construit. M. Walferdin a imaginé un thermomètre métastatique à double ampoule, qui réunit les avantages du thermomètre métastatique à ceux du thermomètre à maxima. Pour remplir ce but, il suffit de disposer à la partie supérieure du tube deux ampoules (fig. 336, III, A', B', C', D) : la plus élevée sert à loger le mercure qui ne doit pas servir dans les conditions de l'expérience, et permet ainsi de rég'er l'instrument pour la température voulue ; la seconde est destinée à la formation de l'index qui produit le thermomètre à maxima.

Le thermomètre représenté en E (fig. 336, IV) est encore plus sensible que les précédents, grâce à l'emploi de l'alcool, qui permet de réduire davantage le calibre du tube et d'apprécier ainsi les *millièmes* de degré. Les mouvements de la colonne alcoolique sont rendus visibles par un tout petit index de mercure b].

243. Dilatation des corps solides par la chaleur. — Coefficient de dilatation linéaire et cubique. — Un corps solide se dilate dans toutes les directions par l'effet de la chaleur. Ordinairement la grandeur de la dilatation est la même dans tous les sens ; elle ne présente de différence que dans les corps, tels que les cristaux, qui possèdent des axes d'élasticité inégaux.

On mesure la dilatation des corps par la chaleur en déterminant soit leur *dilatation linéaire*, c'est-à-dire l'allongement qu'ils éprouvent sous l'influence d'une élévation de température donnée, soit la *dilatation cubique*, c'est-à-dire l'augmentation de volume produite dans les mêmes conditions.

On appelle *coefficient de dilatation linéaire*, l'allongement qu'éprouve l'unité de longueur d'un corps, quand sa température s'élève à 1°, et *coefficient de dilatation cubique* l'augmentation de l'unité de volume dans les mêmes conditions.

De nombreuses expériences faites sur différents corps ont montré que ces coefficients sont sensiblement constants dans l'intervalle de 0° à 100°, c'est-à-dire que l'allongement de l'unité de longueur pour une élévation de température de 1° est toujours le même, quelle que soit, entre ces limites, la température initiale du corps, par exemple, 0° ou 100°. Il s'ensuit que la *dilatation des corps est proportionnelle à leur élévation de température*. Si la dilatation de l'unité de longueur ou de volume pour un degré est k, elle sera kt pour une élévation de t degrés.

Nous avons choisi, pour mesurer la température, la dilatation du mercure. Nous voyons donc que la loi de la dilatation des corps solides est la même que celle de ce liquide ; mais cette loi n'est plus suffisamment exacte lorsque la température dépasse celle de l'ébullition de l'eau : à partir de ce point, les corps solides se dilatent plus rapidement que le mercure.

Dans le tableau suivant nous avons réuni les coefficients de dilatation linéaire de quelques solides, dans l'intervalle de 0° à 100°.

SUBSTANCES	COEFFICIENTS	SUBSTANCES	COEFFICIENTS
Bois de sapin	0,000.005.00	Fer doux forgé. . . .	0,000.012.20
Flint Glass	» » 008.16	Or	» » 014.66
Verre blanc	» » 008.61	Cuivre	» » 017.18
Platine.	» » 008.84	Laiton	» » 018.78
Acier trempé	» » 012.25	Argent	» » 019.09
Acier recuit.	» » 012.39	Plomb	» » 028.57

243ª. [Formules des dilatations. — Les lois de la dilatation conduisent à des formules d'un usage fréquent, et qui permettent de résoudre les problèmes suivants :

1° *Étant donnée la longueur* L_0 *d'un corps à* 0° *calculer sa longueur* L_t *à* t^0.

Soit k le coefficient de dilatation linéaire de ce corps : l'allongement de l'unité de longueur pour t^0 sera t fois k ou kt, et la dilatation de L_0 unités de longueur sera $L_0 kt$; donc la longueur du corps à t^0 est $L_0 + L_0 kt$ ou, en mettant L_0 en facteur commun, $L_0 (1 + kt)$.

On a donc :
$$L_t = L_0 (1 + kt). \quad . \quad . \quad . \quad . \tag{1}$$

Le facteur $(1 + kt)$ est désigné sous le nom de *binome de dilatation.*

Quand on connaît L_0, L_t et t, on peut calculer le coefficient k à l'aide de la formule précédente.

2° *Étant donnée la longueur* L_t *d'un corps à* t^0, *trouver la longueur* L_0 *qu'il aurait à* 0°.

De la formule (1) nous tirons immédiatement :
$$L_0 = \frac{L_t}{1 + kt}, \tag{2}$$

Cette formule permet de *ramener la longueur d'un corps à zéro.*

3° *Étant donnée la longueur* L_t *d'un corps à* t^0, calculer la longueur L_t' qu'il aurait à $t^{0'}$.

La formule (1) donne :
$$L_t = L_0 (1 + kt),$$
et :
$$L_{t'} = L_0 (1 + kt').$$

Si nous éliminons L_0 entre ces deux équations, en divisant membre à membre la seconde par la première, il vient :
$$\frac{L_{t'}}{L_t} = \frac{1 + kt'}{1 + kt},$$
d'où :
$$L_{t'} = L_t \frac{1 + kt'}{1 + kt} \tag{3}$$

Au lieu de cette formule exacte, on emploie fréquemment la formule approchée :
$$L_{t'} = L_t [1 + k (t' - t)] \tag{4}$$

qu'on déduit de la formule (3) en effectuant la division de $(1 + kt')$ par $(1 + kt)$, et en négligeant les termes qui contiennent le coefficient k à une puissance supérieure à l'unité.

Pour la dilatation cubique ou dilatation en volume, on obtient des formules tout à fait semblables aux précédentes ; il suffit d'y remplacer le coefficient de dilatation linéaire par le coefficient de dilatation cubique.]

Lorsque la dilatation est uniforme dans tous les sens, on peut calculer la dilatation cubique à l'aide de la dilatation linéaire et récipoquement. Considérons, en effet, un cube dont le côté ait une longueur égale à 1, et dont le coefficient de dilatation linéaire soit k. Élevons la température de ce corps de 1° ; il se dilatera dans toutes les directions. La longueur du côté deviendra $1 + k$, et le volume du cube, qui était primitivement égal à 1, sera actuellement $(1 + k)^3 = 1 + 3k + 3k^2 + k^3$.

Or, l'allongement k étant toujours une fraction très petite, le cube k^3 et le carré k^2 seront beaucoup plus petits et pourront être négligés en comparaison de $3k$. Le nouveau volume aura ainsi pour valeur suffisamment approchée : $1 + 3k$; par conséquent l'augmentation de l'unité de volume pour 1°, c'est-à-dire le coefficient de dilatation cubique est $3k$, quantité égale au triple du coefficient de dilatation linéaire k.

243^b. Dilatation des corps cristallisés. — Pour les cristaux, le coefficient de dilatation linéaire n'est le même dans toutes les directions, à moins qu'ils n'appartiennent au système régulier ou cubique. Les cristaux à un axe optique éprouvent, dans le sens de l'axe principal, un allongement tantôt supérieur, tantôt inférieur à la dilatation suivant les axes secondaires, selon que le cristal est positif ou négatif. Dans les cristaux à deux axes optiques, lesquels possèdent trois axes d'élasticité inégaux, la dilatation est différente pour chacun des axes. Mitscherlich a démontré l'inégalité de dilatation des cristaux dans différents sens, en mesurant leurs angles à des températures différentes ; car évidemment, si la dilatation linéaire n'est pas la même dans toutes les directions, la grandeur des angles doit aussi varier avec la température. Fizeau, en mesurant la dilatation d'un cristal dans trois directions quelconques, a pu en déduire, par le calcul, les coefficients de dilatation relatifs à chacun des axes d'élasticité.

[**243^c. Thermomètre métallique de Breguet.** — L'inégale dilatabilité des métaux a été mise à profit par Breguet pour construire un thermomètre d'une grande sensibilité. Cet instrument se compose d'un ruban métallique HH (fig. 337) enroulé en hélice, suspendu verticalement par son extrémité supérieure à une potence SS, et portant à son extrémité inférieure une aiguille qui se meut sur un cadran horizontal divisé en degrés centigrades.

Le ruban métallique qui forme l'hélice est composé de trois lames de platine, d'or et d'argent superposées et soudées ensemble dans toute leur longueur. Le platine constitue la paroi extérieure de l'hélice ; l'argent est à l'intérieur. Lorsque la température s'élève, l'hélice se déroule, puisque l'argent se dilate plus que le

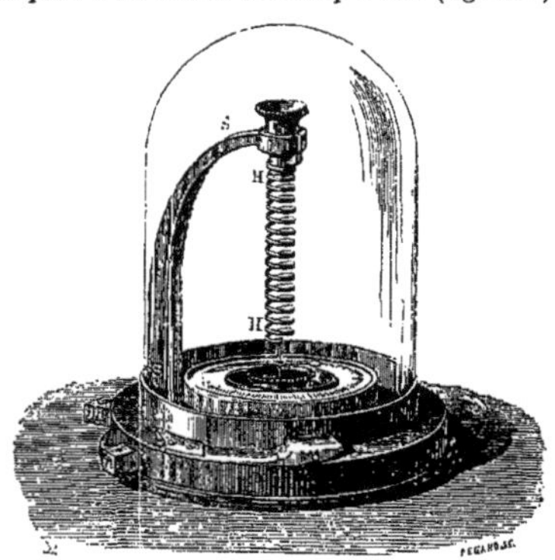

Fic. 337. — Thermomètre métallique de Bréguet.

platine ; l'effet inverse se produit quand la température baisse. L'aiguille suit les mouvements de l'hélice et indique sur le cadran la température correspondante. Ce thermomètre se gradue par comparaison avec un thermomètre étalon à mercure. — L'or, qui possède une dilatation intermédiaire entre celle de l'argent et du platine, n'est là que pour empêcher les deux autres métaux de se séparer, ce qui pourrait arriver à cause de leur grande différence de dilatabilité.]

[**243^d. Contraction de quelques corps solides par la chaleur.** — Nous avons vu que la chaleur dilate les corps. Il en est pourtant quelques-uns qui font exception à cette loi générale ; le caoutchouc est de ce nombre. M. Joule a découvert que cette substance diminue de volume en s'échauffant. L'iodure de plomb se trouve dans le même cas. Cette propriété du caoutchouc de se contracter sous l'influence de la chaleur est en rapport avec un autre fait tout aussi singulier : un métal soumis à une compression s'échauffe; au contraire, un fil métallique qu'on étire se refroidit; or, quand on étire le caoutchouc, il s'échauffe.]

244. Dilatation des liquides. — Dilatation apparente et dilatation absolue. — Les liquides n'ont pas de forme fixe, leur volume seul est constant pour une même température. Nous n'avons donc à considérer dans cette classe de corps que des dilatations cubiques, c'est-à-dire des augmentations de volume. Il y a lieu de distinguer la *dilatation absolue* c'est-à-dire l'augmentation réelle de volume du liquide, et la *dilatation apparente*, c'est-à-dire la différence entre la dilatation absolue et la dilatation de l'enveloppe qui contient le liquide.]

Dulong et Petit, ainsi que Regnault ont employé, pour mesurer la dilatation absolue du mercure une méthode fort ingénieuse basée sur le principe des vases communiquants, et qui offre l'avantage de ne pas faire intervenir la dilatation du réservoir.

Nous avons démontré, §68ᵃ, que des liquides renfermés dans des vases communiquants sont en équilibre, quand leurs hauteurs au-dessus de la surface de séparation sont en raison inverse de leurs densités. Supposons qu'on verse une certaine quantité de mercure dans un système de deux tubes communiquants : si le liquide a partout la même température, et, par suite, la même densité, il se mettra exactement de niveau dans les deux vases. Mais, si on porte à t^0 la température du mercure de l'un des tubes, en disposant autour de ce dernier un manchon contenant de l'huile chauffée, tandis qu'on refroidit à $0°$ l'autre tube, en l'entourant de glace fondante, le niveau du mercure dans le premier vase s'élèvera au-dessus de la surface libre de ce liquide dans le second vase, d'une quantité en rapport avec la dilatation qu'il subit en passant de $0°$ à t^0. Regnault, en opérant de cette manière et en prenant toutes les précautions nécessaires pour obtenir des températures stationnaires dans les deux vases, et pour empêcher que leurs contenus ne se mélangent, a trouvé comme *coefficient de dilatation absolue* du mercure, entre $0°$ et $50°$ le nombre $0,00018027$; entre $0°$ et 100, le nombre $0,00018153$.

[La première de ces valeurs est, à très peu près égale, à $\dfrac{1}{5550}$, car cette fraction ordinaire réduite en fraction décimale donne: $0,000180180$.

Quant au *coefficient de dilatation apparente* du mercure dans le verre, il est égal à la différence entre le coefficient de dilatation absolue de ce liquide et celui du verre, c'est-à-dire, en moyenne, à $\dfrac{1}{6480}$.]

Connaissant le coefficient de dilatation absolue du mercure, il est facile de déterminer celui des autres liquides.

La manière la plus simple de procéder à cette recherche consiste à remplir de liquide à $0°$ un réservoir en verre, à le peser et à répéter la même opération à une autre température t^0. Soient P_0 et V_0 le poids et le volume du liquide à $0°$, P_t le poids d'un même volume de ce liquide à t^0, et V_0', ce volume ramené à la température de $0°$. Supposons, pour un moment, que la capacité du réservoir n'ait pas varié dans l'intervalle de $0°$ à t^0, alors les poids P_0 et P_t seront proportionnels aux volumes V_0 et V_0', c'est-à-dire qu'on aura :

$$\frac{P_0}{P_t} = \frac{V_0}{V_0'}.$$

Et si k désigne le coefficient de dilatation absolue du liquide, le volume V_0' de ce liquide est égal au volume V_0 divisé par le binôme de dilatation (cf. p. 558, formule [2]) :

$$V_0' = \frac{V_0}{1 + k\,t}$$

En mettant cette valeur de V_0' dans la formule précédente et en simplifiant, nous obtiendrons :

$$\frac{P_0}{P_t} = 1 + k\,t,$$

d'où l'on tirerait le coefficient de dilatation absolue :

$$k = \frac{P_0 - P_t}{P_t\,t}.$$

Mais la valeur ainsi trouvée serait inexacte, car nous avons négligé l'augmentation de volume subie par le réservoir. Or, ce volume, qui était V_0 à $0°$, est devenu $V_0\,(1 + a\,t)$ à t^0, a désignant le coefficient de dilatation cubique du verre. Nous tiendrons compte de cette dilatation de l'enveloppe, si nous prenons pour volume du liquide pesé à t^0, non pas V_0, mais $V_0\,(1 + a\,t)$; alors le volume ramené à $0°$ est

$$V_0' = \frac{V_0\,(1 + a\,t)}{1 + k\,t}$$

ce qui donne après réduction :

$$\frac{P_0}{P_t} = \frac{1 + k\,t}{1 + a\,t}.$$

Cette équation permet de calculer le coefficient de dilatation absolue du liquide, quand on connaît celui du verre. On détermine ce dernier en répétant avec du mercure la série des opérations que nous venons d'indiquer, ce qui conduit à une formule ne différant de la précédente que par la valeur de k, qui représente alors le coefficient de dilatation absolue du mercure, quantité connue en fonction de laquelle on calculera le coefficient a du verre. Il faut avoir soin, d'ailleurs, de faire cette recherche pour le réservoir employé, attendu que le coefficient de dilatation varie d'un verre à l'autre.

244ᵃ. Dilatation irrégulière des liquides. Maximum de densité de l'eau. — On a trouvé qu'en général la dilatation des autres liquides n'est pas régulière, qu'elle n'est pas proportionnelle à celle du mercure, mais que le coefficient croît avec la température. Toutefois la plupart des liquides ont ceci de commun avec le mercure qu'ils se dilatent d'une manière continue à mesure qu'ils s'échauffent. L'eau seule et les liquides qui en contiennent font exception à cette loi : à une température déterminée, ils occupent le plus petit volume possible, et, à partir de ce point, ils se dilatent, soit qu'on les chauffe, soit qu'on les refroidisse. Le maximum de densité de l'eau distillée correspond à la température d'environ + 4°. Pour les mélanges ou les solutions contenant de l'eau, cette température est un peu moins élevée.

Quelle que soit la loi que suit la dilatation d'un liquide, on peut toujours la représenter par une équation. Pour le mercure, la loi est facile à traduire algébriquement, puisque l'augmentation de volume de ce liquide est proportionnelle à l'élévation de la température. Si nous supposons, en effet, que le volume à 0° est 1, le volume x à une température de t^0 sera :

$$x = 1 + \alpha\, t,$$

désignant le coefficient de dilatation du mercure.

Nous avons vu que pour les autres liquides le volume croît en général plus rapidement que la température. Le volume d'un pareil liquide à t^0 pourra se représenter par l'équation :

$$x = 1 + \alpha\, t + \beta\, t^2 + \gamma\, t^3,$$

α, β et γ étant des coefficients qu'il faut déterminer pour chaque liquide. Cette formule est aussi applicable à l'eau et aux liquides aqueux, à condition qu'on donne des valeurs différentes aux coefficients α, β, γ, suivant l'intervalle des températures que l'on veut embrasser ; entre 0° et 50° les coefficients α et γ sont négatifs.

A la suite de nombreuses recherches et en s'aidant des formules d'interpolation ou de la représentation graphique, Despretz et, plus tard, M. Hermann Kopp ont dressé des tables donnant les volumes et les densités de l'eau de degré en degré. Comme on a souvent à faire usage de la densité de l'eau pour la correction des poids spécifiques des autres corps, nous reproduisons ici une partie de ces tables :

TEMPÉRATURE	DENSITÉ DE L'EAU	TEMPÉRATURE	DENSITÉ DE L'EAU
0°	0,99988	16°	0,99903
1°	0,99993	17°	0,99887
2°	0,99997	18°	0,99869
3°	0,99999	19°	0,99851
4°	1,00000	20°	0,99831
5°	0,99999	21°	0,99810
6°	0,99997	22°	0,99789
7°	0,99994	23°	0,99766
8°	0,99989	24°	0,99742
9°	0,99983	25°	0,99717
10°	0,99975	26°	0,99691
11°	0,99966	27°	0,99664
12°	0,99955	28°	0,99637
13°	0,99945	29°	0,99608
14°	0,99932	30°	0,99579
15°	0,99918	100°	0,95864

245. DILATATION DES GAZ. — Pour mesurer la dilatation des gaz sous l'influence de la chaleur, on peut s'appuyer sur le principe qui a servi à déterminer la dilatation des liquides. S'agit-il, par exemple, de mesurer la dilatation de l'air, lorsqu'on porte sa température de 0° à 100°, on place dans un bain d'eau en ébullition un réservoir cylindrique de verre, terminé par une pointe effilée, et on y introduit de l'air préalablement desséché sur du chlorure de calcium. Fermant alors au chalumeau la pointe du tube, on a un certain volume d'air sec à 100°. L'appareil est ensuite retiré de l'eau bouillante et entouré de glace fondante ; on enfonce la pointe dans un bain de mercure à 0° et on l'y casse. Le mercure monte dans le réservoir à une hauteur qui correspond à la diminution que l'abaissement de température de 100° à 0° a fait éprouver au volume d'air contenu dans le réservoir. Cela fait, on pèse successivement le réservoir avec le mercure qui y a pénétré, puis, rempli complètement de mercure, et enfin vide.

Désignons par P' le premier poids, par P'' le deuxième, et par P le troisième. Supposons, pour simplifier, que toutes ces pesées soient faites à la température de zéro et à la pression normale de 760 millimètres et qu'en outre cette pression n'ait pas varié pendant la durée de l'expérience. P''—P' représentera la quantité de mercure qui occupe le même espace que le volume d'air à 0°; ce volume a donc pour mesure $\dfrac{P''-P'}{D}$, D étant la densité du mercure à 0°.

A 100°, ou, d'une manière générale, à t^0, le volume était devenu $\dfrac{P''-P'}{D}\,(1 + \alpha\,t)$, α étant le coefficient de dilatation de l'air; mais à cette même température le volume de l'air était égal à la capacité du réservoir; cette dernière a pour valeur à 0°: $\dfrac{P''-P}{D}$ et à t^0: $\dfrac{P''-P}{D}\,(1 + k\,t)$, k désignant le coefficient de dilatation du verre.

Nous pouvons donc poser :

$$\frac{P''-P'}{D}\,(1 + \alpha\,t) = \frac{P''-P}{D}\,(1 + k\,t)$$

ou en multipliant les deux membres par D :

$$(P''-P')\,(1 + \alpha\,t) = (P''-P)\,(1 + k\,t),$$

d'où l'on tire :

$$\alpha = \frac{(P''-P)\,(1 + k\,t)}{(P''-P')\,t} - \frac{1}{t},$$

équation qui permet de calculer α, quand on connaît k.

Si, pendant les pesées, la température était différente de zéro et la pression atmosphérique différente de 760, on ramènerait les poids à la température de 0° et à la pression normale de 760, en appliquant les formules du § 247. — La même méthode peut être employée pour la mesure de la dilatation des autres gaz; c'est celle qu'ont suivi Dulong et Petit.

Une méthode plus exacte que la précédente et à laquelle ont eu recours Rudberg et Regnault, consiste à mesurer, non pas le volume qu'occupe la même quantité d'air à différentes températures et sous pression constante, mais la pression nécessaire pour ramener au même volume la même masse d'air portée successivement à diverses températures. Soit, en effet, V_0 un certain volume de gaz à 0° et à la pression H ; élevons-en la température de 0° a t^0; le volume deviendra $V^0\,(1 + \alpha\,t)$. Mais, comme le volume d'une même masse gazeuse est en raison inverse de la pression qu'il supporte, si nous augmentons en même temps la pression dans le rapport de H à H $(1 + \alpha\,t)$, il est évident que le volume du gaz ne changera pas et qu'il restera égal à V_0.

Voici maintenant de quelle manière on réalise les conditions pratiques de cette méthode : le réservoir cylindrique *cd* (fig. 338) est rempli d'air parfaitement sec, puis l'intérieur de ce réservoir est mis en communication par un tube capillaire avec le tube manométrique à deux branches *hgki*, qui porte à sa partie inférieure un robinet R.

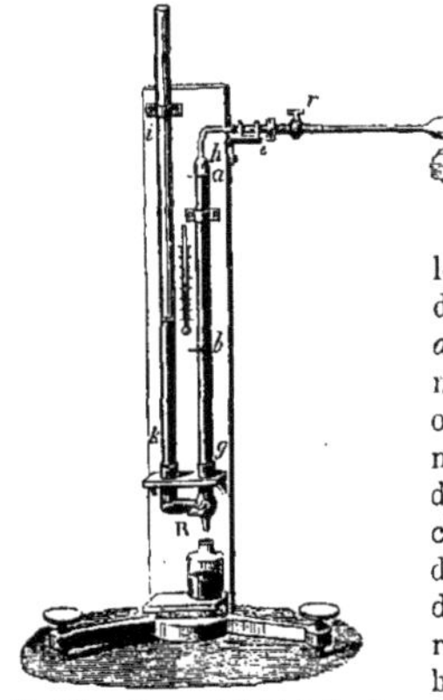

Le manomètre étant rempli de mercure sec, on entoure le réservoir de glace fondante, et on ouvre le robinet R de manière à laisser écouler du mercure jusqu'à ce que son niveau dans la branche *hg* arrive à un trait de repère *a*. On mesure alors la distance verticale des niveaux du mercure dans les deux branches, et on observe en même temps la hauteur du baromètre; en retranchant la première quantité de la seconde, on a la pression du gaz. On chauffe ensuite le réservoir jusqu'à t^0; l'air se dilate et fait baisser le niveau du mercure dans la branche *hg*; on ramène ce niveau au repère *a* en versant du mercure dans l'autre branche. La nouvelle pression du gaz est mesurée comme la première fois, et on constate qu'elle a augmenté dans le rapport de 1 à $(1 + \alpha t)$.

Fig. 338. — Mesure de la dilatation des gaz par le procédé de Regnault.

A l'aide de ce procédé, M. Regnault a trouvé que l'air a pour coefficient de dilatation le nombre 0,003665 ou $\dfrac{1}{273}$.

245ª. Loi de Gay-Lussac. — C'est à Gay-Lussac qu'on doit la découverte de la loi suivante : *tous les gaz se dilatent régulièrement, et possèdent le même coefficient de dilatation* entre 0° et 100°.

Cependant cette loi n'est pas aussi rigoureusement exacte qu'on l'avait cru d'abord ; elle présente, ainsi que l'ont montré les recherches plus récentes de M. Magnus et de Regnault, de légers écarts analogues à ceux qui existent pour la loi de Mariotte. Les gaz, dont le volume diminue dans une proportion supérieure à l'augmentation de pression, se dilatent plus que ceux qui sont moins compressibles ; il en résulte que l'acide carbonique doit avoir un coefficient de dilatation supérieur à celui de l'air ; l'hydrogène, au contraire, aurait un coefficient plus petit. C'est, en effet, ce qui a été constaté ; mais les différences sont bien minimes : d'après M. Magnus, le coefficient de dilatation serait de 0,00369 pour l'acide carbonique et de 0,00365 pour l'hydrogène. D'après Regnault, le coefficient de dilatation de tous les gaz augmente avec la pression et, par suite, avec la densité. On peut donc supposer que les différences observées entre les coefficients de dilatation des divers gaz pour une même pression, sont dues à la différence de leurs densités. L'accroissement du coefficient de dilatation avec la pression est fort petit d'ailleurs, et l'on comprend dès lors que, si la pression diminue, il arrive un moment où la loi de Gay-Lussac est d'une exactitude absolue, c'est-à-dire où tous les gaz ont rigoureusement le même coefficient de dilatation.

245ᵇ. Thermomètre à air. — Entre 0° et 100°, la dilatation de l'air est sensiblement proportionnelle à celle du mercure ; mais au delà de 100°, le gaz se dilate moins rapidement que le liquide, de sorte qu'à partir de cette température les indications thermométriques fournies par la dilatation de l'air ne concordent plus avec celles du thermomètre à mercure ; quand, par exemple, ce dernier marque 182°, le *thermomètre à air* n'indique que 180°.

Le thermomètre à air est un appareil destiné à évaluer la température au moyen de la dilatation de l'air. Le dispositif de la figure 338 peut servir à cet usage ; les températures s'y déduisent des pressions par le calcul, et peuvent être comparées aux indications d'un thermomètre à mercure placé dans le même bain.

Si l'on a fait choix de la dilatation du mercure pour mesurer les températures, c'est affaire de pure convention. *A priori*, on eût pu tout aussi bien se servir dans ce but de celle de l'air, et en réalité le thermomètre à air doit être préféré ; car, le coefficient de dilatation étant sensiblement le même pour tous les gaz et conservant la même valeur aux températures les plus diverses, il est évident que les corps gazeux sont plus rapprochés que les autres de cet état de la matière dans lequel l'influence de la cohésion ne se fait plus du tout sentir. Comme d'ailleurs, selon toute vraisemblance, il n'y a pas de substance qui, soumise à une température suffisamment élevée, ne puisse passer à l'état gazeux, nous devons supposer l'existence d'une limite à partir de laquelle le coefficient de dilatation serait identique et constant pour tous les corps. Seuls les gaz que l'on appelait *permanents* atteignent cette limite aux températures ordinaires.

Lorsqu'il s'agit de mesurer une température inférieure à 100°, on peut indifféremment faire usage du thermomètre à mercure ou du thermomètre à air ; les indications des deux instruments sont suffisamment d'accord dans cet intervalle. Mais, pour les températures plus élevées, il est préférable de les ramener aux indications du thermomètre à air. On n'a pas besoin, du reste, de mesurer chaque fois la température avec le thermomètre à air ; la comparaison entre les degrés du thermomètre à mercure et ceux du thermomètre à air se fait une fois pour toutes, et il suffit alors de convertir les indications fournies par le premier de ces instruments en degrés du thermomètre à air.

Il y a encore une autre raison pour laquelle on doit rapporter les températures aux degrés du thermomètre à air, quand on veut obtenir des mesures exactes. Ce que l'on mesure, à vrai dire, avec un thermomètre, c'est la dilatation apparente, c'est-à-dire la différence entre la dilatation du réservoir et celle du mercure ou de l'air ; pour les températures inférieures à 100°, la dilatation du verre est si faible en comparaison de celle du mercure qu'elle n'exerce pas d'influence appréciable sur les résultats. Il en est autrement dans les températures élevées et, comme chaque espèce de verre possède un coefficient de dilatation différent, divers thermomètres à mercure, d'accord entre 0° et 100°, cesseront de donner des indications identiques au delà de 100° ; il sera donc indispensable de les rapporter à celles du thermomètre à air. L'inégale dilatabilité des différents verres ne saurait, d'ailleurs, avoir la même influence sur le thermomètre à air, car la dilatation du réservoir est ici tout à fait insignifiante en comparaison de celle de l'air.

246. Correction relative à la température dans la mesure des longueurs. — Toutes les fois qu'on a besoin d'évaluer avec une grande précision des longueurs, des surfaces, des volumes, il faut avoir soin de tenir compte de la dilatation des corps par la chaleur; car lorsqu'on mesure, par exemple, une longueur à l'aide d'une échelle divisée, on n'obtient de résultat parfaitement exact qu'en opérant à la température à laquelle la règle a été graduée; on trouve une longueur trop petite si la température est plus élevée, une longueur trop grande dans le cas contraire. En conséquence quand on veut obtenir une mesure très exacte, il est nécessaire, en général, de faire subir à la longueur lue sur la règle une correction relative à la température.

[Les échelles divisées qui accompagnent les instruments de précision doivent être graduées à 0^n; c'est donc seulement à cette température que leurs divisions ont exactement la longueur qu'elles indiquent.

Soit alors N le nombre des divisions, qui, à une température t, mesure la longueur d'un corps; appelons k le coefficient de dilatation linéaire de la règle.

La longueur d'une division qui était 1 à $0°$, devient $(1 + kt)$ à t^0; par conséquent la longueur exacte du corps est $N (1 + k\ t)$. En d'autres termes, la correction à faire pour tenir compte de la dilatation de l'échelle consiste à multiplier la longueur trouvée expérimentalement par le binôme de dilatation de la substance dont est formée la règle qui sert à la mesure.]

246ª. Pendule compensateur. — La dilatation des solides exerce une influence encore plus considérable sur le mouvement des horloges. La marche d'une horloge se ralentit nécessairement quand son pendule s'allonge par l'action de la chaleur; elle s'accélère dans le cas contraire. Pour obvier à cet inconvénient, les horloges de précision sont munies de pendules *compensateurs*. La tige de ces derniers consiste en un système de petites lames parallèles de fer et de laiton, assemblées de telle sorte que la lentille du pendule se relève d'autant par la dilatation de l'un des métaux qu'elle s'abaisse par celle de l'autre.

247. Correction relative à la température dans les pesées. — La détermination du poids réel et du poids spécifique des corps exige aussi une correction relative à la température. Nous avons vu, § 94, que, pour faire une pesée exacte, il faut toujours tenir compte du poids de l'air déplacé par le corps en expérience et par les poids marqués qui lui font équilibre. Le poids de l'air déplacé dépend de sa densité et du volume du corps; or, tandis que l'élévation de la température augmente le volume en question, elle diminue la densité de l'air, laquelle varie, en outre, avec la pression atmosphérique et l'état hygrométrique de l'air. Ces remarques nous indiquent immédiatement quelles sont les différentes corrections à faire pour obtenir le poids absolu d'un corps supposé homogène.

Appelons P ce poids, c'est-à-dire le poids du corps dans le vide, p son poids dans l'air, P' celui d'un volume d'air égal au volume du corps en expérience, on a:

$$p' = P - P'. \tag{1}$$

Pour trouver la valeur de P', il faut d'abord chercher le volume qu'occupera le corps à la température de t^0. Soit D sa densité à $0°$, et k son coefficient de dilatation cubique; son volume à $0°$ sera $\dfrac{P}{D}$, et à t^0 il deviendra $\dfrac{P}{D} (1 + k\ t)$. Si nous désignons alors par a la densité où le poids de l'unité de volume de l'air à la température et à la pression de l'expérience, nous aurons:

$$P' = a\ \frac{P}{D} (1 + k\ t). \tag{2}$$

L'équation $p = \mathrm{P} - \mathrm{P}'$ pourra être remplacée par

$$p = \mathrm{P}\left[1 - \frac{a}{\mathrm{D}}(1 + k\,t)\right].\qquad(3)$$

Dans cette équation, il faut encore exprimer a, poids de l'unité de volume de l'air, en fonction de quantités connues. Ce poids varie : 1° avec la hauteur barométrique ; 2° avec le degré marqué par le thermomètre ; 3° avec l'état hygrométrique de l'air. On est convenu de ramener par le calcul toutes les déterminations de poids à la température de 0° et à la pression de 760 millimètres. Le poids de l'unité de volume, c'est-à-dire de 1 centimètre cube d'air, à la température de 0° et à la pression de 760 millimètres, a été trouvé égal à $0^{gr},001293$, quantité que nous désignerons par δ. Or, d'après la loi de Mariotte, la densité d'un gaz est proportionnelle à la pression qu'il supporte ; par conséquent le poids a' de 1 centimètre cube d'air sous la pression H et à 0° sera donné par la relation :

$$\frac{a'}{\delta} = \frac{\mathrm{H}}{760}.$$

D'autre part, le volume qui était 1 à 0° devient $1 + \alpha\,t$ à t^0, α désignant le coefficient de dilatation du gaz. La densité variant en raison inverse du volume, nous avons, si la pression est de 760 millimètres :

$$\frac{a}{a'} = \frac{1}{1 + \alpha\,t}.$$

Pour avoir le poids a sous la pression H et à t^0, en fonction du poids connu δ à 0° et à 760 millimètres, il suffit de multiplier membre à membre les deux équations ci-dessus, ce qui donne :

$$a = \delta\,\frac{\mathrm{H}}{760} \times \frac{1}{1 + \alpha\,t}.$$

En mettant cette valeur de a dans l'équation (3), nous obtenons finalement :

$$p = \mathrm{P}\left(1 - \frac{\delta}{\mathrm{D}} \times \frac{\mathrm{H}}{760} \times \frac{1 + k\,t}{1 + \alpha\,t}\right)\qquad(4)$$

équation qui permet de calculer le poids réel P d'un corps, en fonction de son poids apparent p dans l'air sec.

Les équations précédentes suffisent, même pour les recherches les plus délicates, si l'on a eu la précaution de dessécher l'air ambiant au moyen d'une capsule remplie d'acide sulfurique et placée dans la cage qui renferme la balance. Dans le cas où cette précaution aurait été négligée, on aura à tenir compte de l'état hygrométrique de l'air. Pour faire cette nouvelle correction, il faut s'appuyer sur des considérations qui ne seront exposées que dans le chapitre suivant : mais afin de ne pas scinder notre sujet, nous allons faire l'application de ces lois à la détermination du poids absolu des corps.

La hauteur barométrique H ne représente exactement la pression de l'air que dans le cas où celui-ci est parfaitement sec. S'il renferme de la vapeur d'eau, la pression indiquée par le baromètre provient : 1° de la pression h de l'air sec ; 2° de la pression f exercée par la vapeur d'eau. On a, par conséquent : $\mathrm{H} = h + f$. Or, d'après la loi de Dalton qui régit le mélange des corps gazeux (cf. § 103), la vapeur d'eau se répand dans l'air de manière que les deux fluides conservent leurs pressions respectives. Donc, quand nous pesons un corps dans l'air humide, c'est comme si nous le pesions dans un mélange d'air sec à la pression $H - f$, et de vapeur d'eau à la pression f. La valeur de f, ou, comme on l'appelle, la *tension* de la vapeur d'eau contenue dans l'air, se détermine à l'aide des méthodes indiquées plus loin dans les § 257ª et suiv. Commençons par calculer le poids a' de l'air sec déplacé, à la pression $H - f$; nous avons, comme on l'a vu précédemment :

$$a' = \delta \, \frac{H - f}{760} \times \frac{1}{1 + \alpha \, t} \cdot$$

La densité de la vapeur d'eau suit les mêmes lois que celle de l'air ; elle augmente avec la pression et diminue quand la température s'élève suivant les lois de Mariotte et de Gay-Lussac. Par conséquent, si nous appelons d la densité de la vapeur d'eau par rapport à l'air, dans les mêmes conditions de pression et de température, nous aurons pour le poids a'' de vapeur déplacée par le corps, à la température t^0 et sous la pression f,

$$a' = d \, \delta \, \frac{f}{760} \times \frac{1}{1 + \alpha \, t} \cdot$$

La valeur de d est sensiblement égale à 5/8. Faisant la somme des poids d'air et de vapeur d'eau déplacés par le corps, nous trouvons :

$$a' + a'' = \delta \, \frac{H - f}{760} \times \frac{1}{1 + \alpha \, t} + d \, \delta \, \frac{f}{760} \times \frac{1}{1 + \alpha \, t} :$$

$$= \delta \, \frac{1}{1 + \alpha \, t} \times \frac{H - f(1 - d)}{760} \cdot$$

Mettant cette valeur à la place de a dans la formule (3), on a :

$$p = P \left[1 - \frac{\delta}{D} \times \frac{1 + k \, t}{1 + \alpha \, t} \times \frac{H - f(1 - d)}{760} \right], \qquad (5)$$

équation qui sert à trouver le poids réel P d'un corps, à l'aide de son poids apparent p, après détermination des valeurs D, k, H et f.

Désire-t-on pousser la précision jusqu'à ses dernières limites, on aura encore à tenir compte de la poussée qui s'exerce sur les poids marqués servant à faire la pesée. En répétant la série des raisonnements qui viennent d'être développés, nous trouverions que, si on appelle Q le nombre de grammes indiqués par les poids employés, q leur poids dans l'air, on a :

$$q = Q \left(1 - \frac{\delta}{D'} \times \frac{1 + k' \, t}{1 + a \, t} \times \frac{H - f(1 - d)}{760} \right), \qquad (6)$$

D' désignant la densité du métal dont les poids sont faits, et k' leur coefficient de dilatation cubique. Posons, pour abréger :

$$\frac{\delta}{D} \times \frac{1 + k \, t}{1 + a \, t} \times \frac{H - f(1 - d)}{760} = A,$$

et

$$\frac{\delta}{D'} \times \frac{1 + k' \, t}{1 + \alpha \, t} \times \frac{H - f(1 - d)}{760} = B.$$

L'équation (5) prend alors la forme :

$$p = P (1 - A).$$

La formule (6) devient :

$$q = Q (1 - B).$$

Si on emploie la méthode des doubles pesées, et c'est la seule dont on doive faire usage quand on veut obtenir un résultat exact, il est évident que les poids p et q, qui font équilibre à la même tare, sont égaux entre eux. Nous pouvons donc écrire :

$$P (1 - A) = Q (1 - B),$$

d'où :

$$P = Q \, \frac{1 - B}{1 - A} \cdot \qquad (7)$$

248. Correction relative à la température dans la détermination des densités. — La correction relative à la température est plus nécessaire encore dans la recherche des densités. On a vu, § 70, que le poids spécifique d'un corps est le rapport de son poids réel à 0°, au poids d'un égal volume d'eau prise à la température de son maximum de densité. Puisque le poids de l'unité de volume de l'eau à + 4° a été choisi pour unité, il en résulte que le poids spécifique d'un corps représente le poids de l'unité de volume de ce corps. Quand on dit, par exemple, que la densité du mercure est 13,6, cela signifie que 1 centimètre cube de mercure à 0° pèse 13 gr. 6 ou 13,6 fois plus que 1 centimètre cube d'eau à + 4°. Pour déterminer exactement le poids spécifique d'un corps à 0°, il faut donc ramener à 0° le volume de ce corps, et à + 4° le poids d'un égal volume d'eau.

Voici comment s'effectuent ces corrections :

Soit P le poids d'un corps à t^0 dans l'air, et P′ la poussée qu'il éprouve quand on le plonge dans de l'eau à t^0 ; son poids spécifique est approximativement $\dfrac{P}{P'}$. Soient, en outre, a la densité de l'air, e la densité de l'eau à t^0, V le volume du corps à 0° et D sa densité à 0°, en prenant pour unité celle de l'eau à + 4° k son coeficient de dilation cubique. On aura évidemment :

$$P = VD - V (1 + k\,t)\,a = V [D - (1 + k\,t)\,a]$$

$$P' = V (1 + k\,t)\,e - V (1 + k\,t)\,a = V (1 + k\,t)\,(e - a)$$

d'où :
$$\frac{P}{P'} = \frac{D - (1 + k\,t)\,a}{(1 + k\,t)\,(e - a)};$$

et
$$D = (1 + k\,t)\,a + \frac{P}{P'} (1 + k\,t)\,(e - a),$$

$$= \frac{P}{P'} (1 + k\,t)\,e + \frac{P' - P}{P'} (1 + k\,t)\cdot a.$$

En général, on néglige le facteur $(1 + k\,t)$ dans la pratique, parce que le plus souvent k n'est pas connu, surtout quand il s'agit des tissus de l'organisme, et qu'en outre cette correction tombe en dehors des limites d'erreur possible. On a donc simplement :

$$D = \frac{P}{P'}\,e + \frac{P' - P}{P'}\,a.$$

Le premier terme donne la correction due à la densité de l'eau, et le second, celle qui résulte de la perte de poids dans l'air ; ce dernier terme est positif ou négatif, suivant que P′ est supérieur ou inférieur à P.

[On obtient ainsi, en réalité, la densité du corps à la température de l'expérience, puisque le facteur $(1 + k\,t)$ a été négligé. Quand on veut la connaître à 0°, le moyen le plus simple consiste à opérer à cette température, en entourant le corps et l'eau de glace fondante ; la correction relative à la dilatation du corps se trouve alors éliminée d'elle-même.

La méthode de correction qui vient d'être exposée, et qui, pour la marche des calculs, diffère un peu de celle de l'auteur, est générale et s'applique à tous les procédés usités pour déterminer les densités. Il est inutile de tenir compte de la perte que subissent les poids gradués employés, car on prend un rapport de deux poids, et les poids dans l'air sont proportionnels aux poids absolus.]

CHAPITRE II

CHANGEMENTS D'ÉTAT DES CORPS

249. Fusion et vaporisation, Solidification et liquéfaction. — Les variations quantitatives de chaleur sont une des causes les plus fréquentes du changement d'état de la matière. Quand on ajoute de la chaleur aux corps, on fait passer les solides à l'état liquide *(fusion)*, les liquides à l'état gazeux *(vaporisation)*. Une soustraction de chaleur opère les transformations inverses : *liquéfaction* des gaz et *solidification* des liquides.

Il n'est pas douteux que tous les corps, à l'exception de ceux qui, comme le carbone et beaucoup de composés organiques, brûlent ou se décomposent avec facilité, ne puissent se présenter sous les trois états solide, liquide et gazeux, suivant le degré de leur température. On est parvenu à fondre les substances les plus réfractaires, telles quele platine, lecilicium, l'iridium, etc., en les soumettant à l'action de la flamme du chalumeau à gaz hydrogène et oxygène. [Quant aux *six* gaz, l'*hydrogène*, l'*oxygène*, l'*azote*, le *bioxyde d'azote*, l'*oxyde de carbone*, et le *méthane* ou *hydrure de méthyle* (hydrogène protocarboné) qui ont été, pendant si longtemps réputés *permanents*, M. Cailletet et M. Raoul Pictet sont parvenus presque simultanément à les liquéfier tous et même à en solidifier quelques-uns.]

On appelle *point de fusion* la température à laquelle un corps passe de l'état solide à l'état liquide, et *point d'ébullition*, la température à laquelle un liquide se vaporise, [en tant, du moins, que ce changement d'état prenne naissance au sein même de la masse liquide, sous forme de bulles de vapeur qui montent à la surface et se dégagent.] Le *point de solidification*, c'est-à-dire la température à laquelle un liquide repasse à l'état solide, ne diffère pas sensiblement du point de fusion. Ainsi le thermomètre marque toujours 0°, qu'on le plonge dans la glace fondante ou dans de l'eau en voie de congélation.

249ᵃ. Lois de la fusion et de l'ébullition. — Les lois de la fusion et de l'ébullition sont les suivantes :

1° *Pour chaque substance, sous une même pression, les points de fusion et d'ébullition sont fixes.*

[2° *Les points de fusion et d'ébullition s'élèvent avec la pression.*]

[3° *Pendant toute la durée de la fusion ou de l'ébullition, la température de la substance reste stationnaire.* En chauffant plus ou moins fortement, on ne fait qu'activer plus ou moins le changement d'état, sans élever pour cela la température.]

249ᵇ. Surfusion. — Néanmoins, moyennant certaines précautions, on parvient à maintenir un corps à l'état liquide à une température bien inférieure à celle de son point habituel de solidification. Si, par exemple, on garantit l'eau contre tout ébranlement, on peut la refroidir jusqu'à — 20° sans qu'elle se congèle ; mais alors la plus légère agitation suffit pour la faire passer en masse à l'état solide. Ce phénomène, qu'on désigne sous le nom de *surfusion*, ne constitue pas une exception à la loi de fixité du point de congélation ; car, au moment où l'eau se transforme en glace, la température remonte subitement à 0°.

250. Influence de la pression sur les points de fusion et d'ébullition. — Les points de fusion et d'ébullition s'élèvent tous les deux quand la pression augmente, et le point d'ébullition beaucoup plus que le point de fusion. Cependant le fait n'est pas absolument général pour la fusion, ainsi qu'on le verra tout à l'heure.

L'influence de la pression sur l'ébullition est si grande que les fluctuations ordinaires de la hauteur barométrique suffisent pour la mettre en évidence. Ainsi, l'eau ne bout à la température de 100° que sous la pression normale de 760. Si le baromètre tombe à 730, l'ébullition se produit déjà à 99° ; si, au contraire, la pression s'élève à 770, le point d'ébullition de l'eau est environ à 100°,5. Dans le vide, sous une pression de 4^{mm} de mercure, l'eau bout à une température voisine de 0°.

Pour retarder l'ébullition par l'accroissement de la pression, il suffit de chauffer le liquide en vase clos ; la vapeur qui prend naissance, ne pouvant s'échapper, exerce une pression qui croît avec la température, et le liquide ne peut jamais bouillir. On se sert, dans ce but, de la *marmite de Papin*. Cet appareil consiste en un vase métallique à parois très épaisses, fermé par un couvercle qu'on maintient solidement fixé au moyen d'une vis, dont l'écrou fait partie d'une sorte d'étrier qui prend son point d'appui sur le rebord de la marmite. Le couvercle est muni d'une soupape pressée plus ou moins fortement par des poids. Si l'on échauffe de l'eau dans ce vase, la température du liquide s'élève de plus en plus jusqu'à ce que la soupape soit élevée par la force élastique de la vapeur produite. Au moment où la vapeur s'échappe, la température redescend à 100° pour remonter de nouveau quand la soupape se referme, et ainsi de suite. — On emploie la marmite de Papin pour extraire des substances organiques, telles que les os, certains principes qui ne se dissoudraient que difficilement à la température de 100°.

Les corps gras, facilement fusibles, sont très propres à montrer l'influence de la pression sur la température à laquelle a lieu la fusion. C'est ainsi que M. Bunsen a constaté que le *blanc de baleine (sperma ceti)* fondu se solidifie à 47°,7 sous la pression d'une atmosphère, et seulement à 50°,9 sous une pression de 156 atmosphères. La glace fait exception à cette règle. Comme elle occupe un volume plus grand que l'eau à la même température, il en résulte que son point de fusion s'abaisse, au lieu de monter, quand la pression augmente. En soumettant des morceaux de glace à l'action d'une presse, on peut leur faire prendre toutes les formes imaginables, parce qu'une partie de la glace fond quand la pression augmente et se congèle de nouveau, sitôt que la pression cesse. Telle est aussi la raison pour laquelle, en comprimant de la neige à 0°, on la transforme en un bloc de glace.

Comme le point de fusion et le point d'ébullition dépendent de la pression, on peut, au moyen de l'action combinée de la chaleur et de la pression, produire sur certaines substances des changements d'état, qu'il serait très diffi -

cile et même impossible d'obtenir par la seule addition de la chaleur ou par la réfrigération seule.

En effet, l'augmentation de la pression agit, en général, dans le même sens que l'abaissement de la température, et inversement, la diminution de la pression équivaut à une élévation de température; il s'ensuit que le froid, développé sous une grande pression, produit l'effet d'un froid beaucoup plus intense, et qu'au contraire, en diminuant la pression en même temps qu'on accroît la température, on obtient ce que donnerait une température plus élevée. Tel est le principe qui a été utilisé pour liquéfier les gaz. On peut obtenir l'acide carbonique à l'état liquide, en le soumettant à une compression énergique dans un vase qu'on entoure de glace, ou mieux d'un mélange réfrigérant.

[**250ᵃ. Importance des points de fusion et d'ébullition.** — Ces points, fixes pour une même substance quand la pression reste la même, et variables d'un corps à un autre, constituent une propriété spécifique au même titre que la densité, la dilatation, etc.; aussi, peut-on, par leur détermination, s'assurer de l'état de pureté d'un corps. Dans la plupart des cas, on peut employer, pour atteindre ce but, les appareils très simples suivants :

I. POINT DE FUSION. — Dans un tube t (fig. 339), fermé à un bout, on introduit un fragment du corps assez gros pour qu'il soit arrêté au niveau d'un étranglement existant à la partie inférieure; ce tube est introduit en même temps qu'un thermomètre T dans un petit ballon à large goulot et plein d'eau, ou d'huile, ou de tout autre liquide transparent. En augmentant progressivement la température du bain liquide, il arrive un moment où le corps, entrant en fusion, passe à travers l'étranglement; la température indiquée à ce moment par le thermomètre fait connaître le point de fusion du corps.

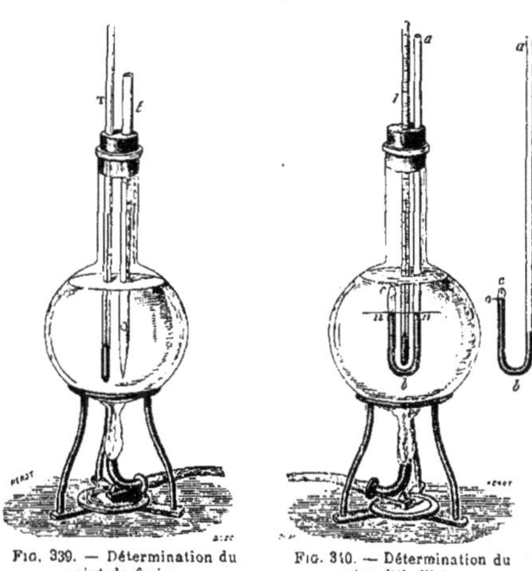

Fig. 339. — Détermination du point de fusion.

Fig. 340. — Détermination du point d'ébullition.

II. POINT D'ÉBULLITION. — Dans un tube recourbé à deux branches inégales (fig. 340), et dont la plus petite est fermée, on introduit successivement le liquide dont on cherche le point d'ébullition et du mercure; on fait en sorte que le liquide occupe une petite portion seulement $o\,c$ de la petite branche d'où l'air doit être complètement chassé, et que le niveau du mercure soit moins élevé dans la branche ouverte *ab* que dans l'autre, comme cela est indiqué sur la droite de la figure 340. Le tube ainsi préparé est introduit avec un thermomètre *t* dans un petit ballon plein d'un liquide transparent dont le point d'ébullition doit être supérieur à celui du liquide à étudier. Si l'on chauffe alors le ballon, on voit se former en *c* des vapeurs dont la force élastique fait descendre le niveau du mercure dans la branche *c b;* au moment où les deux niveaux *n n* sont sur le même plan horizontal, la tension des vapeurs formées est égale à la pression atmosphérique, à la condition de négliger la colonne de liquide qui existe encore dans le tube *c b;* la température marquée par le thermomètre *t* au moment où se produit l'égalité du niveau du mercure donne le point d'ébullition du liquide (cf. § 252ᵃ)].

251. Fusion des alliages et des mélanges. — Indépendamment de la pression, il est encore d'autres causes qui influent sur la température à laquelle les corps changent d'état. Ainsi, le point de fusion des alliages diffère, non seulement de ceux des métaux composants, mais encore de la moyenne de leurs points de fusion; en général, il est plus bas. Tandis que le plomb, par exemple, fond à 330° et l'étain à 230°, un alliage formé de parties égales de ces deux métaux entre en fusion à 189°; si on augmente la proportion de plomb, le point de fusion s'élève et ne devient égal à celui de l'étain que quand la proportion de plomb est double. Un alliage composé de 2 parties de bismuth, 1 partie de plomb et 1 d'étain *(alliage de H. Rose)* fond déjà à 94°; la température de fusion du bismuth est d'environ 265°.

Dans les alliages, la force de cohésion qui unit entre elles les molécules de chaque métal, paraît être affaiblie, et on s'explique ainsi pourquoi les alliages sont en général plus fusibles que les métaux dont ils sont formés.

D'après les expériences de M. Heintz, les mélanges d'acides gras offrent la même particularité que les alliages : le point de fusion du mélange est moins élevé que celui de chacune des substances qui entrent dans sa composition. L'acide stéarique fond à 69°, l'acide palmitique à 62° ; un mélange de 30 parties d'acide stéarique, et de 70 d'acide palmitique est déjà fusible à 55°.

251ᵃ. Congélation des solutions salines. — L'eau tenant des sels en dissolution présente des phénomènes du même genre : le point de solidification est abaissé. C'est pour cela que l'eau de mer se congèle à une température plus basse que l'eau douce. Quand on ajoute deux parties de chlorure de sodium à 100 parties d'eau, cette dernière ne passe à l'état solide qu'à la température de — 1°, 2 ; si la proportion de sel s'élève à 12 %, la congélation n'a lieu qu'à — 7°,2.

251ᵇ. Ébullition des solutions salines. — La présence d'un sel dans l'eau retarde aussi l'ébullition, bien que l'eau seule se vaporise.

Pour les solutions de sel marin, le point d'ébullition s'élève presque proportionnellement à la quantité de sel dissous : ainsi 7,7 % de chlorure de sodium font monter le point d'ébullition de 1° ; avec 39,7 parties de sel, l'élévation est de 8°. Nous ne pouvons guère attribuer ces écarts du point d'ébullition des solutions salines qu'aux effets de la cohésion ; il semble que les molécules du sel, en raison de l'attraction qu'elles exercent sur les molécules de l'eau, empêchent ces dernières de prendre la forme gazeuse.

251ᶜ. Influence de l'adhésion sur le point d'ébullition. — Cette manière de voir est étayée par ce fait que le contact du liquide avec un corps solide, c'est-à-dire un simple effet d'adhésion, suffit pour changer le point d'ébullition ; la température à laquelle bout un liquide varie un peu, en effet, suivant la nature du vase dans lequel on le chauffe. Plus la force d'adhésion du liquide pour la substance du vase est considérable, plus le point d'ébullition est élevé : l'eau, par exemple, bout à une température un peu plus grande dans un vase de verre que dans un vase de fer ; son point d'ébullition est ordinairement de $101°$ dans le verre, et seulement de $100°$ dans le fer. Quand on laisse la surface intérieure d'un vase de verre en contact avec de l'acide sulfurique ou de la potasse caustique, la température d'ébullition de l'eau monte de 3 à 5 degrés, même après qu'on a lavé soigneusement le vase. Si, au contraire, on jette des fragments de métal dans le liquide, le point d'ébullition s'abaisse aussitôt ; ainsi, pour faire bouillir de l'eau à $100°$ dans un vase de verre, il suffit d'y introduire des fragments de platine.

252. Vaporisation des liquides au-dessous du point d'ébullition : évaporation. Influence de la pression sur l'évaporation. — Ce n'est pas seulement à la température de l'ébullition que les liquides volatils passent à l'état gazeux ; de leur surface se dégagent continuellement des vapeurs à des températures bien plus basses que celle de l'ébullition ; on dit alors qu'il y a *évaporation*. L'évaporation diffère de l'ébullition en ce que dans le premier cas la vapeur ne se forme qu'aux dépens de la couche la plus superficielle, tandis que dans l'ébullition le changement d'état s'effectue simultanément dans toute la masse liquide ou plutôt contre les parois du vase sous forme de bulles de vapeur qui montent rapidement à la surface et se dégagent tumultueusement.

L'évaporation se produit à toutes les températures compatibles avec l'état liquide, mais elle est d'autant plus lente que la température est plus basse. Nous avons vu, § 250, que la diminution de la pression fait descendre le point d'ébullition, et que dans le vide les liquides peuvent bouillir à des températures extrêmement basses ; de là nous devons conclure qu'en général, les liquides ont toujours une tendance à se vaporiser, et qu'ils ne sont maintenus à l'état liquide que grâce à la pression extérieure, aidée, comme on l'a vu dans le paragraphe précédent, à la fois par la cohésion et par l'adhérence aux corps solides.

252ᵃ. Influence de la cohésion et de l'adhésion sur la formation des vapeurs. — On sait que la diffusion des gaz suit les mêmes lois que leur écoulement dans le vide ; il en résulte que l'évaporation d'un liquide ne peut être empêchée ni par la pression de l'atmosphère ni par celle d'un autre gaz, quelque forte qu'elle soit.

Il n'en est plus de même pour les molécules situées dans l'intérieur de la masse liquide ; le poids de l'atmosphère presse sur elles comme le ferait un corps solide, car la couche superficielle du liquide remplit à l'égard des couches sous-jacentes l'office d'un piston. On comprend dès lors que la vapeur ne puisse se former au sein de la masse liquide qu'à partir du moment où sa tension devient capable de soulever cette sorte de piston ; c'est ce qu'on peut obtenir, soit en diminuant la pression extérieure, soit en ajoutant de la chaleur. *La température de l'ébullition sera donc celle pour laquelle la vapeur possède une force élastique un peu supérieure à la pression extérieure, augmentée des forces de cohésion et d'adhésion* (Dalton). Ces deux dernières forces sont les seules que le liquide ait à vaincre pour bouillir dans le vide.

252ᵇ. Retard de l'ébullition. — [Les expériences de M. Dufour ont montré le retard de l'ébullition de l'eau ordinaire ou distillée, comme un fait général, quand on provoque l'ébullition par la diminution de la pression, la température restant constante, et que le liquide a subi antérieurement plusieurs réchauffements, de manière à débarrasser les solides qu'il baigne de la couche d'air qui y est adhérente ; les retards observés vont jusqu'à 20 et même 30 degrés.

M. Dufour pense qu'il y a lieu de modifier de la manière suivante l'énoncé de la loi de Dalton relative à la température de l'ébullition :

« L'ébullition d'un liquide à une pression déterminée *peut* se produire
« seulement à partir d'une température minimum qui est celle où la force
« élastique de sa vapeur fait équilibre à la pression extérieure. En d'autres
« termes, l'ébullition est possible à partir du point indiqué par la loi de
« Dalton ; mais elle se produit en réalité à des températures *variables*,
« égales ou supérieures à ce point-là, suivant les conditions dans lesquelles
« le liquide est placé. »

Parmi les causes qui provoquent l'ébullition à partir du minimum de température où ce phénomène est possible, il faut placer en première ligne le contact des gaz. D'après M. Dufour, le contact des solides n'a d'influence que par la couche d'air qui y est adhérente.

On ne peut pas, pour ainsi dire, faire bouillir un liquide qui n'est point en contact avec un corps solide ; c'est ce qu'on observe quand on maintient des globules liquides en suspension dans un autre liquide de même densité.]

[**253. État sphéroïdal ou caléfaction des liquides.** — Un phénomène des plus remarquables se manifeste quand on introduit un liquide volatil dans un vase préalablement chauffé à une température notablement supérieure au point d'ébullition du liquide. Ce dernier, au lieu de se mettre à bouillir, se rassemble en un globule limpide, aux bords arrondis et déchiquetés (fig. 341), qui tourne sans cesse sur lui-même, et qui ne finit par disparaître qu'au bout d'un temps assez long. Le liquide est, comme on dit, *à l'état sphéroïdal* (Boutigny).

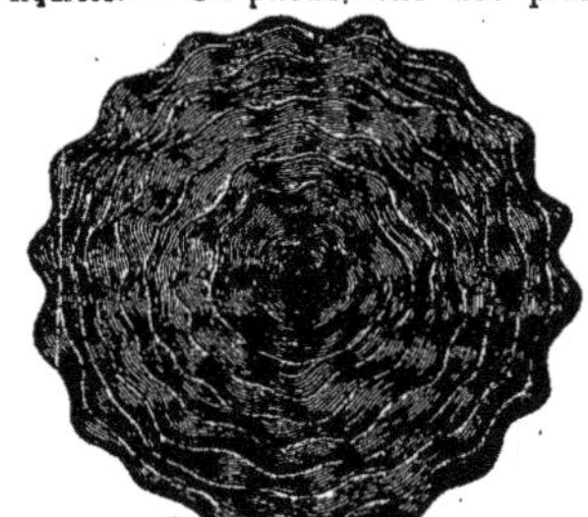

Fig. 341. — Liquide à l'état sphéroïdal.

Ce phénomène, étudié pour la première fois par Leidenfrost, et depuis par un certain nombre de physiciens, au nombre desquels il convient de citer M. Boutigny, s'explique par l'absence de contact entre le liquide et la surface chaude. L'expérience suivante est probante à cet égard : sur une plaque de métal poli, suffisamment chauffée à l'aide d'une lampe à alcool

(fig. 342), on projette une goutte d'eau qui prend aussitôt l'état sphéroïdal ;
en plaçant une bougie derrière l'appareil, on voit très distinctement la
flamme briller entre le globule et la plaque. M. Poggendorff a reconnu de son

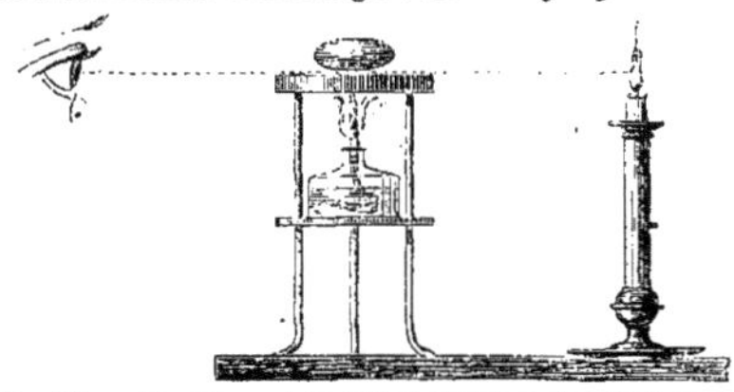

Fig. 342. — Expérience démontrant l'absence de contact entre un liquide à l'état sphéroïdal et la surface surchauffée sur laquelle il repose.

côté qu'un courant élec-
trique ne peut passer du
liquide au métal, ce qui
suffit pour prouver qu'il
n'y a pas contact.

Quant à la cause qui
empêche un liquide vo-
latil de toucher une sur-
face très chaude, elle
réside dans l'action de
la chaleur, qui diminue
de plus en plus l'adhé-
sion des liquides aux solides. Il arrive donc un moment où le contact
cesse d'avoir lieu ; le liquide, n'étant alors soumis qu'à l'influence de
sa cohésion, prend une forme sphérique ; en même temps il s'évapore par sa
surface ; de là, formation d'une couche de vapeur qui s'interpose entre le
globule et la surface surchauffée. La chaleur n'est plus transmise au liquide
que par rayonnement, et l'évaporation suffit pour empêcher la température
de s'élever jusqu'au point d'ébullition. Quel que soit le liquide expérimenté,
sa température à l'état sphéroïdal a toujours été trouvée inférieure à son
point d'ébullition. Pour l'eau, par exemple, la température reste au-dessous
de 100° ; pour l'éther, elle n'atteint pas 36°, et pour l'acide sulfureux liquide
elle est inférieure à — 10°. Aussi peut-on congeler de l'eau, en la versant
dans une capsule de platine portée au rouge et renfermant de l'acide sulfureux liquide (Faraday).

253ª. Incombustibilité momentanée des tissus vivants. — Les phénomènes de
caléfaction dont il vient d'être question rendent compte d'un certain nombre
de faits qui paraissent inexplicables au premier abord. Ainsi, il est reconnu
qu'on peut plonger la main dans du plomb fondu, toucher de la fonte
en fusion, passer la langue sur un fer rouge, sans se brûler. Il faut
avoir soin toutefois de procéder à ces expériences avec habileté et rapidité.
L'incombustibilité momentanée de la peau et des muqueuses dans ces circonstances est due à la présence de l'humidité qui recouvre ces tissus ;
l'eau, en présence du métal incandescent, passe à l'état sphéroïdal, et
empêche le contact. On fait bien, du reste, de mouiller préalablement la
peau avec de l'eau ou mieux encore avec de l'éther.]

[**254. Vapeurs non saturées et vapeurs saturées.** — Les vapeurs possèdent des
propriétés différentes, suivant qu'elle se trouvent, ou non, en contact avec
un excès du liquide générateur ; dans le premier cas, elles sont dites *saturées* et elles se distinguent alors des gaz en ce que, pour une température
donnée, on ne peut pas faire varier leur force élastique, ni en augmentant
ni en diminuant leur volume.

Au contraire, les vapeurs *non saturées*, sont comparables aux gaz sous
tous les rapports.] Nous avons vu que les gaz ont la propriété : 1° d'occuper
un espace dont la grandeur est en raison inverse de la pression supportée par

le gaz (loi de Mariotte) ; 2° de se dilater par la chaleur, de telle sorte que l'accroissement de volume soit proportionnel à l'augmentation de température (loi de Gay-Lussac).

On peut aisément prouver par l'expérience que les vapeurs non saturées obéissent à ces deux lois, celle de Mariotte n'étant d'ailleurs absolument exacte qu'entre certaines limites. Introduisons dans la chambre barométrique un certain volume d'un liquide très volatil, de l'éther, par exemple ; nous verrons aussitôt le niveau du mercure descendre par suite de la force élastique de la vapeur formée. Augmentons ou diminuons la pression, en enfonçant plus ou moins le tube barométrique dans le bain de mercure de la cuvette ; on voit alors l'espace occupé par la vapeur varier en raison inverse de la pression, celle-ci étant chaque fois égale à la pression atmosphérique diminuée de la hauteur de la colonne mercurielle soulevée.

La loi de Mariotte appliquée aux vapeurs est d'autant plus exacte que la pression est plus faible. Dans le voisinage de la pression qui fait repasser le fluide aériforme à l'état liquide, la force élastique de la vapeur croît bien moins rapidement que le volume ne diminue, et finit par atteindre un maximum qu'elle ne peut dépasser ; à ce moment-là la surface du mercure se recouvre d'une couche du liquide volatil provenant de la condensation de la vapeur. Si, dans les limites où la loi de Mariotte est applicable, on a déterminé une diminution de volume par l'augmentation de la pression, on peut rétablir le volume primitif, en élevant d'un certain nombre de degrés la température de la vapeur.

255. Tension maxima des vapeurs à l'état de saturation. — Lorsqu'on introduit dans une série de chambres barométriques différents liquides volatils, tels que de l'eau, de l'alcool, de l'éther, on voit le niveau du mercure descendre dans chaque tube, par suite de la formation instantanée des vapeurs dans le vide ; si le liquide est en excès, on observe que la dépression du mercure varie avec la nature de la substance introduite, lors même que la température est identique dans tous les tubes : le niveau du mercure est moins élevé dans le tube qui renferme de l'éther que dans celui qui a reçu de l'alcool, moins élevé encore dans ce dernier que dans le tube où se trouve l'eau.

Quand on vient à faire varier la profondeur d'immersion de l'un quelconque de ces tubes, ou à l'incliner plus ou moins fortement, on constate que la hauteur de la colonne mercurielle soulevée reste invariable, ce qui prouve que la force élastique de la vapeur ne change pas ; c'est là sa valeur *maxima* à la température de l'expérience.

Mais si la pression est constante, il n'en est pas de même du volume occupé par la vapeur ; il faut donc que la quantité de vapeur formée augmente ou diminue dans le même rapport que le volume de la chambre barométrique ; c'est, en effet, ce qui a lieu tant que le liquide générateur est en excès : lorsque le volume augmente, il se forme de nouvelles vapeurs, et, lorsqu'il diminue, une partie de la vapeur formée se condense.

On peut mesurer la tension ou force élastique maxima des vapeurs aux différentes températures, en opérant, comme nous venons de l'indiquer, c'est-à-dire en évaluant la hauteur de la colonne mercurielle soulevée. Une autre méthode consiste à appliquer la loi énoncée plus haut, à savoir qu'un liquide entre en ébullition à la température pour laquelle la tension de sa vapeur fait équilibre à la pression extérieure. Si donc on fait bouillir un liquide sous des pressions variables, il suffira de mesurer ces pressions, ainsi que les températures d'ébullition correspondantes, pour avoir les forces, élastiques de la vapeur à ces températures.

255ᵉ. Tensions de la vapeur d'eau. — C'est en se basant sur ce principe que Dulong et Petit ont mesuré la tension maxima de la vapeur d'eau à différentes températures. Les recherches les plus exactes et les plus récentes ont été faites par Regnault et par M. Magnus ; elles ont montré que la force élastique de la vapeur croît bien plus rapidement que la température.

Nous reproduisons dans le tableau suivant, la partie des résultats obtenus, par M. Regnault, dont on peut avoir besoin pour effectuer les corrections indiquées dans les §§ 247 et 248 relativement aux poids et aux densités [ou pour calculer la quantité de vapeur d'eau contenue dans un volume donné d'air, et par suite l'*état hygrométrique*].

TABLE DES FORCES ÉLASTIQUES DE LA VAPEUR D'EAU DE — 10° A 100°

TEMPÉRATURE	FORCE ÉLASTIQUE	TEMPÉRATURE	FORCE ÉLASTIQUE	TEMPÉRATURE	FORCE ÉLASTIQUE
— 10°	1mm,963	12°	10mm,457	34°	39mm,565
— 9°	2mm,137	13°	11mm,162	35°	41mm,827
— 8°	2mm,327	14°	11mm,908	36°	44mm,201
— 7°	2mm,533	15°	12mm,699	37°	46mm,691
— 6°	2mm,758	16°	13mm,536	38°	49mm,302
— 5°	3mm,004	17°	14mm,421	39°	52mm,039
— 4°	3mm,271	18°	15mm,357	40°	54mm,906
— 3°	3mm,553	19°	16mm,346	41°	57mm,910
— 2°	3mm,879	20°	17mm,391	42°	61mm,055
— 1°	4mm,224	21°	18mm,495	43°	64mm,346
0°	4mm,600	22°	19mm,659	44°	67mm,790
1°	4mm,940	23°	20mm,888	45°	71mm,391
2°	5mm,302	24°	22mm,184	46°	75mm,158
3°	5mm,687	25°	23mm,550	47°	79mm,093
4°	6mm,097	26°	24mm,988	48°	83mm,204
5°	6mm,534	27°	26mm,505	49°	87mm,499
6°	6mm,998	28°	28mm,101	50°	91mm,982
7°	7mm,492	29°	29mm,782	60°	148mm,791
8°	8mm,017	30°	31mm,548	70°	233mm,093
9°	8mm,574	31°	33mm,408	80°	354mm,643
10°	9mm,165	32°	35mm,359	90°	525mm,450
11°	9mm,792	33°	37mm,411	100°	760mm,000

Regnault et M. Magnus ont établi, en partant de leurs expériences, des formules empiriques qui permettent de calculer la tension de la vapeur d'eau aux différentes températures. Comme on peut le voir d'après les nombres ci-dessus, les *forces élastiques de la vapeur d'eau croissent à peu près suivant une progression géométrique, lorsque les températures augmentent en progression arithmétique.* Si cette loi était rigoureusement exacte, la force élastique à $t°$ serait :

$$F = F_0 \, a^t \; ;$$

dans cette formule, F_0 représente la tension de la vapeur à 0°, a la raison de la progression géométrique, et t la température. Mais puisque F n'augmente pas aussi rapidement que le voudrait la progression géométrique, il faut diviser l'exposant t par un certain nombre m et écrire :

$$F = F_0\, a^{\frac{t}{m}}$$

ou en prenant les logarithmes :

$$Log\ F = \frac{t}{m}\ Log\ a + Log\ F_0$$

255ᵇ. Tension des vapeurs des dissolutions salines. — La présence des sels en dissolution dans l'eau diminue la tension maxima de la vapeur. C'est sans doute à cette circonstance qu'il faut attribuer l'élévation du point d'ébullition des solutions salines (cf. § 251ᵇ) ; en effet, puisque chaque liquide bout à la température à laquelle la tension de sa vapeur fait équilibre à la pression extérieure et que la présence d'un sel diminue cette tension, il faut pour la rendre égale à la pression extérieure l'augmenter en élevant la température.

255ᶜ. Tension des vapeurs des liquides mélangés. Mélange des vapeurs. — Les vapeurs fournies par des mélanges de liquides se comportent d'une manière différente, selon que les liquides en présence sont ou non solubles l'un dans l'autre.

a) Si les liquides ne se dissolvent pas mutuellement, comme, par exemple, l'eau et le sulfure de carbone, la force élastique de la vapeur fournie par le mélange est égale à la somme des tensions que chacun des liquides produirait isolément à la même température.

b) Quand, au contraire, les liquides en présence sont miscibles, la force élastique de la vapeur du mélange est toujours inférieure à celle de chacun des liquides isolés. Ainsi, un mélange de vapeur d'éther et d'alcool possède une tension plus petite que celle de la vapeur d'éther et que celle de la vapeur d'alcool à la même température.

Nous voyons donc que les vapeurs des liquides non miscibles entre eux suivent la loi de Dalton, absolument comme les gaz : chaque vapeur se comporte comme si elle était seule, et acquiert la force élastique qui lui est propre. Quand, au contraire, les liquides mélangés se dissolvent mutuellement, il paraît se produire entre les molécules de leurs vapeurs des attractions réciproques qui diminuent la force expansive du mélange.

255ᵈ. Tension du mélange des vapeurs et des gaz. — Le mélange des vapeurs et des gaz suit également la loi de Dalton, dans le cas où la vapeur n'exerce aucune action chimique sur le gaz. Si l'on fait passer de la vapeur d'eau dans la chambre barométrique, on constate que, la température restant constante, la quantité dont descend la colonne mercurielle est la même, que l'espace dans lequel se répand la vapeur soit ou non privé d'air.

D'où l'on conclut que :

1° La tension et, par suite, la quantité de vapeur qui sature un espace donné sont les mêmes, à température égale, que cet espace soit vide ou qu'il contienne un gaz.

2° La force élastique du mélange est égale à la somme des forces élastiques du gaz et de la vapeur mélangés.

Toutefois, comme Regnault l'a trouvé, ces lois ne se vérifient pas exactement, quand on apporte une grande précision dans les expériences ; on trouve pour la tension de la vapeur dans le vide une valeur un peu plus forte. Regnault a expliqué cet écart de la loi de Dalton, en admettant que

les parois du vase, par un effet d'attraction moléculaire, tendent sans cesse
à condenser les vapeurs à leur surface : cette condensation s'opérerait
plus facilement en présence de l'air que dans le vide, puisque, dans ce
dernier cas, elle est sans cesse neutralisée par l'évaporation qui se fait en
toute liberté.

256. Densité des vapeurs. Influence de la pression et de la température. — Les gaz
et les vapeurs non saturées, c'est-à-dire non en contact avec un excès de
liquide, possèdent en commun les deux propriétés suivantes : 1° ils diminuent de volume proportionnellement à la pression (loi de Mariotte) ; 2° pour
des accroissements égaux de température, ils se dilatent de la même quantité (loi de Gay-Lussac). En conséquence, la densité des vapeurs, ainsi que
celle des gaz, varie considérablement avec la pression et la température.
Mais par suite des relations fort simples qui existent entre le volume, la
force élastique et la température, il est très facile de ramener les densités à
une pression et à une température déterminées. Cette réduction est indispensable pour rendre possible la comparaison des densités des différents
gaz et des différentes vapeurs. On est convenu de rapporter la densité de
tous les fluides aériformes à celle de l'air à la température de zéro et à la
pression de 760^{mm}. [Nous avons vu, § 93^b, qu'il serait plus avantageux de
prendre la densité de l'hydrogène comme unité.]

Si nous désignons par P le poids d'un certain volume de vapeur ou de gaz
à la température $t°$ et à la pression H, par P′ le poids d'un égal volume
d'air, à la même température et à la même pression, le rapport $\dfrac{P}{P'}$ représentera la densité D du gaz par rapport à l'air dans les mêmes conditions de
température et de pression. On a donc : $D = \dfrac{P}{P'}$. Comme, d'ailleurs, les
poids P et P′ varient dans le même rapport avec la pression et la température, puisque les vapeurs, ainsi que les gaz, suivent la loi de Mariotte et
possèdent le même coefficient de dilatation, il est évident que $\dfrac{P}{P'}$ mesurera
la densité de la vapeur par rapport à l'air, quelles que soient les valeurs
absolues de la pression et de la température auxquelles on a opéré, pourvu
que P et P′ soient les poids de volumes égaux de vapeur et d'air dans les
mêmes conditions de pression et de température.

Dans les méthodes usitées pour déterminer la densité des vapeurs, on
n'obtient pas directement le poids P′ de l'air ; on mesure le volume occupé
par la vapeur, et on calcule le poids de l'air correspondant. Or, si nous
appelons V le volume mesuré, t et H la température et la pression correspondante, δ le poids du centimètre cube d'air à 0° et à la pression de 760,
on sait, d'après les formules établies au § 247, que le poids P′ d'un volume V
d'air à 0° et à 760 a pour expression :

$$P' = V \delta \frac{1}{1 + \alpha t} \times \frac{H}{760}.$$

Par conséquent, la densité de la vapeur sera donnée par la formule :

$$D = \frac{P}{V \delta} (1 + \alpha t) \frac{760}{H}.$$

Pour mesurer la densité des vapeurs, on se sert habituellement du procédé suivant, imaginé par M. Dumas, et analogue à celui que nous avons décrit au § 93^b pour les gaz. Le liquide dont on cherche la densité de vapeur est introduit dans un ballon muni d'un col à pointe effilée, puis porté à l'ébullition. Lorsque la vapeur, en se dégageant par la pointe effilée, a chassé tout l'air du ballon, on ferme celui-ci au chalumeau ; en même temps on note la pression et la température. Le poids du ballon ainsi rempli de vapeur est égal au poids de la vapeur augmenté du poids du verre, et diminué du poids de l'air déplacé ; nous pouvons donc trouver le poids P de la vapeur. D'autre part, du volume V du ballon, qu'on calcule au moyen du poids du mercure qui peut le remplir, on déduit, en tenant compte de la dilatation produite par la chaleur, le poids de l'air qu'il peut contenir à 0° et à la pression de 760. La densité de la vapeur est obtenue alors à l'aide de la formule donnée plus haut.

La recherche des densités à des températures et à des pressions différentes peut servir à vérifier l'exactitude des lois de Mariotte et de Gay-Lussac. On a reconnu de la sorte que la constance de la densité pour des températures et des pressions différentes n'est qu'approximative ; c'est là une nouvelle preuve que les lois de Mariotte et de Gay-Lussac ne sont pas rigoureusement exactes. Pour les vapeurs, les variations de la densité oscillent entre des limites encore plus étendues que pour les gaz. Ce n'est qu'à une distance assez grande de leur point de saturation que les vapeurs possèdent une densité constante.

256ª. Loi de la dilatation des corps dans les trois états et pendant les changements d'état. — Nous avons vu que la loi de proportionnalité qui existe entre la dilatation d'une vapeur et la température, n'est plus exacte aux environs du point de condensation et qu'en ce point même il survient brusquement une forte diminution de volume. Les liquides nous offrent dans leur dilatation une chute analogue lorsqu'on les amène à leur température de solidification : ce changement d'état s'accompagne aussi, dans la généralité des cas, d'une réduction subite de volume. Si nous voulons représenter par la méthode graphique la marche de la dilatation d'une substance dans les trois états, nous obtenons une courbe semblable à celle de la figure 343. La ligne horizontale AD est l'axe des abscisses sur lequel sont portées les températures ; les ordonnées donnent les accroissements correspondants du volume. On voit que la ligne qui joint les sommets de toutes les ordonnées est brisée en deux points, qui répondent aux changements d'état : en B a lieu le passage de l'état solide à l'état liquide, en C le passage de l'état liquide à l'état gazeux. De A à B, la ligne des ordonnées figure la dila-

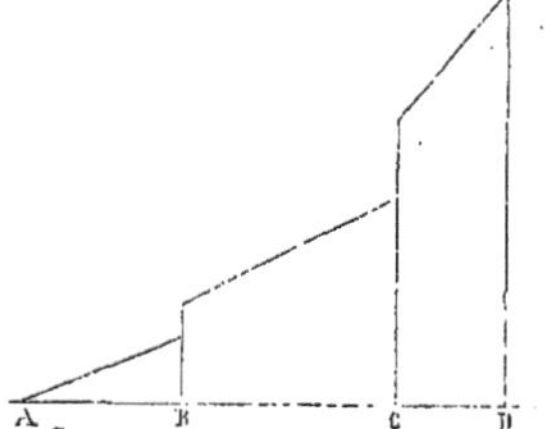

Fig. 343. — Représentation graphique de la dilatation des corps dans les trois états.

tation de la substance à l'état solide ; de B à C, la dilatation relative au liquide, et au delà de C, la dilatation de la vapeur.

Dans la figure en question nous avons supposé que les augmentations de volume étaient rigoureusement proportionnelles aux accroissements de température ; nous avons pu, en conséquence, représenter par des lignes droites la marche de la dilatation dans les trois états. Toutefois la loi de proportionnalité entre la dilatation et la température, vraie pour les gaz et seulement à partir d'une certaine limite, n'est plus aussi exacte dans les autres états de la matière ; un grand nombre de corps solides la vérifient encore assez bien ; mais les liquides s'en écartent d'autant plus qu'on les prend à une distance plus voisine de leur point d'ébullition. M. H. Kopp a trouvé que le phosphore suit de très près, dans sa dilatation, la loi représentée par la figure 343 ; le soufre, à l'état liquide, se dilate proportionnellement à l'accroissement de température, mais à l'état solide, son coefficient de dilatation augmente avec la température. L'eau fait naturellement exception, en ce sens qu'au moment de son passage à l'état solide, elle se dilate aussi brusquement que la plupart des autres liquides se contractent. La stéarine présente une marche tout à fait anormale; en deçà de son point de fusion, vers 50° environ, elle éprouve une diminution subite de volume, après quoi elle se dilate de nouveau rapidement et fond 60° en se dilatant encore davantage.

CHAPITRE II ^{bis}

HYGROMÉTRIE

257. Définition de l'hygrométrie et de l'état hygrométrique. — L'air contient toujours de la vapeur d'eau provenant surtout de l'évaporation qui se produit à la surface des feuilles des végétaux et des masses d'eau considérables, mers, lacs, fleuves, avec lesquelles l'atmosphère est en contact. C'est cette vapeur qui, en se condensant, donne lieu à la rosée, à la pluie, à la neige, à la grêle, détruit l'homogénéité de l'atmosphère et intervient pour une part considérable dans la production des phénomènes météorologiques. D'un autre côté, les malades sont, pour la plupart, très sensibles aux changements survenus dans l'atmosphère ; l'influence des diverses modifications barométriques, électriques, calorifiques, etc., qui surviennent alors est encore assez mal connue ; toutefois les variations du degré d'humidité de l'air semblent être, pour certains états pathologiques, un élément important à considérer. Aussi importe-t-il au météorologiste, comme au médecin, de déterminer la quantité de vapeur d'eau contenue dans l'air à un moment donné. L'étude des procédés au moyen desquels on peut faire cette détermination constitue l'*hygrométrie*, et on appelle *hygromètres* les instruments imaginés pour arriver à ce résultat.

Le degré d'humidité de l'air ne dépend pas de la quantité absolue de vapeur d'eau contenue dans l'atmosphère. Supposons, en effet, que, toutes choses égales d'ailleurs, la température de l'air s'abaisse ; il arrivera un moment où l'air se trouvera saturé et où la rosée commencera à se déposer à la surface du sol ; la quantité de vapeur est restée invariable pendant que survenait l'abaissement de température, et cependant l'air est évidemment devenu de plus en plus humide, puisqu'il a fini par laisser déposer de la vapeur à l'état liquide. L'humidité de l'air est donc d'autant plus grande qu'il est plus voisin de son point de saturation ; il faudra, par suite, pour apprécier ce degré d'humidité, comparer la quantité de vapeur qu'il contient à un moment donné à celle qu'il contiendrait s'il était saturé. On fait cette comparaison en prenant soit le rapport entre la force élastique f de la vapeur dans l'air et la force élastique maxima F à la même température, soit le rapport du poids p de la vapeur contenue dans un volume déterminé d'air atmosphérique au poids P de la vapeur que contiendrait le même volume à la même température s'il était saturé.

Chacun de ces rapports $\dfrac{f}{F}$ et $\dfrac{p}{P}$, dont on démontre facilement l'égalité, mesure le *degré d'humidité*, ou l'*état hygrométrique*, ou la *fraction de saturation* de l'air.

Le dénominateur de chacun de ces rapports peut être considéré comme connu, lorsqu'on a déterminé la température de l'atmosphère; les hygromètres donnent, soit l'état hygrométrique même, soit p, soit f.

257ᵃ. Hygromètre à cheveux. Cet instrument, imaginé par de Saussure, est fondé sur la propriété que possèdent certaines substances de s'allonger sous l'influence de l'humidité. Les hygromètres à cheveux, que l'on gradue de manière à obtenir le degré d'humidité par une simple lecture, sont aujourd'hui abandonnés ; leur graduation, en effet, n'est exacte que pour la température à laquelle elle a été faite ; ces instruments, en outre, ne sont pas comparables entre eux.

257ᵇ. Hygromètre chimique. — Il se compose (fig. 344) d'un aspirateur plein d'eau que l'on fait écouler lentement ; l'air ainsi appelé du dehors dans l'intérieur de l'appareil, traverse une série de tubes desséchants m, m', m'', m''',

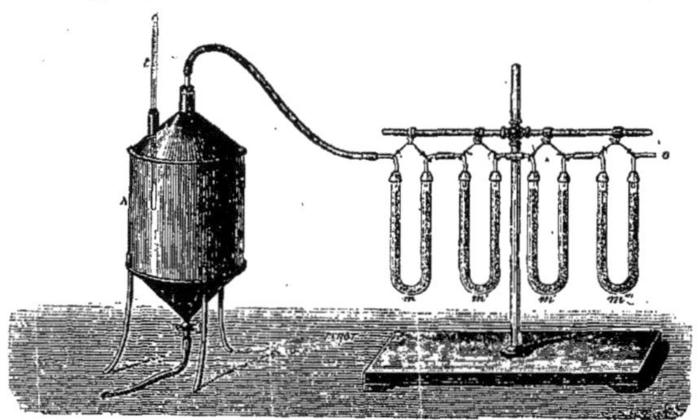

Fig. 344. — Hygromètre chimique.

dont l'augmentation du poids p, à la fin de l'expérience, fait connaître le poids de la vapeur contenue dans l'air qui a circulé. Le volume que cette masse d'air occupait dans l'atmosphère se déduit facilement du volume supposé connu de l'aspirateur, et l'on peut alors calculer la force élastique f de la vapeur en fonction de p ; quant à la tension maxima F, elle est fournie par les tables de Regnault, si l'on connaît la température ambiante du lieu où fonctionne l'appareil.

Les indications fournies par cet instrument sont très précises, si le volume d'air qui a circulé est assez grand pour avoir fourni un poids de vapeur convenable ; mais l'opération dure alors assez longtemps et l'on n'obtient qu'un état hygrométrique moyen.

257ᶜ. Hygromètres à condensation. — Le principe de ces appareils a été donné par le docteur Leroy (de Montpellier). Imaginons que la température d'un corps solide, plongé dans l'atmosphère, s'abaisse graduellement, la couche d'air qui est en contact immédiat avec le corps se refroidira aussi, et comme rien ne la sépare de l'air environnant, la tension de la vapeur qu'elle contient sera toujours égale à celle de la vapeur de l'atmosphère. Lorsque cette couche d'air, progressivement refroidie, se trouvera saturée, un dépôt de rosée se formera sur le corps ; la tension de la vapeur dans cette couche, et, par suite, dans l'atmosphère, est donnée, à ce moment, par la tension maxima correspondant à la température du corps.

I. Hygromètre de Daniell. — Dans cet instrument (fig. 345), le corps à refroidir est constitué par une boule en verre A, contenant de l'éther et

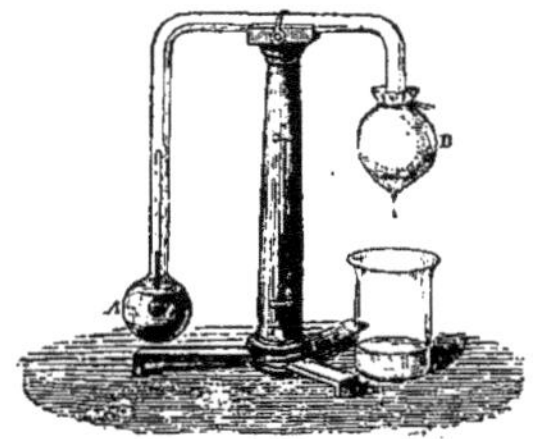

communiquant avec une deuxième boule B recouverte extérieurement de gaze sur laquelle on fait tomber de l'éther goutte à goutte. La température diminue ainsi en B et une véritable distillation de l'éther intérieur se produit ainsi de A en B, ce qui détermine un abaissement progressif de la température de la boule A. Au moment où le dépôt de rosée se produit, on note les températures indiquées par les thermomètres t et T ; le rapport des tensions maxima correspondantes donne

Fig. 345. — Hygromètre de Daniell.

l'état hygrométrique.

Cet instrument présente plusieurs inconvénients : l'air qui entoure l'hygromètre contient des vapeurs d'éther qui peuvent se condenser en A aux lieu et place de la vapeur d'eau ; l'observateur, obligé de se tenir très près

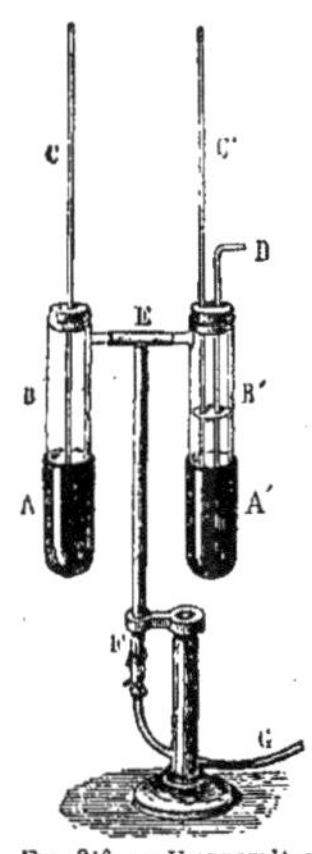

des petits thermomètres dont l'appareil est muni, augmente, par sa respiration, l'état hygrométrique de l'air ambiant ; enfin, par suite de l'imparfaite conductibilité du verre pour la chaleur, la température du thermomètre t est toujours un peu différente de celle de la couche d'air qui fournit le dépôt |de rosée.

II. Hygromètre de Regnault. — Il n'est plus sujet aux causes d'erreurs précédentes : la boule A est remplacée par un dé B' (fig. 346) dont la partie inférieure A' est métallique et pleine d'éther. L'évaporation de ce liquide est produite par un courant d'air atmosphérique pénétrant par le tube D, dont l'extrémité inférieure plonge dans l'éther ; le courant est provoqué par un aspirateur mis en communication au moyen du tube EFG avec le dé A'B'. Enfin, l'observateur, placé à 2 mètres environ de l'appareil, regarde, à travers une petite lunette astronomique portée par un viseur, le thermomètre C' et le métal refroidi A'. Pour faciliter les observations, Regnault a muni l'hygromètre d'un deuxième dé AB identique au premier, mais qui n'est

Fig. 346. — Hygromètre de Regnault.

soumis à aucune cause de refroidissement. Les deux dés peuvent être vus en même temps à travers la lunette, et l'on perçoit ainsi plus sûrement, par comparaison, la diminution d'éclat en A', au moment où se produit le dépôt de rosée.

III. Hygromètre de M. Crova. — M. Alluard a modifié l'hygromètre
Regnault de manière à rendre les observations plus commodes; mais l'un et
l'autre de ces appareils présentent l'inconvénient de donner des indications
trop faibles, lorsque l'air est agité et peu humide; la couche d'air, en effet, qui
environne immédiatement l'hygromètre, a besoin d'un certain temps pour se
mettre en équilibre de température avec la partie refroidie. Si l'agitation de
l'atmosphère renouvelle trop rapidement cette couche, on conçoit que le dépôt
de rosée se produira plus difficilement, c'est-à-dire lorsque la température du
dé à éther se sera abaissée au-dessous de celle qui correspond à l'état de
saturation de l'air ambiant. Pour supprimer cette cause d'erreur, il suffit,
comme l'a fait M. Crova, de modifier l'appareil de manière à ce que le dépôt
de rosée se produise dans un espace clos à l'abri de l'agitation de l'atmosphère. L'hygromètre de M. Crova se compose d'un petit tube en laiton
nickelé, poli à l'intérieur, et fermé à ses deux extrémités par deux glaces:
l'une dépolie et éclairée par une lampe ou par la lumière du jour, l'autre
transparente et à travers laquelle on regarde dans le tube au moyen d'une
lentille à long foyer. Deux tubulures permettent de faire lentement circuler
dans le tube un courant d'air provoqué par un aspirateur et puisé en un
point quelconque de l'atmosphère. Le tube est entouré d'un manchon, contenant du sulfure de carbone, dans lequel on fait barboter un courant d'air
et dont la température est donnée par un thermomètre. L'œil voit le
verre dépoli sous forme d'un disque lumineux entouré d'un anneau brillant,
image virtuelle du disque fournie par les parois réfléchissantes du tube
cylindrique. Quand le point de rosée est atteint, le dépôt d'humidité est
révélé par des apparences fuligineuses qui se détachent nettement sur le
fond éclatant de l'image annulaire du verre dépoli. Si on laisse alors
la température du sulfure de carbone se relever lentement, les taches
fuligineuses pâlissent, puis disparaissent nettement.
Avec un peu d'habitude, on peut saisir le point de rosée
à 1/10 de degré près, et obtenir ainsi une valeur très
exacte de l'état hygrométrique.

257ᵈ. Psychromètre. — Il est d'un maniement plus facile
que les instruments dont nous venons de parler, et la
détermination de f, si elle est un peu moins exacte
qu'avec les hygromètres précédents, se fait avec plus
de rapidité.

Le psychromètre se compose de deux thermomètres
T et T' (fig. 347); le réservoir de ce dernier est recouvert de gaze, sur laquelle on fait écouler par capillarité,
au moyen d'une mèche de coton, l'eau contenue dans
le réservoir R. L'évaporation de cette eau abaisse la température de T' au-dessous de celle des corps voisins
dont le rayonnement réchauffera alors ce thermomètre.
Il arrivera un moment où, pendant chaque unité de
temps, les quantités de chaleur perdue par évaporation de l'eau et reçue par rayonnement seront égales; la

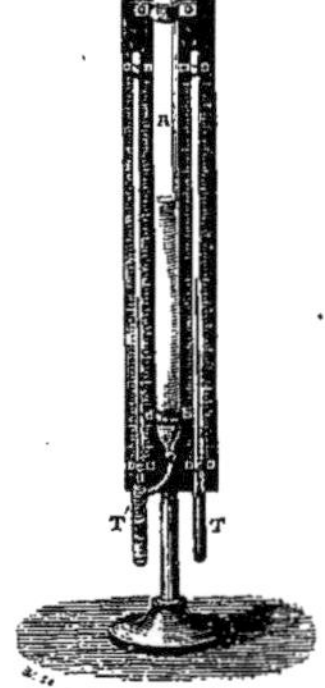

Fig. 347. — Psychromètre.

température du thermomètre T' restera alors invariable. Cette température
stationnaire t' dépend d'ailleurs de la force élastique f de la vapeur contenue

dans l'air, de la pression atmosphérique H, de la température ambiante t, et
de la tension maxima F à cette température. August (de Berlin) a établi
théoriquement une relation entre ces diverses quantités, et Regnault, à la
suite de nombreuses expériences, a substitué à la formule d'August la
formule suivante plus exacte :

$$f = F - A \, (t - t') \, H$$

dans laquelle A est une constante, qui dépend de l'instrument et du lieu
d'observation, et dont la valeur doit, en conséquence, être déterminée par
comparaison avec les données d'un hygromètre.]]

CHAPITRE III

CHALEUR SPÉCIFIQUE

258. Mesure de la chaleur. Calorie. — Plus la masse d'un corps est grande,
plus il lui faut de chaleur pour le faire arriver à une température déterminée.
Prenons, par exemple, d'une part 1 kilogramme d'eau, d'autre part 2 kilogrammes du même liquide ; élevons de *un* degré les températures de ces
deux masses d'eau, températures que nous supposerons primitivement égales ;
les indications fournies par le thermomètre seront identiques dans les deux
cas, bien qu'il ait fallu à la seconde masse deux fois plus de chaleur qu'à
la première. La preuve en est que, pour obtenir cet échauffement de 1°, il
faudrait ajouter à chacune de ces masses son propre poids d'eau à $+2°$, si
l'on suppose leur température initiale égale à 0°. Or, il est évident que
deux kilogrammes d'eau renferment 2 fois plus de chaleur que 1 kilogramme
à la même température. L'indication du thermomètre ne mesure donc pas
la quantité de chaleur contenue dans un corps ou transmise d'un corps
à un autre, pas plus que la vitesse d'un mobile ne donne la quantité de
mouvement. Le thermomètre indique seulement l'intensité des vibrations
calorifiques.

Pour mesurer la quantité de chaleur perdue ou gagnée, il faut multiplier
la variation de température, exprimée en degrés thermométriques, par la
masse des corps considérés, en prenant pour unité de chaleur la quantité qui échauffe de 1° l'unité de masse. Mais comme cette quantité varie
avec la nature de chaque substance (cf. § 259), on a dû choisir la *chaleur spécifique* de l'une d'elles pour unité ; le choix s'est tout naturellement porté sur l'eau.

L'unité de chaleur, ou, comme on l'appelle, la *calorie*, est donc la quantité
de chaleur nécessaire pour élever de 0° à 1° la température d'*un* kilogramme d'eau.

On a reconnu que la quantité de chaleur qui élève de 1° la température
d'un kilogramme d'eau est sensiblement la même dans toute l'étendue
de l'échelle thermométrique ; que, par conséquent, il faut, à très peu près,

autant de chaleur pour échauffer de 99° à 100° une certaine masse
d'eau que pour l'amener de 0° à 1°. C'est ce qu'il est facile de prouver au
moyen de l'expérience suivante : on mêle ensemble 1 kilogramme d'eau à
100° et 1 kilogramme d'eau à 0°, et on trouve que le mélange prend une
température de 50 degrés.

Nous pouvons donc définir d'une manière générale *la calorie : la
quantité de chaleur nécessaire pour élever de 1 degré la température
d'un kilogramme d'eau.*

Tous les corps solides, liquides et gazeux, pourvu qu'ils ne changent
pas d'état, présentent cette même constance de la quantité de chaleur nécessaire pour les échauffer de 1°, quelle que soit leur température initiale ; nous
ne tenons pas compte ici des légers écarts dont il sera parlé plus loin.
Ainsi, le mercure à l'état solide exige, pour s'échauffer de 1 degré, une
certaine quantité de chaleur, toujours la même, que la température monte
de — 100° à — 99° ou de — 41° à — 40° ; si le mercure est liquide, il lui
faut, pour élever sa température de 1°, une quantité de chaleur différente de
la première, mais constante dans toute l'échelle thermométrique ; enfin
la quantité de chaleur qui échauffe de 1 degré la vapeur de mercure est
encore autre, et néanmoins invariable.

259. Ce qu'on entend par chaleur spécifique. — Nous avons déjà fait remarquer, quand il s'est agi de choisir une unité de chaleur (cf. § 258), qu'il
faut des quantités de chaleur très différentes pour échauffer d'un même
nombre de degrés des masses égales de différents corps. C'est là un fait que
nous apprend l'observation.

Supposons, en effet, qu'à 1 kilogramme d'eau à 0°, nous ajoutions son
poids d'eau à 100° ; le mélange prendra une température de 50° ; si nous voulons élever 1 kilogramme d'alcool à 0° à la même température de 50°, nous
n'aurons besoin que de 0^{kg},614 d'eau à 100° ; enfin, pour obtenir le même
résultat avec du mercure, il suffira de 0^{kg},033 d'eau bouillante. Ainsi, pour
échauffer de 50° la même masse d'eau, d'alcool et de mercure, il aura fallu
des quantités de chaleur respectivement égales à 1 calorie, 0°,614, et 0°,033.
Autre exemple : 1 kilogramme de fer à 100°, plongé dans le même poids
d'eau à 0°, produit une température commune de 10° ; si, au lieu de fer, on
immerge du plomb à 100°, la température finale n'est que de 3°. Voilà, par
conséquent, des poids égaux de fer et de plomb qui, tout en étant à la même
température de 100°, renfermaient des quantités de chaleur différentes, puisque le fer, après avoir cédé 10 calories à l'eau, se trouve encore à la température de 10°, tandis que le plomb, qui n'a perdu que 3 calories, est descendu à 3°.

On appelle *chaleur spécifique* ou *capacité calorifique* d'un corps, la
quantité de chaleur nécessaire pour élever de 1° la température d'un kilogramme de ce corps, en supposant qu'il ne change pas d'état.

259ª. Chaleur spécifique des solides, des liquides et des gaz. — Nous avons
réuni dans le tableau suivant les chaleurs spécifiques d'un certain nombre
de corps, d'après les recherches de divers observateurs ; elles sont toutes
rapportées à celles de l'eau prise pour unité et représentent par conséquent
des calories.

SUBSTANCES	CHALEURS SPÉCIFIQUES		
	A L'ÉTAT SOLIDE	A L'ÉTAT LIQUIDE	A L'ÉTAT GAZEUX
Eau.	0,5040	1,0000	0,4750
[*Lait* (Dalton)].	. . .	0,9500	
[*Sang artériel et veineux* (J. Davy)]. . .	. . .	0,9000	
[*Corps humain* (Liebermeister)].	0,8300		
Charbon animal.	0,2608		
Charbon de bois.	0,2415		
Graphite.	0,2018		
Diamant	0,1468		
Mercure.	0,0319	0,0333	
Alcool éthylique.	. . .	0,6148	0,4534
Alcool méthylique.	. . .	0,6009	. . .
Sulfure de carbone.	. . .	0,2206	0,1575
Acier.	0,1156		
Fer.	0,1098		.
Zinc.	0,0927		
Argent.	0,0559		
Étain.	0,0562	0,0637	
Plomb.	0,0314	0,0402	
Air.	. . .	. . .	0,2374
Oxygène.	. . .	. . .	0,2175
Acide carbonique.	. . .	. . .	0,2024
Protoxyde d'azote.	. . .	. . .	0,2327
Azote.	. . .	. . .	0,2428
Oxyde de carbone.	. . .	. . .	0,2450
Hydrogène.	. . .	. . .	0.4090

On voit, par les nombres inscrits dans ce tableau, que les corps qui peuvent être obtenus sous plusieurs états possèdent la chaleur spécifique la plus grande à l'état liquide. On remarque, en outre, que de toutes les substances connues, c'est l'eau à l'état liquide qui a la chaleur spécifique la plus forte.

260. Représentation graphique de la relation qui existe entre les variations de température et les quantités de chaleur ajoutées. — Nous avons représenté graphiquement dans la figure 348 les variations de température que font éprouver à un corps des additions suc-

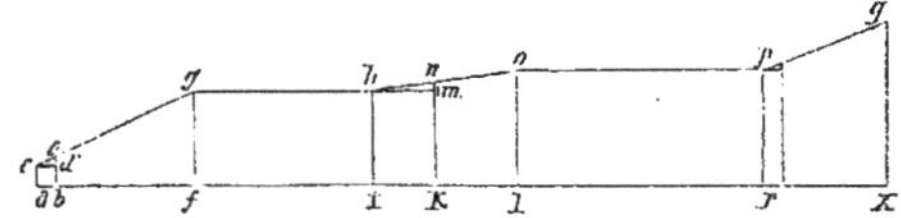

Fig. 348 — Courbe des températures en fonction de la chaleur dans les trois états.

cessives de chaleur. Les abscisses ab, af, ai, ak, etc., mesurent les quantités de chaleur et les ordonnées les températures correspondantes. Considérons la température initiale ac pour laquelle le corps est à l'état solide; ajoutons une quantité de chaleur égale à ab et soit be la température correspondante, plus grande que la précédente de la longueur de ; si nous supposons que de représente 1 degré, ab sera la chaleur spécifique du corps à l'état solide. Comme d'ailleurs la température croît proportionnellement à la quantité de chaleur ajoutée, tant que le corps ne change pas d'état, la marche de la température sera figurée par une d roite cg, faisant avec l'axe des abscisses $a X$ un angle d'autant plus grand que la chaleur spécifique mesurée par ab est plus petite. La température fg correspondant au point de fusion, toute nouvelle quantité de chaleur qu'on ajoute passe à l'état latent jusqu'à ce que la totalité de la substance soit fondue; dans cet intervalle, la ligne des ordonnées gh court donc parallèlement à l'axe des abscisses, et la portion fi de cet axe mesurera la chaleur latente de fusion. A partir du point i, la température s'élève de nouveau et en raison directe de la chaleur ajoutée, de sorte que la ligne des ordonnées ho est une droite inclinée sur l'axe des abscisses; mais comme l'état liquide possède une chaleur spécifique plus grande que l'état solide, et que par suite l'accroissement de température $mn = ed$, qui représente 1°, correspond à une augmentation de chaleur ik plus grande que ab, il en résulte que la ligne des ordonnées fait avec l'axe des abscisses un angle plus petit que précédemment. De l en P le liquide se vaporise et la longueur lP de l'axe des abscisses, auquel la droite op reste parallèle, représente la chaleur latente de vaporisation. La chaleur spécifique diminue de nouveau quand le corps se trouve à l'état gazeux, en sorte que la ligne des températures pq s'élève plus rapidement qu'elle ne le faisait dans l'intervalle correspondant à l'état liquide; pour l'eau, par exemple, pq est presque parallèle à cg.

Si nous comparons maintenant cette ligne brisée $cghopq$ à celle de la figure 343, qui représente la marche de la dilatation en fonction de la température, nous remarquons que la température croît d'une manière continue tant que le volume augmente, mais que les lignes gh et op qui restent parallèles à l'axe des abscisses et qui, par suite, indiquent une température stationnaire, répondent aux points de dilatation brusque de la figure 343. Les deux courbes dont il s'agit offrent encore un autre trait de ressemblance: aussi longtemps que les températures et les dilatations croissent d'une manière continue, ces quantités varient toutes deux en raison directe des intensités des causes dont elles dérivent ; ainsi la dilatation est proportionnelle à l'élévation de la température, et cette dernière à la chaleur ajoutée.

261. Dérogation aux lois de la dilatation et de la température dans les corps solides, liquides et gazeux. — Nous avons vu (§§ 243 et suiv.) que la loi de proportionnalité de la dilatation à la température n'est vraie qu'approximativement. Si nous prenons pour terme de comparaison la dilatation des gaz, nous remarquons dans les hautes températures un accroissement de la dilatation des solides et des liquides. Des écarts analogues s'observent dans l'élévation de la température, à mesure que les additions de chaleur deviennent plus considérables; la chaleur spécifique des solides, de même que celle des liquides, augmente en général avec l'élévation de la température. L'eau est la substance dont la chaleur spécifique varie le moins ; d'après les recherches précises de Regnault, l'augmentation ne serait que de 1 à 1,005, dans l'intervalle de 0° à 100 degrés.

Portons les températures sur l'axe des abscisses ad (fig. 349) et donnons aux ordonnées des longueurs respectivement proportionnelles, d'une part, aux dilatations, de l'autre, aux quantités de chaleur correspondantes; nous obtenons ainsi sur la même figure la courbe des dilatations AA et la courbe des chaleurs spécifiques SS, et on voit que les deux courbes

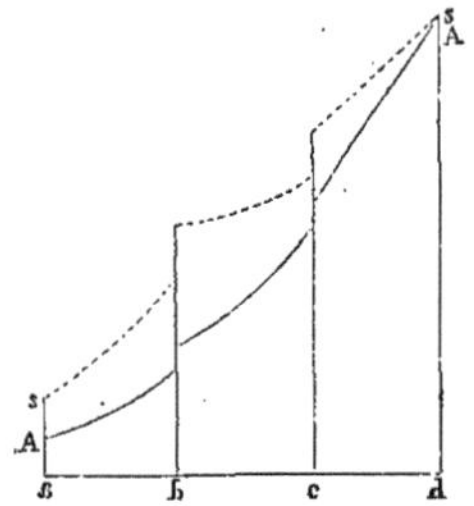

FIG. 349. — Parallèle entre la courbe des dilatations et celle des chaleurs spécifiques SS.

offrent entre elles une certaine analogie de forme. Elles diffèrent l'une de l'autre en ce que de a en b pour l'état solide, la courbe SS s'élève plus rapidement que la courbe AA, tandis que cette dernière présente une pente plus forte de b en c pour l'état liquide.

262. Chaleur spécifique des gaz à pression constante et à volume constant. — La chaleur spécifique des gaz demande une étude particulière. Les gaz se distinguent des liquides et des solides en ce que leur état dépend non seulement de la température, mais aussi à un haut degré de la pression qu'ils supportent. Les nombres inscrits dans le tableau de la page 588 représentent les chaleurs spécifiques des gaz calculées, comme pour les solides et les liquides, par rapport à l'unité de poids. Regnault a trouvé que la chaleur spécifique ainsi déterminée est la même à toutes les pressions, à condition toutefois que la pression reste parfaitement constante pendant qu'on échauffe le gaz, c'est-à-dire qu'on permette au gaz de se dilater, autant que l'exige la température à laquelle il est porté. La chaleur spécifique obtenue de cette manière s'appelle *chaleur spécifique à pression constante.*

Supposons, au contraire, qu'on empêche le gaz de se dilater et qu'on le force ainsi à garder un volume constant. Vient-on à déterminer la quantité de chaleur nécessaire dans ces conditions, pour élever de 1° la température d'un certain poids du gaz, la force élastique du fluide, et, par suite, la pression à laquelle il est soumis, croissent dans le même rapport que celui suivant lequel augmenterait le volume si la dilatation pouvait s'effectuer librement ; on constate que la *chaleur spécifique à volume constant* et à pression variable est toujours plus petite que la chaleur spécifique à *pression constante* et à volume variable. C'est ainsi que pour l'air la valeur de la première est environ les $2/3$ de celle de la seconde ; la capacité calorifique des autres gaz présente une diminution semblable. La cause de cette différence entre les deux chaleurs spécifiques provient d'une différence des travaux accomplis dans les deux cas ; nous en donnerons l'explication plus loin (cf. § 281).

263. Relation entre la chaleur spécifique et le poids atomique des corps. — Dulong et Petit ont découvert entre les chaleurs spécifiques et les poids atomiques de la plupart des corps chimiquement simples la relation suivante : *les chaleurs spécifiques des corps simples sont en raison inverse de leurs poids atomiques*. On peut encore énoncer cette loi en disant que *les poids atomiques des corps simples possèdent la même capacité pour la chaleur.*

Sous sa première forme, la loi de Dulong et Petit, traduite en langage algébrique, nous donne, en effet :

$$C = \frac{c}{P},$$

équation, dans laquelle c représente une constante et C la chaleur spécifique d'un corps dont le poids atomique est P. Nous en tirons $PC = c$, formule qui montre que, si on multiplie le poids atomique P d'un corps par la chaleur spécifique C, le produit PC est un nombre constant. Ce nombre est égal en moyenne à $6,4$, quand on rapporte les poids atomiques à celui de l'hydrogène pris comme unité.

Le carbone, le bore et le silicium font seuls exception à la loi précédente. Prenons pour exemple le carbone ; le produit de son poids atomique par sa chaleur spécifique a une valeur qui diffère peu de la moitié du nombre $6,4$; mais, fait plus singulier, on obtient des résultats tout différents, suivant l'état allotropique du carbone qui sert à déterminer la chaleur spécifique ;

ainsi, calculé d'après la chaleur spécifique du diamant (0,147), le produit
PC est égal à 1,764.

Il résulte des recherches de M. Neumann et de Regnault, que la loi de
Dulong et Petit s'applique aussi aux corps composés de même composition atomique et de constitution chimique semblable. Toutefois, comme
Regnault l'a démontré, la constance du produit P C n'est rigoureusement
vraie, ni pour les corps composés, ni pour les corps simples. C'est ce qu'on
peut déjà conclure de ce fait que la chaleur spécifique n'est pas parfaitement
constante (cf. § 261) : le produit PC éprouve en conséquence des variations
de même sens que celles qui affectent la chaleur spécifique. La loi de Dulong
et Petit est encore moins exacte pour les corps à l'état gazeux. Les gaz
permanents la suivent avec une approximation suffisante; mais les vapeurs
faciles à condenser, telles que celles de brome, d'iode, s'en écartent plus
ou moins.

On sait que les poids atomiques des divers gaz occupent le même volume ;
il s'ensuit que dans les limites où la loi des chaleurs spécifiques des atomes
est vraie, les capacités calorifiques des gaz sont égales entre elles. Dans la
théorie atomique adoptée par les chimistes, on admet que le poids atomique
représente le poids relatif de l'atome. Si cette hypothèse est conforme
à la réalité, la loi de Dulong et Petit signifie que les *atomes de tous les
corps simples possèdent la même chaleur spécifique.* Quant aux anomalies observées, elles doivent être attribuées à des modifications d'ordre
physique survenues dans les corps, modifications qui troublent le rapport
naturel entre la chaleur spécifique et la constitution chimique. Nous
trouverions peut-être des chaleurs spécifiques parfaitement égales pour
tous les atomes, s'il nous était possible d'obtenir tous les corps dans le
même état moléculaire.

CHAPITRE III *(bis)*

CHALEUR LATENTE

264. Ce qu'on entend par chaleur latente. — Le changement d'état d'un corps
est toujours accompagné d'une variation quantitative de chaleur. Lorsqu'un solide passe à l'état liquide, ou qu'un liquide se vaporise, de la
chaleur disparaît et devient *latente*, c'est-à-dire qu'elle n'est plus sensible
au thermomètre; inversement, lorsqu'un gaz se liquéfie ou qu'un liquide
passe à l'état solide, de la chaleur est mise en liberté.

La quantité de calorique qui devient ainsi libre ou latente, suivant le cas,
est constante pour un même corps et pour un même changement d'état ;
un corps, en passant de l'état liquide à l'état solide, dégage autant de chaleur
qu'il en absorbe pour passer de l'état solide à l'état liquide ; de même, la
condensation d'un gaz met en liberté une quantité de calorique égale à celle
que cette même substance à l'état liquide absorbe pour se vaporiser. On
peut formuler de la manière suivante la loi qui régit ces variations de cha-

leur : tout corps qui fond ou qui se vaporise, absorbe et rend latente une quantité de chaleur précisément égale à celle qu'il met en liberté quand il revient à son premier état.

265. Cause de la fixité de la température pendant les changements d'état. — Cette transformation de la chaleur libre en chaleur latente nous explique le fait signalé précédemment (cf. § 249ᵃ), à savoir que la température d'un corps qui change d'état ne varie pas pendant toute la durée de la fusion ou de l'ébullition. Prenons, par exemple, de la glace à 0° et chauffons-la : une partie de cette glace fondra ; la chaleur qui a été ajoutée pour opérer ce changement d'état deviendra latente, et le mélange d'eau et de glace restera à la température de zéro. Si nous continuons à chauffer, une nouvelle portion de glace se fondra et la chaleur consommée pour cette fusion ne sera pas non plus sensible au thermomètre. Aussi, malgré l'addition continuelle de chaleur, la température ne pourra-t-elle s'élever au-dessus de 0° que lorsque toute la glace aura été convertie en eau. Le même phénomène s'observe dans la fusion des métaux et en général de tous les corps.

Dès que ce premier changement d'état est entièrement accompli, la température augmente jusqu'au point d'ébullition ; arrivée à ce degré et quelque quantité de chaleur qu'on ajoute, la température reste stationnaire jusqu'à ce que tout le liquide ait passé à l'état gazeux. L'eau étant à 100°, si on la chauffe, le calorique ajouté passe à l'état latent et sert à vaporiser une partie du liquide ; c'est seulement lorsque toute l'eau est convertie en vapeur que la chaleur qu'on y ajoute fait monter la température par l'addition de nouvelles quantités de chaleur.

La même série de phénomènes se reproduit dans l'ordre inverse, quand on soustrait du calorique à un gaz ; ce dernier commence par se liquéfier et, le froid continuant à augmenter, le liquide passe à l'état solide. Dans ce cas, on observe aussi que le passage d'un état à un autre demande un certain temps, et que pendant toute la durée de cette transformation, la température reste stationnaire. Le fait mentionné au § 249ᵇ, que l'eau refroidie au-dessous de 0° se congèle subitement quand on l'agite, et qu'au moment de la solidification, la température remonte à 0°, s'explique par la mise en liberté de la chaleur latente.

[**266. Application de la chaleur dégagée par la condensation de la vapeur d'eau au chauffage des appartements.** — La grande quantité de chaleur mise en liberté par la condensation de la vapeur d'eau a été utilisée pour le chauffage des appartements.

Un *calorifère à vapeur* comprend trois parties : une chaudière renfermant de l'eau et placée au-dessus d'un foyer de chaleur ; la vapeur prend naissance dans la chaudière, et des tuyaux de conduite la distribuent dans des récipients à large surface où elle se condense en abandonnant la chaleur qu'elle avait absorbée pour passer à l'état gazeux. Les récipients sont placés dans les pièces qu'il s'agit de chauffer. La vapeur est ainsi employée à transporter la chaleur].

266ᵃ. Chaleur latente de différentes substances. — On a trouvé que la quantité de chaleur nécessaire pour convertir 1 kilogramme de glace ou de neige à 0° en 1 kilogramme d'eau à 0° est de 79,25 calories. Ainsi, pour transformer 1 kilogramme de glace à 0° en 1 kilogramme d'eau à 0°, il faut autant

de chaleur que pour élever de 0° à 1 degré la température de 79,25 kilogrammes d'eau; c'est ce que l'on exprime en disant que la *chaleur latente
de fusion* de la glace est égale à 79,25 calories. De même que chaque
kilogramme de glace, en fondant, absorbe 79,25 unités de chaleur qui
deviennent insensibles au thermomètre, de même l'eau, en se congelant,
met en liberté 79,25 calories. Quand on compare les chaleurs latentes de
diverses substances liquides ou gazeuses, on remarque entre elles des
différences notables. Dans le tableau suivant, nous avons réuni quelques
nombres qui mettent ce fait en évidence.

La *chaleur latente de vaporisation* de l'eau a été trouvée égale à 537 calories, c'est-à-dire que, lorsque 1 kilogramme d'eau se vaporise, 537 unités
de chaleur passent à l'état latent, et quand 1 kilogramme de vapeur se change
en eau, 537 unités de chaleur deviennent libres.

NOMS DES SUBSTANCES	CHALEUR LATENTE DE FUSION	CHALEUR LATENTE DE VAPORISATION
Eau.	79,25	537
Mercure.	2,83	
Plomb.	5,37	
Étain.	14,25	
Argent.	21,07	
Zinc.	28,13	
Alcool éthylique.	. . . . .	209
Éther éthylique.	. . . . .	90
Essence de térébenthine. . .	. . . . .	70

266ᵇ. Chaleur latente de vaporisation par changement de pression. — La chaleur
latente conserve la même valeur, quel que soit le moyen employé pour produire le changement d'état du corps considéré. Lorsque, par exemple,
la vapeur d'eau est liquéfiée au moyen de la pompe.à compression (§ 100),
on trouve qu'elle dégage autant de chaleur qu'il faudrait lui en enlever
pour la ramener à l'état liquide sans la comprimer. [Diminue-t-on, au contraire, la pression, l'eau s'évapore et prend à elle-même la chaleur nécessaire pour passer à l'état de vapeur; il en résulte une production de froid
qui peut être assez intense pour congeler l'eau non évaporée.]

266ᶜ. Chaleur latente de dissolution des solides. — Il y a également absorption
de chaleur quand un sel se dissout dans l'eau. D'après les recherches de
M. Person, la quantité de chaleur nécessaire pour la dissolution d'un
certain poids de sel diminue avec la concentration de la liqueur. On
explique ce fait de la manière suivante : la dissolution d'un sel comprend
deux phases ; le sel passe d'abord à l'état liquide, puis il se diffuse dans
l'eau; la chaleur qui devient latente par le fait du changement d'état est
évidemment proportionnelle à la quantité du sel dissous; quant à la chaleur absorbée par la diffusion du sel, elle augmente avec la quantité du
dissolvant. La diminution de température qui a lieu chaque fois qu'on étend
une solution concentrée, prouve que le fait seul de la diffusion d'une solution saline dans l'eau absorbe de la chaleur.

266ᵈ. Mélanges réfrigérants. — On utilise l'absorption de la chaleur par dissolution des sels dans l'eau pour produire artificiellement du froid. Les mélanges de glace ou de neige, avec des sels solubles sont surtout propres à cet usage, car, dans ces *mélanges réfrigérants* deux causes interviennent pour abaisser la température : la fusion de la glace et la dissolution du sel. Ainsi, en mêlant du chlorure de sodium à de la neige, on obtient un froid de 20° au-dessous de zéro. [A défaut de neige ou de glace, on peut composer des mélanges réfrigérants avec certains sels et de l'eau pure ou additionnée d'acides.]

Le médecin se trouve assez souvent dans le cas de recourir à l'application du froid pour combattre une inflammation, pour arrêter l'écoulement du sang, pour calmer la douleur ou pour abolir localement la sensibilité, etc. ; s'il n'a pas de glace sous la main, il y suppléera par l'emploi d'un mélange réfrigérant, en se rappelant toutefois qu'il ne doit pas appliquer un froid par trop intense, sous peine de gangrener les tissus. Nous donnons ici les formules de quelques mélanges réfrigérants faciles à préparer :

NOMS DES SUBSTANCES	PROPORTIONS	ABAISSEMENT DE TEMPÉRATURE
Neige ou glace pilée.	2 parties	
Sel marin.	1 —	+ 10° à — 20°
Chlorure de calcium cristallisé.	3 parties	
Neige ou glace pilée.	2 —	— 20° à — 55°
Eau.	1 partie	
Nitrate de potasse.	1 —	+ 10° à — 16°
Sulfate de soude cristallisé.	3 parties	
Acide nitrique.	2 —	+ 10° à — 19°
Sulfate de soude cristallisé.	8 parties	
Acide chlorhydrique.	5 —	+ 10° à — 17°
Nitrate d'ammoniaque.	1 partie	
Eau.	1 —	+ 10° à — 16°
Phosphate de soude.	9 parties	
Acide nitrique tendu.	4 —	+ 10° à — 29°

267. Liquéfaction des gaz. Froid produit par l'évaporation des gaz liquéfiés. — Quand on veut produire un froid très intense, on a recours à l'évaporation des gaz liquéfiés. L'acide carbonique se liquéfie à 0° sous une pression de 38 atmosphères environ. Abandonné à l'air, le liquide ainsi obtenu se vaporise très rapidement, et le froid produit est tel qu'une partie de la substance se congèle. Cet acide carbonique solide se trouve à la température de — 70°; en y ajoutant de l'éther et en plaçant le mélange sous le récipient de la machine pneumatique, on peut faire descendre la température au-dessous de — 100°.

Le froid intense produit par la vaporisation d'un mélange d'acide carbonique solide et d'éther a permis à Faraday de liquéfier et de solidifier des gaz encore plus difficilement coercibles, comme, par exemple, le gaz ammoniac, l'acide sulfureux, le protoxyde d'azote, etc. Nous indiquons ci-dessous les points de fusion des plus importants de ces gaz, sous la pression ordinaire :

Acide carbonique. . . . — 58° | Acide sulfureux. . . . . . — 76°
Gaz ammoniac. . . . . . — 75° | Acide sulfhydrique. . . . — 86°
                    Protoxyde d'azote. . . . . . . — 105°

En approchant du point où ils passent à l'état liquide, ces gaz et quelques autres (gaz
oléifiant, gaz acide chlorhydrique), présentent les mêmes écarts que les vapeurs, relativement aux lois de Mariotte et de Gay-Lussac.

[[C'est en permettant aux gaz soumis à une pression de 300 atmosphères et
au froid intense d'un mélange d'acide carbonique solide et d'acide sulfureux
liquide de se détendre brusquement, que deux physiciens, l'un français,
M. Cailletet, et l'autre suisse, M. Raoul Pictet, ont pu liquéfier les derniers
gaz réputés permanents. Le premier obtenait l'acétylène liquide dès le mois
de novembre 1877, et M. Pictet liquéfiait l'oxygène le 22 décembre; deux
jours après, M. Cailletet annonçait à l'Académie des sciences qu'il avait obtenu l'oxyde de carbone à l'état liquide, et avant la fin de l'année, l'azote,
l'air, l'hydrogène et le bioxyde d'azote subissaient le même changement
d'état; il ne restait plus un seul gaz permanent.]]

[[**267ᵃ. Continuité de l'état liquide et de l'état gazeux.** — Lorsqu'un gaz passe à
l'état liquide, il éprouve ordinairement une diminution brusque de volume
qui permet de saisir l'instant précis du changement d'état. Cependant, le
phénomène ne présente pas toujours cette particularité. En produisant la
liquéfaction de l'acide carbonique à des températures croissantes, le physicien anglais Andrews a observé que la chute brusque de volume devenait
de moins en moins apparente. Lorsque la température devient supérieure à
30° 92, on peut, en comprimant le gaz de plus en plus, en réduire le volume
à ce qu'il serait si le changement d'état s'était produit; mais, à aucun moment de l'expérience, on ne saisit le moindre indice du passage à l'état
liquide. Laisse-t-on alors la température s'abaisser au-dessous de 30° 92, on
ne constate pas davantage la moindre modification dans la masse de l'acide
carbonique, et, cependant, le changement d'état s'est produit dans la seconde
moitié de l'expérience. En effet, une diminution de pression ne provoque
rien de particulier au-dessus de 30° 92, tandis qu'au-dessous de ce *point
critique* (Andrews), elle est accompagnée d'un phénomène d'ébullition,
preuve manifeste de l'existence d'un liquide. Le point critique est donc la
température à partir de laquelle la pression seule ne peut faire passer le gaz
à l'état liquide, ou à partir de laquelle le liquide ne peut exister en même
temps que le gaz auquel il donne naissance. Ces phénomènes sont d'ailleurs
généraux et ont été observés sur le protoxyde d'azote, l'ammoniaque, l'éther
sulfurique, etc. Pour quelques-uns de ces corps, le point critique est au-
dessus de 100°.

M. Andrews a déduit de là, pour les gaz et les vapeurs, des caractères
différentiels plus scientifiques que ceux que l'on donnait avant lui. Beaucoup de propriétés des vapeurs dépendant de la présence simultanée du liquide
générateur, un fluide aériforme serait appelé gaz ou vapeur, selon qu'il serait
considéré à une température supérieure ou inférieure à celle de son point
critique.]]

267ᵇ. Appareil Carré pour la fabrication de la glace. — [[M. Carré a imaginé un
appareil destiné à la fabrication de la glace et fondé sur le froid produi

par l'évaporation de l'ammoniaque. Cet appareil comprend : 1° une chaudière cylindrique A (fig. 350) renfermant une solution très concentrée d'ammoniaque ; 2° un vase B ayant la forme d'un cône creux à double enveloppe et constituant le *congélateur*. Un tube EE' sert à établir la communication entre ces deux pièces.

Pour se servir de cet appareil, il faut commencer par chasser le gaz ammoniac de l'eau dans laquelle il est dissous, et par le condenser dans le congélateur. On obtient ce résultat, en chauffant la chaudière, pendant que le vase B est plongé dans l'eau froide : le gaz ammoniac se dégage de l'eau et se rend

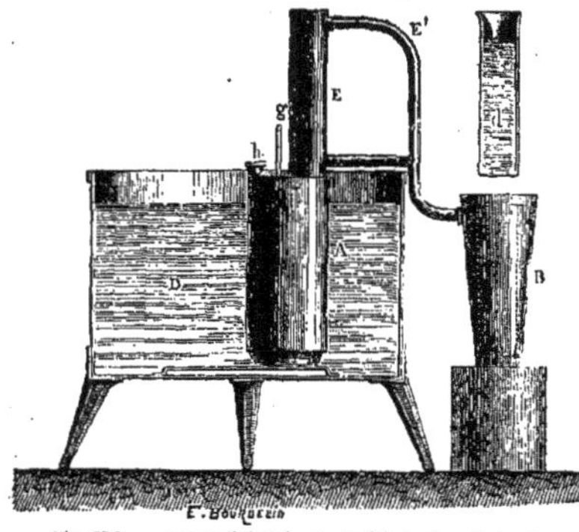

Fig. 350. — Appareil Carré pour la fabrication de la glace.

dans le congélateur, où il se liquéfie par sa propre pression. L'appareil est alors prêt à fonctionner. On retire le congélateur de l'eau froide pour y mettre à sa place la chaudière : l'ammoniaque liquéfiée distille en sens inverse et repasse dans la chaudière, où elle se dissout de nouveau dans l'eau. La chaleur absorbée à l'état latent par la vapeur qui prend naissance est si considérable, qu'en introduisant dans le congélateur un vase cylindrique *d* rempli d'eau, celle-ci se congèle assez rapidement.]

[267ᶜ. Appareil de Richardson pour l'anesthésie locale. — Le froid produit par l'évaporation rapide de l'éther ou d'autres liquides très volatils a été utilisé en chirurgie, pour obtenir l'insensibilité locale des tissus sur lesquels on a à pratiquer des opérations douloureuses.

M. Richardson a imaginé dans ce but un appareil, à l'aide duquel l'éther est projeté à l'état d'extrême division sur les parties à anesthésier. Cet appareil se compose de trois parties ; 1° un

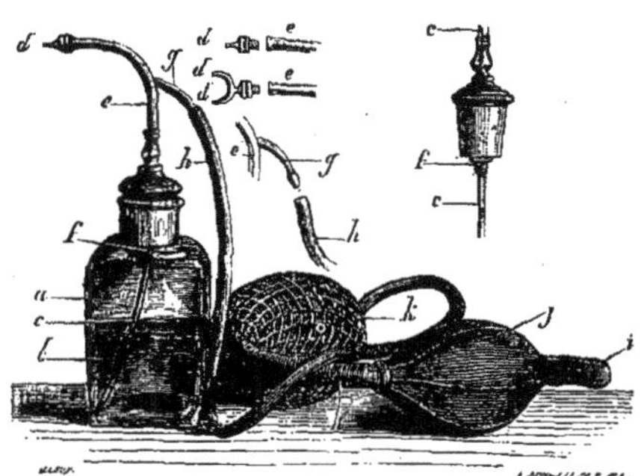

Fig. 351. — Appareil de Richardson pour l'anesthésie locale emprunté au *Traité de médecine opératoire*, de MM. Sédillot et Legouest, 4ᵉ édit. 1870.

flacon *a* (fig. 351) qu'on remplit à moitié d'éther pur *b* ; 2° un tube métal-

lique *ced*, à double enveloppe concentrique, représentant deux tubes, placés
l'un dans l'autre, entre lesquels existe un espace libre ; le tube intérieur plonge
dans l'éther, l'extérieur n'atteint pas la surface du liquide et s'arrête en *f*; tous
les deux sont coudés et terminés en pointe à leur extrémité supérieure *d*, le
plus extérieur dépassant l'autre d'environ 1 centimètre ; ce double tube traverse un bouchon qui ferme hermétiquement le flacon ; 3° un système de deux
poires en caoutchouc *j* et *k*, reliées entre elles par un tube *h* de même substance.
L'une d'elles porte une ouverture *i* munie d'une soupape qui s'ouvre de
dehors en dedans. Cette poire, alternativement comprimée avec la main et
abandonnée à elle-même, fait l'office de soufflet et lance un courant d'air
dans la seconde poire *k*, qui agit, comme chambre à air, pour régulariser
et rendre continu l'écoulement du gaz ; de là, par l'intermédiaire d'un tube
de caoutchouc qui s'adapte à une tubulure latérale *g* du tube métallique,
l'air pénètre dans le flacon et y augmente la pression extérieure. Sous l'influence de cet excès de pression, l'éther monte dans le tube intérieur, pendant que l'air s'écoule à l'extérieur par l'espace ménagé entre les deux
enveloppes concentriques. Il résulte de cette disposition que le jet de liquide
anesthésique est enveloppé à sa sortie par un courant de gaz qui le *pulvé-
rise*, c'est-à-dire le réduit en gouttelettes d'une ténuité extrême. L'éther
est ainsi projeté sous forme de nuage sur les parties qu'on veut anesthésier
et s'évapore très rapidement, d'où production de froid et consécutivement
perte de la sensibilité.

A défaut de l'appareil de Richardson, on peut faire servir au même usage
un des nombreux instruments qui ont été imaginés dans ces derniers temps
pour *pulvériser* les liquides (*pulvérisateurs* de Siegle, de Luër, de Ga-
lante, etc.). L'appareil à anesthésie locale de Stapfer ne diffère de celui de
Richardson que par la substitution au tube à double enveloppe d'un dispositif
analogue à celui qui existe dans le *pulvérisateur de Siegle :* l'air et le
liquide s'écoulent par deux tubes entièrement isolés et agencés de telle sorte,
que le courant gazeux affleure l'extrémité du tube qui donne issue à l'éther.]

[Bibliographie : Foubert, *De l'anesthésie locale* (Dissert. inaug.). Paris, 1854.
Richardson, On a new and ready mode of producing local anœsthesia *(Medic. Times and Gazette*,
    3 février 1866, p. 115).
Perrin, article : Anesthésie chirurgicale *(Dictionnaire encyclopéd. des sciences médic.*,
    1866, t. IV, p. 483).
Stapfer, Nouvel appareil pour l'anesthésie locale *(Bulletin de l'Acad. de méd.*, 5 février 1867,
    t. XXXII. p. 425).
Jeannel, *Formulaire international.* Paris, 1870, sect. X (Anesthésiques), p. 397).]
Nouveau Dictionnaire de médecine et de chirurgie pratiques, art. Pulvérisation, tome XXX'
    page 153, fig. et descrip. d'appar.

267ᵈ. Relation entre la chaleur spécifique et la chaleur latente. — La différence
de valeur que présente la chaleur spécifique d'un gaz, suivant qu'on la
mesure sans pression constante ou sous volume constant (cf. § 262),
s'explique si l'on étend aux simples variations de volume les phénomènes
qui accompagnent les changements d'état. Nous avons vu que, lors de
la fusion ou de la vaporisation des corps, il disparaît de la chaleur,
qui devient latente. Le passage d'un corps solide à l'état liquide ou d'un
liquide à l'état gazeux étant accompagné d'une augmentation de volume,
il est clair que la chaleur disparue a servi à accroître les distances qui

séparent entre elles les molécules de la matière et à produire le changement d'état. Par contre, quand un corps passe de l'état gazeux à l'état liquide ou de l'état liquide à l'état solide, l'écartement de ses molécules diminue et la chaleur latente redevient libre. A mesure donc qu'on ajoute ou qu'on enlève de la chaleur à un corps, son volume et, par suite, la distance de ses molécules varient continuellement, s'il n'y a pas de causes extérieures qui mettent obstacle à ce mouvement d'expansion. Un gaz, par exemple, absorbera, en se dilatant, une certaine quantité de chaleur qu'il mettra de nouveau en liberté, quand on le ramènera à son volume primitif. On rend ce fait manifeste en comprimant de l'air à l'aide d'une machine de compression : il se produit un dégagement de chaleur qu'on peut constater avec un thermomètre; vient-on ensuite à donner issue au gaz de manière à faire cesser rapidement sa compression, l'air se refroidit notablement.

Si nous appliquons ces données à la chaleur spécifique des gaz, nous verrons que la capacité calorifique à pression constante doit être plus grande que la chaleur spécifique à volume constant. Car, si on permet au gaz de se dilater autant que l'exige la chaleur ajoutée, une certaine quantité de calorique sera employée à effectuer le travail de la dilatation ; il faut donc plus de chaleur pour élever de $1°$ la température d'un gaz, quand le volume varie, que lorsqu'il reste constant, et la quantité dont la chaleur spécifique à pression constante surpasse la chaleur spécifique à volume constant, représente exactement la chaleur nécessaire pour dilater le gaz.

La différence entre les deux espèces de chaleurs spécifiques nous fournit un des meilleurs moyens pour déterminer le travail mécanique équivalant à une quantité de chaleur donnée.

268. Chaleur dégagée dans les combinaisons. — Les variations qu'éprouve la quantité de chaleur contenue dans les corps, lors des changements d'état, nous ont appris que chaque substance retient une certaine quantité de calorique, dont une partie devient libre quand le corps passe de l'état gazeux à l'état liquide, et de ce dernier état à l'état solide. Mais les chaleurs latentes de vaporisation et de fusion représentent seulement la quantité de chaleur absorbée par les corps pour passer d'un état à un autre moins fixe; elles ne font pas connaître la quantité totale de chaleur qui est renfermée à l'état latent dans un corps et qu'on pourrait en dégager. Il est évident, en effet, que la matière, même à l'état solide, contient encore une certaine quantité de chaleur latente.

Une partie de la chaleur ainsi unie au corps, abstraction faite de celle qui produit les changements d'état directs, apparaît quand le corps considéré se combine avec un autre, ou qu'il se sépare d'une combinaison. On peut poser, en règle générale, qu'il y a *dégagement de chaleur toutes les fois que des corps simples se combinent entre eux ou que des composés peu stables passent à l'état de combinaisons plus stables, et qu'au contraire, de la chaleur devient latente toutes les fois que des corps se décomposent en leurs éléments ou qu'ils se transforment en composés moins stables.* La combinaison chimique agit donc de la même manière que les changements d'état *inverses* (passage de l'état gazeux à l'état liquide, ou de l'état liquide à l'état solide), et la décomposition agit dans le même sens que les changements d'état *directs*.

Les recherches des physiciens ont principalement porté sur la chaleur dégagée dans les combinaisons chimiques, et qu'on désigne sous le nom de *chaleur de combinaison*. Voici les principaux résultats auxquels on est arrivé :

Il faut remarquer tout d'abord que la quantité de chaleur qui devient latente par le fait de la décomposition d'un corps est évidemment égale à la chaleur mise en liberté pendant l'acte de la combinaison qui a produit ce composé.

Plus le composé qui prend naissance est stable, plus il y a de chaleur dégagée pendant la combinaison. Dans la formation des composés binaires, tels que les oxydes, les chlorures, les bromures, les iodures, etc., la chaleur qui devient libre est généralement très considérable ; il s'en dégage beaucoup moins quand un acide s'unit à une base pour former un sel. C'est ce qu'on peut vérifier immédiatement en jetant un coup d'œil sur les tableaux du paragraphe suivant.

Il peut aussi arriver que dans la formation des composés où la combinaison s'accompagne de décomposition, il y ait plus de chaleur rendue latente par la décomposition que de chaleur dégagée par la combinaison, de sorte qu'en somme l'effet résultant se traduit par une absorption de calorique.

C'est ainsi, par exemple, que la suroxydation de l'eau, quand on la transforme en peroxyde d'hydrogène (eau oxygénée), absorbe de la chaleur qui devient latente, tandis que la décomposition de ce corps en eau et en oxygène dégage de la chaleur ; cela est dû probablement à ce que les atomes d'hydrogène et d'oxygène sont moins intimement unis dans le peroxyde d'hydrogène que dans l'eau. Dans d'autres cas, le dégagement de chaleur est masqué par un changement d'état concomitant qui absorbe du calorique. La formation de l'acide iodhydrique, par exemple, s'accompagne de production de froid.

268ª. Équivalents calorifiques. — Favre et Silbermann, qui ont fait de nombreuses recherches sur la chaleur de combinaison, appellent *équivalent calorifique* d'un composé la quantité de chaleur dégagée par la combinaison de substances dans le rapport de leurs deux équivalents chimiques, ces équivalents étant rapportés à celui de l'hydrogène pris pour unité. Ainsi, l'équivalent calorifique de l'eau, qui a pour valeur 34.462 calories, représente la chaleur dégagée par la combinaison de 1 kilogramme d'hydrogène avec 8 kilogrammes d'oxygène ; l'équivalent calorifique du chlorure de potassium 100,960 est le nombre de calories mises en liberté par l'union de 39 kilogrammes de potassium avec 35^k 5 de chlore.

Le tableau suivant renferme les équivalents calorifiques de l'hydrogène et des métaux les plus usuels, relativement à un certain nombre de métalloïdes :

	OXYGÈNE	CHLORE	BROME	IODE	SOUFRE
Hydrogène.	34 462	83 237	9 322	— 3 606	2 741
Potassium.	. . .	100 960	90 188	77 268	45 638
Sodium. . . . ˙. .	. . .	94 847	. . .	. . .	. . .
Zinc.	42 431	50 296	. . .	. . .	20 940
Fer.	37 828	49 651	. . .	. . .	17 753
Cuivre.	21 885	27 524	. . .	. . .	9 133
Argent.	6 113	34 800	25 618	18 651	5 524

Le signe — qui précède l'équivalent calorifique de l'acide iodhydrique, signifie que la quantité de chaleur indiquée passe à l'état latent. Les nombres inscrits dans ce tableau confirment la proposition énoncée précédemment, à savoir que la chaleur produite par la combinaison est d'autant plus considérable que le composé qui prend naissance est plus stable. C'est ainsi que la formation des oxydes de fer et de cuivre, composés très stables, dégage bien plus de chaleur que la combinaison de l'argent avec l'oxygène; on sait que l'oxyde d'argent se décompose facilement. La chaleur dégagée pendant la formation de composés d'un ordre plus élevé apporte une nouvelle preuve en faveur de la proposition dont il s'agit. Dans un sel, tel que le sulfate de soude, l'affinité de l'acide sulfurique pour la soude est bien moindre que celle de l'oxygène pour le sodium dans l'oxyde de sodium. Aussi la formation de sels de cette nature dégage-t-elle relativement peu de chaleur. Nous avons réuni dans le tableau suivant la chaleur dégagée par la combinaison de 1 kilogramme de quelques bases avec des acides puissants :

BASES	ACIDE CHLORHYDRIQUE	ACIDE SULFURIQUE	ACIDE NITRIQUE
Ammoniaque.	520,6	565,0	526,7
Soude.	492,7	520,1	493,2
Potasse.	333,1	342,2	329,7
Protoxyde de fer.	273,1	306,7	248,4
Oxyde d'argent.	197,9	89,1	53,5

268[b]. Relation entre les équivalents calorifiques des corps simples. Module des métalloïdes. — Les valeurs qu'on trouve pour les équivalents calorifiques des corps, en évaluant soit la chaleur dégagée par leur combinaison, soit la chaleur absorbée par leur décomposition, ne donnent pas une mesure parfaitement exacte de la chaleur de combinaison. En effet, nous avons déjà fait remarquer que, pendant la formation de l'acide iodhydrique, il y a absorption et non dégagement de chaleur, parce que le changement d'état qui a lieu en même temps, produit un effet thermique inverse de celui qui résulte de l'affinité chimique. Des causes perturbatrices analogues interviennent dans la formation des autres composés. Si donc nous voulons mesurer la quantité de chaleur qui répond réellement à l'intensité de l'affinité des corps les uns pour les autres, nous devons les faire réagir dans des conditions où leur état physique soit sensiblement le même. Cela n'est possible que pour les combinaisons solubles ; après avoir dissous le corps, on le décompose et on mesure la chaleur absorbée. Il est évident que cette même quantité de chaleur se fût dégagée si le corps considéré avait pris naissance dans le sein de la solution.

En opérant de cette manière, Favre et Silbermann ont découvert que les métaux, dans leurs combinaisons avec les divers métalloïdes, possèdent des équivalents calorifiques qui diffèrent les uns des autres d'une quantité constante pour chaque métalloïde. Si nous désignons les équivalents calorifiques du potassium, du sodium, du zinc par rapport à l'oxygène par C_K, C_{Na}, C_Z, les équivalents calorifiques de ces mêmes métaux par rapport au chlore, seront

$$C_K + M_{Cl}, \ C_{Na} + M_{Cl}, \ C_Z + M_{Cl}$$

qu'on détermine expérimentalement.

De même les équivalents calorifiques de ces métaux par rapport au soufre seront $C_K + M_s$, $C_{Na} + M_s$, $C_Z + M_s$, etc., M_s désignant la con-

stante relative au soufre. Cette constante, propre à chaque métalloïde,
se nomme le *module du métalloïde*. Étant donnés les équivalents
calorifiques des métaux par rapport à l'oxygène, on peut ainsi calculer
leurs équivalents par rapport aux autres métalloïdes dont on connaît les
modules.

D'après Favre et Silbermann, les modules des principaux métalloïdes, rapportés à l'oxygène,
ont pour valeur :

Chlore. . . . . . . + 20 834	Iode. . . . . — 4 063
Brome. . . . . . . + 9 273	Soufre . . . . . . — 25 219

Voici, d'autre part, les équivalents calorifiques, relativement à l'oxygène, de quelques
métaux considérés à l'état de solution :

Potassium. 76 638	Zinc. 35 751
Sodium. 75 510	Fer. 32 551

Argent. 2 808

A l'aide de ces nombres et des modules, on peut calculer les équivalents calorifiques
des chlorures, des sulfures, etc. de ces métaux ; mais il est bien entendu que ces équivalents représentent la chaleur mise en liberté, quand les corps qui se combinent sont en
solution.

Dans le chapitre V, où il sera traité de l'origine de la chaleur, nous aurons à revenir sur la
chaleur dégagée par l'oxydation des corps, attendu que, sous le nom de *chaleur de combustion*, elle constitue la principale source calorique.

269. Des méthodes calorimétriques. — La mesure de la chaleur spécifique,
de la chaleur latente et de la chaleur de combinaison exige l'emploi de procédés d'une grande précision, car tout corps qu'on chauffe ou qu'on refroidit,
tend à se mettre en équilibre de température avec le milieu ambiant. Les
méthodes suivies dans ce genre de recherches sont appelées *méthodes calorimétriques*, et les instruments employés portent le nom de *calorimètres*.
Nous allons faire connaître les méthodes calorimétriques les plus usitées :

I. MÉTHODE DES MÉLANGES. — Un vase contenant de l'eau et soigneusement isolé au moyen de corps mauvais conducteurs de la chaleur, forme le
calorimètre ; un thermomètre très sensible plongé dans l'eau en donne la
température. Le corps dont on veut mesurer la chaleur spécifique est placé
dans une capsule que l'on porte dans une enceinte chauffée. Quand la température du corps est devenue stationnaire, on la détermine, puis on introduit rapidement le corps dans le calorimètre, et l'on agite l'eau, afin que
l'équilibre de température s'établisse promptement.

Soient p le poids du corps, T la température à laquelle il a été porté, q le
poids de l'eau contenue dans le vase et t la température initiale de l'eau.
Désignons par θ la température finale commune à l'eau et au corps. L'eau
s'est donc échauffée d'un nombre de degrés représenté par $\theta - t$, tandis
que le corps s'est refroidi de $T - \theta$ degrés. Par conséquent, la quantité de
chaleur gagnée par l'eau a pour mesure $q\,(\theta - t)$ calories, puisque nous
avons adopté pour calorie la quantité de chaleur qui élève de 1° la température d'un kilogramme d'eau. D'autre part, le corps en expérience a cédé
une quantité de chaleur représentée par $cp\,(T - \theta)$, en désignant par
c la chaleur spécifique du corps. Or, il est évident que la chaleur perdue par
le corps est égale à celle que gagne l'eau ; nous pouvons donc poser :

$$cp\,(T - \theta) = q\,(\theta - t)$$

d'où l'on tire :

$$c = \frac{q\,(\theta - t)}{p\,(\mathrm{T} - \theta)},$$

formule qui sert à calculer la chaleur spécifique du corps.

La même méthode peut être employée pour déterminer non seulement la chaleur spécifique des solides, mais encore la chaleur latente et la chaleur spécifique des gaz et des vapeurs. Seulement, dans ce dernier cas, il faut donner au calorimètre une disposition différente. Regnault a procédé de la manière suivante : le gaz traversait d'abord un long serpentin plongé dans un bain d'huile et prenait ainsi une température déterminée ; du serpentin, le gaz passait dans un calorimètre rempli d'eau à une température connue. Dans l'intérieur du calorimètre étaient disposées des cloisons en spirale qui forçaient le gaz à parcourir un long trajet avant de sortir ; cette disposition avait pour but de laisser au gaz le temps de se mettre en équilibre de température avec l'eau. C'est sur le même principe que repose le procédé employé par Dulong et, plus tard, par Favre et Silbermann, pour déterminer la chaleur de combustion des corps.

On a aussi recours à la méthode des mélanges pour déterminer les chaleurs latentes de fusion et de vaporisation. A cet effet, s'il s'agit de la chaleur latente de fusion, on plonge le corps dans un liquide dont la température est assez élevée pour le fondre ; s'il s'agit de la chaleur latente de vaporisation, on réduit le corps en vapeur que l'on condense ensuite dans un liquide dont la température est suffisamment basse. Dans les deux cas, on mesure la température finale du mélange. Les appareils à employer et les précautions à prendre sont tout à fait les mêmes ici que dans la mesure des chaleurs spécifiques.

Supposons, par exemple, qu'il s'agisse de déterminer la chaleur latente de fusion de la glace. Le calorimètre renferme une quantité q d'eau à la température t ; on y introduit un poids p de glace à 0°, et quand toute la glace est fondue, on mesure la température finale θ du mélange. Appelons λ la chaleur latente de fusion de la glace, c'est-à-dire la quantité de chaleur nécessaire pour fondre l'unité de poids de ce corps, sans en élever la température, $p\lambda$ sera la quantité de chaleur nécessaire pour opérer la fusion d'un poids p de glace ; et comme, en outre, la température a monté de 0° à 0°, la chaleur totale gagnée par la glace est $p\lambda + p\theta$. Cette quantité doit être égale à la chaleur $q\,(t - \theta)$ perdue par l'eau ; nous aurons donc :

$$p\lambda + p\theta = q\,(t - \theta)$$

d'où l'on tire :

$$\lambda = \frac{q\,(t - \theta) - p\theta}{p} = \frac{q}{p}\,(t - \theta) - \theta.$$

II. MÉTHODE DE LA FUSION DE LA GLACE. — Cette méthode, employée autrefois par Lavoisier et Laplace pour la détermination des chaleurs spécifiques et de la chaleur de combinaison, n'a plus aujourd'hui qu'un intérêt historique, attendu qu'elle offre peu de précision, par suite de la grande quantité de chaleur consommée pour fondre la glace. En conséquence, nous ne nous y arrêterons pas.

III. MÉTHODE DU REFROIDISSEMENT. — Cette méthode, suivie par Regnault

pour déterminer la chaleur spécifique des corps, repose sur une loi dont
nous nous occuperons dans le chapitre suivant (cf. § 278); en vertu de
cette loi, la vitesse avec laquelle se refroidissent deux corps de même surface
et chauffés à la même température, est inversement proportionnelle aux produits de leur masse par leur chaleur spécifique. On peut donc calculer
le rapport entre les chaleurs spécifiques de différents corps, en mesurant le
temps qu'il leur faut pour se refroidir d'un même nombre de degrés, quand,
après les avoir échauffés à la même température, on les porte dans une même
enceinte à température constante.

CHAPITRE IV

PROPAGATION DE LA CHALEUR

270. Propagation de la chaleur par rayonnement et par conductibilité. — Tous les
corps tendent à se mettre en équilibre de température avec le milieu ambiant : ils perdent de la chaleur quand ils sont plus chauds, et ils en ga-
gnent quand ils sont plus froids. Ces échanges de calorique peuvent s'effectuer
de deux manières : ou bien le corps chauffé rayonne des vibrations calorifiques qui traversent le milieu ambiant sans être absorbées, ou bien il cède
directement de la chaleur, soit aux corps avec lesquels il est en contact,
soit aux parties mêmes de sa masse qui sont à une température inférieure.
Le premier mode de transmission constitue la propagation par *rayonnement*, le second la propagation par *conductibilité*.

Le rayonnement de la chaleur suit exactement les mêmes lois que
celui de la lumière, auquel il est souvent uni. Les rayons calorifiques présentent les phénomènes de la réflexion, de la réfraction, de l'interférence,
etc., et nous ramènent nécessairement à la théorie des ondulations.
La transmission de la chaleur par conductibilité ressemble, au contraire, à l'écoulement des fluides; la vitesse avec laquelle s'effectue ce
mode de propagation dépend, en partie, du pouvoir conducteur propre à
chaque corps, en partie de la différence de température qui existe entre deux
points voisins.

271. Appareils thermo-électriques pour la mesure des températures. — Quand on
veut rechercher les lois de la chaleur rayonnante et celles qui régissent la
propagation de la chaleur par conductibilité, il est nécessaire d'avoir à sa
disposition des appareils thermométriques, qui permettent de mesurer très
rapidement la température en un point donné. Les divers thermomètres que
nous avons fait connaître jusqu'ici, sont impropres à cet usage, car il leur
faut toujours un certain temps pour prendre la température du milieu ambiant ou des corps avec lesquels on les met en contact. Mais nous avons dans
l'emploi des appareils *thermo-électriques* un moyen de mesurer presque
instantanément la température. Ces appareils sont fondés sur le développement de courants électriques par l'action de la chaleur, phénomène que nous
étudierons dans le livre suivant.

Thermo-multiplicateur. — Tout appareil thermo-électrique comprend une pile thermo-électrique et un galvanomètre; l'ensemble de ces deux parties constitue ce qu'on appelle le *thermo-multiplicateur*. Cet appareil est représenté schématiquement dans la figure 352.

La pile thermo-électrique se compose de petits barreaux de bismuth et d'antimoine coudés à angle droit et soudés les uns à la suite des autres; les barreaux d'antimoine sont marqués en noir sur la figure. Le système d'un

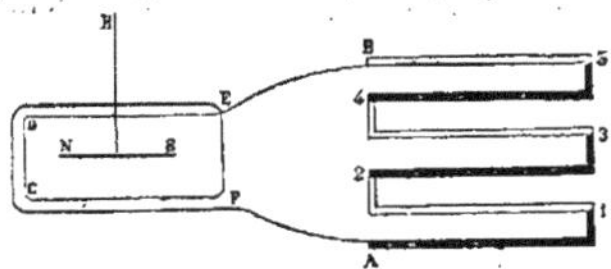

FIG. 352. — Principe du thermo-multiplicateur.

barreau d'antimoine et de bismuth soudés ensemble constitue un *couple* ou *élément thermo-électrique*. Si, après avoir réuni par un fil métallique les barreaux extrêmes A et B, de manière à fermer le circuit, on chauffe les soudures impaires 1, 3, 5, situées d'un même côté, tandis qu'on laisse les soudures paires 2, 4, à leur température primitive, il se développe un courant électrique qui va de B vers A à travers la pile, et de A en B à travers le fil conjonctif. Ce fil étant enroulé autour d'un cadre vertical, au centre duquel se meut horizontalement une aiguille aimantée NS, disposition qui représente le principe du galvanomètre, le pôle nord N de l'*aiguille* est dévié vers la gauche du courant, c'est-à-dire en arrière du plan de la figure. Chauffe-t-on, au contraire, les soudures paires 2 et 4, le courant qui prend naissance va de B en A par le fil conjonctif, et le pôle nord de l'aiguille est dévié du côté opposé. La grandeur de la déviation augmente avec la différence de température des deux séries de soudures. On détermine expérimentalement, et une fois pour toutes pour chaque appareil, les déviations qui correspondent à des différences de température données. Cette graduation étant établie, on a dans le thermo-multiplicateur un moyen de mesurer la température avec une précision et une rapidité très grandes. Il suffit, dans

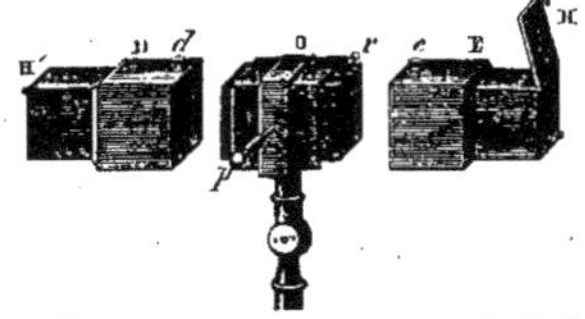

FIG. 353. — Pile thermo-électrique. — D, E. Étuis métalliques s'adaptant aux extrémités de la pile à l'aide des vis de pression *d*, *e*, et munis d'écrans mobiles H et H'. — O. Ensemble des couples qui constituent la pile. — *p*, *r*. Bornes communiquant l'une avec le barreau d'antimoine du premier élément, l'autre avec le bismuth du dernier élément.

ce but, de maintenir les soudures de l'une des séries à une température constante, pendant qu'on fait agir sur l'autre série de soudures la chaleur rayonnée à distance par une source, ou cédée par un corps mis en contact avec la pile : la déviation de l'aiguille aimantée indique aussitôt la différence de température cherchée.

La pile thermo-électrique a reçu différentes formes. Ordinairement on emploie un bien plus grand nombre d'éléments que ceux que nous avons représentés dans la figure 352, et, afin de réduire le volume de la pile, on dispose les couples par rangées parallèles, de manière à donner à l'ensemble la forme d'un parallélipipède rectangle O (fig. 353). Dans ses belles recherches sur la chaleur rayonnante, Melloni renfermait la pile dans un étui métallique formé de deux tubes rectangulaires D et E, lesquels s'adaptent à chaque extrémité, et sont destinés à mettre les bases de la pile à l'abri de la chaleur qui pourrait venir latéralement. A l'aide des opercules mobiles H et H', on peut à volonté laisser arriver la chaleur sur l'une ou l'autre face de la pile. Le tout est monté sur un support en laiton.

Le *thermo-multiplicateur* est représenté dans la figure 354. La pile O, munie d'un cône évasé F, poli intérieurement, qu'on tourne vers la source calorifique, porte deux bornes p et r, auxquelles aboutissent les fils de laiton d et t destinés à établir la communication avec le galvanomètre H. Ce dernier se compose d'un fil de laiton recouvert de soie et enroulé un très grand nombre de fois autour de

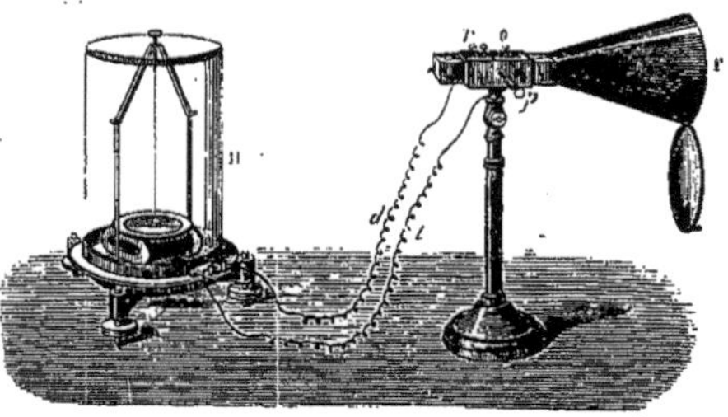

Fig. 354. — Thermo-multiplicateur de Nobili et Melloni.

l'aiguille aimantée, afin de *multiplier* l'action déviatrice du courant. L'aiguille elle-même est double et forme un système *astatique*, c'est-à-dire soustrait en partie à l'influence du magnétisme terrestre, ce qui donne plus de sensibilité au galvanomètre.

AIGUILLES THERMO-ÉLECTRIQUES. — La pile thermo-électrique décrite ci-dessus ne peut pas servir dans les recherches de physiologie, où il s'agit de mesurer la température de parties situées profondément à l'intérieur du corps. Il a fallu lui donner une forme qui permît de l'employer dans ces circonstances, et c'est ainsi qu'on a été conduit à imaginer les *aiguilles thermo-électriques*.

M. Becquerel s'est surtout servi d'aiguilles à *soudure médiane ;* on nomme ainsi une aiguille composée d'un fil de fer et d'un fil de cuivre, de même longueur et de même épaisseur, soudés bout à bout. La soudure d'une de ces aiguilles étant introduite dans la partie dont on veut déterminer la température, et une seconde aiguille étant placée dans un milieu à température constante, on réunit les extrémités fer par un fil de même métal, tandis que les autres extrémités sont mises en communication avec le galvanomètre.

M. Helmholtz, dans ses mesures sur la chaleur développée par la contraction musculaire, employait les couples thermo-électriques représentés figure 355. Chacune des aiguilles se compose d'une lame de fer e, aux extrémités de laquelle sont soudées deux

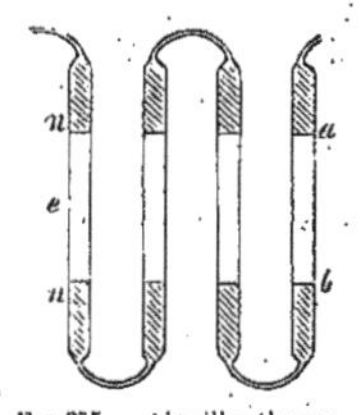

Fig. 355. — Aiguilles thermo-électriques de Helmholtz.

lames de maillechort n, n, moitié plus courtes, et terminées en pointe afin de pouvoir transpercer les tissus. M. Helmholtz disposait une série d'aiguilles semblables, de telle sorte que la soudure a se trouvât dans l'intérieur du muscle, et la soudure b à l'extérieur ; en réunissant deux à deux les extrémités de chaque aiguille, on formait ainsi une pile composée de plu-sieurs éléments, et traversant le muscle en expérience. En associant à cet appareil un galvanomètre très sensible, on a pu mesurer une élévation de température de $0°,0007$.

[Les aiguilles thermo électriques ont encore reçu une autre forme dite à *soudure terminale.* Cette disposition est représentée dans la figure 356 : la pointe S de l'aiguille correspond à la soudure du fil de cuivre c avec le fil de fer f. La figure 357 montre l'emploi de cette forme d'aiguilles pour mesurer la température en un point d'un arbre.]

Les appareils thermo-électriques ont servi à mesurer la température des différentes parties du corps humain. Ils ont sur le thermomètre à mercure les avantages suivants : 1° ils peuvent être employés dans les cas où le thermomètre ordinaire n'est pas applicable, par exemple lorsqu'il s'agit de prendre la température d'organes situés dans la profondeur des tissus ; 2° ils permettent, en raison de la rapidité de leurs indications, de suivre les variations passagères de la température.

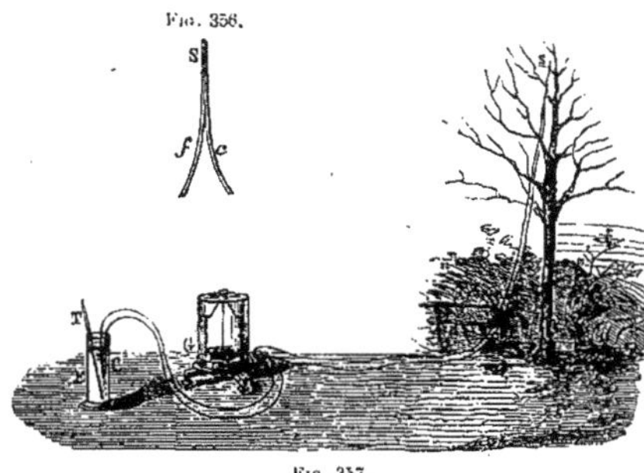

Fig. 356. — Aiguille thermo-électrique à *soudure terminale.*

Fig. 357. — Emploi des aiguilles à *soudure terminale,* pour la mesure de la température en un point d'un arbre. — C. Aiguille immergée dans l'eau d'un vase E. — G. Galvanomètre. — S. Aiguille fixée à une branche de l'arbre. — T. Thermomètre indiquant la température de l'eau dans laquelle est plongée l'aiguille C.

272. Propriétés de la chaleur rayonnante. — La chaleur rayonnante suit dans sa propagation exactement les mêmes lois que la lumière et pour les mêmes raisons. Il nous suffira donc d'énoncer, sans autre explication, les propositions suivantes :

1° La chaleur rayonnante se propage en ligne droite et son intensité varie en raison inverse du carré de la distance de la source calorifique ;

2° Toutes les fois qu'un rayon calorifique rencontre une surface de séparation entre deux milieux inégalement réfringents, il est réfléchi en partie ; le rayon incident et le rayon réfléchi sont situés dans un même plan avec la normale à la surface réfléchissante, et l'angle de réflexion est égal à l'angle d'incidence ;

3° Les rayons calorifiques, en passant d'un milieu dans un autre, se réfractent comme les rayons lumineux ; l'indice de réfraction varie avec la réfringence relative des deux milieux et avec la longueur d'onde du rayon ; une même source émet des rayons de diverses réfrangibilités ;

4° Dans son passage à travers les corps, la chaleur éprouve une absorp-

tion qui dépend du milieu traversé et qui n'affecte pas également les rayons
de différente réfrangibilité;

5° La chaleur produit, comme la lumière, des phénomènes d'interférence,
de diffraction, de polarisation et de double réfraction.

Toutes ces lois se démontrent à l'aide du thermo-multiplicateur de Melloni décrit plus
haut. On étudie la loi que suit l'intensité de la chaleur en rapport avec la distance, en
faisant varier la distance de la pile à la source calorifique. Pour vérifier les lois de la
réflexion, on reçoit les rayons de chaleur sur un miroir mobile autour d'un axe vertical,
et on place la pile thermo-électrique sur le trajet des rayons réfléchis. Les expériences relatives à la réfraction de la chaleur se font à l'aide d'une substance qui laisse passer les
rayons calorifiques et à laquelle on donne la forme d'un prisme. Quant aux phénomènes
d'absorption, d'interférence, de diffraction, de polarisation et de double réfraction de la
chaleur, on emploie pour leur étude les mêmes méthodes que celles qui servent à l'observation des phénomènes analogues de la lumière; seulement quant il s'agit des radiations
calorifiques, il faut employer le termo-multiplicateur pour reconnaître la chaleur et en
mesurer le degré d'intensité, tandis que l'œil de l'expérimentateur suffit pour l'observation
des phénomènes lumineux.

273. Substances diathermanes et athermanes. — Le passage des rayons calorifiques à travers les corps et leur absorption par les milieux traversés, sont
les seuls phénomènes qui méritent une étude particulière.

De même que les corps sont transparents ou opaques par rapport à la
lumière, de même il y a des substances qui laissent passer les rayons de
chaleur et d'autres qui les arrêtent. Les milieux transparents sont ou inco-·
lores ou colorés; de même, parmi les corps qui se laissent traverser par la
chaleur rayonnante, il en est qui livrent passage à toute espèce de radiations
calorifiques et d'autres qui ne transmettent que des rayons d'une réfrangibilité déterminée. On est ainsi conduit à distinguer des substances *diather-*
manes et des substances *athermanes*, suivant qu'elles sont transparentes ou
opaques pour la chaleur. Les milieux diathermanes se divisent à leur tour
en *thermochroïques* et *athermochroïques;* les premiers sont, à l'égard de
la chaleur, ce qu'est une matière colorée à l'égard de la lumière; les seconds
correspondent aux milieux incolores. Nous avons dans le *sel gemme* l'exemple
d'un corps à la fois parfaitement diathermane et athermochroïque. Le noir
de fumée est presque complètement athermane. La plupart des autres corps
sont thermochroïques, c'est-à-dire qu'ils absorbent les rayons calorifiques
d'une certaine réfrangibilité, et laissent passer les autres.

273ᵃ. Spectre calorifique. [Rayons opto-thermiques et anopto-thermiques.] — En plaçant sur le trajet d'un faisceau de rayons solaires un corps diathermane
taillé en prisme, du sel gemme par exemple, on obtient un spectre à la fois
lumineux et calorifique. Si, à l'aide de la pile thermo-électrique, on mesure
l'intensité de la chaleur dans les différents points de ce spectre, on reconnaît
qu'elle a sa plus grande valeur dans le rouge, qu'elle diminue peu à peu à
mesure que la réfrangibilité augmente, et qu'elle devient presque nulle dans
le violet. Par contre, on trouve encore de la chaleur en deçà du rouge
extrême dans la partie obscure du spectre. Ainsi, tandis que les radiations
chimiques s'étendent au delà des rayons lumineux les plus réfrangibles
(rayons violets), il existe des rayons calorifiques encore moins réfrangibles que les rouges, et, par suite, invisibles; ce sont les radiations
obscures ou *infra-rouges*.

Nous avons construit dans la figure 358 trois courbes qui représentent, la première O-β-×-G l'intensité de la chaleur aux différents points du spectre solaire, la deuxième A*de*GH l'intensité de la lumière, et la troisième *gh*T l'intensité de l'action chimique. On voit que la courbe lumineuse occupe la région moyenne du spectre, depuis la raie A de Fraunhofer jusqu'à la raie H; l'ordonnée maximum répond à la couleur jaune en un point situé entre les raies D et E. La courbe chimique s'étend bien au delà de la partie

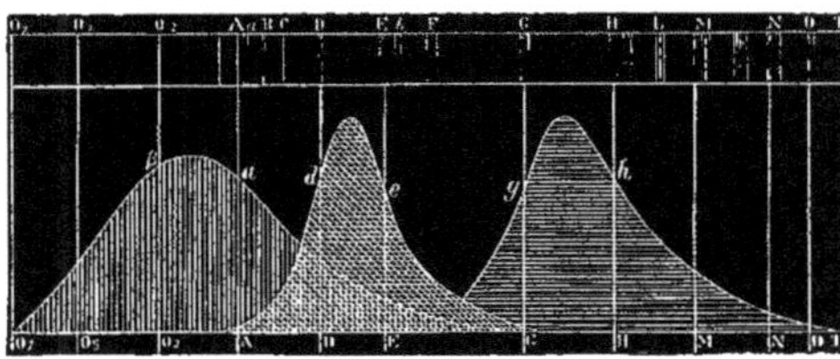

Fig. 353. — Courbes d'intensité calorifique, lumineuse et chimique dans les différentes régions du spectre solaire.

lumineuse du spectre et à son maximum dans le violet. Enfin, la courbe calorifique dépasse de l'autre côté le spectre lumineux, et son maximum se trouve en dehors de la limite du rouge extrême. [Il y a donc des rayons calorifiques *visibles* ou *opto-thermiques*, qui se confondent avec les rayons lumineux de même réfrangibilité, et des rayons calorifiques *obscurs* ou *anopto-thermiques*.]

274. Thermochrose. — Un prisme de sel gemme, quelle qu'en soit l'épaisseur, donne toujours un spectre solaire dans lequel les intensités calorifique, lumineuse et chimique se trouvent réparties comme le représente la figure 358. Nous en concluons que le sel gemme est à la fois transparent et diathermane. Répète-t-on l'expérience avec d'autres substances transparentes, telles que le verre, l'alun, le feldspath, le spectre lumineux conserve la même disposition, mais le spectre calorifique est modifié en ce sens que les rayons d'une certaine réfrangibilité diminuent d'intensité à mesure que l'épaisseur du milieu augmente, et finissent par disparaître tout à fait. On voit par là que des substances optiquement incolores peuvent être *thermochroïques*.

Les expériences précédentes montrent un fait remarquable : en chaque point de la partie lumineuse du spectre, quelle que soit la nature du milieu transparent, l'intensité de la chaleur est toujours en rapport avec celle de la lumière, et elle ne varie d'une substance à l'autre que dans la région en deçà du rouge. Un corps diaphane, comme le verre, n'absorbe donc que des rayons calorifiques obscurs et point de chaleur lumineuse. Si le verre est coloré, il ne laisse passer, en fait de rayons *opto-thermiques*, que les vibrations dont la longueur d'onde égale celle des rayons lumineux qui traversent ; un verre rouge, par exemple, transmet des rayons calorifiques qui ont la même réfrangibilité que la couleur rouge, et il intercepte les rayons verts, les rayons jaunes, etc. En un mot, les corps ransparents laissent passer la chaleur lumineuse et la lumière en même quantité, mais ils peuvent absorber des proportions différentes de radiations *anopto-thermiques*.

D'après les recherches de Masson et de M. Jamin, les substances transparentes se rangent dans l'ordre suivant, relativement à la facilité de moins en moins grande avec laquelle elles livrent passage aux rayons calorifiques obscurs :

Sel gemme, spath fluor, spath d'Islande, verre, quartz, alun, glace.

Le sel gemme laisse passer tous les rayons obscurs, tandis que la glace les absorbe presque tous. — Les corps opaques ne peuvent évidemment transmettre que des rayons infra-rouges.

Lorsqu'un milieu absorbe des radiations calorifiques d'une espèce déter· minée, la proportion des rayons absorbés augmente avec l'épaisseur de la couche qu'ils ont à traverser. Quant aux rayons calorifiques qui ne perdent pas de leur intensité en traversant une couche mince, ils ne sont pas absorbés en quantité notable sous une épaisseur plus grande. Il se passe là un phénomène semblable à celui que présente la lumière : un verre jaune, par exemple, transmet sans perte les rayons lumineux jaunes, quelque épaisseur qu'il ait, tandis qu'il absorbe les autres couleurs en proportion d'autant plus grande qu'il est plus épais.

Toutes les fois que la chaleur rayonnante rencontre un corps, il en résulte, comme pour la lumière, des phénomènes de réflexion, de réfraction et d'absorption. La réflexion de la chaleur à la surface de la plupart des substances est *diffuse;* une partie des rayons n'est réfléchie qu'après avoir pénétré jusqu'à une certaine profondeur au-dessous de la surface, et comme parmi les radiations calorifiques qui se propagent ainsi dans l'intérieur du corps il en est qui sont absorbées, la chaleur réfléchie est diversement colorée suivant la nature de la substance considérée. On sait que telle est aussi l'origine de la couleur propre des corps. Il n'existe pas de corps absolument *mélanothermiques*, c'est-à-dire tout à fait noirs à l'égard de la chaleur: tous renvoient au moins une partie du calorique qu'ils reçoivent et en laissent passer une autre portion. Le noir de fumée est la substance qui absorbe le plus toutes les radiations calorifiques; c'est presque un corps parfaitement mélanothermique. On trouve peu de substances qui, possédant des couleurs identiques, soient thermochroïques de la même manière; de tels corps sont aussi rares que des milieux à la fois parfaitement diathermanes et transparents. Les métaux, par exemple, bien que de couleurs différentes, ont tous la même thermochrose, et on doit les considérer comme *leucothermiques*, puisqu'ils réfléchissent tous les rayons calorifiques à peu près avec une égale intensité.

275. Rapport entre le pouvoir émissif et le pouvoir absorbant des corps pour la chaleur. — La manière dont un corps se comporte à l'égard de la chaleur, ainsi qu'à l'égard de la lumière, dépend du rapport mutuel qui existe entre son pouvoir absorbant et son pouvoir émissif. Plus un corps est diathermane, moins il absorbe de chaleur. Le sel gemme, par exemple, qui a une diathermanéité parfaite, n'absorbe presque pas de rayons calorifiques, tandis que le noir de fumée possède un pouvoir absorbant très considérable.

Quand un corps est porté à une température plus élevée que celle du milieu ambiant, il se refroidit jusqu'à ce que l'équilibre thermique se soit rétabli ; ce phénomène prouve que le corps émet de la chaleur. Plus le pouvoir émissif ou rayonnant est grand, moins il faut de temps au corps chauffé pour se mettre en équilibre de température avec le milieu environnant.

Il existe une corrélation nécessaire entre le pouvoir absorbant et le pouvoir émissif : 1° *Le rapport des pouvoirs émissif et absorbant est une quantité constante pour un même corps et une même espèce de rayons ;* 2° *A la même température, le pouvoir absorbant d'un corps est égal à son pouvoir émissif.*

En effet, la température maxima à laquelle on peut faire arriver un corps en lui ajoutant une quantité de chaleur déterminée est en raison directe du pouvoir absorbant et en raison inverse du pouvoir émissif de ce corps. Car une substance s'échauffe d'autant plus qu'elle absorbe plus de chaleur, et qu'elle en perd moins par rayonnement. Si donc deux corps de nature différente mais de surface égale reçoivent la même quantité de chaleur, les températures T et T′ auxquelles ils parviendront seront dans le rapport suivant : $\dfrac{T}{T'} = \dfrac{A}{A'} \times \dfrac{E'}{E}$, A et A′ désignant les pouvoirs absorbants des deux corps, c'est-à-dire les quantités de chaleur rayonnante qui échauffent de 1° l'unité de surface de chacun des corps, E et E′ représentant les pouvoirs émissifs ou les quantités de chaleur émises par l'unité de surface de chacun des corps considérés quand leur température est de 1° supérieure à celle du milieu ambiant. Supposons que les corps arrivent à la même température ; cela revient à poser T = T′ ; alors l'équation précédente donne : $\dfrac{A \times E'}{A' \times E} = 1$, d'où : $\dfrac{E}{A} = \dfrac{E'}{A'}$.

En comparant un troisième corps avec le premier, nous aurions de même : $\dfrac{E}{A} = \dfrac{E''}{A''}$.

D'une manière générale, si l'on désigne par A, A′, A″, A‴,... les pouvoirs absorbants d'un nombre quelconque de corps, par E, E′, E″, E‴..., leurs pouvoirs émissifs, on a :

$$\frac{E}{A} = \frac{E'}{A'} = \frac{E''}{A''} = \frac{E'''}{A'''} = m ;$$

d'où il résulte que le rapport du pouvoir émissif d'un corps à son pouvoir absorbant est une quantité constante.

Cette loi n'est vraie qu'autant qu'on considère des rayons calorifiques de même longueur d'onde. Car tous les corps sont plus ou moins thermochroïques, et, par conséquent, n'ont pas les mêmes pouvoirs absorbants et émissifs pour les différents rayons de chaleur. Si, par exemple, la constante m s'applique à des rayons dont la longueur d'onde soit λ, et si nous appelons E_1, E'_1, E''_1, E'''_1 et A_1, A'_1, A''_1, A'''_1, les pouvoirs émissifs et absorbants relatifs aux radiations ayant une longueur d'onde λ_1, nous aurons :

$$\frac{E_1}{A_1} = \frac{E'_1}{A'_1} = \frac{E''_1}{A''_1} = \frac{E'''_1}{A'''_1} = m_1.$$

Il résulte de là que la qualité des rayons émis par un foyer de chaleur ne dépend que de la température et non de la nature de ce corps. Draper a prouvé l'exactitude de cette conclusion, en démontrant que les substances les plus diverses commencent à émettre des rayons lumineux à la même température d'environ 525°.

Si l'on choisit pour unités de mesure le pouvoir absorbant et le pouvoir émissif d'une substance déterminée, on peut encore dire que le *pouvoir absorbant d'un corps est égal à son pouvoir émissif pour les mêmes rayons et pour la même température.* En effet, nous avons vu que, pour deux corps à la même température, on a :

$$\frac{E}{A} = \frac{E'}{A'}$$

Or, en posant $E' = 1$ et $A' = 1$, on obtient :

$$E = A$$

Melloni a démontré directement cette loi de l'égalité des deux pouvoirs émissif et absorbant à l'aide de la pile thermo-électrique ; en représentant par 100 le pouvoir émissif ainsi que le pouvoir absorbant du noir de fumée, il a trouvé pour quelques autres substances les valeurs suivantes :

NOMS DES CORPS	POUVOIR ÉMISSIF	POUVOIR ABSORBANT	
	($T = 100°$	($T = 100°$)	($T = 400°$)
Noir de fumée.	100	100	100
Blanc de céruse.	100	100	89
Colle de poisson.	91	91	64
Encre de Chine.	85	85	87
Gomme laque.	72	72	70
Surfaces métalliques. . . .	12	13	13

Pour déterminer le pouvoir émissif, on chauffait les substances a température de 100° ; dans la mesure du pouvoir absorbant, on se servait comme source de chaleur d'une plaque de cuivre chauffée à 100°. Les nombres inscrits dans la troisième colonne se rapportent au cas où la plaque de cuivre était portée à la température de 400° ; de là des changements dans le pouvoir absorbant, et par conséquent aussi dans le pouvoir émissif. Par suite de l'égalité des pouvoirs absorbant et émissif, il suffit de déterminer l'un ou l'autre de ces coefficients.

276. Transmission de la chaleur par conductibilité. — Tandis que la chaleur rayonnante se propage, comme la lumière, avec une vitesse à peine mesurable, tant elle est grande, la transmission de la chaleur par conductibilité s'effectue si lentement qu'on peut aisément en suivre la marche dans l'intérieur des corps. On constate, en outre, que la vitesse avec laquelle la chaleur se communique ainsi de molécule à molécule, varie considérablement suivant la nature des corps. Si, par exemple, nous chauffons une barre métallique par l'une de ses extrémités, une élévation notable de température ne tarde pas à se faire sentir à l'autre extrémité ; au contraire, une baguette de verre ou de bois s'échauffe beaucoup moins et bien plus lentement dans les parties qui ne sont pas en contact direct avec le foyer de chaleur.

La propagation de la chaleur par conductibilité s'explique à l'aide du principe du *rayonnement particulaire*. Tout corps, en tant qu'il conduit la chaleur, doit être considéré comme étant entièrement athermane ; la molécule directement en contact avec la source calorifique absorbe de la chaleur, s'échauffe, et sitôt qu'elle possède une température un peu supérieure à celle des parties environnantes, elle rayonne de la chaleur dans toutes les directions ; la molécule voisine absorbe une portion de ces radiations calorifiques, s'échauffe et rayonne à son tour, et ainsi de suite, de proche en proche. Nous pouvons donc envisager la *conduction* de la chaleur dans un corps comme le résultat d'une succession de phénomènes d'absorption et d'émission.

Cette théorie est applicable à toutes les substances, qu'elles soient diathermanes ou non, car un corps ne peut conduire que la chaleur qu'il absorbe ; les vibrations calorifiques qui ne sont pas absorbées traversent librement le milieu avec la vitesse de la chaleur rayonnante ; le sel gemme, par exemple, qui possède une diathermanéité parfaite, n'est pour ainsi dire pas capable de propager la chaleur par conductibilité.

27 . Coefficient de conductibilité intérieure. — Considérons un corps ayant la forme d'un mur indéfini, et supposons-le, par la pensée, divisé perpendiculairement à son épaisseur en tranches parallèles et très minces : vient-on à chauffer la première tranche, la chaleur se transmettra à la tranche suivante d'autant plus rapidement que la différence de température sera plus grande ; la deuxième tranche échauffera de même la troisième, et ainsi de suite jusqu'à la dernière, que nous supposons entretenue à une température constante par un moyen quelconque. Au bout d'un certain temps plus ou moins long, une tranche quelconque recevra autant de chaleur de la précédente qu'elle en communiquera à la suivante. La température sera alors stationnaire ; par suite, la quantité de chaleur qui traverse chacune des tranches dans un temps donné, sera la même pour toutes et dépendra d'un certain coefficient qui est constant pour chaque corps, et qui mesure la conductibilité de ce corps pour la chaleur. On appelle précisément *coefficient de conductibilité intérieure*, la quantité de chaleur qui passe dans l'unité de temps par l'unité de surface à travers une tranche d'épaisseur égale à l'unité, et dont les deux faces présentent une différence de température de 1°. Ce coefficient sert de mesure au *pouvoir conducteur*.

277. Coefficient de conductibilité extérieure. — Si on chauffe l'extrémité d'une barre de forme prismatique, une tranche éloignée de la source calorifique s'échauffe plus lentement que ne l'exigerait la conductibilité intérieure de la substance considérée, car, indépendamment des phénomènes d'émission et d'absorption intermoléculaires, le corps rayonne par sa surface de la chaleur au dehors ; la tranche considérée prend une température stationnaire, à partir du moment où elle cède, dans l'unité de temps, au milieu environnant et à la tranche suivante autant de chaleur qu'elle en reçoit de la tranche précédente.

La température à laquelle parvient un corps dépend donc, non seulement de sa conductibilité intérieure, mais aussi de sa *conductibilité extérieure*.

On nomme *coefficient de conductibilité extérieure*, la quantité de chaleur perdue par l'unité de surface dans l'unité de temps, quand l'excès de température du corps sur celle du milieu ambiant est de 1°.

La déperdition de la chaleur par conductibilité extérieure est un phénomène complexe, car elle dépend en partie du pouvoir émissif du corps, en partie du pouvoir absorbant du milieu environnant. Abandonne-t-on le corps au refroidissement dans le vide, on n'a à tenir compte que de son pouvoir émissif ; mais, si le corps se refroidit dans l'air, il faut avoir égard en outre à la chaleur absorbée par ce gaz. Et alors même que le milieu ambiant ne change pas, des corps différents prennent des températures qui dépendent toujours de leurs pouvoirs émissifs, et qui, par conséquent, ne font pas connaître leurs conductibilités intérieures.

277ᵃ. Pouvoir conducteur des solides. — Toutefois, on peut donner à tous les corps le même pouvoir émissif, en les recouvrant d'une mince couche de la même substance (vernis ou argent). Dans ces conditions, et toutes choses égales d'ailleurs, des corps de même section, de même périmètre, mais de longueurs différentes, perdent, par conductibilité extérieure, dans le même temps des quantités de chaleur proportionnelles à leurs longueurs. Considérons deux barres de même section et de même périmètre, mais dont l'une soit deux fois plus longue que l'autre, et supposons-les composées de substances ayant des pouvoirs conducteurs tels que, les deux barres étant exposées par une de leurs extrémités à la même source de chaleur, les autres extrémités prennent des températures finales identiques. Chaque section de la barre la plus longue perdra par conductibilité extérieure deux fois plus de chaleur que la section correspondante de l'autre; donc elle devra recevoir deux fois plus de chaleur, et comme elle est à une distance double de la source calorifique, il en résulte que la première barre a un coefficient de conductibilité intérieure ou pouvoir conducteur *quadruple* de celui de la seconde.

En généralisant cet exemple particulier, nous voyons que *les corps de mêmes dimensions ont des pouvoirs conducteurs qui sont entre eux comme les carrés des distances à la source des tranches qui ont la même température.*

C'est en s'appuyant sur cette loi qu'on a pu comparer entre elles les conductibilités des différents solides. Les nombres contenus dans le tableau suivant représentent les pouvoirs *absolus* exprimés en calories.

Argent.	162,26	Marbre.	3,13
Cuivre.	119,70	Bismuth.	2,93
Or.	86,52	Porcelaine.	1,94
Laiton.	38,38	Brique.	1,85
Zinc.	30,90	Corne de vache.	1,46
Étain.	23,58	Verre.	0,81
Fer.	19,35	Plâtre.	0,43
Acier.	16,75	Guttapercha.	0,17
Plomb.	13,82	Caoutchouc.	0,17
Platine.	13,66	Coton.	0,04
Charbon de bois.	11,50	Soie.	0,05
Maillechort.	10,24	Laine.	0,04

277ᵇ. Conductibilité des cristaux. — De Sénarmont a étudié la conductibilité de la chaleur dans les cristaux, en les façonnant en plaques minces dont il enduisait la surface d'une légère couche de cire; au centre de la plaque était pratiqué un petit trou dans lequel on engageait un fil métallique chauffé à l'une de ses extrémités. La cire fondait à partir de ce point central jusqu'à une distance en rapport avec la conductibilité du cristal. De Sénarmont a trouvé que dans les cristaux du système régulier la chaleur se propage également vite dans tous les sens. Dans les cristaux à un axe le pouvoir conducteur est plus grand suivant l'axe que dans toute autre direction. Si donc, comme on l'a fait pour la propagation de la lumière, on construisait de la même manière la surface de propagation de la chaleur dans les cristaux, on obtiendrait dans le premier cas une sphère, dans le second un ellipsoïde de révolution. Les cristaux à deux axes donneraient un ellipsoïde à trois axes inégaux.

277ᶜ. Conductibilité du bois. — M. Knoblauch a employé la même méthode pour étudier la conductibilité du bois, et a confirmé les résultats antérieurs de MM. de La Rive et de Candolle qui ont montré que le bois conduit mieux la chaleur dans le sens des fibres que dans le sens perpendiculaire.

277ᵈ. Conductibilité des liquides et des gaz. — Dans les liquides et les gaz, la chaleur se propage en majeure partie par les mouvements qu'elle imprime aux molécules de ces corps. Le foyer de chaleur étant ordinairement placé à la partie inférieure, les couches échauffées se dilatent, deviennent plus légères et s'élèvent, tandis que les couches plus froides viennent prendre la place des premières, s'échauffent à leur tour et ainsi de suite. La chaleur est donc transportée d'un point à l'autre avec les molécules fluides ; ce mode particulier de propagation a reçu de M. Tyndall le nom de *convection*.

Pour éviter la formation des courants qui distribuent la chaleur dans toute la masse fluide, et pour apprécier l'influence seule de la conductibilité, il faut renfermer les liquides ou les gaz dans un vase que l'on chauffe par la partie supérieure. C'est de cette manière que Despretz a trouvé le pouvoir conducteur de l'eau environ 95 fois plus petit que celui du cuivre, ce qui donne le nombre 1,25 pour ce pouvoir exprimé en calories. De tous les liquides, c'est le mercure qui conduit le mieux la chaleur. D'après les recherches de M. Magnus, les gaz, à l'exception de l'hydrogène, sont encore plus mauvais conducteurs du calorique.

[**277ᵉ. Applications médicales de la conductibilité des corps pour la chaleur.** — Parmi les corps solides qui conduisent mal la chaleur, il convient de citer les substances de nature organique, telles que la laine, les plumes, le duvet, etc., et en général, toutes les matières à structure spongieuse, surtout quand elles se présentent sous forme de filaments réunis en une masse qui emprisonne de l'air dans ses interstices. C'est la non-conductibilité des tissus de laine pour la chaleur qui les rend si éminemment propres à servir de vêtements ; ils empêchent suivant les saisons la chaleur du corps humain de se dissiper au dehors, ou la chaleur extérieure d'arriver jusqu'au corps.

Rumford a étudié la conductibilité des substances employées [dans les vêtements ; de toutes les substances examinées, le poil de lièvre est celle qui conduit le moins bien la chaleur ; viennent ensuite l'édredon, la soie, la laine, le coton et le chanvre.

La conductibilité du fer joue un rôle dans l'emploi de ce métal chauffé au rouge pour déterminer la cautérisation des tissus ; le cautère transmet sa chaleur aux parties qu'il touche. L'effet produit dépend de la masse du cautère, de sa chaleur spécifique et du pouvoir conducteur du métal dont il est formé, de la température qu'il possède au moment de son application, enfin des propriétés thermiques des tissus soumis à son action.]

278. Lois du refroidissement des corps. — Tout corps que l'on porte dans une enceinte dont la température est inférieure à la sienne, se refroidit graduellement jusqu'à ce qu'il soit en équilibre thermique avec le milieu environnant. On appelle *vitesse de refroidissement* d'un corps l'abaissement de température pendant l'unité de temps ou, ce qui revient au même, le rapport entre l'abaissement de température et le temps correspondant, lorsque ce dernier devient infiniment petit. *La vitesse du refroidissement est proportionnelle à l'excès de la température du corps sur celle de l'enceinte*, à condition que cet excès ne dépasse pas 20° (loi de Newton). Si donc la température de l'enceinte est maintenue constante, la vitesse de refroidissement se ralentit d'autant plus que l'excès de température diminue davantage.

Le refroidissement des corps dans l'air ou dans tout autre milieu s'opère sous l'influence de deux causes qui agissent simultanément : il y a déperdition de chaleur à la fois par rayonnement et par conductibilité. On peut isoler la première de ces causes en plaçant dans le vide le corps qui se refroidit ; si le refroidissement a lieu dans l'air, à la perte par rayonnement vient s'ajouter la perte due au contact du gaz. Aussi les corps se refroidissent-ils beaucoup plus rapidement dans l'air que dans le vide.

Toutes choses égales d'ailleurs, la vitesse du refroidissement dépend de la grandeur de la surface du corps et de sa chaleur spécifique. Si l'on considère des corps géométriquement semblables, leur surface est d'autant plus grande par rapport à leur masse que cette dernière est plus petite ; dans ces conditions, la vitesse du refroidissement varie en raison inverse du produit du poids du corps par sa chaleur spécifique.

Comparons dès lors deux corps de même forme et de même surface, et dont la température dépasse du même nombre de degrés celle du milieu ambiant : la vitesse de déperdition de la chaleur par voie de rayonnement sera proportionnelle au pouvoir émissif des corps ; la vitesse de déperdition par voie de conductibilité sera proportionnelle au pouvoir émissif du corps et au pouvoir absorbant du milieu environnant, car nous avons vu que la conduction de la chaleur consiste dans une succession de phénomènes d'émission et d'absorption intermoléculaires. Si le refroidissement a lieu dans l'air, le milieu ambiant reste toujours le même, et on peut, dans ce cas, admettre que la quantité de chaleur cédée à l'air par voie de conductibilité dépend directement du pouvoir émissif du corps. La vitesse V du refroidissement est alors donnée par la formule :

$$V = K \frac{E}{PC},$$

où K est une constante, P le poids du corps, E son pouvoir émissif, et C sa chaleur spécifique.

Le second membre de cette équation se compose, d'après ce qui a été dit plus haut, de deux termes. Si nous appelons, en effet, v la vitesse de refroidissement due au rayonnement seul, et v' la vitesse due au contact de l'air, nous avons évidemment : $V = v + v'$, ou

$$v = K \frac{E}{PC} \quad \text{et} \quad v' = K' \frac{E}{PC},$$

K et K' représentant deux constantes différentes.

La loi de Newton, d'après laquelle la vitesse du refroidissement est proportionnelle à l'excès de température, n'est plus exacte quand la différence entre la température du corps et celle du milieu ambiant est trop considérable. D'après les recherches de Dulong et Petit, la vitesse du refroidissement augmente plus rapidement que la différence des températures : *les valeurs de V croissent en progression géométrique quand la température de l'enceinte augmente en progression arithmétique, si la différence des températures reste constante.*

Les lois du refroidissement sont directement applicables au corps de l'homme, qui, par ses sources actives de chaleur, se maintient à une température plus élevée que celle du milieu ambiant ; la différence de température est d'ailleurs assez petite pour qu'on puisse faire usage de la loi de Newton. Le corps humain répare à chaque instant les pertes de chaleur qu'il éprouve par le refroidissement, de telle sorte qu'il y a, en général, égalité entre la perte et le gain, et, par suite, constance de température. En conséquence, pour connaître la distribution de la chaleur dans l'organisme humain, il faut prendre en considération, non seulement le pouvoir conducteur et le pouvoir émissif des tissus, mais encore la production de la chaleur. C'est pour cette raison que nous renvoyons l'étude du refroidissement du corps humain au chapitre suivant, dans lequel nous traiterons de la chaleur animale dans son ensemble.

CHAPITRE V

ORIGINE DE LA CHALEUR ET THÉORIE DES PHÉNOMÈNES CALORIFIQUES.

279. Sources de chaleur. — Nous avons passé en revue, dans les chap. II et III, une série de phénomènes dans lesquels nous avons pu constater la production de chaleur. C'est ainsi qu'il s'opère un dégagement de calorique pendant les changements d'état *inverses*, liquéfaction d'un gaz ou d'une vapeur, et solidification d'un liquide. Il suffit même de réduire le volume d'un gaz par la compression pour en élever la température. Enfin, nous avons dans les combinaisons chimiques une source puissante de chaleur. Mais, pour comprimer un corps, il faut dépenser un certain travail extérieur ; pour qu'une combinaison s'effectue, il faut qu'il existe entre les éléments qui s'unissent une force d'affinité ou *énergie potentielle*. Le travail mécanique et l'action chimique sont donc des sources de chaleur ; de tous les phénomènes de combinaison, c'est la combustion qui a le plus d'importance, en tant que source générale de chaleur.

280. Production de la chaleur par le travail mécanique. — Un grand nombre de faits nous montrent le travail mécanique engendrant de la chaleur. Quand on fait du feu, par exemple, soit au moyen du briquet, soit au moyen des allumettes, la chaleur qui détermine l'incandescence du fer ou l'inflammation du phosphore est produite par le *frottement*. On voit quelquefois le moyeu des roues prendre feu, lorsque celles-ci sont animées d'un mouvement rapide de rotation ; c'est encore là un effet de la chaleur développée par le frottement. Dans le martelage des métaux, le choc produit souvent des élévations de température considérables.

Des appareils thermométriques délicats permettent de reconnaître que les actions mécaniques peu intenses mettent aussi de la chaleur en liberté ; on peut ainsi constater que l'eau s'échauffe quand on l'agite dans un vase, ou qu'elle s'écoule par un tuyau.

Tous les gaz s'échauffent par la compression ; les ondes sonores même produisent des changements de température de l'air au sein duquel elle se propagent; mais l'effet thermique produit est à peu près nul, la demi-onde condensante dégageant de la chaleur qui est de nouveau absorbée par la demi-onde dilatante.

Pour évaluer la quantité de chaleur correspondante à une certaine dépense de travail mécanique, M. Joule a eu recours à divers moyens, le frottement des solides, celui des liquides et la compression des gaz. Un premier procédé consistait à appliquer l'une contre l'autre deux plaques métalliques, et à faire tourner rapidement l'une d'elles, de manière qu'il y eût un frottement énergique; les deux plaques étaient plongées dans un bain de mercure : on évaluait le travail dépensé pour produire la rotation de la plaque, et on mesurait l'élévation de température éprouvée par le mercure; cette dernière donnée permettait de calculer la quantité de chaleur produite, en supposant connue la chaleur spécifique du mercure. On obtenait ainsi le nombre de calories engendrées par le travail mécanique dépensé dans le frottement de deux métaux l'un contre l'autre. Dans une autre série d'expériences, M. Joule a déterminé la quantité de chaleur dégagée par le mouvement des liquides; dans ce but, il faisait tourner une roue à palettes plongée dans l'eau ou le mercure, et il calculait comme ci-dessus, d'après l'élévation de la température du liquide, la quantité de chaleur produite par le travail dépensé. Le physicien anglais a aussi eu recours à la compression de l'air pour déterminer le rapport entre le travail mécanique et la chaleur.

Des recherches de M. Joule et d'autres savants, parmi lesquels nous citerons MM. Mayer, Clausius, Hirn, etc., il résulte que l'*équivalent mécanique de la chaleur* est d'environ 424 kilogrammètres, c'est-à-dire que pour produire une calorie, il faut dépenser un travail mécanique égal à 424 kilogrammètres.

281. Production de travail mécanique par la chaleur. — La transformation, inverse de la précédente, de la chaleur en travail mécanique se trouve réalisée dans les machines à feu et à vapeur, qui représentent de nos jours les moteurs les plus puissants que nous ayons à notre disposition. On s'est demandé si, dans cette transformation, il disparaît une quantité de chaleur équivalente au travail effectué; l'expérience a répondu affirmativement : quand la chaleur produit un effet mécanique, il disparaît une calorie par 424 kilogrammètres de travail accompli. M. Hirn a démontré cette équivalence pour la machine à vapeur, en comparant le travail produit par la machine à la quantité de chaleur absorbée, laquelle est égale à la différence des nombres de calories que possède la vapeur avant et après son action sur le piston ; le savant français tenait compte, dans cette comparaison, de la perte de chaleur due au rayonnement et au contact du milieu ambiant.

Une méthode de démonstration encore plus rigoureuse consiste à mesurer l'abaissement de température qu'éprouve un gaz quand il se dilate. On sait que les gaz, en vertu de leur force expansive, occupent toujours tout l'espace qui est mis à leur disposition. Or, dans ce mouvement de dilatation, les molécules gazeuses accomplissent un certain travail pour déplacer les corps qui les entourent immédiatement et ce travail est effectué grâce à une transformation d'une partie de la chaleur que possèdent ces molécules ; il en résulte

qu'un gaz se refroidit quand il se dilate par suite de la diminution de la
pression extérieure. C'est aussi là ce qui explique pourquoi la quantité de
chaleur nécessaire pour échauffer d'un certain nombre de degrés une masse
gazeuse donnée est plus grande quand on laisse le fluide se dilater librement
que dans le cas où on en maintient le volume constant (cf. § 262). La différence entre la chaleur spécifique à pression constante et la chaleur spécifique à volume constant permet en effet de calculer facilement l'équivalent
mécanique de la chaleur. Ce qui prouve encore que la chaleur absorbée pendant la dilatation d'un gaz est employée à produire un travail, c'est que
les fluides aériformes n'éprouvent pas de refroidissement quand ils se
répandent dans le vide ; il est évident, en effet, qu'il n'y a de travail produit que si le gaz, pour se dilater, a à vaincre une résistance intérieure ou
extérieure ; or, quand l'écoulement a lieu dans le vide, il n'y a pas de résistance extérieure qui s'oppose à l'expansion du gaz ; la constance de la température pendant la détente nous montre en outre qu'il n'y a pas de frottement intérieur entre les molécules gazeuses.

La dilatation des solides et des liquides consomme aussi une certaine quantité de chaleur ; mais par suite de la cohésion qui réunit les molécules de ces
corps, la chaleur absorbée se décompose dans ce cas de trois parties : l'une
qui est employée à vaincre les résistances extérieures, la seconde qui produit
le travail mécanique intérieur de la dilatation ; la troisième qui élève la température du corps. Or, les corps présentent entre eux de grandes différences
sous le rapport de leur dilatabilité par la chaleur ; en d'autres termes, il
faut, pour augmenter leur volume d'une même fraction, dépenser des quantités fort différentes de travail mécanique ; par conséquent, si nous voulions obtenir des chaleurs spécifiques comparables, nous devrions les
déterminer dans des conditions telles que le volume des corps restât constant.
Jusqu'à présent cette condition n'a pu être remplie que pour les gaz. C'est
sans doute aux différences de dilatation des corps par la chaleur qu'il y a
lieu d'attribuer les valeurs différentes que présente leur chaleur spécifi ue
suivant leur état d'agrégation.

En étudiant les changements d'état des corps, nous avons vu que, sous ce rapport, la
diminution de la pression et l'élévation de la température produisent des effets identiques,
que l'augmentation de la pression et l'abaissement de la température peuvent aussi se
suppléer mutuellement. Ce sont là des faits qui trouvent leur explication dans les notions
exposées ci-dessus.

L'écartement des molécules qui accompagne le passage d'un corps de l'état liquide à
l'état gazeux, exige un certain travail mécanique ; pour produire ce travail, il faut
dépenser une certaine quantité de chaleur empruntée, soit à l'extérieur, soit au corps
lui-même : ici, comme dans la machine à vapeur, il y a disparition de chaleur. Tous les
phénomènes dans lesquels du calorique passe à l'état latent consistent donc dans une
transformation de chaleur en travail *intérieur*.

Ces considérations nous conduisent directement à l'idée que nous devons nous faire de
la nature de chaleur, question dont il sera traité dans le § 284. Nous avons montré, d'autre
part (cf. §§ 11 et suiv.), l'importance de la transformation réciproque de la chaleur et du
travail mécanique au point de vue du principe de la conservation de la force.

282. Chaleur solaire. — La source de chaleur la plus abondante est fournie
par les actions chimiques, et surtout par la combustion. Le soleil qui, suivant les opinions les plus accréditées, se trouve dans un état de combustion

permanente, constitue pour nous, directement et indirectement, la source de chaleur la plus importante : *directement*, parce que la chaleur de la surface terrestre est due presque exclusivement aux rayons calorifiques que nous envoie le soleil ; *indirectement*, parce que c'est sous l'influence des radia‑ tions calorifiques et lumineuses émanées de cet astre que se forment ces combinaisons organiques du règne végétal et du règne animal qui, soumises à une combustion artificielle, deviennent pour nous les sources ordinaires de chaleur.

Pouillet a cherché à mesurer la quantité de chaleur que la terre reçoit du soleil : dans ce but, il exposait aux radiations solaires, pendant un temps déterminé, un vase métallique rempli d'eau et dont la base supérieure, direc‑ tement tournée vers le soleil, était noircie. Cet appareil a reçu le nom de *pyrhéliomètre*. En ajoutant au résultat obtenu la chaleur absorbée par notre atmosphère, Pouillet a trouvé qu'un centimètre carré de la surface terrestre reçoit dans une minute 0,8816 unité de chaleur ; si l'on admet que chaque point de notre globe soit exposé en moyenne pendant 12 heures chaque jour aux radiations solaires, il en résulte qu'un centimètre carré reçoit en un an 231.684 calories. En supposant que cette quantité de chaleur soit ré‑ partie uniformément sur toute l'étendue de la surface terrestre, on trouve qu'elle serait capable de fondre une couche de glace de 31 mètres d'épais‑ seur. Notre atmosphère absorbe environ les 2/5 de la quantité totale de chaleur envoyée par le soleil sur la terre ; le tiers de ce qui reste est employé à produire de la vapeur d'eau.

283. Chaleur de combustion. — La chaleur de combustion n'est qu'un cas parti‑ culier de la chaleur dégagée dans les actions chimiques, question que nous avons déjà traitée dans le § 268ª. Mais comme l'oxygène constitue l'un des éléments essentiels de notre atmosphère, les phénomènes de combustion l'emportent tellement en fréquence sur les autres actions chimiques qu'ils les effacent toutes en tant que sources de chaleur. Parmi les combustions, c'est surtout celle du carbone et de ses combinaisons qui occupe la place la plus importante.

En vertu de la loi générale développée § 268ª, par suite de laquelle deux corps qui se combinent produisent d'autant plus de chaleur qu'avant de s'unir ils se trouvent engagés dans des combinaisons moins stables, la quan‑ tité de chaleur mise en liberté par la combinaison d'une même quantité, soit de carbone, soit d'hydrogène, soit de soufre, etc., avec une quantité donnée d'oxygène, n'est pas toujours la même ; le carbone, par exemple, à l'état isolé, produit en brûlant plus de chaleur que s'il est préalablement engagé dans une combinaison, telle que la cellulose, le sucre, etc. Il suit de là que la combustion d'une substance composée produit une quantité de chaleur différente de celle que fourniraient ensemble les divers éléments qui la con‑ stituent s'ils étaient brûlés séparément ; car, pendant la formation de ce composé, il s'est dégagé une certaine quantité de chaleur qui repasse à l'état latent quand le corps se décompose, et qui est à défalquer de celle que pro‑ duit la combustion des éléments du composé. Par conséquent, en général, la chaleur de combustion d'un composé est plus petite que la somme des cha‑ leurs de combustion de ses éléments. Ce n'est que très exceptionnellement qu'elle est égale ou supérieure à cette somme ; le cas peut se présenter, quand la formation du composé a eu lieu avec absorption de chaleur, par suite d'un changement d'état, par exemple.

La chaleur de combustion est constante pour un même corps, simple ou composé, quelle que soit la rapidité avec laquelle le corps brûle, quels que soient aussi le nombre et la nature des états intermédiaires par lesquels il passe avant d'arriver à son maximum d'oxydation. Un gramme de carbone, par exemple, en passant directement et d'emblée à l'état d'acide carbonique, développe autant de chaleur que, lorsqu'avant d'arriver à ce degré final d'oxydation, il se transforme d'abord en oxyde de carbone.

Nous devons à Favre et Silbermann et à M. Berthelot les recherches les plus étendues et les plus exactes sur la chaleur produite par la combustion des corps simples et des corps composés. Ces chimistes ont même remarqué que les corps simples possèdent des chaleurs de combustion un peu différentes suivant leur état physique; le fait est surtout manifeste pour les diverses modifications allotropiques du carbone et du soufre.

[Il restait à déterminer la chaleur de combustion des substances alimentaires et des produits d'excrétion du corps humain, afin de pouvoir calculer avec une approximation suffisante la chaleur développée dans l'organisme par les actions chimiques qui s'y accomplissent; car nous avons vu que la chaleur de combustion d'un composé n'est pas égale à la somme des chaleurs de combustion de ses éléments composants. Les recherches récentes de M. Frankland sont venues combler la lacune que nous signalons.]

Le tableau suivant donne les résultats obtenus pour la chaleur dégagée par la combinaison de 1 kilogramme de combustible avec l'oxygène [Les nombres imprimés en *italique* se rapportent aux travaux de Frankland et supposent les substances à l'état *sec*]; les autres ont été trouvés par Favre et Silbermann.

NOMS DES SUBSTANCES	CHALEUR DÉGAGÉE PAR 1 KILOGR. DE COMBUSTIBLE	NOMS DES SUBSTANCES	CHALEUR DÉGAGÉE PAR 1 KILOGR. DE COMBUSTIBLE
Hydrogène.	34 462	*Pommes de terre.* . . .	*3 752*
Carbone (Charbon de bois.	8 080	*Choux.*	*3 776*
Charbon de sucre.	8 039,8	*Carotte.*	*3 967*
Graphite naturel.	7 796,6	*Pain (mie).*	*3 984*
Diamant. . . .	7 770,1	*Jambon (maigre).* . . .	*4 343*
Oxyde de carbone. . . .	2 403	*Veau (maigre).*	*4 514*
Soufre natif.	2 261,8	*Merlan.*	*4 520*
Soufre mou.	2 259,4	*Lait.*	*5 093*
Alcool méthylique (CH^4O).	5 307	*Bœuf (maigre).*	*5 313*
Alcool éthylique (C^2H^6O).	7 184	*Maquereau.*	*6 064*
Alcool amylique ($C^5H^{12}O$).	8 958,6	*Fromage (Chester).* . . .	*6 114*
Éther éthylique ($C^4H^{10}O$).	9 027,6	*Jaune d'œuf.*	*6 460*
Acide acétique ($C^2H^4O^2$).	3 505	*Urée*	*2 206*
Acide butyrique ($C^4H^8O^2$).	5 647	*Acide urique.*	*2 615*
Acide valérique ($C^5H^{10}O^2$).	6 439	*Acide hippurique.*	*5 383*

284. Théorie mécanique de la chaleur. — Quand on envisage l'ensemble des phénomènes calorifiques, on arrive forcément à conclure que la *chaleur est un mouvement*. Le doute ne saurait s'élever sur la nature de ce mouvement, en ce qui concerne la chaleur rayonnante. Les radiations calorifiques consistent en vibrations transversales, puisque dans la région lumineuse du spectre solaire elles ne sont pas distinctes des vibrations qui produisent la lumière.

La propriété la plus générale des ondulations consiste donc dans la production de sensations calorifiques, tandis qu'une partie seulement de ces ondulations est apte à impressionner l'organe de la vision et à procurer des sensations de lumière. Nous pouvons conclure de là avec beaucoup de vraisemblance que la chaleur inhérente aux corps, celle qui se manifeste à nous par la température qu'ils possèdent, consiste aussi dans un mouvement vibratoire. Mais jusqu'à présent les physiciens ne sont pas d'accord sur la question de savoir si dans ce cas ce sont aussi les atomes de l'éther qui vibrent ou les molécules pondérables des corps. Les propriétés des gaz rendent cette dernière opinion probable : on les déduit toutes, en effet, de cette hypothèse que les molécules gazeuses se meuvent dans toutes les directions et qu'elles parcourent des trajectoires rectilignes (D. Bernouilli, Clausius). Si les solides et les liquides se comportent autrement, on peut expliquer ce fait en supposant que dans les corps solides, les molécules oscillent autour de positions d'équilibre fixes, tandis que dans les liquides il y aurait combinaison de mouvements ondulatoires et de mouvements de progression, chaque molécule liquide pouvant facilement être chassée, pendant qu'elle vibre, hors de la sphère d'attraction des molécules voisines.

Comme conséquence des idées qui viennent d'être exposées, nous devons admettre qu'un corps qui rayonne de la chaleur transmet aux atomes qui l'environnent le mouvement de ses propres molécules. L'augmentation d'intensité de ce mouvement se traduirait par une élévation de température du corps, et la propagation de la chaleur par conductibilité consisterait dans la transmission directe du mouvement de molécule à molécule. Au reste, quelle que soit l'idée qu'on se fasse de la chaleur contenue dans les corps, cela importe peu pour la théorie des phénomènes calorifiques ; il suffit de s'en tenir à cette notion générale que la chaleur est un mouvement dont l'intensité peut augmenter ou diminuer, et que de là résultent des modifications correspondantes dans la température des corps, c'est-à-dire dans le degré de leur chaleur sensible.

284ᵃ. Travail de disgrégation et travail de vibration. — Chaque corps renferme une certaine quantité de travail mécanique qui y est accumulée sous forme de mouvement calorifique ; ce travail a pour mesure la somme des *forces vives,* c'est-à-dire la demi-somme des produits des masses de toutes les molécules par les carrés de leurs vitesses de vibration (cf. § 25). On désigne sous le nom de *travail de vibration* le travail correspondant à la portion du mouvement qui dans un corps se présente sous forme de chaleur sensible. L'augmentation ou la diminution de ce travail se traduit par l'échauffement ou le refroidissement du corps. Mais il n'est pas dit pour cela que toute addition de calorique doive nécessairement accroître le travail de vibration. Quand la chaleur ajoutée produit un changement permanent des distances mutuelles des molécules matérielles, il peut arriver de deux choses l'une, ou qu'une quantité déterminée de travail soit consommée et que ce travail reste dans le corps à l'état de force de tension (énergie potentielle), ou bien qu'une certaine quantité de la force de tension qui préexistait dans le corps devienne libre et passe à l'état de force vive. Si la distance moyenne des molécules augmente, ce qui a lieu dans les changements d'état directs ou dans la dilatation des corps, il y a consommation de travail, comme dans le cas où l'on élève un poids à une certaine hauteur ; si, au contraire, les distances intermoléculaires deviennent plus petites (changements d'état inverses et diminution de volume), du travail devient libre comme dans la chute d'un poids. On appelle *travail de disgrégation* la force vive qui est ainsi dépensée ou rendue libre pendant le changement de distance des molécules. Lorsque du travail de vibration est converti en travail de disgrégation, nous disons que la chaleur passe à l'état latent ; quand, au contraire, une partie du travail de disgrégation se transforme en travail de vibration, cela signifie que de la chaleur latente devient libre.

Le travail de disgrégation et celui de vibration constituent par leur réunion le *travail intérieur* d'un corps. Ce travail intérieur peut être augmenté par l'addition d'un travail *extérieur*, il peut diminuer en se transformant en travail extérieur. Si, par exemple, nous ajoutons de la chaleur à un corps, cette chaleur représente une certaine quantité de travail de vibration, qui se convertit en partie en travail de vibration intérieur, en partie en travail de disgrégation. Si nous enlevons, au contraire, de la chaleur, cette soustraction de calorique se fait aux dépens, soit du travail de vibration, soit du travail de disgrégation. La quantité de chaleur qu'on donne ou qu'on enlève à un corps est donc toujours proportionnelle à la somme des variations concomitantes des travaux de vibration et de disgrégation.

On voit que la production de la chaleur par le travail mécanique ou du travail mécanique par la chaleur consiste toujours dans la conversion du travail de disgrégation en travail de vibration ou dans la transformation inverse. La loi de l'équivalence de la chaleur et du travail mécanique n'est donc qu'un cas particulier de cette loi plus générale, en vertu de laquelle *dans chaque corps la somme des travaux de disgrégation et de vibration reste constante, aussi longtemps qu'aucune addition de chaleur ou de travail ne lui arrive du dehors, auquel cas la somme en question augmente proportionnellement à la chaleur ou au travail ajouté.* C'est précisément parce que la chaleur n'est elle-même qu'une forme particulière de mouvement, qu'il y a équivalence entre cette force et le travail mécanique.

Le travail accompli par l'affinité chimique pendant la combinaison de deux corps équivaut aussi à une certaine quantité de chaleur. Il est clair que les modifications d'ordre physique qui s'opèrent pendant l'union de deux corps ont la plus grande analogie avec le *travail de disgrégation* qui accompagne les changements d'état. Quand deux corps se combinent, de même que lorsqu'un liquide se solidifie, ou qu'un gaz se condense, le déplacement permanent des molécules matérielles exige la mise en liberté d'une certaine quantité de chaleur ; en effet, supposons que les éléments en présence aient déjà fait partie de la combinaison qu'ils sont aptes à former ; il aura fallu, pour les séparer, produire un certain travail qui aura exigé une absorption de chaleur ; il existe donc dans les éléments non combinés une certaine somme de travail de disgrégation à l'état de force de tension ou d'énergie potentielle, et c'est ce travail de disgrégation qui apparaît après la combinaison, sous forme de travail de vibration. La quantité totale de chaleur qui devient ainsi libre ne dépend que de l'état initial et de l'état final des corps mis en présence : elle est indépendante de leurs états intermédiaires, car à un changement déterminé dans les distances des molécules correspond une variation également déterminée des forces vives. La loi de la constance de la chaleur de combustion répond donc complètement à cette loi de la mécanique, en vertu de laquelle un corps qui tombe d'une certaine hauteur possède la même vitesse et, par suite, la même force vive, lorsqu'il est arrivé au bas de sa course, quel que soit le chemin qu'il ait suivi, qu'il soit tombé en chute libre, suivant la verticale, ou qu'il ait roulé sur un plan incliné, ou qu'il ait décrit toute autre trajectoire (cf. § 54).

284ᵇ. Relation entre la chaleur et les divers états de la matière. — La théorie des phénomènes calorifiques nous a conduit à concevoir les divers états de la matière d'une manière qui complète les notions générales exposées dans le livre Iᵉʳ (cf. § 15). A cet endroit de l'ouvrage, nous avons fait dépendre les divers états de la matière des distances mutuelles des molécules matérielles; actuellement nous les considérons comme le résultat des mouvements propres à ces molécules. Ces deux points de vue ne s'excluent pas l'un l'autre. En effet, tout ce que nous avons dit au § 15, relativement aux distances moyennes des molécules est exact, mais la théorie mécanique de la chaleur nous apprend, en outre, que le mode de mouvement des molécules dépend nécessairement de leurs distances mutuelles.

Les propriétés fondamentales de la matière sous ses différents états ont été étudiées avec détail dans les chapitres I, V et XI du livre II; l'explication que nous en avons alors donnée se trouve maintenant complétée par les notions que nous venons de développer, et qui montrent les atomes de la matière ne produisant de la force que lorsqu'ils sont en mouvement. Cette conception, déjà contenue en germe dans le *principe des vitesses virtuelles* (cf. § 21), semble devoir faire subir à la physique théorique des modifications profondes.

285. Chaleur animale. — La transformation des forces chimiques en chaleur et de la chaleur en travail mécanique est le moyen le plus puissant auquel ait recours l'industrie pour produire de la force motrice. A la physique technique il appartient d'étudier la construction des machines artificielles qui réalisent cette transformation de forces. Quant à la physique physiologique, elle applique à l'organisme animal les principes de la théorie de la chaleur.

ORIGINE DE LA CHALEUR ANIMALE. — Tous les animaux produisent de la chaleur ; la preuve en est que généralement les animaux, et en particulier leurs organes internes, possèdent une température supérieure à celle du milieu ambiant. Depuis Lavoisier, on s'accorde à regarder la production de la chaleur animale comme le résultat d'une combustion. Mais jusque dans ces derniers temps, on avait l'habitude de se représenter d'une manière bien plus simple que ne le permet l'état actuel de nos connaissances en thermodynamique, le rapport qui existe entre les combustions lentes accomplies au sein de l'organisme et la quantité de chaleur produite. On pensait, par exemple, que tous les phénomènes de combustion qui s'effectuent dans l'animal vivant servaient à fournir de la chaleur ; on admettait, en outre, que les éléments oxydables de l'organisme et des matières alimentaires, notamment le carbone et l'hydrogène, dégageaient, en brûlant, autant de chaleur quand ils faisaient partie d'une combinaison que lorsqu'ils se trouvaient à l'état de liberté. On en était ainsi arrivé à se figurer la production de la chaleur animale, comme consistant en une sorte de chauffage naturel,

qui, au point de vue des résultats, aurait pu être remplacé par la combustion directe de quantités de carbone et d'hydrogène égales à celles que
contiennent les produits d'oxydation des sécrétions. C'étaient là de pures
hypothèses contraires à la réalité des choses ; nous avons vu, en effet,
§ 283, que la chaleur,dégagée par la combustion d'un composé est plus
petite que la somme des chaleurs de combustion de ses éléments, de toute
la quantité mise en liberté pendant la formation de ce composé. L'hypothèse
d'après laquelle la totalité des phénomènes de combustion qui ont lieu dans
l'organisme animal serait employée à produire de la chaleur, n'est pas non
plus soutenable en présence du principe de la transformation des forces.

Les phénomènes chimiques dont le corps des animaux est le siège, consistent principalement dans l'oxydation des matières albuminoïdes, des substances hydro-carbonées et des graisses, tous corps riches en carbone et en
hydrogène, et, par contre, pauvres en oxygène. Les produits ultimes de la
transformation de ces composés très complexes sont, d'une part, l'*acide
carbonique* et l'*eau*, derniers termes de l'oxydation, d'autre part, l'*ammoniaque*, composé d'azote et d'hydrogène [ou plutôt l'*urée*, qui se transforme
aisément en carbonate d'ammoniaque]. Toutes les fois que l'animal accomplit un travail, qu'il s'agisse de produire plus de chaleur, ou de mettre en
jeu la contractibilité musculaire, il y a augmentation de la quantité d'oxygène employé à la combustion et exhalation plus abondante d'acide carbonique et d'eau, tandis que la quantité d'azote éliminé reste la même ou ne
varie que peu. Sous le rapport du processus chimique, la machine animale
offre donc une certaine ressemblance avec la machine à vapeur ; dans les
deux cas il y a combustion. Tandis que le carbone et l'hydrogène qui
alimentent la machine à vapeur lui sont présentés sous la forme brute de
bois ou de houille, l'animal tire son combustible des produits variés qui
composent sa nourriture, et que lui fournissent le règne végétal et le règne
animal. Dans l'une des machines comme dans l'autre, l'acide carbonique et
l'eau sont les produits ultimes de la combustion des éléments carbonés et
hydrogénés ; mais l'organisme animal, sans doute en raison de la nature
particulière des combustions dont il est le siège, donne un troisième produit
de décomposition, l'urée.

Dans la machine à vapeur le combustible s'unit directement à l'oxygène
et brûle rapidement ; dans le corps des animaux, la combustion est *lente*,
et l'oxydation des matériaux s'y opère d'une manière un peu différente. Les
éléments qui entrent dans la composition des tissus de l'organisme et des
matières alimentaires ne sont pas aptes à subir une combustion vive et
directe ; ils ne s'unissent à l'oxygène que lentement et par degrés successifs,
sous l'influence d'une excitation spéciale agissant d'une manière continue
pour entretenir la combustion. Le processus chimique qui s'accomplit dans
l'organisme animal est semblable à celui de la fermentation et de la putré-
faction, où nous voyons une matière albuminoïde complexe, douée de vie ou
dépourvue d'organisation, le *ferment,* déterminer la décomposition lente et
successive d'autres substances appropriées à ce genre de métamorphose.

L'origine de la chaleur animale a été l'objet d'un grand nombre de travaux.
Despretz et Dulong, chacun de leur côté, ont institué dans ce but une série
de recherches, les plus complètes que la science ait faites jusqu'à ce jour. A

l'exemple de Lavoisier, ils mesuraient directement, au moyen d'un calori-mètre à eau, la quantité de chaleur perdue par un animal dans un temps donné; d'un autre côté, ils évaluaient la chaleur produite dans le même temps, en déduisant de la quantité d'oxygène absorbé et de la composition des gaz expirés, les proportions de carbone et d'hydrogène brûlés, et en multipliant le poids de chacun de ces corps par sa chaleur de combustion. La méthode de calcul employée par Despretz et par Dulong dans cette deuxième partie du problème s'appuie sur des hypothèses inadmissibles, car elle suppose : 1° que la chaleur fournie par la combustion d'un corps composé est égale à la somme des quantités de chaleur produites par l'oxy-dation de chacun de ses éléments considérés à l'état libre, et nous avons vu (§ 283) que cette proposition est inexacte; [2° que tout l'oxygène absorbé est employé à transformer le carbone en acide carbonique, et l'hydrogène en eau.] Quoi qu'il en soit, en partant des résultats trouvés par Despretz et Dulong pour la chaleur perdue par un animal, M. Helmholtz estime à 2700 calories la quantité de chaleur produite journellement par l'homme; cette quantité de chaleur élèverait de 1°,2 par heure la température du corps, si le rayonnement, l'évaporation et les autres causes de déper-dition ne rétablissaient à chaque instant l'équilibre.

285ª. Transformation de la chaleur de combustion en travail musculaire. — Dans la machine à vapeur, le combustible, en brûlant, engendre de la chaleur et du travail mécanique. Il en est de même dans le corps des animaux. Nous devons donc nous attendre à ce que la chaleur et le travail produits dans un temps donné par un animal représentent une somme de forces mécaniques équivalente à la quantité de force vive développée par la combustion des matériaux de l'organisme [en faisant abstraction du travail consommé par l'activité du système nerveux]. Jusqu'à ce jour, il n'a pas été possible de vérifier par des mesures précises cette conséquence de la théorie; les recherches instituées dans ce but par Lavoisier, Dulong, Despretz, MM. Regnault et Reiset, Andral et M. Gavarret, M. Boussingault, M. Petten-koffer, etc., ont été exécutées à une époque où les travaux de M. Frankland ne nous avaient pas encore fait connaître la chaleur de combustion des sub-stances alimentaires; de plus, la chaleur dégagée par les animaux n'a jamais pu être déterminée avec une précision suffisante. Néanmoins tous les faits connus, tous les résultats fournis par l'observation, tendent à prouver que la combustion des aliments est l'unique source de la chaleur animale et du travail de la contraction musculaire. Chaque fois que le corps accomplit un travail mécanique ou qu'il éprouve une perte de chaleur, les phénomènes d'oxydation y deviennent plus actifs; ce surcroît d'activité des combustions organiques se manifeste par une plus grande consommation de matières, surtout de matières hydro-carbonées, et par une formation plus abondante d'acide carbonique. Quand le travail mécanique effectué augmente, la pro-duction de la chaleur devient aussi, il est vrai, plus considérable, mais, relativement à la quantité d'oxygène consommé, la chaleur dégagée est toujours inférieure à ce qu'elle serait si le corps restait au repos.

Nous pouvons donc comparer le corps des animaux à une machine main-tenue à une certaine température constante par un chauffage non inter-rompu et prête à tout instant à transformer sa chaleur en travail mécanique.

Tel serait le cas d'une locomotive chauffée, mais au repos ; si nous imagi-nons que cette locomotive soit munie d'un dispositif spécial qui lui permette d'employer la force élastique dè sa vapeur à l'entretien de son feu, nous au-rons rendu la comparaison encore plus exacte. En effet, la machine animale travaille constamment pour entretenir les phénomènes de combustion dont elle est le siège, et ce sont les appareils de la respiration et de la circula-tion qui s'acquittent de cette fonction. Mais aucune portion de la force motrice développée par la contraction du cœur et par les puissances qui mettent en mouvement la cage thoracique n'est transmise au dehors ; tout le travail pro-duit disparaît dans le corps même, où il est employé à vaincre la résistance due au frottement du sang contre les parois vasculaires et au jeu des articu-lations mues par les muscles. Le travail qui est ainsi absorbé par les résis-tances internes n'est pas *détruit :* il se convertit de nouveau en chaleur qui est rendue en entier à l'économie ; nous pouvons donc le compter comme chaleur libre.

Au contraire, toute consommation de force motrice employée à vaincre une résistance extérieure se fait aux dépens de la chaleur développée dans le corps, et ne lui est plus restituée ; en conséquence, pour que la tempéra-ture de l'animal ne baisse pas dans ces conditions, il faut que les phé-nomènes de combustion deviennent plus actifs. C'est, en effet, ce qui arrive ; et l'observation montre, en outre, qu'en général, l'accroissement des combustions internes est plus grand que ne l'exige le maintien de la température propre de l'animal. Aussi, toutes les fois qu'un animal *travaille,* produit-il une plus grande quantité de chaleur, et l'excès de calorique qui n'est ni converti en travail, ni utilisé pour l'entretien de la température se trouve enlevé, au fur et à mesure de sa production, par des phénomènes de compensation, tels que l'évaporation qui a lieu à la surface de la peau et des poumons, phénomènes dont il sera parlé dans le paragraphe suivant.

Le *rendement* d'une machine se mesure par le rapport du travail utile au travail moteur. Les machines à vapeur les plus perfectionnées donnent un rendement qui s'élève en moyenne à 1/8, rarement au delà ; sur 100 unités de chaleur produite, il n'y en a que 12 ou 13 qui soient trans-formées en travail mécanique utile ; les 87 calories restantes sont perdues en frottement, par exemple, et restent à l'état de chaleur libre. Une évaluation approximative fixe à 1/5 le rendement du corps humain, c'est-à-dire que 20 °/₀ de la chaleur de combustion développée dans l'organisme de l'homme peuvent être utilisés comme force motrice.

D'après les expériences de M. Smith, par exemple, un homme qui élève son propre corps à une hauteur de 571 mètres en une heure, exhale 5 fois plus d'acide carbonique que lorsqu'il est au repos ; il produit ainsi une quantité de chaleur capable de faire monter de 6° par heure la température de son corps. Or, le travail mécanique accompli pour élever à une hauteur de 571 mètres un poids égal à celui de l'homme équivaut à une quantité de chaleur qui produirait une augmentation de température de 1°,3, ce qui représente 20 °/₀ de la chaleur totale développée par la combustion.

La supériorité de la machine animale sur les machines industrielles est due, sans doute, à la lenteur particulière avec laquelle s'accom-plissent les combustions intra-organiques.

Ce qui est vrai du corps de l'homme pris dans son ensemble, s'applique également à chacun de ses organes considéré isolément. Toute glande, tout muscle à l'état d'activité, fonctionne conformément au principe de l'équivalence entre la chaleur et le travail mécanique. Le système musculaire seul a été étudié à ce point de vue : on a constaté que la chaleur diminue momentanément quand le muscle se contracte, et n'augmente qu'après le relâchement de l'organe ; la fibre musculaire, en se contractant, effectue un travail dû à la conversion d'une quantité équivalente de chaleur ; pendant le relâchement, du travail devient disponible et repasse à l'état de chaleur sensible.

[Mais ici il importe de distinguer plusieurs cas. « La contraction musculaire, dit M. Gavarret[1], en conservant la même énergie et en s'accompagnant de combustions internes de même intensité, peut s'effectuer dans trois conditions très différentes. — Dans un premier cas, le muscle contracté soutient un poids donné à une hauteur déterminée ; le muscle est tendu en contraction *statique*, mais il n'effectue *aucun travail*. — Dans un second cas, le même poids est soulevé à une hauteur déterminée, et arrive, sans vitesse, à l'extrémité de sa course ascensionnelle ; le muscle est en contraction *dynamique*, et effectue un *travail positif* égal au produit du poids évalué en kilogrammes par la hauteur de course évaluée en mètres. — Enfin, dans un troisième cas, le poids descend de la même hauteur toujours soutenu par le muscle contracté, qui annule à chaque instant la vitesse communiquée par la pesanteur ; le muscle est encore en contraction dynamique, mais il accomplit un *travail négatif* de même valeur que le travail positif du cas précédent, puisqu'il détruit la *force vive* qu'aurait acquise le poids en tombant librement de la même hauteur. » Dans quelque circonstance que la contraction s'effectue, la température du muscle s'élève toujours ; mais les résultats expérimentaux obtenus par M. J. Béclard et confirmés par les recherches de M. Heidenhain, ont montré que l'élévation de la température, pendant la contraction statique, est *plus grande* que pendant la contraction dynamique avec *travail positif*, et *plus petite* que pendant cette même contraction dynamique avec *travail négatif*.

Ces faits s'expliquent tout naturellement par les considérations suivantes empruntées à M. Gavarret : « Quand le muscle, en contraction *statique*, est tendu sans travail effectué, la réaction chimique intérieure est *tout entière* représentée par la chaleur *sensible* dégagée. — Pendant la contraction dynamique, avec *soulèvement* de poids, l'élévation de température du muscle n'accuse pas *toute* la chaleur développée par les combustions intérieures ; la portion de cette chaleur qui *disparaît* est transformée par *voie d'équivalence* en travail mécanique. — Enfin si, pendant qu'il soutient le poids dans sa chute, le muscle acquiert une température supérieure à celle que peuvent lui communiquer les réactions chimiques intérieures, c'est qu'il fixe à son profit une quantité de chaleur *équivalente* à la *force vive détruite* du poids qu'il arrête dans sa course descendante. »

[1] GAVARRET, *Les phénomènes de la vie*, p. 131. Paris, 1869.

M. Hirn, en mesurant à la fois. la quantité d'oxygène consommé, la chaleur sensible.dégagée, et le travail produit par un homme dans un temps
donné, a aussi reconnu que le *travail positif* consomme de la chaleur,
tandis que le *travail négatif* en dégage. Quand.l'homme monte un escalier,
par exemple, son système musculaire, en se contractant accomplit un travail mécanique *positif;* pendant l'ascension la quantité d'oxygène consommé
augmente, et à chaque gramme de ce gaz correspond une quantité de chaleur
sensible *inférieure* à celle qui serait mise en liberté pendant le repos; une
partie de la chaleur de combustion disparaît donc pour se transformer en
travail mécanique. Si, au contraire, l'homme descend le même escalier, il
accomplit un travail *négatif*, et la quantité d'oxygène consommé augmente
aussi, comme dans le premier cas, mais la chaleur sensible dégagée est
alors *supérieure* à celle que peut produire l'oxygène; il faut donc que la
force vive détruite pendant la descente se soit convertie en chaleur et
qu'elle ait ainsi contribué à accroître la quantité de chaleur sensible
mise en liberté.]

286. Température du corps dans l'état de santé. — Les animaux doivent à la
chaleur qu'ils produisent continuellement de posséder une température
propre, en général supérieure à celle du milieu ambiant. Le degré de cette
température dépend à la fois de la quantité de chaleur formée et de la quantité de chaleur perdue dans le même temps. Les causes de refroidissement
sont multiples : le rayonnement, le contact du milieu ambiant, l'évaporation de la sueur à la surface de la peau et du poumon occasionnent la
perte la plus considérable; la quantité de chaleur enlevée au corps de
l'homme par ces trois causes réunies est évaluée à 77 0/0 de la perte
totale. Le réchauffement de l'air inspiré, des boissons et des aliments
ingérés.intervient aussi pour une faible part dans le refroidissement du
corps de l'animal.

Quand la production et la perte de chaleur ne varient pas, la température
ne tarde pas à devenir constante. Lorsque cet état d'équilibre se trouve
atteint, c'est que pendant chaque intervalle de temps, d'ailleurs quelconque,
la chaleur perdue est égale à la chaleur produite; si, par exemple, le corps
de l'animal engendre 1,87 calories, il perd la même quantité de chaleur par
voie de rayonnement, d'évaporation, de conductibilité, etc. Mais quand la
température reste constante, il ne s'ensuit pas nécessairement que la production et la perte de chaleur conservent les mêmes valeurs absolues; il suffit
pour que la température du corps soit invariable, que le gain et la perte de
chaleur varient dans le même sens et dans le même rapport. C'est
précisément ce qui arrive pour les animaux *à sang chaud* ou *à températu-
ture constante;* les gains et les pertes de chaleur s'y compensent presque
toujours de telle sorte que la température de leurs organes internes demeure
à peu près invariable.

Chez les animaux *à sang froid* ou *à température variable*, la
compensation n'a pas lieu, ou, du moins, elle est insuffisante, parce que,
d'une part, ces animaux produisent moins de chaleur que les animaux
à sang chaud, et que, d'autre part, le plus grand nombre d'entre eux sont
soumis à des causes de refroidissement plus puissantes. En général,
la température des animaux à sang froid surpasse, à peine de quelques

degrés celle du milieu ambiant ; elle peut même descendre au-dessous, quand l'évaporation qui se fait à la surface de leur corps devient plus abondante et enlève ainsi plus de chaleur ; c'est là un fait qui prouve le peu d'activité de la calorification dans ces organismes. Beaucoup d'animaux à sang froid passent une partie ou la totalité de leur existence dans l'eau, c'est-à-dire dans un milieu qui possède un pouvoir refroidissant considérable. Pour qu'un être vivant, placé dans de pareilles conditions, conserve une température propre, supérieure à celle du milieu ambiant, il faut qu'il soit le siège de combustions respiratoires d'une grande intensité, et qu'il soit organisé de façon à atténuer autant que possible la déperdition de la chaleur ; aussi les animaux à sang chaud qui vivent habituellement dans l'eau, les cétacés par exemple, ont-ils la peau doublée d'une épaisse couche de graisse, corps mauvais conducteur de la chaleur.

Toutes choses égales d'ailleurs, la perte de calorique est d'autant moins grande que la surface d'un corps est plus petite relativement à son volume.

Si nous voulions nous rendre exactement compte des lois qui règlent dans le corps humain la production et la dépense de la chaleur, nous aurions besoin de connaître : 1° la distribution de la chaleur dans l'organisme, c'est-à-dire le degré de température en chaque point ; 2° la conductibilité de tous les organes et de tous les tissus pour la chaleur ; malheureusement, la plupart de ces données nous manquent dans l'état actuel de la science. Mais, comme la circulation du sang établit entre tous les organes internes un échange continuel de chaleur, on peut admettre que les différences de température qui tendent à se produire sont sans cesse neutralisées, et que, par suite, toutes les parties intérieures du corps se trouvent sensiblement à la même température. La supposition que nous venons de faire est assez bien justifiée par l'observation : on n'a constaté entre les températures des viscères internes, des cavités profondes accessibles au thermomètre (cavité buccale, rectum), du sang du cœur droit et de celui du cœur gauche, que des différences en général peu marquées. [Chez l'homme, la température de la bouche prise sous la langue est en moyenne de 37°,1 à 37°,2 ; dans le rectum et le vagin, elle est de 37°,3 à 37°,4. D'après M. Jürgensen, qui base ses conclusions sur le chiffre énorme de 11.000 essais thermométriques, la température dans le rectum serait de 37°,87 chez l'homme sain. La moyenne généralement admise pour la température prise sous l'aissele est de 37°.

Les recherches de Malgaigne, de M. G. de Liebig, de Claude Bernard, de Walferdin, de M. G. Colin, de MM. Jacobson et Bernhardt ont montré que chez les animaux, le sang du cœur droit possède une température supérieure de quelques dixièmes de degré (0°,1 à 0°,4) à celle du sang du cœur gauche ; ce fait indique que le sang se refroidit un peu en traversant les poumons.]

En somme, nous pouvons considérer les parties intérieures du corps humain comme formant un tout, qui possède une conductibilité thermique sensiblement égale à celle de l'eau, ou en tout cas très voisine, puisque tous les tissus de l'organisme sont imprégnés d'un liquide aqueux. Le corps pris ainsi en bloc reçoit en moyenne 1,87 calories par minute ;

comme le poids moyen de l'homme adulte est de 60 kilogrammes, il en
résulte qu'une quantité de chaleur égale à $\dfrac{1.87}{60} = 0°,0311$ est fournie
par minute à chaque kilogramme de matière organique.

Le corps est recouvert extérieurement d'une enveloppe qui conduit mal
la chaleur; nous voulons parler de la peau et de la couche graisseuse dont
elle est doublée. La température de la peau même est assez variable, excepté dans les points où la membrane cutanée se replie sur elle-même de
manière à circonscrire un espace presque entièrement clos qui prend la
température de l'intérieur du corps ; telle est la disposition qui se rencontre
dans l'aisselle, et c'est pour cela qu'on choisit habituellement cette région
pour y prendre la température.

286ª. Régulateurs de la température du corps. — L'enveloppe cutanée renferme
des *vaisseaux sanguins* et des *glandes sudoripares;* ce sont là les appareils de compensation destinés à régler le rapport entre la production et la
perte de chaleur. Suivant que les vaisseaux sanguins se dilatent ou se resserrent, le sang chaud venant de l'intérieur de l'organisme afflue en plus ou
moins grande abondance à la surface du corps; de là, des variations correspondantes dans la quantité de chaleur enlevée par le rayonnement et par
le contact du milieu ambiant. Sous l'action du froid extérieur les fibres
musculaires qui entrent dans la composition des parois des artérioles se
contractent [probablement par l'intermédiaire des vaso-moteurs], rétrécissent ainsi la lumière du vaisseau, et, par suite, en diminuent le débit; l'application de la chaleur produit l'effet inverse, relâchement des muscles,
dilatation consécutive des vaisseaux et afflux plus grand de sang. On voit
donc que l'influence de la température extérieure suffit pour déterminer le
fonctionnement en quelque sorte automatique de l'appareil qui sert de régulateur à la déperdition de la chaleur.

Les glandes sudoripares aident aussi à régulariser la température : les
orifices de ces glandes livrent passage au liquide sécrété qui se répand à la
surface de la peau et s'y évapore continuellement; cette évaporation de l'eau
renfermée dans la sueur absorbe une certaine quantité de chaleur qui est
soustraite au corps. La température extérieure exerce sur les parois, et probablement aussi sur les nerfs de sécrétion des glandes sudoripares, la même
influence que sur les vaisseaux sanguins : le froid ralentit la sécrétion de
ces glandes; la chaleur l'active. . . .

286ᵇ. Appareils de protection contre le froid. Vêtements. — Indépendamment des
organes régulateurs de la déperdition de la chaleur, dont nous venons d'exposer le fonctionnement et qui sont constamment en activité, un grand
nombre d'animaux possèdent, dans les poils ou les plumes dont leur corps
est recouvert, un appareil de protection qui les garantit contre les variations extrêmes de la température extérieure. Le pelage et le plumage ont des
épaisseurs différentes suivant les climats et suivant les saisons, en sorte que
la perte de chaleur se proportionne au degré de la température ambiante.

L'homme emploie dans le même but des vêtements plus ou moins chauds.
En vertu de la loi de Newton (voy. § 278), la vitesse du refroidissement
d'un corps est proportionnelle à l'excès de température de ce corps sur le
milieu environnant; mais nous pouvons diminuer la perte de calorique en

nous enveloppant de substances qui conduisent mal la chaleur (cf. § 277°).
Quand ce moyen ne suffit pas à maintenir la température de notre corps,
faut, pour rétablir l'équilibre, que la production de chaleur augmente, et
par conséquent, que les combustions respiratoires deviennent plus actives.

286°. Température du corps dans l'état de maladie. — Dans les maladies qui s'accompagnent d'un état fébrile, les régulateurs cutanés de la température sont
vivement affectés ; les vaisseaux sanguins, en particulier, se resserrent pendant le stade de froid de la fièvre, comme s'ils étaient soumis à un abaissement subit de température ; pendant le stade de chaleur, ils se dilatent,
ainsi qu'ils le font quand la température extérieure s'élève. En effet, au
moment du frisson, la peau devient plus froide ; conséquemment, la température intérieure doit augmenter. La chaleur fébrile qui suit le stade de froid
est due en partie à l'élévation de la température intérieure produite par un
ralentissement dans la déperdition du calorique, en partie aussi à un surcroît d'activité dans la formation de la chaleur.

Le fait observé par Bærensprung, que le thermomètre placé sous l'aisselle indique une
élévation de température dès le début de la fièvre pendant le stade de froid, ne prouve pas
que la peau soit aussi plus chaude, car nous avons vu, § 286, qu'on obtient de cette manière,
non la température de l'enveloppe cutanée, mais une température à peu près égale à celle
des parties centrales. On ne saurait donc accepter l'opinion avancée par Bærensprung,
d'après laquelle un accroissement dans la déperdition de la chaleur nous donnerait déjà la
sensation du froid ; d'ailleurs cette hypothèse est en désaccord avec toutes les autres données
expérimentales que nous fournissent nos sensations calorifiques.

[La mensuration de la température dans les maladies a acquis une grande
importance en médecine, et de nos jours le praticien ne saurait se dispenser de recourir à l'emploi du thermomètre au lit du malade. Pour montrer l'importance de la *thermométrie médicale*, nous reproduisons ici les
raisons présentées à ce sujet par M. Wunderlich dans la préface de son
Traité sur la marche de la température dans les maladies ; ces argu-
ments sont les suivants :

Tout phénomène morbide offre un intérêt scientifique ; il est possible de
mesurer la température du corps avec un degré de précision auquel atteignent les mensurations de bien peu de symptômes ; l'état de la température
ne peut être ni simulé ni dissimulé ; un simple écart de la chaleur normale
suffit, sans autres signes, pour dénoter un trouble de l'organisme ; l'élévation de la température au delà d'une certaine limite est le seul signe certain
de la fièvre ; dans bien des cas, le degré marqué par le thermomètre mesure
en quelque sorte l'intensité et la gravité de la maladie ; la mensuration de
la température permet parfois de découvrir la loi que suit la marche de certaines formes morbides ; quand cette loi est trouvée, l'observation, à l'aide
du thermomètre, peut faciliter et assurer le diagnostic ; elle décèle, plus
sûrement et plus rapidement que tout autre moyen, les moindres irrégularités qui surviennent dans la marche de l'affection, elle indique si la maladie
est en voie d'amélioration ou d'aggravation ; il en résulte que la thermométrie médicale permet de contrôler l'effet du traitement, etc.

Pour donner une idée de la marche de la température morbide, nous empruntons à l'article CHALEUR du *Nouveau Dictionnaire de médecine et de
chirurgie pratiques* deux exemples de courbes thermométriques. La

figure 359 représente le tracé graphique de la température pendant un accès
de *fièvre intermittente*. On voit que dans l'espace de 2 heures, la tempéra-

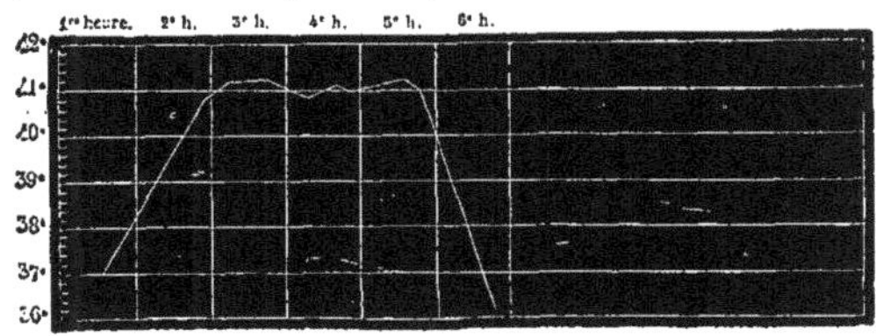

Fig. 359. — Courbe thermométrique prise pendant un accès de *fièvre intermittente*,

ture centrale monte de 37° à 41°, qu'elle se maintient à ce niveau pendant
près de 3 heures, pour redescendre rapidement à son degré normal.

La figure 360 se rapporte à une *pneumonie sénile ;* ici les variations de

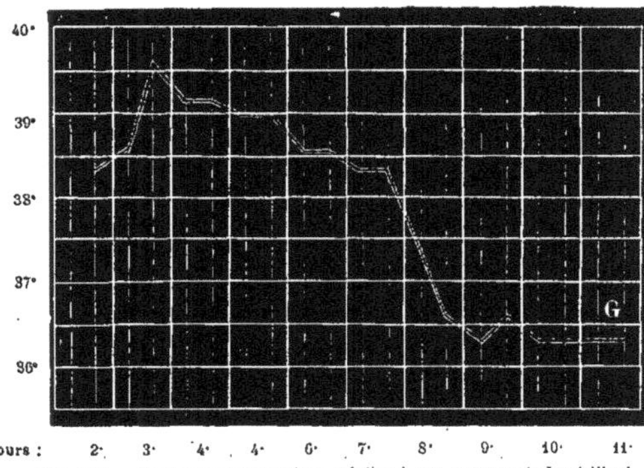

Fig. 360. — Courbe thermométrique relative à une *pneumonie* de vieillard.

la température sont moins grandes et moins rapides ; ce n'est qu'au bout de
10 jours que la chaleur revient à son état normal.]

[INDICATIONS BIBLIOGRAPHIQUES RELATIVES A LA CHALEUR ANIMALE

LAVOISIER et LA PLACE, Mémoire sur la chaleur; art IV : De la combustion et de la respiration
(*Mémoires de l'Acad. des Sciences*, 1780, p. 393). .
SEGUIN et LAVOISIER, Premier mémoire sur la respiration des animaux (*Ibid.*, 1789, p. 566).
J. DAVY. An account of some experiments on animal Heat (*Philosoph. Transact.*, 1814,
2e part.; traduction dans *Biblioth. britannique*, 1815. Sciences et arts, t. LX, p. 105). —
Observations on the temperatur of Man and animals (*Edinb. philosoph. Journal*, 1825 ;
extrait dans *Annales de chimie et de physique*, 1826, 2e série, t. XXXIII, p. 181).
DE LA RIVE, Observations sur les causes présumées de la chaleur propre des animaux (*Biblioth.
univ. de Genève*, 1820, Sciences et arts, t. XV, p. 37).

Despretz, Recherches expérimentales sur les causes de la chaleur animale (*Ann. de chimie et de phys.*, 2ᵉ série, 1824, t. XXVI, p. 337).

Dulong, Mémoire sur la chaleur animale (*Ann. de chimie et de phys.*, 3ᵉ série, 1841, t. I, p. 440).

Bécquerel et Breschet, Mémoires sur la chaleur animale (*Ann. des Sciences natur.*, *zoologie*, 2ᵉ série, 1835, t. III, p. 257, et t. IV, p. 243).

Gavarret, Recherches sur la température du corps dans la fièvre intermittente (l'*Expérience*, 1839).

F. Nasse, Ueber krankhafte Wärmeerzeugung im menschlichen Körper (*Schmidt's Jahrbücher*, mars 1849).

H. Roger, Recherches expérimentales sur la température des enfants (*Arch. gén. de méd.*, 1844, 4ᵉ série, t. V, p. 273 et 467 ; et 1845, 4ᵉ série, t. VI, p. 466).

Martens, Sur les théories chimiques de la respiration et de la chaleur animale (*Bullet. de l'Acad. royale de Bruxelles*, 1845, t. IV).

Helmholtz, Ueber die Wärmeentwickelung bei der Muskelaction (*Müller's Archiv f. Anatom. u. Physiol.*, 1848, p. 144).

Mayer, *Die organische Bewegung in ihrem Zusammenhange mit dem Stoffwechsel*. Heilbronn, 1845. — Ueber das Fieber (*Archiv d. Heilkunde*, 1862). — *Die Mechanik der Wärme*. Stuttgart, 1867 (simple réimpression des publications antérieures).

Donders, *Der Stoffwechsel als die Quelle der Eigenwärme bei Pflanzen und Thieren*. Wiesbaden, 1847.

Wurtz, *Production de la chaleur dans les êtres organisés* (thèse de concours). Paris, 1847.

Demarquay, *Recherches expérimentales sur la température animale* (dissert. inaugurale.) Paris, 1847.

W. Parker, *A treatise on the cause and nature of vital heat*. Barnstaple, 1850.

Von Bærensprung, Untersuchungen über die Temperaturverhältnisse des Fœtus und des erwachsenen Menschen im gesunden und kranken Zustande (*Müller's Archiv f. Anat. u. Physiol.*, 1851, p. 125).

H. Nasse, art. Thierische Wärme, dans *R. Wagner's Handwœrterb. der Physiologie*, 1853, t. IV, p. 1.

G. Liebig, *Ueber die Temperaturunterschiede des venœsen und arteriellen Blutes*. Giessen, 1853.

Gavarret, *De la chaleur produite par les êtres vivants*. Paris, 1855.

H.-B. Maurice, *Des modifications de la température animale dans les affections fébriles* (diss. inaug.). Paris, 1855.

Claude Bernard, Recherches expérimentales sur la température animale (*Compt. rend.*, 1856, t. XLIII, p. 329 et 561).

A. Spielmann, *Des modifications de la température animale dans les maladies fébriles aiguës et chroniques* (diss. inaug.). Strasbourg, 1856.

Matteucci, Sur les phénomènes physiques et chimiques de la contraction musculaire (*Comptes rend.*, 1856, t. XLII).

Hirn, *Recherches sur l'équivalent mécanique de la chaleur*. Colmar et Paris, 1858 ; 2ᵉ édit., Paris, 1865.

F. Hoppe, Ueber den Einfluss des Wärmeverlustes auf die Eigentemperatur warmblütiger Thiere (*Archiv f. pathol. Anatom. u. Physiol.*, 1857, t. XI, p. 453).

Coulier, Expériences sur les étoffes considérées comme agents protecteurs contre la chaleur et le froid (*Journal de physiol. de Brown-Séquard*, 1858).

Wuerlitzer, *De temperatura sanguinis arteriosi et venosi adjectis quibusdam experimentis* (diss. inaug.). Greifswald, 1858.

Liebermeister, Die Regulirung der Wärmebildung bei den Thieren von constanter Temperatur (*Deutsche Klinik*, 1859, nᵒ 40). — Physiologische Untersuchungen über die quantitativen Veränderungen der Wärmeproduction (*Arch. f. Anat. u. Physiol.*, 1860, p. 520 et 589 ; 1861, p. 28 ; 1862, p. 661.)

J. Béclard, De la contraction musculaire dans ses rapports avec la température animale (*Arch. génér. de méd.*, 1861, 5ᵉ série, t. XVII, p. 24).

Mantegazza, Della temperatura delle orine in diverse ore del giorno e in diversi climi (Extrait dans *Compt. rend.*, 1862, t. LV, p. 241).

Verdet, Exposé de la théorie mécanique de la chaleur (*Leçons de la Société chimique de Paris*, professées en 1862).

Fokker, *Over de Temperatur van des mensch in gezonden en zieken toestand*. Leyden, 1863.

Duclos, *Quelques recherches sur l'état de la température dans les maladies* (diss. inaug.). Paris, 1864).

W. Kernig, *Experimentale Beiträge zur Kenntniss der Wärmeregulirung beim Menschen* (diss. inaug.). Dorpat, 1864.

Heidenhain, *Mechanische Leistung, Wärmentwicklung und Stoffumsatz bei der Muskelthätigkeit*. Leipzig, 1864.

J. Vogel, Ueber die Temperaturverhältnisse des menschlichen Körpers, mit besonderer Rücksicht auf ihre Ursachen und auf die Versuche den Werth der letzteren numerisch zu bestimmen (*Arch. f. wissenschaftl. Heilkunde*, 1864, p. 441).

Dufour, *La constance de la force et des mouvements musculaires*. Lausanne, 1865.

P. Dupuy, De la contraction musculaire dans ses rapports avec la chaleur animale (*Gaz. médic. de Paris*, 1865, 3e série, t. XX, p. 626 et 646.) — De la chaleur et du mouvement musculaire (*Ibid.*, 1867, 3e série, t. XXII, p. 493, 524, 567, 580, 641, 673)

Berthelot, Sur la chaleur animale (*Journal de l'anatomie et de la physiologie de l'homme et des animaux*, par Ch. Robin, 1865).

Ladé, *De la température du corps dans les maladies*. Genève, 1866.

Ladame, *Le thermomètre au lit du malade*. Neuchâtel, 1866.

Onimus, *De la théorie dynamique de la chaleur dans les sciences biologiques* (diss. inaug.). Paris, 1866.

Frankland, On the source of muscular power (*Roy. Institut. of Great-Britain.*, 1866; trad. in *Revue des cours scientifiques*, 1867).

H. Buignet, P. Bert et Hirtz, article Chaleur animale (*Nouveau dict. de méd. et de chir. pratiques*, 1867, t. VI, p. 714).

Wunderlich, *Das Verhalten der Eigenwärme in Krankheiten*. Leipzig, 1868; 2e édit., Leipzig, 1870.

Juergensen, Zur Lehre von der Behandlung fieberhafter Krankheiten mittelst des kalten Wassers. Theoretische Vorstudien: I. Ueber den typischen Gang der Tageswärme des gesunden Menschen (*Deutsches Archiv f. klinische Medicin*, 1867, t. III, p. 165; 1868, t. IV, p. 110).

Billet, *Études cliniques sur la température, le pouls et la respiration* (diss. inaug.). Strasbourg, 1868.

De Wintschgau et Dietl, Untersuchungen über das Verhalten der Temperatur im Magen und im Rectum während der Verdauung (*Sitzber. d. Akad. der Wissensch.*, 1869, t. LX).

Gavarret, *Les phénomènes physiques de la vie*. Paris, 1869.]

LIVRE VI

DE L'ÉLECTRICITÉ

287. Aperçu général des phénomènes électriques. — On appelle *électricité*
une force physique dont la nature est encore inconnue. L'existence de cette
force ne nous est pas démontrée comme celle du son, de la lumière, de la
chaleur, par des sensations d'un caractère spécial. L'électricité, cependant,
possède au plus haut degré la propriété d'exciter le système nerveux ; mais
elle agit comme le ferait tout- autre mode d'excitation : sur les nerfs
optiques, elle produit une sensation de lumière ; sur ceux de l'ouïe, une
sensation auditive ; sur les nerfs de la sensibilité générale, elle détermine
des sensations de douleur plus ou moins intenses.

L'électricité présente, en outre, une certaine analogie avec la pesanteur,
car les corps électrisés se comportent souvent comme les corps pesants : ils
peuvent s'attirer entre eux. Il y a toutefois des différences entre ces deux
agents : la pesanteur est une force inhérente aux corps mêmes, tandis que les
propriétés électriques n'existent que temporairement et se développent sous
l'influence de certaines causes, telles que le frottement, la chaleur, le contact des métaux hétérogènes, le mélange de liquides qui peuvent réagir les
uns sur les autres ; de plus, l'électricité contenue dans un corps se dissipe
rapidement en se portant sur les corps environnants. Enfin, la pesanteur
n'agit à distance que d'une seule manière, puisque tous les corps pesants
s'attirent ; l'électricité, au contraire, manifeste ses effets sous deux formes
opposées : tantôt les corps électrisés s'attirent, tantôt ils se repoussent. Pour
expliquer cette double manière d'agir de l'électricité et pour se faire une
idée nette des phénomènes qui en résultent, diverses théories ont été imaginées. Symmer admettait l'existence de deux fluides électriques impondérables, l'un positif, l'autre négatif. Ces deux fluides sont supposés renfermés dans tous les corps : quand le corps est à l'état *naturel*, les deux
fluides s'y trouvent combinés en quantités égales ; dans un corps électrisé,
la proportion de l'un des deux fluides l'emporte sur celle de l'autre.
Franklin supposait l'existence d'un fluide unique, impondérable aussi et
que chaque corps posséderait en quantité quelconque, déterminée à chaque
instant et variable. On ne doit accepter l'une ou l'autre de ces théories que

comme moyen de faciliter les démonstrations, car elle ne peuvent rendre compte de tous les faits observés; elles ne peuvent par suite être admises avec le même degré de certitude que la théorie des ondulations dans l'étude des phénomènes lumineux. L'emploi que nous ferons des expressions *fluide positif* ou *fluide négatif*, empruntées à la théorie de Symmer ne préjugera donc rien sur la nature de l'électricité que nous ignorons entièrement. Nous ne connaissons, en effet, cet agent que par ses effets, savoir l'attraction ou la répulsion réciproque des corps électrisés, la chaleur ou la lumière qu'il engendre, les actions chimiques et mécaniques auxquelles il donne naissance, la sensation que le passage d'un état électrique à un autre produit sur nos nerfs.

287ª. Plan du livre consacré à l'étude de l'électricité. — Dans l'étude des phénomènes électriques, nous nous occuperons d'abord de la production de l'électricité. Nous exposerons ensuite les méthodes à l'aide desquelles on peut mesurer l'intensité de cette force, et de cette mesure nous déduirons les lois de la recomposition électrique, puis celles du mouvement de l'électricité et des effets qui résultent de ce mouvement. Ces effets se manifestent, tantôt dans l'intérieur des corps parcourus par le fluide électrique, tantôt à l'extérieur. Nous distinguerons donc les effets qui prennent naissance dans le circuit même du courant électrique et ceux qui se produisent au dehors. Parmi ces actions à distance, il faut surtout signaler, comme ayant une importance capitale, les phénomènes *magnétiques* et *diamagnétiques*, l'*électro-magnétisme*, l'*induction électrique* et *magnétique*.

CHAPITRE PREMIER

ÉLECTRICITÉ STATIQUE, SOURCES D'ÉLECTRICITÉ

288. Développement de l'électricité par le frottement. Attraction et répulsion des corps électrisés. — L'électricité tire son nom de l'ambre jaune ou succin, en grec ἤλεκτρον. Les anciens avaient déjà remarqué que cette substance, frottée avec un morceau d'étoffe de laine, acquiert la propriété d'attirer les corps légers. La cire à cacheter, la résine, le verre, le soufre, etc., se comportent comme le succin : tous ces corps, frottés avec une étoffe de soie, de laine ou avec une peau de chat, de lapin; attirent les petits morceaux de papier, ou les petites balles de moelle de sureau qu'on leur présente. Une balle de sureau suspendue à un fil de soie constitue ce qu'on appelle un *pendule électrique*, le plus simple des appareils qui permettent de reconnaître

Fig. 361.
Pendule électrique.

la présence de l'électricité sur les corps (fig. 361); la balle de sureau se porte sur tout corps électrisé que l'on approche d'elle; puis, dès que le contact a été établi, elle est vivement repoussée. Approche-t-on un corps métallique d'un bâton de résine ou de verre qu'on a électrisé par des frictions énergiques, on voit une étincelle jaillir entre les deux corps ; en même temps on entend un petit bruit de pétillement, et le bâton de verre ou de résine n'est plus électrisé dans les points voisins de la tige métallique.

Une balle de sureau à laquelle on a communiqué par le contact l'électricité d'un bâton de verre électrisé par frottement est repoussée par tout bâton de verre électrisé de la même manière ; elle est, au contraire, attirée par un bâton de résine plus vivement que si elle n'était pas électrisée.

On peut augmenter jusqu'à une certaine limite la quantité d'électricité communiquée à la balle de sureau, en frottant le bâton de verre à plusieurs reprises, et en lui faisant chaque fois toucher la balle ; au contraire, cette dernière, mise en contact avec un bâton de résine électrisé, perd instantané-ment son électricité. Réciproquement, l'électricité obtenue par le frottement de la résine est neutralisée par l'électricité du verre.

288ª. Théories électriques : hypothèse des deux fluides ; hypothèse d'un seul fluide. Électricités positive et négative. — C'est à la suite de ces observations dues à l'académicien français Dufay, que, plus tard, Symmer a proposé l'hypothèse des deux fluides électriques. L'électricité engendrée par le frottement du verre est dite *positive ;* l'électricité contraire que donne la résine s'appelle *négative.* Ces dénominations signifient simplement que ces deux sortes d'électricité se détruisent comme des quantités affectées de signes con-traires en algèbre. C'est arbitrairement qu'on a considéré comme positive l'électricité vitrée ; car les deux électricités ne se distinguent, en général, que par leur action réciproque ; elles suivent toutes les deux les mêmes lois, à peu d'exceptions près.

[Les dénominations d'*électricité positive* et *négative* ont été imaginées par Franklin, qui admettait, comme nous l'avons dit, l'existence d'un fluide unique. Les corps à l'état neutre contiennent d'après lui une certaine quantité normale de fluide électrique ; les corps chargés d'électricité posi-tive renferment un excédant de ce fluide ; au contraire, les corps élec-trisés de la même manière que la résine en contiennent moins que la quantité normale. Cette théorie, développée par Æpinus à la fin du siècle dernier, abandonnée d'abord à cause de certaines difficultés qu'elle pré-sentait, tend aujourd'hui à reprendre le dessus et à être préférée à la théorie de Symmer.]

On admit dans le principe que chaque espèce d'électricité était propre à certaines substances ; c'est pour cela qu'on a appelé *vitrée* l'électricité *posi-tive, résineuse* l'électricité *négative.* Des expériences plus exactes ont prouvé que la nature de l'électricité développée ne dépend pas seulement de la nature des corps frottés, mais aussi de celle du corps avec lequel on les frotte. Une seule et même substance peut donc, suivant le cas, être élec-trisée positivement ou négativement.

Pour rechercher quelle est la nature de l'électricité que possède un corps, on compare ordinairement ses effets à ceux que produit l'électricité développée sur un bâton de verre frotté avec un morceau de peau ou d'étoffe de laine préalablement enduit d'un amalgame de zinc et d'étain. L'électricité ainsi obtenue est positive ; l'électricité de nature contraire est négative.

Quand on électrise un corps par le frottement, le frottoir est également électrisé, et son électricité est toujours de nom contraire à celle du corps frotté. Ainsi la peau qui sert à frotter un bâton de verre se charge d'électricité négative ; le morceau d'étoffe de laine avec lequel on électrise négativement un bâton de résine prend le fluide positif.

288ᵇ. Corps idio-électriques et anélectriques. — On nommait autrefois corps *idio-électriques* tous ceux qui, tenus à la main et frottés ensemble, prennent l'une ou l'autre électricité ; ceux qui, au contraire, ne peuvent pas s'électriser dans ces conditions étaient dits *anélectriques*. Le verre, la résine, la cire, le soufre, le cuir, la gutta-percha, etc., appartiennent à la première catégorie ; tous les métaux, le charbon, l'eau et les substances imbibées d'eau font partie de la seconde.

Au moyen de l'électroscope, que nous décrirons plus loin (voy. § 290), on peut démontrer que les actions les plus faibles suffisent à produire des traces d'électricité sur les substances idio-électriques. Ainsi, deux corps, même entièrement identiques, frottés l'un contre l'autre, s'électrisent l'un positivement, l'autre négativement. Si l'on coupe ou si l'on brise en deux un corps idio-électrique, l'une des sections prend l'électricité positive, et l'autre la négative. Nous verrons tout à l'heure que les corps anélectriques peuvent aussi s'électriser par le frottement, quand on a soin de les isoler pour empêcher que l'électricité ne se répande sur les corps environnants.

289. Corps conducteurs et non conducteurs de l'électricité. —Si l'on recouvre d'un vernis à la gomme-laque ou à la gutta-percha une baguette métallique dans la moitié de sa longueur et qu'on tienne à la main la partie vernie, pendant qu'on frotte l'autre moitié, le métal s'électrise faiblement ; mais l'électricité ainsi produite disparaît immédiatement, quand on touche avec la main la partie non vernie. Il faut conclure de là que, si on ne réussit pas dans les conditions ordinaires à électriser les corps anélectriques, c'est que l'électricité développée sur eux se porte aussitôt sur les corps avec lesquels ils sont en contact. Mais toutes les substances ne sont pas également aptes à enlever ainsi l'électricité développée sur un corps anélectrique ; si, par exemple, au lieu de tenir ce dernier à la main, on le soutient à l'aide d'une substance idio-électrique, telle que la cire, la gomme-laque, le soufre..., le corps anélectrique conserve l'électricité qui lui est communiquée par le frottement.

En outre, quand on frotte un bâton de résine ou de verre, les parties frottées sont les seules qui soient électrisées ; au contraire, une tige métallique traitée de la même manière se charge d'électricité dans toute son étendue, même dans les points non frottés. De tous ces faits nous concluons que les corps anélectriques, non seulement sont plus aptes que les idio-électriques à transmettre leur électricité aux corps environnants, mais encore qu'ils prennent plus facilement l'électricité des corps avec lesquels on les met en contact. Par ces motifs on appelle *conducteurs* de l'électricité les corps anélectriques, tandis que les idio-électriques sont dits *isolants* ou *non conducteurs*.

Les métaux occupent le premier rang parmi les corps bons conducteurs de l'électricité ; immédiatement après eux viennent certaines variétés de carbone, le graphite entre autres, puis les acides et les dissolutions salines, enfin l'eau et les tissus animaux et végétaux imbibés d'eau. Les huiles grasses, les huiles volatiles, la porcelaine, le cuir, les plumes, les cheveux

la laine, la soie, le mica, le verre, la cire, le soufre, la résine, l'ébonite, etc.,
sont des corps isolants.

290. Électroscope. — La propriété que possèdent les métaux de prendre
facilement aux autres corps leur électricité a été mise à profit pour reconnaître la présence de faibles traces d'électricité. Dans ce but on se sert ordinairement de l'*électrocospe à feuilles d'or*. Cet appareil consiste en
une cloche de verre (fig. 362) dont le sommet est percé d'une ouverture
fermée par un bouchon de liège que traverse un tube en
verre renfermant dans son intérieur une tige métallique.
Cette tige est terminée à sa partie supérieure par un bouton
métallique, et elle porte à sa partie inférieure deux feuilles
d'or très minces.

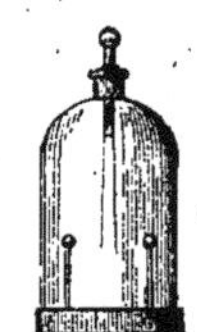

Électroscope
à feuilles d'or, de
Bennet.

Pour reconnaître si un corps, par exemple un bâton de
résine ou de verre, est électrisé, on le met en contact avec le
bouton de l'électroscope ; l'électricité se répand très rapidement sur la tige métallique et sur les feuilles d'or ; ces dernières divergent aussitôt, puisqu'elles sont chargées d'électricités de même nom qui se repoussent.

Au moyen de cet instrument on peut aussi reconnaître faci-
lement la nature de l'électricité. A cet effet, on électrise d'abord le bouton positivement à l'aide d'un bâton de verre frotté avec de la peau. Si on approche
ensuite du bouton un corps électrisé positivement, la divergence des feuilles
d'or augmente ; elle diminue, au contraire, ou disparaît même, si le nouveau corps possède de l'électricité négative.

L'électroscope peut encore servir à rechercher si un corps est bon ou
mauvais conducteur de l'électricité. L'instrument étant électrisé, on le touche
avec le corps à essayer : ce corps est-il bon conducteur, il enlève à l'instant
même à l'électroscope toute son électricité ; le corps est-il mauvais conducteur, la déperdition de l'électricité ne se fait que petit à petit et exige un
temps plus ou moins long. L'air, quoique mauvais conducteur, n'est cependant
pas un isolant parfait, de sorte qu'un électroscope se décharge de lui-même,
au bout d'un certain temps, sans qu'il soit besoin de le toucher avec un
bon conducteur.

291. Accumulation de l'électricité à la surface des corps. — Quand nous électrisons
soit par le frottement, soit en le mettant en communication avec une
source électrique, un corps conduc-
teur parfaitement isolé, l'électricité se
porte tout entière à la surface. On
peut s'assurer du fait à l'aide de
l'électroscope. On se sert, dans ce
but, d'une sphère de métal montée
sur un pied isolant en verre, ou suspendue à un fil de soie, et recouverte
de deux hémisphères métalliques qui
l'emboîtent exactement (fig. 363).

Fig. 363. — Appareil pour démontrer que l'électricité se porte tout entière à la surface des
corps.

Ces hémisphères étant en place, on les électrise, puis on les enlève en les
tenant par des manches de verre et on constate, au moyen de l'électroscope, que la sphère ne renferme pas la moindre trace d'électricité et

même que la surface interne des hémisphères en est dépourvue. [L'expérience est encore plus démonstrative si nous électrisons d'abord la sphère et que nous la recouvrions ensuite des deux hémisphères isolés; on constate, en enlevant ces derniers, que la sphère a perdu toute son électricité, et que celle-ci s'est transportée à la surface extérieure des hémisphères.] Faraday a présenté cette expérience sous une forme saisissante: il fit construire une chambre dont les murs étaient formés de corps bons conducteurs; des fils de cuivre traversaient cette chambre de part en part; en électrisant fortement les parois extérieures, il ne remarqua aucune trace d'électricité, ni sur les fils de cuivre ni à la surface intérieure des parois.

292. Développement de l'électricité par influence. — Quand on approche un corps électrisé d'un autre qui se trouve à l'état neutre et qui est séparé du premier par une substance isolante, une couche d'air par exemple, le corps à l'état neutre s'électrise *par influence :* l'extrémité la plus rapprochée de la source électrique se charge d'électricité de nom contraire, tandis que l'autre extrémité prend l'électricité de même nom. Si, par exemple, on dispose au-dessus d'une sphère métallique B (fig. 364) isolée et électrisée positivement un conducteur métallique CD, l'extrémité D qui regarde la

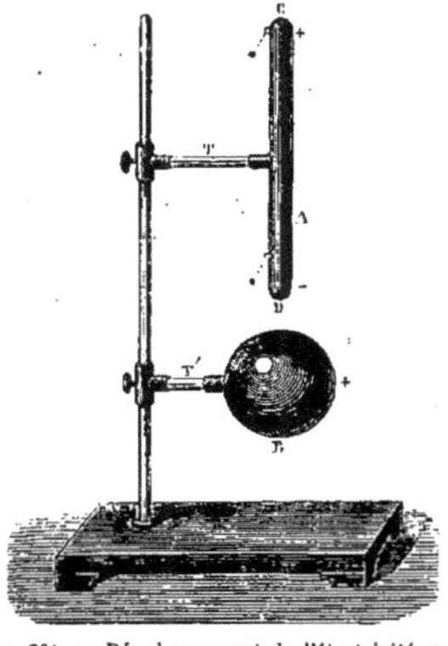

Fig. 364. — Développement de l'électricité par influence.

sphère B s'électrise négativement, tandis que l'extrémité opposée C se charge d'électricité positive. La quantité de fluide négatif accumulé à la surface du cylindre CD diminue à partir de D, à mesure qu'on se rapproche du milieu du conducteur, pour faire place à l'électricité positive qui augmente progressivement jusqu'à l'extrémité C. Vers le milieu du conducteur, mais plus près de D que de C, se trouve donc une zone appelée *ligne neutre*, où l'on ne constate aucune trace d'électricité. Vient-on à éloigner la sphère B, le cylindre CD retourne à l'état neutre. Si le conducteur CD était formé de deux cylindres placés bout à bout et qu'on vînt à les séparer pendant qu'ils sont soumis à l'influence de la sphère B, le plus rapproché serait chargé d'électricité de nom contraire à celle de la sphère, et le plus éloigné d'électricité de même nom. On obtient plus simplement le même résultat, en touchant avec la main le conducteur CD, pendant qu'il est soumis à l'influence de la sphère B; on ôte ensuite la main avant d'éloigner la sphère B, et le conducteur reste chargé d'électricité de nom contraire à celle du corps inducteur. Dans ce cas, notre corps et la terre forment avec le cylindre métallique un seul conducteur, dans lequel l'électricité de même nom que celle de la sphère B est repoussée le plus loin possible, c'est-à-dire dans le sol, tandis que l'autre espèce d'électricité s'accumule sur le cylindre

CD. Quel que soit le point touché, c'est toujours l'électricité de même nom que celle du corps inducteur qui s'écoule dans le sol.

Ces mouvements de l'électricité trouvent leur explication dans les phénomènes d'attraction et de répulsion électriques dont nous avons parlé § 288. Nous avons montré que les corps chargés d'électricités d'espèce contraire s'attirent, et que les corps qui possèdent des électricités de même nom se repoussent. Nous voyons maintenant que cette loi s'applique aussi aux fluides électriques eux-mêmes : en effet, l'électricité positive de la sphère B (fig. 364) attire l'électricité négative du conducteur CD et repousse la positive ; elle sépare donc les deux fluides, qui se trouvaient primitivement à l'état neutre et par moitiés égales dans le conducteur, de telle sorte qu'une certaine quantité d'électricité positive s'accumule en C une même quantité d'électricité négative en D. Aussi appelle-t-on ce mode de production de l'électricité *électrisation par décomposition* ou *par influence*.

Sur les corps non conducteurs, comme le verre, la cire à cacheter, etc., on peut aussi observer le développement d'électricité par influence. La séparation des deux fluides dans ces corps exige, il est vrai, plus de temps que dans les bons conducteurs, mais et quand le corps est électrisé, il perd aussi plus lentement son électricité.

293. Distribution de l'électricité à la surface des corps conducteurs. — Des lois de la décomposition par influence, nous pouvons déduire le mode de distribution de l'électricité à la surface des corps conducteurs isolés. Un tel corps électrisé agit par influence sur les molécules d'air qui l'environnent ; il se trouve ainsi enveloppé d'une couche d'air chargé d'électricité de nom contraire, laquelle attire l'électricité contenue dans le corps ; cette dernière se porte donc tout entière à la surface, et elle s'y distribue de telle sorte que les actions de tous les points de la surface sur un point quelconque de l'intérieur se neutralisent mutuellement, puisque l'intérieur du corps ne manifeste pas trace d'électricité.

Il résulte de là que la distribution de l'électricité à la surface des corps dépend de leur forme. Nous verrons dans le chapitre suivant que les attractions et les répulsions électriques suivent les lois générales des actions à distance, c'est-à-dire que leurs intensités sont en raison inverse du carré de la distance. En conséquence, il n'existe qu'une seule forme de corps, la sphère, à la surface de laquelle la couche électrique ait partout la même épaisseur. Pour que les attractions et les répulsions qui s'exercent sur chacun des points de l'intérieur d'un corps de forme non sphérique s'entre-détruisent, il faut que l'électricité s'y répartisse inégalement dans les différents points de la surface. Dans un ellipsoïde, par exemple, la couche électrique a son minimum d'épaisseur aux extrémités du petit axe, et son maximum aux extrémités du grand axe. Quand la surface d'un corps présente des arêtes, des bords tranchants ou des pointes, c'est surtout dans ces endroits que l'électricité s'accumule en très grande quantité. On peut s'assurer de ce fait au moyen de l'électroscope : en effet, si on touche le bouton de cet instrument avec une sphère électrisée, la divergence des feuilles d'or est toujours la même, quel que soit le point de la sphère qui ait été en contact avec l'électroscope. Prend-on un corps d'une autre forme, la divergence varie suivant le point touché par le bouton de l'électroscope.

293ᵃ. Pouvoir des pointes. — L'influence des arêtes vives et des pointes sur la distribution de l'électricité a une très grande importance, à cause des applications qu'on en a faites. On peut facilement se rendre compte de cette action au moyen de la figure 365. Soit *a* un point pris dans l'intérieur d'un conducteur de forme conique, et terminé en pointe au sommet *s*. Le point *a* est sollicité par les points électrisés de la surface dans les directions *as*, *ab*, *ac*, etc. Pour que ces actions se détruisent mutuellememt, il est clair que celle qui s'exerce dans la direction *as*, doit faire équilibre à la résultante des forces électriques qui agissent suivant les droites *ab*, *ac*, *ad*, etc., il faut donc que la quantité d'électricité accumulée en *s* soit très considérable par rapport à celle qui se trouve dans les points *b*, *c*, *d*, *e*, etc. Si le sommet *s* était un point mathématique, l'électricité devrait y être accumulée en quantité infinie ; mais, alors même que la pointe *s* est plus ou moins mousse, la quantité d'électricité qui s'y rassemble dépasse toujours de beaucoup celle que possèdent les points *b*, *c*, *d*... ; en général, l'épaisseur de la couche électrique augmente au fur et à mesure qu'on s'approche du sommet du cône.

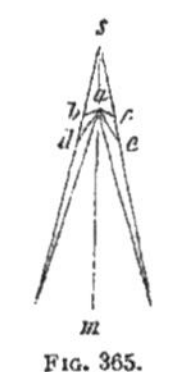

FIG. 365.
Démonstration
du pouvoir des
pointes.

C'est cette tendance du fluide électrique à s'accumuler aux pointes qu'on utilise pour recueillir l'électricité ou pour la faire écouler. Si l'on approche, en effet, d'un corps électrisé une tige métallique terminée en pointe, et que l'on mette cette tige en communication avec le sol, elle se chargera sur toute sa surface d'électricité de nom contraire. L'électricité ainsi développée par influence s'accumulera en grande quantité sur la pointe, et elle agira à son tour sur l'électricité du corps inducteur, de sorte que ce dernier se trouvera plus chargé à l'endroit placé en regard de la pointe métallique. Par suite de la tension des fluides de noms contraires, les deux électricités se recomposeront brusquement avec production de lumière, et les deux corps reviendront à l'état neutre.

Quand on électrise directement un corps métallique isolé et terminé en pointe, l'électricité s'accumule en plus grande quantité à l'extrémité aiguë ; en même temps, les particules de l'air ambiant se chargent par influence d'électricité de nom contraire, et il arrive bientôt un moment où la tension sur la pointe est telle que celle-ci se décharge ; dans ce cas, l'électricité de la pointe s'écoule dans l'atmosphère, généralement avec production de lumière. Comme l'air est trop mauvais conducteur pour pouvoir neutraliser en une fois l'électricité accumulée sur le métal, il n'y a qu'une partie de cette dernière qui s'échappe ; les particules d'air électrisées sont alors repoussées, cèdent leur place à d'autres, et ainsi de suite, de sorte qu'il se produit dans l'air ambiant un mouvement, qui favorise l'écoulement de l'électricité. Pour rendre visible cette répulsion de l'air, il suffit d'approcher la pointe électrisée de la flamme d'une bougie, laquelle se courbe sous l'action du courant d'air qui prend naissance. Si, en outre, la pointe est rendue mobile, on la voit prendre un mouvement en sens inverse ; c'est en cela que consiste l'expérience du *tourniquet élec-trique.*

294. Appareils fondés sur le développement de l'électricité par influence. — On a fait une importante application du pouvoir des pointes à la construction des paratonnerres et des machines électriques.

PARATONNERRE. — Le paratonnerre consiste en une tige métallique terminée par une pointe d'un métal non oxydable et peu fusible (or ou platine), et mise en communication avec la terre au moyen d'un corps aussi bon conducteur que possible. D'après ce que nous avons vu plus haut, quand l'atmosphère est chargée d'électricité, la pointe du paratonnerre peut soutirer celle-ci, en se chargeant par influence d'électricité de nom contraire ; elle empêche ainsi la chute de la foudre ; ou bien, si le nuage électrisé se décharge brusquement, le paratonnerre conduit l'électricité dans le sol ; de toute manière, le bâtiment pourvu de cet appareil se trouve à l'abri des dégâts occasionnés par la foudre.

294ª. Machines électriques à frottement. — Les machines électriques servent ordinairement à obtenir des quantités plus ou moins considérables d'électricité. [On distingue deux classes de machines électriques : dans les unes, l'électricité est obtenue par le frottement ; dans les autres, elle est développée par influence.]

La machine à frottement la plus employée est la machine à *plateau de verre* de *Ramsden* (fig. 366). Elle consiste en un plateau de verre circulaire, qu'on fait tourner autour d'un axe passant par son centre à l'aide d'une manivelle M. Pendant ce mouvement de rotation, le plateau passe entre deux paires de coussins en cuir enduits d'or mussif, ou mieux d'un amalgame de zinc et d'étain ; ces coussins pressent contre la surface du verre et l'électrisent par frottement. En regard du plateau et suivant un même diamètre se trouvent, en outre, deux peignes armés de dents métalliques et reliés à un système de conducteurs C, formés de deux cylindres en cuivre portés par des colonnes isolantes en verre. L'électricité positive développée par le frottement, s'accumule sur le plateau, tandis que l'élec-

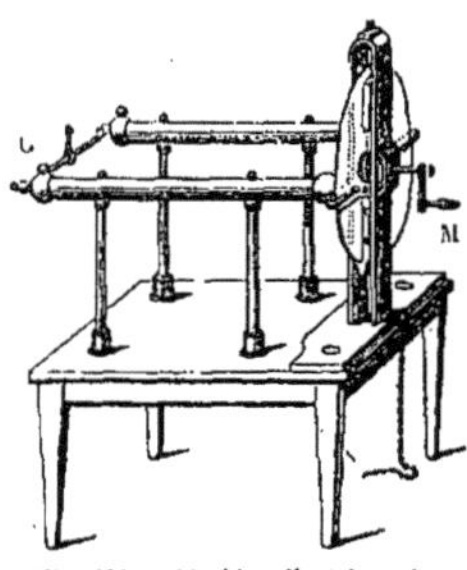

Fig. 366. — Machine électrique de Ramsden.

tricité négative se porte sur les coussins, d'où elle s'écoule dans le sol par l'intermédiaire d'une chaîne métallique. Le fluide neutre des peignes métalliques et des conducteurs est décomposé par le fluide positif du plateau ; l'électricité positive qui en résulte est repoussée sur les conducteurs, et l'électricité négative est attirée sur les dents, d'où elle va, lorsqu'elle a atteint une tension suffisante, rejoindre l'électricité positive du plateau et la neutraliser.

La décomposition du fluide neutre des conducteurs se continue jusqu'à ce que la quantité d'électricité positive qui s'y accumule devienne assez grande pour contre-balancer l'influence du fluide développé sur le plateau. A ce moment la charge électrique a atteint une limite qu'elle ne peut dépasser. En effet, l'électricité positive qui se renouvelle sur le plateau ne peut plus décomposer par influence le fluide neutre des conducteurs, son action étant détruite par celle du fluide positif accumulé en C ; mais cette dernière ne peut pas s'écouler, retenue qu'elle est par l'électricité positive existante sur le conducteur.

Si l'on met en communication métallique lès coussins avec le conducteur et les peignes avec le sol, la machine se charge d'électricité négative, au lieu de fournir de la positive. [La machine de Nairne, celle de Winter (de Vienne) ne diffèrent pas en principe de celle de Ramsden; il existe toutefois dans celle de Winter un dispositif particulier qui lui donne, sous le rapport des effets produits, une supériorité marquée sur les autres machines électriques analogues.]

[**294ᵇ. Machines électriques par influence.** — Ce genre de machines a été imaginé en 1865, d'abord par M. Tœpler, professeur à Riga, et presque à la même époque par M. Holtz, de Berlin. Celle de Holtz, plus simple, est devenue le type d'une foule d'autres machines, fondées sur le même principe, et qui n'en diffèrent pas essentiellement (machines de Bertsch, de Pisch, etc.).

La machine de Holtz se compose d'un plateau de verre VV (fig. 367), pouvant recevoir un mouvement rapide de rotation à l'aide d'un système de deux poulies R et R', reliées par une corde sans fin ; la plus petite de ces poulies R' est montée sur l'arbre qui porte le plateau mobile, et elle reçoit son mouvement de la poulie R qu'on fait tourner à l'aide de la manivelle B ; grâce à cette disposition et aux valeurs relatives des rayons des poulies, le plateau tourne environ quatre fois plus vite que la main. Derrière ce premier plateau, et à une très petite distance, s'en trouve un second fixe V'V', maintenu en place par quatre traverses de verre A, A, A, A, et percé au centre d'une ouverture circulaire suffisante pour laisser passer l'arbre qui porte le plateau mobile. Dans le plateau fixe sont pratiquées deux *fenêtres* O, O' diamétralement opposées. Le long des bords, inférieur de l'une et supérieur de l'autre, est collée une bande de papier fort P et P', formant ce que l'on nomme les *armatures*, et portant une ou plusieurs pointes ou *languettes p, p'* qui s'avancent dans l'ouverture de la fenêtre correspondante. De l'autre côté du plateau mobile et en regard des armatures P et P', sont disposés deux peignes métalliques I, I' armés de dents fines et nombreuses; ces peignes font suite à deux conducteurs dont les extrémités sont traversées par deux tiges mobiles que terminent les boutons C et C', susceptibles d'être rapprochés ou éloignés. Deux montants en caoutchouc durci soutiennent l'axe de rotation du plateau mobile.

Fig. 367. — Machine électrique de Holtz.

Pour faire marcher la machine de Holtz, il faut d'abord l'*amorcer* : à cet effet, on applique contre une des armatures une lame de caoutchouc durci, frottée préalablement avec une peau de chat, et, après avoir rapproché au contact les deux boutons C, et C', on imprime au disque mobile un mouvement de rotation de sens contraire à la direction des languettes de papier p et p'. Sitôt qu'on voit apparaître des aigrettes lumineuses sur les dents des peignes, et qu'on entend une sorte de bruissement indiquant l'écoulement de l'électricité, la machine est amorcée : on peut alors séparer les deux boutons C et C', et on voit jaillir entre eux une série indéfinie d'étincelles électriques, aussi longtemps qu'on fait tourner le plateau mobile. Un autre signe indique encore que la machine donne de l'électricité; c'est l'effort plus considérable qu'on est obligé de faire pour entretenir la rotation du plateau ; car ici nous trouvons une nouvelle application du principe de la conservation de la force : la production de l'électricité aux dépens de la force musculaire.

La théorie de la machine de Holtz n'est pas encore rigoureusement établie; voici toutefois comment M. Riess explique son fonctionnement : l'armature P, électrisée négativement par le contact de la lame de caoutchouc, agit par influence sur le peigne I, attire son fluide positif sur le disque mobile, et repousse le fluide négatif dans l'autre peigne I', d'où il s'écoule au niveau de P' sur le plateau mobile. Par l'effet de la rotation, le même phénomène se renouvelle successivement pour chacun des points du plateau mobile, de sorte que toute la moitié supérieure de ce dernier se trouve chargée d'électricité positive et l'inférieure d'électricité négative. De plus, en arrivant près des fenêtres, l'électricité du plateau mobile agit sur les pointes des armatures, attire à elle le fluide de nom contraire et repousse le fluide de même nom ; la charge des armatures augmente ainsi indéfiniment, autant, du moins, que le permettent les conditions isolantes de la machine. Les armatures sont séparées du disque mobile par l'épaisseur du plateau fixe, afin que l'influence du premier sur les pointes soit très énergique à travers les fenêtres, et le soit moins sur les armatures elles-mêmes. Si, en effet, ces dernières étaient soumises à la même action inductrice que les pointes, il y aurait deux actions inverses qui se détruiraient; c'est ce qui arrive quand on place les armatures du côté du plateau mobile, au lieu de les mettre en dehors. — Une fois la machine amorcée, on peut séparer les tiges en communication avec les peignes : les étincelles qui éclatent entre les deux boutons C et C' maintiennent la continuité du circuit et ne cessent de se produire que lorsqu'on écarte les tiges au delà d'une certaine limite ; si on ne les remet pas alors immédiatement en contact, la machine se décharge très rapidement et on est obligé d'amorcer de nouveau. La machine de Holtz n'a d'autre défaut que d'être trop sensible à l'humidité.]

294ᶜ. Électrophore. — Cet appareil est aussi fondé sur le développement de l'électricité par influence. Dans un moule de métal ayant la forme d'un plat A (fig. 368), on coule de la résine fondue qui, par le refroidissement, donne un gâteau HH. Après avoir électrisé ce gâteau de résine, en frottant sa surface à l'aide d'une peau de chat, on pose au-dessus un plateau en bois P recouvert d'une mince feuille de métal et muni d'un manche isolant S : l'électricité négative qui occupe la couche supérieure de la résine, ne peut se combiner avec l'électricité de la résine à cause du petit nombre de points de contact entre le métal et la résine et de la non conductibilité de cette dernière substance; elle agit par influence sur le plateau P, repousse à la face supérieure le fluide négatif et attire à la face inférieure le fluide positif. Si, après avoir touché un instant le plateau avec le doigt afin de faire écouler l'électricité négative dans le sol, on l'enlève de dessus le gâteau de résine en le tenant par le manche isolant, il reste chargé d'électricité positive.

Dans le gâteau de résine même, il se fait par influence une séparation des deux fluides. L'électricité négative développée à la face supérieure y reste, tandis que l'électricité positive est repoussée vers la face inférieure (fig. 369),

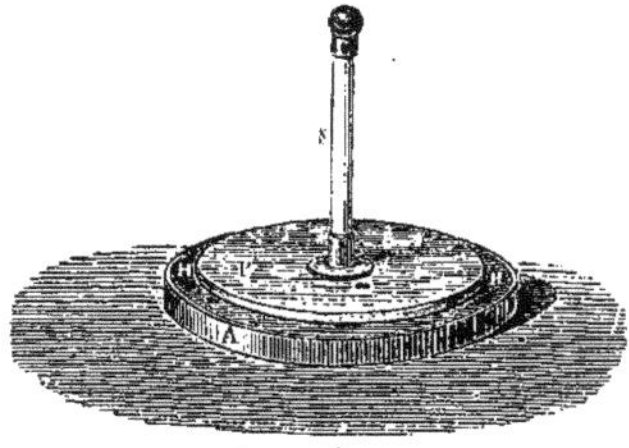

Fig. 368. — Électrophore.

Fig. 369. — Coupe verticale du plateau P et du gâteau de résine R, destinée à montrer la distribution de l'électricité dans l'appareil.

et comme la résine est un très mauvais conducteur de l'électricité, cette séparation des deux fluides subsiste fort longtemps. Aussi l'électrophore reste-t-il électrisé souvent pendant plusieurs mois.

294ᵈ. Électricité dissimulée. Condensateur. — Nous avons vu plus haut que la charge du conducteur d'une machine électrique atteint une limite qu'elle ne peut dépasser. La même chose a lieu dans l'électrophore et dans tous les appareils qui servent à fournir de l'électricité. Il n'est pas possible de communiquer directement à un conducteur métallique une tension électrique supérieure à celle de la source. Cependant on arrive à *condenser* l'électricité sur un corps, en mettant à profit la décomposition par influence, et en faisant passer à l'état *dissimulé* l'électricité, au fur et à mesure de sa production.

Le *condensateur* permet d'obtenir ce résultat. Cet appareil consiste essentiellement en deux plateaux de métal séparés par un milieu isolant, tel qu'une lame de verre, une couche de vernis ou même une lame d'air sec; ces plateaux, portés tous les deux par des pieds isolants, peuvent être mis en communication, l'un avec le sol, l'autre avec la source d'électricité. Soient A B et A′ B′ (fig. 370) deux plateaux métalliques recouverts sur les faces qui se regardent d'une couche de vernis à la gomme laque ou au collodion. L'un d'eux, A B par exemple, est mis en communication avec une source électrique et porte le nom de *collecteur;* l'autre s'appelle le plateau *condensateur*. Je suppose qu'on communique au premier une certaine quantité d'électricité positive, par exemple, puis qu'on rapproche les deux plateaux l'un de l'autre. L'électricité répandue sur le collecteur décomposera par influence le fluide neutre du plateau condensateur, attirera sur la face vernie l'électricité de nom contraire, la négative, et repoussera sur la face opposée l'électricité de même nom, c'est-à-dire la positive. Cette dernière s'écoulera dans le sol, si on fait communiquer le condensateur avec la terre. Mais alors l'électricité négative du plateau A'B' agit à son tour sur la positive du plateau A B, l'attire vers la face vernie, l'y retient et en *dissimule* la présence, sauf une très faible proportion qui reste libre. Dès lors le collecteur, mis en rapport avec la source électrique, est derechef en état de recevoir

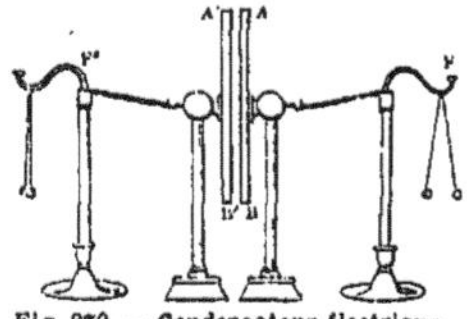

Fig. 370. — Condensateur électrique.

une nouvelle quantité d'électricité, égale à celle qui a été dissimulée, et qui, opérant la même décomposition que la première fois, augmente les proportions de fluide soit dissimulé soit libre sur les plateaux ; en continuant de cette manière on arrive à charger l'appareil jusqu'à ce que la tension de l'électricité restée libre sur le collecteur soit égale à celle de la source électrique.

294ᵉ. Électromètre condensateur. — En adaptant un condensateur à l'électroscope, on transforme ce dernier en *électromètre condensateur*. Il suffit, dans ce but, de substituer au bouton qui termine l'électroscope de la figure 362 un plateau condensateur, sur lequel on pose le plateau collecteur. L'appareil prend alors la disposition représentée dans la figure 371. Il n'est pas inutile de faire remarquer que l'électromètre condensateur se charge évidemment d'électricité de nom contraire à celle qui est communiquée au plateau collecteur et qu'il est plus sensible que l'électroscope surtout dans le cas où l'on expérimente sur une source d'électricité à faible tension.

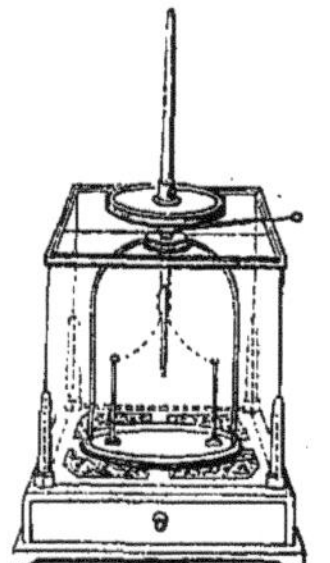

Fig. 371. — Électromètre condensateur.

294ᶠ. Bouteille de Leyde. — La bouteille de Leyde, dont on doit la découverte à Cunéus, n'est autre chose qu'un condensateur d'une forme particulière. Elle consiste en un flacon de verre recouvert dans les trois quarts de sa hauteur, à partir du bas, par une feuille d'étain, qui forme, ce qu'on appelle l'*armature extérieure* ; une couche de vernis à la cire d'Espagne est déposée sur le reste de la surface extérieure. L'intérieur de la bouteille renferme des feuilles de clinquant découpées en lanière, au milieu desquelles plonge une tige métallique fixée au goulot par un bouchon ; cette tige se continue à l'extérieur avec une partie recourbée en forme d'S, et se termine par une boule ; l'ensemble de ces parties métalliques constitue l'*armature intérieure*. Pour charger la bouteille de Leyde, on met la boule qui termine la tige métallique en contact avec le conducteur d'une machine électrique pendant que la feuille d'étain extérieure communique avec le sol par l'intermédiaire d'une chaîne métallique ou de la main de l'expérimentateur ; on obtient identiquement le même résultat en approchant seulement l'armature intérieure de la machine électrique et en tirant une série d'étincelles.

L'armature intérieure remplit l'office de collecteur, et l'armature extérieure sert de condensateur.

294ᵍ. Batterie électrique. — La quantité d'électricité qu'on peut accumuler
dans une bouteille de Leyde augmente avec la surface des armatures. Aussi,
pour obtenir des effets très énergiques, Franklin a-t-il imaginé de réunir un
certain nombre de bouteilles, de manière à former un condensateur à très
grande surface. On emploie dans ce but de vastes bouteilles ayant la forme
de bocaux et appelés *jarres ;* l'armature intérieure en est constituée comme
l'extérieure par une feuille d'étain collée à la surface du verre et communiquant avec la tige métallique par l'intermédiaire d'une chaîne. On réunit
ensemble toutes les armatures intérieures par l'intermédiaire de tiges
métalliques ; les armatures extérieures sont de même toutes reliées au sol.
Une semblable association de bouteilles de Leyde constitue ce qu'on appelle
une *batterie électrique*. L'appareil se charge comme une bouteille de
Leyde ordinaire.

295. Électricité produite par le contact de métaux hétérogènes. — Considérons deux
disques métalliques à surface parfaitement polie et montés sur des pieds isolants, comme les plateaux du condensateur (cf. § 294ᵈ). Supposons, en
outre, que ces disques soient formés de métaux différents, et mettons-les en
contact l'un avec l'autre, puis séparons-les rapidement : nous pourrons
alors constater que chacun de ces disques est électrisé, mais que leurs
électricités sont de nom contraire. Si, par exemple, l'un des disques est
en cuivre et l'autre en zinc, le cuivre prendra l'électricité négative et le
zinc la positive. Comme les quantités d'électricité qui se développent dans
ces circonstances sont excessivement faibles, il est nécessaire, pour en
constater la présence, de recourir à l'emploi de l'électromètre condensateur
(voy. § 294ᵉ); en outre, afin d'éviter toute cause d'erreur, il faut que le
plateau collecteur de l'électromètre soit du même métal que le disque avec
lequel on le touche ; car sans cette précaution on aurait dans ce second
contact une nouvelle source d'électricité qui, suivant les cas, renforcerait
ou neutraliserait celle dont on recherche la présence.

Tant que les disques se touchent, ils ne manifestent aucune trace d'électricité ; cette dernière n'apparaît qu'au moment même où l'on opère la séparation des deux métaux. Il se passe ici un phénomène semblable à celui
qu'on observe dans le condensateur, sur les plateaux duquel on ne peut constater la présence de l'électricité dissimulée qu'après les avoir éloignés l'un
de l'autre. La distribution des fluides électriques dans deux métaux hétérogènes qui se touchent, s'opère donc de la même manière que dans le condensateur : les électricités se portent sur les faces en contact, la positive
sur le zinc, la négative sur le cuivre, et elles s'y *dissimulent* mutuellement;
puis, quand on sépare les deux métaux, les électricités se répandent
également sur toute la surface de ces corps. La quantité d'électricité qui se
développe sur chaque métal ne dépend pas de la durée du contact ; c'est ce
dont on peut s'assurer à l'aide de l'électromètre : la divergence des feuilles
d'or de ce dernier est tout aussi grande après un contact momentané des
deux disques qu'après un contact prolongé.

295ᵃ. Liste des métaux rangés dans l'ordre de leur pouvoir électro-moteur. —
En dressant la liste des métaux et de quelques autres corps comme le

charbon, le peroxyde de manganèse, qui sont doués de pouvoir électro-moteur, c'est-à-dire qui s'électrisent quand on les met en contact l'un avec l'autre, on remarque qu'on peut les ranger dans un ordre tel que chacun des corps inscrits dans la liste prenne l'électricité positive ou négative suivant qu'il est associé avec l'une des substances qui le suivent, ou l'une de celles qui le précèdent; en outre, les quantités de fluides positif et négatif développées, sont d'autant plus grandes que les corps considérés occupent des rangs plus éloignés l'un de l'autre dans la série. Volta avait déjà dressé la liste suivante, dans laquelle la substance qui se charge le plus d'électricité positive, c'est-à-dire qui est la plus électro-positive est placée en tête, tandis que la plus électro-négative occupe le dernier rang :

Zinc, plomb, étain, fer, cuivre, argent, or, charbon, peroxyde de manganèse.

Les recherches ultérieures des successeurs de Volta n'ont apporté que des changements de peu d'importance dans la liste précédente.

296. Théorie du contact. Force électro-motrice. — On peut expliquer la production d'électricité dans les circonstances indiquées ci-dessus, en admettant que les différents métaux possèdent des affinités inégales pour chacun des fluides électriques. Dans les conditions ordinaires, chaque métal contient les deux fluides en quantités égales, et ceux-ci se neutralisent mutuellement ; mais sitôt que le contact est établi entre deux métaux hétérogènes, l'inégalité de leurs affinités électriques peut se manifester. Si, par exemple, le cuivre a plus d'affinité que le zinc pour le fluide négatif et, au contraire, une affinité moins grande pour le fluide positif, ces deux métaux venant à se toucher, le premier se chargera d'électricité négative, et le second d'électricité positive ; d'ailleurs, comme les fluides de nom contraire s'attirent, ils s'accumulent respectivement sur les faces métalliques qui se touchent et y restent à l'état dissimulé aussi longtemps que dure le contact, sans toutefois pouvoir se recomposer pour former du fluide neutre, puisqu'ils sont maintenus séparés par l'affinité élective de chacun d'eux pour un métal différent.

Il suit de là que le contact des mêmes métaux développe toujours la même quantité d'électricité ; car si la production augmentait, la tendance des deux fluides à la recomposition l'emporterait sur la force qui les a séparés ; si, au contraire, la quantité d'électricité diminuait, cette même force agirait jusqu'à ce que l'équilibre primitif soit rétabli. On appelle force *électro-motrice* celle qui prend ainsi naissance au contact de deux métaux différents, et qui détermine la séparation des fluides électriques. La genèse même de la force électro-motrice indique que l'intensité de cette force dépend uniquement de la nature des métaux en présence, et nullement de la durée du contact ni de l'étendue des surfaces qui se touchent. Car, au moment où le contact a lieu, les attractions des métaux pour chaque fluide électrique doivent faire équilibre à la tendance des deux fluides à la recomposition ; il faut, en outre, que cet équilibre soit le même en chaque point des surfaces qui se touchent.

297. Électricité développée par le contact d'un métal avec un liquide. — Nous avons vu, § 295, que le contact de deux métaux engendre de l'électricité ; le même phénomène se produit au contact d'un métal avec un liquide. Plongés dans l'eau pure, dans la plupart des acides dilués, ainsi que dans les dissolutions alcalines, les métaux prennent l'électricité négative, tandis que le liquide se charge d'électricité positive. Dans ce cas aussi, les fluides libres s'accumulent de chaque côté de la surface de contact entre le métal et le liquide, et c'est seulement après la séparation de ces deux corps que l'électricité négative se répand dans toute l'étendue du métal, que la positive se dissémine dans toute la masse du liquide, et que l'une et l'autre peuvent être décelées au moyen de l'électroscope.

Les divers métaux mis en contact avec un même liquide possèdent des forces électro-motrices très différentes. D'après Poggendorf, les principaux métaux plongés dans une dissolution étendue d'*acide sulfurique* se rangent dans l'ordre suivant relativement à la tension électrique qu'ils sont en état de développer :

Zinc, étain, plomb, fer, cuivre, argent, or, platine, charbon.

Le métal placé en tête de la liste est celui qui se charge le plus d'électricité négative ; les corps suivants sont de moins en moins électro-négatifs. D'autres expérimentateurs auraient même trouvé que les trois derniers corps, or, platine, charbon, s'électrisent *positivement*, tandis que la dissolution d'acide sulfurique prend l'électricité négative.

Si l'on compare l'ordre de tension des métaux relativement à la dissolution d'acide sulfu · rique avec leur ordre de tension quand ils sont mis en contact les uns avec les autres (cf. §295ᵃ), on constate immédiatement des différences. On voit, en outre, qu'il n'est pas possible de réunir dans une même série les liquides et les métaux. En effet, le zinc plongé dans les liquides se charge d'électricité négative, tandis que, mis en contact avec d'autres métaux, il est le corps le plus électro-positif ; il s'ensuivrait donc que les liquides seraient plus électro-positifs que le zinc ; par conséquent tous les métaux immergés dans les liquides devraient prendre encore plus de fluide négatif que le zinc. Or, c'est précisément l'inverse qui a lieu, ainsi que le montre la liste donnée plus haut. Chaque liquide forme avec les différents métaux et les corps analogues une série à part qui ne peut être comparée ni avec la série des métaux entre eux, ni avec celle de ces mêmes corps relativement à un autre liquide. Nous verrons plus tard (chap. ıv) qu'à ces différences de propriétés correspondent des différences dans la facilité avec laquelle les corps conduisent l'électricité ; c'est même en raison de ces faits qu'on désigne sous le nom de *conducteurs de première classe* tous les corps qui peuvent être rangés dans la série de tension des métaux et qu'on appelle *conducteurs de seconde classe* chacun des corps qui forment avec les métaux des séries particulières.

298. Cas de deux métaux hétérogènes en contact avec un seul liquide. — Pour mettre deux métaux différents en contact avec un même liquide conducteur, il

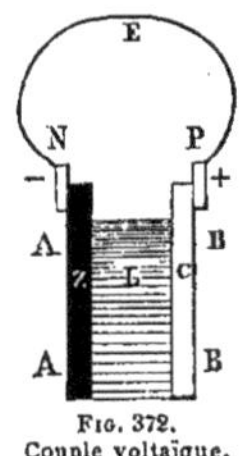
Fıo. 372.
Couple voltaïque.

suffit d'interposer entre les deux plaques métalliques une rondelle de drap imbibé de ce liquide, ou, plus simplement encore, de verser le liquide dans un vase et d'y faire plonger les plaques métalliques : telle est la disposition représentée dans la figure 372, où nous voyons de l'eau acidulée L, interposée entre une lame de zinc Z et une lame de cuivre C. On constate, à l'aide de l'électroscope, que dans ces conditions le zinc se charge toujours d'électricité négative, et le cuivre d'électricité positive. D'une manière générale, quand deux métaux sont réunis par l'intermédiaire d'un liquide conducteur, chacun d'eux prend une espèce différente d'électricité.

Dans la théorie du contact, ce fait peut s'expliquer de la manière suivante : au contact de l'eau acidulée, le cuivre comme le zinc se charge d'électricité négative, et le liquide d'électricité positive. Mais, tandis que la force électro-motrice qui s'exerce entre le zinc et l'eau acidulée, développe une quantité d'électricité représentée, par exemple, par — 10 pour le métal et par + 10 pour le liquide, le contact du cuivre avec l'eau acidulée ne met en liberté que — 5 d'électricité qui se portent sur le cuivre, et + 5 qui restent dans le liquide. Or, les + 10 d'électricité engendrés par la présence du zinc se répandent à la fois dans le liquide et sur le cuivre : de même les + 5 dus au contact du cuivre se distribuent aussi bien sur le zinc que dans le liquide. Donc, en définitive, nous aurons sur la lame de zinc une quantité d'électricité égale à — 10 + 5 ou — 5, c'est-à-dire du fluide négatif, sur la lame de cuivre une quantité — 5 + 10 ou + 5, c'est-à-dire du fluide positif; quant à l'eau acidulée, elle renfermera + 10 + 5 ou 15 parties d'électricité positive.

299. Courant électrique. — Quand deux métaux sont mis en contact immédiat, sans interposition d'un liquide conducteur, d'après ce que nous avons dit en parlant du condensateur, on ne peut constater la présence des électricités libres qu'après avoir séparé les plaques métalliques, attendu que, pendant toute la durée du contact, les fluides de nom contraire se retiennent mutuellement par influence. Il n'en est plus de même, du moment qu'on plonge les métaux dans un liquide conducteur : dans ce cas, l'électricité qui se développe à la surface de séparation du liquide et de l'un des métaux se répand dans tout le liquide et aussi sur l'autre métal. Si donc on réunit les deux métaux C et Z (fig. 372) par un fil métallique E, de manière à fermer le circuit, les deux fluides électriques iront, à travers ce fil, à la rencontre l'un de l'autre pour se recomposer et reconstituer du fluide neutre. Un courant d'électricité positive parcourra ainsi le fil conjonctif en allant du cuivre au zinc, pendant que l'électricité négative marchera en sens inverse, du zinc au cuivre.

Or, au fur et à mesure que cette recomposition des fluides de nom contraire s'effectue, de nouvelles quantités d'électricité deviennent libres, puisque la force électro-motrice agit d'une manière continue pour maintenir entre le liquide et chacun des métaux une différence de tension électrique de grandeur constante. Il en résulte que le fil conjonctif E est parcouru par un courant non interrompu de fluide positif qui va du cuivre au zinc, et par un courant de fluide négatif qui marche du zinc vers le cuivre. On a l'habitude de désigner la direction du courant électrique par le sens dans lequel s'écoule l'électricité positive; on dit, en conséquence, que le courant va du cuivre au zinc en passant par le fil conjonctif, et du zinc au cuivre dans l'intérieur du liquide. [Les partisans de la théorie des deux fluides se trouvent ainsi amenés à se débarrasser de l'un des courants, en le passant sous silence. La théorie de Franklin n'a pas besoin de recourir à cet artifice, puisqu'elle n'admet qu'un seul fluide, d'où résulte un courant unique.]

Ce qui précède nous montre que le sens du courant dépend à la fois de la nature du liquide et de celle des métaux qui y sont plongés, qu'en outre l'électricité développée au contact de l'un des métaux se propage uniformément dans le liquide en passant d'une couche à la suivante. Nous verrons plus loin que cette transmission de l'électricité s'accompagne toujours d'une action chimique; aussi un grand nombre de physiciens, [en France surtout, se rangeant à l'opinion de M. de la Rive,] ont-ils considéré l'action chimique comme la source de l'électricité qui prend naissance au contact des métaux avec les liquides, et qui se renouvelle constamment dès que le circuit est fermé par l'intermédiaire d'un fil conducteur. [Ce qu'il y a de certain, c'est que, pour obtenir un couple voltaïque capable de produire un courant électrique, il faut toujours que le liquide attaque au moins l'un des métaux ; le *métal le plus attaqué prend l'électricité négative*, tandis que l'autre recueille l'électricité positive. Si l'action chimique est la même sur les deux métaux, ou si aucun d'eux n'est attaqué, on ne constate aucun dégagement d'électricité. Ce fait milite en faveur de la *théorie chimique*, et tend à faire rejeter la théorie du contact, en ce qui concerne l'origine de l'électricité dans le couple voltaïque.]

299ª . Pile voltaïque. — En disposant les uns à la suite des autres un certain nombre de couples voltaïques semblables à celui de la figure 372, et en réunissant chaque fois le cuivre d'un couple avec le zinc du couple suivant, on forme ce qu'on appelle une *pile*. La figure 373 représente une disposition de ce genre. Considérons d'abord les trois couples V, V', V'', et supposons que le zinc Z du premier élément V communique avec le sol. La force électro-motrice agissant au contact de Z avec le liquide, développera entre ces deux corps une différence de tension électrique égale à 10, et comme l'électricité néga-

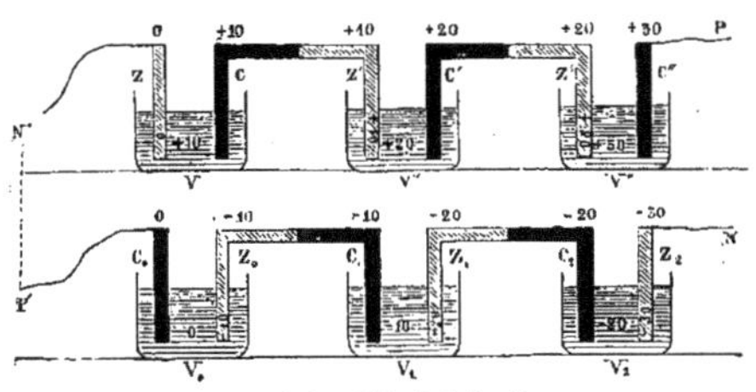

Fig. 373. — Théorie de la pile.

tive qui se porte sur le zinc s'écoule dans le sol au fur et à mesure de sa production, il en résultera que le liquide prendra une charge + 10 ; cette électricité se transmettra au cuivre C, et de là au second zinc Z' ; au contact de Z' avec le liquide du second couple, la force électro-motrice maintiendra de même une différence de tension égale à 10, c'est-à-dire indépendante de l'état électrique initial des corps au contact desquels l'électricité se développe et comme le zinc Z' possède + 10, le liquide prendra une charge + 20 qui se portera sur le cuivre C', et ainsi de suite ; le cuivre C'' du troisième couple aura donc une tension + 30. On voit qu'en augmentant le nombre des couples, on accroît dans le même rapport la tension électrique à l'extrémité isolée.

Considérons maintenant les trois couples V_0, V_1, V_2, et mettons le cuivre C_0 du premier en communication avec le sol ; en répétant ici le même raisonnement que ci-dessus, nous verrions que le zinc Z_2 du dernier élément est chargé d'électricité négative, et qu'il possède une tension — 30.

Si, au lieu de mettre en communication avec le sol l'une des extrémités de chacune des séries de couples V, V', V'' et V_0, V_1, V_2, on réunit ces extrémités par un fil conjonctif P'N', l'équilibre du système n'est pas modifié, puisque les lames Z et C_0 sont toutes deux à l'état neutre. On a alors une pile *isolée*, dont les extrémités nommées *pôles*, sont chargées, l'une C'' d'électricité positive de tension + 30, et l'autre Z_2 d'électricité négative de tension — 30. La charge à chaque pôle est donc moitié de ce qu'elle serait si l'une des extrémités communiquait avec le sol ; car nous avons dans ce cas six couples, qui donneraient une tension égale à ± 60 si l'un des pôles était en rapport avec le sol. [Nous avons supposé dans ce qui précède que le contact du cuivre avec le liquide ne développait pas d'électricité ; cette hypothèse nous était permise, puisque le cuivre n'est pas attaqué par l'eau acidulée dans la pile. Du reste, quel que soit le point où se développe la force électro-motrice, que ce soit au contact du liquide avec les deux métaux, ou avec un seul, ou même au contact des métaux entre eux, les tensions positive et négative des deux pôles croissent proportionnellement au nombre des couples qui composent la pile.]

En résumé, on voit que la pile nous permet d'obtenir des courants continus d'électricité et d'accroître à volonté, en augmentant le nombre des couples, la tension de l'électricité ainsi mise en mouvement.

[Les machines électriques peuvent aussi fournir des courants si on les dispose de manière à recueillir les deux espèces d'électricité ; mais elles diffèrent des piles en ce que les tensions des fluides positifs qu'elles accumulent aux deux pôles, supposés isolés, sont beaucoup plus grandes que dans les piles, tandis que ces dernières reforment, beaucoup plus rapidement que les machines, les électricités de nom contraire qui se recombinent sous forme de courant, lorsque les deux pôles sont réunis par un fil conducteur.]]

Nous ferons connaître les principales formes données à la pile quand nous traiterons de l'électricité dynamique (chap. III).

299ᵇ. Théorie chimique de la pile. — Volta et ses successeurs admettaient que le développement de l'électricité dans la pile était dû au contact des métaux hétérogènes, et que le rôle du liquide se bornait à conduire l'électricité d'un couple de métaux à un autre ; la théorie du contact se trouvait ainsi appliquée à la pile. Une opinion tout opposée a prévalu depuis les travaux de M. de La Rive, opinion d'après laquelle l'électricité ne se développe, en général, qu'au contact des métaux avec des liquides ou même des gaz. Comme, d'ailleurs, le passage du courant électrique à travers un liquide s'accompagne toujours de décompositions chimiques, on en a conclu que l'*électricité de la pile ne peut être produite que par une action chimique :* telle est la proposition fondamentale qui sert de base à la *théorie chimique.*

L'ancienne théorie du contact, qui attribuait le développement de l'électricité dans la pile au simple contact des métaux, était en opposition avec ce principe définitivement acquis à la science qu'aucune force ne se crée dans la nature ; elle ne pouvait donc pas se soutenir. Mais on est allé trop loin en voulant expliquer aussi par la théorie chimique les phénomènes électriques observés lors du contact de deux métaux, et en supposant que dans ce cas la production d'électricité libre avait sa source dans la présence d'une couche d'humidité condensée à la surface des corps en présence. On peut admettre ici la théorie du contact, sans se trouver en contradiction avec le principe de la conservation de la force, et attribuer, comme nous l'avons fait plus haut, la mise en liberté des électricités de nom contraire aux affinités différentes des métaux pour les fluides électriques ; car le contact de conducteurs de première classe, tels que les métaux, ne donne jamais de courants continus. L'affinité élective de chaque métal pour l'un des fluides est une force de tension d'une grandeur déterminée, qu'on est toujours obligé de mettre en liberté, soit par le travail mécanique nécessaire pour séparer les métaux au contact et vaincre par cela même l'attraction des fluides de nom contraire dégagés sur chacun d'eux, soit par une action chimique permanente, soit enfin, comme nous le verrons § 302, par l'application de la chaleur.

300. Électricité produite par le contact des métaux et des gaz. — Le contact des métaux avec les gaz est aussi une source assez puissante d'électricité. Si l'on introduit deux lames de platine dans deux petites éprouvettes pleines d'eau acidulée et reposant sur ce liquide, si, en outre, on fait passer dans l'une des éprouvettes du gaz oxygène, dans l'autre du gaz hydrogène, un courant électrique prend naissance dès qu'on relie les deux lames de platine par un fil métallique. Le courant va, à travers le fil conjonctif, de la lame qui plonge dans l'oxygène à celle qui plonge dans l'hydrogène, et en sens inverse dans l'intérieur du liquide. Le courant ainsi engendré ne tarde pas à s'arrêter, car il décompose l'eau, en transporte l'hydrogène sur la lame qui plonge dans l'oxygène, l'oxygène sur l'autre lame; les deux gaz mis ainsi en présence dans chacun des éprouvettes se recombinent pour former de l'eau. Toutefois, si l'on a soin de déposer sur les lames une couche de noir de platine, qui a la propriété d'absorber une grande quantité de gaz, on peut obtenir des courants constants et durables. Grove a construit avec de tels couples à gaz des piles très puissantes.

Nous reviendrons sur la production de l'électricité par le contact des métaux et des gaz, à l'occasion de la *polarisation galvanique* (cf. § 327).

301. Électricité développée par le contact des liquides de nature différente. — Le contact de deux liquides différents produit aussi de l'électricité en petite quantité. C'est ainsi que M. Becquerel a construit une pile qu'il nomme *chaîne simple à oxygène,* et qui est formée par un liquide acide et par un liquide alcalin pouvant communiquer entre eux à travers une cloison en argile poreuse; une lame de platine plonge dans chaque liquide, et quand on réunit les deux lames par un fil conjonctif, on constate le passage d'un courant qui va de l'acide à l'alcali à travers ce circuit extérieur.

Les courants électriques qui prennent naissance au contact des métaux avec des gaz ou des liquides entre eux n'ont guère d'importance que parce qu'on les observe comme effets secondaires des courants produits par l'action chimique des liquides sur les métaux, mais on ne s'en sert presque jamais comme source d'électricité.

302. Courants thermo-électriques. — En chauffant les surfaces de contact de deux métaux différents, on obtient des effets électriques semblables à ceux que produit le couple voltaïque. Pour rendre plus intime le contact des métaux, on les soude l'un à l'autre par leurs extrémités, de manière à fermer le circuit, comme le représente la figure 374, où l'on voit un barreau de bismuth B, dont les extrémités sont soudées à celles d'un barreau de cuivre C. Quand on chauffe l'une des soudures, celle de droite par exemple, le circuit est parcouru par un courant électrique qui va, comme l'indique la flèche, du bismuth au cuivre en passant par la soudure chaude; si, au lieu de chauffer la soudure de droite, on refroidit celle de gauche, l'effet produit reste le même. Mais quand c'est la soudure de droite qui est refroidie ou celle de gauche qui est échauffée, le courant s'établit en sens inverse. Une aiguille aimantée, placée dans l'intérieur du circuit, indique par sa déviation, comme nous le verrons plus tard, le passage et le sens du courant.

On appelle courants *thermo-électriques* ceux qui prennent naissance dans les circonstances que nous venons d'indiquer, et couple *thermo-électrique,* le système de deux métaux soudés et disposés de manière à produire de

l'électricité par l'élévation ou l'abaissement de température de l'une des soudures. L'intensité du courant augmente, toutes choses égales d'ailleurs,
avec la différence de tempé-
rature des deux soudures.

Par analogie avec ce qui a
lieu dans le couple voltaïque,
on admet que le métal vers
lequel se dirige le courant,
en partant de la soudure
chauffée, prend l'électricité
positive ; dans le cas que re·
présente la figure 374, c'est
le cuivre C qui prend le
fluide positif, lorsqu'on chauffe
la soudure de droite. En es-
sayant successivement les
différents métaux deux par

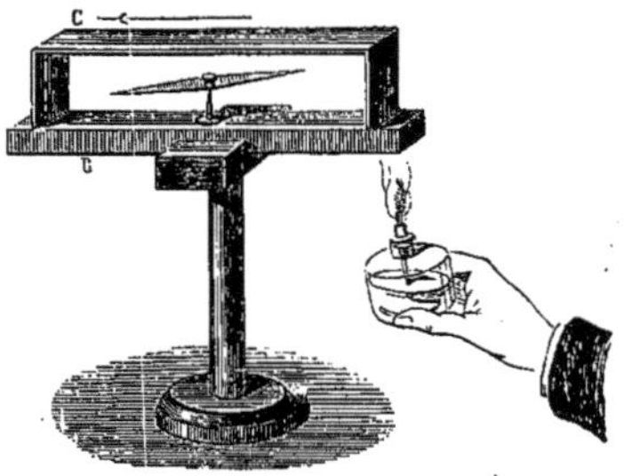

Fic. 374. — Appareil pour démontrer la production
de l'électricité par la chaleur.

deux, on a pu les ranger dans un ordre tel que chacun d'eux reçoit près de
la soudure chaude, le fluide négatif avec ceux qui le suivent, et le fluide
positif avec ceux qui le précèdent ; on a ainsi, d'après Seebeck, la série :

Bismuth, plomb, étain, platine, or, argent, zinc, fer, antimoine.

Les métaux placés à l'extrémité de la série donnent, quand on les réunit,
le courant le plus intense.

Nous avons déjà indiqué, dans l'étude de la chaleur (voy. § 271), la manière dont on dispose
les métaux pour former une pile thermo-électrique.

CHAPITRE II

MESURE DE L'ÉTAT ÉLECTRIQUE DES CORPS ET DES FORCES ÉLECTRIQUES.

303. Quantité d'électricité. Densité et tension électriques. — L'électricité, de
même que toutre autre force, ne saurait être mesurée que par les effets
qu'elle produit. Déjà dans le chapitre précédent nous avons été obligé,
pour les besoins de la démonstration, de prendre en considération les quantités de fluide mis en liberté ; quel que soit, en effet, le moyen auquel on ait
recours pour se procurer de l'électricité, l'état électrique obtenu peut varier
en intensité.

En partant de l'hypothèse que nous avons adoptée pour expliquer la nature de l'électricité, nous admettrons que la grandeur de l'état électrique
d'un corps est en rapport avec la quantité de fluide positif ou négatif que
ce corps possède. Or, une même quantité d'électricité peut être répartie
sur une surface plus ou moins grande ; l'intensité d'action d'un corps électrisé dépend donc de la couche de fluide libre qui s'y trouve accumulé, c'est-
à-dire de la *densité électrique.* Si, à égalité de surface, un corps renferme

deux fois plus de fluide qu'un autre, il est évident que la densité électrique sera deux fois plus grande dans le premier cas que dans le second. Désignons par S la surface sur laquelle est distribuée une quantité E d'électricité, le quotient $\dfrac{E}{S}$ exprimera la densité électrique. Plus la valeur de ce rapport devient grande, plus l'action répulsive des particules du fluide électrique les unes à l'égard des autres augmente, et, par suite, plus est considérable l'effort que fait l'électricité pour abandonner le corps à la surface duquel elle est accumulée. Cette propension de l'électricité à s'échapper ou à aller rejoindre l'électricité de nom contraire se nomme la *tension électrique*. On voit que la tension, comme la densité, est proportionnelle au rapport $\dfrac{E}{S}$

303ᵉ. Lois des attractions et des répulsions électriques. — Afin d'avoir des mesures de la densité ou de la tension électrique comparables entre elles, il est nécessaire de choisir une unité pour évaluer les quantités d'électricité. On a d'abord utilisé dans ce but l'effet le plus général que produit l'électricité, effet dont nous nous sommes servi pour reconnaître si un corps est électrisé et quelle est la nature de son électricité ; nous voulons parler de la propriété que possèdent les corps de se repousser quand ils ont des électricités de même nom et de s'attirer quand leurs électricités sont de nom contraire. Conformément aux conventions adoptées en mécanique pour la mesure des forces (cf. § 25), on a choisi pour unité électrique la quantité d'électricité qui, à l'unité de distance, imprime à l'unité de masse une vitesse égale à *un*. [Nous verrons plus loin (§ 320ᵉ) que cette *unité électro-statique de quantité* a été abandonnée et remplacée par une autre que nous définirons en même temps que les autres unités électriques.] Imaginons deux sphères pesant chacune 1 milligramme, et dont les centres se trouvent à un millimètre de distance l'un de l'autre ; nous supposons le diamètre de ces sphères assez petit pour qu'on puisse le négliger en comparaison de la distance des centres ; il est alors permis de considérer toute l'électricité accumulée sur chaque sphère comme rassemblée au centre. Cela posé, communiquons à chacun de ces corps la même quantité d'électricité de même espèce. Cette quantité sera considérée comme égale à l'unité quand les sphères se repousseront avec une force capable de leur imprimer pendant la première seconde une vitesse égale à *un* millimètre. Si la charge de chaque sphère n'est pas égale à l'unité, mais que l'une d'elles renferme une quantité d'électricité E et l'autre une quantité E', la force de répulsion ne sera plus 1 ; elle aura pour valeur le produit $E \times E'$. Si, en outre, cette force, au lieu d'agir sur l'unité de masse, est appliquée à une masse qui correspond à un poids de M milligrammes, elle lui imprimera une vitesse $\dfrac{EE'}{M}$.

Pour pouvoir mesurer les quantités d'électricité contenues dans les corps, lors même que ces derniers sont séparés les uns des autres par un intervalle quelconque, il nous reste à rechercher la loi d'après laquelle les forces attractives et répulsives varient avec la distance. Or, si on dispose l'une en regard de l'autre deux sphères chargées de quantités égales de fluide du même nom, et qu'on fasse varier la longueur de l'intervalle

qui les sépare, on trouve que la force répulsive est chaque fois inversement
proportionnelle au carré de la distance d. Deux quantités d'électricité E et
E′ exercent donc, en général, l'une sur l'autre, une action dont l'intensité est $\frac{EE'}{d^2}$, et la vitesse que chacune d'elles communique à une masse M,
a pour expression $\frac{EE'}{Md^2}$. Il y a répulsion ou attraction selon que les électricités en présence sont de même nom ou de nom contraire.

La loi des attractions et des répulsions électriques n'est qu'un cas particulier de la loi
générale qui régit l'action des masses (cf. § 9). Dans le cas de l'électricité, les masses qui
s'attirent ou se repoussent sont les quantités de fluide électrique libre que renferment les
corps. Coulomb a vérifié l'exactitude des lois qui président aux attractions et aux répulsions
électriques à l'aide d'une *balance de torsion* qui porte son nom. MM. Dellmann et Kohlrausch ont modifié la balance de Coulomb, de manière à en accroître de beaucoup la
sensibilité et à en permettre l'emploi pour la mesure de quantités d'électricité extrêmement
faibles.

304. Grandeur de la force électro-motrice développée par le contact des métaux. Lois des tensions électriques.

— Nous avons vu, § 295, que le contact de deux disques
métalliques développe sur chacun d'eux une tension électrique qui est constante pour deux mêmes métaux, et qu'on rapporte à la *force électro-motrice*. La force électro-motrice est d'autant plus grande qu'il s'accumule
plus d'électricité libre sur une portion donnée de la surface des deux métaux,
du fluide positif sur l'un, du fluide négatif sur l'autre. On peut donc arriver
à mesurer la force électro-motrice en cherchant, d'après la méthode indiquée dans le paragraphe précédent, la quantité d'électricité qui reste sur
chacun des disques après leur séparation. On trouve, par ce moyen, que,
pour un système donné de deux métaux, la densité de l'électricité est
toujours la même en chaque point des surfaces métalliques, quelle que soit
l'étendue des disques employés. Il suit de là que l'intensité de la force électro-motrice est indépendante de la grandeur des surfaces en contact. On
peut, en conséquence, admettre qu'elle est proportionnelle à la densité de
l'électricité libre. Nous verrons plus loin (§ 320ª) quelle est l'unité de force
électro-motrice adoptée aujourd'hui.

La force électro-motrice, et avec elle la densité de l'électricité libre, sont
d'autant plus grandes que les métaux employés occupent des rangs plus
distants l'un de l'autre dans la série des tensions. C'est ainsi que Volta, en
prenant comme unité de force électro-motrice celle du couple cuivre et argent,
a trouvé pour les autres métaux les valeurs suivantes :

Zinc et plomb. 5	Cuivre et argent. 1
Plomb et étain. 1	Zinc et argent. 12
Étain et fer. 3	Zinc et fer. 9
Fer et cuivre. 2	Cuivre et étain. 5

La seule comparaison de ces nombres avec les numéros d'ordre des métaux
dans la série des tensions du § 295ª (*zinc, plomb, étain, fer, cuivre,
argent*, etc.) conduit directement à la loi suivante: *La force électro-
motrice développée au contact de deux métaux quelconques est égale à
la somme des forces électro-motrices qu'engendreraient les différents
couples qu'on pourrait former en réunissant chacun des métaux*

compris dans la série des tensions, entre les deux en expérience, successivement avec celui qui le précède et celui qui le suit. Ainsi, par exemple, si nous représentons la force électro-motrice d'un couple par les symboles chimiques des métaux qui le composent, nous aurons: $(Z, Ag) =$ $(Z, Pb) + (Pb, Sn) + (Sn, Fe) + (Fe, Cu) + (Cu, Ag)$.

Cette loi, d'après laquelle l'ordre des métaux dans la série des tensions indique en même temps la grandeur relative de leurs forces électro-motrices, est connue sous le nom de *loi des tensions.*

La loi des tensions avait déjà été découverte par Volta au moyen de l'électroscope à feuilles d'or; M. Kohlrausch en a de nouveau vérifié l'exactitude dans une série d'expériences faites avec beaucoup de soin à l'aide de la balance de torsion de Dellmann.

305. Mesure de la force électro-motrice développée au contact des métaux et des liquides.

— La force électro-motrice due au contact d'un métal avec un liquide peut être mesurée de la manière qui vient d'être exposée pour le cas de deux métaux en contact l'un avec l'autre. Mais comme les liquides ne se laissent point ranger dans la série des tensions, la loi précédente ne leur est pas applicable.

Quand on plonge deux métaux dans un même liquide, la force électro-motrice qui agit au niveau des surfaces métalliques doit être égale, comme nous l'avons démontré § 298, à la différence des forces électro-motrices que chacun des métaux développerait pour sa part s'il se trouvait seul en contact avec le liquide. Vient-on à comparer entre elles les quantités d'électricité qu'on obtiendrait en immergeant successivement les différents métaux dans un même liquide, on trouve que ces métaux peuvent être sériés suivant l'ordre des tensions qu'ils produisent, mais que cet ordre est tout différent de celui qui existe pour les mêmes métaux mis en contact immédiat les uns avec les autres, et qu'en outre il change avec la nature du liquide; toutefois la loi des tensions s'applique à chacune des séries prise à part.

La force électro-motrice de deux métaux plongés dans un même liquide pourrait être déterminée par les mêmes procédés que ceux qui nous ont servi jusqu'ici à mesurer l'électricité; il suffirait de sortir les métaux du liquide qui les baigne, et de mesurer la tension électrique qui s'est développée sur chacun d'eux. Mais nous avons, dans le courant électrique qui s'établit sitôt qu'on réunit par un fil conducteur les deux métaux immergés, un moyen bien plus sensible et bien plus commode de mesurer la force électro-motrice. Nous verrons, en effet, dans les chapitres suivants, que ce courant produit certains effets particuliers, tant dans l'intérieur même du circuit qu'au dehors. Si donc on donne toujours aux lames métalliques la même grandeur, et que l'écoulement des fluides électriques s'opère constamment dans des conditions identiques, ces effets du courant mesurent directement la tension de l'électricité libre qui se renouvelle à chaque instant sur les lames métalliques, en d'autres termes, la force électro-motrice. Attendu que cette méthode de mensuration de la force électro-motrice du couple voltaïque ne saurait être séparée de l'étude des lois du courant de la pile, nous en reportons la description au chapitre suivant.

Les mêmes observations s'appliquent à la force électro-motrice de la pile thermo-électrique. A l'égard de cette source d'électricité, nous ferons remarquer que la loi des tensions de Volta, en vertu de laquelle l'ordre des métaux, rangés par rapport à leurs tensions électriques, indique en même temps la valeur relative des quantités d'électricité produites, est également vraie pour la série des tensions thermo-électriques.

CHAPITRE III

ÉLECTRICITÉ DYNAMIQUE

306. Différentes sortes de mouvements de l'électricité. — Nous avons vu, dans le chapitre Ier de ce livre, l'électricité accumulée sur un corps quelconque se mettre en mouvement, dès qu'on en approche un conducteur; il se développe par influence, sur la partie de ce conducteur la plus rapprochée du corps électrisé, de l'électricité de nom contraire à celle du corps inducteur, et comme les électricités d'espèces différentes s'attirent, il arrive, quand les deux corps sont assez rapprochés l'un de l'autre, que leurs électricités se portent brusquement à la rencontre l'une de l'autre, et se recomposent pour former du fluide neutre. Cette recomposition instantanée des électricités de nom contraire s'accompagne toujours d'un dégagement de lumière et se nomme la *décharge disruptive;* le courant électrique qui prend naissance dans ces conditions est appelé *courant de décharge.*

Le mouvement de l'électricité est autre quand il s'établit dans le fil conjonctif qui réunit deux métaux plongés dans un liquide: au fur et à mesure que la différence des tensions électriques entre les deux métaux tend à s'égaliser, elle est rétablie par les forces électro-motrices qui agissent au contact des métaux avec le liquide; il se produit ainsi dans le fil conjonctif un échange continu d'électricité, échange qui conserve la même intensité, aussi longtemps que les forces électro-motrices et les conditions de conductibilité ne varient point. Ce mode de mouvement de l'électricité constitue le courant *voltaïque* ou *galvanique.* Un courant de même nature s'établit dans un circuit métallique formé de plusieurs métaux soudés ensemble, et où la différence de tension électrique est entretenue par l'inégalité de température des différentes soudures.

Nous aurons donc à étudier séparément les lois du courant de décharge et celles du courant galvanique.

307. Courant de décharge.— La décharge disruptive de l'électricité accumulée dans un corps conducteur isolé ne consiste pas dans le simple transport du fluide sur l'*excitateur*, c'est-à-dire sur le conducteur qui sert à opérer la décharge. Il s'établit toujours un échange en quantités égales entre les électricités de nom contraire qui sont en présence; car tout conducteur qu'on approche d'un corps électrisé ne reste pas à l'état neutre: il se charge par influence de fluide de nom contraire à celui du corps conducteur, et la décharge a lieu dès que les tensions des deux électricités sont assez grandes pour vaincre la résistance opposée par la couche d'air interposée entre les deux corps en présence.

Quand le corps électrisé est bon conducteur et qu'on met l'excitateur en communication à la fois avec le corps à décharger et avec le sol, la décharge est complète: les deux corps rentrent à l'état neutre. Si, au contraire, les deux corps sont isolés, une partie seulement de l'électricité passe sur l'excitateur. La décharge est encore incomplète toutes les fois qu'une couche d'air plus ou moins épaisse sépare le corps électrisé de l'excitateur. Présente-t-on, par exemple, un excitateur au conducteur d'une machine électrique qui a atteint sa charge maximum, une étincelle part entre les deux corps quand ils sont à une certaine distance l'un de l'autre; si l'on approche davantage l'excitateur, une deuxième étincelle se produit, et ainsi de suite.

307ᵃ. Distance explosive. Durée de l'étincelle. Vitesse de propagation de l'électricité. — On appelle *distance explosive* celle à laquelle s'opère la première décharge partielle. D'après les recherches de M. Riess, la distance explosive *est directement proportionnelle à la densité ou à la tension de l'électricité*. De là cette conséquence que toute décharge doit se composer d'une série de décharges partielles; c'est ce qu'on peut démontrer expérimentalement. Si, en effet, on présente l'excitateur au corps électrisé, de manière que l'intervalle qui sépare ces deux corps soit juste égal à la distance explosive, il se produira une décharge partielle, qui aura pour effet de diminuer la densité de l'électricité libre; il faudra alors rapprocher davantage l'excitateur pour qu'une nouvelle décharge se fasse, et cette dernière ne pourra être complète que lorsque la distance des deux corps sera nulle.

La décharge totale se compose donc d'une série de décharges partielles qui se succèdent depuis le moment où l'excitateur est assez près du corps électrisé pour qu'une première étincelle puisse jaillir, jusqu'à l'instant où les deux corps se touchent. Wheatstone a montré, en outre, que chaque décharge partielle consiste dans la succession d'un certain nombre de décharges élémentaires plus petites, de sorte que, pour une même distance explosive, il y a toujours plusieurs étincelles qui jaillissent successivement.

En vue de cette démonstration, Wheatstone a d'abord mesuré la vitesse de propagation de l'électricité, c'est-à-dire la vitesse du courant de décharge; il a employé dans ce but une méthode analogue à celle dont on s'est servi plus tard pour mesurer la vitesse de propagation de la lumière dans différents milieux, et il a trouvé que l'électricité se meut à travers un fil de cuivre avec une vitesse d'environ 460.000 kilomètres par seconde.

Avec une vitesse aussi considérable, l'étincelle qui part entre deux conducteurs voisins devrait avoir une durée inappréciable, si elle ne se composait que d'une seule décharge. Or, Wheatstone, et plus tard M. Feddersen, observant l'étincelle dans un miroir tournant avec rapidité autour d'un axe parallèle à la direction de l'étincelle, ont aperçu, au lieu d'une étroite ligne de feu, une bande lumineuse d'autant plus étalée que la vitesse de rotation était plus grande; ils en ont conclu que l'étincelle a une durée appréciable qu'on peut mesurer au moyen de la largeur de son image vue dans le miroir tournant et de la vitesse de rotation de ce dernier; que, par conséquent, elle se compose en réalité d'une série de décharges successives qui se produisent toutes à la même distance. Les recherches dont nous parlons ont montré, en outre, que la durée de l'étincelle augmente avec la distance explosive, ou, ce qui revient au même, avec la densité électrique, car ces deux quantités sont proportionnelles l'une à l'autre; cette durée croît aussi avec la grandeur de la résistance du milieu interposé.

Les lois établies ci-dessus, relativement à la décharge disruptive, ne s'appliquent, comme nous l'avons déjà dit, qu'au cas où le corps électrisé et l'excitateur sont tous deux conducteurs de l'électricité. Il va de soi qu'un corps isolant ne saurait servir d'excitateur, ou du moins qu'il ne déchargerait que très incomplètement le corps électrisé, car il ne peut prendre qu'une quantité fort minime d'électricité. D'un autre côté, si un corps isolant a été électrisé par le frottement, on peut bien, à l'aide d'un excitateur, en tirer quelques étincelles et le priver ainsi d'une partie de son électricité; mais, alors même que le corps conducteur toucherait le corps isolant, l'électricité de ce dernier ne se perdrait que très lentement. C'est là ce qui explique un fait qu'on observe dans tous les appareils destinés à produire de l'électricité par influence, et dans lesquels les surfaces métalliques qui remplissent le rôle de collecteur et de condensateur sont séparées, non point par une simple couche d'air, mais par un isolateur solide, tel qu'une lame de verre : si nous établissons, par exemple, une communication métallique entre les deux armatures d'une bouteille de Leyde chargée, nous ne parvenons jamais à la décharger complètement du premier coup; il reste toujours dans la bouteille un peu d'électricité libre, qui ne se perd que très lentement. On explique ce phénomène en admettant qu'une certaine quantité d'électricité se transporte à la surface de la lame isolante et y adhère plus ou moins longtemps, surtout quand la charge est forte.

[On démontre, d'ailleurs, à l'aide d'une bouteille de Leyde dont les armatures peuvent être séparées du verre, que l'électricité se condense à la surface même de la lame isolante et non dans les armatures.]

308. Piles électriques. — Pour obtenir des courants électriques continus, on se sert de la pile. [On en a imaginé un grand nombre d'espèces; elles se divisent en piles à *courant variable* et piles à *courant constant.*]

Piles a courant variable. — Pile de volta. — La forme de pile la plus ancienne est celle de Volta ou de la *pile à colonne.* Chaque élément de cette pile se compose d'un disque de cuivre et d'un disque de zinc entre lesquels est interposée une rondelle de drap ou de feutre imbibée d'eau acidulée. La superposition d'un certain nombre de ces couples constitue la pile; il faut avoir soin de placer les métaux toujours dans le même ordre; habituellement les deux disques métalliques contigus sont soudés l'un à l'autre. A chaque extrémité ou *pôle* de la pile, c'est-à-dire au dernier cuivre et au dernier zinc, est fixé un fil de cuivre qui porte le nom de *rhéophore* ou d'*électrode.* Quand on établit, soit directement soit indirectement, la communication entre les deux électrodes, le circuit ainsi fermé est parcouru par un courant d'électricité, qui va du pôle positif au pôle négatif.

308ᵃ. Pile à couronne de tasses. — Une modification de la pile à colonne déjà imaginée par Volta, consiste à verser le liquide acidulé dans un vase de verre ou de grès, et à y plonger les deux métaux; on a ainsi un couple. Veut-on obtenir une pile, il suffit de réunir plusieurs de ces couples, de telle sorte, que des fils métalliques relient le

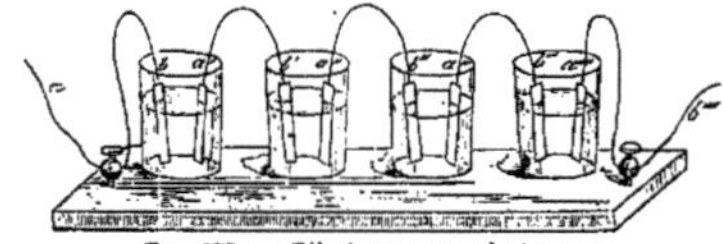

FIG. 375. — Pile à couronne de tasses.

zinc a' (fig. 375) du premier couple au cuivre b' du deuxième, le zinc a'' du deuxième couple au cuivre b'' du troisième et ainsi de suite. Telle est la disposition de la pile à *couronne de tasses.*

308ᵇ. Pile de Wollaston. Pile de Munch. — Quand on ne tient pas essentiellement à avoir un courant constant, on se sert parfois encore de nos jours de piles analogues à la précédente, mais d'un maniement plus commode; telles sont la *pile de Wollaston* [et la *pile de Munch*]. La première ne diffère de la pile à couronne de tasses que par deux points; la lame de cuivre de chaque couple est repliée de manière à entourer, sans les toucher, les deux faces de la lame de zinc, ce qui augmente la surface métallique destinée à recueillir l'électricité développée dans le liquide; les anses métalliques qui réunissent le cuivre et le zinc de deux couples consécutifs sont toutes fixées à une même traverse horizontale de bois qu'on peut élever ou abaisser à volonté, de manière à faire plonger à la fois tous les couples dans le liquide acidulé des bocaux ou à les en retirer. Cette pile est d'un emploi très commode; car, pour la mettre en activité, il suffit d'immerger les couples; sitôt qu'on ne s'en sert plus, on relève la traverse de bois, afin que les métaux ne restent pas en contact avec l'eau acidulée.

[Le dispositif de la *pile de Munch* est encore plus simple ; tous les couples plongent dans une même auge de bois mastiquée à l'intérieur. Sous un petit volume, cette pile donne des effets très énergiques, mais peu durables.]

[**308ᶜ. Chaîne galvanique de Pulvermacher.** — M. Pulvermacher a imaginé, pour les usages médicaux, une pile en forme de *chaîne* qui peut s'appliquer sur les différentes parties du corps. Chaque couple ou chaînon de cette pile se compose d'un petit billot de bois *a* (fig. 376) sur lequel sont enroulés en hélice un fil de cuivre et un fil de zinc logés dans des sillons séparés et parallèles. Les deux chefs du fil de zinc d'un couple donné sont liés aux chefs correspondants du fil de cuivre du chaînon précédent; le fil de cuivre du même couple est relié de la même manière au fil de zinc du billot suivant. En outre, tous les couples sont articulés entre eux, de telle sorte que la pile se présente sous la forme d'une chaîne flexible.

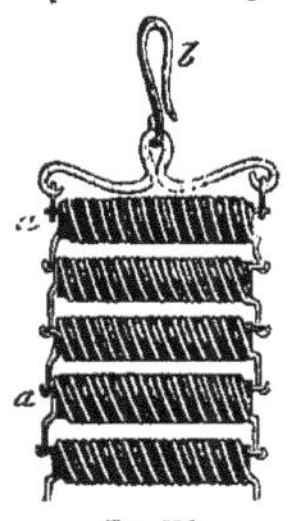

Fig. 376.
Pile de Pulvermacher.

Pour mettre la pile de Pulvermacher en activité, on la trempe dans de l'eau vinaigrée comme le montre la figure 377, puis on applique sur la peau les deux pôles de manière à comprendre entre eux la partie malade à travers laquelle on veut faire passer le courant.

La figure 378 représente la manière de disposer une double chaîne galva-

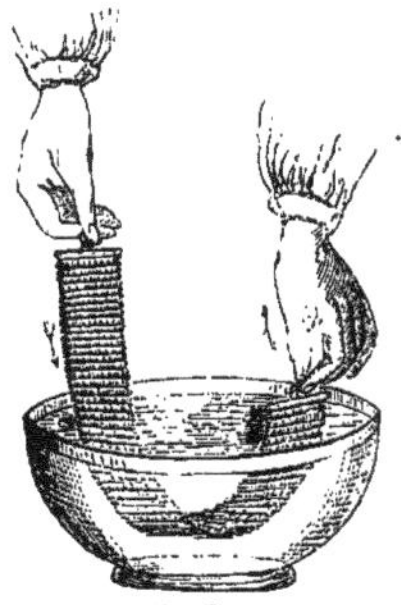

Fig. 377.
Mise en activité de la pile de
Pulvermacher.

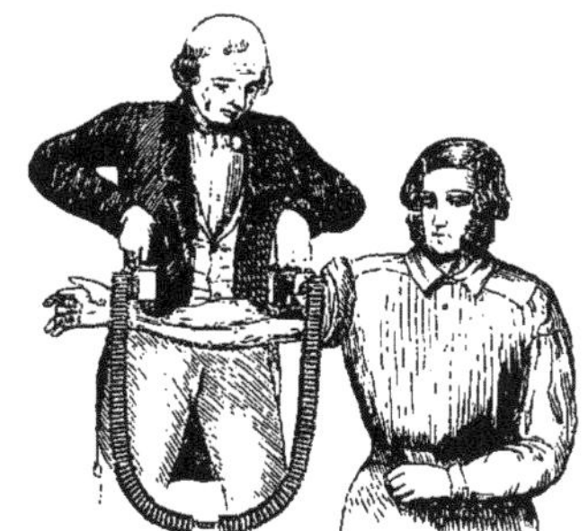

Fig. 378.
Emploi des chaînes de Pulvermacher pour faire passer le
courant électrique à travers les muscles de l'avant-bras.

nique pour électriser les muscles de l'avant-bras : les extrémités de la chaîne portent des tubes de cuivre creux qui s'appliquent, par l'intermédiaire d'une éponge mouillée, en deux points de la peau situés sur le trajet des muscles. Un mécanisme particulier, placé dans ces cylindres métalliques, permet d'interrompre ou de rétablir à volonté le courant, de manière à produire des commotions.

La pile de Pulvermacher produit dans les premiers instants des effets énergiques, eu égard au petit volume de l'appareil, mais elle s'affaiblit très rapidement, et on lui préfère avec raison les piles à courant constant dont il sera question plus loin.]

308ᵈ. Piles sèches. — On a imaginé des piles sans liquide, qui présentent l'avantage de fournir de l'électricité pendant très longtemps, mais qui donnent des courants extrêmement faibles. La *pile sèche de Zamboni* se compose de rondelles de papier recouvertes, sur une seule de leurs faces, alternativement d'une couche de cuivre et d'une couche de zinc; on empile ces rondelles dans un tube de verre, toujours dans le même ordre, de manière qu'une surface cuivre soit en contact avec une surface zinc; à chaque extrémité de la pile est adapté un bouton métallique qui sert à porter les électrodes. Le papier, en vertu de ses propriétés hygroscopiques, joue dans ce cas le rôle d'un conducteur humide, et le zinc s'oxyde lentement. La pile Zamboni ne diffère donc de celle de Volta que par l'infériorité de ses effets; mais, comme elle est formée d'un nombre très considérable d'éléments, on obtient, quand les pôles sont isolés, des effets de tension assez marqués, qu'on utilise pour la construction d'électroscopes excessivement sensibles.

308ᵉ. Causes d'affaiblissement de la pile. Polarité secondaire des éléments. — Toutes les fois qu'on a besoin d'un courant constant et de longue durée, on ne peut employer ni la pile de Volta, ni celles qui sont construites d'après le même type. Dans ces piles, en effet, il se produit, par suite des actions chimiques intérieures du liquide, un courant secondaire qui va en augmentant progressivement d'intensité et qui marche en sens contraire du courant primitif; ce dernier s'affaiblit donc de plus en plus jusqu'à ce que finalement il soit réduit à une certaine valeur minimum. Si, par exemple, le couple employé se compose d'une lame de zinc et d'une lame de cuivre plongées dans de l'eau additionnée d'acide sulfurique, le courant de la pile décompose le liquide, d'une part en acide anhydre et oxygène, d'autre part en hydrogène; le premier groupe de corps se porte sur le zinc, l'oxyde, et la base qui en résulte se combine avec l'acide sulfurique pour former du sulfate de zinc qui se dissout dans le liquide; quant à l'hydrogène, il se porte sur le cuivre et y forme une couche plus ou moins épaisse. Or, nous avons vu, § 300, que les gaz, en contact avec les métaux, dégagent de l'électricité: l'hydrogène, qui adhère au cuivre, produit le même effet que si le cuivre était recouvert d'un métal attaquable par l'eau acidulée. Il se produit donc un *courant secondaire* qui marche en sens contraire du courant primitif; le courant résultant est égal à leur différence, et son intensité dépend des actions sur l'eau du zinc, d'un côté, et de l'hydrogène, de l'autre; d'ailleurs, comme le zinc est plus électro-positif ou plus attaquable que l'hydrogène, son action l'emporte et le cuivre reste le pôle positif. [Quant à la cessation absolue de courant au bout d'un certain temps, elle tient à la formation du sulfate de zinc, qui, décomposé par le courant lui-même, laisse déposer du zinc sur le cuivre; les deux éléments du couple sont alors formés de métaux identiques, et, par suite, le courant ne peut plus se produire.]

309. Piles à courant constant. — On peut éviter la formation de ce contre-courant en mettant chacun des métaux du couple en contact avec un liquide qui ne donne pas de produits de décomposition capables d'engendrer un courant en sens contraire du courant principal. On obtient de cette manière des piles qui présentent une constance d'intensité remarquable, ce sont les piles dites à *deux liquides*. Ces piles se distinguent de celle de Volta, en ce que chaque couple se compose de deux métaux et de deux liquides. Un vase extérieur, en grès ou en verre V (fig. 379), renferme l'un des liquides, dans lequel plonge le premier métal Z, auquel on donne, en général, la forme d'un cylindre creux fendu latéralement. L'intérieur de ce cylindre est occupé par un vase poreux ou diaphragme D en terre de pipe dégourdie qui renferme le second liquide, et dans lequel on introduit un cylindre ou une lame du second métal. La constance du courant est subordonnée au choix du liquide mis en contact avec chaque métal.

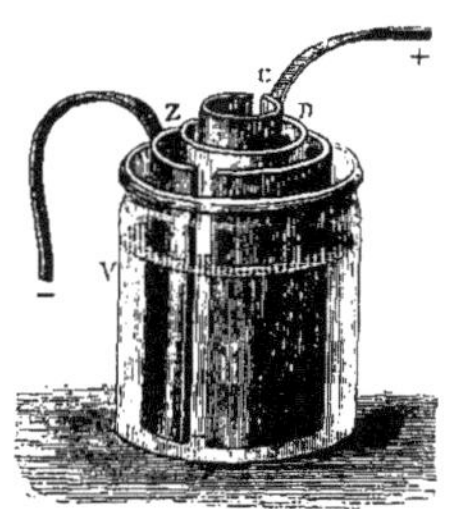
Fig. 379. — Couple de Daniell.

Dans les piles à courant constant, on emploie toujours comme élément négatif du zinc *amalgamé*, c'est-à-dire du zinc dont on a frotté la surface avec du mercure. Le zinc du commerce renferme beaucoup d'impuretés, et notamment des parcelles de fer et de cadmium ; de sorte que si on le plonge tel quel dans l'eau acidulée, il s'établit de petits courants galvaniques entre les différents points hétérogènes de la lame métallique, ce qui entraîne l'usure très rapide du zinc, sans qu'on puisse utiliser l'électricité ainsi produite; en outre, des bulles d'hydrogène se dégagent sur ceux de ces points qui jouent le rôle de pôle positif, elles augmentent la résistance intérieure de la pile et l'intensité du courant est par cela même diminuée. On évite la production de ces courants en amalgamant la surface du zinc, ce qui rend ce métal inattaquable tant que le circuit est *ouvert*. La puissance électro-motrice du zinc amalgamé ne diffère guère de celle du zinc chimiquement pur.

Nous allons décrire les formes les plus usitées qui ont été données aux piles à deux liquides.

309ᵃ. Pile de Daniell. — Dans cette pile, le zinc Z (fig. 379) est à l'extérieur et plonge dans de l'eau acidulée; le vase en terre poreuse D renferme une dissolution de sulfate de cuivre et un cylindre de cuivre C. Le courant d'un tel couple va, comme dans l'élément de Volta, du cuivre au zinc en dehors de la pile, et du zinc au cuivre à l'intérieur. L'oxygène résultant des décompositions intérieures se porte sur le zinc, l'oxyde, et il se forme avec l'acide sulfurique du sulfate de zinc. L'hydrogène mis .en liberté, réduit le sulfate de cuivre environnant, s'unit à l'oxygène de la base pour régénérer de l'eau, et précipite le métal, qui se dépose à la surface du cylindre de cuivre. Afin de maintenir toujours au même degré de concentration la dissolution de sulfate de cuivre, on met dans le vase en terre poreuse quelques cristaux de ce sel.

309ᵇ. Pile de Grove. — Le métal extérieur est aussi un cylindre de zinc Z (fig. 380) qui plonge dans de l'acide sulfurique étendu. Dans le vase poreux se trouve une lame de platine P, entourée d'acide nitrique fumant. A l'intérieur du couple, le courant va du zinc au platine ; il se produit donc, comme dans le couple de Daniell, de l'oxygène qui se porte sur le zinc, et de l'hydrogène qui, au lieu de se déposer sur le platine, réduit l'acide nitrique, et lui enlève de l'oxygène avec lequel il se combine pour former de l'eau ; il reste de l'acide hypo-nitrique qui se dégage quand l'acide nitrique en est saturé; mais ce dégagement gazeux n'étant pas directement dû à l'action du courant, les bulles ne se portent pas sur le platine et aucun courant secondaire inverse ne peut prendre naissance.

Ce couple, légèrement modifié, est employé dans l'appareil de Middeldorpf pour la galvanocaustique thermique (cf. § 322ᵃ).

309ᶜ. Pile de Bunsen. — Elle ne diffère de la précédente que par la nature du collecteur qui plonge dans l'acide azotique ; la feuille de platine est remplacée par un cylindre de charbon préparé, qu'on obtient en calcinant dans un moule de fer un mélange intime de coke et de houille

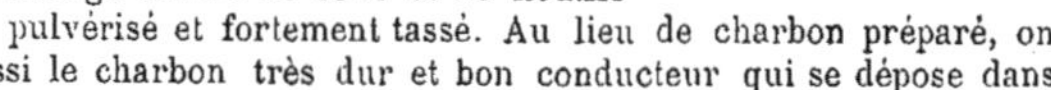

Fɪɢ. 380. — Couple de Grove.

grasse bien pulvérisé et fortement tassé. Au lieu de charbon préparé, on emploie aussi le charbon très dur et bon conducteur qui se dépose dans l'intérieur des cornues servant à la préparation du gaz d'éclairage. La théorie du couple de Bunsen est la même que celle du couple de Grove, car le charbon joue le même rôle que le platine. La figure 381 représente une pile de Bunsen composée de six couples réunis en série.

Fɪɢ. 381. — Pile de Bunsen.

309ᵈ. Piles au bichromate de potasse.
— Indépendamment des piles que nous venons de décrire, on en a imaginé une foule d'autres ; mais peu d'entre elles sont entrées dans la pratique. Nous devons toutefois faire une exception en faveur des piles au bichromate de potasse. Pour éviter les vapeurs d'acide hypoazotique que répandent les couples de Grove et de Bunsen, on a substitué à l'acide nitrique d'autres liquides oxydants, et particulièrement des solutions d'acide chromique ou de bichromate de potasse additionné d'acide sulfurique; mais le courant obtenu par ce moyen est plus faible et moins constant. [La pile au bichromate de potasse ainsi construite est due à M. Bunsen, et ne diffère de la pile à charbon du même chimiste que par la substitution de la solution acide de bichromate de potasse à l'acide nitrique.

Il existe une autre sorte de pile au bichromate de potasse, imaginée par Poggendorff et perfectionnée par M. Grenet; elle est à *un seul liquide*. Le couple se compose d'une lame de zinc qui peut être abaissée ou élevée entre deux lames de charbon des cornues à gaz ; le tout plonge dans une solution renfermant 1/40 de bichromate de potasse et 1/40 d'acide sulfurique ; un matras de verre contient le liquide. Le bichromate de potasse est réduit par l'hydrogène, et l'oxyde de chrome formé se dépose sur le zinc ;

ce dépôt diminue aussi l'intensité du courant ; mais M. Grenet remédie à cette cause d'affaiblissement, en insufflant, entre la lame de zinc et celles de charbon, de l'air qui, par l'agitation qu'il produit dans le liquide, enlève le dépôt d'oxyde de chrome.]

309ᵉ. Couple de Marié-Davy au sulfate de mercure. — Dans cette pile (fig. 382), disposée comme celle de Bunsen, l'acide azotique est remplacé par une bouillie de sulfate de bioxyde de mercure, sel très peu soluble, qui entoure le charbon C ; le zinc Z plonge dans de l'eau ordinaire ou salée. Les produits de la décomposition du sulfate mercurique sont de l'oxygène, dont s'empare l'hydrogène nais-sant, un sous-sulfate d'oxyde de mercure qui se dépose au fond du vase poreux et du mercure métallique qui se rend sur le charbon.

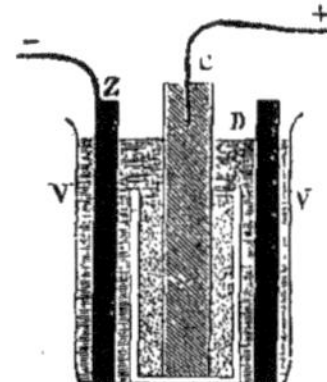

Fig. 382. — Couple de Marié-Davy, au sulfate de mercure.

[On emploie beaucoup, depuis un certain nombre d'années, des piles au *sulfate de mercure*, dans lesquelles il n'existe pas de diaphragme poreux ; le charbon et le zinc se trouvent tous deux dans un même vase contenant de l'eau et un peu de sulfate mercurique ; le mercure métallique mis en liberté entretient l'amalgamation du zinc.]

[**309ᶠ. Pile au sulfate de plomb.** — M. Marié-Davy a proposé, pour absorber l'hydrogène dans les couples, l'emploi du sulfate de plomb, qui joint à l'avantage de son peu de solubilité celui d'un bas prix de revient. La figure 383 représente une pile au sulfate de plomb : chaque couple se compose d'une assiette de cuivre étamé C, au fond de laquelle est placé un disque de zinc Z entouré d'eau salée ; par-dessus se trouve un diaphragme poreux D renfermant du sulfate de plomb imbibé d'eau salée et en couche suffisamment épaisse pour qu'il soit en contact avec le plat de cuivre du couple placé au-dessus. — Cette pile, peu embarrassante, d'un entretien facile et peu coûteux, fournit un courant d'une assez grande constance. Avec le sulfate de plomb, comme avec tous les sels peu solubles, on peut supprimer le dia

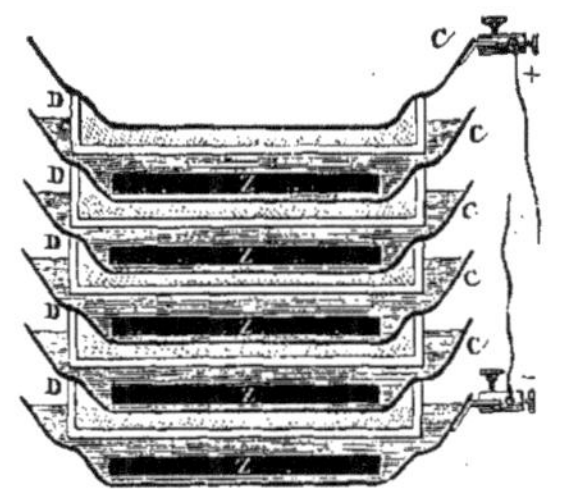

Fig. 383. — Pile de Marié-Davy au sulfate de plomb. — C, C, C... Assiettes de cuivre étamé. — D, D, D... Vases poreux contenant la bouillie de sulfate de plomb. — Z, Z, Z... Disques de zinc.

phragme poreux. — Sous le rapport des effets produits, le chlorure de plomb et surtout celui d'argent sont encore préférables.]

309 . Batterie voltaïque de Siemens. — Depuis quelques années on fait en médecine un fréquent usage du courant continu ; il était donc nécessaire de construire des piles qu'on puisse monter et démonter rapidement ou qui, tout en restant montées et prêtes à fonctionner, conservent longtemps leurs propriétés électro-motrices. Nous allons décrire un certain nombre de ces appareils à courant continu destinés aux usages médicaux.

La *batterie de Siemens* se compose de couples de Daniell modifiés de la

manière suivante : dans le vase extérieur se trouve une capsule en terre de
pipe dont le fond, tourné vers le haut, est percé d'une ouverture dans
laquelle on a mastiqué un étroit cylindre de verre. L'intérieur du vase en
terre de pipe renferme une lame de cuivre recourbée plusieurs fois sur elle-
même, et à laquelle est soudé un fil de cuivre. Sur le diaphragme poreux
est étendue une couche de papier mâché, qu'on a traitée successivement par
l'acide sulfurique et l'eau, de manière à la transformer en une masse com-
pacte ; enfin, par-dessus cette couche de papier se place un cylindre de zinc.
Le cylindre de verre qui surmonte la capsule en terre de pipe est rempli de
cristaux de sulfate de cuivre sur lesquels on verse de l'eau ; dans le vase de
verre extérieur on introduit de l'eau ou bien une dissolution d'acide sulfurique très étendue. Un couple ainsi construit peut fonctionner pendant plusieurs années, sans qu'il soit besoin d'y toucher, si ce n'est pour renouveler
de temps à autre l'acide sulfurique et les cristaux de sulfate de cuivre.
Quand finalement l'activité de la pile s'est éteinte, on est obligé de remplacer
le papier mâché. La force d'un de ces couples est moindre que celle d'un
couple de Daniell ordinaire ; mais une batterie de 60 éléments suffit à presque
tous les usages.

La *batterie de Meidinger*, adoptée depuis quelques années pour le service de la télégraphie en Allemagne, est aussi une modification de la pile de
Daniell. Elle a l'avantage de fonctionner pendant plusieurs mois avec la
même intensité, d'être très facile à nettoyer et à renouveler, tandis que la
batterie de Siemens nécessite l'intervention d'un ouvrier spécial à cause de
la préparation qu'il faut faire subir à la couche de papier mâché.

309ʰ. Batterie de Stœhrer. — Cette pile se compose de couples zinc et
charbon, dont le nombre peut être porté jusqu'à 32, et qui sont construits de
la manière suivante : le charbon lui-même a la forme d'une auge et rend
ainsi superflu l'emploi d'un diaphragme en terre de pipe ; on remplit l'intérieur du charbon de sable qu'on arrose avec 10 à 12 gouttes d'une solution
concentrée d'acide chromique. Un cylindre de zinc amalgamé entoure le
charbon et plonge avec lui dans un vase rempli d'eau acidulée. Ces couples
produisent un courant bien plus intense, mais moins constant que ceux de
Siemens.

On peut les disposer de la même manière que dans la pile de Wollaston,
en faisant porter tous les cylindres de charbon et de zinc par une traverse
commune, qui permet de plonger à la fois tous les éléments dans l'eau acidulée et de les en retirer à volonté.

[**309ⁱ. Pile portative de Stœhrer.** — M. Stœhrer a construit aussi une pile portative spécialement destinée aux usages médicaux. Cette pile ne diffère pas
essentiellement de celle de Wollaston ; elle représente, par conséquent, en
réalité une pile à courant variable. Chaque couple se compose, en effet,
d'une lame de zinc amalgamé et d'une lame de charbon plongeant dans une
auge en verre remplie d'eau acidulée. Les couples, au nombre de trente,
sont alignés sur deux rangs et renfermés dans une caisse en bois munie
d'un couvercle. La tige métallique qui établit la communication entre les
éléments de nom contraire de deux couples consécutifs est surmontée d'un
crochet en cuivre ; tous les crochets sont suspendus à une même traverse
en bois qui peut être fixée à volonté à deux hauteurs différentes, ce qui

permet de retirer du liquide acidulé tous les éléments à la fois, quand on n'a plus besoin de la pile. La traverse en bois est creusée dans toute sa longueur d'une rainure dans laquelle glisse un chariot qui porte deux bornes métalliques correspondantes aux deux pôles de la pile et destinées à recevoir les électrodes ; la communication entre ces bornes et les pôles s'établit par l'intermédiaire de deux ressorts fixés sur les côtés du chariot et qui pressent contre deux des crochets suspenseurs des éléments. Grâce à cette disposition, on peut introduire dans le circuit tel nombre pair de couples que l'on désire, depuis 2 jusqu'à 30.

Sur le chariot se trouve, en outre, un commutateur fort semblable à celui de M. Bertin (cf. § 309^m), et qui permet d'interrompre à volonté le courant ou d'en changer le sens. Cette pile peut conserver son activité pendant plusieurs mois, si on a la précaution de retirer les éléments de l'eau acidulée, chaque fois qu'on ne se sert plus du courant.]

[**309^j. Pile portative au chlorure d'argent du docteur Pincus** [1]. — Chaque couple de cette pile se compose d'un dé en argent contenant une bouillie de chlorure du même métal au milieu de laquelle plongent quatre petites lames de zinc amalgamé disposées à angle droit et portées par un fil métallique entouré de gutta-percha ; le tout est contenu dans un petit tube en verre rempli d'eau acidulée. Quoique ne renfermant qu'un seul liquide, la pile en question donne un courant sensiblement constant ; car l'hydrogène mis en liberté réduit le chlorure d'argent et ne peut donc pas se déposer sur le dé qui représente l'élément positif ; par ce moyen, on évite la formation d'un courant secondaire qui viendrait affaiblir le courant principal ; l'acide chlorhydrique ainsi produit attaque à son tour le zinc et donne du chlorure de zinc.

Les couples au nombre de soixante, sont alignés sur six rangs. Des traverses en bois avec chariots mobiles, comme dans la pile portative de Stœhrer, permettent de supprimer le contact entre les éléments et l'eau acidulée, et d'introduire dans le circuit un plus ou moins grand nombre de couples. Un commutateur et un rhéostat ont été annexés à l'appareil par M. R. Brenner.

La pile au chlorure d'argent ainsi perfectionnée, se recommande par son petit volume, la durée de son activité, la propreté et la facilité de son entretien.]

[**309^k. Pile portative à courant continu de Ruhmkorff et Duchenne** [2]. — Cette pile (fig. 384), est à un seul liquide et donne néanmoins un courant d'une énergie assez constante. Elle comprend quarante-deux couples composés chacun d'une lame de zinc z et d'une lame de charbon c qu'on fait plonger dans un vase de verre V renfermant de l'eau ordinaire et une petite quantité de sulfate de mercure. Le charbon est recouvert sur toute sa surface d'un enduit particulier consistant en une couche de mousse de platine pour la partie qui regarde le zinc, et en vernis ordinaire pour les autres parties.

Les couples sont disposés par séries de sept sur six rangs de profondeur,

---

[1] La description de cette pile se trouve dans l'ouvrage suivant : R. Brenner, *Untersuchungen und Beobachtungen auf dem Gebiete der Elektrotherapie*, t. II, p. 5 et 24. Leipzig, 1870.
[2] Duchenne, *De l'électrisation localisée, etc.*, 3e édit. Paris, 1870.

et placés dans l'intérieur d'une caisse en bois A, A, A. Tous les éléments sont fixés par leur partie supérieure à un double fond en bois C qu'on peut élever ou abaisser à volonté, au moyen des boutons b qui terminent un axe horizontal muni de deux pignons d, d, dont les dents engrènent dans les tiges à crémaillère d', d'. Cette disposition permet de régler, suivant les be-

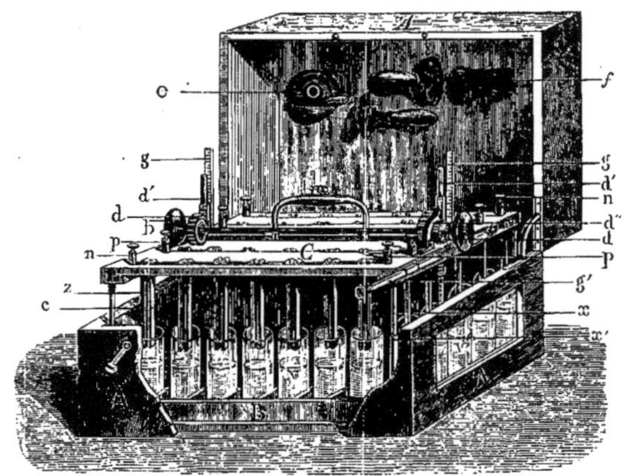

Fig. 384. — Pile portative à courant continu de Ruhmkorff et Duchenne. — A, A, A, Boîte en bois, dans laquelle se trouve renfermée la pile. — B, Fond de la boîte, sur lequel sont posés les vases de verre des couples. — C. Double fond servant de couvercle collectif à tous les couples — b) Bouton de réglage qu'on tourne pour hausser ou abaisser le double fond qui porte les éléments de la pile. — c) Charbon d'un couple. — z) Lame de zinc d'un couple. — v) Vase en verre d'un couple renfermant du sulfate de mercure et de l'eau, qui doit s'élever toujours à la même hauteur. — v') Fenêtre latérale qui permet d'apercevoir le niveau du liquide dans les vases. — d, d) Pignons dont les dents s'engrènent avec les tiges à crémaillère d', d', et qui opèrent le mouvement d'ascension ou de descente des éléments. — d') Cliquet pour arrêter le mouvement au point voulu. — e) Tampon de charbon pour appliquer le courant. — f) Peloton de fils métalliques recouverts de soie, pour former les électrodes. — g, g) Échelles divisées indiquant la hauteur d'immersion des couples et servant de graduateur pour la quantité d'électricité développée. — g') Curseur permettant de faire varier le nombre des couples associés en série, et, par suite, de modifier la tension du courant. — m) Poignée, à l'aide de laquelle on peut enlever d'un seul coup le double fond C et les éléments qui s'y trouvent suspendus. — n) Borne où aboutit le pôle négatif et à laquelle on adapte l'un des rhéophores. — p) Borne correspondante au pôle positif et destinée à recevoir l'autre rhéophore. — x, x') Tiges et tubes servant de guides pour l'ascension du double fond.

soins, la *quantité* d'électricité produite, puisqu'on peut, en faisant plonger plus ou moins les éléments dans l'eau acidulée, augmenter ou réduire à volonté l'étendue de la surface immergée et par suite attaquée. Deux échelles divisées g, g, servent de *graduateur* en indiquant la hauteur de la partie des lames zinc et charbon en contact avec le liquide. Une autre disposition non moins ingénieuse fournit le moyen de modifier la *tension* du courant : on obtient ce résultat en faisant mouvoir le curseur g' ; selon que ce curseur est plus ou moins enfoncé, le nombre des couples qui font partie du circuit est plus ou moins grand, et peut varier depuis un seul jusqu'à quarante-deux.

La faculté qu'on a de graduer ainsi la pile de Ruhmkorff et Duchenne en quantité et en tension, rend cet appareil très précieux, surtout dans les expériences de physiologie et dans les applications thérapeutiques.]

[309¹. **Pile portative à courant continu de Gaiffe.** — Nous empruntons la description de cette pile à un mémoire de MM. Mallez et Tripier [1]. Le couple adopté par M. Gaiffe est le couple au chlorure d'argent de M. Warren de la Rue, modifié de façon à en simplifier la manipulation et l'emploi. Cet élément se compose d'une lame de zinc Z (fig. 385) et d'une lame de chlorure d'argent fondu Y, toutes deux contenues dans un flacon en caoutchouc durci GHST (fig. 386), qui se ferme hermétiquement à l'aide du couvercle à vis GH. Des crampons en argent fin V, V', sur lesquels s'accrochent les lames Z, Y, portent les contacts qui établissent extérieurement les communications. Deux petits coussins I, I' et un lien JK, en caoutchouc, maintiennent entre les lames un écartement convenable et fixe. Le liquide excitateur est de l'eau distillée contenant 2,5 p. 100 de chlorure de zinc.

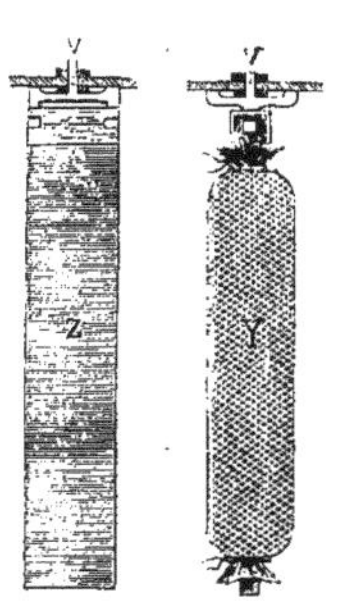 

Fig. 385.
Éléments du couple au chlorure d'argent, de Gaiffe.

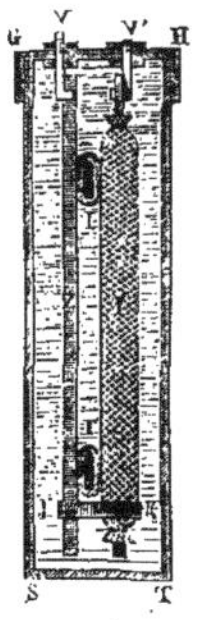

Fig. 386.
Couple au chlorure d'argent de Gaiffe.

Tant que le circuit est ouvert, la pile peut rester chargée sans que les éléments s'usent. Si on laissait le circuit fermé, elle pourrait fournir dix heures de travail non interrompu.

Pour recharger la pile, il faut dévisser le couvercle GH, enlever le lien JK, décrocher les lames Z et Y, les remplacer par d'autres que l'on remet alors en place, renouveler le liquide et remettre le couvercle.

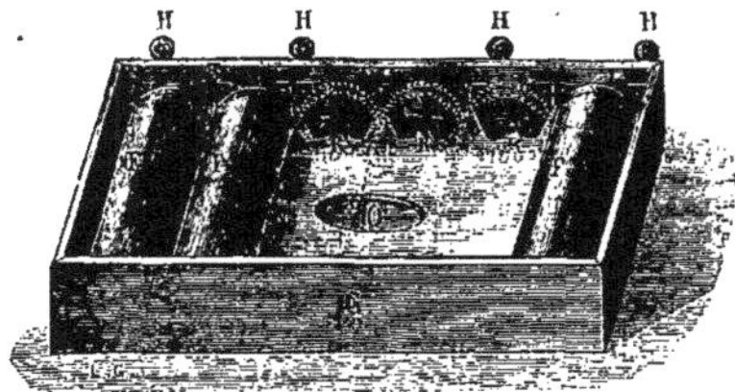

Fig. 387. — Casier de la pile à courant continu de Gaiffe, renfermant six couples au chlorure d'argent.

Pour former sa pile portative à courant continu, M. Gaiffe a réuni trente-six de ces couples et les a répartis dans six casiers ou tiroirs. La figure 387 représente les couples montés F, F, F, disposés côte à côte dans le tiroir C, et appuyant leurs saillies polaires contre les extrémités

____

(1) Mallez et Tripier, *De la guérison durable des rétrécissements de l'urètre par la galvano-caustique chimique*, 2ᵉ édit. p. 33 Paris, 1870.

des ressorts R et H, R et H,... qui établissent les communications des couples entre eux.

La figure 388 montre l'appareil monté et prêt à fonctionner, quand on aura remis en place le tiroir couvercle qui est retiré en partie pour laïsser

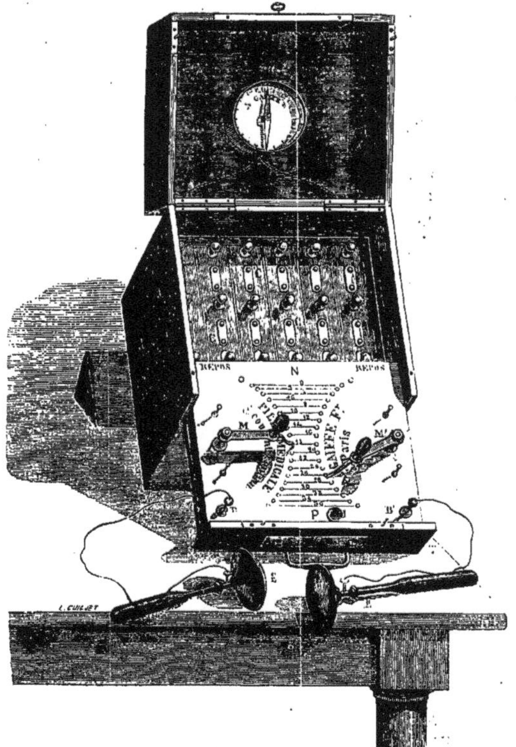

Fig. 388. — Pile portative à courant continu de Gaiffe.

voir la disposition des casiers C, C, C. C'est à ce couvercle que s'attachent en B et B' les rhéophores.

Les manettes M, M' servent à introduire dans le circuit les couples que l'on veut employer ; elles permettent, en outre, de faire travailler tour à tour les diverses parties de la pile, afin de répartir aussi également que possible entre tous les couples le travail, c'est-à-dire l'usure; dans la figure, les extrémités des manettes appuyant sur les boutons 18 et 26, cela veut dire que huit couples, de 18 à 26, sont en action.

Les lettres P et N (positif et négatif) indiquent le sens général du courant dirigé, en dehors de la pile, de celui des deux boutons, sur lesquels s'appuient les extrémités des manettes, qui est le plus rapproché de P, à l'autre qui est le plus voisin de N. Une boussole G, fixée dans le couvercle de la caisse qui renferme tout l'ensemble de la pile, est destinée à indiquer l'intensité du courant.

La construction de cet appareil aurait enfin résolu, d'après MM. Mallez et Tripier, d'une façon tout à fait satisfaisante le problème des piles portatives donnant à la fois de la quantité et de la tension.]

309ᵐ. Commutateurs. — Pour conduire le courant dans les points où il doit agir, on se sert ordinairement de deux fils de cuivre recouverts de soie ; ces *électrodes* sont fixés par l'une de leurs extrémités aux bornes qui surmontent les bords de la pile. Afin de pouvoir interrompre et rétablir à volonté le courant, sans être obligé de détacher les rhéophores, on peut en couper un en deux, et faire plonger les deux bouts de la section dans un godet rempli de mercure.

Le même résultat s'obtient à l'aide de petits appareils nommés *commutateurs*, et qui présentent, en outre, l'avantage de permettre de changer instantanément le sens du courant, sans qu'on ait besoin de déplacer les rhéophores.

[Le commutateur le plus ancien est celui dit *à bascule*, d'Ampère ; il est représenté en projection horizontale dans la figure 389, et en perspective dans la figure 390. Sur une planchette de bois sont pratiquées huit cavités o, i, i', o', h, l', l, h' (fig. 389) remplies de mercure ; les cavités o et h, o'

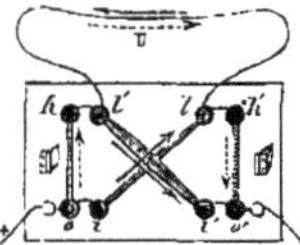

et h', i et l communiquent
entre elles par l'inter-
médiaire de rigoles ren-
fermant aussi du mer-
cure ; quant aux deux
cavités i' et l' elles sont
reliées par une bande
de cuivre $i'\ l'$, qui passe
par dessus la rigole $i\ l$,
sans toucher le mercure.

FIG. 389   FIG. 390.
Commutateur à bascule d'Ampère, vu en projection horizontale
dans la figure 389, et en perspective dans la figure 390.

Les rhéophores de la pile aboutissent aux cavités o et o' ; ceux de la partie U du circuit dans laquelle on veut changer le sens du courant se rendent dans les cavités l et l'. Un système de quatre arcs métalliques placés aux extrémités de deux leviers ee', ee' (fig. 390) qu'on peut faire basculer autour d'un axe commun ff', permet d'établir la communication soit entre o et i d'une part, o' et i' de l'autre, soit entre les cavités h et l', h et l : dans le premier cas, le courant suit le trajet $o\ i\ l$ U $l'\ i'\ o'$; dans le second cas, il marche en sens inverse dans la portion U du circuit, car il parcourt ce dernier dans le sens $o\ h\ l'$ U $l\ h'\ o'$. La position des leviers indiquée dans la figure 390 se rapporte au premier cas.]

Le commutateur de *Pohl*, très répandu en Allemagne, repose sur le même principe que le précédent ; il est plus simple en ce que les cavités o

et h du commutateur d'Ampère ont été réunies en une seule, et qu'on a agi de même à l'égard des cavités o' et h'. Cette simplification a entraîné des changements correspondants dans la disposition des arcs métalliques destinés à établir la communication entre les autres cavités.

[M. Ruhmkorff construit un commutateur à *cylindre tournant* d'un usage très commode. Sur un cylindre d'ivoire plein i (fig. 391), mobile autour de son axe, sont fixées longitudinalement deux lames de cuivre a et c qui recouvrent en partie la surface de l'ivoire, en laissant entre elles deux intervalles libres suivant deux génératrices diamétralement opposées ; l'une des lames a communique avec le support d auquel s'attache le fil positif de la pile ; l'autre lame c est reliée au support m' auquel aboutit le fil négatif. Contre le cylindre s'appuient les extrémités de deux ressorts, dont un seul s

Fig. 391. — Commutateur à *cylindre tournant*, de Ruhmkorff.

est visible, fixés à deux bornes opposées e et e', d'où partent les fils qui forment le circuit. Pour faire marcher le courant dans le sens indiqué par la flèche, il faut donner au cylindre d'ivoire la position représentée dans la figure 391 ; le courant de la pile entre alors en d, passe par la lame a, va dans le ressort s et la borne e, parcourt le circuit, puis revient à la borne e' et se rend, par l'intermédiaire du ressort correspondant qui s'appuie sur la lame c, au support m', d'où il sort pour retourner à la pile. Désire-t-on changer le sens du courant, il suffit, à l'aide du bouton E, de faire tourner le cylindre de 180°, de manière à mettre la lame c en contact avec le ressort s et la lame a avec le ressort opposé. Quand les extrémités des ressorts tombent dans les intervalles des lames métalliques et appuient ainsi sur l'ivoire, le courant ne passe pas.

On a imaginé un grand nombre d'autres commutateurs ; l'un des plus ingénieux et des plus simples est le commutateur en *fer à cheval* de M. Bertin.]

310. Intensité du courant galvanique. Voltamètre et rhéomètre. — A chaque pôle d'une pile galvanique s'accumule une certaine quantité d'électricité libre, aussi longtemps que le circuit reste ouvert. Quand on le ferme, un courant continu d'électricité parcourt le fil conjonctif, car à chaque pôle le fluide se renouvelle à mesure qu'il s'écoule. Nous devons admettre que la *force* ou l'*intensité* du courant est proportionnelle à la quantité d'électricité qui traverse dans l'unité de temps la section du circuit. Cette intensité ne peut d'ailleurs être mesurée qu'au moyen des effets produits par le courant. Parmi ces effets, qui seront étudiés dans les chapitres v et vi de ce livre, il en est surtout deux qu'on a utilisés pour mesurer l'intensité des courants galvaniques : la décomposition des substances chimiques placées dans le circuit et l'action du courant sur l'aiguille aimantée.

Voltamètres. — Quand on veut mesurer l'intensité d'un courant par ses effets chimiques, on a recours à la décomposition de l'eau, et on se sert de petits appareils nommés *voltamètres*. Le voltamètre de la figure 392 consiste en un flacon à large col, rempli d'eau acidulée et fermé par un bouchon de liège ; dans l'intérieur du flacon se trouvent deux lames de platine suspendues par des fils du même métal qui traversent le bouchon. Un tube abducteur également plein d'eau est destiné à conduire les gaz provenant de la décomposition dans une cloche graduée remplie de mercure. Les fils de platine étant mis en communication avec les pôles de la pile en expérience,

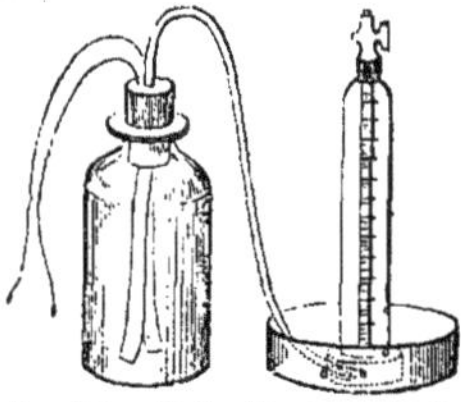

Fig. 392. — Voltamètre à gaz réunis.

le courant passe à travers l'eau du voltamètre et la décompose en oxygène et hydrogène ; ces gaz se rendent dans l'éprouvette où on mesure leur volume. Or, les intensités de deux courants sont entre elles comme les volumes de gaz obtenus dans le même intervalle de temps, ces volumes étant mesurés à la même pression et à la même température. Quand on mesure l'intensité d'un courant par l'action chimique produite, on choisit pour unité l'intensité du courant qui dégage dans 1 minute 1 centimètre cube de mélange détonnant d'oxygène et d'hydrogène, à 0° et sous la pression normale de 760^{mm} de mercure.

[La figure 393 représente un voltamètre dans lequel les gaz oxygène et hydrogène sont recueillis séparément dans deux petits tubes gradués ; on mesure alors soit le volume de l'oxygène dégagé, soit de préférence celui de l'hydrogène, qui est double du premier.

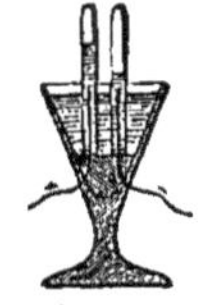

Fig. 393. — Voltamètre à gaz séparés.

Le *voltamètre de Bertin* est une modification heureuse du précédent, à cause de la commodité et de la rapidité de son emploi. Il consiste en un cylindre de verre, fermé à chacune de ses bases par une plaque de cuivre ; la plaque inférieure livre passage à deux fils de platine s et l (fig. 394) qui partent des bornes P et N où aboutissent les fils de la pile. Le fil positif s est entouré d'un tube à boule C qui se prolonge au-dessus de la

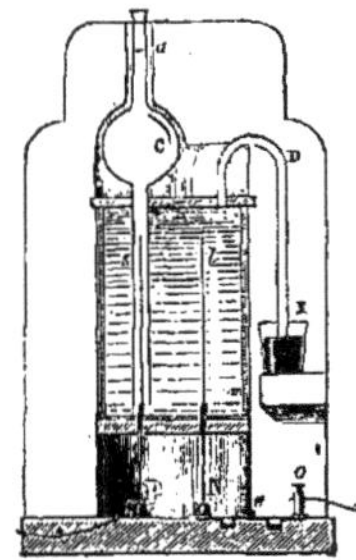

Fig. 394. — Voltamètre de Bertin.

base supérieure du cylindre, et qui porte un point de repère a ; c'est par ce tube qu'on remplit entièrement l'appareil d'eau acidulée ; l'air s'échappe par un tube capillaire D recourbé, dont on ferme ensuite l'extrémité inférieure en la plongeant dans du mercure E. L'appareil est alors prêt à fonctionner : les fils de la pile étant attachés aux bornes P et O, et la communication entre O et N étant établie par l'intermédiaire du pont métallique e, le circuit se trouve fermé ; l'oxygène s'échappe par le tube C, tandis que l'hydrogène, s'accumulant à la partie supérieure du cylindre, refoule le liquide dans le tube à boule ; quand le niveau du liquide est parvenu au trait de repère a, on interrompt le courant en enlevant le pont e. — Les intensités des divers courants essayés seront entre elles en raison inverse des temps nécessaires pour refouler le liquide jusqu'au niveau a.]

RHÉOMÈTRES. — Quand on fait passer un courant électrique dans un conducteur métallique CDE (fig. 395), disposé verticalement, suivant le plan du

méridien magnétique, autour d'une aiguille aimantée AB pouvant tourner
dans un plan horizontal, celle-ci est déviée de sa position d'équilibre et se
met en croix avec le plan du courant. Le sens de la déviation dépend de celui
du courant; si l'on imagine un observateur placé dans le circuit, de telle

sorte que le courant entre par ses pieds et sorte
par sa tête, et si cet observateur regarde l'aiguille aimantée, il en verra le pôle nord A
se porter à sa gauche. Il existe un rapport
déterminé entre la grandeur de la déviation
et l'intensité du courant. C'est sur ce principe
qu'ont été construits des appareils appelés *galvanomètres* ou mieux *rhéomètres*, et destinés
à mesurer l'intensité des courants galvaniques, à l'aide de leur action sur l'aiguille
aimantée. Nous verrons plus loin (§ 339) que,
si le courant passe à une distance assez grande
de l'aiguille, son intensité est proportionnelle
à la tangente de l'angle de déviation.

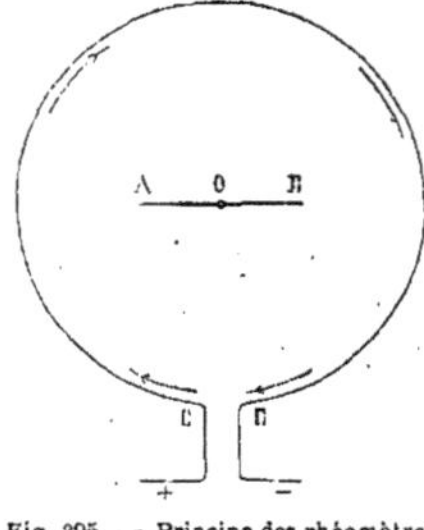

Fig. 305. — Principe des rhéomètres
magnétiques.

311. Densité du courant. — L'emploi de ces deux
méthodes de mensuration a permis de décou-
vrir la loi suivante : l'*intensité d'un courant galvanique est la même
dans tous les points du circuit qu'il parcourt*. En effet, la quantité
d'eau décomposée, l'angle de déviation de l'aiguille aimantée restent
les mêmes, quel que soit le point du courant où l'on introduise les appareils
de mesure; le courant est tout aussi intense dans les liquides qui font partie du
circuit que dans les parties métalliques. Ce résultat est une conséquence
nécessaire du principe de la constance de la force électro-motrice sur lequel
repose la pile galvanique, principe en vertu duquel à tout instant chaque
section du circuit est traversée par la même quantité d'électricité. Si, comme
cela arrive fréquemment, la section S n'a pas la même grandeur dans tous
les points, il s'ensuit naturellement que la quantité d'électricité qui passe par
chaque unité de section doit varier en sens inverse de S. En désignant par D
la *densité* du courant, c'est-à-dire la quantité d'électricité qui, dans l'unité
de temps, passe par une section égale à l'unité, on a donc :

$$D = \frac{I}{S},$$

I représentant l'intensité du courant, et S la surface de la section au point
considéré.

312. Lois d'Ohm relatives à l'intensité des courants. — 1° *L'intensité du courant est proportionnelle, toutes choses égales d'ailleurs, à la quantité d'électricité développée au contact, c'est-à-dire à la force électro-motrice*.

2° *L'intensité du courant est en raison inverse des résistances que
l'électricité éprouve à se propager dans le circuit*, résistances qui
dépendent de la longueur, de la section, et de la nature des différentes parties
qui composent ce circuit, y compris la pile, suivant des lois que nous indiquerons § 313ª.

La première de ces lois peut être vérifiée expérimentalement par le moyen suivant : dans une auge remplie d'eau acidulée, on place une lame de zinc et une lame de cuivre séparées par un intervalle d'une longueur invariable ; l'intensité du courant du couple ainsi formé est mesurée à l'aide d'un rhéomètre auquel aboutissent deux électrodes fixés aux éléments zinc et cuivre. Si l'on interpose ensuite, entre ces deux lames et dans cette auge un nombre croissant d'autres éléments semblables, ce qui ne change pas notablement les résistances qui s'opposent au mouvement de l'électricité, on constate que l'intensité augmente proportionnellement au nombre des couples employés et par suite à la force électro-motrice totale de la pile formée.

Considérons maintenant une pile dont la force électro-motrice ait une valeur déterminée et constante; prenons, par exemple, le couple voltaïque représenté dans la figure 396. Nous pouvons faire varier la résistance du circuit, soit en augmentant ou en diminuant l'intervalle qui sépare les éléments Z et C, soit en donnant au fil conjonctif E une longueur plus ou moins grande, soit encore en introduisant d'autres conducteurs dans le trajet du courant. Or on trouve que l'intensité du courant est d'autant plus faible que l'écartement des éléments est plus grand, ou que la longueur du fil conjonctif est plus considérable: en comparant chaque fois l'intensité mesurée avec un rhéomètre à la résistance évaluée au moyen de la formule du § 313ᵃ, on vérifie la seconde des lois d'Ohm. On peut comparer la propagation du courant électrique au mouvement d'un liquide dans un tube: pour que l'écoulement ait lieu, il faut que le courant triomphe des résistances qui font obstacle à sa marche. La résistance croît en raison directe de la longueur du chemin à parcourir et elle a pour effet de réduire uniformément, dans toute l'étendue du circuit, la quantité d'électricité qui traverse en un temps donné une section quelconque.

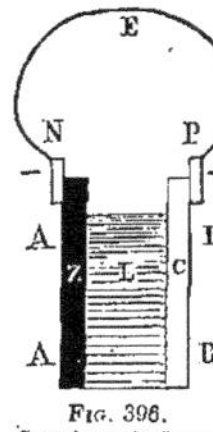

Fig. 396.
Couple voltaïque.

Si nous désignons par E la force électro-motrice, par R la somme des résistances du circuit, l'intensité I du courant sera : $I = \dfrac{E}{R}$.

Cette relation entre l'intensité du courant, la force électro-motrice et la résistance du circuit, a été établie pour la première fois, en 1827, par Ohm ; aussi est-elle connue sous le nom de *loi d'Ohm*. [L'exactitude de cette loi a été vérifiée expérimentalement par M. Fechner, en 1831, et par Pouillet en 1838.]

313. Résistance intérieure et résistance extérieure. — La résistance totale R se compose, comme on l'a vu, de deux parties : la résistance R_i produite par la couche de liquide interposé entre les métaux de la pile, et la résistance R_e du fil conjonctif; nous pouvons donc écrire :

$$I = \frac{E}{R_i + R_e}.$$

La quantité R_i a reçu le nom de *résistance intérieure* de la pile; R_e s'appelle la *résistance extérieure*. Les valeurs de chacune de ces résistances dépendent des dimensions des conducteurs métalliques et liquides que traverse le courant.

313ª. Lois de la résistance. — La résistance qu'oppose un fil conducteur au mouvement de l'électricité est proportionnelle à sa longueur et en raison inverse de sa section, dont la forme est absolument sans influence. Elle dépend, en outre, de la *conductibilité* spécifique de la substance qui compose le conducteur ; si donc nous appelons L la longueur du circuit, S la surface de sa section, et K une constante qui mesure la conductibilité propre aux substances considérées, nous aurons : $R = \dfrac{L}{K\,S}$.

Cette formule montre que la résistance intérieure d'une pile est d'autant plus petite que les liquides employés sont meilleurs conducteurs de l'électricité, que les surfaces de contact des métaux et des liquides sont plus grandes, et que les lames métalliques sont plus rapprochées les unes des autres. Aussi, pour diminuer la résistance intérieure, faut-il donner aux lames métalliques une grande surface, et les rapprocher autant que possible l'une de l'autre.

La résistance extérieure est très variable selon les dimensions et le pouvoir conducteur des corps qui forment le circuit placé en dehors de la pile ; elle est surtout grande quand des liquides, ou des corps mauvais conducteurs imprégnés de liquides, font partie du circuit ; c'est ce qui arrive, par exemple, quand le courant est obligé de traverser des tissus organiques.

313ᵇ. Divers modes d'association des couples d'une pile. — Quand on fait choix d'une pile pour un but déterminé, il faut surtout prendre en considération les valeurs relatives des résistances intérieure et extérieure. Si la résistance R_e est tellement petite qu'on puisse la négliger devant R_i, l'intensité du courant pour une force électro-motrice donnée dépendra uniquement de la résistance intérieure de la pile. On accroîtra dans ce cas l'intensité du courant, soit en prenant des éléments à grande surface, soit en associant plusieurs couples en *batterie ;* la résistance intérieure se trouve alors diminuée. C'est ce que la discussion de la formule d'Ohm va nous montrer.

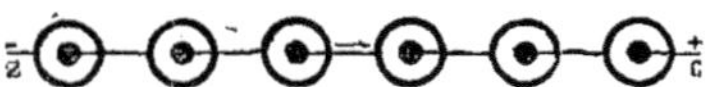

Fɪɢ. 397. — Association de six couples en *série* ou en *tension.*

Remarquons tout d'abord qu'il existe différentes manières d'associer les couples. Nous pouvons, par exemple, les réunir les uns à la suite des autres, comme dans la pile de Volta, en faisant communiquer le zinc du premier couple avec le cuivre du

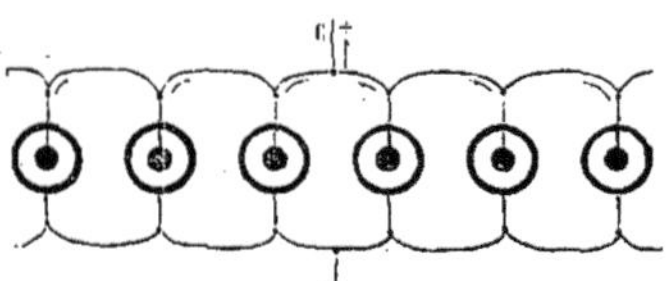

Fɪɢ. 398. — Association de six couples en *batterie* ou en *quantité.*

mier couple avec le cuivre du deuxième, le zinc du deuxième couple avec le cuivre du troisième, et ainsi de suite ; ce mode de combinaison, représenté dans la figure 397, se nomme l'association en *série* ou en *tension.* Une autre combinaison consiste à réunir, d'un côté, tous les zincs, de l'autre, tous les cuivres, de manière à former un couple unique composé de plusieurs parties, comme le montre la figure 398. On dit alors que les couples sont associés en *batterie* ou en *quantité*.

Dans l'association en série, chaque couple produit un courant qui traverse la pile comme s'il était seul, de sorte que la force électro-motrice, ou la tension aux pôles qui lui sert de mesure, est égale à la somme des forces électro-motrices des couples associés. Quant à la résistance intérieure de la pile, elle est aussi égale à la somme des résistances des couples, puisque le courant produit par chacun d'eux traverse tous les autres. Si donc E et R_i désignent la force électro-motrice et la résistance intérieure d'un couple, l'intensité du courant fourni par n couples associés en série aura pour expression :

$$I_n = \frac{n\,E}{n\,R_i + R_e}.$$

Supposons maintenant la résistance extérieure R_e très faible ; c'est ce qui a lieu quand les pôles sont réunis par une lame métallique courte et épaisse ; nous pouvons alors négliger R_e et écrire :

$$I_n = \frac{n\,E}{n\,R_i} = \frac{E}{R_i}.$$

Dans ce cas, par conséquent, n couples disposés en série ne donnent pas un courant plus intense qu'un couple unique. Il n'y a donc aucun avantage à augmenter le nombre des couples associés en tension, quand la résistance extérieure est excessivement faible par rapport à la résistance intérieure.

Mais on peut accroître l'intensité du courant en réunissant plusieurs couples en batterie. En effet m couples disposés en batterie agissent comme un seul couple dont on aurait rendu la surface des éléments m fois plus grande ; la résistance intérieure devient alors m fois plus petite ; par suite, l'intensité du courant est :

$$I_m = \frac{E}{\dfrac{R_i}{m} + R_e}.$$

En faisant $R_e = 0$, nous obtenons :

$$I_m = \frac{E}{\dfrac{R_i}{m}} = \frac{m\,E}{R_i}.$$

Dans ce cas, l'intensité est proportionnelle au nombre des couples. Ainsi, *quand la résistance extérieure est négligeable par rapport à la résistance intérieure, l'intensité du courant croît en raison directe du nombre des couples associés en batterie, tandis qu'elle est indépendante du nombre des couples associés en série.*

Le contraire a lieu lorsque la résistance intérieure est négligeable par rapport à la résistance extérieure. Associe-t-on m couples en batterie, $\dfrac{R_i}{m}$ est très petit, et l'intensité du courant a pour valeur

$$I_m = \frac{E}{R_e},$$

qui ne diffère pas de l'intensité fournie par un seul couple. Mais, si .on réunit n couples en série, on a:

$$I_n = \frac{n\,E}{n\,R_i + R_e},$$

et comme R_i est très petit, nous pouvons supprimer le terme $n\,R_i$; il reste

$$I_n = \frac{n\,E}{R_e}.$$

Une pile de n couples donne dans ce cas une intensité de courant n fois plus forte qu'un seul couple. On voit donc que, *si la résistance intérieure est négligeable par rapport à la résistance extérieure, l'intensité du courant augmente proportionnellement au nombre des couples associés en série, tandis qu'elle n'est pas modifiée par les couples disposés en batterie, quel qu'en soit le nombre.*

En conséquence, toutes les fois que la résistance extérieure sera très grande, par exemple quand il s'agira de faire passer le courant à travers les tissus de l'organisme, on donnera la préférence aux couples à petite surface, mais on devra en prendre un grand nombre et les associer en série; quand, au contraire, la résistance extérieure est minime, tel est le cas qui se présente dans la galvanocaustique thermique, il faudra choisir des couples à grande surface et les disposer en batterie.

[En dehors des cas extrêmes que nous venons d'étudier, il peut y avoir avantage à combiner l'association en série avec l'association en batterie. Étant donnés six couples, par exemple, il y a quatre manières différentes de les associer; nous pouvons les réunir tous en *tension*, c'est-à-dire en une seule série (Fig. 397), ou bien en *quantité*, c'est-à-dire en une batterie comme celle de la figure 398; de plus, nous pouvons former soit deux séries de trois couples chacune (fig. 399), soit trois séries de deux couples chacune et réunir ces deux ou ces trois séries en batterie, (fig. 400). Dans les combinaisons mixtes, l'intensité du courant est donnée par la formule:

$$I_{mn} = \frac{nE}{\dfrac{n}{m}\,R_i + R_e} = \frac{E}{\dfrac{R_i}{m} + \dfrac{R_e}{n}},$$

m désigne le nombre des série parallèles, n celui des couples de chaque série; le nombre total des couples est alors mn.

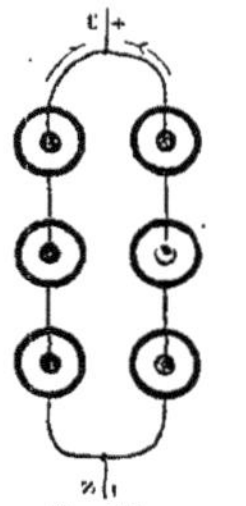

On voit que la résistance intérieure de la pile décroît à mesure que le

Fig. 399.
Association de six couples en 2 séries.

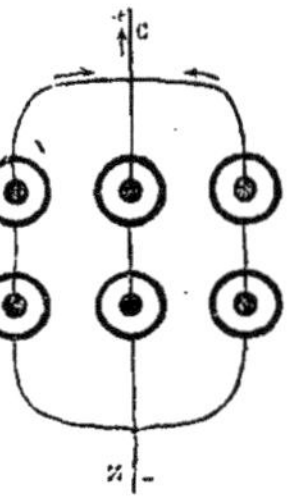

Fig. 400.
Association de six couples en trois séries.

nombre des séries parallèles augmente. En effet, si l'on représente par 1 la résistance d'un couple unique, l'association en une seule série aura une résistance égale à 6; la combinaison de deux séries (fig. 399) donnera 3 pour la résistance de chaque série et $\frac{3}{2}$ ou $1,5$ pour la résistance des deux réunies en batterie; dans la combinaison de trois séries (fig. 400), la résistance est 2 pour chaque série, et $\frac{2}{3}$ ou 0,666 pour l'assemblage des trois séries en batterie; pour la réunion de tous les couples en batterie (fig. 398), la résistance intérieure a pour valeur $\frac{1}{6}$ ou 0,1666. Le mode d'association des couples n'est donc pas indifférent, et il y a lieu de se demander quel est celui qu'on doit adopter dans tel ou tel cas déterminé, pour obtenir le courant le plus intense. Or, la discussion de la formule inscrite en dernier lieu nous apprend que *l'intensité du courant fourni par une pile composée d'un nombre donné de couples atteint sa valeur maximum quand la résistance intérieure est égale à la résistance extérieure.*]

314. Tensions de l'électricité dans le circuit. Chute électrique. — On peut établir les lois d'Ohm en partant de considérations théoriques et expérimentales d'un ordre plus élevé que celles qui nous ont servi de base; on arrive alors à montrer qu'elles ne sont qu'une conséquence des principes de l'électricité statique.

Les électricités de nom contraire s'accumulent aux deux pôles d'une pile en quantités égales, tandis que sur les divers couples la quantité d'électricité libre diminue à mesure qu'on s'éloigne des pôles, et finit par devenir nulle au milieu même de la pile. Cette distribution de l'électricité libre est représentée graphiquement dans la figure 401 : le point C répond au

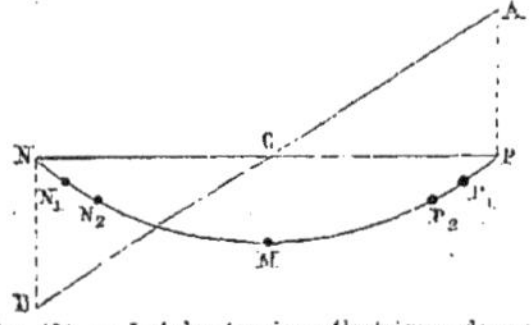

Fig. 401. — Loi des tensions électriques dans un circuit voltaïque homogène.

milieu de la pile, P et N en sont les deux pôles, dont les tensions électriques de sens opposé ont respectivement pour mesure les ordonnées PA et NB. Supposons alors qu'on mette les pôles P et N en communication au moyen du fil conjonctif PMN ; le fluide positif et le fluide négatif vont s'élancer, à travers ce circuit, à la rencontre l'un de l'autre. Cet écoulement de l'électricité durera un certain temps, d'autant plus considérable que le fil conjonctif sera lui-même plus long. Or, à mesure que l'électricité rassemblée en P et en N s'en va, elle est renouvelée par la force électro-motrice ; les tensions aux pôles conservent donc toujours, malgré l'écoulement continu de l'électricité, une certaine valeur constante, qui dépend de la résistance du conducteur PMN et que nous représentons par les ordonnées PA et NB; cette tension polaire est d'autant plus grande que la conductibilité du fil PMN est plus petite ; elle ne pourrait être égale à la tension existante, quand le circuit est ouvert, que si la résistance du fil conjonctif était infinie.

Considérons maintenant ce qui se passe dans le circuit PMN pendant que les fluides positif et négatif marchent en allant des pôles vers le point milieu M. Dans un temps infiniment court, une partie du fluide positif accumulé au pôle P s'est avancée jusqu'en un point voisin P_1 ; dans l'instant suivant une portion du fluide existant en P_1 a été poussée en P_2 ; mais pendant ce temps P_1 recevait du pôle P de nouvelles quantités d'électricité, de sorte qu'à un moment donné on trouve aux points P, P_1, P_2 de l'électricité libre, mais en quantité décroissante, à mesure qu'on s'éloigne du pôle P. L'écoulement de l'électricité négative s'opère exactement de la même manière à l'autre pôle N ; et quand les deux fluides sont tous deux parvenus en M, ils se neutralisent. La tension électrique doit donc être nulle en ce point, et à partir de là elle va en croissant, à mesure qu'on se rapproche de l'un ou de l'autre pôle jusqu'à ce qu'elle atteigne les valeurs maxima PA et NB ; si le fil conjonctif possède le même pouvoir conducteur dans tous ses points, les accroissements de la tension de part et d'autre de M sont proportionnels aux longueurs parcourues. Par conséquent, au moment où les deux électricités se rencontrent au milieu M du circuit, la distribution des tensions électriques dans le fil conjonctif est la même que dans l'intérieur de la pile; si donc le point C répond au point M, la droite AB représentera à la fois la marche de la tension électrique à l'intérieur de la pile et dans le fil conjonctif. On conçoit d'ailleurs que la distribution des fluides se maintienne, en M pendant toute la durée du courant, telle qu'elle existe au moment de leur rencontre. Car, au fur et à mesure que les électricités de nom contraire se neutralisent à leur point de rencontre, elles sont remplacées par de nouvelles quantités d'électricité venues des points voisins où la tension est plus forte. Nous voyons ainsi que la tension électrique dans le circuit décroît graduellement à mesure qu'on s'éloigne des pôles ; le courant électrique consiste précisément dans le transport continu de l'électricité libre d'un point au suivant où la tension est moindre. Par analogie avec ce qui se passe dans un cours d'eau, on appelle *chute électrique* la différence de tension entre deux points consécutifs du circuit. La chute est d'autant plus forte que la tension est plus grande aux deux pôles, et que la longueur ainsi que la résistance spécifique du fil conjonctif sont plus faibles.

La chute électrique n'est représentée par une ligne droite que dans le cas où la section et la conductibilité du fil conjonctif ont partout les mêmes valeurs. Lorsque le circuit n'est pas homogène, la chute totale se compose de plusieurs chutes partielles, qui varient en raison inverse du pouvoir conducteur, de la section et de la longueur des différentes parties du circuit. Si nous désignons par E la différence de tension électrique entre deux points consécutifs d'un premier conducteur ; par E' la même quantité relativement à un second conducteur, par K et K' les conductibilités correspondantes, par S et S' les sections, chaque section du premier conducteur sera traversée par une quantité d'électricité E K S, et chaque section du second par la quantité E' K' S'. Or, comme les deux conducteurs font partie du même circuit, il faut que E K S = E' K' S', d'où l'on tire : $\dfrac{E}{E'} = \dfrac{K'S}{KS}$ Supposons, par exemple, que le circuit soit composé de deux parties PC et NC (figure 402), que la dernière. partie ait une

section plus grande et offre moins de résistance que la première : la chute sera représentée pour la portion PC par la droite AF, et pour la portion CN par une droite qui joindrait le point F au point B, et qui n'est pas tracée sur la figure.

On voit, à la simple inspection de la figure, que la longueur C N du second conducteur pourrait être remplacée par une longueur C D du premier telle que la résistance totale du circuit restât la même. La longueur d'un fil qui produirait la même résistance qu'un autre d'une section et d'une résistance déterminée, se nomme la *longueur réduite* du premier fil rapportée au second. Si on désigne par l la longueur réduite du circuit, par e la quantité d'électricité libre qui est accu-

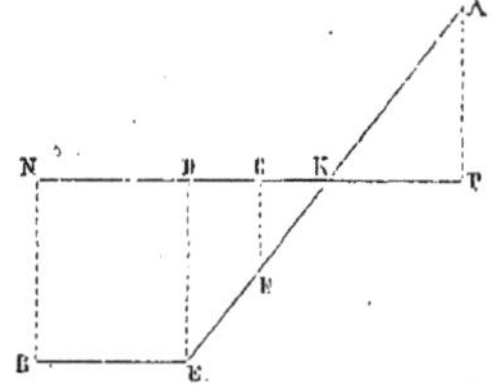

Fig. 402. — Chute électrique dans un circuit non homogène.

mulée à chaque pôle P et N de la pile, la chute électrique a pour valeur : $g = \dfrac{2\,e}{l}$; M. Kohl-

rausch a démontré directement l'exactitude de cette formule en comparant, au moyen de l'électromètre, les électricités libres en différents points du circuit avec celles qui existent aux pôles.

Les considérations qui précèdent demandent à être rectifiées sur un point. Jusqu'ici nous avons regardé comme équivalentes les expressions : *tension électrique* et *électricité libre*, et nous avons dû admettre en conséquence que l'électricité libre était distribuée dans tous les points d'une même section du circuit. Or, il y aurait là une contradiction avec ce fait démontré § 291, que l'électricité libre s'accumule tout entière à la surface des corps conducteurs. La contradiction disparaît si l'on ne regarde plus comme synonymes les termes de *tension* et d'*électricité libre*, dès qu'il s'agit d'électricité en mouvement. Nous entendrons dès lors par le mot de *tension* la force qui tend à pousser dans un sens ou dans l'autre une certaine quantité d'électricité positive ou négative. Il n'est point du tout indispensable qu'il y ait accumulation d'électricité libre au point même où se manifeste la tension : en effet, les attractions et les répulsions électriques s'exerçant à distance, l'électricité libre qui se trouve à la surface pourra développer des tensions dans l'intérieur du conducteur sans que pour cela de l'électricité libre s'accumule dans ces parties intérieures, car la tension produite pousse autant de fluide positif d'un côté que de fluide négatif de l'autre. La force en vertu de laquelle un agent comme l'électricité, dont l'intensité varie en raison inverse du carré de la distance, attire ou repousse une unité du même agent, se nomme la *force potentielle (Potentialfunction)* ou la *charge dynamique* (Gaugain). Les figures 400 et 401 représentent la marche de la charge dynamique ou de la force potentielle aux différents points d'un conducteur linéaire.

315. Courants dérivés. — Si l'on réunit par un ou plusieurs fils métalliques Ar_2 B, Ar_3 B (fig. 403) deux points A et B d'un circuit PAr_1 BN parcouru par un courant, ce courant se divise en autant de bras qu'il y a de *fils de dérivation* Ar_2 B, Ar_3 B. Le fil Ar_1 BN est le *circuit principal;* la partie Ar_1 B comprise entre les *points de dérivation* se nomme l'*intervalle de dérivation*, et le courant qui traverse cette partie est le courant *partiel;* on appelle *courants dérivés* ceux qui passent dans les fils de dérivation Ar_2 B, Ar_3 B. Il est évident que dans l'intervalle de dérivation Ar_1 B le courant sera moins intense que dans le reste du circuit principal; mais on voit aussi qu'en dehors de cet intervalle de dérivation le courant primitif deviendra plus intense, puisque la présence des fils de dérivation diminue la résistance du circuit total entre les points A et B.

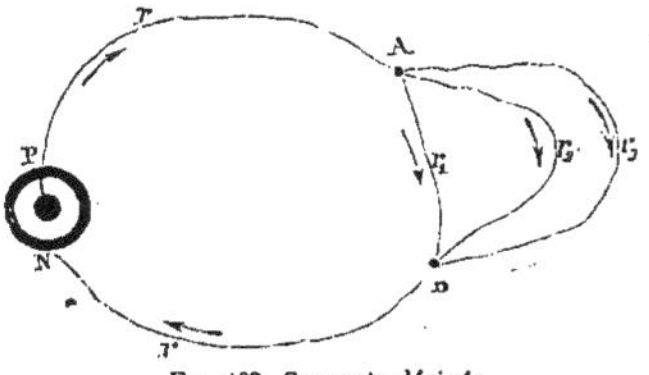

Fig. 403. Courants dérivés.

Nous avons maintenant à rechercher la relation qui existe entre les intensités du courant dans les différentes parties du circuit. Or, il est clair que la quantité d'électricité qui traverse dans l'unité de temps l'ensemble des sections des fils Ar_1 B , Ar_2 B, Ar_3 B doit être égale à celle qui passe par la section du circuit principal placé en dehors des points de dérivation. Donc, en désignant par i_1, i_2, i_3 les intensités du courant en r_1, r_2, r_3, par i l'intensité en PrA, nous aurons :

$$i_1 + i^2 + i_3 = i$$

d'où

$$i_1 + i_2 + i_3 - i = 0.$$

Si nous considérons comme positive l'intensité des courants qui se dirigent vers un point de dérivation tel que A, et comme négative l'intensité des courants qui s'éloignent du même point, l'équation précédente se traduit par l'énoncé suivant: *la somme algébrique des intensités de tous les courants qui partent d'un même point de dérivation ou qui y aboutissent est égale à zéro*. Cette loi peut être représentée par la formule symbolique :

$$\Sigma \ \mathrm{I} = 0 \qquad\qquad (\mathrm{I})$$

qu'on lit: *somme de I égale zéro*. Quand il n'existe qu'une seule force électro-motrice dans le circuit, comme c'est le cas représenté dans la figure 403, on peut employer immédiatement la formule d'Ohm IR = E, en y mettant à la place de IR la somme des produits $ir + i_1 r_1 + i_2 r_2$ + ... etc., r, r_1, r_2, représentant les résistances des parties du circuit qui ont pour intensités correspondantes i, i_1, i_2 ... On obtient ainsi l'équation :

$$ir + i_1 r_1 + i_2 r_2 + i_3 r_3 = \mathrm{E}.$$

Si, au lieu d'une force électro-motrice, le circuit en renferme plusieurs

E_1, E_2 etc., il n'y a qu'à mettre à la place de E, dans l'équation précédente, la somme $E_1 + E_2 + E_3$... La loi d'Ohm, appliquée au cas d'un courant à plusieurs dérivations et à plusieurs forces électro-motrices, prend donc la forme :

$$\Sigma \ \mathrm{IR} = \Sigma \ \mathrm{E} \qquad \text{(II)}$$

Les lois formulées dans les équations (I) et (II) permettent de résoudre tous les problèmes que peuvent présenter les courants dérivés, dans le cas où ils circulent dans des conducteurs linéaires.

Avant de quitter ce sujet, nous allons essayer de donner une démonstration plus rigoureuse de la seconde de ces équations, qui ont été établies pour la première fois par M. Kirchhoff dans toute leur généralité; nous tirerons ensuite de ces deux équations quelques-unes de leurs conséquences les plus importantes.

Considérons un circuit r, r_1, r_2 (fig. 404) dans lequel se trouvent trois couples voltaïques PN, $P_1 N_1$, $P_2 N_2$; nous avons ainsi affaire à trois forces électro-motrices e, e_1, e_2 . Désignons par i et r l'intensité du courant et la résistance dans la portion PN_1 du circuit, par i_1 et r_1 les mêmes quantités relativement au fil $P_1 N_2$ etc. ; soient enfin H la tension de l'électricité libre à l'extrémité P du conducteur r, h la tension à l'autre extrémité N_1 du même conducteur, H_1 et h_1 les mêmes quantités pour le fil r_1 etc. L'intensité du courant dans le fil r est évidemment égale à la différence des tensions de l'électricité libre aux deux extrémités de ce conducteur divisée par la résistance r; on a donc $i = \dfrac{H - h}{r}$; de même pour la portion $P_1 N_2$, on a: $i_1 = \dfrac{H_1 - h_1}{r_1}$,

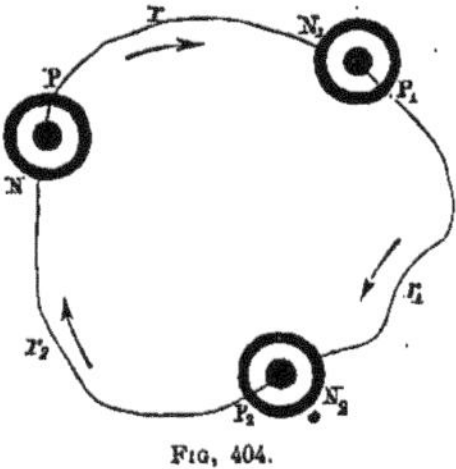

et pour la troisième portion : $i_2 = \dfrac{H_2 - h_2}{r_2}$. Il s'ensuit que :

$$i \, r + i_1 \, r_1 + i_2 \, r_2 = (H - h) + (H_1 - h_1) + (H_2 - h_2).$$

Fig. 404.

Mais $H - h = e$, $H_1 - h_1 = e_1$, $H_2 - h_2 = e_2$, de sorte que le second membre de l'égalité précédente est égal à Σ E ; la formule (II) se trouve ainsi démontrée.

Proposons-nous encore de calculer la résistance du circuit tout entier en fonction de la résistance de ces différentes parties du circuit. Reportons-nous à la figure 403 et, pour abréger, laissons de côté la dérivation Ar_3 B ; occupons-nous seulement des courants Ar_1 B et Ar_2 B. Nous avons alors à considérer trois circuits fermés PAr_1 BN, PAr_2 BN et Ar_2 Br_1. Dans le premier et le deuxième de ces circuits la force électro-motrice est E; dans le troisième elle est nulle. L'équation (II) que nous venons d'établir nous donne alors immédiatement :

$$i \, r + i_1 \, r_1 = \mathrm{E}. \quad \ldots \ldots \quad (\alpha)$$

$$i \, r + i_2 \, r_2 = \mathrm{E}. \quad \ldots \ldots \quad (\beta)$$

$$i_1 \, r_1 - i_2 \, r_2 = 0. \quad \ldots \ldots \quad (\gamma)$$

Le terme $i_2 \, r_2$ de l'équation (γ) doit être affecté du signe —, puisque dans le circuit Ar_2 Br_1 les courants i_1 et i_2 marchent en sens contraire l'un de l'autre. D'autre part, en vertu de la formule (I), nous avons : $i_1 + i_2 - i = 0$. En remplaçant dans cette dernière équation i_1 et i_2 par leurs valeurs tirées des équations (α) et (β), nous obtenons après réduction :

$$i = \mathrm{E} \ \frac{r_1 + r_2}{rr_1 + rr_2 + r_1 \, r_2}. \qquad (1)$$

Si nous reportons cette valeur de i dans les équations (α) et (β), nous en déduirons :

$$i_1 = \mathrm{E} \ \frac{r_2}{rr_1 + rr_2 + r_1 \, r_2}, \qquad (2)$$

$$i_2 = \mathrm{E}\ \frac{r_1}{rr_1 + rr_2 + r_1\,r_2}. \qquad\qquad (3)$$

Pour connaître la résistance totale R de l'ensemble du circuit, il suffit de substituer, dans la formule d'Ohm $i = \dfrac{\mathrm{E}}{\mathrm{R}}$, à i sa valeur (1) précédemment trouvée. Nous obtenons ainsi :

$$\mathrm{R} = \frac{rr_1 + rr_2 + r_1\,r_2}{r_1 + r_2}.$$

Cette équation peut être étendue à autant de fils de dérivation que l'on désire.

Si l'on sépare du reste de la résistance celle du circuit principal en dehors de l'intervalle de dérivation, ce qui s'obtient par la mise de r en facteur commun, il vient :

$$\mathrm{R} = r + \frac{r_1\,r_2}{r_1 + r_2}.$$

On voit alors que la résistance produite par l'ensemble des ramifications $\mathrm{A}r_1\,\mathrm{B}$ et $\mathrm{A}r_2\,\mathrm{B}$ est $\dfrac{r_1\,r_2}{r_1 + r_2}$, c'est-à-dire qu'elle est *égale au produit des résistances de chacun des fils divisé par la somme de ces résistances.*

315ª. Dérivation en forme de pont. — Un cas intéressant à étudier est encore celui où un fil CD (fig. 405) relie sous forme de *pont* deux courants dérivés ACB et ADB.

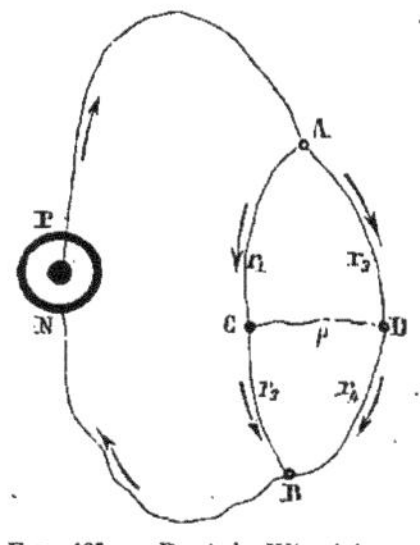

Fig. 405. — Pont de Wheatstone.

Désignons par r_1, r_2, r_3, r_4 les résistances des différentes parties du circuit limitées par les quatre points de dérivation A, B, C, D ; appelons i_1, i_2, i_3, i_4 les intensités correspondantes ; soient, en outre, ρ et ι la résistance et l'intensité du courant dans le pont.

La force électro-motrice étant nulle dans l'intérieur du circuit ACBD, nous devons avoir pour la portion ACDA :

$$i_1\,r_1 + \iota\rho - i_3 r_3 = 0. \quad . \quad . \quad . \quad (a)$$

et pour la portion CBDC :

$$i_2\,r_2 - \iota\rho - i_4 r_4 = 0. \quad . \quad . \quad . \quad (b)$$

En outre, les intensités des courants qui aboutissent aux extrémités C et D du pont doivent satisfaire aux équations :

$$\iota = i_1 - i_2. \quad . \quad . \quad . \quad . \quad . \quad (c)$$

$$\iota = i_3 - i_4. \quad . \quad . \quad . \quad . \quad . \quad (d)$$

Pour que l'intensité du courant ι soit nulle, c'est-à-dire pour qu'il ne passe pas d'électricité dans le pont CD, il faut qu'on ait : en vertu de l'équation (a) :

$$i_1 r_1 = i_3 r_3$$

en vertu de l'équation (b) :

$$i_2 r_2 = i_4 r_4,$$

et d'après les équations (c) et (d) :

$$i_1 = i_2 \qquad \text{et} \qquad i_3 = i_4.$$

Il en résulte qu'on doit avoir :

$$\frac{r_1}{r_2} = \frac{r_3}{r_4}.$$

Tel est le rapport qui doit exister entre les résistances des quatre parties AC, CB, AD, DB, pour qu'il ne passe pas de courant dans le pont CD.

316. Propagation du courant dans les conducteurs à deux et à trois dimensions. — La marche du courant se complique davantage quand, au lieu d'un conducteur linéaire, on a affaire à un corps à deux ou à trois dimensions : cependant on peut ramener en partie le problème à des données plus simples, en regardant le corps quel qu'il soit comme composé d'un grand nombre de conducteurs linéaires.

Considérons, par exemple, la plaque circulaire de la figure 406 ; soient P et N deux points diamétralement opposés par où le courant entre et sort. Nous pouvons nous figurer cette plaque comme composée d'une infinité de conducteurs linéaires, tels que ceux qui sont représentés par les lignes Pl_1N, Pl_2N , Pl_3N... Si la plaque est homogène, la ligne médiane est une droite qui réunit le point P au point N ; les autres sont des courbes qui passent par les deux mêmes points, et qui à mesure qu'elles se rapprochent de la périphérie, mesurent des hauteurs de flèche de plus en plus grandes, jusqu'à ce que finalement la dernière courbe se confonde avec la circonférence limite de la plaque. Les longueurs l_1, l_2, l_3... de ces lignes augmentent à mesure qu'on s'éloigne de la ligne médiane ; et comme la résistance d'un conducteur linéaire est proportionnelle à sa longueur, toutes choses égales d'ailleurs, les intensités des courants en l_1, l_2, l_3 doivent diminuer à mesure qu'on se rapproche de la périphérie. Si nous développons ces courbes de manière à les rendre rectilignes, la variation des tensions dans chacune d'elles sera représentée par une droite comme dans la figure 401 ;

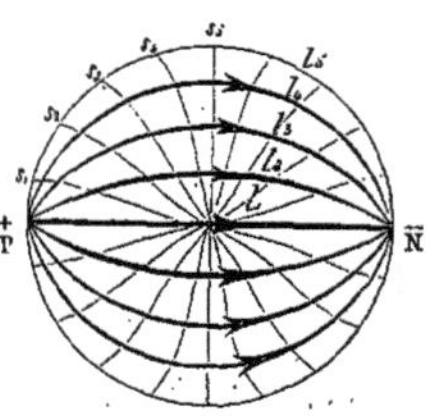

Fig. 406. — Diffusion du courant dans une plaque circulaire. Courbes d'égale tension.

cette droite coupera la ligne des abscisses en son milieu et les ordonnées extrêmes des points P et N seront les mêmes pour toutes les courbes. Or, la perpendiculaire élevée au milieu de PN divise toutes les courbes en deux parties égales ; par conséquent les tensions des points situés sur cette perpendiculaire sont égales entre elles, c'est-à-dire égales à zéro.

D'un autre côté, la droite PN coupe les deux extrémités de tous les courants linéaires qui cheminent à la surface de la plaque ; en ces points les tensions sont donc encore les mêmes pour toutes les courbes, c'est-à-dire égales aux ordonnées extrêmes $+ H$ et $— H$. Dans chaque courant linéaire l_1, l_2, l_3..., les tensions varient depuis $+ H$ jusqu'à zéro pour la première moitié, et depuis zéro jusqu'à $— H$ pour la seconde moitié. Il faut donc qu'à chaque point de la courbe l_1 corresponde un point des courbes l_2, l_3... qui possède la même tension. En réunissant par une ligne continue chaque système de points d'égale tension, on obtient une série de courbes s_1, s_2, s_3..., qui sont perpendiculaires à la fois à tous les courants linéaires et à la circonférence du conducteur. Les lignes ainsi tracées portent le nom de *courbes d'égale tension*, ou *courbes d'égale charge dynamique* ou encore *courbes iso-électriques*.

Comme, dans tout conducteur, l'électricité se porte toujours d'un point où la tension est plus élevée à un point où elle est moindre, elle ne peut jamais passer d'un courant linéaire à l'autre, par exemple, de l_3 à l_4 ou à l_2; car un point quelconque de l_3 a immédiatement au-dessus et au-dessous de lui un point de l_4 et de l_2 qui appartient à la même courbe iso-électrique. Il suit de là qu'au point de vue de la propagation de l'électricité, nous pouvons remplacer un conducteur à deux ou à trois dimensions par une série de conducteurs linéaires isolés les uns des autres. Attendu d'ailleurs que la surface d'un corps se confond avec le courant le plus extérieur, les courbes d'égale tension doivent être normales à cette surface, et, par suite, l'électricité n'a pas plus de tendance à s'échapper du corps, qu'elle n'en a à passer d'un courant linéaire au voisin.

316ª. Éléments électro-moteurs des nerfs et des muscles. — Les muscles et les nerfs sont parcourus par des courants électriques, et l'étude de ces phénomènes conduit à admettre que ces courants ont pour origine des couples électro-moteurs dont les deux éléments positifs se touchent. Ce cas diffère encore de celui qui a été traité dans le paragraphe précédent en ce que les surfaces qui sont le siège des forces électro-motrices ont une certaine étendue. Figurons-nous, par exemple, comme élément électro-moteur du nerf ou du muscle, une molécule formée d'une zone polaire positive et d'une zone polaire négative, ces deux zones se touchant et la molécule tout entière étant entourée d'une couche de liquide conducteur (cf. Wundt, *Traité de physiologie*, 2ᵉ édit., trad. par Bouchard, § 161; Paris, 1871). De chaque point de la partie positive de la surface part un courant linéaire qui se dirige à travers l'enveloppe conductrice vers un point correspondant de la zone négative. Il se produit ainsi autour de chaque élément *dipolaire* un système de courants linéaires, allant de la zone positive à la négative, et entièrement distinct des courants auxquels donnent naissance les molécules voisines. L'intensité de ces courants linéaires qui circulent entre les deux zones d'un élément dipolaire devient moindre quand la longueur du trajet parcouru augmente; cette longueur étant nulle aux points de contact de deux zones, l'intensité du courant y est infinie; elle diminue graduellement à mesure qu'on s'éloigne de cette position limite et suit une marche décroissante semblable à celle qu'on observe dans le cas représenté par la figure 406.

316ᵇ. Courants musculaire et nerveux. — Un cas particulièrement intéressant pour les recherches d'électricité animale est celui où les extrémités d'un conducteur en forme d'arc sont mises en rapport avec deux points différents d'un corps ou d'une surface parcourue par des courants. Si l'arc est métallique, tandis que le corps auquel il est appliqué appartient aux conducteurs de la seconde classe, il est évident, *a priori*, qu'il passera plus d'électricité par l'arc de dérivation que dans les parties du corps comprises entre les points de dérivation. En outre, le courant qui passe dans l'arc métallique ne saurait en aucune manière donner la mesure des forces électro-motrices qui agissent dans l'intérieur de l'autre conducteur; on peut seulement déterminer quelles forces électro-motrices devraient exister aux points touchés de la surface pour produire dans l'arc de dérivation un courant d'intensité égale à celle qui est observée. Figurons-nous une surface électro-motrice substituée aux nombreux éléments électro-moteurs disséminés dans l'intérieur du corps qui produit les courants observés; cette surface peut être remplacée à son tour par un conducteur linéaire dans lequel circule un courant d'une intensité déterminée. Le problème se trouve ainsi ramené à celui des courants dérivés, dont les lois ont été établies précédemment.

Nous pouvons dès lors employer immédiatement les formules (2) et (3) du § 315 en représentant par i_1 et par r_1 l'intensité du courant et la résistance dans le fil substitué au conducteur primitif, par i^2 et r^2 l'intensité et la résistance dans l'arc de dérivation, les formules permettent de calculer la force électro-motrice E de la surface fictive considérée ; mais il est évident que la valeur de E ainsi obtenue ne nous fournit aucune indication relativement à l'intensité des forces électro-motrices qui agissent à l'intérieur de l'électro-moteur réel.

Dans les expériences sur l'électricité animale, il n'y a que les éléments électro-moteurs en contact immédiat avec les extrémités de l'arc de dérivation qui puissent produire un effet utile ; les autres éléments ne sauraient avoir la moindre influence, puisque les actions des zones polaires de nom contraire de deux molécules adjacentes se détruisent mutuellement ; c'est là une conséquence nécessaire du mode d'arrangement que la théorie nous indique comme étant celui des éléments électro-moteurs dans les nerfs et les muscles.

Ainsi donc, la surface d'un muscle ou d'un nerf est seule active, c'est-à-dire qu'elle intervient seule dans la production des courants dérivés. Or, comme la coupe longitudinale d'un muscle ou d'un nerf met à nu principalement les zones positives, et que la coupe transversale laisse à découvert surtout les zones négatives, il en résulte qu'en réunissant par un fil conjonctif un point de la *section longitudinale* avec un point de la *section transverse*, on obtient un courant qui va de la première à la seconde à travers le fil de dérivation, ainsi que le montre la figure 407. Les surfaces naturelles des muscles et des nerfs se comportent exactement de la même manière que les surfaces produites artificiellement : la section longitudinale est toujours positive. Par contre, quand on réunit deux points pris tous deux, soit sur la section longitudinale, soit sur la transversale, on n'observe pas de courant, dans le cas du moins où toutes les molécules dipolaires possèdent la même force électro-motrice. Si M. E. du Bois-Reymond a constaté dans ses expériences l'existence de

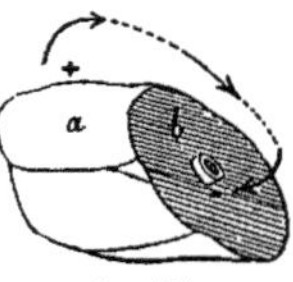

Fig 407.
Courant musculaire.

faibles courants, quand il réunissait deux points soit de la section longitudinale, soit de la section transversale, ces deux points étant inégalement distants du milieu de la surface, il y a là un phénomène probablement dû à ce que les forces électro-motrices des éléments du tissu employé ne conservent pas une valeur tout à fait constante, notamment après la mort.

Dans le § 328ª nous décrirons les méthodes et les appareils employés pour l'observation et l'étude du courant musculaire ou nerveux.

317. Diffusion des courants électriques dans le corps humain. — Un des cas les plus compliqués de la propagation de l'électricité est celui qui se présente quand on fait passer un courant à travers le corps de l'homme ou d'un animal. Appliquons, par exemple, en deux points quelconques du corps humain les pôles d'un électro-moteur : le courant se divisera en une infinité de bras qui se répandront dans le corps entier, car tous les tissus organiques conduisent plus ou moins bien l'électricité ; mais les intensités de ces divers courants seront très différentes. Si nous imaginons de nouveau le corps entier subdivisé en un certain nombre de conducteurs linéaires, l'intensité du courant dans chacun de ces conducteurs dépendra de sa longueur et de la résistance spécifique des tissus qu'il traverse. Aux points mêmes où sont appliqués les pôles, la densité électrique a sa plus grande valeur, puisque tous les courants élémentaires passent par ces deux points. Si tous les tissus avaient le même pouvoir conducteur, le courant le plus intense suivrait le trajet de la droite qui joint les deux pôles ; et plus les courbes considérées s'écarteraient de ce premier trajet, plus les courants seraient faibles, jusqu'à ce qu'enfin leur intensité devînt nulle. Mais, par suite de l'inégale conductibilité des différents tissus, les trajets des divers courants ne sont pas disposés aussi régulièrement que nous venons de le supposer. Si, par exemple, nous appliquons les deux pôles en deux points de la peau éloignés l'un de l'autre et placés aux extrémités d'une même droite contenue tout entière dans la membrane cutanée, le courant qui se propagera le long de cette droite n'aura qu'une faible intensité, à cause de la mauvaise conductibilité de la peau ; le courant le plus énergique cheminera dans la couche musculaire sous-jacente, attendu que les muscles offrent moins de résistance au passage de l'électricité.

Par suite de la diffusion du courant électrique dans toutes les directions, nous ne pouvons jamais, à vrai dire, exciter isolément une partie quelconque du corps ; mais il est en notre pouvoir de faire passer dans un endroit donné un courant dont l'intensité soit très grande en comparaison de celle des courants voisins. Le but qu'on se propose en soumettant à l'action de courants électriques le corps de l'homme ou des animaux est ordinairement d'exciter les muscles ou les nerfs. Le premier de ces tissus conduit relativement assez bien l'électricité ; aussi se laisse-t-il aisément traverser par le courant ; toutefois, en raison de la constitution anatomique et de la disposition des muscles, il est difficile d'en exciter un isolément. Les muscles ont, en général, une certaine longueur ; il faut donc, pour les exciter directement, placer les deux pôles de la pile à une assez grande distance l'un de l'autre ; dans ces conditions, une portion notable du courant se répand toujours dans les tissus voisins. L'électrisation est bien plus facile à *localiser* quand il s'agit des nerfs. A la vérité, la substance nerveuse offre beaucoup plus de résistance que le tissu musculaire au passage de l'électricité ; mais, par contre, un courant d'une tension relativement faible et qui ne parcourt qu'une très petite portion du trajet d'un nerf suffit pour produire une forte excitation dans toute la longueur de ce nerf et jusque dans ses terminaisons. Aussi, en appliquant les pôles à une petite distance l'un de l'autre, dans une région de la peau correspondant au trajet d'une branche nerveuse située superficiellement, détermine-t-on une excitation assez puissante pour provoquer soit une forte sensation, si l'on opère sur un nerf sensitif, soit une contraction musculaire énergique, s'il s'agit d'un nerf moteur.

[M. Boudet de Paris a imaginé, dans le but de localiser l'action du courant, la disposition des pôles concentriques ; l'un des électrodes de la pile aboutit à un anneau métallique tandis que l'autre est mis en communication avec une pointe ou disque conducteur qui occupe le centre de l'anneau; on empêche ainsi la formation de courants de dérivation.]]

317ᵃ. Influence de la forme et de la nature des excitateurs sur le trajet du courant prédominant. — Les électrodes qui servent à conduire le courant sur les points choisis par l'expérimentateur portent à leur extrémité terminale des pièces de nature et de forme variées ; ces pièces, nommées *excitateurs*, s'appliquent directement sur les parties par lesquelles doit passer le courant.

Le mode d'application et le choix de l'excitateur permettent de modifier dans certaines limites la route suivie par le courant principal. La forme même des excitateurs a une grande importance sous ce rapport. Si l'excitateur se termine en pointe, c'est à l'endroit même où il est en contact avec le tégument que la densité électrique acquiert sa plus grande valeur. Aussi, pour produire une excitation limitée à un point, faut-il terminer l'un des rhéophores par un excitateur pointu et l'autre par un excitateur à large surface ; l'intensité du courant est alors à son maximum au point de contact de l'excitateur aigu. Quand, au contraire, on veut électriser des parties situées profondément, on doit faire en sorte que la densité du courant ne soit guère plus forte au niveau des points de contact que dans les parties les plus courtes du circuit ; en conséquence, il faut employer des excitateurs à large surface. Mais cette condition ne suffit pas encore, car l'épiderme à l'état sec est, pour ainsi dire, un corps isolant, dans lequel les petits pertuis correspondants aux pores cutanés et aux canaux sudoripares sont seuls meilleurs conducteurs. Dans ces conditions, une plaque métallique appliquée sur la peau se comporte comme une série d'excitateurs terminés en pointe ; le courant ne peut guère arriver jusqu'aux tissus humides situés dans la profondeur que par la voie des pores et des canaux de l'épiderme ; il en résulte que les nerfs qui se distribuent dans les couches superficielles de la peau reçoivent des courants d'une intensité considérable, tandis que les parties sous-jacentes ne sont traversées que par de faibles dérivations. L'expérience confirme d'ailleurs ces déductions théoriques ; elle montre que l'application d'excitateurs métalliques sur la peau à sec excite vivement les nerfs cutanés, et n'agit que faiblement sur les tissus sous-jacents, notamment sur les muscles.

Quand on veut porter l'action principale du courant dans la profondeur, il faut augmenter le pouvoir conducteur des parties de la peau sur lesquelles s'appliquent les excitateurs ; c'est ce qu'on obtient en recouvrant la surface métallique des excitateurs d'un morceau de cuir ou d'éponge que l'on mouille avec de l'eau salée. Par ce moyen, on augmente le pouvoir conducteur de la peau de manière à le rendre à peu près égal à celui des tissus sous-jacents. Le courant électrique circule alors entre les deux points d'application des excitateurs, en donnant naissance à des ramifications, qui pénètrent d'autant plus profondément que les surfaces de contact des excitateurs sont plus larges et plus éloignées l'une de l'autre. Si donc on veut électriser directement un muscle, il faut choisir des excitateurs humides à surface assez large, et les appliquer sur la peau à des points correspondants aux extrémités de ce muscle. S'agit-il, au contraire, d'exciter isolément une branche nerveuse, on emploiera avec plus d'avantage des excitateurs humides, mais à petite surface, et on les appliquera dans le voisinage l'un de l'autre, sur la région de la peau qui recouvre le nerf.

[Dans certaines affections nerveuses occupant une grande étendue du corps, il peut être désirable d'électriser à la fois et d'une manière uniforme toutes les parties malades. M. Boulu a imaginé dans ce but des excitateurs à très large surface (fig. 408), composés d'un nombre plus ou moins grand

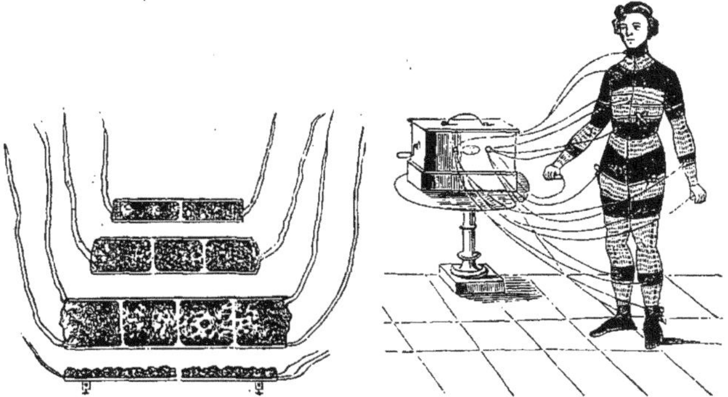

Fig. 408. — Éponges électriques de Boulu (empruntées à Du Moncel, *Électricité*, t. III, p. 417).

Fig. 409. — Sac électrique (emprunté à Du Moncel, *loc. cit.*).

d'éponges recouvertes de flanelles et placées entre deux plaques métalliques de grandeur et de forme diverses ; ces plaques sont armées en différents endroits de boutons auxquels on fait aboutir plusieurs fils partant d'un même pôle de la pile. Les éponges, préalablement rendues humides par un liquide conducteur, distribuent assez uniformément le courant sur toute l'étendue des parties avec lesquelles elles sont en contact.

La figure 409 représente un *sac électrique*, consistant en une sorte de vêtement de laine sillonné par des bandes circulaires en tissu métallique ; ces bandes sont armées de distance en distance de boutons, auxquels on fixe les fils multiples destinés à conduire le courant électrique. Le malade est introduit dans ce vêtement, quand il s'agit de faire passer le fluide électrique à travers la totalité du corps humain, et sans que le courant se localise dans une région plutôt que dans l'autre.]

M. Duchenne (de Boulogne) a découvert empiriquement la différence des effets qu'on obtient suivant que les excitateurs employés sont secs ou humides ; c'est à M. A. Fick qu'on doit la première explication de ces phénomènes. M. Duchenne n'a excité que les muscles et les nerfs cutanés. Remak a appelé l'attention sur la manière la plus convenable pour agir sur les nerfs moteurs situés superficiellement, et M. Ziemssen a précisé davantage les points où l'on doit appliquer de préférence les électrodes pour exciter telle ou telle branche nerveuse (Voy. Ziemssen, *Die Electricität in der Medicin*, 3e édit. ; Berlin, 1866).

318. Emploi des courants dérivés pour graduer l'intensité d'un courant donné. Rhéostats. — En vertu de la loi d'Ohm, on peut modifier l'intensité d'un courant en faisant varier, soit la force électro-motrice de la pile, soit la résistance du circuit interpolaire; c'est à ce second moyen que l'on a généralement recours ; on obtient une augmentation plus ou moins grande de la résistance en introduisant dans le circuit une colonne liquide dont on fait varier la longueur, ou bien un cylindre bon conducteur recouvert d'un fil métallique qu'on déroule plus ou moins. Mais, par suite de la polarisation fréquente des électrodes (cf. § 327), l'emploi des colonnes liquides ne saurait convenir, en général, toutes les fois qu'on a besoin d'un courant aussi constant que possible. Quant aux fils métalliques disposés sous forme de *rhéostats*, il en faudrait des longueurs énormes pour que la résistance qu'ils introduisent dans le circuit fût une fraction appréciable de celle de la pile.

318ᵃ. Rhéochorde de Neumann. — L'emploi des courants dérivés offre un moyen commode de diminuer l'intensité d'un courant donné; les lois établies au § 315 montrent qu'à l'aide d'une dérivation on peut faire varier l'intensité dans un circuit donné depuis zéro jusqu'à une limite supérieure. L'appareil ordinairement employé à cet effet porte le nom de *rhéochorde*. Celui de *Neumann* se compose de deux fils de platine parallèles tendus sur une planche ; les extrémités antérieures de ces fils aboutissent à deux bornes de laiton isolées l'une de l'autre et auxquelles viennent se fixer, d'une part, des fils en communication avec les pôles de la pile, d'autre part, les extrémités du circuit parcouru par le courant dont on veut faire varier l'intensité. Le fil de platine traverse à frottement une petite auge en fer remplie de mercure, et forme ainsi un circuit dont la longueur varie suivant la position dans laquelle on amène l'auge en question. Par suite de la disposition de l'appareil, le courant de la pile, en arrivant à la borne positive, se divise en deux : une portion passe par le rhéochorde ; l'autre se rend dans le circuit sur lequel on expérimente ; ces deux courants reviennent à la borne négative pour retourner de là à la pile. Or, on peut augmenter ou diminuer à volonté le trajet du courant dans le rhéochorde, suivant qu'on éloigne ou qu'on rapproche des bornes de dérivation l'auge qui établit la communication entre les deux fils; plus on diminue la longueur du circuit dans le rhéochorde, plus on affaiblit l'intensité du courant dans l'autre circuit.

318ᵇ. Rhéochorde de du Bois-Reymond. — En vue de certains cas déterminés, on a apporté diverses modifications au rhéochorde de Neumann. Quand il s'agit, par exemple de réduire dans une très forte proportion le courant du circuit *partiel*, on emploie à la place de fils de platine, un épais fil de fer. Veut-on, au contraire, se réserver la faculté de faire varier l'intensité du courant entre des limites plus étendues, il faut augmenter la longueur des fils du rhéochorde; le moyen le plus simple consiste à disposer à côté des fils de platine un grand nombre d'autres fils, qu'on peut introduire dans le circuit de dérivation en quantité plus ou moins grande ; ces fils additionnels sont en maillechort, dont le pouvoir conducteur est moindre que celui du platine. Tel est le principe sur lequel repose le *rhéochorde de du Bois-Reymond* (fig. 410).

Sur une caisse en bois de plus de 1 mètre de long sont tendus parallèlement, l'un à côté de l'autre, deux fils de platine AA' et BB', soutenus à une certaine hauteur par un chevalet d'ivoire CD. Au-dessous des fils et parallèlement à leur direction se meut un chariot en laiton, qui porte deux dés en fer D, D soudés suivant leur longueur, remplis de mercure et fermés par des bouchons de liège ; les fils de platine traversent à frottement doux ces dés et sont ainsi réunis par un conducteur métallique à large section. La position du chariot est donnée par une échelle divisée en millimètres et placée sur le côté. Les extrémités A et B des fils de platine aboutissent à deux plaques de laiton parfaitement isolées ; l'une porte une borne P, dans laquelle on engage à la fois l'électrode positif de la pile et l'une des extrémités du circuit dont on veut utiliser le courant ; à côté de l'autre plaque désignée par le chiffre 1, s'en trouvent cinq semblables marquées 2, 3, 4, 5, 6 ; sur la dernière s'élève une borne N, destinée à recevoir l'électrode négatif de la pile, ainsi que l'autre extrémité du circuit. De la plaque 1 part un fil de maillechort qui chemine dans l'intérieur de la caisse et qui, après s'être réfléchi sur la poulie I_b, se termine à la plaque 2 ; sa longueur a été choisie de manière qu'il offre une résistance égale à celle des deux fils de platine, lorsque le chariot est arrêté à la division 1000. Quatre autres systèmes de fils de maillechort disposés d'une manière analogue, comme le montrent les lignes pointillées de la figure, et offrant des résistances qui sont respectivement 1, 2, 5, 10 fois plus grandes que celles du premier système I_b, réunissent deux à deux les plaques suivantes. En outre, on peut établir une communication large et directe entre ces diverses plaques, en enfonçant dans l'intervalle qui les sépare des coins de laiton à sections circulaires.

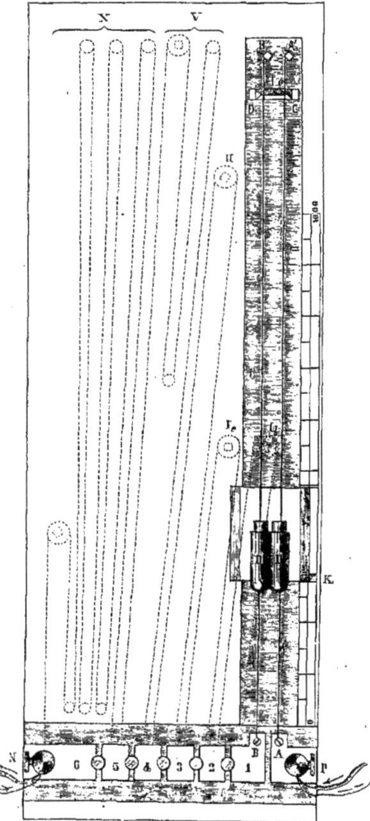

Fig. 410. — Rhéochorde de du Bois-Reymond (G. = 1/10).

Cela posé, tous les coins étant en place, et le chariot au zéro de l'échelle, le courant qui arrive en P trouvera dans la série des plaques et du double dé un large conducteur qui n'offrira pas de résistance appréciable; il suivra donc cette voie de préférence à toute autre. Si on éloigne le chariot, la résistance augmente et a pour mesure la longueur des fils de platine que doit traverser le courant; celui-ci ne passera donc pas en entier par le rhéochorde; une portion ira dans l'autre circuit. Le chariot étant arrivé à l'extrémité de sa course, il faudra, pour augmenter encore la résistance, enlever le coin placé entre les plaques 1 et 2; alors le courant sera obligé de passer par le système de fils I_b, ce qui ajoutera une résistance égale à 1 fois celle des fils de platine. L'enlèvement successif des coins suivants introduirait dans le circuit du rhéochorde des résistances croissantes, qui peuvent s'élever juqu'à 20.

Désignons par i_1 et r_1 l'intensité du courant et la résistance dans le circuit qu'on veut utiliser, par E et r la force électro-motrice de la pile et la résistance du circuit principal, y compris la résistance intérieure de la pile, enfin par r_2 la résistance du rhéochorde; l'équation (2) du § 315 donne

$$i_1 = E \frac{r_2}{rr_1 + rr_2 + r_1 r_2}.$$

Quand le circuit utilisé comprend des tissus animaux, la résistance r est ordinairement très petite en comparaison de r_1. Si, en outre, on introduit dans le circuit du rhéochorde une longueur de fil telle que r soit négligeable par rapport à r_2, l'équation précédente se réduit à

$$i_1 = \frac{E\,r_2}{r_1\,r_2} = \frac{E}{r_1}.$$

Cette formule nous montre que dans le cas où la résistance du rhéochorde est très grande par rapport à celle de la pile, l'intensité du courant dans l'intervalle de dérivation est la même que si le rhéochorde n'existait pas.

Prend-on, au contraire, r_2 assez petit pour qu'il soit négligeable en comparaion de r et r_1, il vient:

$$i_1 = E \frac{r_2}{rr_1}.$$

Donc, dans le cas où la résistance du rhéochorde est très petite, l'intensité du courant utilisé est en raison directe de cette résistance.

318ᶜ. Levier-clef de du Bois-Reymond. — Le principe de la dérivation des courants a encore trouvé quelques applications très utiles dans la pratique. C'est ainsi que le *levier-clef* de du Bois-Reymond permet, non seulement d'ouvrir ou de fermer un circuit, mais aussi de lancer le courant dans un circuit supplémentaire d'une faible résistance. Cet appareil se compose d'une tablette G (fig. 411) en caoutchouc durci, sur laquelle sont fixées deux bornes métalliques A et B. Un prisme de laiton C, muni d'un manche isolant en ivoire, établit la communication entre les deux bornes, quand il est couché horizontalement; on peut redresser verticalement cette pièce, qui représente la clef proprement dite, en la faisant pivoter autour de la borne B; la communication se trouve alors interrompue. Le tout est porté sur un serre-joints qui permet de fixer l'appareil à une table. Si l'on n'engage dans les bornes A et B que les électrodes venant d'une pile, la clef sert tout simplement à ouvrir et à fermer le circuit, et tient lieu du godet rempli de mercure qu'on emploie ordinairement à cette fin. Mais si les bornes reçoivent d'une part les fils de la pile PA et NB, de l'autre les extrémités du circuit dérivé AIB, le courant de la pile passera en entier à travers la clef, quand celle-ci sera fermée, car elle offre une résistance presque nulle en comparaison de celle du circuit AIB ; ouvre-t-on la clef, toute communication entre les deux bornes ne peut plus exister qu'à travers le fil AIB, et celui-ci reçoit alors tout le courant.

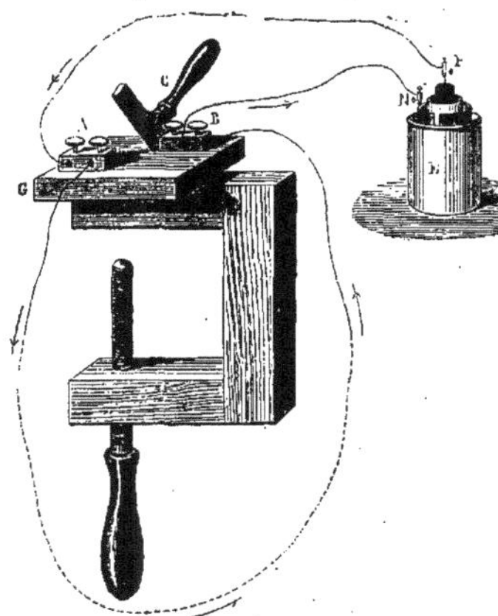

Fig. 411. — Levier-clef de du Bois-Reymond.

319. Mesure des résistances. — Pour pouvoir comparer entre elles les résistances qu'opposent les différents conducteurs à la propagation du courant électrique, il faut ramener toutes les mesures à une même unité. On choisit à cet effet, pour unité de résistance, celle d'un corps donné sous l'unité de longueur et l'unité de section. M. Jacobi a pris pour unité de résistance, celle d'un fil de cuivre cylindrique de 1 mètre de long et de 1 millimètre de diamètre. M. Mathiessen a proposé un alliage formé de deux parties d'argent et d'une partie d'or ; M. Wiedmann de l'argent pur. L'argent ou l'alliage d'or et d'argent sont préférables au métal adopté par M. Jacobi, car on peut les obtenir dans un plus grand état de pureté. [Un métal qui conviendrait encore mieux et qui a été proposé par Pouillet, c'est le mercure, attendu qu'il est possible de l'avoir toujours identique à lui-même.] Les résistances ainsi mesurées ne donnent que des valeurs *relatives ;* nous verrons, dans le chapitre VII (§ 338), la manière dont on détermine la résistance *absolue.*

Il existe, sous le rapport de la conductibilité électrique, une différence considérable entre les conducteurs qui, comme les métaux, livrent passage au courant, sans éprouver eux-mêmes de modification chimique (conducteurs de *première classe*), et ceux qui sont décomposés par le courant (conducteurs de *seconde classe*). Ainsi, la conductibilité d'une solution saturée de sulfate de cuivre est à celle du platine, à peu près comme 1 est à 2.546.680 ; et à mesure que le titre de la solution baisse, sa conductibilité s'affaiblit encore bien plus ; le pouvoir conducteur de l'eau pure ne s'élève qu'à $\dfrac{1}{400}$ du nombre qui se rapporte à la solution saturée de sulfate de cuivre.

Les métaux se rangent relativement à leur conductibilité pour les courants galvaniques ou thermo-électriques dans le même ordre que pour leur conductibilité à l'égard de l'électricité développée par frottement. MM. Wiedemann et Franz ont fait remarquer que cet ordre est identique à celui des conductibilités des mêmes corps pour la chaleur.

Quand la température s'élève, le pouvoir conducteur des métaux diminue sensiblement en raison directe de l'accroissement de température. Sous ce rapport les conducteurs de seconde classe se comportent aussi autrement, car leur pouvoir conducteur augmente ordinairement avec la température.

Nous donnons ici, d'après les expériences de M. Mathiessen, une liste abrégée des pouvoirs conducteurs des principaux métaux à la température de 0°, la conductibilité de l'argent étant représentée par 100 :

Argent.	100	Fer.	14,44
Cuivre.	77,43	Étain.	11.45
Or.	55,91	Platine.	10,53
Sodium.	37,43	Plomb.	7,77
Aluminium.	33,76	Argentan.	7,67
Zinc.	27,39	Strontium.	6,71
Magnésium.	25,47	Mercure.	1,63
Potassium.	20,84	Bismuth.	1,19
Lithium.	19,00	Charbon.	0,038

319ª. Conductibilité des tissus organiques. — Le pouvoir conducteur des tissus animaux à l'état humide dépend essentiellement de celui des liquides qui les imprègne, car ces mêmes tissus, à l'état sec, ne conduisent presque pas le courant ; les différences de conductibilité qu'on observe entre les divers tissus sont donc dues à la différence de composition de leur contenu liquide.

D'après les expériences d'Ed. Weber, les tissus animaux conduisent 10 à 20 fois mieux que l'eau distillée; c'est-à-dire environ 50 millions de fois moins bien que le cuivre. Il en résulte que la résistance des tissus à l'état humide serait à peu près double de celle d'une solution au 1/100 de chlorure de sodium ; car, d'après les expériences de M. W. Schmidt, cette solution possède une conductibilité 20 millions de fois plus petite que celle du cuivre.

M. Eckhard a cherché à comparer entre elles les résistances des nerfs, des tendons et des muscles : il a trouvé que les nerfs et les tendons ont la même conductibilité, et que leur résistance, par rapport à celle du tissu musculaire prise comme unité, varie entre 1,8 et 2,5. Les recherches de cette nature comportent une foule de causes d'erreur qu'on ne peut éliminer ; aussi ne peuvent elles donner que des résultats approximatifs.

Pour mesurer la conductibilité électrique d'un corps, trois appareils sont nécessaires : une pile, un galvanomètre et un rhéostat ou un rhéochorde. Tout d'abord il faut graduer le rhéostat, c'est-à-dire déterminer la longueur de son fil équivalente à l'unité de résistance. A cet effet, après avoir fait choix du *fil normal* qui doit représenter l'unité de résistance, on l'enroule autour d'un tube de verre, on le place dans un milieu maintenu à 0° par de la glace fondante et on l'interpose, en même temps que le galvanomètre et le rhéochorde, dans le circuit de la pile. Le rhéochorde étant au zéro, on note la déviation indiquée par l'aiguille du galvanomètre; le fil normal est alors enlevé, et on introduit dans le circuit une longueur de fil du rhéochorde telle que la déviation du galvanomètre soit la même que dans le premier cas. On connaît de cette manière la longueur de fil du rhéochorde qui correspond à l'unité de résistance.

Cette opération préliminaire étant faite une fois pour toutes, la résistance d'un corps quelconque peut être mesurée à l'aide de l'une ou de l'autre des deux méthodes suivantes :

Première méthode. — On met à la place du fil normal le corps dont il s'agit de mesurer la résistance, et on procède comme ci-dessus. La résistance de ce corps est alors mesurée par la longueur du fils du rhéostat qu'il faut introduire dans le circuit pour produire le même effet que le corps lui-même.

Deuxième méthode. — On dispose le corps en expérience et le rhéochorde, de manière à former deux courants dérivés qu'on réunit par un *pont* dans lequel est placé le galvanomètre. Il suffit alors de donner aux résistances des portions de circuit qui aboutissent à l'une des extrémités du pont un rapport tel que le courant ne passe pas par le galvanomètre ; puis d'appliquer la formule du § 315ª, qui permet de calculer la résistance de la portion du circuit dans laquelle est placé le corps en expérience.

320. Mesure de la force électro-motrice. — De même que la conductibilité électrique des corps se mesure, en général, par comparaison avec celle d'un conducteur choisi arbitrairement, de même on évalue habituellement les forces électro-motrices en les rapportant à celle d'un couple voltaïque à courant constant, par exemple, au couple de Daniell ou de Grove. Mais il n'existe aucune relation entre la force électro-motrice ainsi déterminée et les unités choisies pour mesurer les autres quantités, l'intensité et la résistance qui figurent dans la formule d'Ohm.

Quand on veut que toutes ces quantités aient une commune mesure, on prend comme unité de force électro-motrice celle qui, dans un circuit dont la résistance est égale à l'unité, produit un courant tel que, conduit à travers un voltamètre et conservant la même intensité, il y dégagerait, dans l'espace d'une minute, 1 centimètre cube de gaz détonnant. En adoptant cette unité, on peut calculer la force électro-motrice au moyen de la formule d'Ohm $I = \dfrac{E}{R}$, du moment que l'on connaît l'intensité I et la résistance R.

Si on représente par 1 la force électro-motrice d'un couple de Daniell, celle d'un couple de Grove ou de Bunsen est égale à environ 1,7. Du reste, ces rapports varient un peu avec la concentration des liquides. Si nous adoptons, au contraire, pour mesurer l'intensité du courant, l'unité indiquée ci-dessus, et comme unité de résistance celle d'un fil de cuivre de 1 millimètre de diamètre et de 1 mètre de long, la force électro-motrice du couple de Daniell a pour valeur le nombre 470.

Rapportée aux mêmes unités, la force électro-motrice des couples à gaz dont il a été question dans le § 300 est représentée par les nombres suivants :

		E
+	—	
Hydrogène et chlore.		574
» et oxygène.		461
» et acide carbonique.		416
» et air.		390

Les forces électro-motrices des couples thermo-électriques ont été mesurées par M. Wiedemann qui, en représentant par 1 la différence thermo-électrique entre le zinc et le cuivre, a trouvé les valeurs suivantes :

Fer et argent.	29,12	Fer et étain.	35,70
» et zinc.	29,44	» et maillechort.	61,36
» et cuivre.	30,44	» et laiton.	86,32

Quant aux forces électro-motrices des couples formés par l'association des métaux composant le second élément des couples inscrits dans le tableau précédent, on peut les calculer au moyen de la loi des tensions (cf. § 304). C'est ainsi, par exemple, que pour le couple zinc et cuivre on a :

$$Zn, \; Cu = Fe, \; Cu - Fe, \; Zn,$$

et en remplaçant ces symboles par les forces électro-motrices correspondantes :

$$Zn, \; Cu = 30,44 - 29,44 = 1.$$

La force thermo-électro-motrice croît en raison directe de la différence de température des soudures. Si, par exemple, cette différence s'élève successivement à 10°, 20°, 30°..., les forces électro-motrices correspondantes croissent comme les nombres 1, 2, 3... Aussi, quand on veut comparer les forces électro-motrices des couples thermo-électriques avec celles des couples hydro-électriques, importe-t-il d'indiquer pour quelle différence de température les premières ont été déterminées. M. Wild a trouvé que la force électro-motrice d'un couple, cuivre et maillechort, pour une différence de température de 100°, était égale à 0,001108 de celle d'un couple de Daniell.

[**320ᵃ. Système C. G. S. d'unités de mesure.** — Nous venons de montrer dans le paragraphe précédent comment on peut choisir les unités d'intensité, de résistance et de force électro-motrice, de telle sorte que cette dernière dépende des deux autres. On est allé plus loin dans cette voie en utilisant les relations qui existent entre les diverses quantités que l'on mesure en physique, et on a rattaché les unités des diverses espèces de grandeur à un petit nombre d'entre elles que l'on choisit arbitrairement.

Ces unités indépendantes ou, comme on les appelle, *fondamentales* sont celles de longueur, de masse et de temps ; on les représente par les symboles L, M, T ; toutes les autres sont dites unités *dérivées*, et la formule qui exprime chacune d'elles en fonction des unités fondamentales porte le nom de *dimensions* de l'unité dérivée.

Unités fondamentales. — Le congrès international des électriciens, réuni à Paris en 1881, a adopté :
pour *unité de longueur*, le *centimètre*,
pour *unité de masse*, la *masse* de un gramme,
pour *unité de temps*, la *seconde*.
Ces valeurs sont celles dont avait fait choix déjà l'Association britannique.

Le système d'unités établi sur ces bases est appelé système *centimètre, gramme, seconde*, ou plus simplement système C. G. S.

Unités dérivées, géométriques et mécaniques. — On déduit immédiatement de ce qui précède pour unités de surface et de volume, le centimètre carré et le centimètre cube, dont les dimensions sont respectivement L^2 et L^3.

Avant de nous occuper des unités électriques du système C. G. S, nous devons encore définir les unités mécaniques, c'est-à-dire les unités de vitesse, d'accélération, de force et de travail, dont nous aurons besoin.

L'unité C. G. S. de vitesse est celle d'un mouvement uniforme qui ferait parcourir à un mobile l'unité C. G. S. de longueur pendant l'unité C. G. S. de temps, c'est-à-dire un centimètre pendant une seconde. La formule du mouvement uniforme donne immédiatement pour dimensions de l'unité de vitesse : $\left[\dfrac{L}{T}\right]$ ou $\left[L\,T^{-1}\right]$.

L'unité C. G. S. d'accélération est donnée par l'accélération d'un mouvement uniformément varié dont la vitesse augmente de 1 centimètre par seconde. Les dimensions de cette unité sont : $\left[\dfrac{L}{T^2}\right]$ ou $\left[L\,T^{-2}\right]$; on les tire de la formule $v = gt$, dans laquelle on remplace la vitesse v par ses dimensions précédemment trouvées.

La force unité dans le système C. G. S. est celle qui communique à l'unité de masse une vitesse de 1 centimètre au bout d'une seconde.

On a donné à cette unité le nom de *dyne*. De la formule $f = mg$, dans laquelle on remplace g par ses dimensions, on tire pour dimensions de l'unité C. G. S. de force : $\left[\dfrac{M\,L}{T^2}\right]$ ou $\left[M\,L\,T^{-2}\right]$.

La proportionnalité des forces aux accélérations qu'elles impriment à une même masse, montre que la dyne est égale $\dfrac{1}{g}$ ou $\dfrac{1}{981}$ gramme.

L'unité de travail est représentée par celui qu'effectue l'unité C. G. S. de force, ou dyne, faisant parcourir à un mobile un chemin de 1 centimètre. On déduit facilement de là que les dimensions de l'unité C. G. S. de travail, à laquelle on a donné le nom d'*erg*, sont : $\left[\dfrac{M\,L^2}{T^2}\right]$ ou $\left[M\,L^2\,T^{-2}\right]$.

Il est facile de voir que l'ancienne unité de travail, le kilogrammètre, vaut 98.100.000 ergs.

Unités électriques. — Si nous représentons par i l'intensité d'un courant fourni par une force électro-motrice e à travers un circuit de résistance r, par q la quantité d'électricité qui circule pendant le temps t, et par w le travail que peut fournir le courant, on a entre ces quantités les relations :

$$i = \frac{e}{r},$$
$$q = i\,t$$
$$w = q\,e.$$

Ces formules nous permettent de définir trois des quatre quantités q, i, w, e, en fonction de la quatrième, que l'on rattachera, par sa définition, aux unités dont nous venons de parler. Or, on peut choisir pour cette quatrième grandeur, soit la quantité d'électricité que l'on définira par la considération du phénomène des attractions et répulsions électriques, soit l'intensité dont la définition sera établie au moyen de l'action d'un courant sur un pôle magnétique. De là, deux systèmes d'unités électriques que l'on désigne par les noms d'*électro-statique* et d'*électro-magnétique*. C'est ce dernier système qui a été adopté par l'Association Britannique et consacré par le Congrès international d'électricité de 1881 ; c'est aussi le seul dont nous nous occuperons.

L'unité C. G. S d'intensité de pôle magnétique est celle du pôle qui agissant à une distance de 1 centimètre exerce sur un pôle identique une force répulsive égale à 1 dyne. Les dimensions de cette unité sont : $\left[M^{\frac{1}{2}} L^{\frac{3}{2}} T^{-2} \right]$; elles se déduisent de la loi des attractions et répulsions magnétiques : $f = \dfrac{mm'}{d^2}$ formule dans laquelle on remplace les diverses quantités par leur symbole ou par leurs dimensions.

L'unité précédente, une fois établie, nous prendrons pour unité C. G. S. d'intensité de courant, d'après la formule $f = \dfrac{2\,i\,\mu}{r}$, celle du courant qui lancé dans un circuit long de 1 centimètre et courbé en arc de cercle de 1 centimètre de rayon, exerce une force de 1 dyne sur l'unité de pôle magnétique placé au centre du circuit. Les dimensions de cette unité résultent de la formule $f = \dfrac{2\,i\,\mu}{r}$ et sont : $\left[M^{\frac{1}{2}} L^{\frac{1}{2}} T^{-1} \right]$.

La quantité d'électricité qui représente l'unité C. G. S. de quantité est celle qui est fournie pendant une seconde par un courant dont l'intensité est égale à l'unité C. G. S. Cette définition se déduit de la formule $q = it$ qui conduit en même temps aux dimensions de l'unité C. G. S. de quantité, lesquelles sont : $M^{\frac{1}{2}} L^{\frac{1}{2}}$.

L'unité C. G. S. de force électro-motrice résulte de la considération de la formule $w = qe$; c'est celle qui doit exister dans un circuit pour que le passage de l'unité C. G. S. de quantité d'électricité développe une unité C. G. S. de travail, c'est-à-dire un erg. Ses dimensions sont par suite : $\left[M^{\frac{1}{2}} L^{\frac{3}{2}} T^{-2} \right]$.

Enfin, la formule d'Ohm $i = \dfrac{e}{r}$ nous conduit à choisir pour unité C. G. S. de résistance, celle d'un circuit qui, possédant une force électro-motrice égale à l'unité C. G. S., est traversé par un courant dont l'intensité est d'une unité C. G. S. ; ses dimensions sont : $\left[L\,T^{-1} \right]$.

Unités pratiques. — Quelques-unes des unités que nous venons de définir présentent l'inconvénient d'être très supérieures ou très inférieures aux grandeurs de même espèce que l'on peut avoir à mesurer journellement. C'est ainsi que l'erg, unité C. G. S. de travail, est égal à $\dfrac{981}{10^5}$ kilogrammètres. Aussi a-t-on remplacé certaines unités C. G. S. par des multiples ou des sous-multiples décimaux, choisis de telle sorte qu'ils fussent du même ordre de grandeurs que les quantités à mesurer dans la pratique courante. Ces nouvelles unités sont dites *unités pratiques.*

L'unité pratique d'intensité est égale à $\dfrac{1}{10}$ ou 10^{-1} d'unité C. G. S. ; on lui a donné le nom d'*Ampére.*

L'unité pratique de quantité, appelée *Coulomb*, est de même égale à $\dfrac{1}{10} = 10^{-1}$ d'unité C. G. S.

Le *Volt*, ou unité pratique de force électro-motrice, est égal à 10^8 unités C. G. S.

Enfin, le *Ohm*, unité pratique de résistance, vaut 10^9 unités C. G. S].

[INDICATIONS BIBLIOGRAPHIQUES RELATIVES A L'ÉLECTROPHYSIOLOGIE ET A L'ÉLECTROTHÉRAPIE.]

GALVANI, De viribus electricitatis in motu musculari commentarius (*Inst. de Bologne.* 1791).

VOLTA, Électricité dite animale (*Annales de Chimie*, 1797, t. XXIII, p. 276, 1799, t. XXIX, p. 91). — *Collezione dell' opere.* Fierenze, 1816.

MARIANINI, Mémoire sur la secousse qu'éprouvent les animaux au moment où ils cessent de servir d'arc de communication entre les pôles de l'électro-moteur, et sur quelques autres phénomènes physiologiques produits par l'électricité (*Annales de chimie et de physique*, 1829, t. XL. p. 225). — Note sur un phénomène physiologique produit par l'électricité (*Ibid.*, 1830, t. XLIII, p. 320). — Mémoire sur le phénomène électro-physiologique des alternations voltaïques, c'est-à-dire sur les phénomènes que présentent les muscles des animaux récemment tués, si l'on soumet longtemps ces muscles au courant électrique (*Ibid.*, 1834, t. LVI, p. 387).

BECQUEREL, *Traité expérimental de l'électricité et du magnétisme.* Paris, 1835.

MATTEUCCI, *Essai sur les phénomènes électriques des animaux.* Paris, 1840. — *Traité des phénomènes électro-physiologiques des animaux.* Paris, 1844. — *Cours d'électro-physiologie.* Paris, 1858. — Sur le pouvoir électro-moteur secondaire des nerfs et d'autres tissus organiques (*Comptes rendus de l'Acad. des sciences*, 1860).

E. DU BOIS-REYMOND, Untersuchungen über thierische Electricität. Berlin, 1848-1849. — Note sur la loi du courant musculaire et sur la modification qu'éprouve cette loi par l'effet de la contraction (*Annales de chimie et de physique*, 1850, 3e série, t. XXX, p. 119). — Ueber die Erscheinungsweise des Muskel und Nervenstromes bei Anwendung der neuen Methoden zu deren Ableitung (*Arch. für Anat., Physiol.*, etc., 1867, p. 257-310).

A. DE LA RIVE, *Traité d'électricité théorique et appliquée.* Paris, 1854.

DUCHENNE (de Boulogne), *De l'électrisation localisée et de son application à la pathologie et à la thérapeutique*; 1re édit. Paris, 1855; 3e édit. Paris, 1870.

A. FICK, *Die medicinische Physik*; 1re édit., Braunschweig, 1856; 2e édit. Braunschweig, 1866.

ZIEMSSEN, *Die Electricität in der Medicin*; 1re édit. Berlin, 1857; 2e édit. Berlin, 1864.

A. BECQUEREL, *Traité des applications de l'électricité à la thérapeutique médicale et chirurgicale*, 1re édit. Paris, 1857; 2e édit. Paris, 1860.

REMAK, *Galvano-Therapie der Nerven und Muskelkrankheiten.* Berlin, 1858. Traduction française par Morpain. Paris, 1860.

J. REGNAULD, Recherches électro-physiologiques (*Journal de physiologie*, de Brown-Séquard, 1858).

ROSENTHAL, Physikalische und physiologische Bemerkungen über Electrotherapie (*Deutsche Klinik*, 1858).

CHAUVEAU. Théorie des effets physiologiques produits par l'électricité (*Journal de physiologie* de Brown-Séquard, 1859-1860, t. II et III).

PFLUGER, *Untersuchungen über die Physiologie des Electrotonus.* Berlin, 1859.

ALTHAUS, *Die Electricität in der Medicin.* Berlin, 1860.

MEYER, *Die Electricität in ihrer Anwendung auf praktische Medicin*; 1re édit. Berlin, 1854; 3e édit. Berlin, 1868.

A. TRIPIER, *Manuel d'électrothérapie.* Paris, 1861.

BENEDIKT, Ueber die physiolog. und patholog. Wirkungen des constanten Stromes (*Wiener Medizinal-Halle*, 1861).

HIFFELSHEIM, *Des applications médicales de la pile de Volta.* Paris, 1861.

WIEDEMANN, *Die Lehre vom Galvanismus.* Berlin, 1863.

VALENTIN, *Versuch einer physiol. Pathologie der Nerven.* Leipzig und Heidelberg, 1854.

ROSENTHAL, *Die Elektrotherapie*, etc. Wien, 1865.

ÆBY, Die Reizung der quergestreiften Muskelfaser durch Kettenströme (*Archiv f. Anatomie*, 1867, p. 685).

L. HERMANN, *Weitere Untersuchungen zur Physiologie der Muskeln und Nerven.* Berlin, 1867. — *Untersuchungen zur Physiologie der Muskeln und Nerven*; 3e livraison. Berlin, 1868.

J. REGNAULT, *De la production de l'électricité dans les êtres organisés.* Thèse de concours. Paris, 1847.

GUITARD, *Histoire de l'électricité médicale.* Paris, 1854.

ERB, Ueber electrotonische Erscheinungen am lebenden Menschen (*Archiv f. klinische Medicin*, 1867). — Galvanotherapeutische Mittheilungen (*Ibid.*).

HITZIG, Ueber die Anwendung unpolarisirbarer Electroden in der Electrotherapie (*Berliner klin. Wochenschrift*, 1867).

Morgan, *Electrophysiology and Therapeutics*. New-York.

Valentin, *Die physikalische Untersuchung der Gewebe*. Leipzig und Heidelberg, 1867.

A. Tripier, *Des applications de l'électricité à la médecine*. Paris, 1867.

Schultz. Schultzenstein, Recherches sur l'électricité animale (*Comptes rendus*, 19 août 1867, t. LXV, p. 312).

H. Munk, *Untersuchungen über das Wesen der Nerven-Erregung*. Leipzig, 1868.

Althaus, *On the use of galvanism and electro-magnetism in medicin and surgery*. London, 1868.

Benedikt, *Elektrotherapie*. Wien, 1868.

Bernstein, Ueber den zeitlichen Verlauf der negativen Schwankung des Nervenstroms (*Arch. für die gesammte Physiologie*, etc., von Pflueger, 1868, t. I, p. 173).

Onimus, De l'emploi des courants constants (*Gazette des hôpitaux*, 1868-1869).

R. Brenner, *Untersuchungen und Beobachtungen auf dem Gebiete der Elektrotherapie*. Leipzig, 1868 et 1869.

J. Worm-Mueller, *Experimentale Beiträge aus dem Gebiete der thierischen Electricität* (Untersuchungen aus dem physiologischen Laboratorium in Würzburg, 1869, 2e partie, p. 181).

Schlagdenhauffen, *Appréciation de l'état actuel de l'électro-physiologie*. Thèse de concours. Strasbourg, 1869).

Legros et Onimus, Des courants dérivés et des courants de polarisation dans les tissus vivants (*Gazette médicale de Paris*, 1869, p. 612).

Grosclaude, *Du courant continu. Dissert. inaugurale*. Strasbourg, 1870.

Becquerel, Huitième mémoire sur les phénomènes électro-capillaires; 2e partie : De la cause des courants musculaires, nerveux, osseux et autres (extrait dans les *Comptes rendus*, 1870, t. LXX, p. 68).

H. Buignet et Jaccoud, article Électricité (*Nouveau Dictionnaire de médecine et de chirurgie pratiques*, 1870, t. XII, p. 449-531).]

Althaus, *A Treatise on medical electricity theorical and pratical*. etc., 1870.

Beard et Rockwell, *A pratical Treatise on the medical and surgical uses of electricity* 1871.

Onimus et Legros, *Manuel d'électrothérapie*. Paris, 1872.

Bouchot, Traitement de l'odontalgie par le courant continu. *Gaz. des hôpit.*, 1873.

J. Teissier, *Des courants continus*. Thèse de concours, 1878.

Gordon, *Traité expérimental d'électricité et de magnétisme*, traduit par J. Raynaud. Paris, 1881.

Gariel, *Traité pratique d'électricité*. etc., 1er fasc. Paris, 1882.

Doumer, *De l'emploi du courant électrique en chirurgie*. Thèse de concours, 1883.

CHAPITRE IV

EFFETS DE L'ÉLECTRICITÉ DYNAMIQUE

321. Effets du courant de décharge. — La recomposition brusque des deux électricités s'accompagne de phénomènes lumineux, calorifiques, mécaniques et physiologiques.

[Nous ferons remarquer à cette occasion que, d'après les curieuses expériences de M. Gassiot et de M. Hittorff, l'électricité ne traverse pas le vide absolu, et que la présence d'un milieu pondérable semble nécessaire à la propagation de cet agent.]

Suivant la nature des métaux entre lesquels jaillit l'étincelle, celle-ci présente une couleur différente; M. Kirchoff a montré que le spectre de la lumière de l'étincelle est identique à celui de la vapeur des métaux en présence (voy. § 170).

Le développement de chaleur produit par le courant de décharge est capable d'enflammer les corps facilement combustibles. La foudre nous offre un exemple de cet effet sur une grande échelle. Quand on réunit par un fil métallique deux conducteurs chargés d'électricités de nom contraire, ce fil s'échauffe, et si la tension électrique est très grande, il fond et devient incandescent.

D'après les recherches de M. Riess, l'*élévation de température dans l'arc conjonctif est directement proportionnelle au carré de la quantité d'électricité contenue dans le condensateur et en raison inverse de la surface de ce dernier*. Si l'on opère comparativement à la fois sur différents arcs conjonctifs, on trouve que leur échauffement est proportionnel à la grandeur de leur section, en raison inverse de leur longueur, et qu'il dépend, en outre, d'une constante qui mesure le pouvoir conducteur du métal employé.

Les effets mécaniques du courant de décharge se font remarquer en premier lieu sur l'air qui entoure le conducteur électrisé. Si le conducteur se termine en pointe, l'écoulement de l'électricité s'accompagne d'un courant continu d'air; les particules gazeuses en contact avec la pointe se chargent d'électricité et sont ensuite repoussées. Quand la décharge est brusque, l'air éprouve une commotion violente qui produit un bruit plus ou moins intense. Sous l'influence de cet ébranlement, les corps légers sont projetés de côté et d'autre; les solides non conducteurs, placés sur le trajet du courant, sont transpercés ou brisés. Si la tension électrique est assez énergique pour déterminer la fusion du conducteur traversé par l'électricité, les parties fondues incandescentes sont lancées au loin avec une grande force.

[Quant aux effets physiologiques qu'on observe dans les parties vivantes placées sur le passage du courant de décharge, ils consistent en contractions violentes des muscles et en sensations douloureuses.]

322. Production de chaleur par le passage du courant galvanique. Lois de Joule. — Le passage du courant voltaïque dans un circuit métallique de petite section produit un dégagement de chaleur. L'échauffement du fil suit une loi semblable à celle que nous avons donnée plus haut relativement au courant de décharge. D'après les expériences de M. Joule, *lorsqu'un courant traverse un fil métallique homogène, la quantité de chaleur dégagée dans l'unité de temps est proportionnelle : 1° à la résistance que ce fil oppose au passage de l'électricité; 2° au carré de l'intensité du courant.* Si donc on désigne par c la quantité de chaleur développée pendant l'unité de temps dans un fil métallique dont la résistance est égale à l'unité par un courant d'une intensité 1, la chaleur C dégagée en un temps t par un courant d'intensité I, dans un circuit de résistance R, sera donnée par l'équation suivante :

$$C = c\, I^2\, R\, t. \qquad (1)$$

En remplaçant R par sa valeur tirée de la formule d'Ohm, il vient :

$$C = c\, I\, E\, t. \qquad (2)$$

De là nous concluons que la *quantité de chaleur dégagée dans un temps donné est proportionnelle au produit de la force électro-motrice par l'intensité du courant.*

On peut facilement vérifier cette loi en faisant passer le courant d'une pile constante à travers un fil métallique entouré d'un liquide mauvais conducteur (eau distillée, alcool), et en mesurant avec les précautions nécessaires l'élévation de température survenue dans le liquide.

En appelant l et s la longueur et la section du fil, k son pouvoir conducteur spécifique, la résistance de ce fil aura pour expression $\dfrac{l}{ks}$, en vertu du § 313ᵃ. Mettons cette valeur de R dans l'équation (1), et nous obtenons :

$$C = c\, I^2\, \frac{l}{ks}\, t. \quad \ldots \qquad (3)$$

L'échauffement d'un conducteur de seconde classe, introduit dans le circuit, suit les mêmes lois. Attendu que dans ce cas le coefficient k est très petit, il en résulte qu'en général les conducteurs de seconde classe doivent dégager plus de chaleur. Mais il importe de faire une distinction : il survient facilement une décomposition chimique qui masque le développement de chaleur. Si, par exemple, nous faisons passer un courant à travers l'eau, la formation d'oxygène et d'hydrogène à l'état gazeux absorbe une certaine quantité de chaleur que l'on doit défalquer de la chaleur totale engendrée par le courant. Quand, au contraire, les transformations chimiques qui s'accomplissent au sein du liquide sont telles que leurs effets caloriques se compensent exactement, la loi de Joule énoncée plus haut est directement applicable. Le cas se présente lorsqu'on prend pour liquide conducteur la solution d'un sel métallique et pour électrode un fil du même métal, par exemple, des électrodes de cuivre plongées dans une solution de sulfate de cuivre ou des électrodes de zinc immergés dans une solution de sulfate de zinc : la quantité de métal qui est alors enlevée à l'électrode par lequel le courant de fluide positif entre dans le liquide est égale à celle qui se dépose sur l'électrode qui recueille le courant à sa sortie du liquide, et ces deux actions neutralisent mutuellement leurs effets thermiques.

Dans les piles qui fournissent un courant d'intensité constante, et où, par conséquent, l'action chimique suit une marche uniforme, la loi de Joule relative à la production de chaleur est vraie, non seulement pour le circuit extérieur, mais encore pour l'intérieur même de la pile. Désignons, comme précédemment, par R_i la résistance intérieure, et par R_e la résistance extérieure ; la chaleur dégagée dans le liquide du couple, pendant un temps t, est $c\, R_i\, I^2\, t$; la chaleur dégagée dans le circuit extérieur a pour valeur $c\, R_e\, I^2\, t$; par conséquent, la quantité totale de chaleur est donnée par la formule :

$$C = c\, (R_i + R_e)\, I^2\, t$$

S'il y a des dérivations dans le circuit, on n'a qu'à déterminer l'intensité du courant pour chaque portion du circuit, et on trouvera de la même manière la quantité de chaleur qui s'y développe.

[**322ᵃ. Galvano-caustique thermique.** — La propriété du courant galvanique de porter au rouge les conducteurs métalliques qu'il traverse, a été utilisée en chirurgie pour cautériser et diviser les tissus organiques. Ce mode de cautérisation est connu sous le nom de *galvano-caustique ther-mique*.

Tout appareil destiné à la cautérisation galvano-thermique *comprend deux parties essentielles : le cautère proprement dit et la source électrique.

Le cautère consiste en un fil de platine dont les extrémités sont mises en communication avec les rhéophores de la pile, de manière à fermer le

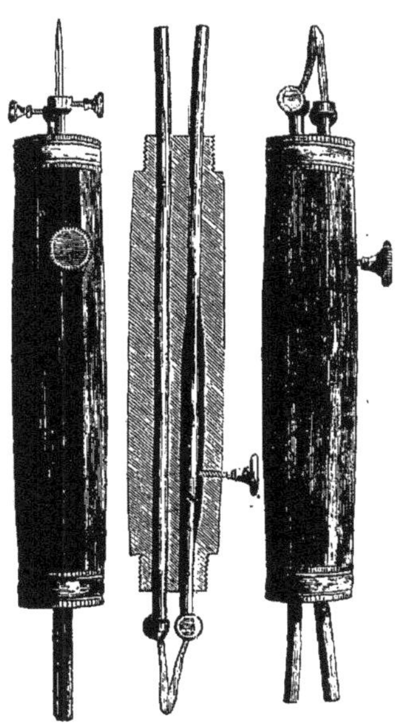

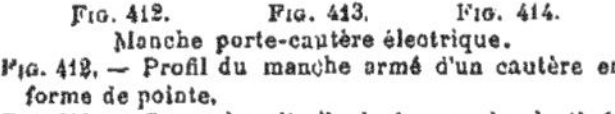

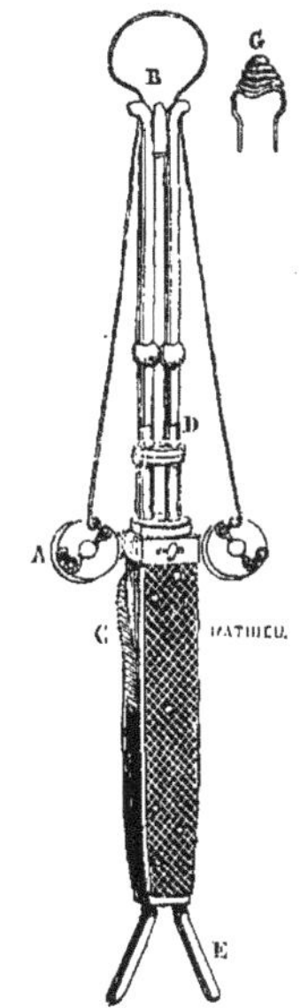

FIG. 412.   FIG. 413.   FIG. 414.
Manche porte-cautère électrique.
FIG. 412. — Profil du manche armé d'un cautère en forme de pointe.
FIG. 413. — Coupe longitudinale du manche destinée à montrer le mécanisme qui sert à fermer et à ouvrir le circuit.
FIG. 414. — Manche armé d'un cautère en forme de couteau, représenté de face.

FIG. 415. — A. Barillets d'ivoire sur lesquels s'enroulent les chefs terminaux du fil de platine. — B. Anse coupante. — C. Coulant à l'aide duquel on ouvre ou on ferme le circuit. — D. Insertions sur le porte-cautère ordinaire des colonnes métalliques qui prolongent les tiges intérieures. — E. Extrémités auxquelles s'adaptent les fils de la pile. — G. Fil de platine disposé en forme de *cautère olivaire*.

circuit. On a choisi le platine, parce qu'etant un des métaux les moins bons conducteurs de l'électricité (voy. le tableau de la p. 695), il offre une plus grande résistance au passage du courant, et, par conséquent, s'é-chauffe le mieux (cf. § 322) ; comme, en outre, le platine est très diffi-cilement fusible, on peut le porter à l'incandescence, sans risquer de le fondre.

La communication entre le cautère et les fils de la pile a lieu par l'intermédiaire d'un manche isolant, en bois ou en ivoire (fig. 412, 413, et

414) disposé de manière qu'on puisse fermer ou ouvrir à volonté le circuit. A cet effet, le manche est traversé dans le sens de sa longueur par deux tiges de cuivre (fig. 413) isolées l'une de l'autre. Les deux bouts de ces tiges métalliques situés à l'une des extrémités du manche sont mis en communication avec les fils de la pile; les bouts opposés se terminent en tubes creux dans lesquels on engage les extrémités du cautère; des vis de pression maintiennent la fixité des rapports. Dans l'épaisseur du manche isolant, l'une des tiges de cuivre est coupée obliquement, et l'une des portions tend naturellement à s'écarter de l'autre; pour établir la continuité du circuit, il suffit de presser sur un bouton qui fait saillie hors du manche, et qui ramène au contact les deux portions de la tige brisée.

Suivant le but qu'on se propose d'atteindre, diverses formes ont été données au cautère proprement dit, c'est-à-dire à la partie du circuit qui doit être portée à l'incandescence.

Tantôt le fil de platine est replié à angle aigu et représente ainsi une sorte de stylet (fig. 412) qui permet de cautériser les trajets fistuleux étroits et la cavité des dents cariées.

Tantôt le fil de platine est aplati et recourbé de manière à figurer une petite lame de couteau (fig. 413 et 414). On s'en sert alors pour couper par ustion, si on emploie le tranchant, ou pour cautériser de petites surfaces, si on l'applique à plat.

Une forme extrêmement utile, toutes les fois qu'il s'agit de diviser les tissus dans une grande étendue, par exemple, pour l'ablation des tumeurs, pour l'amputation des membres, est l'*anse coupante*.

L'indication à remplir, dans ce cas, consistait à obtenir un circuit cautérisant dont on put faire varier à volonté la longueur. A cet effet, les tiges métalliques qui traversent le manche porte-cautère sont surmontées de deux prolongements en cuivre qui se fixent en D (fig. 415); une lame d'ivoire, interposée entre ces deux colonnes métalliques, empêche le courant de passer directement de l'une à l'autre et le force à circuler dans l'anse B; celle-ci est formée d'un fil de platine, mince et flexible; chacun des chefs de ce fil s'engage dans une ouverture pratiquée à l'extrémité de la colonne métallique correspondante, et va s'enrouler sur un barillet d'ivoire A. Les parties du fil comprises entre l'anse B et les barillets d'ivoire, ne faisant pas partie du circuit de la pile, ne s'échauffent pas; quant à l'anse, on peut en augmenter ou en réduire la longueur en enroulant plus ou moins le fil de platine sur les barillets.

Comme sources électriques, il importe de choisir des couples à grande surface et en petit nombre, car la résistance du circuit extérieur étant relativement peu considérable, il faut diminuer autant que possible la résistance intérieure en augmentant la surface des éléments ou en associant les couples en batterie (voy. § 313ᵇ); de cette manière, on obtient une grande intensité de courant, et, par suite, un grand développement de chaleur. Le praticien devra, du reste, avoir présentes à l'esprit les lois relatives à l'échauffement des fils métalliques traversés par un courant (cf. § 322) et il aura à modifier la combinaison des couples voltaïques suivant les circonstances.

Middeldorpf a employé dans son appareil galvano-caustique des couples de Grove modifiés, comme le montre la figure 416 qui représente une coupe horizontale d'un de ces couples. Le collecteur se compose de six feuilles de platine p, p, p..., qui, réunies ensemble par un de leurs côtés longitudinaux, forment une étoile d'une grande surface. Le cylindre de zinc Z porté

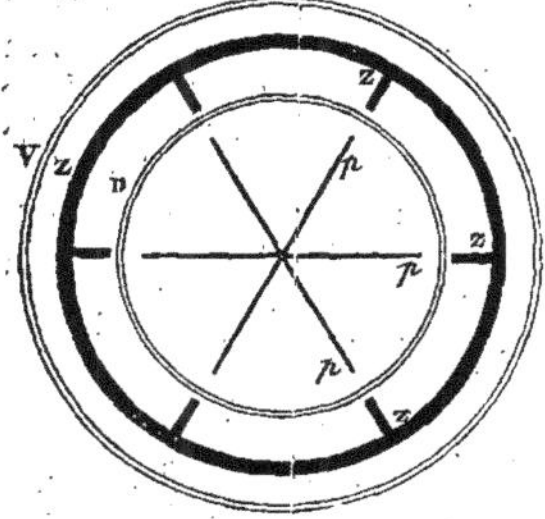

Fig. 416. — Couple de Grove modifié, employé dans la pile de Middeldorpf. D. Diaphragme poreux. — p, p, p, Lames de platine —V. Vase extérieur. — Z. Cylindre de zinc.

sur sa face intérieure six bandes longitudinales du même métal qui s'élèvent normalement à la paroi interne, et qui augmentent ainsi la surface de l'élément électro-moteur. Le vase poreux D, rempli d'acide nitrique, est recouvert d'un obturateur en verre destiné à empêcher les vapeurs d'acide hyponitrique de se répandre dans l'air. Quand la pile n'a pas à fonctionner, on retire le vase poreux avec son contenu et son couvercle pour le mettre dans un bocal contenant de l'acide nitrique; l'appareil est ainsi toujours prêt à servir.

Quatre couples semblables à celui que nous venons de décrire composent la pile de Middeldorpf. Un commutateur d'une construction spéciale, placé entre les quatre couples, permet de les associer, soit en série, soit en batterie, soit deux à deux.

M. Broca s'est servi de la pile de Grenet au bichromate de potasse, qui

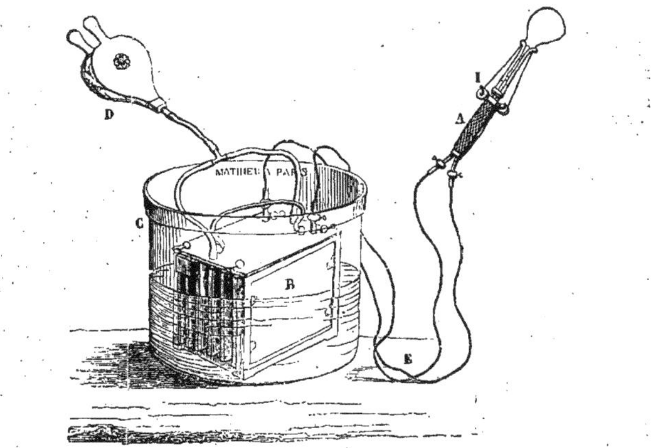

Fig. 417. — Pile de Grenet, au bichromate de potasse, appropriée à la galvano-caustique thermique. — A. Cautère électrique. — B. Châssis qui renferme les éléments de la pile. — C. Vase contenant une solution de bichromate de potasse. — D. Soufflet à l'aide duquel on insuffle l'air entre les éléments. — E. Rhéophores.

est représentée dans la fig. 417. Les éléments de cette pile, consistant en plaques de zinc et de charbon, sont disposés dans un châssis à rainures B, qui plonge dans un liquide contenant 100 grammes de bichromate de potasse et 100 grammes d'acide sulfurique par litre d'eau. Deux tubes, qui arrivent jusqu'au fond du châssis, amènent l'air chassé par un soufflet D; nous avons vu (§ 309ᵈ) que cette insufflation de gaz avait pour but de détacher l'oxyde de chrome qui, déposé sur les plaques de charbon, devient une cause d'affaiblissement du courant.

La galvano-caustique thermique présente, sinon dans tous les cas, au moins dans un grand nombre, des avantages marqués sur la cautérisation par le cautère actuel ordinaire; les principaux de ces avantages consistent dans la possibilité de brûler ou de couper des parties profondes inaccessibles au cautère actuel et aux instruments tranchants, la limitation exacte des effets de l'opération, la rapidité et la facilité de la cautérisation. Employé à la place du bistouri, le cautère galvano--thermique empêche les hémorragies et, fait non moins important reconnu par M. Sédillot, il prévient les douleurs consécutives à l'opération.]

[Bibliographie: John Marshall, The employment of the heat of electricity in pratical surgery (*Medico-chirury. Trans.* London, 1851, t. XXXIV, p. 221).
Leroy d'Étiolles, *De la cautérisation d'avant en arrière ; de l'électricité et du cautère électrique.* Paris, 1853.
Middeldorpf, *Die Galvanocaustik, ein Beitrag zur operativen Medicin.* Breslau, 1854.
Le même, Lettre à la Société de chirurgie (*Bulletin de la Société de chirurgie de Paris,* 21 janvier 1857, t. VII, p. 280).
J. Regnauld, Note sur un nouveau mode de cautérisation (*Comptes rendus de l'Académie des sciences,* 18 décembre 1854, t. XXXIX, p. 1165).
P. Broca, Rapport sur la méthode galvano-caustique de Middeldorpf (*Bull. de la Soc. de chir. de Paris,* 5 novembre 1856, t. VII, p. 205).
Le même, Sur une modification de l'appareil galvano-caustique (*Bulletin de l'Académie de méd.,* 10 novembre 1857, t. XXIII, p. 75).
Cattin, *De la galvano-caustic dans les opérations chirurgicales;* dissert. inaug. Paris, 1858.
Blanchet, *De l'emploi du feu en chirurgie, et en particulier du cautère actuel, du cautère galvanique et du couteau galvano-caustique ;* dissert. inaug. Paris, 1862.
Duplomb, *De la galvano-caustique, du couteau galvano-caustique et de l'anse coupante à échelle graduée d'Eugène de Séré;* dissert. inaug. Paris, 1862.
Collin, *De la galvano-caustie;* dissert. inaug. Strasbourg, 1868.
Oliviero, *Middeldorpf's Instrumenten-Apparat zur Galvanokaustik,* etc. Breslau, 1869.
Jaxa-Kwiatkowski, *Amputation des membres par la méthode galvano-caustique;* dissert. inaug. Strasbourg, 1870.]
Bruns, *Die Galvanochirurgie oder die Galvanocaustik und Electrolysis bei chirurgischen Krankheiten.* Tubingen, 1870.
Bienvenue, *Du cautère électrique.* Thèse de Paris, 1872.
Bœckel, De la galvano-caustique thermique et de quelques appareils propres à en faciliter l'opération. *Soc. méd. de Strasbourg,* 1872.
Bœckel et Redslob, Nouvel appareil pour la galvano-caustique. *Compt. Rend. Acad. sc,* 1873.
Gariel, Cautérisation, *in Dict. encycl.* Paris, 1877.
Julliard, Comparaison du thermo-cautère et du galvano-caustic. *Gaz. des hôp.* 1877.]

323. Effets lumineux dans le circuit et à l'ouverture du circuit. — Les effets lumineux produits par le courant de la pile consistent, soit dans l'incandescence permanente du fil qui réunit les deux pôles, soit dans des étincelles qui jaillissent entre deux points du circuit lorsqu'on vient à les séparer brusquement.

L'incandescence continue du fil conjonctif n'a lieu que si l'intensité du courant est très-forte; c'est simplement la conséquence d'un abondant dégagement de chaleur. Nous avons vu, dans le chapitre IV du livre précédent, que tous les corps commencent à émettre de la lumière à la même température. Il suffit donc pour que le fil commence à rougir que, dans le circuit de la pile, le rapport entre la production et la perte de chaleur soit tel qu'il atteigne cette température limite. Il résulte des expé riences de M. Müller que, pour une même intensité du courant, l'apparition de l'incandescence est indépendante de la longueur du fil; en outre, d'après M. Zœllner, pour que des fils de section différente émettent les mêmes quantités de lumière, il faut que ces sections soient entre elles comme les intensités des courants.

323ª. Étincelle de rupture. — Quand on vient à ouvrir le circuit d'un courant galvanique même peu intense, il se produit une étincelle au point, quel qu'il soit, où a lieu la solution de continuité. La formation de cette lumière est un phénomène essentiellement différent de l'étincelle qu'engendre le courant de décharge. En effet, l'étincelle de la pile ne se produit qu'à l'ouverture du circuit et non à la fermeture; de plus elle apparaît quel que soit le point du circuit où l'on détermine la rupture, bien que la tension de l'électricité libre diminue rapidement à mesure qu'on s'éloigne des pôles et devienne nulle au milieu même du circuit. Aussi est-on conduit à voir dans l'étincelle de rupture un phénomène d'incandescence: l'ouverture du circuit détermine, au point de rupture, une diminution excessivement rapide de la section du courant, qui est réduite à zéro dans un temps très court; par suite, la température s'élève aussitôt jusqu'au rouge. Dans ce cas encore, la couleur de l'étincelle dépend de la nature du métal dont est formé le circuit; on obtient la lumière la plus éclatante quand on ouvre le circuit au niveau d'un point en contact avec le mercure.

323ᵇ. Arc voltaïque — L'arc voltaïque, observé pour la première fois par H. Davy, est un phénomène voisin de l'étincelle produite par l'ouverture d'un courant; pour l'obtenir, il faut employer une pile composée d'au moins douze couples de Bunsen ou de Grove. Le circuit étant préalablement fermé, on l'ouvre en laissant les deux parties de la solution de continuité à une petite distance l'une de l'autre; il se produit alors dans l'intervalle de l'interruption un arc lumineux d'un éclat éblouissant. La longueur de cet arc dépend en partie de la force de la pile, en partie de la nature des corps entre lesquels existe la solution de continuité; c'est quand il se produit entre des pointes de charbon que l'arc voltaïque atteint son maximum de longueur et d'éclat. Despretz obtint un arc de plus de 16 centimètres de long, en employant une batterie de 600 couples de Bunsen. Dans le vide, l'arc lumineux acquiert des dimensions encore plus grandes que dans l'air, ce qui prouve qu'il n'est pas le résultat d'un phénomène de combustion. On a reconnu que les électrodes, entre lesquels se produit la lumière, se volatilisent, et que des particules de l'électrode positif sont transportées sur l'électrode négatif, et réciproquement. Toutefois ce transport de particules solides se fait en bien plus grande abondance du pôle positif au pôle négatif que dans le sens inverse, de sorte que le poids de l'électrode positif diminue toujours, tandis que celui de l'électrode négatif augmente parfois. Cet échange inégal entre les électrodes modifie aussi leur forme: ainsi, quand on prend des cônes de charbon, celui des deux qui est en communication avec le pôle positif se creuse en forme de coupe, tandis que l'autre s'allonge en pointe.

La température à l'intérieur de l'arc lumineux est très élevée : la volatilisation des électrodes le prouve. Les corps les plus réfractaires ont pu être volatilisés à l'aide de quelques centaines de couples de Bunsen. La température de l'électrode positif est d'ailleurs supérieure à celle de l'électrode négatif. On reconnaît ce fait à ce que l'électrode positif commence déjà à rougir quand l'autre est encore sombre.

La production de l'arc voltaïque est sans contredit étroitement liée à celle des étincelles de rupture : au moment où l'on sépare les deux pointes de charbon, une étincelle jaillit en entraînant des particules de substance d'un électrode à l'autre ; ces particules forment un conducteur de très petite section qui, à cause de sa grande résistance, s'échauffe jusqu'à l'incandescence ; la continuité du circuit se trouve ainsi rétablie et se maintient dans cet état, grâce aux nouvelles particules qui se détachent sans interruption des électrodes.

324. Effets chimiques du courant. Électrolyse. — Les conducteurs de première classe traversés par le courant de la pile ne donnent naissance qu'aux effets calorifiques et lumineux dont il vient d'être question. Mais dans les conducteurs de seconde classe, le passage du courant s'accompagne toujours de transformations chimiques. Ces effets sont produits même par les courants les plus faibles, et les liquides qui n'éprouvent pas de décomposition ne conduisent pas non plus l'électricité. Nous devons donc regarder l'action chimique du courant sur les conducteurs de seconde classe comme une condition nécessaire du passage de l'électricité.

Faraday a proposé une terminologie spéciale pour faciliter le langage de l'électro-chimie. Les *électrodes* sont les extrémités des rhéophores qui plongent dans le liquide conducteur. L'ensemble des phénomènes de décomposition chimique engendrés par le courant porte le nom *d'électrolyse ;* les corps qui subissent la décomposition sont les *électrolytes*. Faraday appelle, en outre, *anode*, l'électrode positif ; *cathode*, l'électrode négatif ; *ions*, les éléments séparés par l'électrolyse, *anions*, ceux qui se rendent au pôle positif, et *cathions*, ceux qui se portent au pôle négatif ; les anions représentent, par conséquent, les éléments électro-négatifs et les cathions les éléments électro-positifs, conformément aux lois générales des attractions électriques. [Ces termes *d'anode*, de *cathode*, *d'ions*, etc., n'ont pas été généralement adoptés, en France du moins.]

Nous avons déjà vu, comme exemple de décomposition chimique, celle de l'eau dans le voltamètre (cf. § 310) ; l'oxygène se rend au pôle positif, et l'hydrogène au pôle négatif, le volume de ce dernier étant double de celui de l'oxygène ; c'est précisément le rapport qui existe entre les volumes de ces deux gaz pour former de l'eau. L'étude des piles à courant constant nous a fourni d'autres exemples d'électrolyse. Si on plonge des électrodes de cuivre dans une solution d'un sel de cuivre, la quantité de métal qui est enlevée à l'électrode négatif est égale à celle qui se dépose au pôle positif ; si, au lieu d'un électrode positif en cuivre, on emploie une lame d'argent ou de tout autre métal, la même quantité de cuivre que précédemment vient s'y déposer.

324ª. Loi de Faraday. — Considérons une pile à deux liquides, où une lame de zinc plonge dans une solution étendue d'acide sulfurique et une lame de

cuivre dans une solution de sulfate de cuivre; si nous réunissons les deux
éléments par l'intermédiaire d'un fil conducteur, la lame de zinc représentera
l'électrode *positif,* c'est-à-dire celle par où le courant entre dans le liquide;
la lame de cuivre, l'électrode *négatif,* par laquelle le courant sort du
liquide; il y aura donc, dans l'intérieur du couple, un courant qui ira du zinc
au cuivre; par suite, une portion du zinc se dissoudra pendant que du cuivre
se déposera sur la lame de ce métal. On trouve qu'il n'y a pas égalité entre
le poids de zinc dissous et celui de cuivre déposé, mais que ces deux poids
sont dans le rapport des *équivalents* chimiques de ces métaux, c'est-à-dire
que pour chaque équivalent de zinc qui se dissout à l'électrode positif, un
équivalent de cuivre se dépose sur les lames du même métal. Si l'on répète
la même expérience sur différentes substances, en employant la même intensité
de courant, on reconnaît que la loi est générale : *lorsqu'un même courant
agit successivement sur différents composés, les poids des éléments
séparés sont dans le même rapport que leurs équivalents chimiques.*
Telle est la loi de Faraday relative aux décompositions électro-chimiques.

   Nous avons choisi, § 310, la décomposition de l'eau dans le voltamètre
pour mesurer l'intensité du courant. En vertu de la loi de Faraday, il est
clair qu'on peut employer au même usage tout autre électrolyte. Si on fait,
par exemple, plonger des électrodes de cuivre dans une auge renfermant
une solution d'un sel de cuivre, l'intensité du courant est proportionnelle à
l'augmentation de poids de l'électrode positif ou à la diminution de poids
de l'électrode négatif. Dans un couple de Daniell, l'intensité du courant est
proportionnelle au zinc oxydé, ou bien à la quantité de cuivre métallique
qui se sépare de la solution de sulfate de cuivre.

   324ᵇ. Électrolyse des composés binaires et ternaires. Réactions secondaires. — Pour
embrasser dans leur ensemble les phénomènes électrolytiques, il faut
étudier: 1° les changements qui surviennent dans le liquide électrolysé;
2° les modifications qu'éprouvent les électrodes qui plongent dans le liquide.
La décomposition produite par le courant peut ne porter que sur le liquide,
comme cela a lieu dans le voltamètre où les lames de platine restent absolument intactes. Mais, dans la plupart des cas, l'électrolyse du liquide est
accompagnée d'altérations des électrodes; toutefois ce dernier phénomène
est toujours un effet secondaire, qui provient, soit de l'action dissolvante
exercée par l'un des éléments séparés sur la substance de l'électrode, soit
du dépôt sur l'autre électrode d'un produit de décomposition.

   Tous les composés qui ont une constitution chimique analogue à celle
de l'eau sont électrolysés de la même manière. Les combinaisons qui par
leur composition se rapprochent le plus de l'eau sont les oxydes métalliques
et les sels haloïdes; les premiers se décomposent en oxygène qui se rend
au pôle positif et en métal qui se dépose sur l'électrode négatif. Les sels
haloïdes (chlorures, bromures, iodures) se comportent d'une manière
semblable, le métal se rendant au pôle négatif et le métalloïde au pôle
positif; il en est de même des hydracides, dont l'hydrogène se dégage au
pôle négatif.

   Quand on fait passer le courant à travers une solution aqueuse très concentrée d'un sel haloïde ou d'un oxyde soluble, la substance dissoute se décompose seule; le dissolvant n'est pas attaqué. Mais si la solution est étendue

et le courant énergique, l'eau se décompose en même temps que la substance dissoute; la décomposition du dissolvant porte le nom d'*électrolyse secondaire*, et vient, en général, compliquer les phénomènes électrolytiques engendrés par le passage du courant; car l'oxygène naissant, qui résulte de la décomposition de l'eau, possède un pouvoir oxydant énergique; l'hydrogène produit dans les mêmes circonstances est, au contraire, un puissant agent de réduction; aussi, en pareil cas, les *anions* s'oxydent-ils facilement, tandis que les *cathions* sont réduits. Les éléments mis en liberté par l'électrolyse peuvent à leur tour réagir sur l'eau et donner ainsi lieu à de nouvelles décompositions; c'est ce qui arrive précisément dans l'électrolyse des oxydes, des chlorures, des bromures et des iodures des métaux alcalins et alcalino-terreux. Le métal qui se dépose sur l'électrode négatif décompose l'eau au moment même où il se sépare, se combine avec l'oxygène et met l'hydrogène en liberté.

Les combinaisons des oxydes métalliques avec les oxacides, c'est-à-dire les sels ternaires, sulfates, nitrates, chlorates, etc. sont décomposées par le courant galvanique de telle sorte que le métal devienne libre et se dépose au pôle négatif, tandis que l'acide et l'oxygène de la base se rendent au pôle positif. Une solution de sulfate de potasse (K^2O, SO^3), par exemple, se dédouble en acide sulfurique plus de l'oxygène $(SO^3 + O)$ qui se rendent au pôle positif, et en potassium qui se porte sur l'électrode négatif; mais le potassium décompose aussitôt l'eau, de sorte qu'on obtient en réalité au pôle positif de l'acide sulfurique et de l'oxygène, et au pôle négatif de la potasse et de l'hydrogène.

Cette explication est confirmée par l'expérience suivante : on électrolyse la solution de sulfate de potasse en prenant pour électrode négatif une colonne de mercure contenue dans un tube recourbé; il y a encore dégagement d'acide et d'oxygène au pôle positif, mais on ne trouve plus trace d'hydrogène au pôle négatif où le potassium, mis en liberté, s'est combiné au mercure et a formé un amalgame à consistance demi-solide. On obtient les mêmes résultats en opérant sur des sels ammoniacaux et ces phénomènes, ont conduit à l'hypothèse du radical ammonium et à la théorie des sels d'ammoniaque.

On peut ramener l'électrolyse des sels ternaires à celle des composés binaires, en représentant la composition d'un sel par le symbole $M + RO^n$, dans lequel M désigne le métal de la base, R le radical de l'acide, et O l'oxygène. La loi générale qui régit les décompositions chimiques opérées par le courant s'énonce alors de la manière suivante : *toutes les combinaisons binaires se dédoublent par l'électrolyse en leurs deux parties constituantes.* Dans cette décomposition, l'élément simple ou composé qui se rend au pôle négatif est celui qui, dans le type eau H^2O, tient la place de l'hydrogène; au pôle positif se porte le reste du composé.

Les éléments séparés par le courant peuvent réagir en partie sur les électrodes, en partie sur l'électrolyte lui-même, et déterminer ainsi d'autres transformations. La plus fréquente de ces réactions secondaires consiste en ce que l'oxygène provenant de l'électrolyse, oxyde l'électrode positif dans le cas où ce dernier est formé d'un métal oxydable; si l'électrolyte est un sel, l'oxyde formé se dissout dans l'acide devenu libre. Ainsi, un électrode positif en cuivre plongé dans une solution d'un sulfate se dissout et produit du sulfate de cuivre, car chaque équivalent de SO^4 qui devient libre au pôle positif se combine avec un équivalent de cuivre emprunté à l'électrode, et donne un équivalent de sulfate de cuivre. On emploie pour électrode positif des métaux oxydables, quand il s'agit soit d'empêcher le dégagement de l'oxygène, soit de maintenir constante la composition de l'électrolyte; dans ce dernier cas, on prend des électrodes formés du métal même qui entre dans la constitution de l'électrolyte.

Nous avons déjà parlé des réactions secondaires que les produits de l'électrolyse déterminent dans l'électrolyte même, et nous avons vu notamment que le métal mis en liberté décompose l'eau; c'est là la réaction la plus fréquente, mais il peut s'en produire une foule d'autres. C'est ainsi que dans la décomposition du protochlorure d'étain par le courant de la pile, le chlore devenu libre au pôle positif transforme le protochlorure non décomposé en bichlorure qui donne des vapeurs; dans l'électrolyse du bichlorure de cuivre, ce sel est changé en protochlorure par le cuivre qui se porte au pôle négatif, etc.

Il est une réaction secondaire qui mérite une mention spéciale, c'est celle qui s'accomplit dans le voltamètre quand on agmente dans une trop forte proportion la quantité d'acide sulfurique ajoutée à l'eau. On constate alors que le dégagement gazeux est de beaucoup diminué; une partie de l'oxygène mis en liberté se transforme, en effet, en *ozone*, dont le volume est bien moindre; en outre, au pôle positif il se forme du *peroxyde d'hydrogène*.

La manière la plus simple d'expliquer le fait que, dans les solutions aqueuses très concentrées, le corps en dissolution est seul décomposé, tandis que l'eau reste inattaquée, consiste à admettre que le courant se distribue dans les différentes parties constituantes de l'électrolyte suivant les lois des courants dérivés. Cette explication s'accorde avec cet autre fait que, si le courant a une très grande intensité, l'eau est à son tour décomposée, même dans une solution concentrée.

Au reste, le mélange de plusieurs solutions se comporte comme s'il ne renfermait qu'une seule substance. En opérant, par exemple, sur une solution contenant à la fois du sulfate de cuivre et du sulfate de zinc, on ne voit se déposer au pôle négatif que du cuivre si les sels sont mélangés en certaine proportion et si le courant possède une intensité convenable. Veut-on qu'il se dépose aussi du zinc, il faut augmenter ou la quantité du sulfate de zinc dans la solution ou l'intensité du courant. Comme les pouvoirs conducteurs de ces deux sels sont à peu près les mêmes, on ne peut plus invoquer ici les courants dérivés; M. Hittorf explique le phénomène de la manière suivante: les deux métaux se déposent ensemble sur l'électrode négatif; mais le zinc se redissout immédiatement et précipite le cuivre; le zinc commence à se déposer seulement quand la proportion du sel de ce métal est devenue si considérable qu'il ne trouve plus dans son voisinage une quantité suffisante de cuivre pour s'y substituer en totalité.

[**324ᶜ. Électrolyse des substances animales.** — L'action décomposante du courant sur les matières animales a été étudiée par Brugnatelli, Aldini, H. Davy, Prévost et Dumas, etc. Le sang, le lait, la chair musculaire, etc., renferment des sels minéraux, et c'est sur ces principes que se porte en premier lieu l'action du courant : les acides sont transportés au pôle positif et les bases au pôle négatif. Ainsi, Davy, en faisant plonger les extrémités d'un morceau de chair dans deux vases pleins d'eau distillée et mis en communication avec les pôles d'une forte pile, trouva dans le vase négatif de la potasse, de la soude, de la chaux, de l'ammoniaque, et dans le vase positif des acides sulfurique, chlorhydrique, phosphorique, nitrique. Le morceau de chair soumis à ce traitement pendant plusieurs jours fut entièrement privé de ses sels. Davy ayant établi la communication entre les deux vases au moyen des doigts bien lavés dans l'eau distillée, trouva également des acides dans le vase positif, et des alcalis dans le vase négatif, preuve que l'action électrolytique du courant sur les substances animales s'exerce aussi bien pendant la vie qu'après la mort.

Quand on opère sur des liquides albumineux, tels que le sang, le blanc d'œuf, on observe la formation d'un coagulum au pôle positif (Brugnatelli, Brandt, Prévost et Dumas), tandis qu'au pôle négatif il se dépose une substance de consistance gélatineuse. MM. Prévost et Dumas ont expliqué ce phénomène par l'action secondaire des produits de décomposition des sels minéraux sur l'albumine : les acides qui se portent au pôle positif y déterminent la coagulation de l'albumine, tandis que les alcalis transportés au pôle négatif maintiennent les substances albuminoïdes en dissolution.]

325. Transport des éléments aux électrodes. — Les réactions chimiques provoquées par le passage du courant ne s'accomplissent que dans le voisinage immédiat des électrodes ; et, comme elles ne s'arrêtent qu'au moment où tout le liquide soumis à l'électrolyse a été décomposé, nous devons admettre un transport continuel des *ions* vers les deux pôles. L'électrode positif attire les éléments électro-négatifs, et l'électrode négatif, les éléments électro-positifs. Il semble que, pour chaque équivalent de l'élément positif qui se rend au pôle négatif, il devrait se déposer à l'autre pôle un équivalent du corps électro-négatif. Mais les faits ne confirment pas cette supposition ; on reconnaît, qu'en général, la proportion de l'élément électro-négatif transporté au pôle positif est plus forte. Supposons, par exemple, qu'on soumette à l'action de l'électrolyse une solution de sulfate de cuivre, en employant des électrodes de cuivre : il se déposera au pôle négatif un équivalent de cuivre pour chaque équivalent de $(SO^3 + O)$ qui se portera sur le pôle positif. Si la migration des éléments avait la même valeur dans les deux directions, la liqueur située dans le voisinage du pôle positif conserverait une composition invariable, car chaque équivalent d'acide sulfurique dissout un équivalent de cuivre, c'est-à-dire autant qu'il en passe sur l'électrode négatif. Du côté de ce dernier, au contraire, la quantité de cuivre devrait augmenter d'un équivalent, car la solution conserve son titre primitif, et, en outre, un équivalent de cuivre se précipite sur l'électrode négatif.

Or, on constate que la quantité totale de cuivre qui se trouve du côté du pôle négatif n'augmente que d'environ 1/3 d'équivalent ; il faut donc que dans cette région la solution se soit affaiblie, ce qu'on reconnaît d'ailleurs à son changement de couleur ; du côté du pôle positif, au contraire, la solution renferme 2/3 d'équivalent de sulfate de cuivre en plus, et sa coloration se fonce. D'une manière générale, si l'excès de l'élément électro-négatif transporté au pôle positif est de $\dfrac{1}{n}$ d'équivalent, l'excès d'élément électro-positif transporté à l'autre pôle a pour valeur $\dfrac{n-1}{n}$ d'équivalent. Ainsi, tandis que la séparation électrolytique des éléments s'effectue toujours dans le rapport des équivalents chimiques, leur migration s'accomplit par fraction d'équivalent, et il se porte relativement plus de cathion sur l'anode que d'anion sur le cathode. Le rapport suivant lequel s'opèrent ces transports en sens opposé varie d'ailleurs un peu avec la concentration de la solution électrolytique.

Nous donnons, dans le tableau suivant, quelques-uns des nombres trouvés par M. Hittorf :

NOMS DES SELS	QUANTITÉ D'EAU SUR 1 GRAMME DE SEL	CATHIONS TRANSPORTÉS	ANIONS TRANSPORTÉS
Chlorure de sodium.	3,472	0,352	0,648
»	20,706	0,366	0,634
»	104,760.	0,372	0,628
Chlorure de potassium.	4,845	0,484	0,516
Sulfate de soude.	11,769	0,359	0,641
Nitrate de soude.	2,994	0,400	0,600
Sulfate de potasse.	11,873	0,500	0,500
Nitrate de potasse.	4,621	0,521	0,479

325ᵃ Endosmose électrique. — Quand on place entre les deux électrodes une cloison poreuse qui divise en deux le liquide électrolytique, on remarque que la migration des ions s'accompagne d'un transport de tout le liquide en masse ; lorsqu'il n'y a pas de cloison poreuse, le phénomène n'est pas apparent, parce que la pression hydrostatique rétablit constamment l'équilibre. Ce transport des molécules liquides est connu sous le nom d'*endosmose électrique* ; il est entièrement indépendant de l'électrolyse, et il se dirige du pôle positif au négatif ; en conséquence, la hauteur du liquide augmente du côté de l'électrode négatif. D'après les expériences de M. Wiedemann, la quantité de liquide qui passe dans un temps donné à travers un diaphragme en terre de pipe est directement proportionnelle à l'intensité du courant, et, toutes choses égales d'ailleurs, elle est indépendante de la surface ainsi que de l'épaisseur de la cloison. Du reste, ce mouvement de totalité de l'électrolyte est sans aucune influence sur la migration des ions.

La cloison poreuse, sans laquelle le transport du liquide en masse ne peut pas se manifester quand le courant est faible, n'est plus nécessaire avec un courant très intense. M. Quincke a trouvé que, dans ce dernier cas, la plupart des liquides sont entraînés dans le sens que l'on attribue au courant électrique. En introduisant, par exemple, l'électrolyte dans un tube recourbé en U, on voit le liquide monter dans la branche où plonge l'électrode négatif et baisser dans celle où se trouve l'électrode positif. Ici encore, comme dans l'endosmose électrique, la hauteur à laquelle s'élève le liquide est proportionnelle à l'intensité du courant. Si on prend de l'eau renfermant un sel bon conducteur, tel que du chlorure de sodium, l'ascension du liquide est moins considérable. Quand le liquide renferme en suspension des particules très fines d'une substance solide, M. Jürgensen a observé que ces particules sont entraînées dans une direction opposée à celle de l'eau, c'est-à-dire en sens inverse du courant électrique ; mais, d'après M. Quincke, si ce dernier est faible, les corpuscules solides se meuvent aussi du pôle positif vers le pôle négatif. Ce fait s'explique si l'on considère que le mouvement des particules solides est déterminé en partie par celui du liquide : la progression du liquide est plus rapide dans la couche attenante à la paroi du tube, tandis que dans les couches centrales il y a tendance à un mouvement rétrograde ; en conséquence, les corpuscules solides situés près de la paroi sont entraînés par le liquide dans un sens opposé à celui de leur mouvement propre, tandis qu'au centre les deux mouvements se font dans le même sens.

Un phénomène physiologique qui a sans doute quelque rapport avec ces effets mécaniques du courant galvanique est le suivant : j'ai constaté que les muscles éprouvent un raccourcissement durable quand on les soumet à l'action d'un courant constant. Pendant le passage du courant, on voit, en même temps, comme l'a fait remarquer M. Kühne, un mouvement continuel d'ondulation qui marche vers le pôle négatif, et sur ce dernier il se produit une dépression déjà observée antérieurement par M. Schiff. Le mouvement ondulatoire peut être rattaché à l'écoulement du liquide contenu dans les muscles, et la dépression au rapprochement des parties solides de la fibre musculaire.

326. Théorie de l'électrolyse. — Les phénomènes d'électrolyse n'ont pas encore pu être réunis dans une théorie qui embrassât tous les cas. Grotthus, le premier, a posé les bases de la théorie actuellement en honneur. Il a supposé que les éléments constitutifs de tout composé binaire, ou se comportant comme tel, renferment, à l'état de liberté, des quantités égales d'électricité de nom contraire. Pendant l'acte de la combinaison, les deux fluides se séparent, de sorte que l'un des éléments, l'hydrogène, par exemple, soit chargé d'électricité positive, et l'autre, l'oxygène, d'électricité négative. Dans les circonstances ordinaires, les molécules d'eau qui résultent de cette combinaison sont orientées suivant toutes les directions, de sorte qu'il ne se manifeste point d'électricité libre. Mais si l'on vient à plonger dans l'eau deux électrodes, et qu'on fasse passer le courant, les molécules commencent par s'orienter toutes de la même manière : les atomes d'oxygène se tournent du côté du pôle positif, et les atomes d'hydrogène du côté du pôle négatif, comme le montre la figure 418, où l'on voit une file de molécules d'eau H_1O_1, H_2O_2, H_3O_3..., ayant toutes leur atome d'oxygène, figuré par un cercle blanc, tourné vers l'électrode positif P, et leurs deux atomes d'hydrogène, représentés par deux points noirs, tournés vers l'électrode négatif N. Dans l'instant suivant, l'hydrogène H_1 de la première molécule se porte sur l'électrode négatif qui l'attire, tandis que l'oxygène O_1 s'unit aussitôt à

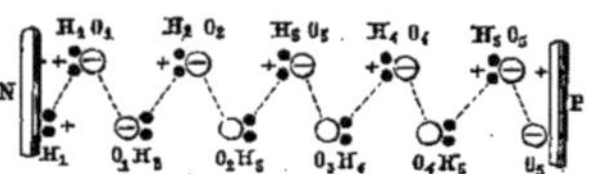

Fig. 418. — Théorie de l'électrolyse de l'eau.

l'hydrogène H_2 de la molécule suivante, laquelle abandonne son oxygène O_2 à l'hydrogène H_3 de la troisième molécule, et ainsi de suite; l'oxygène O_5 de la dernière molécule devenu libre se rend au pôle positif. Puis les molécules restantes s'orientent de nouveau comme la première fois, et la même série de phénomènes se reproduit indéfiniment. Les éléments électropositifs, c'est-à-dire les atomes d'hydrogène, cheminent donc du pôle positif au négatif, par étapes successives, en passant d'une molécule à l'autre; les atomes d'oxygène se transportent en sens inverse par un mécanisme semblable. En somme, l'électrolyse consiste dans une série de décompositions et de recompositions successives, et non dans un transport direct des éléments d'un pôle à l'autre.

Nous pouvons ramener la constitution de tous les électrolytes à celle du type eau. En effet, ils présentent les trois formes suivantes :

1° comme l'eau, ils résultent de la combinaison d'un élément positif avec un élément négatif; tel est le cas de la potasse $\overset{+}{K^2}\overset{-}{O}$, du chlorure de sodium $\overset{+}{Na}\overset{-}{Cl}$, etc...;

2° un élément négatif peut être uni à un radical composé faisant fonction d'élément positif; par exemple, le chlorure de sodium ($\overset{+}{NH^4}\overset{-}{CL}$);

3° enfin, l'élément positif étant simple, le négatif est un radical composé; ainsi, le sulfate de soude $\overset{+}{Na^2}\overset{-}{(SO^4)}$, le nitrate de soude $\overset{+}{Na}\overset{-}{(NO^3)}$. A cette dernière classe appartiennent, en général, tous les sels oxygénés. La figure

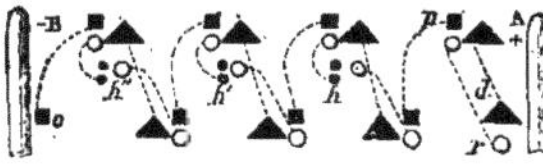

Fig. 419. — Théorie de l'électrolyse d'un sel.

419 représente l'électrolyse d'un sel ternaire : le métal o représenté par un carré noir se dépose sur l'électrode négatif, tandis que l'acide, sous forme de triangle noir d, et l'oxygène r de la base figuré par un petit cercle blanc, se rendent au pôle positif.

Berzelius a étendu l'hypothèse de Grotthus à toutes les réactions chimiques. Il a admis que, dans toute combinaison de deux atomes hétérogènes, il se produit une décomposition du fluide neutre semblable à celle qui a lieu au contact de deux métaux hétérogènes. La combinaison chimique des atomes serait alors un effet de l'attraction mutuelle des électricités de nom contraire. Suivant Berzelius, l'ordre des corps simples rangés d'après l'intensité de leurs affinités chimiques serait identique à celui de leurs tensions électriques. Mais la liste dressée par le chimiste suédois est, en certains points, très hypothétique, car il y a des corps très voisins l'un de l'autre dans la série des tensions qu'on ne parvient pas à combiner ensemble.

Si la théorie de Grotthus donne, en général, une idée nette des décompositions électrolytiques, elle est loin de suffire pour expliquer en détail tous les phénomènes qui s'y rattachent; cette remarque s'applique notamment à l'inégalité de migration des ions et à l'endosmose électrique. Pour se rendre compte du premier de ces phénomènes, M. Hittorf suppose que le mouvement des ions de nom contraire s'effectue avec une vitesse différente : tandis que dans l'électrolyse du sulfate de cuivre, par exemple, le métal s'avance vers le pôle négatif d'une longueur égale au 1/3 de la distance qui le sépare de la molécule suivante, l'élément électro-négatif ($SO^3 + O$) parcourrait en sens opposé un chemin représenté par 2/3 de la distance moléculaire pour se rendre au pôle positif; en général, les vitesses de progression des deux éléments seraient dans le rapport de $\dfrac{1}{n}$ à $\dfrac{n-1}{n}$.

Enfin, M. Wiedemann a essayé d'édifier une théorie de l'électrolyse, en s'appuyant sur le principe de la conservation de la force. Il part de cette donnée que la majeure partie du travail accompli par le courant dans l'électrolyte n'apparaît point à l'extérieur, le travail consommé étant en grande partie régénéré à nouveau. Ainsi, dans l'électrolyse du sulfate de cuivre au moyen d'électrodes en cuivre, le travail dépensé pour précipiter le métal de

la solution sur l'électrode négatif est compensé par le travail que développe
au pôle positif la dissolution d'une égale quantité de cuivre. En outre, la
séparation des éléments dans chaque molécule de la solution consomme un
certain travail ; mais la recomposition de ces éléments avec ceux des molécules voisines rend libre la même quantité de travail. Comme travail extérieur accompli, il ne reste donc que : 1° le transport d'une certaine quantité de
métal sur l'électrode négatif; 2° le transport sur l'électrode positif d'une
certaine quantité de sel, ce qui augmente la concentration de la liqueur
dans cette partie de l'électrolyte ; 3° dans le cas où le liquide est divisé en
deux portions par une cloison poreuse, la translation en masse du côté de
l'électrode négatif d'une certaine quantité de solution non décomposée;
4° enfin, il disparaît une grande quantité de travail qui est absorbé par le
frottement mutuel des molécules que le courant met en mouvement; le travail ainsi perdu reparaît sous forme de chaleur, et comme, d'après ce qui
a été dit plus haut, la chaleur développée par un courant est proportionnelle à la résistance des conducteurs, nous devons en conclure que les
obstacles qui s'opposent au mouvement imprimé par le courant sont
directement proportionnels à cette même résistance. Cela nous explique
la relation qui existe entre la transmission de l'électricité et la décomposition chimique, ainsi que les effets mécaniques qu'on observe dans
l'électrolyte.

Nous n'avons pas besoin de faire remarquer que les considérations précédentes ne sauraient, en aucune façon, prétendre à constituer une théorie rigoureuse; elles avaient surtout
pour but de jeter plus de clarté sur les phénomènes électrolytiques. Récemment M. Clausius
a soulevé des objections sérieuses contre la base même de la théorie de Grotthus. Pour que les
éléments d'un composé se séparent, il faut employer une certaine force; aussi longtemps que
le courant ne l'a pas acquise dans l'électrolyte, il ne peut pas y survenir de décomposition
chimique, et, par contre, une fois la limite franchie, la décomposition devrait atteindre un
grand nombre de molécules à la fois, car elles se trouvent toutes placées sous l'influence de
la même force. Or, c'est ce qui n'arrive pas : le plus faible courant, on l'a vu, détermine une
décomposition qui croît avec l'intensité du courant. M. Clausius écarte la difficulté en invoquant
sa théorie de l'état liquide (cf. § 284ᵇ) ; il admet, en général, que les atomes constituants
d'une molécule matérielle ne sont pas réunis les uns aux autres d'une manière fixe et invariable, mais qu'ils exécutent des vibrations dans toutes les directions; dans les liquides, les
trajectoires décrites par les atomes seraient assez grandes pour qu'un élément positif pût
facilement pénétrer dans la sphère d'activité de l'élément négatif d'une autre molécule, et
vice versa. Un élément devenu libre de cette manière chemine dans l'intérieur du liquide
jusqu'à ce qu'il rencontre un élément de nom contraire avec lequel il se combine. Si un
courant traverse l'électrolyte, il tend à pousser tous les éléments positifs vers le pôle négatif,
et tous les éléments négatifs vers le pôle positif; les premiers se rendront donc en plus grand
nombre sur l'électrode négatif, et les seconds sur l'électrode positif. Jusqu'ici cette hypothèse n'a pas encore été appliquée à l'explication détaillée des phénomènes électrolytiques.

[326ᵇ. Galvano-caustique chimique. — Tandis que la galvano-caustique thermique utilise les effets calorifiques du courant de la pile pour porter à l'incandescence des cautères métalliques destinés à détruire les tissus par ustion
(cf. § 322ᵃ), c'est aux effets chimiques que la *galvano-caustique chimique*
emprunte ses moyens de cautérisation. Nous avons vu, § 324ᶜ, qu'en faisant passer un courant galvanique à travers une substance animale, vivante
ou morte, on opère la décomposition des sels minéraux renfermés dans les
parties placées sur le trajet de l'électricité; les acides se rendent à l'électrode

positif et les alcalis à l'électrode négatif. Or, les éléments ainsi séparés rougissent sur les parties avec lesquelles ils se trouvent en contact. Si les électrodes sont inaltérables, c'est sur les tissus que se porte l'action des acides et des alcalis, et il en résulte une cautérisation semblable à celle que produisent les caustiques potentiels : au pôle positif on obtient un eschare dure et rétractile, comme celle que déterminent, en général, les acides ; au pôle négatif, l'eschare due à la présence des alcalis, est molle et non rétractile. Il est bien entendu que la cautérisation se limite aux parties directement en contact avec les électrodes.

La galvano-caustique chimique exige l'emploi d'une pile à forte tension, car les tissus organiques qui sont interposés dans le circuit offrent une grande résistance au passage du courant; il s'ensuit qu'il faut augmenter la résistance intérieure en associant les couples en série. On doit d'ailleurs choisir des éléments à petite surface, pour éviter autant que possible les effets calorifiques. Les piles de Gaiffe, de Ruhmkorff, de Pincus, décrites précédemment (voy. § 309^j, 309^k, 309^l) sont très propres à cet usage.

La forme à donner aux électrodes est nécessairement subordonnée à la disposition des parties qu'on veut cautériser. En général, on se sert d'aiguilles métalliques que l'on implante dans les tissus à une certaine distance l'une de l'autre.

Si l'on veut obtenir des effets de cautérisation aux deux électrodes, il faut les choisir en métal inattaquable par les produits de décomposition ; l'électrode positif devra donc être en platine ou en acier doré ; pour l'électrode négatif, on pourra prendre du cuivre ou de l'acier, car ces métaux ne sont pas attaqués par les alcalis. Quand un seul des électrodes est destiné à agir, on applique l'autre à la surface du corps ; c'est de cette manière qu'on procède lorsqu'il s'agit de cautériser des rétrécissements de l'urètre.

C'est à M. Cisinelli, de Crémone, en 1860, que revient l'honneur d'avoir érigé la galvano-caustique chimique en méthode bien définie, d'en avoir compris le mode d'action et la portée.

On a aussi utilisé l'action coagulante de l'électrode positif sur le sang pour la cure des anévrismes; ce mode d'application de la méthode électrolytique constitue ce qu'on appelle la *galvano-puncture*.]

[**Bibliographie** : Cisinelli, *Dell' azione chimica dell' ellectrico sopra i tessuti organici viventi e delle sue applicazioni alla terapeutica ;* Crémone, 1862.
A. Tripier, La galvano-caustique chimique (*Annales de l'électrothérapie*, janvier 1863; *Arch. gén. de médecine,* janvier 1866).
Scoutetten, De la méthode électrolytique dans ses applications aux opérations chirurgicales. (*Bull. de l'Acad. de médecine,* 11 juillet 1865, t. XXX, p. 969).
Ch. Sarazin, art. Cautère (*Nouv. Dict. de méd. et de chir. prat,* 1867, t. VI, p. 582).
Mallez et Tripier, *De la guérison durable des rétrécissements de l'urètre par la galvano-caustique chimique,* 1re édition. Paris, 1867; 2e édit., Paris, 1870.]
Beard, Traitement des tumeurs érectiles par l'électrolyse, *in New-York méd. Rec.*, 1878.
Balfour, Discussion sur le traitement des anévrismes, *in Brit. méd Journ.,* 1879.
Consultez, en outre, les bibliographies des pages 700 et 707.]

327. Polarisation galvanique. Résistance au passage.

— Les réactions chimiques que produit le passage du courant galvanique dans un conducteur liquide modifient la composition de ce dernier; il peut en résulter un affaiblissement d'intensité du courant, soit parce que la résistance du liquide augmente, soit parce que les produits de décomposition donnent naissance à un courant secondaire marchant en sens contraire du courant principal. Le plus souvent c'est la dernière de ces causes, désignée assez improprement sous le nom de *polarisation galvanique*, qui rend inconstants les courants dirigés à travers les liquides. La résistance n'augmente que lorsque les électrodes se recouvrent, à la suite de l'électrolyse, d'un dépôt mauvais conducteur, comme, par exemple, une couche d'oxyde.

Les produits de décomposition gazeux constituent la source la plus fréquente de la polarisation galvanique; tel est le cas qui se présente dans l'électrolyse de l'eau ou des solutions aqueuses : l'oxygène devenu libre à l'électrode positif et l'hydrogène qui se dégage sur l'électrode négatif forment un couple gazeux d'où résulte un courant marchant en sens inverse du courant primitif, c'est-à-dire allant de l'hydrogène à l'oxygène à travers le liquide. Comme la force électro-motrice qui produit ce courant secondaire est due au contact des gaz avec les électrodes métalliques, sa grandeur dépend aussi de la nature des métaux employés ; elle est, par exemple, bien plus considérable avec des électrodes en platine qu'avec des électrodes en cuivre. Tous les électrolytes qui donnent naissance à des ions gazeux se comportent comme l'eau: ainsi en est-il de l'acide nitrique, de l'acide chlorhydrique, etc. Dans l'électrolyse des sels alcalins, où l'acide se rend au pôle positif et l'alcali au pôle négatif, le contact des électrodes métalliques avec des liquides hétérogènes engendre de son côté des courants secondaires qui renforcent notablement celui que développe le couple gazeux.

On démontre l'existence des courants de polarisation, en interrompant au bout d'un certain temps le courant primitif, et en mettant alors en communication avec un galvanomètre les électrodes qui plongent dans l'électrolyte: on observe dans ces conditions une déviation de l'aiguille aimantée, plus ou moins grande, selon l'intensité du courant secondaire; mais ce dernier s'affaiblit très rapidement et ne tarde pas à s'arrêter. C'est qu'en effet le courant de polarisation décompose à son tour l'électrolyte, et comme il marche en sens contraire du courant primitif, il transporte l'oxygène sur l'électrode où se trouve l'hydrogène et réciproquement; les deux gaz en présence se recombinent pour former de l'eau, et peu à peu les électrodes se dépouillent de la couche gazeuze qui donnait naissance au courant secondaire. De là un moyen fort simple de détruire la polarisation des électrodes : il suffit de supprimer le courant primitif et de fermer le circuit en réunissant les électrodes par un fil conjonctif.

On attribuait autrefois à ce qu'on appelle la *résistance au passage* l'affaiblissement qu'éprouve le courant quand un conducteur liquide est introduit dans le circuit, car on supposait que le courant éprouvait une résistance à son entrée dans le liquide et à sa sortie. S'il en était ainsi, l'intensité du courant dans un circuit qui renferme un électrolyte serait donnée dans tous les cas par l'équation :

$$I = \frac{E}{R_i + R_e + r},$$

R_i représentant la résistance intérieure R_e, la résistance extérieure, et r la résistance au passage.

Admet-on, au contraire, comme nous l'avons fait plus haut, que, dans la majorité des cas, l'affaiblissement du courant est dû à l'intervention d'une force électro-motrice agissant en sens contraire, alors l'intensité du courant résultant sera exprimée par l'équation :

$$I = \frac{E - e}{R_i + R_e},$$

dans laquelle e désigne la force électro-motrice due à la polarisation. Dans cette dernière hypothèse, la polarisation serait indépendante de l'intensité du courant et de l'étendue de la surface des électrodes; d'après les expériences de MM. Beetz et Poggendorff, cette loi n'est suffisamment exacte que pour les courants très forts; quand les courant sont faibles, la polarisation n'est pas constante; elle augmente jusqu'à un certain maximum avec l'intensité des courants et par suite aussi avec la grandeur des électrodes. C'est seulement à partir du moment où ce maximum est atteint que l'équation

$$I = \frac{E - e}{R_i + R_e},$$

peut s'appliquer en toute rigueur, et qu'elle permet par l'emploi des méthodes indiquées précédemment, de déterminer la valeur de la force électro-motrice e due à la polarisation. On a trouvé que la force électro-motrice développée par des électrodes de platine plongeant dans l'eau varie entre 1,8 et 2,8, si on la rapporte à celle d'un couple de Daniell prise pour unité. Il suit de là qu'on ne peut décomposer l'eau dans un voltamètre qu'en employant au moins trois couples de Daniell ou deux de Grove.

La formule
$$I = \frac{E - e}{R_i + R_e},$$

montre immédiatement que, dans une pile, la force électro-motrice de polarisation e a d'autant moins d'influence sur l'intensité du courant que la force électro-motrice E du couple principal est plus grande. Si, au contraire, E est égal à e, l'intensité du courant ne tarde pas à devenir nulle. D'un autre côté, jamais le courant ne peut changer de sens, aussi longtemps que le circuit primitif reste fermé; car l'inversion du courant produirait aussitôt une polarisation qui aurait pour effet de renforcer le courant primitif. L'action du contre-courant engendré par la polarisation ne peut donc prévaloir au point de renverser le sens du courant primitif; elle peut, tout au plus, l'annihiler complètement; mais elle ne va pas au delà. Du reste, avec un courant d'une intensité donnée, la polarisation galvanique n'acquiert jamais du premier coup son maximum; elle ne disparaît pas non plus instantanément quand on rompt le circuit de la pile et qu'on réunit les électrodes par un fil conjonctif: elle augmente dans le premier cas et diminue dans le second avec une vitesse décroissante. Des secousses imprimées aux électrodes, la diminution de la pression hydrostatique à laquelle ils sont soumis, l'élévation de la température, ce sont là autant de causes qui diminuent l'intensité de la polarisation.

328. Destruction de la polarisation dans les piles à courant constant. — Nous avons déjà fait remarquer (cf. § 309) que l'inconstance de la pile de Volta et des piles analogues est due au courant secondaire engendré par la polarisation des éléments. Dans un couple formé, par exemple, d'une lame de zinc et d'une lame de cuivre plongeant dans une solution étendue d'acide sulfurique, de l'oxygène se porte sur le zinc et de l'hydrogène sur le cuivre ; il est vrai que l'oxygène s'unit au zinc et donne un oxyde qui avec l'acide sulfurique produit du sulfate de zinc ; mais l'hydrogène, par son contact avec le cuivre auquel il adhère, engendre un courant secondaire un peu plus faible, sans doute, que le courant qui se produirait entre l'oxygène et l'hydrogène, assez fort toutefois pour affaiblir considérablement le courant primitif. Dans ce cas, la force électro-motrice résultant de la polarisation est à retrancher de celle de la pile ; l'effet produit est par conséquent le même que si la force électro-motrice de la pile était variable et diminuait progressivement à partir du moment où l'on ferme le circuit de la pile, jusqu'à atteindre un minimum qui approche parfois de zéro. Cependant cette dernière limite n'est jamais complètement atteinte; car, ainsi que nous l'avons vu plus haut, le degré de la polarisation dépend de l'intensité du courant, et quand ce dernier est fortement affaibli par le développement d'une grande force électro-motrice secondaire e, la polarisation produite a aussi une valeur relativement minime. Dans une pile composée de plusieurs couples, le courant résultant s'affaiblit d'autant plus vite que le nombre des éléments est plus grand, car en même temps l'intensité du courant primitif et par suite la polarisation des électrodes augmentent.

Nous avons indiqué, § 309, le moyen employé dans les piles à courant constant pour détruire la polarité secondaire des éléments, moyen qui consiste à empêcher, par un choix convenable des métaux et des liquides, le dépôt de produits pouvant engendrer un contre-courant.

328ᵃ. Électrodes non polarisables. — On peut s'opposer à la polarisation des électrodes qui conduisent le courant à travers un liquide, de la même manière qu'on empêche la polarité secondaire des éléments d'une pile. Des électrodes sur lesquels la polarisation ne peut se produire sont dits *impolarisables*.

Les électrodes de ce genre qu'on emploie le plus fréquemment sont formés de lames de zinc amalgamé plongeant dans une solution de sulfate de zinc. On s'en sert surtout dans les expériences électro-physiologiques, soit pour faire passer des courants constants à travers des parties animales, soit pour

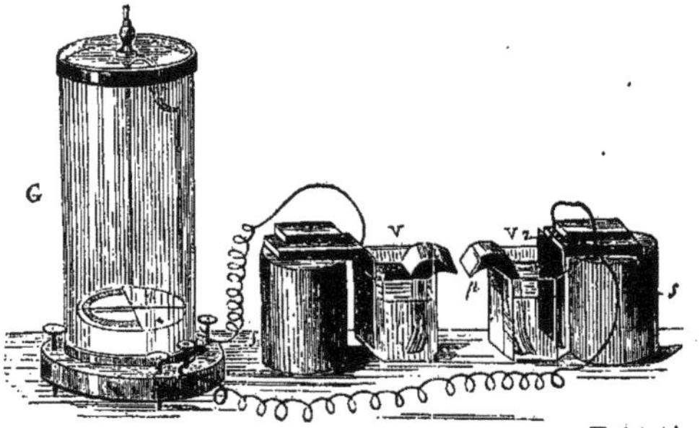

Fig. 420. — Appareil à électrodes non polarisables, pour l'étude des courants musculaires et nerveux.

recueillir les courants engendrés par les tissus musculaires et nerveux. Dans un cas comme dans l'autre, il faut prendre garde que les tissus sur lesquels on expérimente ne soient mis en contact avec un liquide qui pourrait les attaquer.

Quand l'électrode est destiné à porter le courant sur un point du corps, de manière à produire une excitation, on lui donne la forme d'un tube de verre fermé à sa partie inférieure par un bouchon en argile plastique, et rempli d'une solution de sulfate de zinc dans laquelle plonge une lame de zinc amalgamé ; à la partie supérieure du tube est soudée latéralement une tige de verre qui s'engage dans une monture métallique reliée à un support par l'intermédiaire d'une articulation dite *genou à coquille*, laquelle permet d'amener l'électrode dans toutes les positions imaginables. La lame de zinc, portée par la monture métallique, est mise en communication avec l'un des pôles d'une pile constante. Quant au bouchon d'argile, on peut lui faire prendre la forme la plus convenable pour l'approprier à celle des parties animales sur lesquelles on l'applique.

Pour recueillir le courant propre des nerfs ou des muscles, on emploie le dispositif suivant : deux auges en verre V, V (fig. 420) sont remplies d'une solution de sulfate de zinc, dans chacune desquelles plongent, d'une part une lame de zinc amalgamé Z, de l'autre un coussinet de papier à filtrer *p* qui se replie au dehors, et s'appuie sur le bord de l'auge ; ce coussinet est imbibé lui-même de la solution que contiennent les auges. Les lames de zinc sont mises en communication avec les deux fils du galvanomètre G. Le tissu dont on veut étudier les propriétés électriques est placé entre les deux coussinets de papier et complète ainsi le circuit. La figure 421 représente la manière dont on dispose un muscle pour observer un courant propre dirigé, en dehors de l'organe, de la surface longitudinale à la section transversale naturelle. Dans la figure 422, la section transversale est artificielle.

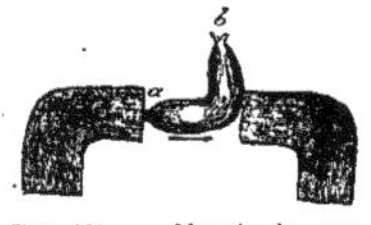
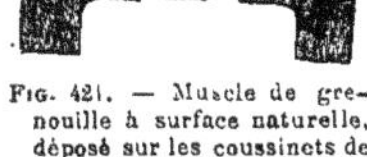

Fig. 421. — Muscle de grenouille à surface naturelle, déposé sur les coussinets de l'appareil à électrodes non polarisables.

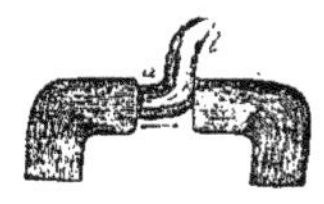

Fig. 422. — Muscle de grenouille à section transversale artificielle.

Au lieu de lames de zinc plongeant dans une solution de sulfate de zinc, on a aussi employé comme électrodes non polarisables des lames de cuivre dans du sulfate de cuivre ou des lames de platine dans de l'acide nitrique fumant ; ces dernières surtout sont à l'abri de la polarisation, car l'hydrogène mis en liberté réduit l'acide nitrique à l'état d'acide hyponitrique, tandis que l'oxygène oxyde de nouveau ce dernier composé. L'amalgamation du zinc remplit le même rôle dans les électrodes impolarisables que dans les piles à courant constant.

Au reste, il n'est pas plus possible d'obtenir des électrodes absolument impolarisables que des piles à courant parfaitement constant; de faibles dépôts des produits de décomposition ne sont pas à éviter. L'inconstance d'une pile est due aussi, jusqu'à un certain point, aux changements qui surviennent dans la concentration et la composition des liquides. Cette cause existe également dans le dispositif de la figure 420, et c'est pour cela, qu'en général, cet appareil constitue à lui tout seul un électro-moteur, très faible il est vrai. On peut s'assurer qu'il engendre par lui-même un courant galvanique : si, en effet, on réunit les deux coussinets de papier par un troisième coussinet trempé dans une solution de sulfate de zinc, on observe une déviation plus ou moins grande de l'aiguille du galvanomètre. La méthode dite de compensation permet de neutraliser l'effet de cette force électro-motrice constante qui ajoute son action à celle du tissu en expérience.

CHAPITRE V.

MAGNÉTISME

329. Propriétés générales des aimants. — On trouve dans la nature un oxyde de fer Fe^3O^4, appelé *oxyde magnétique* ou *pierre d'aimant*, qui possède 'très souvent la propriété d'attirer les petits morceaux de fer et de les retenir. La pierre d'aimant était déjà connue des anciens, qui la nommaient en grec μαγνήτης, d'où l'on a fait le mot *magnétisme* et ses différents dérivés. Ce nom vient de celui de la ville de Magnésie, en Lydie, aux environs de laquelle furent découverts les premiers échantillons de ce minerai de fer.

Tout aimant naturel présente des points qui jouissent de la vertu attractive à un plus haut degré que les autres ; ces points sont ce qu'on appelle des *pôles*. Si l'on approche de ces pôles un barreau de fer doux, ce dernier acquiert les mêmes propriétés que la pierre d'aimant : il devient capable d'attirer à son tour des fragments de fer, et il offre deux pôles où l'intensité de l'attraction est plus prononcée ; l'un des pôles est situé vers l'extrémité du barreau qui regarde l'aimant naturel ; l'autre se trouve à l'extrémité opposée. Entre ces deux points où l'action est maxima, la force attractive diminue à mesure qu'on se rapproche du milieu du barreau ; à ce niveau même existe une ligne transversale sans attraction magnétique ; c'est la *ligne neutre*. Vient-on à éloigner l'aimant, le barreau de fer doux perd aussitôt et complètement ses propriétés magnétiques.

L'acier se comporte autrement ; un barreau d'acier approché d'un aimant naturel ne présente dans les premiers moments aucune modification ; mais si le contact se prolonge, l'acier devient magnétique, et, comme le fer doux, il acquiert deux pôles opposés ; une fois aimanté, il conserve son aimantation même après qu'on a éloigné la pierre d'aimant. Cette propriété de l'acier offre un des principaux moyens d'obtenir des aimants *artificiels*. Ces derniers peuvent servir, comme les aimants *naturels*, à faire de nouveaux aimants.

On peut distinguer l'un de l'autre les deux pôles d'un aimant naturel ou artificiel en le suspendant librement dans une position horizontale ; dans ces conditions l'aimant prend toujours une direction telle que l'un des pôles soit tourné vers le nord et l'autre vers le sud ; le premier s'appelle, en conséquence, le pôle *nord* ou *austral*, et le second, le pôle *sud* ou *boréal*. Ces deux pôles se comportent tout à fait de la même manière à l'égard du fer et de l'acier non aimantés ; mais si l'on présente à un aimant mobile les pôles d'un autre aimant, on remarque que les *pôles se repoussent ou s'attirent suivant qu'ils sont de même nom ou de nom contraire*. A ce fait se rattache cet autre, que les pôles développés dans un barreau de fer ou d'acier mis en contact avec un aimant naturel occupent une position renversée par rapport à celle des pôles de l'aimant inducteur, c'est-à-dire que l'extrémité du barreau qui touche le pôle nord devient un pôle sud, et réciproquement.

329ᵃ. Procédés d'aimantation. — On donne aux aimants artificiels la forme de barreaux prismatiques ou celle d'un fer à cheval. Mais, pour obtenir des aimants puissants, il ne suffit pas de mettre un barreau d'acier simplement en contact avec un aimant. Les principaux procédés d'aimantation sont les suivants :

A. *Procédé de la simple touche.* — On fait glisser plusieurs fois de suite, et toujours dans le même sens, le pôle d'un fort aimant d'un bout à l'autre du barreau d'acier qu'on veut aimanter.

B. *Procédé de la touche séparée.* — On applique l'un des pôles d'un aimant sur le milieu du barreau à aimanter et on le fait glisser dans un sens, puis on applique au même endroit l'autre pôle et on le fait glisser vers l'autre extrémité du barreau. On répète cette manœuvre un certain nombre de fois.

Dans les deux procédés, il se forme à l'extrémité du barreau que l'aimant quitte en dernier lieu, un pôle de nom contraire à celui qui a opéré la friction. L'aimantation des barreaux en forme de fer à cheval s'effectue à l'aide des mêmes manœuvres. Nous indiquerons § 341 une autre méthode plus rapide et plus sûre pour aimanter énergiquement le fer et l'acier.

330. Constitution élémentaire des aimants. — Quand on brise un aimant par le milieu, on n'obtient pas deux fragments représentant l'un un pôle nord, l'autre un pôle sud ; mais chaque moitié forme un aimant complet, attendu qu'un pôle de nom contraire à celui qui fait partie du fragment considéré se développe à l'extrémité nouvellement produite. De même, si l'on sépare un aimant, dans le sens de sa longueur, en un certain nombre de parties, chaque fragment représente un aimant complet, ayant son pôle nord, son pôle sud et sa ligne neutre. Nous concluons de là que tout aimant naturel ou artificiel se compose d'une infinité d'aimants élémentaires, et que l'action de l'aimant total est égale à la somme des actions individuelles de tous ces aimants moléculaires.

D'après cela, l'idée que nous pouvons nous faire des aimants naturels et artificiels a de l'analogie avec la manière dont nous avons envisagé la constitution des électrolytes ; nous devons admettre que dans un aimant, de même que dans un électrolyte traversé par le courant voltaïque, toutes les molécules sont *polarisées*, c'est-à-dire qu'elles ont leur pôle nord tourné vers un côté, et leur pôle sud tourné du côté opposé. Dans un morceau de fer ou d'acier non aimanté, les pôles des différentes molécules sont orientés dans tous les sens, de sorte que leurs actions se détruisent mutuellement et qu'elles ne peuvent produire de résultante magnétique dans une direction déterminée ; mais l'aimantation donne à toutes les molécules la même orientation, de sorte que les pôles nord regardent tous d'un même côté, et les pôles sud du côté opposé. L'étude des faits nous oblige à admettre, en outre, que les molécules du fer ou de l'acier sont sollicitées par une *force coercitive* qui agit constamment pour les ramener dans la position qu'elles occupent. Cette force coercitive agit bien plus énergiquement dans l'acier que dans le fer doux ; aussi les molécules de ce dernier corps se polarisent-elles facilement ; mais sitôt que l'action polarisante cesse, elles reprennent tout aussi facilement leur position primitive ; dans l'acier, au contraire, les molécules exigent plus d'effort et plus de temps pour s'orienter uniformément; par contre, une fois que la polarisation a été obtenue, elle persiste.

La figure 423 donne une idée schématique de l'arrangement moléculaire d'un aimant. Soient c, c_1, c_2 ,... les pôles nord des molécules; d, d_1, d_2,... les pôles sud. Si l'on partage par la pensée cette série de molécules en deux parties égales, il est clair que le point milieu de la molécule moyenne $c_2 d_2$ ne peut manifester aucune action magnétique; en effet, le pôle c_2, neutralise le pôle d_2; de plus, il y a autant de pôles nord et sud à droite qu'à gauche de ce point milieu, et ces pôles sont situés deux à deux à la même distance, de sorte que

Fɪɢ. 423 — Constitution élémentaire d'un aimant.

la résultante de leurs actions sur le milieu de $c_2 d_2$ doit être nulle. Toutefois, pour expliquer l'action magnétique dans le reste du barreau, il faut faire une nouvelle hypothèse: si, en effet, toutes les molécules étaient polarisées au même degré, il y aurait bien en C un pôle nord libre et en D un pôle sud libre; mais l'action magnétique de d serait neutralisée par celle de c_1, celle de d_1 par celle de c_2, et ainsi de suite; de sorte que le barreau, à l'exception de ses deux extrémités, ne manifesterait aucune trace de magnétisme dans le reste de son étendue. Or, nous avons vu que la ligne neutre seule n'attire pas le fer. On peut expliquer ce fait en admettant que le pôle moléculaire c_1 l'emporte en énergie sur le pôle d_1, que la force de c_2 est supérieure à celle de d_1, et qu'il en est de même de l'autre côté de la molécule moyenne, ou, en d'autres termes, que l'aimantation des molécules augmente à mesure qu'on se rapproche du milieu du barreau. Cette hypothèse rend compte d'une manière complète des effets magnétiques de l'aimant. Elle découle très simplement de la supposition que plus on s'approche du milieu du barreau, plus il y aurait de molécules polarisées, tandis que dans le voisinage des extrémités, il s'en trouverait toujours un grand nombre qui auraient conservé leur groupement irrégulier. On explique aisément un tel arrangement par l'action mutuelle des molécules aimantées les unes sur les autres. Admettons, en effet, que la force extérieure qui produit l'aimantation polarise dans chaque section le même nombre de molécules; mais le pôle sud d agira aussi sur les molécules de la couche c_1 et augmentera ainsi la force polarisante dans la molécule $c_1 d_1$; la molécule $c_2 d_2$ sera sollicitée en plus par les actions des molécules précédentes, et ainsi de suite; il en sera de même dans l'autre moitié du barreau, de sorte que la force polarisante augmente en allant des extrémités du barreau vers le milieu. L'examen des fragments que l'on obtient en brisant un aimant confirme la justesse de ces déductions; si on aimante une aiguille en acier et qu'on la brise en plusieurs endroits on remarque que les fragments du milieu possèdent toujours une puissance magnétique plus grande.

331. Lois des attractions et des répulsions magnétiques. — Toutes les fois que deux éléments magnétiques sont mis en présence, ils se repoussent ou s'attirent, selon qu'ils sont de même nom ou de nom contraire, et, conformément à la loi générale des actions à distance (cf § 9), l'intensité de l'attraction ou de la répulsion varie en raison inverse du carré de la distance. L'intensité de l'attraction ou de la répulsion magnétiques sera, en conséquence, représentée par l'expression $\dfrac{m\,m'}{d^2}$, m et m' représentant les quantités de magnétisme, ou, comme on dit, de fluide magnétique, qui agissent l'un sur l'autre; r est la distance qui sépare les centres d'action. Selon qu'il y a attraction ou répulsion, m et m' doivent être affectés des mêmes signes ou de signes contraires.

Cela posé, la force avec laquelle un aimant agit sur un autre aimant se compose des actions de chacun des pôles du premier sur ceux du second. Si nous considérons le cas où les deux aimants sont suffisamment éloignés

l'un de l'autre pour que leurs longueurs soient négligeables en comparaison de leur distance, et c'est le seul cas important en pratique, on démontre que chaque aimant exerce sur l'autre une action *directrice dont
l'intensité est sensiblement en raison inverse de la troisième puissance,
la distance.*

En effet, supposons, pour fixer les idées, un aimant mobile placé à une grande distance
d'un aimant fixe dont la direction prolongée serait perpendiculaire au milieu de l'aimant
mobile. Appelons r la distance des centres des deux aimants et l la demi-longueur de l'aimant
fixe. Le pôle nord de ce dernier attirera le pôle sud de l'aimant mobile et repoussera son
pôle nord avec la même force $\dfrac{m\,m'}{(r-l)^2}$; de même, le pôle sud de l'aimant fixe attirera le
pôle nord et repoussera le pôle sud de l'autre aimant avec une force $\dfrac{m\,m'}{(r+l)^2}$. L'aimant
mobile sera donc soumis à l'action d'un système de deux couples de forces inégales, qui auront
pour effet de lui donner une direction parallèle à celle de l'aimant fixe. D'autre part, la
force qui sollicite chacun des pôles de l'aimant mobile aura pour valeur :

$$\frac{m\,m'}{(r-l)^2} - \frac{m\,m'}{(r+l)^2} = \frac{m\,m'\,[\,(r+l)^2 - (r-l)^2\,]}{(r^2-l^2)^2}$$
$$= \frac{4\,r\,l\,m\,m'}{(r^2-l^2)^2};$$

comme l est très petit par rapport à r, on peut négliger l^2 au dénominateur ; il vient alors :

$$\frac{4\,r\,l\,m\,m'}{r^4} = \frac{4\,l\,m\,m'}{r^3}, \qquad\qquad c.\ q.\ f.\ d.$$

332. Moment magnétique. Force directrice des aimants. — Les forces magnétiques, on
vient de le voir, suivent les mêmes lois que la pesanteur ; toutefois comme elles agissent non
seulement par attraction, mais encore par répulsion, leurs effets sont plus compliqués. Les
lois de la chute des corps s'appliquent également aux mouvements déterminés par les forces
magnétiques, ces mouvements consistent en des translations et des rotations. Quels qu'ils
soient ils sont toujours produits par l'action combinée des forces magnétiques et de la
pesanteur, car cette dernière force sollicite tous les corps sans exception. Remarquons toutefois que l'action magnétique donne rarement lieu à des mouvements de translation ; à moins
que le corps sollicité par l'aimant n'en soit très rapproché, le frottement ou d'autres résistances empêchent, en général, les déplacements de totalité. Ce sont des mouvements de
rotation qu'on observe le plus souvent, et on les emploie d'ordinaire pour mesurer l'intensité
des forces magnétiques.

Si nous considérons un aimant mobile autour d'un point situé sur la ligne des pôles et
sollicité par un aimant fixe, toute force qui ne passera pas par le centre de rotation pourra
être décomposée en deux autres : l'une, perpendiculaire à la longueur de l'aimant, tendra à
le faire tourner ; c'est la composante *rotatoire* ; l'autre, dirigée suivant la ligne des pôles,
représentera la *force directrice* et sera détruite par la résistance du point d'appui. Il résulte
d'ailleurs de ce qui a été dit dans le paragraphe précédent que, si l'aimant mobile est à une
grande distance de l'aimant fixe, les composantes rotatoires agissent seules, et que les composantes directrices se tiennent mutuellement en équilibre.

En appelant m l'action magnétique et α l'angle que font entre elles les directions des deux
aimants, on a pour expression de la composante rotatoire $m \sin \alpha$, et pour la composante
directrice $m \cos \alpha$. L'effet de la composante rotatoire a pour mesure le moment de cette force,
c'est-à-dire le produit de sa valeur par le bras de levier sur lequel elle agit.

Pour mesurer la force magnétique d'un aimant quelconque, on peut indifféremment se servir
du *moment magnétique* ou de la force directrice.

**333. Action directrice de la terre sur les aimants. Méridien magnétique. Déclinaison.
Inclinaison.** — Lorsqu'on dispose une aiguille aimantée de manière qu'elle
puisse tourner librement autour de son centre de figure dans un plan horizontal, elle prend une direction qui est à peu près constante pour un même

lieu de la terre, à condition qu'il n'y ait pas dans le voisinage de masse de fer dont l'influence modifie la position de l'aiguille. On désigne sous le nom de *méridien magnétique* le plan vertical qui passe par l'axe de l'aiguille, quand celle-ci a pris spontanément sa position d'équilibre. L'angle formé par la direction de l'aiguille aimantée avec le méridien astronomique du lieu s'appelle la *déclinaison*. La grandeur de cet angle varie d'une année à l'autre et si l'on compare les positions de l'aiguille aimantée à deux époques séparées par un assez grand nombre d'années, on trouve que le pôle nord est situé tantôt à l'est, tantôt à l'ouest du méridien astronomique, ce qu'on indique en disant que la déclinaison est orientale ou occidentale.

Si on dispose l'aiguille aimantée dans le méridien magnétique de-manière qu'elle puisse tourner autour d'un axe horizontal passant par son centre de gravité, elle s'incline dans un sens ou dans l'autre. On désigne sous le nom d'*inclinaison* l'angle qui fait l'axe de l'aiguille avec l'horizon. L'inclinaison est sensiblement constante pour un même lieu de la terre, mais elle varie d'un lieu à l'autre ; elle diminue à mesure qu'on se rapproche de l'équateur, où elle est nulle. Dans l'hémisphère nord, le pôle nord de l'aiguille aimantée s'incline au-dessous de l'horizon ; dans l'hémisphère sud, c'est le pôle sud qui s'incline dans ce sens.

333ª. Intensité du magnétisme terrestre. — Quand on écarte du méridien magnétique une aiguille aimantée mobile autour d'un axe vertical, puis qu'on l'abandonne à elle-même, elle revient à sa position primitive après une série d'oscillations. La durée de ces oscillations dépend : 1° de la force magnétique de l'aiguille aimantée ; 2° de l'intensité du magnétisme terrestre dans le lieu de l'observation. Le magnétisme terrestre étant supposé invariable, les forces magnétiques de deux aiguilles aimantées sont entre elles en raison inverse des carrés de leurs durées d'oscillation, ainsi que cela résulte des lois générales du mouvement vibratoire (cf. § 29). Si, au contraire, on fait osciller la même aiguille en différents lieux de la terre, c'est l'intensité du magnétisme terrestre qui variera en raison inverse du carré de la durée des oscillations. De là une méthode dite *des oscillations* pour mesurer l'intensité du magnétisme terrestre.

333ᵇ. Distribution du magnétisme terrestre. — Pour acquérir une connaissance exacte de l'état du magnétisme à la surface du globe terrestre, il faut mesurer la déclinaison, l'inclinaison et l'intensité de la force magnétique dans le plus grand nombre possible de lieux. La déclinaison indique la direction du méridien magnétique. La mesure de l'inclinaison peut servir de contrôle à celle de la déclinaison, car l'angle dont s'incline l'aiguille aimantée atteint sa plus petite valeur dans le plan du méridien magnétique et augmente à mesure qu'on s'écarte à droite ou à gauche de ce plan ; la ligne des pôles se place verticalement, lorsqu'elle se trouve dans un plan perpendiculaire au méridien magnétique. On explique ce fait de la manière suivante : la résultante des actions du magnétisme terrestre sur l'aiguille aimantée est une force située dans le plan du méridien magnétique et dont la direction coïncide avec celle que prend l'aiguille d'inclinaison. Or, cette force peut être remplacée par deux composantes, l'une verticale, l'autre horizontale ; cette dernière diminue à mesure que l'angle de l'aiguille d'inclinaison avec le plan du méridien magnétique augmente, et elle devient finalement nulle quand cet angle est de 90° ; il ne reste plus alors que la composante verticale, laquelle fait prendre à l'aiguille la direction suivant laquelle elle agit, A l'aide de l'inclinaison, on peut calculer la composante horizontale de la force magnétique terrestre et, par suite, l'intensité totale de cette force. Gauss a fait connaître les meilleures méthodes à suivre pour arriver à cette détermination.

On appelle *lignes isogoniques* des lignes qui joignent les points de la surface terrestre où la déclinaison est la même. Les lignes qui réunissent les lieux d'égale inclinaison sont désignées sous le nom de *lignes isoclines*; enfin on entend par *lignes isodynamiques* celles qui passent par les points pour lesquels l'intensité du magnétisme a la même valeur. L'axe magnétique de la terre répond, d'après Gauss, au diamètre terrestre qui réunit le point situé par 77°50' de latitude Nord et 65° 51' 24" de longitude occidentale, à partir de l'observatoire de Paris, avec le point situé par 77° 50' de latitude Sud et 114° 0' 36" de longitude orientale.

Quant aux variations séculaires et diurnes qu'éprouvent la déclinaison et l'inclinaison, ainsi que l'intensité du magnétisme terrestre, elles ne sont pas encore expliquées (voyez, à ce sujet, § 337ᵃ).

CHAPITRE VI

ÉLECTRO DYNAMIQUE, THÉORIE DU MAGNÉTISME

334. Actions des courants électriques les uns sur les autres. Lois d'Ampère. — En étudiant l'action des aimants les uns sur les autres, nous avons été à même d'observer des phénomènes de mouvement dont les hypothèses faites jusqu'ici sur les forces magnétiques ne donnent pas une explication satisfaisante. Afin de nous faire une idée plus exacte de ces forces, il est nécessaire d'étudier auparavant une série de phénomènes électriques qui ont la plus grande analogie avec les actions magnétiques.

De même que deux aimants agissent l'un sur l'autre, de même deux conducteurs parcourus par des courants électriques s'attirent ou se repoussent. Ampère a reconnu le premier les actions mutuelles des courants ; l'ensemble de ces phénomènes constitue ce qu'on appelle l'*électro-dynamique.*

Pour rendre sensibles les actions attractives ou répulsives de deux courants l'un sur l'autre, il faut que l'un d'eux soit mobile. On peut remplir cette condition de différentes manières. Ampère employait comme circuit un fil de cuivre plié en forme de rectangle dont les extrémités recourbées en crochet venaient s'appuyer sur le fond de deux godets remplis de mercure et communiquant chacun avec un des pôles d'une pile; le circuit se trouve ainsi suspendu de manière à tourner librement autour de l'axe vertical passant par les deux godets superposés. Le mode de suspension adopté par Ampère présentait quelques inconvénients qu'on a su éviter dans les appareils de construction récente. G. de la Rive a imaginé de rendre mobile tout le circuit, y compris la pile : dans ce but, on fixe à la face inférieure d'un morceau de liége une pile en hélice formée d'une lame mince de platine et d'une lame de zinc amalgamé ; sur la face supérieure s'élève le circuit, auquel on donne la forme d'un double rectangle dont deux côtés verticaux sont disposés l'un près de l'autre sans se toucher (fig. 424) ; on fait flotter le tout sur de l'eau acidulée, et on a ainsi une *pile flottante*.

À l'aide des appareils que nous venons de décrire, nous pouvons démontrer les lois suivantes :

Lois des courants parallèles. — 1° *Deux courants parallèles et de même sens s'attirent ;*

2° *Deux courants parallèles et de sens contraire se repoussent.*

En effet, si on présente parallèlement à l'une des branches verticales du circuit flottant décrit ci-dessus (fig. 424) un fil traversé par un courant qui marche en sens contraire de celui de la branche mobile, on voit ce dernier s'éloigner du courant fixe ; vient-on alors à renverser le sens du courant fixe, le courant mobile est attiré et s'arrête à la plus petite distance possible du courant fixe.

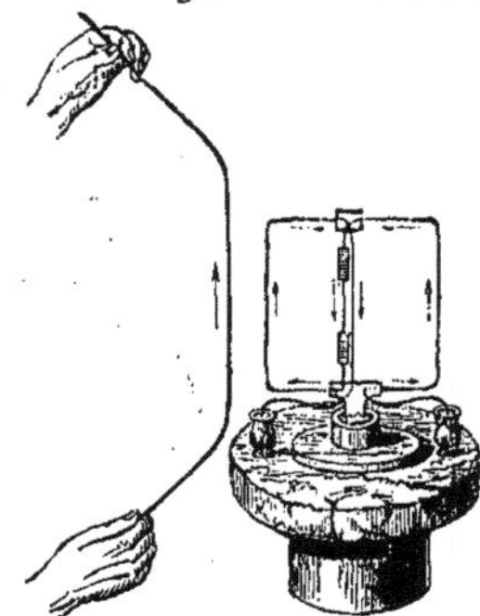

Fig. 424. — Pile flottante disposée pour la démonstration des lois des courants parallèles.

Lois des courants angulaires. — 1° *Deux courants rectilignes, dont les directions forment entre elles un angle, s'attirent lorsqu'ils s'approchent ou s'éloignent tous deux de leur point de croisement ;*

2° *Ils se repoussent lorsque l'un d'eux marche vers le sommet de l'angle, tandis que l'autre s'en éloigne.*

La figure 425 représente les différents cas que peut offrir l'action mutuelle des courants angulaires. Les flèches placées le long des droites qui figurent des portions de circuit, indiquent le sens des courants ; les petites flèches placées dans l'angle et perpendiculairement aux courants font connaître le sens du mouvement produit. Les lois des courants angulaires peuvent être vérifiées à l'aide d'un circuit flottant disposé de manière à avoir une branche horizontale (fig. 426). Si l'on présente à cette branche un courant rectiligne également horizontal, de telle sorte que les directions des deux courants forment un angle dont le sommet soit à l'une des extrémités de la branche mobile, on voit aussitôt celle-ci se mettre en mouvement, entraînant avec elle tout le circuit dont elle fait partie, et tourner autour du sommet de l'angle pour venir se placer parallèlement au courant fixe ; le sens de la rotation est tel que la branche mobile se

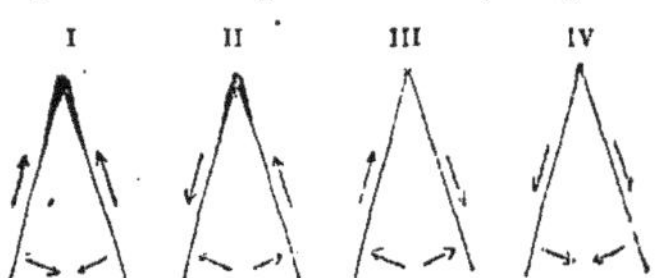

Fig. 425. — Action mutuelle des courants angulaires. — I. Courants centripètes : *attraction*, — II et III, Courant centripète avec courant centrifuge ; *répulsion*. — IV Courants centrifuges ; *attraction*.

rapproche ou s'éloigne du courant fixe, selon que ces deux courants sont tous deux centripètes ou centrifuges, ou bien que l'un d'eux se dirige vers le sommet de l'angle, tandis que l'autre s'en éloigne.

L'action répulsive qui s'exerce entre deux courants angulaires, dont l'un est centripète et l'autre centrifuge, subsiste quelque grand que soit l'angle formé par les directions des deux courants, même quand cet angle est de 180°, c'est-à-dire quand les deux courants sont sur le prolongement l'un de l'autre. Il suit de là que *deux portions consécutives d'un même courant se repoussent.*

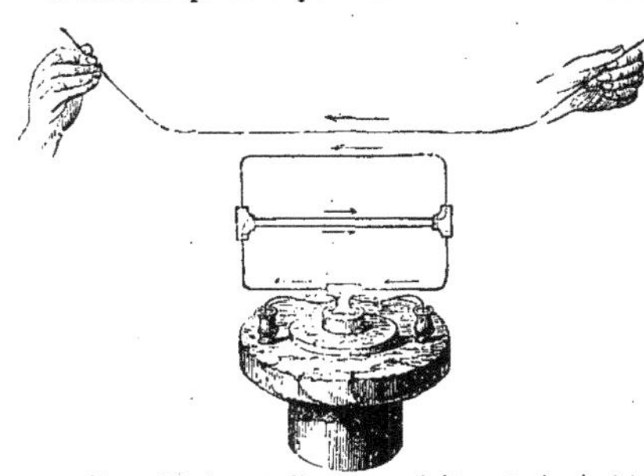

Fig. 426. — Pile flottante disposée pour la démonstration des lois des courants angulaires.

Les lois d'Ampère sur les courants parallèles expliquent le phénomène suivant : quand on fait passer un courant à travers un fil métallique contourné en spirale, les tours de spire se rapprochent les uns des autres et la spire tout entière se raccourcit.

334ª. Action directrice d'un courant rectiligne indéfini sur un courant fermé. — De l'action mutuelle de deux courants angulaires on peut facilement déduire l'action qu'exerce un courant rectiligne fixe et indéfini sur un courant rectangulaire ou circulaire mobile autour d'un axe perpendiculaire à la direction du premier. En analysant l'action du courant fixe sur chacune des portions du courant mobile, on arrive à conclure que ce dernier doit prendre une position telle que son plan devienne parallèle à la direction du courant fixe, et qu'en outre le sens du courant soit le même dans le conducteur fixe et dans la portion du circuit mobile qui en est la plus rapprochée.

334ᵇ. Mesure des forces électro-dynamiques. — Les expériences rapportées dans les deux derniers paragraphes ne nous apprennent rien sur la grandeur des forces électro-dynamiques mesurées en fonction des intensités, de la distance et de la direction des courants qui agissent l'un sur l'autre. W. Weber a procédé à ces mesures en opposant les forces électro-dynamiques à des forces mécaniques faciles à évaluer avec précision et en observant la position d'équilibre que prenait le courant mobile soumis à l'action simultanée des deux genres de forces. Weber s'est servi dans ce but d'un instrument très délicat appelé *électro-dynanomètre bifilaire;* il est ainsi arrivé à confirmer les lois suivantes qu'Ampère avait déjà établies théoriquement.

1° *La force attractive ou répulsive résultant des actions mutuelles de deux éléments de courant est proportionnelle au produit des quantités d'électricité qui traversent ces éléments dans l'unité de temps;*

2° *Cette force est inversement proportionnelle au carré de la distance qui sépare les milieux des deux éléments de courant,* et elle conserve la même valeur, à une constante près, que les éléments de courant soient parallèles ou sur le prolongement l'un de l'autre.

Désignons par l la longueur de l'un des éléments et par i l'intensité du courant; la quantité d'électricité e qui, dans l'unité de temps, traversera cet élément, sera $e = il$; de même, la quantité d'électricité e' qu'un courant d'intensité i' fait circuler pendant le même temps à travers un autre élément, de longueur l', aura pour valeur $e' = i'\,l'$. L'intensité des actions mutuelles des deux éléments de courant a donc pour expression : $k\,\dfrac{i\,i'\,l\,l'}{r^2}$ dans le cas des courants parallèles, et $k'\,\dfrac{i\,i'\,l\,l'}{r^2}$ dans le cas où les courants sont sur le prolongement l'un de l'autre ; k et k' représentant des constantes, et r, la distance des deux éléments considérés. En posant : $k = 1$, on trouve, d'après les expériences d'Ampère et de Weber, que $k' = 1/2$, c'est-à-dire que l'action de deux éléments de courant qui se font suite est, *cæteris paribus*, égale à la moitié de l'action mutuelle de ces deux éléments, lorsque leurs directions sont parallèles. Si on fait passer un même courant par les deux conducteurs, l'action électro-dynamique est proportionnelle au carré de l'intensité de ce courant.

335. Théorie des phénomènes électro-dynamiques d'après Weber. — L'action mutuelle de deux courants peut être déduite de considérations théoriques qui ont été développées plus particulièrement par Weber et qui rattachent les phénomènes électro-dynamiques aux attractions et répulsions électriques ordinaires ; nous allons esquisser brièvement les principes de cette théorie.

En vertu des lois de l'électricité statique, deux conducteurs élémentaires parcourus par des courants électriques et séparés entre eux par une distance r exerceraient l'un sur l'autre des actions qui auraient pour valeurs :

$$\frac{(+e)(+e')}{r^2}, \quad \frac{(-e)(-e')}{r^2}, \quad \frac{(+e)(-e')}{r^2}, \quad \frac{(-e)(+e')}{r^2},$$

si on représente par $\pm\,e$ et $\pm\,e'$ les quantités d'électricité positive et négative qui se trouvent dans les éléments considérés. La somme de ces actions est évidemment égale à zéro. On voit donc que les actions mutuelles des courants ne découlent pas immédiatement des lois de l'électricité statique ; c'est ce qu'on pouvait, du reste, prévoir, car les phénomènes électro-dynamiques se manifestent seulement lorsque l'électricité se déplace ; leur intensité augmente d'ailleurs avec la rapidité du mouvement électrique, c'est-à-dire avec la force du courant. Dans l'électro-statique on se trouve, pour ainsi dire, en présence d'un cas limite où les vitesses relatives sont nulles et où, par conséquent, les effets qui dépendent de ces vitesses disparaissent, en sorte que les effets produits par l'électricité libre se montrent seuls. Dès lors, il nous suffira, pour rendre applicable aux phénomènes électro-dynamiques l'équation fondamentale de l'électricité statique, d'y ajouter un terme qui renferme la vitesse relative des électricités qui se meuvent. Or, dans tout système de deux éléments de courant, un double mouvement se produit : ainsi, pour deux portions consécutives d'un même circuit, les électricités de même nom déterminent deux mouvements dirigés dans le même sens, et les électricités de nom contraire engendrent des mouvements de direction contraire. Mais, comme, d'après la loi générale des attractions et des répulsions électriques, les fluides de même nom se repoussent tandis que les fluides de nom contraire s'attirent ; comme, d'autre part, l'expérience nous apprend que les portions d'un même courant se repoussent, nous en tirons nécessairement la conclusion suivante : *les attractions des électricités de nom contraire sont plus faibles que les répulsions des électricités de même nom.*

Cela posé, si on désigne par v la vitesse de l'électricité e, par v' la vitesse de l'électricité e', la vitesse relative aura pour valeur : $v - v'$, et l'action mutuelle des deux quantités d'électricité sera exprimée par la formule :

$$\frac{e\,e'}{r^2}\left[1 - a\,(v - v')^n\right],$$

dans laquelle a représente une constante et n un exposant qui reste à déterminer.

Ces premières bases ne suffisent pas encore pour édifier une théorie complète des actions électro-dynamiques. En effet, si l'intensité de ces actions dépend de la vitesse relative des courants, il est clair que toute variation qui surviendra dans la valeur de cette vitesse aura une influence sur l'effet produit. Dans deux conducteurs droits, par exemple, la vitesse relative de l'électricité est différente selon la position des éléments considérés ; elle est d'autant plus grande qu'ils sont plus éloignés l'un de l'autre, et elle devient nulle quand les deux conducteurs sont juxtaposés ; car, dans ce cas, il ne s'opère entre les électricités en mouvement ni rapprochement ni éloignement. Désignant donc par u la variation de la vitesse relative, nous avons à introduire dans la dernière formule un terme bu, dans lequel b est une constante. En supposant alors que l'exposant n soit égal à 2, nous aurons comme expression définitive et complète de la force électro-dynamique F la formule :

$$F = \frac{e\,e'}{r^2}\left[1 - a\,(v - v')^2 + bu\right].$$

Weber a montré que cette équation peut être ramenée à celle du § 334[b], $F = k\dfrac{i\,i'\,l\,l'}{r^2}$ qui est donnée par l'expérience.

Pour expliquer les phénomènes électro-dynamiques, nous sommes ainsi conduits à admettre : *que l'action qui s'exerce entre deux quantités d'électricité en mouvement est non-seulement en raison inverse du carré de la distance, mais encore qu'elle dépend, d'une part, du carré de la vitesse relative, et, d'autre part, de la variation de cette vitesse.* Cette loi comprend, comme cas particulier, celui où la variation de la vitesse relative est nulle et celui où la vitesse elle-même devient égale à zéro ; ce dernier cas n'est autre que celui qui se rapporte à l'électricité statique.

Nous ferons remarquer que la loi générale qui régit les phénomènes électro-dynamiques se trouve en contradiction avec les principes actuels de la mécanique ; car, par cela même que les forces électro-dynamiques dépendent de la vitesse, elles diffèrent de toutes les autres forces physiques dont il a été question jusqu'ici et dont le mode d'action sert de base aux lois de la mécanique.

336. Courant terrestre. — Si l'on donne à un circuit fermé et traversé par un courant un mode de suspension tel qu'il puisse tourner librement autour d'un axe vertical, on constate que ce circuit prend de lui-même une position déterminée, sans qu'il soit nécessaire de faire agir sur lui un autre courant. Le plan du circuit mobile se place perpendiculairement au plan du méridien magnétique, de telle sorte que le courant soit ascendant du côté de l'ouest du méridien et descendant du côté de l'est.

La terre agit donc sur un courant mobile vertical comme le ferait un courant qui circulerait de l'est à l'ouest autour de notre globe (cf. § 334[a]). La rotation spontanée d'un courant mobile autour d'un axe vertical répond donc à la déclinaison de l'aiguille aimantée.

En outre, un circuit mobile autour d'un axe horizontal qui passe par son centre de gravité prend spontanément une position inclinée quand il est traversé par un courant ; il se place d'ailleurs de telle sorte que son plan soit perpendiculaire à la direction de l'aiguille d'inclinaison ; nous en concluons que le courant terrestre circule dans un plan perpendiculaire à l'aiguille d'inclinaison.

337. Propriétés des solénoïdes. — Si, au lieu d'un courant circulaire unique, on considère une série de petits courants circulaires parallèles, de même sens et placés les uns à la suite des autres, de manière que leurs plans soient tous perpendiculaires à un même axe et leurs centres situés sur une même droite, on a ce qu'Ampère a désigné sous le nom de *solénoïde*. Nous pouvons imiter un pareil système en enroulant un fil métallique en hélice, comme le montre la figure 427 ; les extrémités du fil sont ramenées jusqu'au milieu de l'hélice, puis recourbées à angle droit et dirigées verticalement pour aller s'accrocher aux godets K et K', portés par des tiges métalliques F et F' et fermer ainsi le circuit de la pile dont les rhéophores aboutissent en P et N. On obtient par ce moyen un système de courants qui jouit des mêmes propriétés que le solénoïde. En effet, le courant qui circule dans chaque tour de l'hélice peut être décomposé en un courant circulaire dont le plan est perpendiculaire à l'axe du système, et en un courant rectiligne perpendiculaire au premier et qui transporterait l'électricité à la spire suivante; or, l'action de cette composante rectiligne est détruite par celle d'une portion correspondante du courant qui revient, parallèlement à l'axe, en sens contraire. Il ne reste donc à considérer que l'action des courants circulaires.

Un solénoïde, suspendu comme celui de la figure 427 et placé au-dessus d'un courant horizontal indéfini, prendra une position telle que dans la partie inférieure de chaque spire le courant soit parallèle au courant indéfini et dirigé dans le même sens; en conséquence, le solénoïde se mettra en croix avec le courant fixe; l'une des extrémités, celle qui est déviée à gauche du courant fixe correspondra au pôle nord d'un aimant, l'extrémité opposée au pôle sud.

Un solénoïde mobile autour d'un axe vertical prend spontanément, même en l'absence d'un courant placé dans le voisinage, une position déterminée; il se dirige de manière que son axe se trouve dans le plan du méridien magnétique et que dans la partie inférieure de chaque spire le courant aille de l'est à l'ouest.

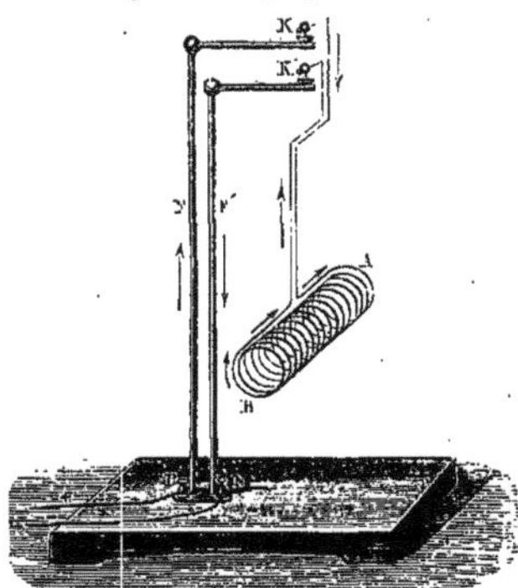

Fig. 427. — Dispositif pour l'étude des propriétés des solénoïdes.

Si le solénoïde est mobile autour d'un axe horizontal, son axe prend la même position que l'aiguille d'inclinaison.

Enfin, quand on présente l'un à l'autre deux solénoïdes, ils se comportent comme deux aimants : leurs extrémités ou pôles de même nom se repoussent et leurs pôles de nom contraire s'attirent.

337ᵃ. Théorie électro-dynamique du magnétisme. Assimilation des aimants aux solénoïdes. — Les propriétés des solénoïdes nous conduisent à une théorie du magnétisme qui rattache directement cette force aux phénomènes électriques. Étant reconnu qu'un solénoïde se comporte exactement comme un aimant, rien n'est plus naturel que d'attribuer les propriétés des aimants à la présence, dans ces corps, de courants circulaires parallèles et de même sens. Or, nous avons vu que si on fend longitudinalement un barreau aimanté, chaque fragment représente un aimant complet; il ne nous est donc pas permis d'assimiler un aimant à un système unique de courants circulaires; nous devons le considérer comme renfermant un nombre infini de solénoïdes infiniment petits. Nous pouvons supposer qu'autour de chaque molécule d'un corps magnétique circule un courant élémentaire; quand tous les courants moléculaires, ou du moins la majorité d'entre eux, sont dirigés dans le même sens, le corps dans lequel ils circulent doit produire les mêmes effets qu'un solénoïde. L'aimant ne diffère de celui-ci qu'en un point : les effets magnétiques se manifestent dans toute la longueur d'un aimant, excepté au niveau de la ligne neutre, tandis que les extrémités seules du solénoïde offrent des propriétés magnétiques. Mais si nous adoptons l'hypothèse qui consiste à envisager un aimant comme la réunion d'un nombre infini de solénoïdes élémentaires dont la majeure partie seulement serait polarisée, nous pouvons facilement concevoir un arrangement de ces solénoïdes tel que tout le système se comporte exactement comme un aimant.

La même théorie permet d'expliquer comment le frottement du pôle d'un aimant sur des corps, tels que le fer et l'acier, agit pour communiquer à ces substances des propriétés magnétiques. Il faut admettre que les courants élémentaires préexistent dans les corps magnétiques, mais qu'ils sont orientés dans tous les sens, et que, par suite, ils neutralisent mutuellement leurs effets. L'effet produit par un aimant s'explique alors par les lois des actions mutuelles des courants ; par le fait de l'aimantation, la majeure partie des courants moléculaires se polarisent, c'est-à-dire s'orientent de la même manière, et plus le nombre des courants ainsi polarisés est grand, plus le corps acquiert de puissance magnétique.

Nous appliquerons la même théorie à l'explication du magnétisme terrestre, et nous admettrons qu'il est produit par des courants électriques circulant dans l'intérieur de la terre, dirigés de l'est à l'ouest, et dont les actions ont une résultante à laquelle on peut substituer un courant unique produisant le même effet ; c'est le courant terrestre dont nous avons supposé l'existence au § 336. On comprend maintenant que les variations d'intensité du magnétisme terrestre dont nous avons parlé § 333^b. puissent être occasionnées par des changements survenus dans l'intensité ou la direction de quelques-uns des courants terrestres partiels.

Qu'un grand nombre de courants puissent marcher les uns à côté des autres dans un corps conducteur sans se troubler mutuellement, c'est là une hypothèse qui soulève à première vue une objection ; mais il faut se rappeler qu'il s'agit ici de courants élémentaires circulant autour de chaque molécule matérielle, ces courants n'ayant d'ailleurs à vaincre que des résistances infiniment petites, sans quoi ils s'arrêteraient peu à peu. Par contre, nous devons admettre que chaque molécule magnétique est entourée d'une enveloppe non conductrice.

Nous aurons à compléter cette théorie électro-dynamique du magnétisme lorsque l'étude de l'induction galvanique (voy. chap. IX) nous aura donné les connaissances nécessaires pour comprendre le phénomène de l'aimantation.

CHAPITRE VII

ACTION DES COURANTS ÉLECTRIQUES SUR LES AIMANTS

338. Déviation de l'aiguille aimantée par le courant voltaïque. Loi d'Ampère. — C'est en étudiant l'action du magnétisme terrestre sur les solénoïdes et la manière dont les solénoïdes agissent les uns sur les autres que nous avons été conduits à rapporter les phénomènes magnétiques à des courants circulaires élémentaires. En même temps notre attention s'est portée sur les mouvements qu'un courant rectiligne imprime à un solénoïde placé dans son voisinage. Ici se pose encore la question de savoir si, sous ce dernier rapport, il y a identité entre les solénoïdes et les aimants ; la réponse étant affirmative, elle fournit un argument d'une grande valeur à l'appui de la théorie, que nous avons donnée, du magnétisme.

Nous avons déjà eu l'occasion de montrer comment l'aiguille aimantée permet de reconnaître la présence des courants électriques et d'en mesurer l'intensité (cf. 410, p. 675) ; mais nous n'avons pas encore étudié le mode d'action des courants sur l'aimant. Œrsted est le premier qui ait, en 1819, démontré l'influence des courants sur les aimants, avant même qu'on eût découvert les phénomènes électro-dynamiques dont il a été question dans le chapitre précédent. Le physicien danois fit voir que, si on dispose un fil métallique traversé par un courant, parallèlement à une aiguille aimantée mobile sur un pivot et placée dans le méridien magnétique, celle-ci quitte sa position première et se met en croix avec le courant. Ampère réunit dans un seul énoncé les différentes circonstances du phénomène et formula la loi qui préside au sens de la déviation de l'aiguille aimantée. Si on personnifie le courant par un observateur couché le long du circuit, regardant l'aiguille aimantée et placé de telle sorte que le courant entre par ses pieds et sorte par sa tête, la loi d'Ampère s'énonce ainsi : *le pôle nord ou austral de l'aiguille aimantée est dévié à la gauche du courant.* Nous avons vu dans le § 337 que cette même loi s'applique aux solénoïdes. L'action des courants sur les aimants se trouve ainsi ramenée à la loi fondamentale de l'électro-dynamique sur l'attraction et la répulsion des courants.

339. Emploi de l'aiguille aimantée pour mesurer l'intensité des courants. Boussole des tangentes et boussole des sinus. — L'emploi de l'aiguille aimantée est, comme on l'a dit § 310, le moyen le plus commode pour mesurer l'intensité des courants.

Supposons qu'au centre d'un conducteur parcouru par un courant et recourbé en cercle, on dispose l'aiguille aimantée AB (fig. 428), mobile sur un pivot ; si la longueur de cette aiguille est petite en comparaison du diamètre du cercle, et si le plan de ce dernier coïncide avec le méridien magnétique, *l'aiguille éprouvera une déviation dont la tangente sera proportionnelle à l'intensité du courant.* On démontre aisément cette proposition en cherchant les conditions d'équilibre de l'aiguille aimantée, sollicitée à la fois par deux forces, le magnétisme terrestre et l'action répulsive du courant, la première dirigée dans le plan du méridien magnétique, la seconde perpendiculaire à ce plan. L'aiguille prendra donc une position intermédiaire, telle que les composantes de sens contraire, qui agissent sur elle perpendiculairement à la ligne de ses pôles, se fassent équilibre et par conséquent soient égales en grandeur. De simples considérations trigonométriques montrent alors que la tangente de l'angle de déviation est proportionnelle à l'intensité du courant.

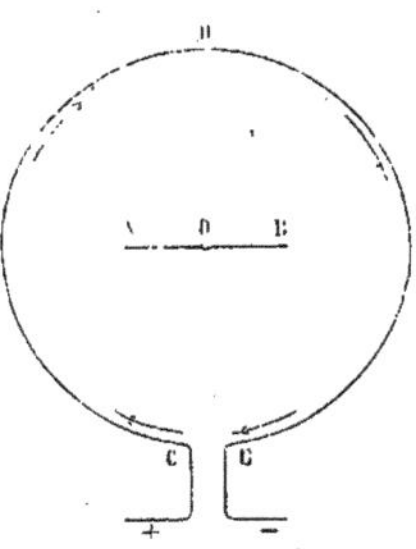

Fig. 428. — Principe de la boussole des tangentes.

Boussole des tangentes. — C'est sur ce principe qu'on a construit l'instrument nommé *boussole des tangentes* (fig. 429) et destiné à mesurer l'intensité des courants. Quand il s'agit de courants d'une grande énergie, on peut employer comme conducteur circulaire un large ruban de cuivre; mais, pour les courants faibles, on prend un fil de cuivre recouvert d'une substance isolante et on l'enroule un certain nombre de fois autour d'un anneau circulaire dont le contour extérieur porte dans ce but une rainure. De cette manière, le courant circule à plusieurs reprises autour de l'aiguille, et son action se trouve ainsi multipliée par le nombre des tours du circuit. Les déviations de l'aiguille aimantée se lisent ordinairement sur un cadran horizontal, dont le limbe est divisé en degrés et au centre duquel s'élève le pivot qui soutient l'aiguille.

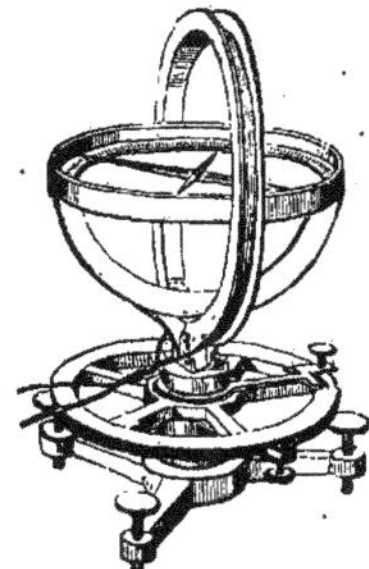

Fig. 429. — Boussole des tangentes et des sinus.

Boussole des sinus. — Quand la déviation devient considérable, la tangente de l'angle de déviation ne reste pas rigoureusement proportionnelle à l'intensité du courant, car alors la position des pôles de l'aiguille aimantée par rapport au courant change notablement. Pour éviter cette cause d'erreur, on a donné à la boussole une autre disposition, rarement usitée du reste ; cette modification consiste à rendre le courant circulaire mobile autour de l'axe vertical qui passe par le centre de rotation de l'aiguille aimantée. Celle-ci étant déviée par le courant, on fait tourner le circuit jusqu'à ce que son plan coïncide avec l'axe de l'aiguille. Dans cette position, *le sinus de l'angle de déviation est proportionnel à l'intensité du courant;* c'est ce qu'il est facile de démontrer en analysant les forces qui se font équilibre aux extrémités de l'aiguille aimantée. L'instrument ainsi modifié porte le nom de *boussole des sinus.* Dans cette boussole, le cercle divisé qui sert à lire la déviation doit se mouvoir avec le courant mobile, au lieu d'être fixe comme dans la boussole des tangentes. Le dispositif représenté dans la figure 429 permet d'utiliser l'instrument à volonté comme boussole des tangentes ou des sinus.

340. Galvanomètre multiplicateur. — Le courant qui produit la déviation de l'aiguille aimantée dans la boussole des sinus ou dans celle des tangentes doit être assez puissant pour vaincre non seulement la force d'inertie de l'aiguille, mais encore la force directrice qu'exerce sur elle le magnétisme terrestre. Aussi ces instruments restent-ils muets quand les courants sur lesquels on expérimente n'ont qu'une faible intensité ; on a recours alors au *galvanomètre multiplicateur.*

Dans cet appareil, la sensibilité est accrue par deux moyens. Le premier, dû à Schweigger, consiste à multiplier l'action déviatrice du courant en enroulant le fil conducteur un très grand nombre de fois sur un cadre, dans l'intérieur duquel est placée l'aiguille aimantée. Il est facile de voir, en appliquant la loi d'Ampère, que toutes les parties du circuit dévient l'aiguille dans le même sens. Une semblable disposition constitue ce qu'on appelle le *multiplicateur.* On construit de ces instruments dans lesquels le fil fait jusqu'à 24.000 tours et au delà.

Le second moyen, imaginé par Nobili, consiste à diminuer l'action directrice de la terre en faisant agir le courant, non sur une seule aiguille, mais sur un *système astatique*. On désigne sous ce nom l'ensemble de deux aiguilles aimantées parallèles A B et A′ B′ (figure 430), de force magnétique aussi égale que possible, fixées invariablement l'une à l'autre dans un même plan vertical, de manière que leurs pôles de nom contraire soient en regard. L'action du magnétisme terrestre sur un tel système se trouve annulée, et si les aiguilles pouvaient être rigoureusement astatiques, elles resteraient dans toutes les positions où on les amènerait; mais, en pratique, on ne réalise jamais rigoureusement ces conditions ; la puissance magnétique de l'une des aiguilles l'emporte toujours un peu sur celle de l'autre, de sorte que le système, suspendu librement à un fil de cocon, se place spontanément dans le plan du méridien magnétique.

Quand on l'écarte de cette position, il y revient après une série d'oscillations dont la durée est d'autant plus longue que l'action du magnétisme terrestre est moindre. On peut donc reconnaître à la durée des oscillations si le système est plus ou moins astatique. Quant à l'action du courant, il est facile de voir, en appliquant la loi d'Ampère, qu'elle est plus forte sur un système astatique que sur une seule aiguille, si toutefois l'une des aiguilles est placée à l'intérieur du circuit et l'autre au dehors, comme le représente la figure 430. En effet, toutes les portions du circuit

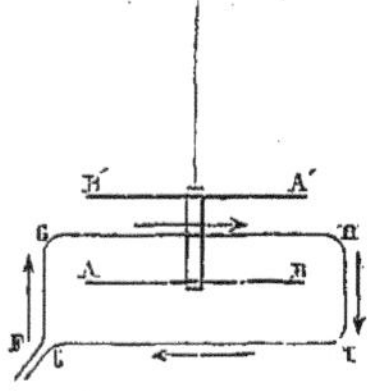

Fig. 430. — Système astatique du galvanomètre.

agissent sur l'aiguille intérieure A B, de façon à dévier son pôle austral A en arrière du plan de la figure; la portion G H produit un effet de même sens sur l'aiguille supérieure A′ B′, puisqu'elle tend à amener le pôle austral A′ en avant et par suite l'autre pôle B′ en arrière. Il est vrai que les trois autres portions du circuit tendent à déterminer une déviation en sens inverse de A′ B′ ; mais comme elles sont plus éloignées, c'est l'action de la partie G H qui prédomine.

La figure 431 représente le galvanomètre dans son ensemble. Au-dessus d'un socle porté par trois vis calantes se trouve un plateau tournant sur lequel est fixé un cadre en bois ou en ivoire ; autour de ce cadre est enroulé un très grand nombre de fois un fil de cuivre rouge recouvert de soie, dont les extrémités se terminent à deux bornes placées sur le socle et auxquelles aboutissent les fils *a* et *b* de la source électrique.

Un cercle gradué A B, en cuivre rouge, repose sur le cadre. Sur les côtés de la plaque tournante s'élèvent une ou deux colonnes en

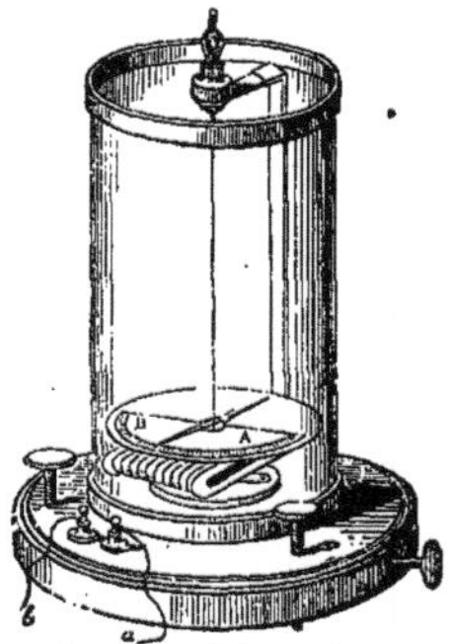

Fig. 431. — Galvanomètre.

cuivre portant une vis de rappel à laquelle est suspendu, à l'aide d'un fil de cocon, un système astatique; l'aiguille supérieure se meut au-dessus du cercle gradué, tandis que l'inférieure est placée à l'intérieur du cadre; deux fentes pratiquées parallèlement à la direction des tours du fil du circuit, l'une dans le cercle gradué, l'autre dans le cadre, sont destinées à livrer passage à l'aiguille inférieure. Chaque fois qu'on veut se servir du galvanomètre, il faut, après avoir établi l'horizontalité du cercle gradué, amener le zéro de la graduation en regard de l'extrémité de l'aiguille, résultat qu'on obtient en faisant mouvoir le plateau tournant à l'aide d'un pignon placé sur le côté du socle. Tout l'appareil est recouvert d'une cage en verre, afin de le mettre à l'abri des agitations de l'air. Quand on n'emploie plus le galvanomètre, on fait descendre la vis de rappel qui supporte le fil de cocon jusqu'à ce que l'aiguille supérieure repose sur le cercle gradué; cette précaution est nécessaire pour éviter la rupture du fil de suspension.

340ᵃ. Sensibilité du galvanomètre. — La sensibilité d'un galvanomètre multiplicateur dépend: 1° du nombre des tours du fil parcouru par le courant ; 2° de la force directrice du système astatique, laquelle doit être aussi faible que possible ; 3° de la puissance individuelle de chacune des aiguilles, laquelle doit être, au contraire, très grande.

Examinons d'abord l'influence du nombre des tours du courant. Supposons, pour commencer, que le circuit consiste en un large ruban de cuivre enroulé une seule fois autour du cadre. Appelons ρ la résistance de ce ruban du circuit et R la résistance du reste du circuit ; soit E la force électro-motrice qui engendre le courant dont on cherche à mesurer l'intensité. Le courant exerçant sur l'aiguille aimantée une action proportionnelle à son intensité, nous aurons, en vertu de la loi d'Ohm, comme expression de cette action :

$$F = \frac{E}{\rho + R}.$$

Imaginons maintenant qu'on étire le ruban de cuivre en un fil qui entoure n fois le cadre ; l'action sur l'aiguille aimantée sera n fois plus grande; mais, d'autre part, la résistance du multiplicateur aura aussi augmenté et sera devenue n^2 fois plus considérable, car le fil est n fois plus long que le ruban de cuivre et sa section est n fois plus petite. On a donc :

$$F = \frac{n\,E}{n^2\,\rho + R}.$$

Or, nous savons, d'après ce qui a été dit § 313ᵇ (p. 680). que l'intensité du courant et par suite la force F atteint son maximum quand la résistance du multiplicateur est égale à celle du reste du circuit, c'est-à-dire quand $n^2\,\rho = R$, ce qui donne :

$$F = \frac{E}{2\,n\,\rho}.$$

On voit donc que, si le courant essayé doit vaincre une grande résistance, il faut employer un multiplicateur formé d'un fil de cuivre très mince enroulé un grand nombre de fois autour du cadre. Aussi, dans les recherches d'électricité animale où l'on a généralement affaire à des résistances très considérables, par suite du faible pouvoir conducteur des tissus organiques, convient-il d'employer, comme l'a fait M. du Bois-Reymond, un galvanomètre avec 30.000 tours de fil.

L'influence de l'état magnétique du système astatique sur la grandeur de la déviation découle des considérations suivantes. Désignons par m et m' les forces magnétiques des aiguilles, par I l'intensité du courant, par μ le magnétisme terrestre; nous pourrons alors représenter l'action déviatrice exercée sur le système astatique par l'expression :

$$\frac{a\,I\,m + b\,I\,m'}{\mu\,(m - m')} = \frac{I\,(a\,m + b\,m')}{\mu\,(m - m')}.$$

dans laquelle a et b représentent des constantes déterminées. On voit que l'action déviatrice augmente à mesure que la différence $(m - m')$ des forces magnétiques des aiguilles diminue, et qu'elle croît, en outre, avec les valeurs absolues de m et m'.

Quand la force directrice d'un système astatique est excessivement faible, il arrive ordinairement que le système ne se place pas exactement dans le plan du méridien magnétique, mais qu'il dévie à gauche ou à droite du zéro. La cause de cette déviation spontanée provient surtout de ce que le fil de cuivre enroulé autour du cadre renferme très souvent des parcelles de fer qui le rendent magnétique et qu'en général, ces molécules magnétiques ne sont pas réparties également de chaque côté de l'axe du système astatique ; en conséquence, ce dernier prend une position qui répond à la résultante de la force directrice de la terre et des actions déviatrices exercées par le fil du multiplicateur. Or, l'action du courant sur l'aiguille aimantée est notablement affaiblie du moment que celle-ci n'est pas dans le plan du circuit. C'est pour cela qu'on doit détruire la déviation spontanée en faisant intervenir une autre force directrice. Le moyen le plus commode d'obtenir ce résultat consiste, d'après du Bois-Reymond, à fixer sur le zéro du cercle gradué la pointe d'une aiguille fortement aimantée, capable de maintenir le système astatique dans le plan du méridien magnétique.

Un phénomène qu'on observe assez fréquemment aussi dans le système parfaitement astatique, c'est une déviation de sens variable : quand on cherche à amener l'aiguille au zéro, elle saute sans transition d'un point situé à droite à un point placé à gauche, et inversement. Ce changement brusque du sens de la déviation spontanée est l'effet d'une aimantation temporaire que le magnétisme terrestre fait subir aux aiguilles perpendiculairement à leur longueur.

340ᵇ. Choix des rhéomètres destinés à la mesure des courants de faible intensité. — Le galvanomètre multiplicateur sert surtout à déceler la présence des courants faibles ; il est moins propre à en mesurer l'intensité, car, dès que l'aiguille s'écarte un peu de la direction des tours du fil, les déviations ne sont plus proportionnelles à l'intensité du courant. Dans ce cas, il faut avoir recours à la méthode dite de *compensation*, à l'aide de laquelle on peut construire des tables qui font connaître l'intensité du courant pour les diverses déviations.

On peut aussi approprier à la mesure des courants faibles d'autres appareils, par exemple, la boussole des tangentes décrite § 339 ; il suffit, dans ce but, d'employer comme conducteur un fil de cuivre enroulé un grand nombre de fois autour du cercle, et de rendre astatique l'aiguille aimantée en plaçant dans son voisinage un aimant dont les pôles soient orientés en sens inverse. Afin d'augmenter encore la sensibilité de l'instrument, on y adaptera un miroir mobile avec l'aiguille, et à l'aide duquel on procédera à la lecture de la déviation. C'est sur ce principe que MM. Meyerstein et Meissner ont construit un appareil qu'ils nomment *électro-galvanomètre* et qui est spécialement destiné aux recherches d'électricité animale ; ce qui rend un tel instrument avantageux, c'est qu'on peut s'en servir en toute circonstance, que le courant à mesurer soit plus ou moins intense.

CHAPITRE VIII

ÉLECTRO-MAGNÉTISME ET DIAMAGNÉTISME.

341. Aimantation du fer et de l'acier par les courants électriques. Électro-aimants. — Si, autour d'un barreau de fer doux, on enroule en hélice un fil de cuivre recouvert de soie, on observe que le fer s'aimante à l'instant même où un courant parcourt le fil, mais que l'aimantation disparaît dès que le courant cesse de passer. En répétant la même expérience avec un barreau d'acier, on constate qu'il s'écoule un certain temps avant que le barreau soit aimanté, mais que les propriétés magnétiques persistent après la rupture du courant. Ainsi un courant électrique produit sur le fer et l'acier le même effet que le contact d'un aimant naturel. La position des pôles est donnée par la loi d'Ampère : le pôle austral se forme à l'extrémité du barreau située à la gauche du courant.

Comme l'acier conserve l'aimantation qui lui a été communiquée par le courant électrique, on utilise cette propriété pour fabriquer des aimants permanents. Le procédé suivant réussit le mieux : on enroule en hélice un fil de cuivre très épais, de manière à former un cylindre creux dans l'intérieur duquel on introduit le barreau à aimanter ; puis, pendant qu'on fait passer le courant à travers le fil, on promène le barreau d'une extrémité du cylindre à l'autre.

Les aimants ainsi obtenus ne sont cependant pas ceux qui possèdent l'énergie la plus intense; les *électro-aimants* sont encore plus puissants ; on donne ce nom à des barreaux de fer doux aimantés temporairement par le passage du courant électrique. La forme des électro-aimants est celle d'un barreau droit ou d'un fer à cheval (fig. 432); dans ce dernier cas, le fil de cuivre est enroulé sur chacune des branches de manière à former deux bobines A et B, et dans un sens tel que l'une des bobines soit la continuation de l'autre. Pour essayer la puissance d'un électro-aimant, on suspend à ses deux pôles une pièce de fer doux T, appelée *portant*, terminée par un crochet au moyen duquel on peut suspendre un plateau avec des poids.

Fig. 432. — Électro-aimant en fer à cheval.

[On a tenté, avec plus ou moins de succès, d'utiliser les électro-aimants pour extraire les projectiles en fonte et en plomb à noyaux de fer logés dans la profondeur des tissus, et les corps étrangers magnétiques implantés dans la cornée, ou introduits dans les cavités naturelles (conduit auditif, urètre, etc.) [1].]

341°. Lois et théorie de l'électro-magnétisme. — D'après M. Müller, et contrairement aux conclusions de MM. Lenz et Jacobi, la force magnétisante d'un courant électrique ne serait pas tout à fait proportionnelle à l'intensité de ce courant; elle augmenterait un peu plus lentement. D'autre part, si l'intensité du courant reste la même, la force de l'aimant croît avec l'épaisseur et la longueur du barreau de fer. Enfin le calcul, d'accord avec l'expérience, démontre que, pour obtenir le maximum d'effet d'un électro-aimant, la résistance de l'hélice magnétisante doit être égale à celle du reste du circuit, y compris la pile.

Quand on veut obtenir des effets extrêmement puissants, on emploie, au lieu d'un barreau de fer, un faisceau de fils de fer ; la force magnétique d'un

[1] MILLIOT. Nouveau moyen de diagnostic et d'extraction des projectiles en fonte et en plomb à noyau de fer (*Compte rend. Acac'. sci*, 1869; t. LXIX, p. 1112 et *Bulletin de l'Académie de Médecine*, 18 octobre 1877.) — DELORB. Emploi de l'électro-aimant pour enlever les corps étrangers (*Lyon médical*, 1870 t. V, p. 891)].

faisceau ainsi composé est plus grande que celle d'un barreau unique de même section, car l'action magnétisante du courant atteint son maximum dans la couche superficielle de chaque barreau, et diminue peu à peu vers l'intérieur.

L'aimantation par un courant électrique et les phénomènes qui s'y rattachent s'expliquent très simplement dans l'hypothèse adoptée plus haut (cf. § 330), et qui consiste à envisager les corps magnétiques comme composés d'une infinité d'aimants élémentaires orientés dans toutes les directions, cette hypothèse étant d'ailleurs modifiée dans le sens des idées émises au chapitre précédent sur la nature du magnétisme. En effet, tout courant électrique circulant autour d'un barreau de fer exerce une force directrice sur les solénoïdes élémentaires, car les courants parallèles et de même sens s'attirent, et, par suite, les solénoïdes moléculaires tendent tous à prendre une position telle que les courants circulaires qui les composent soient parallèles au courant extérieur; en d'autres termes, ce courant donne à tous les aimants élémentaires la même orientation qu'à un grand aimant. De là découle immédiatement ce fait signalé plus haut, que la position des pôles dépend du sens du courant. Plus le courant devient intense, plus la force directrice qu'il exerce sur les solénoïdes moléculaires augmente, plus, par conséquent, l'aimantation est puissante. Toutefois il est facile de voir que l'effet produit ne saurait augmenter indéfiniment et qu'il doit y avoir une limite à partir de laquelle l'aimantation reste stationnaire; cette limite est atteinte quand tous les solénoïdes ont pris l'orientation déterminée par l'influence du courant.

[341b. Emploi du courant électrique pour découvrir la présence des corps étrangers métalliques au sein des tissus. Explorateur électrique de Trouvé. — C'est à M. Favre (de Marseille) que revient l'honneur d'avoir le premier proposé l'emploi du courant électrique pour la recherche des corps étrangers métalliques logés dans la profondeur des tissus, et d'avoir inventé un dispositif destiné à cette méthode d'investigation. Se fondant sur l'énorme différence de conductibilité électrique qui existe entre les métaux et les substances solides ou liquides de l'organisme, M. Favre avait imaginé d'introduire dans la plaie à sonder deux stylets isolés l'un de l'autre et attachés aux rhéophores d'une pile; dans ces conditions, tant que la communication entre les deux électrodes n'a lieu que par l'intermédiaire de conducteurs de la seconde classe, comme le sont les parties vivantes, os, muscles, tissu cellulaire, sang, lymphe, etc., le courant ne passe pas, du moins quand il est peu énergique; au contraire, du moment que les extrémités des stylets rencontrent un corps métallique, le circuit se trouve complété et le courant s'établit; un galvanomètre interposé sur le trajet du circuit indique par la déviation de l'aiguille aimantée le passage du courant. L'idée de M. Favre était excellente; mais le procédé qu'il employait laissait à désirer, sous le rapport de la confiance qu'on pouvait avoir dans les indications fournies par l'appareil; car, si la pile employée donne un courant capable de décomposer les liquides organiques, ce courant passe, et l'aiguille du galvanomètre est déviée, même en l'absence de tout corps métallique; de là une cause d'erreur qui ôte presque toute valeur à ce procédé. D'autre part, un courant trop faible ne produit qu'une déviation peu probante, si, au lieu d'opérer dans le calme d'une salle d'hôpital, on veut aller à la recherche d'une balle ou d'un éclat d'obus dans le va-et-vient d'une ambulance de campagne. A ces causes d'incertitude et d'erreur se joignent les inconvénients qui résultent du maniement d'un instrument aussi délicat que le galvanomètre, lequel constitue avec la pile un attirail volumineux et embarrassant. Malgré ses défauts, le dispositif de M. Favre a réussi entre les mains de M. Nélaton, dans une circonstance célèbre où il s'agissait de savoir si la balle qui avait frappé le général Garibaldi était restée dans le pied du blessé.

La découverte de M. Favre a été suivie de diverses tentatives faites pour rendre plus pratique l'application de l'électricité à l'exploration des plaies par armes à feu. M. Ruhmkorff a commencé par simplifier le galvanomètre, et par en réduire le volume en lui donnant les dimensions d'une boussole de poche; comme électro-moteur, il a adopté une petite pile de Marié-Davy; enfin, il a remplacé les stylets de M. Favre par deux fils de fer engagés dans une sonde d'ivoire, et isolés l'un de l'autre au moyen d'un mastic. En Allemagne, M. Neudœrfer substituait à la pile voltaïque une pile thermo-électrique, qu'il disposait de manière à la faire servir en même temps de multiplicateur; l'électro-moteur et le galvanomètre se trouvaient ainsi réunis en un seul instrument. En 1870, M. O. Liebreich a imaginé un dispositif semblable au fond à celui de Ruhmkorff. M. Kowàcs (de Pesth) a fait faire un progrès marqué à la méthode d'exploration qui nous occupe, en mettant à profit ce fait expérimental qu'un courant, même assez énergique pour décomposer l'eau acidulée, ne peut trouver dans ce liquide un assez bon conducteur pour développer dans un électro-aimant une force magnétique capable de mettre en mouvement un trembleur de Neef ou une sonnerie électrique. L'appareil de Kowàcs se compose d'une pile au sulfate de mercure, et d'une sonnerie électrique comprenant un électro-aimant en fer à cheval et un timbre sur lequel frappe le marteau du trembleur; ces diverses pièces sont renfermées dans une boîte dont le volume et la disposition intérieure rappellent la machine volta-faradique de Gaiffe, ancien modèle (voyez § 350ʰ·). Une pince dont les deux branches isolées l'une de l'autre sont mises en communication avec les pôles de la pile, sert de sonde exploratrice; dès qu'un corps métallique, balle de plomb ou autre projectile, se trouve saisi entre les mors de la pince, le courant passe et met en branle la sonnerie électrique. L'appareil plus récent de M. Kemperdick diffère très peu de celui de Kowàcs.

EXPLORATEUR ÉLECTRIQUE DE TROUVÉ. — L'appareil de Kowàcs avait encore l'inconvénient d'être assez volumineux; celui que M. Trouvé a imaginé, et qu'il nomme *explorateur électrique*, réalise au plus haut degré les conditions de simplicité, de facilité d'emploi et de *portativité* qu'on peut demander à un instrument destiné surtout à la chirurgie militaire. M. Trouvé a construit son appareil sur le même principe que celui de Kowàcs, mais il a supprimé la sonnerie électrique, et le passage du courant est dénoncé par les vibrations du trembleur, qui engendrent un bruit semblable au bourdonnement d'une grosse mouche.

La fig. 433 représente l'explorateur électrique en grandeur naturelle. Deux stylets formés de fils d'acier et entourés chacun d'une couche isolante de gutta-percha sont renfermés dans l'intérieur d'une sonde A, qui ne laisse passer que leurs deux pointes; ces pointes, très fines, très résistantes, peuvent traverser les débris de vêtement, les membranes aponévrotiques ou la couche d'oxyde qui recouvrent le projectile, de manière à arriver au contact du métal conducteur. La sonde est surmontée, en guise de tête, d'une petite boîte cylindrique B à faces de verre, qui contient un électro-aimant presque microscopique, muni d'un trembleur; sur les côtés de la boîte se trouvent deux anneaux C C', auxquels on attache les rhéophores de la petite pile au sulfate de mercure qui fait partie de la *trousse électrique* de Trouvé (voy. § 350[j], fig. 451).

Pour se servir de l'appareil, on commence par introduire dans la plaie une petite canule munie de son mandrin (fig, 434); quand on est arrivé sur

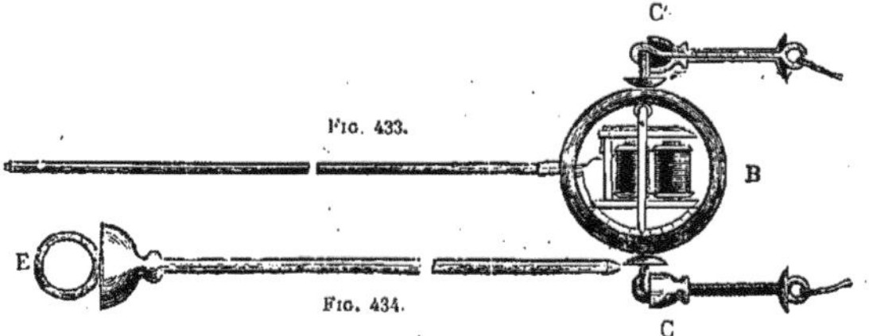

Fig. 433. — Explorateur électrique de Trouvé (grandeur naturelle). — Fig. 434. — Canule exploratrice munie de son mandrin, faisant partie de l'appareil précédent.

le corps qu'on suppose être une balle ou un fragment de projectile, on retire le mandrin et on le remplace par la sonde électrique. A l'instant où les extrémités des stylets rencontrent le corps étranger, si celui-ci est métallique, le trembleur se met à vibrer et le bourdonnement qu'il produit indique le passage du courant et, par suite, la nature du corps touché.

On peut, en outre, se renseigner sur la nature du métal dont est fait le corps étranger, ou du moins reconnaître si l'on a affaire à du plomb, du cuivre ou du fer. Dans le cas du plomb, les pointes de la sonde exploratrice pénètrent dans la masse métallique, et les vibrations du trembleur sont continues, régulières; elles seront, au contraire, saccadées et discontinues si le corps étranger est du fer ou du cuivre, car la dureté de ces métaux empêche les pointes de s'y fixer et celles-ci glissent à la surface. Pour distinguer le cuivre du fer, de l'acier ou de la fonte, on approche de la plaie une petite boussole très sensible, suspendue à la Cardan, que M. Trouvé ajoute à son explorateur électrique comme instrument complémentaire; si l'aiguille aimantée éprouve une déviation, on en conclut que le projectile est en fer, ou en acier, ou en fonte.

Enfin, quand on a affaire à un corps non métallique, le trembleur reste immobile ; on retire alors la sonde exploratrice et on la remplace par une tarière, à l'aide de laquelle, par un mouvement de rotation, on détache et on ramène des parcelles emprisonnées dans le pas de vis et sur la nature desquelles on peut très promptement se renseigner. Cette tarière permet, en outre, dans un grand nombre de cas, d'extraire le corps étranger quand il a pu être attaqué par elle, comme, par exemple, lorsqu'il s'agit du bois et du plomb.] Nous verrons plus loin, § 352[b], comment la balance d'induction de Hughes, associée au téléphone, permet de déterminer exactement la place où s'est arrêté un projectile sans qu'il soit nécessaire de toucher le blessé.

[Bibliographie: P.-A. Favre, Note sur une méthode d'investigation chirurgicale au moyen du courant électrique (*Comptes rendus de l'Acad. des sciences*, 1862, t. LV, p. 719).

Le même, Observations au sujet d'une note de M. Trouvé, du 29 novembre 1869, sur un explorateur électrique (*Ibid.*, 1869, t. LXIX, p. 1227).

Neudœrfer, Die metallprüfende Sonde (*Wien. med. Halle*, 1863, t. IV, p. 9).

Kowacs, Elektr. Glocken-Indikator mit Zange für Projectile (*Wien. med. Wochenschrift*, 1866, t. XVI, p. 89 ; et dans : *Handb. der allgem. u. speciell. Chirurgie*, de Pitha et Billroth, t. I, 2e partie, 2e livraison, p. 261. Erlangen, 1867).

Trouvé, Note sur un explorateur électrique (*Comptes rendus de l'Acad. des sciences*, 1869, t. LXIX, p. 1124 ; et *Acad. de méd.*, 6 juillet. 1869).

Le même, Note, en réponse à M. Favre, sur la recherche des corps métalliques au milieu des tissus (*Comptes rendus*, 1669, t. LXIX, p. 1384).

L. Le Fort, Emploi de l'électricité pour découvrir la présence des corps étrangers métalliques enfoncés et perdus dans l'épaisseur des chairs (*Gaz. hebdom. de méd. et de chir.*, 1869, p. 433).

Osk. Liebreich (*Berl. klin. Wochensbhrift*, t. VII, p. 43).

Kemperdick (*Deutsche Klinik*, 1870, p. 41).]

342. Diamagnétisme. Corps paramagnétiques et diamagnétiques. — On s'est demandé pendant longtemps si le fer et l'acier étaient les seuls corps qui, soumis à l'influence d'aimants ou de courants électriques, fussent susceptibles, en raison de leurs propriétés moléculaires, d'être transformés en aimants. Tous les essais tentés pour produire des phénomènes magnétiques dans les corps autres que le fer et l'acier furent infructueux aussi longtemps qu'on n'eut pas trouvé dans la découverte de l'électro-magnétisme un moyen d'obtenir des aimants d'une puissance inconnue jusqu'alors.

On reconnut tout d'abord qu'il n'y a qu'un petit nombre de corps qui partagent avec le fer, mais à un moindre degré, la propriété d'être attirés par les pôles d'un aimant ; ces corps magnétiques sont : le nickel, le cobalt, le platine, le manganèse, le chrome et quelques autres métaux rares.

La plupart des métaux et des métalloïdes, ainsi qu'un grand nombre de corps composés, manifestent une propriété précisément opposée : quand on les approche d'un des pôles d'un fort aimant, ils sont repoussés. On désigne ce phénomène de répulsion sous le nom de *diamagnétisme ;* les substances qui possèdent cette propriété sont appelées *corps diamagnétiques*, tandis qu'on désigne quelquefois sous le nom de *paramagnétiques* les corps que nous avons jusqu'à présent appelés magnétiques, c'est-à-dire ceux qui sont attirables par l'aimant.

Il est probable que tous les corps sont à des degrés divers ou magnétiques ou diamagnétiques, le nombre de ces derniers étant d'ailleurs beaucoup plus considérable. D'après les expériences de Faraday, le bismuth, l'antimoine, le zinc, l'étain, l'argent, l'or et d'autres métaux, ainsi que leurs oxydes et leurs sels, la glace, le verre exempt de fer, le *tissu musculaire*, la *graisse animale*, le *bois*, l'*ivoire*, le *cuir*, etc., sont repoussés par les pôles d'un fort électro-aimant. La plupart des liquides, notamment l'eau, l'alcool, l'éther, les acides, les *liquides de l'organisme*, tels que le sang et le lait, sont également diamagnétiques. Les solutions des métaux magnétiques ne manifestent elles-mêmes de propriétés magnétiques que lorsqu'elles sont concentrées ; dans les solutions étendues, le diamagnétisme de l'eau prédomine. Parmi les gaz il n'y a que l'oxygène et, par suite, l'air qui soient magnétiques ; tous les autres gaz appartiennent à la catégorie des corps diamagnétiques.

342ª. Manière d'observer les phénomènes de diamagnétisme. — Faraday et Plucker se sont servis, dans leurs recherches sur le diamagnétisme et le paramàgnétisme des corps, d'un fort électro-aimant en fer à cheval, semblable à celui de la figure 432, et dont les pôles, terminés en pointes, étaient munis de prismes de fer doux nommés *pièces polaires*. Le corps dont on voulait étudier les propriétés magnétiques était façonné en forme de barreau et suspendu par un fil de cocon sans torsion, entre les deux pôles de l'aimant. Si le corps était paramagnétique, il prenait la direction *axiale*, c'est-à-dire que l'axe longitudinal du barreau devenait parallèle à la ligne des pôles de l'aimant ; s'il était diamagnétique, il prenait la direction *équatoriale*, c'est-à-dire qu'il se plaçait perpendiculairement à la ligne des pôles. Faraday renfermait dans des tubes de verre les liquides qu'il voulait essayer et les suspendait de la même manière que les barreaux solides. Quant aux gaz, il en dirigeait un jet entre les deux pôles de l'électro-aimant, et la veine fluide s'élargissait dans la direction axiale ou équatoriale, selon que le gaz était magnétique ou diamagnétique. Faraday rendait visibles les gaz incolores en y mêlant des vapeurs d'acide chlorhydrique.

343. Explication du diamagnétisme. — Non seulement le fer, mais encore les autres corps magnétiques, doivent être regardés comme composés d'une infinité d'aimants ou de solénoïdes moléculaires qui se polarisent sous l'influence d'un courant électrique. Or, puisque deux aimants se repoussent quand leurs pôles de même nom se regardent, on est porté à attribuer aussi la répulsion diamagnétique au développement d'un état polaire, mais tel que les pôles qui prendraient naissance dans le corps diamagnétique seraient de même nom que les pôles de l'aimant en regard desquels ils sont placés. Un fait semble confirmer la justesse de cette conception, c'est que les corps diamagnétiques soumis à l'influence d'un aimant très puissant acquièrent la propriété d'exercer sur des pôles magnétiques une action attractive ou répulsive. Si, par exemple, on met un barreau de bismuth dans le voisinage du pôle d'un fort aimant, l'action de ce pôle est renforcée, parce qu'il se forme un pôle de même nom dans l'extrémité du barreau la plus rapprochée de l'aimant. W. Weber a montré, en outre, que les substances diamagnétiques placées dans l'intérieur d'une hélice magnétisante prennent, comme le fer, deux pôles qui agissent sur l'aiguille aimantée, mais que ces pôles occupent, par rapport au courant, une position inverse de celle qui s'observe dans un corps magnétique.

D'après la manière dont les corps diamagnétiques se comportent en présence des aimants et des courants électriques, nous devons admettre qu'il se développe aussi dans ces corps des courants moléculaires, mais dont le sens est inverse de celui des courants qui prennent naissance dans les substances magnétiques. Cette hypothèse se trouve, il est vrai, en contradiction avec les lois électro-dynamiques que nous avons fait connaître, lois en vertu desquelles l'action d'un courant extérieur déterminant l'aimantation d'une substance paramagnétique consisterait à orienter tous les courants moléculaires de la même manière et de telle sorte que leur partie la plus rapprochée du courant magnétisant marche dans le même sens que ce dernier. Mais nous verrons dans le chapitre suivant, en étudiant les phénomènes d'induction galvanique, qu'un courant électrique peut influencer un circuit métallique lors même qu'il ne préexiste pas de courant dans ce dernier. Nous montrerons, en effet, qu'à l'instant où l'on approche un courant d'un circuit fermé, il se produit aussitôt dans ce dernier un courant de sens contraire. Si donc, dans les conducteurs diamagnétiques comme dans les paramagnétiques, les courants moléculaires engendrés par l'approche d'un courant extérieur ou du pôle d'un aimant n'ont à vaincre qu'une résistance infiniment faible, ils persistent jusqu'à ce qu'une force extérieure vienne les détruire ; c'est ce qui arrive, par exemple, quand on éloigne le courant inducteur ou l'aimant. Car un courant qui s'éloigne produit, comme on le verra aussi dans le chapitre suivant, un courant dirigé dans le même sens que lui. Des considérations précédentes nous concluons que ce qui constitue la différence entre les corps paramagnétiques et diamagnétiques, c'est que dans les premiers il y a constamment des courants moléculaires qui circulent en tous sens, et, qui, sous l'influence d'un courant extérieur, sont polarisés conformément à la loi fondamentale de l'électro-dynamique, tandis que, dans les substances diamagnétiques, des courants moléculaires prennent naissance au moment où l'on approche un courant extérieur assez puissant, et ces courants, engendrés en vertu des lois de l'induction, ne peuvent pas modifier le sens de leur marche.

343ª. Magnétisme des cristaux. — En employant la méthode d'expérimentation décrite § 342ª, Faraday et Plücker ont reconnu que tous les cristaux qui n'appartiennent pas au système régulier manifestent des propriétés magnétiques dont l'intensité ou la nature varient suivant la position des axes cristallographiques par rapport aux pôles de l'aimant. La plupart des cristaux à un axe optique éprouvent une attraction ou une répulsion plus forte dans le sens de leur axe principal que dans toute autre direction; un certain nombre sont attirés suivant leur axe principal, et repoussés dans tous les autres sens ou réciproquement. Le bois se comporte, d'après Tyndall, comme les cristaux à un axe: c'est toujours dans le sens de ses fibres qu'il éprouve la répulsion la plus forte. Dans les cristaux à deux axes optiques, on reconnaît également l'existence de deux axes magnétiques.

343ᵇ. Déviation du plan de polarisation de la lumière sous l'influence des aimants et des courants électriques. — Les phénomènes magnétiques des cristaux nous montrent qu'il existe une relation entre les propriétés magnétiques et la structure moléculaire des corps. Cette relation apparaît aussi dans d'autres phénomènes découverts par Faraday, étudiés ensuite par Verdet et par M. Bertin, sous le nom de *polarisation rotatoire magnétique*, sans toutefois qu'on en ait donné jusqu'ici une explication suffisamment certaine.

Faraday a constaté que si l'on place un corps transparent et isotrope entre les deux pôles d'un fort électro-aimant, et que l'on fasse passer à travers ce corps un rayon lumineux polarisé, le plan de polarisation de la lumière subit une déviation qui a toujours lieu dans le sens même suivant lequel le courant traverse l'hélice magnétisante. On peut obtenir le même effet en plaçant directement le corps transparent dans l'intérieur d'une hélice parcourue par le courant de la pile. La grandeur de la déviation dépend de l'intensité du courant, et aussi à un haut degré de la nature du milieu transparent. Il suit de là que, pour produire la rotation du plan de polarisation de la lumière, le courant n'agit pas seulement sur les atomes de l'éther en vibration, si l'on admet leur existence, mais encore sur les molécules de la matière pondérable qui constitue le milieu transparent.

CHAPITRE IX

INDUCTION

344. Induction par les courants. — Considérons deux bobines de bois B et B′ (fig. 435) sur chacune desquelles est enroulé un fil métallique recouvert de soie ; supposons qu'on mette les extrémités C et D′ du fil de la bobine B′ en communication avec les pôles d'une pile, les bouts D et d du fil de la bobine B avec un galvanomètre-multiplicateur H. Si l'on place les deux circuits l'un près de l'autre, en introduisant, par exemple, la bobine B dans l'intérieur de la bobine B', qui est creuse, à l'instant même où on ferme le circuit de la pile, on observe une déviation subite de l'aiguille du galvanomètre, déviation qui indique le passage d'un courant dans la bobine B. Ce courant marche en sens contraire de la direction suivie par le courant de la bobine B'; en outre, il est de très courte durée; aussi l'aiguille du galvanomètre ne tarde-t-elle pas à retourner, après quelques oscillations, à sa position d'équilibre primitive, et, pendant tout le temps que le circuit de la pile reste fermé, il ne circule pas de courant

Fig. 435. — Induction voltaïque.

dans la bobine B. Vient-on ensuite à ouvrir le circuit B', un courant de très courte durée prend de nouveau naissance en B, mais cette fois il est de même sens que celui qui cesse de passer en B'.

On appelle courant *inducteur* celui qui circule dans la bobine B', et courants *induits* ceux qui sont engendrés dans le circuit de la bobine B; le courant induit que produit la fermeture du circuit inducteur est un courant *inverse*, puisqu'il marche en sens contraire de celui qui lui donne naissance; le courant de rupture est appelé *direct*, attendu qu'il est de même sens que le courant inducteur.

On obtient les mêmes courants induits en faisant varier rapidement la distance entre le circuit B et la bobine B', dans laquelle passe le courant de la pile. Le rapprochement du courant inducteur développe en B un courant induit inverse; éloigne-t-on la bobine inductrice B', il se produit un courant direct.

[Enfin si, au lieu de faire varier la distance du courant inducteur, on en modifie seulement l'intensité, il se développe dans la bobine B un courant induit inverse, quand l'intensité du courant inducteur augmente rapidement, et un courant direct quand l'intensité diminue.]

Toutes choses égales d'ailleurs, les courants induits ont une intensité d'autant plus grande que le circuit inducteur est plus rapproché du circuit induit.

Les phénomènes d'induction se manifestent non seulement quand le courant inducteur suit un trajet parallèle au circuit induit, comme nous l'avons supposé implicitement, mais encore quand les deux circuits font entre eux un angle quelconque.

344ª. Loi générale de l'induction galvanique. — Les lois générales de l'électrodynamique nous ont appris, d'une part, que deux courants s'attirent quand ils sont parallèles et de même sens, ou bien quand ils s'approchent ou s'éloignent tous deux du sommet de l'angle que font entre elles leurs directions; d'autre part, que deux courants se repoussent quand ils sont parallèles et de sens contraire, ou bien que l'un d'eux s'approche du sommet de l'angle, tandis que l'autre s'en éloigne. Nous pouvons dès lors énoncer de la manière suivante la loi générale de l'induction :

Un courant qui commence ou qui augmente d'intensité, ou qui se rapproche, développe dans un circuit voisin un courant induit de sens tel que l'action électro-dynamique entre les deux courants soit répulsive; un courant qui finit, ou qui s'éloigne, ou qui diminue d'intensité, engendre un courant induit dont la direction est telle que les deux courants tendent à s'attirer.

345. Induction par les aimants. — Nous avons vu que le magnétisme est dû à l'existence de courants élémentaires qui suivent tous la même direction ; on conçoit dès lors la possibilité de développer par l'approche ou l'éloignement d'un aimant des courants induits dans un circuit fermé. La direction des courants ainsi engendrés est déterminée par celle des courants moléculaires de l'aimant inducteur, d'après la même règle que celle qui préside à l'induction par le courant voltaïque. Quand le pôle de l'aimant inducteur s'approche, le courant induit qui prend naissance dans la bobine est de sens contraire à la direction des courants magnétiques ; si l'aimant s'éloigne, le courant induit est direct.

L'aimantation et la désaimantation rapides d'un barreau de fer doux placé dans l'axe d'une bobine et les variations brusques de la quantité de magnétisme du barreau, agissent sur le circuit fermé de la même manière que le rapprochement ou l'éloignement d'un aimant.]

346. Induction d'un courant sur lui-même. Extra-courant. — De même qu'un courant qui commence ou qui finit développe un courant induit dans un circuit voisin, de même les différents tours de spire d'un circuit enroulé en hélice.ou en spirale agissent par induction les uns sur les autres : au moment, par exemple, où le courant d'une pile commence à circuler dans une bobine, chaque tour de spire engendre dans les spires voisines un courant induit inverse; il en résulte que le courant de la pile est affaibli aussi longtemps que dure ce courant induit. En conséquence, un courant met plus de temps pour s'établir et arriver à son maximum d'intensité, quand il est lancé dans un circuit disposé en spirale ou en hélice, que lorsque le conducteur est rectiligne ; car, dans ce dernier cas, le courant n'exerce aucune action inductrice sur lui-même.

Le phénomène de l'induction d'un courant sur son propre circuit présente un caractère différent au moment de la rupture. Un courant ne peut prendre naissance que dans un circuit fermé; si donc on ouvre le circuit, l'action inductrice du courant sur lui-même ne peut plus se manifester, et à l'instant même l'intensité du courant devient égale à zéro. Toutefois, on arrive à mettre en évidence l'action inductrice dans ces circonstances, en ayant recours au principe des courants dérivés.

Considérons, en effet, la pile A (fig. 436) dont les rhéophores sont mis en communication avec les deux extrémités du fil de la bobine B; l'une des communications est établie par l'intermédiaire d'une vis n', contre la pointe de laquelle s'appuie un ressort D, terminé par une petite masse de fer doux E; le ressort avec sa pièce de fer doux se nomme le *marteau*. Du point n'', où aboutit le fil de la bobine, part un fil de dérivation n'' P N qui se rattache à l'autre rhéophore et constitue un second circuit fermé. Dès que le courant de la pile traverse la bobine, un barreau de fer doux C, placé dans l'intérieur, s'aimante et attire le marteau E; le contact étant dès lors supprimé en D, le courant de la pile se trouve interrompu; mais le circuit de la bobine reste fermé par l'inter-médiaire du fil de déri-vation, et l'on observe alors le passage d'un courant d'induction de très courte durée et dont la direction est la même que celle du cou-rant de la pile. Ce cou-rant, dont la découverte est due à Faraday, se

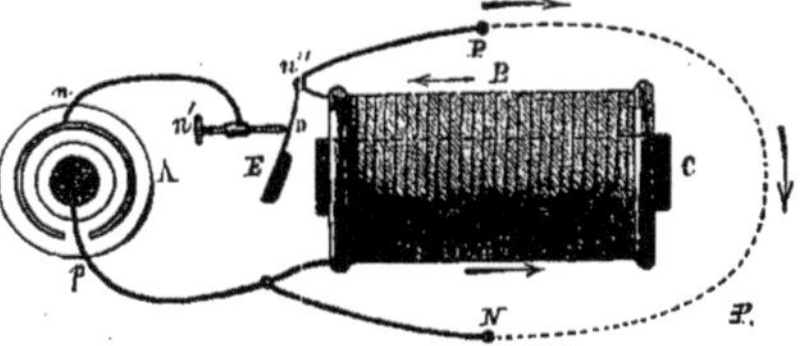

Fig. 436. — Dispositif pour produire automatiquement l'extra-courant et pour le recueillir.

nomme l'*extra-courant direct* ou *extra-courant de rupture*. — Le mécanisme ci-dessus décrit, au moyen duquel le courant s'interrompt automatiquement, constitue ce qu'on appelle le *trembleur de Neef*, du nom de celui qui l'a imaginé.

Le trembleur de Neef fait partie, comme nous le verrons, de tous les appareils volta-faradiques en usage; mais on peut l'employer séparément dans le seul but de déterminer des interruptions rapides du courant d'une pile constante. M. Heidenhain, en plaçant un nerf de grenouille entre le marteau et l'enclume du trembleur, a utilisé les chocs du marteau comme moyen de produire un tétanos par des excitations mécaniques se succédant avec une très grande rapidité.

Nous décrirons, § 351ª, le dispositif qui permet de déterminer la formation d'un extra-courant dans les appareils où l'induction est due aux variations de l'état magnétique d'un aimant.

347. Intensité des courants induits. — La force électro-motrice d'un courant d'induction engendré par un courant ou un aimant est proportionnelle au nombre des tours de spire de la bobine induite, à égalité d'action inductrice. D'après la loi d'Ohm, l'intensité d'un courant a pour expression $I = \dfrac{E}{R}$. Si l'enroulement du fil sur la bobine ne forme qu'une seule couche. de spires, la force électro-motrice d'induction et la résistance du circuit augmentent l'une et l'autre avec le nombre des tours. Mais, quand il y a plusieurs couches de fil superposées, la résistance croît plus rapidement que la force électro-motrice, parce que le diamètre des spires grandit d'une couche à la suivante; aussi arrive-t-il un moment où l'augmentation du nombre des tours de fil diminue l'action inductrice, au lieu de l'augmenter; cette limite est atteinte d'autant plus vite que la résistance extérieure est plus petite. Dans le cas où les courants induits sont destinés à produire des effets physiologiques, on peut employer des bobines dont le fil fait un très grand nombre de tours, attendu que les tissus animaux offrent une grande résistance au passage de l'électricité.

Il résulte des mesures effectuées par W. Weber, que dans l'induction par les aimants la force inductrice est proportionnelle au moment magnétique du pôle inducteur (cf. § 332) ;

que, dans l'induction par les courants, elle est proportionnelle an moment électro-dynamique (cf. § 334). Par conséquent, un aimant et une spirale de fil métallique ont la même puissance inductrice, quand le moment magnétique du premier est égal au moment électro-dynamique de la seconde. Weber a démontré cette proposition en faisant osciller la bobine bifilaire de son électro-dynamomètre, tantôt sous l'influence d'un courant d'une intensité connue circulant dans une bobine voisine, tantôt sous l'influence d'un aimant de force connue. La bobine bifilaire, en s'approchant, à chacune de ses oscillations, du circuit ou de l'aimant inducteurs était parcourue par des courants induits, qui, marchant en sens contraire des courants inducteurs, déterminaient une action répulsive, à la suite de laquelle l'amplitude des oscillations diminuait très rapidement. Weber trouva, comme résultat de ses expériences, que les amplitudes des oscillations décroissent en progression géométrique, d'où l'on doit conclure que la résistance qui s'oppose au mouvement de la bobine est à chaque instant proportionnelle à la vitesse même du mouvement. Par conséquent la force inductrice d'un aimant ou d'un courant est constamment proportionnelle à la vitesse avec laquelle la spirale induite s'approche ou s'éloigne. Il suit de là que la *quantité* d'électricité mise en mouvement dans le circuit induit reste la même pour des variations égales de la distance ou de l'intensité du courant inducteur, que le mouvement de rapprochement ou d'éloignement s'effectue avec rapidité ou avec lenteur; car, si, par exemple, le mouvement est rapide, la force inductrice augmente, il est vrai, proportionnellement à la vitesse, mais, en revanche, la durée totale du déplacement diminue dans le même rapport.

348. Durée et marche des courants d'induction. — Les courants d'induction ont une marche si rapide que leur action sur l'aiguille aimantée peut être comparée à celle d'un choc instantané ou d'un petit nombre de chocs se succédant à des intervalles très rapprochés. La déviation de l'aiguille aimantée ne nous fait connaître que l'intensité moyenne de ces chocs, elle ne fournit aucune indication ni sur la durée ni sur la marche du courant d'induction considéré dans sa totalité. L'action d'un courant de peu de durée est en général proportionnelle au produit de sa durée par l'intensité qu'il possède dans l'instant considéré; par conséquent, un courant qui agit pendant un temps très court, mais qui a une grande intensité, peut produire le même effet qu'un courant de moindre intensité, mais de durée plus longue.

Les nerfs sensitifs ou moteurs sont bien plus en état que l'aiguille aimantée de nous renseigner sur la marche des courants induits. En effet, l'intensité du courant restant la même, le degré d'excitation d'un nerf dépend de la rapidité avec laquelle s'effectue le passage de l'électricité. Deux courants induits qui dévient l'aiguille aimantée d'une même quantité peuvent donc agir inégalement sur le système nerveux. C'est ainsi que les effets physiologiques de l'extra-courant sont considérables, eu égard à son intensité; aussi emploie-t-on de préférence cette espèce de courant toutes les fois qu'il s'agit de produire une excitation énergique dans le tégument externe.

De même, l'excitation engendrée par le courant induit de rupture l'emporte notablement sur celle que détermine le courant induit de fermeture. Nous avons déjà indiqué, § 347, la cause de cette différence d'action entre le courant induit inverse et le courant direct; dès qu'on vient à fermer le circuit inducteur, il s'y développe un extra-courant inverse qui, aussi longtemps qu'il dure, affaiblit le courant de la pile; quand l'extra-courant diminue, le courant inducteur devient plus intense et, par cela même, il engendre de nouveau un extra-courant inverse, et ainsi de suite, de sorte que ce courant inducteur ne peut pas atteindre d'emblée toute son intensité; il n'y arrive que peu à peu. Quand, au contraire, on interrompt le courant, il ne saurait se former d'extra-courant de rupture si un circuit dérivé n'est annexé au circuit principal : le courant de la pile cesse donc presque instantanément de circuler dans la bobine inductrice.

L'intensité des courants induits développés dans un circuit voisin dépend non seulement de la force du courant inducteur, mais encore de la rapidité de la crue du courant induit ; il en résulte que dans les appareils d'induction à mécanisme interrupteur, tel que celui de la figure 439 (voy. § 350^b), l'explosion de rupture est bien plus forte que celle qui se produit à la fermeture. Si on place la bobine induite à une certaine distance de la bobine inductrice, les explosions de rupture produisent seules des effets physiologiques marqués, tandis que les explosions de fermeture se manifestent seulement quand le circuit inducteur est très rapproché du circuit induit, et elles sont toujours plus faibles que les premières. Les appareils d'induction d'une force même médiocre donnent déjà des étincelles à la rupture du courant ; pour peu que la puissance de l'appareil augmente, la longueur de ces étincelles devient considérable. Il faut, au contraire, employer de grandes bobines munies de noyaux en fer doux pour obtenir aussi des étincelles à la fermeture du courant, et ces dernières sont toujours plus faibles et plus courtes que les étincelles de rupture.

Le ralentissement du courant induit de fermeture augmente avec le nombre des tours de la spirale inductrice, parce qu'il est dû à l'induction du courant de la pile sur lui-même. Moins il y a de tours sur la bobine inductrice, plus les courants induits d'ouverture et de fermeture se succèdent rapidement ; c'est pour cela que dans les appareils d'induction où l'on désire faire usage de courants alternativement de sens contraire, on emploie comme circuit inducteur une bobine sur laquelle est enroulé un gros fil ne faisant qu'un petit nombre de tours.

Le voisinage de masses de fer agit de la même manière que la multiplication du nombre des spires ; car, si le magnétisme qui se développe dans le fer augmente l'action du courant inducteur sur la spirale induite et détermine un accroissement rapide des courants induits, d'un autre côté, ce même magnétisme, réagissant sur la bobine inductrice, y renforce l'extra-courant et amoindrit ainsi la force d'induction. Ce dernier effet prédomine quand la masse de fer se compose d'un bloc unique ; aussi l'introduction d'un épais barreau de fer doux dans l'intérieur de la bobine inductrice n'augmente-t-elle nullement l'intensité de l'induction. Si on remplace, au contraire, le barreau de fer par un faisceau de fil du même métal, l'effet physiologique des courants induits direct et inverse se trouve notablement accru.

On peut rendre moins dissemblables les effets d'induction qui se produisent à la fermeture et à l'ouverture du courant, en annexant à la bobine inductrice un circuit supplémentaire qui permette à l'extra-courant de s'écouler. C'est en se fondant sur ce fait que M. Helmholtz a apporté à l'appareil d'induction de du Bois-Reymond (cf. § 350^b) une modification que nous ferons connaître § 350^c.

349. Théorie des phénomènes d'induction. Courants induits de différents ordres. — La théorie des phénomènes d'induction s'appuie directement sur les considérations que nous avons exposées § 335, relativement aux actions mutuelles des masses électriques. Nous avons vu que l'intensité de ces actions dépend de la grandeur des masses électriques en présence, de leur distance et de la vitesse relative de leur déplacement. Si donc un conducteur parcouru par un courant électrique vient à changer de position par rapport à un circuit voisin, il doit se produire dans ce dernier un mouvement des fluides électriques, dont les éléments peuvent être déterminés à l'aide de la loi fondamentale de Weber. Ce physicien a réussi, en effet, à déduire les lois de l'induction directement de celles de l'électro-dynamique. Sans vouloir aborder le détail de cette théorie, nous relèverons toutefois cette conséquence immédiate, à savoir que le courant induit doit être dirigé en sens contraire du courant inducteur, quand ce dernier s'approche, et, dans le même sens, quand la distance augmente; cela découle nécessairement de l'hypothèse admise pour expliquer les phénomènes électro-dynamiques, hypothèse d'après laquelle les fluides de nom contraire s'attirent moins énergiquement que ceux de même nom ne se repoussent (cf. § 335).

Ainsi donc tout mouvement de l'électricité dans un conducteur engendre un courant induit dans un circuit voisin. Par conséquent, on peut obtenir des phénomènes d'induction voltaïque aussi bien avec le courant de décharge de la machine électrique qu'avec les aimants ou le courant de la pile. De même, les courants qui prennent naissance dans un circuit induit sont susceptibles de développer des courants induits dans un deuxième circuit : ces derniers, à leur tour, exercent une action inductrice sur un troisième circuit, et ainsi de suite. On a de cette manière des courants induits d'ordres de plus en plus élevés.

350. Emploi des courants induits en physiologie et en thérapeutique. — Les courants induits développés sous l'influence des aimants ou des courants de pile sont surtout utilisés pour exciter les nerfs et les muscles. Ces tissus animaux, soumis à l'action d'un courant qui commence ou qui finit, ont la propriété de réagir en produisant une commotion ou une sensation, suivant la nature de la partie électrisée; aussi, pour obtenir une excitation continue, a-t-on recours habituellement à l'emploi de courants induits, se succédant à des intervalles très rapprochés. [Ce mode d'électrisation porte le nom de *faradisation*.] On utilise aussi dans le même but l'extra-courant direct engendré dans le circuit inducteur.

Les appareils d'induction qui fournissent ces courants sont de deux ordres : dans les uns, appelés *volta-faradiques*, l'induction est engendrée par la fermeture et la rupture alternatives d'un circuit que traverse le courant d'une pile ; dans les appareils *magnéto-faradiques*, l'induction est produite par un aimant; un mouvement de rotation place périodiquement les pôles de nom contraire de cet aimant en présence d'un circuit fermé qui se trouve ainsi parcouru par des courants induits alternativement directs et inverses.

350ª. Appareils d'induction volta-faradiques. — [Ces appareils se composent essentiellement d'une pile, de deux circuits distincts enroulés en hélice sur deux bobines séparées ou sur la même bobine et d'un mécanisme interrupteur. Le fil parcouru par le courant inducteur complète le circuit de la pile ; le fil dans lequel circulent les courants induits aboutit à deux bornes d'où partent des rhéophores destinés à amener l'électricité d'induction dans les parties sur lesquelles on veut la faire agir. Les interruptions du courant inducteur peuvent être obtenues par des mécanismes variés ; mais on a recours presque exclusivement aujourd'hui au dispositif connu sous le nom de *trembleur* de Neef, dont nous avons déjà donné la description (voy. § 346).

La figure 437 représente les parties fondamentales que nous venons d'indiquer et montre la manière dont les courants induits et l'extra-courant peuvent être recueillis. Les deux pôles de la pile A sont mis en communication avec les deux extrémités du fil de la bobine B B par l'intermédiaire

des rhéophores *pp'* et *nn'* ; sur le trajet de ce dernier se trouve le trembleur E
qui produit les interruptions du courant ; les fils de dérivation P *n'* et N *p'*
permettent d'utiliser l'extra-courant engendré par la rupture du courant
inducteur. Le circuit induit est enroulé sur la bobine B' B' et aboutit aux
bornes P', N', auxquelles se fixent les électrodes qui conduisent les courants
d'induction sur les parties
à électriser. Le noyau de
fer doux C, placé dans
l'intérieur de la bobine
inductrice, s'aimante par
le passage du courant de
la pile, et attire le marteau E, ce qui rompt la
continuité du circuit ; de
là résulte la production
d'un extra-courant direct
dans la bobine B B et d'un
courant induit direct
dans la bobine B' B' ; le
trembleur revenant en-

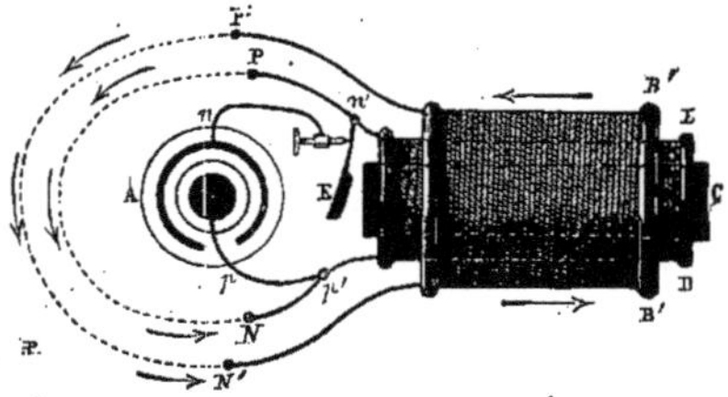

Fig. 437. — Principe d'un appareil volta-faradique disposé pour recueillir séparément l'extra-courant et les courants induits. — A,
Pile. — BB, Bobine sur laquelle est enroulé le fil inducteur qui
complète le circuit de la pile. — B'B', Bobine sur laquelle est enroulé le fil du circuit induit. — C, Barreau de fer doux. — E,
Trembleur.

suite à sa position première, le courant inducteur se rétablit et développe
un courant inverse dans la bobine induite en même temps qu'il éprouve lui-
même un affaiblissement dû à la naissance de l'extra-courant de fermeture.
D'autre part, l'aimantation et la désaimantation alternatives du barreau de fer
doux exercent des actions de même sens que la fermeture et la rupture du
courant ; elles contribuent ainsi à accroître la force des courants induits
et de l'extra-courant.

En faisant subir au dispositif qui précède une légère modification, on peut
utiliser simultanément l'extra-courant et le courant induit. Il suffit, dans ce
but, de réunir par un con-
ducteur métallique l'une
des extrémités du fil in-
duit avec une extrémité
du fil inducteur, de ma-
nière que ces deux con-
ducteurs forment un cir-
cuit unique parcouru à
un moment donné par
des courants de même
direction. Telle est la
disposition représentée
dans la figure 438, où

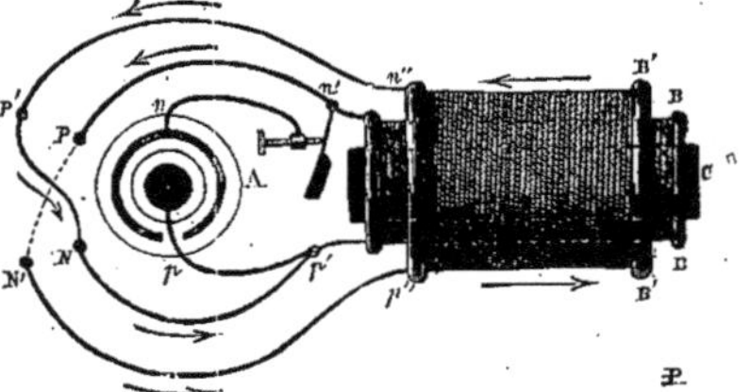

Fig. 438. — Principe d'un appareil volta-faradique disposé pour recueillir simultanément l'extra-courant et les courants induits.

un fil métallique P' N réunit bout à bout le circuit inducteur et le circuit
induit. Les flèches indiquent la route suivie, au moment de la rupture,
par les courants qui traversent l'ensemble du système. La fusion des deux
circuits en un seul augmente la résistance qui s'oppose à la propagation de
l'électricité ; on observe néanmoins que cette disposition accroît notablement
les effets physiologiques du courant résultant.

Les considérations précédentes suffisent pour donner une idée nette des principes qui président à la construction des appareils volta-faradiques; il nous res** à passer en revue les principaux dispositifs imaginés en vue des besoins médicaux.]

350ᵇ. Appareil à glissement de du Bois-Reymond. — Cet appareil, représenté dans la figure 439, se compose de deux bobines; sur la bobine inductrice B est disposé, en hélice, un gros fil enroulé un petit nombre de fois seulement; autour de l'autre bobine B', évidée à l'intérieur de manière à pouvoir coiffer

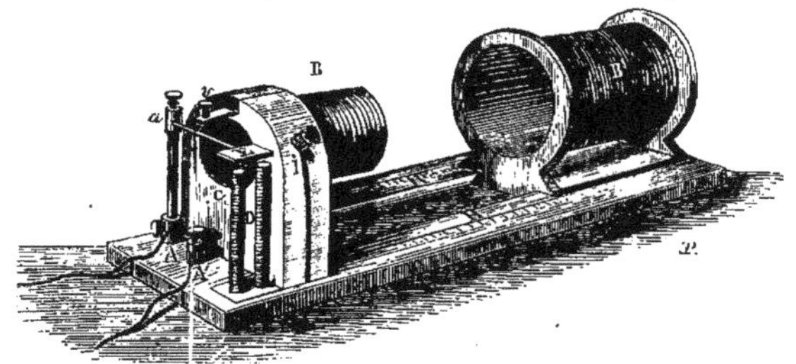

Fig. 439. — Appareil volta-faradique de du Bois-Reymond. - A, A', Bornes destinées à recevoir les fils de la pile et en communication avec les extrémités du circuit inducteur. — B, Bobine recouverte du fil inducteur. — C, Faisceau de fil de fer remplissant l'axe évidé de la bobine B. — B', Bobine recouverte du circuit induit. D, Petit électro-aimant en fer à cheval, autour duquel est enroulée une partie du fil inducteur. — E, Marteau du trembleur de Neef. — I, Borne de dérivation placée sur le trajet du circuit inducteur et permettant avec sa congénère, située vis-à-vis, de recueillir l'extra-courant. — v, Vis dont la pointe est en contact avec le manche du trembleur et sert à fermer le circuit inducteur, en même temps qu'elle permet de régler la rapidité des intermittences.

la première, s'enroule le circuit induit formé d'un fil fin et très long, dont les extrémités aboutissent à deux bornes situées derrière la bobine et qui sont invisibles sur la figure ; c'est à ces mêmes bornes qu'on attache les fils destinés à faire entrer dans le circuit les parties à travers lesquelles on veut diriger les courants induits. Cette bobine B' est portée par un chariot qu'on peut à volonté rapprocher ou éloigner de la bobine inductrice, en le faisant glisser dans une coulisse pratiquée dans l'épaisseur de la planche HH, qui sert de support à l'appareil, et le long de laquelle sont gravées des échelles divisées permettant de mesurer la distance du circuit induit au circuit inducteur. Quant à la bobine B, elle est fixée horizontalement par son extrémité antérieure à un cadre en bois placé de champ sur le support; elle renferme ordinairement dans son intérieur un faisceau de fils de fer destiné à renforcer l'action inductrice du courant voltaïque. Deux bornes A, A', situées sur le devant de l'appareil, reçoivent les fils de la pile et les mettent en communication avec le circuit inducteur par l'intermédiaire d'un *trembleur de Neef*. Cet interrupteur, destiné à produire automatiquement les intermittences du courant inducteur, est représenté par le marteau E, dont le manche, formé d'un ressort en argentan, est fixé en *a* à une colonne de laiton qui surmonte la borne A ; une lamelle de platine soudée sur le manche vers sa partie moyenne s'appuie contre la pointe de la vis *v* ; celle-ci est portée par une lame de laiton qui contourne la tranche du cadre en bois et va rejoindre l'une des extrémités du fil inducteur. Ce fil, après s'être enroulé successivement sur la bobine B et sur les branches d'un petit électro-aimant vertical D, aboutit par son autre extrémité à la borne A'. Le courant de la pile arrive en A, par exemple, monte le long de la colonne a, se rend dans le manche du marteau, et de là, par l'intermédiaire de la vis v, dans le fil qui entoure la bobine inductrice; puis il circule autour de l'électro-aimant en fer à cheval et revient à la pile en passant par la borne A'.

Le circuit étant fermé comme on vient de le voir, le courant inducteur s'établit; mais, à l'instant même, l'électro-aimant D entre en activité, attire la pièce de fer doux E placée en regard de ses pôles et qui forme la tête du marteau; dans ce mouvement, le trembleur s'écarte de la pointe de la vis v et le circuit se trouve subitement interrompu. Aussitôt le courant s'arrête; par suite l'électro-aimant redevient inactif, ce qui permet au trembleur de reprendre sa position initiale sous l'action de l'élasticité du manche qui le porte et de rétablir ainsi la continuité du circuit. A peine le courant passe-t-il de nouveau, que l'électro-aimant agit comme la première fois pour provoquer la rupture du circuit, et ainsi de suite. Le trembleur se trouve donc dans un état continuel d'oscillation. Chaque mouvement de va-et-vient détermine alternativement la rupture et la fermeture du courant inducteur; la rupture de ce courant engendre dans la bobine induite un courant direct;. lorsque le courant se rétablit dans la bobine inductrice, un courant inverse prend naissance dans l'autre bobine. Le circuit dont fait partie le fil induit enroulé sur B' se trouve ainsi parcouru par une série de courants instantanés qui changent alternativement de sens.

Quand on veut étudier séparément l'effet de chacune des deux espèces de courants induits, on enfonce la vis v jusqu'à ce que la tête du marteau soit pressée contre les pôles de l'électro-aimant; après avoir mis de cette manière le trembleur hors d'état de fonctionner, on coupe l'un des fils de la pile et on fait plonger les deux bouts ainsi obtenus dans un godet rempli de mercure: on produit alors l'intermittence du courant inducteur en retirant hors du mercure et en y introduisant alternativement un des rhéophores.

[L'appareil de du Bois-Reymond permet aussi d'utiliser l'extra-courant; il porte dans ce but deux bornes de dérivation placées sur le trajet du circuit inducteur et fixées à la tranche du cadre en bois qui soutient la bobine B; une seule de ces bornes se voit en I sur la figure.]

On peut régler entre certaines limites la vitesse avec laquelle se succèdent les interruptions du courant inducteur, en faisant varier la distance qui sépare le marteau E des pôles de l'électro-aimant D. Plus, en effet, cette distance est petite, et on la diminue en enfonçant la vis v, plus les oscillations du trembleur se suivent rapidement, ainsi qu'on en peut juger d'après la hauteur du son engendré par la succession des chocs.

On peut modifier dans des limites encore plus étendues la fréquence des interruptions, en remplaçant le marteau de Neef par un pendule vertical de longueur variable: tel est le principe qui préside à la construction des appareils volta-faradiques que fabrique M. Zimmermann, à Heidelberg.

Dans un grand nombre de circonstances, il est désirable de pouvoir obtenir dans la bobine induite des courants qui, au lieu de changer alternativement de sens, aient tous la même direction et se succèdent à des intervalles très rapprochés. Le moyen le plus simple pour atteindre ce résultat, lorsque les courants ont une grande intensité, est celui de M. Poggendorff: il consiste à rompre la continuité métallique du fil induit en un point quelconque de son trajet, de manière à introduire dans le circuit une mince lame d'air. D'autre part, on peut isoler les courants induits directs et inverses, en employant, pour déterminer la fermeture et l'ouverture du courant inducteur, un *commutateur* analogue à celui que nous ferons connaître dans le § 351ᵃ , à l'occasion des appareils magnéto-faradiques.

350ᶜ. Appareil volta-faradique de Helmholtz. — Nous avons dit, § 348, p. 750, qu'on peut rendre les effets du courant induit inverse sensiblement égaux à ceux du courant direct, en permettant à l'extra-courant de rupture de s'écouler dans un circuit annexé au circuit inducteur. Dans ce but, M. Helmholtz modifie l'appareil de du Bois-Reymond de la manière suivante : à l'aide d'un fil métallique il établit une communication permanente entre le sommet de la colonne a (fig. 439) et la vis v, et il relève celle-ci de telle sorte qu'elle ne puisse toucher la tige du trembleur ; le circuit principal, comprenant la bobine, la pile et l'électro-aimant de l'interrupteur, reste donc toujours fermé. Mais le courant, en suivant ce trajet, met en activité l'électro-aimant D et celui-ci attire le marteau E ; en s'abaissant, le manche du marteau vient buter contre la pointe d'une vis qui ermine une colonne métallique dont on surmonte la borne A' : les bornes A et A' se trouvent alors en communication par une seconde voie plus directe, plus courte et offrant moins de résistance que celle qui traverse la bobine inductrice et l'électro-aimant ; le courant de la pile passera donc presque en entier par cette nouvelle voie ; en même temps, comme le circuit dont le fil inducteur fait partie est resté fermé, l'extra-courant qui succède à la disparition du courant inducteur pourra se former et s'écouler. Dans ces conditions, le courant s'éteint bien plus lentement dans la bobine B qu'il ne le fait quand sa disparition est due à la rupture du circuit.

Avec le dispositif que nous venons de décrire, les courants induits de sens opposé qui prennent naissance dans la bobine B' sont presque égaux en énergie. Toutefois il existe encore entre le courant direct et l'inverse une légère différence, et une observation attentive montre que c'est maintenant le courant inverse qui a pris le dessus. Puisque des deux courants de sens contraire, celui qui dans l'appareil non modifié donnait les effets les plus faibles, se trouve être devenu le plus énergique, relativement à l'autre, il est évident que la modification apportée à l'appareil en a diminué la puissance ; aussi la machine modifiée de Helmholtz ne peut-elle servir que dans les cas où l'on n'a pas à produire d'effets intenses. Au reste, l'arrangement de l'appareil est tel qu'on peut à volonté faire ou non usage du dispositif modifié.

La machine volta-faradique de Helmholtz offre plusieurs avantages, si l'on fait abstraction de l'inconvénient qu'elle présente d'être d'un emploi restreint, en raison même de son peu de puissance. La différence entre les effets des deux courants induits est minime ; l'étincelle qui, dans les appareils ordinaires, jaillit entre le trembleur et la vis, et qui occasionne des inégalités dans la propagation du développement individuel de chaque courant, ne se produit plus ici, ou, du moins, se trouve considérablement affaiblie ; enfin, les effets d'induction unipolaire, dont nous nous occuperons plus loin (voy. § 352), ne se manifestent pas, à moins qu'on n'emploie des bobines d'induction d'une puissance inusitée. Le courant direct et l'inverse deviendraient rigoureusement égaux en énergie, si on rendait la résistance de la pile négligeable en comparaison de celle de la bobine d'induction, et la résistance du circuit dérivé négligeable en comparaison de celle de la pile. Pour réaliser ces conditions, il faudrait

introduire dans la bobine une résistance très grande ; mais alors l'action inductrice éprouverait un affaiblissement trop considérable.

[350ᵈ. **Appareil à glissement de Tripier.** — Cet appareil, imité de celui de
du Bois-Reymond, est un peu plus compliqué ; en revanche, il permet de varier
davantage les conditions de l'induction. Dans tous les autres appareils volta-
faradiques, le circuit inducteur fournissant l'extra-courant est formé d'un fil
gros et court, tandis que les courants induits se développent dans un fil long et
fin ; les courants du second fil ont plus de tension et moins de quantité, comme
on peut s'en assurer expérimentalement. Il en résulte que les différences
qu'on observe entre les effets physiologiques et thérapeutiques produits par
ces deux ordres de courant sont dues non-seulement à cette circonstance que
l'extra-courant et les courants induits prennent naissance dans deux circuits

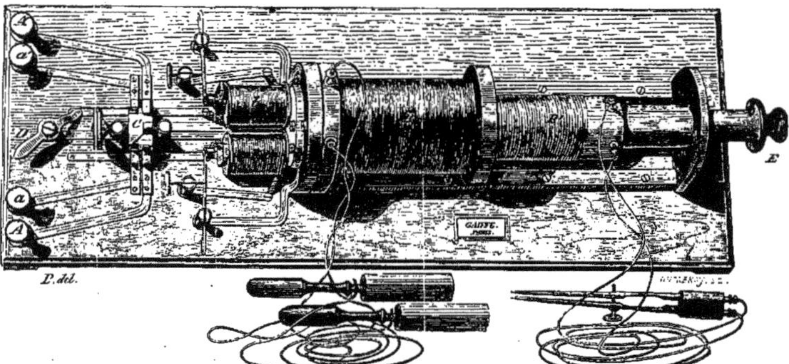

Fig. 440. — Appareil volta-faradique de Tripier. — A, A′, Bornes en communication avec les extrémités
du circuit de la bobine B′ et destinées à recevoir les rhéophores d'une pile formée d'un petit nombre
de couples de dimension moyenne. — a, a′, Bornes en communication avec les extrémités du circuit de la
bobine B, et destinées à recevoir les rhéophores d'une pile à couples petits, mais nombreux. — B, Bobine
recouverte d'un fil fin et long. — b, Électro-aimant associé à un trembleur de Neef, qui produit l'interruption automatique du circuit de la bobine précédente, quand celle-ci est parcourue par le courant de la
pile. — B′ Bobine recouverte d'un fil gros et court. — b′, Électro-aimant du trembleur qui règle les
intermittences du courant inducteur, quand ce dernier est dirigé dans la bobine B′. — C, Commutateur
permettant de faire passer le courant de la pile à volonté dans l'une ou l'autre des bobines, et en même
temps d'en renverser le sens. — D, Manette servant à mettre l'appareil en communication avec l'une
ou l'autre des piles. — E, Tête de la tige qui continue l'électro-aimant central et lui sert de manche.

distincts, mais encore à ce que ces circuits diffèrent entre eux sous le rapport
de la longueur et du diamètre. Afin d'écarter cette cause d'erreur dans
l'examen comparatif des courants de même nature développés dans des fils
de longueur et de grosseur différentes, M. Tripier a disposé son appareil
de telle sorte que le courant inducteur puisse circuler à volonté dans l'un ou
l'autre des circuits.

À cet effet, deux bobines creuses B et B′ (figure 440) recouvertes, la
première d'un fil long et mince, la seconde d'un fil gros et court, ont chacune
leur pile en rapport avec la résistance du circuit à parcourir ; pour le fil fin,
il faut une pile de 50 très petits couples au sulfate de mercure ; 3 ou 4 couples
de dimension moyenne suffisent pour le gros fil. La communication entre

chacun de ces circuits et la pile correspondante s'établit par l'intermédiaire de lames métalliques qui aboutissent aux bornes A, A' pour la bobine à gros fil B', et aux bornes *a, a'* pour l'autre circuit. Une manette D permet de lancer à volonté dans l'un ou l'autre fil le courant inducteur dont les intermittences sont réglées par un trembleur de Neef placé sur le trajet de chacun des circuits. Le commutateur C sert à faire marcher le courant dans un sens ou dans l'autre.

Les bobines B et B' sont toutes les deux mobiles suivant leur axe, indépendamment l'une de l'autre, et leurs dimensions sont calculées de manière à ce qu'on puisse faire rentrer la seconde dans l'intérieur de la première. Le bouton E termine un faisceau cylindrique de fer doux qu'on engage plus ou moins dans l'axe de la bobine B'.

Deux bornes fixées sur chacune des bobines permettent de recueillir à l'aide de fils terminés par des manipules ou par une pince à expérience, soit l'extra-courant de haute tension développé dans le circuit inducteur, soit les courants de faible tension engendrés dans le circuit induit.

Lorsqu'on veut soustraire l'une des bobines aux actions inductrices exercées sur elle par le passage du courant dans l'autre bobine et aux réactions qui en sont la conséquence, on la retire. Un écran métallique, placé à cheval sur le système et s'enlevant à volonté, permet de compléter alors l'isolement de la pièce retirée.

Le recul de la bobine dans laquelle se produisent les courants induits, sans interposition de l'écran métallique, donne le moyen d'affaiblir ces courants autant qu'on· le désire. On diminue la force des extra-courants au moyen d'un tube à eau. Les uns et les autres s'affaiblissent encore par le retrait du faisceau de fer doux.

Voici, d'après M. Tripier, les divers effets qu'on peut obtenir par le glissement suivant leur axe d'une ou de deux des trois pièces fondamentales de l'appareil ci-dessus décrit. Les trois cylindres étant superposés et le courant de la pile traversant l'hélice du fil gros et court, on peut recueillir : 1° l'extra-courant de rupture de ce fil; 2° les courants induits du fil fin. Dans ces deux cas, les actions inductrices réciproques des deux circuits s'ajoutent à celle du faisceau de fer doux agissant comme électro-aimant; c'est ainsi que fonctionnent tous les autres appareils volta-faradiques répandus dans la pratique médicale.

Les trois cylindres étant toujours superposés et le courant de la pile traversant l'hélice à fil long et fin, on a : 3° les extra-courants de grande tension de ce fil; 4° des courants induits de faible tension développés dans le gros fil. Dans ce cas encore, les actions réciproques des deux bobines s'ajoutent à celle de l'électro-aimant.

La bobine à fil gros et court étant seule retirée, et le courant de la pile étant lancé dans la bobine à fil fin, on peut recueillir: 5° les extra-courants de haute tension du fil fin, avec conservation de l'influence de l'électro-aimant et suppression de l'action inductrice de la bobine à gros fil.

La bobine à fil fin étant seule enlevée et le courant de la pile traversant la bobine à gros fil, on a : 6° les extra-courants de faible tension de celle-ci, avec conservation de l'action inductrice de l'électro-aimant et suppression de celle de la bobine à fil fin.

Le faisceau central de fer doux étant seul retiré, on obtient: 7° et 8° des extra-courants d'origine exclusivement voltaïque dans le fil fin ou le gros fil, suivant que l'un ou l'autre est traversé par le courant de la pile; — en même temps que: 9° et 10° les courants d'induction voltaïque du gros fil ou du fil fin dans les mêmes circonstances.

Enfin, lorsqu'une bobine et le faisceau de fer doux sont enlevés, on a les extra-courants de rupture, savoir: 11° extra-courants de haute tension, si la bobine conservée est celle à fil long et fin; 12° extra-courant de faible tension si l'on a gardé seulement la bobine à fil gros et court.]

[**350°. Grand appareil volta-faradique de Duchenne (de Boulogne).** — Cet appareil, après diverses modifications successives, a pris la forme représentée dans la figure 441. Sur la bobine A sont enroulées deux hélices superposées et concentriques : l'intérieure est formée d'un fil gros et court, ayant un demi-millimètre de diamètre et une longueur de cent mètres; c'est lui qui constitue le circuit inducteur. L'hélice extérieure, qui est seule visible, est formée d'un fil long et fin d'un dixième de millimètre d'épaisseur et de mille mètres de longueur. La pile, composée de trois couples plats, zinc et acide sulfurique avec collecteur de charbon de cornue à gaz, se trouve logée dans le tiroir G; les pôles de cette pile communiquent avec les extrémités de l'hélice à gros fil; un commutateur, que l'on manœuvre à l'aide du bouton H, permet de changer rapidement le sens du courant inducteur.

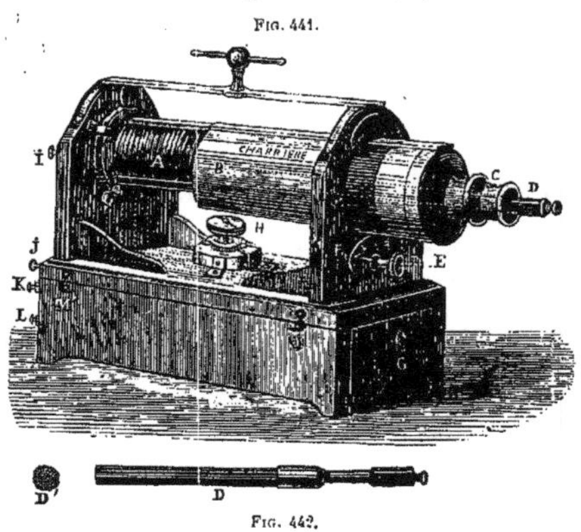

Fig. 441.

Fig. 441. — Grand appareil volta-faradique de Duchenne. — A, Bobine recouverte de deux hélices superposées. — B, Tube graduateur pour l'hélice extérieure. — C, Tube graduateur pour l'hélice intérieure. — D, Faisceau de fil de fer doux. — E, Commutateur des hélices. — F, Aiguille du commutateur. — G, Tiroir qui renferme la pile. — H, Commutateur de la pile. — I, J, Bornes auxquelles on attache les fils destinés à recueillir les courants d'induction. — K, L, Bornes donnant attache aux rhéophores de la pile.

Fig. 442.

Un second commutateur E, auquel aboutissent les extrémités de l'hélice induite, ainsi que deux fils de dérivation du circuit inducteur, sert à lancer à volonté l'extra-courant ou les courants induits dans les conducteurs qui portent l'électricité sur les parties à faradiser, et qui s'attachent aux bornes I, J; on recueille l'extra-courant ou les courants induits, suivant qu'on amène en regard du chiffre 1 ou du chiffre 2 l'aiguille F, qui tourne avec le bouton E.

L'action inductrice du courant de la pile est renforcée par l'aimantation temporaire d'un faisceau de fils de fer D, placé dans l'intérieur de la bobine; ce faisceau de fer doux est représenté à part dans la figure 442, où D en montre la coupe longitudinale, et D' la section. Les interruptions du courant sont produites à l'aide d'un trembleur qui n'est pas visible sur la figure, et qu'on peut régler de manière à obtenir un nombre plus ou moins considérable d'intermittences par seconde. Pour graduer avec précision l'intensité des courants d'induction fournis par son appareil, M. Duchenne emploie un *graduateur*, fondé sur le principe de la méthode de M. Dove : deux manchons concentriques en cuivre enveloppent, l'un B, l'hélice induite, l'autre C, le faisceau de fer doux; on les retire plus ou moins, soit ensemble, soit séparément, quand on veut augmenter la force des courants induits.

Indépendamment des parties principales énumérées et décrites ci-dessus, M. Duchenne joint encore à son appareil une boussole qui sert à mesurer l'intensité du courant, une pédale destinée à produire avec le pied des intermittences plus espacées que celles qui sont engendrées par les oscillations du trembleur, enfin, un modérateur à eau, à l'aide duquel on peut affaiblir autant qu'on le désire les commotions que donnent les courants d'induction. Ces deux dernières pièces se voient dans la figure 443, qui

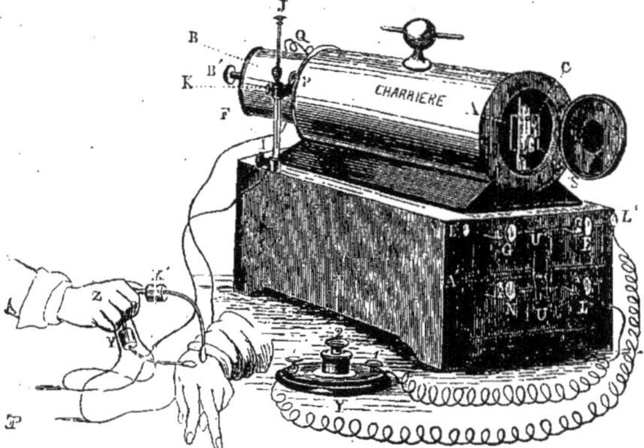

Fig. 443. — Grand appareil volta-faradique de Duchenne (ancien modèle).

représente un plus ancien modèle que celui de la figure 441. La pédale est figurée en Y. Quant au *modérateur*, que M. Bonijol a appliqué dès 1840 à ses cassettes d'induction, il consiste en un tube de verre I rempli d'eau, et dont la monture métallique inférieure reçoit l'un des fils qui sert à conduire le courant sur les parties à faradiser, tandis que dans la supérieure, en communication avec une extrémité du circuit parcouru par les courants induits, joue à frottement dur une tige conductrice J, qu'on peut enfoncer plus ou moins ; la colonne d'eau ainsi interposée dans le circuit affaiblit par sa résistance l'intensité des courants.]

[**350ᵗ. Petit appareil volta-faradique de Duchenne (de Boulogne).** — Le grand appareil décrit dans le paragraphe précédent peut rendre de bons services comme appareil de cabinet; mais il est peu commode dans la pratique courante, car il n'est pas portatif; l'auteur lui-même n'y a recours que dans certains cas de diagnostic, ou pour certaines expériences électro-physiologiques, quelquefois aussi dans un but thérapeutique, lorsque, par exemple, la contractilité ou la sensibilité sont abolies ou considérablement diminuées. Pour les besoins ordinaires de la pratique, M. Duchenne a imaginé un autre appareil plus petit, donnant à volonté, comme le précédent, l'extra-courant et les courants induits de premier ordre, et pouvant suffire dans la grande majorité des cas.

Le principe de ce petit appareil est le même que celui du grand ; le dispositif seul diffère. Toutes les pièces se trouvent renfermées dans une boîte

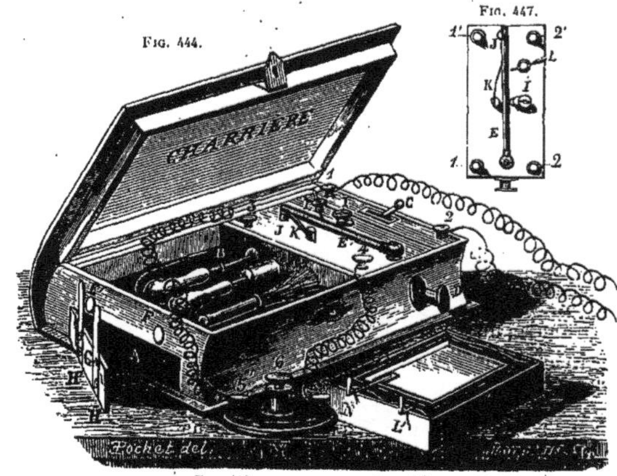

Fig. 444.

Fig. 447.

Fig. 445. Fig. 446.

Fig. 444. — Petit appareil volta-faradique de Duchenne (de Boulogne). — A, Compartiment dans lequel se place un couple électro-moteur au sulfate de mercure, figuré séparément à droite et au bas de l'appareil. — B. Case renfermant divers modèles d'excitateurs. — C, Commutateur des hélices. — D, Tube graduateur. — E, Levier de l'interrupteur. — F, F', Boutons qui répondent aux extrémités du fil inducteur. — G, Porte qui ferme le compartiment A. — H, H', Ressorts qui établissent la communication entre les pôles de la pile et les boutons F, F'. — I, J, K, L, Pièces diverses faisant partie de l'interrupteur.

Fig. 445. — Pédale pour produire les interruptions lentes.

Fig. 446. — Pile vue isolément.

Fig. 447. — Détails de l'interrupteur.

en bois, qui a la forme d'un livre et les dimensions d'un volume in-8°. La boîte étant ouverte, comme le montre la figure 444, on voit en B une case dans laquelle sont rangés des excitateurs de forme diverse ; au-dessous est un compartiment A destiné à recevoir la pile ; celle-ci, composée d'un couple au sulfate de mercure, est figurée séparément à droite et au bas de l'appareil (fig. 446). Lorsque la pile est en place, les pièces N et L', fixées à ses pôles, se mettent en rapport avec les extrémités en platine F et F' (fig. 444) du fil inducteur, et établissent ainsi la communication ; le contact est rendu plus intime par la pression des ressorts H et H', qui viennent s'appliquer sur les pièces L' et N, quand on ferme la porte G. A droite, se trouve la bobine sur laquelle sont enroulées deux hélices constituées par les mêmes fils que ceux du grand appareil ; mais la longueur s'en trouve réduite à 60 mètres pour le gros fil, et à 300 mètres pour le fin. En D, se voit le bouton du tube graduateur. Le compartiment qui renferme la bobine est fermé par une planchette qui porte l'interrupteur, un commutateur et les bornes auxquelles on attache les fils conducteurs. L'interrupteur, figuré à part en haut et à droite de l'appareil (fig. 447), est représenté par la barre horizontale E, qui, toutes les fois qu'elle se sépare du bouton I, ouvre le circuit; un ressort K la ramène dans sa position première.

Les fils conducteurs qui doivent porter l'électricité sur le sujet en expérience s'attachent aux bornes 1 et 2, et selon qu'on incline en avant ou en arrière, jusqu'au point d'arrêt, la tige du commutateur C, on lance dans le circuit extérieur l'extra-courant ou le courant de l'hélice induite. Quand on veut produire des intermittences lentes, on immobilise la barre E du trembleur, à l'aide du levier L, et on se sert de la pédale Y (fig. 445), qu'on introduit dans le circuit en reliant par des fils métalliques les bornes 3 et 4 aux bornes 5 et 5'.

La puissance physiologique de cet appareil est très grande, eu égard au petit volume de sa bobine; l'intensité de ses effets est due principalement à l'énergique aimantation de son fer doux, qui est enroulé en hélice et présente ainsi une large surface magnétique.]

[350ᴱ. **Appareil portatif de Ruhmkorff.** — Nous reproduisons ici, d'après l'article Électricité, du *Nouveau dictionnaire de médecine et de chirurgie pratiques* (t. XII, p. 469), la description et le dessin d'un petit appareil à induction voltaïque que M. Ruhmkorff construit pour la pratique civile, et qui est très commode par le petit volume qu'il présente.

La figure 448 le montre au tiers de sa grandeur naturelle. Il contient deux

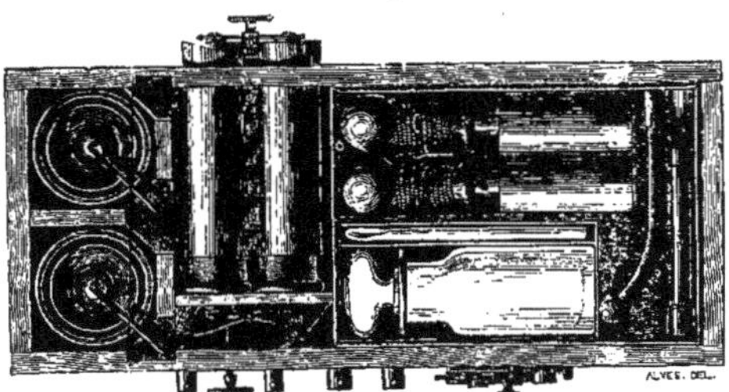

Fig. 448. — Appareil portatif de Ruhmkorff.

couples au sulfate de mercure, constitués par de petits godets en charbon de cornue à gaz, renfermant une bouillie de sel mercurique au milieu de laquelle plongent des disques épais de zinc. Il y a deux bobines d'induction qui fonctionnent de la même manière, et qu'on peut recouvrir plus ou moins complètement d'une enveloppe en cuivre; le courant inverse qui prend naissance dans cette gaine métallique affaiblit le courant des bobines en raison de l'étendue de la surface recouverte, en sorte qu'on peut graduer à volonté l'intensité du courant obtenu.

Le seul reproche qu'on puisse adresser à cet appareil, c'est d'avoir conservé saillants à l'extérieur les bornes auxquelles se fixent les rhéophores, la vis qui règle la rapidité des oscillations du trembleur et le mécanisme interrupteur à roue dentée.]

[**350ʰ. Appareil volta-faradique de Gaiffe (ancien modèle).** — Cet appareil, l'un des plus répandus, est encore moins volumineux que le précédent : il a le format d'un petit in-12 ; par suite, il est plus portatif. En outre, aucune pièce ne fait saillie à l'extérieur.

La figure 449 le représente au quart de sa grandeur naturelle, les deux volets du couvercle ouverts. La pile L se compose d'une petite auge rectan-

Fig. 449. — Appareil volta-faradique de Gaiffe (ancien modèle).

gulaire en gutta-percha, divisée en deux compartiments par une cloison transversale ; une plaque de charbon, incrustée dans le fond de chaque compartiment, représente l'élément positif, et une plaque de zinc, placée en guise de couvercle, constitue l'élément négatif ; de l'eau et un peu de sulfate de mercure complètent la pile qui comprend donc deux couples. L'auge, en gutta-percha, est serrée entre deux ressorts qui établissent les communications de la pile avec le fil inducteur de la bobine M ; autour de cette dernière s'enroule en même temps le fil fin dans lequel prennent naissance les courants induits ; R est le bouton du tube graduateur qui enveloppe le faisceau central de fer doux. Le trembleur se trouve en Q avec la vis O, qui permet de régler la fréquence des interruptions. Le bouton P forme la tête d'un ressort au moyen duquel on peut effectuer à la main des intermittences plus lentes. En N sont deux cylindres creux emboîtés l'un dans l'autre et qui, enlevés et séparés, constituent deux excitateurs, dans l'intérieur desquels on introduit des éponges humides. La case T renferme divers autres excitateurs et deux manches destinés à les tenir à la main. Les rhéophores, au lieu de s'attacher à des bornes métalliques, sont reçus dans de petites douilles de cuivre enfoncées dans l'épaisseur de la traverse saillante EF et en communication métallique avec les extrémités de l'hélice inductrice ou de l'hélice induite : suivant qu'on fait usage de tel ou tel système de trous, on obtient, soit l'extra-courant, soit les courants induits, soit la réunion de ces deux ordres de courants ; ainsi, le système marqué 1 donne l'extra-courant, le système 2 les courants du circuit induit ; pour recueillir simultanément ces deux ordres de courants, il faut placer les rhéophores dans les trous extrêmes marqués PP et NN. Enfin, on voit en K un tube de verre qui contient une petite provision de sel mercuriel, et à côté une cuiller destinée à le transporter dans la pile.]

[**350ⁱ. Appareil volta-faradique de Gaiffe (nouveau modèle).** — Dans ce nouvel appareil, de construction plus récente, M. Gaiffe a utilisé les qualités précieuses de la pile au chlorure d'argent dont nous avons donné la description au § 309ʲ, p. 668. Cette pile a sur celle au sulfate de mercure l'avantage inappréciable de ne fonctionner qu'autant que le circuit est fermé ; on peut, par conséquent, si le circuit est ouvert, la laisser montée et en place pendant un temps quelconque, sans craindre qu'elle ne perde de son activité.

La pile, la bobine d'induction et tous les accessoires sont contenus dans une boîte rectangulaire ABCD (fig. 450), de même format que l'ancien mo-

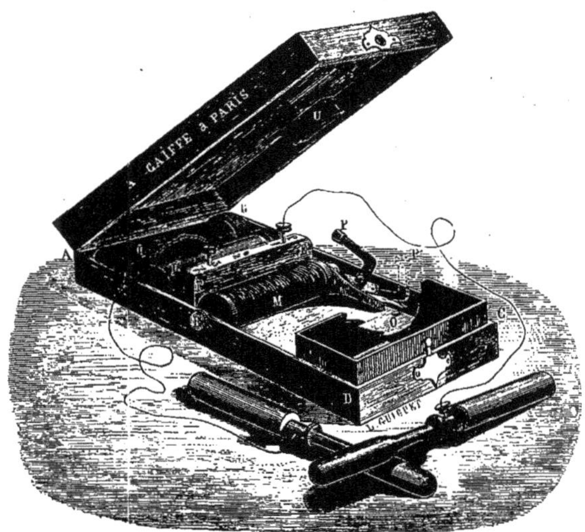

Fig. 450. — Appareil volta-faradique de Gaiffe (nouveau modèle).

dèle. Une traverse saillante EF divise l'intérieur de la boîte en deux parties. La première case renferme les deux couples électro-moteurs L, L', serrés entre la paroi AD et des ressorts qui établissent les communications. Dans la seconde case se trouve la bobine M, sur laquelle sont enroulés les fils inducteur et induit. Le tube graduateur se termine à l'extérieur par le bouton plat R. A l'autre extrémité de la bobine est placé le trembleur, dont la marche est commandée par un petit levier articulé P', qui peut s'incliner jusqu'en P'. Suivant l'inclinaison plus ou moins grande de cette pièce, le trembleur vibre plus ou moins rapidement ; dans la position P' le circuit est rompu d'une manière permanente, et on peut alors obtenir des intermittences espacées, en exerçant avec le doigt sur la tête du levier des pressions qui le mettent en communcation momentanée avec la petite vis O. La position P' est celle qu'on doit donner au levier lorsqu'on ne se sert pas de l'appareil ; la boîte porte, du reste, dans son couvercle, une pièce de bois U, qui l'empêche de se fermer, à moins que le levier n'occupe la position du repos. Des buttoirs limitent dans les deux sens la course du levier et garantissent contre les chances de dérangement de l'interrupteur.

Sur la traverse EF viennent aboutir, aux trous 1, 2 et 3, les extrémités des fils inducteur et induit. Le système 1 et 2 donne l'extra-courant qui naît dans le circuit inducteur; le système 2 et 3 fournit les courants induits; enfin, la combinaison 1 et 3 permet de recueillir les deux courants réunis. Les lettres P (positif) et N (négatif), imprimées sur la traverse, indiquent le sens des courants.]

[350ᴶ. **Appareil volta-faradique de Trouvé**. — Cet appareil est le plus petit, le plus mignon de tous ceux du même genre que l'on ait construits; c'est là ce qui, joint à l'indépendance et à la solidité de tous ses organes, ainsi qu'à la propreté de sa pile, en constitue le principal mérite aux yeux du praticien.

La figure 451 représente l'appareil en demi-grandeur, monté et prêt à fonctionner. La pile A, dont on voit la coupe en grandeur naturelle dans la figure 452, consiste en un étui de caoutchouc durci, qui se ferme hermétiquement à l'aide d'un couvercle vissé. A ce couvercle est fixé intérieurement un petit cylindre de zinc qui n'arrive pas tout à fait jusqu'à la moitié de la longueur de l'étui, et qui se continue avec un bouton métallique extérieur. La surface intérieure de l'étui est revêtue dans sa moitié supérieure d'une couche de charbon de cornue à gaz qui communique avec un bouton métallique latéral. On complète la pile en introduisant dans son intérieur environ trois grammes de sulfate mercurique et de l'eau jusqu'à mi-hauteur. L'étui étant placé droit, le zinc se trouve hors de l'eau et la pile ne peut fonctionner; pour la mettre en activité, il suffit de coucher l'étui horizontalement, car alors le liquide baigne les éléments zinc et charbon.

La bobine B (fig. 451) est recouverte d'un gros fil enroulé sur six couches, et d'un fil fin formant dix-huit couches. Une mince feuille de fer doux, roulée en hélice, comme dans le petit appareil de Duchenne, occupe l'axe de la bobine; un tube de cuivre, servant de graduateur, entoure le noyau de fer doux; on peut retirer plus ou moins le tube à l'aide du bouton O qui le termine. Les extrémités du gros fil aboutissent aux bornes M et M'; le courant de la pile est amené dans ce circuit par l'intermédiaire de cordons métalliques attachés, d'une part, aux bornes M et M', de l'autre, à de petites pinces P et P', entre les branches desquelles on engage les boutons métalliques qui font saillie à l'extérieur de la pile.

L'extrémité de la bobine, opposée à celle qui est munie des deux bornes indiquées ci-dessus, porte quatre autres bornes I, I', J, J', disposées en croix et destinées à recueillir les divers courants d'induction. L'un des cordons conducteurs s'attache invariablement à la borne I', qui est toujours négative; en fixant alors l'autre cordon successivement en J', I et J, on peut avoir : 1° le courant du gros fil seul ou l'extra-courant; 2° le courant induit du fil fin seul; 3° les deux courants réunis.

L'interrupteur, représenté (fig. 453) à une échelle double de sa dimension réelle, se fait remarquer par son petit volume et la précision avec laquelle il fonctionne. Occupant l'une des bases de la bobine, celle qui se trouve du côté des bornes M et M', il est préservé de toute violence extérieure par un

petit couvercle en caoutchouc durci, qui, dans la figure, a été enlevé pour
montrer à nu le trembleur A et le levier mobile V, dont la manœuvre
permet de faire varier entre certaines limites la rapidité des interruptions

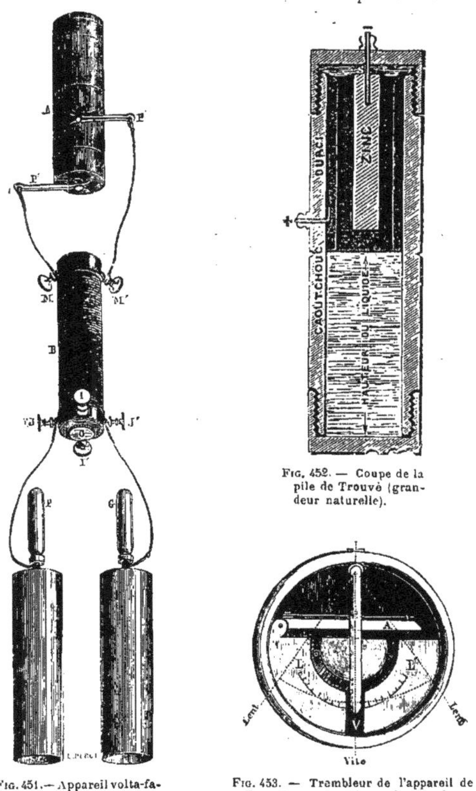

Fig. 451.— Appareil volta-faradique de Trouvé, monté
pour fonctionner (1/2 gr.).

Fig. 452. — Coupe de la
pile de Trouvé (gran-
deur naturelle).

Fig. 453. — Trembleur de l'appareil de
Trouvé, représenté au double de sa
grandeur.

du courant inducteur. Un petit ressort en platine maintient soulevé le contact
de fer doux qui constitue le trembleur, tandis qu'une goupille, fixée au levier, limite l'action du ressort. Suivant que le levier est plus ou moins
écarté, soit à droite, soit à gauche de la position perpendiculaire désignée
par la lettre V, les excursions du trembleur ont plus d'étendue, et, par conséquent, les oscillations sont plus lentes. C'est dans la position V que les

interruptions ont leur maximum de rapidité. Les vibrations du trembleur engendrent un petit bruit comparable au bourdonnement d'une grosse mouche. Si on désire produire des intermittences encore plus lentes et espacées au gré de l'opérateur, on enlève la pince P et on ferme à volonté le circuit de la pile, en appuyant directement le pôle libre sur un petit bouton en cuivre que porte la bobine entre M et M′.

Les diverses pièces qui composent l'appareil volta-faradiqne de Trouvé peuvent se ranger dans un portefeuille en cuir de petite dimension, constituant ainsi une *trousse électrique* très portative, que la figure 454 représente ouverte et en demi-grandeur naturelle. On voit en A la pile, en B les deux manipules ou poignées rentrant l'un dans l'autre avec la bobine dans leur intérieur, en C un tube de verre qui contient assez de sel mercuriel pour renouveler deux ou trois fois la pile; puis divers excitateurs, l'un D, à bout olivaire, un second en forme de brosse E; enfin, deux pinces F, G, destinées à recevoir des éponges renfermées dans la poche H avec les cordons conducteurs.

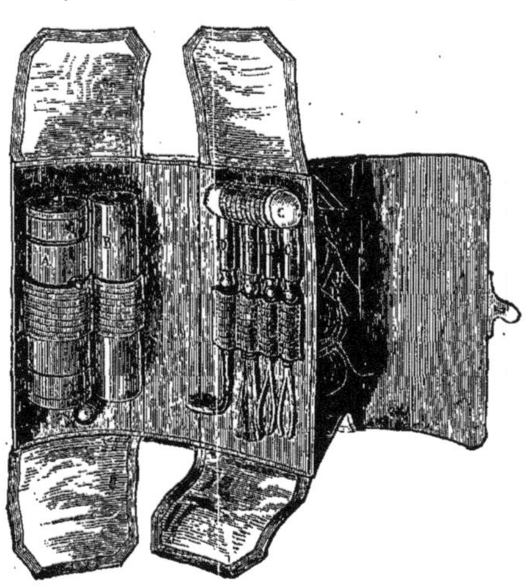

Fig. 454. — Trousse électrique de Trouvé (demi-grandeur) — A, Pile. — B, Poignées ou manipules emboîtés l'un dans l'autre et renfermant dans leur intérieur la bobine. — C. Tube contenant une petite provision de sulfate mercurique. — D, Excitateur en forme d'olive. — E, Excitateur en forme de brosse. — F, G, Deux pinces porte-éponges. — H, Cordons métalliques pour établir les communications.

Cet appareil, malgré ses petites dimensions, produit des secousses à peine tolérables; il est assez énergique pour décomposer l'eau. Fonctionnant avec deux couples, il atteint une puissance extrême considérable.]

351. Appareils d'induction magnéto-faradiques. — [Dans les appareils volta-faradiques l'induction est déterminée par la fermeture et la rupture alternatives d'un courant voltaïque; l'action de ce courant inducteur se trouve renforcée par celle d'un barreau de fer doux dont les aimantations et les désaimantations engendrées par les intermittences du courant possèdent la même vertu inductrice.] Dans les appareils magnéto-faradiques, un aimant permanent remplace le courant de la pile et le circuit inducteur. D'après ce que nous avons vu, § 345, toutes les fois qu'on approche ou qu'on éloigne brusquement le pôle d'un aimant d'un circuit fermé, il se développe dans ce dernier un courant induit instantané ; lorsque l'aimant se rapproche, on observe que le courant est inverse de celui qui existe autour du barreau magnétique, en assimilant celui-ci à un solénoïde, conformément à la théorie d'Ampère ; si l'aimant s'éloigne, le courant est direct. On obtient les mêmes effets en laissant à demeure, dans l'intérieur d'une bobine à un seul fil, un barreau de fer doux qu'on aimante et qu'on désaimante alternativement à l'aide d'un aimant permanent. [Au lieu de disposer l'hélice induite autour du barreau de fer doux, on peut aussi l'enrouler autour de l'aimant permanent, et faire tourner en regard des pôles de ce dernier une armature de fer doux ; nous savons, d'après l'observation de M. Page, que dans ces conditions, non-seulement le fer doux s'aimante temporairement, mais encore que cette aimantation réagit sur l'aimant permanent et y produit des modifications passagères de l'état magnétique, modifications sous l'influence des-quelles se développent des courants induits dans l'hélice enveloppante. C'est sur ces principes, appliqués séparément ou simultanément, que repose la construction de tous les appareils magnéto-faradiques ; tantôt la bobine d'induction entoure le barreau de fer doux, comme dans les appareils de Pixii, de Clarke, de Saxton ; tantôt le fil induit recouvre l'aimant permanent (appareil de Dujardin, de Breton, de Duchenne) ; enfin, l'appareil de Gaiffe réunit ces deux dispositions.

Nous allons décrire les principaux appareils magnéto-faradiques imaginés en vue des besoins de la médecine, laissant de côté les nouvelles machines plus puissantes de Nollet, de Siemens, de Wild, de Ladde, etc., destinées à d'autres usages, et notamment à l'éclairage électrique.

La première machine magnéto-faradique a été construite par Pixii, en 1832 ; puis sont venues celles de Saxton et de Clarke. Dans l'appareil de Pixii, l'aimant en fer à cheval est mobile autour d'un axe vertical, tandis que les bobines d'induction sont fixes. L'appareil de Saxton présente la disposition inverse : c'est l'aimant qui est fixe et placé horizontalement.

351ᵃ. Machine magnéto-faradique de Clarke. — La figure 455 donne une vue d'ensemble de cet appareil, qui n'est qu'un perfectionnement de celui de Saxton. En A se trouve un fort aimant composé de plusieurs lames d'acier, et fixé verticalement à une planchette en bois. Devant cet aimant et au niveau de ses pôles se meuvent deux bobines en bois B et B', dont les axes en fer doux sont implantés sur une plaque transversale V, du même métal. Sur chaque bobine est enroulé un fil de cuivre recouvert de soie, et faisant un très grand nombre de tours ; le sens de l'enroulement est indifférent en lui-même, pourvu qu'on ait soin de réunir les extrémités des fils de manière que les courants de direction contraire qui prennent naissance au même instant dans les deux bobines ne se contrarient pas mutuellement. Si les deux hélices sont enroulées en sens opposé, l'une étant *dextrorsum* et l'autre *sinistrorsum* ; si, d'autre part, on veut associer les bobines en batterie, on fait aboutir le bout terminal de chaque fil à l'axe de cuivre *k* (fig. 461), qui est perpendiculaire au milieu de la plaque V de fer doux ; les deux autres bouts viennent se fixer à une virole en cuivre *q*, qui entoure l'axe *k*, mais qui en est séparée par un cylindre d'ivoire J. En avant de la virole *q* se trouve un *commutateur* destiné à ramener dans la même direc-

tion les courants qui, sur chaque bobine, changent de sens à chaque demi-
révolution; nous décrirons plus loin le mécanisme de cette partie de l'appareil.
Les faces des bobines qui regardent l'aimant sont reliées par une plaque de
cuivre ; celle - ci
porte en son milieu,
sur le prolonge-
ment de l'axe du
commutateur, un
arbre métallique
qui passe entre les
branches de l'ai-
mant et se termine
derrière la plan-
chette verticale par
une poulie, à la-
quelle on trans-
met un mouvement
de rotation au
moyen d'une cour-
roie sans fin et
d'une grande roue
R (fig. 455) mue
par une manivelle.
Pour nous rendre

Fig. 455. — Appareil magnéto-faradique de Clarke.

compte de la manière dont les courants induits se succèdent dans l'ap -
pareil, il suffit de suivre la marche de l'une des bobines, B par exemple,
pendant qu'elle accomplit une révolution entière devant les pôles de
l'aimant fixe. Prenons comme position initiale celle où la droite qui
joint les axes des deux bobines est parallèle à la ligne des pôles austral
et boréal de l'aimant, et supposons la bobine B située devant le pôle
austral a : le noyau de fer doux correspondant sera aimanté de manière
à avoir son pôle boréal en regard de l'aimant fixe, et les courants magnétiques y circuleront dans le sens indiqué par la petite flèche b' (fig. 456) en
supposant les bobines situées en avant de l'aimant $a\,b$. Le mouvement de
rotation du système éloigne la bobine du pôle a de l'aimant; le magnétisme
du fer doux va donc en décroissant progressivement et cette diminution
développe dans le fil de la bobine un courant induit de même sens que
le courant magnétique, comme l'indique la flèche B de la fig. 456. Au
moment où la droite qui joint les axes des bobines est perpendiculaire à
la ligne des pôles de l'aimant, le magnétisme du fer doux est nul, puisque
ce dernier se trouve à égale distance de deux pôles de nom contraire. La
rotation continuant, l'action du pôle boréal b de l'aimant devient prédomi-
nante, et le fer doux, s'aimantant en sens contraire, prend un pôle austral;
le courant magnétique a alors la direction de la petite flèche a' (fig. 457);
mais comme le magnétisme augmente à mesure que le fer doux se rapproche
du pôle fixe, le courant développé dans le fil de la bobine est inverse de celui
de l'aimant, et par conséquent de même sens que celui qui a pris naissance
pendant le premier quart de révolution. Ainsi, durant la première demi-

révolution, le fil enroulé sur la bobine B a été parcouru successivement par deux courants induits d'intensité variable, mais de même sens; et si la rotation est assez rapide pour qu'il n'y ait pas d'interruption sensible entre les deux courants, on pourra les confondre en un seul. — En appliquant le même raisonnement aux fig. 458 et 459, on verrait que pendant la demi-révolution suivante le fil induit est encore parcouru par un courant, mais de direction opposée à celle du courant engendré pendant la demi-révolution précédente.

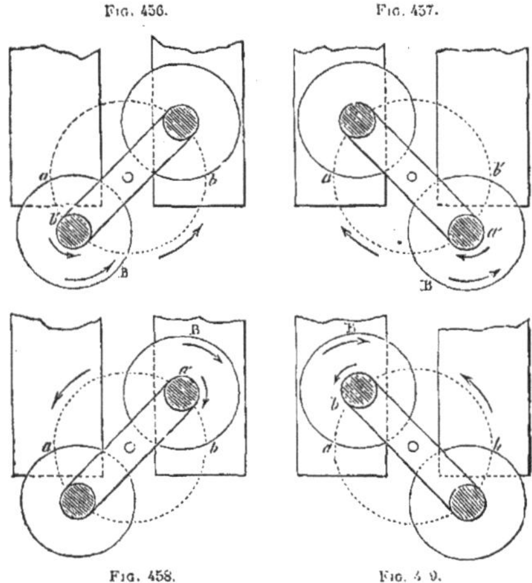

Fig. 456.　　　　　Fig. 457.

Fig. 458.　　　　　Fig. 459.

En résumé, dans le cours d'une révolution entière le courant induit est alternativement dirigé dans un sens et dans l'autre. Le même effet se produit sur l'autre bobine B', avec cette différence que le courant y est toujours de sens inverse à celui qui, au même instant, traverse la bobine B. Par conséquent, chaque bout du fil de chacune des bobines est alternativement positif et négatif.

Ces explications étant données, il reste à montrer de quelle manière le commutateur ramène dans une même direction les courants de sens alternativement contraire qui se développent dans les bobines; cette partie de l'appareil

Fig. 460. — Commutateur de l'appareil de Clarke, vu en perspective.

se trouve représentée en perspective dans la fig. 460, et en coupe dans la fig. 461. Nous avons déjà dit que les deux bouts des fils qui possèdent au même instant la même espèce d'électricité, soit positive, soit négative,

aboutissent à l'axe métallique *k* (fig. 461), tandis que les deux autres bouts,
qui restent aussi toujours de même signe l'un par rapport à l'autre, se fixent
à la virole de laiton *q* (fig. 460 et 461). Par conséquent, l'axe *k* et la virole
q représentent des pôles voltaïques constamment de nom contraire, mais qui
prennent la place l'un de l'autre à chaque demi-révolution des bobines. En
avant de la virole *q* (fig. 461), sur le cylindre d'ivoire J qui enveloppe l'axe *k*,
sont fixées deux demi-viroles *o, o'*, aussi de laiton et complétement isolées l'une
de l'autre; la seconde *o'* communique avec l'axe *k* par une vis *r* (fig. 461),
tandis qu'un languette métallique *x* relie la demi-virole *o* à la pièce *q*. Ces
demi-viroles sont donc elles-mêmes alternativement positives et négatives. Au-
dessous du commutateur et reposant sur le socle en bois qui supporte toutes
les pièces de l'appareil, se trouvent deux plaques de laiton *m, n* (fig. 460),

séparées l'une de l'autre par un
bloc isolant de bois M; deux
ressorts métalliques *b* et *c* font
communiquer chacune de ces
plaques avec une des demi-viroles. Par suite du mouvement de
rotation qui est transmis au
commutateur, chaque ressort
se trouve successivement en
contact avec les deux pièces
o, o'; ces dernières sont d'ailleurs disposées de telle sorte
qu'à l'instant même où leur

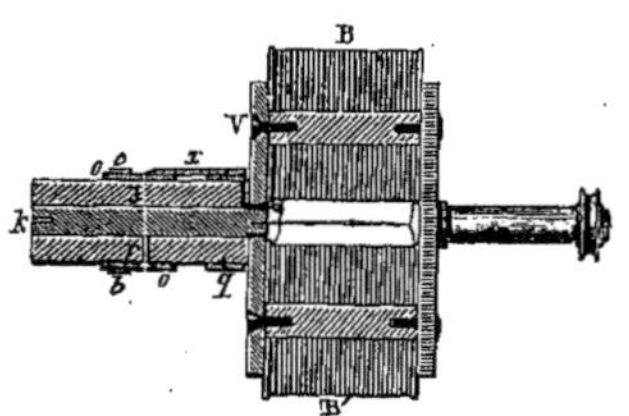

Fig. 461. — Commutateur de l'appareil de Clarke
(coupe faite suivant l'axe de rotation).

électricité change de signe, elles abandonnent l'un des ressorts pour se
mettre en rapport avec l'autre; de cette manière c'est toujours le même
pôle voltaïque qui communique avec le même ressort. Il en résulte que
la plaque *m* reste, par exemple, constamment positive, et la plaque *n*
constamment négative. Pour fermer le circuit et permettre ainsi l'établissement du courant, il suffit de réunir les deux plaques par un fil conjonctif *p* (fig. 460) ou par tout autre système de conducteurs. On obtient
ainsi un courant continu, dont la direction reste constante, mais dont
l'intensité présente des variations périodiques.

Quand on veut se servir de l'appareil de Clarke pour produire des commo -
tions énergiques, le dispositif précédent n'est pas suffisant; il faut y adjoindre
un ensemble de pièces qui constituent le *disjoncteur*, et qui ont pour effet
de déterminer des interruptions du courant des bobines et d'engendrer ainsi
un extra-courant. Dans ce but, sur le cylindre d'ivoire J (fig. 460), en
avant du commutateur, sont fixés deux appendices métalliques, dont un
seul *i* est visible sur la figure. Ces pièces auxiliaires sont isolées l'une de
l'autre et situées aux extrémités d'un même diamètre; mais chacune d'elles
communique avec la demi-virole opposée. Enfin, un troisième ressort *a*
(fig. 455) vient s'appuyer sur la circonférence du cylindre d'ivoire où sont
fixés les appendices en question. Toutes les fois que le ressort *a* touche l'un
des appendices, il est en communication avec la demi-virole que presse le
ressort opposé *b*; en conséquence le circuit se trouve fermé par l'intermédiaire
de la plaque *n*, et le courant circule dans l'intérieur de l'appareil. Mais sitôt

que le ressort *a* cesse d'ètre en contact avec l'un ou l'autre des appendices, le circuit est ouvert, et le courant, accompagné d'un extra-courant de rupture, se précipite dans le circuit dérivé constitué par les rhéophores munis d'excitateurs P P, et par le corps du sujet en expérience auquel ces excitateurs aboutissent. L'extra-courant ainsi obtenu produit des effets bien plus énergiques que le courant induit lui-même; il est déjà très sensible dans les appareils où les courants induits ne possèdent pas d'intensité appréciable. C'est pour cela que dans les machines magnéto-faradiques on a recours de préférence à l'extra-courant pour produire des effets physiologiques.

· Quand la résistance du circuit extérieur a une grande valeur, et tel est précisément le cas qui se présente dans les expériences physiologiques et thérapeutiques, il faut associer les deux bobines en *série*, afin d'augmenter la résistance intérieure. Pour obtenir ce résultat, on joint ensemble le bout terminal du fil de l'une des bobines avec le bout initial de l'autre, si l'enroulement est en sens contraire, ou les deux bouts terminaux, si le fil s'enroule dans le même sens sur les deux bobines; de cette manière les bouts qui se font suite passent au même instant par des états électriques de signe contraire, en sorte que les deux fils forment un seul circuit, dont la longueur est égale à la somme des circuits de chaque bobine; ce circuit total est parcouru par deux courants qui changent de sens à chaque demi-révolution, mais qui restent toujours de même sens l'un par rapport à l'autre. Quant aux autres bouts des fils, l'un d'eux va se fixer à l'axe *k* du commutateur et l'autre à la virole *q*.

En associant les bobines en *batterie* ou en *quantité*, comme nous l'avons supposé dans la description de la machine de Clarke, on a un circuit moitié moins long et de section double : la résistance est alors bien moindre, et ce dernier dispositif convient toutes les fois que la résistance extérieure est aussi très faible; le cas se présente dans la production des effets lumineux et calorifiques.

[Pour les effets physiologiques et chimiques, le fil des bobines est fin et long (500 à 600 mètres sur chaque bobine). Pour les effets physiques, au contraire, un fil gros et court (25 à 30 mètres) est préférable.]

Il est souvent difficile de juger de la direction du courant d'après le sens de l'enroulement des fils sur les bobines. Un moyen pratique pour reconnaître cette direction consiste à faire plonger les deux électrodes dans de l'empois d'amidon ioduré; le pôle positif se décèle alors par la coloration bleue qui se développe dans son voisinage immédiat, et qui est due à l'action de l'iode mis en liberté sur l'amidon; le même procédé est applicable aux appareils d'induction volta-faradiques.

[**351ᵇ. Appareil magnéto-faradique de Breton frères.** — Un des premiers appareils magnéto-faradiques facilement transportables qui aient été mis au service de la pratique médicale est celui de Breton, dans lequel les courants d'induction sont engendrés par la méthode de Page, c'est-à-dire par les variations que subit l'état magnétique d'un aimant placé en regard d'un barreau de fer doux en mouvement (cf. § 351).

La figure 462 représente l'appareil de Breton. En regard des extrémités polaires d'un puissant aimant en fer à cheval A, se trouve une plaque rectangulaire de fer doux P, montée perpendiculairement sur un axe horizontal; un mouvement de rotation très rapide est communiqué à cette plaque par une roue dentée E, que l'on fait tourner avec la main à l'aide de la manivelle MD, et qui commande le pignon F par l'intermédiaire d'une chaîne sans fin. Les branches de l'aimant sont engagées dans l'intérieur des bobines d'induction B, B', sur chacune desquelles s'enroulent deux fils, l'un gros et assez court, l'autre fin et beaucoup plus long, superposé au premier. On

a ainsi deux circuits dans lesquels l'aimant développe des courants induits
dont les effets ne sont pas tout à fait les mêmes, ce qui tient à la différence
de résistance des fils : les courants du fil gros et court ne donnent que de
faibles commotions, tandis que ceux du fil long en déterminent d'énergiques.

On peut à volonté
recueillir les courants
de l'un ou l'autre cir-
cuit, suivant la ma-
nière dont on établit
les communications
entre les diverses par-
ties de l'appareil. En
G et G' sont des bornes
auxquelles se fixent
les rhéophores.

Quand on ne veut
employer que les cou-
rants d'un même sens,
on introduit dans le
circuit le rhéotome
C, qui consiste en une
roue dont le contour
est alternativement en
bois et en métal ; cette
roue reçoit son mou-
vement de rotation de
la manivelle M qui
fait tourner l'arma-
ture de fer doux, et sa

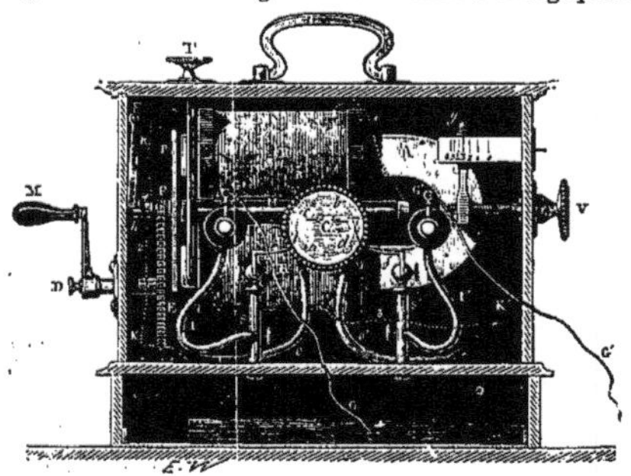

Fig. 462. — Appareil magnéto-faradique de Breton frères. — A. Aimant
fixe en fer à cheval. — B, B'. Bobines d'induction traversées par les
branches de l'aimant et recouvertes chacune de deux fils enroulés en
hélice, l'un fin et long, l'autre gros et court. — C. Roue dont le contour est alternativement en bois et en métal, et qu'on introduit dans
le circuit, quand on ne veut recueillir que des courants de même sens.
— D. Axe de la roue dentée E qui commande le pignon F. — G, G'.
Bornes où se fixent les rhéophores. — H. Axe qui porte la plaque de
fer doux et qui transmet le mouvement de rotation au rhéotome C. —
M. Manivelle qui sert à mettre en mouvement la roue dentée. — P.
Plaque de fer doux tournant devant le pôle de l'aimant. — T. Bouton
qui supporte une tige en fer doux. — V. Vis de rappel pour régler la
distance de la plaque P à l'aimant. — Les autres pièces sont des conducteurs rigides ou flexibles destinés à établir les communications nécessaires entre les parties précédentes.

vitesse est telle que les courants d'un certain sens passent par les parties
métalliques, tandis que les courants de sens opposé sont interceptés par
le bois.

Pour graduer l'intensité des courants induits développés, on manœuvre
la vis de rappel V, qui permet d'approcher ou d'éloigner plus ou moins
l'aimant A de l'armature de fer doux P ; les distances sont données par un
index g, qui se meut le long d'une échelle divisée. En outre, une tige de fer
doux, suspendue au bouton T, peut être appliquée latéralement contre les
pôles de l'aimant ; dans cette position elle prend un état magnétique opposé
à celui de l'aimant et amoindrit ainsi l'action inductrice de ce dernier sur le
fil des bobines.]

[351ᶜ. **Appareil magnéto-faradique de Duchenne.** — Indépendamment des deux
appareils volta-faradiques dont nous avons donné la description §§ 350ᵈ et
350ᵉ, M. Duchenne (de Boulogne) a imaginé un grand appareil magnéto-faradique d'une construction assez compliquée, mais remarquable par les
moyens qu'il met à la disposition de l'opérateur pour varier et graduer
l'énergie des effets produits.

L'appareil de Duchenne repose sur le même principe que ceux de Dujardin
et de Breton : la rotation d'une armature de fer doux en regard des pôles

d'un aimant permanent. Dans l'appareil de Duchenne (fig. 463), l'aimant est
formé de deux branches cylindriques, parallèles, disposées horizontalement
et réunies à leurs extrémités postérieures par une plaque transversale de
fer doux. Deux bobines E, E entourent les branches de l'aimant ; chaque
bobine est recouverte de deux hé'ices superposées, l'une formée d'un fil de
cuivre de $^1/_2$ millimètre d'épaisseur et de 24 mètres de longueur, l'autre d'un

Fig. 463. — Appareil magnétique de Duchenne.

fil de $^1/_6$ de millimètre de diamètre et de 600 mètres de long. L'armature en
fer doux est mise en mouvement par un mécanisme composé d'une manivelle M portée par l'axe d'une grande roue A, divisée sur sa circonférence
en 64 dents et reliée par une chaîne sans fin à une petite roue à pivot
armée de 8 dents. Les rhéophores se fixent aux bornes P et P', entre
lesquelles se trouve un commutateur U, qui permet de recueillir à volonté le
courant du gros fil ou celui du fil fin, suivant le sens dans lequel on tourne le
bouton T ; ce commutateur est construit comme celui de l'appareil volta-
faradique du même auteur.

Un rhéotome placé dans le circuit du gros fil de chaque bobine détermine
des interruptions du courant, au nombre de 2 ou 4 par révolution. Ce rhéotome consiste en un cylindre de bois B monté sur l'arbre qui porte l'armature
de fer doux et tournant en même temps que celle-ci ; une virole métallique
munie de quatre dents également espacées et dont deux sont plus courtes que
les autres, enveloppe le cylindre de bois. Un ressort S, auquel aboutit l'une
des extrémités du gros fil, s'appuie sur la partie pleine de la virole ; un
second ressort S', en communication avec l'autre bout du même fil, presse
contre la partie du cylindre en bois, sur laquelle sont les prolongements
métalliques de la virole ; on peut, à volonté, disposer ce ressort de manière
que pendant la durée d'une révolution de l'armature il rencontre les quatre
dents ou seulement deux. Toutes les fois que le ressort S' touche une dent,
le circuit du gros fil se trouve fermé et le courant développé sous l'influence
de la variation de l'état magnétique de l'aimant circule dans l'intérieur de
l'hélice ; au contraire, lorsque le ressort abandonne une dent pour se mettre

en contact avec le bois du rhéotome, le circuit primitif est interrompu et le courant ne peut plus passer par le même chemin que précédemment. Mais, si une autre voie s'offre à lui, il s'y engage sous forme d'extra-courant de rupture. La disposition qui permet de recueillir cet extra-courant est la suivante : une plaque horizontale de laiton G, qui porte l'armature en fer doux, le rhéotome et tout le mécanisme moteur, se trouve en communication métallique, d'une part, avec l'extrémité du gros fil qui aboutit au ressort S, d'autre part, avec le commutateur U, par l'intermédiaire de ce que M. Duchenne appelle le *régulateur des intermittences*. Cette partie de l'appareil consiste en un axe métallique qu'on peut faire tourner à l'aide du bouton D et qui porte deux ressorts : l'un, supérieur et long, I, dont nous indiquerons plus loin l'usage ; l'autre plus court et dirigé vers la plaque G, contre laquelle il presse, quand la position du bouton D est convenable. Un fil métallique part du régulateur des intermittences pour se rendre au commutateur U, et de là à l'une des bornes P ou P' ; de son côté, le ressort S' est relié au commutateur par un fil métallique. On a ainsi un circuit dérivé extérieur, dans lequel le courant du gros fil se précipite quand il ne peut plus passer directement par le rhéotome.

Le régulateur des intermittences étant placé comme nous venons de le supposer, on recueille autant d'extra-courants que le rhéotome produit d'interruptions, c'est-à-dire deux ou quatre par révolution de l'armature de fer doux, seize ou trente-deux par chaque tour de la grande roue. Si on veut avoir des intermittences plus espacées, il suffit de faire tourner le bouton D, de gauche à droite, de manière que le ressort inférieur quitte la plaque G, tandis que le ressort supérieur I rencontre successivement, soit deux, soit quatre goupilles a, a, fixées sur la roue A, à des distances égales. Dans ces nouvelles conditions, l'extra-courant de rupture n'est pas recueilli à chaque interruption produite par la rotation du rhéotome ; il ne passe dans le circuit extérieur, dont fait partie le corps, que lorsque ce circuit est fermé par le contact du ressort I avec l'une des goupilles de la grande roue.

Quand au fil long et fin, il est complètement indépendant du gros fil et sans communication avec le rhéotome ; il correspond au fil induit des appareils volta-faradiques. Les courants qui y prennent naissance ont une origine en quelque sorte mixte, savoir, l'influence des variations magnétiques de l'aimant et l'action inductrice du courant qui s'établit et s'interrompt alternativement dans le gros fil. L'une des extrémités du fil fin aboutit au commutateur des hélices U, et par suite à la borne P, l'autre se termine à la plaque G et se trouve ainsi en communication avec la borne P', par l'intermédiaire du régulateur des intermittences.

M. Duchenne a recours à deux moyens pour graduer l'intensité des courants fournis par son appareil. Un premier moyen consiste à faire varier la distance qui sépare l'armature de fer doux de l'aimant ; à cet effet, une vis de rappel N, que l'auteur nomme *régulateur de l'armature*, permet d'approcher ou d'éloigner la plaque G qui porte l'armature et son mécanisme moteur. La seconde méthode de graduation repose sur l'emploi de deux manchons en cuivre H, H, qu'on fait glisser à l'aide de la tige R, de manière à recouvrir les bobines sur une étendue plus ou moins considérable.

Quand on ne sert pas de l'appareil, il faut mettre l'armature en contact avec les pôles de l'aimant permanent et en même temps exercer sur cette armature une certaine traction, afin d'entretenir la puissance de l'aimant ; c'est dans ce but qu'on fixe sur la tête de la vis de rappel N un petit levier courbe, à l'extrémité duquel est suspendu un sceau C, renfermant des balles de plomb ; le poids du sceau ainsi chargé tend à faire tourner la vis dans le sens voulu pour que l'armature soit sollicitée à se séparer de l'aimant, ce qui arriverait si la charge était trop forte.]

[351ᵈ. **Appareil magnéto-faradique de Gaiffe.** — Cet appareil, représenté dans la figure 464, réunit les dispositions fondamentales des appareils de Clarke

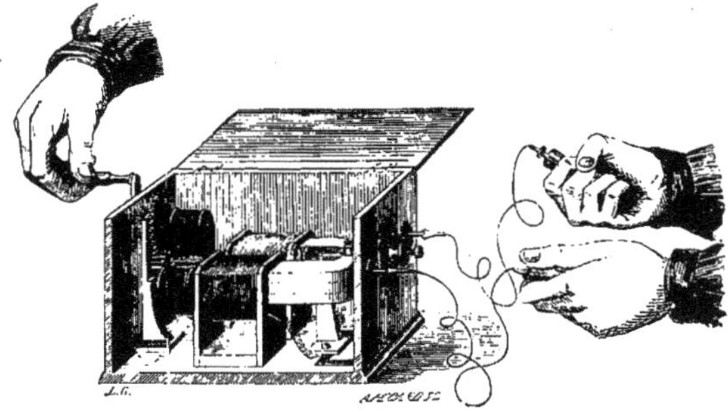

Fig. 464. — Appareil magnéto-faradique de Gaiffe.

et de Breton ; non-seulement les branches de l'aimant permanent et fixe y sont entourées d'hélices conductrices, mais encore l'armature mobile porte à ses extrémités deux bobines d'induction. Les courants induits développés dans les deux systèmes de bobines peuvent être recueillis, à volonté, séparément ou ensemble. La puissance de l'appareil se trouve ainsi accrue, sans qu'il soit nécessaire d'en augmenter les dimensions.]

[351ᵉ. **Influence de la vitesse de rotation sur l'intensité des effets produits par les machines magnéto-faradiques.** — Quand on augmente la vitesse de rotation des appareils magnéto-faradiques, on accroît l'intensité des effets qu'il produisent, non seulement parce que les courants induits se succèdent plus rapidement, mais encore parce que chacun d'eux individuellement augmente d'intensité. Toutefois il existe, d'après M. Lenz et M. de La Rive. un maximum de vitesse au delà duquel les effets diminuent d'énergie, et ce maximum dépend de la résistance du circuit induit ; plus la résistance est grande, moins la valeur de la vitesse maxima est élevée. Enfin, la vitesse de rotation qui correspond au maximum des effets dépend aussi de la rapidité avec laquelle le fer change d'état magnétique ; il peut même arriver que le fer, s'il n'est pas parfaitement doux, n'ait pas le temps de s'aimanter et de revenir à l'état neutre pendant la durée de chaque demi tour, et qu'alors aucun courant induit ne puisse prendre naissance.]

[351ᶠ. **Comparaison entre les appareils volta-faradiques et magnéto-faradiques.** — Nous empruntons à l'article ELECTRICITÉ, publié par Buignet, dans le *Nouveau Dictionnaire de médecine et de chirurgie*, les considérations suivantes qui nous paraissent avoir une certaine importance pratique.

« Il n'est pas sans intérêt d'examiner comparativement les deux systèmes d'appareils d'induction que nous venons de décrire. Tous deux rentrent, en réalité, dans un type commun, puisque, dans les uns comme dans les autres on se propose d'obtenir, soit par une force mécanique, soit par l'électricité d'une pile, un courant initial, dont la rupture détermine ensuite un extra-courant que l'on utilise de diverses manières. Dans les uns comme dans les autres, l'action est considérablement renforcée par la présence d'un fer doux dans l'hélice inductrice.

« Les appareils volta-faradiques diffèrent, toutefois, des appareils magnéto-faradiques par la rapidité des intermittences et par l'instantanéité des courants. Au premier abord, il semble que les appareils magnéto-faradiques permettent de graduer à volonté la fréquence des interruptions, puisque celle-ci est intimement liée à la rapidité du mouvement de la manivelle; mais il arrive que lorsqu'on diminue la vitesse de rotation, et, par suite, le nombre d'interruptions qui se produisent dans l'unité de temps, on diminue aussi l'intensité des effets, puisqu'on rend plus lent le mouvement qui détermine les variations de l'aimantation. Il faut alors, si l'on veut con-server l'intensité constante, tout en faisant varier le nombre des intermit-tences, rapprocher les armatures à mesure que la vitesse de rotation dimi-nue ; ce rapprochement doit se faire suivant une loi qui est encore inconnue.

« Les appareils volta-faradiques l'emportent donc sur les appareils ma-gnéto-faradiques, en ce sens que l'on peut y faire varier la fréquence des intermittences, sans changer l'intensité du courant, et en ce sens aussi que, les interruptions étant automatiques dans la plupart des cas, on peut sou-tenir les effets pendant un temps assez long sans l'intervention directe de l'opérateur, avantage qui compense largement l'inconvénient attaché à l'emploi d'une pile. Du reste, les piles dont on fait usage aujourd'hui n'exigent aucun soin immédiat, et permettent la mise en œuvre de l'appareil d'une manière aussi prompte que cela a lieu pour les appareils magnéto-faradiques. »]

352. Effets d'induction unipolaire. —Dans les appareils volta-faradiques, l'éta-blissement ou la rupture du courant inducteur ne peuvent engendrer de courant dans le circuit induit quand celui-ci est ouvert. Néanmoins, même dans ces conditions, à l'instant où le courant inducteur éprouve une variation dans un sens ou dans l'autre, il s'opère dans le fil induit une séparation des électricités de nom contraire : le fluide positif se porte vers l'une des extré-mités et le fluide négatif vers l'autre bout du fil. Si, à ce moment, on approche les deux bouts polaires l'un de l'autre, la recomposition des deux électricités a lieu avec production d'une étincelle. Laisse-t-on, au contraire, les extré-mités du fil induit éloignées l'une de l'autre, les fluides électriques reviennent sur leur pas et se neutralisent dans l'intérieur du fil, dès que l'état variable du courant inducteur a disparu.

Quand l'action inductrice a une grande puissance, la quantité d'électri-cité qui s'accumule ainsi à chaque extrémité du fil induit est très consi-dérable; en présentant alors à un seul pôle, immédiatement après l'éta-blissement ou la rupture du courant inducteur, un conducteur en commu-nication avec le sol, on peut obtenir une décharge électrique tout à fait semblable à celle que fournissent la bouteille de Leyde ou les machines électriques.

Si l'on veut que l'induction qui se produit à la fermeture du courant donne une décharge de force notable, on doit employer des bobines d'induction très puissantes; c'est pourquoi aussi les appareils volta-faradiques, dans lesquels la rupture du courant coïncide avec la fermeture d'un circuit dérivé, ne donnent pas, en général, des effets appréciables d'induction unipolaire. A l'ouverture du courant, ces effets n'acquièrent une intensité notable, dans les appareils de force moyenne, que si l'on opère la décharge du pôle en expérience, à l'aide d'un conducteur communiquant avec le sol; lorsqu'on se sert d'un conducteur parfaitement isolé, il ne se produit pas d'étincelle unipolaire, à moins que l'appareil ne soit d'une très grande puissance.

Les effets d'induction unipolaire peuvent devenir très gênants, quand l'appareil volta-faradique est employé à exciter les nerfs ou les muscles, car alors l'excitation ne reste pas limitée aux parties qui se trouvent placées entre les deux points d'application des électrodes; elle s'étend au delà à une distance indéterminée. Un moyen qui suffit ordinairement pour parer à cet inconvénient, consiste à isoler les parties qu'on veut faradiser; on arrive encore plus sûrement à supprimer l'influence fâcheuse des effets d'induction unipolaire, en faisant usage du dispositif dont il a été parlé plus haut (§ 350ᶜ).

De nos jours, on a très souvent recours aux effets unipolaires des appareils d'induction pour se procurer de l'électricité statique. Les étincelles obtenues par ce moyen sont au moins aussi fortes, sinon plus, que celles des machines électriques les plus puissantes, et elles ont, en outre, l'avantage de n'être soumises à aucune de ces influences multiples, telles que la température, l'humidité, etc., qui agissent si défavorablement sur les machines électriques ordinaires. De tous les appareils d'induction destinés à la production des effets de tension unipolaire, les plus puissants sont ceux que construit M. Ruhmkorff, à Paris, et qui sont connus sous le nom de *bobine de Ruhmkorff*.

[**352ᵃ. Bobine de Ruhmkorff**[1]. — Construite d'après le principe fondamental de tous les appareils volta-faradiques, la bobine de Ruhmkorff est redevable de la supériorité de ses effets de tension à la bonne proportion de ses différentes parties constituantes et à la réunion d'une série de perfectionnements empruntés à divers physiciens; et dont les plus importants consistent dans le cloisonnement de la bobine, d'après le système de Ritchie, dans l'adjonction d'un condensateur dont l'idée est due à Fizeau, et dans l'emploi de l'interrupteur à mercure imaginé par Foucault.

La figure 465 représente une bobine de Ruhmkorff de grand modèle, pouvant donner des étincelles de 50 centimètres de long à l'air libre, et de plus de 10 mètres dans des tubes à air raréfié. Sur la bobine se trouvent enroulées deux hélices concentriques et superposées: l'intérieure, jouant le rôle de circuit inducteur, est formée d'un fil de cuivre gros et court (3 millimètres de diamètre). L'hélice extérieure se compose d'un fil de cuivre de $^1/_{10}$ de millimètre d'épaisseur et de 100 kilomètres de longueur; les spires de ce fil, au lieu d'être rangées les unes à côté des autres horizontalement, et de former ainsi une série de couches superposées occupant chacune toute la longueur de la bobine, sont disposées par groupes, de manière à constituer

---

(1) Du MONCEL, *Notice sur l'appareil d'induction électrique de Ruhmkorff*, 5ᵉ édit. Paris, 1867.

autant de tranches circulaires dont l'épaisseur ne comprend que quatre ou
cinq tours de fil ; chacune de ses tranches représente en quelque sorte une
petite bobine, qui n'est reliée aux voisines que par des fils réunissant les
deux bouts des spirales contiguës. Ce cloisonnement de la bobine a pour
but d'empêcher la production de décharges latérales entre deux couches de
spires ; dans le système d'enroulement habituel, où les spires superposées
aux extrémités de la bobine se trouvent, relativement les unes aux autres,
dans des états de tension électrique très différents, les décharges latérales
peuvent survenir et détruire l'isolement des spires. Le fil de cuivre est
recouvert de soie et enduit d'un vernis à la gomme laque ; du papier ciré

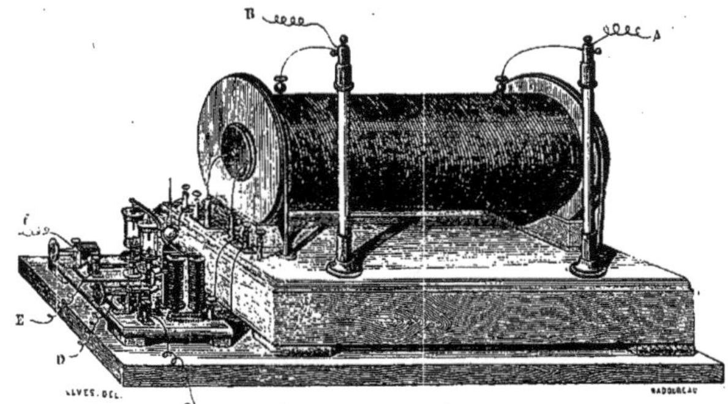

Fig. 465. — Bobine de Ruhmkorff.

complète l'isolement entre les différentes tranches et les différentes couches ;
en outre, un tube de verre, à parois épaisses, sépare l'hélice induite de
l'hélice inductrice. L'axe de la bobine est rempli par un faisceau de fils de
fer doux.

Les extrémités du fil induit aboutissent à deux bornes A et B, montées
sur des pieds de verre et représentant les pôles de l'appareil. Quant aux
bouts du gros fil, ils sont mis en communication avec les pôles d'une pile
de Bunsen, par l'intermédiaire d'un commutateur et d'un interrupteur à
mercure.

L'interrupteur, imaginé par Foucault, se compose d'un trembleur de Neef,
qui fonctionne indépendamment du courant inducteur et qui nécessite en conséquence une pile spéciale formée par un couple unique de Bunsen. Dans la
figure, C et D sont les rhéophores de cette pile. La tige du trembleur est
portée vers son milieu par une lame élastique verticale pouvant osciller
autour de son extrémité inférieure ; cette lame est en communication métallique, d'une part avec l'un des bouts du gros fil de la bobine, d'autre part
avec l'une des extrémités de l'hélice enroulée autour de l'électro-aimant du
trembleur. De la portion de la tige opposée à celle qui se termine par le marteau descendent deux pointes de platine ; chacune d'elles plonge dans un

vase de verre renfermant du mercure surmonté d'une couche d'alcool. Le fond métallique d'un de ces verres communique avec le commutateur placé sur le trajet du circuit de la pile qui fournit le courant inducteur ; le fond de l'autre vase est relié à un second commutateur annexé au trembleur. Quand les pointes sont immergées dans le mercure, le circuit inducteur et celui du trembleur sont fermés l'un et l'autre ; mais aussitôt le marteau du trembleur, étant attiré par le petit électro-aimant, fait incliner la lame oscillante de son côté et l'autre extrémité du balancier se relève, entraînant avec elle les pointes de platine qui émergent du mercure ; le courant se trouve alors subitement interrompu et dans le circuit inducteur de la bobine et dans celui de l'électro-aimant. Le trembleur revient à sa position première et ainsi de suite. L'alcool a pour but d'empêcher l'oxydation du mercure.

La disposition habituelle du trembleur de Neef ne saurait convenir à la grande bobine de Ruhmkorff, car le développement de l'électricité atteint dans cet appareil un tel degré d'énergie, que les lames de platine qui garnissent le marteau et l'enclume se détérioreraient rapidement et pourraient même se souder; l'interrupteur de Foucault présente un autre avantage, celui de produire des interruptions plus brusques. M. Gaiffe a disposé l'interrupteur à mercure de manière à pouvoir l'adapter commodément aux appareils d'induction eux-mêmes, en guise du trembleur ordinaire.

Le socle qui supporte la bobine renferme un *condensateur* formé de 100 lames d'étain, isolées l'une de l'autre par des feuilles de papier enduites de résine et réunies de manière à constituer deux armatures de plus de six mètres carrés chacune ; des fils de dérivation mettent le circuit inducteur en communication avec ces armatures. Les physiciens ne sont pas d'accord sur la manière d'expliquer l'action du condensateur ; cependant la conclusion qui semble ressortir des diverses opinions émises à ce sujet, c'est que le rôle du condensateur consiste surtout à annihiler les effets contraires de l'extra-courant. Toujours est-il que l'annexion d'un condensateur au circuit inducteur a pour effet d'accroître considérablement l'intensité des courants induits qui prennent naissance dans l'hélice à fil fin et long.

Les grosses bobines de Ruhmkorff ne sauraient être utilisées directement dans la pratique médicale, car, avec un ou deux couples de Bunsen, elles donnent des commotions foudroyantes auxquelles il serait plus que téméraire de s'exposer ; on reçoit une violente secousse, en appliquant seulement le doigt sur le fil induit, même quand celui-ci est recouvert de soie au point touché et que le circuit est fermé. M. Ruhmkorff et M. Gaiffe construisent aussi des bobines de petit modèle donnant des étincelles de 1 à 10 millimètres et des commotions qui sont sans danger ; ces bobines à tension relativement forte peuvent remplacer les machines électriques ordinaires dans toutes les circonstances où l'on a besoin d'électricité statique. L'interrupteur employé alors est le trembleur de Neef ordinaire.]

[**352ᵇ. Explorateur chirurgical de Hughes.** — Cet appareil, qui constitue une nouvelle application des courants d'induction, se compose de deux tubes munis chacun de deux bobines superposées. Les bobines inférieures, identiques entre elles, reçoivent un même courant de pile sur le trajet duquel est un interrupteur ; sur les bobines supérieures, identiques aussi, circulent les courants induits que l'on lance, en sens inverse, dans le fil d'un téléphone réduit ainsi au silence par les actions contraires de deux courants d'égale intensité. Mais si l'on vient à approcher de l'un des tubes un corps métallique, l'égalité d'intensité est détruite par cela même et le téléphone chante aussitôt.

Pour déterminer avec cet appareil la situation d'un projectile métallique dans la profondeur du tissus, il suffit, le téléphone étant réduit au silence, de promener l'un des tubes sur le corps du blessé jusqu'au moment où le téléphone, d'abord silencieux, fait entendre un son d'intensité maxima ; le corps métallique est alors situé sur le prolongement de l'axe du tube. On peut, à ce moment, obtenir avec une assez grande exactitude la distance du projectile à la surface cutanée en approchant ou éloignant de l'autre tube à bobines, resté fixe, un corps métallique, jusqu'à réduire de nouveau le téléphone au silence ; de la situation de ce corps et de sa masse, on peut, en effet, déduire la distance cherchée, si l'on connaît, en outre, la masse du projectile.]]

[352°. **Tubes de Geissler. Matière radiante,** —On désigne sous le nóm de *tubes de Geissler*, des tubes de verre contenant une vapeur ou un gaz très raréfiés ; ces tubes, auxquels on donne les formes les plus variées, portent à chacune de leurs extrémités un fil de platine soudé dans le verre et faisant saillie aussi bien à l'intérieur qu'à l'extérieur. Quand on met ces fils en communication avec les pôles de la bobine de Ruhmkorff, l'étincelle d'induction illumine l'intérieur du tube dans toute sa longueur ; la couleur et l'éclat de cette lumière varient avec le degré du vide, la nature du gaz ou de la vapeur et les dimensions du tube ; c'est dans les parties rétrécies que l'intensité lumineuse atteint son maximum. Un caractère remarquable de la lumière électrique produite dans ces conditions, c'est la *stratification :* au lieu de constituer un jet continu, elle apparaît sous la forme d'une série de zones ou stries alternativement brillantes et obscures. Faisons remarquer, en outre, que le développement de chaleur qui accompagne la production de cette lumière est peu considérable.

[[Les phénomènes sont tout autres lorsqu'on fait passer un courant électrique à travers un gaz extrêmement raréfié. La matière, en vertu des propriétés caractéristiques qu'elle possède alors et qui ont été mises en évidence par M. Crookes, paraît se trouver dans un état particulier aussi éloigné de l'état gazeux que ce dernier l'est de l'état liquide. Faraday, dès 1819, avait admis l'existence de ce quatrième état de la matière qu'il a appelé *état radiant*, et M. Crookes, en 1879, a montré, qu'en effet, la matière extrêmement rarifiée est douée de propriétés que l'on ne rencontre pas dans les corps gazeux à des pressions finies.

Dans les tubes où se manifestent les phénomènes propres à la matière radiante, le vide a été poussé jusqu'à $\frac{1}{1000000}$ d'atmosphère, c'est-à-dire que la pression n'y est plus que de $0^{mm},00076$ de mercure ; les molécules matérielles sont alors relativement si peu nombreuses que leur course libre moyenne serait comparable aux dimensions du tube. M. Crookes déduit de là l'explication d'un phénomène présenté déjà par les tubes de Geisler, à savoir, l'espace obscur que l'on voit autour du pôle négatif pendant le passage d'un courant d'induction. La longueur |de cet espace croit ou décroit suivant que le vide est plus ou moins parfait, et sous une pression de $\frac{1}{100000}$ d'atmosphère, elle atteint 25 millimètres ; la figure 466 montre cette région obscure s'étendant de part et d'autre d'une lame médiane d'aluminium qui constitue le pôle négatif, tandis que le fil positif du courant se dédouble et aboutit aux deux extrémités du tube. Le physicien anglais regarde cet espace comme mesurant la course libre moyenne des molécules qui se meuvent autour du pôle négatif et qui n'entrent en collision avec d'autres molécules qu'à la distance où la lumière commence à se manifester.

Une des propriétés les plus remarquables de la matière radiante consiste dans les phénomènes de phosphorescence que produisent ses molécules lorsqu'elles viennent à choquer un corps, dont la nature influe d'ailleurs sur l'intensité et la couleur de la lumière émise. La phosphorescence ne commence à se montrer qu'au moment où la pression s'abaisse à $\frac{1}{1000000}$ d'atmosphère ; si le vide a été poussé trop loin, toute trace de lumière disparaît, l'espace intérieur du tube perdant alors sa conductibilité électrique. Pour montrer les caractères lumineux

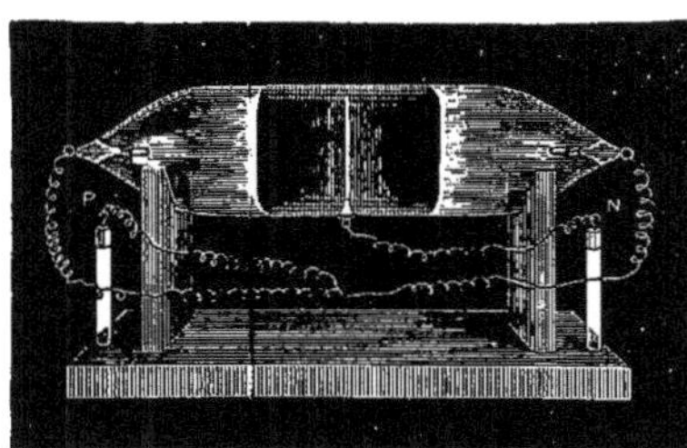

Fig. 466 — Course libre moyenne des molécules de matière radiante.

différents que présente le passage du courant dans un gaz de plus en plus raréfié, M. Crookes munit le tube principal d'un tube supplémentaire contenant des fragments de potasse que l'on chauffe afin de provoquer un dégagement de vapeur d'eau, lorsqu'on veut augmenter la pression intérieure, et que l'on refroidit quand, au contraire, on désire opérer sans la plus petite pression possible.

La phosphorescence engendrée par le choc des molécules s'accompagne d'un dégagement de chaleur. Si, au moyen d'une électrode négative concave, on concentre sur un point de la paroi du tube un faisceau de matière radiante, la chaleur dégagée est assez intense pour faire fondre le verre.

L'énergie de ces collisions des molécules radiantes est suffisante pour engendrer des actions mécaniques. M. Crookes l'a montré au moyen

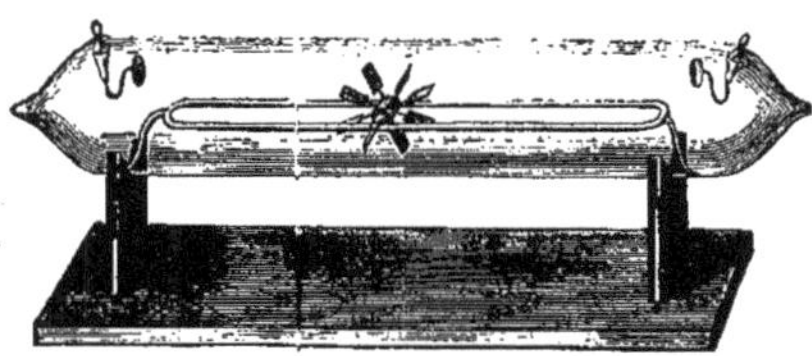

Fig. 467. — Action mécanique produite par la matière radiante.

du tube de la figure 467, dans l'intérieur duquel le constructeur a placé un système de deux rails parallèles sur lesquels peut se déplacer en roulant l'axe d'une roue à palettes ; les électrodes que l'on voit aux extrémités du tube sont disposés à un niveau tel que la matière radiante, qui, ainsi qu'on le verra plus loin, se meut en ligne droite, rencontre le bord supérieur des palettes. Lorsque le courant passe, la roue se déplace en tournant et le sens de son mouvement montre que la matière radiante s'élance du pôle négatif vers le pôle positif.

Les figures 468, 469 et 470 représentent les appareils qu'emploie M. Crookes pour démontrer que la matière radiante se meut en ligne droite. Si l'on prend deux tubes inclinés l'un sur l'autre (Fig. 468) et portant chacun un électrode à leur extrémité libre, celui des deux où aboutit le pôle négatif devient seul lumineux, tandis qu'à la pression de quelques millimètres,

Fig. 468. — Trajectoire rectiligne de la matière radiante.

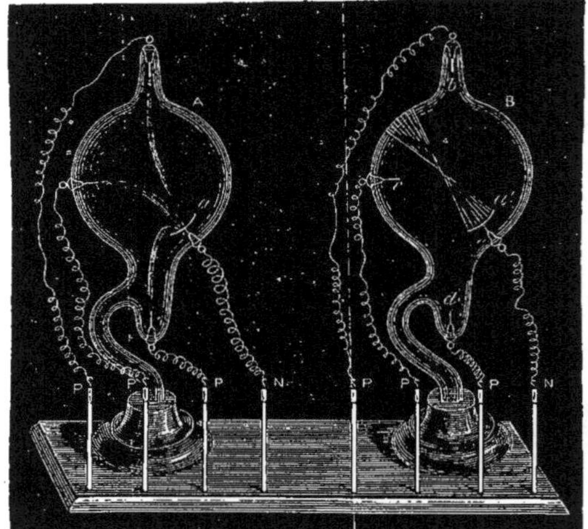

Fig. 469. — Différence entre les phénomènes présentés par la matière radiante et les gaz à faible pression.

ce qui est le cas des tubes de Geissler, l'espace intérieur serait illuminé en entier, quelles que fussent d'ailleurs les sinuosités du tube.

La figure 469 représente deux appareils identiques comme forme et différant seulement par la pression du résidu gazeux intérieur, pression qui, dans la boule de gauche, est de quelques millimètres de mercure, tandis que dans la boule de droite, la matière a été amenée à l'état radiant. Si l'on fait aboutir, dans les deux cas, le pôle négatif a l'électrode a légèrement concave et que l'on amène successivement le pôle positif aux points b, c, d, la bande lumineuse de la boule de droite conserve une direction invariable et telle que chaque rayon du faisceau qu'elle forme soit normal à l'électrode; dans la boule de gauche, au contraire, la direction de la bande lumineuse change et va toujours du pôle négatif au pôle positif.

Le trajet rectiligne de la matière radiante et la phosphorescence que détermine le choc de ses molécules sont mises en évidence dans l'expérience suivante : un tube (fig. 470) est muni intérieurement d'un écran en aluminium b;

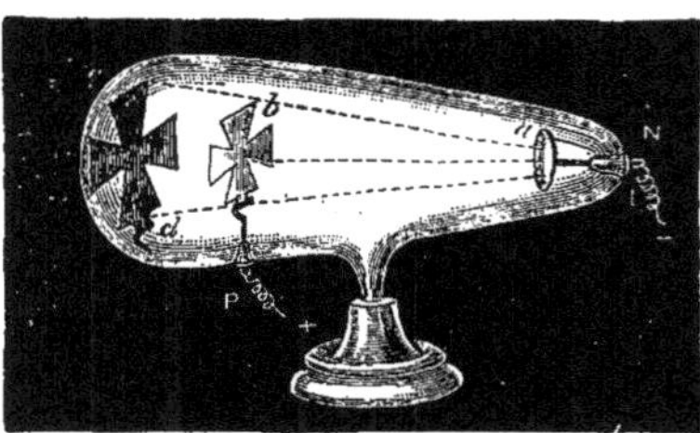

Fig. 470. — Ombre d'un écran produite par la matière radiante.

au moment où l'on vient à faire passer un courant d'induction dans le sens indiqué par les lettres N et P, on obtient sur le fond du tube une ombre $c\,d$ limitée par les points où cesse la phosphorescence que les chocs de la matière radiante communiquent au verre. Un fait curieux à signaler, au sujet de cette expérience, est la difficulté de plus en plus grande avec laquelle le verre répond à l'excitation de la matière radiante lorsque les chocs moléculaires se sont produits pendant un certain temps; la phosphorescence devient de moins en moins vive; on le démontre en faisant basculer l'écran b que le constructeur a rendu mobile autour d'une charnière ; la portion $c\,d$ du verre (fig. 471), qui était protégée

Fig. 471. — Variation de l'intensité de la phosphorescence avec la durée de l'action de la matière radiante.

tantôt contre les collisions de la matière radiante, et qui se détachait en noir sur le fond illuminé du tube, subit alors les chocs moléculaires et la lumière qu'elle émet est plus vive que celle des parties environnantes excitées depuis plus longtemps; aussi obtient-on alors une croix brillante $e\,f$ (fig. 471) sur fond plus sombre.

La figure 472 est relative à une autre propriété des fluides extrêmement raréfiés ; en face du pôle négatif, situé à l'extrémité gauche du tube, est une lame de mica percée d'une ouverture; on isole ainsi une bande lumineuse qui, d'abord rectiligne, se courbe en branche de parabole lorsqu'on approche

che du tube un électro-aimant en activité. M. Crookes compare ce phénomène au mouvement d'un projectile lancé par une arme à feu : la répulsion du pôle négatif sur les molécules environnantes représenterait la force d'impulsion de la poudre et l'action de l'électro-aimant serait assimilable à l'attraction terrestre. Dans l'un comme dans l'autre cas, la courbure de la trajectoire augmente avec la résistance du milieu ambiant ; la démonstration de ce fait, pour la matière radiante, se fait en chauffant légèrement l'extrémité gauche du tube, qui contient des fragments de potasse ; le dégagement de vapeur d'eau qui en résulte augmente la pression intérieure et la déviation de la ligne lumineuse devient plus accusée. Lors-

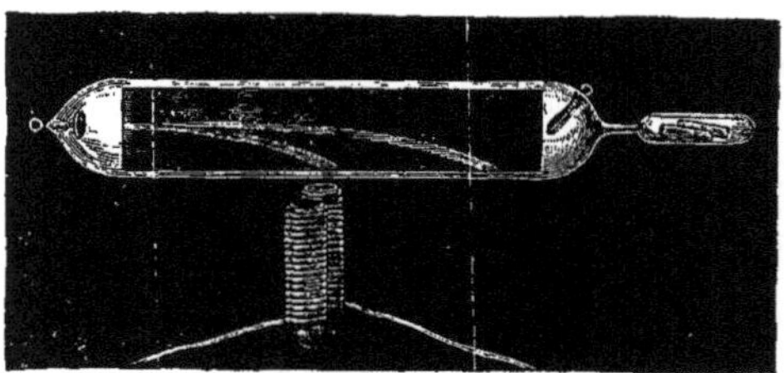

Fig. 472. — Déviation d'un courant de matière radiante par un aimant.

que la pression intérieure atteint une valeur suffisante la bande de lumière est seulement infléchie dans le voisinage de l'aimant ; au-delà, elle reprend sa direction première.

Ajoutons que le courant de matière radiante que l'on obtient dans les espaces extrêmement raréfiés n'est pas assimilable à un courant électrique. On le démontre en isolant, au moyen d'un écran percé de deux ouvertures situées en face d'un électrode négatif double, deux bandes lumineuses qui, si aucune cause déviatrice n'agissait, devraient converger légèrement pour aller rejoindre un pôle positif unique ; or ces deux courants de matière radiante se repoussent comme des corps chargés d'électricité de même nom et leurs directions deviennent divergentes ; si chacune des bandes lumineuses était assimilable à un courant électrique, elles s'attireraient au contraire en vertu des lois électrodynamiques]].

[352ᵈ. **Applications médicales. Splanchnoscope.** — Dès 1860, M. Fonssagrives avait songé à tirer parti des propriétés des tubes de Geissler pour l'éclairage artificiel des cavités naturelles du corps humain ; depuis cette époque, M. Milliot, médecin français, établi en Russie, a repris ces essais dans le but spécial d'éclairer l'intérieur des viscères profonds qui ne sont séparés de l'extérieur que par une membrane translucide ; l'estomac remplit ces conditions, la muqueuse qui forme ses parois et la peau de l'abdomen qui le recouvre n'étant pas assez opaques pour qu'on ne puisse voir par transparence l'intérieur de l'organe s'il est suffisamment éclairé. M. Milliot, en introduisant dans la cavité stomacale d'un homme ou d'un chien, à l'aide de la sonde œsophagienne, un tube de Geissler, d'une disposition particulière, et en le mettant en communication avec une bobine de Ruhmkorff, a rendu visible au dehors l'intérieur de l'estomac. Tel est le principe du *splanchnoscope*.]

[Fonssagrives, Éclairage artificiel des cavités du corps à l'aide des tubes lumineux (*Comptes rendus de l'Académie des sciences*, 23 janvier 1863).

Jules Bruck, *Das Stomatoscop*, Breslau, 1865.

Le même, *L'Uréthroscope et le Stomatoscope pour éclairer et rendre diaphanes l'urèthre et ses parties avoisinantes, les dents et leurs parties avoisinantes, au moyen de la lumière électro-galvanique*. Breslau et Paris, 1868, in-8.

Milliot, Splanchnoscopie (*Comptes rendus du Congrès médical international de 1867*. Paris, 1868).

Le même, De la dioptro-organo et somatoscopie. *Gaz. méd. de Paris*, 1870, p. 399).

F I N

TABLE ALPHABÉTIQUE

TABLE

ALPHABÉTIQUE ET ANALYTIQUE DES MATIÈRES

Aberration de parallaxe de l'œil, 433.

A. chromatique ou de réfrangibilité des lentilles, 395; — de l'œil, 449.

A. de sphéricité des lentilles, 370; — des miroirs, 332; — des surfaces réfrigérentes, 358.

Absorption de la chaleur, 609 (voy. Pouvoir absorbant).

A. des gaz par les liquides, 232; — par les solides, 234.

A. de la lumière dans la réflexion, 398; — dans la réfraction, 397, 400; — Théorie, 409.

A. des produits de la digestion, 150.

Accélération, 44; — due à la pesanteur, 97.

Accommodation de l'œil, 433; — étendue, 434; — latitude, 435.

Accords, 260.

Achromatisme des lentilles, 396; — du microscope, 457; — des prismes, 394.

Achromatopsie, 505, 540.

Acoustique, 245.

Action égale à la réaction, 10. — Démonstration expérimentale, 129.

A. rectiligne des forces, 10.

Acuité de la vue (Mesure de l'), 432; — variation avec l'âge, 432.

Adaptation de l'œil aux distances (voy. Accommodation).

Adhésion des liquides, 143.

Aérodynamique, 232.

Aérostatique, 204.

Aiguille aimantée (Action de la terre sur l'), 726; — déviation par le courant voltaïque, 734; — emploi pour mesurer l'intensité des courants, 735.

A. thermo-électrique, 605.

Aimant, 723; — constitution élémentaire, 724; — force directrice, 726.

Aimantation par les aimants, 724; — par les courants, 739.

Ajustement de l'œil (voy. Accommodation).

Ajutages, 159.

Alcoomètre centésimal, 136.

Allongement élastique, 80; — secondaire, 80.

Amétropie, 436; — correction par les bésicles, 438; — mesure du degré, 439; — détermination avec l'ophtalmoscope, 488.

Analyse spectrale, 404; — du sang, 400; — application à la médecine légale pour la recherche des taches de sang, 400; — de la chlorophylle, 401.

Analyseurs polariscopiques, 522.

Anapnographe de Bergeon et Kastus, 239.

Anches, 275.

Anesthésie locale (moyens de la produire), 596.

Angle limite de réfraction, 339.

A. de polarisation, 510.

A. visuel, 432.

Angles (Mesure des), 475.

Animaux luisants, 417.

Anisotrope (Milieu), 58, 73.

Anneaux colorés de Newton, 501; — du glaucôme, 506; — des cristaux (voy. Franges d'interférence dans les cristaux).

Anomalies de l'accommodation, 439; — de la réfraction statique de l'œil, 436, 441.

Aplanétisme des lentilles, 371; — du microscope, 450.

Appareils enregistreurs ou à indications continues, 6 (voy. Anapnographe, Cardiographe, Cymographe, Hémadromographe, Phonautographe, Sphygmographe).

A. de Poncelet et Morin, pour vérifier les lois de la chute des corps, 98.

A. à flammes manométriques de Kœnig, pour l'étude des sons, 272.

A. d'induction magnéto-faradiques, 767 et suiv.; — de Breton, 772; — de Clarke, 768; — de Duchenne, 773; — de Gaiffe, 776; — volta-faradiques, 752, 767; — de du Bois-Reymond, 754; — de Duchenne, 759, 760; — de Gaiffe, 763; — de Helmholtz, 756; — de Ruhmkorff, 762 (voy. aussi Bobine de Ruhmkorff); — de Tripier, 757; — de Trouvé, 765; — de Zimmermann, 755.

A. de polarisation de Nœrremberg, 535 (voy. en outre Pince à tourmalines et Microscope polarisant).

A. de polarisation rotatoire, 543; — de Biot, 544; — de Soleil (voy. Saccharimètre); — de Wild (voy. Polaristrobomètre); — de Laurent (voy. Saccharimètre).

A. de protection contre le froid, 630.

A. de réfrigération de Carré, pour la fabrication de la glace, 595; — de Richardson, pour l'anesthésie locale, 596.

A. thermo-électriques pour la mesure des températures, 603.

Arc voltaïque, 708.

Aréomètres à poids constants, 131; — à volume constants, 131 (voy. Densimètres et Volumètres).

Armature électrique, 647.

Artères (influence de leur élasticité sur leur dépense), (voy. Élasticité artérielle).

Aspirateur de Dieulafoy, 223; — de Potain, 224.

Association des couples voltaïques, 677.

Astatique (Système), 737.

Astigmatique (Réfraction), 358.

Astigmatisme, 441; — détermination avec l'Ophtalmoscope, 488.

Astigmomètre de Javal, 446.

Athermanes (Substances), 607.

Atmosphère (Pression exercée par l'), 211 (voy. Pression atmosphérique).

Atomes, 12.

Atomique ou atomistique (Théorie), 18.

Attraction électrique, 636; — magnétique, 723.

Audition, théorie, 273; — rôle de l'oreille externe, 253; — rôle de l'oreille moyenne, 266; — rôle des canaux semi-circulaires, 281.

Auto-ophthalmoscopes, 482.

Axe cristallographique, 516; — d'élasticité des cristaux, 518.

A. du cristallin, 422; — de l'œil, 422.

A. optique des cristaux, 516, 519, 520.

A. optique principal, dans les lentilles, 361; — dans les miroirs, 326; — secondaire, 326, 364.

A. visuel, 431.

Balance, théorie, 90 ; — à cavalier. 90 ; — hydrostatique, 131 ; — d'Odier et Blacho, pour peser les nouveaux-nés, 92 ; — romaine, 92.
B. de torsion, 657.
Baromètre, 211 ; — balance, 212.
Base de sustentation, 95.
Battements, 281.
Batterie électrique, 648 ; — galvanique ou voltaïque (voy. Pile voltaïque).
Bémol, 262.
Bésicles, 377 ; — leur emploi pour corriger les défauts de la vue, 438 (voy. Verres de lunettes).
Binôme de dilatation, 558.
Bi-prisme de Monoyer, 350.
Bobine bifilaire (voy. Électro-dynamomètre).
B. volta-faradique de Ruhmkorff, 778.
Boussole des sinus, 736 ; — des tangentes, 735.
Bourdonnement (Bruit de), 288.
Bouteille de Leyde, 647.
Bronchophonie, 292.
Briquet à hydrogène, 234.
Bruit, définition, 247.
Bruits (Classification des), 284.
B. instantanés, 285 ; — de percussion, 285, 286 ; — prolongés ou continus, 283 ; — solidiens, 295.
B de la circulation, 292 ; — du cœur, 294 ; — de contraction musculaire, 295 ; — de la respiration, 290 ; — rotatoires, 295 ; — vasculaires, 293.
Caléfaction des liquides (voy. État sphéroïdal).
Calorie, 586.
Calorifère à vapeur, 592.
Calorimètre, 601.
Capacité calorifique (voy. Chaleur spécifique).
C. respiratoire (voy. Poumon).
Capillarité, phénomènes et lois, 144.
Cardinaux (Points) (voy. Points).
Cardiographe clinique de Marey, 199.
Cardiomètre (voy. Hémomanomètre de Cl. Bernard)
Cathétomètre, 474.
Catoptrie, 330.
Causalité (Loi de la) (voy. Lois).
Causes des phénomènes physiques, 4.
Caustique par réflexion, 333 ; — par réfraction, 353.
Cautère actuel, 614.
C. électrique (voy. Galvano-caustique thermique).
Centre des forces parallèles, 96.
C. de gravité, 88 ; — de l'homme, 95 ; — son déplacement, 95 ; — son rôle dans la marche, 110.
C. optique des lentilles, 365.
Chaîne galvanique de Pulvermacher, 662.
Chaleur, effets généraux. 550 ; — dilatation des corps, 551 (voy. Dilatation) ; contraction de quelques solides, 553 ; — Mesure de la chaleur, 586 (voy. Calorimétrie) ; — propagation (voy. Chaleur rayonnante et Conductibilité) ; — Sources (voy. Sources de chaleur) ; — Théorie mécanique, 620 (voy. Équivalent mécanique de la chaleur).
C. animale, 623.
C. de combinaison, 598 ; — de combustion, 619.
C. latente, 591 ; — de dissolution, 593 ; — de fusion, de vaporisation, 592 ; — relation avec la chaleur spécifique, 597.
C. rayonnante, 603, 606 ; — propriétés, 606 (voy. Absorption, Diffraction, Dispersion, Interférence, Polarisation, Réflexion, Réfraction de la chaleur).
C. solaire, 618.
C. spécifique, 586, 587 ; — das gaz à pression constante et à volume constant, 589 ; — relation avec la chal. latente, 507 ; — avec la dilatation, 589 ; — avec le poids atomique. 590.
Chambre barométrique, 212.
C. claire adaptée au miscroscope, 463.
C. noire simple, 313 ; — composée, 376 ; — pour la photographie, 411.
Champ du microscope, 457.

Changements d'état de la matière, 23, 570 (voy. Condensation, Ébullition, Évaporation, Fusion, Liquéfaction, Solidification, Surfusion, Vapeurs, Vaporisation).
Charge hydrostatique, 159 ; — dynamique de l'électricité, 681.
Chauffage des appartements, 592.
Chimie, définition, 3 et 7.
Chromatique ou étude des couleurs, 383.
Chromatique (Aberration), 395 ; — (Triangle), 390.
Chromatomètre de Rose, 540.
Chute des corps (Lois de la), 97.
C. électrique, 681.
C. des liquides, 156.
Circulation (Description de l'appareil de la), 167 ; — Théorie physique, 128, 169.
Ciseaux, 35.
Clef des dentistes, 35.
Cœur (Force motrice et travail mécanique du), 177 ; — tracé des battements de cœur, à l'aide du cardiographe, 194.
Cohésion des solides, 76 ; — des liquides, 123.
Coin (Théorie du), 36.
Comma, 262.
Commotion électrique. 752.
Commutateurs du courant, 672.
Composition des couleurs, 384 et suiv. ; — des forces, 12, 25 ; — des vibrations sonores, 268.
Compressibilité des gaz, 205, 231 ; — des liquides, 123.
Compte-gouttes, 146.
Condensateur électrique, 646.
Condensation de l'électricité, 646 ; — des vapeurs, 570, 592.
Conductibilité calorifique, 611 ; — extérieure et intérieure, 612 ; — des gaz et des liquides, 614 ; — des substances employées en vêtements, 614.
C. électrique, 651, 675 et suiv. (voy. Résistance, Pouvoir conducteur).
Congélation (voy. Solidification).
Conservation de la force, 12 et suiv. ; — de la matière, 10.
Consonnance, synonyme de Résonnance, 269 (voy. ce mot) ; — musicale, 279.
Consonnes de la voix humaine, 289.
Contact, source d'électricité, 649.
Contraction musculaire, 83 ; — (Bruit de), 295.
C. des substances par la chaleur, 559.
C. de la veine liquide, 157.
Contraste des couleurs, 419.
Cordon ombilical, 78.
Cornée, forme et dimensions, 420 ; — longueur focale postérieure, 427 ; — images catoptriques, 434.
Cornet analyseur, de Daguin, 271.
C. acoustique, 253.
Corps anélectriques et idio-électriques, 638.
C. célestes (Mouvements des), 103.
C. colloïdes et cristalloïdes, 152.
C. conducteurs et non conducteurs de l'électricité, 638.
C. dextrogyres et lévogyres, 542.
C. matériels, 1.
C. opaques, et transparents, 309 ; — photogènes, 309.
Correction relative à la température, dans la détermination de la densité, 569 ; — dans la mensuration des longueurs, 565 ; — dans les pesées, 566.
Cosmos (voy. Nature).
Couche immobile, 159.
Couleurs (Cécité des) (voy. Achromatopsie).
C. — (Contraste des), 419.
C — (Perception des), 390 ; mélange des sensations colorées, 386.
C. accidentelles (voy. Images consécutives).
C. complémentaires, 388.
C. composées, 383 et suiv. ; qualités, 391.
C. fondamentales, 389.
C. dans les lames minces, 498.
C. de polorisation dans les lames cristallisées, 526, 530.

Couleurs propres des corps, 397, 399.
C. simples, 384; — spectrales, 383.
Couple de force, 30.
C. voltaïque, 652 (voy. Piles); — association des couples, 677.
Courant de décharge, 659; — effets, 701.
C. galvanique ou voltaïque, 651; — densité, 675: — intensité, 673, 675 et suiv.; — mesure de l'intensité (voy. Galvanomètres, Rhéomètres, Voltamètres); — propagation dans les conducteurs, 685; — dans le corps humain, 687; — théorie, 651 et suiv.
C. Effets calorifiques, 702; — chimiques, 707 (voy. Électrolyse); — lumineux, 709.
C. Emploi pour la recherche des projectiles logés dans les tissus, 741.
C. musculaire, nerveux, 686.
C. terrestre, 732.
C. thermo-électrique, 604, 654.
Courants dérivés, 682; — emploi pour graduer l'intensité des courants (voy. Rhéochordes).
C. induits, 746; — durée, 750; — intensité, 749.
C. de différents ordres, 751.
C. emploi en physiologie et en thérapeutique, 752 (voy. Appareils d'induction)
Courbes colorées dans les corps organisés, dans les cristaux (voy. Franges d'interférence).
C. isodynamiques, isocliniques, isogoniques (voy. Lignes, etc.).
Couronnes irisées autour des sources lumineuses, 506.
Course (Théorie de la), 116.
Couteau (Théorie du), 36.
Crépitation (Bruit de), 288.
Cristal de roche (voy. Quartz).
Cristallin, forme et dimensions, 421; — longueur focale pendant le repos de l'accommodation, 427; — rôle dans l'acte de l'accommodation, 433.
Cristaux à un axe, 516; — axe crystallographique, optique, section principale, 516; — dilatation par la chaleur, 559; — magnétisme, 746; — surface d'élasticité, 518; — surface de l'onde, 517.
C. à deux axes, 521.
C. biréfringents, 516, 521.
C. positifs et négatifs, 520.
Cymographe de Ludwig, 172; — métallique de Fick, 173.
Daltonisme (voy. Achromatopsie).
Décharge disruptive, 659.
Déclinaison de l'aiguille aimantée, 726.
Décomposition des composés par la pile (voy. Électrolyse).
D. des forces, 25.
D. de la lumière, par absorption (voy. Absorption de la lumière; — par réfraction (voy. Dispersion de la lumière).
Densimètre, 133; — de Rousseau, 133; — de Pâquet, 134.
Densité des corps (voy. Poids spécifique); — maximum de l'eau, 561.
D. électrique, 655.
D. du courant voltaïque, 675.
Dépense, en hydrodynamique, 153; — influence de l'élasticité des artères, 191.
Dérivation des courants voltaïques (voy. Courants dérivés).
Déviation de l'aiguille aimantée par le courant voltaïque, 734.
D. minimum de la lumière dans les prismes, 344.
Dialyse, 152.
Diamagnétisme, 744.
Diapason chronomètre, 257.
Diathermanes (Substances), 607.
Dicrotisme du pouls, 193.
Dièze, 262.
Diffraction de la chaleur, 607; — de la lumière, 502, 503; — du son, 255.

Diffusiomètre de Graham, 243; — de Bunsen, 244.
Diffusion du courant galvanique dans les conducteurs à plusieurs dimensions, 685; — influence de la forme des excitateurs, 689.
D. des gaz, 241; — des liquides, 148; — à travers des cloisons poreuses, 149 (voy. Endosmose); — des colloïdes, 152.
D. de la lumière, 317; — cercles de diffusion, 333.
Dilatation des corps pendant les changements d'état, 589.
D. des cristaux, 559.
D. des gaz, 562; — loi de Gay-Lussac, 564.
D. des liquides, 560; — de l'eau, 561.
D. des solides, 557; — formules de dilatation, 558.
Dérogation aux lois de la dilatation, 589.
Diplopie, 349.
Dioptre plan, 337; — sphérique, 353; — association, 379.
Dioptrie, 372.
Dioptrique oculaire, 420 et suivantes.
Diplomètre de Landolt, 351.
Directrices ou rayons de direction, 366.
Disdiaklastes, 534.
Dispersion de la chaleur, 606.
D. de la lumière, 383; — totale et partielle, 393.
Dissolution des solides dans les liquides. Coefficient de solubilité, 147.
Dissonnance, 282.
Distance explosive, 660.
Docimasie pulmonaire, 137.
Double réfraction de la chaleur, 606.
D. R. de la lumière dans les cristaux à un axe, 516, 519; — dans les cristaux à deux axes, 521; — dans les corps organisés, 534.
D. R. négative et positive, 520.
Drainage capillaire, 230.
Dynamique, 24.
Dynamomètres médicaux, 81.
Dynamoscopie, 296.
Dyschromatopsie (voy. Achromatopsie).
Ébullition, lois 570, 592; — influence de l'adhésion, 574; — influence de la cohésion, 574; — influence de la pression, 571; — retard du point d'ébullition, 575.
E. des solutions salines, 573.
Échelle musicale (voy. Gamme).
Écho, 251.
Éclairage, variation d'intensité avec la distance de la source lumineuse, 313.
E. Dujardin, 462.
E. focal, 376.
E. laryngoscopique, 321 (voy. Laryngoscope).
E. ophtalmoscopique, 478 (voy. Ophtalmoscopie).
Écoulement des gaz, 235.
E. des liquides, 156; — par les ajutages, 159; — dans les tubes capillaires, 166; — dans les tuyaux de conduite rectilignes, 159; — rigides, 159 et suiv.; — dans les tuyaux ramifiés, 164.
E. dans les tuyaux élastiques, 186; — application à la circulation, 190.
E. du sang dans les vaisseaux, 167 (voy. Circulation).
Élasticité, 19; — rôle dans la transmission des pressions, 85.
E. des artères, influence sur la dépense, 191.
E. musculaire, 83; — rôle, 84.
E. des cristaux (Surface d'), 518, 521.
E. des solides, 78.
Électricité, phénomènes généraux, 635; — sources, (voy. Sources d'électricité); — théories, 637; — vitesse de propagation, 660.
E. animale, 686.
E. dissimulée, 646.
E. dynamique (voy. Courant de décharge, Courant voltaïque, Force électro-motrice).
E. statique, 636; — accumulation à la surface des

conducteurs, 639 ; — distribution dans les conduc-
teurs, 641.
Electrisation (voy. Faradisation, Galvanisation).
E. par influence, 640.
Electro-aimants, 739.
Electro-chimie (voy. Electrolyse).
Electrodes, 709 ; — non polarisables, 713 ; — trans-
port des éléments aux électrodes, 713.
Electro-dynamique, 715 ; — théorie, 731.
Electro-galvanomètre de Meyerstein et Meissner,
739.
Electrolyse, 709 ; — théorie, 623.
E. des substances animales, 712.
Electro-magnétisme, 739.
Electromètre condensateur, 647.
Electro-moteurs (Eléments) des nerfs et des muscles,
687.
Electrophore, 645.
Electroscope, 639.
Embolies gazeuses et liquides, 180.
Emmétropie, 436.
Endoscope (voy. Uréthroscope).
Endosmose électrique, 714.
E. des liquides, 149 ; — théorie, 154 ; — vitesse, 150.
Energie actuelle, 13 ; — potentielle, 13.
Enregistreurs (Appareils) (voy. Appareils enregis-
treurs).
Equilibre des corps flottants, 137.
E. du corps humain, 94.
E. des solides, 30, 34 ; — divers états, 90.
E. des liquides, 124.
E. dans les vases communiquants, 128 ; — application
à la circulation du sang, 128.
E. soustraits à l'action de la pesanteur, 140.
E. des poissons, 139.
Equivalence des forces, 14.
Equivalents calorifiques, 599.
E. endosmotique, 150.
E. mécanique de la chaleur, 617.
Etats de la matière, 23, 623.
Etat liquide, 123.
E. sphéroïdal des liquides, 575.
Ether, 20 ; — non-existence, 22.
Etendue de la matière, 18.
Etincelle électrique, durée, 660.
E. de rupture, 708.
Evaporation (Influence de la pression sur l'), 574.
Excitateurs électriques, 689.
Expansibilité des gaz, 202.
Expérimentation, 4.
Explorateur électrique de Trouvé, 742.
Explorateur chirurgical de Hughes, 780.
Extensibilité des solides, 79, 83.
Extra-courant, 748.
Faradisation, 746.
Fibres de Corti, 274.
Fièvre (Température du corps dans la), 631.
Figures acoustiques des membranes et des plaques, 68.
Flammes manométriques appliquées aux résonna-
teurs, 272.
Fluides (voy. Gaz et Liquides).
F. électriques, 637.
Fluorescence, 414.
Focal (Intervalle) 360.
Focale (Ligne), 360.
F. (Longueur), 354, 369 ; — de la cornée et du cristal-
lin, 427 ; — de l'œil, 425.
Focaux (Plans), 356, 363.
F. (Points), 360.
Force, 7 ; — sa conservation, 12.
F. centrifuge et centripète, 104 ; — application, 105.
F. coercitive des aimants, 724.
F. directrice des aimants, 726.
F. élastique des gaz, 202 ; — des solides, 73 ; — des
vapeurs, 577.

Force du poumon, 237.
F. électro dynamique, 730.
F. électro-motrice, 640, 657 ; — mesure, 567, 606 ; —
unité, 699.
F. d'inertie, 9.
F. vitale, 8.
Forces, composition et décomposition, 12, 24 et suiv. ;
— équivalence, 14 ; — mesure, 45 ; — transforma-
tion réciproque, 14 (voy. Transformation).
F. attractives et répulsives, 7, 21.
F. centrales, 11.
F. moléculaires, 8.
F. naturelles ou cosmiques, 7.
F. de tension, 13.
F. vives, 13 et 45.
Foyers conjugués dans les miroirs, 327.
F. par réfraction, 354 ; — formule, 355.
F. dans les lentilles, 362, 368.
F. principaux, dans les miroirs, 326, 331.
F. dans les lentilles, 362, 369.
Franges de diffraction, 504.
F. d'interférence, 495.
F. dans les corps organisés, 533.
F. dans les cristaux à un axe, 526.
F. dans les cristaux à deux axes, 532.
Froid, production, par l'évaporation des gaz con-
densés, 594 ; — par les mélanges réfrigérants, 594.
Fusion, lois, 570 ; — influence de la pression, 571.
F. des alliages, 573.
Galvanisation, 703.
Galvano-caustique chimique, 717.
G. C. thermique, 703.
Galvanomètre, 736.
G. multiplicateur, 736.
Galvano-puncture, 718.
Gamme, 261.
G. majeure, 261 ; — mineure, 262.
Gargouillement (Bruit de), 289.
Gaz, absorption par les liquides, 232 ; — par les so-
lides, 234.
G. chaleur spécifique, 589.
G. compression, 231 ; — loi, 205.
G. constitution, 203.
G. diffusion, 241.
G. échange dans les poumons, 233.
G. écoulement, 235.
G. force élastique, 203.
G. liquéfaction, 231, 594.
G. mélange, 242 ; — mélange avec les vapeurs, 579.
G. osmose, 243.
G. poids spécifique, 203.
G. propriétés, 202.
Glace (Fabrication de la), 595.
Goniomètre, 345.
Grandeur des objets microscopiques (Mesure de la),
469.
Gravité (Centre de), 88.
G. (Ligne de) 88.
Grossissement de la loupe, 452.
G. du microscope composé, 456, 468.
Harmoniques, 269.
Hauteur du son, 256.
Hauteurs, mesures par le baromètre, 213.
Hémadromographe de Chauveau, perfectionné par
Lortet, 175.
Hémadromomètres, 174 ; — de Volkmann, 175.
Hématine (Spectre d'absorption de l'), 400.
Hématose, 233.
Hémodynamique, 167 (voy. Circulation).
Hémoglobine (Spectre d'absorption de l'), 400.
Hémomanomètres, 171 ; — de Cl. Bernard, 171 ; — de
Hales, 171 ; — de Magendie, 172 ; — de Poiseuille,
171 (voy. aussi Manomètre).
Hémomètre, (voy. Hémomanomètre de Magendie).
Hémotachomètre de Vierordt, 175.

Histoire naturelle, 2.
Homocentricité (voy. Rayons homocentriques).
Houppes de Haidinger, 534.
Hydrodynamique, 156.
H. application à la circulation du sang (voy. Hémo-
dynamique).
Hydrostatique, 124.
Hygromètre à cheveux, 583; — chimique, 583; —
à condensation, 584; — de Damell, 584; — de Re-
gnault, 584; — de Crova, 585.
Hygrométrie, 582.
Hypermétropie, 437.
Image vasculaire de Purkinje, 177.
Images produites par les lentilles, 363, 364, 368; —
par les miroirs plans, 319; — par les miroirs
courbes, 325; — par les petites ouvertures, 313; —
par une seule surface réfringente, 357.
I. catoptriques de l'œil, dites images de Purkinje-
Sanson, 434.
I. consécutives, 417.
I. extraordinaire et ordinaire dans la double réfrac-
tion, 516.
Imbibition, 143; — gazeuse, 234.
Impénétrabilité de la matière, 18.
Inclinaison de l'aiguille aimantée, 726.
Incombustibilité momentanée des tissus vivants, 576.
Indice de réfraction, 335.
I. (Mesure de l'), 345, 392, 470.
I. absolu et relatif, 335; — moyen, 394.
Induction galvanique, 746; — par les aimants, 748;
— par les courants, 746.
I. (Théorie de l'), 751.
I. unipolaire, 777.
Inertie de la matière, 9.
Injecteur à pression continue, 220.
Intensité de la chaleur en rapport avec la distance,
606.
I. du courant voltaïque, 673; — unité, 699; — me-
sures, 735.
I. de la lumière, en rapport avec la distance, 313;
— avec l'obliquité, 314.
I. de la pesanteur, 101.
I. du son, 256; — variation avec la distance, 251.
Interférence de la chaleur, 606.
I. de la lumière, 495.
I. des ondes, en général, 62.
I. des ondes lumineuses diffractées, 504.
I. des rayons lumineux polarisés, 509, 525.
I. du son, 270.
Interrupteurs du courant, de Foucault, 779; — de
Neef, 754, 661 (voy. Trembleur); Zimmermann, 755.
Intervalle focal de Sturm, 360.
Intervalles musicaux, 259.
Isotrope (Milieu), 58, 72.
Jarre électrique, 648.
Kilogrammètre, 177.
Kymographion (voy. Cymographe).
Lacto-densimètre, 135.
Laryngoscope, 321.
Lame quart d'onde, 533.
Lames minces (Couleurs dans les), 498 (voy. Anneaux
colorés).
Lentilles achromatiques, 396.
L. aplanétiques, 371.
L. associés, 332.
L. de champ, dans le microscope, 457.
L. cylindriques, 377.
L. hyperboliques, 378.
L. prismatiques, 349.
L. sphérique, 361; — centre optique, 365; — foyers
conjugués et principaux, 362, 368; — images, 363,
368; — plans focaux, 362; — plans et points princi-
paux, 366; — points nodaux, 366.
L. Aberration de réfrangibilité, 395; — de sphéricité,
370.

Levier, divers genres, 32; — théorie, 26.
L. application au mouvement des pièces du squelette,
120.
L. des accoucheurs et des dentistes, 35.
Levier-clef de du Bois-Reymond, 693.
Lignes ou rayons de direction, 360.
L. isoclines, isodynamiques, isogones, 728.
L. visuelle, 432.
Liquéfaction des gaz, 594.
Liquides céphalo-rachidien et amniotique, 130; —
absorption des gaz par les liquides, 232; — actions
moléculaires, 140; — adhésion aux solides, 143;
— capacité de saturation, 147; — cohésion, compressibilité, 123; — constitution, 621; — diffusion,
148; — écoulement, 156 (voy. Écoulement); — en-
dosmose, 149; — équilibre dans les vases commu-
nicants, 128; — mouvement ondulatoire (voy.
Ondes liquides); — perte de poids des corps plongés, 129, 137; — poids spécifique, 130; — tension
superficielle, 140; — transmission des pressions, 124;
— continuité de l'état liquide et de l'état gazeux,
595.
L. à l'état sphéroïdal, 575.
Locomotion du corps humain, 106 (voy. Course,
Marche, Natation, Saut).
L. des poissons, 189.
L. des quadrupèdes, 119.
Lois physiques, 3; — représentation algébrique ou
mathématique, 4; — représentation géométrique ou
graphique, 5.
L. composées et simples, 4.
L. générales, 9; — de l'action rectiligne des forces,
10; — de la causalité, 9; — de la composition des
forces, 12; — de la conservation de la matière, 10;
— de l'égalité de l'action et de la réaction, 10; —
corrélation des lois physiques fondamentales, 10.
L. des attractions et répulsions électriques, 656; — des
attractions et répulsions magnétiques, 725; — de la
continuité (hydrodynamique), 162; — psycho-physique, 315; — de réciprocité (optique), 318; — des
tensions électriques, 657 (voy. en outre Principe).
L. d'Ampère (déviation de l'aiguille aimantée), 735;
— (électro-dynamique), 728; — de Brewster (angle
de polarisation), 511; — de Dalton (mélange des
gaz), 242; — de Descartes (réfraction), 334; — de
Dulong et Petit (chaleur spécifique), 590; — (refroidissement), 614; — de Faraday (électrolyse), 709; —
de Fourier (acoustique), 269; — de Gay-Lussac
(dilatation des gaz), 564; — de Joule (chaleur dégagée par l'électricité), 702; — de Jurin (capillarité),
145; — de Képler (mouvements des corps célestes),
103; — (réfraction), 334; — de Malus (intensité des
images dans la double réfraction), 520; de Mariotte
(volume des gaz), 205; — de Newton (refroidissement), 614; — d'Ohm (intensité du courant), 675
et suiv.; — de Poiseuille (écoulement dans les tubes
capillaires), 167.
Longueur focale, 354, 369.
L. d'onde, 56; — de la lumière, 497.
L. réduite d'un conducteur électrique, 681.
Lorgnette de spectacle, 474.
Loupe simple, 450; — grossissement, 452; — pouvoir
amplifiant, 453.
L. composée d'oculiste, 474.
Lumière, généralités, 309; — théorie, 310. — Absorption par les milieux, 397, 409; — diffraction, 502;
— diffusion, 317; — dispersion, 383, 393; — double
réfraction, 516; — effets chimiques, 410; — émission, 402; — intensité en rapport avec la distance,
313 (v. Photométrie); — interférence, 495; — polarisation, 507, 522, 537 (v. Polarisation de la lumière); — propagation rectiligne, 311; — réflexion,
317-318 et suiv.; — réfraction simple, 317, 334 et
suiv.; — vitesse de propagation, 316.

Lumière Drummond, 403.
L. intra-oculaire, 410.
L. naturelle, 508.
L. polarisée, 508.
Lunettes astronomique, 472; — catoptriques(voy. Télescopes); — de Galilée, 473; — terrestre, 473.
Lunettes ou verres correcteurs de la vue (v.Bésicles).
Lympho-dynamique, 181.
Machines de compression, 231
M. électriques à frottement, 642; — par influence, 644,
M. d'induction (voy. Appareil d'induction).
M. pneumatique 224; — (principe de la), 225; — à deux corps de pompe, 225; — de Bianchi, 227; — à mercure, 227.
Macula lutea correspondant au point de fixation, 431.
Magnétisme, 723; — théorie 733(voy Diamagnétisme et Paramagnétisme).
M. des cristaux, 746.
M. terrestre, 726.
Mal de mer, 106.
M. des montagnes, 230.
Manomètre, 209; — métallique inscripteur de Marey, 174; — différentiel de Kratz, 210; — à air comprimé, 211; — métallique, 211.
M. compensateur de Marey, 173.
M. différentiel de Cl. Bernard, 172.
Marche, 106; — théorie mathématique, 117; — application de la méthode graphique, 112.
Marmite de Papin, 571.
Masse, 97.
Matière, propriétés générales, 18; — loi de la conservation, 10; — constitution, 18 et 21; — divers états, 23.
M. éthérée ou impondérable, 20.
M. pondérable, 20.
M. radiante, 781.
Matité de son, 286.
Maximum de densité de l'eau, 561.
Mécanique, définition, 17.
M. des gaz, 202 (Aérostatique et Aérodynamique).
M. des liquides, 123 (Hydrostatique et Stéréodynamique).
M. des solides, 70 (Stéréostatique et Stéréodynamique).
Mélange des couleurs spectrales, 381; — des sensations colorées, 386.
M. des gaz (voy. Diffusion des gaz).
M. des gaz et des vapeurs, 579.
M. des vapeurs, 579.
M. réfrigérants, 594.
Ménisque convergent, divergent, 361, 302.
Méridien magnétique, 727.
M. de l'œil, 422.
Métacentre, 133.
Microphone de Hughes, 302; — applications médicales, 303.
Micromètre de microscope, 469.
Microscope composé, théorie, 453; — description, 461; — essai, 471; — grossissement, 456; — mesure de la grandeur réelle des objets vus au microscope, 469.
M. binoculaire, 465; — inclinant, 462; — horizontal, 463; — pancratique, 464; — à photographie, 464; redresseur, 464; — vertical, 463; — emploi pour la mesure des indices de réfractions, 470.
M. polarisant, 536.
M. à projection, 454.
M. simple, 450.
Mio-spectroscope, 505.
Miroirs courbes, 325; — concaves, 326; — emploi, 334; — convexes, 325.
M. plans, 319; — champ, 320; - angulaires, 320.
M. pseudoscopiques, 323.
M. sphériques, 325; — aberration de sphéricité, 332; — détermination du foyer principal, 331; — formule des foyers conjugués, 328.

Miroirs de Fresnel (Expérience des), 496.
M. laryngoscopique, 321;
Modérateur à eau, 760.
Module des métalloïdes, 600.
Molécule, 20.
Moment d'une force, 29.
M. magnétique d'un aimant, 726.
Monde (voy. Nature).
Monochorde (voy. Sonomètre).
Mont de l'onde, 61.
Moufles, 94; — emploi en chirurgie, 94.
Mouvement, lois générales, 24.
M. composé, 47.
M. des corps célestes, 103.
M. curviligne, 104.
M. ondulatoire, en général, 48.
M. des liquides, 182; — trajectoire des molécules, 183, 185.
M. de locomotion du corps humain, 106 (voy. Locomotion).
M. des projectiles, 102.
M. relatif des pièces du squelette, 120.
M. uniforme, 43.
M. uniformément accéléré, 43.
Musculaire (Travail), (Transformation de la chaleur de combustion) en 625.
Multiplicateur (voy. Galvanomètre).
Murmure vésiculaire, 291.
Musicaux (Sons), 255.
Musique (Instruments de), — Timbre, 274.
Myophone, 306.
Myopie, 436; — correction, 438; — mesure du degré de la myopie, 438.
Natation, 119.
Nature, 1.
Nœuds de vibration, 67.
Nodales (Lignes) des membranes et des plaques vibrantes, 67.
Nodaux (Points), 368, 380.
Notes de musique, 261.
Numérotage des lentilles, 371.
Nutrition, 150.
Objectifs de microscope, achromatiques et aplanétiques, 459; — à correction, 460; — à immersion, 461.
Objets matériels, 1.
Octave musicale, 260.
Oculaire de microscope, 456; — des lunettes, 472.
Œil, description sommaire, 420; — constantes dioptriques, 425; — grandeur des images rétiniennes, 428.
Œ. Aberration de réfrangibilité, 449; — de sphéricité (voy. Astigmatisme).
Œ. Accommodation, 433.
Œ. Anomalies de la réfraction statique, 436; — de l'accommodation, 439.
Œ. sensibilité pour les différences d'intensité lumineuse, 314 (voy. Photométrie).
Œ. visibilité du fond de l', 475.
Œ. ophtalmoscopique de Perrin, 489.
Œ. réduit, 427; — de Landolt, 429; — de Badal, 430; — de Parent, 431.
Œ. schématique, 422.
Ombre et pénombre, 311.
Ombres colorées, 419.
Onde (Longueur d'), 56; — mesure de la longueur d'onde dans la lumière, 497.
O. (Mont et val de l'), 61.
O. (Surface de l') dans les milieux isotropes, 57; dans les cristaux à un axe, 517; dans les cristaux à deux axes, 521.
Ondes, en général, 51; — diffraction (voy. ce mot); — interférence, 62; — réflexion, 63; — réfraction, 71.
O. calorifiques (voy. Chaleur rayonnante).
O. condensantes ou condensées, dilatantes ou dilatées, 51; — linéaires, 57; — sphériques, 57; — superficielle, 57.

Onde rentrante et saillante, 182, 185.
O. stationnaire, 67.
O. liquides, formation, 182; — avec translation directe ou rétrograde des molécules, 185; — dans les tubes élastiques, 183, 189.
O. lumineuses (voy. Lumière).
O. sonore (voy. Son).
Ondulations négatives et positives, 183.
Opacité, 309, 317.
Ophtalmomètre de Helmholtz, 423; — pratique de Javal et Schiötz, 447.
Ophtalmoscopes, constantes optiques, 485.
O. binoculaire du Giraud-Teulon, 482.
O. fixes de Follin et Nachet, de Liebreich, 482; — à main, 480, 482.
O. monoculaires de Coccius, 480; — à miroir prismatique, de Meyerstein, 481; — de Monoyer, 480; — à pile de glaces, de Helmholtz, 481; — de Ruete, 480; — de Zehender, 480.
O. (Auto-) de Coccius, de Giraud-Teulon, de Heymann, 482.
O. à trois observateurs de Monoyer, 483.
Ophtalmoscopie, éclairage du fond de l'œil, 476.
O. Méthodes d'observations, 476, 485.
O. (Principe de l'.) 475.
Optique, 309.
Optomètre de Javal (voy. Astigmomètre); — de Perrin et Mascart, 443; — de Badal, 444.
Optométrie, 443.
Oreille externe, rôle dans l'audition, 253.
O. interne, rôle dans l'audition, 266.
Oscillation, en général (voy. Vibrations).
Osmose 149, 243 (voy. Endosmose).
Otoscope acoustique, 254; — optique, 334.
Ouïe (voy. Audition).
Ouverture d'un miroir, 333.
Ouvertures (Images formées par les petites), 313.
Paramagnétisme, 744 (voy. Magnétisme).
Parallélipipède des forces, 26.
P. de Fresnel, 515.
Parallélogramme des forces, 25.
Paratonnerre, 643.
Pas, durée et longueur, 110 (voy. Marche).
Pendule (Lois des oscillations du), 99; — application à la marche, 109.
P. compensateur, 566.
P. composé, 101; — à réversion, 101; — simple, 99.
P. électrique, 636.
Pénombres, 311.
Pesanteur, direction, 87; — intensité, 101; — nature, 74.
Pèse-bébés de Bouchut, 82; — de Coulon, 93.
Phacomètre de Badal, 373; — de Snellen, 374.
Phénomènes, en général, 1; — chimiques, 1, 2; — physiologiques, 2; — physiques, 1, 2; — vitaux, 1.
P. acoustiques (voy. Son).
P. calorifiques (voy. Chaleur).
P. capillaires (voy. Capillarité).
P. électriques (voy. Électricité).
P. lumineux (voy. Lumière).
P. magnétiques (voy. Magnétisme).
Phonographe, 307.
Phonotaugraphe, 253.
Photogènes (Corps), 309.
Photo-téléphone de Bell, 301.
Phosphorescence, 417.
Photographie, 410; — des objets microscopiques, 461.
Photomètre de Rumford, 314; — de Bunsen, 314.
Photométrie, 314.
Photo-téléphone, 301.
Physiologie, 3, 7.
Physique, 3, 6.
Piézomètre, 160.
Pile galvanique ou voltaïque (Théorie de la), 653; — Causes d'affaiblissement, 603.
P. thermo-électrique, 604.

Piles à gaz, 654; — à liquides, 654; — sèches, 663.
P. à courant constant, 663; — au bichromate de potasse, 665; — de Bunsen, 665; — de Daniell, 664; — de Duchenne et Ruhmkorff, 668; — de Gaiffe, 670; — de Grove, 664; — de Meidinger, 667; — de Pincus, 668; — de Siemens, 666; — de Stœhrer, 667; — au sulfate de mercure, 666. — au sulfate de plomb, 666.
P. à courant variable, 661; — à colonne, 661; — à couronne de tasses, 661; — de Munch, 661; — de Pulvermacher, 662; — de Wollaston, 661.
Pince à dissection, 35.
P. à tourmalines, 508, 535.
Pipette, 216.
Plan incliné, 98.
P. de polarisation, 508; — sa rotation, 537 et suiv.; — mesure de la rotation, 542, 543.
P. de vibration, 508.
Plans focaux, 356, 362.
P. principaux, 366.
Planimètre, 172.
Plessimètre, 285.
Pnéodynamique, 237.
Pnéomètre (voy. Spiromètre).
Pneumatomètre de Bonnet (voy. Spiromètre).
Pneusimètre à hélice de Guillet (voy. Spiromètre).
Poids des corps, 87; — pertes dans les fluides, 129, 205.
P. absolu, 205.
P. spécifique, 130; — mesure, 131.
P. utilité en médecine, 135.
P. des gaz, 103.
P. des liquides et des solides, 130.
P. des vapeurs, 580.
Points correspondants des rétines, 349.
P. cardinaux, 379; de l'œil, 425.
P. focaux, 360; — nodaux, 366; — principaux, 366.
P. de fusion et d'ébullition, 572.
Polarisation galvanique ou voltaïque, 663, 718; — destruction dans les piles à courant constant, 720.
P. de la chaleur, 606.
P. de la lumière, 507.
P. chromatique, dans les corps organisés, 533; — dans les cristaux, 522 et suiv.; — application à la détermination des axes d'élasticité et des axes optiques des cristaux, 536.
P. circulaire, 514.
P. elliptique, 513.
P. rectiligne, 507; — par réflexion, 510, 512; — par réfraction, 512, 516; — par double réfraction, 516.
P. angle de polarisation, 511; — plan de polarisation, 508.
P. rotatoire, 537, 539; — moléculaire, 542.
P. électrique et magnétique, 745.
Polariscopes (voy. Analyseur).
Polariseurs, 522.
Polaristrobomètre de Wild, 547.
Polarité secondaire des éléments, 663 (voy. Polarisation voltaïque).
Pôles des aimants, 723.
P. du cristallin, 422; — du globe oculaire, 422; — d'une surface réfringente, 354.
P. de la pile, 661.
Polygone des forces, 26.
Polygraphe de Marey, 173.
Pompes médicales, 219.
Pont de Wheastone, 684.
Porte-voix, 252.
Poulie, 93.
Pouls, différentes formes, 193; — appareils enregistreurs pour obtenir les tracés du pouls, 194 (voy. Pulsation).
Poumon, capacité complémentaire, respiratoire, vitale, réserve respiratoire, 238; — force élastique, 237.
Poussée des fluides, 120.
Pouvoir absorbant pour la chaleur, 609; — pour la lumière, 403.

Pouvoir accommodatif, 434; — variations avec l'âge, 436.
P. amplifiant, 453.
P. conducteur pour la chaleur, 612; — pour l'électricité dynamique, 677, 691.
P. définissant ou délimitant du microscope, 471; — pénétrant ou résolvant, 471.
P. dioptrique, 371.
P. dispersif, 393.
P. électro-moteur des métaux, 657.
P. des pointes, 642.
P. rotatoire moléculaire, 542; — sa mesure, 543.
Presbyopie ou Presbytie, 439; — mesure du degré et correction, 440.
Presse hydraulique, 126.
Pression atmosphérique, 211; — diminution avec l'altitude, 213; — effets, 215; — rôle dans l'économie animale, 228.
P. Influence sur les points de fusion et d'ébullition, 571.
P. des fluides, égalité de transmission, 121, 204.
P. des gaz, 204, 209.
P. des liquides, 124; — sur le fond des vases, 127.
P. latérale des liquides en mouvement, 159.
Principe d'Archimède, 129; — de Pascal, 124; — de Toricelli, 157.
P. de la raison suffisante, 9.
P. des vitesses virtuelles, 83.
Prisme (Réfraction à travers le), 343; — déviation minimum, 341; — emploi en ophtalmologie, 349; — emploi comme miroir ou réflecteur, 352.
P. achromatique, 394.
P. de Nicol, 522; — emploi médical, 523.
P. à réflexion totale, 352.
Projectiles (Traject. parabolique des), 103.
Psychromètre, 585.
Pulsation artérielle (Théorie de la), 192 (voy. Pouls).
Pulvérisateur, 596.
Punctum proximum et remotum, 434; — détermination de ces points (voy. Optométrie).
Quantité de chaleur, 586; — rapport avec la température, 583.
Q. d'électricité, 655; — unité, 699.
Q. de mouvement, 45.
Quarte musicale, 260.
Quartz (Structure du), 539; — action rotatoire sur le plan de polarisation de la lumière, 537.
Quinte musicale, 260.
Radiations calorifiques, 606 et suiv.; — chimiques, 412; — lumineuses, 383, 402, 413.
Raies d'absorption, 399; — des matières colorantes du sang, 400; — du Palmella cruenta, 401; — de la chlorophyle, 401.
R. brillantes des vapeurs métalliques incandescentes, 402.
R. de Fraunhofer du spectre solaire, 392; — leur origine, 403; — leur utilité pour la mesure des indices de réfraction, 392.
Râles, 288, 292.
Rayon, ordinaire, extraordinaire, 516.
Rayons diffractés, 502.
R. calorifiques, 603 (voy. Chaleur rayonnante; — obscurs, 608.
R. chimiques, 412.
R. homocentriques, 333.
R. opto-thermiques et anopto-thermiques, 607.
R. sonores, 251.
R. infra-rouges et ultra-violets, 413, 607.
Réaction égale à l'action, 10.
Réflexion de la chaleur, 600.
R. de la lumière, 317.
R. diffuse ou irrégulière, 317.
R. régulière ou spéculaire (lois), 318.
R. totale, 338; — dans les prismes, 352.
R. des ondes, en général, 63; — lois, 65.
R. du son, 251.

Réfrangibilité inégale des divers rayons colorés, 382.
Réfraction de la chaleur, 606.
R. de la lumière, 317, 334.
R. conique extérieure et intérieure, 521.
R. double, dans les milieux anisotropes, (voy. Double réfraction).
R. simple, dans les milieux isotropes (lois), 334; — indices de réfraction, 335, 345.
R. astigmatique, 358.
R. dans les lames, 340; — dans les lentilles, 361; — dans les prismes, 343; — à travers une surface plane, 337; — à travers une surface sphérique, 353; — dans un système dioptrique centré, 379.
R. de l'œil (R. statique), 422 (voy. Œil); — anomalies, 436.
R. (R. dynamique), (voy. Accommodation).
R. des ondes en général, 71.
R. du son, 255.
Réfractomètre d'Abbe, 346.
Réfrigérants (Mélanges), 594.
Refroidissement (Lois du), 614.
Règne organique et inorganique, 1.
Régulateurs de la température animale, 630.
Réseaux (Phénomènes de diffraction produits par les), 504.
Résistance des conducteurs au passages des courants électriques (lois), 677; — mesure de la rés., 694; — unité, 699.
R. extérieure et intérieure de la pile, 676.
R. des solides à la rupture (voy. Ténacité).
R. des tuyaux de conduite à l'écoulement des liquides, 160; — lois, 161.
Résonnance, 251.
R. syn. de Sonorescence, 269.
Résonnateurs de Daguin (v. Cornet analyseur); — de Helmholtz, 271.
Respiration (Mécanique de la), 237 (voy. Anapnographe, Pnéodynamique, Poumon. Spiromètres).
R. échange des gaz dans le poumon, 233.
Respiratoire (Capacité) (voy. Poumon).
Réticule de lunette, 474.
Rhéochorde de du Bois-Reymond, 691; — de Neumann, 691.
Rhéomètres, 673, 739.
Rhéostat, 690.
Robinet de Babinet, 226.
Rotation du plan de polarisation (voy. Polarisation rotatoire).
Roues, 94.
Roulement (Bruit de), 288.
Saccharimètre de Soleil, 544; — de Laurent, 549.
Sang, analyse spectrale, 403.
S. Circulation (voy. Hémodynamique et Circulation); — appareils destinés à mesurer la pression latérale ou tension, 171 (voy. Hémomanomètres); — méthodes et appareils employés pour mesurer la vitesse d'écoulement, 174.
Saut, 119.
Sciences physiques, 2.
Section principale des cristaux, 516.
Sensibilité de la balance, 93.
S. de l'œil pour les différences d'intensité lumineuse, 314
S. de l'oreille pour les différences de hauteur des sons, 262 (voy. Comma).
Seringue à injections, 219.
Sibilance, 289.
Sifflement (Bruit de), 289.
Siphon, 216; — de Sedlaczeck, 217.
Sirène acoustique de Cagniard de la Tour, 246; — de Dove, 256; — de Helmholtz, 281.
Soleil (Constitution physique du), 403.
Solénoïdes, 732.
Solides, constitution, 621.
S. Mouvements déterminés par l'action de la pesanteur, 96.

Solides, Poids spécifique, 131.
S. propriétés générales, 76 (voy. Cohésion, Élasticité, Tenacité).
Solidification des liquides, 570; — surfusion, 570.
Solubilité des solides, 147.
— des gaz, 232 (voy. Absorption des gaz par les liquides).
Son, nature, 245 ; — origine, 249 ; — variation d'intensité avec la distance, 251 ; — vitesse de propagation, 251.
Son, diffraction, 255; interférence, 279 ; — réflexion, 251 (voy. Echo), réfraction, 255.
S. Qualités, 255 ; — hauteur, 256 ; — intensité, 256 ; — timbre, 267 (voy. Timbre).
S. musical, 247 ; bruit — (voy. ce mot).
S. tympanique, 287.
Sons (Analyses des), 269 (voy. Résonnateurs).
S. limites des sons perceptibles, 248.
S. élémentaires, 269.
S. fondamental et harmoniques, 269.
S. résultants, additionnnel et différentiel, 283.
Sonorescence, 269.
Sonomètre, 257.
Souffle (Bruit de), 289.
S. tubaire, 291.
Sources de chaleur, 616 ; — actions mécaniques, 616; — action chimiques, 598, 619; électricité, 702.
S. d'électricité, actions mécaniques, 613; — actions chimiques, 649; — chaleur, 654 (voy. Thermo-électricité); — contact de corps hétérogènes, 648; — par influence, 640; — par induction (voy. Induction).
S. de froid, voy. (Évaporation, Mélanges réfrigérants)
S. de lumière, 402; — par l'électricité, 707.
Spath d'Islande (Double réfraction du), 516.
Spectre d'absorption, 390; — du sang, 400; — du palmella cruenta, 401 ; — de la chlorophylle, 401.
S. calorifique, 607.
S. de diffraction, 504.
S. d'émission, 402 ; — des flammes, 402; — inversion du spectre des flammes, 402.
S. d'interférence, 498 ; — des réseaux, 505.
S. solaire, 383 ; — activité chimique des différentes régions, 410; — étendue, 413. — raies sombres de Fraunhofer, 392.
Spectroscope horizontal, 404; — polyprisme, 406; — — à projection, 408; — vertical, 405; — de Thollon, 406.
Sphéroïdal (Etat) ou caléfaction des liquides, 575.
Sphygmo-dynamique, 192.
Sphygmographe de Béhier, 197, passif de Brondel, 199; — de Longuet, 197; — de Mach, 196; — de Marey, 195 ; — de Vierordt, 195.
Sphygmophone de Boudet, 305.
Spirophore, 241.
Spiromètre de Bergeon et Kastus (voy. Anapnographe); — de Bonnet, 238; — de Houdin, 238 ; — de Guillet, 238 ; — de Hutchinson, 238.
Splanchnoscopie, 785.
Squelette (Mouvements relatifs des pièces du) considérées isolément, 120.
Statique, 24.
Stéréodynamique, 96.
Stéréoscope, 348.
Stéthoscope, 254; — de Kœnig, 244.
S. microphonique, 305.
Strabisme, correction par les prismes, 349.
Substances (voy. Corps).
Surfusion, 570.
Sustentation (Base de), 94.
Système dioptrique centré, 379; — construction des points cardinaux, 380; — des images, 381.
Système C. G. S. d'unités de mesure, 697.
Tautophones, 296.
Teinte sensible ou de passage, 538.

Téléphone, 296.
T. de Riess, 297 ; — à ficelle, 297 ; — musicaux, 297; — de Bell, 298 ; — d'Edison, 300; — de Boudet, 300; — applications médicales, 303.
Télescope, 474.
Tempérament en musique, 263.
Température, définition, 551 ; — mesure (voy. Thermomètres et thermo-multiplicateur); — rapport avec la quantité de chaleur, 528.
T. Constance pendant l'ébullition et la fusion, 570, 592.
T. Corrections relatives à la température dans les mesures, les pesées, etc. (voy. Correction).
T. du corps humain dans l'état de santé, 628; dans l'état de maladie, 631 ; — régulateurs de la température, 630.
Tenacité, 76 ; — relative. 77.
Tenailles, 35.
Tension (Force de), 13.
T. électrique, 655; — loi des tensions électriques, 658.
T. dans un circuit, 680.
T. des gaz, 202.
T. du sang, 169; — appareils pour la mesurer (voy. Hémomanomètres, Polygraphe et Cymographe).
T. superficielle des liquides, 140; — mesure, 142; — composante normale, 142; — influence sur l'équilibre des aréomètres, 146.
T. des vapeurs (voy. Force élastique des vapeurs).
Test-Objets, 471.
Théorie atomique ou atomistique, 13.
T. des instruments diérétiques, 36.
T. du contact, 649.
T. d'Young et de Helmholtz, sur la perception des sensations colorées, 390.
Théodolite, 475.
Thermochrose, 608.
Thermo-électricité, 603, 654.
Thermo-électrique, aiguille, 605; — Pile, 604.
Thermomètres, 551.
T. diverses échelles thermométriques, 552.
T. à air, 565.
T. à liquide, 551 ; — centigrade, 552 ; — à échelle fractionnée, 554; — à maxima, 556; — métastatique, 555 ; — à réservoir intermédiaire, 555.
T. médicaux. 553.
T. métalique de Breguet, 559.
Thermo-multiplicateur, 605.
Thermo-téléphones, 301.
Timbre du son, définition, 267; — nature, 267; — appareil à flammes manométriques pour l'analyse du timbre, 272; — résonnateurs, 270.
T. des instruments de musique, 274.
T. des voyelles, 277.
Ton, ou hauteur du son, 256.
T. intervalle musical, 261.
Tonicité musculaire, 84.
Tonique, en musique, 262.
Tourmaline, propriétés polarisantes, 507 (Pince à), 508.
Tracés graphiques des battements du cœur, 194.
T. du pouls, 193.
T. des vibrations sonores, 259
Translucidité, 317.
Transparence, 309, 317.
Transformation des forces, 14.
T. de la chaleur en électricité (voy. Thermo-électricité ; — en mouvement, 617; — en travail musculaire, 625).
T. de l'électricité en chaleur, 702 ; — en lumière 707, 781 ; — en travail chimique, 709.
T. de la lumière en chaleur obscure, 410; — en travail chimique, 410.
T. du mouvement en chaleur, 616; — en électricité. 636, 643 et suiv.

Transformation du travail chimique en chaleur (voy. Chaleur de combinaison et de combustion); — en électricité (voy. Sources d'électricité).
Transfuseur du sang, 222.
Travail mécanique, 45; — moteur, résistant, utile, 178
T. du cœur, 177.
T. musculaire, 625.
T. de disgrégation, 621; — de vibration, 621.
T. extérieur et intérieur d'un corps, 622.
Trembleur de Neef, 754.
Trousse électrique de Trouvé, 765.
Tubes acoustiques, 254, 297.
T. à vaccin, 146.
T. de Geissler, 781.
T. de Graham pour l'osmose des gaz, 243.
T. de Mariotte, 206.
Tuyaux sonores, 264.
Unipolaire (Effet d'induction), 777.
Unité de chaleur (voy. Calorie).
Unités électriques, 698.
U. de force, 45, 698.
U. de travail, 698 (voy. Kilogrammètre).
Univers, voy. Nature.
Uréthroscope, 491.
Uro-densimètre, 133.
Val de l'onde, 61.
Vapeurs (Formation des), 570, 573, 574, 576.
V. Densité, 580.
V. Mélange, 579; avec les gaz, 579.
V. non saturées, 576.
V. saturées, 576; — tension maximum, 577; — tension des vapeurs émises par les dissolutions salines, 579.
Vaporisation (voy. Ebullition, Evaporation, Vapeurs).
Vases communiquants (Equilibre des liquides dans les), 128; — application à la circulation du sang, 128.
Veine liquide : constitution, 157; — contraction, 157.
Ventouses, 228; — à pompe, 228; — à refoulement, 228; — de Junod, 228.
Ventre de vibration, 67.
Verres de lunettes, sphériques, 376; — bicylindriques, 378; — cylindriques simples, 377; — hyperboliques, 378; — prismatiques, 349; — sphro-cylindriques 378.
Vêtement, 630.
Vibrations. en général, 48; — lois de la durée, 51; — vitesse de propagation, 56.
V. longitudinales, 51; — mode de production, 59.
V. propres des corps. 56.
V. stationnaires, 66.
V. transversales, 59; — modes de production, 61.
V. calorifiques (voy. Chaleur rayonnante).
V. lumineuses (Détermination du nombre des), 497.
V. sonores (Mesure du nombre des), 256, 257; — vitesse, 248.
V. composées, 263.
V. simples ou sinusoïdales, 268.
V. des gaz, 264; — des liquides, 265; — des cordes et des verges, 265; — des plaques et des membranes, 266.
Viscosité des liquides, 162.
Vision (voy. Œil).
Visuel (Angle), 432; — (Axe) 431.
Visuelles (Lignes), 432.
Vitesse, définition, 43; — unité, 697; — due à la hauteur, 157.
V. Virtuelle, 33.
V. de la circulation, 170; — méthodes de mesure, 174.
V. d'écoulement, des gaz, 235.
V. d'écoulement des liquides, 157; — dans les tuyaux, 159; — influence des coudes, 163.
V. de propagation de la chaleur, 603, 611; — de l'électricité, 660; — de la lumière, 316; — du son, 251.
Vocables, 278.
Voix, théorie, 276; — consonnes, 289; voyelles, 277.
Vol des oiseaux, 119.
Voltamètre, 673.
Volume des corps (Détermination), 131 et suiv.
Volumètres, 132.
Voluménomètre de Regnault, 207.
Voyelles (Timbre des), 277.
Vue, Acuité, 432; — défauts, 436, 439, 441 (voy. Astigmatisme, Hypermétropie, Myopie. Presbytie).
Zéro du thermomètre (Détermination du), 552.
Zinc amalgamé, propriétés dans la pile, 661.

FIN DE LA TABLE ALPHABÉTIQUE ET ANALYTIQUE DES MATIÈRES

9 782016 205600